Studies in modern capitalism — Etudes sur le capitalisme moderne

Incroyables gazettes et fabuleux métaux

Etudes sur le capitalisme moderne — Studies in modern capitalism

Cette série a pour objet l'étude du capitalisme comme système-monde. Elle regroupe des recherches spécialisées, des recueils d'articles et des actes de colloques. Les contributions sont l'œuvre d'historiens et de chercheurs en sciences sociales que réunit un intérêt commun pour l'analyse dans la longue durée et à l'échelle du monde des structures sociales et de leur transformation.

Cette série est le résultat d'une collaboration continue entre la Maison des Sciences de l'Homme à Paris et le Fernand Braudel Center for the Study of Economies, Historical systems, and Civilizations à the State University of New York à Binghamton.

This series is devoted to an attempt to comprehend capitalism as a world-system. It includes monographs, collections of essays and colloquia around specific themes, written by historians and social scientists united by a common concern for the study of large-scale long-term social structure and social change.

The series is a joint enterprise of the Maison des Sciences de l'Homme in Paris and the Fernand Braudel Center for the Study of Economies, Historical Systems, and Civilizations at the State University of New York at Binghamton.

Autres titres dans la série — Other titles in the series

Cet ouvrage est publié dans le cadre de l'accord de coédition passé en 1977 entre la Fondation de la Maison des Sciences de l'Homme et le Press Syndicate de l'Université de Cambridge. Toutes les langues européennes sont admises pour les titres couverts par cet accord, et les ouvrages collectifs peuvent paraître en plusieurs langues.

Les ouvrages paraissent soit isolément, soit dans l'une des séries que la Maison des Sciences de l'Homme et Cambridge University Press ont convenu de publier ensemble. La distribution dans le monde entier des titres publiés conjointement par les deux établissements est assurée par Cambridge University Press.

This book is published as a part of the joint publishing agreement established in 1977 between the Fondation de la Maison des Sciences de l'Homme and the Syndics of the Cambridge University Press. Titles published under this arrangement may appear in any European language or, in the case of volume of collected essays, in several languages.

New books will appear either as individual titles or in one of the series which the Maison des Sciences de l'Homme and the Cambridge University Press have jointly agreed to publish. All books published jointly by the Maison des Sciences de l'Homme and the Cambridge University Press will be distributed by the Press throughout the world.

Incroyables gazettes et fabuleux métaux

Les retours des trésors américains d'après les gazettes hollandaises (XVIe-XVIIIe siècles)

MICHEL MORINEAU

Publié avec le concours du
Centre national de la recherche scientifique et du
Centre national des lettres

Cambridge University Press

London New York New Rochelle Sydney Melbourne

Editions de la Maison des Sciences de l'Homme

Paris

CAMBRIDGE UNIVERSITY PRESS
Cambridge, New York, Melbourne, Madrid, Cape Town, Singapore, São Paulo, Delhi

Cambridge University Press
The Edinburgh Building, Cambridge CB2 8RU, UK

With Editions de la Maison des Sciences de l'Homme
54 Boulevard Raspail, 75270 Paris Cedex 06, France

Published in the United States of America by Cambridge University Press, New York

www.cambridge.org
Information on this title: www.cambridge.org/9780521103718

First published 1985
This digitally printed version 2009

A catalogue record for this publication is available from the British Library

Library of Congress Catalogue Card Number: 83-7177

ISBN 978-0-521-25384-0 hardback
ISBN 978-0-521-10371-8 paperback

Tous les Vendredy on distribuera sur le Quay-des-Augustins à Paris la gazette d'Hollande du Mardy & tous les Mercredy celle de Bruxelles & seront des plus curieuses.

Gazette d'Amsterdam du 26 juin 1672

Avant-propos

Les cinq études que voici ont été écrites de 1969 à 1976, à partir d'une documentation rassemblée, pour la plus grande partie, longtemps auparavant. On a tenté d'y reconstituer, d'après les renseignements publiés dans les gazettes hollandaises du XVIIᵉ et du XVIIIᵉ siècle, le flot des arrivages d'or et d'argent atteignant l'Europe en provenance de l'Amérique. Outre cet objectif, en quelque sorte matériel, l'entreprise avait pour but de préciser ce qu'avait été la conjoncture à cette époque, du moins dans l'un de ses aspects que les historiens qualifiaient volontiers d'essentiel. Comme il apparaîtra à la lecture, un débat s'est instauré à l'intérieur de cette seconde recherche du fait que la conjoncture n'a pas été reconnue pour telle, ni exactement là où par habitude acquise elle était enclose, ni de la manière dont elle était annoncée. Il en est résulté qu'un troisième niveau d'intérêt s'est dégagé, sous-jacent aux précédents et indispensable à leur compréhension : celui des phénomènes économiques mis en jeu par la noria des vaisseaux d'une rive à l'autre de l'Atlantique et par le ruissellement des trésors en Europe et hors d'Europe. Ce déplacement ou, mieux, cet élargissement de la problématique n'a pas été opéré par préméditation, ni systématiquement. Il s'est imposé de lui-même au fur et à mesure de l'avancement du travail proprement documentaire. Mais il en est indissociable, et les conclusions auxquelles on a abouti tirent leur force, croyons-nous, de cette intrication progressivement ordonnée et de l'absence de préjugés, au début comme à la fin.

Les cinq études sont publiées ici dans leur original, sauf retouches mineures, et dans l'ordre de leur rédaction[1]. Ce parti comporte des inconvénients du point de vue formel : éventualité de redites, grumeaux pris dans les développements, abandon de positions

---

1. En conséquence, le texte sur l'or brésilien (étude 2) a pris place avant celui qui concerne les arrivages d'Amérique espagnole entre 1659 et 1720 (étude 3). Le lecteur qui voudrait suivre un ordre chronologique plus strict n'aurait qu'à intervertir l'ordre des textes pour sa lecture.

préliminaires pour de meilleures dans la suite, etc. Honnêtement parlant, à notre avis, ils ne sont pas très graves, et, de toute façon, ils devaient être subordonnés à une nécessité plus grande et plus absolue : celle de permettre au lecteur de suivre un itinéraire, de pouvoir le refaire et, à sa guise, d'en tester les embranchements ; de se fonder au commencement sur des repères qu'il puisse retrouver commodément dans l'historiographie courante et de juger, par rapport à eux, de l'éloignement pris en cours de route et de son bien-fondé. Si nous abordions aujourd'hui les mêmes problèmes que ceux qui figurent dans ces études, nous le ferions différemment, avec plus de détachement, avec plus de hauteur. Et ce serait un tout autre ouvrage parce que les résultats obtenus au terme de celui-ci seraient avalisés d'entrée, intégrés et, vraisemblablement, avalés et dépassés à leur tour. Mais le sol risquerait de manquer au lecteur qui n'aurait pas participé à l'enquête précédente, participé de ses lenteurs, de ses avancées et, aussi bien, de ses retours en arrière qui assurent plus fermement. Dix ans après nos premières publications en la matière, un auteur, pourtant acharné à tout lire et à qui nous avons prêté nos manuscrits, ne continue-t-il pas d'écrire comme si de rien n'était[2] ? Et un autre, que l'on aurait cru plus perspicace ou moins inféodé, ne vient-il pas de démontrer dans un compte rendu une hermétique imperméabilité à l'égard de propos limpides illustrés de croquis transparents[3] ? Nous ne faisons pas de littérature.

C'est que, bon gré mal gré et, à notre goût, plutôt mal gré que bon gré, les cinq études ont dû être chargées d'un combat. Nous ne nous y attendions pas lorsque, en 1965, dans le courant d'une note consacrée au second tome de l'*Histoire des prix* de N. W. Posthumus, en surmontant les hésitations et les timidités qui nous avaient retenu jusqu'alors faute d'encouragements, nous glissâmes des chiffres nouveaux et des propositions nouvelles qui, d'avoir été gardés en serre et vérifiés plusieurs fois, nous paraissaient ne pas devoir soulever d'opposition, du moins d'opposition de principe[4]. Certes, nous savions que nous ne parlions plus tout à fait la langue commune

2.   I. Wallerstein, « Y a-t-il une crise du XVIIe siècle ? », *Annales E.S.C.*, 1979, tome XXXIV, n° 1, pp. 126-144.
3.   R. Descimon, « La France moderne. Quelle croissance ? », *Annales E.S.C.*, 1979, tome XXXIV, n° 6, pp. 1304-1317 (compte rendu du tome I de l'*Histoire économique et sociale de la France,* F. Braudel et E. Labrousse, directeurs, Paris, 1977).
4.   M. Morineau, « D'Amsterdam à Séville. De quelle réalité l'histoire des prix est-elle le miroir ? » *Annales E.S.C.*, 1968, tome XXIII, n° 1, pp. 178-205 (compte rendu de N.W. Posthumus. *Inquiry into the history of prices in Holland,* tome II, Leyde, 1964).

et que beaucoup seraient surpris. N'était-ce pas là une circonstance inhérente à la vie scientifique même, qu'une trouvaille ait besoin d'être flairée, apprivoisée, retournée en tous sens, voire refaite avant d'être acceptée et validée ? Encore faut-il que ceux qui ont à en connaître ne s'en détournent point et ne lui opposent pas le rideau de fer des dénégations a priori ? Hélas ! la vie scientifique n'est pas meublée que d'écoutes attentives, de disponibilités à se remettre en cause en face d'une découverte, de consensus à la vérité ! Nous allions en faire l'expérience mélancolique et bête. En exposant nos résultats et nos interprétations, nous avions enfreint une vulgate, blasphémé des prophètes, touché à une foi. Une résistance s'organisa, non pas ouverte et exprimant ses arguments en public, mais sournoise, par des chuchotements et des insinuations, par des silences et des évictions, contribuant à maintenir nombre d'historiens dans l'ignorance du neuf et un plus grand nombre, s'il était possible, dans le culte de Mammon, Hamilton et Simiand[5].

Cette situation nous a paru à ce point ébouriffante – elle est contraire à toutes les règles scientifiques – que nous avons essayé d'en traquer l'origine. L'affaire est longue, curieuse mais, finalement, assez claire. Nous l'avons retracée dans un gros article dont nous

5. L'article précité ne recueillera que des échos rarissimes. Significatif est le silence observé par E. Le Roy Ladurie et D. Richet dans leur article, écrit en collaboration avec A. et J. Gordus (pour la partie technique) : « Le Potosi et la physique nucléaire, » publié cependant dans la même revue quatre ans après (*Annales E.S.C.*, 1972, tome XXVII, n° 6, pp. 1235-1245). Bartholomé Bennassar dans « Consommation, investissements, mouvements des capitaux en Castille aux XVIe et XVIIe siècles », in *Conjoncture économique, structures sociales. Hommage à Ernest Labrousse,* Paris, 1974, mentionnera l'article (p. 141) avec une réserve un peu surprenante sur l'origine de nos informations qui ne lui paraît pas indiquée « avec toute la précision désirable », ce que nous récusons. Pierre Chaunu sera muet, bien entendu, même après la publication de la première étude dans l'*Anuario de historia economica y social* (1969 et 1970). A l'étranger, l'article aura retenu l'attention, à notre connaissance, de J. Everaert : *De internationale en koloniale handel der Vlaamse Firma's te Cadiz 1670-1700*, Bruges, 1973, de K. N. Chaudhuri : « The economic and monetary problem of European trade with Asia during the seventeenth and eighteenth centuries » *Journal of European economic history*, vol. 4, n° 2, 1975, pp. 323-358, et plus récemment R. van Uytven : « Prijsgeschiedenis », in *Kernproblemen der economische geschiedenis* (H. Baudet et H. van der Meulen, éditeurs), Groningue, 1978. N'étant pas abonné à l'Argus des auteurs (! d'ironie), nous ne pouvons garantir que ce soient absolument les seules citations, et nous nous en excusons bien volontiers auprès de ceux qui auraient eu la gentillesse de ne pas nous oublier. Par ailleurs, certains historiens français, ignorants de nos travaux mais alertés par la production récente d'auteurs espagnols, anglais et américains, ainsi que par le Congrès de San Francisco de 1975, commencent à revendiquer le mérite de redresser la tradition et parlent d'une reprise des arrivages américains dans la seconde moitié du XVIIe siècle. Devons-nous les remercier eux aussi ?

résumerons l'essentiel ici[6]. Il faut se rappeler, d'abord, que l'histoire économique s'est constituée tardivement par rapport à l'histoire traditionnelle, histoire traditionnelle qui était, en fait, une histoire politique[7]. L'histoire économique a même, au début, emprunté à cette dernière tout ou presque de sa matière, ses grandes lignes directrices, sa périodisation. On dissertait du caractère bienfaisant de tel ou tel règne (Louis XII, Henri IV), de la « décadence » qui avait accompagné telle ou telle crise (les guerres de religion, la Fronde), de l'action des personnalités (Colbert, Necker), de la validité des politiques et des doctrines (mercantilisme, libéralisme ?...), etc. Les exemples ci-dessus ont été tirés de l'histoire de France, mais il s'en serait trouvé autant dans celle des autres nations. En fait, les historiens de l'économie ont dû construire leur objet peu à peu en « inventant » leurs sources et en déplaçant constamment leur chantier : des papiers administratifs (cf. la correspondance des Contrôleurs généraux), encore embués des préoccupations des gouvernements, aux papiers privés (minutes notariales, archives d'entreprises, etc.), plus près des réalités prosaïques et humaines. Cette prospection, en cours depuis un siècle et demi, n'est pas encore achevée. En 1930, en 1900, on était loin du compte. L'histoire économique se présentait soit comme une collection de menus faits livrés en vrac ou en sachets avec une étiquette : agriculture, industrie, etc., soit comme un panorama avec batailles d'idées et de héros comme l'histoire politique. Il y avait bien un effort de réflexion qui s'était exercé sur ses réalités, et qui proposait une certaine ordonnance dans ce fouillis, mais, d'un côté (Karl Marx), il sollicitait un engagement philosophique et viscéral auquel nombre d'historiens répugnaient ; de l'autre (Werner Sombart, Max Weber), il se référait à des catégories analytiques et des enchaînements ou très mécaniques ou presque trop subtils, récusés, de toute façon, eux aussi par plusieurs historiens.

Parmi ces derniers, incontestablement, Lucien Febvre, le fondateur des *Annales*. Esprit prodigieusement actif et esprit prodigieusement cultivé, il a ressenti le désir, sa vie durant, de rompre les

---

6. L'article, non publié, est intitulé « La maladie infantile de l'histoire économique moderne », 1979.
7. Nous faisons remonter l'histoire économique au XVIIIe siècle avec des prémices incluses dans l'œuvre de Voltaire et, surtout dans celle d'Anderson, *An historical and chronological deduction of commerce*, Londres, 1764. L'histoire économique débute à peu près en même temps que l'économie politique des classiques.

cloisonnements qui enserraient l'histoire, de dissiper les zones d'ombre qu'elle n'osait aborder, de trouver un fil et une *ratio* et une perspective. L'histoire économique l'a fasciné longtemps et rebuté tout à la fois, car il lui reprochait un schématisme pauvre, et il ne voyait pas la possibilité de lui insuffler une âme tant les traités d'économie politique, par ailleurs, le décevaient[8]. Il existait en conséquence chez Lucien Febvre une espèce d'attente, une prédisposition à s'enflammer pour l'auteur, pour la théorie, pour l'ouvrage qui comblerait le vide qu'il regrettait. On ne saurait exagérer, à notre avis, l'importance de cette appétence. C'est elle qui explique, avec les mérites propres de Simiand, le lods triomphal qui va accueillir le *Cours* de celui-ci et, bientôt, chacune de ses productions, du *Salaire, l'évolution sociale et la monnaie* aux *Fluctuations économiques à longue période et la crise mondiale* en passant par les *Recherches anciennes et nouvelles sur le mouvement général des prix du XVIe au XIXe siècle*. Bien que sociologue de profession, François Simiand sera l'économiste de la maison – nous voulons dire des *Annales* – et, par un mouvement dialectique, son autorité va contribuer à asseoir la valeur des travaux de Hamilton qu'il utilise dans le même sens. L'histoire économique semble alors dotée d'une armature solide, confortée de chiffres comme le souhaitait Lucien Febvre, dotée d'une logique propre et d'une périodisation de même. La thèse d'Ernest Labrousse apporte encore de l'eau au moulin des cycles[9]. On assiste dans les années 1930 à une sorte de grand démarrage qui ne peut que réjouir Lucien Febvre (et tous les historiens de bonne volonté) car ce sont trois siècles qui sont annexés aux recherches statistiques, et la preuve est faite que l'histoire économique moderne appartient elle aussi au genre « sérieux » comme l'histoire économique contemporaine.

8.   L'article le plus suggestif de la pensée de Lucien Febvre sur le sujet qui nous occupe est celui-ci : « Pour les historiens, un livre de chevet : le cours d'économie politique de Simiand », *Annales d'histoire économique et sociale*, 1930, pp. 581-590, reproduit dans le recueil *Pour une histoire à part entière*, Paris, 1962, pp. 185-203.

9.   E. J. Hamilton, *American treasure and the price revolution in Spain, 1501-1650*, Cambridge (Mass.), 1934. La position de C .E. Labrousse, *Esquisse du mouvement des prix et des revenus en France à la fin de l'Ancien Régime et au début de la Révolution*, Paris, 1933, ne se confond pas exactement avec celle de Hamilton ou, même, de Simiand par le fait que la théorie quantitativiste de la monnaie n'y est pas défendue. C'est par le traitement de l'histoire des prix et, surtout, par le recours systématique à un découpage et à une interprétation par cycles que Labrousse se rattache au courant précédent. Sur les problèmes que soulève la lecture de la thèse d'Ernest Labrousse, on se reportera à M. Morineau, « Trois contributions au colloque de Göttingen », in E. Hinrichs, E. Schmitt et R. Vierhaus (éd.), *Vom Ancien Régime zur französischen Revolution*, Göttingen, 1978, pp. 374-419.

Mais l'enthousiasme porte au vertige. Le sens critique est aboli. L'heure est aux corrélations puissantes et aux respirations amples. Les métaux précieux américains arrivent en quantité croissante au XVIᵉ siècle, les prix montent en Europe ; le flot se tarit au XVIIᵉ siècle, les prix baissent ; l'impulsion se rétablit au XVIIIᵉ siècle et l'envol reprend, simultané. Personne ne s'inquiète, personne n'approfondit les difficultés théoriques véhiculées par le schéma. Ni le problème de la transmission d'un mouvement affectant un secteur précis de l'économie (les métaux américains) à un autre secteur (les prix et, surtout, les prix céréaliers dans toute l'Europe). Ni celui de la légitimité du transfert à une économie à très large dominante agricole d'un mécanisme (les cycles) reconnu et validé dans une économie à dominante industrielle et/ou pour les activités industrielles précisément. Ou plutôt, les quelques réserves émises par Simiand et par Febvre (car il y en a eu) vont être balayées en un tournemain. L'appauvrissement consécutif du réel avec l'occultation de l'événementiel et l'apparition de la monocausalité n'est plus perçu. Les failles documentaires, elles-mêmes, seront escamotées : la présentation compacte de ses chiffres par Hamilton non assortie d'indications détaillées de sources, le tour de prestidigitation auquel donne lieu l'évocation de la fraude, l'arrêt, pile, en 1660, de l'information avec l'assertion assénée sans preuve d'un épuisement durable des trésors, qui sera répétée aussi arbitrairement dans *War and prices in Spain 1651 1800*[10]. Lucien Febvre jouera sur ce plan un rôle crucial. En écrasant de manière abominable la thèse d'Albert Girard, il retiendra les historiens d'y aller chercher un contrepoids aux allégations de Hamilton. Il fermera l'armoire aux antidotes. Le phénomène de cristallisation autour de la pensée de Simiand et des thèses de Hamilton et de Labrousse, qui s'était produit spontanément dans les années 1930, se réédite ensuite, de promotion en promotion et de génération en génération, effet combiné à présent d'un enseignement magistral et de la candeur offerte des néophytes à chaque tranche d'âge[11]. Le seul article critique, publié en 1943 par Charles Morazé, sera emporté par le vent[12].

---

10. E.J. Hamilton, *War and prices 1651-1800*, Cambridge (Mass.), 1947.
11. Thèses d'Albert Girard, *Le commerce français à Séville et à Cadix au temps des Habsbourgs* et *La rivalité commerciale entre Séville et Cadix jusqu'à la fin du XVIIIᵉ siècle* (éditées, toutes deux, en 1932), Paris-Bordeaux. L'éreintement de Lucien Febvre in *Annales d'histoire économique et sociale*, 1933, pp. 267-281. Dans cet article, le travail d'Hamilton est constamment proposé en exemple.
12. C. Morazé, « Essai sur la méthode de François Simiand. La leçon d'un échec » *(sic)*, in

Le conditionnement sera complet avec *Séville et l'Atlantique*. Si Fernand Braudel s'est montré relativement discret dans l'emploi de la mécanique Hamilton-Simiand dans *La Méditerranée et le monde méditerranéen à l'époque de Philippe II*, Pierre Chaunu développe, raffine et systématise la cyclologie. Avec le recul du temps, son projet apparaît, à un observateur impartial, plein d'envergure et, contradictoirement, rétréci. Il a voulu « doubler l'histoire des prix d'une histoire des trafics... [apporter] la mesure d'un échange, entre Espagne et Amérique... », mais a réduit immédiatement son ambition et sa prise au seul tonnage des bâtiments – ce qui, épistémologiquement, n'est pas *ex abrupto* recevable – et a transformé son commentaire en paraphrase de Hamilton pour ployer les hommes sous « l'inexorable conjoncture, dont on sait maintenant qu'elle transcende sociétés, continents et systèmes politiques. » Forte affirmation[13]. Pourquoi ne pas avoir ouvert le ventre de ces *naos* et de ces *navios*, puisque cela était possible (on le sait aujourd'hui), et reconstitué le trafic réel, celui des marchandises, voire dans son détail annuel le retour des métaux ? Pourquoi s'être contenté d'une analyse aussi courte des conditions de validité de la documentation ? Pourquoi avoir enfermé, corseté à l'étouffer, en trente et une fluctuations, une conjoncture fugitivement, néanmoins, qualifiée de troublante dans son rythme et d'irréductible à « une explication simple et purement extérieure »[14] ? Ces parti-pris et ces tendances

---

Mélanges d'histoire sociale, 1942, tome I, pp. 1-24 et 1942, tome II, pp. 22-44. La pensée de Simiand subit entre temps un rétrécissement que relève P. Vilar (*Or et monnaie dans l'histoire XVᵉ-XVIIIᵉ siècle*, Paris, 1974, pp. 387-408).

13. H. et P. Chaunu , *Séville et l'Atlantique (1504-1650)*, tome I, Paris, 1955, p. 22.

14. Une étude du trafic des marchandises était possible. La documentation contenue dans les livres de registre est, en effet, infiniment plus vaste que ne l'ont indiqué H. et P. Chaunu, au point que l'on peut se demander s'ils n'ont pas travaillé seulement sur des récapitulations de seconde main ou sur des catalogues. D'après Antonio-Miguel Bernal et Antonio Garcia Baquero González (*Tres siglos del comercio sevillano, 1598-1868. Cuestiones y problemas*, Séville, 1976), les chargements sont détaillés dans les registres affréteur par affréteur et article par article. A la décharge de H. et P. Chaunu, disons que le travail d'exploitation d'une telle masse de documents paraît vertigineux, et qu'à l'époque de leurs investigations les moyens actuels en informatique n'existaient pas, ce qui rendait la tâche, sinon impraticable, du moins démesurée. Cependant, une consultation directe des registres n'aurait-elle pas permis de restituer les arrivages des trésors *par années*, ce qui fait cruellement défaut dans l'œuvre d'Hamilton (qui, par ailleurs, n'a pas indiqué minutieusement ses sources) ? Signalons, enfin, que l'historiographie anglaise fournit un exemple de corrélation fautive entre tonnage de jauge de la navigation et importance du commerce dans une branche considérée, avec l'ouvrage de J. H. Rose (*Man and the sea. Stages in maritime and human progress*, Cambridge, 1935), qui « confondait la valeur du commerce et le volume du tonnage employé, affirmant que le commerce de l'Empire

s'exagéreront et se durciront dans des articles ultérieurs. Interdiction de penser autrement, refus d'entériner la moindre rectification, refoulement de l'innommable contestateur jusqu'à l'innommer. Comme, parallèlement, les ambiguïtés de la thèse de Labrousse n'ont pas été levées, les théories de Simiand s'imposent et investissent totalement les jeunes cerveaux trop soigneusement reprogrammés...[15].

On aimerait sourire de certains entêtements et pouvoir les qualifier de puérils ou d'humains trop humains à l'instar des « oh ! » et des « ah ! » excessifs poussés devant des appareils électroniques. Malheureusement, ni les uns ni les autres ne sont innocents[16]. Il y a détournement de l'attention, refus de se soumettre à des critères scientifiques extérieurs à soi, privation du droit d'autrui et de tout un chacun à l'expression et à la reconnaissance de la valeur de ses travaux sous la seule caution du respect des règles d'honnêteté et de correction du raisonnement. Ils sont déontologiquement indéfendables et, sur le plan de la recherche, ils constituent des vices rédhibitoires. On n'a pas le droit, par attachement à une théorie ou par rétraction devant une personnalité « qui ne vous revient pas », de figer artificiellement le savoir et d'amputer la curiosité. Le blocage qui en résulte jure avec l'évolution des autres sciences. Il n'en est aucune, autour de l'histoire économique moderne, qui ait conservé

n'était que le huitième du commerce avec l'Europe ». Cette citation est extraite de F. Crouzet (*L'économie britannique et le blocus continental*, Paris, 1954, p. 68, note 81). Crouzet, dont la thèse est un modèle, s'est bien gardé, évidemment, de tomber dans ce travers et a étudié les mouvements des « marchandises » (valeurs). Vérité au-delà du Channel, erreur en deçà ?

15. Nous songeons plus particulièrement à deux articles de P. Chaunu : « Séville et la Belgique (1555-1648) », *Revue du Nord,* tome XLII, 1960, pp. 259-292, et « Sur le front de l'histoire des prix au XVIᵉ siècle : de la Mercuriale de Paris au port d'Anvers », *Annales E.S.C.,* 1961, pp. 791-803. Malgré une interpellation publique dans *Historiens et géographes,* 1977, l'erreur sur la *tonelada* n'a jamais été reconnue ni a fortiori corrigée. Le dernier, *Séville et l'Amérique. XVIᵉ siècle,* Paris, 1977, traite nos travaux par prétérition et maintient les erreurs dénoncées.

16. Puisqu'ils sont une atteinte à la démocratie scientifique... Il est évident que la « puissance magistrale », multipliée aujourd'hui par les *mass media* et l'engouement d'un grand public incapable de discerner le vrai et le faux dans des débats de spécialistes (et, de toute évidence, quand l'un des pans de la controverse lui est entièrement caché), pèse d'un poids énorme dans l'accueil ou le désaccueil de certaines opinions. La sélection des représentants dans les colloques et les congrès internationaux en dépend aussi, et l'on peut trouver abusif de n'avoir été même pas consulté pour *la commission s'occupant des métaux précieux de 1650 à 1750 (sic)* au congrès de San Francisco (1975). La France y figurait en la personne d'Emmanuel Le Roy Ladurie, pour sa participation aux expériences du Neutron Howitzer, en concurrence avec A. et J. Gordus.

ainsi, pieusement et sans amodiation, des certitudes presque quin-
quagénaires : ni la biologie, ni la physique, ni l'astrophysique. Une
telle attitude nuit même à la théorie qu'elle entend préserver en ne lui
offrant aucun prolongement réflexif et en empêchant de trier parmi
ses éléments ceux qui sont à rejeter et ceux qui, éventuellement,
seraient à réemployer. Car nous n'ambitionnons pas de remplacer un
dogme par un autre : nous souhaitons pour l'histoire économique
moderne une ouverture multiple et une exploration conduite, en
harmonie avec les autres sciences de la vie, selon une triple approche
analytique, expérimentale et intégrative. C'est-à-dire compréhensive
et sans a priori ; bref, honnêtement scientifique. Pourquoi être obligé
de se répéter[17] !

Nous sommes bien convaincu – qui ne le serait ? – de l'importance fondamentale de la découverte de l'Amérique, cet accident à
moitié inévitable arrivé à un chercheur d'or nommé Christophe
Colomb. Nous n'avons pas, non plus, la forfanterie de penser que les
trésors extraits des mines du Nouveau Monde aient été sans effet sur
la vie économique de l'Ancien bien que, dans une problématique
d'analyse contrefactuelle, il est probable que, comme nous l'avons
suggéré, une partie des développements postérieurs à 1492 se serait
déroulée même en leur absence : nous raisonnons sur le vécu et non
sur le conditionnel irréel du passé[18]. Mais ce qui nous intéresse, et ce
qui est intéressant, réside dans la possibilité de mesurer un impact
réel, de suivre un cheminement effectif de l'évolution, de discerner
l'éventail des actions et des interactions nées du trafic transatlantique (pris dans son ensemble, d'ailleurs, et non restreint aux seuls
métaux). Historien, nous avons d'abord à établir la carte de notre
domaine d'investigations, une carte à quatre dimensions, et sur

---

17. Cf. F. Gros, F. Jacob et P. Royer, *Sciences de la vie et société,* Paris, 1979, pp. 24-26.
18. Nous empruntons sa traduction du mot contrefactuel à Jean Heffer dans son introduction
au recueil *La nouvelle histoire économique* (Paris, 1977, p. 69 et suivantes). On peut envisager,
en effet, le développement d'un commerce entre l'Amérique et l'Europe, fondé sur les
autres productions du Nouveau Monde et sur les productions y étant transférées.
L'exemple du Brésil au XVIe siècle montre que l'hypothèse n'est pas entièrement
gratuite. Il est probable, toutefois, que le développement du commerce transatlantique
aurait été plus lent qu'il n'a été, encore que l'on ne puisse préjuger de la réponse qui
aurait été apportée par les Européens à l'absence de métaux précieux (mise en valeur
agricole plus précoce ?). L'hypothèse a été présentée dans « Those fabulous metals: an
agonistical reappraisal », 1978, non publié. Par contre, et bien que le continent américain n'ait
vraiment été exploité à plein qu'au XIXe siècle, l'importance de sa découverte, en elle-même,
ne disparaîtrait pas à l'analyse contrefactuelle.

laquelle le naufrage de la Flotte de la Nouvelle-Espagne en 1632 aura ses coordonnées, temporelles aussi bien que spatiales, et les retours miraculeux du lendemain de la guerre d'indépendance des Etats-Unis, les leurs. Si nous refusons d'engoncer la conjoncture dans un filet de rythmes préfabriqués, si nous privilégions le phrasé du quotidien ordonné chronologiquement, si nous estimons que celui-ci doit. être maintenu, de toute façon, comme contrôle et comme *explanandum*, c'est le fruit de l'expérience condensée dans les cinq études qui suivent. Cela ne signifie pas que nous abandonnions l'explication à l'inintelligibilité, ni que nous renoncions, par principe, à retrouver des germes de pulsions et, pourquoi pas, cycliques ? Cela signifie que nous faisons primer l'observation sur la théorie, que nous sommes disposé à corriger constamment la seconde par la première, et que nous ne concevons pas celle-ci sans être nourrie de celle-là. Ce qui irait sans dire s'il n'était si difficile de se faire entendre et comprendre[19].

Quinze ans après avoir publié de premiers résultats, plus de vingt ans après avoir commencé nos repérages, cinq ans après en avoir terminé avec ces études, une certaine lassitude peut s'emparer de nous à l'idée d'avoir à reprendre un combat qui ne se poursuit qu'à raison de l'ignorance, de l'inconscience ou de la mauvaise foi du camp d'en face. Rien de plus pénible, en particulier, que d'être pris, littéralement, à contre-pied par les bons élèves de l'autre côté, parfois vierges de toute lecture de nos textes mais imbus de l'enseignement de leur patron, qui posent avec conviction et avec componction des questions auxquelles il a été répondu des années en deçà. Nous sommes parfaitement averti des points qui, dans notre reconstitution des arrivages, restent discutables, et nous accepterons de grand cœur tout apport positif tendant à une amélioration[20]. On nous reprochera, peut-être, de n'être pas allé à Séville consulter les archives de la Casa de la Contratación. Nous nous sommes abstenu volontairement, par un esprit de courtoisie, vraisemblablement désuet, envers les Chaunu

19. Contrairement à ce qu'insinue Descimon, *art. cit.* p. 1314, nous n'avons jamais pensé que les courbes et leurs mouvements soient dépourvus de « raison », d'explication. Nous en proposons un décryptage différent de l'interprétation traditionnelle, à laquelle nous reprochons de ne pas coller avec les faits et de brandir une « ratio » artificielle en prétendant qu'à cause de son caractère abstrait et de son flou, celle-ci est la « ratio » vraie.

20. Le problème se pose surtout à propos du deuxième quart du XVIIe siècle à cause des lacunes dans les séries des gazettes et pour quelques cargaisons brésiliennes. Merci d'avance à ceux qui pourront compléter l'information et à ceux qui pourront la rectifier.

qui avaient annoncé un *Cadix et l'Atlantique*. Notre propos initial était limité, d'ailleurs : tirer parti d'une documentation originale (les gazettes hollandaises), tenter d'établir une meilleure représentation de la conjoncture – pardon, d'un des paramètres de la conjoncture ! – à placer en arrière-plan de notre objet propre d'étude : Amsterdam et les Provinces-Unies. Nous aussi, au départ, avons subi les contraintes de la théorie dominante et péché, qui sait, par étroitesse de vue[21]. Mais nous n'avons pas à nous dédire des résultats globaux et nous sommes intimement persuadé du bien-fondé de notre démarche d'ensemble. La libération des clichés ne se limite pas aux schémas de Hamilton et de Simiand. Depuis cinq ans, depuis dix ans, nous avons eu la chance et nous avons eu le plaisir de voir s'élargir le champ des découvertes faites et à faire. Si elle n'absorbe pas toute l'histoire de l'univers, l'étude des arrivages des trésors américains pose déjà quantité de problèmes passionnants à résoudre, notamment sur la diffusion et sur les étapes ultérieures de la circulation monétaire. Et, de ses lacunes mêmes, surgit le désir d'en savoir davantage sur les grands mouvements de l'évolution économique et les transformations du monde[22].

Certaines oppositions sont fécondes. Celle à laquelle nous nous sommes heurté, sincèrement, nous la croyons stérile. Elle ne pouvait

---

21. Une anecdote en passant. Avant de partir pour la Hollande, en 1956, nous rencontrâmes par hasard, dans un dîner, l'un des plus grands champions de la théorie Hamilton-Simiand. La conversation vint à tomber sur les recherches que j'allais entreprendre. Paraissant très intéressé, notre interlocuteur se mit à penser à voix haute : « Beau sujet... Qu'est-ce que vous allez trouver là-bas ? La dépression au XVIIe siècle ? Oui, sans doute... Un peu plus tard, peut-être, qu'en Espagne... Vers 1630 ou 1640... ou 1650... Il n'y a qu'à regarder Posthumus... C'est du cousu main... » Nous n'avions, à l'époque, de préjugé ni pour ni contre la théorie, nous la considérions comme une chose à examiner et, si les faits le voulaient, à entériner. Nous trouvâmes seulement un peu désenchantant d'apprendre, de la bouche de cet éminent convive que, finalement, il n'y avait rien à découvrir aux Pays-Bas sinon la confirmation d'une vérité déjà connue. Nous aurions presque pu faire l'économie du déplacement ! Ajoutons que les conversations que nous eûmes, quelques semaines plus tard, avec les professeurs J. G. Van Dillen et T. S. Jansma, à Amsterdam, nous démontrèrent rapidement que, de leur point de vue, l'ours était loin d'être tué. Le prix de leur leçon a été inestimable et je le leur remercie.

22. Certains des prolongements de la recherche sur les métaux précieux sont contenus dans la cinquième étude. Il y en a beaucoup d'autres. Une fois posé un paramètre sûr, toutes sortes de confrontations deviennent possibles. Nous y travaillons. Mais, simultanément, nous avons eu à examiner les problèmes de l'histoire des prix et du développement. Certains des résultats ont été publiés dans divers articles et diverses revues. La rédaction de chapitres dans l'*Histoire économique et sociale de la France* et de l'*Histoire économique et sociale du monde* (P. Léon éd.), Paris, 1978, nous a conduit à écrire aussi des morceaux de synthèses sur ces sujets. La recherche reste ouverte bien que ses grandes lignes commencent à acquérir quelque fermeté.

engendrer que frustration, aigreur et préjudice, alors que la bonne volonté, le souci d'alliance scientifique et la compréhension étaient, de toute évidence, présents dans notre première étude. Peut-être est-il fini le temps où les meuniers désarmaient les rois par une réplique courageuse, peut-être n'y a-t-il plus de juges à Berlin et, peut-être, ce qu'à Dieu ne plaise, en périra-t-on... Mais pouvons-nous dire autre chose que ce que nous estimons vérité et qui, de surcroît, a été poursuivi et a été atteint avec autant de prudence humaine qu'il semble être requérable ? Quant au terme de ces cinq études, nous nous sommes arrêté pour considérer le paysage, un sentiment extraordinaire s'est emparé de nous. Un sentiment de libération vis-à-vis de schèmes qui étaient comme des harnais mal sanglés, un sentiment d'avoir compris et un sentiment de rencontre avec le réel. Un sentiment de liberté devant les recherches futures à entreprendre en même temps que de sécurité dans cette liberté, les règles du bon raisonnement ayant été retrouvées. S'il nous est permis d'exprimer un souhait, ce sera celui-ci : nous serions comblé si, en achevant la lecture de cet ouvrage, le lecteur – jeune étudiant ou historien chevronné – éprouvait le même sentiment. Mais pour cela, il lui faudra désirer et obtenir lui-même cette libération. Car si nous pouvons proposer des résultats dont nous pensons pouvoir être sûr et indiquer par quel itinéraire nous y sommes parvenu, il reste à celui qui lit la faculté et l'obligation de vérifier par lui-même et pour autant qu'il le peut, qu'il n'est pas induit en erreur, et qu'on ne le fourvoie pas... Nous lui demandons, en quelque sorte, par conséquent, et de bout en bout, de ne pas se démettre de sa liberté de jugement, celle-ci étant supposée évidemment testée à l'avance aux critères de la vérité scientifique. C'est austère, mais il n'y a pas d'autre voie, et puis... si l'on savait à quel point le jeu en vaut la chandelle !

Je remercie M. le Professeur Pierre Vilar qui a bien voulu accepter de suivre ces travaux, Didier Ozanam qui m'a accueilli si gentiment dans son Séminaire. Je remercie M. le Professeur Fernand Braudel, Maurice Aymard, Clemens Heller, la Maison des sciences de l'homme et l'Université de Cambridge d'avoir bien voulu permettre l'impression de ces cinq études. Je remercie également M. le Professeur Carmelo Viñas y Mey, Directeur de l'*Anuario de historia económica y social* (Madrid) et Jacques Bouillon, Secrétaire général de la *Revue d'histoire moderne et contemporaine* (Paris), après les avoir reçues dans leurs publications, de nous avoir autorisé à reproduire dans ce volume les études 1 et 2. Etant donné le long délai qui s'est écoulé entre la rédaction et l'édition, nous avons cru devoir faire suivre chacun des textes d'un petit addendum de mise au point. Nous avons renoncé à écrire une postface comme nous l'avions projeté un moment. Dans l'état actuel de notre documentation et dans l'état nouveau de la problématique, elle n'aurait pu que s'enfler démesurément et déséquilibrer l'ensemble précédent. Enfin, l'auteur ne doute pas que le lecteur ne soit d'accord avec lui pour estimer utile de s'arrêter de temps à autre : pour laisser mûrir, pour s'oxygéner ou, tout simplement, pour faire la pause. Même si le café n'est pas servi dans une tasse de Delft avec, pour tourner, une petite cuiller en or !

Article liminaire
D'Amsterdam à Séville : de quelle
réalité l'histoire des prix est-elle le miroir ?

Lorsqu'il nous avait accueilli dans son bureau de la firme E. J. Brill à Leyde, le professeur Posthumus avait évoqué cette suite qu'il comptait donner au premier volume de la *Nederlandse prijsgeschiedenis*[1]. Après les prix courants de la Bourse d'Amsterdam, les prix provenant des institutions. La documentation était alors presque entièrement rassemblée, l'élaboration, très avancée. Le professeur Posthumus n'aura pas eu la joie de tenir entre ses mains le résultat de son minutieux travail[2]. Sa mort, survenue le 10 avril 1960, a privé le monde scientifique d'un savant d'une puissance de labeur exceptionnelle alliée à la plus grande largeur d'esprit dans l'investigation et l'analyse. Il n'avait même pas eu le temps de revoir et de polir la longue introduction préparée pour le second volume et substantielle comme la précédente. L'entreprise de la publication a été achevée par les soins d'élèves et d'amis dévoués et compétents, au premier rang desquels il faut placer le professeur F. Ketner, de l'université d'Utrecht. La firme E. J. Brill a réalisé l'impression d'une manière parfaite. Heureux Pays-Bas qui sont dotés aujourd'hui de deux splendides instruments de travail, de deux séries parallèles des prix ! Grâce au professeur Posthumus, ils ont bien rempli la tâche impartie, il y a plus de trente ans, par le Comité scientifique international des prix.

Les prix publiés dans ce deuxième volume viennent de trois villes : Utrecht, Leyde et Amsterdam. Ils sont extraits des comptes d'orphelinat, d'hôpital ou de la fabrique des églises, hormis quelques-uns, du marché aux grains d'Utrecht, donnés en complément de l'ouvrage

---

1. N. W. Posthumus, *Nederlandse prijsgeschiedenis*, tome I, *Goederenprijzen op de beurs van Amsterdam 1585-1914 ; wisselkoersen te Amsterdam 1609-1914*, Leiden, 1943. Édition anglaise parue en 1946 chez le même éditeur (E. J. Brill).
2. Posthumus, *Inquiry into the history of prices in Holland*, Leyde, 1964, tome II.

déjà ancien de J. A. Sillem[3]. Le matériel est comparable à celui qu'avait utilisé pour l'Espagne Hamilton, et qui a servi de base, plus récemment, aux historiens belges[4]. Le professeur Posthumus avait éprouvé le besoin de les défendre contre l'opinion de W. C. Mitchell qui déclarait inapplicables *(irrelevant)* à la construction d'une courbe indicielle les prix des institutions. La plupart des historiens souscriront à ses arguments. Au surplus, pour les époques anciennes, nous n'avons pas le choix, ordinairement.

La liste des articles étudiés est fort longue. Sur 387 colonnes de prix, 284 concernent les denrées alimentaires. La proportion, presque les deux tiers, ne surprend pas, étant donné l'origine des comptes, étant donné aussi le petit nombre des produits non agricoles dans l'économie ancienne. Les matières premières figurent cinquante fois, les produits semi-finis soixante-et-une fois, et les produits finis, les fabricats, vingt-huit fois. Pour une exigence moderne, c'est sans doute encore trop peu pour l'établissement d'une courbe de la conjoncture industrielle. C'est, néanmoins, beaucoup plus que nous n'avons en maints pays. Les textiles, fortement représentés dans les *Prijscouranten,* grâce aux produits de l'industrie lainière, font ici relativement défaut. Mais on trouvera les toiles, absentes dans le premier volume, et pour lesquelles on devait recourir, si l'on voulait apprécier le mouvement de leur valeur, aux chiffres anglais publiés par W. H. Beveridge[5].

Dans le temps, les séries remontent à 1348 (Utrechtse Oudmunster : table 42, avoine) et s'achèvent en 1914 (hôpital Saint-Barthélemy à Utrecht). Elles sont particulièrement suivies et abondantes pour quatre siècles, du XVe au XVIIIe. Les prix sont donnés, comme dans le premier volume, par année civile, sauf exception : ainsi, à Utrecht, le professeur Posthumus a respecté les limites d'un exercice financier courant d'une Saint-Remi à l'autre, ce qui correspond à peu près, vu le calendrier agricole, à une année-récolte (récolte engrangée). Les périodes quinquennales utilisées pour les indices vont de 0 à 4, comme précédemment et à la différence du parti adopté par

3. J. A. Sillem, *Tabellen van markiprijzen van granen te Utrecht,* Utrecht, 1901.

4. C. Verlinden, E. Scholliers, J. Craeybeckx et al., *Dokumenten voor de geschiedenis van prijzen en lonen in Vlaanderen en Brabant (XVe-XVIIIe eeuw),* Bruges, 1959 ; R. van Uytven, *Stadsfinancien en stadsekonomie te Leuven,* Bruxelles, 1961 ; H. van der Wee, *The growth of the Antwerp market and the European economy (fourteenth-sixteenth centuries),* La Haye, 1963.

5. W. H. Beveridge, *Prices and wages in England from the twelfth to the nineteenth century,* tome I : *Mercantile era,* London-New York-Toronto, 1939.

Hamilton (années de 1 à 5). Les graphiques ont été construits en respectant l'individualité de chaque ville et selon deux périodes de base. Graphique 1 : chapitre d'Utrecht et hôpital Sainte-Catherine de Leyde (période de base : 1450-1474) ; graphique 2 : hôpital du Saint-Esprit à Leyde, orphelinats de Leyde et d'Amsterdam (période de base : 1721-1745). Le troisième graphique, le plus neuf dans son intention, vise à déterminer l'influence du prix des grains sur le mouvement général des prix à Utrecht.

Que nous apprennent ces séries ? En gros, lorsque la comparaison est possible, le mouvement des prix d'institutions suit les pentes et les tendances des *prijscouranten*. Toutefois, le professeur Posthumus avait constaté que, contrairement à son attente, le niveau des prix d'institutions se tenait *au-dessous* du niveau des prix de la Bourse. Il en a proposé l'explication suivante : les institutions achetaient par grosses quantités, auprès de marchands de première main qui consentaient des rabais importants. Ce n'est pas entièrement convaincant. Les prix de la Bourse devaient affecter des volumes de marchandises bien supérieurs à des achats assez particularisés. On aurait plutôt tendance à croire que les prix courants reflètent les tensions du marché international et la demande de l'exportation. Ces tensions n'agissaient pas de manière aussi constante sur le marché intérieur, principalement dans l'évêché d'Utrecht, dont les fermiers n'étaient pas sans envergure.

Mais l'intérêt primordial du second volume est d'élargir considérablement le champ d'observation. Les *prijscouranten* commençaient vers 1590. Ils ne permettaient pas de se faire une idée de la hausse survenue au XVIᵉ siècle. Nous avons, cette fois, une courbe continue depuis le dernier siècle du Moyen Age. Le professeur Posthumus y avait distingué quatre phases :
– une phase calme, de stagnation, coupée de brusques éruptions, entre 1450 et 1550 ;
– une phase de hausse rapide de 1550 à 1660 ;
– une phase de lourdeur, déclin et hausse modérée de 1660 à 1820 ;
– une phase de hausse vigoureuse jusqu'en 1914.
On trouvera dans la périodisation et le diagnostic qui l'accompagne de quoi se rassurer, puis s'étonner. De quoi se rassurer si l'on envisage les deux premières phases, car l'évolution des Pays-Bas du Nord se raccorde à celle des Pays-Bas du Sud et de l'Allemagne, s'intègre dans le concert européen. De quoi s'étonner au sujet des deux phases suivantes et principalement de la troisième, qui

escamote le XVIIIᵉ siècle. Le découpage représente, en fait, un compromis, une interprétation des données brutes de la courbe, et non leur exploitation immédiate. Pour autant que nous puissions en juger, cette interprétation dérive à la fois des recherches personnelles du professeur Posthumus et du consentement raisonné à une tradition. Les premières expliquent le choix de la date de 1550 pour marquer le début de la deuxième phase, celle de la hausse des prix : de la sorte, il y a coïncidence avec le démarrage de l'économie à Leyde et à Amsterdam. La tradition intervient pour légitimer le blocage des années 1660-1820 dans la grisaille du déclin succédant au Siècle d'Or. La réflexion sur la périodisation proposée par le professeur Posthumus doit donc tenir compte des deux éléments en jeu : la courbe des prix en elle-même et le schéma interprétatif.

Parfois, la courbe des prix offre une base précaire à l'interprétation. C'est le cas au XIXᵉ siècle. Notre auteur a associé la montée de l'indice, à partir de 1820, plus nettement à partir de 1840, à la renaissance économique du royaume des Pays-Bas. A première vue, cela semble aller de soi. Malheureusement, le professeur Posthumus ne disposait plus à la date indiquée que d'une série unique des prix : ceux de la viande à l'hôpital Saint-Barthélemy d'Utrecht. L'association reste probablement valable : par le biais d'une demande accrue des aliments carnés, fonction d'une élévation du pouvoir d'achat, elle-même en rapport avec un accroissement des liquidités de la population et de la fortune globale du royaume. Mais il s'agit, on le voit, d'une réfraction multipliée. D'autre part, la viande paraît constituer un secteur de pointe pour les prix au XIXᵉ siècle, avec une tendance à la hausse beaucoup plus affirmée que l'ensemble des marchandises négociées en Bourse (jusqu'en 1860), en désaccord même sur un siècle avec le prix des céréales, qui s'affaisse[6]. Aurait-il fallu, en s'en tenant à ces derniers indices, conclure à la stagnation ou au déclin des Pays-Bas ? Le problème dépasse celui de la fragilité du renseignement statistique. C'est celui de la congruence des courbes, de leur aptitude, isolément, à représenter un mouvement économique donné. Peut-on dire que la courbe des prix est le reflet, à très long terme, l'expression des « tendances » de l'économie ? A tout le moins, la signification n'est pas automatique, ou univoque. Nous y reviendrons plus loin.

---

6. Cf. les remarques présentées sur la baisse des prix au XIXᵉ siècle par F. C. Spooner à la IIᵉ Conférence internationale d'histoire économique, Aix-en-Provence, 1962 (cf. *Actes*, tome II, Paris-La Haye, p. 131).

Figure 1. *Les prix aux Pays-Bas au XIXe siècle**

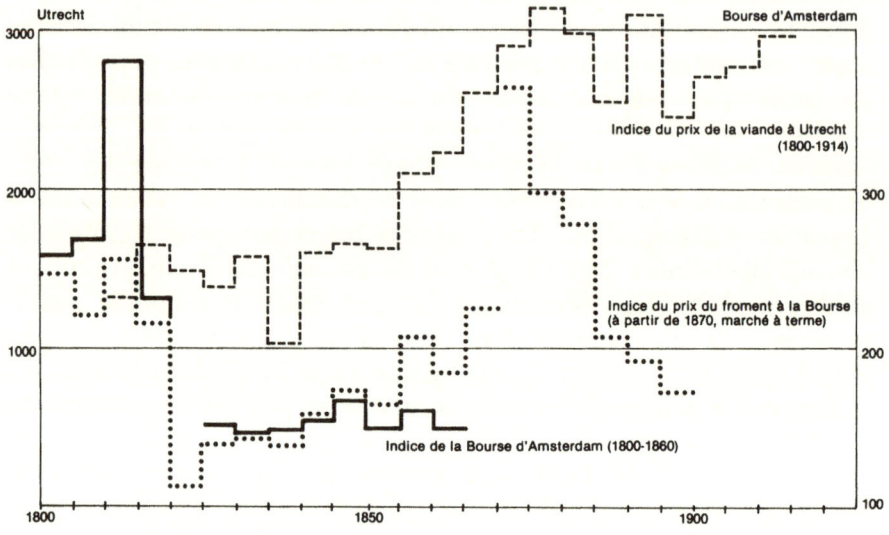

* Source : N.W. Posthumus, *op. cit.*, tome I, p. CI (indice général de la Bourse), p. 498 (prix relatifs du froment) ; tome II, pp. LXXV-LXXVI (prix relatifs de la viande).

La délimitation de la troisième phase se heurte à des obstacles d'un autre genre. La courbe des prix hollandais entre 1660 et 1820 n'offre pas en effet un profil particulièrement original, tranchant sur celui des autres pays. A Utrecht comme à Leyde et à Amsterdam, le point de retournement, au XVIIe siècle, se situe entre 1650 et 1654. La dépression des années 1730 est bien dessinée, surtout par l'indice II, plus nourri et plus sûr que le premier pour cette période. La hausse apparaît également à partir du second quart du siècle : indice 98 à Amsterdam (orphelinat) de 1730 à 1734, indice 142,7 de 1789 à 1795, indice 187,6 de 1795 à 1799. Les prix ont donc stagné, puis décliné, avec des soubresauts de 1660 à 1730, puis doublé en soixante-dix ans. Le lecteur français, habitué aux courbes de céréales dressées par le professeur Labrousse et ses élèves, H. Hauser et ses collaborateurs, n'en sera pas décontenancé. Mais l'interprétation est différente en France et aux Pays-Bas. La périodisation adoptée par le professeur Posthumus ne se justifie pas intrinsèquement d'après la courbe ; elle repose uniquement sur la perspective donnée par les historiens hollandais à l'époque considérée et, surtout, au XVIIIe siècle, perspective d'un *achteruitgang*.

Or, l'idée d'un déclin généralisé de l'économie des Provinces-Unies au XVIIIe siècle a subi, récemment, de rudes atteintes. J. de Vries a démontré que les assises de la fortune hollandaise restaient solides, grâce aux opérations financières extérieures, aux reconversions de l'industrie et au développement de l'agriculture[7]. Ses calculs aboutissent aussi à pondérer le déclin commercial, réduit finalement à peu de choses. Sur ce point, nous avons nous-même constaté, en étudiant un secteur considéré comme très atteint, les échanges avec la France[8], qu'il y avait eu augmentation sensible des quantités et des valeurs, au moins jusqu'en 1775-1780. Certes, il y a eu des abandons, des retranchements, des déplacements d'activité mais, dans l'ensemble, les Provinces-Unies ont suivi le mouvement général des affaires au XVIIIe siècle. Certes, il y a eu des crises, mais elles coïncident avec des crises identiques dans les autres pays européens et elles succédaient à d'autres crises, moins connues mais non moins évidentes, survenues au XVIIe siècle. L'interprétation traditionnelle a transformé des difficultés momentanées en dépression permanente, sans s'intéresser aux redressements intermédiaires ou ultérieurs. Même la crise la plus grave, celle de la quatrième guerre anglaise, apparaît plus ou moins surmontée, dans le secteur français, en 1791-1792.

L'argument du déclin disparu, la nécessité d'une périodisation particulière aux Pays-Bas du Nord tombe. Chose curieuse, cependant, si la hausse des prix, à partir de 1730, cesse de détonner et adhère à la nouvelle perspective du XVIIIe siècle, la baisse précédente ne s'ajuste pas avec ce que nous savons de l'économie hollandaise de 1660 à 1730. Car toutes les indications susceptibles de nous renseigner marquent des progrès substantiels, dont certains durent jusqu'en 1730, voire au-delà. On peut citer les droits perçus à l'entrée et à la sortie des ports, les Convoïen-en-Licenten, le trafic de la Compagnie des Indes, à son zénith, en 1730 d'après K. Glamann[9], les progrès de la colonisation à Surinam, la tenue satisfaisante des échanges avec la France de 1716 à 1748. Pour la seconde fois, nous retrouvons le problème de la congruence de la courbe des prix. Encore avons-nous ici un indice général ! Que serait-ce si nous en étions réduits à une seule série de prix ?

7. J. de Vries, *De economische achteruitgang der Republiek in de achttiende eeuw*, Amsterdam, 1959.
8. « La balance du commerce franco-néerlandais et le "resserrement" économique des Provinces-Unies au XVIIIe siècle », *Economische-Historische Jaarboek*, 1965, pp. 170-233.
9. K. Glamann, *Dutch-Asiatic trade 1620-1740*, Copenhague-La Haye, 1958.

C'est également en fonction du schéma interprétatif que l'on retiendra ou que l'on rejettera la date de 1550 pour le début de la phase B. La courbe des prix n'en impose pas la nécessité. La hausse est perceptible à l'hôpital Sainte-Catherine de Leyde, dès le début du XVIᵉ siècle. L'indice général passe de 112,4 en 1500-1504 à 161,9 en 1545-1549 et 211 en 1550-1554, sous l'influence de la disette frumentaire. La périodisation du professeur Posthumus met en exergue, non pas la *hausse* proprement dite, mais son accélération. On pourrait d'ailleurs discuter sur l'intensité de cette *accélération* (les prix triplent de 1554 à 1599, mais ils avaient presque doublé auparavant), sur sa signification (elle disparaît lorsqu'on substitue les équivalents argent aux prix nominaux), sur sa durée (de 1594-1599 à 1645-1649, les prix passent seulement de l'indice 682 à l'indice 1182,4). Les choses se compliquent encore si l'on examine la courbe des prix d'Utrecht. Car celle-ci, nous verrons pourquoi dans un instant, présente une hausse continue, à travers des péripéties, depuis son origine et durant tout le XVᵉ siècle (indice 15,5 en 1370-1374, 144,9 en 1495-1499, 208,9 en 1545-1549 et 736 en 1595-1599). Si nous revenons au XVIᵉ siècle, nous constatons une grande parenté des courbes des Pays-Bas du Nord et des Pays-Bas du Sud. Faut-il donc faire remonter l'essor de la Hollande au tout début du siècle ? Il faudrait alors renoncer à une corrélation étroite et accorder à l'influence diffuse, irradiée du grand foyer anversois, une intensité presque aussi grande que celle d'un « démarrage ». Et comment faire coïncider cette représentation avec les difficultés de l'industrie textile à Leyde ?

Les nuances qui séparent l'évolution du Nord et du Sud, quant à la courbe des prix, ne comportent pas d'indication suffisante pour distinguer leurs évolutions économiques respectives. Prenons par exemple la dénivellation des prix. La hausse a été plus forte au Sud qu'au Nord. Les prix d'Utrecht ont été multipliés par 5,5 environ au XVIᵉ siècle, les prix de Leyde par un peu moins de 5 (dans les comptes de l'hôpital du Saint-Esprit et de l'orphelinat), par 6 pour le froment (hôpital Sainte-Catherine). L'écart de progression est important avec Louvain et Anvers où les prix ont été multipliés par 10. Le chapitre d'Utrecht payait le muid de seigle 23 à 27 stuivers au début du siècle, 100 à 150 à la fin. Le halster de seigle à Louvain passa de 10,5 gros du Brabant à 107,1 ; le viertel, à Anvers, de 30 à 319 gros. Conclure que le Nord n'avait pas encore rattrapé son décalage en 1600 serait erroné. La manière dont la dénivellation s'est opérée le dément. Dans la première moitié du siècle, les prix hollandais ont, en gros, doublé ; ceux d'Anvers ont été multipliés par 2,5. La logique est respectée. Leyde et Utrecht accusent un certain « provincialisme » par rapport à la métropole commerciale. Hermann van der Wee voit dans le bon marché relatif de Leyde une circonstance favorable à la renaissance de l'industrie drapière. Mais de 1550 à 1600, les prix anversois quadruplent alors que ceux du Nord ne font que tripler. Et cela est d'autant plus remarquable que les prix ont dépassé leur crête séculaire sur les bords de l'Escaut (en 1587), alors qu'ils l'atteignent tout juste au Nord (en 1596-1597). Acquise tout au long du siècle, la dénivellation est devenue un fait structural, que le bouleversement économique n'affecte guère. Dans la dernière décennie, le prix du grain demeure plus sensible à Anvers où le viertel de seigle hausse de 109,5 deniers brabançons à 255, avec une pointe à 307,5, qu'à Leyde où le sac de froment passe de 3,7 à 5,67 florins avec une pointe à 6,24. Une telle comparaison garde, évidemment, le caractère aléatoire de sa documentation[10]. Si l'on essaie cependant de dégager quelles sont les influences qui expliquent ce comportement, on est bien obligé d'écarter certaines causes qualifiées habituellement de déterminantes. Ni la dépopulation du Sud, ni les coups subis par son économie, ni l'essor de l'industrie, du commerce et du nombre des habitants dans le Nord ne corrigent le décalage. Il faut donc faire la part la plus large à des facteurs plus locaux, plus événementiels : peut-être la présence de l'armée espagnole et le poids de la guerre à Anvers, certainement la proximité d'un marché régulateur des grains (Amsterdam) à Leyde. Le paroxysme de la hausse à Anvers est dû à la coupure de ses approvisionnements extérieurs faciles (France, Baltique). Quant à l'évolution séculaire de l'économie au Nord comme au Sud, elle est peu lisible, sinon illisible, dans la courbe des prix.

Constat d'impuissance aussi pour le XVᵉ siècle. Nous avons deux types de courbes : un type de Leyde, homologue des courbes de Flandre et du Brabant ; le type d'Utrecht. D'un côté, un profil haché, avec des mouvements de hausse fortement prononcés, comme l'avait fait remarquer C. Verlinden, trois cycles si nous reprenons l'analyse de R. van Uytven consacrée à Louvain : de 1406 à 1446, de 1446 à 1457 (cycle déprimé), de 1457 à 1490, mais le rajustement drastique

---

10. Il existe en effet une différence d'intensité dans la hausse si l'on compare les prix publiés par E. Scholliers et H. van der Wee pour la ville d'Anvers.

Figure 2. *Indices des prix des grains à Utrecht et à Leyde au XVᵉ et au XVIᵉ siècles**

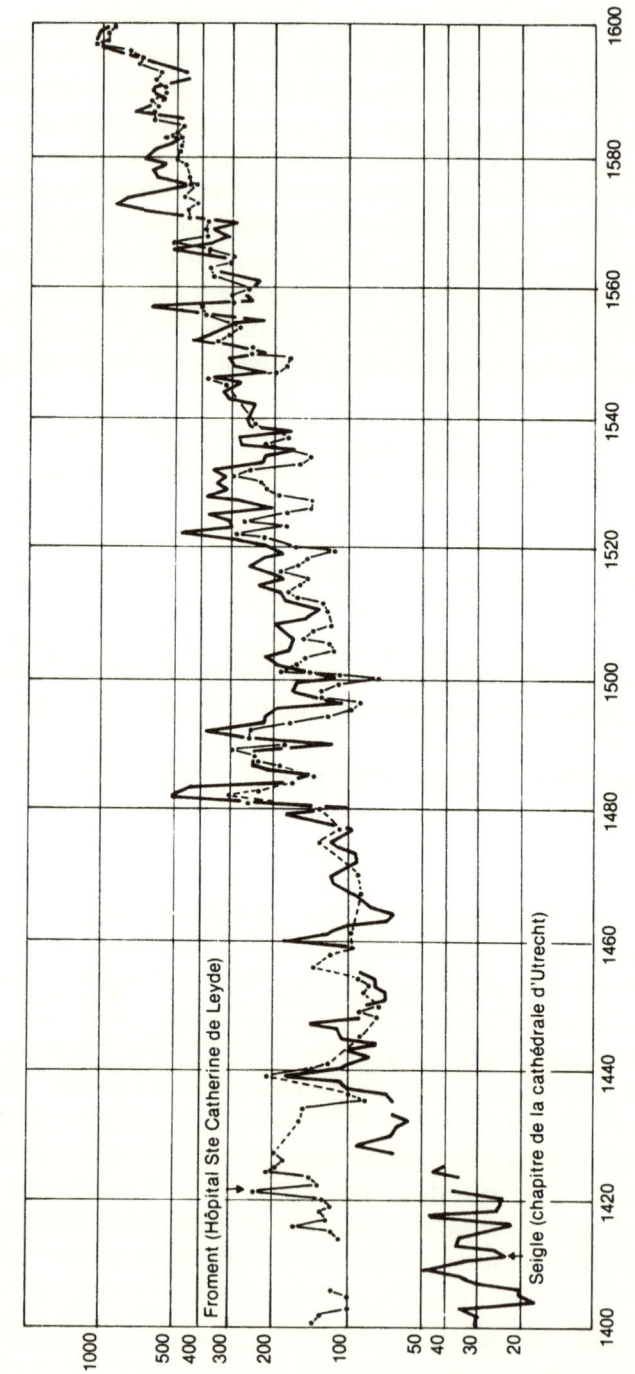

* Source : N.W. Posthumus, *op. cit.*, tome II, pp. 109-115 (prix relatifs du seigle à Utrecht), pp. 563-569 (prix relatifs du froment à Leyde).

de la dernière décennie ramène les prix à un niveau voisin de celui du début (heud de seigle à Gand : 26,5 gros à Flandre en 1400, 28,5 en 1499 ; muid de seigle à Louvain : 52 plaques brabançonnes en 1400, 54 en 1499). De l'autre côté, une courbe dont les mouvements courts sont identiques à ceux des villes voisines, mais dont la « tendance » (faut-il vraiment employer ce mot ?) séculaire est à la hausse : le prix du seigle est multiplié par 5 de 1400 à 1499, coefficient très proche de celui du XVIᵉ siècle.

La discordance est sans mystère. Elle vient de l'unité de compte utilisée à Utrecht. L'*albus,* selon la terminologie mise au point par N. B. Tenhaeff et H. van Werveke, était une monnaie de type B, avec un support réel, une pièce métallique de référence[11]. L'albus, introduit dans les comptes vers 1387, concurrençait alors la plaque de Dordrecht, à laquelle il était légèrement supérieur. Mais cette monnaie « fondit ». En 1411-1416, le rapport avec la plaque de Dordrecht lui était déjà défavorable : 1,5 contre 1 ; encore plus en 1445 : 5 contre 1. La dévaluation de l'albus peut être aussi appréciée en fonction du florin du Rhin, monnaie d'or jouant le rôle de monnaie de compte du type A. En 1418, le florin du Rhin s'échangeait contre 65 albi ; en 1489, contre 540. L'albus était tellement déprécié qu'il fut remplacé, dans les comptes, par le stuiver d'Utrecht, puis le stuiver de Hollande, sans qu'il y ait cependant rupture dans le mouvement des prix. Un gigantesque « effet Malestroit » déforme la courbe d'Utrecht. On déniera, sans doute, la représentativité de celle-ci. Pourtant, les mouvements de hausse qui parcourent le XVᵉ siècle semblent doués d'autonomie par rapport aux mesures datables de dévaluation.

Les courbes de Leyde, de Gand et de Louvain reflètent-elles mieux l'évolution économique ? Les monnaies de Hollande, de Flandre et du Brabant ont subi aussi quelques vicissitudes. Le gros de Flandre représentait en 1400 un poids d'argent de 1,02 gramme ; en 1419, de 0,45 gramme. La dévaluation atteignait donc 55 % bien que la monnaie flamande restât la plus forte de l'ensemble des Pays-Bas. Le gros fut alors réévalué à 0,66 gramme, mais l'opération ne connut qu'un succès relatif, et la stabilisation vint seulement en 1433 sur la base de 0,50 gramme. Cependant, c'est entre 1419 et 1450 que l'albus a « décroché », faute d'avoir bénéficié des mesures de réévaluation et

11. F. Ketner et N. B. Tenhaeff. « Bijdrage tot de Kennis van de Utrechtse Rekenmunten in de 15 e eeuw », *Tijdschrift voor Geschiedenis,* 1934. H. van Werveke, « Monnaie de compte et monnaie réelle », *Revue belge de philologie et d'histoire,* 1934.

à cause des troubles religieux de l'évêché. C'est à ce moment aussi que les prix d'Utrecht se sont émancipés du *trend* collectif néerlandais, tout en continuant de répercuter les mêmes accidents, à l'exception naturellement des mouvements strictement locaux. Après 1454 et la mainmise de la maison de Bourgogne sur Utrecht par l'intermédiaire du bâtard David, l'albus épouse les destinées du gros de Flandre, du gros de Brabant et du florin hollandais, mais il était trop tard pour rectifier la pente des prix. Tout s'est donc passé comme si l'axe de l'abscisse avait été basculé à Utrecht, basculé puis redressé à Leyde et au Sud. Lequel des deux coups de pouce trahit la réalité ?

Figure 3. *Evaluation en or des monnaies d'Utrecht et de Brabant**

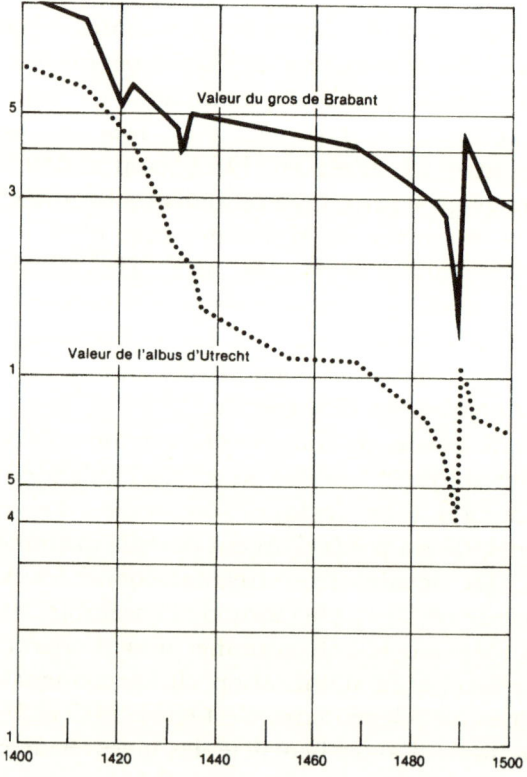

* Cours de l'albus d'après les tables publiées par F. Ketner in N.W. Posthumus, *op. cit.*, pp. 12-30. Cours du gros de Brabant d'après H. van der Wee, *op. cit.*, tome I, pp. 107-125.

La dévaluation reprit aux Pays-Bas sous le règne de Charles le Téméraire et devint vertigineuse entre 1472 et 1489. De telle sorte que les prix de 1499 à Leyde, comme à Gand et à Louvain, représentaient trois ou quatre fois ceux de 1406, treize fois à Utrecht. Puis, de nouveau, il y eut réévaluation. Par une réforme monétaire, Maximilien tripla la valeur en métal du gros de Flandre. La cassure des prix est nette, bien qu'elle ne soit pas due seulement à la déflation (la conjoncture politique, la conjoncture frumentaire ont joué). D'ailleurs, les prix sautent de nouveau très vite. Il s'agit plutôt d'un redressement d'axe, comme dans la première moitié du XVᵉ siècle, qui, sans contrecarrer un nouveau mouvement de hausse, le maintiendra quelque temps à des hauteurs voisines de l'apogée de 1489. La « dépression » du XVᵉ siècle dans les Pays-Bas est ainsi très courte, puisque les prix sont soulevés avant 1500, et très relative (la courbe d'Utrecht est pleinement réintégrée dans la famille des courbes néerlandaises).

Le mouvement séculaire ne peut, par conséquent, être suivi correctement à travers de si profondes modifications de l'instrument monétaire. Le *trend* de Leyde n'est pas préférable au *trend* d'Utrecht et vice-versa. L'un et l'autre portent, quoique d'une manière différente, le traumatisme des mesures monétaires. Ici, dévaluation ininterrompue jusqu'en 1489 et inflation ; là, réévaluations périodiques et déflation. Une traduction des prix dans leurs équivalents respectifs en or ou en argent effacerait la discordance entre Leyde et Utrecht. Elle ne transformerait pas la structure faillée sous-jacente aux profils. Cette opération est d'ailleurs vivement attaquée par divers auteurs, notamment par Beveridge (en Angleterre, le shilling a perdu près de 75 % de sa valeur argent entre 1464 et 1560)[12]. De toute façon, aux Pays-Bas, des hausses importantes subsisteraient à l'intérieur du XVᵉ siècle, nominales et métalliques. Aucune corrélation entre ces mouvements et un fait économique quelconque, à l'exception des disettes, n'est tout à fait obvie. On ne peut donc se prononcer, d'après la seule courbe des prix, sur le véritable caractère du XVᵉ siècle[13].

12. W. H. Beveridge, *op. cit.*, p. XLIX, « In a money economy goods are not bought or sold for grains of fine silver or gold; they are bought and sold for money, and money, even when it consists of silver or gold coins, is something more than silver or gold in the coin. To describe silver and gold equivalents as prices is to ignore the nature of money and to confuse barter with exchange by the use of money. »

13. On se reportera à l'analyse faite de la conjoncture néerlandaise par H. van der Wee, *op. cit.*

Un faisceau aussi important de réserves plonge dans l'embarras. Il ne s'agit pas seulement du schéma interprétatif adopté par le professeur Posthumus. Ce schéma paraît tantôt trahir la réalité, tantôt être trahi par la courbe des prix. Mais il ne suffirait pas de retailler le patron de l'histoire économique néerlandaise pour aboutir à une image des faits concordant avec le profil d'Utrecht ou de Leyde[14]. C'est la signification de la courbe elle-même qui n'est ni évidente, ni inattaquable. L'interprétation classique qui associe hausse et expansion économique, baisse et contraction, selon les définitions de Mitchell, oblige constamment, pour trouver vérification à très long terme, à faire des choix : choix d'une série (les prix de la viande au XIXe siècle et non ceux des céréales) ; choix d'un critère d'intensité (l'accélération de préférence à la simple hausse, retenue par le professur Posthumus, pour le XVIe siècle, écartée pour le XVIIIe siècle) ; choix d'une forme (prix nominaux de Leyde et non d'Utrecht ou prix en argent). Ces choix n'aboutissent pas à rendre plus sûres les corrélations. Cette constatation est certainement cruciale. Elle pose une question préalable, et la discussion sur le moteur du mouvement des prix en Hollande, à laquelle nous invite un autre passage de l'introduction du professeur Posthumus, doit être retardée pour y satisfaire.

Chacun le sait : l'enseignement classique découle principalement de l'observation des prix du XIXe siècle et, d'abord, des remarques de C. Juglar sur le retour régulier des « crises ». Les économistes rattachèrent ces crises à des cycles de prix, dont la périodicité moyenne fut fixée entre six et dix ans (cycle décennal). Une concordance se dégageant entre les indices d'activité et les indices des prix, la phase de hausse précédant la crise fut qualifiée de phase de prospérité ou d'expansion, la phase de baisse, postérieure, de phase de dépression ou de contraction. D'autres mouvements alternés de hausse et de baisse furent ensuite découverts, les uns plus courts, les autres plus longs. Parmi ceux-ci un sort brillant fut réservé aux « ondes » Kondratieff, c'est-à-dire une sorte de cycle de cinquante ans, associant deux vagues alternées de vingt-cinq à trente ans, flux et reflux, que l'on retrouve effectivement, par trois fois, dans l'évolution des prix de 1790 à 1940. L'un des soucis des économistes

---

14. La tendance à l'ajustement de l'histoire traditionnelle et de l'analyse des courbes est générale, cf. par exemple : J. Elsas, *Umriss einer Geschichte der Preise und Lohne in Deutschland*, Leyde, 1936-1949, 3 volumes. Voici les périodes retenues pour Francfort (tome III) : 1370-1470 ; 1470-1512 ; 1512-1621 ; 1621-1657 ; 1657-1800.

fut et reste de discerner l'existence ou l'absence de ces cycles Kondratieff antérieurement au XIXᵉ siècle[15]. F. Simiand ébaucha d'abord, d'après la courbe des prix, un modèle à trois pentes, dont le premier faîte se situerait vers 1650. Après lui, le modèle fut notablement amélioré, bien que la longueur des « vagues » demeure supérieure à celle des vagues du XIXᵉ siècle, que la position du point de retournement au XVIIᵉ siècle diverge selon les auteurs (1630, 1650 ou 1660), que l'alternance pose de délicats problèmes, surtout à la charnière des XVIIIᵉ et XIXᵉ siècles. Mais, si l'on discute sur la durée des phases, un accord à peu près général se dégage sur leur signification. L'habitude s'est prise de définir un siècle d'après le *trend* de ses prix. Le XVIᵉ, le XVIIIᵉ siècle aux trois quarts sont considérés comme des périodes d'expansion, le XVIIᵉ et, avant lui, le XVᵉ siècle comme des périodes de marasme et de malaise.

Transposition légitime ? Transposition fragile, au moins. Dans le premier stade des investigations, la corrélation ne pouvait s'appuyer que sur une sorte de « consensus » au schéma général de l'évolution économique en Europe. Ce qui provoquait parfois des distorsions : l'essor des Provinces-Unies se serait accompli dans un monde en complet désarroi. Le dossier a certes été nourri depuis, mais nous n'atteignons jamais un indice global de l'activité. Nous saisissons des évolutions locales (Hondschotte ou Leyde), sectorielles (la laine, le coton ou la soie), contradictoires (travail de la laine et de la toile à Troyes). Il faut donc multiplier les aménagements, envisager des avances ou des retards suivant les pays, biaiser avec la courbe des prix[16]. La corrélation est vulnérable aussi du fait que les courbes de prix n'intéressent pas toujours un large éventail de produits et que, dans les meilleurs cas, comme dans les travaux du professeur Posthumus, les denrées agricoles pèsent d'un poids énorme sur l'indice général[17].

---

15. G. Imbert, *Des mouvements Kondratieff*, Aix-en-Provence, 1960, p. 161 : « ... Et pourtant n'est-il pas essentiel de répondre ou tout au moins d'essayer de répondre à la question : existe-t-il, dans les séries économiques qui ont précédé la Révolution industrielle, des mouvements de longue durée tels que nous les avons observés depuis dans la structure de l'économie capitaliste ? Leur nature et leurs causes sont-elles identiques ? Négliger ce problème, n'est-ce pas par avance nous refuser à connaître la vraie nature de nos mouvements ? » L'auteur conclut d'ailleurs à une identité de nature.

16. Cf. les difficultés rencontrées par les historiens de Genève : J. F. Bergier (*Genève et l'économie européenne de la Renaissance*, Paris, 1963) et A. M. Piuz (*Recherches sur le commerce de Genève au XVIIᵉ siècle*, Paris, 1964) pour faire entrer leurs résultats dans le cadre mercantiliste, défini par F. Simiand.

17. 56,7 % dans l'indice des 44 articles à la Bourse d'Amsterdam ; 14,4 % pour les céréales seules.

En outre, la notion de cycle, le principe d'une corrélation caractéristique n'ont pas à l'époque contemporaine toute l'assise voulue. Passons rapidement sur la « crise » de la science économique en face de l'évolution récente, bien que la contingence d'une notion et des structures temporelles soit pleine d'instructions[18]. Mais au XIX⁰ siècle, la corrélation positive d'une hausse et d'un essor est-elle parfaite ? Pour un cycle Juglar, pas de doute en ce qui concerne l'activité industrielle, la baisse, toutefois, se traduisant davantage par un ralentissement de croissance que par une diminution prolongée. Mais pour la production agricole, pour la production des céréales principalement ? Sans parler du cycle de Hanau, très particulier, il faut bien relever la corrélation fréquemment négative entre les récoltes et les prix du blé, que l'un des premiers statisticiens anglais, T. Tooke, mettait en relief et que l'on devine encore sur les diagrammes des *business-cycles* de Mitchell[19]. L'incertitude est encore plus grande pour les ondes Kondratieff. L'industrie britannique se développe aussi vite, sinon plus, dans la phase de baisse 1815-1850 que dans la phase précédente de hausse. Son indice grimpe plus vite de 1920 à 1940, malgré les crises graves, qu'entre 1896 et 1920. Enfin, si l'on voulait juger le XIX⁰ siècle à l'aune à laquelle on juge le XVII⁰, il faudrait admettre un déclin catastrophique. Car, de 1800 à 1900, beaucoup plus nettement que de 1600 à 1700 c'est un processus de baisse qui domine, éminemment sensible dans le prix des céréales[20]. Mais personne n'a pris la responsabilité de baptiser le XIX⁰ un siècle de contraction.

On invoquera, à bon droit, les profondes différences technologiques qui séparent le XIX⁰ siècle des siècles antérieurs, le progrès technique dans l'industrie et les transports (qui se répercute sur le prix du blé). C'est admettre qu'à un changement de structure correspond un changement dans le comportement des prix. C'est admettre aussi que des formes semblables peuvent avoir des explications différentes selon le temps. Labrousse a déjà insisté sur ce point en proposant un modèle explicatif valable pour une économie à dominante rurale. Ce modèle est compatible avec l'interprétation

---

18.   « Toute crise économique implique, virtuellement, une crise de la science économique elle-même » (H. Ardant, *Les crises économiques*, 1948, p 198). La « grande dépression » des années 1930 est fréquemment décrite comme une mutation structurelle. (Ecrit en 1965. La crise des années 70, inachevée en 1980, était encore au-dessous de l'horizon !)

19.   W. C. Mitchell, *What happens during business cycles ?*, New York, 1951, p. 39.

20.   A cause de l'invasion des blés d'outre-mer.

Figure 4. *Prix et production industrielle en Angleterre de 1800 à 1950**

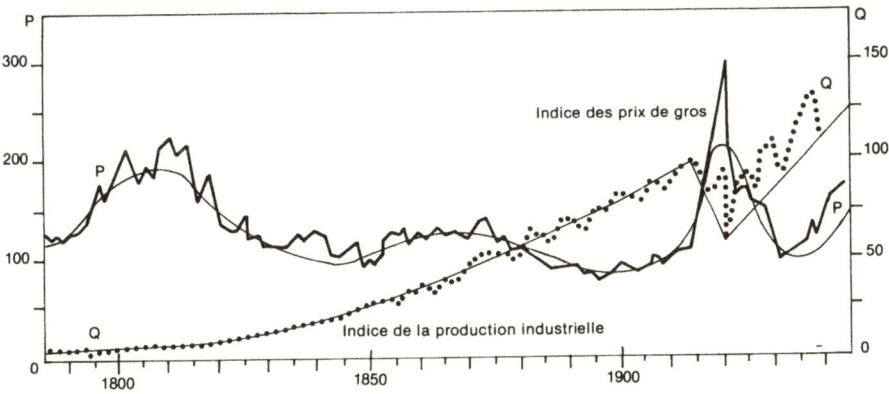

* Figures empruntées à J. Ackerman, *Structures et cycles économiques*, Paris, 1955, tome I, p.118. Les courbes ont été soulignées de manière à faire apparaître d'une part les cycles Kondratieff, d'autre part les tendances de la production.

classique du mouvement des prix. Mais le texte de Labrousse invite néanmoins à la prudence, par exemple lorsqu'il insiste sur les effets contrastés des crises sur le budget des gros fermiers et des pauvres métayers et journaliers[21]. Il nous semble donc permis et opportun d'examiner ici le mécanisme réel de la hausse et, pour ce faire, d'analyser d'abord le mouvement des prix du blé qui joue le rôle de timonier dans les *trends* du XVᵉ au XIXᵉ siècle.

Le fait fondamental est bien cette corrélation négative mise en lumière, pour le début du XIXᵉ siècle, par Tooke. Tout le monde est d'accord pour convenir qu'à très court terme, les prix varient en fonction inverse des récoltes. Par contre, on a hésité à reconnaître un principe durable de variation des prix dans l'inégalité des récoltes, malgré les études d'A. Moore et la recherche s'est un peu enlisée ensuite à la poursuite d'une autre corrélation climatique ou météorologique cette fois, dans la ligne de Jevons[22]. L'obstacle vient, en

---

21.   E. Labrousse. *La crise de l'économie française à la fin de l'Ancien Régime*, Paris, 1944, p. 23 : « La hausse ne peut agir sur l'entrepreneur que s'il vend, que s'il dispose d'un surplus négociable. C'est le cas de la plupart des viticulteurs, du grand propriétaire au vigneron de village. Mais c'est l'exception chez le producteur de blé, de viande, le gros fermier vendra, non le petit, non la masse des métayers, non la masse des propriétaires parcellaires. »

22.   Une telle corrélation n'est pas impossible, mais on a tendance à négliger le relais indispensable de la mauvaise récolte.

Figure 5. *Prix du blé et récoltes en Angleterre de 1805 à 1856**

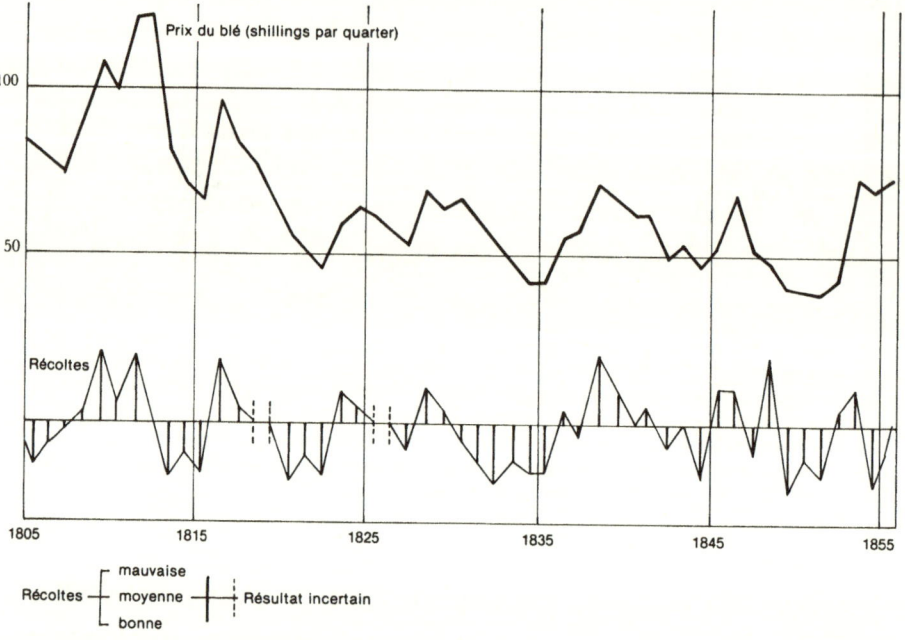

* T. Tooke, R. Newmark, *A history of prices in England*, 6 vol., 1839-1857. Les apprécia-tions de T. Tooke sont disséminées à travers les volumes II à V pour la période qui nous concerne et reprises dans leur ensemble au tome VI, p. 98 et suivantes. Elles étaient fondées sur des documents officiels (Comités parlementaires pour l'agriculture), des informations techniques (*Farmer's Magazine*) et les appréciations de la firme Cropper, Benson et Cie de Liverpool.

On a essayé de respecter les indications de T. Tooke concernant la qualité des récoltes. D'après les sources annexes, le rendement des récoltes s'améliore nettement à partir de 1832. Les mauvaises récoltes sont toujours relatives au niveau moyen de l'agriculture.

partie, d'une attention portée trop exclusivement aux grandes catastrophes agricoles, qu'on les a considérées comme isolées, ce qu'elles ne sont pas toujours[23], et que l'on n'a pas entrepris de suivre les résultats des récoltes sur une « série » d'années en relation avec les prix. Tooke qui avait l'intuition du phénomène n'en put vérifier l'exactitude avant 1775, tributaire qu'il était d'une trop faible documentation descriptive. Dès lors, l'assimilation qu'il faisait d'une mauvaise récolte et d'une hausse des prix devenait arbitraire et

23.   Intéressantes remarques du professeur E. Giralt sur la répétition, pendant deux années consécutives, des mauvaises récoltes dues à la sécheresse en Espagne. Cf. E. Le Roy Ladurie, « Le climat des XIᵉ et XVIᵉ siècles : séries comparées », *Annales E.S.C.*, 1965, tome XX, n° 5, p. 918.

frôlait la pétition de principe, malgré la large approbation des chroniqueurs. Il n'est pas possible, non plus, de suivre cette dialectique des prix et des récoltes en Hollande. Le professeur Posthumus a bien relevé l'extrême sensibilité des prix d'Utrecht aux disettes, mais les données chronologiques qu'il fournit se limitent justement à ces années exceptionnelles. Une enquête menée à travers les journaux français permet de reconstruire avec une certaine précision la succession des récoltes et de démontrer le mécanisme des hausses. On en trouvera un exemple ci-dessous avec la courbe des prix à Paris au XVIᵉ siècle.

Figure 6. *Prix à Paris de 1520 à 1600**

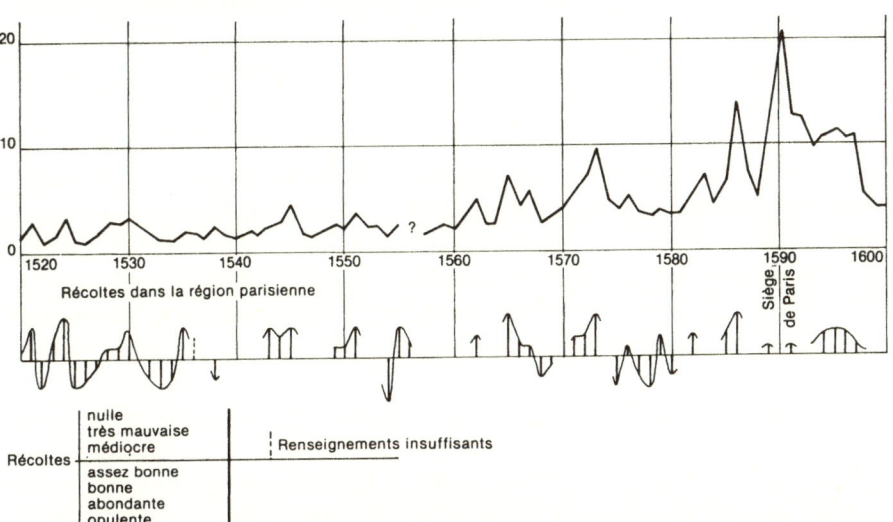

* Prix du setier de meilleur froment en livres tournois in J. Meuvret, M. Baulant, *Prix des céréales extraits de la Mercuriale de Paris (1520-1698)*, Paris, 1961-1963, tome I, p. 244 et suivantes. Renseignements sur les récoltes en provenance de divers chroniqueurs : Bourgeois de Paris, Claude Haton, etc. On a respecté l'aire traditionnelle de ravitaillement de Paris (Brie, Beauce, Vexin).
   On a constitué, par ailleurs, d'autres séries et d'autres graphiques pour le Maine, le Dauphiné, la Lorraine et l'Alsace (XVᵉ siècle), l'Anjou, la Chalosse, l'Auvergne et l'Alsace (XVIIᵉ siècle), le Maine (XVIIIᵉ siècle). En outre, des sondages positifs ont été opérés sur l'évolution des prix et des récoltes en Italie et en Espagne (XVIᵉ siècle), en Suisse (XVIIᵉ siècle), en Belgique et en Angleterre (XVIIIᵉ siècle).

Que se passe-t-il donc ? Bonnes ou excellentes, mauvaises ou très mauvaises, moyennes ou médiocres, les années s'enchaînent les unes aux autres selon des associations originales qui déterminent les oscillations caractéristiques de la courbe des prix. Dans les conditions fragiles de l'agriculture ancienne, à une époque où les rendements à la semence ou à l'unité de terre étaient extrêmement bas, le moindre déficit engendrait une tension sur les prix, l'abondance un fléchissement ou un arrêt de la hausse. Il s'agit en somme de la loi de King, dépouillée de son caractère arithmétique et corrigée, pour tenir compte de l'inertie à la baisse après une disette. Ce sont les « séries » d'années qui créent les cycles des prix du blé et leur donnent une forme variable. Un cycle décennal parfait sera défini, par exemple, par trois années mauvaises encadrées par trois bonnes récoltes. On le retrouve à peu près à Paris entre 1525 et 1534. Mais les combinaisons sont multiples. Elles ont créé l'écueil à la régularité des cycles que l'on s'efforce, souvent vainement, de retrouver et cet autre écueil de la proportion constante des bonnes et des mauvaises années[24]. Parfois, l'année-disette est franchement isolée, comme à Louvain dans le cycle déprimé au milieu du XV⁵ siècle ; parfois le cycle est en « baquet », comme en Beauce de 1775 à 1784 avec six années de récoltes, bonnes, abondantes ou surabondantes (une seule est qualifiée de demi-récolte : 1779) entre deux médiocres ou mauvaises ; parfois, enfin, le cycle est en « horst » lorsque la « série » est franchement mauvaise : quatre, cinq ou six années de déficits, bloquées au centre (fin du XVI⁵ siècle à Romans, 1764-1775 à Dreux et à Chartres), ou à deux pointes lorsqu'une période de rémission s'introduit entre les années difficiles (1690-1700).

A leur tour, les séries et les cycles s'enchaînent. Le cycle n'est souvent qu'un arceau boiteux, la retombée n'étant pas aussi forte que l'élancement. Il suffit, pour cela, que la hausse des mauvaises années ait été particulièrement accentuée ou durable (horst) ou encore que le nombre des bonnes années succédant aux mauvaises ait été insuffisant pour que les prix reviennent à leur niveau d'origine, avant la naissance d'un nouveau cycle. Alors le mouvement séculaire s'élève. Tel fut le cas au XVI⁵ siècle et au XVIII⁵. Cela ne signifie pas que la production moyenne normale ait baissé, mais que cette moyenne a été atteinte un nombre de fois anormalement bas, et que la distribution des mauvaises années a créé les conditions d'un dénivellement des prix. La hausse des prix correspond donc à un processus naturel qui, dans les limites de notre observation, a été mis

24.   Vaches grasses, vaches maigres... Au XVIII⁵ siècle, l'abbé Galiani n'envisageait le retour des années catastrophiques qu'à des intervalles très longs.

Figure 7. *Prix et récoltes entre Chartres et Dreux de 1735 à 1786**

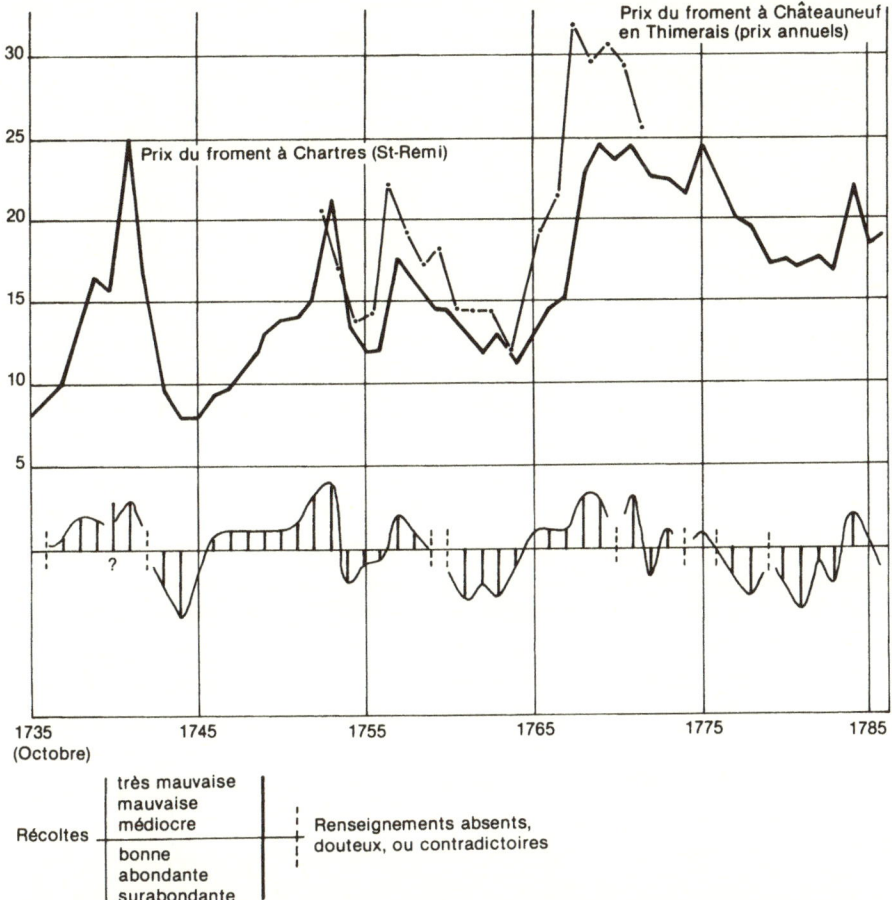

* Prix de Chartres publiés par Doyen, *Histoire de la ville de Chartres*, tome II, pp. 375-377. Prix de Châteauneuf-en-Thimerais donnés par le subdélégué Barreau (AD Eure-et-Loir, (.63). Renseignements sur les récoltes puisés dans les registres paroissiaux (cf. AD Eure-et-Loir) et, pour Dreux, L. Merlet, *Analyse des archives communales de Dreux (1856)*. Cf le journal du curé Bonnet.

en branle au moins deux fois dans toute l'Europe (au XVIe et au XVIIIe siècle), peut-être trois si l'on pouvait suivre l'évolution du XVe siècle. Dans l'état précaire de l'agriculture, on peut même s'étonner qu'il n'ait pas joué plus souvent. Pourtant c'est un fait. Si la période 1660-1730 échappe au mécanisme en partie[25], c'est qu'elle a

25.   En partie seulement, car il y eut des mouvements de hausse courts ou longs, par exemple de 1664 à 1700, en raison des disettes rapprochées de la dernière décennie.

été marquée par la répétition de séries anormalement bonnes (six bonnes récoltes avant la disette de 1693, huit avant la « famine » de 1709) que l'ampleur de catastrophes plus isolées qu'au XVIe siècle a masquées. Il est possible qu'une explication tirée de la dynamique des masses d'air (et, au-delà, d'un phénomène solaire) s'adapte à cette histoire, mais on ne peut pas, dans l'état actuel de la question, établir de corrélations prématurées entre les hivers, les pluies et les récoltes. Le seul fait patent, c'est la succession des récoltes, les « séries »[26].

Bien entendu, l'explication n'est pas exclusive des aménagements de détail parfois importants que nécessite la situation particulière d'une ville ou d'une province (cf. Genève et l'Alsace à la fin du XVIIe siècle), ou l'influence des phénomènes monétaires, voire celle d'un choc démographique brutal (portant davantage sur les populations urbaines que sur les populations rurales). Elle sollicite un réexamen du comportement des prix industriels, soit qu'ils aient suivi passivement et de loin, en quelque sorte, la hausse des prix des grains, soit qu'une véritable dialectique progressive se soit instaurée entre revenus agricoles (de quelques-uns) et revenus industriels selon le modèle du professeur Labrousse, soit encore qu'ils aient obéi à une conjoncture extérieure, ce qui était le cas des produits destinés à l'exportation. Mais, à cette exception près, les fluctuations des récoltes constituent la *ratio ultima* du mouvement des prix pour tous les siècles antérieurs au XIXe siècle. Aucune autre explication n'a un caractère aussi général et ne se prête aussi facilement à la démonstration du transfert d'impulsion aux prix. Quant à la corrélation avec l'activité générale, elle est de soi indifférente et susceptible de « signes » opposés selon la structure du pays. La disette profite à Amsterdam (comme à Marseille et à Livourne), développe, dans les deux sens, les échanges avec la Baltique, etc. Elle épuise d'argent le Portugal et l'Espagne[27]. Une baisse du prix des céréales n'exclut pas une activité industrielle accrue.

26. La conférence d'Aspen (cf. Le Roy Ladurie, *art. cit.*), a, heureusement, approfondi cette relation et nuancé certaines propositions tranchantes soutenues auparavant. Les corrélations entre hiver froid et mauvaise récolte ne sont pas automatiques. L'adaptation phytoclimatique est primordiale. On peut répéter ici ce qui a été dit à la note 22. Le repérage des mauvaises récoltes est fondamental pour éclairer la recherche à la fois sur la constance des causes et sur les conséquences (prix).

27. Mais, dans ces pays, les ports d'importation, Lisbonne ou Barcelone, profitent de la conjoncture. Cf. le mouvement catalan in P. Vilar, *La Catalogne dans l'Europe moderne. Recherches sur les fondements économiques des structures nationales*, Paris, 1959, tome III, pour la deuxième moitié du XVIIIe siècle.

La simplicité du mécanisme choquera peut-être. On a plutôt coutume de chercher de « grandes » corrélations entre les prix et un phénomène plus profond ou plus prestigieux : essor démographique, arrivée des métaux précieux. Mais la corrélation positive de base entre hausse et expansion n'a jamais été prouvée avant le XIXe siècle. Les corrélations secondaires établies ensuite pèchent par leur manque d'universalité et par la difficulté de leur mécanisme. Si l'on imagine un *trend* sous-jacent, par exemple des métaux précieux au XVIe siècle, on devra expliquer pourquoi ce *trend* attend pour se manifester une crise agricole, et pourquoi, lorsque l'or et l'argent continuent d'arriver en grandes masses, ils ne déclenchent pas dans une économie rassasiée de pain la grande hausse dynamique qu'ils promettaient. Nous allons, d'ailleurs, après ce trop long détour, revenir à l'examen des causes classiques du mouvement des prix. Le professeur Posthumus en a fait la recension. Il en distingue sept :

1. l'augmentation de la population,
2. un déclin de l'agriculture,
3. la guerre et la crainte de la guerre,
4. une diminution des liquidités,
5. la politique monétaire des autorités,
6. le solde de la balance des comptes,
7. l'accroissement du stock métallique.

Bien qu'il n'ait pas élevé d'objection à la première ("such a connection is not surprising") et qu'il ait insisté sur la troisième, le professeur Posthumus estimait que ces causes étaient moins puissantes et moins générales que la septième. Du point de vue méthodologique, il faut retenir le critère posé. C'est bien une cause générale qu'il faut chercher au mouvement des prix, lorsque celui-ci présente grosso modo les mêmes allures synchroniquement dans plusieurs pays, une fois les courbes particulières débarrassées des déformations monétaires locales. De ce fait, l'explication démographique avancée par I. Hammarström pour la Suède au XVIe siècle[28] ne paraît pas pouvoir être conservée, puisque la hausse des prix se poursuit en Brabant et en Dauphiné, entre autres exemples, en dépit d'une baisse de population. Tout accroissement démographique demande à être confirmé, et il n'entraîne pas nécessairement, surtout

---

28. I. Hammarström, « The "Price Revolution" of the sixteenth century : some Swedish evidence », *Scandinavian economic history review*, 1957, pp 118-154.

si l'équilibre villes-campagnes est maintenu, une tension sur les denrées. De même une Révolution industrielle accomplie au XVIᵉ siècle en Angleterre qui, par une analogie peut-être doublement trompeuse, expliquerait le mouvement des prix anglais, serait intransposable dans une région restée purement rurale comme le Limousin français, où la hausse n'est pas moins vivement ressentie.

Il reste donc à examiner l'hypothèse quantitativiste ou, plus exactement, bullioniste. La position du professeur Posthumus est remarquable. Car, en insistant sur "the mysterious driving power of the Spanish silver", il songeait, pour ainsi dire exclusivement, à la montée des prix de 1550-1660 (selon sa nomenclature) qui accompagne l'épanouissement économique des Provinces-Unies et à l'arrivée des trésors américains dans la progression établie par Hamilton et corroborée par les travaux de H. et P. Chaunu sur le trafic sévillan. En effet, il déniait à l'or brésilien une influence sur les prix hollandais au XVIIIᵉ siècle, ce qui était, somme toute, logique avec la perspective d'un *achteruitgang*. Mais aussi, on en sera plus surpris, il minimisait le rôle des mines australiennes et californiennes dans l'essor néerlandais du XIXᵉ siècle au profit d'explications plus spécifiques de l'époque : concurrences nationales, déséquilibre de la balance des paiements.

L'audience acquise par la théorie quantitativiste vient, en grande partie, de la répétition repérée de certains effets. En les récusant pour le XIXᵉ siècle, le professeur Posthumus, non seulement affaiblissait la valeur de l'hypothèse, mais encore il isolait le XVIᵉ siècle et le transformait en une sorte de monstre. Cette problématique entrave la vérification du phénomène et risque de limiter la relation établie éventuellement à une simple concomitance. Il est vrai que, par ses dates, la phase 1550-1660 se trouve en porte-à-faux sur le mouvement des métaux précieux et qu'en conséquence, sa filiation est délicate à prouver.

Malgré le vice du procédé, on s'adressera à la courbe des prix-argent pour juger de l'influence des métaux précieux aux Pays-Bas. La hausse existe bien encore au XVIᵉ siècle, mais moins intense que celle des prix nominaux, parce que l'unité de compte avait fléchi. Le florin, défini le 14 septembre 1499 par un poids de 19,85 grammes d'argent, garda cette équivalence pendant vingt ans. Il vacilla durant les années 1520, fut réévalué à 19,15 grammes et resta à ce niveau jusqu'en 1553. La dévaluation s'amorça ensuite, relativement modérée jusqu'en 1576 (15,32 grammes), rapide jusqu'en 1586 (11,60).

A la fin du siècle, le florin se stabilisa provisoirement à 11,46 grammes dans les Pays-Bas du Sud, 11,17 dans le Nord. Il avait donc perdu 42 à 43 % de sa valeur. Il en résulte que les prix-argent furent multipliés à Leyde et Utrecht par 3,5 environ, tandis que les prix nominaux l'avaient été par 5,5 ou 6. Le coefficient hollandais est voisin, bien que légèrement inférieur à celui des prix espagnols. Le coefficient brabançon (5,8) est beaucoup plus fort. La liaison entre le phénomène de hausse des prix-argent et l'accroissement du stock des métaux précieux paraît donc incontestable à l'échelle du siècle entier.

Elle l'est moins dans le détail. En effet, la hausse des prix-argent se manifeste très tôt, dès la fin du XVᵉ siècle, un peu trop vite pour que les arrivages assez modestes d'Amérique aient pu déjà produire leurs effets sous le ciel hollandais[29]. D'autre part, à cause de la fermeté du florin dans la première moitié du XVIᵉ siècle (diminution de 5 % seulement), l'accélération, choisie par le professeur Posthumus comme critère du début de l'essor d'après les prix nominaux, est éliminée. Les prix hollandais, exprimés en argent, avaient presque doublé dès 1550. En dépit des ajustements qu'on pourrait leur faire subir, à cause des crises frumentaires du milieu du siècle et des fortes accélérations passagères, les prix ne doublèrent pas une nouvelle fois avant 1600. Le parallélisme avec les prix espagnols et l'arrivée des métaux précieux devient plus incertain. La divergence serait inverse, dans la première moitié du XVIIᵉ siècle, à cause de la dépréciation des monnaies espagnoles avec l'inflation du *vellón*.

N'allons pas plus loin. Une relation existe, avec un halo d'imprécision. Mais cette relation n'est pas de cause à effet en ce qui concerne la hausse proprement dite, puisqu'il y eut au XVᵉ siècle également des hausses des prix-argent, en dehors de toute attribution possible de l'origine du métal. On peut donc se dispenser de la plongée dans le labyrinthe des déviations dues aux mauvaises monnaies ou dans le système compensatoire, reportant sur l'argent des mines allemandes la première hausse du XVᵉ siècle. Le moteur de hausse commun au XVᵉ et au XVIᵉ siècle, c'est l'influence des « séries » de récoltes. La monnaie y répond tant bien que mal. Au XVᵉ siècle, la faiblesse du stock monétaire favorise les dévaluations et la prolifération des mauvaises pièces dont l'élimination demandera, après la réforme de Maximilien, plusieurs années[30]. Au XVI siècle, l'arrivée des métaux

29. Le phénomène se produit aussi en Suède, en Angleterre, dans l'Ouest de la France.
30. *Mémoires de Philippe de Vigneulles* (édition de Charles Bruneau), Metz, 1929, tome IV,

précieux « soutient » la monnaie, provoquant la dévaluation, non plus de la monnaie mais du métal. Les métaux précieux sont donc responsables de la hausse des prix-argent mais non de la hausse proprement dite. D'ailleurs, on n'exagérera pas le « soutien » apporté à la monnaie ni la hausse des prix-argent réellement pratiqués. Le phénomène des *hagemunten* se répète fréquemment en période de disette, faussant l'authenticité des restitutions. En dehors des Pays-Bas, l'importance de ces dévaluations subreptices est considérable. Que l'on songe aux pignatelles qui eurent cours en France (la Compagnie du Corail à Marseille libellait ses comptes dans cette monnaie) dans la seconde moitié du XVIe siècle. Leur poids passa de 4,70 grammes à la première émission en 1549 à 2,70 en 1592, sans parler de l'altération du titre. Episodiquement, la péninsule ibérique elle-même était menacée de cette inflation de mauvaise monnaie : les tarjas navarraises en 1552, la monnaie de cuivre à Lisbonne durant la disette de 1568, etc. La monnaie de *vellón* en Castille, frappée en 1497 à un titre acceptable (« diez cuentos de vellon en blancas a dos blancas por maravedi, provecho grande de la Republica, usar monedas minudas, como la mano dividida en dedos para uso mas provechoso »)[31], perdit constamment de son poids et de son fin tout en acquérant une valeur monétaire double. Il restait une bien faible marge à franchir à Philippe III pour lancer les pièces de cuivre pur sur le marché castillan. En Angleterre et en Russie, les dévaluations se produisent dans la première moitié du siècle.

La limitation du rôle joué par les métaux précieux se justifie enfin par une dernière considération. Il s'est produit en effet des augmentations du stock métallique sans hausse. Le fait a été négligé jusqu'à présent, faute d'arguments. Pourtant... Pourtant, contrairement à l'opinion du professeur Posthumus et conformément à celle du professeur J. G. van Dillen, les Provinces-Unies ont reçu l'or

Ordonnance de la ville de Metz en 1500 pour aligner les monnaies municipales sur celles de France, Flandre et autre part et chasser la mauvaise monnaie qui avait reflué de ces pays dans la cité mosellane.

31.   Pour les perturbations monétaires en France, cf. D. Richet, « Le cours officiel des monnaies étrangères circulant en France au XVIe siècle », *Revue historique*, 1961, pp. 359-396 ; pour les pignatelles : J. Billioud, *Histoire du commerce de Marseille*, Marseille, 1950, tome III, p. 394 ; exemple portugais tiré de J. Gentil da Silva, *Lettres marchandes de Lisbonne*, tome II, *1563-1578*, Paris, 1958 ; citation de Colmenares, *Historia de la insigne ciudad de Segovia*, Ségovie, 1630 ; histoire des petites monnaies espagnoles : Manuel Luendo Muñoz, « Sumaria noción de las monedas de Castilla e Indias en el siglo XVI », *Anuario de estudios americanos*, tome VII, 1950, pp. 825-866.

brésilien[32]. Nous en apporterons pour preuve, en attendant de publier les comptes détaillés des monnaies, le relevé des frappes de Hollande, Frise occidentale, Zélande, Gueldre, Utrecht et Over-Yssel entre 1690 et 1749, inséré dans le recueil annuel de l'*Europische Mercurius* (année 1751). Les monnaies d'or, des ducats, représentaient 253 702 300 florins sur un total de 410 469 720 florins émis en monnaies de tout genre. Sans être aussi forte, peut-être, qu'en Angleterre, la proportion favorable aux monnaies d'or en Hollande l'était plus qu'au XVIIe siècle[33]. L'arrivée des métaux brésiliens, phénomène dont l'influence aurait dû être générale en Europe dans la première moitié du XVIIIe siècle qui en voit l'apogée, correspond à une période de prix déprimés ou en faible hausse.

Tout aussi remarquable est la corrélation négative dans la seconde moitié du XVIIe siècle. On sait que les événement n'ont pas permis à Hamilton de relever les arrivages des métaux précieux américains après 1660. Sa conviction, néanmoins, adoptée par la plupart des historiens, était que le niveau en restait très bas. Cette opinion est en désaccord avec les faits. Il est possible, en effet, de retrouver, indépendamment d'une recherche dans les Archives espagnoles qu'il faudra bien effectuer un jour, des indications valables sur les retours des flottes espagnoles après 1660. Ces renseignements se trouvent dans les rapports consulaires, également dans les notices publiées par les gazettes de l'époque. Nous en avons, personnellement, relevé plusieurs centaines pour le XVIIe et le XVIIIe siècle. Nous complétons cette recension. Nous avons pu vérifier ces notices pour la première moitié du XVIIIe siècle, à la fois d'après les chiffres de Hamilton et des documents de la Bibliothèque nationale de Madrid. Leur authenticité et leur véracité ne fait pas de doute. Malgré des lacunes et quelques imprécisions, on peut avancer que les arrivages, pour la période 1661-1700, ne furent pas inférieurs aux valeurs suivantes :

32. J. G. van Dillen, « Amsterdam als wereldmarkt der edele metalen in de 17e en 18e eeuw », *De economist*, 1928.
33. A titre de contrôle et de comparaison : la Monnaie d'Utrecht frappa 74 628 marcks d'or de 1591 à 1650 et 255 884 de 1691 à 1750. Le XVIIIe siècle est lui aussi un Gouden Eeuw !... Source : A.R.A. La Haye. Generaliteits Muntkamer n°s 1 à 8 et 30 à 37.

Tableau 1. *Montant des arrivages d'Amérique en Espagne de 1661 à 1700 par périodes quinquennales**

Quinquenniums	Valeur en millions de piastres, soit *circa*	Equivalence approximative en millions de pesos de mina
1661-1665	48	28,8
1666-1670	53,4	32,4
1671-1675	70	42
1676-1680	67,6	40
1681-1685	37,1	22,2
1686-1690[+]	65,5	39,3
1691-1695[+]	57	34,2
1696-1700	77	46,2

* Il manque un retour pour chacune des deux périodes marquées d'une croix : le déficit est plus important pour la seconde.

Nous sommes donc loin de l'épuisement métallique de l'Amérique et de l'Espagne, puisque les records du XVI siècle sont battus, en dépit d'une diffluence accrue par le Honduras et Curaçao. Reprise nette après la dépression des années 1640-1660, même si celle-ci a été moins accusée que les chiffres de Hamilton le font supposer[34]. Or la tendance des prix est restée à la baisse, aussi longtemps tout au moins qu'une disette ou une succession de mauvaises années n'a pas provoqué un relèvement. Il n'y a donc pas relation de cause à effet entre l'arrivée des métaux précieux et les prix.

Au cours de cette analyse du second volume de l'histoire des prix hollandais du professeur Posthumus, nous avons donc été amené en premier lieu à constater la difficulté de faire coïncider un schéma interprétatif fondé sur l'histoire économique des Provinces-Unies, prise dans un certain état, avec les indications de la courbe des prix ; en second lieu, à relever un certain nombre de flottements ou de contresens de cette courbe interprétée selon la théorie des cycles ; puis à voir que cette théorie, basée sur l'observation d'un siècle déterminé, le XIX, et d'une structure économique donnée, se prêtait mal à la transposition dans d'autres temps et à d'autres structures. Le caractère dominant de la conjoncture céréalière, son rôle dans le mouvement des prix sont apparus en pleine force. Les explications annexes ont perdu de leur poids, parce qu'elles n'étaient pas assez

34.   Les flottes parvenues respectivement aux Canaries en 1657 (trésor en partie transbordé vers l'Espagne), à Santander en 1659 et les navires isolés (l'un d'eux à Saint-Sébastien en 1660) ne semblent pas avoir été comptés.

générales. L'influence des métaux précieux au XVI° siècle a été ramenée à celle de soutien de la monnaie. Les documents produits pour la deuxième moitié du XVII° siècle et la première moitié du XVIII° siècle ont confirmé l'impuissance des trésors à relancer les prix. Les bonnes récoltes étaient les plus fortes.

La conséquence la plus importante, c'est la liberté retrouvée devant une courbe des prix pour apprécier la conjoncture. Plus d'automatisme, plus de *trend* défini à l'avance. C'est l'économie elle-même qu'il faut examiner pour juger de l'expansion ou de la contraction. A côté de leur rôle de soutien de la monnaie, les métaux précieux ont contribué à créer des courants d'échange, à promouvoir des secteurs d'activité, et cela au XVII° comme au XVI° siècle. La hausse des prix agricoles a-t-elle pu, dans certaines circonstances, promouvoir le marché intérieur selon le modèle de Labrousse ? De quelle manière le mécanisme catastrophique des hausses anciennes s'est-il transformé en mécanisme « moderne » ? Aucune question n'est rejetée, aucune hypothèse. Rien n'est perdu de la problémati-que, sauf peut-être ce qui l'empêcherait d'évoluer.

Nous terminons donc ce compte rendu à la fois confus et confiant. Confus parce que nous aurons donné, involontairement, l'impression de nous éloigner du professeur Posthumus alors que nous révérons sa mémoire. Confiant, parce que nous pensons être resté fidèle à sa rigueur et parce que, quand une idée, peut-être un truisme en l'occurrence, germe, qu'elle se prête à vérification, il faut bien la jeter à la mer pour trouver une réponse et des interlocuteurs. Même si ce sont des contradicteurs. *Fluctuat nec mergitur...*

1 ❧ Gazettes hollandaises et trésors américains (1580-1660)

Thématique

Cette étude est consacrée, comme à un premier objectif, à la présentation et à la validation des renseignements contenus dans les gazettes hollandaises antérieures à 1660, en prenant pour contre-types les chiffres publiés par Hamilton. L'intérêt et la légitimité des informations ayant été reconnus pour la période 1621-1635, la mieux documentée, une extension de l'investigation à des sources comparables aux gazettes par leur structure (*Fuggerzeitungen*, *Gazettes de Francfort*, *Relaciones* de Cabrera de Cordoba) aboutit à retrouver la modulation annuelle des arrivages d'or et d'argent américains entre 1580 et 1620, modulation que masquait le parti adopté par Hamilton de livrer ses données sous la seule forme de regroupements quinquennaux, et modulation qui n'est pas sans importance quant à leur traitement ultérieur. Au passage, d'ailleurs, le principe des corrélations entre arrivages des trésors et prix, phases dites de progrès ou de dépression et production industrielle, etc., reçoit une ébauche de vérification par test. Cette étude ne va pas, parfois, sans avoir un véritable caractère d'essartage, parce que l'analyse critique du matériel documentaire aussi bien que de l'interprétation devenue traditionnelle depuis les années 1930 était à peu près inexistante. La récompense, après tant d'épines et de broussailles à arracher, c'est, sans doute, cette notice du *Hollandsche Mercurius* de 1659, confirmée par les dépêches de l'ambassadeur du Grand Duc de Toscane en Espagne, qui révèle l'entrée à Santander d'une flotte inconnue à Hamilton et d'une rentrée de trésors qui infirme l'idée imprudemment proclamée du tarissement sur une longue durée, dans la seconde moitié du XVIIᵉ siècle, du flot des métaux précieux en provenance du Nouveau Monde. Les problèmes spécifiques de la fraude ont été repris et examinés à fond dans l'étude n° 3. Celle que voici a été publiée avec sa documentation *in extenso* dans l'*Anuario de historia económica y social,* 1969 (pp. 289-362) et 1970 (pp. 139-209).

✤

D'aucuns s'étonneront qu'engagé dans l'étude des Provinces-Unies au XVIIe siècle, nous nous soyons préoccupé de recueillir des informations sur les arrivages des métaux précieux américains en Espagne ; qui plus est, de les rassembler, de les constituer en série et de les transcrire en graphique. D'une recherche à l'autre, pourtant, le chemin déclive unîment.

Quand, voici quelques années, nous commençâmes nos travaux[1], la pensée de Simiand avait acquis sa pleine audience ; en France, au moins, une pleine autorité. Sa représentation de la conjoncture s'imposait comme la référence fondamentale de toute l'histoire économique ; à force d'être retrouvée dans des applications particulières, elle était en passe de devenir un plan directeur impératif. Associant et intégrant les résultats obtenus avant lui, puis sous ses yeux, dans deux secteurs majeurs : les prix et les fluctuations du stock monétaire, les soumettant aux critères d'appréciation que l'observation du XIXe siècle avait validés, en tirant analogiquement une interprétation identique, il avait défini, pour les temps antérieurs, deux grandes phases : une phase A d'essor, de prospérité généralisée en Europe, lorsqu'un même et puissant mouvement de hausse emportait ses indices et qui, naissant aux alentours de 1500, mourait au petit matin du XVIIe siècle ; une phase B, de dépression, de marasme également étendu, lorsque les tendances s'orientèrent à la stagnation et à la baisse et qui, longue à exorciser ses démons, dura jusqu'en 1730, au moins[2].

---

1. *Essai sur une prospérité au XVIIe siècle : la Fortune d'Amsterdam.* Le texte ci-dessous en fera partie, amélioré s'il se peut.

2. F. Simiand, *Recherches anciennes et nouvelles sur le mouvement général des prix du XVIe au XIXe siècle,* Paris, 1932.

Or, c'était à cette époque – la mauvaise – qu'Amsterdam avait connu son ascension et son épanouissement mercantiles. Pour le chercheur débutant, il y avait là un problème, plus, un paradoxe, pas encore abordé franchement. On l'a fait depuis et des solutions intéressantes ont été proposées pour le résoudre[3]. Aucune, néanmoins, sans en excepter celle du professeur J. G. Van Dillen – le plus sévère à l'égard d'un système conjoncturel rigide dans lequel il refusait d'emprisonner l'évolution néerlandaise – n'a mis en question l'existence du sombre arrière-plan peint par Simiand. Pour notre part, tout en poursuivant de manière autonome une tentative pour préciser les contours de la fortune des Provinces-Unies, nous n'avons jamais cessé de considérer la conjoncture comme passible, elle aussi, d'un contrôle. Celui-ci aurait eu à vérifier les deux composantes intervenant dans la construction statistique, d'abord indépendamment l'une de l'autre, ensuite dans leur relation dialectique. Nous en avons touché un mot, déjà, à propos des prix[4].

Nous avions entrepris le dépouillement des gazettes hollandaises en vue d'en extraire les renseignements d'ordre économique. Tâche aux satisfactions mitigées : au XVIIe siècle, l'attention prêtée par les rédacteurs à ce genre d'informations était irrégulière. Trois ou quatre événements, seulement, avaient eu le don de solliciter quasi automatiquement leur encre et avaient joui, par conséquent, du privilège d'une publication immédiate et fréquemment circonstanciée. Le premier, les prises faites par les corsaires, avait, d'ailleurs, un caractère mixte et la part de l'action d'éclat l'emportait souvent sur l'autre. Pour le reste, il s'agissait des retours en Meuse ou au Texel des vaisseaux des deux Compagnies des Indes et ... à l'embouchure du Guadalquivir, des flottes espagnoles d'Amérique dont les cargaisons étaient divulguées.

Tout en consignant les listes sur nos fiches, nous n'avons pas réagi d'emblée à leur séduction. Qu'avions-nous à en espérer, en deçà de 1660, sinon de retrouver, sous une forme médiocre, des données recueillies sous une forme parfaite et publiées par Hamilton[5] ? Et, si,

3.   J. Hobsbawm, « The general crisis in the 17th century », *Past and present*, 1954. J. Schöffer, « Viel onze gouden eeuw in een tijdvak van crisis ? », *Bijdragen en mededeelingen van het historisch genootschap*, 1964, pp. 45-72. Trad. anglaise in *Acta historicae neerlandica*, tome I, Leyde 1966, pp. 82-107.

4.   « D'Amsterdam à Séville. De quelle réalité l'histoire des prix est-elle le miroir ? », *Annales E.S.C.*, tome XXIII, n° 1, 1968, pp. 178-205.

5.   E.J. Hamilton, *American treasure and the price revolution in Spain 1501-1650*, Cambridge (Mass.), 1934.

par hasard, un désaccord s'introduisait entre les deux leçons, comment choisir, comment ne pas sentir l'outrecuidance d'une opposition, d'autant plus qu'un lourd soupçon d'infidélité pesait, depuis Hatin[6] sur nos documents, source impure ? L'unique avantage perceptible de prime abord : celui d'un décompte année par année, paraissait mince sans être négligeable. La prospection offrait des perspectives plus attrayantes au-delà de 1660, puisqu'elle n'avait jamais été entreprise systématiquement, et que les historiens, faute de mieux, continuaient de s'appuyer sur les chiffres arbitraires et vieillis mais non encore désuets de Soetbeer ou de Lexis[7]. Mais il fallait alors accepter d'aller jusqu'au bout, c'est-à-dire prolonger l'enquête jusqu'à la fin du XVIIIᵉ siècle et, le cas échéant, prendre à bras le corps la conjoncture. Malgré nos réserves de méthode et de fonds, nous étions impressionné – qui ne l'a été – par l'unanimité de l'adhésion aux idées de Simiand, son mutisme sur les réserves : à quoi bon s'aventurer sur une voie peut-être sans issue et, à coup sûr, solitaire ?

Parce que nous avons reconnu l'authenticité des informations, parce que c'est le seul moyen de les soumettre au jugement d'autrui ; parce que nous avons pu les ordonner, vaille que vaille, parfois, en une série biséculaire ; parce que c'est le seul moyen de susciter l'intérêt et le bon vouloir d'autres chercheurs pour les compléter, si possible ; parce qu'elles permettent d'achever un profil demeuré dans l'ombre, inesquissé pour moitié ; parce que l'âge venant, nous ne saurions prolonger indéfiniment sans ridicule le temps des écoliers ; parce que des conclusions nouvelles, à notre avis, s'en dégagent ; parce que, de toute façon, les discussions y gagneront en clarté, nous franchissons le pas qui consiste à les présenter.

1. Les notices

L'opinion s'est fait jour, quelquefois, que la connaissance exacte des trésors américains était couverte par le secret d'Etat. Peut-être en fut-il ainsi à un moment donné : les renseignements glanés au détour d'une correspondance – celle du chevalier français de Seure, celle du marchand anglais James – ont bien l'air d'être les fruits d'un

---

6. E. Hatin, *Les gazettes de Hollande et la presse clandestine aux XVIIᵉ et XVIIIᵉ siècles*, Paris, 1865.
7. W. Lexis, « Beiträge zur Statistik der Edelmetalle », *Jahrbücher für national Oekonomie und Statistik*, tome XXXIV, pp. 376 et suivantes et A. Soetbeer, *Matériaux pour faciliter l'intelligence et l'examen des rapports économiques des métaux précieux et de la question monétaire*, traduit de l'allemand, Paris, 1889.

espionnage économique[8]. Raisons plausibles : la crainte d'éveiller les convoitises des écumeurs de mer et autres pirates de tout poil. Pourtant, très tôt, l'inverse fut vrai. La réglementation de la *Carrera* conférait d'elle-même une publicité aux chargements des flottes. Les trésors étaient enregistrés à l'embarcadère, souvent à plusieurs reprises et une dernière fois à La Havane, avant le grand départ. Chaque capitaine recevait connaissement des siens. Le Général faisait dresser un état récapitulatif modifié, le cas échéant, en cours de route au gré des naufrages et des escales (Açores, Canaries). Il y avait trop d'*escribanos*, trop d'officiers au courant pour qu'aucun ne puisse être acheté, que le secret ne transpirât. En outre, en Europe, ce n'était pas uniquement le roi d'Espagne qui était intéressé par le montant des métaux précieux, mais tous les marchands de Séville, tous les facteurs des marchands étrangers, à Séville, et tous les marchands d'Anvers, d'Augsbourg, de Gênes ou de Rouen, anxieux de récupérer, avec les bénéfices, leurs mises de l'aller. Dès que la flotte était en vue, avant même, grâce aux pataches d'avis et aux barques dépêchées à la rencontre, les plumes formaient les chiffres sur le papier et des courriers emportaient la bonne ou la mauvaise nouvelle aux quatre coins du monde[9].

Leurs Majestés Catholiques, elles-mêmes, ne pouvaient dédaigner la publicité. Endettées à l'extrême, elles devaient, sans cesse, apaiser leurs créanciers, les allécher pour de nouveaux prêts. Le paiement des sommes dues, la conclusion d'un *asiento* étaient suspendus à l'arrivée des trésors[10]. Les places financières où se négociaient les effets du roi d'Espagne attendaient dans le tremblement l'estimation des retours pour savoir au juste l'état de leurs affaires. Un ambassadeur ne déclarait-il pas que la ville de Gênes serait *faillitissima*, si la flotte de 1595 venait à manquer[11] ? Aussi, entrait-il dans la nature des choses politiques que Philippe II ou Philippe III, à peine en possession de la *relación* à lui transmise par le Général de

8. *Lettres inédites du chevalier de Seure*, Nîmes, 1895. R. B. Wernam, *List and analysis of State papers*, Foreign Series, tome I, Londres, 1966, pp. 356 et 372.
9. Les correspondances publiées jusqu'à ce jour contiennent, néanmoins, relativement peu de ces notices. Cela peut venir soit d'un manque d'intérêt de l'éditeur lorsqu'il y a eu sélection des nouvelles (*Fuggerzeitungen*), soit du fait que les lettres en question se trouvent dans un lot non encore publié comme, peut-être, les *cartas* de Séville dans l'Archivio Ruiz. Cf. B. Bennassar : « Facteurs sévillans au XVIe siècle d'après des lettres marchandes », *Annales E.S.C.*, tome XII, n° 1, 1957, pp. 60-70.
10. Nombreux exemples dans les gazettes.
11. Cité par J. Delumeau dans *La civilisation de la Renaissance*, Paris, 1968.

l'Armada ou le Président de la Casa de Contratación envoyât sur le champ la *carta* rassurante aux autorités de tel ou tel centre bancaire dont dépendait la liberté de son action[12].

Finalement, la divulgation de ses richesses constituait une arme psychologique entre les mains du roi d'Espagne. L'ouverture d'une campagne militaire aux Pays-Bas était subordonnée à la possibilité de solder les troupes et donc, quoique dans certaines limites, au succès de la Carrera[13]. Un puissant retour ne présageait rien de bon pour les provinces révoltées ; un médiocre entretenait l'espoir et la résistance morale. Pour s'en convaincre, il n'est que de remarquer la manière dont amis et ennemis se réjouissaient ou s'attristaient des heurs et malheurs survenus aux vaisseaux. Quand Abraham Verhoeven, d'Anvers, jubilait dans les *Nieuwe Tydinghen*, son collègue d'Amsterdam Broer Jansz, se lamentait dans les *Tydinghen uyt verscheidene Quartieren* et, si ce n'était lui, le médecin Nicolas Wassenaer dans son *Historische Verhael*. On soupçonnerait même que certaines restrictions mentales de la *Gazette de France*, dont l'indépendance à l'égard du pouvoir (Richelieu !) n'est plus à démontrer, ne doivent rien à la psychanalyse.

Par des canaux divers, dont quelques-uns officiels, la nouvelle tombait donc dans le domaine public. En la recevant, puis en la diffusant, les gazetiers n'enfreignaient aucunement une règle d'hermétisme. Ils exploitaient professionnellement un événement attendu et connu. Assujettis aux mêmes délais de poste que les marchands, probablement n'apprenaient-ils rien aux plus cosmopolites d'entre ceux-ci (ou bien d'entre eux) pourvus de leurs propres correspondants en Espagne. Aux autres, ils communiquaient l'information naguère réservée ou chuchotée et, partant, instable. Ils lui conféraient, par l'impression, l'indélébilité, l'assurance et l'ubiquité. Dès la fin du XVIe siècle, Michael Entziger, de Cologne, Coenraad Memmius et, un peu plus tard, Theodor Meurer l'offraient aux habitués des foires de Francfort-sur-le-Main[14]. Les fondateurs de la presse hollandaise : Caspar Hilten, peut-être, son fils Jan, certainement, et Broer Jansz, n'innovèrent point. Ils imitèrent leurs confrères allemands et anversois, s'ils ne les pillèrent pas[15].

---

12. Gênes et Anvers, principalement.
13. P. Chaunu, « Séville et la Belgique 1555-1648 » *Revue du Nord*, tome XLII, 1960, pp. 259-292.
14. *Calendarium historicum* et *Historicae relationis continuatio*.
15. Sur les origines de la presse hollandaise : A. Stolp, *De eerste courant in Holland*, Haarlem,

Dissipons, tout de suite, le halo de suspicion qui entoure nos gazettes depuis Hatin[16]. Celui-ci a confondu et condamné ensemble des feuilles n'ayant pas les mêmes caractères. Une presse d'information, à laquelle nous nous référons ; une presse à potins et à scandales que nous négligerons ici. La première, de parution régulière, remplissait son rôle avec sérieux. Elle y était obligée par les exigences d'une clientèle capable à brève échéance de contrôler sa véracité, par la concurrence, la menace du magistrat municipal en cas de trop grande fantaisie, parfois. On connaît ses procédés de fabrication : la traduction des feuilles étrangères, mais aussi de bonnes correspondances à l'intérieur et à l'extérieur du pays (il fallut interdire aux consuls d'y participer). Elle livrait souvent le renseignement « sec » et ne s'autorisait que peu ou prou de commentaire : son modèle achevé fut, longtemps, l'*Oprechte Haarlemsche Courant* d'Abraham Casteleyn. La seconde visait d'autres ressorts de la curiosité humaine : le goût du sensationnel et la malignité ; elle pouvait être fugitive comme ces brouillons de « tuyaux » qui affolaient la Bourse d'Amsterdam, ou plus durable comme le *Mercure galant* et le *Gazetier cuirassé*, œuvres d'exilés à la domiciliation hollandaise parfois fictive, et qui écoulaient leur littérature de perfidie en majeure partie en direction de leur pays d'origine. On ne préjuge pas, par là, de la valeur des notices des Flottes qui réclament un examen spécifique. On veut dire que leur support et leur environnement étaient de qualité. Or, il y eut, sans interruption depuis 1618 au moins, d'excellentes gazettes hollandaises.

Elles ne restreignaient pas leur guet aux seules cargaisons. Toutes les informations sur les flottes d'Amérique leur étaient bonnes quand l'actualité ne les pressait pas d'un autre côté. Elles portaient donc à la connaissance de leurs lecteurs aussi bien les déclarations des capitaines qui avaient laissé l'Armada à La Havane ou l'avaient croisée en mer que les avis précurseurs parvenus à Séville et à Cadix, ou les bruits qui circulaient, dans l'attente, sur les deux places. Elles ne dédaignaient pas davantage les détails des voyages et, surtout dans la seconde moitié du XVIIIe siècle, on peut suivre des odyssées fantomatiques comme celles des vaisseaux partis du Callao, obligés par les tempêtes et les avaries de relâcher successivement à Valparaiso puis à Concepción, embouquant difficilement le passage

1938 ; M. Schneider, *De nederlandse krant*, Amsterdam, 1943 et F. Dahl, *Dutch corrantos 1618-1650*, La Haye, 1946.
16. Moins sévère dans *La presse périodique dans les deux mondes*, Paris, 1866.

au sud du cap Horn, perdus pour tout le monde dans la nuit des mers antarctiques et, brusquement, ressurgissant, les mâts barbus de glaçons, en plein est, dans l'Atlantique, roulant tant bien que mal leurs carcasses jusqu'au Rio de la Plata pour s'y faire radouber ou aux ports du Brésil[17].

Le flot des nouvelles charriait toutes sortes d'informations au sujet de la valeur et de la teneur des retours : des indications de chargement à Carthagène et à la Vera-Cruz, des estimations présomptives, des rumeurs incontrôlables. Une exploitation honnête des gazettes doit trier. On ne peut retenir que les avis fermes concernant les flottes effectivement arrivées. L'estampille officielle ne garantit pas toujours la vérité : dûment attestée au départ, la cargaison d'une armada ne correspondait pas obligatoirement à celle qui était débarquée en Espagne, deux ou trois mois plus tard. A plus forte raison, y a-t-il possibilité d'errance entre les espoirs et les craintes des marchands affolés par une *tardanza* et la réalité. Dans ces occasions, les gazettes reflètent assez fidèlement les retournements psychologiques dont témoignent, de leur côté, les chroniqueurs hispaniques, par exemple la déception éprouvée en 1639 et exprimée par Pellicer y Tovar[18].

Les notices que nous avons conservées après ce premier crible se présentent dans les documents sous des formes très différentes. Tantôt comme dans le numéro du 9 juillet 1624 du *Courant uyt Italien, Duytsland en Nederland*, imprimé à Delft, et, mieux encore, dans le *Historische Verhael* du mois de novembre de la même année, la liste est en apparence exhaustive et détaille les marchandises jusqu'au moindre grain de cochenille et à la plus petite caisse de *paternosters*. Tantôt elle est brève, laconique : elle ne fournit que le montant des métaux précieux, quand ce n'est pas un seul chiffre, libellé de manière mystérieuse en « millions d'or », « millions d'argent », « millions d'or et d'argent », voire « millions » tout court, dont on ne sait trop à quoi il se rapporte.

En dépit de ces disparités, les relations publiées en Hollande reproduisaient ordinairement des renseignements tirés des originaux. Leur provenance espagnole, à l'exception, naturellement, de la capture réalisée en 1628 par Piet Heyn et de quelques retours en France au début du XVIIIe siècle, est clairement indiquée. A

17. Cf. *l'Aventura* en 1770.
18. J. Pellicer y Tovar, « Avisos », in *Seminario erudito*, tomes XXXI, XXXII et XXXIII, Madrid, 1790.

droiture, en temps de paix, de Séville, de Cadix ou de Madrid ; par des rocades, en temps de guerre, des mêmes lieux, via Paris, Anvers ou Bruxelles, via Rome, Gênes, Venise ou Milan. Trois ou quatre semaines constituaient un délai de transmission normal, dans des circonstances tranquilles, et assez stable durant deux cents ans. Il s'allongeait jusqu'à six quand la situation se prêtait mal aux communications ; on négligeait sans doute, au-delà, une nouvelle dont l'actualité était périmée. Il pouvait se raccourcir exceptionnellement : le record de rapidité fut, peut-être, établi en 1661, lorsqu'un navire apporta de Vigo à Amsterdam, en sept jours, l'annonce de l'entrée de la Flotte à La Corogne[19].

Les longues énumérations des gazettes traduisaient, purement et simplement, des *cartas* d'avis. Le doute n'est pas permis car on les retrouve, à l'occasion, intégrales et identiques dans d'autres catégories de documents, les dépêches diplomatiques, entre autres, sinon les archives espagnoles[20]. Des contrôles, rendus parfois difficiles par l'interprétation des unités monétaires et la confusion en un chiffre unique des valeurs des métaux précieux et des marchandises, restituent assez souvent une source officielle aux notices succinctes. Les abrègements, les amalgames, les conversions avaient été opérés sur le trajet, sans que l'on puisse exactement savoir où et quand. Si l'enregistrement des cargaisons en Amérique avait été défectueux, les gazettes exhibaient des estimations. Non de leur propre chef, mais comme le double conforme de celles auxquelles il avait été procédé en Espagne par les marchands, à l'aide de leurs informations personnelles vraisemblablement étayées par des documents para-officiels : connaissements des capitaines, certificats de réception des écrivains, récapitulations d'officiers embarqués, etc. On est toujours averti de la chose et, si les autorités effectuaient un comptage après débarquement et le communiquaient, celui-ci, pas nécessairement plus juste, était inséré, à sa date, dans un des numéros suivants.

La question de l'authenticité de nos listes ne se pose donc pas vraiment. Dans le cas des estimations, nous avons choisi de faire confiance aux marchands par gazetiers interposés. Les recoupements les corroborent. Il n'est pas sûr, d'ailleurs, qu'il existe, pour les flottes qu'elles concernent, de relations officielles, ou que celles-ci ne soient pas insignifiantes. Peut-être, même, certains regretteront-ils

---

19. *Relations véritables* (Bruxelles), n° 42, 1661.
20. Nous n'avons pas procédé, cependant, à des recherches systématiques dans les archives, faute de temps et de moyens.

que la parole n'ait pas été plus souvent donnée aux intéressés dans les retours, à cause des présomptions de dissimulation dans l'enregistrement. C'est un fait dont nous reparlerons.

Quelques-uns des défauts des gazettes ont été signalés dans les paragraphes précédents. Ils sont au nombre de trois : irrégularité de la publication des listes de marchandises, blocage en un tout du montant des trésors et du montant des *frutos de la tierra*, expression monétaire prêtant à discussion. Le premier défaut ne peut être levé que par le recours à d'autres documents qui, pour le moment, n'ont guère fait l'objet de recherches[21]. Les deux autres sont plus corrigibles et ont été partiellement éliminés au cours de l'élaboration. Mais il n'est pas sans intérêt de s'attarder un instant, néanmoins, sur le troisième.

A l'époque qui est la nôtre, le peso de mina de 450 maravédis, référence de Hamilton, ne figurait plus dans la comptabilité et ce, depuis assez longtemps sans doute. Il semble avoir été, jusqu'en Nouvelle-Espagne, refoulé dans les districts miniers ou réservé pour certaines cotations comme le prix du mercure[22]. A sa place, dans le courant du XVIᵉ siècle, on employa l'unité de compte officielle, le ducat de 375 maravédis. Les officiers de la Carrera se plièrent, évidemment, à la règle. Toutefois, comme la Hacienda continuait de se baser directement sur les maravédis, ils devaient fréquemment adopter le principe d'une double présentation que l'on retrouve, au XVIIᵉ siècle, dans les papiers de Diez de la Calle, historiographe de Philippe IV[23]. Les gazetiers allemands, dans les années 1590, exprimèrent les sommes en ducats : c'étaient vraisemblablement la transcription pure et simple des notices reçues, c'est-à-dire des *cartas* d'origine. Les Hollandais, eux, dès le début et constamment, se servirent, sous des noms divers qui sont autant de synonymes : *stucken van achten*, pièces de huit réaux, *pesos fuertes*, piastres fortes, piastres, etc., du peso de 272 maravédis ou peso de a ocho reales.

L'origine des informations étant connue et, comme il s'agit d'une monnaie espagnole, force nous est d'admettre qu'elle était utilisée, elle aussi, dans certains documents officiels, ce qui suppose une

---

21. En dehors de F. Chevalier, « Les cargaisons des Flottes de la Nouvelle-Espagne vers 1600 », *Revista de Indias*, 1943, pp. 323-330.
22. F. del Paso y Troncoso, *Epistolario de Nueva España*, Mexico, 1940, tome XII, p. 155 et tome XIII, p. 360. Un quintal de mercure valait à la fin du XVIᵉ siècle 113 pesos de mina, dont trois pour le fret et 110 pour le Roi.
23. Diez de la Calle in Biblioteca nacional de Madrid, Manuscrit 3 010 (consulté sur microfilm).

entorse ou un changement comptable. On a l'impression, en effet, que le peso de 272 maravédis était devenu au XVIIe siècle l'expression habituelle, vernaculaire des retours d'Amérique, et il le resta au XVIIIe siècle. Une lecture attentive du *Diario* de Cabrera de Cordoba[24] suggère que la substitution s'effectua entre 1600 et 1613. Les premières gazettes hollandaises se seraient conformées à un usage établi.

Cela pourrait bien avoir été en rapport avec le développement de la monnaie de *vellón*. Monnaie de compte, susceptible d'être réalisée en cuivre, le ducat cessait *ipso facto* d'être l'étalon parfait des métaux précieux. D'où l'intérêt de se référer, pour écarter les incertitudes, à une monnaie réelle, une pièce sonnante et trébuchante comme le peso de 272 maravédis et la promotion de celui-ci au rang de monnaie de compte dans le cas précis qui nous occupe. Circonstance propice : les Hôtels de Lima et de Mexico en frappaient. Ce qui, en outre, permettait d'apprécier facilement le contenu des barres d'argent (1000 pesos en moyenne). Son emploi comptable était déjà vulgaire en Nouvelle-Espagne à la fin du XVIe siècle, puisque le vice-roi réduisit en cette unité toutes les autres lorsqu'il dressa, en 1586, sa récapitulation de tous les trésors envoyés à Sa Majesté depuis la conquête[25]. Enfin, confirmation de l'évolution devinée : en 1660, un voyageur français en Castille précise bien que le *peso fuerte*, le peso de huit réaux ou 272 maravédis *de plata*, c'est-à-dire d'argent, valait davantage, dans le règlement des transactions que le ducat de compte de 375 maravédis[26].

Comme les dispositions légales n'avaient point changé, il est probable que les cargaisons américaines faisaient l'objet de trois évaluations successives et parallèles. Nous n'avons eu aucune peine à retrouver, quand la documentation s'y prêtait, les maravédis et les ducats officiels, voire les pesos de mina de Hamilton, au-delà ou en deçà des pièces de huit. Entre les différentes versions, les informateurs des gazettes choisirent la plus courante et la plus compréhensible pour leurs correspondants et les futurs lecteurs : le peso était

---

24. Cabrera de Cordoba, *Relaciones de las cosas sucedidas en la Corte de España desde 1599 hasta 1614*, Madrid, 1857.
25. Ternaux-Compans, *Voyages et relations pour l'histoire d'Amérique*, Paris, 1837-1840, 1re série, tome X, pp. 451-453.
26. F. Bertaut, *Journal d'un voyage en Espagne, fait en 1659*, Paris, 1669, p. 421. On verra, d'après les notices, que les Espagnols eux-mêmes avaient pris l'habitude de dire *ducados* à propos des pesos d'Amérique.

concrètement et universellement connu[27] ; beaucoup de pays possédaient des monnaies dont les caractéristiques s'en rapprochaient (écu de France, patagon des Pays-Bas du sud, rijksdaler des Provinces-Unies, etc.). L'une des conséquences de cette question de vocabulaire, c'est que les formules « millions d'or et d'argent » ou « millions » tout court, qui, au XVIe siècle, s'appliquaient sans doute aux ducats, désignent toujours, au XVIIe siècle, des pesos de 272 maravédis.

Nous n'avons éprouvé aucun scrupule à conserver l'unité en cause dans nos relevés récapitulatifs. Elle a été convertie, en quelques cas, pour usage immédiat, lorsque les besoins d'une confrontation avec des chiffres exprimés d'une autre manière l'exigeaient. Mais nous avons négligé de le faire systématiquement, car la référence aux ducats et, à plus forte raison, aux pesos de mina s'avérait progressivement et de plus en plus archaïque. Soulignons que le peso américain de huit réaux, dénommé couramment au XVIIIe siècle piastre *de plata antigüa*, traversa sans injure toutes les péripéties monétaires espagnoles et garda, théoriquement, son poids et son aloi en dépit de l'apparition dans la péninsule d'une piastre *de plata nova*, dévaluée, d'un réal de *vellón* et d'une piastre de même acabit[28]. Ces derniers ne parvinrent pas à le chasser des évaluations des retours : en 1784, 1785 et 1786, seulement, les autorités mirent en concurrence monnaie de *vellón* et piastres fortes dans les tableaux annuels qu'elles publièrent alors, mais cette façon de faire ne se généralisa point dans la pratique des gazettes, même après. Il n'empêche que les pesos ont pu subir, de temps à autre, dans le continent accoucheur, des altérations plus ou moins subreptices dénoncées en Espagne, comme elles le furent au milieu du XVIIe siècle, au moment de l'épisode des piastres de Lima.

La parenthèse est refermée. Nous savions que l'écourtement d'un certain nombre de notices nous privait de la liste complète des marchandises et nous contraindrait à renoncer à saisir, autrement que par coups de sonde, l'évolution de ce type de trafic. Mais l'authenticité des chiffres se rapportant aux métaux précieux ne faisait aucun doute et le trop long aperçu des arcanes du système de la comptabilité aura renforcé la confiance, du moins l'espérons-nous. Le problème crucial, à présent, est celui-ci : possédons-nous une

---

27. Employée dans différents négoces, au Levant, aux Indes Orientales, etc.
28. O. G. Farres, *Historia de la moneda española*, Madrid, 1959.

collection intégrale, c'est-à-dire une collection couvrant la totalité des retours d'Amérique ? De la satisfaction de ce critère d'intégralité dépend la validité d'une reconstruction graphique.

L'état de conservation des gazettes hollandaises conditionne, en préalable, la réponse. Disons tout de suite qu'il est loin d'être excellent dans les cinquante premières années. Les incunables ont disparu, à l'exception de ceux dont Folke Dahl a publié la photocopie. Nous ne connaissons pas, de la sorte, de cargaison imprimée dans la presse hollandaise avant celle, déjà citée, qui figure dans le numéro du *Courant* de Delft du 9 juillet 1624. Il y en eut, peut-être, auparavant[29]. Les fonds de la Koninglijke Bibliotheek à La Haye et de la Bibliothèque Mazarine à Paris groupent, à eux deux, une dizaine d'années à peu près complètes entre 1625 et 1638. Ensuite, et jusqu'en 1660, court la plus mauvaise période pour la consultation des gazettes : quelques épaves que le Pers Instituut d'Amsterdam s'efforce de collecter et de sauver.

Le mal n'est pas, heureusement, sans remède. Indirectement, le contenu des gazettes – et des notices de retour – peut être retrouvé dans des recueils comme le *Historische Verhael* et le *Hollantse Mercurius* dont les douze fascicules sélectionnaient, mois par mois, les plus importantes nouvelles publiées dans la presse. D'autre part, une fois reconnu le mécanisme de transmission de la *carta de relación* à travers l'Europe, rien n'interdit de recourir à d'autres fonds documentaires susceptibles de l'avoir préservée : les gazettes publiées en dehors de la Hollande et, en particulier dans les Pays-Bas méridionaux, les correspondances diplomatiques forment les principaux[30]. Sans même engager une véritable exploration des archives, on est ainsi en mesure d'étoffer largement la collection et d'en reporter la date initiale au XVIᵉ siècle. L'hétérogénéité des sources est, bien entendu, factice, et cette objection éventuelle n'a pas de sens.

La conservation des gazettes postérieures à 1660 est meilleure. Les séries deviennent peu à peu cohérentes dans les archives de la firme Enschédé à Haarlem (*Oprechte Haarlemsche Courant*), à la Bibliothèque nationale à Paris (*Gazette d'Amsterdam* et ses héritières), aux Archives municipales d'Amsterdam (*Amsterdamsche Courant*). La vogue ayant

---

29.   Origine possible de la notice (1616) insérée dans Baudartius, *Memorien ofte Corte Verhael*, Arnhem, 1624, livre IX, p. 206.

30.   Sur le mode de confection des gazettes hollandaises, cf. D. H. Couvee, « De Nieuwsgering van de eerste courantiers », in *Pers, propaganda en openbare mening*, (volume d'hommages offerts au Pr. K. Baschwitz), Leyde, 1956, pp. 24-40.

multiplié les feuilles au XVIIIe siècle, une même bibliothèque, par exemple celle de Versailles, peut en contenir trois collections parallèles : *Gazettes* de La Haye, de Leyde et d'Utrecht, respectivement, à partir de 1750. En un sens, on n'a plus que l'embarras du choix. Mais ce choix, il faut le faire. Pour des raisons inconnues, le service des informations américaines s'interrompt brusquement dans certaines gazettes, ainsi, dans l'*Amsterdamsche Courant*, au milieu du XVIIIe siècle, pour ne plus reprendre. Mais il se poursuivait dans d'autres comme la *Gazette d'Amsterdam* (malgré son nom, ce n'était pas une traduction de son homologue en langue néerlandaise). Le tout est de dépister la bonne. Bien entendu, on a souvent avantage à en utiliser plusieurs pour éviter les défauts de la leçon unique[31].

L'obligation de se reporter à des sources auxiliaires ne s'impose donc pas avec la même force. Il peut, cependant, être intéressant ou expéditif de le faire. Mais les gazetiers hollandais se révèlent fréquemment les plus diserts sur les cargaisons américaines. Dans la *Gazette de France*, les notices succinctes prévalaient, et aussi dans la *Gaceta de Madrid*, durant la première moitié du XVIIIe siècle au moins. C'était évidemment à leurs correspondants en Espagne que les gazettes de Leyde et d'Amsterdam devaient leur indépendance et leur relative perfection. La feuille madrilène, qui publiait consciencieusement le détail des mouvements des Flottes, n'aurait eu aucun mal à rivaliser avec elles. Pourquoi ne le fit-elle pas ? A cause de l'influence de la Cour ? A cause de l'indifférence des lecteurs ? A cause de la concurrence des nouvelles à la main ? On ne sait... Le style changea sous le règne de Charles III. La *Gaceta de Madrid* devint alors, pour toute l'Europe, la mine essentielle des renseignements sur le trafic hispano-américain. L'ayant compris, les rédacteurs de la presse hollandaise firent comme les autres et lui empruntèrent sans vergogne et de plus en plus leurs matériaux. Cette petite histoire de technique de l'information débouche sans hiatus sur le point suivant qui représente le deuxième aspect de l'intégralité des notices.

Nous en avons un nombre considérable : de six à sept cents. Elles concernent tantôt une flotte complète, à l'époque des groupements majestueux de la Carrera, tantôt une flotille de deux ou trois bâtiments, voire un navire isolé, aux époques de dispersion et de libéralisation des transports, de sorte que leur importance individuel-

---

31.   Peut-être les gazetiers se partagèrent-ils les informations, car d'autres séries, jusqu'alors plus ou moins complètes partout, s'interrompent également ici et là vers la même époque.

le est inégale et leur masse pourrait être trompeuse. L'apparente régularité de leur succession, d'année en année, est un élément plus solide d'encouragement à l'exploitation des notices. Pouvons-nous être sûrs néanmoins, que tous les retours d'Amérique y ont bien été consignés et préservés ? La question – remarquons-le – ne découle pas seulement de la nature de notre documentation ; elle se posait déjà lors de la parution de l'ouvrage de Hamilton, et le contrôle qu'autoriserait aujourd'hui la publication statistique de H. et P. Chaunu achoppe sur le blocage des trésors américains, lustre par lustre[32].

Pour procéder à une vérification, il faut, d'abord, prendre une vue d'ensemble de l'évolution de la Carrera et du rythme des traversées. Celui-ci, à la fin du XVIe siècle, était annuellement déterminé par l'aller et le retour de deux flottes distinctes : celle de la Nouvelle-Espagne (en abrégé, la Flotte) et celle de la Terre-Ferme (en abrégé, les Galions). Dans la première moitié du XVIIe siècle, les circonstances – la guerre, principalement – le modifièrent puis le détraquèrent complètement. Pour des raisons de sécurité, les deux convois s'attendirent l'un l'autre à La Havane et voyagèrent de concert pour entrer ensemble dans le Guadalquivir ; ou bien, la Flotte déchargeait ses métaux précieux que l'on embarquait ensuite sur les Galions. A ces variations fonctionnelles s'ajoutèrent les impedimenta accidentels : un revers militaire (la capture de 1628, la destruction de 1656), un naufrage (celui de 1632) entraînaient des décalages d'un ou deux ans dans les départs et les retours suivants. Pour parer aux plus criantes nécessités, des *navios sueltos* étaient alors dépêchés, dont les mouvements étaient assez aléatoires.

Dans la seconde moitié du XVIIe siècle, on en était au régime d'une Flotte et d'un convoi de galions tous les deux ans, ce qui impliquait un retour de l'un ou de l'autre chaque année[33]. Des navires spécialisés s'intercalaient : *azogues* ou vaisseaux à mercure, accompagnés ou non d'une Flotille pour la Nouvelle-Espagne, *registros* à destination de Buenos Aires dont l'attente se prolongeait parfois durant quatre années. La guerre de Succession d'Espagne bouleversa les habitudes, à nouveau : les départs de Cadix s'espacèrent, et l'autorisation donnée aux Français de faire un commerce direct en Mer du Sud détourna une bonne partie des trésors de leur

---

32. H. et P. Chaunu, *Séville et l'Atlantique (1504-1650)*, Paris, 1955-59.
33. A. Girard, *Le commerce français à Séville et à Cadix du temps des Habsbourgs : contribution à l'étude du commerce étranger en Espagne aux XVIe et XVIIe siècles*, Paris-Bordeaux, 1939.

trajet ordinaire. Puis, le système complexe qui avait précédé revécut jusqu'en 1737, date du dernier appareillage d'une armada de galions pour la Terre-Ferme. Les Flottes de Nouvelle-Espagne furent maintenues, tant bien que mal, en perdant de leur périodicité, jusqu'en 1776, flanquées de navires des compagnies de commerce (Compania Guipuzcoana, en premier lieu) pour la côte des Caraques, le Honduras et des vaisseaux de registre pour le Rio de la Plata, le Pérou et, en temps de guerre, le Mexique également. La liberté générale du commerce colonial fut accordée aux négociants espagnols en décembre 1778.

Le repérage des Flottes et des Galions ne soulève pas de grosses difficultés. La récapitulation figurant dans *Séville et l'Atlantique* fournit, avant 1650, une excellente base de référence[34]. D'autres listes ont recensé les départs d'Espagne, postérieurement les arrivées et les appareillages dans le port de la Vera-Cruz, *azogues* y compris[35]. Après quelques tâtonnements engendrés, à deux ou trois siècles de distance, par les retardements, les suppressions et les naufrages, nous avons pu cocher sur elles les retours mentionnés dans les gazettes. Restent les navires isolés. Eliminons tout de suite les Français de la guerre de Succession d'Espagne au sujet desquels les Hollandais ne furent pas très bien renseignés : on aura recours pour les retrouver, eux et leurs cargaisons, à l'ouvrage de Dahlgren[36]. Pour les autres époques, nous disposons de dénombrements ou d'énumérations épisodiques, mais surtout, nous pouvons faire appel à la *Gaceta de Madrid*, assez ponctuelle, comme nous l'avons dit, sur le mouvement des unités. Ce sont là tous les éléments de confrontation en attendant que H. et P. Chaunu prolongent leur catalogue jusqu'à la fin de la Carrera ou du trafic hispano-américain.

Dans les limites posées ci-dessus, nous pouvons dire que la collection de notices – gazettes hollandaises et documents auxiliaires réunis – est complète à 90 % environ pour le XVIIe siècle, davantage entre 1713 et 1737. Par la suite, et sans doute jusqu'en 1778, toutes les vérifications opérées indiquent que nos feuilles continuèrent de publier les retours et les chargements des vaisseaux ramenant des métaux précieux, mais qu'elles se montrèrent plus négligentes à

---

34.   H. et P. Chaunu, *op. cit.*, tomes III, IV et V.
35.   Ternaux-Compans, *op. cit.*, tome X, pp. 454-467 ; et G. Cespedes del Castillo, *La averia en el comercio de las Indias*, Séville, 1945.
36.   E. W. Dahlgren, *Les relations commerciales et maritimes entre la France et les côtes de l'Océan Pacifique*, Paris, 1909.

l'égard des *navios de frutos*. C'est à la *Gaceta de Madrid* qu'il faut en demander le décompte, sans certitude toutefois d'en connaître les marchandises. Après 1778, les gazettes hollandaises commencèrent à perdre pied, pour deux raisons : leur attention fut mobilisée par les événements politiques, de la guerre d'Indépendance des Etats-Unis à la Révolution française en passant par les hostilités avec l'Angleterre et le soulèvement des Patriotes : le nombre des bâtiments espagnols affectés au commerce américain se multiplia à un tel point (177 de retour, à Cadix seulement, en 1791), en même temps que leurs cargaisons s'émiettaient, qu'elles prirent le parti de ne publier que les grosses pièces. Cette fois, la feuille espagnole ne joue plus le modeste rôle d'aide-mémoire ; elle s'impose comme la source première, d'une tenue exceptionnelle avec ses bulletins hebdomadaires de Cadix, ses informations venues des autres ports (La Corogne, Malaga, etc.), son détail des chargements. Le tableau du trafic américain n'est pas exhaustif puisqu'il y manque Ténériffe et, partiellement, Barcelone ; il est, néanmoins, le plus complet que l'on puisse reconstituer rapidement à la fin de l'Ancien Régime. On regrette seulement que la guerre ait amené, dès 1793, un relâchement dans l'assiduité de la publication des notes (remplacées, matériellement, par l'énumération des dons patriotiques) et, en 1794, une interruption.

Voici l'heure du bilan. Il comporte un passif, comme nous l'avons laissé pressentir : lacunes au sujet des marchandises, chiffres réclamant parfois interprétation et toujours attention. On pourrait formuler un autre grief à l'encontre de notre démarche, celui de n'avoir pas été très économique. Nous avons effectivement été obligés de multiplier les recoupements et les dépouillements avant d'aboutir à quelque chose d'à peu près satisfaisant. Ce grief vient après coup et n'est ni tout à fait équitable, ni tout à fait juste. Un plan d'attaque différent se conçoit certes aisément, à présent : aller directement à la découverte des *relaciones* dans les fonds susceptibles de les avoir conservées à Séville (Archivo de Indias) ou à Simancas (Consejo real de la Hacienda). L'entreprise s'intégrait mal, tout de même, dans notre perspective initiale ; elle impliquait d'emblée un parti pris d'attention exclusive à l'Espagne ; or, elle n'avait encore tenté aucun des historiens spécialistes du sujet, et les conditions de son succès restaient inconnues. Notre travail aura, peut-être, ce mérite d'en avoir montré la nécessité. Il facilitera le repérage, souvent ingrat, des arrivées ; il aiguillera les recherches en signalant les années défectueuses. Mais il ne devrait pas sortir entièrement démonétisé de la confrontation ; avec une certaine confiance, nous attendons des archives surtout des confirmations et des compléments, et, comme elles ne sont pas forcément parfaites non plus, les gazettes garderont, éventuellement, un caractère irremplaçable. La suite de cet article convaincra, espérons-nous, que cette dernière proposition n'est pas gratuite.

2. Avant 1660

Nous n'avions pas, en principe, à attendre de révélation sur les trésors américains des gazettes de la première époque, avant 1660. Plutôt un inventaire, une ventilation des données fournies de manière compacte par Hamilton. Par contre, l'intérêt est alors le plus grand du point de vue de la critique de nos matériaux parce qu'il existe, justement, une pierre de touche. A cet égard, la période 1621-1635 constitue le meilleur souhaitable des bancs d'essai. D'une part, en effet, nous disposons d'une excellente série de dix-neuf notices, toutes extraites de la presse, en grosse majorité hollandaise (treize contre cinq anversoises, une allemande et une franco-allemande ou gene-voise) dont sept sont complètes, en apparence, tandis que deux autres peuvent être restituées à partir de documents vénitiens, et dont la plupart sont assez détaillées pour distinguer les trésors des marchandises, de sorte que cette spécification ne manque que cinq fois[37]. D'autre part, une recension contemporaine espagnole, celle de l'historiographe de Philippe IV, déjà mentionné, Diez de la Calle, était disponible à la Biblioteca nacional de Madrid, dont les récapitulations partielles, lustre par lustre, offrent la séduction incontestable de coïncider avec celles de Hamilton[38]. C'est pourquoi nous prenons la liberté de disloquer l'ordre chronologique pour la traiter en priorité, en lui attribuant un rôle de transition entre la partie critique précédente et la partie documentaire présente et, un peu semblable au maître de maison des noces de Cana, en versant, peut-être, notre meilleur vin en premier.

---

37. Les documents vénitiens sont ceux qu'ont cités H. et P. Chaunu. Ils ont été consultés sur micro-films, après constatation de quelques difficultés à se servir des chiffres publiés (troubles provenant de la conversion en maravédis).

38. Déjà utilisé par A. Domínguez Ortiz, « Los Caudales de Indias y la política exterior de Felipe IV », *Anuario de los estudios americanos*, tome XIII, 1956, pp. 311-380.

a. De 1621 à 1635

Un tableau a été dressé pour la commodité[39]. Dans les deux premières colonnes figurent la date d'arrivée des flottes et leur identité : Terre-Ferme (TF) ou Nouvelle-Espagne (NE), renseignements extraits, sauf exception, de l'ouvrage de H. et P. Chaunu ; dans les deux colonnes suivantes, les chiffres recueillis dans les gazettes concernent la valeur globale des cargaisons (troisième colonne) et celle des métaux précieux seuls (quatrième colonne). Lorsque le document ne précisait rien, le chiffre a été placé dans une position intermédiaire. Dans la cinquième colonne, enfin, on trouvera les données de Diez de la Calle, exprimées en pesos de huit réaux, pour les besoins de la comparaison, après conversion des maravédis de compte[40].

Vingt retours furent enregistrés en Espagne durant les quinze années envisagées. Les dix-neuf notices des gazettes les couvrent tous, sauf celui de trois vaisseaux arrivés à la fin de 1634[41] ; on y découvre, en outre, la cargaison de la flotte saisie en baie de Matanzas par Piet Heyn en septembre 1628. Diez de la Calle n'aligne en regard que quinze annotations ; abstraction faite des trésors perdus pour son roi, il lui en manquerait trois, ceux de la Nouvelle-Espagne en 1621, 1622 et 1623. En réalité, il s'agit vraisemblablement de doublets dans les gazettes et d'une fausse omission de sa part. Diez semble avoir réuni dans un total unique, aux années correspondantes, d'après son commentaire même, argent mexicain et argent péruvien, soit parce que les deux convois étaient revenus de concert, soit parce que les trésors de Nouvelle-Espagne avaient été transbordés à La Havane sur les galions de la Terre-Ferme. Dans cette perspective, les gazettes se seraient répétées involontairement en publiant la notice de la Nouvelle-Espagne, une première fois et ouvertement comme telle, une deuxième fois

---

39. Ce tableau n'utilise qu'une notice pour chaque flotte. La meilleure a été choisie.
40. Deux notices expriment les cargaisons en « ducats ». On a admis ici, par construction, qu'il s'agissait de ducats réels, et on les a convertis en piastres dans ce tableau. En réalité, cette attribution est douteuse à l'époque. Le problème est discuté tout au long plus loin (années 1629 et 1634).
41. *Navios sueltos* : aucune hypothèse ne peut être faite à leur sujet. On verra qu'au XVIe siècle, des bâtiments de ce genre pouvaient être frétés spécialement par le Roi pour ramener ses Trésors. Mais le plus souvent, il s'agissait d'embarcations ayant une cale médiocrement remplie.

Tableau 2. *Période 1621-1635*

dates d'arrivée (d'après H. et P. Chaunu)	flottes	valeurs d'après les gazettes			valeurs d'après Diez de la Calle
		globales	non déterminées	métaux précieux	métaux précieux
quinquennium 1621-1625					
30 sept./1er oct. 1621	N-E		5 500 000		
8 nov. 1621	T-F	13 173 174		11 673 174	10 868 221
8 déc. 1622	N-E			3 407 568	
6 juin 1623	T-F		9 700 000		8 412 181
14 sept. 1623	N-E	5 388 600		4 248 271	
mai 1624	T-F	9 905 842		9 212 892	9 199 607
11 oct. 1624	N-E }	14 113 801		11 714 912	11 604 415
14 oct. 1624	T-F				
30 nov. 1625	T-F et N-E	5 842 631		4 565 432	4 602 536
quinquennium 1626-1630					
18 nov. 1626	T-F et N-E	17 217 686		15 006 859	14 044 248
19 nov. 1627	T-F et N-E	13 300 806		11 469 556	9 807 933
sept. 1628	N-E			3 331 995	prise par les Hollandais
10 avr. 1629	T-F	12 488 000		9 650 000	5 527 351
1er août 1630	Armada et N-E	9 952 442		7 977 797	7 626 458
22 déc. 1630	T-F		4 à 5 000 000		
quinquennium 1631-1635					
16 avr. 1632	T-F et reste N-E	8 000 000		5 000 000	4 215 938
13 juil. 1633	N-E et argent T-F	7 406 799		5 989 626	5 775 280
15 févr. 1634	T-F			11 000 000	2 812 781
nov./déc. 1634	3 vaisseaux de N-E				?
10 juin 1635	T-F et N-E		15 000 000		10 395 150
18 déc. 1635	T-F		7 000 000		5 109 247

clandestinement et comme masquée par son incorporation dans une notice générale. Bien qu'elles ne soient pas très explicites sur ce point, on retrouve quelques traces de l'opération[42]. La responsabilité

42. Cf. les notices correspondantes.

n'en incombait point, d'ailleurs, à leurs rédacteurs, et la difficulté, résolue ici, éveille surtout l'attention sur l'intérêt d'un décompte exact des flottes et des trésors.

La comparaison montre que les chiffres indéterminés publiés par les gazettes s'appliquaient aux valeurs globales. On ne les retiendra pas pour une analyse de concordance. Provisoirement, on écartera aussi les deux cas aberrants que l'on rencontre en 1629 et 1634, et qui réclament une discussion distincte[43]. Dans les dix autres, on constate que l'ordre de grandeur voisine avec celui des relevés de Diez. Sauf en 1625, les chiffres des gazettes sont supérieurs. La marge est tantôt insignifiante : en mai 1624 (13 000 pesos, 1,5 %), en novembre 1625 (7 000 pesos, moins de 1 %) ; tantôt assez considérable : en 1621 (800 000 pesos), en 1626 (près d'un million), en 1627 (1 661 623, presque 17 %).

A quoi tiennent ces différences ? En 1632, l'arrondi du nombre met en cause la qualité de l'information des gazettes. Cette explication ne vaut pas pour le reste. A l'origine, il y a certainement la pluralité, en Espagne, des relations et des comptages, et leurs contradictions. La Casa de Contratación n'avalisait pas automatiquement la *carta* du Général de la Flotte[44]. L'exactitude parfaite était vraisemblablement impossible : en parcourant le détail des chargements capturés en 1628, on s'aperçoit que les caisses de piastres, pas plus que les barres d'argent, n'avaient un poids fixe ni, par conséquent, un nombre identique de pièces, d'où d'inévitables approximations. Mais l'importance des écarts conduit tout naturellement à envisager une autre éventualité : celle de la contrebande à l'arrivée. Des sommes d'argent précédemment enregistrées ou venues à la connaissance ordinaire des capitaines auraient été débarquées en fraude et soustraites au contrôle de la Casa. L'hypothèse est très classique. Malheureusement, elle se heurte aux données documentaires. En effet, on devrait normalement retrouver trace des détournements plutôt dans la colonne des trésors privés que des trésors royaux. Or, c'est l'inverse qui est vrai.

---

43. La notice de 1629 n'offre pas une lecture des plus aisées : des membres de phrase ont semble-t-il été supprimés à l'impression. Nous avons admis sept millions de ducats, sur le tableau. Mais on pourrait tout aussi bien faire état de 1,5 million (*anderhalb Million Ducaten*) *pour le Roi*, sept millions or *pour les marchands*, deux en marchandises.

44. H. et P. Chaunu, « Discussions survenues entre les instances officielles en 1639 et 1643 » (*op. cit.* tome IV, pp. 357 et 416).

Tableau 3. *Répartition des trésors*

dates d'arrivée	pour le Roi		pour les particuliers	
	d'après les gazettes	d'après Diez	d'après les gazettes	d'après Diez
juin 1623	1 660 196	1 325 857	6 920 909	7 086 324
oct. 1624	2 525 565	2 145 571	9 415 396	9 458 844
nov. 1625	1 104 919	951 843	3 460 513	3 650 512
nov. 1626	3 504 297	2 297 516	11 532 973	11 361 435
nov. 1627	1 880 384	1 440 400	9 589 172	8 367 532
août 1630	2 166 908	1 637 747	5 810 889	5 988 710
juil. 1633	2 897 245	2 120 678	3 092 381	3 654 602

Comme on le voit ci-dessus, Diez de la Calle, dont on peut penser, à cause de ses fonctions, à cause aussi de ses évaluations plus resserrées, qu'il a produit les derniers chiffres obtenus, ceux que l'on avait transmis au Conseil de la Hacienda, indique cinq fois sur sept des sommes destinées aux particuliers supérieures à celles que leur attribuent les gazettes et, au contraire, des rentrées pour le Roi toujours inférieures. Le chassé-croisé est assez piquant lorsque le montant total ne diffère que de peu, comme en 1633. On ne sauverait donc l'hypothèse de la contrebande qu'en l'aggravant d'un délit de vol et d'un crime de lèse-majesté. Il semble préférable de se réorienter. Peut-être, a-t-on procédé à Séville, sur les trésors de Philippe IV, à la déduction de fonds destinés en réalité à diverses institutions pieuses ou encore des frais d'armement et du paiement des équipages ? Aucune solution, avouons-le, n'est tout à fait sûre. A notre avis, pourtant, cette difficulté, certes irritante, ne suffit pas à déprécier les notices des gazettes.

En dehors de la fraude à l'arrivée dont il vient d'être question, les marchands pratiquaient volontiers, si l'on en croit les témoignages surabondants, la dissimulation à l'enregistrement, la contrebande avérée dès l'embarquement. De longue date, d'ailleurs, puisque le chevalier de Seure écrivit que la flotte de 1558 « avoit apporté autant ou plus d'argent que n'estoit pas registré que cellui que l'estoit ».[45] En général, il n'en reste que des ouï-dire de ce genre, nullement négligeables car leurs auteurs pouvaient être bien informés. Les gazettes en font état une fois, en 1632, estimant l'argent non enregistré à l'importante somme de 4 millions de pesos.

45. Seure, *op. cit.*, p. 15.

En certaines occasions, le non-enregistrement cessait d'être seulement un larcin astucieux. Il prenait une grande envergure lorsque
l'embarquement était précipité, sans même une intention délibérée
de léser les droits du Roi. Dans la première moitié du XVIIᵉ siècle, la
guerre contre les Hollandais, puis contre les Français en développèrent l'usage en Amérique, que les autorités finirent par admettre,
sinon autoriser, sous réserve que les trésors non inventoriés là-bas
passeraient par Séville pour y être enregistrés (*por registrar*). Rien ne
garantit évidemment que le contrôle éludé une première fois se soit
mieux effectué en Andalousie. Commettants d'étrangers, commettants d'ennemis de temps à autre, les négociants avaient intérêt à
éviter toute inspection trop minutieuse de leurs marchandises et de
leurs espèces qui aurait révélé leur qualité d'hommes de paille et
entraîné des confiscations.

Faut-il rattacher à ce phénomène les estimations aberrantes des
gazettes ? Une telle interprétation aurait en sa faveur la conjoncture
et quelques particularités. L'Armada de Thomas de la Razpurru, en
1629, était la première à revenir après la catastrophe de Matanzas, et
l'on a pu répugner à effaroucher des marchands déjà échaudés. Les
séquelles du naufrage de la flotte de la Nouvelle-Espagne, en 1632,
n'étaient pas encore effacées lorsque le marquis de Cadereytia mit à
la voile, et, à son retour, les gazettes eurent connaissance de quelques
affaires de fraude sanctionnées par des confiscations, au demeurant
mineures. Mais, surtout, les comptes de Diez de la Calle présentent à
la date de 1634 la bizarrerie de comporter un poste *para Su Magestad*
plus élevé, quoique faible, que celui des négociants[46]. L'affirmation,
en l'absence d'autres renseignements, reste délicate, car les deux
notices litigieuses ne figurent pas parmi les meilleures, même si l'on
passe sur l'emploi inhabituel des ducats comme monnaie de
compte[47]. On se contentera d'en retenir la possibilité, voire la
probabilité.

Une égale prudence guidera dans les additions de chaque
quinquennium. Si l'on remplace les chiffres douteux par leurs
homologues dans la recension de Diez, les totaux n'excèdent pas de

---

46. La raison n'est pas péremptoire par elle-même car il est arrivé que seul le trésor du Roi
     soit rapatrié et très peu d'argent des marchands. Mais, en général, cette éventualité est
     indiquée.
47. La réduction des ducats-ducats en ducats-pesos diminue la différence, mais ne la
     supprime pas. Le total serait de 7 ou 8,5 millions de pesos en 1629 contre 5,5, et de
     8 millions de pesos en 1634, contre 2,8.

beaucoup ceux de Hamilton, ce à quoi on pouvait s'attendre après la reconnaissance des origines de l'information et les vérifications individuelles. Un million de mieux en 1621-1625, trois millions en 1626-1630, deux centaines de mille en 1631-1635. Si l'on authentifiait les notices de 1629 et de 1635, les relèvements seraient évidemment plus forts : dans le second lustre, sept millions ; dans le troisième, huit et même douze si l'on intégrait l'argent non enregistré en 1632, ce qui lui ferait talonner les précédents aux alentours de 40 millions de pesos. Des ajustements similaires interviendraient dans le calcul des valeurs globales, définissant une sorte de fourchette d'interprétation[48].

Tableau 4. *Comparaison des retours d'après différentes sources*

	1621-1625		1626-1630		1631-1635	
	métaux	globaux	métaux	globaux	métaux	globaux
Diez de la Calle/ Hamilton	44 686 780		41 248 557		28 308 396	
Gazettes (1)	45 747 515		44 224 130	52 470 934	28 522 742	41 000 000 ?
Gazettes (2)	id.	ca	48 000 000	58 000 000	36 000 000	49 000 000 ?

La Terre-Ferme fournissait la majorité des métaux précieux. Son pourcentage, établi sur six flottes combinées, dépasse 68 % (39 millions sur 56,7). Ses marchandises ne sont spécifiées qu'en octobre 1624 : du bois de Brésil et du bois de campêche pour une valeur de 830 500 pesos (9 % du total). Sur la base d'un prix moyen de 2 1/2 pesos le quintal, c'était une quantité assez impressionnante : 15 à 16 000 tonneaux de jauge. Elle surprendra moins si l'on songe que les vaisseaux de Terre-Ferme, ramenant surtout de l'or et de l'argent, avaient besoin d'un lourd ballast pour leur navigation[49]. Peut-être n'était-il pas enregistré régulièrement, ce qui expliquerait son absence fréquente dans les notices. Cependant en 1626, 1627 et août 1630, il semble avoir été inclus dans le montant global des marchandises avec les fruits de la Nouvelle-Espagne.

48. Les deux hypothèses sont présentées ci-dessous sous leur numéro d'ordre respectif.
49. Pour le faible poids des métaux précieux, cf. M. Morineau, *Jauges et méthodes de jauge anciennes et modernes*, Paris, 1966, pp. 48-52. A rectifier en 1595 : 16 millions de ducats et non de piastres. Cf. ci-dessous la notice correspondante. Rappelons que la pondération des tonnages de la Carrera est inutile et erronée : 1 tonelada = 1 tonne.

L'observation faite par François Chevalier au sujet des flottes de celle-ci vers 1600 restait juste vingt ou trente ans plus tard[50]. Elles transportaient des produits métalliques pour une valeur considérable : entre un million et un million et demi de pesos. Durant le quinquennium 1621-1625, ils constituèrent de 20 à 30 % de la valeur totale des cargaisons. Le pourcentage aurait même atteint 38 % en août 1633. Grâce à eux, les flottes de la Nouvelle-Espagne faisaient meilleure figure dans la Carrera à côté de celles de la Terre-Ferme. Le rapport entre les unes et les autres est assez malaisé à calculer à cause des nombreux accidents qui traversèrent les retours[51]. Mais on peut dire grosso modo que les cargaisons mexicaines représentèrent environ 50 % des cargaisons péruviennes entre 1621 et 1625, et, en 1633, elles les auraient égalées.

Nous en possédons six notices détaillées. Il faut d'ailleurs prendre le terme Nouvelle-Espagne dans un sens très compréhensif, car les flottes chargeaient aussi des produits du Honduras et de Cuba. D'au loin venaient sans doute les pondéreux : bois de Brésil et bois de campêche d'un volume très inférieur au ballast de Terre-Ferme (800 à 1000 tonneaux). Le cuivre n'apparaît que deux fois et pour des quantités (50 et 20 tonneaux) assez éloignées des possibilités prêtées à la mine ouverte près de Santiago de Cuba (la belle époque était peut-être passée)[52]. De la grande île, mais sans exclusive, étaient tirées sans doute une bonne partie des peaux qui à raison de vingt pour un tonneau semblent avoir été un des éléments prépondérants du fret (4 à 6500 tonneaux). Il en allait de même du sucre (60 à 100 tonneaux) et du tabac. Le gingembre en 1633 est assez inattendu : racine rustique, de cueillette, plutôt que produit raffiné de l'Asie transité par Acapulco, vraisemblablement[53]. Toutes les cargaisons ne mentionnent pas le chocolat (une centaine de tonnes) et la cochenille (de 20 à 30 tonnes), répartie d'après ses qualités de la très fine à la *sylvestre*, c'est-à-dire sauvage. De la soie chinoise, assez abondante (plus de 25 tonnes en octobre 1624), s'y ajoutait souvent.

---

50. F. Chevalier, *art. cit.* ; cf. aussi le paragraphe suivant et les notices publiées où se trouvent beaucoup de détails sur les marchandises.
51. Quand on ne peut isoler, par exemple, les trésors de la Nouvelle-Espagne de ceux de la Terre-Ferme.
52. 400 tonneaux, d'après le *Mercure de France* (cf. l'excellente relation publiée en 1628). A comparer, d'après H. et P. Chaunu, la quantité de cuivre transportée en 1620 : 1170 quintaux (soit 58 tonneaux) en 2124 planches.
53. Les notices du XVIe siècle confirment cette origine locale (Saint Domingue).

La notice de la flotte arrivée en 1624 donne une évaluation, poste par poste, des marchandises. A cette date, les peaux représentaient 34 % en valeur de la cargaison, la soie 30 %, l'indigo 21 %. Mais la cochenille (3,7 %) était de la plus basse espèce à un peso la livre au lieu de 8 ou 10. En 1628, dans une estimation française, elle se taillait au contraire la part du lion (66 %). Nous ne savons pas si les prix s'entendaient au départ de la Vera-Cruz ou sur le marché de Séville (hypothèse la plus plausible). De toute façon, les marchandises assuraient aux négociants dans la revente en Europe des profits supérieurs à la livraison de l'argent aux Hôtels de Monnaie du Roi. Ils avaient donc avantage à s'en charger, dans la limite des disponibilités de leurs fournisseurs, et des besoins de leurs clients.

Le lecteur peut juger lui-même sur pièces, à présent, si les détails concrets conservés par les gazettes hollandaises et leurs consœurs européennes compensent, comme nous le pensions, ou non leurs défauts. Mais il nous reste encore un renseignement à leur demander. Qu'est-ce que la reconstruction interne du mouvement des métaux précieux à leur arrivée à Séville, connu jusqu'alors seulement à grands traits, nous apprend de plus sur la conjoncture et l'évolution ? Les quinze années que nous avons sous les yeux occupent une place remarquable dans la courbe dressée par Hamilton : c'est à cette époque, après le recul de la période immédiatement précédente, que s'est amorcé le déclin, que s'est amorcée aussi, d'après la théorie de Simiand, la fameuse dépression du XVIIe siècle qui le répercute en Europe. Dans ce retournement, les gazettes vont mettre en lumière quelque chose que l'on n'ignorait pas tout à fait, car H. et P. Chaunu l'avaient déjà relevé : le poids des événements.

Les accidents de navigation de 1622 et de 1623 furent relativement bénins. Ils entraînèrent néanmoins, outre les pertes en vies humaines, l'hivernage forcé et le retard des retours, une amputation des trésors d'au moins quatre millions de pesos[54]. En 1625, l'insécurité régnant dans la mer du Sud, par suite des incursions des Hollandais, empêcha la descente de l'argent du Pérou en temps opportun et explique le chargement dérisoire, cette année-là, pour les deux flottes conjointes. Ce sont donc dix millions de pesos, environ, qui furent soustraits à l'exercice 1621-1625. Ils l'auraient porté aux alentours de 54/55 millions, prolongeant la nette reprise du lustre précédent et renouant avec les fastes de la fin du XVIe siècle. Ces observations

54. Déductions figurant sur les notices.

Tableau 5. *Marchandises et métaux précieux*

date des flottes	Nouvelle-Espagne			Terre-Ferme		Nouvelle-Espagne + Terre-Ferme
	marchandises	métaux	total	marchandises	métaux	marchandises
1621	1 500 000	4 003 785	5 503 785			
1622	1 166 813	3 407 568	4 574 381			
1623	1 140 329	4 248 271	5 388 600	830 500	8 341 095	
1624	1 260 179	3 682 121	4 942 300			
1625	1 277 199	3 829 832	5 107 031		736 000	
1626		2 508 224			12 529 026	2 018 416
1627		2 972 470			8 497 086	1 831 250
1628	ca. 1 162 344	3 331 995	ca. 4 494 339			
1630 (août)	1 417 173	2 891 900			5 085 897	1 984 644
1633		2 269 638	3 686 811		2 264 638	

confluent dans une remarque de simple bon sens : entre la conjoncture américaine et la conjoncture sévillane un océan s'étendait, avec ses surprises, et, pour les étudier l'une et l'autre, il faut les distinguer avant de les unir. On ne peut induire la première de la seconde sans tenir compte des circonstances qui les accompagnent ou les séparent. En l'occurence, de 1616 à 1625, il y aurait eu discordance : le décrochage du mouvement des métaux précieux à l'arrivée n'ayant pas son équivalent à l'embarquement.

La décennie suivante connut des perturbations plus graves et enchaînées. Car la capture de la flotte de 1628 ne priva pas seulement le négoce espagnol d'une rentrée de plus de trois millions de pesos. Elle provoqua la suppression au départ d'un autre convoi vers la Nouvelle-Espagne (en 1629), et la perte, au total, doit se chiffrer par six millions. Cette somme est compensée dans la performance du quinquennium 1626-1630 par la présence dans le retour de 1626 du trésor du Pérou retardé l'année suivante. Par contre, le désastre de 1632, évalué d'abord à Madrid à 9 millions de ducats (bâtiments y compris, peut-être), puis à 7 millions de pesos seulement (cargaison), l'annulation consécutive d'une autre flotte de la Nouvelle-Espagne, les dégâts mal précisés subis en 1634[55], interviennent sans contrepartie dans le bilan du quinquennium 1631-1635. Sans ces malheurs, il aurait été relevé à 35/40 millions, sinon à 43/48. Bonne illustration de cette proposition défendue ailleurs que ce que l'on appelle *tendance* au vu d'une courbe est d'abord et essentiellement un résultat[56].

Et non point la progression irrésistible, aveugle et claudicante, d'un cycle ou d'un lustre sur l'autre, de quelque force toute-puissante, providentielle ou démoniaque, énigmatique et fatale. La conjoncture et l'évolution méritent une étude plus approfondie. Il importe d'examiner un à un, successivement, les événements et leur résonance au lieu de les faire disparaître a priori dans le brouillard d'une diachronie curieusement désarticulée. Chacun d'eux exerçait un effet immédiat : la nouvelle de la tempête essuyée en 1622 par la flotte de Terre-Ferme et de son retardement au printemps 1623 déclencha la panique à Séville, ferma les boutiques (quarante dans une seule rue), arrêta les métiers et contraignit Philippe IV à suspendre tous les paiements pour une durée de six mois comme à prolonger ses expériences monétaires. Chacun possédait aussi un

---

55. Sauf récupération par les Zélandais.
56. Cf. M. Morineau, *art. cit.*

pouvoir tendanciel, c'est-à-dire, car il faut être précis, que, modifiant la conjoncture, il appelait, voire il aimantait une modification d'attitude corrélative des milieux intéressés et contribuait par ce truchement à une modification de l'évolution.

Mais la réponse à cette action et à cette incitation de l'événement en Europe, du moins de la part des pourvoyeurs de la Carrera – marchands et fabricants proches ou lointains –, demeurait de l'ordre de la délibération, ce qui sous-entend appréciation, calcul, prévision et finalement détermination *proprio motu* dans les limites de la liberté humaine. Il serait donc également imprudent d'induire la conjoncture européenne, même celle du petit secteur économique étroitement lié au trafic hispano-américain, de la conjoncture sévillane des retours, directement et sans précaution. Ici et là, sur le plan purement économique, il est possible que le fait majeur ait été la fermeté, la capacité d'absorber, de dépasser les accidents[57]. Il a bien fallu nourrir à Séville ces flottes dont les flancs crevés ont laissé glisser dans l'océan les profits qu'elles ramenaient, et leurs suivantes encore gaillardes en 1635.

De plus, cette conjoncture économique européenne subissait le contrecoup d'événements indépendants du cours de la Carrera, mais rejaillissant par son intermédiaire sur lui : la guerre en Allemagne qui sapait les bases d'un des marchés d'approvisionnement de Séville, la guerre aux Pays-Bas qui gênait les trafics réguliers et, pour mémoire, les petits conflits entre l'Angleterre et l'Espagne, l'Angleterre et la France, la France et l'Espagne. Les rapports entre la conjoncture américaine, la conjoncture sévillane et la conjoncture européenne ne doivent pas être considérés comme une succession simple de cause et d'effets, mais comme un jeu complexe dont les variables s'influencent réciproquement, et qui dépendent aussi d'autres forces, extra-économiques à l'origine, mais douées de pouvoir aussi sur l'échiquier des affaires. Peut-on négliger la pression hollandaise sur les déplacements des flottes, les dangers auxquels elle les acculait dans la mer des Caraïbes quand la lune d'août était consommée[58] ? Le problème, ici, n'est pas de discuter la matérialité

---

57. Marseille, Amsterdam, Londres... Les Pays-Bas du Sud paraissent avoir été étranglés dès 1621 ou, au plus tard, en 1635. Augsbourg, l'Allemagne ont, évidemment, souffert du déclenchement et de l'extension géographique de la guerre de Trente ans.

58. L'article cité du *Mercure de France* (1628) insiste sur cette nécessité de respecter le calendrier – ce que la géographie et l'hydrographie justifieraient aisément. Parmi les autres détails curieux, relevons la valeur de la flotte de Nouvelle-Espagne, à l'aller : 7/8 millions de livres-tournois et au retour 15, soit, en pesos, environ 3 et 6 millions. On

d'un mouvement de baisse, que les gazettes nous ont fait constater après Hamilton, mais avec des réserves et des explications ; il n'est pas encore d'en préciser la durée. Il s'agit d'en reconnaître la nature et de fixer la priorité des agents d'efficacité. Or, pour le moment, au vu des quinze années étudiées, dans cette dépression du XVIIe siècle dont on place souvent le déclenchement aux alentours de 1620, lorsque se produit une raréfaction des arrivages d'or et d'argent, ce sont les hommes avec, et peut-être après les éléments qui ont créé le *trend*.

Conclusions courtes. Mais on comprendra que nous circonscrivions strictement le débat, actuellement, aux seuls enseignements que nous a livrés l'étude des notices sur une période brève également, et qui devra être réintégrée dans un mouvement long, un mouvement long de deux siècles. La tâche qui s'impose à présent, c'est tout simplement de puiser à nouveau dans la documentation pour en faire resurgir, morceau par morceau, l'évolution de la Carrera, année par année.

b. *De 1580 à 1620*

Par la force des choses, les gazettes hollandaises ne nous renseignent pas sur la période antérieure à 1621. A la rigueur, leur reflet se retrouverait sporadiquement chez quelques auteurs : Baudartius, J. de Laet surtout[59]. Encore que ceux-ci aient pu, tout aussi bien, recopier des nouvellistes allemands. La sagesse aurait peut-être conseillé d'en rester là.

Nous n'avons pas cru, cependant, devoir nous abstenir de toute rétrospective. Par-delà l'établissement de la valeur d'une source, notre objet était l'examen du mouvement des métaux précieux et, par conséquent, sa reconstitution aussi précise que possible. Or, l'imprimé contient quantité d'indications sur les retours. L'effort d'authentification mené à propos des gazettes s'appliquait également à ces informations qui se réfèrent au même archétype : la *carta de relación*.

constatera que cette évaluation est parfaitement plausible : au retour, ce sont les chiffres des notices légèrement exagérés. Le bénéfice *brut* était donc de 75 à 100 %, (bénéfices plus importants à attendre de la revente des marchandises en Europe). La flotte de Terre-Ferme emportait à l'aller 12 millions de livres-tournois, soit un peu moins de 5 millions de pesos, en valeur. Le bénéfice brut peut être apprécié d'après les notices.

59. J. De Laet, *Hispaniae descriptio*, Leyde, 1623, pp. 422-423 : treize notices succinctes, excessivement captieuses, car De Laet parle trésors lorsqu'il s'agit des totaux et ducats – qu'il définit très correctement, par ailleurs, de 375 maravédis – lorsqu'il s'agit de pesos.

En les mettant bout à bout, on parvenait à peu près à couvrir la totalité des arrivages, contrôlée d'après l'ouvrage de H. et P. Chaunu. Ces circonstances autorisaient une tentative de restitution, au moins approximative.

Comme on le verra dans un instant, en certains cas, on n'a pas pu dépasser l'approximation et étreindre une certitude. C'est que nous avons été obligé de faire appel à quelques notices sommaires et elliptiques qui laissaient en suspens, les unes l'unité monétaire employée[60], les autres la spécification de la cargaison à laquelle elles se rapportaient : métaux et marchandises ou métaux seulement ? C'est aussi, en second lieu, que la confrontation, faute d'un guide aussi précis que Diez de la Calle, ne peut s'effectuer qu'à l'intérieur des quinquennium définis par Hamilton, et que, bien que nous ayons opté a priori pour la confiance en celui-ci, nous ne pouvons exclure une défaillance épisodique dans sa documentation. Mais l'ajustement s'opère, en gros, avec un minimum d'hypothèses de raisonnement et se réalise avec un minimum de points d'interrogation. Voici, d'ailleurs, sans plus d'apprêts, le tableau que nous avons composé et les remarques qu'il requiert pour son interprétation[61].

Tableau 6. *Arrivage des métaux précieux de 1580 à 1620*

date d'arrivée d'après H. et P. Chaunu	flottes	valeurs globales	valeurs non spécifiées	métaux précieux	source utilisée
sept. 1580	N-E			2 337 000 pesos	Fuggerzeitungen
sept. 1580	T-F			8 250 000 pesos	Fuggerzeitungen
quinquennium 1581-1585					
14 sept. 1581	T-F			3 894 151 pesos	Archivio de
14 sept. 1581	N-E			2 850 000 pesos	Indias à
					Séville
fin août 1582	N-E				
13 sept. 1583	T-F et N-E		15 millions		Fuggerzeitungen
28 août 1584	N-E			3 872 117 pesos	Archivio de
					Indias à
					Séville

60. Il est possible, en effet, que l'on ait utilisé, plus tôt que nous ne l'avons dit d'après Cabrera de Cordoba, le peso comme unité monétaire vernaculaire à propos des trésors d'Amérique.
61. Une seule notice par flotte, retenue, comme précédemment.

Tableau 6. *Arrivage des métaux précieux de 1580 à 1620* (suite)

date d'arrivée d'après H. et P. Chaunu	flottes	valeurs globales	valeurs non spécifiées	métaux précieux	source utilisée
11 sept. 1584	T-F			4 500 000 pesos	Archivio de Indias à Séville
27 sept. 1585	N-E		} 12 millions		Dépêche française
18 oct. 1585	T-F				

hypothèse a) « million » = millions de ducats : 1583 : 20 650 000 pesos ; 1585 : 16 500 000 pesos. total brut : 52 241 268 pesos. hypothèse b) « millions » = millions de pesos : total brut : 42 116 268 pesos. total selon Hamilton exprimé en pesos de 8 réaux : 48 597 703.

quinquennium 1586-1590

5 nov. 1586	N-E	3 030 000 ducats		2 000 000 ducats	dépêche vénitienne
25 sept. 1587	T-F et N-E	16 millions d'or		13 millions	G. de Malynes
1588	navios sueltos				
sept. 1588	T-F				
1er avr. 1589	zabras				
oct. 1589/	T-F et	14 721 271		14 343 135 pesos	Archivio de Indias à Séville
mai 1590	N-E				
août 1590	navios sueltos			2,5 millions	Fuggerzeitungen

hypothèse a) : 1586 : 2 750 000 pesos ; 1587 : 17 036 719 pesos ; août 1590 : 3 400 000 pesos. total brut : 37 529 854 pesos. hypothèse b) : total brut : 33 593 135. total selon E. J. Hamilton : 39 428 983.

quinquennium 1591-1595

début 1591	zabras			800 000 kronen	Fuggerzeitungen
oct. 1591/	T-F et				
janv. 1592	N-E				
juin-juil. 1593	T-F et N-E	10 378 839		9 986 251	dépêche vénitienne
1594	navios sueltos				
7-8 mai 1595	T-F et N-E	25 433 394		24 329 487	
sept. 1595	T-F et N-E		8 millions		lettre de Simon Ruiz

hypothèse a) : total brut : 46 416 738. total selon Hamilton : 58 210 249.

Tableau 6. *Arrivage des métaux précieux de 1580 à 1620* (suite)

date d'arrivée d'après H. et P. Chaunu	flottes	valeurs globales	valeurs non spécifiées	métaux précieux	source utilisée
quinquennium 1596-1600					
janv. 1596	navios			2,5 millions	Fuggerzeitungen
1ᵉʳ oct. 1596	T-F et N-E		12 millions de ducats		lettre de Cosme Ruiz
21 févr. 1598	T-F et N-E		7 millions		Gazette de Francfort
27 sept. 1598	N-E		marchandises		
mars 1599	T-F et N-E			9 millions de ducats	Cabrera de Cordoba
mars	T-F et N-E			9 926 196 ducats	Cabrera de Cordoba
avr. 1600					
oct. 1600	N-E		marchandises		
déc. 1600	Armada			8 millions	Cabrera de Cordoba

hypothèse a) : janv. 1596 : 3,4 millions pesos ; oct. 1596 : 16,5 millions ; 1598 : 9,625 millions ; mars 1599 : 12 375 000 ; mars 1600 : 13 648 519 ; déc. 1600 : 11 millions. total brut : 62 826 196. hypothèse b) : réduite à la charge de 1598 : total brut : 60 201 196. total selon Hamilton : 56 958 915.

date d'arrivée	flottes	valeurs globales	valeurs non spécifiées	métaux précieux	source utilisée
quinquennium 1601-1605					
sept. 1601	navios		1 million		Cabrera de Cordoba
avr. 1602	T-F et N-E		11 millions		Cabrera de Cordoba
déc. 1602	T-F			10 millions	Cabrera de Cordoba
oct. 1603	N-E		marchandises		
déc. 1603	T-F			10 417 489 pesos	Dépêche vénitienne
oct. 1604	N-E		marchandises		
janv. 1605	T-F et N-E	12 000 000 pesos			Cabrera de Cordoba

hypothèse a) : 1601 : 1 375 000 pesos ; avr. 1602 : 15 125 000 ; déc.1602 : 13 750 000. total brut : 52 667 489. hypothèse b) : total brut : 44 417 489. total net par estime : 41 417 489. total selon Hamilton : 40 373 153.

date d'arrivée	flottes	valeurs globales	valeurs non spécifiées	métaux précieux	source utilisée
quinquennium 1606-1610					
13/15 oct. 1606	T-F et N-E	8 200 986 pesos		6 801 066 pesos	Dépêche vénitienne
déc. 1606	Armada T-F			4,5 millions	Cabrera de Cordoba

Tableau 6. *Arrivage des métaux précieux de 1580 à 1620* (suite)

date d'arrivée d'après H. et P. Chaunu	flottes	valeurs globales	valeurs non spécifiées	métaux précieux	source utilisée
sept. 1607	N-E et T-F		12 500 000		Cabrera de Cordoba
oct. 1608	T-F et N-E	10 980 447 pesos		9 811 434 pesos	Dépêche vénitienne
sept. 1609	N-E et Carrera	11 901 215 pesos		10 037 216 pesos	Dépêche vénitienne
sept. ? oct. 1610	N-E et T-F			8 053 000 pesos	Dépêche vénitienne

hypothèse b) : total brut : 51 702 716. total net (éventuellement) : 50 302 716. total selon Hamilton : 51 957 143.

---

quinquennium 1611-1615

1ᵉʳ oct. 1611	N-E et T-F	9 615 098 pesos		7 854 000 pesos	Dépêche vénitienne
nov. 1612	T-F et N-E	11 746 695 pesos		9 345 695 pesos	Dépêche vénitienne
31 oct. 1613	T-F et N-E	10 321 291 pesos		8 454 916 pesos	Cabrera de Cordoba
5 oct. 1614	T-F et N-E	11 293 968 pesos		9 557 713 pesos	Dépêche toscane
5 oct. 1615	T-F et N-E	10 129 331 pesos		7 943 847 pesos	Dépêche vénitienne

total des valeurs globales : 53 106 383. total des métaux précieux : 43 156 171. total selon Hamilton : 40 579 610.

---

quinquennium 1616-1620

nov./ déc. 1616	T-F et N-E	11 132 453 pesos		8 657 932 pesos	Dépêche toscane
6 oct. 1617	N-E			7 135 199 pesos	Dépêche toscane
9 nov. 1617	T-F				
21 sept. 1618	N-E	14 000 270 pesos		12 246 205 pesos	Dépêche toscane
28 nov. 1618	T-F				
25 sept. 1619	N-E	13 710 965 pesos		11 687 840 pesos	Dépêche vénitienne
16 nov. 1619	T-F				
2 sept. 1620	N-E	6 312 720 pesos		4 764 552 pesos	Dépêche vénitienne
14 oct. 1620	T-F				

total brut des métaux précieux : 44 503 728 ; pour le faire coïncider avec le total de Hamilton, il faut supposer une valeur de 5 338 699 pesos pour la flotte de Terre-Ferme en 1620. total selon Hamilton : 49 818 411.

1580-1585. Sources officielles en 1581 et 1584, deux chiffres « ronds » en 1583 et 1585, une flotte de Nouvelle-Espagne manquante (1582). En admettant, selon l'usage de l'époque, que les millions s'entendaient de ducats de 374 maravédis, le total brut se situerait à 52,2 millions de pesos de huit réaux, soit quatre de mieux que le compte de Hamilton. Mais une défalcation du même ordre s'imposerait éventuellement, eu égard aux marchandises peut-être incluses dans les retours de 1583 et 1585. Cependant, une incertitude resterait à cause de la lacune de 1582. Pour la réduire à tout prix, il faudrait admettre que les millions correspondaient à des pesos. Dans ce cas, une somme de 6,5 millions, environ, serait dégagée pour la flotte de Nouvelle-Espagne absente, somme à vrai dire un peu forte.

1585-1590. Sources de bonne qualité, proches de l'original, détaillées[62], sauf pour les *navios sueltos* de 1590 ; rien malheureusement pour 1588 ni pour les *zabras* d'avril 1589. Un problème se pose au sujet de l'évaluation totale de 1587. Dans l'énumération des trésors voisinent pêle-mêle des millions de pesos de huit réaux, des barres et de l'argent brut. En quelle unité est exprimé le résultat de l'addition ? La notice vénitienne conclut en parlant de *millioni d'oro* ce qui en principe signifie des ducats, mais ce point, qui sera affirmé formellement en 1595 (*ducati dà xj reali*), ne l'est pas ici. D'après la notice de G. de Malynes, nous avions cru pouvoir au contraire faire état de pesos, d'autant que les barres d'argent, poste principal parmi les inconnus, ne pouvaient guère dépasser la valeur de 1,6 million de pesos, à 2000 l'une au grand maximum[63]. Cette interprétation aurait le mérite de réserver 6 millions environ pour les retours de 1588-1589, alors que l'autre hypothèse ne leur en laisserait que deux maigrelets ou postulerait une lacune dans le décompte de Hamilton.

1591-1595. Deux bonnes notices (1593 et 1595), deux évaluations dont l'une est explicite quant à l'unité monétaire (1591), l'autre non (septembre 1595), un blanc en 1591-1592 pour l'ensemble Nouvelle-Espagne et Terre-Ferme. La difficulté est assez sérieuse, car notre total partiel atteint seulement 46,4 millions de pesos (ou 43,4), alors que le quinquennium aurait rendu, selon Hamilton plus de 58 millions. Il faut admettre dès lors une valeur de 12 à 15 millions, plus ou moins à cause de la marge à respecter pour les *navios sueltos* de 1594, pour le retour combiné de 1591-1592. Théoriquement, cela n'en excédait pas la capacité, en supposant que l'année ait été excellente. Mais ces flottes souffrirent énormément de la tempête et des Anglais (30 navires perdus). On se ralliera cependant à cette explication en attendant des éclaircissements supplémentaires, Hamilton faisant autorité d'une part, les dommages devant être pondérés d'autre part par la considération de la répartition des trésors à bord des vaisseaux (ceux qui disparurent appartenaient en majorité à la flotte de la Nouvelle-Espagne et portaient, peut-être, surtout des marchandises).

1596-1600. Série complète mais seulement moyenne quant à la qualité des notices : fort peu de détails sauf en mars 1600 ; des chiffres globaux avec leurs énigmes habituelles. Pour retrouver le total de Hamilton, il faut supposer à tout coup dans le doute que nous avons affaire à des pesos et non à des ducats. Malheureusement, si l'expectative est justifiée en présence de la *Gazette de Francfort* (février 1598), elle n'est guère défendable quand des Espagnols (Simon Ruiz, Cabrera de Cordoba) écrivent noir sur blanc *ducados*. Avec la prudence qu'impose la nature ingrate de nos sources, nous n'exclurions pas ici une légère sous-évaluation du quinquennium par Hamilton, de l'ordre de 3 à 4 millions, dont l'origine se trouverait, peut-être, dans l'omission des navios de janvier 1596. Notons incidemment que la documentation sévillane consultée par H. et P. Chaunu est assez confuse au sujet du voyage éclair accompli par l'escadre de Martin de Aramburu en 1600.

1601-1605. Série complète, encore moyenne, mais meilleure que dans le lustre précédent : les métaux précieux sont bien à part, sauf en avril 1602 et en janvier 1605, une très bonne notice en 1603. Cabrera de Cordoba ne spécifie plus qu'il s'agit de ducats lorsqu'il s'exprime en millions.

---

62. Lorsque le document est indiqué comme provenant de l'Archivio de Indias à Séville, il est entendu qu'il a été repris de H. et P. Chaunu, *op. cit.*
63. G. de Malynes, *Lex mercatoria*, Londres, 1622, pp. 266-267.

Il parle pesos en 1605, et la comparaison de ses données avec celles de la dépêche vénitienne en décembre 1603 prouve qu'il le faisait déjà à cette date. Il n'y a donc aucun obstacle infrangible à spéculer tout au long sur des pesos. Dans ce cas, on retrouve à quelques dizaines de milliers de piastres près le total de Hamilton, sous réserve de quelques corrections pour la valeur des marchandises dans les années susdites. De toute façon, la marge de variation se limite à 1 ou 2 millions en plus : navios de septembre 1601, arrivés dans l'Algarve ?

1611-1615. Série parfaite mais le total dépasse de 2,5 millions celui de Hamilton.

1616-1620. Excellente série à laquelle manque seulement l'évaluation de la flotte de Terre-Ferme du 14 octobre 1620. Si l'on prend comme limite de calcul le montant du quinquennium indiqué par Hamilton, on peut la restituer approximativement à 5,3 millions. Ce chiffre est un peu bas par rapport aux exercices précédents. Mais, après tout, la Carrera n'était pas à l'abri des accrocs.

Çà et là, les notices mentionnent de l'argent non enregistré. En 1584, après indication de la source : « Esto se ha sacando de libros de los maestros », le copiste a ajouté : « y se entiende que avien aún mas ». En 1596, c'est le gênois Picamiglio qui avertit qu'il y avait deux millions d'or en plus[64]. Enfin, la capitane désemparée de don Luis de Fajardo, en 1599, était censée porter 500 000 ducats clandestins à côté des 1 800 000 légaux. Il s'agit là, malgré le dernier exemple, impressionnant, de dissimulation courante, presque anodine, et dont la répétition d'année en année, explicite ou non, n'influerait guère sur le mouvement d'ensemble.

En gros, par conséquent, nous avons retrouvé les chiffres de Hamilton. Parfois ric rac, parfois avec des variantes en plus ou en moins. Nous n'avons pas caché que cette coïncidence résultait, dans certains cas, d'une pétition de principe, et nous estimons que la discussion, en dépit de cela, reste ouverte autour des litiges. Mais à ceux qui se contenteraient de notre restitution, l'idée pourrait venir qu'au fond ce n'était pas la peine de se livrer à des exercices périlleux de comput et d'équilibre pour redécouvrir finalement un paysage passablement connu. Nous espérons toutefois qu'ils ne s'y abandonneront pas. Notre but, ni avoué, ni sournois, n'était pas de parvenir à remettre en cause le dessin général de l'évolution entre 1580 et 1621, mais de lui donner une plus grande finesse. D'ailleurs, la vérification

64. J. Gentil da Silva, *Stratégie des affaires à Lisbonne entre 1595 et 1609. Lettres des Rodrigues d'Evora et de Veiga*, Paris, 1956.

étant l'une des tâches de la recherche scientifique en histoire comme dans les autres domaines, il n'est pas sans intérêt de pouvoir justifier, fût-ce le plus platement du monde, un acquis même ancien et consacré par la révérence des générations. A plus forte raison, de démonter le mécanisme des arrivages des métaux précieux.

Les questions élémentaires : quand ? combien ? combien quand ? comment ? ne sont pas esquivables indéfiniment. A ce point de vue, les difficultés d'interprétation soulevées apportent elles-mêmes quelque chose : il n'est pas indifférent de se demander si la flotte combinée de 1587, celle qui a servi à équiper l'Invincible Armada, a rapporté 13 ou 17 millions de pesos, ni quel a été le sort exact des trésors ramenés en 1591-1592. Comment, en outre, être insensible à l'énorme blocage des retours de métaux précieux en 1595 qui remplit d'émerveillement les contemporains : 35 millions en l'espace de huit mois ? Encore plus monstrueux si on l'associe à celui de l'année suivante – total : 55 millions, soit presque la moitié de toute la décennie 1591-1600 ! Et si l'on réfléchit que 25 millions environ ont été débarqués en 1600, on s'aperçoit que trois années suffirent pour fournir les trois quarts de cette même décennie, ce qui laisse bien peu aux autres.

Tableau 7. *Récapitulation schématique annuelle*

(en millions de pesos)

1580	10,5	1594		1608	9,8
1581	6,6	1595	35,3	1609	10
1582	3 ?	1596	19,9	1610	8
1583	15,4	1597		1611	7,8
1584	8,3	1598	9,6	1612	9,3
1585	15,5	1599	13,6	1613	8,4
1586	2,7	1600	24,6	1614	9,5
1587	13	1601	1	1615	7,9
1588	5 ?	1602	19,5	1616	8,6
1589	12	1603	10,4	1617	7,1
1590	3,4	1604		1618	12,2
1591	5,4 ?	1605	10,5	1619	11,6
1592	7,6 ?	1606	10,3	1620	10
1593	10	1607	11,2		

L'analyse du tableau et de la courbe qui en dérive conduit, par conséquent, à réveiller les rythmes réels du trafic américano-hispanique. A jeter des passerelles consolidées entre l'ouvrage de Hamilton et celui de H. et P. Chaunu. A ces derniers, la concentration réalisée en 1595-1596 n'avait pas échappé, révélée par les volumes des retours. Nous retrouverons maintes fois leurs conclusions. Mais pas toujours, dans la mesure où les jauges globales, sans parler des unitaires, trahissent parfois le commerce. Le record absolu des tonnages en 1587 correspond à une très bonne année métallique, mais non au sommet. Celui-ci a été atteint en 1595, dont les volumes, pour importants qu'ils aient été, ne représentent que les 5/6 de ceux de 1587 pour une valeur en or et en argent double au moins, et sont inférieurs encore à ceux de 1600 malgré les 10 millions de mieux. L'escalade des tonnages à la veille de la Trêve de Douze ans débouche finalement dans le vide, puisque la performance de 1610 est somme toute moyenne, et que le plus beau trésor aurait été déposé sur la marche la plus basse (1607).

A bien y regarder, il n'y a rien de surprenant à ces anomalies apparentes. Les chiffres produits par H. et P. Chaunu enregistrent le mouvement de toute la Carrera et englobent donc des volumes inutiles pour le commerce. A l'aller, sans doute ; au retour certainement. Et en particulier pour les métaux précieux dont les quantités ne réclamaient pas, même aux plus beaux jours, un bien gros tonnage de transport. Sept galions ont suffi, en mars 1599, pour ramener 9 millions, et l'escadre eut été réduite à quatre si on les avait chargés tous comme leur Capitane. Le fret pondéreux était fourni par les marchandises : or, comme nous l'avons vu, les flottes de la Nouvelle-Espagne en étaient les mieux pourvues, sinon les seules, alors que l'or et l'argent étaient plus abondants sur les galions de la Terre-Ferme. Une seule flotte de Nouvelle-Espagne maintient la courbe des volumes de jauge à un niveau honorable, mais il fallait une flotte de Terre-Ferme pour soutenir celle des métaux précieux et la conjugaison des deux pour la soulever. Tout ceci est compliqué en outre par la pratique volontaire ou non du dépôt des métaux mexicains à La Havane, dans l'attente de leur expatriement définitif à bord des futurs galions.

Mais le rythme n'était pas donné uniquement par des causes techniques. Ou, plus exactement, une partie de ces causes techniques n'est intervenue que pour des raisons extrinsèques, à cause des événements. Il y a d'ailleurs deux styles aisément reconnaissables dans l'évolution du mouvement. De 1580 à 1604, l'écriture de la Carrera enchaîne des pleins et des déliés, s'effile jusqu'au néant ou s'écrase en pâtés. Pour caractériser le phénomène, H. et P. Chaunu ont parlé de la biennalité des flottes, d'après leurs volumes, et en l'attribuant principalement aux contrecoups néfastes de l'Invincible

Armada[65]. Les choses se déroulèrent, en effet, suivant ce schéma pour les allers ; elles sont, peut-être, un peu plus complexes pour les retours, surtout les retours de métaux. La biennalité paraît installée dès 1580, ce qui restitue un mordant aux corsaires français, responsables en particulier de nombreux écarts de route en 1582 et 1583. Ce qui se passe après le désastre de l'Invincible, c'est plutôt un détraquage somatique. Il n'y a plus de rythme en fait, plus de régularité même dans l'alternance : les flottes attendent dix-huit mois, deux ans ou plus avant de revoir la Giralda ; le débit de l'or et de l'argent est devenu celui d'un oued. Une reprise de la fluidité, sur le principe de l'annualité, s'ébauche à partir de 1598, mais coupée en 1601 et en 1604. A partir de 1605 et jusqu'au terme, en 1620, voire au-delà, le trait, sans être toujours aussi appuyé, reste continu et conserve même un calibre assez constant.

On est dorénavant mieux en mesure de juger de ce que nous appellerons pour simplifier l'effet Drake, concertant sous le nom du plus illustre la pression exercée par les actions offensives de tous les capitaines anglais. Du point de vue de la guerre navale, on a pu en minimiser l'importance[66] : les galions se sont bien défendus, aucune flotte n'a été interceptée. Du point de vue du butin – qui est l'aspect économique classique reconnu de la course – on conclurait aussi facilement à l'échec ou au semi-échec. Mais ceci est plus aventuré : si les nouvelles transmises au comte Fugger étaient exactes, Cumberland, à la fin de 1599, se serait emparé de deux vaisseaux chargés de 400 000 marcs d'argent (environ 3,2 millions de piastres) et de 1 000 ou 1 200 arrobes de cochenille. De plus, en pillant à droite et à gauche, un peu de hondurien, un peu de mexicain, pas mal de brésilien et, surtout, du gros indien du Portugal, les Anglais réalisèrent des montants de prises élevés ; le Roi d'Espagne aurait perdu en 1592 une valeur de 4 millions dans laquelle étaient compris, entre autres, la *Madre de Dios* et deux vaisseaux *azogues*[67]. On pourrait donc estimer rapidement, par rapport aux arrivages à Séville durant ce quinquennium, la part dérobée à 15 % au minimum.

L'effet Drake, à notre avis pourtant, réside ailleurs, plus subtil, plus efficace, plus pernicieux. En retardant l'arrivée des flottes, il a momentanément tari le fleuve de métal, il a acculé les marchands à la

---

65.   H. et P. Chaunu, *op. cit.*, tome VIII, pp. 913 et 985 (ce tome est l'œuvre de P. Chaunu).

66.   F. Braudel, *La Méditerranée et le monde méditerranéen à l'époque de Philippe II*, Paris, 1956 ; 2ᵉ édition, Paris, 1968, tome I, p 209.

67.   V. Klarwill, *Fugger News* 2ᵉ série Londres, 1926, p 244.

faillite et Philippe II au *decreto*. Représentons-nous bien les faits : les retours attendus d'abord en 1594, puis arrivés en 1595, étaient la réalisation des deux flottes de 1593 et de 1594. Pour certains affréteurs, les effets immobilisés l'étaient depuis plus de deux ans. Cela suppose un gigantesque engagement d'emprunts, de lettres de change courant d'une place à l'autre, de primes d'assurance versées, la *strettezza* et l'anxiété partout. Pareil embarras pour Philippe II, auquel les bailleurs de fonds aux Pays-Bas refusent d'avancer la paie des troupes, et qui ne peut honorer ses dettes. Le moratoire sera trop tardif. Ce qui s'opéra en mai 1595, ce fut un *clearing* de fait, à l'échelle planétaire, avec apuration drastique de tous les comptes. Ainsi, la crise de la monarchie espagnole se produisit au milieu de l'abondance d'argent. Elle ne résulta pas d'un épuisement des mines, non perceptible, ni d'une capture des trésors, l'épée au poing, mais du retardement des flottes. Tel fut l'effet Drake : de l'or, de l'argent, il y en eut, comme jamais auparavant, mais trop tard et, parce que trop tard, pas assez : « En el año de 1595, en espacio de ocho meses habían entrado por la barra de San Lucar treinte y cinco millones de oro y plata, bastantes para enriquicer los Príncipes de la Europa ; y en el año de 1596 no havían un solo real en la Castilla : y preguntaban qué se hicieron y adonde vinieron a perear ríos o mares tan caudalosos de oro ? »[68].

Curieusement, cette influence aurait pu être décelée il y a trente ans, si, tout simplement, au lieu de découper le siècle en tranches allant des années 1 aux années 5 et des années 6 aux années 10, Hamilton l'avait fait de 0 à 4 et de 5 à 9, comme plus tard Posthumus. Le tableau ci-dessous, composé sur cette base de division, montre très clairement la pénurie des métaux précieux à l'arrivée entre 1590 et 1594, consécutive au grippage de la Carrera :

1580-1584 : 47   millions de pesos
1585-1589 : 43,2 millions de pesos
1590-1594 : 30,4 millions de pesos
1595-1599 : 78,4 millions de pesos
1600-1604 : 55,5 millions de pesos
1605-1609 : 51,8 millions de pesos
1610-1614 : 43,1 millions de pesos
1615-1619 : 47,4 millions de pesos

---

68.   Gonzalez Davila, *Historia del inclito Rey Felipe III*, Madrid, 1629, p. 35. L'ambassadeur vénitien indique 30 millions en six mois. Les derniers retours en janvier 1596 ?

Figure 8. *Arrivages des métaux précieux américains de 1580 à 1630 par périodes quinquennales.*

(en millions de piastres)

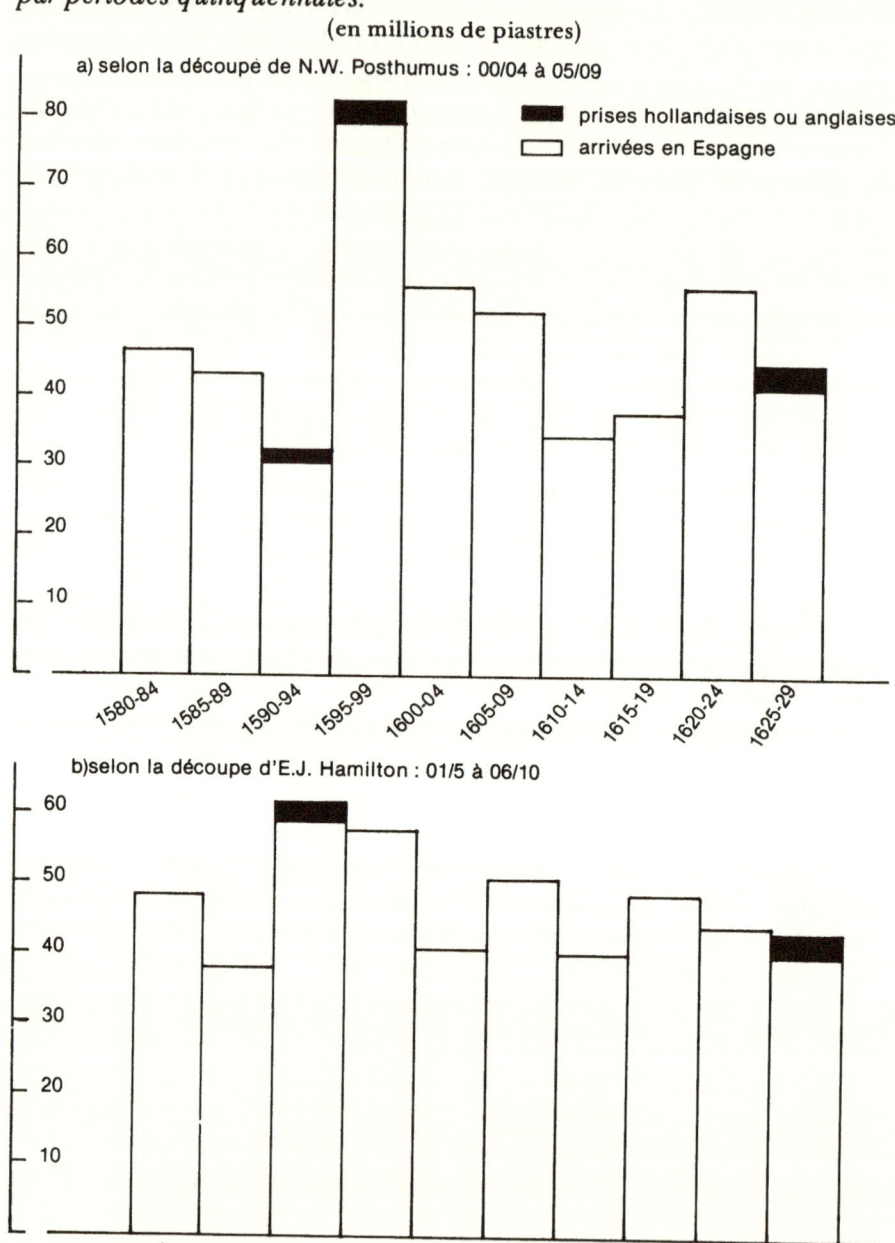

Les deux systèmes sont strictement à égalité sur le plan statistique pur. On ne saurait donc reprocher le sien à Hamilton. Mais on ne peut, non plus, refuser de prendre en considération les résultats de l'autre. S'il fallait trancher, ce serait après confrontation des enseignements que l'on en aurait tirés, respectivement, avec la réalité. Mais ne doit-on pas renvoyer dos à dos les périodisations, avant même tout début d'expérimentation et instruire, à la place, le procès des moyennes de ce genre[69] ?

La moyenne a été une conquête des sciences humaines. De la démographie et de l'économie politique, dès le XVIIIᵉ siècle ; de l'histoire, beaucoup plus tard, au XXᵉ siècle. Dans tous les cas, il s'agissait de dépasser le mirage du chiffre isolé et de s'arracher aux déformations de l'accidentel. On voulait atteindre des valeurs bien tempérées, une sorte de constante ou de norme, le foyer d'une courbe. Le progrès fut incontestable par rapport aux errements antérieurs, aux discussions menées autour de deux ou trois données erratiques, arbitraires et polémiques, comme au temps de Bodin et de Malestroict. La moyenne rend toujours de grands services dans maints calculs et à un certain niveau d'abstraction. Mais on a fini par lui conférer un *imperium* démesuré, parfois un tantinet désuet lorsque la fouille des archives a permis d'exhumer des séries complètes qui, d'elles-mêmes ou ordonnées sur un graphique, livrent à la fois la contingence et le demeurant. Le succès de la moyenne comme instrument privilégié d'investigation tient sans doute à la situation respective de l'histoire économique et de l'économie politique aux environs de 1930. Son prolongement, peut-être, à un sentiment complexe d'infériorité de la part des historiens soucieux d'atteindre coûte que coûte, même au prix du suicide de leur discipline, l'au-delà de l'événement, une espèce de fondement de l'évolution, cette conjoncture mystérieuse et profonde qui aurait mené le monde. Joint au sentiment flatteur pour les économistes d'être pris pour des oracles, voire des grands prêtres, par les historiens.

---

69.   On pourrait discuter sur l'attribution de la Flotte de 1589. Nous l'avons maintenu à sa date, considérant que le trésor, d'après le marchand anglais James, était déjà disponible entre les mains du Roi. Si l'on préférait le déplacer en 1590 (arrivée à Séville, venant de Lisbonne) on obtiendrait les quinquenniums suivants : 1585-1589 : 28,9 millions de pesos ; 1590-1594 : 44,7 millions de pesos. La représentation de la réalité n'en serait pas meilleure mais l'on peut mesurer (c'est le cas de le dire), l'importance et la part d'arbitraire du choix des césures.

Quinquennale ou décennale, simple ou mobile, qu'a donc à faire, cependant, une moyenne avec un fait matériel aussi brut que l'arrivée des métaux précieux ? L'or et l'argent étaient là ou n'étaient pas là : leur impulsion, dans la vie économique, surtout dans les circonstances que nous avons décrites entre 1580 et 1620, ne peut avoir anticipé sur leur présence. L'une et l'autre sont justiciables du diagramme annuel. Au minimum, car le mois et le quantième comptaient. L'Espagne et l'Europe continuèrent de vivre, durant les quatre premiers mois de l'an 1595 et de façon empirante, la gêne de 1594 ; le retour des flottes en décembre 1603 ne porta ses fruits qu'en 1604 ; etc., etc. A la limite, la seule représentation fidèle de la conjoncture est un récit chronologique comme en a tenté J. Gentil da Silva dans son introduction aux *Lettres marchandes des Rodrigues d'Evora et de Veiga*[70].

Nous renonçons donc à spéculer sur les nouvelles moyennes quinquennales. Elles fournissent apparemment une vision plus correcte que les anciennes de ce qui s'est réellement passé, tant à cause du creux bien dessiné des années 1590-1594 que du dégradé mieux ménagé entre le pinacle du XVIe siècle et la dépression du temps des Trêves. Mais la courbe directe est de loin supérieure et plus suggestive d'explications.

Nous sommes encore moins attiré par la discussion d'une corrélation possible entre mouvements des métaux précieux et mouvements du prix des grains, menée à l'aide des moyennes

Tableau 8. *Prix de la fanega de froment en Andalousie*

Quinquenniums	Prix	Données	Quinquenniums	Prix	Données
1580-1584	906	2	1581-1585	716	3
1585-1589	663	4	1586-1590	777	3
1590-1594	720	4	1591-1595	662	5
1595-1599	746	4	1596-1600	757	4
1600-1604	604	5	1601-1605	768	5
1605-1610	798	5	1606-1610	677	5
1611-1614	586	5	1611-1615	544	5
1615-1619	840	5	1616-1620	897	5

70. J. Gentil da Silva, *op. cit.*, pp. 31-92.

Figure 9. *Prix de la fanega de froment en Andalousie de 1580 à 1630 par périodes quinquennales.*

(moyenne exprimée en maravédis)

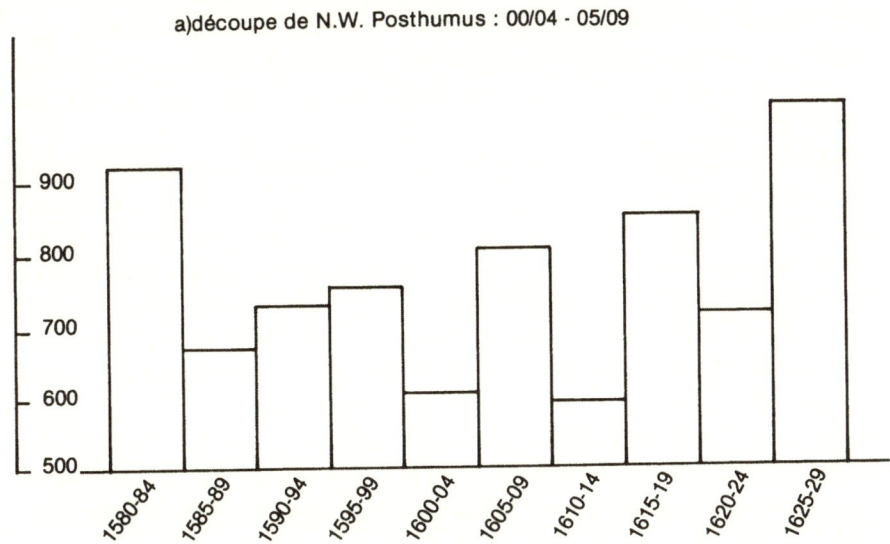

a)découpe de N.W. Posthumus : 00/04 - 05/09

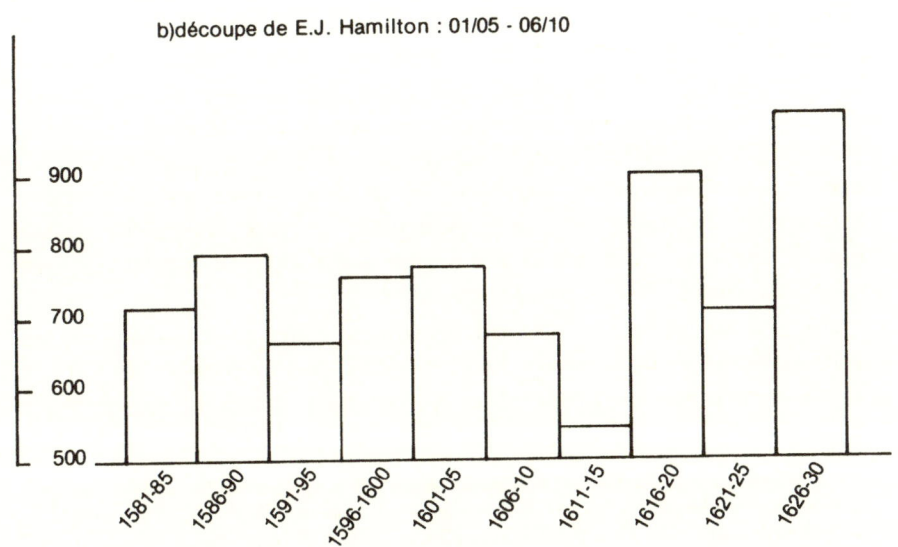

b)découpe de E.J. Hamilton : 01/05 - 06/10

quinquennales. Au reste, l'ajustement ne serait ni pire, ni meilleur que celui proposé par Hamilton, soit parce que le décrochage essentiel sur la courbe des grains s'était produit avant 1580, soit parce que l'interprétation des poussées postérieures à 1602 repose sur une évaluation des effets inflationnistes de la *moneda de vellón*, qui appellerait ici un long développement, hors de propos. On en jugera par le calcul rapide du cours de la fanega de froment à Séville, en maravédis.

Mais l'approche du problème est sommaire. Une moyenne des prix du grain est encore plus artificielle que celle des flottes américaines. Elle repose sur trop de pétitions de principes : que les bonnes et les mauvaises récoltes se compensent exactement selon une loi de probabilité statistique, au sein de la période choisie, leur groupement étant indifférent ; que le nivellement des chances se retrouve, identique, d'un lustre à l'autre, d'une décennie à l'autre, durant un siècle ou plus, ce qui est, effectivement, une condition indispensable à la pureté des observations et à la validité des comparaisons en diachronie. L'analyse, sur pièces, de la succession des moissons, lorsqu'elle est possible, ne montre rien de semblable[71]. Les différences d'intensité, voire les changements de signes que l'on aura constatés sur le tableau précédent témoignent déjà à eux seuls de l'importance du placement d'une année pour déterminer la physionomie d'un quinquennium. Quant à la moyenne mobile, elle joue avec les chiffres réels une partie d'ombres, déportant vers l'avant les pointes des disettes, attribuant à l'abondance un effet rétroactif et, lorsque l'on juxtapose leurs courbes respectives, donnant l'impression de flou d'une photographie bougée ou du dédoublement d'un théâtre de marionnettes javanais[72]. Il faudrait donc, encore une fois, aller tout droit au graphique le plus immédiat. Puisque nous disposons, à présent, d'un diagramme analogue pour l'arrivée des métaux précieux, pourquoi ne pas en profiter pour mesurer sur le vif l'impact de ces derniers sur les prix et prouver, une fois pour toutes, leur force conjoncturelle ?

A quoi bon, pourtant ? Avant de songer à lier le cours des grains au débit de l'or et de l'argent, ne convient-il pas de rechercher s'il n'a pas ses contingences propres, et s'il n'obéit pas à la logique des

---

71. Cf. graphiques présentés dans Morineau, *art. cit.*. Un autre dans *Les faux semblants d'un démarrage économique : agriculture et démographie en France au XVIIIᵉ siècle*, Paris, 1971.
72. On nous dispensera de citer des exemples facilement découvrables.

Figure 10. *Une corrélation inconsistante : le prix du froment et les arrivages des trésors américains.*

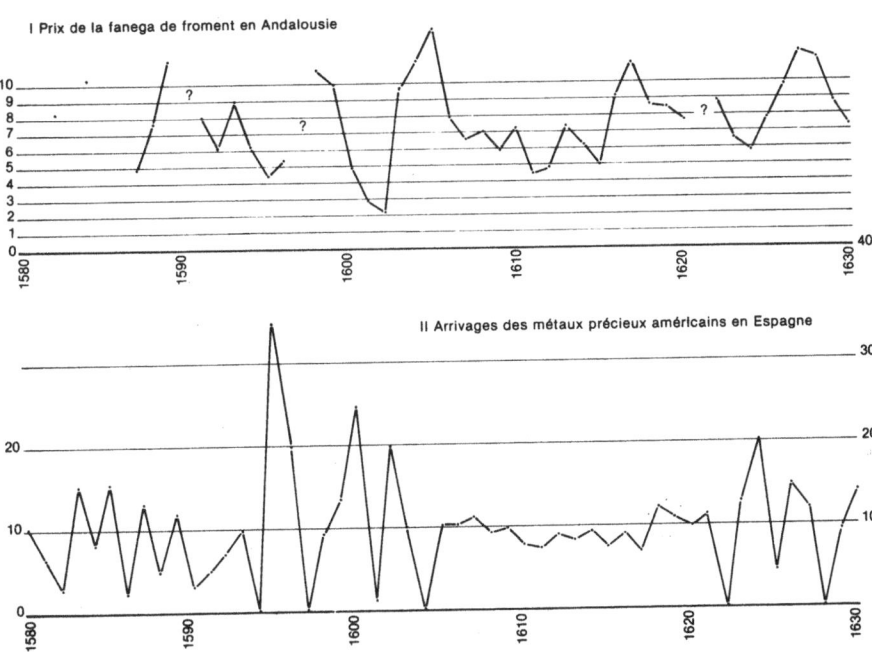

I Prix de la fanega de froment en Andalousie

II Arrivages des métaux précieux américains en Espagne

récoltes, de l'enchaînement des récoltes, hypothèse élémentaire ? On ne voit pas pourquoi, a priori, l'Espagne, pays méditerranéen pour une part, *tierra de cantos* pour l'autre, y serait soustraite, échappant aux bénédictions comme aux malédictions du soleil, du sol et de la pluie ? Quiconque aura lu les annales de Séville au XVIe siècle, aura noté, au contraire, la fréquence des accidents, des stérilités et, en se reportant aux chiffres de Hamilton, leur coïncidence avec les poussées sur les prix[73]. Entre 1580 et 1620, ce sont eux, encore, qui soulèvent la courbe et *ipso facto* commandent les oscillations, leur ampleur et leur amplitude...

On ne s'étonne plus, en conséquence, de ne pas découvrir de rapport étroit entre les arrivages de métaux et les maxima des prix. Tantôt ils s'ajustent assez bien, comme en 1583, tantôt ils tombent en porte-à-faux comme en 1600. Jamais un gros paquet de piastres débarqué à Séville ne parvient à lui seul à créer une phase A de cycle

73. D. Diego Ortiz de Zuñiga, *Annales eclesiásticas y seculares de la muy noble y muy leal Ciudad de Sevilla,* Madrid, 1677.

dans le cours du froment. Cette notion de cycle s'adapte mal, d'ailleurs, au trafic américain, avant 1600, lorsque règnent successivement le principe de l'alternance puis l'espèce d'écoulement spasmodique provoqué par l'effet Drake. Lorsque la régularité se rétablit dans le fonctionnement de la Carrera et que l'on peut circonscrire des oscillations cycliques réelles, après 1600, on s'aperçoit qu'elles jurent avec celles des prix, le point critique d'une dépression – en 1617, par exemple – survenant en même temps que le sommet et le point de rebroussement des prix, à cause des deux mauvaises récoltes successives de 1615 et de 1616, comme bien l'on s'en doute.

L'effet différé, l'effet diffus, n'est pas plus visible. Déjà, l'on pouvait constater d'après les chiffres de Hamilton que les décrochages et les records de 1590-1595 n'avaient pas entraîné de hausses proportionnelles sur les prix, et des solutions de remplacement ont dû être recherchées dans le cadre de cette problématique[74]. Le changement de boulier que nous avons suggéré aiderait, peut-être, à s'y retrouver, mais il offrirait, par ailleurs, autant de casse-têtes insolubles. Les énormes arrivages de 1595-1599, confortés de surcroît par l'excellente année suivante (retour de plus de 24 millions), s'avèrent étrangement impuissants à soutenir le cours des blés en 1601 et 1602 lorsque de superbes récoltes en Andalousie (la première en 1600) firent sentir leur poids dépressif, dont la diminution du nombre des consommateurs, à la suite de la grande mortalité de la fin du siècle, aggrava encore la force avilissante.

Le haut niveau des prix atteint dans les dernières décennies du XVIe siècle échappe en partie à notre analyse, car il semble avoir été atteint avant 1580. Mais il est bien connu que l'Espagne, après avoir souffert des disettes assez rapprochées dans les années 1560 et 1570, entra, à partir de la *mala racha* de 1578, dans une très mauvaise série frumentaire, pour une durée de vingt ans à peu près. Le phénomène ne lui était pas spécifique : il touchait tout le bassin de la Méditerranée, sinon toute l'Europe occidentale, en dépit des décalages, et l'on a même pu lui proposer une explication climatique générale[75]. Les difficultés espagnoles étaient exacerbées par les

---

74. F.C. Spooner, *L'économie mondiale et les frappes monétaires en France 1493-1680*, Paris, 1956. Utilisation d'une sorte de dérivée.
75. G. Utterström, « Climatic fluctuations and population problems in early modern history », *Scandinavian economic history review*, tome III, 1955, pp. 217-255. A fait l'objet de critiques mais la mauvaise période de la fin du siècle ne fait pas de doute.

empêchements d'exporter de ses fournisseurs habituels : Sicile, royaume de Naples, Sardaigne. Suivant la dialectique des prix nationaux et des prix internationaux, en période de crise, il était normal que l'Espagne, pour pouvoir continuer d'importer, spontanément, élève les siens au plus haut niveau possible pour intéresser les vendeurs éventuels, compte tenu des cours pratiqués chez eux, de leur éloignement, des capacités et des facilités de transport, des frais, du fret et de la marge bénéficiaire considérée comme infrangible. Cette dialectique intervient finalement, aussi, pour la fixation d'une limite supérieure, lorsqu'il n'existe pas de monopole du blé et, quoique moins bien, pour le maintien de prix planchers[76].

L'apaisement relatif des vagues, durant le premier tiers du XVIIe siècle, correspond à une restauration de la situation à tous égards : meilleure réussite des moissons, rétablissement des échanges avec les granges et les entrepôts italiens, sauf de 1605 à 1608. Cela fournit a contrario un autre indice du fait que la hausse précédente était le résultat d'une étroitesse persistante sur le marché des grains, plutôt que d'un tonique à base d'extraits du Potosi. Le rôle des métaux précieux dans la conjoncture céréalière doit être conçu différemment que ne l'a fait Hamilton.

Ils ont certainement apporté un volant de liquidités à l'Espagne pour le règlement de ses achats de blé à l'étranger. Nous ne faisons aucune difficulté à admettre une information comme celle-ci, transmise par l'ambassadeur français à l'arrivée de la flotte de Nouvelle-Espagne à Séville en août 1584 : « L'or et l'argent n'y demeurera pas, les marchands de blé en tireront cette année grande quantité... » et à l'extrapoler aux autres années de crise[77]. Faut-il en déduire que, par ce biais, les métaux américains ont bel et bien déterminé un *trend* séculaire de hausse que l'on pourrait dégager de la chape de mouvements moins essentiels, et qui seraient ceux dus à la conjoncture frumentaire ? On sauverait ainsi l'interprétation métallique de la hausse des prix malgré toutes les lézardes qui nous ont paru, jusqu'ici, ruiner la solidité de l'édifice.

Mais aucune réponse n'a partie gagnée à l'avance. Ici, seul le calcul pourra départager. Un calcul difficile puisqu'il faudra éliminer

---

76. Le mécanisme des prix nationaux et des prix internationaux a été étudié par nous in, «Histoire sans frontières : prix et révolution agricole», *Annales E.S.C.*, tome XXIV, n° 2, 1969, pp. 403-423.

77. A. Mousset, *Dépêches diplomatiques de M. de Longlée, Résident de France en Espagne 1582-1590*, Paris, 1912, p. 106.

toutes les causes de variation autres que les trésors du Mexique et du Pérou, c'est-à-dire aussi bien la gravité peut-être extrême de la disette en Espagne que l'habitude ancienne du pays d'exporter de l'or et de l'argent, stigmatisée dès le XVᵉ siècle par les requêtes des Cortès et les pragmatiques d'Isabelle et de Ferdinand. L'approche théorique de la solution est d'ailleurs – pourquoi le cacher ? – défavorable à une réponse positive. En effet, la dialectique internationale des prix joue en tout état de cause et indépendamment de l'approvisionnement épisodique en espèces ; elle prend appui, non sur un arrivage contingent, mais sur la masse totale des disponibilités d'un royaume ; enfin, les facteurs de Séville ou de Lisbonne, dépositaires des liquidités en provenance d'Amérique, ne les utilisaient pas dans un esprit philanthropique, mais en vue de réaliser un bénéfice, un bénéfice prélevé sur l'avoir de l'intérieur du pays, de sorte que chaque crise enclenchait un mouvement de déthésaurisation qui affectait aussi bien le *campesino* qui vendait sa chemise pour du pain que l'évêque de Ségovie qui nourrissait chaque jour, dans son palais, mille pauvres de la ville et des environs, comme en 1557. Dans l'état actuel de la question, l'influence des métaux précieux sur le mouvement des prix nominaux, si nous n'avons pas encore le droit de la nier complètement, n'a pu être que très résiduelle, pour ne pas dire minime ou infime[78].

Il nous semble plus judicieux, par contre, de reconnaître à l'or et à l'argent débarqués à Séville un pouvoir assez efficace dans le maintien au XVIᵉ siècle de la stabilité monétaire et d'une définition élevée des pièces à la frappe. A cause de ce fait, et sous réserve de l'incidence des *blancas* dans la circulation, l'inflation des prix nominaux s'est accompagnée d'une inflation des prix-argent alors que, dans d'autres circonstances, elle se serait soldée par une dévaluation plus ou moins rapide. La monnaie forte des royaumes espagnols n'était pas, au demeurant, sans conséquences pernicieuses : si, normalement, elle freinait les hausses intérieures – autre facteur explicatif des anomalies de 1590 à 1600, s'il en était besoin –, elle s'exposait de manière permanente au rapt par les étrangers dont les pays étaient engagés, eux, dans la voie opposée, en vertu du *silver out-point* mal fixé par rapport à l'économie générale des royaumes espagnols. Ne changeant rien à l'équilibre des règlements internationaux, la création massive de monnaie de cuivre, au début du

78. Colmenares, *Historia de Segovia*, Madrid, 1637, p. 512.

XVIIe siècle, n'apporta qu'un mauvais remède. Elle s'opposait plus ou moins à la déflation sur le plan intérieur ; l'agio de l'argent, en Espagne, ne semble pas avoir été assez intéressant pour empêcher sa sortie[79].

Au fond, lorsque les partisans de la théorie métallique des prix la défendent sur le front des prix des céréales à Séville, Valence ou Valladolid, ils escamotent une partie irréductible des difficultés. Ils ne proposent aucun mécanisme de transmission entre les trésors et le cours des grains. Il leur faut soit imaginer une convergence totale de l'or et de l'argent sur place, en Espagne et sur un marché unique, soit diluer le problème en l'élargissant aux dimensions de l'Europe et du monde, en rattachant la hausse des prix, en tous endroits, au nœud ombilical de l'Andalousie, sans égards pour les incertitudes entourant la participation, directe ou indirecte, au trafic hispano-américain.

Le second terme de l'alternative mérite plus de considération que le premier. Non pas que nous ayons le désir de discuter à nouveau le problème des prix en prenant des exemples hors d'Espagne. Mais parce que, de fait, les métaux précieux, pour une part transitaient seulement à Séville : après avoir parlé des marchands de blé, l'ambassadeur français Longlée, ajoutait parmi les parties prenantes « ceux qui apportent aussi des toiles », et ils n'étaient pas sans autres confrères ; et parce que l'on pourrait, le cas échéant, rendre à la Carrera, sur le plan de l'économie générale européenne, le dynamisme que nous lui contestons en matière des prix des céréales. En bref, il s'agit donc de savoir si l'essor des arrivages d'or et d'argent, à la fin du XVIe siècle, offre les signes irréfutables d'une phase A d'expansion, selon le schéma de Simiand, et le ralentissement postérieur ceux d'une phase B amorcée de dépression.

Précisons tout de suite les données de ce nouveau cas de controverse et marquons, en même temps, les limites de notre documentation. Nous ne connaissons que le montant des retours. Ceux-ci représentaient le résultat des transactions au Mexique et au Pérou, c'est-à-dire d'une multiplication des prix unitaires pratiqués là-bas par les quantités apportées ou, plutôt vendues, ceci en simplifiant[80]. Les prix de Nouvelle-Espagne et de Terre-Ferme nous

---

79. Les étrangers, en proposant de la monnaie de cuivre importée contrefaite, créaient une sorte de super-agio.
80. Possibilités d'achats préfixés en Espagne par les *peruleros,* de ventes à crédit en Amérique, etc.

échappent, mais nous ne pouvons pas a priori leur refuser toute incidence, ni d'avoir subi éventuellement, parallèlement aux sollicitations de l'offre américaine en produits miniers et autres, les contrecoups de l'offre européenne en marchandises, voire des prix ayant cours sur les lieux d'embarquement, de rassemblement ou de production, à Séville, à Anvers, à Londres, à Augsbourg, à Florence ou à... Pontivy. Les quantités ne nous seront dévoilées que lorsque nous posséderons les inventaires des flottes à l'aller ou des relations valables des arrivages à la Vera-Cruz et à Portobelo. Ce qui suit a donc pour seul objet de procéder à une première clarification par l'analyse et la réunion de deux ou trois faits.

A lui seul, le volume des flottes de l'aller ne fournit que des indications allusives et mal consistantes. D'après la seule cargaison qui ait été imprimée, à notre connaissance, à ce jour, pour le XVIᵉ siècle, celle de 1597 pour la Nouvelle-Espagne, le fonds de la *buque* était constitué par des productions de la terre espagnole : des amandes (17 tonneaux), des raisins (56 tonneaux), de l'huile (226 tonneaux), du fer (700 tonneaux) et, surtout, du vin (11 025 tonneaux). Plus des trois quarts du tonnage sont ainsi retrouvés et près de la moitié de la jauge globale de l'année[81]. Il est difficile de savoir quels volumes étaient requis pour le transport des autres marchandises, sauf la cire (111 tonneaux) et, en particulier, pour les tissus empilés par pièces, paquets ou fardeaux. Mais la distinction entre deux catégories d'articles – les uns pondéreux et volumineux, les autres non – semble fondamentale. Et, en conséquence, les variations de la jauge globale, dans l'histoire de la Carrera, reflètent mieux les augmentations et les diminutions des premiers que des seconds. Nous n'avons aucune règle de proportion ni entre le volume total et les quantités de produits manufacturés, ni entre ceux-ci et les denrées de la terre.

On se formera une idée relative de la grandeur du commerce mexicain, par rapport aux forces productives de l'Europe, en raisonnant sur les quantités de tissus embarqués toujours à la même date. Elle est médiocre pour les draperies et les soieries. Le chargement entier des draps : 9 422 pièces ou, suivant le texte, *pares de media de lana*, aurait pu être fourni par une seule ville manufac-

---

81.   Paso y Troncoso, *op. cit.,* tome XIII, pp. 224-225. Cette flotte aurait valu au retour, en
        1598, 4,5 millions de pesos en argent plus des marchandises. L'argent, la cochenille et
        l'indigo revinrent avec les galions en 1599.

turière d'importance moyenne : Florence, Venise, et même Ségovie dans ses beaux jours (13 000 pièces vers 1575), sinon Neuve-Eglise (Nieuwkerke) en Flandre... Armentières en produisait deux fois plus et, proportionnellement, avec leurs saies et autres étoffes légères, Lille et Hondschoote, sans parler d'autres centres en France et en Angleterre, quatre ou cinq fois plus[82]. Londres exporta de 1580 à 1600 un chiffre de 90 à 100 000 pièces annuellement et, en 1595, les Marchands Aventuriers, au terme de leur valse-hésitation entre Hambourg et les Provinces-Unies, en entreposèrent, d'un coup, 60 000 à Middelbourg[83]. Tolède, Grenade, Murcie ou, bonnement, Séville, auraient, chacune, été capables de tisser les 942 pièces de soie de la flotte. L'impression serait peut-être un peu plus revigorante en ce qui concerne les toiles si nous pouvions connaître avec certitude la contenance de chacun des emballages et disposer de statistiques valables de la production[84].

82. R. Romano, « A Florence au XVIᵉ siècle : industries textiles et conjoncture », *Annales E.S.C.*, tome XIX, n° 3, 1952, pp. 508-512 ; D. Sella, « Les mouvements longs de l'industrie lainière à Venise aux XVIᵉ et XVIIᵉ siècles », *Annales E.S.C.*, tome XXIV, n° 1, 1957, pp. 30-31 ; E. Coornaert, *Un centre industriel d'autrefois : la draperie-sayetterie d'Hondschoote (XVIᵉ-XVIIᵉ siècles)*, Paris, 1930 ; H. de Saegher, « Une enquête sur la situation de l'industrie drapière en Flandre à la fin du XVIᵉ siècle », in *Mélanges Pirenne*, Bruxelles, 1937, pp. 471-500 ; P. Deyon et A. Lottin, « Evolution de la production textile à Lille aux XVIᵉ et XVIIᵉ siècles », *Revue du Nord*, tome XLIX, 1967, pp. 23-34 ; N.W. Posthumus, *De geschiedenis van de Leidsche lakenindustrie*, La Haye, 1908-1939 ; F.J. Fisher, « London's export trade in the early seventeenth century », *Economic history review*, 2ᵉ série, tome III, 1952, pp. 151-161 ; et « Commercial trends and policy in sixteenth century England », *Economic history review*, 1ʳᵉ série, tome X, 1940, pp. 95-117 ; F. Ruiz Martin, « Un testimonio literario sobre las manufacturas de panos en Segovia en 1625 », in *Homenaje al Prof. Alarcos*, tome II, Valladolid, 1966.

83. V. Klarwill, *op. cit.*, p. 312.

84. Contenance des fardeaux ? des paquets ? Peut-être cent pièces ou plus chacun. Sur la production textile flamande, cf. E. Sabbe, *De belgische vlasnijverheid*, Bruges 1943, Courtrai 1975, 2 vol. ; L. Deel, *De zuidnederlandsche vlasnijverheid tot het verdrag van Utrecht (1713)*, Bruges, 1943. Quelques chiffres d'exportations à Cadix des toiles bretonnes, in J. Delumeau, *art. cit.* Ces données avaient été communiquées à l'auteur par J. Tanguy qui prépare une thèse sur la production et le commerce des toiles bretonnes du XVIᵉ au XVIIIᵉ siècle. Les chiffres produits sont trop épars, à notre avis, pour autoriser une interprétation optimiste ou pessimiste. On attendra, avec intérêt, l'ouvrage de Tanguy. A Rouen, une taxe de 10 sols par cent de toiles fixe la production à 400 000 pièces environ vers 1580. Pour permettre à chacun de se faire une idée de la flotte de Nouvelle-Espagne, en voici la transcription : 22 050 *pipas de vino* ; 208 *pipas de arrope* ; 40 *pipas de vinagre* ; 14 120 *arrobas de aceite* ; 1 616 *balones de papel* ; 2 222 *quintales de cera* ; 1 118 *quintales de pase* ; 339 *quintales de almendras* ; 1 276 *libras de azafràn* ; 685 *fardos de Ruàn* ; 952 *manquillas de Holànda* ; 420 *pacas de Créas* (toiles bretonnes) ; 614 *fardos de brin, anglo y brin* (toiles d'Anjou, du Maine et quelques-unes de Bretagne) ; 101 *fardos de naval* (toiles de Noyal, célèbres durant tout l'Ancien Régime, servaient à faire des voiles de navire) ; 81 *fardos de*

Lorsque la demande américaine s'était manifestée de manière sérieuse, vers le second tiers du XVIᵉ siècle, elle avait dû s'introduire sur un marché européen déjà engagé dans des échanges complexes et de grande ampleur, dont les exportations anglaises et le mouvement d'Anvers, par voie de terre comme de mer, font foi. L'Espagne y participait elle-même et, semble-t-il, pour elle-même, grâce à ses laines comme marchandise de contrepartie[85]. Compte tenu de la cargaison de la flotte de 1597, il paraît donc imprudent de vouloir rattacher fondamentalement toute expansion éventuelle de la production industrielle en Europe au seul trafic de la Carrera, en négligeant les courants traditionnels, entre l'Allemagne et l'Angleterre par exemple, les appels du Levant par Venise et Ancône, en attendant Marseille, l'incitation de la croissance démographique. On ne saurait passer sous silence, singulièrement et à propos de l'interprétation des courbes flamandes et italiennes, le champ libre laissé par le *containment* des exportations anglaises : elles ne retrouvèrent pas de tout le siècle, à Londres, leur niveau de 1550, plus de 130 000 pièces. Somme toute, on peut admettre une certaine bousculade entre facteurs, ceux de Séville parmi le lot, une pression, une stimulation et des prix et, çà et là, des quantités à la vente et à la production. De quel ordre et jusqu'à quand ? Cela reste un peu à déterminer.

Entre 1580 et 1620, durant la période où se produisit le véritable *boom* des métaux précieux, une désorganisation profonde s'installa dans un certain nombre de régions économiques de l'Europe. Les hostilités rompirent les relations directes entre l'Angleterre et l'Espagne. La rébellion néerlandaise eut des conséquences dramatiques sur la vitalité de plusieurs centres industriels majeurs : le cas de Hondschoote, où l'on ne comptait plus que 13 250 pièces à la sortie en 1590 et 20 951 en 1600 contre 97 600 en 1568, les illustre au mieux. Les guerres de religion, en France, ont eu également un funeste effet sur une ville comme Amiens et, peut-être, sur la Normandie et la Bretagne, épisodiquement au moins. Pour des

angio ; 9 422 *pares de medio de lana* ; 942 *pares de media de seda* ; 390 *piecas de terciopelo*, 108 *cajas de libros* ; 14 101 *quintales de hierro* ; 17 887 *docenas de herraje* ; 648 570 *clavos* ; 12 076 *rejas de aràn* ; 15 242 *declas de cuchillos* ; 221 *quintales de acero*. Cf. pour les équivalences en unités de poids modernes, Morineau, *op. cit.*

85.   W. Brulez, « De handelbalans der Nederlanden in het midden van de 16ᵉ eeuw », in *Bijdragen voor de geschiedenis der Nederlanden*, 1966-1967, pp. 279-280 où l'on trouvera citée toute la littérature afférant au sujet.

raisons qui nous échappent, locales ou générales, une sérieuse baisse de son tissage frappa même une cité d'Espagne, Ségovie, après 1585. Il est évident que pour déterminer avec sûreté un indice de l'activité industrielle globale en Europe, il nous faudrait savoir où en était, précisément, chacun de ses quartiers[86].

Figure 11. *Production industrielle (exemples) et trésors américains de 1580 à 1630.*
guerre, concurrence, récupération appel du Levant.

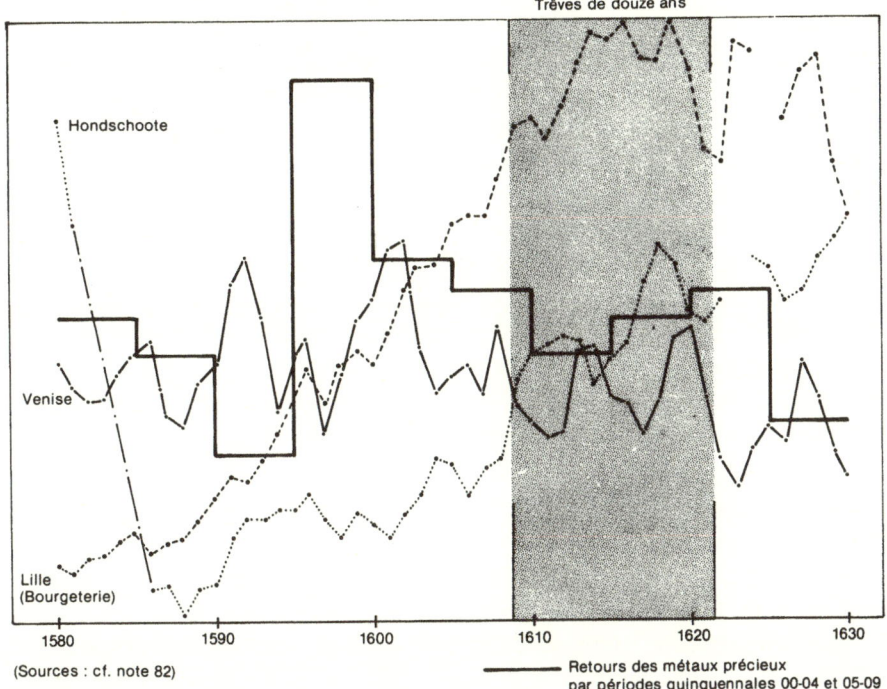

Trêves de douze ans

Hondschoote

Venise

Lille
(Bourgeterie)

1580   1590   1600   1610   1620   1630

(Sources : cf. note 82)   ▬▬▬ Retours des métaux précieux
                                      par périodes quinquennales 00-04 et 05-09

Mais on ne doit pas oublier, lorsque l'on rencontre une courbe ascendante à cette époque, les possibilités de transfert existantes. L'exemple de Leyde, peuplée de réfugiés flamands et wallons, est patent. Celui de Lille, à notre avis, ne l'est pas moins et l'on se

---

86. Aux ouvrages déjà cités ajouter P. Deyon, *Amiens : capitale provinciale. Etude sur une société urbaine au XVIIᵉ siècle*, Paris, 1967. Si l'on sait qu'une localité secondaire, en apparence, comme Grasse, prétendait avoir produit 20 000 pièces de draps avant 1580, on devine qu'une conclusion assurée dépend toujours de la représentativité des échantillons, actuellement.

demande, devant la poussée assez impressionnante de son industrie, toutes branches lainières réunies, ou, mieux, de la seule bourgeterie, dans quelle mesure elle a recueilli les dépouilles de Hondschoote, sinon de Béthune et d'autres localités de Flandre et du Hainaut. L'analyse des courbes lilloises exige, d'ailleurs, la prise en considération d'autres faits, plus économiques intrinsèquement, comme les concurrences verticales de fabricat à fabricat. La sayetterie ne s'y développa pas franchement et tourna, simplement, autour du niveau atteint dès 1577, avec des hauts et des bas ; la bourgeterie produisait des tissus à bon marché : les futaines et les méselandes (ou maselannes) valaient, cotées à Anvers au XVIᵉ siècle ou à Bayonne au début du XVIIᵉ siècle, quatre à cinq fois moins qu'une anascotte, dix à douze fois moins qu'un drap de Nieuwkerke ou d'Angleterre ; une pondération, par un étalonnage rigoureux, réduirait donc, régionalement et sur un plan comptable financier, un essor incontestable dans les limites urbaines. Enfin, revenons à notre affirmation précédente : tout le commerce n'était pas orienté vers Séville. Le marché balte absorba, dans ces deux décennies, beaucoup de petites étoffes transportées par les Hollandais : des changeants, des légatures, des tiretaines, etc., fabriquées chez eux et chez leurs voisins et en quantités croissant à proportion du besoin que l'on avait à l'ouest des grains de l'Oostland[87]. Venise se trouvait dans une situation analogue vis-à-vis des Iles ioniennes, de l'Archipel, de Chypre, et exploitait les opportunités du recul de l'exportation anglaise.

Les courbes de Lille et de Leyde sont les seules à présenter des coefficients positifs vraiment élevés entre 1580 et 1600. Or, c'est à peine suffisant pour pallier l'effondrement de Hondschoote. Nous pouvons donc conclure, en dépit des réserves qu'impose le semis des inconnues sur une carte de l'Europe, que la production industrielle lainière n'a pas « éclaté » à la fin du XVIᵉ siècle. Plus précisément,

---

87. N. Ellinger Bang, K. Korst et H. C. Johansen, *Tabeller over skibsfart og varetransport gennem Øresund 1497-1795*, Copenhague, 1906. Etalonnage des tissus : à Anvers en 1553 : draps de Nieuwkerke à 27 florins la pièce, draps de Haarlem à 24 florins, saie de Lille à 12 florins, toile de Hollande à 10 florins, toile d'Audenarde à 8 florins, futaine d'Augsbourg à 2 florins 8 deniers, (d'après J. Goris, *Les colonies marchandes méridionales à Anvers 1488-1567*, Louvain, 1925) ; à Bayonne en 1628 : bayettes d'Angleterre à 56 livres tournois, anascottes à 36 l.t., serges d'Ypres à 30 l.t., camelots à 27 l.t., toiles de Hollande à 25 l.t., basins de Bruges à 20 l.t., légatures de laine à 12 l.t., sainte-isabelle à 10 l.t., télèles de fil de Mons à 6 l.t., transadères de Bois-le-Duc entre 3 l.t. 10 sous et 5 l.t. suivant couleur, futaines au cerf à 5 l.t. 10 s. etc. (Archives municipales de Bayonne : registres de la Coutume, CC. 47).

dans les zones concourant traditionnellement à l'approvisionnement de la Carrera et dans la gamme des qualités préférées par les acheteurs américains, elle n'a guère fait que se maintenir, au mieux et couci couça, malgré l'impulsion théoriquement reçue des métaux précieux. A vrai dire, celle-ci, même au temps des 35 + 20 millions, c'est-à-dire en 1595 et 1596, est à peine perceptible, étant de plus en concurrence avec d'autres incitations à produire (pour payer les indispensables importations de blé).

Mais nous savons, d'autre part, que les prix des tissus se sont notablement élevés après 1560. A Winchester, la pièce de drap de qualité inférieure passa de 60 shillings en 1559 à 120 en 1601, la toile de Hollande de 1 shilling 1/2 l'aune à 3 shillings 1/3. Aux Pays-Bas, l'anascotte coûtait 48 schellingen ou 14 florins en 1563, 78 à 80 schellingen ou 24 florins en 1581 à Anvers, tandis que se ralentissait déjà le battement des métiers de Hondschoote : elle sera inscrite sur la liste des prix courants de la Bourse d'Amsterdam au début du XVIIe siècle pour 32/33 florins. Plus qu'à des causes occasionnelles comme les opérations militaires (nous n'avons pas tenu compte des prix anversois durant le siège), c'est aux difficultés d'approvisionnement, à la réduction de l'offre, au relèvement des salaires et, surtout, à la hausse du coût de la vie, à la progression de l'indice céréalier qu'il faut attribuer ces mouvements. Pour maintenir son propre *standing* le marchand était obligé de fixer son prix de vente en fonction et du prix de revient et du pouvoir d'achat réel de la monnaie[88].

On aura deviné déjà la solution vers laquelle nous nous avançons au sujet de la signification du gonflement des trésors sur la voie des retours. Celle d'un gigantesque arbitrage *de facto* à Mexico et à Lima entre les disponibilités tirées des mines, en accroissement extraordinaire depuis 1574, et une situation de rareté des marchandises européennes. Cette rareté reflétait, d'ailleurs, non seulement la conjoncture de la production, mais encore certains facteurs spécifiques à l'Espagne et à la Carrera : l'augmentation du fret et des frais sur les itinéraires européens menant en Espagne, les difficultés de l'embarquement (peste de 1590 à 1594 en Andalousie), de l'appareillage et de la navigation transatlantique sous la menace du canon de Drake, version « moderne » de l'épée de Damoclès et, surtout, pain

---

88. Beveridge, *Prices and wages in England from the twelfth to the nineteenth century*, Londres, 1939 ; V. Vasquez de Prada, *Lettres marchandes d'Anvers*, Paris, 1960, 4 vol. ; Posthumus ; *Inquiry into the history of prices in Holland*, Leyde, 1946.

bénit des assureurs, la volonté de ne pas perdre, qui dictait la régulation des envois et le mijotage du marché américain, tenu à distance de la satiété, etc., etc. Ne disait-on pas à la Vera-Cruz en 1586 que la flotte attendue n'aurait guère de succès parce que les marchandises coûtaient plus cher en Espagne qu'en Nouvelle-Espagne ? Pourquoi, dans ces conditions, les facteurs sévillans se seraient-ils ruinés pour promouvoir la fortune (?) de l'ourdisseur de toiles de 's-Hertogenbosch (Bois-le-Duc) et du tisseur en drap de Colchester[89] ?

Nous sommes ainsi plus proches de Chaunu que de Hamilton et a fortiori de Simiand. Quant à l'effet de l'arrivée des trésors en Europe, de 1580 à 1600, il faut l'examiner dans toute son ampleur, y compris le secteur des engagements de la monarchie espagnole. Et donc compliquer le schéma production/consommation de son apparat commercial et de tout son appareil financier mi-parasite, mi-indépendant. Ce n'est pas seulement l'Espagne qui a été submergée par la trombe de 1595-1599, mais toute l'infrastructure économique européenne, dans les circonstances précises de la fin du XVIe siècle. Difficultés de la production, retards des flottes, paris et parties d'échecs des banquiers et des capitalistes, autant d'éléments ayant concouru à un décollage du circuit monétaire par rapport au circuit des biens matériels d'échange. Une spirale fêlée et un système argent/argent, fort différent du circuit argent/marchandises/argent, indifférent à lui, s'est développé très au-dessus de la masse au travail... Ce système, au bout d'un conte très Légende dorée, fit la culbute.

Nous sommes donc amené à refuser à la fin du XVIe siècle la qualité de prospère, puisque celle-ci n'était légitimée que par la croyance en la vertu du métal et de l'embrasement des prix - les masques d'or d'une Europe pestiférée. On n'opposera donc pas artificiellement à une phase A culminant vers 1595 ou 1600 une phase B de dépression, comme un toit pentu s'inclinant jusqu'en 1620, 1630 et au-delà... Mais après avoir bien considéré les caractères de la période 1580-1600, son factice et sa misère, on se préoccupera de témoigner de la même équité à l'égard de la période suivante et, par conséquent, de porter à son crédit tout ce qui

---

89. V. Klarwill, *Fuggerzeitungen*, Vienne, 1923, nouvelle transmise via Anvers le 15 mars 1586 : « ... Ob sie nun komt oder nich, so wird sie weinig Geld zurückbringen, denn hier wird es keiner anlegen wollen, *weil die Waren in Spanien mehr gelten als hier...* » (p. 75).

correspond à un assainissement : la régularité retrouvée de la Carrera, la reprise progressive des relations entre l'Espagne et le reste de l'Europe. On constatera, peut-être avec surprise, l'existence d'indices indéniables d'essor : la bourgeterie lilloise, elle-même, n'interrompit pas son bonhomme de chemin et maintint son rythme de croissance, après 1600, indifférente apparemment au tarissement du Pactole ; la sayetterie de Hondschoote poursuivit sa reconstruction, doublant sa production de 1600 à 1610 (42 860 pièces) et réussissant à la porter à plus de 60 000 en 1630, sans que cela empêche le développement de Leyde. Bien entendu, l'on introduira aussi dans le paysage de ce tiers de siècle toute sa lumière, vint-elle d'horizons indifférents ou opposés à celui de Séville : l'épanouissement d'Amsterdam et de sa Compagnie des Indes, l'alacrité anglaise, le *boom* de la soie, les dynamismes de Marseille et de Livourne. Et l'on ne négligera pas, en Espagne, la résipiscence de la peste, la résipiscence de la faim, grâce aux *buenas cosechas*, les fleurs et les fruits d'une Catalogne juvénile et jusqu'à la récupération de sa renommée et de ses tissages par Ségovie[90].

Pour dépeindre cette époque les historiens de l'économie ont, parfois, employé l'image de l'automne – *una bonanza otonal*, a écrit magnifiquement F. Ruiz Martin – ou de l'été de la Saint-Michel ou de l'été de la Saint-Martin. Les images sont belles, mais tributaires des axiomes de Simiand. Or, ce qui vient de nous apparaître, avec la description rapide des années 1600-1620, c'est une nouvelle rupture de la théorie. Pas plus que l'accroissement des trésors de 1580 à 1600 n'avait suffi à propulser l'économie européenne vers un sommet, leur raréfaction postérieure, en effet, n'a réussi à briser les élans, même s'ils avaient besoin d'argent pour s'exprimer comme c'était le cas en Extrême-Orient et au Levant (le stock accumulé assurait, ne l'aura-t-on pas remarqué, un volant confortable pour des initiatives de cette sorte). Allons donc droit à l'essentiel. Nous pourrions proposer une substitution d'images, parler d'un printemps frileux, réviser la

---

90. B.E. Supple, *Commercial crisis and change in England 1600-1642*, Cambridge, 1959 ; R.W.K. Hinton, *The Eastland trade and the common weal in the seventeenth century*, Cambridge, 1959 ; H. Brugmans, *Opkomst en bloei van Amsterdam*, Amsterdam, 2e édition, 1944 ; *Algemene Geschiedenis der Nederlanden*, tomes V et VI, Utrecht, 1952 et 1953 ; boom de la soie décrit par F. Braudel, *op. cit.*, tome I, pp. 510-512 ; P. Vilar, *La Catalogne dans l'Espagne moderne. Recherches sur les fondements économiques des structures nationales*, Paris, 1962, tome I ; commerce de Marseille d'après M. Morineau, « Flottes de commerce et trafics français en Méditerranée au XVIIe siècle, jusqu'en 1669 », *XVIIe siècle*, no 86-87, 1970, pp. 135-171.

périodisation, troquer le A et le B... Mais voici la deuxième poutre maîtresse de l'édifice qui craque, celle de l'or et de l'argent après celle des prix du grain, que les conditions météorologiques avaient fait spongieuse. Il est préférable de prononcer une abjuration complète. C'est-à-dire de refuser sa confiance à des critères aussi trompeurs et à leurs présupposés épistémologiques également contestables, de déclarer irrecevable toute liaison automatique, unilatérale, posée a priori et sans administration de sa preuve, de respecter, au contraire, la pluralité des comportements économiques, individuels et nationaux, devant la conjoncture et se réserver le droit, à tout moment, et pour tout pays, de procéder à un inventaire complet de la situation pour juger de sa bonté ou de ses maléfices, même si, pour cela, il nous faut abandonner la main courante ou le garde-fou d'un *trend* abstrait et sécurisant et rendre au temps vécu sa saveur, sa densité et son étoffe événementielle.

Sommes-nous d'ailleurs infidèles à Simiand ? Et quand cela serait... Nous sommes trop jeune pour l'avoir connu, mais nous avons lu ses livres. Et nous avons noté avec quel soin il parlait de concomittances préalablement à des corrélations, quels scrupules, même, il y mettait, quelle insistance à recommander de s'entourer de précautions avant de franchir le pas. L'hypothèse est de lui, bien sûr, mais la thèse ? C'est pourquoi, entrevoyant seulement les promesses d'une libération de la recherche vis-à-vis d'un vieux diktat, nous nous garderons bien de tout dogmatisme de remplacement. Le trafic de la Carrera n'a jamais cessé d'être un élément très important des affaires en Europe ; ses difficultés n'ont jamais cessé d'être ressenties par les industries qui lui étaient liées et d'autres dans leur périphérie ; le creux des arrivages, à l'entour de 1615, a pu agir comme une tendance dépressive ; bien mieux, convaincu d'un essor splendide du commerce américain dans la seconde moitié du XVIIᵉ siècle, comme nous le montrerons, peut-être, dans quelques instants, nous pensons qu'il y eut là un facteur extrêmement favorable et qui doit corriger notre appréciation injuste de ce siècle de crise ; et au XVIIIᵉ siècle encore... Mais de grâce, que l'on ne rétrécisse pas l'Europe à une seule de ses aventures comme ces officiers de la monarchie espagnole auxquels Tomé Cano reprochait d'avoir sacrifié la pêche des morues et d'avoir confiné la marine « a una Flota de cada año y una sola Carrera en que estamos reduzidos... »[91].

---

91.   T. Cano, *Arte de fabricar, fortificar y aparear naos de guerra y marchante*, Séville, 1611.

Les notices que nous avons utilisées contiennent beaucoup de détails supplémentaires intéressants : répartition des trésors entre le Roi et les particuliers, entre la flotte de Nouvelle-Espagne et les galions, énumération des marchandises. Nous les avons condensés dans les deux tableaux suivants. Les trésors du roi représentèrent en 1580 et 1581 environ le tiers de ceux des particuliers ou 25 % du total. Pourcentage équivalent de celui qu'avait trouvé Hamilton et de celui des cargaisons postérieures à 1621. Cependant de fortes variations sont dessinées. Certaines années, la part royale s'élevait à près de la moitié de celle des négociants : ce fut le cas en 1584, 1586, 1595, 1607, 1610, 1612, 1613, 1614, 1615. Par contre, d'autres ont été franchement avantageuses pour le commerce, 1617, 1618, 1619 particulièrement, la proportion des métaux destinés à Philippe III étant tombée à 16, puis 12 %.

Quel a été le rôle de ces oscillations sur le mouvement général ? Si l'on prouvait que le gonflement des deux dernières décennies du XVIe siècle a résulté surtout d'un rapatriement plus important de ses revenus américains par le Roi, voire d'une ponction plus sévère sur les Indiens et les Espagnols du Nouveau-Monde, l'on n'aurait pas dissipé tous les nuages pesant sur la théorie métallique de l'économie, mais l'on comprendrait mieux certaines impuissances d'embrayage. Nous craignons bien qu'il en ait été ainsi à partir de 1585. En effet, parmi les flottes dont nous n'avons pas le détail parfait, quelques-unes peuvent être estimées avec une bonne présomption de certitude : ainsi, en 1587, le rapport entre les trésors du monarque et ceux des marchands était à peu près de 4 à 7,5 ; la plupart des *navios* isolés, des *azabras*, voire des Armadas envoyées, comme celle de Martin de Aramburu, recueillir les restes des années écoulées, rapportait surtout de l'argent pour Sa Majesté.

Notre documentation est malheureusement trop fragmentaire pour autoriser la construction d'une courbe des retours pour le commerce. Un autre trouble vient de la confusion fréquente de plusieurs exercices sur une seule année, par exemple 1595. En admettant que l'énorme flotte du mois de mai n'ait ramené que les fruits de deux ventes, on fixerait l'exercice « moyen » (*sic*) de cette période à 8 millions de pesos environ. Ce chiffre qui est donné sous toutes réserves (il nous semble un peu excessif, et des textes parlent d'un retour de trois années) fait ressortir de toute façon les « bonheurs » des marchands en 1618 et 1619, et au-delà, de 1623, 1624, 1626...

Comme il était prévisible, la flotte de Terre-Ferme dégorgeait la majorité de l'or et de l'argent. Son débit était encore un peu hésitant entre 1580 et 1585 d'après nos sources, mais nous pouvons être trompé par les absences qui forment le gros du quinquennium. Par la suite, assez régulièrement, nos notices inscrivent le double des métaux à l'actif du Pérou, sauf en 1614 qui semble un accident. Mais il est remarquable que l'écart ne se soit jamais creusé davantage, la Nouvelle-Espagne soutenant fort bien l'éclat et la pression, sur le marché, du Potosi, rien qu'avec ses métaux[92].

Et mieux encore avec sa flotte prise intégralement. Encore une fois, ce sont les marchandises qui interviennent pour relever le trafic

Tableau 9. *Répartition des trésors de 1580 à 1620*

date	pour le Roi	pour les particuliers	Terre-Ferme	Nouvelle-Espagne	total Nouvelle-Espagne
1580	2 887 500	7 700 000	8 250 000	2 337 500	
1581	1 650 000	5 094 151	3 894 151	2 850 000	
1584	2 657 577	5 762 040	4 500 000	3 872 000	
1586 (N-E)	1 100 000	1 650 000		2 750 000	4 167 250
1595	7 759 969	16 569 518			
1603	2 504 392	8 193 090	6 242 234	3 975 252	3 914 252
1606	1 688 416	5 112 650			
1607 (N-E)	1 476 425	2 493 210		3 964 635	5 276 785
1608	2 841 331	6 970 103			
1609	2 530 201	7 507 015	6 737 908	3 299 308	5 163 307
1610	2 684 000	5 369 000			
1611	2 058 000	5 796 000	5 583 000	2 271 000	3 650 000
1612	3 504 657	5 841 038	6 434 134	2 911 561	5 262 561
1613	2 811 000	5 644 000	6 006 000	2 449 000	4 316 000
1614	3 028 892	6 528 816	5 871 984	3 685 724	5 421 978
1615	2 305 710	5 638 137	5 511 816	2 432 031	4 617 540
1616	2 252 459	6 405 473	7 126 742	2 531 158	5 005 673
1617	1 504 793	5 331 406	4 788 429	2 347 770	
1618	1 622 736	10 623 736	8 399 857	3 846 348	4 918 571
1619	1 256 558	10 431 282	7 062 534	4 625 306	6 649 081
1620 (N-E)	476 342	4 288 210		4 764 552	6 500 000

92. Don Juan de Oñate, *adelantado* du Nouveau-Mexique, parlait dans une requête de la bonne marche de ses mines jusqu'à son départ en 1593, de leur décadence vers 1600 (Zacatecas) et de leur remise en route ensuite, portant ses fruits encore à la date de 1613. Cf. BN Paris, Réserve Fol. Oa 198.

du Mexique et de sa lointaine banlieue insulaire. Elles peuvent, à certaines dates, se hausser presque au niveau des métaux précieux (constituant de 40 à 50 % de la valeur totale – cf. 1609, 1612, 1613 et 1616). Quand on suit l'évolution en volume des marchandises principales, on ne peut manquer d'être frappé par l'amplitude des mouvements et les chassés-croisés entre les prix et les quantités, la cochenille et l'indigo. Si nous en croyons S. Ruiz, la belle époque de la *grana* se serait close vers 1586. Il semblait considérer comme faible, en effet, quatre ans plus tôt, un arrivage de 6 000 arrobes (en 1582), mais peut-être raisonnait-il en marchand spéculant sur les envies des acheteurs privés de leur marchandise en 1581, ce qui explique le prix

Tableau 10. *Marchandises 1580-1620*

année	cochenille		indigo		cuirs	
	poids en livres	prix à la livre	poids en livres	prix à la livre	nombre	prix
1580	150 000					
1581	14 025		18 000			
1584	331 375		35 475		173 417	
1586	300 000	2 pesos 3/4			120 000	3 pesos 1/2
1587	(140 000)		25 000		109 000	
1595	278 025	1 peso 5/6			93 378	2 pesos
1603	107 280	5 pesos 1/2	178 440	1 peso 1/2		
1604	100 000		100 000			
1606	183 225	5 pesos 1/5	182 900	1 peso 1/10	83 236	2 pesos
1607	199 875	4 pesos	71 325	2 pesos	80 000	3 pesos
1608	58 200	6 pesos	216 960	2 pesos	94 000	4 pesos
1609	63 600	12 pesos	279 840	2 pesos		
1610	63 600		288 000		70 000	
1611	43 875	8 pesos	279 700	2 pesos 1/4	21 000	5 pesos
1612	65 375	6 pesos 1/2	314 400	2 pesos	70 000	5 pesos
1613	54 000		334 560			
1616	124 000	7 pesos	513 850	2 pesos		
1617	278 500		720 000		71 070	
1618	147 250	5 pesos	94 680	1 peso	75 000	3 pesos
1619	213 750		87 300		65 626	
1620	179 021(?)		451 800		100 391	

Base de calcul : arrobe = 25 livres   caisse = 120 livres.

élevé pratiqué par un certain Morovelli : 3 1/2 pesos. Ainsi qu'on le verra sur notre tableau, les grosses cargaisons de 1583, 1584 et 1586 firent légèrement baisser les prix qui connurent pourtant, en 1585, un retour de flamme[93]. Beaucoup plus dur fut l'épisode allant de 1608 à 1617. La production mexicaine tomba bien au-dessous des 6 000 arrobes fatidiques, tandis que les cours s'envolaient. Tant et si bien que la cochenille, quoique réduite de volume d'un tiers ou d'une moitié, conservait sa quote-part dans la valeur des cargaisons. Bel exemple.

L'exportation des peaux connut, apparemment, des difficultés analogues et compensées plus ou moins de la même manière. Cependant, il y a des mouvements positifs du commerce de la Nouvelle-Espagne, le plus spectaculaire étant celui de l'indigo. Il nous faudrait une histoire de la culture de cette plante pour déterminer si nous sommes bien en présence de son démarrage à Saint-Domingue, ce que nous serions tenté de croire. Il y a même de 1603 à 1617 une sorte de boom, dont les répondants doivent bien exister quelque part en Europe, et qui conduisit à surproduction et, sans doute, mévente et cassage des prix. Le tabac apparaît pour la première fois, officiellement, en 1617 avec un tonnage faible de 17 tonneaux qui décuple en trois ou quatre ans. Les autres produits restent fidèles à eux-mêmes : la soie (2 à 3 tonnes), mais peut-être

Tableau 11. *Valeur des marchandises**

1587	3 millions (?)	1611	1 744 000
1595	1 030 376	1612	2 351 000
1603	939 000	1613	1 867 000
1606	1 399 920	1614	1 736 255
1607	1 312 150	1615	2 185 814
1608	1 169 013	1616	2 474 515
1609	1 863 999	1618	1 600 000 (?)
		1919	2 023 375

* On n'a retenu que les chiffres sûrs et détaillés. De même, n'a-t-on pas dans 'e texte essayé de convertir en tonnages des produits comme le sucre dont on ne peut connaître exactement le conditionnement. G. de Malynes force certainement le poids moyen des caisses lorsqu'il parle de 1000 livres (en 1587) ; en 1659, la notice mentionnera des caisses de 200 livres, environ ; en fait, il y en avait de toutes les dimensions. Nous n'avons pas voulu risquer une moyenne de 100 livres qui semble avoir été celle de la seconde moitié du XVIIe siècle et du XVIIIe siècle. Le commerce du sucre de l'Amérique espagnole se trouvait barré, à notre époque, par celui du Brésil, à cause de la réunion du Portugal à la couronne de Philippe II.

93.   Les prix de la cochenille peuvent être suivis dans F. Ruiz Martin, *Lettres de Florence et de Medina del Campo*, Paris, 1965. La demande du Levant prend une réelle importance dans la correspondance de S. Ruiz.

irrégulièrement, le sucre, le gingembre, dont l'importance aura été la vraie surprise de ces inventaires, et dont la provenance est clairement indiquée avant 1621 : Saint-Domingue, les bois de teinture et médicinaux. De temps à autre, de l'insolite : de l'ébène en 1584, du camphre en 1606 (au terme de quelles péripéties depuis la lointaine Taïwan), des clous de girofle en 1620. L'un portant l'autre, on ne peut pas dire que le commerce des marchandises de la Nouvelle-Espagne ait vraiment accusé la dépression des Trêves.

c. De 1635 à 1660

Nous déplorions, en abordant la période antérieure à 1621, la médiocrité fréquente de nos informations. Que ne donnerions-nous pas, cependant, pour en disposer de semblables après 1635 ! Certes, nous retrouvons, en principe, l'usage de nos gazettes, mais illusoirement puisqu'elles n'ont pas été conservées, sauf épaves. Les sources annexes ne sont pas brillantes, non plus : deux ou trois chiffres globaux ont été imprimés dans la Gazette de France ; les chroniqueurs espagnols : Julio Pellicer y Tovar puis Jeronimo de Barrionuevo[94] manquent de précision.

Tableau 12. *Période 1636-1650*

dates d'arrivée d'après H. et P. Chaunu	flottes	valeur d'après les gazettes			valeur d'après Diez
		globale	non spécifiée	métaux précieux	métaux précieux
quinquennium 1636-1640					
août 1636	2 N-E		6 000 000		5 074 239 piastres
nov. 1636	T-F				4 798 208 piastres
nov. 1637	T-F et N-E				7 028 544 piastres
17 juil. 1639	T-F et N-E			6 400 000	6 635 265 piastres
déc. 1639	Armada				3 435 605 piastres
1640	San Domingo				

94. J. de Barrionuevo, *Avisos 1654-1658,* Madrid, 1892, 4 vol.

Tableau 12. *Période 1636-1650* (suite)

dates d'arrivée d'après H. et P. Chaunu	flottes	valeur d'après les gazettes			valeur d'après Diez
		globale	non spécifiée	métaux précieux	métaux précieux
quinquennium 1641-1645					
1ᵉʳ juillet 1641	T-F		23 millions		3 734 690 piastres
déc. 1641	débris N-E		5 millions (?)		912 211 piastres
5 mars 1642	T-F			3 152 375	3 031 949 piastres
juil./ août 1643	N-E	13 millions		5 millions	1 745 316 piastres
27 déc. 1643	T-F			10 millions	5 324 141 piastres
11 janv. 1645	Indias		5/6 millions		5 243 134 piastres
9 août 1645	N-E				2 139 312 piastres
quinquennium 1646-1650					
14 janv. 1646	T-F				5 436 000 piastres (en tout)
26 août 1647	T-F et N-E		5 millions		1 214 334 piastres
14 mai 1648	T-F		6 millions		
28 août 1648	N-E		1,5/2 millions		901 098 piastres
7 sept. 1649	T-F et N-E			1,5 million pour le Roi	

Le tableau des trois lustres de 1636 à 1650 fait un peu figure de cadre vide. Diez de la Calle en constitue le plus bel ornement[95]. C'est seulement avec ses données que l'on peut calculer un quinquennium complet, qui coïncide, naturellement, avec les résultats de Hamilton en 1636-1640 : 26 971 861. Mais non en 1641-1645 : 22 130 753 contre 22,7. La différence provient peut-être d'une confusion à la source, qui se lirait chez Diez lui-même : en 1641, en effet, il a additionné l'indigo et les fruits (valeur 764 825 pesos) à l'or et à l'argent avant d'opérer sa réduction en ducats.

95.   Comme nous nous sommes contenté de consulter la relation de Diez de la Calle, nous ne pouvons assurer que son histoire, menée jusqu'en 1659 vraisemblablement, ne contient pas d'autres notices. Cf. BN Madrid, catalogue nᵒˢ 251 et 252.

Cette fragilité originelle n'incite pas à la tendresse pour les chiffres proposés. Il y a un curieux mélange : tantôt un accord parfait ou presque parfait (en 1639, en 1642, et 1645), tantôt une variation qui demeure de l'ordre de celle que nous avons rencontrée (en 1636 et 1648), et à laquelle on peut appliquer les tempéraments ordinaires (chiffre global en 1636), enfin l'aberrance pure en 1643 et plus en 1641.

Une étude critique est délicate à mener parce que chacune des sources réclame son doigté propre. Le témoignage de Pellicer y Tovar, qui est à l'origine de la plus grosse différence, est bien connu des historiens, et l'on peut même se demander si ce n'est pas à lui qu'ont songé tous ceux qui ont estimé que la fraude et la contrebande faussaient à 50 ou 100 % les registres officiels au milieu du XVIIᵉ siècle[96]. Relisons-le : « A tres de corriente llegó la nueva de la venida de los galeones al principio se creyó que eran galeones y flota, porque en el aviso que se despachó primero, le entienderon así. Después quando llegó el Gentilhombre se desenganaron, pues eran solos los galeones de Perú, que habiendo esperado la flota de Nueva España dos meses, se resolvieron a venir solos. Traen registrados cinco milliones y se cree que por registrar vienen diez y ocho... » Pellicer parle donc de 18 millions (de pesos, cela ne fait pas de doute) non enregistrés et de 5 seulement déclarés, chiffre qui, à la rigueur, en pensant aux marchandises, pourrait être admis comme valable à côté de celui de Diez de la Calle.

Des détails choquent, néanmoins, et font hésiter : tout d'abord cette succession d'avis mi-justes, mi-faux qui ont précédé la déclaration de la somme. Ils nous font craindre que Pellicer n'ait pas été très bien placé pour recevoir les nouvelles. Ils nous rappellent aussi qu'en 1639, le chroniqueur, après avoir partagé les espoirs unanimes au sujet des flottes, avait déchanté : « La alegría de la venida de los Galeones se templó primero con haber descrecido desde veinte y quatro millones que se dixo traía hasta siete y trescientos mil escudos que de verdad conducí. Ya totalmente se ha borrado con la nueva infelicissima y jamás pensada de la toma de Salsas... » Entre l'illusion et la réalité la marge était de 17 millions !

96. R. Carande, *El credito de Castilla en el precio de la politica imperial*, Madrid, 1949 ; *Carlos Quinte y sus banqueros*, tome II : *La Hacienda Real*, Madrid, 1944 ; M. Ulloa, *La Hacienda Real de Castilla en el reinado de Felipe II*, Rome, 1963 ; A. Dominguez Ortiz, *La sociedad española en el siglo XVII*, Madrid, 1963

D'un autre côté, cependant, Pellicer ne montre aucun remords en 1641 et ne modifie pas son chiffre. De plus, il récidive à la fin de l'année en attribuant à la capitane échouée à San Lucar de Barrameda un trésor de 5 millions, « que se va sacando », alors que Diez de la Calle n'annonce pas un *cuento* complet ; et en 1643, allant jusqu'à affirmer que le Roi en a eu 1,5 million et les particuliers 11 (en argent et en marchandises) ; et en 1644, date à laquelle il ne regrette que le peu de cacao arrivé, « con que el chocolate va subiendo... », il attribue cinq millions au Roi et autant aux marchands... Cela fait beaucoup d'erreurs pour un seul homme.

Or, Pellicer n'est pas toujours seul de son avis. Les gazettes hollandaises, en 1639, ont commencé par imprimer des avis qui leur parvenait d'Anvers où un express de son Altesse les avaient portés. A cette date (11 août), un mois s'était écoulé depuis l'arrivée des flottes et, s'agissant d'un émissaire officiel, il est peu vraisemblable qu'on l'ait dépêché avant d'avoir les informations en main. Quoi qu'il en soit, le montant de la flotte fut, d'abord, estimé 19 millions. François Lieshout distinguait même trésor du Mexique (7 millions dont six en espèces) et trésor du Pérou (13 millions). Mais le 20 août, le *Courant uyt Duytsland, Italien, enz.* publia la version modeste que nous avons retenue dans le tableau. Elle avait la tournure de l'officiel et s'accorde avec les éphémérides de Diez et la désillusion de Pellicer. Les confrères d'Amsterdam et d'Anvers produisirent, à leur tour, des leçons similaires. Ils les assortirent, néanmoins, de clausules dans lesquelles il serait plausible de voir des nuances, sinon des sous-entendus au sujet d'un autre magot couvert par la dissimulation : sept millions enregistrés, sept millions et demi, non compris les marchandises, enregistrées pour une valeur de 3,5 millions... La moitié de la flotte était restée à La Havane. En 1643, les gazettes se montrèrent plus décidées : le convoi de 36 navires portait, dans ses flancs, cinq millions en argent et huit millions en marchandises. Ce dernier chiffre, exceptionnel dans l'histoire de la Carrera, se justifierait par le gros retard accumulé dans la délivrance des *frutos de la tierra*, à la suite des malheurs subis par les flottes de la Nouvelle-Espagne. Pellicer reçoit, ici, un appui très sérieux.

Malgré tout, l'enquête tourne court. Avec ce seul dossier pour l'alimenter, la discussion ne déboucherait sur aucune conclusion ferme. Comme, d'autre part, nous ne possédons pas de détails sur les cargaisons, comme nous ne pouvons pas, par conséquent, procéder aux recoupements autorisés dans les autres périodes, le lecteur garderait une bouche douce-amère si nous devions en rester là. L'intérêt, heureusement, se ranime après 1650, dans la dernière décennie étudiée par Hamilton.

La décadence de la Carrera, selon lui, se consomma dans ces deux lustres : de 1651 à 1655 et de 1656 à 1660. Les performances, déjà faibles, tombèrent à 12 puis à 5,5 millions de pesos de huit réaux. L'équivalent, ou à peine un peu plus, en cinq ans, d'une flotte combinée unique, aux temps de la splendeur, puis d'une flotte de Nouvelle-Espagne (en 1619 ou en 1620). La déchéance se serait prolongée durant tout le XVIIᵉ siècle et encore avant dans le XVIIIᵉ siècle[97].

Tableau 13. *Période 1651-1660*

dates d'arrivée	convois	valeur des cargaisons	indications de transferts
quinquennium 1651-1655			
5 720 000 pesos			
janv. 1651	N-E		
		et T-F	
22 août 1652	N-E		3,5 millions dont
		et T-F	partie en marchandises
3 juil. 1653	T-F	5 millions	
juil./ 1654 août	2 flottes	de N.E.	plus de 6 millions
27 oct. 1655	2 galions	1,1 million du Honduras	de ducats

Total de l'exercice : environ 20 millions repérés ; d'après E.J. Hamilton : 12 millions.

quinquennium 1656-1660			
28 fév. 1656	2 galions	1 800 000 pesos	2 millions
oct. 1656	3 vaisseaux	(1 900 000 pesos) y compris le galion échoué	récupération sûre 800 000 pesos au moins
avr. 1657 (aux Canaries)	Flotte de N-E	5/6 millions d'argent peut-être	1 ou 2 millions ramenés en Espagne, 14 millions en tout, d'autres éventuellement
19 avr. 1659	Galions du Marquis de Villa Rubio	24 708 977 pesos	34 « lasts » d'argent soit 146 000 livres-pesant

---

97. Hamilton, *op. cit.*, et *War and prices in Spain 1651-1800*, Cambridge (Mass.), 1947.

Tableau 13. *Période 1651-1660* (suite)

dates d'arrivée	convois	valeur des cargaisons	indications de transferts
sept. 1659 (à Cadix)	Azogue de Medina	4 millions d'or et divers	
nov. 1660 (à Saint-Sébastien)	vaisseau de	500 000 pesos Buenos Aires	
déc. 1660 (à Cadix)	?		1 000 000 pesos

Total de l'exercice : environ 32 millions repérés ; d'après E.J. Hamilton : 5,5 millions.

Rien dans notre documentation ne vient démentir, au début, ce pessimisme. Les premiers chiffres glanés dans la *Gazette de France* – à défaut du *Hollantse Mercurius* dont la publication était commencée, mais qui n'inséra pas tout de suite les relations des Flottes – sont gris : six millions d'argent, par exemple, en 1651 pour un retour correspondant, en principe, à cause de l'interruption de 1650 dans la Carrera, à une année double. Cependant, en 1652 et en 1654, de-ci de-là, on se prend à lire des avis de transfert de métaux précieux en Europe qui connotent une abondance imprévue : galères génoises, vaisseaux hollandais et hambourgeois. Ces mouvements se manifestent ordinairement immédiatement après une rentrée à Séville. Les sommes sont importantes : 600 000 ducats sur un navire saisi par le duc de Veraguas et conduit à Barcelone, 10 millions de florins (plus de 3 millions de piastres) à bord des néerlandais et, même, brinqueballés jusqu'à Madrid sur les routes d'Andalousie et de Castille, « 30 carros de plata y un carro de oro de 500 000 ducados ».[98] Au total, davantage que n'en annonce Hamilton.

Indices révélateurs d'une fraude à l'enregistrement ? Signes d'une reprise ? Celle-ci paraissait, à tout le moins, comme imminente en Amérique, appréhendée d'Espagne. Des bruits couraient sur la flotte préparée aux Indes en 1655 : « no habiendose visto jamás tanta plata junta en montones como si fuera de trigo... », de l'argent en mulons comme du blé ! Mais les trésors n'attendaient-ils pas depuis trois ans leur embarquement à Carthagène ? Immense arriéré dont le scintillement fascinait : on parlait de 18 millions, de 21 enregistrés et de 3 sous le manteau, de 30, même, en tout.

98. Barrionuevo, *op. cit.*, tome I, p. 82.

A court terme, il n'en revint pas beaucoup. Deux ou trois navires du Honduras apportèrent des amuse-gueules. La flotte, qui avait rejoint La Havane, s'y attardait, laissait passer le temps propice aux appareillages, se risquait, subissait une tempête ; deux des principaux navires, chargés de douze millions ensemble, s'ouvrirent en mer et durent se réfugier à Porto-Rico, tandis que les autres s'égaillaient avant de revenir à Cuba. L'assurance était montée à 17 % sur le galion de Juan de Hoyos et à 25 sur l'Almirante.

A l'automne suivant, en 1656, un autre malheur les attendait. A cinq ou six milles de Cadix, l'amiral anglais Blake attaqua les huit galions qui revenaient des Indes. Deux furent brûlés et coulés, deux capturés. Un cinquième s'échoua. Les rescapés débarquèrent 1 900 000 pesos : somme maigrelette. Mais, dans cette aventure, l'historien se félicitera, égoïstement, de sa bonne fortune : il récupère les notices des vaisseaux détruits ou pris. Or, à chaque fois, de grosses quantités de pesos non enregistrés sont signalées qui dépassent celles de l'argent légal : de 100 % à bord du galion de Juan de Hoyos et du Vice-Amiral de Carthagène, de 300 % à bord du Contre-Amiral.

Tout sporadiques qu'ils aient été, les premiers arrivages couvraient déjà, avec l'argent récupéré sur le bâtiment échoué, presque entièrement la somme alléguée pour le quinquennium par Hamilton. L'Espagne ne reçut-elle rien ensuite ? En fait, l'attente, un peu plus lancinante quand même, reprit. Un navire du Roi était allé rechercher l'argent de l'Almirante, restée en Amérique et impotente. Mais l'escadre anglaise menaçait toujours, et l'Espagnol dût cingler vers les Canaries où il débarqua 500 000 piastres, premier acompte. Les espoirs se concentrèrent sur la flotte de Nouvelle-Espagne avec laquelle venaient de concert deux azogues de « Caracas » : 6 millions sans les marchandises, disait-on, 14 en tout, y compris, sans doute, le clandestin. Elle aussi fut forcée de relâcher aux Canaries et, tandis que les trésors étaient déménagés à terre, les quatorze vaisseaux marchands et deux de guerre furent incendiés par les Anglais.

Quelques particuliers s'entremirent auprès du roi d'Espagne, offrant leurs services pour ramener l'or et l'argent en souffrance dans l'archipel. Il y eut, effectivement, une certaine animation sur la route des Canaries, particulièrement de la part des Hollandais. Tous les audacieux ne franchirent pas le blocus anglais, mais il revint certainement, par ce moyen, une partie des trésors. Philippe IV, cependant, achetait de toutes mains, à l'étranger, des bâtiments. Une escadre, sous le commandement du Marquis de Villa Rubio partit de Séville, bien chargée, sans doute, car les vendanges andalouses, à l'automne 1657, avaient été plantureuses. Là-bas, en Amérique, où les azogues de Medina frémissaient doucement sur leurs ancres, le vice-roi de Lima avait préparé plus de 20 millions.

Les galions du Marquis réussiraient-ils là où avaient échoué Juan de Hoyos, puis Diego de Egues ? Dans l'impatience, on les crut arrivés à Cadix dès le 2 février 1659, puis le 13 mars. Un avis génois, plus prudent, se contentait le 18 avril d'indiquer qu'ils étaient en chemin. Ils entrèrent le 19 dans le port de Santander.

Les *Relations véritables* de Bruxelles, de toute la presse néerlandaise, offrirent la primeur de la grande nouvelle à leurs lecteurs. Des ordres, écrivait-on, avaient été donnés pour un déchargement immédiat et pour rassurer les marchands que le Roi ne voulait pas qu'on inquiète pour l'argent non-enregistré. La *carga* de la flotte est imprimée dans le *Hollantse Mercurius :*

> 3 476 250 stucken van acht voor de Koning
> 21 232 727 stucken van acht voor de Cooplieden
> ofte 70 Millioenen gemunt en ongemunt behalvens veel onbekent
> 30 000 Canaster suycker van 6/8 Arobes
> Cacao, Huyden, Anijs, Conchenille

Oui... l'on a bien lu. Vingt-et-un millions de pesos, pour les marchands, 3,5 millions pour le Roi, 25 en tout pour le moins, ou 70 millions de florins, sans les marchandises. On n'avait pas vu, en une seule fois, un tel retour, depuis la célèbre année 1595.

La somme est presque fabuleuse. Bien qu'elle coïncide avec toutes les informations parvenues en Europe depuis un an sur les richesses engrangées en Amérique, elle demande confirmation. Celle-ci se trouve dans les dépêches de l'ambassadeur du grand-duc de Toscane à Madrid, qui ne fut pas, probablement, le seul diplomate étranger témoin de la merveille. Tout chaud informé, comme le reste de la Cour, cinq jours après l'arrivée des galions, il communiquait la nouvelle à son Prince avec une première estimation : 30 millions (y compris les marchandises) dont, en argent, pour le Roi, 5 millions brut. Le 26 avril, il était en mesure de préciser : 4 778 977 pesos pour Philippe IV, 1 700 000 enregistrés pour les particuliers et plus de vingt millions, argent et marchandises à la dérobée. Les officiers royaux négociaient une composition dont on espérait, à la Hacienda, tirer 1,5 million, soit 7 à 8 %. L'information était définitive pour l'ambassadeur : il n'y revint à aucun moment de toute l'année dans sa correspondance. Mais il insiste sur l'abondance métallique en Espagne, les embarras en résultant pour l'appréciation des denrées et le décri de la monnaie de *vellón* (révocation de la Pragmatique du 24 septembre et de la cédule du 30 octobre 1658 qui doublait la valeur des pièces de 2 et 4 maravédis).

Point capital sous un angle critique : les nouvelles publiées par les gazettes et celles du Florentin sont indépendantes (chiffres différents) ; elles n'appartiennent donc pas au même circuit d'informations et, malgré cela, elles s'accordent admirablement. En effet, le seul écart sensible entre les deux versions, au chapitre des trésors du Roi, est expliqué, d'avance, par la première dépêche de l'ambassadeur : ayant 1,5 million à débourser pour les nolis, Philippe IV ne devait toucher net que 3,5 millions. La diminution globale de valeur qui apparaît entre le 23 et le 26 avril tient, vraisemblablement, au retard d'un des azogues, chargé de 4 millions, qui ne rallia l'Espagne avec un autre galion et quelques navires marchands qu'en septembre, à Cadix. Selon toutes apparences, la cargaison imprimée dans le *Hollantse Mercurius*, avec l'avantage du recul, est celle du comptage officiel après débarquement, faite pour les besoins de la négociation et non exclusive d'un supplément : *veel onbekent*. Nous ne pensons pas qu'un doute puisse subsister sur la réalité et l'importance de cet arrivage.

A lui seul, bien entendu, il pulvérise les données antérieurement proposées pour le quinquennium 1656-1660. Celui-ci a dû totaliser entre 35 et 40 millions de pesos, ce qui n'était pas mal du tout pour une période aussi perturbée. Mais l'histoire des galions de Santander nous apporte beaucoup plus qu'une simple rectification, fût-elle drastique, de la courbe du mouvement des trésors. Elle nous renseigne sur la manière dont des erreurs ont pu être commises, de bonne foi. Elle nous instruit sur l'ampleur d'un phénomène qui déborde la fraude-larcin ordinaire. Elle valide le recours aux gazettes comme source d'information privilégiée sur le commerce américain après 1660. Elle invite à rechercher quand cette pratique était entrée dans les mœurs et dans quelle mesure elle nous oblige à réviser tous nos comptes. Nous allons essayer de répondre brièvement sur l'ensemble. La sous-estimation par Hamilton des derniers arrivages s'explique fort simplement, sans doute et d'abord, par une utilisation exclusive des documents officiels. Le registre de la flotte de 1659 montait à 5 ou 6 millions, argent du Roi et des particuliers conjoints, contre près de 25 millions. Cela n'est d'ailleurs peut-être pas suffisant, car en le combinant avec les vaisseaux isolés arrivés depuis 1656 et encore après, jusqu'à la fin de 1660, on devait arriver normalement à un chiffre double ou presque des 5,5 millions proposés. Si nous connaissions le détail du calcul de Hamilton, nous pourrions déceler la cause de ce trouble avec plus de sûreté, mais une lacune particulière des Archives de Séville n'est pas à exclure – ne serait-ce qu'en raison d'un certain éparpillement (les sauveurs des trésors des Canaries) et de l'insolite des lieux de débarquement (Santander en 1659, Saint Sébastien en 1660). Ajoutons que la relation des galions du Marquis de Villa Rubio étale au grand jour les raisons d'une bizarrerie constatée en d'autres occasions : l'importance plus grande sur le registre des trésors du Roi par rapport à ceux des particuliers, et un fait, relativement mineur : la possibilité d'une double estimation des premiers selon que l'on avait déduit ou non tous les frais.

Or, la non-représentativité des registres devint la règle après 1660. Dans des proportions très supérieures à tout ce qui avait été avancé jusqu'à ce jour. Il ne s'agit plus d'un secret de 50 ou de 100 %. Ne reculons pas devant une métaphore : le registre n'est plus guère que la partie visible d'un iceberg : en 1659, pour l'argent des particuliers, c'eût été le bon cliché (un neuvième au total). A notre connaissance, le cas ne s'est jamais renouvelé aussi grave, mais le phénomène est suffisant pour enlever tout crédit aux chiffres officiels réduits à leur nudité. Dans ces conditions, la documentation hollandaise cesse d'être une curiosité ou une source annexe pour devenir le matériau le plus adéquat dans la reconstitution du mouvement des métaux précieux. Nous verrons une autre fois de quelle manière il était obtenu.

Nous avons insisté pour qu'on ne confonde pas la « contrebande » du milieu du siècle avec ce qui se passait au début ou avant. L'identité des mots est trompeuse. La comparaison des sommes dissimulées de part et d'autre en convaincra : on était passé de un, deux, quatre millions de pesos au maximum vers 1620 à dix ou vingt. A ce niveau et répétée, la contrebande était devenue une coutume que l'on pourrait presque ranger parmi les institutions implicites chères à M. Duverger[99]. Comme H. et P. Chaunu l'ont bien remarqué, elle se relie à la détérioration de l'*averia* et à l'introduction du système de l'*indult* dans la Carrera. Par celui-ci, le Roi, en

---

99. M. Duverger, *Les institutions politiques*, Paris, 1967.

percevant une somme théoriquement en rapport avec le montant des richesses, en fait *ad libitum... ad libitum mercantorum*, leur garantissait sa bienveillance. Disons mieux sa complicité. Il confisquait à son profit les pourboires de la corruption qui allaient autrefois à ses officiers.

Les galions de Santander n'étaient pas les premiers de leur genre. Dans son rapport au Sénat du 14 janvier 1656, l'ambassadeur vénitien écrivait « à propos des marchands » : « Lo caricono la maggiore parte di contrabando corrompende con sette otto per cento li generali delle flotte[100] ». Le Roi retint maintes fois ce taux pour son Indult. Il avait d'ailleurs essayé l'année précédente, en 1655, de capter cette source de revenus souterraine en libérant la *plata* des droits d'*averia* et en desserrant le contrôle de la Casa de Contratación. Nous renouons ainsi le fil de l'évolution, retrouvant l'argent embarqué *sin registro* mais *por registrar*. Manquant à cette belle droiture chevaleresque qui avait fait l'honneur, en son temps et en d'autres lieux, du Marquis del Vasto[101], les généraux des flottes avaient, sans vergogne et sans scrupule de léser les droits de Sa Majesté, tiré parti de ce qui n'avait dû être à l'origine et n'aurait dû demeurer qu'une simple tolérance.

Cependant, dans l'état actuel des sources, il est difficile de dire avec assurance à quel point les lustres précédant 1660 ont été grevés par le procédé. On peut admettre grosso modo, lorsqu'ils sont affirmés sans ambages, les chiffres des gazettes et des chroniqueurs supérieurs à ceux des registres : en 1657, en 1656, en 1644, en 1643 et même, sans doute faut-il s'y résigner, en 1641 ! Nous ne sommes pas partisan d'une extension inconsidérée de ces redressements. En 1639, par exemple, le premier avis reçu correspond probablement à la totalité des flottes espérées. Si, de notre côté, nous additionnons retour de juillet et retour de décembre, nous obtiendrons une somme « officielle » de 10 070 870 pesos, pas très éloignée des treize annoncés. Or, les marchandises pourraient, à la rigueur, combler le découvert. Par conséquent, nous n'avons pas de raison de supposer une contrebande supérieure à la normale, que Diez de la Calle estimait, quant à lui, égale au sixième des trésors déclarés. Lorsque nous ne disposons que du chiffre de l'enregistré, nous ne pouvons cependant conclure à l'absence d'un mouvement de plus grande

---

100. N. Barozzi et G. Beuchet, *Relazioni veneziane. 17 secolo*, tome II, Paris, 1876, p. 229.
101. Gouverneur de Milan au temps de Charles Quint, qui engagea sa fortune personnelle au service de l'Empereur. Souvent cité en exemple des conceptions chevaleresques encore en usage parmi les nobles espagnols au XVIᵉ siècle.

ampleur : un actif transfert de fonds succédant de peu à l'arrivée d'une flotte le décèle parfois. Ce n'est pas toujours le cas et l'incertitude, assez grande avant 1660, ne disparut pas tout à fait après. L'idéal serait, naturellement, de compléter le dossier avant de se prononcer[102].

A notre avis, il ne faut pas faire remonter le phénomène trop haut, ni lui attribuer trop de régularité. Au premier abord, on serait d'avis qu'il a dû commencer à se manifester après 1635 et prendre spasmodiquement une très grosse importance. Antérieurement, il ne semble pas qu'il y ait eu de cas pendable et nous pensons que, même en 1610 et en 1611 où les marges de tolérance furent dépassées – première mention du *por registrar* à la dernière date –, ce ne fut pas au point de bouleverser les données officielles comme en 1641 et en 1659. Mais cette prudence n'est-elle pas encore marquée d'un réflexe révérencieux ? Et ne faudrait-il pas prendre au sérieux le témoignage cité, mais rapidement écarté, par F. Braudel de Rodrigo Vivero : 24 millions d'or d'Amérique en Espagne par an, vers 1632 ? Fixer au lendemain de Matanzas le début des perturbations sérieuses ?

Néanmoins, les points d'appui classiques du schéma de Simiand vacillent. Certes, les exercices de la première moitié du XVIIe siècle ne sont pas comparables à celui de 1595-1599, mais celui-ci nous a paru fort vicié par les circonstances sur le plan économique. La dépression postérieure à 1630 ne fut pas d'une seule coulée. Nous ne sommes pas toujours en mesure d'affirmer, mais nous le sommes de contester et de réclamer que la charge de la preuve soit pour le moins, partagée. L'inclusion des données de Pellicer bouscule complètement les résultats de 1641-1645, puisqu'il serait rentré en Espagne, au bas mot, 45 millions de pesos, soit deux fois plus que n'en indiquent Diez de la Calle et Hamilton. Et six fois plus au cours du dernier lustre. Or la part du Roi eut tendance à stagner, sinon à décroître[103].

Ceci dit, l'événement ayant continué de peser lourdement sur la Carrera, un optimisme généralisé à propos des rentrées serait aussi hasardeux que le précédent pessimisme au sujet de la décadence. L'immobilisation des flottes dans la mer des Antilles en 1638, sous la

---

102. Un défaut matériel d'exécution nous a privé de la consultation de trois notices vénitiennes se rapportant à cette période.

103. D'après l'ambassadeur vénitien, le Roi touchait 1,5 million sur les flottes de Terre-Ferme et un demi-million sur les flottes de Nouvelle-Espagne. Il n'aurait rien retiré pendant sept ans (de 1652 à 1659) ; renseignement sujet à caution.

menace de Houtebeen (Pio de Palo), le report des départs, pour des raisons diverses, la terrible pression des Anglais, surtout, dans la décennie 1651-1660, meurtrirent profondément la Carrera. Comme à la fin du XVIᵉ siècle, la meilleure représentation de la conjoncture des métaux précieux se reflète dans un profil en dent de scie, une scie fort ébréchée. La véritable dépression se réduit tout de même à cinq ou six années, avant 1659, et, comme naguère, la cause en fut le retardement des flottes plutôt qu'une force obscure et fondamentale. L'effet Drake se rebaptise effet Blake : cinquante millions de dommages en trois ans, selon Barrionuevo.

Paradoxalement, cette nouvelle représentation se révélerait, pour un partisan du rôle moteur des métaux précieux dans l'activité, comme beaucoup plus à même de lui donner la clef de certains faits européens en Méditerranée et en Mer du Nord, et l'on voudra bien nous excuser de citer à nouveaux Livourne, Marseille et Amsterdam. Les plus acharnés l'y retrouveraient jusque dans la hausse des prix du grain... Mais plus sérieusement, l'intérêt si aigu des Hollandais pour la Carrera qui les poussa à faire la proposition au roi d'Espagne d'organiser ses transports à condition de pouvoir aborder librement en tout point de ses possessions en Amérique[104].

Lorsque le moment sera venu de tenter une synthèse générale de tout le mouvement des trésors – jusqu'en 1792 – et de son influence sur les affaires économiques, tant des Provinces-Unies que du reste de l'Europe, nous ne ferons pas fi de ces ajustements s'ils nous paraissent doués de valeur explicative. Nous n'en restons pas moins fidèle au principe de liberté en face de la conjoncture, plus exactement en face d'un élément particulier de la conjoncture, au principe de disponibilité en présence de l'histoire à ressaisir. De toute façon, d'ailleurs, nous ne pouvons plus envisager le XVIIᵉ siècle selon les normes d'une crise générale et généralisée. Et pas davantage sous l'aspect d'une famine de l'or et de l'argent à la source, en Amérique, à l'arrivée, en Europe. Les vrais problèmes sont différents : concurrence des nations à Séville et à Cadix, distribution des effets de retour, position de l'Espagne – économiquement – dans ces échanges qu'elle contrôlait théoriquement. Voilà pour le trafic hispano-américain. Et, pour l'ensemble des activités du siècle, l'influence des guerres, des pressions fiscales, des événements

---

104. Barrionuevo, *op. cit.*, tome II, page 306. On trouve dans les *Avisos* de nombreuses autres propositions analogues.

météorologiques, des épidémies, des mouvements démographiques etc., etc. N'appauvrissons pas, après la Carrera, le potentiel de causes, de retournements et de surprises de l'humanité.

Nous n'abuserons pas de l'hospitalité de l'*Anuario de historia economica y social* et de la grande bienveillance du Prof. Carmelo Vinas y Mey qui, bien avant nous, s'est penché lui, aussi, sur l'imbrication des Pays-Bas dans la vie de l'Espagne[105]. Ne voulant et ne pouvant entamer ici la présentation des documents postérieurs à 1660 et l'analyse des résultats auxquels ils nous ont fait parvenir, nous nous contenterons d'établir une récapitulation des arrivages de la fin du siècle afin de permettre la confection d'un graphique plus complet que de coutume. Quitte à nous justifier une autre fois et certainement dans la thèse. Peut-être contribuerons-nous ainsi, quelque peu, aujourd'hui, à renouveler les phantasmes, comme disent les psychologues. Mais que l'on ne cherche pas à fabuler ou à créer des positions personnelles : si nos conclusions se situent loin de celles de H. et P. Chaunu, loin de celles de Hamilton, nous savons bien que nous devons aux premiers découvreurs de la Carrera et des trésors américains la pierre d'appel, l'entraînement et la résistance à laquelle s'arc-bouter, sans lesquels n'auraient peut-être pas commencé le repérage systématique, le colligement et l'analyse des notices publiées par les gazettes hollandaises.

Addendum 1

Dans le même numéro de l'*Anuario de historia económica y social* où paraissait cette étude, Antonio Dominguez Ortiz publia un article intitulé « Las remesas de metales preciosos de Indias en 1621-1665 », (pp. 561-585). Comme nous-même, il avait été frappé de la très mauvaise maniabilité des chiffres fournis par Hamilton, à cause de leur présentation compacte. Son ambition a donc été de retrouver des données annuelles qu'il a puisées dans les archives de l'Archivo de Indias à Séville, administrant la preuve qu'elles existaient, et qu'il suffisait de les chercher.

---

105. C. Viñas y Mey, *Los Países Bajos en la política de España*, Madrid, 1922.

Dans leur forme, ces computs d'origine officielle confirment ce que nous avons dit de la pluralité des notices établies par les Espagnols au sujet des chargements (avec possibilité de variations dans les totaux) et de la multiplicité des unités monétaires employées : ducats, pesos, maravédis. Et encore des difficultés à distinguer si les trésors de la Nouvelle-Espagne étaient bien rentrés sur la flotte désignée de même. Les recoupements nous ont permis de lever quelques-unes des ambiguïtés qui subsistaient dans notre documentation. Ainsi, en novembre 1621, Abraham Verhoeven, d'Anvers, a-t-il inscrit le montant global de toute la flotte : 11 673 172 pesos pour le montant des seuls métaux précieux (10 749 194 pesos d'après la Contaduria, 10 868 221 d'après Diez de la Calle). Mais les différences sont en général faibles ou discutables et, la prudence observée dans nos récapitulations aidant, il n'y a pas lieu de changer nos estimations finales (pour l'année 1621, nous avions entériné le chiffre de Diez).

Sur un plan qui n'a pas été abordé très longuement ici, mais le sera davantage dans l'étude 3, signalons deux livres en provenance de la Belgique : Eddy Stols, *De Spaanse Brabanders of de handelsbetrekkingen der zuidelijke Nederlanden met de iberische wereld 1598-1648* (Bruxelles, 1971) et Roland Baetens *De nazomer van Antwerpen welvaart* (Bruxelles, 1976), dans lesquels, à travers la correspondance des marchands anversois, l'incontestable allant du premier tiers du XVIIe siècle est particulièrement bien mis en lumière. Dans son livre : *O comércio Português no Rio da Plata 1580-1640* (São Paulo, 1944), Alice Piffer Canabrava, s'appuyant sur les statistiques recueillies par J.A. Garcia (*La ciudad indiana*, Buenos-Aires, 1937), a parlé d'un déclin de cette voie annexe vers 1640. Elle n'a pas tenu compte de son réveil après 1650.

Enfin, Julia Herraez S. de Escariche, dans son *D. Pedro Zapata de Mendoza, gobernador de Cartagena de Indias 1619-1663* (Séville, 1946), apporte quelques lumières sur le difficile problème des allées et venues des vaisseaux de 1653 à 1657.

2 ❧ Or brésilien et gazettes hollandaises (1699-1806)

Thématique

La seconde étude commence comme la première par une mise à l'épreuve des informations contenues dans les gazettes. Du fait que l'on passait d'un trafic colonial à un autre, d'une navigation espagnole à une navigation portugaise, le renouvellement de la démarche critique s'imposait de lui-même, d'autant que tout était à exhumer ou reconstruire : du rythme des voyages au volume des cargaisons. La documentation, complétée par la correspondance des consuls français résidant à Lisbonne, ayant été avérée suffisante et satisfaisante, le tableau des arrivages du métal jaune dans la métropole a pu être dressé. L'évolution qui s'y décèle est étudiée ensuite aussi bien en elle-même que par comparaison avec les retours des autres marchandises brésiliennes : sucre, tabac, cuirs, coton, bois de teinture, etc. Dans le développement terminal, on a cherché à repérer la trace de l'or du Brésil dans l'économie européenne au XVIIIe siècle et, singulièrement, en Angleterre. La leçon qui s'en dégage est celle d'une relativisation nécessaire de son influence eu égard à la multiplication des activités survenues simultanément sur le Vieux Continent et intéressant tous les secteurs géographiques. Cette relativisation ne veut pas dire négation, mais appelle et sollicite une analyse plus étroite et plus rigoureuse que par le passé des conditions mêmes de la vie économique et de son fonctionnement.

❧

* Cette étude a été publiée dans la *Revue d'histoire moderne et contemporaine*, tome XXV, 1978, pp. 3-60.

De l'or fut découvert au Brésil dans la dernière décennie du XVIIe siècle. Les conséquences en sont assez connues pour le pays lui-même. Un tourbillon de peuplement se produisit que la rumeur des richesses à prendre, à l'intérieur du continent, dans l'étendue de l'actuel état de Minas Gerais, aspira. Des hommes arrivèrent de la côte proche de Rio de Janeiro ; des hommes vinrent de Bahia et de Pernambouc, les maîtres blancs entraînant les esclaves noirs et désertant les plantations ; des hommes vinrent en droiture du Portugal, *Minhotos* rapidement convertis en *Emboabas*, et déjà aux prises avec les ouvriers de la première heure, les Paulistes. Contestations, conflits sanglants, guerre civile, les pionniers cédèrent le terrain et s'enfoncèrent plus avant dans les espaces du Cuiabá, du Goiás et du Mato Grosso, mettant au jour d'autres champs aurifères puis diamantifères. L'exploitation, peu à peu, acquit son organisation définitive avec ses brigades de travailleurs nègres occupés à l'extraction, au lavage et au sassement des roches et des alluvions. Voué naguère à la culture du sucre et du tabac, le Brésil fournit désormais et exporta, par priorité, du métal jaune en quantités croissantes. Une nouvelle période de son histoire s'était ouverte et se déroulait, un nouveau « cycle » dans la formulation de Lucio de Azevedo[1].

Les conséquences ne furent pas moindres dans la métropole. On ne saurait négliger ni l'opulence impromptue et exceptionnelle des rois du Portugal, ni l'exode des populations évoqué il y a un instant. Les souverains tirèrent du Brésil des revenus très considérables au titre du quint (cinquième des métaux extraits), des *donativos* ou dons fictivement gratuits (dont le plus célèbre, en 1729, aurait rapporté huit millions de cruzades), des droits sur les flottes, enfin. Ils s'en servirent pour déployer un faste extraordinaire tant dans les fêtes (mariages espagnols de 1729) que dans les constructions (palais de Mafra) ou de simples cadeaux, d'où leur réputation, d'ailleurs surestimée, d'être fabuleusement riches. Quant au départ des Portugais pour le Brésil, il prit une telle ampleur qu'il fallut l'entraver ou le limiter par voie d'autorité dès 1720. Mais plus importante fut l'intervention de l'or brésilien dans l'équilibre des échanges entre le Portugal et l'Europe. Il lui fut assigné le rôle, jadis imparti au sucre, de pallier le déficit traditionnel de la balance

---

1. J. Lucio de Azevedo, *Epocas de Portugal económicas. Esboços de história*, Lisbonne, 1929 ; vue d'ensemble du Brésil dans la première moitié du XVIIIe siècle, in C.R. Boxer, *The golden age of Brazil 1695-1750*, Londres, 1969.

commerciale. Il concourut, en réalité, à le maintenir, sinon à l'aggraver, par les facilités offertes et la propension développée d'acheter à l'étranger tout ce dont on avait besoin tant pour la métropole que pour la colonie.

Donc, l'or brésilien n'était pas au bout de sa course en rade lusitanienne. Il ne faisait bien souvent qu'y transiter, comme l'argent à Cadix. L'Angleterre était la nation la plus engagée dans le négoce portugais à cause d'une longue pratique renforcée par des traités et soutenue par sa capacité industrielle. Elle recevait la plus grosse part du métal jaune, mais la France, la Hollande, Hambourg en recueillaient aussi quelque chose et, quelquefois, par le même paquebot de Falmouth. Une fraction de cet or repartait en direction de l'Italie, de l'Allemagne, de la Russie, etc. De sorte qu'à la fin, l'Europe entière, dans ses circuits économiques, était tributaire des gisements des Minas Gerais[2].

Impressionnés, les historiens, très tôt et non sans raisons, ont vu dans l'or du Brésil un des grands personnages du XVIIIe siècle. Ils lui ont attribué notamment la reprise des activités communément associée à la hausse des prix qui s'amorce aux environs de 1730. Son arrivée aurait mis fin à la dépression engendrée par l'épuisement, auquel on a longtemps cru, des trésors de l'Amérique espagnole au XVIIe siècle. Dans le cadre d'une théorie quantitativiste monétaire de la vie économique, l'or du Brésil survient pour ainsi dire à point et s'incorpore merveilleusement. Mais même un auteur aussi peu suspect de complaisance à l'égard de ladite théorie que Vitorino Magalhães Godinho ne peut manquer de s'interroger sur les corrélations éventuelles entre les arrivages de l'or brésilien et les fluctuations cycliques en France au XVIIIe siècle esquissées par Labrousse, voire de rappeler la thèse de Sombart sur le métal jaune, origine de la Révolution industrielle en Angleterre[3].

Pour éclairer et pour préciser ces questions, il est évidemment souhaitable de mesurer le phénomène. Les données statistiques déjà

---

2.   V.M. Shillington et A.B. Wallis Chapman, *The commercial relations of England and Portugal*, Londres, 1907 ; H.E.S. Fischer, « Anglo-Portuguese trade 1700-1770 », *Economic history review*, 2ᵉ série, tome XVI, 1963, pp. 219-233. La propension des étrangers à confier leurs fonds au paquebot de Falmouth tenait sans doute à sa régularité et à l'exemption de visite dont il jouissait à l'instar des vaisseaux de guerre. Cf. *Description de la ville de Lisbonne*, 1730, p. 245.

3.   V. Magalhães-Godinho, « Le Portugal, flottes du sucre et flottes de l'or », *Annales E.S.C.* tome XVII, n° 2, 1950, pp. 184-197 et, plus particulièrement, 193-194.

publiées sont assez nombreuses : tableau du quint perçu sur les lieux d'extraction[4], relevé des frappes monétaires à Rio de Janeiro (1703-1810) et à Lisbonne (1752-1810)[5], collection des documents diplomatiques et consulaires se rapportant aux flottes de retour[6]. Nous voudrions y joindre les renseignements du même ordre que l'on peut tirer des gazettes hollandaises. Et proposer ensuite quelques recoupements et quelques réflexions sur les différentes séries constituées[7].

1. Etablissement des données

a. *Les gazettes*

L'attention prêtée aux cargaisons brésiliennes à partir de 1699 par les gazetiers des Provinces-Unies ne réclame pas de longues explications. Ils s'étaient intéressés épisodiquement auparavant aux flottes du sucre expédiées de Bahia. Cependant, elles ne les avaient pas retenus avec la force des convois espagnols de Terre-Ferme et du Mexique, riches, eux, à millions de métal argent[8]. Le premier lot d'or venu après la découverte des mines commença à changer cela. Si mince qu'il ait été, il faisait du retour de la flotte du Brésil un « événement » que l'on suivrait désormais avec curiosité en Europe pour savoir s'il se renouvellerait. Et comme les richesses transportées gonflèrent allègrement jusqu'à atteindre des niveaux très respectables, leur publication, entre 1712 et 1760, finit par se muer en routine.

---

4.   W.L. von Eschwege, *Pluto Brasiliensis. Eine Reihe von Abhandlungen über Brasiliens Gold-Diamanten- und anderen mineralischen Reichthum, über die Geschichte seiner Entdeckung, über das Vorkommen seiner Lägerställer*, Berlin, 1833, repris par Visconde de Carnaxide, *O Brasil na administração, pombalina*, São Paulo, 1940, et R. Simonsen, *História económica do Brasil 1500-1820*, São Paulo, 2ᵉ ed. 1957, Cf. aussi, *Report together with minutes of evidence and accounts from the Select committee on the high price of bullion*, Londres, 1810.

5.   Ad. Soetbeer, « Edelmetall-Produktion und Verhältnis, zwischen Gold und Silber seit der Entdeckung Amerika's bis zur Gegenwart », in *Petermann's Mitteilungen*, 57, Gotha, 1879, ou *Matériaux pour faciliter l'intelligence et l'examen des rapports économiques des métaux précieux et de la question monétaire*, Paris, 1889. Les frappes portugaises également dans T. de Aragão, *Descripção geral e histórica das moedas cunhadas em nome dos Reis, Regentes e Governadores de Portugal*, tome II, Lisbonne, 1877, et V. Magalhães Godinho, *Prix et monnaies au Portugal*, Paris, 1955.

6.   V. de Santarem, *Quadro elementar das relações políticas ou diplomáticas de Portugal com as diversas potências do mundo*, tome V, Paris, 1845 ; V. Magalhães Godinho, *art. cit.*, et F. Mauro, « Brasil », in *Dicionário de história de Portugal*, Lisbonne, 1963, tome I, pp. 626-627.

7.   Ce travail s'intègre dans une recherche plus générale des effets des métaux précieux sur la conjoncture.

8.   M. Morineau, « Gazettes hollandaises et trésors américains », *Anuario de historia económica y social*, 1969, pp. 289-361 et 1970, pp. 206-208.

Il existait une seconde cause à l'assiduité des gazetiers. L'information relative aux cargaisons brésiliennes était en effet, à l'ordinaire, aisément accessible. Dès que les flottes étaient en vue, des estimations de leur valeur circulaient à Lisbonne, sans doute apportées par les petits bateaux que l'on envoyait croiser à leur rencontre. Peu après, c'étaient des notes manuscrites, plus substantielles, rédigées par les capitaines des vaisseaux de retour, sinon une plus haute autorité, qui faisaient leur apparition. Enfin, le gouvernement royal, au bout d'un délai variable, autorisait souvent l'impression des manifestes officiels[9]. Tout le monde, sur place, pouvait se procurer ces documents, les recopier ou les dépêcher directement à l'adresse d'un correspondant étranger. Les gazetiers en avaient le service comme les marchands et les ministres. Il leur appartenait d'en assurer la diffusion dans le grand public.

Les notices des gazettes n'ont donc rien d'insolite en elles-mêmes. La nature de leurs origines garantit leur authenticité et favorise les contrôles. Elles s'apparentent de très près aux informations glissées dans les courriers consulaires. Parfois, elles se confondent avec elles. Parfois aussi elles en diffèrent : soit à cause d'une divergence à la source, soit à cause d'une transcription malencontreuse. Il y a ainsi possibilité de recoupement, éventuellement de rectification. En 1720, par exemple, le consul français a annoncé un chargement de 759 124 « onces » d'or. En fait, le terme portugais utilisé, mal traduit par lui mais conservé dans les gazettes hollandaises, était celui d'*oitavas*, c'est-à-dire de huitièmes d'once. Les statistiques sont sérieusement à redresser en conséquence[10].

La comparaison des deux séries révèle autre chose : l'existence, avérée par les gazettes, de flottes entières qui, pour n'avoir point laissé de traces ailleurs, ne sont pas entrées dans les computs. Tel est le cas de la flotte de Rio arrivée à Lisbonne les 2 et 3 octobre 1726 ; tel est le cas encore, l'année suivante, de la flotte de Bahia apparue à l'embouchure du Tage le 15 décembre. Ni l'une ni l'autre ne figurent dans les archives du consul français ; en outre, la note de l'or convoyé

9.   Fac-similé de la notice de la flotte de Bahia en 1758 dans C.R. Boxer, *The Portuguese seaborne Empire 1415-1825*, Londres, 1969, hors texte. Le consul français se procure une note du commandant de la flotte du Maragnon en 1750 (AN, Paris, Affaires étrangères, B I/680 lettre du 29 décembre). Il y avait une note particulière pour chaque vaisseau important (*Amirale, Capitane*, etc.) ; cf. *Europische Mercurius*, 1738, tome I, p. 70 à propos de la flotte de Rio de Janeiro arrivée le 28 novembre 1737.
10.   AN Paris, AE B I/663, lettre du 23 janvier 1720, *Gazette de France*, 1720, p. 113 ; *Europische Mercurius*, 1720.

par la flotte de Rio en 1727, que le consul avait transmise, a disparu. Les gazettes hollandaises fournissent des renseignements complets. L'adjonction des chiffres ignorés aux chiffres connus modifie sensiblement la physionomie des deux années en cause. Au lieu de se tenir entre 6 000 et 8 000 kg d'or, les arrivages atteignent respectivement 15 260 et 21 460 kg[11].

Preuve est faite, s'il en était besoin, du caractère fructueux d'une consultation des gazettes... Pour autant que l'on puisse en juger d'après les critères intrinsèques et par collation des versions, les notices hollandaises sont, en général, assez sûres et fidèles. Cela ne veut pas dire qu'elles soient toujours impeccables, et qu'il faille négliger les rapports consulaires. En réalité, les deux séries s'amendent et se soutiennent mutuellement. En 1748, retenus par une actualité plus immédiate et plus brûlante, les gazetiers ont carrément caviardé les flottes brésiliennes en ne publiant aucune de leurs correspondances portugaises. On les retrouve dans les dépêches du consul français. En 1751, la *Gazette d'Amsterdam* parle d'une manière évasive, à propos de la flotte de Pernambouc, d'«une grande quantité d'or». Le montant exact : 322 476 910 reis (soit 856 192 cruzades) est indiqué par le consul qui signale en même temps 1 500 000 piastres en argent apportées par les deux vaisseaux du Sacramento arrivés de concert[12].

Tout milite dans ces conditions pour une utilisation commune des informations tirées de l'une et de l'autre série : les 160 des gazettes et les 80 ou 90 des consuls. Bien qu'elle accroisse considérablement la masse de nos connaissances, la fusion en un seul corpus ne garantit pas l'exhaustivité. On est même certain que plusieurs cargaisons nous échappent totalement et, sans doute, irrémédiablement. En 1729 et en 1734, en particulier, à cause du *black out* hermétique abattu sur les nouvelles par le gouvernement portugais. On ne peut écarter non plus a priori l'éventualité d'une défaillance simultanée des gazettes et des consuls. La confection d'un tableau chronologique des informations sur les flottes va permettre d'en éprouver la représentativité[13].

11. AN Paris, AE B I/663 et 664 ; *Gazette d'Amsterdam*, 1726, n° 91 et 101 ; 1727, n° 16 ; 1728, n° 2 et 10 ; *Amsterdamsche Courant*, n° 155 ; *Oprechte Haarlemsche Courant*, 1727, n° 52 (mardi).

12. AN Paris, AE B I/679 pour 1748 ; *Gazette d'Amsterdam*, n° 65 et AN Paris, AE B I/680 pour 1751. Les papiers des marchands peuvent fournir des contre-épreuves. Charles Carrière et Marcel Courdurié m'ont signalé ceux du fonds Roux aux Archives de la Chambre de Commerce de Marseille. Qu'ils en soient vivement remerciés.

13. « A l'égard de l'or que la flotte de Pernambourc aporte dont votre Excellence me marque

b. *Les flottes*

Pour assurer les relations entre le Portugal et le Brésil, un système de convois multiples, géographiquement spécialisés, avait été mis en place en 1690. Il s'agissait de flottes de grandeur variable, 15 à 40 bâtiments marchands accompagnés par un ou plusieurs vaisseaux de guerre, affectées l'une au service de Rio, la seconde au service de Bahia, la troisième à celui de Pernambouc. D'autres, plus modestes, apparurent au XVIIIe siècle, destinées au Maragnon et à Gran Para. Des règlements précisaient à quelle date elles devaient appareiller, à quelle date elles devaient rentrer. A travers les changements de calendrier survenus de temps à autre – en 1714, en 1734, en 1754 – le principe subsista pour chacune d'accomplir sa volte, de Lisbonne à Lisbonne et à Porto, en un peu moins de douze mois. Le système dura jusqu'en 1765. Il introduisait dans les mouvements de la navigation une régularité théorique qui peut servir de pierre de touche à nos informations.

Reportons-nous à présent au tableau des retours tels que les documents les ont enregistrés. L'impression est satisfaisante à première vue. Très nombreuses, en effet, sont les années pour lesquelles le retour du Brésil est annoncé de trois ou quatre flottes, conformément au système, tantôt regroupées en une masse unique, comme à l'époque de la guerre de Succession d'Espagne et, tantôt, égrenées. Des ombres apparaissent pourtant. La périodicité des convois, excellente durant certaines séquences, semble, en d'autres, se dérégler, voire s'éclipser. Une année sur deux seulement est représentée entre 1704 et 1712. Il s'écoule près de deux ans entre la flotte de Rio en 1723 (10 mars) et la suivante en 1725 (20 février) ; près de vingt-sept mois entre la flotte de Bahia en 1741 (25 octobre) et la suivante en 1744 (18 janvier). Lacune des gazettes ? Ou ratés de la navigation ?

---

ne luy avoir mandé la quantité j'auray l'honneur de luy dire que l'on n'a pas pu jusqu'à présent de scavoir par les ordres que S.M. Portugaise a donnés depuis quelques tems pour empescher que la vraye quantité de l'or que les flottes apportoient ne vint à la connoissance du publicq, l'on n'a pas même sceu quelles qu'ont apporté les flottes de Rio de Janeiro et de la Bahia arrivez en dernier lieu dont j'ay eu l'honneur de parler à Votre Excellence par mes précédentes... » (AN Paris, AE B I/665 lettre du 3 janvier 1730). En 1734, le consul ne parviendra à connaître que le montant du quint royal. La vérification est scindée en deux opérations : (a) contrôle du nombre des retours connus par confrontation avec le mouvement théorique de la navigation ; (b) contrôle du nombre des cargaisons connues par rapport au nombre des retours.

Le système des flottes était fragile. Un retard était vite pris, qui compromettait l'annualité des retours. Le pire n'était pas celui qu'infligeait la mer, mais celui que les hommes imposaient d'eux-mêmes : les négociants parce qu'ils réclamaient un délai pour le chargement, les capitaines parce qu'ils cherchaient à être maîtres des dates des départs, en dépit des prescriptions, le gouvernement parce que ses vaisseaux d'escorte n'étaient pas prêts ou qu'il craignait l'hostilité d'une puissance ennemie. D'après les règlements, la flotte de Rio aurait dû partir de Lisbonne en novembre, à la mi-décembre ou en janvier. Or, bien souvent, elle ne sortit du Tage qu'en avril ou en mai. Les mois perdus ne se rattrapaient pas, mais, bien au contraire, contribuaient à casser le rythme, à espacer les retours et finalement à escamoter une flotte ou deux.

On suit assez bien le processus de certains dérèglements. La flotte de Rio qui arriva le 12 février 1725 à Lisbonne avait mis dix-sept mois à boucler sa volte ; celle de Bahia qui arriva le 18 janvier 1744 était partie du Portugal le 10 juillet 1742 et avait été obligée de stationner six mois de plus qu'à l'accoutumée au Brésil pour ne pas revenir à vide. Une menace espagnole amena la suppression du retour de Rio en 1736. Les retards successifs réduisirent à six sur une période de huit ans (1718-1725) le nombre des flottes de Bahia, à six sur une période de neuf ans (1738-1746) le nombre des flottes de Pernambouc.

Ce qui s'est passé durant la guerre de Succession d'Espagne se lit plus mal. Le climat général ne prédisposait pas à la régularité de la navigation. Quelques indices font croire à l'absence effective de retours globaux en 1705, peut-être en 1707, en 1711. On peut conserver un doute au sujet d'un convoi ou deux et, surtout, soupçonner une affluence de vaisseaux détachés plus grande que perçue. Un autre cas litigieux se présente en 1722 à propos d'une flotte de Rio. Il est possible encore que des flottilles du Maragnon et de Gran Para aient été parfois oubliées[14].

---

14. Les indices sont fournis par les nouvelles rapportées du Brésil de l'état de chargement des flottes, par les avis d'attente à Lisbonne et par divers recoupements : ainsi, le fait que les galions espagnols saisis à Rio dans l'été 1704 n'aient fait retour en Europe qu'en 1706 avec la flotte partie en décembre 1705 milite pour entériner l'inexistence d'un autre convoi en 1705 ; le raid de Duguay-Trouin sur Rio en septembre 1710 explique l'absence de flotte en 1711. Il y a, bien entendu, une marge de flottement dans la valeur probante de ces indices.

Tableau 14. *Retours des flottes du Brésil connus d'après les gazettes et les consuls*

année	Rio de Janeiro			Bahia			Pernambouc et autres			
1699	F	16	sept.	F	24	oct.	F	18	sept.	(P)
1700	F	2	nov.	F	28	sept.	F	28	sept.	(P)
1701	F		nov.	F		nov.	F		nov.	(P)
1702										
1703	F		févr.	F		févr.	F		févr.	(P)
1704	F		début janv.	F	17	janv.				
1705										
1706	F	25	mai	F	23	mai	F	23	mai	(P)
1707										
1708	F	26	oct.	F	26	oct.	F	26	oct.	(P)
1709										
1710	F	4	oct.	F	4	oct.	F	4	oct.	(P)
1711										
1712	F	20	oct.	F	20	oct.	F	20	oct.	(P)
1713	F	28	déc.	F		mai et 28 déc.	F	28	déc.	(P)
1714	F	23	oct.	F	23	oct.	F	16	oct.	(P)
1715	F	29	oct.	F	29	oct.	F	29	oct.	(P)
1716	F	28	nov.	F	25	oct.	F	28	nov.	(P)
1717				F	25	nov.	F	25	nov.	(P)
1718	F	21	juil.	F	30	nov.	F	6/8	déc.	(P)
1719	F	24	oct.	V	16	mars				
1720	F	30	oct.	F		janv.	V		janv.	(P)
							F		août	(P)
1721				F	21	août	F	21	août	(P)
1722	F		printemps ???	F		déc.	F	28	juil.	(P)
1723	F	10	mars				F	3	août	(St. G.)
1724				F	1er	mars et	F	5/25	févr.	(P)
				V	11	juil.	F		déc.	(M)
1725	F	12	févr.	F	2	oct.	F	30	nov.	(P)
	V	22	sept.				F	20	déc.	(St. G.)
1726	F	15	oct.	F	19	nov.	F	15	oct.	(M)
1727	F	25/30	nov.	F	15	déc.	F	17	janv.	(P)
1728	F	19	nov.				F	3	juin	(P)
1729	F	19	·nov.	F	5	janv. et	F	5	oct.	(P)
				F	29	déc.				
1730	F	10	oct.	F	2	déc.	F		déc.	(M)
1731	F	4	déc.				F	6/7	avr.	(P)
1732				F	22	févr.	F	26	juil.	(P)
1733	F	2/3	avr.	V	21	avr.	F	3	oct.	(P)
1734	F	27	août	F	9	mars	V	7	déc.	(P)
1735	F	23	sept.	F	12	oct.	F	20	nov.	(P)
1736				F	24	nov.	F	7	août	(P)
1737	F	28	nov.	V	4	nov.	F	28	nov.	(N.C.)
1738				V	11	févr.	F	30	janv.	(M)
				F	17	oct.	F	10	juil.	(P)
							F	8/9	déc.	(M)

Tableau 14. *Retours des flottes du Brésil* (suite)

année	Rio de Janeiro			Bahia			Pernambouc et autres		
1739	F	14	mai	V	3	août	F	11/12	déc.	(M)
1740	F	26	août	F	15	févr./1ᵉʳ mars	F	4	avr.	(P)
1741	F	25	oct.	F	6	avr.	F	17	janv.	(M)
				F	25	oct.	F	27	nov.	
							F	30	déc.	(P)
1742	V	20	nov.							
	F	10	déc.							
1743	F	15	déc.	V	26	févr.	F	14	janv.	(M) et
							F	30	juil.	(P)
1744	V	24	nov.	F	18	janv.	F	17	févr.	(M)
1745	F	7	mars	F	7	sept.	F	5	janv.	(P)
							F	23	févr.	(M)
1746	F	18	janv.				F	5	avr.	(M)
	V	1ᵉʳ	déc.				F	31	juil.	(P)
1747	F	23	janv.	F	24	janv.	F	22	sept.	(P)
	V	7	nov.				F	19	déc.	(Macao)
1748	F	6	mars	F	5	nov.	F	6	févr.	(M)
1749	F	24	juin	V	29	oct.	F	21	juil.	(P)
							F	20	août	(M)
							V	18	nov.	(N.C.)
1750	V	13	juil.	F	6	juil.	F	12	déc.	(M)
	F	27	juil.							
1751	F	24	août				F	7	juil.	(P. et N.C.)
1752				F	25	avr.	V	15	févr.	(M)
							F	19	sept.	(P)
1753	F	10/12	janv.	V	7	juin				
				F	7	sept.				
1754	V	21	févr.	V	11	mai	F	16	sept.	(P)
	F	11	mai	F	18	oct.				
1755	F	3	sept.	F	10	sept.	F	24	juil.	(P)
1756	V	4	mai				F	fin	déc.	(N.C.)
	F	10	nov.							
1757	V	18	janv.							
	F	20	déc.							
1758	V	26	juil.	F	25	mars	F	5	mars	(M)
1759	F	6	nov.	F	6	nov.	F	14	nov.	(P)
1760										
1761	F	25	juin	F	25	juin	F	3/19	mai	(P)
1762				F	18	janv.	F	18	janv.	(M)
1763	F	2/9	août	V	8	mai				
				V	2	août				
				F	2/9	août				
1764	V	21	avr.	F	23	oct.	F	23	oct.	(P)
	V	23	oct.							
	V	18	déc.							

Tableau 14. *Retours des flottes du Brésil* (suite)

année	Rio de Janeiro	Bahia	Pernambouc et autres
1765	V 28 août	V 20 août	F janv. (M)
			V 20 août (P)
			V 15 oct. (P)
			V fin oct. (M)
1766	F 25 févr.	F 9 déc.	
1767	V 28 oct.		
1768	V févr.	V 19 juil.	12 janv. (M)
	V 19 juil.		V 18 juil.
1769	V 22 févr.	V 16 mars	V 2 mai (V) 7 juil.
	V 7 juil.	V 29 août	V 29 août (P. et Pa)
	V 24 oct.		V 24 oct. (P. et Pa)
1770	V 29 mai		V 27 nov. (P)
	V 13 oct.		
1771	F 23 avr.	V 7 mai	V 7 mai (P)
	V 7 mai		
	V 25 juin		
1772	V 24 mai	V 24 mai	V 24 mai (P. et Pa)
	V 9 juin	F 7 déc.	V déc. (P. et Pa)
	V déc.	V déc.	
1773	V 22 juin		
1774	V 27 août		V fin janv. (P, M. et Pa)
1775	V 25 juil.	V 22 mai	V 7 mars (P)
1776	V 20 avr.		
1777			
1778	V 19 janv.		
	V 25 août		
1779	V 21 août		
1780	V 21 janv.		
	19 juil.		
1781	V 8 sept.		
	V 12 oct.		
1782	V 15 août		
	V 26 nov.		
1783	V 1ᵉʳ oct.		
1786	V 23 déc.	F 26	oct.

F = Flotte ; V = Vaisseaux détachés ; P = Pernambouc ; St. G. = Saint Gabriel ;
N-C = Nouvelle Colonie ; M = Maragnon ; Pa = Para.

Mais l'ensemble des notices demeure solide. L'enregistrement des flottes dans nos documents est fidèle, singulièrement pour les grandes, celles de l'or : en dehors des années ci-dessus mentionnées, il n'y a pas de découverte à attendre. Il ne semble pas non plus qu'aucun vaisseau du Roi important ait été omis à l'époque où l'on prit l'habitude d'y recourir, entre deux convois, pour rapatrier les quints et quelque peu des trésors des particuliers. Cette sécurité couvre le siècle jusqu'en 1759.

Elle s'estompe ensuite. Le gouvernement portugais eut tendance à entourer ses affaires de secret. D'autre part, la liberté de navigation progressivement accordée aux nationaux après le décret du 10 septembre 1765 et devenant totale en 1785 désorienta les gazetiers. Ils réussirent encore tant bien que mal à « couvrir » le commerce brésilien jusqu'en 1769 ou 1772. Mais le nombre des retours se multiplia, ne concernant à chaque fois qu'un nombre restreint de bâtiments et un chargement d'intérêt plus menu. De manière compréhensible, les nouvelles prirent un tour discontinu, se raréfièrent, puis s'interrompirent avec l'entrée à Lisbonne du vaisseau de guerre le *Juda* le 23 décembre 1786.

c. *Les chargements d'or*

Les lacunes du tableau des flottes réapparaissent évidemment dans le tableau des cargaisons. Il y en a malheureusement quelques autres. La mention d'un retour n'est pas toujours accompagnée de la notice précise de son chargement. Trois ou quatre fois les gazettes ont expédié prestement les flottes de Pernambouc : « ...charge moins importante que les années précédentes (1718)... un peu d'or en poudre et monnayé (1728)... etc. ». Ces formules vagues exposent à une sous-comptabilisation dont on peut dire, néanmoins, qu'elle reste médiocre, de l'ordre du million ou du million et demi de cruzades (chiffre assez commun pour Pernambouc). Les sommes introduites éventuellement par les *Indiamen* de Macao et de Goa ayant fait escale au Brésil, rarement signalées, ne sauraient être plus perturbantes ni même celles des vaisseaux de licence isolés qui nous échappent[15]. L'occultation devient fâcheuse lorsqu'elle atteint une flotte de Bahia, une flotte de Rio ou, pis, tous les retours du Brésil

---

15. Gros chargements d'or, toutefois, sur le vaisseau de Macao, capitaine Fereira, en 1728 (650 000 cruzades) et ceux de Goa en 1742 (1 900 000 cruzades). Mais rien à bord du vaisseau de Goa en 1731, de ceux de Macao en 1745 et 1747... Parfois, un peu d'or africain (20 000 *serafim*) sur le vaisseau de Goa en 1738 (*Gazette d'Amsterdam*, 1728, n° 62 ; AN Paris, AE B I/665, 671 et 672).

dans une même année comme en 1710. Ce silence auquel on se heurte en 1729, en 1734, peut-être aussi en 1753 à propos du vaisseau de guerre qui ramenait les *quintos,* répondait, on l'a déjà dit, à une intention du gouvernement portugais. Tous ces défauts, certes regrettables, n'interdisent pas la reconstruction d'une série statistique.

La récapitulation ci-dessous est limitée à l'or-métal. On a donc pris soin de l'isoler dans les cargaisons et de ne pas se laisser éblouir à l'occasion par les diamants dont la valeur est donnée parfois conjointement en cruzades. L'on s'est abstenu également ici, dans l'immédiat, de calculer un équivalent-or pour les piastres d'argent, abondantes épisodiquement. Le moment venu, on retrouvera les uns et les autres et le reste des marchandises pour une meilleure appréciation des flottes et de leurs « trésors ».

Les quantités d'or sont exprimées de plusieurs manières dans les notices. En monnaie de compte pure : les reis ; en monnaie de compte réelle : les cruzades de 400 reis ; en monnaies réelles : les *moedas,* pièces frappées au Brésil, d'une valeur de 4 800 reis ; en monnaies étrangères : le consul français transcrivit souvent les manifestes en livres-tournois ; les gazettes, quoique rarement, en florins, pesos ou livres sterling ; en unités de poids : *oitavas,* marcs, arobes portugaises (de 32 livres et non de 25 comme on le lit quelquefois dans les gazettes) ; en unités conventionnelles, enfin, malheureusement instables : les coffres d'or dont le contenu valut 400 000 cruzades en 1743, 500 000 en 1764, 800 000 en 1766 et 600 000 en 1771. Un manifeste peut mêler les références : la « liste exacte » de la flotte de Pernambouc arrivée à Lisbonne le 28 juillet 1722 comprend 66 577 pièces (entendez des *moedas*), 43 162 *oitavas* en provenance de Bahia (or en poudre ?) et 800 000 cruzades de Pernambouc même[16].

L'unification des données a été obtenue par une double conversion. On a d'abord ramené tous les lots à leur expression monétaire, en cruzades, afin d'obtenir une sommation pour chaque flotte. Pour ce faire, l'octave d'or a été évaluée à 3,92 cruzades, le marc à 250 et l'arobe à 16 000 en se fondant d'une part sur le poids de la pièce (0,871 g), d'autre part sur l'admission d'une identité de titre entre l'or brut et la monnaie (917/1 000), ce qui avait été déjà, autrefois, le principe suivi par Soetbeer. Ces équivalences comportent sans doute

---

16. *Gazette d'Amsterdam,* 1722, n° 13.

une part d'arbitraire : d'après Antonil, au début du XVIIIe siècle, le cours de l'arobe d'or n'était pas le même à Rio et à Bahia et selon qu'elle avait été quintée ou non ; Eschwege faisait état, quant à lui, de variations du prix de l'octave dans le temps. Dans ce domaine délicat, le mieux aurait été l'ennemi du bien, ce pourquoi une définition unique, systématique a été retenue. Par la seconde conversion, l'on a calculé le poids d'or pur transporté, d'après la quantité théoriquement contenue dans une cruzade (0,817 g). A titre indicatif, disons que le kilo d'or pur aurait valu 1 225 cruzades[17].

D'après leur origine, on le sait, les notices revêtent des formes différentes. Un manifeste présente toujours beaucoup de minutie ; une estimation comporte fréquemment des chiffres arrondis. Cet aspect extérieur a peu d'importance en soi. Par contre, un véritable problème se pose lorsque plusieurs notices entrent en concurrence pour la même cargaison. Quelques règles simples ont été adoptées pour le résoudre.

Lorsque le manifeste officiel figure parmi les notices, son chiffre a été adopté comme plancher pour l'évaluation des trésors. Lorsqu'il n'existe pas, on s'est rabattu, à sa place, sur la notice qui, de par sa structure, en paraissait la plus proche. Et, à défaut encore, sur la dernière notice rédigée dont on a supposé, à moins qu'elle n'apparaisse à l'évidence déformée, qu'elle avait bénéficié des ultimes mises au point officielles et officieuses. Les estimations plus basses ont été, en conséquence, dans tous les cas écartées.

Les estimations plus élevées appellent une attention accrue. Certaines, aventureuses ou aventurées, s'éliminent presque *ipso facto* : ainsi des rumeurs prématurées que dissipe, au fil des gazettes, l'arrivée de meilleures informations. Mais d'autres ne peuvent être

17. A. J. Antonil, *Cultura e opulência do Brasil por suas drogas e minas*, (Andrée Mansuy éd.), Paris, 1968, p. 359 : l'arobe d'or non quintée valait 13 312 cruzades à Rio, 14 336 à Bahia ; l'arobe d'or quintée valait 15 360 cruzades à Rio, 16 384 à Bahia. D'après W. L. von Eschwege, *op. cit.*, l'octave d'or aurait valu 1 500 reis jusqu'en 1725, 1 200 jusqu'en 1730, 1 320 jusqu'en 1732, 1 200 jusqu'en 1735 et de nouveau après 1751, ayant entre-temps eu un cours flottant. Les chiffres d'Eschwege semblent exagérément bas : d'après le comput que nous avons retenu, l'octave d'or valait 1 568 reis. Les notices donnent des évaluations qui oscillent entre 3,75 cruzades (1 500 reis) en 1754 et 3,92 (1 568 reis) en 1734. Légalement « l'or en barres (22 carats) a valu 96 000 reis le marc (= *1 500 reis l'octave*), et monnayé 102 400 (= *1 600 reis l'octave*) (V. Magalhães Godinho, *op. cit.*, p. 206). Equivalences des monnaies étrangères : 1 cruzade = 1/2 piastre espagnole, 2 1/2 livres-tournois, 1 1/4 florin hollandais ; 1 livre sterling = 9 cruzades. Ces équivalences se trouvent dans les documents. Elles ne sont peut-être pas très raffinées mais suffisent pour un calcul de masse.

réduites de cette manière. Elles éveillent l'idée d'un dépassement effectif du chiffre du manifeste, fort possible au demeurant tant à cause des lacunes et des négligences de l'enregistrement que de fraudes avérées dont on aurait du coup, en quelque sorte, et le symptôme et la mesure. Les estimations plus élevées ayant résisté au tri critique ont donc servi à la définition d'une fourchette. Ce parti paraît légitime en raison d'une réputation diffuse de dissimulation qui s'attache aux transferts des métaux précieux. Mais il lui est arrivé de recevoir une justification beaucoup plus précise. Témoin la flotte de Bahia qui arriva à Lisbonne le 28 février 1732. D'après l'estimation rapportée par l'*Europische Mercurius*, elle aurait embarqué sans contrôle 200 arobes d'or, ce qui représentait deux fois la valeur de l'or enregistré (3 200 000 cruzades contre 1 540 000). Informé lui aussi et conscient de la perte de ses droits, le gouvernement portugais fit garder sévèrement la plage et publier au son du tambour qu'un délai de huit jours était accordé aux contrevenants pour se mettre en règle et acquitter le *quinto*. La fouille des vaisseaux permit de découvrir 160 arobes d'or clandestin. Comme il dut, malgré tout, en échapper aux investigateurs, les trois tonnes annoncées de prime jet sont des plus probables. On serait enclin à croire que cette conclusion s'applique aussi à d'autres cas du même genre et que la branche supérieure de la fourchette aurait quelque chance ainsi d'être près de la vérité[18].

Quelques extrapolations ont trouvé place dans le tableau récapitulatif. Elles n'offraient guère de difficultés en ce qui concerne la flotte de Bahia en 1734. Les notices indiquaient le montant du quint royal : on s'est donc contenté d'y appliquer le coefficient correspondant aux taux de prélèvement. Le seul risque est que le total sous-évalue l'ensemble de la cargaison dans la même proportion que le quint le fait pour la production. Le procédé ne convient pas, malheureusement, pour les époques tardives, parce que les droits du Roi étaient parfois cumulés au Brésil sur plusieurs années avant d'être transférés au Portugal. D'où également l'impossibilité de proposer pour les vaisseaux dits du Quinto en 1758 et 1778 autre chose qu'un chiffre arbitraire. Quant aux flottes dont on avait la mention, mais non le chargement, on leur a attribué la valeur

---

18. Le chiffre le plus élevé ne doit pas, cependant, être retenu automatiquement : chaque flotte pose un cas d'espèce et, parfois, l'on souhaiterait recevoir un supplément d'information.

moyenne des flottes de même origine dans les cinq années précédentes.

On espère fournir de la sorte un tableau assez représentatif des arrivages de l'or brésilien en Europe, malgré d'inévitables imperfections. Sa validité est surtout grande pour la période 1712-1760, ce que laissait prévoir la liste des flottes repérées. Les chiffres postérieurs à 1770 ne représentent guère plus que des fragments : il faudra faire appel à d'autres documents pour rendre aux transferts qui se poursuivaient ampleur et homogénéité[19].

Tableau 15. *Arrivages de l'or brésilien**

année	valeur en cruzades	poids en kg d'or pur
1699	350 000 (min) 800 000 (max)	292 (min) 719 (max)
1700	962 000	786
1701	1 628 000 (min) 2 442 000 (max)	1 330 (min) 1 995 (max)
1702	—	—
1703	1 560 000 (min) 3 200 000 (max)	1 274 (min) 2 614 (max)
1704	?	?
1705	—	—
1706	(4 000 000 ?)	(3 268 ?)
1707	—	—
1708	12 000 000 (min) 16 000 000 (max)	9 804 (min) 13 072 (max)
1709	—	—
1710	?	?
1711	—	—
1712	16 000 000	13 072
1713	13 203 384 (min) 18 203 384 (max)	10 787 (min) 14 873 (max)
1714	6 500 000	5 310
1715	13 000 000	10 620
1716	(6 010 733)	4 911
1717	2 000 424	1 736
1718	8 212 552 (min) 9 852 552 (max)	6 709 (min) 8 049 (max)
1719	10 659 000	8 708
1720	11 368 094	9 288
1721	4 632 573	3 785

* Les sommes placées entre parenthèses sont celles qui ont fait l'objet d'une restitution par estime. L'extrapolation ne porte jamais sur la totalité des flottes mais seulement sur l'une d'entre elles (ordinairement celle de Pernambouc) ou sur plusieurs. La ventilation donnée plus loin permettra le contrôle. En 1729, le trésor rapporté par la première flotte arrivée de Bahia (le 7 janvier) est connu : 3 millions de cruzades (*Gazette d'Amsterdam*, n° 21, 1729).

19. Cf. quelques chiffres dans Dauril Alden, *Royal government in colonial Brazil*, Berkeley, Los Angeles, 1968, concernant les embarquements dans la colonie. Voir également ce que l'on peut tirer des frappes monétaires de Rio et de Lisbonne.

Tableau 15. *Arrivages de l'or brésilien* (suite)

année	valeur en cruzades	poids en kg d'or pur
1722	7 229 976	5 907
1723	5 812 000	4 748
1724	9 000 000	7 353
1725	31 540 000	25 768
1726	16 500 000	13 480
1727	22 200 000	18 137
1728	(9 650 000)	(7 684)
1729	(23 500 000)	(19 199)
1730	21 000 000	17 057
1731	32 837 144	26 828
1732	(5 612 000)	(4 585)
1733	11 399 695 (min) 15 800 000 (max)	9 314 (min) 13 725 (max)
1734	(27 498 546)	(22 466)
1735	7 372 679	6 023
1736	8 000 000	6 536
1737	20 709 888	16 920
1738	12 500 000	10 212
1739	20 600 000	16 830
1740	18 890 395	15 434
1741	24 755 000	20 224
1742	14 420 000 (min) 18 400 000 (max)	11 781 (min) 15 032 (max)
1743	14 514 194	11 858
1744	5 772 819	4 716
1745	14 029 136	11 543
1746	13 816 100	11 288
1747	15 324 884	12 520
1748	15 464 611	12 635
1749	17 007 352	13 895
1750	20 837 998	17 025
1751	13 646 192	11 149
1752	3 027 825	5 147
1753	16 394 193 (min) 18 353 200 (max)	13 594 (min) 14 995 (max)
1754	12 639 225	10 326
1755	12 403 511	10 133
1756	16 000 000	13 072
1757	13 339 737	10 898
1758	(2 965 682)	(2 422)
1759	16 500 000	13 480
1760	?	?
1761	10 000 000	8 170
1762	4 000 000	3 268
1763	21 000 000	17 157
1764	9 800 000 (min) 11 900 000 (max)	8 007 (min) 9 722 (max)
1765	3 000 000	2 451
1766	11 100 000 (min) 14 400 000 (max)	9 069 (min) 11 765 (max)
1767	12 000 000	9 804
1768	2 000 000	1 634

Tableau 15. *Arrivages de l'or brésilien* (suite)

année	valeur en cruzades	poids en kg d'or pur
1769	9 420 000	7 696
1770	7 000 000	5 719
1771	3 000 000	2 451
1772	13 500 000	11 030
1773	6 500 000	5 310
1774	?	?
1775	—	—
1776	8 000 000 (min) 22 000 000 (max)	6 536 (min) 18 138 (max)
1777	?	?
1778	23 400 000	18 382
1779	6 000 000	4 902
1780	4 900 000	4 003
1781	4 200 000	?
1782	7 000 000	5 719
1783	9 000 000	7 353
1786	5 000 000	4 770
1788	3 000 000	2 451

2. Examen des données

a. Recoupements : productions, monnayage, statistiques

Une comparaison de cette récapitulation avec le relevé précédent le plus récent – celui de V. Magalhães Godinho – montre de nombreuses coïncidences, fruits de l'harmonie entre les renseignements des consuls et ceux des gazetiers, et des divergences. Celles-ci reçoivent plusieurs explications :

– divergences formelles : un exemple est fourni par la flotte arrivée le 28 décembre 1713 que la correspondance du consul a déplacée involontairement en 1714 ;

– divergences résultant des compléments apportés par les gazettes : en 1724, 1726, 1727, 1730, etc. (convois ignorés par les consuls) ;

– divergences résultant d'une discordance des informations au sujet d'une même flotte : la mauvaise traduction du mot *oitava* en 1720 en donne une idée ; la notice de la flotte de Rio, qui arriva le 4 décembre 1731, insérée dans la *Gazette d'Amsterdam*, et qui a la structure d'un manifeste, double et au-delà le chiffre annoncé par le consul[20].

20. Flotte de Rio (1731). Voici à titre d'exemple les informations recueillies à son sujet :
a. Correspondance consulaire (AN Paris, AE B I/665) – Lisbonne, 20 novembre :

La prise en charge de redressements fait subir à la courbe d'ensemble un remodelage assez profond. Le démarrage s'opère, néanmoins, de manière semblable, bien que le chiffre de 1708 suggère une plus grande précocité[21]. Le sommet des années 1712-1715 se retrouve encore. Mais la décennie suivante témoigne de lourdeur avec l'écrétage du retour de 1720 (10 625 kg contre 25 000 titre pour titre) et la médiocrité de 1721, 1722, 1723 et 1724. Changements notables ensuite : les résultats de 1725 et des années suivantes obligent à placer à ce moment un second démarrage de l'or brésilien. L'extrapolation à laquelle on a dû procéder pour l'année 1729 rend peut-être cet essor plus brillant, mais, à coup sûr, elle ne le fausse pas. Il est vraisemblable, même, que l'exportation du métal précieux atteignit son zénith durant ce lustre (1726-1730) ou le suivant, le record absolu revenant apparemment à l'année 1731. Jusqu'en 1750 environ, avec des ondulations mineures, les chargements se maintinrent à un très bon niveau. Le déclin qui s'installa aux environs de 1760, rapidement prononcé, semble indiscutable, quelles que soient les incertitudes auxquelles livrent les réticences du

arrivée d'un vaisseau de licence en provenance du Brésil avec 100 000 cruzades en diamants. Il apporte l'annonce du chargement à bord de la flotte de Rio d'une valeur de 5 millions de diamants. Lisbonne, 11 décembre : arrivée le samedi précédent de la flotte de Rio. Première indication de chargement : 40 000 cuirs en poils, 4 à 5 000 caisses de sucre, 12 millions de cruzades en or dont trois pour le Roi, 4 millions de cruzades en diamants. Lisbonne, 17 décembre : rectification de la charge précédente : 11 millions en or dont 3,6 pour le Roi et le reste pour les particuliers. « Quant aux diamants, il y en a le poids d'environ 8 000 octavos d'enregistrés qui peuvent valoir à ce que m'a dit une personne par les mains de laquelle ils sont tous passés au Rio de Janeiro trois millions de cruzades ».

b. *Gazette d'Amsterdam*, n°s 1 et 2. 1732 : « Lisbonne, 8 et 15 décembre 1731 : arrivée le 8 décembre de la flotte de Rio, composée de 2 vaisseaux de guerre et de 10 marchands. Elle portait 4 000 caisses de sucre, 40 à 50 000 cuirs, des diamants et plus de 20 millions de cruzades. Liste de l'or et des autres effets :

Pour le Roi
148 arobes 37 marcs 38 onces 17 grains en or brut
1 118 697 cruzades en or monnayé
102 000 cruzades confisquées aux obituaires
1 boîte de diamants

Pour les particuliers
220 arobes d'or non monnayé
24 117 697 cruzades d'or monnayé
40 000 cuirs de Buenos-Aires
4 000 caisses de sucre.

Cette quantité d'or est la plus grande que jamais aucune Flotte ait apportée dans le royaume ».

21.   Cela reste vrai même si l'on considère que la flotte de 1708 a rapporté les trésors de plusieurs années d'extraction.

gouvernement portugais à publier les manifestes.[22]. On se fera une image assez claire du mouvement global en regroupant les arrivages par périodes quinquennales.

Tableau 16. *Cargaisons d'or brésilien par périodes quinquennales*

période	total en kg d'or pur	moyenne annuelle en kg d'or pur
1711-1715	39 789 (min) - 43 875 (max)	7 958 (min) - 8 775 (max)
1716-1720	31 352 (min) - 32 692 (max)	6 270 (min) - 6 538 (max)
1721-1725	47 561	9 512
1726-1730	75 757	15 151
1731-1735	74 127	14 825
1736-1740	65 932	13 186
1741-1745	60 122 (min) - 63 373 (max)	12 024 (min) - 12 674 (max)
1746-1750	67 363	13 472
1751-1755	50 149 (min) - 51 750 (max)	10 029 (min) - 10 350 (max)
1756-1760	39 872	7 974
1761-1765	39 045 (min) - 40 760 (max)	7 809 (min) - 8 153 (max)
1766-1770	28 203 (min) - 30 899 (max)	5 640 (min) - 6 179 (max)

On avait espéré qu'une confrontation entre les chiffres des cargaisons et les chiffres de la production, déduits de la perception du *quinto* serait fructueuse. Cela fut un demi-désappointement. Le relevé d'Eschwege, en dépit de la qualification du Directeur Général des Mines du Brésil, manque de solidité. Déjà le prouve la comparaison entre ses chiffres de production et le monnayage de l'Hôtel de Rio de 1703 à 1713 : il aurait été frappé dix fois plus de métal qu'il n'en aurait été quinté ! Parler d'un véritable *quinto* à propos des droits perçus relève d'ailleurs souvent d'un abus de langage : à l'origine,

22. En 1760 et 1761, la correspondance de Lisbonne dans les gazettes signale surtout les jésuites expulsés du Brésil. Mais, nous dit-on aussi, la Cour attendait avec impatience en 1762 la flotte de Rio, présumée « fort riche, S.M. n'aiant pas reçu *depuis deux ans* les Quintos ou Revenus du Brésil ». Cette flotte n'arriva finalement que le 16 août 1763 (*Gazette d'Amsterdam*, 1760, n° 57 et 91 ; 1761, n° 4, 6, 39, 48, 54 et 55 ; 1762, n° 71 et 80 ; 1763, n° 65, 72, 74 et 76 ; *Nouvelles de Leyde*, 1763, n° 45, 67 et 68). En fait, la correspondance diplomatique anglaise (lettre de Hay à Halifax datée du 29 juin 1761) révèle un retour du Brésil à Lisbonne, le 25 juin 1761, avec un trésor de 10 millions de cruzades en or et de 2 millions de piastres en argent (A. Christelow, « Great Britain and the trade from Cadiz and Lisbon to Spanish America and Brazil 1759-1783 », *Hispanic American historical review*, tome XXVII, 1947, p. 5). Le professeur F. Braudel devait nous faire connaître, en outre, les papiers du consul de Russie au Portugal, d'après les notes qu'il avait prises lui-même aux archives de l'Etat à Moscou. Nous l'en remercions très vivement. Ces papiers ont fourni de précieux renseignements pour les années 1776-1788.

l'on percevait un forfait d'une *oitava* par batée ; de 1714 à 1725, ce fut une taxe conventionnelle dont la proportion par rapport à la masse d'or extraite reste à établir ; de 1725 à 1736, le taux de prélèvement oscilla entre 12 et 20 % ; de 1736 à 1751, faute précisément de pouvoir étreindre tout le métal produit, le gouvernement changea les bases de la fiscalité, et, avec la capitation, préféra tabler sur le nombre des habitants. Enfin, les comptes officiels retrouvés pour la période 1726-1736 portent le montant annuel du quint dans le Minas Gerais à 1 000 arobes et non 500 comme l'a avancé Eschwege[23].

Un tableau comparatif éclaire surtout, finalement, sur l'évolution de la pression fiscale. Le *quinto* n'aurait eu qu'un caractère symbolique jusqu'en 1713, touchant à peine un trentième ou un quarantième des cargaisons. Un progrès fut incontestablement réalisé avec la négociation de la taxe en 1714, mais cela ne dément pas les propos du gouverneur Antonio d'Albuquerque sur une dissimulation des trois cinquièmes de l'or. L'installation des fonderies et d'une Monnaie sur les lieux de production assujettit plus étroitement les mineurs : la moitié des chargements des flottes aurait pu être quintée au Minas Gerais entre 1726 et 1735 – si ce ne sont les quatre cinquièmes. Le rendement fiscal de la capitation, introduite en 1736, équivaut au quint des deux tiers de la production. Une égalisation s'amorça dans les années suivantes et semble avoir été durable, corroborée par celle de la production, estimée d'après le quint (dont la documentation est nettement meilleure à partir de 1751) et du volume des frappes monétaires à Rio et à Lisbonne.

Soetbeer s'était servi d'un autre procédé pour calculer la production de l'or au Brésil. Il avait additionné le montant des frappes monétaires dans les Hôtels de Rio et de Lisbonne dont il possédait le relevé depuis 1703 pour le premier, depuis 1752 pour le second. Au vu des cargaisons, l'assimilation entre monnayage et production pécherait par défaut avant 1751, nonobstant l'extrapolation opérée pour restituer l'activité de Lisbonne depuis 1703. Mais le rapprochement, intéressant, appelle une plus longue analyse[24].

---

23.   F.A. Varnhagen a publié un rendement du quinto de 1703 à 1713 établi par le gouverneur Arthur de Sà de Menezes (*Histoire du Brésil*, Paris, 1854-1857, tome IV, pp. 131-132). Sous une présentation différente (en *oitavas* au lieu d'arobes) il concorde avec celui de W. C. von Eschwege, *op. cit.*, p. 280. Rendement du *quinto* dans le Minas Gerais in C.R. Boxer, *The Golden Age of Brazil 1695-1750*, Londres, 1969, pp. 336-337.

24.   De 1752 à 1760, l'Hôtel des Monnaies de Lisbonne frappa de l'or pour une valeur égale aux deux cinquièmes des émissions de Rio. Soetbeer retint ce pourcentage pour une évaluation rétrospective du monnayage de Lisbonne depuis 1701.

Tableau 17. *Quintos et prélèvements assimilés, production quintée et cargaisons**

période	quintos (en arobes)	production quintée or brut en kg	or pur	cargaison or pur
1703-1713	13	1 011	927	(30 à 40 000)
1714-1725	312 (taxe)	22 892	20 991	ca. 95 000
1726-1735	1 006	81 784	74 992	149 884
1736-1751	2 049 (capitation)	150 209	137 741	ca. 205 000
1752-1760	937	68 263	62 963	ca. 91 000
1761-1770	979	71 741	65 327	ca. 69 000

* Dans ce tableau le chiffre du *quinto* a été tiré d'Eschwege à l'exception de celui de la période 1726-1735 que l'on a emprunté à C.R. Boxer, *op. cit.* Le calcul de la production a été fait sur la base théorique d'un taux de prélèvement de 20 %. La période 1724-1735 pose, d'ailleurs, un problème particulier à cet égard. En effet, le relevé publié estime le *quinto* non pas au cinquième mais à 12 % de l'or présenté. Mais ce taux de 12 % dit Boxer dans son texte (page 197) aurait été de brève durée : introduit en mai 1730 et supprimé en septembre 1732 pour en revenir aux 20 % traditionnels. Le problème se complique du fait que le *quinto* de l'or monnayé, tel qu'il apparaît dans le relevé publié, correspond bien à 12 % de la frappe, tandis que le *quinto* de l'or fondu en barres s'élèverait à 26 % (avec des périodes où il atteignit 30 %). Toutefois, ce second volant du *quinto* comprendrait en plus de l'or fondu en barres une fraction d'or destinée à être monnayée... En raison de cette incertitude, le parti a été pris dans le tableau ci-joint de spéculer sur un quint à 20 %. A supposer que le quint ait été réellement prélevé durant toute cette période à 12 % (la fraction de l'or destinée à être monnayée ayant été, par exemple, dirigée sur les Monnaies de Rio ou de Bahia), le chiffre de la production serait porté à 122 100 kg (111 965 kg d'or pur) soit plus des trois quarts des arrivages au Portugal.

Comme il a déjà été dit, la masse du métal travaillée à la Monnaie de Rio entre 1703 et 1713, 10 800 kg (au titre de 917/1000), est considérablement plus élevée que celle de l'or théoriquement quinté selon Eschwege. Elle reste, cependant, très inférieure à celle qui fut exportée durant le même laps de temps. L'énorme différence (plus de 20 000 kg) s'explique par l'importance des chargements d'or en poudre qui, dans les débuts, constituaient l'essentiel. Puis le gouvernement, dans un évident souci de défense de ses droits fiscaux, intervint pour que l'on monnayât le métal au Brésil ; les habitudes se modifièrent, et les *moedas*, les *cruzados* l'emportèrent. L'évolution se lit fort bien dans la décennie suivante : les expéditions furent couvertes à plus de 50 % par les émissions de Rio, auxquelles il faudrait ajouter celles de la Monnaie de Bahia, réouverte en 1714[25].

25. Boxer, *op. cit.*, pp. 59 et 152. Le fleuve São Francisco offrait une opportunité certaine aux mineurs pour acheminer leur or vers Bahia, où le prix de l'arobe était plus intéressant

Plus flagrant en est le divorce entre des exportations en plein *boom*
à partir de 1725 et une activité de l'Hôtel de Rio en veilleuse entre
1722 et 1734. L'alanguissement traduit, en fait, un détournement du
métal au profit de la Monnaie de Vila Rica de Ouro Preto inaugurée
en août 1724. Si l'on combine leurs émissions, on obtient pour la
période de 1725-1729 le total de 39 360 750 cruzades et pour 1730-
1734 celui de 45 205 000. Le taux de couverture des exportations par
le monnayage se retrouve donc grosso modo égal à la moitié. La
production d'or en barres, au cours des mêmes lustres, dans les
fonderies du Minas Gerais s'éleva à 10 502 000 et 12 243 000
cruzades, respectivement, en valeur. En conjuguant toutes ces
sommes, on arrive aux deux tiers environ des cargaisons, supposé
néanmoins que rien n'en soit demeuré au Brésil.

Un écart appréciable subsiste tout de même, quoique l'on puisse
le réduire par soustraction des fraudes intégrées dans les notices. S'il
fallait rattacher à l'Hôtel des Monnaies de Bahia tout ou partie du
chargement des flottes ayant mouillé dans le port, voire des flottes de
Pernambouc, une solution serait dégagée. La répartition de l'or entre
les différents convois ne s'y oppose pas, tout au contraire[26].

Les nouvelles dispositions arrêtées après 1735 pour la fonte du
métal et la circulation des espèces dans le Minas Gerais profitèrent à
l'Hôtel des Monnaies de Rio. Les frappes y augmentèrent en valeur
et, surtout, en pourcentage. Elles revinrent au niveau de la moitié des

qu'à Rio (cf. note 17). Accioli de Cerqueira e Silva, *Memórias históricas de Bahia*, Bahia,
1837, date la réouverture de la Monnaie de Bahia de 1716 mais ne donne quelques
chiffres que pour la toute première époque : 2 555 000 cruzades en or frappées de 1694 à
1697 (tome I, pp. 140 et 152). Par comparaison, l'Hôtel de Rio aurait émis du 17 mars
1699 au 13 octobre 1700 1 531 611 cruzades en or. Prohibée en 1719, la sortie d'or en
poudre du Brésil pour les particuliers cessa d'apparaître officiellement durant une
vingtaine d'années. D'après la *Description de la ville de Lisbonne* en 1730, on y voyait « fort
peu de poudre d'or à cause qu'il est défendu d'en faire venir du Brésil sous peine de la vie
par la raison que les Etrangers l'enlèveroient & que le Roi seroit frustré du profit
considérable qu'il trouve sur la fabrication » (sous-entendu : de la monnaie). Les notices
des flottes de Rio en 1737, de Bahia en 1740, de Pernambouc en 1743, etc., en font à
nouveau mention, le gouvernement portugais semblant, par conséquent, accepter les
envois d'or sous cette forme. Ils pouvaient être considérables : 3 605 840 cruzades à bord
de la flotte de Rio en 1745 contre 65 137 seulement en barres. L'expédition de poudre d'or
pour le compte du Roi n'avait pas, elle, bien entendu, été interrompue.

26.   Les émissions de l'Hôtel de Vila Rica ainsi que le volume de la fonte de l'or en barres
dans les fonderies du Minas Gerais ont été publiés par Boxer : *op. cit.*, pp. 336-337. Nous
n'avons rien pu trouver sur l'activité de l'Hôtel des Monnaies de Bahia, avérée au moins
par les types de pièces en provenant. Cf. S. Sombra, *História monetária do Brasil colonial*, Rio
de Janeiro, 1938.

cargaisons entre 1745 et 1749. De l'or non monnayé – un peu d'or en poudre, beaucoup d'or en barres – n'en continuait pas moins d'être expédié du Brésil. On en décèle de temps à autre des traces au demeurant fort variables : 36 % du chargement du convoi de Rio en 1745, 0,5 % du convoi de Rio, encore, en 1747. Données malheureusement trop fragmentaires pour autoriser une reconstitution. En principe, le métal brut et semi-ouvré prenait à Lisbonne le chemin de l'Hôtel des Monnaies. Le chiffre des frappes pourrait donc nous renseigner, mais il manque avant 1751. Soetbeer avait proposé de lui assigner rétrospectivement l'équivalence de 40 % des frappes de Rio. Si l'on accepte cette restitution, les cargaisons seraient couvertes à 60 % dans la période 1741-1745, 68 % dans la période 1745-1749. C'est la proportion antérieure[27].

Tout change en 1750. Les frappes de Rio représentèrent une part de plus en plus grande des envois : les deux tiers en 1751-1755, les trois quarts en 1756-1760, les quatre cinquièmes en 1761-1765, les cinq sixièmes en 1765-1769 (on fait abstraction de l'exercice 1761-1765, qui offre matière à discussion). Frappes de Rio et frappes de Lisbonne, réunies, en arrivent à dépasser le montant total des cargaisons vers 1780. Que signifie cette modification statistique ? La réponse est un peu conjecturelle. On peut invoquer un sous-enregistrement des notices, une information plus clairsemée sur les fraudes, etc. Mais tout aussi bien des phénomènes positifs : une concentration du monnayage brésilien à Rio (le volume de l'or qui y fut travaillé de 1756 à 1803 correspond à celui du métal extrait selon les registres du *quinto* : 250 000 kg environ), une rétention sur place accrue en fonction des besoins administratifs et militaires, une récupération plus complète au Portugal des chargements clandestins... Dans la perspective ouverte par les derniers arguments, on pourra peut-être se rallier à Soetbeer pour l'estimation globale des cargaisons au-delà de 1780, dans la période où les notices font défaut, en les égalant à la somme des frappes de Rio et de Lisbonne, ce qui postule que rétention et récupération se soient compensées[28].

---

27. Un problème annexe est celui des monnaies d'or circulant au Brésil. Le calcul présenté supposerait qu'il n'y reste rien des émissions au bout d'un an seulement.

28. Le décalage systématique des périodes de comparaison vise à respecter les délais d'acheminement réel des champs d'or brésiliens à l'Hôtel des Monnaies de Lisbonne. Le résultat n'est pas parfait puisqu'il n'a pu être tenu compte des perturbations aléatoires (blocage des trésors au Brésil sur plusieurs années, par exemple).

Tableau 18. *Monnayage à Rio et cargaisons d'or*
(en cruzades)

période	Hôtel de Rio	Vila Rica	période	cargaison	
1703-1709	8 743 500		1704-1710	ca. 25 000 000	
1710-1714	7 535 500		1711-1715	43 703 384	(min)
				53 703 384	(max)
1715-1719	24 146 000		1716-1720	38 240 803	(min)
				39 880 803	(max)
1720-1724	12 817 000	4 936 500 (a)	1721-1725	58 214 549	
1725-1729	12 087 000	27 273 750 (b)	1726-1730	92 850 000	
1730-1734	12 481 000	32 724 000 (c)	1731-1735	84 720 064	(min)
				89 120 369	(max)
1735-1739	31 445 250	(d)	1736-1740	80 700 283	
1740-1744	32 770 000		1741-1745	73 591 149	(min)
				77 571 150	(max)
1745-1749	36 684 750		1746-1750	82 450 945	

a) Total de l'or monnayé à Rio et à Vila Rica : 27 753 500 cruzades.
b) Or fondu en barres dans les fonderies du Minas Gerais (monnaies + barres) : 32 775 750 cruzades ; total de l'or travaillé tant à Rio qu'au Minas Gerais : 49 862 750 cruzades.
c) Or fondu en barres dans les fonderies du Minas Gerais : 12 243 000 cruzades ; total de l'or travaillé dans le Minas Gerais (monnaies + barres) : 44 967 000 cruzades ; total de l'or travaillé tant à Rio qu'au Minas Gerais : 57 448 000 cruzades.
d) Pas de monnayage à Vila Rica ; or fondu en barres dans les fonderies du Minas Gerais : 4 109 250 cruzades ; total de l'or travaillé à Rio et dans le Minas Gerais : 35 554 500 cruzades.

Summa summarum... d'après les comptes précédents, l'abbé Raynal au XVIIIe siècle, Humboldt au XIXe ont exagéré la masse cumulée de l'or brésilien... Le chiffre hasardé par eux de 960 millions de cruzades (2 400 000 millions de livres tournois ou 480 millions de pesos) enregistrées de 1696 à 1755 supposait en lui-même, déjà, la réalisation régulière d'une moyenne annuelle de 16 millions de cruzades. Un coup d'œil sur le tableau précédent montre que cette performance fut effectivement à peu près accomplie de 1726 à 1749 (total quinquennal égal ou supérieur à 80 millions de cruzades), mais non avant et non après. L'abbé Raynal s'est probablement fourvoyé par manque de perspective historique. Avec les notices mises bout à bout et avec le minimum d'extrapolations requis pour combler les lacunes de la documentation, le bilan se situe aux environs de 640 millions de cruzades pour la période en question.

Humboldt était aussi éloigné de la cible lorsqu'il avançait le chiffre de 409 millions de cruzades (204,5 millions de pesos)

Tableau 19. *Monnayage à Rio et Lisbonne et cargaisons d'or entre 1750 et 1806**

(en cruzades)

1 période	2 Hôtel de Rio	3 période	4 cargaison		5 période	6 Hôtel de Lisbonne	7 Rio + Lisbonne Total 2 + 6
1750-54	40 266 000	1751-55	58 110 946	(min)	1752-56	15 953 000	56 219 000
			60 069 954	(max)			
1755-59	39 809 000	1756-60	48 805 420		1757-61	15 513 500	55 322 500
1760-64	37 497 250	1761-65	47 800 000	(min)	1762-66	12 026 750	49 776 250
			49 900 000	(max)			
1765-69	30 498 750	1766-70	34 520 000	(?)	1767-71	9 277 500	39 776 250
1770-74	30 127 500				1772-76	6 651 500	36 779 250
1775-79	14 450 175				1777-81	4 568 250	19 018 425
1780-84	26 568 000				1782-86	2 528 250	29 096 250
1785-89	21 363 750				1787-91	1 912 000	23 275 750
1790-94	18 044 750				1792-96	1 868 000	19 912 750
1795-99	20 152 500				1797-1801	3 020 500	23 173 000
1800-04	13 595 500				1802-06	1 901 750	15 197 250

* Les compléments de documentation obtenus après rédaction de cette étude font apparaître un total de rentrées de 23 millions de cruzades entre 1771 et 1775, de 56 millions entre 1776 et 1780. Le déphasage entre les frappes et les retours est donc plus accentué que nous ne l'avions prévu (Cf. l'addendum).

enregistrées dans la période 1756-1803. Les frappes additionnées de Rio et de Lisbonne produisirent seulement, dans le même temps, 316 624 440 cruzades, somme que l'on a été amené à retenir comme montant des cargaisons. La prise en considération très large de la fraude dans les récapitulations ci-dessus annule en grande partie le supplément réclamé de ce chef par Humboldt[29].

A s'en tenir aux éléments déjà contrôlés et classés, les transferts d'or du Brésil en Europe durant tout le XVIIIe siècle auraient formé une masse de 852 252 kg de métal à 22 carats, soit 782 tonnes environ d'or pur. A la rigueur, on en poussera l'évaluation jusqu'à 800 ou 850 tonnes (marge d'erreur de 10 %). Vouloir plus de précision sacrifierait à l'art de la devinette.

29. Abbé Raynal, *Histoire philosophique et politique des établissements et du commerce des Européens dans les deux Indes*, tome II, 1780 ; A. de Humboldt, *Mémoire sur la production de l'or et de l'argent considérée dans ses fluctuations*, Paris, 1848 ; cf. aussi J. Smith, *Memoirs of the Marquis of Pombal*, Londres, 1843.

Tableau 20. *Or brésilien : ventilation par provenance*
(en cruzades)

année	Rio de Janeiro	Bahia	Pernambouc et autres	flottes combinées
1699	350 000 (min) 880 000 (max)			
1700				962 000
1701				1 628 000 (min) 2 442 000 (max)
1702	—	—	—	
1703				1 560 000 (min) 3 200 000 (max)
1704	?			
1705	—	—	—	—
1706	4 000 000 ?			
1707	—	—	—	
1708				12 000 000 (min) 16 000 000 (max)
1709	—	—	—	—
1710	?			
1711	—	—	—	—
1712	10 666 666	5 333 333		
1713	5 203 384 (min) 10 203 384 (max)	8 000 000		
1714				6 500 000
1715				13 000 000
1716	4 010 733	(2 000 000)		
1717		2 000 424 (y compris les retours de Pernambouc)		
1718	6 500 552 (min) 8 200 552 (max)	1 152 000	(500 000)	
1719	10 659 000			
1720	6 299 276	5 068 818 (y compris les retours de Pernambouc)		
1721		4 632 573 (y compris les retours de Pernambouc)		
1699	350 000 (min) 880 000 (max)			
1700				962 000
1701				1 628 000 (min) 2 442 000 (max)
1702				
1703				1 560 000 (min) 3 200 000 (max)
1704	?			
1705				
1706	4 000 000 (?)			

Tableau 20. *Or brésilien : ventilation par provenance* (suite)
(en cruzades)

années	Rio de Janeiro	Bahia	Pernambouc et autres	flottes combinées
1707				
1708				12 000 000 (min)
				16 000 000 (max)
1709				
1710	?			
1711				
1712	10 666 666	5 333 333		
1713	5 203 384 (min)	8 000 000		
	10 203 384 (max)			
1714				6 500 000
1715				13 000 000
1716	4 010 733	2 000 000 (?)		
1717				2 000 424 (non compris Rio)
1718	6 560 552 (min)	1 152 000		
	8 200 552 (max)			
1719	10 659 000			
1720	6 299 276			5 068 818 (non compris Rio)
1721				4 632 573 (non compris Rio)
1722		7 229 976		
1723	5 812 000			
1724		6 000 000	3 000 000	
1725	21 040 000	9 000 000	1 500 000	
1726	11 000 000	5 500 000		
1727	12 000 000	9 000 000	1 200 000	
1728	8 000 000		1 650 000 (?)	
1729	13 000 000 (?)	9 500 000 (?)	1 000 000 (?)	
1730	6 000 000	15 000 000		
1731	31 337 144		1 500 000	
1732		4 612 000	1 000 000 (?)	
1733	8 599 695 (min)	2 800 000		
	12 000 000 (max)			
1734	11 276 626	15 221 920	1 000 000 (?)	
1735	3 163 500	4 209 179		
1736		6 500 000	1 500 000	
1737	18 109 888	2 600 000		
1738		11 000 000	1 500 000	
1739	20 000 000	600 000		
1740	16 991 139	599 256	1 300 000	
1741	22 500 000	2 000 000	6 255 000	
1742	14 420 000 (min)			
	18 400 000 (max)			
1743	12 688 000	800 000	1 025 000	
1744	3 500 000	2 272 819		
1745	10 135 266	3 060 952	932 918	
1746	12 656 000		1 160 100	
1747	11 359 853	3 470 485	494 546	

Tableau 20. *Or brésilien : ventilation par provenance* (suite)
(en cruzades)

année	Rio de Janeiro	Bahia	Pernambouc et autres	flottes combinées
1748	10 873 064	4 591 547		
1749	15 099 617	900 000	1 007 735	
1750	17 533 484	2 757 514	547 000	
1751	12 840 000		806 192	
1752		2 500 000	527 825	
1753	13 877 437 (min)	2 516 756 (min)		
	14 353 200 (max)	4 000 000 (max)		
1754	8 940 123	2 862 040	837 062	
1755	10 326 911	1 876 600	200 000	
1756	16 000 000			
1757	13 339 737			
1758	(1 000 000)	1 965 682		
1759	16 500 000			
1760	—			
1761	—	—	—	10 000 000
1762		4 000 000		
1763				21 000 000
1764	8 500 000 (min)	1 300 000		
	10 600 000 (max)			
1765	3 000 000			
1766	5 500 000 (min)	5 600 000		
	8 800 000 (max)			
1767	12 000 000			
1768	2 000 000			
1769	9 420 000			
1770	—	—	—	—
1771	3 000 000			
1772	13 500 000			
1773	6 500 000	—	—	—
1774	—	—	—	—
1775	—	—	—	—
1776	8 000 000	200 000		
1777	—	—	—	—
1778	22 900 000	500 000		
1779	6 000 000			
1780	1 500 000			
1781	—	—	—	—
1782	7 000 000			
—	—	—	—	—
1786	5 000 000			
1788	3 000 000			

b. *L'or et les autres marchandises du Brésil*

Du sucre, du tabac, des cuirs en poils et des cuirs tannés, des bois de teinture (dont le fameux brésil) et des bois d'ébénisterie (bois de jacaranda, de rose, de violette, etc.), des dents d'éléphant et des fanons de baleine, telles étaient les marchandises qui composaient le fond des chargements des flottes brésiliennes. Elles en étaient tout le prix avant la découverte de l'or. Elles continuèrent d'en être le fret principal au XVIIIᵉ siècle, mais furent éclipsées en valeur par le métal jaune. Celui-ci aurait provoqué, a-t-on dit, par son attraction et par ses exigences de main d'œuvre, une désaffection à l'égard des autres productions et un déclin. On peut essayer d'en juger pour quelques-unes d'entre elles d'après les notices.

Les meilleures flottes au XVIIᵉ siècle, si nous consultons les données rassemblées par Frédéric Mauro, auraient transporté 40 000 caisses de sucre environ. Ce chiffre ne constitue pas l'*apex* que l'on trouve en 1656 avec 53 221 caisses. Mais il donne sans doute une image honnête de la production brésilienne à sa belle époque et dans une très bonne année, soit, en poids, 1 400 000 arobes ou 20 500 tonnes métriques. Au reste, les plantations avaient connu une existence mouvementée : un essor de 1600 à 1630 avec doublement des quantités produites, un arrêt puis une coupe sombre à la suite des hostilités et des destructions de la guerre hollandaise, une restauration contrariée par l'épidémie qui tomba sur les esclaves en 1665... En outre, les variations climatiques s'opposaient à trop de régularité dans les performances ; la sécheresse, en particulier, qui nuisait aux cannes[30].

Quand l'or apparaît pour la première fois dans les notices, en 1699, les flottes étaient chargées de 20 000 caisses de sucre environ : 3 400 en provenance de Rio, 8 000 de Bahia et 8 à 9 000 de Pernambouc, Paraíba, et... du Cap Vert. Il semble que ces chiffres étaient, grossièrement, la norme depuis une vingtaine d'années, réserve faite du médiocre tonnage de Rio[31]. Le volume total du sucre fut encore assez semblable en 1700 et 1701, malgré l'accident survenu au convoi de Pernambouc et grâce au meilleur succès des deux autres.

---

30. F. Mauro, *Le Portugal et l'Atlantique au XVIIᵉ siècle : 1570-1670*, Paris, 1960, pp. 236 et suivantes.
31. 24 à 25 000 caisses en 1686, *Amsterdamsche Courant*, n° 48, 1686.

En 1703, il s'éleva brusquement à 40 000 caisses. Les flottes de 1706 et de 1708 en apportèrent à peu près autant et, vraisemblablement, la flotte de 1710 aussi. Croissance de la production ? Les chiffres recoupent de manière presque parfaite en apparence le témoignage d'Antonil écrit à la même époque : envoi annuel du Brésil de 36 000 caisses de sucre, dont 10 000 de Rio, 12 000 de Pernambouc et 14 000 de Bahia. Malheureusement, le rythme cassé de la navigation rend hésitant sur le point de savoir si les flottes emportaient l'équivalent d'une récolte, d'une récolte et demie ou de deux. Quoi qu'il en ait été, les plantations ont « tourné » à un assez bon régime au début du XVIIIᵉ siècle et retrouvé, même, à l'occasion, les fastes d'antan : aucune ambiguïté ne pèse sur les 28 248 caisses de sucre de la flotte de 1713. Dans une première phase, donc, la découverte de l'or n'a en rien lésé l'économie ancienne[32].

La détérioration débuta en 1714. Cette année-là, le nombre des caisses de sucre chut brutalement jusqu'à 11 000. Jamais plus au XVIIIᵉ siècle, on ne devait revoir des cargaisons mammouths comme en 1708 et en 1713. D'où le sentiment d'une dégradation et l'accusation rapidement portée contre les mines : « On dit icy publiquement que les Mines d'Or ruineront le Brésil parce que tout le monde y courre et néglige la culture des Sucres et des Tabacs... »[33]. Mais l'idée d'une décadence irrémédiable des plantations appelle beaucoup de nuances. Il est injuste de prendre pour base de référence, comme les contemporains, un chiffre aussi élevé que celui de 40 000 caisses, sans doute exceptionnel. D'autre part, il faut s'assurer de l'étiage auquel s'est réduite réellement la production de sucre.

Des causes accidentelles[34] s'étaient mêlées aux causes profondes dans la déroute sucrière de 1714. L'année suivante, la cargaison – 24 000 caisses – fut très honorable, c'est-à-dire égale ou légèrement supérieure au niveau atteint à la naissance du siècle. L'observation des moyennes quinquennales oblige, néanmoins, à constater, peu après, un fléchissement des expéditions, indiscutable par rapport même à l'arrière-plan que l'on vient d'élire : 14 000 caisses environ de 1716 à 1720, 18 000 de 1721 à 1730, 16 000 de 1731 à 1735, guère

32. Antonil, *op. cit.*, pp. 282-283.
33. AN Paris, AE B I/653 lettre du 28 octobre.
34. La durée de l'escale des flottes au Brésil avait été raccourcie et leur retour accéléré : celles de Bahia et de Rio eurent deux mois d'avance sur les prévisions. En outre, l'Inquisition, en inquiétant les Juifs propriétaires de moulins à Rio, interrompit la production de plus de vingt-cinq *engenhos*.

plus de 9 300 de 1736 à 1740, 16 000 à nouveau de 1741 à 1745, 6 000 de 1756 à 1760, puis 13 000 de 1761 à 1765[35].

Une fréquence anormale de retours pauvres – en 1714, 1717 et 1719 – affectant l'ensemble des convois explique statistiquement le premier marasme. Mais l'on s'aperçoit que, dorénavant, la flotte de Rio ne chargea plus que de maigres cargaisons, et que la flotte de Pernambouc, malgré le change donné par la collusion de plusieurs récolte en un seul retour, fut également moins riche en sucre, ce à quoi l'on ne s'attendait pas. Seule la flotte de Bahia se maintint tant bien que mal. Une ventilation rapide des arrivages entre 1720 et 1734, d'après les provenances, lui attribuerait 8 à 9 000 caisses par an contre 4 à 5 000 à Pernambouc et 2 ou 3 000 à Rio. Lorsque la catastrophe agricole s'abattit sur l'arrière-pays (une récolte entièrement perdue), ses chargements s'effondrèrent à leur tour : 40 caisses en 1736 ! La reprise, lente à s'opérer, n'évita pas le sévère abaissement de la moyenne quinquennale. Elle ne parvint pas, non plus, avant 1765, à un complet réépanouissement[36].

L'évolution écarte l'idée d'un anéantissement et tempère celle de déclin. Il s'agit plus précisément d'un tassement, d'une réduction des exportations de l'ordre d'un tiers ou d'un quart, entrecoupée de coups durs. La production, notons-le bien, ne fut pas forcément amputée dans la même proportion parce que les facultés de consommation se développaient simultanément, sur place, au Brésil, par l'augmentation des moyens de paiement monétaire et l'accroissement démographique. De nature commerciale, le phénomène renvoie à l'analyse de toutes les conditions du marché en Amérique et en Europe : coûts de la production dans les *engenhos*, rendement individuel comparé du travail dans les mines et dans les plantations, occasions rapprochées de bénéfices dans les Minas Gerais, concurrence extérieure des nouveaux producteurs de Surinam et des Antilles, rétrécissement des débouchés sur le Vieux Continent en dehors du Portugal... sans oublier la météorologie. La recherche déborde le cadre de cette étude. Aussi se bornera-t-on, pour le moment, à souligner la persistance, la résistance d'une certaine économie sucrière à l'intérieur du « cycle de l'or » brésilien.

35. Ce comput souffre des incertitudes inhérentes à l'estimation du volume des caisses. Celui-ci a sans doute augmenté, en moyenne, à travers tout le siècle : de 35 à 40 arobes ?
36. Le consul de France à Lisbonne estimait en 1778 l'introduction moyenne annuelle des sucres brésiliens à 18 000 caisses de 40 arobes chacune. Cf. AN Paris, AE B III/385. Cité par V. Magalhães Godinho, *op. cit.*, p. 337.

Tableau 21. *Sucre et tabac du Brésil au XVIIIe siècle*

année	sucre (en caisses)				tabac en rôles
	Rio	Bahia	Pernambouc	total	total
1699	3 400	8 000	8 à 9 000	19 400 à 20 400	28 000
1700				17 000	800
1701	20 000		800	20 800	31 600
—	—	—	—	—	—
1703				40 000	30 000
—	—	—	—	—	—
1706				40 600	29 000
—	—	—	—	—	—
1708				36 000	50 000
—	—	—	—	—	—
1712				30 000	30 000
1713				*38 748*	*6 108*
1714	1 000	10 000		11 000	11 000
1715	4 000	12 000	8 000	24 000	17 000
1716				*11 285*	*510*
1717		10 850		10 850	2 864
1718	5 890	6 000		*11 890*	*18 000*
1719	2 250	214		2 464	541
1720	3 200	8 270		11 470	11 328
1721		24 000		24 000	28 000
1722		11 000	6 508	17 508	18 115
1723	5 000			5 000	
1724		12 350		*12 350*	*16 700*
1725	3 000	22 000	3 000	28 000	16 500
1726		13 000		*13 000*	*25 000*
1727	1 800 à 2 000			1 800 à 2 000	
1728			7 000	*7 000*	
1729		12 000		12 000	8 000
1730	2 150	12 060		14 210	12 400
1731	4 000		8 270	12 270	
1732	6 400	13 100		19 500	11 200
1733	3 000		6 000	*9 000*	
1734	1 200	14 000	6 000	21 100	8 000
1735	1 250	13 000		*14 250*	8 200
1736		40	6 013	6 053	11 000
1737	800	1 018		1 818	16 000
1738		11 580	7 639	19 219	9 360
1739		1 000		1 000	2 700
1740	1 200	11 000	6 360	18 560	16 000
1741	2 000	15 501	7 000	24 500	19 251
1742	1 100			1 100	2 574

Tableau 21. *Sucre et tabac du Brésil au XVIIIᵉ siècle* (suite)

| année | sucre (en caisses) | | | | tabac en rôles |
	Rio	Bahia	Pernambouc	total	total
1743	2 000		6 190	8 190	1 050
1744		12 050		12 050	5 164
1745	2 500	14 200	8 500	25 200	13 651
1746	400		8 000	8 400	16
1747	2 000	9 000	7 473	18 473	14 866
1748	2 816	19 500		22 316	1 400
1749	3 360		13 745	17 045	692
1750		10 500	1 000	*11 500*	*18 544*
1751	2 637		11 370	14 007	
1752		12 000 (min)		*12 000 (min)*	15 700
1753	3 108	11 300		14 408	10 486
1754	2 500	4 000	13 200	19 700	9 113
1755	1 000	6 500	6 000	13 500	10 507
1756				?	
1757	1 200			1 200	
1758		11 000		11 000	14 558
1759	17 870			*17 870*	?
1760				?	
1761			13 342	13 342	
1762		17 000		17 000	
1763	23 000			23 000	
1764		7 000	3 500	10 500	9 000
1765		900		900	500
1766	5 600	15 000		20 600	8 000

Les chiffres en italique sont ceux de totaux partiels. Voici les flottes dont manquent les cargaisons :

1713 une flotte de la Baie	1729 Rio, Bahia et Pernambouc
1716 Bahia	1733 Bahia
1718 Pernambouc	1735 vaisseaux de Pernambouc
1724 Pernambouc	1750 Rio
1726 Rio	1752 Pernambouc
1727 Bahia et Pernambouc	1759 Pernambouc
1728 Rio	

Les cargaisons du Maragnon et de Gran Para ont été comptées avec celles de Pernambouc.

Quelle était, au début du siècle, là quantité de rôles de tabac transportée par les flottes ? Antonil, sans doute influencé par le retour massif de 1708 correspondant à deux récoltes, a écrit 25 000 ; les notices disent plutôt 15 000. Les fluctuations postérieures à 1713 ressemblent un peu à celles du sucre, mais elles ne les décalquent ni exactement, ni chronologiquement. Série faible de 1716 à 1720 avec une moyenne de 8 000 rôles, puis rétablissement de 1721 à 1730 avec 14 ou 16 000 rôles, nouvel affaiblissement de 1731 à 1735, 5 000 rôles, sursaut à 11 000 entre 1736 et 1740, puis infléchissement très marqué vers le bas. La chute s'avère autrement sévère que pour le sucre (50 % environ). Probablement, la réexportation du Portugal en Europe avait-elle beaucoup compté jadis et se heurtait-elle à présent aux progrès de la Virginie, voire de Cuba. Encore une fois, on ne préjuge pas du comportement de la production qui restait fortement sollicitée par le commerce de la Côte des Esclaves en Afrique, où le tabac de Bahia était très recherché[37].

Le négoce des cuirs et peaux prospéra quant à lui. Antonil l'estimait au total en nombre à 110 000 demi-pièces vers 1710 ; mais le chargement de 1713, qui paraît avoir été bon pour l'époque ne se montait qu'à 62 461 demi-peaux, chiffre qu'il est préférable de retenir pour les comparaisons. Les difficultés de la nomenclature, les omissions des cargaisons de Pernambouc, plus graves pour les cuirs que pour l'or, nuisent à une lecture suivie de l'évolution. Celle-ci, orientée fondamentalement vers un progrès, connut d'ailleurs des foucades, des épisodes avec la capture plus ou moins importante, plus ou moins durable de la production des pampas de Buenos Aires : 133 000 peaux à bord de la flotte de Rio en 1722 ! Mais la moyenne quinquennale assez solide que l'on peut calculer pour 1751-1755 établit sans conteste l'essor global, avec 130 000 demi-cuirs tannés environ et 70 000 cuirs en poils, sans compter les peaux de génisse et de veau... La ventilation montre la supériorité de Pernambouc pour les cuirs tannés : plus de 70 000 demi-pièces contre 52 000 à Bahia et 3 000 à Rio, celle de Rio pour les cuirs en poils : 32 000 pièces contre 24 000 à Pernambouc, 5 000 à Bahia, et, en outre, 8 000 pièces venues directement par la colonie du Sacramento[38].

Il n'empêche que l'or avait acquis une prééminence, une prépondérance écrasante dans les cargaisons brésiliennes. Cela ne s'était pas fait d'un coup. Les premières fournitures furent trop minces et,

37.   P. Verger, *Bahia and the West Coast trade, 1549-1851*, Ibadan, 1964, et *Flux et reflux de la traite des nègres entre le golfe du Bénin et Bahia de Todos os Santos du 17ᵉ au 19ᵉ siècle*, La Haye, 1968.

par coïncidence, la production sucrière frôla ses records. Une note du consul français à Lisbonne, libellée en livres-tournois, décompose les arrivages de 1703 comme suit :

40 000 caisses de sucre, pesant chacune 30 arobes, à 12 livres 10 sols l'arobe	15 000 000 l.t.
30 000 rôles de tabac, pesant chacun 8 arobes, à 20 livres l'arobe	4 800 000
20 000 cuirs à 15 livres pièce	300 000
or en barres et en poudre (par estimation)	4 000 000
diamants, étoffes, porcelaines, épiceries et autres marchandises des Indes.	2 000 000
Total	26 100 000

Soustrayons de ce compte les marchandises d'Asie. La part de l'or dans les envois proprement américains aurait été de 16,5 %, très loin derrière celle du sucre (62,5 %) et inférieure même à celle du tabac (20 %). Antonil propose une distribution voisine vers 1710, mais il sous-évalue la masse de l'or. En réalité, le métal précieux balançait déjà la valeur des marchandises et l'on peut avancer sans crainte qu'en 1713, c'était lui qui l'emportait avec plus de 60 % du total[39].

Le pourcentage devait s'améliorer. D'une part, le tonnage de l'or s'accrut ; d'autre part, celui des sucres diminua et, en outre, le cours

38.

provenance	cuirs en poils	peaux de génisse	demi-cuirs tannés	peaux de veau
1751				
Rio	27 770		5 880	
Pernambouc	43 637		110 589	
Sacramento	40 000			
1752				
Bahia	13 400		68 000	
1753				
Rio	66 571		4 096	
Bahia	7 497		108 732	
1754				
Rio	27 920	6 893	2 615	
Bahia	1 637	7 495	30 187	
Pernambouc	55 482		155 385	22 183
1755 Rio	41 516	1 252	1 381	3 756
Bahia	4 304		45 580	5 890
Pernambouc			53 918	

39. La valeur de la cargaison de 1713 : 38 248 caisses et 1 009 demi-caisses de sucre, 6 108 rôles de tabac et 62 461 peaux, a été calculée d'après les prix pratiqués en 1703. Le pourcentage de l'or a été pris sur le seul métal enregistré : on estimait qu'il y en avait bien eu autant à venir clandestinement.

des marchandises à Lisbonne baissa. Aux alentours de 1730, la valeur des cargaisons brésiliennes avait approximativement doublé (22,5 millions de cruzades ou 56,2 millions de livres-tournois) et le métal jaune, à son apogée, en représentait les quatre cinquièmes. Un calcul plus serré, rendu possible par la correspondance consulaire, lui en réserve encore les trois quarts en 1755, année effective, en dépit de l'amorce de reflux en poids : soit 12,4 millions de cruzades sur 16,4 ou 31 millions de livres-tournois sur 41,3 et, à nouveau, 80 % en 1763, en l'absence, il est vrai, du convoi de Pernambouc[40].

Rien n'illustre mieux la mutation survenue au XVIIIᵉ siècle dans le trafic du Brésil ; rien ne montre à quel point et à tous égards les flottes brésiliennes ont mérité, ensemble, leur titre de flottes de l'or. Certes, les marchandises jouaient un rôle différent sur les unes et sur les autres. Insignifiantes en valeur (3 % ?) sur celle de Rio en 1755, elles formaient près de la moitié du chargement de Bahia et 80 % des retours de Pernambouc. Mais les chiffres globaux établissent la perspective. Bien plus que dans les quantités absolues, c'est relativement que le déclin du sucre (8 % du montant total en 1755) et du tabac (6 %) a été marqué. Et ni les progrès des cuirs, ni l'attachante vitalité du Maragnon (valeur des fruits dans l'excellent exercice de 1750 : 600 000 cruzades), voire du Gran Para, ne pouvaient porter véritablement ombrage à la royauté du métal précieux[41].

40. « Etat approchant des richesses venues par nos flottes de Rio de Janeiro et de la baie de Tous les Saints (1763) :

21 millions de cruzades en or monnayé	52 500 000 l.t.
100 000 cuirs en poils à 15 l.t.	1 500 000
150 000 cuirs tannés à 7 l.t. 10 s.	1 125 000
23 000 caisses de sucre à 300 l.t.	6 900 000
19 000 rouleaux de tabac à 120 l.t.	2 280 000
en barbes de baleine environ	750 000
en dents d'éléphant	250 000
(AN Paris, AE B I/683)	65 305 000 l.t. »

Les proportions des flottes de 1763 sont, peut-être, partiellement faussées par le phénomène de retours d'or différés.

41. Flotte du Maragnon en 1750

547 000 cruzades	1 367 500 l.t.
75 000 arobes de cacao	939 843
3 000 arobes de bois de girofle	26 250
1 000 arobes de salsepareille	4 375
Clou, cannelle et vanille pour	82 000
65 000 arobes de sucre	487 500
	2 907 468 l.t.

Celle-ci est rehaussée du fait que les diamants ont été inclus dans les calculs ci-dessus. Les gazettes en font état dès 1730, avec une allusion rétrospective peut-être à 1729. C'est à leurs débuts qu'ils eurent le plus de gloire et de valeur. Entre 1730 et 1734, la moyenne

Tableau 22. *Quantité et valeur des diamants venus du Brésil*

année	quantité (en carats)	valeur (en cruzades)
1729	100 000	1 500 000 (sous réserve)
1730		une partie
1731	144 000	4 à 5 000 000
1732	?	?
1733		4 050 000
1734	175 525	2 507 030
1735	47 359	662 250
1736	3 885	55 000
1737	99 380	1 419 000
1738	8 750	125 000
1739	64 000	960 000
1740	3 904	102 000
1741	21 145	310 000
1742	37 520	562 000
1743	42 328	634 920
1744	—	—
1745	28 000 ?	420 000 ?
1746	40 980	568 400
1747	21 000	300 000
1748	19 667	255 000
1749	76 492	1 092 750
1750	1 caisse	
	—	—
1753	2 coffres	870 000
1754		1 500 000
	—	—
1759	2 coffres	
—	—	—
1769		2 500 000
—	—	—
1772	1 coffre	1 500 000
—	—	—
1786		500 000

(AN Paris, AE B I/680)
Il est frappant de voir que l'or, même dans cette cargaison, forme 46 % des valeurs. La situation caractérisée ici est celle du milieu du siècle. Celle de la fin sera sensiblement différente comme on le verra plus loin.

des arrivages approcha le chiffre de 2,5 millions de cruzades, 14 %
du montant de l'or, 11 % du montant de toutes les cargaisons. Ce
déluge de gemmes aboutit, on le sait, à l'engorgement du marché
puis à la crise. Les notices en ont gardé la trace, qui abaissent la
moyenne quinquennale à 600 000 cruzades dès 1735-1739 et 320 000
de 1740 à 1745, avant d'annoncer une remontée à plus de 500 000
entre 1745 et 1749. Ont-elles exagéré la chute ? Les moyennes de la
production, établies d'après les contrats, sont un peu moins pessimistes. Toutefois, même sur cette base, les diamants n'auraient valu
que 975 000 cruzades en 1755, soit un pourcentage de 5,9 % inférieur
à celui du sucre et 1 023 000 cruzades en 1763, soit un pourcentage
de 3,8 %. Une contrebande active était, bien entendu, possible.
Voici les chiffres connus des arrivées[42] :

Tableau 23. *Moyennes des contrats*

	contrats des mines		contrats d'exportation du Portugal	
période	quantité annuelle (en carats)	valeur (en cruzades)	période	quantité annuelle (en carats)
1740-43	36 000	540 000		
1744-48	44 300	664 500		
1749-52	38 600	579 000		
1753-58	65 000	975 000	1753-55	40 600
1759-62	26 000	390 000	1757-60	28 900
1763-71	68 200	1 023 000	1761-71	77 100

Un mot, pour terminer ce développement, sur les piastres qui
transitaient par le Brésil. Les notices en mentionnent de temps en
temps. Toutes n'appartenaient pas au commerce. En 1706, l'argent
rapatrié (quelques millions) provenait de la capture de galions
espagnols qui avaient fait une relâche malencontreuse à Rio ; en 1742
et en 1749, il s'agissait de transferts des revenus américains du roi
d'Espagne (respectivement 2 millions et 1 500 000 piastres) sur
bâtiments portugais neutres ; en 1748, le principal (1 400 000

---

42. Les chiffres des contrats sont empruntés à Boxer, *op. cit.*, pp. 211 à 225 et particulièrement p. 220.

piastres) était constitué par les fonds des passagers espagnols montés en rade de la Plata, à bord du vaisseau de guerre portugais Notre-Dame de la Pitié et débarqués, sans doute, à Cadix. Ces sortes d'aubaines doivent être comptées à part. Mais d'autres retours de piastres représentaient véritablement le produit d'un négoce : c'était de l'argent de l'Empire espagnol qui, par voie d'échanges, avait glissé du Venezuela et, surtout, de Buenos Aires vers le Brésil et, de là, gagnait l'Europe. Inutile d'insister sur la position capitale de la colonie du Sacramento dans l'établissement de cette diffluence. Les sommes signalées sont tantôt modestes, de l'ordre de 100 000 piastres (1734 : 88 311 ; 1749 : 123 000 ; 1758 : 146 664 ; 1769 : 146 000) ; tantôt considérables : en 1725 (3 millions), en 1747 (2 millions), en 1748 (665 275), en 1751 (1 522 000), en 1761 (2 millions), en 1766 (800 000). L'inégalité des sommes, l'intermittence des arrivages rendent difficile le calcul exact d'une incidence de l'argent sur les cargaisons brésiliennes : cela relevait davantage de l'occasion que de la moyenne. Plus de régularité semble s'être institué après 1760 : presque toutes les notices énumèrent l'argent parmi les articles des chargements sans en préciser d'ordinaire le montant, malheureusement. Par cette discrétion, on voulait, comme il est dit à propos du *Juda* en 1786, ne pas offusquer le voisin espagnol en lui dévoilant les résultats d'un commerce interlope qui lui portait préjudice[43].

c. Le déclin de l'or brésilien

Finalement, l'or céda quand même des points après 1765. Trois causes se conjuguèrent pour cela : la diminution de la production du métal au Brésil ; le second démarrage du Maragnon avec la culture du coton, une hausse appréciable du prix des denrées coloniales, la caisse de sucre passant, par exemple, de 100 à 180 cruzades. D'après un rapport du consul français à Lisbonne en 1778, la nouvelle ventilation des cargaisons aurait donné 46 % au métal précieux, 5 % aux diamants et, par conséquent, presque la moitié, aux marchandises. Les progrès en valeur de ces dernières étaient si remarquables qu'ils compensaient le recul de l'or et avaient permis le maintien du total au niveau de 1755 : environ 17 millions de cruzades.

43. *Nouvelles de Leyde*, 1787, nº 7 ; *Gazette d'Amsterdam*, 1787, nº 10. Hay avançait la même raison à Halifax dans sa lettre du 29 juin 1761 : "The silver the government has ordered to be conveyed with the greatest secrecy not to give umbrage to the Court of Spain". Cf. Christelow, *art. cit.*

Tableau 24. *Valeur moyenne des flottes brésiliennes entre 1773 et 1778*

article	quantité	valeur en cruzades	pourcentage
or	500 arobes	8 000 000	46,2 %
diamants	40 000 carats	860 000	5 %
marchandises			
sucre	18 000 caisses	3 240 000	18,7 %
cacao	60 000 arobes	360 000	2,1 %
café		600 000	3,4 %
huile de baleine	4 000 pipes	100 000	mémoire
tabac		1 000 000	5,8 %
coton	9 300 quintaux	1 000 000	5,8 %
bois de teinture	30 000 quintaux	360 000	2,1 %
cuirs et divers		1 800 000	10,4 %

total des marchandises : 8 460 000   total général : 17 320 000

Les trois causes continuant à se manifester, le processus se poursuivit. L'or, en 1796, avec 4 040 000 cruzades, était revenu à son quota du début du siècle : 16,1 %. Les flottes brésiliennes étaient à nouveau des flottes de marchandises à plus de 80 %. Malgré ce renversement des proportions internes, la somme des cargaisons avait rattrapé et dépassé les meilleures moyennes du beau temps du Minas Gerais : 28 688 514 cruzades. Le bilan des importations en 1806 présente des traits identiques, encore renforcés : sur un total de 35 384 382 cruzades, le métal jaune n'émarge que pour 2 349 449, c'est-à-dire 5,8 %[44].

La progression des valeurs absolues est si forte, la revanche de l'agriculture (et de l'élevage) sur les mines si écrasante, que l'on se prend à douter du vrai visage du *Pluto brasiliensis*. Se pourrait-il qu'un développement de la production animale et végétale ait réussi à combler puis à outrepasser la défaillance du métal, et ne faudrait-il pas, dès lors, relativiser les vertus de celui-ci dans la stimulation

44.   Tableau des importations du Brésil entre 1773 et 1778 d'après le document cité à la note 33. Statistiques de 1796 et 1806 in A. Balbi, *Essai statistique sur le Royaume de Portugal et d'Algarve*, Paris, 1822. Une publication des balances commerciales portugaises est annoncée depuis longtemps par J. Borges de Macedo. Cf. ses *Problemas de história de industria portuguesa no século XVIII*, Lisbonne, 1963.

économique du pays lui-même, voire de sa métropole ? Vieille interrogation posée habituellement, d'ailleurs, sur le plan idéologique, doctrinal, pour y puiser l'inspiration d'une politique : voyez José Joaquim da Cunha e Azevedo Coutinho, l'évêque de Pernambouc, en 1791-1794 et Accursio das Neves en 1814. Qu'en est-il dans les faits[45] ?

On ne possède pas le détail des quantités de marchandises importées du Brésil en 1796 et 1806. On peut cependant dessiner une esquisse acceptable de l'évolution des volumes en comparant poste par poste la progression des valeurs globales et la progression des prix unitaires, au besoin en se référant à la Bourse d'Amsterdam qui ne semble pas un mauvais juge. On est ainsi amené à distinguer à travers une nomenclature parfois lâche trois classes de marchandises, et trois comportements : (1) le coton ; (2) les denrées (riz, sucre, café, etc.) ; (3) le tabac, les cuirs et les divers.

Le coton connut un dynamisme incontestable. C'est dans ce secteur que l'augmentation des valeurs globales fut la plus grande : d'un million de cruzades en 1778 à 5,5 en 1796 et 8,8 en 1806, soit 880 % de mieux. Cela correspondait nécessairement à un fort accroissement des chargements, car les prix haussèrent relativement peu entre 1778 et 1796, de 25 à 50 %, se stabilisèrent ensuite ou subirent un léger recul. Il est donc légitime d'admettre une importation de 40 000 quintaux de coton en 1796, de 70 à 80 000 en 1806, chiffres que plusieurs recoupements invitent à considérer comme inférieurs à la réalité[46].

Les choses sont moins nettes à propos des denrées. L'ampleur des hausses unitaires : 200 % sur le sucre et sur le cacao entre 1778 et 1796, 300 % sur le café, amortit largement le triplement des valeurs globales (ou un peu plus) enregistré d'un exercice à l'autre : 14 658 112 cruzades contre 4 200 000. Le bilan de 1806 : 16 335 698 cruzades, s'il apparaît plus positif à cause de la baisse du prix du sucre, revenu à son niveau de 1778, demeure délicat à interpréter en raison de la fermeté du café (20 % de plus qu'en 1796) et d'un bond du cacao (100 %). L'accroissement des quantités est difficile à toiser, d'autant plus qu'il faudrait le diversifier selon les denrées. Il était

45. J. J. da Cunha e Azevedo Coutinho, *Essai politique sur le commerce du Portugal et de ses colonies*, Lisbonne, 1796, pp. 365-369 ; J. Accursio das Neves, *Variedades*, Lisbonne, 1814-1817.
46. Par exemple, les chiffres (quantités) de coton importé du Maragnon in A. Bernardino Pereira do Lago, *Estatística histórica geográfica da província do Maranhão*, Bahia, 1822 et les chiffres de l'exportation hors du Portugal in Macedo, *op. cit.*, p. 199.

loin de combler à lui seul le « creux » ouvert par les destructions des plantations françaises des Antilles. Il est néanmoins indubitable[47].

Il y aurait encore à vérifier à quel point les ports de Pernambouc et de Bahia ont pu jouer le rôle de relais pour les productions de l'Amérique espagnole (cacao des Caraques, par exemple) à destination de l'Europe. Cette éventualité doit être envisagée sérieusement dès lors qu'on examine le dernier groupe de marchandises. Sa progression en valeur entre 1778 et 1796, de 2 900 000 à 3 850 000 cruzades, est surtout significative du fait de l'immobilité des prix des cuirs et du tabac. Le boom de 1806 : 7 748 559 cruzades, dans lequel la part majeure échoit aux cuirs, passés de 1 846 255 à 5 623 559 cruzades, suggère, vu sa soudaineté et sa massivité, vu aussi les circonstances politiques, l'introduction via Rio de Janeiro des peaux argentines dans les cargaisons brésiliennes[48].

Quoi qu'il en soit, l'augmentation de la valeur affichée des flottes – flottes à présent du coton, du café, du sucre, etc. – reflète bien en partie un développement économique, sectorialisé certes et circonscrit, mais authentique. Le problème posé, cependant, est d'en mesurer l'influx, la puissance par rapport aux flottes du passé, aux flottes de l'or. Cela suppose le nettoyage des chiffres pour les débarrasser des effets de l'inflation. Entreprise malaisée en l'absence d'un bon indice des prix pour le XVIIIe siècle à Lisbonne ou à Rio. Une approche est proposée ci-dessous d'après l'indice de la Bourse d'Amsterdam dont le caractère représentatif de l'évolution européenne est assez communément reconnu. Le résultat exprime en quelque sorte le pouvoir d'achat des cargaisons brésiliennes en marchandises d'Europe, *en Europe*, dans le cadre d'un échange idéal, virtuel[49].

Première constatation : l'impulsion énergique apportée au commerce par la découverte des placers se dessine toujours avec la

---

47. Exportations portugaises de sucre en 1776 : 14 129 424 kg ; en 1796 (forte année) : 30 628 050 kg (d'après Macedo, *op. cit.*). Exportations françaises en 1776 : 59 511 495 kg ; en 1790 : 61 012 872 kg (d'après J. Tarrade, *Le commerce colonial de la France à la fin de l'Ancien Régime,* Paris, 1972, tome II, p. 753). La production se développa à Cuba à la même époque.

48. Toujours d'après les sources citées à la note 44.

49. Posthumus, *Inquiry, into the history of prices in Holland,* Leyde, 1946 p. XCV. Indice construit à partir des prix de 44 articles sélectionnés d'après les caractéristiques du commerce hollandais. Cette extrapolation comporte des risques ; elle est plausible. Cependant, il est probable que le meilleur marché relatif des tissus anglais, qui formaient une part importante des cargaisons destinées au Brésil, ait amélioré au profit de ce dernier les termes de l'échange avec sa métropole à la fin du XVIIIe siècle.

Tableau 25. *Valeur comparée des flottes du Brésil à différentes dates*

date	valeur totale des flottes (en millions)	valeur de l'or (en millions)	indice de référence des prix	valeur indicielle	
				des flottes	de l'or
vers 1690	4 - 5	traces ?	124	40	négligeable
1703	10,8	3,2	117	93	18
1730-34	22	17,8	95	230	187
1755	17,8	12,4	117	145	106
1778	17,3	8	132	130	60
1796	28,6	4,6	156	176	29
1806	35,5	2,3	256	140	9

même netteté. De la fin du XVIIe siècle à 1730, la valeur des flottes sextupla, et l'or en fut le premier responsable, le seul responsable puisque l'ensemble des marchandises connaissait une baisse des tonnages et des prix. C'est lui, de reste, qui soutient le haut niveau des cargaisons jusqu'en 1750, et c'est son déclin qui le fait fléchir ensuite. Deuxième constatation : le développement de l'agriculture brésilienne n'a pu entièrement pallier le déficit toujours croissant de la production de métal jaune. Mais il a enrayé une perte de valeur qui risquait de devenir catastrophique, et, après un étiage vraisemblablement situé aux alentours de 1765, il a amorcé une relance vigoureuse qui s'est, peut-être, prolongée au-delà de 1796, l'indice de la Bourse d'Amsterdam cédant de sa représentativité à l'époque du système continental napoléonien...[50].

Il n'y a aucune raison de croire que ces constatations seraient fondamentalement bouleversées si les échanges étaient observés dans leur cadre réel, concret, au Brésil. Elles ne sont pas modifiées par le fait que les marchandises d'Europe, par la seule traversée de l'Atlantique, acquéraient une énorme plus-value, ce qui diminuait d'autant à Rio et à Bahia le pouvoir d'achat absolu des métaux et des denrées de la colonie. Cette perturbation, capitale pour apprécier l'importance du flux commercial et le degré de dépendance de l'économie brésilienne par rapport à la métropole, affecte tout le siècle. Sur la valeur indicielle, relative, ne joueraient que ses

---

50. Le Portugal continuait de vivre en symbiose avec l'Angleterre, alors que la Hollande était entrée dans l'orbite française. Ce clivage et le blocus des côtes par la Marine britannique avaient certainement des effets sur les prix de divers produits (par exemple, les huiles d'olives et le vin qui font partie de l'indice d'Amsterdam ou les cotonnades anglaises importées au Portugal).

fluctuations. Tout au plus, par analogie avec ce qui se passa en d'autres lieux, en d'autres temps – en Californie, en Australie au XIXᵉ siècle – peut-on suggérer que l'abondance de l'or vers 1730, la fièvre de prodigalité qui accompagne ordinairement les épisodes des découvertes, ont, sans doute, favorisé une certaine inflation, spécifique du Brésil, qui détériora à son détriment les termes de l'échange. En conséquence, la courbe de la valeur indicielle devrait être aplatie à cette date et la puissance des cargaisons rapprochée de celle des cargaisons de 1778, 1796, 1806, bien que lui restant supérieure[51].

Ainsi s'achève la mise en perspective de ces grands moments, de ces grands mouvements de l'histoire brésilienne au XVIIIᵉ siècle : « cycle » ou séquence de l'or suivi d'un « cycle » ou séquence du coton... Le métal précieux en sort à la fois magnifié et relativisé. Magnifié à cause d'une prépondérance éclatante durant près de quarante ans ; relativisé parce que sa raréfaction ne fit pas sombrer complètement l'économie du pays. Opportunément le dernier épi-

Tableau 26. *Composition des flottes brésiliennes en 1796 et 1806*

	1796		1806	
	valeur en cruzades	pourcentage	valeur en cruzades	pourcentage
or	4 640 235	16,1	2 349 949	6,6
marchandises				
vivres	14 628 112	51,1	16 335 698	46,3
coton	5 503 172	19,3	8 860 998	25
cuirs	1 846 255	6,4	5 623 183	15,7
drogues	405 221	1,4	710 426	2
bois	65 094	0,2	89 199	0,2
tabac et divers	1 599 067	5,6	1 414 950	4
total	28 687 156	100	35 383 403	100

51. L'exemple du commerce franco-antillais montre qu'un doublement du prix des denrées européennes entre la métropole et la colonie était chose ordinaire (M. Morineau, « Quelques recherches relatives à la balance du commerce extérieur français au XVIIIᵉ siècle : où cette fois un égale deux », in *Actes du IIᵉ Congrès de l'Association des historiens économistes français*, Paris, 1973, pp. 1-45. Supposons qu'il en ait été de même entre le Portugal et le Brésil : une cargaison de marchandises d'Europe d'une valeur de 5 millions de cruzades, au départ de Lisbonne, aurait permis d'acheter ou d'enlever pour une valeur de 10 millions de cruzades outre-Atlantique. Les rapports ont pu néanmoins varier au cours du siècle de 2,75 pour 1 à 2,5 ou 2 pour 1 : d'où la solution suggérée. Un élargissement des investigations, de la côte brésilienne au Minas Gerais, ne serait pas sans intérêt. A noter que le document cité à la note 36 fixe les envois pour le Brésil à douze millions et les retours à dix-sept, en 1778.

sode rappelle à l'attention que l'or et l'argent n'ont jamais constitué potentiellement ni de fait ni a fortiori, les *stimuli* uniques des activités d'échange et de production. Il est à remarquer, en outre, que, parallèlement à l'anémie de son extraction, le métal jaune subit une dépréciation sur le marché par suite de la hausse de toutes choses. Au zénith en 1730, sa balance commerciale avait singulièrement diminué à l'orée du XIXe siècle. Et, pour ne donner qu'un exemple, le kilo d'or pur qui, vers 1740, « valait » à Lisbonne 12,25 caisses de sucre (environ 7 200 kg) en valait en 1778 moins de sept (3 900 kg) et en 1796 moins de 3,5 (1 950 kg). Qui l'eût cru que, de l'or et du sucre, c'eût été le premier qui eût le plus fondu[52] ?

3. Or brésilien et économie européenne

a. *Or et commerce*

En possession des séries élaborées ci-dessus, dûment pondérées quant à leur signification pour le Brésil, nous pouvons passer à l'autre problème posé par cet or, celui de son influence sur l'économie européenne. L'analyse des termes de l'échange a conduit à pied d'œuvre. L'or y est apparu, en effet, dans son rôle premier, immédiat, d'instrument d'achat ou mieux, peut-être, d'instrument de paiement offert en contrepartie d'un certain nombre de marchandises chargées au Portugal sur les flottes de l'aller. « Si l'on n'expédiait rien [...] on n'attendrait pas de retour [...] » a écrit Pierre Vilar au sujet du trafic hispano-américain, et la remarque s'applique avec autant de justesse au trafic luso-brésilien[53]. Et, par réciproque, l'incidence de l'or est à rechercher, par priorité, dans la composition et dans l'évolution des cargaisons au départ. A travers elles, devraient se découvrir les secteurs économiques, les régions, les pays les plus directement, les plus spontanément incités à développer leur production.

L'information sur le chargement des flottes à Lisbonne se réduit malheureusement à peu de choses. On connaît par une description succincte l'échantillonnage des marchandises en 1730 : « [...] toutes

---

52. Nonobstant le changement de parité entre l'or et l'argent qui revalorisa quelque peu celui-là. Cf. V. Magalhães Godinho, *op. cit.*, p. 220.

53. P. Vilar, *Or et monnaie dans l'Histoire*, Paris, 1974 p. 328.

sortes de Draperies, d'Etoffes de Soye et de laine, de Galons et d'Etoffes d'or et d'argent, de Toiles de Bretagne & autres, de Mercerie, Quincaillerie, Fer, Bray, Goudron, Cordages, Farines, Biscuits, Vins, Eaux de vie et autres Provisions de Bouche [...] »[54]. Mais l'on ne possède pas d'estimation de la valeur ou de ventilation par origine des articles avant 1796. C'est une date tardive : le cycle de l'or était alors largement entré dans la phase de son déclin, et l'intérêt des nations européennes pour le marché brésilien s'était modifié en fonction de l'amenuisement même des rentrées de métal jaune, provoquant ainsi des changements dans la structure des envois. Il est donc préférable pour apprécier ce qui s'est passé à la belle époque, dans le courant du XVIIIᵉ siècle, de différer l'examen des cargaisons de 1796 et des années suivantes et de se tourner vers d'autres sources.

Or, le commerce de la nation la plus engagée dans le négoce brésilien, la Grande-Bretagne au dire de tous les contemporains[55], est accessible d'une certaine manière. Les firmes anglaises qui y participaient faisaient transiter leurs marchandises par Lisbonne et Porto comme l'exigeait l'ancien régime colonial. Le *Board of Trade* enregistrait ces marchandises sous la rubrique des exportations à destination du Portugal. C'est là que l'on peut essayer de retrouver la réponse à l'impulsion de l'or, tout en sachant que l'on aura à démêler les parts confondues du Brésil et de sa métropole.

Telle qu'elle apparaît sur le graphique, construite à partir des moyennes quinquennales, la courbe des exportations britanniques au Portugal présente effectivement deux mouvements correspondant en gros à ceux des arrivages du métal jaune : ascendant dans la première partie du siècle, déclinant ensuite, sauf relèvement in extremis dans la dernière décennie. L'accroissement du trafic, acquis dès 1736-1740, équivaut à un doublement si l'on prend pour base la période 1700-1704 ou 1701-1705. La baisse, après 1760, est de même ordre de grandeur. D'après H.E.S. Fisher, les exportations anglaises consistaient par majorité en tissus (à 71 % en début de siècle, à 83 % vers 1750). Ce fait renforce l'intérêt des chiffres.

---

54. *Description de la ville de Lisbonne*, p. 237.
55. Cf. les citations produites par Boxer, *The Portuguese seaborne Empire 1415-1825*, Londres, 1969, pp. 166-167.
56. H.E.S. Fisher : *art. cit.*, pp. 219-233 ; et *The Portugal trade. A study of Anglo-Portuguese commerce 1700-1770*, Londres, 1971.

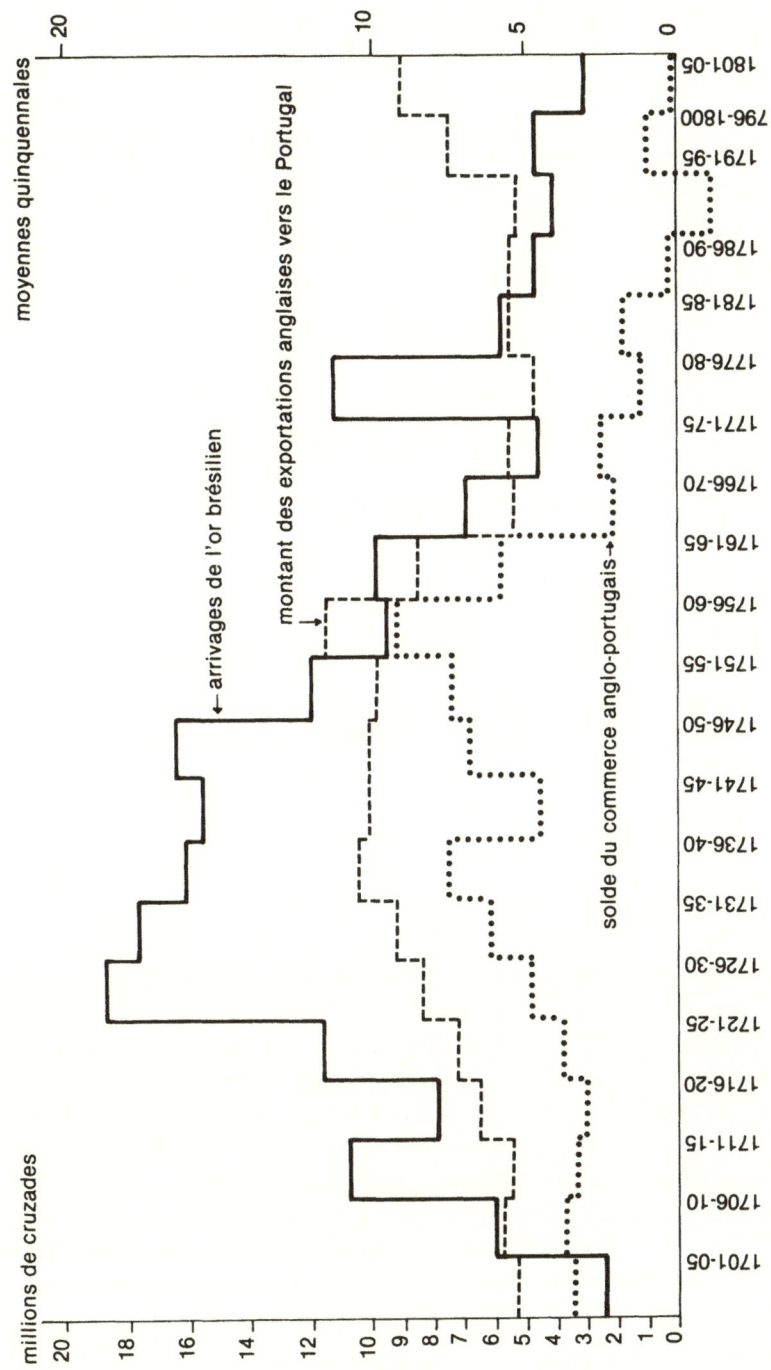

Figure 12. *Or brésilien et commerce anglo-portugais au XVIIIᵉ siècle.*

Tableau 27. *Exportations anglaises vers le Portugal**

période	milliers de livres sterling	milliers de cruzades	période	milliers de livres sterling	milliers de cruzades
1698-1702	392	3 528	1751-1755	1 098	9 882
1700-1704	514	4 626	1756-1760	1 301	11 709
1701-1705	610	5 490	1761-1765	965	8 685
1706-1710	652	5 860	1766-1770	595	5 355
1711-1715	638	5 682	1771-1775	613	5 517
1716-1720	695	6 455	1776-1780	525	4 725
1721-1725	811	7 298	1781-1785	622	5 598
1726-1730	914	8 226	1786-1790	622	5 598
1731-1735	1 024	9 216	1791-1795	594	5 346
1736-1740	1 164	10 476	1796-1800	811	7 299
1741-1745	1 115	10 035	1801-1805	1 006	9 054
1746-1750	1 114	10 026	1806-1810	1 386	11 874

* Chiffres empruntés à E.B Schumpeter, *English overseas trade statistics 1697-1808*, Oxford, 1960, table V, sauf les deux quinquenniums du XIXe siècle : Mac Gregor, *Commercial statistics*, tome IV, Londres, 1850, p. 404. Pour le XVIIIe siècle, il y a quelques menues différences entre les moyennes calculées d'après Schumpeter et d'après Mac Gregor. Rappel : 1 livre sterling = 9 cruzades.

Toutefois l'on note des imperfections dans la corrélation des courbes. Tout d'abord un défaut de synchronisation dans les mouvements : le progrès des arrivages d'or anticipe sur celui des exportations et, pareillement, le reflux. L'importance de ces décalages ne doit pas être exagérée. D'une part, la réussite des chercheurs d'or a eu, de tout temps, un caractère capricieux, et ses à-coups ont pu « surprendre » les négociants européens ; d'autre part, quelque délai était nécessaire pour que les exportateurs et les producteurs britanniques s'adaptent à la nouvelle demande. Ceci vaut pour la montée. Une résistance à la baisse, inversement, se conçoit fort bien à l'origine du déphasage des années 1760-1780, soutenue par une certaine permanence du marché portugais et de ses besoins propres[57]. En second lieu intervient la différence d'intensité des mouvements respectifs. La masse du métal, multipliée par six ou sept, a crû incontestablement davantage que celle des exportations et décru de même. Mais rien d'inexplicable là encore. Le cycle de l'or a démarré de zéro, le trafic de l'Angleterre préexistait à lui et, pour une fraction, n'en dépendait pas (biens destinés à la consommation portugaise).

57. Des achats de grains, par exemple.

D'où la distorsion des indices. Une remarque identique s'applique au solde des échanges anglo-portugais, solde largement en faveur de la Grande-Bretagne jusqu'en 1765, décalé par rapport au mouvement de l'or, comme les exportations. Il existait au XVIIe siècle. Si bien ancré, d'ailleurs, que l'on ne peut écarter l'idée qu'il se réglait en partie, encore au XVIIIe, par d'autres moyens que des sorties de métal précieux. Mais son ampleur, les preuves que nous avons des transferts d'or par le paquebot de Falmouth, la causalité la plus simple, enfin, le lient principalement au Pactole brésilien. Tant que celui-ci coula. L'évolution des exportations et du solde à la fin du XVIIIe siècle sera examinée plus loin[58].

Quelle que soit la souplesse ou la rigidité de la réponse à l'impulsion de l'or, nous en tenons bien, solidement, l'une des expressions. Du chiffre des exportations et du chiffre des soldes, un calcul simple, mais assez sûr à cause des vérifications précédentes, permet de déduire le montant des ventes supplémentaires de la Grande-Bretagne au Portugal en fonction directe des trésors brésiliens. Il s'établit aux alentours de 500 000 livres vers 1740 (4,5 millions de cruzades). En admettant qu'une part des exportations anglaises prenait déjà avant 1700 le chemin de Rio ou de Bahia via Lisbonne, on portera le quota britannique dans les cargaisons de l'aller à 600 000 livres environ. Dans l'hypothèse d'un doublement des valeurs d'une rive à l'autre de l'Atlantique, les productions anglaises auraient représenté au départ 60 à 70 % des chargements (5,4 millions de cruzades sur 7 ou 8), proportion en harmonie avec les rumeurs de l'époque à leur sujet.

Performance remarquable en soi. Mais non exceptionnelle. Le développement des exportations de la Grande-Bretagne à destination du Portugal et du Brésil ne tranche guère jusqu'en 1730 sur celui de l'ensemble des exportations de denrées et manufactures nationales (indices 149 et 139 respectivement en 1726-1730 pour une même base 100 en 1701-1705), ne s'enlève que fugitivement ensuite (indice 190 contre 163 en 1736-1740), se retrouve rapidement à égalité (indices 182 et 184 en 1741-1745), puis diverge en 1760 et s'écroule comme il était prévisible (indices 97 et 366 en 1791-1795). L'alignement approximatif à la belle période de l'or cache, en

---

58. Le montant des transferts du paquebot de Falmouth dans les années 1759-1769 est donné *infra*. L'existence d'un solde négatif dans la balance commerciale d'un pays pose un problème épineux : on ne peut pas toujours invoquer par compensation un décaissement de métal précieux. Voyez les exportations de la Grande-Bretagne vers la Hollande et vers l'Allemagne. Cf. pour la France M. Morineau, «quelques recherches...» *art. cit.*

Tableau 28. *Corrélations entre le commerce anglo-portugais et l'or brésilien**

période	exportations anglaises (indice)	arrivage d'or brésilien		solde du commerce anglo-portugais		
		indice	moyenne quinquennale (en millions de cruzades)	moyenne quinquennale (en millions de cruzades)	moyenne quinquennale (en millions livres sterling	indice
1701-05	100	100	2,5	3,3	368	100
1706-10	107	240	6	3,7	412	117
1711-15	104	430	10,7	3,4	386	104
1716-20	113	318	7,9	3,1	346	94
1721-25	132	465	11,6	3,8	424	115
1726-30	149	742	18,5	4,9	555	150
1731-35	167	712	17,8	6,2	698	189
1736-40	190	645	16,1	7,7	863	234
1741-45	182	600	15,5	5,5	686	186
1746-50	182	658	16,4	6,9	790	214
1751-55	180	480	12	7,4	826	224
1756-60	213	386	9,6	9,3	1 044	283
1761-65	158	319	7,9	5,8	652	160
1766-70	97	276	6,9	2,1	239	64
1771-75	100	254	6,3	2,2	248	67
1776-80	86	152	3,8	1,2	144	39
1781-85	102	232	5,8	1,9	282	76
1786-90	108	184	4,6	0,2	− 25	6
1791-95	97	159	4	− 1,1	− 130	− 35
1796-1800	132	185	4,6	1	113	30

* Mêmes sources qu'à la note du tableau 27. Base 100 = 1701-05. Le solde du commerce anglo-portugais est à l'avantage de la Grande-Bretagne sauf en 1791-95, où le déficit est signalé par le signe (−). On remarquera que le solde dépasse la totalité des rentrées d'or au Portugal dans la période de base. Les arrivages brésiliens ont été calculés sur la base de leurs maxima.

outre, les écarts des croissances de secteur à secteur[59]. Tandis que les exportations anglaises en direction de divers pays stagnaient (Hollande, Allemagne), elles connaissaient un vif allant ailleurs. De telle sorte que le secteur luso-brésilien paraît débordé par le trafic vers les colonies des Indes occidentales, les colonies du continent américain et même l'Irlande. Leurs indices, dans l'ordre, atteignaient dès 1726-1730 les chiffres de 154, 196 et 204 ; en 1736-1740 : 161, 279 et 278 ; en 1741-1745 : 238, 285 et

59. On a retenu pour la comparaison le chiffre des exportations des « Produits et Manufactures anglais » de préférence à celui des exportations totales (y compris les réexportations) parce qu'il était plus significatif. En outre, les exportations dans les directions indiquées (y compris le Portugal) consistaient principalement dans ces articles.

318 ; le hiatus ne faisait ensuite que s'accentuer : 813, 1 560 et 887 en 1791-1795.

Tableau 29. *Indice des exportations britanniques dans différentes directions**

période	total	Portugal	Indes occidentales anglaises	les 13 colonies	Irlande
1701-05	100	100	100	100	100
1706-10	111	107	105	108	100
1711-15	112	104	128	129	132
1716-20	111	113	140	152	144
1721-25	121	142	154	168	189
1726-30	139	149	154	196	204
1731-35	140	167	120	219	260
1736-40	145	190	161	279	278
1741-45	163	182	238	285	318
1746-50	184	182	240	374	385
1751-55	194	180	200	476	460
1756-60	220	213	312	746	401
1761-65	241	158	366	683	648
1766-70	223	97	381	704	817
1771-75	236	100	443	152	817
1776-80	191	86	407	101	711
1781-85	218	102	416	616	715
1786-90	297	102	460	813	791
1791-95	366	97	813	1 560	887
1796-1800	455	132	1 435	2 209	1 183

* Chiffres empruntés à E. B. Schumpeter, *op. cit.*, pp. 60-62.

A première vue en conséquence, s'il faut bien retenir le rôle de l'or brésilien, il faut en pondérer la puissance en disant qu'il ne fut ni le seul agent de croissance, ni le plus fort. Cette constatation n'est que légèrement modifiée par la prise en considération des valeurs absolues. Certes, le marché luso-brésilien absorbait à l'origine (mais n'est-ce pas là même une minoration implicite des effets de l'exploitation aurifère ?) une quantité de marchandises supérieure à chacune des destinations mises en cause : 610 millions de livres en 1701-1705 contre 305 (Indes occidentales), 259 (colonies du continent) et 248 (Irlande) ; il maintenait sa prééminence en 1726-1730 : 914 milliers de livres contre 473, 507 et 506 respectivement ; en 1736-1740 : 1 164 milliers de livres contre 494, 724 et 690 et même en 1741-1745 : 1 125 milliers de livres contre 728, 738 et 790. Mais finalement cette avance

Figure 13. *Trois secteurs des exportations anglaises au XVIIIe siècle.*
Irlande, Indes occidentales, continent nord-américain

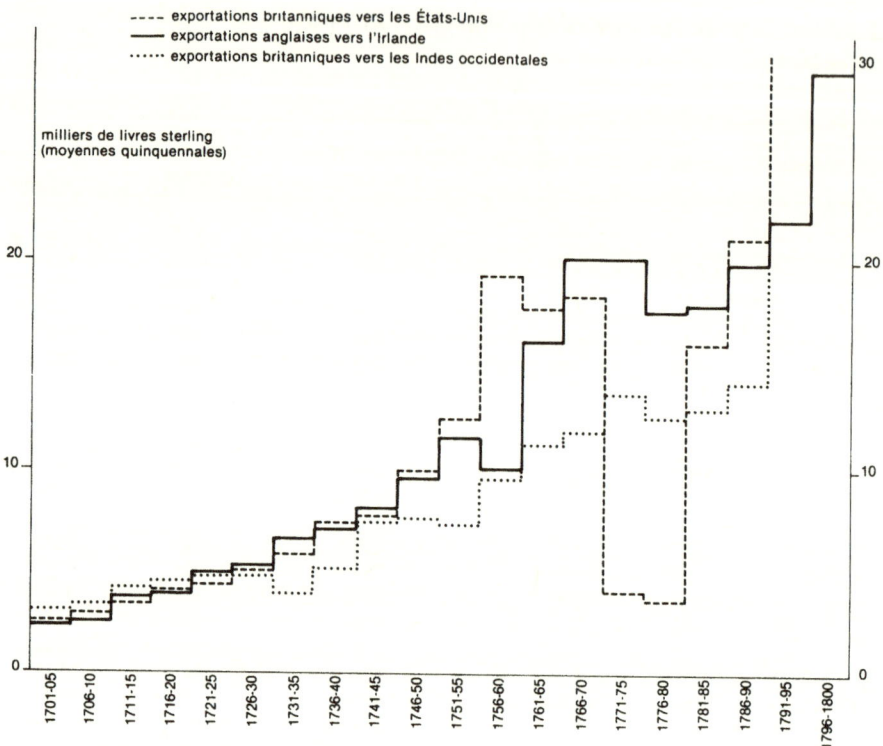

allait s'amenuisant, et la part des exportations vers le Portugal, rapportée aux exportations totales, cette fois-ci oscilla seulement dans des limites étroites : de 14 % (en 1701-1705) à 19 % (maximum, en 1736-1740). Postérieurement à 1760, le marché luso-brésilien perdit rapidement de son importance aussi bien en valeur absolue (594 milliers de livres en 1791-1795 contre 2 486 pour les Indes occidentales, 4 403 pour les Etats-Unis et 2 201 pour l'Irlande) qu'en pourcentage (4 % des exportations totales dans le quinquennium susdit).

Dans une autre perspective, cependant, l'or recouvrerait la plénitude de son pouvoir. Il suffirait de lui attribuer tous les progrès accomplis dans les autres secteurs, de lui rattacher par un lien de nécessité et de rattacher au commerce anglo-portugais les trafics avec les Antilles, avec l'Amérique du Nord, avec l'Irlande. Cette manière de voir reçoit l'appui de plusieurs évidences. Du fait de sa simple présence physique, du fait de sa plus grande abondance aussi, l'or, base du système monétaire anglais, a participé intimement à la vie économique de l'époque : elle ne s'est pas déroulée en dehors de lui, sans référence à lui, sans lui. On peut en outre, à travers son action sur la production et l'exportation britanniques à destination du Brésil, lui rapporter un effet réel d'augmentation de la masse des revenus en Angleterre (au moins dans l'industrie textile) et des disponibilités d'achat éventuellement reportables sur les marchés américains et irlandais.

Mais une chose est de reconnaître ces faits délimités, une autre de conférer à l'or un pouvoir de régenter universel. Pour entrer totalement dans la nouvelle perspective, il faut d'abord adhérer au postulat des quantitativistes bullionistes : pas de progrès sans injection de métal précieux. Dès lors, la démonstration a tendance à se confondre avec la pétition de principe : à tout développement économique l'on cherchera une origine métallique et, dès que l'on aura mis le doigt sur une paillette d'or, l'on proclamera que la théorie est vérifiée et que la paillette a tout accompli[60]. Cette démarche n'est guère scientifique et ne convaincra pas. Elle dessert la cause qu'elle défend. La théorie quantitativiste sera mieux assise si ses tenants acceptent de descendre dans le détail du mouvement économique et proposent une explication de l'influence de l'or, ubiquiste selon eux, en démontant les mécanismes de sa transmission. Ce sera tout profit également que de ne pas escamoter les difficultés qu'elle soulève conceptuellement ou pratiquement, comme dans l'affaire qui nous occupe de l'or brésilien.

L'axiome quantitativiste bullionniste conduit à refuser la qualité d'autonomes à tous les développements économiques, hormis celui du commerce anglo-portugais, et à ne leur octroyer que celle d'induits. Il suppose admis son corollaire qu'aucune cause autre que l'action de l'or ne saurait avoir d'efficience véritablement créatrice. Ni l'expansion démographique, ni le défrichement des terres vierges comme en Amérique du Nord, ni l'effet d'entraînement d'un secteur industriel ou commercial par ses partenaires (appel des Antilles à l'élevage irlandais pour la fourniture de bœuf salé, à l'industrie de

---

60. Qui voudra se convaincre que nous ne confondons pas les trésors brésiliens avec une modeste paillette se reportera à la première partie de cette étude.

l'Ulster pour les toiles), ni une logique interne des croissances (équilibre et réciprocité). Tant d'effacements, et de causes d'un tel poids, réclament que l'on en prouve la validité, avant credo.

Au niveau des faits, l'explication bullionniste a heurté des désajustements et des discordances. Certaines des causes qu'elle écarte étaient actives dès avant les découvertes du Minas Gerais et leur efficacité avait été indubitable. La naissance et les premiers progrès des colonies anglaises en Amérique remontent, bien entendu, au XVIIe siècle ; la fabrication des toiles de l'Ulster a démarré avant 1695 ou 1697. Mieux même : lesdites causes avaient enclenché le commerce anglo-portugais et, d'une certaine manière, lui offraient la promesse d'un développement ultérieur : extension du vignoble et des exportations de vins de Porto en échange des manufactures britanniques. L'évolution du trafic à la fin du XVIIIe siècle témoigne aussi du phénomène, puisque la vente des denrées et des matières premières du Brésil soutint et relança l'exportation anglaise. Malgré la position souple adoptée pour mitiger l'interrogation dubitative posée par le retard des exportations anglaises sur les arrivages d'or, celle-ci reparaît. Car, pour reprendre les termes de R. Davis et de F. Crouzet : « Jusqu'à la fin des années 1740 [...] le commerce anglais ne connut qu'un *développement péniblement lent*, vu la stagnation des exportations de lainage et des réexportations ; ce fut seulement à partir de 1748 qu'il progressa rapidement », c'est-à-dire quand le débit du fleuve jaune diminua[61]. Curieusement, les branches antillaise, nord-américaine et irlandaise dont la sève, d'après la théorie, aurait été d'or ne prospérèrent que de plus belle lorsqu'elle se fut tarie. Et un recours substitutif à l'argent mexicain changerait peu de choses aux observations, puisque la décadence des exportations anglaises vers l'Espagne épouse la décadence des exportations anglaises vers le Portugal. Enfin, parmi les marchandises tirées de ses colonies par la Grande-Bretagne, il est visible que l'une d'elles, le tabac, était importée pour être réexportée sur le continent européen sans que l'on ait trace manifeste, là, d'une alimentation considérable en or brésilien.

Le problème s'est élargi. Il intègre l'autre grand trafic transatlantique, le trafic hispano-américain, il s'insinue dans la vie économique de l'Europe centrale et orientale. Il n'en devient que plus complexe

---

61. F. Crouzet, « Croissances comparées de l'Angleterre et de la France au XVIIIe siècle », *Annales E.S.C.*, tome XXI, n° 2, 1966, pp. 254-291., p. 264. R. Davis «English foreign trade 1700-1774» *Economic history review*, 2e série, tome XV, 1962, pp. 285-295.

sur le plan conceptuel. La discussion sur le fond de la théorie quantitativiste bullionniste ne sera pas entamée ici. Elle sera plus utile lorsque nous aurons rassemblé et jeté dans le débat d'autres faisceaux de données et, en particulier, les chiffres des trésors de l'Amérique espagnole au XVIIIᵉ siècle obtenus grâce aux gazettes hollandaises de nouveau. Provisoirement, l'on conclura à une influence circonscrite mais sûre de l'or brésilien sur les exportations britanniques au Portugal, à une influence diffuse d'augmentation et de lubrification de la masse du pouvoir d'achat anglais (qui reste à quantifier). Et l'on formulera le constat qu'une influence en quelque sorte essentielle, irremplaçable du métal jaune dans la vie économique, non seulement n'est pas patente, mais encore est apparemment contredite dès lors que l'on embrasse la totalité du champ d'activité économique. On n'entend pas, d'ailleurs, compromettre à l'avance la discussion du problème connexe mais distinct de la part de l'or dans l'accumulation d'un capital. Et dans sa disponibilité pour des investissements jugés par beaucoup – à tort ou à raison – indispensables à l'éclosion de la révolution industrielle.

A titre complémentaire, jetons un coup d'œil sur le négoce de la France au XVIIIᵉ siècle[62]. Il corrobore grandement les conclusions précédentes. Les exportations à destination du Portugal passèrent de 1 millions de livres-tournois, moyenne annuelle de 1716-1720, à 2,7 millions en 1726-1730, 4 millions en 1736-1740, 4,8 en 1741-1745, culminèrent en 1756-1760 et déclinèrent modérément jusqu'en 1780, pour s'effondrer vers 1787. La courbe reflète indiscutablement la poussée de l'or plus purement peut-être que la courbe anglaise dans la phase ascendante[63]. Mais les décalages, la résistance après 1760 s'imposent de même. Une certaine similitude se dégage de la comparaison des indices des exportations françaises vers le Portugal et vers les Antilles. Elle est fallacieuse dans la mesure où, en valeur absolue, à la différence de ce qui existait en Grande-Bretagne, il y avait supériorité écrasante du commerce colonial sur le commerce

---

62. Chiffres accessibles dans R. Romano, « Documenti e prime considerazioni intorno alla « balance du commerce » della Francia dal 1716 al 1780 » in *Mélanges A. Saponi*, Milan, 1957, pp. 1267-1300. A compléter par AN Paris : F 12/251, 252 et 253.

63. Dans la mesure où la France était moins acheteuse de produits portugais : très peu de vins, mais, cependant, de l'huile. La structure des échanges franco-portugais en 1750 a été étudiée par F. Mauro, « L'Empire portugais et le commerce franco-portugais au milieu du XVIIIᵉ siècle », *Etudes économiques sur l'expansion portugaise (1500-1900)*, Paris, 1970, pp. 81-95, d'après le manuscrit de la Bibliothèque municipale de Saint-Brieuc, n° 85.

franco-portugais (quatre fois plus en 1736-1740) : d'où l'improbabilité d'un mécanisme d'engrènement. D'autre part, l'évolution des importations des Antilles en France s'articule fortement sur la réexportation dans le reste de l'Europe et moyennement sur la consommation intérieure, la seule à être éventuellement stimulée par les rentrées d'or brésilien. Leur boom, que masque la semi-stagnation des exportations françaises vers les colonies à la même époque, se produisit de manière autonome[64].

Tableau 30. *Données concernant le commerce français au XVIIIe siècle*

| période | exportation vers le Portugal | | commerce avec les Antilles | | | | |
| | | | exportations | | | importations | |
	milliers de livres-tournois	milliers de cruzades	indice	indice	moyenne annuelle en milliers de livres-tournois	indice	moyenne annuelle en milliers de livres-tournois
1716-20	1 023	409	19	29	7 056	23	12 605
1721-25	2 718	1 087	52	45	14 313	33	17 841
1726-30	4 201	1 680	81	43	13 470	34	18 230
1731-35	3 895	1 559	75	40	12 584	38	20 405
1736-40	4 047	1 615	77	59	18 675	66	35 330
1741-45	4 883	1 953	94	66	20 792	79	41 969
1746-50	5 079	2 031	98	82	25 848	75	38 725
1751-55	5 227	2 090	101	117	36 527	126	67 104
1756-60	5 645	2 270	110	31	9 949	22	12 125
1761-65	4 965	1 986	96	96	30 788	87	46 321
1766-70	4 543	1 817	88	89	27 836	184	97 509
1771-75	4 386	1 755	85	94	29 341	250	132 583
1776-80	4 488	1 793	87	117	36 804	228	110 968
1787-89	3 751	1 500	72	130	65 959	415	219 037

*Mêmes sources qu'à la note 62. Du fait de l'absence de la période 1701-1715 et du fait de la mauvaise qualité du premier quinquennium 1716-1720, la base 100 de l'indice a été fixée en 1746-1755. Il est donc nécessaire de faire un ajustement de lecture si l'on veut comparer ce tableau à ceux qui concernent le commerce britannique. Rappel : 1 cruzade = 2,5 livres tournois.

Faute de documents, les supputations sur l'influence de l'or brésilien au Portugal conservent un caractère cursif. Le Roi fut vraisemblablement le premier bénéficiaire portugais des trésors. Son

64. Parallèlement, la France cédait du terrain dans son commerce avec l'Espagne. Le relais n'aurait donc pas été pris par l'argent mexicain.

quint suivit grossièrement la production, sauf rétention à Rio. Il était redistribué partiellement autour de la Cour. Par là, le royaume vécut à l'heure du Minas Gerais. Lisbonne en profitait d'autre façon grâce à l'armement, au chargement et à la dépêche des flottes annuelles. Frets, commissions, gages d'équipages s'amassaient en pécules divers. N'oublions pas les firmes anglaises installées à demeure et fixant une fraction des retours sous forme de bénéfices ou sous forme d'investissements dans les vignes de Porto. Enfin, la campagne fournissait quelques denrées pour l'exportation : on en connaît mal l'importance puisque le voile couvrant les cargaisons ne se déchire, avons-nous dit, qu'en 1796.

Tableau 31. *Exportations du Portugal vers le Brésil en 1796*
(en cruzades)

produits d'origine nationale		produits d'origine étrangère (Europe)	
vivres	3 039 632	étoffes de laine	1 328 927
objets manufacturés	4 290 335	toileries	3 981 535
or et argent ouvrés	578 795	soieries	334 414
		métaux	1 098 704
total	7 908 762	total	6 742 580
drogues	99 812	marchandises d'Asie	2 259 325
divers	495 836		
total général : 17 506 315			

A cette date, comme on le voit sur le tableau, le Portugal avait récupéré la prééminence dans le commerce avec sa colonie. Le « cycle de l'or » en était presque à son dernier souffle, de sorte que les échanges relevaient plutôt du type marchandises (vins, huiles, etc.) contre marchandises (sucre, coton, etc.) que du type marchandises contre métaux précieux qui prédominait auparavant. Bien des exportateurs non portugais s'étaient dégoûtés du Brésil au fur et à mesure de la diminution des rentrées en métal jaune. Très visible sur la courbe des exportations anglaises, ce retrait avait créé une opportunité pour l'industrie portugaise, encouragée au même moment précisément par Pombal. C'est dans ces conditions que le Portugal put fournir directement près de la moitié des cargaisons d'aller (45 %), dont une somme importante en objets manufacturés (24 %). Auspices favorables en 1806 toujours[65].

65. A. Balbi, *op. cit.*, hors texte en regard de la p. 431.

Tableau 32. *Exportations du Portugal vers le Brésil en 1806*
(en cruzades)

produits d'origine nationale		produits d'origine étrangère (Europe)	
vivres	5 554 293	étoffes de laine	1 777 764
objets manufacturés	4 555 354	toileries	3 367 145
or et argent ouvrés	384 175	soieries	557 844
total	10 493 822	métaux	1 617 620
		total	7 320 373
drogues	211 188		
divers	835 794	marchandises d'Asie	2 154 416
total général : 21 015 593			

Ces statistiques portent trop la marque des changements structurels survenus à la fin du XVIIIe siècle dans la composition des chargements pour faciliter un sondage rétrospectif sur les débuts. En supposant que la quantité des vivres expédiés en 1740 ait été identique à celle de 1796, leur valeur, restituée en fonction du mouvement des prix, aurait tourné alentour de deux millions de cruzades[66]. Mais quelle avait été l'évolution des volumes ? En relation avec la masse de l'or extrait ? Ou en relation avec la croissance démographique du Brésil ? Ou en relation alternative ? Peut-être existe-t-il, inédites ou publiées, dans des revues locales qui nous ont été inaccessibles, des séries de données sur les productions au Portugal qui expliciteraient quelque peu l'attraction du débouché brésilien sur l'agriculture de la métropole. Pour être utilisables, ces séries devraient être accompagnées d'une ventilation des expéditions tant sur le marché intérieur que sur les marchés étrangers. D'après les relevés, hélas tardifs, du chevalier Teixeira de Moraes – de 1796 à 1819 – le quota du Brésil dans les exportations portugaises était, par rapport aux autres pays destinataires, inégal : intéressant pour l'huile (les deux tiers ou plus), médiocre pour le vin (un quart), incolore pour le sel (un septième). Les propriétaires des olivettes auraient été ainsi plus attachés à la colonie que les vignerons (malgré un chiffre absolu inférieur), mais l'éventualité d'incitations à produire au Portugal venant d'ailleurs que du Brésil est rappelée

---

66. Les prix d'après V. Magalhães Godinho, *op. cit., passim*. Un tâtonnement est inévitable.

énergiquement. Elle était connue au demeurant pour les vins de Porto[67].

Pour en revenir à la participation du Portugal au commerce avec le Brésil vers 1740, nous serions enclin à rabaisser son montant – valeur au départ de Lisbonne – à 1,5 ou 1 million de cruzades, ce qui correspondrait à 15 ou 10 % du total des cargaisons. L'estimation du consul français en 1778 : un cinquième des exportations constitué par des marchandises portugaises, milite en faveur de cette interprétation. Il faut envisager, en effet, qu'à cette date le reflux des fournisseurs étrangers avait commencé, le développement des manufactures nationales aussi[68].

On s'oriente donc vers un bilan extrêmement balancé. Durant la belle période de l'or, le Portugal en a profité assez abondamment par le biais du prélèvement royal et par les revenants-bons du monopole de la navigation. Ensuite, tout en conservant une partie de ces derniers revenus, il est intervenu plus activement dans l'approvisionnement de sa colonie en augmentant sa production, principalement manufacturière. Risquons des chiffres : le Brésil a pu rapporter à sa métropole 6 à 7 millions de cruzades (3 en quint, 4 en retours et commissions) aux environs de 1740 ; 15 à 16 millions de cruzades en 1796 (presque exclusivement en retours). La hausse des prix ne résorbe pas entièrement cette croissance. Le Portugal n'a rien perdu avec la raréfaction de l'or brésilien : il a gagné en prenant appui sur ses ressources propres. Il semble aussi que, dans ses profondeurs, le pays ait dû être davantage intéressé à l'exploitation de l'outre-mer à la fin du XVIIIe siècle qu'à l'époque de la construction du couvent de Mafra. Ainsi devons-nous enregistrer deux « états » successifs dans les relations du couple luso-brésilien, l'un et l'autre lucratifs pour la métropole, mais de façon différente : le premier un peu facile et gaspilleur quand il n'y avait qu'à se baisser pour ramasser les pépites, le second austère et besogneux mais finalement plus riche[69]. *Sic transit gloria auri.*

---

67. A. Balbi, *op. cit.*, pp. 139, 152 et 153. Les tableaux regroupent les Açores et Madère avec le Brésil.

68. Citation du consul dans V. Magalhães Godinho, *op. cit.*, p. 339.

69. On a admis que la rémunération de la navigation portugaise vers le Brésil et des services annexes était prélevée sur les revenus mentionnés ci-dessus et sensiblement égale en 1740 et 1796. Le jugement porté resterait vrai même si l'on poussait le rapport du Brésil pour le Portugal à 8 millions de cruzades en 1740. A cette date, la cargaison de 1796 déflatée aurait valu 10 millions de cruzades.

b. *Or, monnaie et capital*

Mais la valeur économique de l'or déborde son pouvoir comme instrument d'échange au premier degré. Son rôle d'équivalent général, d'agent toujours actif et perpétuellement mobilisable de la circulation a été évoqué dans la discussion sur le niveau comparé des exportations anglaises dans différentes directions. Les réserves alors présentées – et maintenues – sur son omnipotence ne dispensent pas de tenter davantage de ce côté. Nous avons à suivre l'or dans sa transfiguration (ou ses transfigurations) monétaire, dans son accumulation, couche par couche, comme réserves métalliques d'une nation et futur capital.

Enquête aisée, penseront certains, si l'on possède de bonnes séries des frappes monétaires dans les pays visés. C'est une erreur assez commune. On s'imagine qu'il n'y avait dans le passage du métal aux pièces qu'une opération technique à laquelle les propriétaires de l'or se prêtaient automatiquement : en conséquence, on pourrait tabler sur le montant des frappes comme sur le montant du métal. En réalité, l'équation n'est pas parfaite. Même au Brésil où injonction fut faite aux mineurs de porter toute leur collecte aux Hôtels, la poudre d'or circula longtemps, le gouvernement autorisa la fonte en lingots à Vila-Rica, et la forme monétaire s'imposa tardivement, comme unique ou presque unique. En Europe, porter du métal à la frappe relevait d'une décision libre, sauf épisodes : entre l'arrivée de l'or et l'émission monétaire s'interposaient la volonté des hommes de convertir leurs liquidités ou de thésauriser leurs motivations, la marge de manœuvre laissée par les contraintes extérieures (emprunt forcé, par exemple) et la conjoncture (achat de grains à l'étranger en période de disette). La lecture d'une courbe des frappes exige un décryptage ; elle ne renseigne qu'indirectement sur le dynamisme économique.

La non-reconnaissance des particularités du monnayage entraîne parfois des méprises. Lorsqu'en 1774 l'Hôtel des Monnaies de Londres témoigna d'une activité fiévreuse, la cause n'en était point le développement d'une contrebande de l'or en droiture à partir du Brésil, mais la décision du gouvernement britannique de procéder à une refonte des pièces devenues trop légères[70]. La frappe de l'or à Lisbonne ne représente qu'un complément de celle de Rio : apprécia-

---

70.   V. Magalhães Godinho : *op. cit.*, p. 232 ; A. Feaveryear, *The pound sterling*, Oxford, 1963, 2ᵉ éd., p. 168.

ble en 1752-1756 (40 %) ou 1767-1771 (30 % environ), subsidiaire
en 1787-1791 (moins de 10 %). Comment soupeser la circulation
monétaire au Portugal ? En ne tenant compte que des pièces
lusitaniennes ? Ou en y agrégeant un certain nombre de pièces
brésiliennes entrées à titre définitif ou provisoire dans les circuits
d'affaires de la capitale et de Porto ? Le seul enseignement clair des
frappes *combinées* de Rio et de Lisbonne réside dans leur reflet de la
décadence des placers du Minas Gerais, du Goyaz et autres Mato
Grosso après 1750. Cette courbe, nous avons eu l'occasion de le
signaler à deux reprises, est à contre-pente de l'évolution économique
du Brésil et du Portugal[71].

Essayons de suivre à la trace l'or brésilien qui ricochait de
Lisbonne en Angleterre. Le solde de la balance commerciale fournit
en principe un élément de mesure de la contrepartie en métal
nécessaire pour couvrir le surplus des exportations britanniques.
Réfléchissons cependant que ce solde, connu d'après les documents
du *Board of Trade*, a été calculé sur le prix des marchandises en
Grande-Bretagne, c'est-à-dire avec la plus-value éventuelle réalisée
sur les produits portugais et sans la plus-value des produits anglais
commercialisés au Portugal et a fortiori au Brésil. Logiquement, les
rentrées d'or en Angleterre auraient dû excéder notablement le solde
comptable.

Quand on peut comparer le chargement en or du paquebot de
Falmouth au solde britannique, on a d'assez grandes surprises.
Tantôt les chiffres coïncident à quelques dixièmes près, tantôt ils
jurent totalement. On a l'impression, entre 1759 et 1764, d'un flux
métallique dépendant des résultats de la balance du commerce mais
doué d'une viscosité propre et telle qu'elle juxtapose finalement une
rentrée d'or record (en 1764) avec un solde négatif pour l'Angleterre
(cas exceptionnel). Viscosité due en partie aux pratiques du crédit
consenti par les Anglais à leurs clients (sur deux ans), en partie à
l'irrégularité des retours du Brésil, en partie enfin aux manipulations
d'or à Lisbonne[72]. Néanmoins, durant les six années considérées, les
deux additions ont une somme voisine : 4 millions de livres pour le
solde, 4,5 millions pour les cargaisons de métal précieux. Divorce

---

71. La circulation monétaire au Portugal fait d'ailleurs appel à l'époque à d'autres moyens
que l'or. Cf. V. Magalhães Godinho, *op. cit.*, pp. 199-234 pour les frappes d'argent, de
cuivre, de billon et l'émission de billets de banque.
72. H.E.S. Fisher, *art. cit.*, p. 233 et L. Sutherland, *A London merchant 1695-1774*, Londres, 1960
pour les modalités du commerce anglais au Portugal.

complet, par contre, dans les cinq années suivantes ; les paquebots de Falmouth ont rapporté une valeur presque double des soldes correspondants ; 4 millions de livres d'une part, 3,3 millions de l'autre.

Tableau 33. *Repères du passage de l'or brésilien du Portugal en Angleterre**

année	arrivage d'or brésilien (en livres sterlings)	solde du commerce anglo-portugais (en livres-sterlings)	cargaison du paquebot de Falmouth (en livres-sterlings)	frappes anglaises (en livres-sterlings)
1740/41	4 800 000	687 251	447 347	995 900
1759	1 800 000	974 984	787 290	2 429 000
1760	—	1 015 660	1 085 559	676 200
1761	1 111 000	1 060 986	548 532	550 900
1762	440 000	583 211	286 099	553 700
1763	2 333 000	450 044	693 676	513 000
1764	1 320 000	− 51 252	1 186 714	883 100
1765 (partiel)	333 000	1 350 909	631 081	538 270
1766	1 600 000	336 916	906 286	820 724
1767	1 333 000	188 960	813 370	1 271 800
1768	220 000	326 322	930 461	844 554
1769	1 040 000	184 516	902 455	626 582

* Cargaisons du paquebot de Falmouth dans V. Magalhães Godinho, *op. cit.*, p. 231 ; H.E.S. Fisher, *art. cit.*, pp. 224-226. Frappes anglaises, in J. Craig, *The mint. A history of the London mint from A.D. 287 to 1948*, Cambridge, 1953 et B.R. Mitchell and P. Deane, *Abstract of British historical statistics*, Cambridge, 1962.

Plaçons maintenant en regard des deux séries précitées les chiffres connus des arrivages d'or brésilien et des frappes monétaires en Angleterre. De 1759 à 1764, le solde des exportations britanniques équivaut à 68 % des arrivages, et la cargaison des paquebots de Falmouth à 77 %. Nous sommes dans les normes de pourcentage établies plus haut. Mais de 1765 à 1769 la proportion du solde tombe à 52 % des arrivages, et malgré cela les enlèvements de métal s'élèvent à 92 %, ce qui traduit une ponction aggravée des trésors brésiliens par le négoce britannique, peut-être un peu aidé par des comparses hollandais, hambourgeois, et français[73]. Quant aux

---

73.   Cf. note 2. On ne peut écarter totalement un phénomène de déthésaurisation des réserves accumulées au Portugal, voire de perte de substance.

frappes monétaires à Londres, elles dépassent, dans la première période, le montant des transferts d'or de Lisbonne à Falmouth et l'égalent dans la seconde, ceci sous réserve d'un ajustement d'année en année assez capricieux.

Une décennie est une durée un peu courte pour une observation. Faisons les comptes pour une longue séquence : de 1700 à 1772, c'est-à-dire des premiers arrivages brésiliens à la veille de la refonte anglaise qui fausserait les calculs. Le total des frappes atteint la somme de 33 637 000 livres, soit 302 733 000 cruzades, ce qui représente, sur un total de 800 millions de cruzades environ arrivés au Portugal, une proportion de 37 % plus faible que celle que l'on attendait. Pourtant, ce total ne se situe pas très au-dessous du solde : 392 220 000 livres (48 % des trésors). Mais l'identification suggérée (et apparemment appuyée par les résultats des six années 1759-1764) s'arrête là. En effet, la courbe développée montre une discordance achevée du mouvement des frappes et du mouvement des soldes. Le monnayage atteignit ses sommets de 1711 à 1720 d'une part, de 1756 à 1770 d'autre part ; entre ces deux moments se déroule une phase déprimée en contraste avec un solde en progrès. Pas de coïncidence non plus entre les frappes anglaises et les arrivages de l'or brésilien : les moments forts encadrent la grande période du métal jaune, avant et après, et celle-ci se déploie de 1726 à 1750 sans sortir la Monnaie de Londres d'une atonie accentuée[74].

L'or, ainsi, se dérobe en dernière instance au point où d'aucuns auraient pensé pouvoir le réappréhender après l'avoir suivi du Brésil au Portugal et avoir vérifié par les exportations et le solde britanniques quel était le chemin qu'il prenait. Il est éludé pour la plus grande part du monnayage anglais entre 1726 et 1750 : la frappe (7,5 millions de livres ou 67,4 millions de cruzades) ne touche que 16 % des arrivages brésiliens à Lisbonne (422,5 millions de cruzades), alors que le solde, en lui-même pourtant image déjà pâlie des possibilités de transfert du métal, en faisait prévoir plus du double (18,3 millions de livres ou 165 millions de cruzades ; soit 39 % des arrivages). Mieux ou pire : quand on ne l'attend plus, il reparaît, imprévisible dans son abondance, puisque les frappes, comme on le voit dans les tableaux, après avoir épousé assez fidèlement le contour des soldes de 1756 à 1765, s'émancipent radicalement dans le quinquennium 1766-1770 : 4,1 millions de livres contre 1,2 million.

---

74. Cf. figure 14.

Le gonflement terminal des émissions rétablit l'équilibre avec le montant des soldes, il n'efface pas le mystère et le paradoxe de la perte de charge précédente.

Paradoxe et mystère... si paradoxe il y a. Car c'est au moment où tout s'embrouille et prend un aspect incohérent que peut surgir la lumière. N'insistons pas, pour une fois, sur les explications techniques partielles qui dissiperaient un pan de l'obscurité : prélèvement intermédiaire des firmes anglaises à Lisbonne, thésaurisation de l'or en Angleterre, jeux de la circulation monétaire des cruzades et des guinées, à l'intérieur du pays et à l'exportation... L'indépendance des frappes nous met sur la piste d'un fait autrement important. En continuant de chercher une articulation étroite entre arrivée de l'or brésilien et manifestation de la vie économique au XVIIIe siècle, une sorte de verrouillage rigide, mécanique, un « collage », on s'enferme de plus en plus dans l'impasse. Mais surtout, l'on s'exclut de la réalité, l'on méconnaît les changements de fonction et de qualité du métal à partir de son entrée en Europe dans de nouveaux circuits économiques, l'on évacue du sens de la discussion.

Lorsqu'il sortait des sables du Minas Gerais, l'or avait une première valeur d'échange, immédiate, entre les mains de son possesseur pour l'acquisition de marchandises. Combien fruste cette valeur et combien proche de la valeur d'une simple marchandise appréciée en fonction de son poids, de son éclat, de sa pureté ! Il gardait tenacement ce côté gourd au Brésil, dans une économie élémentaire, et se déplaçait quasi linéairement vers les ports et l'embarquement sur les flottes. Sa fuite perpétuelle des champs aurifères et de la colonie elle-même entraînait l'obligation perpétuelle de poursuivre l'exploitation, d'en extraire d'autre, encore d'autre pour assurer la reconstitution du pouvoir d'achat et la possibilité de nouveaux échanges. Dans ce contexte, la vie économique était jointe indissolublement aux variations de la production d'or.

A son arrivée au Portugal et à plus forte raison en Grande-Bretagne, le métal jaune était intégré dans un système plus subtil et plus efficace. La circulation économique le happait en lui donnant une vitesse supérieure, en le lançant, le reprenant, le relançant, en multipliant son pouvoir de servir dans les échanges. Il en résultait une économie sur la masse, dont la mobilisation totale n'était plus indispensable. Le stock monétaire se distinguait du stock métallique et, à l'intérieur du stock monétaire, le stock de monnaie nationale du

Figure 14. *Commerce anglo-portugais et frappe de l'or en Angleterre au XVIIIe siècle.*

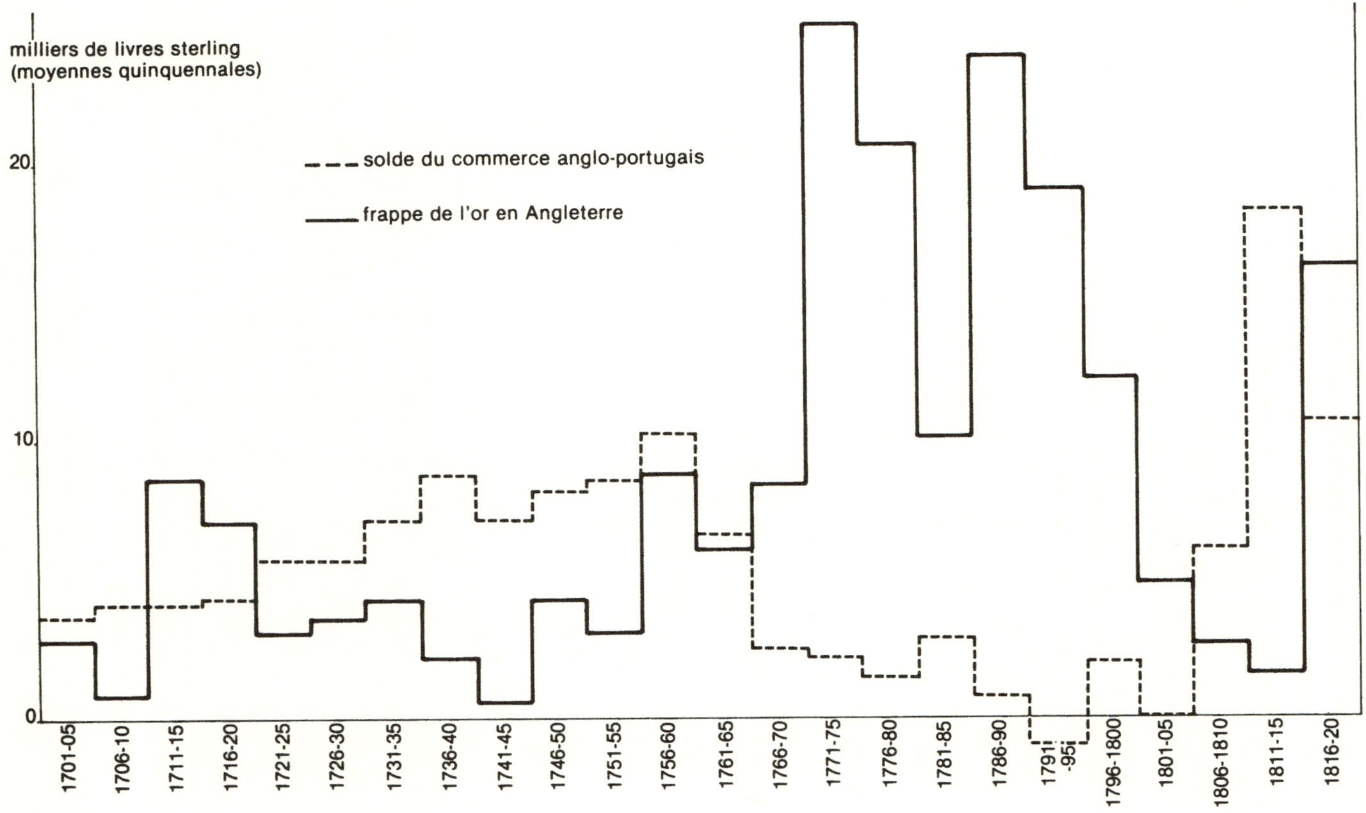

milliers de livres sterling
(moyennes quinquennales)

- - - - solde du commerce anglo-portugais

——— frappe de l'or en Angleterre

20

10

0

1701-05 · 1706-10 · 1711-15 · 1716-20 · 1721-25 · 1726-30 · 1731-35 · 1736-40 · 1741-45 · 1746-50 · 1751-55 · 1756-60 · 1761-65 · 1766-70 · 1771-75 · 1776-80 · 1781-85 · 1786-90 · 1791-95 · 1796-1800 · 1801-05 · 1806-1810 · 1811-15 · 1816-20

stock général des devises[75]. La frappe dérivait du besoin monétaire, le besoin monétaire d'une insuffisance du stock ou de la rotation ou des deux en face des exigences des transactions économiques. Si tout fonctionnait bien, si rien n'y obligeait, on ne portait point son or à l'Hôtel des Monnaies. C'est ce qui se passa vraisemblablement en Angleterre entre 1726 et 1750.

Mais le phénomène monétaire déborde encore davantage les métaux précieux. Car, au-dessus de la circulation des pièces métalliques, s'était édifiée au XVIIIe siècle (et avant) une circulation des moyens scripturaires de paiement qui couvrait largement les besoins du commerce et, en dispensant de recourir à tout moment aux espèces « sonnantes et trébuchantes », en contenait la frappe. En outre, enfin, le développement du crédit proprement dit, gonflant la masse du papier en mouvement, distendait au maximum le rapport entre le volume des instruments en circulation et la base métallique sous-jacente. Distendait mais ne rompait pas. L'or, par sa présence, agissait un peu comme une caution de l'entreprise financière. Il intervenait à un moment ou un autre dans le processus en tant que liquidités disponibles pour un règlement. On se tournait vers lui comme vers un dieu tutélaire en cas de crise, quand tout flanchait dans la belle construction du crédit.

Ces remarques introduisent la notion de nécessité variable et relative des métaux précieux dans la vie économique. Tôt ou tard, il eût fallu les faire, soit à cause de nouvelles distorsions énigmatiques (ainsi des frappes anglaises très importantes en 1786-1795), soit à cause de l'annexion de données supplémentaires (encaisse de la Banque d'Angleterre, circulation des bank-notes, etc.) dont on ne peut se dispenser si l'on veut étreindre toute la réalité. Elles invitent à reprendre sur cette base l'examen des rapports entre l'or brésilien et l'activité économique au XVIIIe siècle. Mais le problème s'étant élevé et élargi, c'est toute une autre étude qu'il conviendrait de mener. Ne faut-il pas briser d'abord la fascination exclusive de l'or brésilien en le replaçant au milieu de l'ensemble des ressources métalliques de l'époque : or d'une autre origine (Chili, Nouvelle-Grenade), argent surtout des trésors de l'Amérique espagnole que nous retrouverons en feuilletant les gazettes hollandaises ? Ne faut-il pas aussi prendre une autre vue de la vie économique ?

75. Circulation parallèle des lisbonnines.

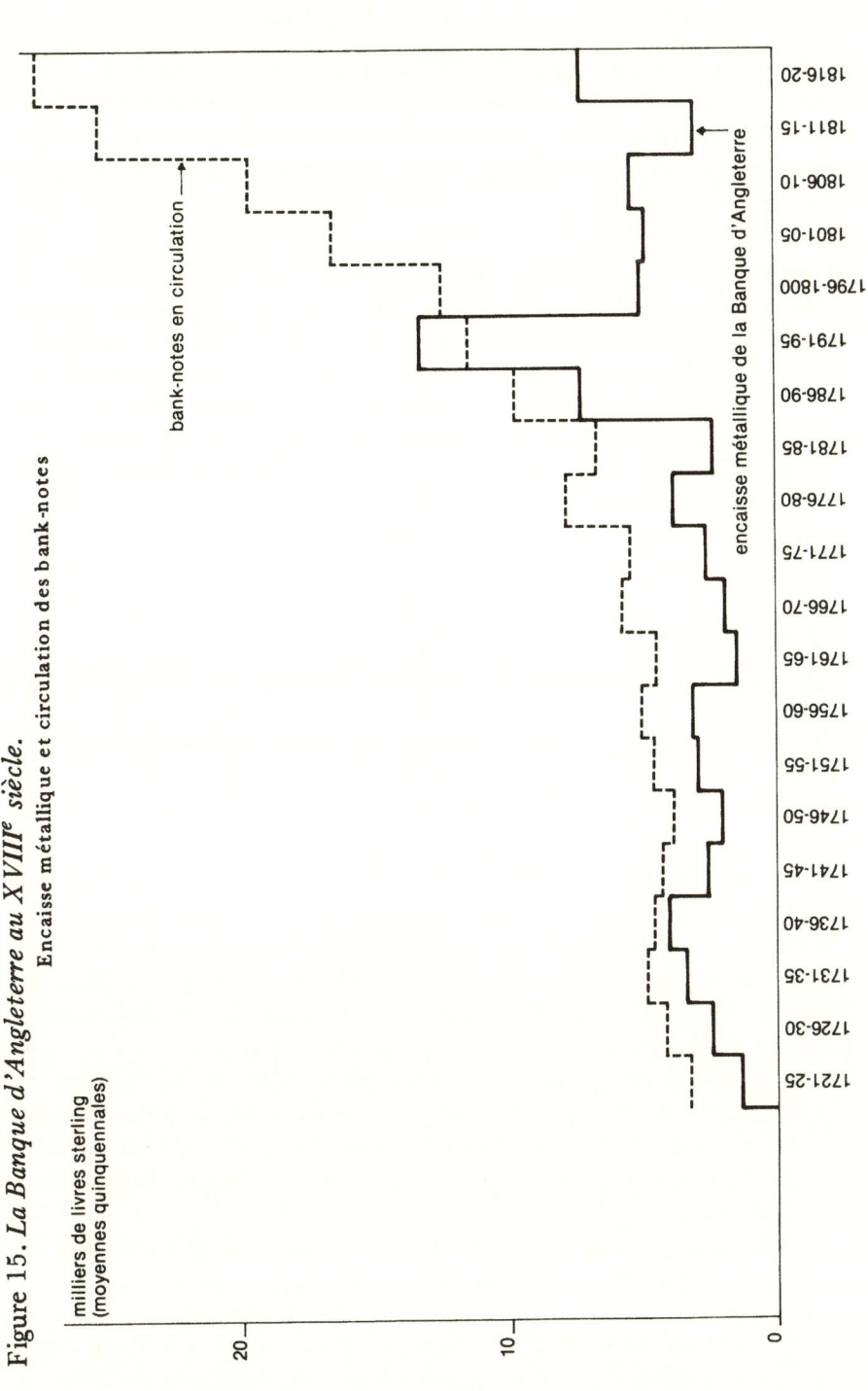

Figure 15. *La Banque d'Angleterre au XVIIIe siècle.*
Encaisse métallique et circulation des bank-notes

milliers de livres sterling
(moyennes quinquennales)

bank-notes en circulation

encaisse métallique de la Banque d'Angleterre

20

10

0

1721-25
1726-30
1731-35
1736-40
1741-45
1746-50
1751-55
1756-60
1761-65
1766-70
1771-75
1776-80
1781-85
1786-90
1791-95
1796-1800
1801-05
1806-10
1811-15
1816-20

Quant au troisième point inscrit au programme de la recherche :
le rôle de l'or brésilien dans les investissements ayant mis en branle
la Révolution industrielle, il est encore plus enfoui dans l'enchevêtrement des causes souterraines et des causes différées. S'y attaquer
serait hors de propos ici.

La consultation des gazettes hollandaises a permis de combler une
grande partie des lacunes qui déparaient la documentation consulaire. Une série des cargaisons brésiliennes a été établie, meilleure
que les précédentes, quoique encore susceptible d'améliorations. Le
profil des arrivages d'or a été modifié : la grande période a été
déplacée en 1726-1750 et le sommet, apparemment, en 1726-1730.

C'est effectivement en masses énormes que le métal jaune a gagné
le Portugal. Il a moins évincé qu'on ne le croyait le sucre et le tabac
des flottes de retour. Mais il les a dominés de façon écrasante, et il a
dominé incontestablement l'économie brésilienne. Il a été la cheville
ouvrière d'un quintuplement en valeur de ce marché colonial dans la
première moitié du XVIIIᵉ siècle.

De l'impulsion donnée, le Portugal et le Brésil ont profité de
manières diverses. A la fièvre de l'or revient l'animation des hauts
plateaux du Minas Gerais, la mise en marche de milliers d'hommes,
l'activation annuelle ou presque annuelle des ports de Rio, Bahia,
Pernambouc, Lisbonne et Porto, les spéculations des armateurs et
des négociants portugais, anglais et autres.

A l'or encore le développement dans la colonie d'un certain luxe
de consommation dans l'usage des denrées de la mère patrie et le
port de tissus d'origine européenne. A l'or l'ostentation de João V et
la prospérité de Lisbonne avant le tremblement de terre. Mais la
hausse du prix des marchandises et la mise en valeur des espaces
neufs du Maragnon, la nécessité de produire par soi-même ce que
l'on ne pouvait plus acheter commodément des étrangers pour le
réexporter avec un or devenant rare, ont créé au Brésil et au Portugal
les conditions d'un second développement, moins spectaculaire peut-
être que le précédent, mais somme toute plus dense et d'un niveau
très bon, sinon rival.

L'or brésilien a stimulé les exportations et la production textiles de
la Grande-Bretagne. Il a alimenté ses frappes monétaires. Cependant, le commerce portugais ne fut pour l'Angleterre qu'une branche
parmi d'autres également actives ou plus. L'or s'infiltra dans
l'économie imprescriptiblement, mais assoupli, amélioré, décuplé en

Tableau 34. *Soldes, frappe et banque d'Angleterre* *

période	soldes	frappes		Banque d'Angleterre (moyenne annuelle)	
	total	total	moyenne annuelle	encaisse	circulation
1701-05	1 801	1 425	285		
1706-10	2 122	388	77		
1711-15	2 032	4 836	873		
1716-20	2 080	3 533	706		
1721-25	2 392	1 586	317	1 408	3 247
1726-30	2 820	1 795	359	2 338	4 065
1731-35	3 552	2 105	421	3 210	4 739
1736-40	4 386	1 145	229	3 830	4 521
1741-45	3 520	327	65	2 530	4 216
1746-50	4 049	2 117	423	2 094	3 977
1751-55	4 226	1 610	322	2 821	4 512
1756-60	5 317	4 249	859	2 980	4 853
1761-65	3 392	3 037	607	1 462	4 532
1766-70	1 253	4 184	836	1 701	5 616
1771-75	1 272	12 383	2 476	2 360	5 516
1776-80	792	10.733	2 146	3 745	7 855
1781-85	1 421	5 111	1 022	2 259	6 646
1786-90	369	11 810	2 362	6 974	9 575
1791-95	− 570	9 425	1 885	13 185	11 409
1796-1800	987	6 070	1 216	4 806	12 428

* Mêmes sources qu'à la note du tableau 33. Soldes du commerce anglo-portugais. Frappes monétaires anglaises.

efficacité comme instrument d'échange et par là moins indispensable dans sa masse que dans son emploi. Pas entièrement domestiqué. Recouvrant, brusquement, par accès, au moment des crises de confiance, la virulence sauvage en Europe du Minas Gerais.

Entre ces deux bouts de la chaîne : la valeur brute – et souvent dérisoire – de l'or au camp des mineurs démunis de tout, la valeur impérative – et souvent surhaussée – des liquidités exigibles dans les compensations financières étoilées de faillites qui marquent la vie économique au XVIIIe siècle comme en d'autres, entre ces deux bouts l'or a joué son rôle, eu son influence, imposé sa présence. Le problème subsistant est de les faire apparaître, comme ils furent, hors des fausses amplifications, dans leurs limites et dans leurs profondeurs[76].

76. La méthode à suivre reste celle de l'enquête pas à pas. Cependant, l'on peut conjointement prendre un peu de recul en lisant les discussions de théories dans les ouvrages cités de Magalhães Godinho et de Vilar.

Addendum 2

Sur l'indication de Frédéric Mauro à qui nous avions donné cette étude à lire, nous avons pu consulter, par après, la thèse inédite de Virgilio Noya Pinto, «O ouro brasileiro e o comércio protuguês» photocopiée grâce aux bons soins de l'Institut de l'Amérique latine à Paris. Les chiffres et les courbes de l'historien brésilien ont été reproduits depuis par Frédéric Mauro lui-même dans *Le Brésil du XV à la fin du XVIII siècle* et, tout récemment, par Fernand Braudel dans le tome II de *Civilisation matérielle et capitalisme*. Le travail de Virgilio Noya Pinto est, en lui-même, fort intéressant. L'auteur s'est efforcé de retrouver des éléments quantitatifs pour jauger la production du métal jaune au Brésil et l'exportation au Portugal avant d'examiner les incidences éventuelles sur le commerce anglo-portugais. Il est dommage, à notre avis, qu'il se soit placé d'entrée dans une problématique à larges phases, inspirée de Gaston Imbert, mais très contestable jusque dans ses intitulés (Économie médiévale : 1259-1507/10 ; Économie mercantiliste : 1507/10-1732/43 ; Économie capitaliste : 1722/43-1896). Abstraction faite cependant de ce point qui relève plutôt de la théorie ou de la conception d'ensemble, les réserves les plus fortes doivent être présentées quant aux chiffres et quant aux courbes qui, trop rapidement avalisées, et tirées hors de leur contexte écrit, risquent d'engendrer la certitude dangereuse qui résulte de la fausse précision. Noya Pinto n'y peut mais, ayant été tributaire de ses sources. Pour les chiffres de la production, sa base a été constituée par le vieux tableau publié en 1833 par W.L. von Eschwege, que nous avons utilisé nous aussi, et les données supplémentaires qu'il a rassemblées, très partielles, ne lui ont pas permis d'en dissiper les ambiguïtés et les à peu près. Cette remarque est particulièrement valable pour la période 1721-1735, mais elle s'applique aussi à la courbe générale de l'évolution dont il serait aventureux de dire sans autre justification qu'elle est absolument fidèle. Pour les chiffres des arrivages au Portugal, comme nous l'avons signalé en publiant cette étude dans la *Revue d'Histoire moderne et contemporaine*, note 83, Noya Pinto s'est servi des mêmes papiers du consul français à Lisbonne qu'avait examinés avant lui Magalhães Godinho. Il en reproduit les renseignements *in extenso* après traduction, mais ne les a ni recoupés, ni rectifiés (il conserve la mauvaise leçon des onces au lieu des oitavas en 1720), ni complétés. Il est donc regrettable que leur représentation ait été mise en circulation en connaissance de cause, sans précautions et sans recommandation de prudence, en raison, de surcroît, des interprétations « métallistes » traditionnelles (la dépression des années 1720-1730, la relance ultérieure, etc.) auxquelles elle se prête admirablement mais fallacieusement. Dans le domaine qui est le nôtre, il est fatal que des résultats se périment avec la découverte d'informations supplémentaires. Ce qui n'enlève rien au mérite du travail produit en son temps par Virgilio Noya Pinto, mais pose deux problèmes connexes et non résolus à ce jour en histoire : celui de la diffusion rapide des résultats acquis par un chercheur, celui de la communication et de l'organisation de la recherche entre historiens à l'œuvre sur les mêmes sujets.

Compléments documentaires

Ceci dit, des améliorations peuvent sans doute être apportées à notre propre ouvrage : nous ne l'avons pas caché. Déjà, la consultation des dépêches du consul russe à Lisbonne – d'après les dépouillements effectués par Fernand Braudel, et dont il nous a, fort gentiment, offert de prendre connaissance – cette consultation, donc, s'est révélée très fructueuse. Quoique arrivées après coup, les données qu'elle a fournies ont pu être intégrées dans l'étude ci-dessus avec un court commentaire dégageant les modifications qu'elles apportaient à notre première construction et certaines perspectives ouvertes. Parmi les mines potentielles de documents (sans jeu de mots), nous aurions aimé prospecter directement celle de la *Gaceta de Lisboa*, la feuille d'information portugaise. Outre les renseignements nouveaux qu'elle pouvait contenir, nous étions intéressé par la question de la filiation éventuelle des nouvelles, dans le cadre de la presse, entre le Portugal et la Hollande. L'entreprise restait tout de même aléatoire : ni Magalhães Godinho, ni Noya Pinto ne se sont tournés vers cette sorte de source et, a priori, ils pouvaient avoir de bonnes raisons, que la pauvreté parallèle de la *Gaceta de Madrid*, très longtemps au XVIIIe siècle, éclairerait par comparaison. Pour différentes causes, elle n'a pu trouver sa réalisation. Mais un passage au British Museum nous a permis de lire le recueil assez copieux d'extraits, introuvable en France, composé par Manoel Lopes de Almeida, *Noticias historicas de Portugal e Brasil 1715-1800*, en deux volumes, un troisième portant sur la période postérieure à 1800 étant annoncé mais pas encore paru en 1979. Le maître d'œuvre, malheureusement, ne précise guère dans quelles conditions et avec quelle méticulosité la collecte de ces notices a été accomplie (par des étudiants, dit-il à la page IX). On ne peut donc assurer que les moissonneurs n'aient pas laissé derrière eux quelque chose à glaner (le contraire est même à peu près certain), pour reprendre l'image bien connue des historiens. Quoi qu'il en soit, voici ce que nous apporte M. Lopes de Almeida en complément de cette étude.

La *Gaceta de Lisboa* semble s'être montrée assez assidue à mentionner les mouvements des navires allant et venant entre le Portugal et le Brésil, malgré quelques omissions surprenantes entre 1715 et 1762 (qui tiennent peut-être, comme on vient de le suggérer, à des sautes d'attention de la part des étudiants vacataires). Grâce aux extraits publiés, le sort de la flotte de Rio en 1722, que la *Gazette d'Amsterdam* avait laissé en suspens, a été réglé : son arrivée est enregistrée à la date du 12 mars ; de même, avons-nous eu confirmation de l'entrée de la flotte de Rio en 1761 qui avait failli nous échapper, n'eût été la correspondance diplomatique anglaise. Par ailleurs, plusieurs mouvements jusqu'alors ignorés ont été révélés. Ils affectent dans la plupart des cas des bâtiments isolés ou des flottilles du Maragnon, ce de quoi nous avions prévenu. Il y a néanmoins de plus gros morceaux : deux flottes de Bahia et deux de Pernambouc. Mais la surprise, en fait, n'en est pas une, car le tableau de la navigation qui avait été dressé présentait des encoches où les convois réapparus étaient semi-prévisionnellement attendus. Nous donnons ci-dessous une récapitulation des trouvailles faites dans le recueil de M. Lopes de Almeida. On se rendra compte en l'intégrant au tableau de l'étude que le repérage des mouvements de la navigation entre 1715 et 1762 approche vraisemblablement de la complétude. Malheureusement, la *Gaceta de Lisboa* aurait cessé absolument, entre 1762 et 1778, de noter ce type de renseignements et aurait été à peine plus prolixe après 1778. Nous nous abstiendrons de commenter cette « faille » documentaire, qui n'en est peut-être pas une, dans la *Gaceta de Lisboa*, encore que la concurrence des feuilles volantes spécialisées et les interventions du gouvernement puissent être invoquées à titre d'explication. Admettons, sans plus, qu'une zone d'ombre subsiste que les travaux de Jorge de Macedo, annoncés voici longtemps, devraient éliminer.

Renvoyons *in fine* les observations touchant en propre à la navigation et venons-en sans tarder, aux trésors brésiliens. La *Gaceta de Lisboa* est hélas beaucoup moins diserte à ce sujet, même dans la période où elle a enregistré correctement les mouvements des navires. D'après les

Tableau 35. *Supplément au tableau 14 des retours du Brésil, d'après* la Gaceta de Lisboa

année	Rio	Bahia	Pernambouc et autres
1715		V 6 oct.	(Brésil)
1716			V 3 oct. (M)
1717	V 8 juil.	V 11 mars	
1719		V 18 nov.	
1720	12 mars		
1723	V 21 mai		
1725	Vˣ 22 août	V 22 août	
1728			Vˣ 19 déc. (M)
1730		V 7 août	
1732		V 10 nov.	fin nov./ (M) début déc.
1734		V 9 sept.	3/4 déc. 15/21 déc. (M)
1736			29/30 nov. (M)
1737	V 7 déc.	21/24 août	V 26 oct. (M)
1738		V 20 déc.	5 janv. (M)
1744		V 3 juin	
1750		V 24 juil.	V 3 mars (M)
1751		V 20 juil.	
1752		V 5 oct.	
1753	V 3 déc.		
1754		V 20 août	V 31 mars (M)
1755	V 26 mars		
1756		V 18 août 19 déc.	18 août (P)
1757	Vˣ	fin août	Vˣ fin août (P) 19 sept. (P)
1758		8/14 oct.	16 juil. (M) (divers)
1759	V 23 juil.	V 13 juin	
1780		V 2 juil.	

extraits de M. Lopes de Almeida, elle a fourni des renseignements sur la valeur des retours de 1718 à 1721 inclus, puis de 1749 à 1761 inclus également. Nous sommes enclins à croire que le recueil, ici, ne trahit pas la *Gaceta* et qu'elle n'a pas publié effectivement d'autres notices, sauf épisodiquement. Aux raisons d'Etat qui ont pesé explicitement en 1722, 1734, 1762 et au-delà, s'ajoute à nouveau la concurrence des manifestes manuscrits ou imprimés qui circulaient sur la place de Lisbonne et rendaient superfétatoires une autre publication. La comparaison des notices portugaises et des notices hollandaises ou du consul français tend, d'ailleurs, à rattacher ces dernières à un autre patron que la *Gaceta de Lisboa*, à cause de différences de détails, ou à un patron commun plutôt qu'à une filiation directe, sauf exceptions cela va sans dire. Notons néanmoins, au passage, confirmation de la bonne leçon de la *Gazette d'Amsterdam* en 1720 (oitavas) et de la bévue du consul. Les retouches à apporter sont finalement peu nombreuses :

- 1718 : 749 121 cruzades à ajouter à la flotte de Bahia, l'origine de la distorsion venant de l'omission par la gazette hollandaise des retours sur les vaisseaux des particuliers. Le total s'établit pour cette flotte à 1 901 121 cruzades contre 1 152 000 dans notre précédent tableau.
- 1720 : 597 881 cruzades arrivées par la flotte de Pernambouc indépendamment de ce qu'avaient transporté les vaisseaux isolés revenus en janvier avec la flotte de Bahia, et qui avait été seul comptabilisé dans le précédent tableau.
- 1756 : 1 921 393 cruzades par la flotte de Bahia, non repérée auparavant et 351 362 sur la flotte de Pernambouc (*idem*).
- 1759 : 551 008 cruzades par la flotte de Pernambouc, non repérée également auparavant.

Nous avons négligé les différences vétilleuses ou douteuses : en 1719, par exemple, la Gazette hollandaise gratifie la flotte de Rio de deux millions supplémentaires. Vérification faite, il s'agit probablement de la charge des navires destinés à Porto et non encore arrivés. La *Gaceta de Lisboa* a sans doute publié le manifeste de la flotte entrée effectivement dans l'estuaire du Tage. Le problème qui se pose n'est donc pas celui de la véracité de l'une des notices au détriment de l'autre (dans notre interprétation, toutes les deux sont authentiques), mais du sort définitif du *Corsaire indien* alias *N. Sra do Monte - S. Francisco Xavier*, capitaine João Pinto Coelho, dont on craignait qu'il n'eût été enlevé par un Algérien. La *Gaceta de Lisboa* ne supplée pas, malheureusement, aux autres lacunes. Elle n'indique rien pour la flotte de Rio, miraculeusement retrouvée en 1722, ni pour celle de Bahia qu'elle fait connaître en 1737. Force est donc, pour celle-ci, de recourir à des estimations au jugé d'après les retours antérieurs. Une consolation : l'approximation de ce genre, tentée dans le corps de l'étude pour la flotte de Pernambouc en 1718, 500 000 cruzades, se révèle étonnamment juste, puisque la notice insérée dans la *Gaceta de Lisboa* lui en accorde officiellement 485 539.

En résumé, on doit donc opérer les redressements suivants :

1. *A l'année*
- en 1718, un total de 8 947 202 (min.) ou de 10 587 202 cruzades (max.) contre de

8,2 à 9,5 millions ; soit en or pur 7 303,83 ou 8 642,61 kg ;

— en 1719, un total de 7 949 129 (min.) ou de 10 659 000 cruzades (max.), la différence entre minimum et maximum relevant de la bonne ou de la mauvaise fortune du vaisseau de Porto, comme dit ci-dessus ;

— en 1720, un total de 12 201 884 cruzades contre 11,3 millions ; soit en or pur 9 960,72 kg ;

— en 1722, par approximation, un minimum de 18 millions de cruzades et, probablement bien plus, peut-être 24 (chiffre que nous retiendrons comme maximum de sécurité) ou 25 contre 7,2. Il faut, en effet, attribuer à la flotte de Rio, d'après les dates, les déclarations du consul français, en juin, rapportées par *lapsus calami* à la flotte de la Baie (qui n'arrivera qu'en décembre), au sujet des

Figure 16. *Entrée de l'or brésilien au Portugal.*
d'après les gazettes hollandaises, le consul de France à Lisbonne
et la *Gaceta de Lisboa*

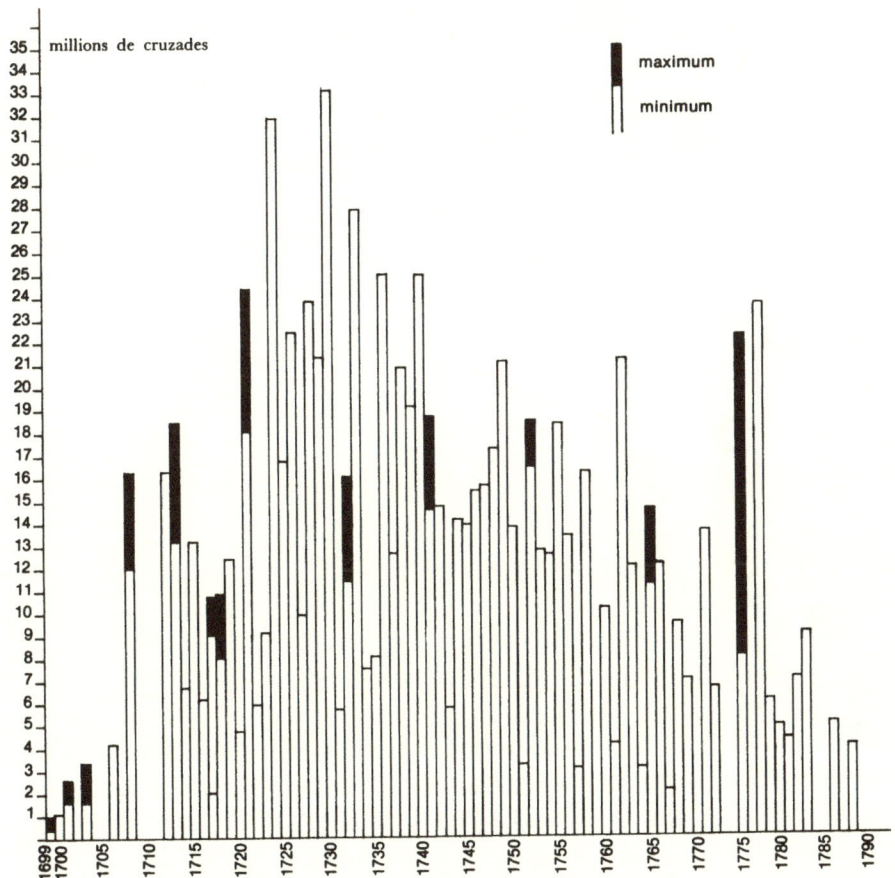

« richesses surprenantes ». Le montant de la cargaison doit donc être égalé au minimum au record précédent de 1719 encore présent dans les esprits : 10,26 millions et, éventuellement, à un chiffre se rapprochant du record suivant atteint en 1725 : 21 millions. Soit en or pur : 14 693,87 ou 19 591,83 kg ;
– en 1737, par approximation, encore, un total de 24 709 888 cruzades contre 20 709 888, en faisant monter la charge en or de la flotte de Bahia à 4 millions seulement pour tenir compte du transport déjà effectué au mois de mars par un vaisseau isolé ; soit en or pur : 20 171,33 kg ;
– en 1756, 18 272 755 cruzades contre 16 ; soit en or pur : 14 916,53 kg ;
– en 1759, 17 051 008 contre 16,5 ; soit en or pur : 13 919,19 kg.

Figure 17. *Retour de l'or brésilien par périodes quinquennales.*
(en millions de cruzades)

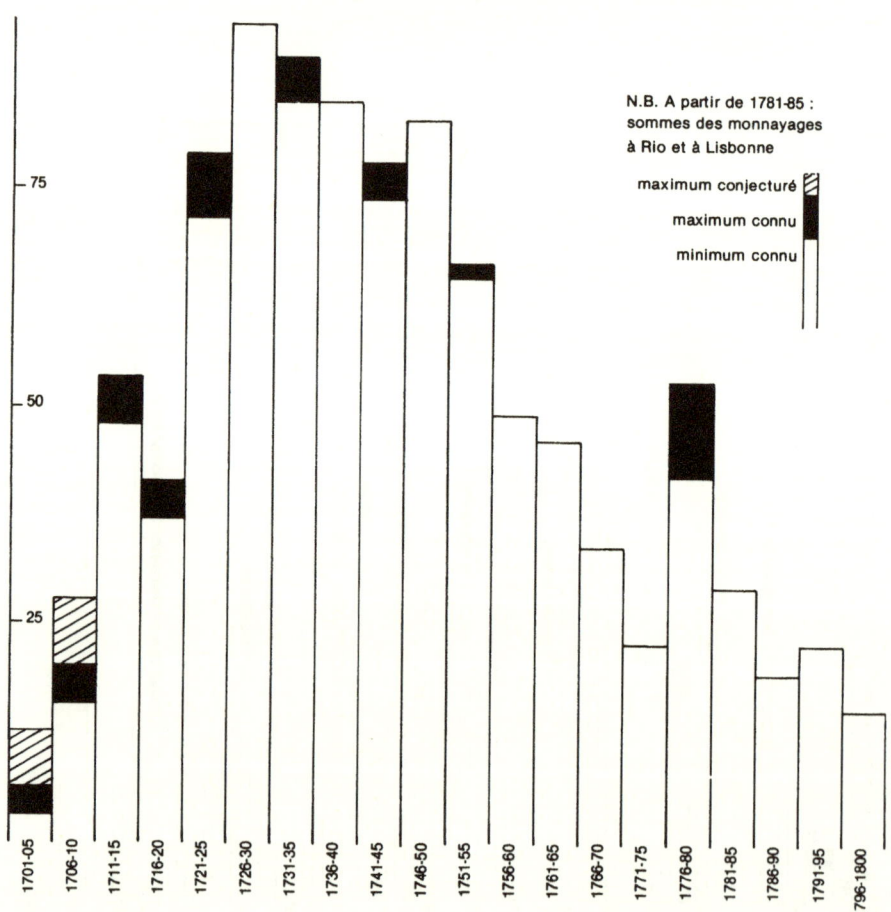

2. *Par périodes quinquennales*

- 1716-1720 : 37 109 372 (min.), 41 459 243 cruzades (max.), soit en or pur : 30 293,36 ou 33 844,28 kg ; moyenne quinquennale : 7 421 874 (min.), 8 291 848 (max.), soit en or pur : 6 058,67 ou 6 763 ,85 kg ;
- 1721-1725 : 71 950 543 (min.), 77 950 548 cruzades (max.), soit en or pur : 58 735,14 ou 63 633,10 kg ; moyenne quinquennale : 14 390 109 (min.), 15 590 109 (max.), soit en or pur : 11 747,02 ou 12 726,61,kg ;
- 1736-1740 : 84 700 283 cruzades, soit en or pur : 69 143,08 kg ; moyenne quinquennale : 16 940 056 cruzades, soit en or pur : 13 828,64 kg ;
- 1751-1755 : 62 263 868 (min.), 64 222 855 cruzades (max.), soit en or pur : 50 827,63 ou 52 426,82 kg ; moyenne quinquennale : 12 452 775 (min.), 12 864 571 cruzades (max.), soit en or pur : 10 165,53 ou 10 501,69 kg ;
- 1756-1760 : 49 356 427 cruzades, soit en or pur : 40 127,69 kg ; moyenne quinquennale : 9 871 285 cruzades, soit en or pur : 8 058,19 kg.

Les retouches à apporter en conséquence à la courbe précédemment dressée ne sont pas des plus importantes. On notera que le creux du quinquennium 1716-1720 se trouve en partie comblé, que la poussée du quinquennium suivant 1721-1725 est plus soutenue, ce qui donne à l'ascension des années 20 une allure plus homogène, ruinant en même temps définitivement les espoirs de faire coïncider le point bas des prix en Europe avec une panne des arrivages de métaux précieux ; que la retombée, au-delà, est légèrement freinée. Mais l'image d'ensemble n'est pas foncièrement changée.

Le nouveau profil est-il établi *ne varietur* ? Évidemment non. Nous avons respecté les sources, et nous n'avons jamais opéré de restitution sans avoir un appui sérieux pour cela et, au moins, l'existence avérée d'un convoi. De 1712 à 1767, en gros, le tableau de la navigation est suffisamment complet pour qu'il soit improbable d'avoir à opérer dans l'avenir des relèvements importants. Subsistent comme inconnues : les chargements de quelques vaisseaux de licence, qui embarquaient à l'ordinaire des marchandises mais pouvaient aussi prendre à leur bord de petites quantités d'or ou des diamants de façon légale ou subreptice ; ceux des flottes de Pernambouc qui n'ont pu être repérées après 1758, et qui devaient tourner autour de 500 000 cruzades ou plutôt moins ; ceux d'un ou deux vaisseaux de guerre, à la même époque tardive, porteurs de *quintos* éventuellement assez considérables. De leur fait, le déclin des arrivages brésiliens dans les années 60 serait sans doute atténué sans, cependant, qu'on puisse aller jusqu'à l'évacuer. Par contre, les béances de la documentation au début et à la fin du XVIIIᵉ siècle laissent envisager l'éventualité de trouvailles, dont il est douteux, cependant, qu'elles bouleversent la représentation acquise[77].

Les pièges de la découpe conventionnelle des périodes quinquennales semblent moins graves que pour les trésors espagnols à la fin du XVIe siècle, sauf exception tendant à exagérer l'effet de *boom* au milieu des années 20, à cause de l'énormité des retours de 1725 :

1715-1719 : 42 257 349 (max.)	1716-1720 : 41 459 243 (max.)
1720-1724 : 49 410 548	1721-1725 : 68 984 573
1725-1729 : 100 390 000	1726-1730 : 92 850 000
1730-1734 : 82 621 823 (max.)	1731-1735 : 81 747 690 (max.)

Le caractère artificiel de tous les comptes qui négligent un suivi scrupuleux apparaît davantage dans l'année même, car les trésors, avec les flottes, ont pu arriver en n'importe quelle saison et en n'importe quel mois, mais souvent tard et, parfois, très tard (cf. la flotte de Rio qui entre à Lisbonne le 28 décembre 1737), et certaines avec un tel retard qu'elles auraient dû appartenir à l'exercice précédent (cf. la flotte de Bahia arrivée le 5 janvier 1729). Or, pour la vie économique, l'or palpable ne se confond pas avec l'or attendu. Cela est très clairement exprimé dans la *Gazette d'Amsterdam* en 1767, quand on apprend à Lisbonne que le vaisseau du Roi parti à Rio chercher les espèces y était immobilisé pour cause d'avarie : « Les Négociants de cette ville souffrent d'autant plus de cet inconvénient qu'il s'écoulera encore bien six mois avant qu'ils ne reçoivent les Espèces et les Effets que ce vaisseau aura à son bord pour leur compte. » Et, en 1776, le consul de Russie au Portugal rapporte que les travaux publics avaient été interrompus, faute des retours d'un vaisseau des *quintos* désespérément espérés deux ans durant.

Le recueil de M. Lopes de Almeida permet encore de compléter quelques cargaisons annuelles de sucre, de tabac ou de cuirs. On en trouvera quatre ou cinq exemples ci-dessous. Encore une fois, la leçon reçue n'est pas démentie. La résistance des plantations est confirmée par les indications sur les quantités attendues en 1716 : 12 000 caisses de Bahia et 12 000 de Pernambouc, ainsi que 15 à 16 000 rôles de tabac. On prendra connaissance avec intérêt également des bonnes années 1756 et 1759. Détail : les décomptes précis de la *Gaceta de Lisboa* font apparaître que les gazettes

---

77. Trace de ces vaisseaux de guerre se trouve dans l'index de la correspondance des vice-rois avec la Cour du Portugal : *Oficios dos vice-reis do Brasil 1763-1808*, Rio de Janeiro, 1954 et suivantes.

hollandaises ont parfois procédé à des amalgames en additionnant sous le vocable « caisses » à la fois les *caixas*, les *feixos* et les *caras*, tantôt directement, tantôt avec des conversions. Le trouble qui en résulte constitue une marge d'approximation d'environ 10 %.

Tableau 36. *Retours complétés*

	sucre			tabac
1719	4 131 caisses			
1720	17 079 caisses	1 874 feixos	310 caras	14 679 rôles
1721	18 962 caisses	2 346 feixos		
1752	18 945 caisses	795 feixos	694 caras	
1756	13 974 caisses	5 408 feixos	2 169 caras	14 377 rôles
1759	29 159 caisses	1 150 feixos	1 560 caras	

Les flottes et la navigation

Décevantes sous le rapport des cargaisons, la *Gaceta de Lisboa* se rachète par une assez grande assiduité à noter les départs et les retours des flottes, malgré une propension à étirer les préparatifs d'appareillage qui finit parfois par embrouiller. Les nouveaux tableaux de la navigation transatlantique que l'on peut construire sont particulièrement explicites sur les navettes entre Lisbonne et Rio, Pernambouc ou Bahia. Confirmation est apportée de l'inobservation des prescriptions réglementaires : les départs ont eu lieu surtout au printemps, après comme avant 1724, avec une fréquence maximale en mars et avril, puis en mai, mais aussi de gros décalages vers l'été, l'automne ou, même, l'hiver. Ce qui semble le plus clair, c'est l'enchaînement des flottes entre elles et l'intervalle de quatre à cinq mois, tantôt plus, tantôt moins, qui sépare un rapatriement d'un nouvel affrètement. Ce délai répondait vraisemblablement à des impératifs techniques : le radoub des vaisseaux, humains : le rafraîchissement des matelots, et commerciaux : l'écoulement des effets rapportés et la constitution d'une nouvelle cargaison. Ils pouvaient être allongés ou raccourcis sous l'effet d'autres circonstances ou de décisions des instances dirigeantes. A l'occasion, les départs se sont même égrenés tout le long d'une année (cf. en 1725, à la suite de l'ouragan du 19 novembre 1724 qui avait détruit de nombreux bâtiments dans l'estuaire du Tage). Il en résulte, dans le cadre annuel et en dépit des mois forts, une grande labilité dans la date des appareillages que la prise en compte des vaisseaux isolés accentuerait encore. On y lira aussi, en filigrane, la facilité relative des traversées que Frédéric Mauro a bien soulignée dans sa thèse[78], et qui s'oppose aux rugosités essuyées par la Carrera espagnole. De fait, peu de grandes catastrophes ont été enregistrées, et rien sur la route ne pouvait se comparer au terrible débouquage du canal des Bahamas.

Tableau 37. *Rythmes de la navigation*

vers Rio et retour				
départ de Lisbonne	nombre de vaisseaux	retour à Lisbonne	nombre de vaisseaux	
14 mars 1716	?	29 nov. 1716	20	(a)
8 avr. 1717	?	21 juil. 1718	16 + 1	(b)
5 janv. 1719	?	24 oct. 1719	?	
25 mars 1720	19	30 nov. 1720	12 + 2	
10 avr. 1721	14 + 2	12 mars 1722	14 + 2	
4 juin 1722	22 + 2	19 mars 1723	15	
oct. 1723	14			
22 avr. 1724	? (c)	11/12 fév. 1725	21 + 2	
16 fév. 1725	2			
17 avr. 1725	3 + 4			
2 juin 1725	2	22 août 1725	2 + 1	(d)
20 sept. 1725	6			
13 déc. 1725	1			
6 fév. 1726	14	15 oct. 1726	13 + 2	
24 mars 1727	17 + 1	25/30 nov. 1727	15 + 2	
31 mars 1728	11 + 1	19 nov. 1728	9 + 2	
6 avr. 1729	9	25/26 nov. 1729	12 + 2	
11 fév. 1730	12 + 1	10/11 oct. 1730	9 + 2	
17 mars 1731	14 + 1	4 déc. 1731	14 + 2	
25/26 avr. 1732	9	2 avr. 1733	16 + 2	
16 mai 1733	12			
31 oct. 1733	16	20 août 1734	15 + 2	
juil. 1734	quelques-uns			
6 janv. 1735	11	22 sept. 1735	12 + 1	
mars 1735	9			
fév. 1736	7			
25 mars 1736	13	28 nov. 1737	16 + 2	
6 mai 1737	7			
8 mai 1738	17	14 mai 1739	9 ou 10 + 2	
27 avr. 1739	3 + 1			
27 janv. 1740	23	26 août 1740	26 + 3	

78. F. Mauro, *op. cit.*, p. 16.

Tableau 37. *Rythmes de la navigation* (suite)

	vers Rio et retour			
départ de Lisbonne	nombre de vaisseaux	retour à Lisbonne		nombre de vaisseaux
21 fév. 1741	25 + 1	22	oct. 1741	22 + 2
24 oct. 1741	14 (e)			
11 avr. 1742	32 + 1	11	déc. 1742	16 + 2
20 avr. 1743	20 + 1	15	déc. 1743	20 + 2
1ᵉʳ juin 1744	28 + 1	5	mars 1745	23 + 1
10 mai 1745	17 + 2	1/21	janv. 1746	10 + 1
début 1746 mai	30 + 2	22	janv. 1747	23 + 1
30 mai 1747	22	6	mars 1748	17 + 2
19/21 sept. 1748	22 + !	23	juil. 1749	20 + 2
4/15 nov. 1749	25 + 2	17	juil. 1750	17 + 2
7 déc. 1750	18 + 1	24	août 1751	14 + 2
début 1752	?	10/12	janv. 1753	31 + 2
2 juin 1753	23 + 1	11	mai 1754	13 + 1
3 janv. 1755	23 + 1	10	sept. 1755	28 + 1
fin mai 1756	10 ou 12 + 1	10	nov. 1756	15
18 mars 1757	10 + 1	20	déc. 1757	?
nov. 1758 ?	?		oct. 1759	?
30 août 1760	32	25	juin 1761	21 + 1
? 1762		2/9	août 1763	(77) (a)
? 1764	?	9	mai 1765	14
5 avr. 1765	20 + 2	25	fév. 1766	22 ou 24 + 1

Les vaisseaux isolés n'ont pas été répertoriés systématiquement.

a) Ensemble avec les vaisseaux de Pernambouc (1716), la flotte de Bahia (1763).

b) Le premier chiffre désigne les vaisseaux marchands, le second les vaisseaux de guerre, quand ils sont indiqués (en fait, il y avait toujours au moins un vaisseau de guerre à accompagner les convois).

c) Ce départ, annoncé dans la correspondance de Lisbonne du 19 mars, peut ne concerner que quelques unités au sein d'une flotte dite « du Brésil », c'est-à-dire hétéroclite dans ses destinations (*Gazette d'Amsterdam*, 1724, n° 55).

d) Retour de vaisseaux isolés, porteurs de bois, dont la date du départ de Lisbonne n'est pas précisable.

e) Ces vaisseaux seraient partis de Porto, d'après le consul français. Cf. Sa dépêche du 7 novembre in AN Paris, AE BI/672.

Tableau 37. *Rythmes de la navigation* (suite)

vers Bahia et retour					
départ de Lisbonne		nombre de vaisseaux	retour à Lisbonne		nombre de vaisseaux
11	fév. 1715	?	2	nov. 1715	(46) (a)
?	1716	?	25	oct. 1716	?
8	avr. 1717		25	nov. 1717	28
?	1718	?	21	nov. 1718	26
?	1719	?	20	janv. 1720	25 + 1 (b)
7	sept. 1720	25	26	août 1721	(62) (a)
7	avr. 1722	18 + 1		déc. 1722	25
18	mai 1723	16 + 2	1er	mars 1724	29 + 2
12	juin 1724	32			
	juil. 1724	quelques-uns			
16	fév. 1725	10 + 2	2	oct. 1725	34 + 2
7	fév. 1726	7 (c)			
20	mars 1726	18	19	nov. 1726	49 + 1
1er	mai 1727	10 + 1	15	déc. 1727	21 + 1
26	juin 1728	6	5	janv. 1729	16 + 2
29	mai 1729	7 + 1	29	déc. 1729	11 + 1
4	avr. 1730	15 + 1	2	déc. 1730	25 + 2
27	mai 1731	12 + 1	22	févr. 1732	25 + 2
28	juil. 1732	14 + 2	9	mars 1733	31 + 1
	sept. 1732	11 + 1			
20	juil. 1734	plusieurs			
	fév. 1735	10	12	oct. 1735	40 + 2
	fév. 1736	6			
	mars 1736	8			
	mai 1736	1	12/14	nov. 1736	11 + 1
?	1737	?			
6	mai 1737	1			
6	juin 1737	1	12/14	nov. 1737	27
			12	nov. 1737	1
?	1738	?	17	oct. 1738	26 + 1
23	oct. 1738	3			
27	avr. 1739	10	du 30 janv. au 16 fév. 1740		36 + 2
14	janv. 1741	18 + 2	25	oct. 1741	32 + 1
3	juil. 1742	21 + 2	9	janv. 1744	38 + 1
13	déc. 1744	14 + 1		août 1745	35 + 1
23	avr. 1746	17 + 1	24	janv. 1747	23 + 1
14	nov. 1747	23 + 1	29	oct. 1748	42 + 1
	oct. 1749	10	6	juil. 1750	27 + 1
22	janv. 1750	2			
3	avr. 1751	14 + 1	25	avr. 1752	?
4	déc. 1752	16 + 1	7	sept. 1753	31 + 1
?	1754		18	oct. 1754	18 + 1

Tableau 37. *Rythmes de la navigation* (suite)

vers Bahia et retour			
départ de Lisbonne	nombre de vaisseaux	retour à Lisbonne	nombre de vaisseaux
1ᵉʳ mars 1755	14 + 2	10 sept. 1755	19 + 1
24 mars 1756	15 + 1	19 déc. 1756	32
11 juin 1757	19 + 1	avr. 1758	?
? 1758 ou 1759	?	nov. 1759	× + 1
23 avr. 1761	20 + 1	23 janv. 1762	17 + 1
? 1762 ou 1763	?	20 août 1763	(77) (a)
? 1763 ou 1764	?	23 oct. 1764	?
3 déc. 1765	? (d)	16 déc. 1766	?

Mêmes remarques que précédemment.
a) Ensemble avec la flotte de Rio (1715), de Pernambouc (1721), de Rio (1763).
b) Vaisseaux du commerce et vaisseaux de guerre comme précédemment.
c) Ces vaisseaux partent en compagnie de ceux qui vont à Rio.
d) Cette flotte est partie après le décret d'abolition des flottes, daté du 10 septembre 1765.

vers Pernambouc et retour			
départ de Lisbonne	nombre de vaisseaux	retour à Lisbonne	nombre de vaisseaux
8 avr. 1717	?	25 nov. 1717	12
? 1718	?	8 déc. 1718	23
? 1719	?	31 juil. 1720	13
7 sept. 1720	6	21 août 1721	(62) (a)
11 nov. 1721	8	28 juil. 1722	?
1722 ou 1723	?	5/25 fév. 1724	(19) (b)
16 fév. 1725	1		
17 avr. 1725	4	30 nov. 1725	9 + 1 (c)
13 déc. 1725	1		
6 avr. 1726	10 + 1 (d)	17 janv. 1727	16 + 1
27 août 1727	12 + 1	3 juin 1728	22 + 1
19 janv. 1729	16 + 1 (e)	5 oct. 1729	20 + 2
30 avr. 1730	7 + 1	6/7 avr. 1731	28 + 1
10 oct. 1731	9 + 1	26 juil. 1732	17 + 1
24 fév. 1733	6 + 1 (f)	25/26 sept. 1733	21 + 1
? 1734	?	3/4 déc. 1734	17 + 1
? 1735	?	4 août 1736	25 + 1

Tableau 37. *Rythmes de la navigation* (suite)

			vers Pernambouc et retour				
départ de Lisbonne			nombre de vaisseaux	retour de Lisbonne			nombre de vaisseaux
4	juin	1737	8 + 2 (g)	10	juil.	1738	25 + 1
23	oct.	1738	3				
27	avr.	1739	8 (h)	4	avr.	1740	37 + 1
14	janv.	1741	9 (i)		déc.	1741	27
25	oct.	1742	9 + 1 (j)	30	juil.	1743	28
5	avr.	1744	9 + 1 (k)	5	janv.	1745	21 + 1
?		1745	?	31	juil.	1746	?
?		1747	?	12	sept.	1747	21 + 1
19/21	sept.	1748	10 (l)	21	juil.	1748	39 + 1
?	mai	1750		7	juil.	1751	34 + 1
8	janv.	1752	16 + 1 (m)	19	sept.	1752	18 + 1
21/22	sept.	1753	13 + 1	10	août/		44 + 1
				16	sept.	1754	
21	déc.	1754	15	24	sept.	1755	11 + 2
	fin mars	1755	6				
	janv.	1756	?	18	août	1756	16 + 1
?		1757	?		fin août	1757	21 + 1
?		1758	?	2	août	1759	44
?		1759	?	3/19	mai	1760	40
?		1761	?	?		1761	?
?		1762	?	?		1762	?
9	juil.	1763	8 (n)	sept./oct.		1764	4 (o)

Mêmes remarques que précédemment.

a) Ensemble avec la flotte de Bahia.

b) Ces 19 vaisseaux constituaient un « reste » de la flotte de Pernambouc d'après la *Gaceta de Lisboa*.

c) 11 + 1 d'après la *Gaceta de Lisboa* : 9 de Pernambouc, 1 flûte royale, 3 du Maragnon et 1 vaisseau de guerre, d'après la *Gazette d'Amsterdam*, 1726, n° 4.

d) Y compris 1 vaisseau pour Parahiba.

e) Y compris 3 vaisseaux pour Parahiba.

f) Y compris 1 vaisseau pour Parahiba.

g) Y compris 1 vaisseau pour Parahiba. Cinq vaisseaux pour le Maragnon accompagnèrent le même convoi.

h) Y compris 1 vaisseau pour Parahiba. Les 8 vaisseaux appartiennent à un convoi composite de 29 vaisseaux comprenant entre autres 10 vaisseaux pour Bahia et 4 pour le Maragnon.

i) Y compris 2 vaisseaux pour Parahiba. Accompagnent la flotte de Bahia.

j) Y compris 2 vaisseaux pour Parahiba.

k) Non compris 2 vaisseaux pour Para, d'après le consul français de Lisbonne.

l) Y compris 2 vaisseaux pour Parahiba. Encore un convoi composite dominé par le contingent des vaisseaux pour Rio (22). 5 vaisseaux pour le Maragnon et le Gran Para.

m) Y compris les vaisseaux en nombre inconnu destinés à l'Angola et partis avec ceux de

Tableau 37. *Rythmes de la navigation* (suite)

Pernambouc. D'après les autres exemples de sorties simultanées, les vaisseaux pour l'Angola sont au nombre d'un ou deux, exceptionnellement de trois.

n) 3 pour Pernambouc, 5 pour Gran Para.

o) La *Gazette d'Amsterdam* (1764, n° LXXXI) annonce l'arrivée de la flotte de Pernambouc d'après une correspondance datée de Lisbonne, le 8 septembre. Les *Nouvelles extraordinaires de divers endroits*, Leyde, 1764, n° 97, et la *Gazette d'Amsterdam*, 1765, n° XCV, mentionnent (en plus ?) l'arrivée de 4 navires, les seuls inscrits dans le tableau, le 16 octobre à Lisbonne.

vers le Maragnon et retour

départ de Lisbonne			nombre de vaisseaux	retour de Lisbonne			nombre de vaisseaux
?		1725	?	5	déc.	1724	5
13	avr.	1726	3	1er	déc.	1726	3
1er	mai	1727		?	?		
?		1728		2	déc.	1728	2
				29	déc.	1729	4
				13	avr.	1730	2
4	avr.	1730	3	2 et 3	déc.	1730	2
21	avr.	1731	4				
25	avr.	1732	4	?			
?	mai	1732	1	27/29	nov.	1732	5
18	avr.	1733	3 + 1 (a)	28	nov.	1733	5
?		1734	?	15/21	déc.	1734	4
	janv.	1735	1	?	?		
	fév.	1735	1				
6	mai	1736	5	30	nov.	1736	5 + 1 (a)
6	juin	1737	5	20/26	oct.	1737	1
	5	janv.		1738	3		
8	mai	1738	?	8/9	déc.	1738	5
27	avr.	1739	4	8/12	déc.	1739	4
3	juin	1740	?	8/14	janv.	1741	3
31	mai	1741	5	?	?		
5	juin	1742		15	janv.	1743	6
?		1743	?	17	fév.	1744	
14	juil.	1744	6 + 1 (a)	2	mars	1745	5
?		1745	?	5	avr.	1746	8
?		1747	?	1/3	fév.	1748	5
19/21	sept.	1748	5	15/20	août	1749	?
2	avr.	1750	9	27/28	déc.	1750	
?		1751		22/28	janv.	1752	2
?		1752		?			
2	fév.	1753	6	18/31	mars	1754	6
?		1754	?				
3	janv.	1755	1				

Tableau 37. *Rythmes de la navigation* (suite)

		vers le Maragnon et retour		
départ de Lisbonne		nombre de vaisseaux	retour à Lisbonne	nombre de vaisseaux
fin mars	1755	2		
11 juil.	1756	5		
17 juil.	1757	?	5 mars 1758	1
?	1759	?		
?	1760	?	1ᵉʳ janv. 1761	1
20 juin	1761		25 janv. 1762	11
?	1762			
?	1763			
?	1764		5 janv. 1765	
?	1765	?	fin oct. 1765	5
?	1766		fin 1767	
			1768	
			1769	
			1770	
			1771	
			29 déc. 1772	2

a)   Le vaisseau supplémentaire est un vaisseau de guerre.

Le nombre des vaisseaux appartenant à chaque convoi ne coïncide pas toujours dans les différents documents. On est souvent confronté à un petit casse-tête chinois. C'est qu'au départ de Lisbonne, font souvent route avec les flottes brésiliennes des bâtiments destinés à d'autres possessions portugaises : Mazagan, Cacheu, la Mina, l'Angola, l'Inde et la Chine. Au retour, outre les vaisseaux de Goa et de Macao qui ont fait escale au Brésil selon la vieille volte atlantique conservée, des vaisseaux de la colonie du Saint Sacrement ou de Santos accompagnent souvent ceux de Rio, des vaisseaux de Para, du Maragnon et de Parahiba, ceux de Pernambouc. Nous nous sommes efforcé dans les tableaux de nous en tenir aussi strictement que possible aux destinations certaines de Rio, de Bahia et de Pernambouc. Nous avons néanmoins admis avec ces derniers ceux de Parahiba et, avec ceux de Rio, les bâtiments destinés à Santos ou en revenant. Il serait illusoire de croire qu'une précision parfaite a été atteinte.

Une fois la part faite des marges d'erreur, que peut-on déduire de l'importance des flottes et de leur évolution entre 1715 et 1766 ? Jusqu'en 1740, les convois pour Rio se sont tenus autour de la quinzaine d'unités, puis ont dépassé assez régulièrement la vingtaine pendant les quinze années suivantes, avant de retomber (on évitera de se laisser prendre au phénomène de gonflement des flottes consécutif à un changement de rythme de la navigation). Pour l'armement destiné à Bahia, les beaux jours se terminent en 1724, et le niveau ultérieur oscille entre la dizaine et la quinzaine de bâtiments par an. Les flottes de Pernambouc sont assez régulières, autour de huit unités en moyenne, davantage seulement si le rythme tourne à la biennalité. Il est très difficile de tirer des enseignements de ces fluctuations en l'absence d'indications complémentaires sur les tonnages et, surtout, sur les volumes de marchandises transportées. On pourrait être tenté de chercher une influence des trésors brésiliens sur le nombre des vaisseaux, en leur supposant une vertu d'appel vis-à-vis des marchandises européennes. Mais, à cet égard, un décalage apparaît entre le zénith des exportations d'or et le zénith de l'armement, principalement pour Rio, et aucune règle de proportionnalité ne saurait être dégagée à partir des flottes pour une évaluation des richesses métalliques chargées respectivement à Rio, à Bahia et à Pernambouc.

Au retour, les flottes de Rio regroupèrent ordinairement un nombre de bâtiments identique ou légèrement inférieur à celui de l'aller. Les flottes revenant de Bahia, par contre, étaient sensiblement plus fortes, comme celles de Pernambouc. Cela pose un problème que nous ne pouvons pas trancher : d'où venaient les unités supplémentaires ? Il semble que ni les vaisseaux éventuellement détachés du convoi de Rio, ni les vaisseaux partis isolément de Lisbonne ne suffisent à remplir les effectifs. S'agirait-il alors de produits d'une construction navale brésilienne ? Montés par des équipages brésiliens ? L'hypothèse demanderait à être soigneusement testée. Mais que les flottes de Bahia et, non rarement, celles de Pernambouc aient été plus nombreuses que celles de Rio n'offre aucun mystère. Il est bien évident que le sucre et le tabac réclamaient, en volume, un espace beaucoup plus important que l'or. Faute de ces articles en suffisance à Rio, on devait y lester les navires avec des bois. Ils n'en étaient pas moins les plus riches. On examinera à cet égard avec intérêt les chargements des trois flottes revenues du Brésil en 1747, qui ont la particularité d'avoir un nombre de vaisseaux égal ou presque égal, mais des quantités de sucre, de cuirs, etc., très différentes et des retours d'or allant du simple au dodécuple ou peu s'en faut.

Tableau 38. *Chargement des trois flottes revenues du Brésil en 1747*

	Rio (23 vaisseaux)	Bahia (23 vaisseaux)	Pernambouc (21 vaisseaux)
sucre	1 699 caisses + 615 caissons	3 487 caisses + 1 212 demi-caisses	7 473 caisses
tabac		14 866 rouleaux	
cuirs en poils	34 536	8 328	74 544
cuirs tannés	3 773	61 753	
bois de teinture		8 057 quintaux	13 436
bois divers	2 890 pièces		215 grosses, 832 petites pièces
divers	195 balles de fanons 157 pipes d'huile de baleine 927 dents d'éléphant	580 milliers de cocos	729 barils de mélasse 26 esclaves
or	11 359 853 cruzades	3 470 485 cruzades	494 546 cruzades

On retrouve là l'impossible corrélation à laquelle nous avons fait et ferons souvent allusion. On ne peut pas assimiler volumes, surtout de jauge, et valeurs. Tout dépend du contenu, de la qualité de la marchandise, etc., sans oublier le coefficient de charge ! De ce point de vue, une contre-épreuve est administrée par l'examen des flottes du Maragnon. Voici en effet un convoi d'observation commode, perturbé par des circonstances adventices, composé assez régulièrement au milieu du XVIIIe siècle de cinq unités et adonné à un trafic monotone, celui du cacao qui remplissait les cales maintes fois à près de 90 %. Notre documentation n'indique pas quelle est la jauge de ces bâtiments. On peut être tenté de la calculer d'après la masse de leur chargement. Mais, tout de suite, on se heurte à un obstacle dirimant. Prenons la séquence 1738-1746 pour laquelle nous connaissons le nombre des vaisseaux et leur cargaison globale six fois. Les quotients cargaisons/bâtiments s'expriment de la manière suivante :

1738 (2ᵉ flotte de l'année) : ca 90 tonneaux
1739 : ca 110 tonneaux
1741 : ca 120 tonneaux
1743 : ca 180 tonneaux
1745 : ca 225 tonneaux
1746 : ca 125 tonneaux

Les variations enregistrées sont donc très fortes. Imaginer une augmentation parallèle de la capacité unitaire de transport et du fret à transporter ne résisterait pas à l'examen : il faudrait, en particulier, supposer une anticipation à l'aveugle des résultats de la campagne cacaoyère dans le choix des navires au départ de Lisbonne et, d'autre part, en prolongeant la série, on tomberait à nouveau sur de faibles quotients : la moyenne de 1765 est de 90 tonneaux. En réalité, les vaisseaux de la flotte du Maragnon, au milieu du XVIIIᵉ siècle, étaient sans doute des unités d'un tonnage moyen de 250 à 300 tonneaux (de 1 000 kg environ), mais qui naviguaient dans des conditions de chargement variables : aux quatre-cinquièmes, à la moitié, et, parfois, au tiers de leur capacité globale. Au total, la découverte de l'or brésilien n'aura pas concouru à la promotion de la navigation portugaise. Autant que l'on puisse en juger, les flottes du XVIIᵉ siècle étaient aussi nombreuses, voire plus nombreuses que dans la grande période du métal jaune : entre soixante et quatre-vingts unités. Cette conclusion n'offre pas d'échappatoire du côté du tonnage, puisque c'est la baisse en volume des exportations de sucre qui explique la stagnation des armements, et qu'il faudra attendre, précisément, leur redémarrage à la fin du XVIIIᵉ siècle et le développement concomitant des autres denrées coloniales pour voir s'étoffer cette partie de la navigation. Dans l'appréciation des effets de l'or brésilien sur la métropole, il y a là un aspect, sectoriel certes, mais qui ne peut être éludé, et qui rappelle que toute étude sérieuse d'un phénomène passe par la reconnaissance une par une de toutes ses facettes.

La limitation s'applique au premier chef à la construction navale. Au dire du consul français Beauchamp, dans une dépêche du 11 février 1746 (AN Paris, AE B I/677), un tiers des flottes brésiliennes était de fabrication étrangère quoique acquis et détenu en pleine propriété par les acheteurs portugais. Restaient donc deux tiers d'origine nationale, soit une quarantaine d'unités. Ces bâtiments sortaient presque tous des chantiers de Porto qui étaient voués au service du commerce, tandis que l'Arsenal de Lisbonne s'occupait de la construction des navires de guerre (à la cadence de trois en deux ans). Toujours d'après le consul français, les chantiers de Porto lançaient chaque année de quatre à cinq vaisseaux, ce qui assurait le renouvellement en dix ans des deux tiers du pack d'armement leur revenant : étalement correct si l'on se réfère aux us de l'époque et de la navigation dans les mers chaudes. Ceci posé, l'activité des chantiers navals, au XVIIIe siècle, n'aura sans doute pas été plus intense qu'au XVIIe et l'aura peut-être même été moins. Comme le nombre des hommes nécessaires pour la manœuvre des vaisseaux dépendait étroitement du nombre et de la grandeur de ceux-ci, la limitation d'envergure des flottes brésiliennes s'est forcément répercutée sur l'emploi des marins. Là encore, l'or brésilien n'a rien fait surgir. A-t-il contribué à un relèvement des salaires des matelots ? Nous manquons d'éléments pour en juger. Les à-côtés du métier : pacotille, menue fraude, menue contrebande, pourraient avoir été plus effectifs, et a fortiori pour les officiers. Les meilleurs profits, de toute façon, résidaient dans les frets perçus par les propriétaires des bâtiments, qui, calculés pour l'or, à proportion de la valeur des chargements, se seront élevés à des sommes considérables dans le plein feu du *boom* brésilien. Le plus clair de ce fret allait d'ailleurs au roi, ses vaisseaux jouissaient d'une nette faveur pour des transports de ce genre.

La durée de la navigation dans le sens est-ouest ne nous est connue que pour peu de voyages : 53 et 55 jours sur le trajet Lisbonne-Bahia, 64 jours, une fois, sur le parcours Lisbonne-Rio. Au milieu du XIXe siècle, les voiliers mettront une quinzaine de jours de moins[79], mais la représentativité de nos exemples reste à démontrer. Nous sommes mieux informés à propos des retours. Sur 33 voyages de Rio à Lisbonne, flottes ou vaisseaux détachés, accomplis entre 1721 et 1783, la moyenne du temps écoulé s'établit à 100 jours tout rond, avec une dispersion allant de 53 jours (vaisseaux rentrant en 1750) à 136-140 (flotte rentrant en 1748). Sur 44 voyages de Bahia à Lisbonne, même échantillonnage, même période ou à peu près, la moyenne fut de 80 jours, le minimum de 54 jours (vaisseaux entrant en 1754 et en 1779), le maximum de 138 (flotte rentrant en 1721). Ces chiffres témoignent d'une grande lenteur par rapport aux performances du milieu du XIXe siècle : 45 jours à partir de Bahia et 60 à partir de Rio, soit une différence, respectivement, de 35 et 40 jours. Sur la distance Pernambouc-Lisbonne, l'écart s'agrandit

79. Cf. F. Mauro, *op. cit.*, pp. 22-23.

même à 42 jours avec une moyenne au XVIIIe siècle de 82 jours par traversée, pour seulement 44 voyages observés il est vrai, mais la moyenne des onze retours mesurables du Maragnon n'est guère plus

Figure 18. *Durées des traversées de retour du Brésil au Portugal**
(en jours)

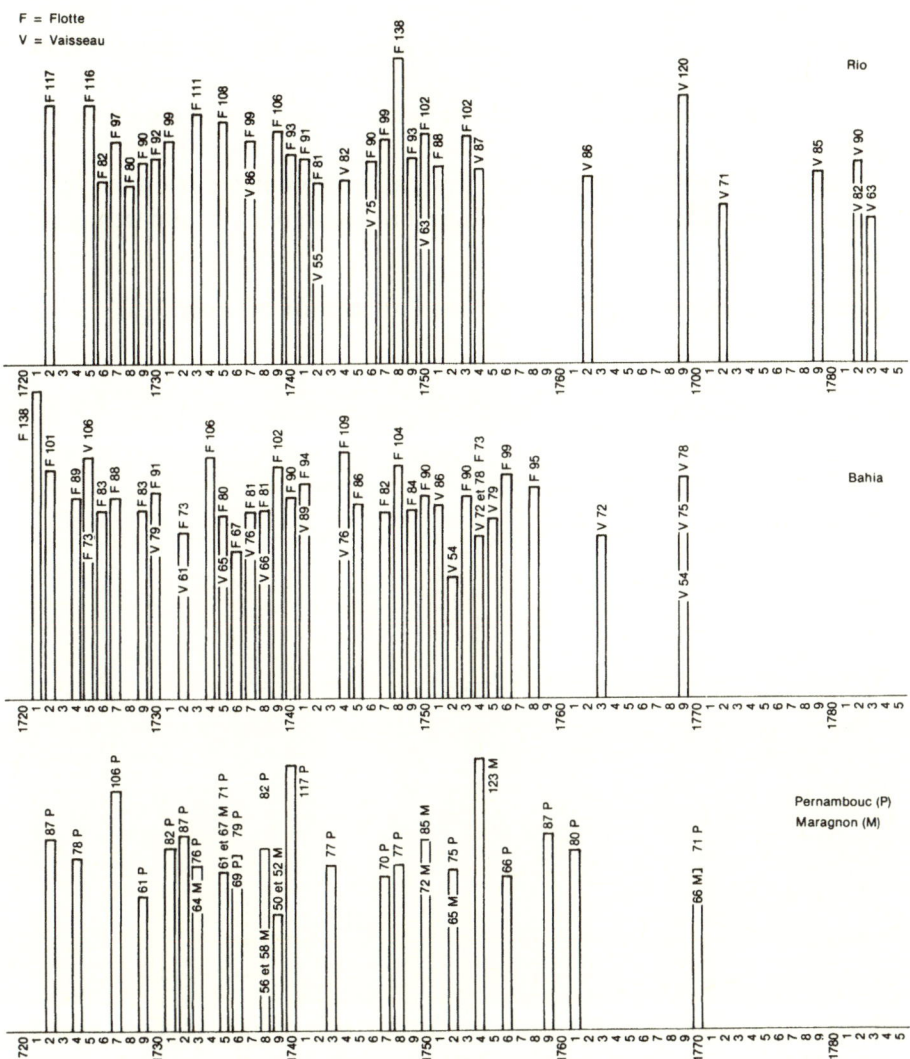

* Dans le cas d'une arrivée étirée d'une flotte, on a retenu la moyenne des temps. L'année indiquée est celle de l'*arrivée* des flottes ou des vaisseaux.

brillante : 72 jours et un décalage de 37 en regard des chiffres de 1851. Sur le plan nautique, la comparaison d'un siècle à l'autre pose d'intéressants problèmes puisqu'elle tend à authentifier l'idée d'un progrès remarquable, sinon extraordinaire (raccourcissement de plus de la moitié de la distance-temps), réalisée par la marine à voile (d'après Mauro s'appuyant sur les cartes éditées aux États-Unis par Maury). On note bien un gain de rapidité de part et d'autre de 1740 sur le trajet Bahia-Lisbonne : 85 jours avant, 75 après, en moyenne, mais comme celui-ci ne se retrouve pas sur les autres itinéraires, et que l'inverse se produit pour les flottilles du Maragnon, on est obligé de s'en tenir à l'expectative en attendant des renseignements plus amples.

Quand une cause est assignée à un allongement occasionnel de la traversée au XVIIIᵉ siècle, il s'agit ordinairement d'une tempête,

Figure 19. *Durées connues des voltes Portugal-Brésil-Portugal**
(en mois)

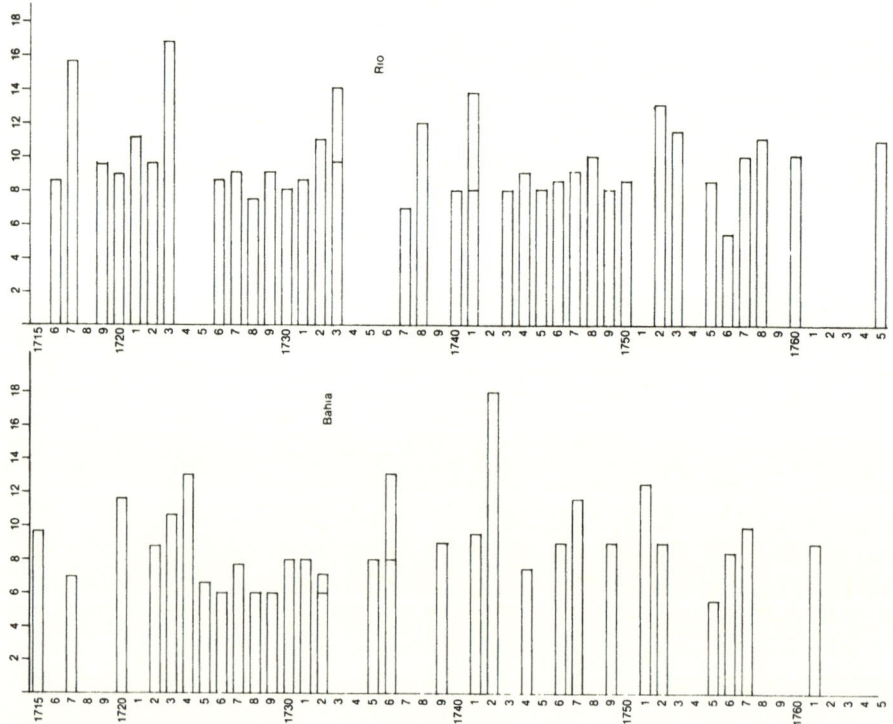

* L'année indiquée est celle du *départ* de Lisbonne.

parfois en vue des côtes portugaises, jamais d'un encalminement. Ces rabiots de mer interfèrent quelque peu dans la durée totale des voltes Lisbonne-Brésil et retour ; cumulés, ils ont pu être responsables de certaines grosses distorsions dans le temps. En fait, nous constatons l'existence pour les flottes de Rio de deux types de volte : l'une, courte, effectuée en huit ou neuf mois ; l'autre, longue, approchant ou dépassant les onze. Même schéma pour les flottes de Bahia, de Pernambouc et du Maragnon, dont la volte courte était de sept à huit mois, la volte longue comme pour Rio. Le motif à l'origine de la différence entre les deux types n'apparaît pas nettement dans la documentation. Retards de la navigation susdits ? Hivernage nécessaire pour la sécurité de l'appareillage ? En 1747, la flotte de Rio a été obligée de relâcher 15 jours à Pernambouc, mais il s'agit plutôt d'un incident de la navigation. Supplément d'estarie indispensable pour

Figure 19. *Durées connues des voltes Portugal-Brésil-Portugal* (suite)

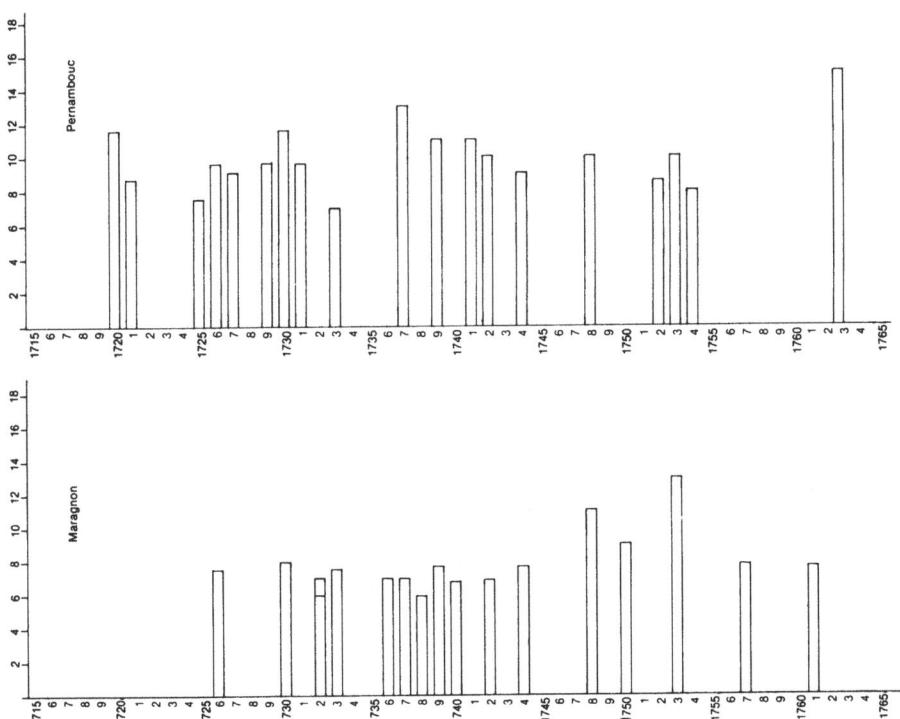

compléter une cargaison ? Les deux, sans doute, le second cas étant avéré plusieurs fois, encore que, dans de telles circonstances, les commissionnaires aient pu opter pour rester sur place à attendre l'écoulement de leurs marchandises tandis que la flotte s'en allait (cf. ce qui s'est passé à Rio en 1741). De toute façon, en plus de l'histoire nautique, il y a une histoire de la transaction dans les ports (sur les lieux d'extraction aussi, nous l'avons vu), une balance entre les détenteurs d'or (ou de sucre) et les marchands venus du Portugal. Avec un résultat aléatoire que l'on suivait de près à Lisbonne et dans toute l'Europe.

Le commerce

Pour être succinct, ce qu'en disent les consuls français n'est pas sans intérêt, jetant une lueur sur les réalités du commerce et sur leur perception au niveau de la psychologie des contemporains. Relisons leurs missives. Dès 1715, il est question d'un déclin des arrivages d'or (au retour de la flotte de Bahia) et de mévente (les marchandises à meilleur marché au Brésil qu'en Europe). L'optimisme fait toutefois sa cure de jouvence vers 1720. Pour un peu, on croirait à la génération spontanée du métal jaune : « Ce qu'il y a de plus certain est que les mines deviennent tous les jours meilleures et qu'un mois après que la terre a été fouillée dans un endroit l'on y trouve tout de nouveau plus d'or que la première fois : ce sont des avis que nos négociants françois reçoivent de ce païs-là » (2/6/1722). Mais en 1723, arrive la nouvelle de la révolte des *mineiros*, « qui n'est pas gracieuse pour cette Cour » (25/5/1723). Cinq ans plus tard : « Le commerce du Brésil à présent est impraticable par la grande quantité qu'on y a envoyés et il faudroit pour le rétablir que les flottes restassent deux ou trois ans d'y aller pour donner du tems à la consommation de ce qu'y s'y trouvent *(sic)* les marchandises se vendent pour le même prix et même au-dessous de ce qu'elles coûtent en Europe... » (4/5/1728). Les diamants raffermissent les cœurs en 1730, et tout va bien jusqu'en 1736, quand la crise ouverte à propos de la colonie du Sacramento retient les mineurs « de descendre aux places maritimes » et « conséquemment les denrées et Marchandises d'Europe n'ont point esté venduës et l'or est resté dans les mains des propriétaires aux dites Mines » (20/11/1736). En 1741, comme on l'a dit, les commissionnaires portugais « sont restés à Rio avec partie des marchandises » (24/10/1741) et, l'année suivante, la nouvelle flotte de Rio, qui aurait dû rapporter en plus du produit de sa charge celui des restes de la précédente, « n'est pas aussi opulente que le Commerce le désiroit... Mais beaucoup plus que l'année passée et il n'y a pas à s'en plaindre » (18/12/1742). En 1744, la guerre de la Succession d'Autriche gêne les approvisionnements à Lisbonne, et l'on parle de ne charger qu'en partie les bâtiments pour Rio à cause qu'il y a beaucoup de marchandises « dans cette colonie d'invenduës des flottes précédentes » (12/5/1744). Au retour de la flotte de Rio en 1746 « on s'attendoit à quelque chose de mieux, on ajoute que le Brésil est rempli de marchandises invenduës » (11/1/1746). En 1747, seulement, soupir de soulagement : « Le commerce est assez content, c'est-à-dire en langage de négociant qu'elles [les listes de chargement des retours] sont bonnes » (31/1/1747).

Toutes ces notations sont captivantes. Mais quel jugement pourrait-on porter, d'après elles, sur le commerce du Brésil ? Si l'on ne se reportait simultanément à la courbe des arrivages, on serait peut-être enclin à ne retenir que la fréquence des crises qui sont d'ailleurs, pour la plupart, des crises d'engorgement du marché, des crises de pléthore de la marchandise. Mais l'image globale resterait inconsistante, inapte à refléter même l'abondance ou la rareté des trésors débarqués et, à plus forte raison, leur évolution en diachronie. Or, ce leurre que nous pouvons déjouer ici, nous est tendu perpétuellement en histoire économique par les sources narratives, fussent-elles commerciales, dans leur subjectivisme inévitable. La réciproque s'impose du reste. Le plus beau des graphiques ne révèle rien de ce qui lui est sous-jacent : les espoirs, les déceptions, les profits ou les pertes du négoce, en un mot, la conjoncture. Ramener sa lecture à un syllabaire de cycles ne représente qu'un subterfuge dont la crédibilité est médiocre ou douteuse en face de la complexité des affaires et de l'appréciation des résultats. Ainsi, décèle-t-on un autre niveau d'analyse du commerce brésilien (comme de tous les trafics, transatlantiques et autres) : celui des négociants engagés dans la pratique et que, pour sa part, a commencé d'aborder Luis Lisanti[80]. Nous admettons donc, sans fausse honte, que notre travail ne livre qu'une des dimensions de l'entreprise brésilienne, entendue au sens général. Cette dimension reprend toutefois de sa valeur, reconquiert toute sa valeur du point de vue macro-économique, car elle est l'enveloppe globale en laquelle l'ensemble des activités ayant

---

80. L. Lisanti, *Negócios coloniais*, São Paulo, 1973, 5 vol.

pour champ d'action le Brésil est compris. Et d'autre part, l'analyse propre que nous avons menée des arrivages aura peut-être contribué à la distinction si importante des plans successifs d'appréhension du sujet.

Ce à quoi, encore, pourrait servir la correspondance consulaire. Car de Lisbonne, l'agent français – comme ses *alter ego* anglais et hollandais – surveillait non seulement le mouvement des flottes brésiliennes et leur succès, mais aussi la prestation de ses compatriotes et la concurrence des étrangers. Un mémoire de 1713 nous place d'emblée en présence de la faiblesse de la participation française. Peut-être oublieux de l'état de guerre qui vient à peine de cesser entre la France et le Portugal, l'auteur attribue cette carence à la préférence donnée par les Bretons au commerce de la Mer du Sud qui a fait hausser leurs toiles jusqu'à 35 sols la varre (contre 25 et 28 autrefois), alors que les Anglais et les Hambourgeois cèdent les leurs à 20 ou 25[81]. Les Anglais, au contraire, à la même date, sont réputés enlever, avec les Hollandais, la totalité de l'or qui arrive du Brésil et, en 1721 puis en 1728, à eux seuls, 10 millions de cruzades de métal précieux pour retour partiel des 16 millions de marchandises qu'ils écoulaient chaque année au Portugal. Les Français, écrit Montagnac en 1738, se défient des commissionnaires portugais et vendent à Lisbonne « payable au retour des flottes », ce qui est le système finalement aussi risqué « de la grosse aventure », pratiqué également à Cadix. Les Anglais avaient plus d'entregent, usant des commissionnaires comme de la grosse aventure et, en outre, récupérant aussi en or une partie de leurs créances sur le marché intérieur. Quant aux Hollandais, en plus de leur commerce ordinaire, ils avaient un don particulier pour s'entremettre à la place des belligérants durant les guerres, les Anglais en écumant en 1745. Et un flair admirable pour entrer dans le Tage, en même temps que les flottes brésiliennes, inopinément bien sûr, mais à point pour se proposer comme transporteurs d'or vers le Nord, quand les circonstances y conviaient, car le paquebot de Falmouth emportait déjà couramment pas mal à lui seul de la poudre, des barres et des cruzades. Trop « pétris d'honneur et de désir de gloire », les officiers français n'avaient pas « la confiance des commerçans » pour ce transport et ne savaient pas « se prêter assez à une sorte de familiarité nécessaire pour la gagner » (16/1/1742). Le défaut de liant y était-il vraiment pour quelque

---

81. AN Paris, AE BI/653.

chose ? En l'occurrence, on soupçonnerait plutôt que le fret de l'or appartenait de manière prépondérante aux nations en tête aux importations, ou, à la faveur des conflits, aux nations dont la neutralité valorisait extraordinairement, tout d'un coup, les services maritimes qu'elles pouvaient rendre, y compris à des Français : « Nos négocians seront obligés de prendre cette voye [*par la Hollande*] pour l'intérêt qu'ils y ont » (31/10/1742).

Arrêtons ici cet additif, car nous rejoignons des thèmes déjà abordés dans le texte et d'autres, comme le sort du métal jaune dans les pays destinataires et sa disparition puis sa réapparition dans les Hôtels des Monnaies, dont le traitement devrait être entrepris sur une base élargie et dans un espace de papier beaucoup plus vaste. Là aussi, il est sans doute possible de dessiner des « enveloppes » des problèmes, qui les circonscrivent et permettront d'envisager véritablement leur résolution. Pour les arrivages de l'or brésilien, dans cet ordre d'idées, il reste sans doute encore un peu à faire. Des dépouillements plus exhaustifs des gazettes, éventuellement de la *Gaceta de Lisboa*, ne sont pas à dédaigner. Notre conviction, cependant, et une quasi-certitude sont qu'à présent, ce qui est à découvrir repose dans les Archives elles-mêmes de l'État portugais, dans les archives des marchands et dans les différents dépôts des pays où, en dernier ressort, finissait par pénétrer, au XVIIIᵉ siècle, pièce à pièce ou à flot, l'or brésilien.

3 ✎ Métaux précieux américains et conjoncture (1659-1720)

Thématique

Comment les gazettes hollandaises ont-elles pu continuer à publier des notices des trésors américains revenant en Espagne après que l'enregistrement de ceux-ci a été officiellement supprimé à l'embarquement ? C'est le premier problème auquel on est confronté pour la période 1659-1720. L'enquête aboutit à mettre en évidence la persistance d'un contrôle dans l'isthme de Panama duquel dérivent les notices de la Terre-Ferme et, pour la Nouvelle-Espagne, d'un ensemble de recoupements ou, mieux, d'un suivi des marchands qui, appuyé peut-être par des documents plus officiels mais qui nous échappent, rendent plausibles et probables les évaluations proposées pour La Vera-Cruz. On en vient alors au raccordement à opérer avec les notices précédentes, et c'est pour un examen à fond du problème de la fraude. Finalement, la panne des trésors de l'Amérique espagnole a été un accident dû principalement aux guerres ; leur arrivage a repris de plus belle après 1660. Envisagée sous l'angle de l'approvisionnement de l'Europe en métaux précieux, la « dépression » du XVIIe siècle prend figure d'une étrange hallucination provoquée par une lacune de l'information.

Mais la documentation annexe, la correspondance du consul français à Cadix en tête, offre la possibilité d'élargir les perspectives et de saisir concrètement de quoi il retournait dans ce commerce associé à la Carrera espagnole, quelles nations y participaient, comment se déroulèrent les foires, le succès des flottes et les bénéfices des marchands. D'autres sondages ébauchent la recherche nécessaire au sujet du sort des métaux précieux après leur débarquement (ou leur transbordement) à Cadix. Bien que l'on ne puisse se flatter d'avoir atteint le fin fonds des affaires, on peut se rendre compte à la fois de leur simplicité (acheter et vendre sont des actes simples) et de leur complexité (le profit n'est pas toujours assuré). Dans le dernier paragraphe de cette étude, on revient à la reconstruction de la courbe des arrivages en essayant de traquer les trésors américains sur les routes détournées qu'ils ont empruntées durant la guerre de Succession d'Espagne et un peu après jusqu'à la réorganisation de la Carrera et à la réaffirmation du monopole de la navigation espagnole basée à Cadix.

❧

On le sait déjà : l'enregistrement des trésors américains par les autorités espagnoles se dégrada sérieusement dans la première moitié du XVIIᵉ siècle. Une fraude avait toujours existé à coup de pesos glissés dans les surons de cochenille et les sacs de salsepareille. Mais ce qui se développa alors eut une autre ampleur et finit par s'imposer comme la règle.

Les marchands se dispensèrent de l'obligation de déclarer leurs cargaisons. Ils ne se mirent pas carrément en infraction avec la loi. Ils prirent une voie oblique. Ils arguèrent d'empêchements matériels, du temps qui avait manqué au départ des flottes pour remplir les formalités. Ils protestèrent de leur volonté de rentrer dans l'ordre dès que faire se pourrait à l'arrivée. Leurs chargements n'avaient pas été opérés dans un esprit de dissimulation coupable, que flétrirait justement l'expression d'envois *sin registrar*, mais avec l'intention opposée et louable de tout découvrir et de ne rien cacher : envois *por registrar*.

Le Roi et son Conseil furent incapables de réprimer, voire de réfréner une tendance qui rencontrait partout connivences et complicités. Ils l'avalisèrent peu à peu en accordant des pardons répétés – les indults – chèrement monnayés il est vrai[1]. Il en résulta que les

1. A. Girard, *Le commerce français à Séville et à Cadix au temps des Habsbourgs*, Paris-Bordeaux 1932, pp. 23 et 50 ; H. et P. Chaunu, *Séville et l'Atlantique (1504-1650)*, Paris, 1955-59, tome I, pp. 95-124.

registres devinrent de plus en plus inconsistants. Nous avons pu montrer que les effets avoués par les particuliers à bord du convoi revenu le 19 avril 1659 à Santander sous la conduite du Marquis de Villarubia n'allaient pas au neuvième des effets réels[2]. Dès lors, une récapitulation des trésors fondée exclusivement sur les documents administratifs est exposée à la plus grave des sous-évaluations et cesse d'être recevable[3].

Une cédule de Philippe IV, en date du 11 mars 1660, précipita l'évolution. Elle bouleversait les principes du recouvrement de l'*averia*[4]. Celle-ci ne serait plus perçue, quant aux retours, au prorata des cargaisons : elle était remplacée par une contribution forfaitaire fixe. Les marchands ne seraient plus tenus de déclarer aux Indes l'or et l'argent qu'ils embarquaient. On leur laissait la liberté d'en décider. Les registres perdaient ainsi automatiquement, et, cette fois, officiellement, la qualité qui aurait dû être la leur et ne l'était plus depuis longtemps d'être des bordereaux fidèles des chargements[5].

De prime abord, donc, l'espoir de retrouver par leur intermédiaire une évaluation véridique des transferts de métaux précieux ne saurait être que très faible. L'obscurité et l'incertitude risqueraient d'être totales si l'on ne disposait de sources de renseignements extérieures. De ce nombre sont les gazettes, singulièrement les gazettes belges et hollandaises. Leur consultation a permis, précédemment, de détecter et de surmonter plusieurs grosses défaillances statistiques des registres[6]. La carence des documents officiels se

---

2. M. Morineau, «Gazettes hollandaises et trésors américains» *Anuario de historia económica y social*, 1969-1970.

3. E.J. Hamilton, *American treasure and the price revolution in Spain 1501-1650*, Cambridge (Mass.), 1934.

4. L'*averia* était un droit *ad valorem* levé sur les cargaisons à l'aller et au retour et destiné à couvrir les frais de protection de la Carrera. Cf. G. Cespedes del Castillo, *La Averia en el comercio de las Indias de Castilla*, Séville, 1945, et H. et P. Chaunu, *op. cit.*, p. 171.

5. *Recopilación de las leyes de los reynos de las Indias*, Madrid, 1680, tome III, livre IX, titre IX. Nota. « Por el último Asiento de Averias y cédula de 11 de Março de 1660 se ajustó y ordenó que la plata y oro de particulares de Tierra Firme y Nueva España se pudiesse traer a estos Reynos de Castillo sin registro preciso y si la traxeren en confiança los Maestres de plata o estuviere en poder de los Compradores de ella, no tuviessen obligación de introducirla en la Casa de Contratación, ni declarar los dueños, sino por mayor, y que la tuviessen de labrar en las Casas de moneda de estos Reynos, las barras y plata en pasta : y la plata, oro, frutos y mercaderías fuessen libros de Averia, Almojarifazgo, y todos los demás derechos impuestos por la entrada de los géneros de Indias, con calidad de que contribuyessen los Comercios de Sevilla e Indias, las cantitades, que se las repartieron, para los gastos de las Armadas y Flotas. »

6. M. Morineau, *art. cit.*

perpétuant et s'aggravant, il est logique de se tourner à nouveau vers elles pour y remédier. Elles avaient poursuivi assidûment, en effet, la publication des informations sur la Carrera, et elles avaient donné notice en particulier des trésors rapportés par chaque convoi. Les collections actuelles de gazettes néerlandaises sont assez complètes pour la seconde moitié du XVIIᵉ siècle, beaucoup plus que pour la première. De sorte que la reconstitution d'une série suivie et fournie des arrivages d'or et d'argent américains s'avère réalisable avec un peu de patience et le recours éventuel à d'autres sources : correspondances de marchands, correspondances de consuls, dont la documentation, au fond, était assez semblable à l'origine à celle des gazettes[7].

Mais avant même de dresser un tableau des trouvailles, a fortiori avant d'en faire l'analyse et d'en tirer des conclusions, il faut procéder à l'inévitable examen critique des données. D'où venaient ces nouvelles imprimées dans les gazettes ou transcrites ailleurs ? Quelle confiance méritent-elles ? Couvrent-elles bien la totalité des retours d'Amérique ? Commençons donc par répondre à ces questions.

1. Comment les gazettes hollandaises ont-elles pu connaître des trésors d'Amérique espagnole après 1650 ?

Le problème n'est pas identique à celui qu'avaient posé les premières séries. Quand nous avons eu à tester les *Courante uyt Duitsland, Italien, enz.*, les *Tydinghen uyt diversche Quartieren* et autres *Nieuwe Tydingen* des années 1621 à 1635, les choses n'ont pas été trop compliquées. Il a suffi de confronter les notices publiées des cargaisons avec les originaux ou copies d'originaux (Diez de la Calle), d'une part, avec les récapitulations d'Hamilton, d'autre part, pour s'apercevoir qu'elles décalquaient, sauf exception, les documents officiels, les registres remis à la Casa de la Contratación. Elles en partageaient donc la valeur et la crédibilité, liées à la plus ou moins grande conscience avec laquelle s'était effectué l'enregistrement. Mais à

---

7. Ont été consultées en tout ou en partie pour la période étudiée ici : les *Relations véritables* (Bruxelles), *Hollandsche Mercurius* et *Haarlemsche Courant* (Haarlem), *Amsterdamsche Courante* et *Gazette d'Amsterdam* (Amsterdam), *Journal historique, Recueil des nouvelles* (La Haye), *Journal universel* et *Nouvelles extraordinaires* (Leyde), *Gazette de France* (Paris). Correspondance consulaire du consul français à Cadix (AN ; AE B I/211 à 216), du consul hollandais (Gemeente Archief Amsterdam Burgemeesteren Archief, Diplomatieke Missiven 111 à 115). Correspondances commerciales anversoises in J. Everaert, *De internationale en koloniale handel der Vlaamse Firma's te Cadix. 1670-1700*, Bruges, 1973.

présent, les matrices et contretypes font défaut ou sont suspects. Comme aussi les récapitulations.

Les notices des gazettes ne sont pas des élucubrations. Elles reposaient sur une information de première main et solide, que nous avons à mettre en lumière. Elles étaient domiciliées du port d'arrivée des flottes, Cadix à l'ordinaire, et datées des jours qui avaient suivi, précisément, une arrivée[8]. Elles reproduisaient à l'évidence les renseignements qui circulaient sur la place et avaient transpiré des vaisseaux sur les trésors qui avaient été transportés. Pour bien apprécier la valeur des gazettes, il faut se rendre compte exactement, d'abord, de ce qui pouvait être connu de chaque flotte au fur et à mesure de son voyage et comment, ensuite, cela pouvait être transmis et divulgué. Dans cette perspective disons que trois catégories de documents étaient a priori disponibles pour une information. Deux catégories de documents officiels : les registres et les manifestations. Une catégorie de documents officieux : les évaluations personnelles des officiers de la Carrera et celles des marchands.

Des registres, il a déjà été question. C'était le document régulier, imposé jadis au XVIe siècle en un temps où l'on avait voulu une réglementation stricte. Ceux des retours étaient composés en Amérique au moment de l'embarquement et parfois refaits en cours de route, notamment lors de l'escale de relâche à La Havane. Veitia Linaje a accrédité l'idée qu'ils avaient été supprimés par la cédule du 11 mars 1660. Mais ce n'est pas exact. Ils avaient été rendus facultatifs pour les marchands en ce qui concerne l'or et l'argent : ils n'avaient pas été abolis[9]. La correspondance des consuls, les gazettes attestent leur persistance aussi bien que l'enquête menée en 1686 à Cadix même par l'intendant français de la Marine Patoulet auprès de ses compatriotes intéressés au commerce des Indes[10]. Y figuraient,

---

8. Les nouvelles parvenaient ordinairement à Amsterdam par la voie de Madrid. Il fallait compter environ un mois de délai : huit jours de Cadix à Madrid, trois semaines ensuite. Les *Relations véritables* étaient assez souvent renseignées par la voie de Saint Sébastien.

9. J. de Veitia Linaje *Norte de la Contratación*, Séville, 1672, livre II, chap. XVII, p. 197, suivi par Antuñez y Acevedo, *Memorias históricas sobre la legislación y el gobierno de los españoles con sus colonias en las Indias occidentales*, Madrid, 1797, p. 200. J. Everaert, *op. cit.*, p. 540, a noté les différentes interprétations de la cédule du 11 mars 1660 chez Girard, Cespedes del Castillo, H. et P. Chaunu. Cf. à la note 5 le texte fourni par la *Recopilación*.

10. Ce mémoire très important existe sous deux versions : une première rédaction, datée du 2 janvier 1686, après passage de Patoulet à Saint-Malo (AE, Mém. et doc., 1922, fol. 149-195 et BM Rouen, Montbret 236) ; une seconde, quelques semaines plus tard, faite avec

outre les marchandises probablement[11], les trésors du Roi, quelques sommes ayant des affectations précises, comme les biens des défunts, et tout ce que les particuliers voulaient bien déclarer *motu proprio* de leurs fonds en or et en argent. A cause du caractère arbitraire des déclarations, les registres souffraient d'une présomption d'insignifiance. Les officiers espagnols, eux-mêmes, en Espagne, les considéraient avec désinvolture[12].

Mais la réalité, à l'image de la pratique, était complexe. Alors que l'on s'attend à des chiffres dérisoires, on rencontre maint registre bien rempli. Tel celui de La Havane en 1663 qui s'élève à plus de 7,5 millions de piastres[13]. Tels, surtout, ceux des Galions de Terre-Ferme : celui du retour de 1673, par exemple, supérieur à 16,5 millions de piastres et celui de 1676 supérieur à 22,5 millions...

Une circonstance particulière, dans ce dernier cas, favorisait le meilleur enregistrement. L'or et l'argent qui venaient de la Mer du Sud étaient soumis à deux comptages : l'un du côté du Pacifique, l'autre du côté de l'Atlantique[14]. La cédule du 11 mars 1660 ne modifia en rien le premier. Simplement lui ajouta-t-elle seulement un autre but : celui de servir à la répartition entre les marchands du Pérou de l'indult mis sur eux[15]. Il se déroulait, vers 1680, « dans un passage fort étroit appelé Bocaron qui est entre Panama et Porto-Bello ». Les *cargadores*[16] qui en avaient connaissance le tenaient en suffisante estime pour y voir un indicateur de la foire : « [...] par ce moyen, on sçait à peu près combien il en est venu [argent] du Pérou

le concours des négociants français de Cadix (*ibid*, fol. 197-260 et Bibl. Arsenal, Man. 4068). Le mémoire de Patoulet a été repris et aménagé en 1691 par un auteur inconnu qui pourrait être l'Intendant général de la Marine Bonrepaus alors lecteur du Roi (AE, Mém. et doc., Espagne, 79, fol.1-33), puis vers 1696 par François Le Blanc, professeur du duc de Bourgogne (BU Gand, Man. 156). Nous indiquerons pour chaque citation de ces mémoires successifs le fonds consulté.

11. Dont il n'est pas question dans la cédule. Les registres de l'aller subsistaient également en théorie.

12 BM Rouen, Montbret 236, Mém. 28 mars 1680. Ce document qui émanerait d'un négociant inconnu (du Halde d'après P. Margry) a été utilisé lui aussi par P. Le Blanc.

13. *Relations véritables*, 1663, p. 473 ; *Hollandsche Mercurius*, 1663, p. 125.

14. J. de Veitia Linaje, *op. cit.*, livre II, chap. XVII, p. 34.

15. Dans la nouvelle perception de l'averia, chaque groupe de négociants intéressés au commerce des Indes payait une somme conventionnelle : elle fut d'abord de 350 000 piastres pour les Péruleros, puis de 250 000 en 1667 (Antunez y Acevedo, *op. cit.*, p. 202) d'après Veitia Linaje et D. José Rubacalva. D'autres documents disent 400 000 vers 1686. Cf. J. Everaert, *op. cit.*, p. 539.

16. Les marchands passés aux Indes avec les vaisseaux. Appelés aussi navegantes et d'une manière plus spécifique flottistes (sur la Flotte de Nouvelle-Espagne) ou galionistes (sur les galions de Terre-Ferme).

[...] », nonobstant la dissimulation des pignes et des barretons d'argent non quintés. Il y a quelques chances pour que le registre du Bocaron ait déteint plusieurs fois sur celui de Portobelo[17].

D'une manière plus générale, la qualité de l'enregistrement en Amérique a pu fluctuer en fonction de la politique fiscale de la Hacienda à l'arrivée en Espagne. Comme nous allons le voir à propos des manifestations, la persistance de la levée d'un indult détruisait l'avantage que les marchands avaient attendu, peut-être, du règlement de l'averia. Et pour conjurer les exigences du souverain, l'astuce n'était-elle pas de jouer la carte de l'honnêteté (fut-elle biseautée) avec une déclaration relativement abondante ?

Quoi qu'il en ait été, les remarques précédentes mitigent le discrédit qui pèse sur les registres après 1660. Certes l'on ne doit attendre d'aucun d'entre eux la fidélité scrupuleuse d'une confession parfaite. Mais plusieurs ont été assez bien tenus pour donner une expression recevable de l'étendue des trésors, avec les réserves d'usage. La correspondance consulaire et, dans une moindre mesure, les gazettes montrent qu'ils furent bien entérinés ainsi[18].

Naguère, quand l'obligation du registre était dans toute sa force, la manifestation était pour le marchand qui s'y était soustrait le moyen de faire la preuve de sa loyauté et de solliciter l'indulgence royale. Il découvrait son chargement au grand jour, le Conseil de la Hacienda prélevait une quote-part proportionnelle en compensation des droits frustrés à l'embarquement, et l'affaire était liquidée.

On aurait pu croire que la cédule du 11 mars 1660 avait mis fin à l'une et l'autre pratiques. Le non-enregistrement en Amérique était, en somme, autorisé, et l'établissement d'une contribution fixe à la place de l'averia préservait définitivement le fisc de la fraude de ses droits. De plus, les propriétaires des métaux précieux étaient habilités à en prendre livraison directement, sans passer par la Casa de la Contratación, à l'exception des barres et lingots qu'ils devaient remettre à l'Hôtel des Monnaies de Séville. Tout semblait donc bien en ordre.

---

17. C'est une certitude pour la notice de 1682. Gillis Amya, le consul hollandais à Cadix précise en effet : « Compte des particuliers in Blocken, Stucken van 8ten, Gout gewerckt, silver, soo van de fery al Remissij die gepasseert is voor de Boqueron koomende van Puertovello 'n 't gheene gekoomen is in Cartaxena van Santa Fe soo dat men considereert en getrouwighijt 20 millenen... » (GA Amsterdam, Burgemeesteren Archief, Diplomatieke Missiven n° 111). Lettre du 7 septembre 1682.

18. A. Girard, *op. cit.*, pp. 421-448.

Pourtant la manifestation et l'indult n'ont pas cessé d'être des réalités de la vie commerciale à Cadix. Aucun texte légal n'explicite très bien pourquoi. A bien regarder la cédule du 11 mars, cependant, on peut noter qu'après tout elle n'établissait de tolérance pour l'incognito des trésors qu'à l'embarquement et durant le voyage sans rien spécifier pour le débarquement. Plus profondément, il aurait été impensable que le Roi se soit dépouillé de son droit de regard sur les métaux précieux venant de ses possessions d'outre-mer et entrant dans ses royaumes de ce côté de l'océan, alors qu'il était partie intégrante de sa souveraineté. Celle-ci, d'ailleurs, ne se réaffirmait-elle pas à chaque arrivée, dans le fait que le déchargement des vaisseaux ne pouvait commencer sans un ordre du prince, un *despacho* ? Quant au règlement de l'averia, échange contre une première complaisance, il n'impliquait pas renoncement à profiter encore du trafic de la Carrera, proportionnellement à son importance et pour faire face à d'autres besoins. D'où la perception d'un indult qui n'était plus exactement, ou qui était moins, sanction d'un délit et davantage exaction fiscale[19].

Loin de disparaître donc, manifestations et indults se sont généralisés après 1660, donnant naissance à tout un cérémonial qui a été fort bien décrit. Dès que la flotte était annoncée, le Président de la Casa de la Contratación faisait publier une interdiction générale aux gens de la terre de s'approcher des vaisseaux et a fortiori de monter à leur bord. Quand les bâtiments étaient arrivés, ils étaient consignés dans la Baie, et défense était signifiée aux membres des équipages et aux passagers de descendre à terre ou d'y débarquer quoi que ce fût avant la fin de la manifestation. Puis le Président ou tout autre personnage chargé par le Roi de l'opération s'installait sur la Capitane, déléguait des subordonnés sur les autres navires et, simultanément sur toute la flotte, le nouvel enregistrement de l'or et de l'argent, la manifestation, commençait[20].

Elle s'embourbait assez vite. Les marchands étaient rétifs, les autorités étaient désarmées, sauf menace d'un retardement incongru

---

19. D'après J. Everaert, *op. cit.*, pp. 540 et suivantes, l'indult aurait d'abord été prélevé sur l'ennemi – les Français en 1667 – puis étendu au commerce en général. Cependant trace a été gardée d'un indult levé sans discrimination dès 1663, preuve qu'il s'agit d'un expédient essentiellement fiscal. Cf. *Relations véritables*, 1663, p. 521 : « De Saint Sébastien, le 17 décembre : De Cadix que les propriétaires des marchandises non enregistrées venues avec la flotte avoient fait un accord pour les droits du Roi pour lesquels ils avoient promis de paier un million de patagons ».
20. BU Gand, Man. 156, pp. 110-115.

du *despacho* (certaines marchandises risquaient de se gâter), et, surtout, d'une visite générale, l'équivalent d'une fouille. La manifestation dégénérait souvent en maquignonnage, comme celui qui eut lieu à bord de la Capitane des galions revenus en 1679. Elle avait transporté au dire d'un témoin dix millions de piastres en barres. Le premier jour, il n'en fut déclaré que 2 ou 3 millions et le lendemain 500 000 de plus, puis chacun des jours qui suivirent encore 100 000, jusqu'à ce que le Président se fâche et obtienne une déclaration qui le satisfasse, mais qui ne représentait pourtant que la moitié du trésor véritable[21].

Le schéma de la visite comportait des variantes. Parfois, les autorités cherchaient d'emblée à intimider les marchands en déployant un appareil impressionnant. En 1667, le Président de la Casa mobilisa quatre juges de l'Audiencia de Grados et quatorze de sa propre Audiencia pour la réception des galions de D. Manuel de Bañuelos. Avec un franc succès, assure Veitia Linaje[22]. Ou bien les autorités se résolvaient à employer les moyens coercitifs. En 1673, elles firent conduire à la Monnaie tout l'or et tout l'argent qui se trouvaient sur les galions de D. Diego de Ibarra, du moins ce qu'elles en dénichèrent, et qui ne fut pas peu : 14 millions de piastres[23]. Ou bien elles faisaient traîner les choses en longueur et usaient la résistance des marchands, résistance à l'indult autant qu'à la manifestation. Les intéressés aux galions arrivés à Cadix en novembre 1691 attendirent cinq mois un *despacho* qui était délivré en d'autres occasions en huit jours[24]. Les guerres avec la France, le désir d'atteindre l'ennemi dans ses biens embarqués sur les flottes enhargnaient le Conseil du Roi et aiguisaient la vigilance des officiers.

Les manifestations dépendaient quant à leur résultat et quant à leur précision de l'ensemble des circonstances, ruse des marchands et

---

21. BM Rouen, Montbret 236.

22. J. de Veitia Linaje, *op. cit.*, livre II, chap. XVIII, titre 2, p. 210.

23. *Gazette d'Amsterdam*, 2 mai 1673 ; A. Girard, *op. cit.*, pp. 431 et 447 ; J. Everaert, *op. cit.*, p. 538.

24. L'affaire défraya les gazettes jusqu'en août 1692. L'indult demandé était énorme, ce qui valut leur surnom aux galions : « fué el año de los Galeones de Gonzales de Cordoba que fueron los del indulto grande, que sacaron seis millones sin haber peccado » (A. Picardo y Gomez, *Memorias de Raimundo de Lantery mercader de Indias en Cadiz, 1673-1700*, Cadix, 1949, p. 276). L'affaire fut compliquée par l'intervention du Consulat qui bloqua en fait près de 10 millions de piastres. Par contre, l'autorisation de débarquer fut rapidement donnée à la flotte de Nouvelle-Espagne arrivée à la fin de novembre 1693, et l'indult était réglé au début de janvier 1694.

obstination des autorités y comprises. Elles redressaient partiellement un enregistrement défectueux au départ, mais elles n'atteignaient généralement pas la vérité. Citons derechef les galions de
1676. Ensemble, ils manifestèrent « un peu plus de onze millions
d'écus [entendez piastres] en barres quoy qu'il y en eut plus de dix
neuf millions... » et, en outre, quatre millions en contrebande pure,
cachés dans les balles de vigogne et les caisses de sucre. Bon exemple
et certes pas unique.

Les gazettes et les correspondances n'ont guère retenu les chiffres
des manifestations. A peine en retrouve-t-on un ou deux[25]. Il était
intéressant cependant d'en parler en détail parce qu'elles permettent
de saisir le mécanisme et l'ampleur de certaines dissimulations. Elles
introduisent de ce fait à la prise en considération de la dernière
catégorie de documents relatifs aux trésors : les estimations officieuses.

On voit celles-ci se mettre à circuler sur la place de Cadix à des
moments différents. Parfois très tôt, alors que les flottes n'ont pas
encore quitté l'Amérique : il s'agit d'informations transmises par
voie d'aviso. Le plus souvent quelques jours avant et quelques jours
après l'arrivée des vaisseaux, les renseignements venant de leur bord.
La manière exacte selon laquelle elles étaient élaborées nous échappe
forcément. Cependant, l'on peut retrouver certains des éléments qui
entrèrent dans ces évaluations et conjecturer avec assez de sécurité ce
qui suit.

Les marchands qui avaient participé aux foires américaines
avaient déjà une idée de ce que celles-ci avaient rapporté. Il faut bien
se représenter deux choses à cet égard. D'une part, l'esprit constamment en éveil, à l'affût, des marchands qui avaient intérêt à savoir ce
qui s'était passé globalement dans les transactions afin d'ajuster leur
stratégie pour l'avenir et calibrer leurs futurs envois[26]. D'autre part,
le degré extraordinaire de concentration des foires. Tout ce qui y
était exposé d'Europe y était venu en un seul convoi et avait déjà fait
l'objet de plusieurs évaluations tant en quantité qu'en valeur, tant en
valeur d'achat qu'en valeur estimée en prévision des ventes[27]. Tout ce
qui y paraissait d'Amérique avait été rassemblé en un seul point et,
au moins pour ce qui descendait du Pérou, avait été apprécié lui

25. En 1679.
26. Précieuses indications in J. Everaert, *op. cit.*, pp. 683-695.
27. La charge des galions arrivés à la foire de Portobelo en 1678 était estimée à 22 millions de
   piastres, celle de 1686 à 14 millions. Cf. BM Rouen, Montbret 236.

aussi[28]. Il était dès lors assez facile d'après les masses en présence, les cours des articles, les quantités écoulées ou les invendus de supputer le produit des marchandises et l'importance des retours pour l'Espagne. Le petit nombre, finalement, des partenaires sur le marché et la hiérarchisation entre eux concouraient également à une bonne vision des choses[29].

En second lieu, à bord des vaisseaux, mémoire était pris des métaux embarqués par ceux auxquels on les confiait. Soit les *maestros de plata*, les « maîtres de plate », comme disaient les Français, dont c'était le rôle de les recevoir, soit les officiers auxquels on s'adressait de préférence pour plus de discrétion. En colligeant ces listes il était possible de savoir le montant global chargé : d'abord sur un vaisseau – et l'on possède de telles récapitulations – puis, de proche en proche, sur toute la flotte. L'initiative de ces recensements officieux appartenait sans doute à plusieurs. Les capitaines des navires, les généraux des flottes ne devaient pas y être eux-mêmes indifférents ou inattentifs. Les données obtenues à bord et les données recueillies en Amérique se contrôlaient réciproquement. Parfois une tempête compliquait la tâche des experts, parfois des naufrages obligeaient à des révisions in extremis. L'essentiel demeure que les estimations officieuses s'appuyaient sur des éléments solides et pouvaient s'approcher de la vérité davantage que les contrôles officiels.

Ces estimations – le point est capital – le commerce les a faites siennes, et les a validées à l'époque. Les maisons gaditaines intéressées au commerce des Indes les ont acceptées ; les commis et les correspondants andalous les ont communiquées aux maisons gênoises, malouines, londoniennes, anversoises, hollandaises et hambourgeoises. Elles ont été reçues sans scepticisme et ont servi à prendre le pouls des affaires de la Carrera. Les divergences des versions s'effacent ici devant l'adhésion à un ordre de grandeur. Comme dans le cas des registres entérinés, mais mieux encore, cette approbation des contemporains, les plus outillés pour douter et contester le cas échéant, a valeur de confirmation.

Au reste, quand les marchands, prenant du recul vis-à-vis de telle ou telle flotte particulière, présentèrent des évaluations moyennes du trafic avec les Indes – Nouvelle-Espagne et Terre-Ferme –, ils

---

28. Double appréciation, celle du registre du Boqueron, celle des Pérouliers lorsqu'ils se concertaient pour acheter en foire (BM Rouen, Montbret 236).

29. A une époque, considérée d'ailleurs en 1680 comme révolue, certains marchands du Pérou ou de la Nouvelle-Espagne avaient un fonds de 500 000 piastres.

avancèrent des chiffres qui recoupent ceux des notices individuelles. Ainsi firent en 1686 les interlocuteurs de Patoulet à Saint-Malo et à Cadix[30].

Enfin, nous ne sommes pas entièrement dépourvus de moyens indépendants de contrôle. La littérature administrative et, singulièrement, la correspondance et les relations des vice-rois du Pérou permettent de retrouver et de justifier certains des chiffres du commerce que d'aucuns auraient jugé incroyables à les lire seulement dans les gazettes. Mais en 1669, le comte de Lemos a dépêché de Callao pour la foire de Portobelo une flotte emportant plus de 19 millions de piastres, chiffre qui corrobore celui publié par le *Hollandsche Mercurius* pour le retour de 1670 : 23 millions en métaux ; et, en 1672, le même vice-roi en a encore fait partir 22 à 23 millions[31]...

Nous sommes donc en présence d'informations sérieuses tant avec les registres entérinés qu'avec les estimations du commerce. Le consensus universel, les recoupements, éclairés par la reconnaissance des voies et des moyens utilisés par les marchands pour se mettre au courant, l'établissent, incontestablement. Reste à savoir ce qu'il en a subsisté, quelle est l'envergure de la documentation préservée dans les gazettes, les correspondances consulaires et les correspondances des marchands.

2. Les trésors de 1659 à 1701

Nous nous en tiendrons dans l'immédiat, provisoirement et pour plus de clarté, aux retours ayant eu lieu de 1659 à 1701, avant les perturbations de la guerre de Succession d'Espagne, et concernant des convois partis d'Espagne de 1658 à 1699. Notre documentation repère cinquante de ces convois : vingt-neuf à destination de la Nouvelle-Espagne (une Armada, vingt et une flottes, six escadres d'azogues, une de hourques). Y figurent tous ceux qui sont inclus dans les listes déjà publiées, plus quelques autres qui étaient ignorés[32]. Quelques convois, principalement de ceux adressés à

---

30. Voir ci-dessous Annexe.
31. G. Lohman Villena, *El Conde de Lemos, virrey del Peru*, Madrid, 1946, pp. 309 et 311.
32. Principales listes publiées : Antuñez y Acevedo, *op. cit.*, appendice XXX ; H. Ternaux-Compans, *Voyages et relations pour l'histoire d'Amérique*, Paris (1837-1840), tome II, pp. 301 et suiv. ; D. de Alsedo y Herrera, *Piraterías y agresiones de los Ingleses y otros pueblos de Europa en la América española desde el siglo XVI al XVIII*, Madrid, 1883, *passim* ; G. Cespedes del

Buenos Aires, ont pu ne pas entrer dans notre champ, mais le préjudice n'est pas très considérable, et, tout compte fait, la documentation présente certainement une image assez fidèle du mouvement de la Carrera[33]. Elle suit les traces des cinquante convois, à peu près toujours jusqu'à leur terme lors même qu'ils s'étaient longtemps attardés en Amérique, voire s'ils y avaient périclité comme les vaisseaux de Carlos Gallo Serna revenant du Rio de la Plata en 1700 et devenus innavigables[34].

Les notices des trésors ont été conservées pour quarante-six convois. Il manque la notice d'une grosse flotte : celle de la Nouvelle-Espagne en 1667 et quatre d'une flottille de Buenos Aires en 1669, en 1676, en 1678 et en 1700 (et pour cause dans ce dernier cas). La plupart des chiffres relèvent du type « registre entériné » ou du type « évaluation du commerce ». En quatre occasions seulement, nous ne disposons que d'un registre défectueux, clairement indiqué comme tel, d'ailleurs : en 1666, en 1671, en 1672 et en 1693, chaque fois pour une flotte de la Nouvelle-Espagne. Malgré ces bavures que l'on effacera chaque fois que ce sera possible, le bilan est en somme rassurant du point de vue de la pertinence de la documentation[35].

Il arrive que nous possédions plusieurs notices pour un même convoi. L'ordre de grandeur concorde toujours, mais des variantes importantes existent. Celles-ci sont normales. D'expert à expert les estimations divergeaient nécessairement dans certaines limites. En outre, la contrebande pure était ou n'était pas prise en charge dans les calculs. Rappelons-nous les galions de 1679 pour lesquels le témoin cité proposait une fourchette allant de 19 à 23 millions de piastres (alors que la manifestation n'en avait révélé qu'onze). Ces galions furent évalués à 25 millions par le consul français Catalan, à 28 par le marchand anversois Forchoudt[36]. Ces écarts, comme les

---

Castillo, *Lima y Buenos Aires. Repercusiones económicas y políticas de la creación del Virreinado de la Plata*, Séville, 1947, pp. 142-155. J. Everaert *(op. cit.,* p. 675) signale pourtant deux vaisseaux de Buenos Aires revenus en 1669 dont nous n'avions pas connaissance. Par contre, il n'a pas retrouvé les vaisseaux de D. Miguel Gómez de Ribero (venant du même endroit en 1676). Le second départ du capitaine Vergara est fixé à mars 1677 dans nos documents, à mars 1676 (?) dans les siens (cf. pp. 792-807).

33. Cf. plus loin les départs.
34. AN, AE B1/214.
35. Les correspondances diplomatiques des Etats italiens seraient intéressantes à consulter dans cette optique.
36. BM Rouen, Montbret 236 ; AN Paris, AE B 1/211 ; J. Everaert, *op. cit.,* p. 394. Nota : F. Le Blanc (BU Gand, Man. 156) parle de 30 millions, mais attribue aux galions de 1679 un renseignement concernant dans son modèle ceux de 1676.

défauts des registres et les lacunes, appellent quelques ajustements et éclaircissements pour la confection du tableau. Nous allons en dire un mot à présent.

Nous avons renoncé à réintroduire dans notre série les flottilles évanescentes du Rio de la Plata. L'entreprise eût été trop arbitraire[37]. Le tableau ne comprend donc que les cinquante convois dûment repérés. Pour chacun, il a été indiqué, lorsqu'on les possédait à la fois, le registre, quelle qu'ait été sa représentativité, et l'évaluation du commerce. Quand cette dernière faisait défaut, il y a été suppléé par la valeur moyenne reconnue à l'époque aux convois venus du même endroit[38]. On a procédé de même pour les galions de D. Manuel de Bañuelos en 1667, dont le cas était litigieux[39]. On a supposé que la flotte de D. Luis Eguez y Beaumont revenue en 1693 de Nouvelle-Espagne, quatre ans après celle du comte de Villanova, avait ramené l'équivalent de deux flottes ordinaires[40]. Les extrapolations ont été signalées par des italiques. Il se trouve qu'en 1666 le chiffre du registre de la flotte de D. José Centeno coïncide avec la valeur moyenne : la sous-estimation persiste donc à cette date[41]. Quand l'évaluation commerciale avait donné lieu à l'écartèlement d'une fourchette, les termes extrêmes en ont été reportés dans le tableau : c'est, ultérieurement, pour l'unification des données entre la première et la seconde moitié du XVIIe siècle et pour la construction du graphique représentatif, que l'on procédera à la réduction de cet écart. Enfin, l'on a attribué aux convois sans fiche un forfait égal à la valeur moyenne *ut supra* pour la flotte de la Nouvelle-Espagne en 1667, à un minimum plausible pour chaque vaisseau de Buenos Aires (500 000 piastres) et même pour les autres unités isolées (100 000 piastres). Ainsi, le tableau, sans atteindre sans doute l'exhaustivité,

37. Exception faite des vaisseaux de 1669.
38. Estimations de J. de Montant, lieutenant du consul français à Cadix en 1669 ; de Catalan, consul français, en 1670 (AN Paris, AE B1/211) ; des Malouins à Patoulet (AN, AE Mém. et doc., France suppl. 1992).
39. Ils ont été crédités de 11 millions de piastres par le *Hollandsche Mercurius* sans précision d'enregistré ou de non enregistré, mais avaient été décrits à leur arrivée comme « beaucoup plus riches que les précédents » (*Relations Véritables*, 1668, p. 53). C'est à leur propos qu'il y eut mobilisation de juges à Cadix (cf. note 14).
40. Ce contre quoi ne vont ni les résultats précédents ni les résultats postérieurs : l'estimation moyenne des Malouins était dépassée en 1693.
41. Il a été jugé préférable d'en prendre le risque plutôt que de proposer un relèvement arbitraire. Cf. plus loin la définition des principes respectés à cet égard.

s'en rapproche-t-il certainement sans trop sacrifier – c'est notre sentiment – de la précision[42].

Tableau 39. *Trésors revenus d'Amérique espagnole en Espagne de 1659 à 1701*

date du retour	identification du convoi	registre	estimation
1659*			
19 avr. (Santander)	Galions de T-F, marquis de Villarubia Flotte de N-E, D. Diego de Ibarra	6 478 977	24 708 977
15 août (Biscaye)	2 registres de Buenos Aires		1 000 000
28 août	2 galions retardés D. Diego de Medina Salazar	776 875	4 à 9 000 000
1660 sans date	2 vaisseaux (azogues ?) de la flotte de D. Pablo Fernandez de Contreras	1 040 000	1 040 000
9 nov.	1 registre de Buenos Aires D. Ignacio Maleo		500 000
1661 avr.	2 vaisseaux avec de l'argent pour le Roi		
sept.*	Flotte de N-E, D. Juan Vicentelo Galions de T-F D. Pablo Fernandez de Contreras	15 à 20 000 000	30 à 40 000 000

* Sauf les exceptions indiquées, les convois firent retour à Cadix.
1659 : Convoi Villarubia : le chiffre indiqué comme étant celui du registre est, peut-être, celui de la manifestation.
Galions Medina : Registre du trésor royal seulement (d'après A. Domínguez Ortiz : « Las remesas de metales preciosos de Indias en 1621-1665 », *Anuario de historia economica y social*, tome XIII, 1969, page 579.
septembre 1661 : Le registre aurait été de 1 009 999 pesos pour le Roi seulement.
septembre 1663 : Registre pour le Roi : 1 999 411 pesos
          1665 : Chiffres de registre d'après A. Domínguez Ortiz, *art. cit.*

(Abréviations : N-E : Nouvelle-Espagne ; T-F : Terre-Ferme ; les chiffres restitués ont été placés entre parenthèses)

42.   La capture de vaisseaux isolés livre parfois quelques indications sur la valeur de leurs chargements. Le *situado* de Saint Domingue pris par Bernardo de Espejo en 1673 portait 300 000 piastres, un autre, pris par Lorenzo, 120 000. Le vaisseau du Honduras et sa patache, pris par des pirates en 1677, avaient 500 000 piastres. Le chiffre retenu dans le tableau est donc un minimum. Cf. C. Fernández Duro, *Armada española desde la reunión de los reinos de Castilla y Aragón*, tome V, Madrid, 1899, pp. 270 et suiv.

Tableau 39. *Trésors revenus d'Amérique espagnole en Espagne de 1659 à 1701* (suite)

date du retour	identification du convoi	registre	estimation
1662			
1663* 3 août/sept.	Flotte de N-E, D. Fernando de Cordoba Galions de T-F Marquis Fernandez de Contreras	7 558 000°	25 500 000
1664 déc.	4 vaisseaux de Buenos Aires D. Ignacio Maleo Aguirre		2 000 000
1665* janv.	azogues de Fernando Martinez de Granada	1 944 824°	4 000 000
21 août	Galions de T-F, D. Manuel de Bañuelos	1 232 544°	17 400 000
sept.	une prise portugaise		600 000
1666 13 août	Flotte de N-E, José Centeno	10 000 000	(10 000 000)
sept. ou oct.	1 vaisseau du Honduras		(100 000)
1667 août	Flotte de N-E, Marquis de Villarubia		(10 000 000)
fin déc.	Galions de T-F D. Manuel de Bañuelos	11 000 000	(18 000 000)
1668 déc.	Vaisseaux de guerre de l'escadre de Barlovento avec des azogues D. Agustin Odiostegui		1 900 000
1669			
1670 2 févr.	Flotte de N-E D. Manuel de Bañuelos		22 à 23 000 000
1671 oct.	Flotte de N-E, D. José Centeno	6 121 419	(10 000 000)

Tableau 39. *Trésors revenus d'Amérique espagnole en Espagne de 1659 à 1701* (suite)

date du retour	identification du convoi	registre	estimation
1672 22 sept.	Flotte de N-E D. Enrique Enriquez Guzman	4 776 000	(10 000 000)
1673 19 mars	Galions de T-F, Diego de Ibarra	18 512 261	19 à 29 500 000
1674 24 oct.	Flotte de N-E, D. Pedro Corbetta		12 182 566
1675			
1676 15 et 16 mars	Galions de T-F, D. Diego de Ibarra	22 525 992	30 000 000
26 nov.	Flotte de N-E D. Fernando Martinez de Granada	6 131 655	12 000 000
	D. Miguel Gomez de Ribero		(1 000 000)
1677	1 vaisseau de Buenos Aires ?		
1678 sept.	2 vaisseaux de Buenos Aires, Capitaine Borgera (?)		(1 000 000)
1679 août	Galions de T-F D. Enrique Enriquez Guzman	11 000 000 (manifestés)	23 à 29 000 000
sept.	Flotte de N-E, D. Diego de Cordoba et azogues de D. Gabriel de la Cruz Alegri	11 000 000 (manifestés)	16 à 18 000 000
1680	2 vaisseaux du Honduras		(200 000)
1681 24 juil.	1 barque d'avis		(100 000)
nov.	Flotte de N-E, D. Gaspar Manuel de Velasco		11 à 12 000 000
1682 4 sept.	Galions de T-F, Marquis de Brenes		18 808 977
1683 mai	2 vaisseaux : le *Gobierno* et le *Cortobrasso*		1 600 000

Tableau 39. *Trésors revenus d'Amérique espagnole en Espagne de 1659 à 1701* (suite)

date du retour	identification du convoi	registre	estimation
11 oct.	3 vaisseaux de Buenos Aires (capitaine Tomas Miluti ?)		2 000 000
fin déc.	Flotte de N-E D. Diego Fernandez de Zaldivar		7 100 060
1684			
1685 25 mars	1 aviso		(100 000)
avr.	1 aviso		(100 000)
29 juil.	Flotte de N-E, D. Fernando Navarro		14 à 18 000 000
1686 16 sept.	Galions de T-F, G. Chacon y Medina Salazar		32 à 36 000 000
1687 11 mai	2 galions de Buenos Aires (D. Francesco Retana)		1 500 000
1688 9 nov.	Flotte de N-E, D. Fernando Navarro azogues de Martin Garcia Suarez		20 à 24 000 000
1689 3 juil.	Vaisseaux de l'Armada de D. Nicolas de Gregorio Vaisseau retardé de la flotte précédente		1 500 000
fin déc.	azogues de D. Tello de Guzman		4 à 5 000 000
1690 19 nov.	Flotte de N-E, Comte de Villanueva		12 à 18 000 000
1691 30 nov.	Galion de T-F, Marquis del Valdo del Maestre		36 800 000
1692 9 oct.	1 galion de Carthagène		(500 000)

Tableau 39. *Trésors revenus d'Amérique espagnole en Espagne de 1659 à 1701* (suite)

date du retour	identification du convoi	registre	estimation
23 déc.	1 aviso		
1693 18 mai	1 aviso de N-E		(100 000)
5 nov.	1 patache de Buenos Aires		(500 000)
fin déc.	Flotte de N-E, D. Luis Eguez y Beaumont	16 000 000	(24 000 000)
1694 25 janv.	2 vaisseaux de Buenos Aires D. Francisco Retana		8 000 000
1695 10 janv.	1 aviso de N-E		100 000
1696	néant		
1697 18 mars	Flotte de N-E, D. Ignacio Barrios Leal		23 à 30 000 000
1698 9 au 23 juin	Galions de T-F, D. Diego Fernandez de Zaldivar		23 000 000
20 sept.	Flottille de D. Juan Guttierez de la Calzadilla avec les effets de l'Amirante des Galions		13 à 18 000 000
1699 juin	2 avisos		
19 déc.	Hourques de D. Martin de Aringuren y Zavala avec 1 aviso de la Vera Cruz et 1 registre de La Havane		500 000
1700 juil.	1 vaisseau de Buenos Aires		500 000
1701 27 janv.	Flottille de D. Juan Bautista de Mascarrua		3 300 000
17 mai	Vaisseaux de guerre de D. Pedro Navarrete, retour du Darien		
23 août	2 vaisseaux l'un de Cumana, l'autre de Maracaïbo		(200 000)

L'œil, au premier regard jeté sur le tableau, accroche de hautes performances : 18 millions de piastres, 25, 36, etc. Ces chiffres apparaissent en grand nombre. Le convoi géant du Marquis de Villarubia n'avait rien eu d'un singleton, artificiellement exalté par des retards accumulés. Il prend place dans une cohorte de riches retours, s'agissant tantôt de convois combinés de Terre-Ferme et de Nouvelle-Espagne, tantôt des galions de Portobelo seulement. Mais les flottes de Nouvelle-Espagne, quand elles figurent isolément, n'ont pas vilaine allure, elles non plus. Et les records annuels du XVIᵉ siècle sont battus : cinq fois, au moins, en 1659, 1661, 1679, 1686 et 1698, le sommet de 1595 (35 millions de piastres) a été dépassé. La Carrera s'est bien portée, apparemment.

Tableau 40. *Récapitulation*

1659	29 708 977 (min)	1680	————
	34 708 999 (max)	1681	11 à 12 000 000
1660	1 540 000	1682	18 808 977
1661	30 à 40 000 000	1683	10 700 060
1662	————	1684	————
1663	25 500 000	1685	14 à 15 000 000
1664	2 000 000	1686	32 à 36 000 000
1665	21 400 000	1687	1 500 000
1666	10 000 000	1688	20 à 24 000 000
1667	28 000 000	1689	5,5 à 6 500 000
1668	1 900 000	1690	12 000 000
1669	————	1691	36 800 000
1670	30,5 à 31 500 000	1692	600 000
1671	10 000 000	1693	25 000 000
1672	10 000 000	1694	8 000 000
1673	19 à 29 500 000	1695	100 000
1674	12 182 566	1696	————
1675	————	1697	23 à 30 000 000
1676	42 000 000	1698	36 à 41 000 000
1677	?	1699	500 000
1678	1 000 000	1700	500 000
1679	37 à 46 000 000	1701	3 500 000

L'on sait, cependant, à quel point sont factices les prouesses d'une seule année : en 1595, c'étaient deux flottes de Terre-Ferme et deux flottes de Nouvelle-Espagne qui étaient rentrées à Séville. Dans la seconde moitié du XVIIᵉ siècle, la discontinuité règne : les années creuses succèdent aux années pleines. Des regroupements s'imposent – qui seront quinquennaux à l'instar de ceux d'Hamilton – et un calcul de moyennes. Mais instantanément un autre problème critique se pose. L'un des objectifs que l'on s'est fixé est, évidemment, une comparaison des arrivages de métaux précieux américains avant et après 1659. Les chiffres d'Hamilton, dans la première moitié du siècle, étaient ceux de l'autorité, des chiffres officiels ; ceux dont nous disposons dans la seconde moitié proviennent des négociants, de sources officieuses. N'existe-t-il pas dès lors un risque de distorsion dans la confrontation, une sous-estimation chronique, constitutionnelle en quelque sorte, étant opposée à une plénitude ? Comment raccorder les deux séries en évitant tout vice rédhibitoire ? Le problème renvoie à l'appréciation de la fraude antérieure à la cédule du 11 mars 1660. Il doit être examiné à fond. Des retouches au jugé ne feraient qu'épaissir les ambiguïtés.

3. Le raccordement des séries avant et après 1659 : le problème de la fraude

D'abord, distinguons, comme nous l'avons fait dans l'introduction, les différents types de fraude : la contrebande pure avec intention de dissimuler et utilisation de caches, le sous-enregistrement subreptice banal qui s'apparente au larcin, le sous-enregistrement massif, fraude extraordinaire tellement exagérée qu'elle cessait d'être une fraude, le sous-enregistrement massif légal, celui de la fin du siècle. La contrebande pure broche d'un bout à l'autre l'histoire de la Carrera – sinon celle de tout le commerce. La cédule du 11 mars 1660 n'y mit pas fin ; elle est difficile à établir et à quantifier *sui generis*. Le sous-enregistrement subreptice était le menu profit du marchand et, statistiquement, ne peut guère interférer. Le sous-enregistrement massif est celui dont nous avons à nous occuper essentiellement.

Des observateurs l'ont signalé très tôt. Le chevalier de Seure affirme en 1558 que la flotte nouvellement arrivée du Pérou « avait apporté autant ou plus d'argent que n'estoit reg[ist]ré que celluy qui l'estoit »[43]. H. et P. Chaunu font remonter l'origine du *por registrar* à 1560 et en mentionnent la résurgence en 1620. Ils ont dénoncé dans la brusque élévation du taux de l'averia passant de 6 %, taux de base des années 1620, à 35,5 % en 1631 « la manifestation brutale d'une fraude absolue qui donne le coup de grâce au système ». Ils vont jusqu'à écrire : « Peut-on encore, en 1643, parler de fraude, quand l'enregistrement des marchandises et surtout des métaux précieux, au retour, est devenu l'anomalie ? »[44]. Girard, lui aussi, plus anciennement, avait exprimé l'avis que la fraude était devenue générale à partir de 1634[45].

Ces notations suggèrent un climat, mais elles ne peuvent qu'imparfaitement guider dans une tâche de restitution faute de renseigner sur la modulation et l'ampleur de la fraude. De ce point de vue, les auteurs ont proposé des ordres de grandeur opposés. Hamilton, après avoir rapporté le flottement des estimations des contemporains, de 10 à 50 %, s'est rallié, pour des raisons dont nous reparlerons, au pourcentage le plus bas. Domínguez Ortiz pense qu'au milieu du XVIIe siècle, la fraude nous dérobe la plus grande partie des trésors[46].

Une grande prudence est nécessaire quand on discute de la fraude. Le problème évoque souvent une espèce d'affolement. Certains historiens sont prompts à reprendre à leur compte les dénonciations professionnelles des officiers des douanes et des arbitristes qui en découvraient partout[47]. Plus de sang-froid s'impose. Chaque information relative à la fraude doit être reprise en elle-même. Aucun pourcentage de fraude ne peut être avancé sans avoir son répondant. Il faut respecter la chronologie d'un phénomène qui a connu des phases et se refuser à des rétroprojections abusives, d'une

---

43. Seure, *Lettres inédites du chevalier de Seure*, publiées par E. Falgairole, Nîmes, 1895, p. 15.
44. H. et P. Chaunu, *op. cit.*, tome V, p. 412.
45. A. Girard, *op. cit.*, p. 25.
46. « Es decir que como bienes propiamente de particulares apenas venían registrados mas que los de difuntos y ausentes y las cortas cantitades que para guardar las aparencias declaraban los que transportaban sin cumplir las formalidades legales la mayor parte de su tesoro, son la cual, a la vez que evitaban el pago de las crecidas averias y otros derechos, se libraban del temor de ver su plata confiscada » (A. Domínguez Ortiz, « Los Caudales de Indios y la política exterior de Felipe IV », *Anuario de estudios americanos*, tome XIII, p. 370).
47. Opposition d'hommes de l'Etat – ou se voulant tels – contre les hommes de négoce, de l'intérêt public contre l'intérêt privé, du talent désintéressé contre la richesse (mal gagnée), etc.

part, peser chaque affirmation de dissimulation et ne pas se laisser entraîner dans une extension qualitative et quantitative, abusive elle aussi, d'autre part.

L'enregistrement ne peut être considéré en bloc, à tout coup, comme fautif. Il y eut de bons registres, même après 1660, nous l'avons vu, en dépit du relâchement des prescriptions. Il y en avait eu certainement beaucoup auparavant. Lorsque les Hollandais s'emparèrent de la flotte de Juan de Benavides, en 1628, ils la vidèrent de ses trésors comme l'on vide de sa chair la carapace d'un crabe. Ils en tirèrent 3 300 000 piastres de métaux précieux, contrebande au départ de l'Amérique incluse, évidemment. Le chiffre coïncide à quelques dizaines de milliers près avec la moyenne enregistrée des cinq précédentes flottes de la Nouvelle-Espagne dont les performances avaient été, de surcroît, régulières : 3 331 995 piastres. La similitude implique l'insignifiance, voire la quasi-inexistence de la fraude à cette époque au Mexique et la crédibilité des registres, bien que nous n'ayons pas ceux de la capture de Piet Heyn[48].

Prenons à présent un exemple de fraude avérée. En 1597, le Roi accorda son pardon aux marchands qui n'avaient pas fait enregistrer leurs trésors à l'embarquement[49]. Sa magnanimité s'appliquait à la dernière flotte entrée à Séville, le 1er octobre 1596. Par chance, la correspondance commerciale des Ruiz a conservé la trace des métaux clandestins : deux millions de piastres. Cela représentait un sixième des trésors enregistrés, soit une proportion identique à celle que Diez de la Calle attribua, par la suite, au petit sous-enregistrement et à la contrebande réunis[50]. L'indication de la fraude, en cette occurrence sa manifestation officielle, renvoit à son dépistage, consécutif sans doute à une plus grande recherche, nullement à une aggravation, et encore à une massivité comparable à ce qui se passa en 1659. Ce qui ramène à la circonspection.

Deux méthodes s'offrent de mettre en évidence et de mesurer – tant bien que mal – la fraude. La première consiste à établir le relevé de tous les cas nettement reconnus et à calculer pour chacun le pourcentage de dissimulation. L'opération est possible lorsqu'il existe, à côté du registre, une autre évaluation très différente, soit

48.   Chiffres et références publiés dans M. Morineau, *art. cit.*

49.   J.G. Gentil da Silva, *Stratégie des affaires à Lisbonne entre 1595 et 1609*, Paris, 1956, pp. 49 et suiv.

50.   Biblioteca nacional, Madrid, manuscrit 3 010 : « Tambien se considera una secta parte que abia benido sin registro ».

carta du général, soit évaluation du commerce, à condition que la différence soit vraiment irréductible[51]. La seconde méthode est moins acérée. Elle spécule sur la ventilation dans le registre du trésor public et du trésor des particuliers. On peut s'attendre, en effet, à voir croître dans des proportions anormales la part du Roi, lorsque les marchands se soustraient aux formalités de l'enregistrement. Le glissement fut à l'origine de la désagrégation de l'*averia* : le Roi était parfois le seul contribuable de son propre fisc.

Voici le relevé des cas de sous-enregistrement repérés en application de la première méthode[52].

51. Dans certains cas, la différence résulte en effet de menues erreurs, ou d'amalgame. Ainsi Abraham Verhoeven dans les *Nieuwe Tydinghen* du 11 janvier 1622 a compté, par inadvertance, les fruits dans les trésors d'or et d'argent. Chiffre exact : 10 749 194 piastres d'après A. Domínguez Ortiz, « Las Remesas de metales preciosos de Indias en 1621-1665 », *Anuario de historia economica y social*, tome XIII, 1969, p. 565.

52. Notices publiées dans M. Morineau, *art. cit.*, 2ᵉ partie. Précisions nouvelles ou compléments :

1621 : réinterprétation de la formule « met noch wel anderhalff millioenen daer buyte » dans le sens d'un hors-registre (sous-réserve).

1626-1627 : 2,5 et 1,5 millions en fraude respectivement d'après la Casa de la Contratación (A. Domínguez Ortiz, « Los Caudales de Indios y la política exterior de Felipe IV », *Anuario de estudios americanos*, tome XIII, p. 563).

1629 : la fourchette de l'évaluation correspond à l'incertitude pesant sur le mot « ducat » à cette époque ; la fraude de 26 % est un minimum.

1634 : évaluation dans A. Domínguez Ortiz, *art. cit.*, p. 583, note 12 : 7,5 millions embarqués à Portobelo, 1,5 à Carthagène (pour les particuliers), dont 1,5 seulement enregistrés ; 1 640 000 piastres pour le Roi.

1636 : évaluation dans A. Domínguez Ortiz, *art. cit.*, p. 572 et note 22. Le chiffre surprenant du trésor des particuliers en provenance de la Nouvelle-Espagne, 6 368 848 piastres, s'explique-t-il par un nouvel enregistrement recommandé à La Havane par le général D. Carlos de Ibarra ?

1639 : rumeurs de fraude à Madrid en juillet : « Traen registrados en todo siete millones cuatro cientos mil ducados ; il uno casi en mercaderias y frutos de las Indias 10 demas plata según la grande baja se tiene por cierto que viene mucho por registrar aventurandolo sus dueños, supuesto que es lo mismo tomarselo de un modo que de otro » (*Memorial histórico español*, tome XV, p. 303).

1639 : Armada (cf. *Memorial histórico español*, p. 380) ; 8,5 millions (ducados ?) enregistrés, dont 2,5 pour le Roi.

1642 : cf. A. Domínguez Ortiz, *art. cit.*, p. 584, note 23, d'après une lettre du général Diaz Pimienta.

1645 : non reportée ; d'après D. de Alsedo y Herrera, *op. cit.*, p. 260, les galions de 1645 auraient ramené plus de 30 millions de piastres « con tan copiosa suma de caudal que dieron motivo al celebrado dicho de Su Majestad, de que había entrado el mejor aguinaldo entre Pascua y Pascua ».

1646 : A. Domínguez Ortiz, « Las Remesas de metales preciosos de Indios en 1621-1655 », *Anuario de historia económica y social*, 1969, p. 575 (registre et évaluation).

1648 : *ibid.* (registre).

1649 : A. Domínguez Ortiz, « Los Caudales de Indios y la politica exterior de Felipe IV », *Anuario de estudios americanos*, tome XIII, p. 360.

1655 : *ibid.* (registre).

Tableau 41. *Sous-enregistrement à l'arrivée des trésors*

date d'arrivée du convoi et identification		somme déclarée (en piastres)	autre évaluation	pourcentage de la fraude par rapport au total
1558	T-F			50 % et plus
1560	T-F et N-E		amnistie	?
1584	N-E	3 872 117	« aun mas »	?
1592 ou 1593	?		pardon	?
1595		35 300 000	pardon	?
1596	T-F et N-E	12 000 000	14 000 000	14 %
1599	*Capitane* de N-E	1 800 000	2 300 000	26 %
1614	T-F et N-E	9 557 713	?	« mucha cantitad »
1619 ou 1620	?		pardon	
1621	T-F	10 749 194	12 249 194?	13 %
1626	T-F et N-E	14 044 248	16 544 248	15 %
1627	T-F et N-E	9 807 933	11 469 556	13 %
1629	T-F	5 575 000	8,5 ou 11 300 000	26 ou 50 %
1630	T-F et N-E	7 226 058	9 865 833	26 %
1630	T-F	4 242 567	6,8 ou 8 500 000	38 ou 50 %
1632	T-F et restes de N-E	5 000 000	9 000 000	44 %
1634	T-F	3 003 167	8 500 000	65 %
1636	T-F et N-E	4 997 208	11 182 096	57 %
1639	Armada	3 435 605	11 300 000	70 %
1641	T-F	3 203 548	23 000 000	85 %
1641	*Capitane* de N-E	912 211	5 000 000	82 %
1642	T-F	3 152 375	?	« cantitad considerable »
1643	N-E	1 745 316	5 000 000	66 %
1643	T-F	5 234 150	7 ou 10 000 000	24 ou 47 %
1646	T-F	808 692	4 642 000	83 %
1648	N-E	918 577	1 500 000	40 %
1649	T-F et N-E	4 200 000	11 000 000	66 %
1651	T-F et N-E	4 381 136	5 700 000	24 %
1653	T-F	1 131 690	5 000 000	78 %
1655	azogues	786 597	1,1 ou 1 400 000	40 ou 57 %
1656	T-F	3 000 000	7 400 000	58 %
1659	T-F et N-E	6 478 977	24 808 977	66 %

Le tableau confirme et illustre un fait souvent stigmatisé : la prolifération de la fraude dans le second quart du XVIIe siècle, tant par la multiplication des cas que par l'aggravation du taux de dissimulation. Il en avance un peu l'heure, au lendemain de la surprise de Matanzas. Réciproquement, le climat général, administrativement délétère, apporte une caution, et un point d'appui aux données recueillies. Comme l'ont écrit H. et P. Chaunu, « le *por registrar* était bel et bien passé dans la loi ». Il faut le souligner parce que l'ampleur du phénomène, même si l'on y est préparé, peut surprendre. Pourtant rien ne s'oppose aux ajustements ci-dessus proposés, tout les appelle au contraire[53].

Beaucoup de notices sont soutenues par leur contexte immédiat, des informations, des recoupements précis faisant mention de fraude et lui donnant ou non une expression chiffrée. Pour preuve l'on se référera aux chiffres produits par Domínguez Ortiz, sinon par H. et P. Chaunu[54]. Rapports de la Casa de la Contratación en 1626 et 1627, du Consulat en 1631 (50 % de fraude sur la flotte de Nouvelle-Espagne rentrée l'année précédente), cédule royale du 18 mars 1634 estimant qu'il y avait eu plus d'argent non enregistré que d'argent enregistré dans le dernier convoi, degré d'occultation jamais atteint jusqu'alors attribué aux retours de 1639... Exemples entre autres et non limitatifs. Toutes les circonstances qui entourent l'atterrissage de la flotte de Nouvelle-Espagne en 1643 établissent la matérialité d'une fraude énorme : l'abord à Gibraltar, la passivité puis les palinodies du Président de la Contratación, D. Manuel Pantoja, la hâte des particuliers à débarquer leurs effets en son absence, la minceur dérisoire du registre et ses anomalies, l'indult exorbitant (60 % de la valeur déclarée), etc., etc.[55]

D'autres notices ressortissent du genre évaluation, provenant les unes du commerce, et nous avons déjà dit ce que l'on pouvait en

---

53. H. et P. Chaunu, *op. cit.*, tome I, p. 105.

54. Les informations de la Casa de la Contratación recueillies par A. Domínguez Ortiz, « Las Remesas de metales preciosos de Indios, en 1621-1655 », *Anuario de historia económica y social*, 1969, ont été intégrées dans le tableau. H. et P. Chaunu donnent des exemples de fraude à l'aller, l'un d'eux, en 1644, particulièrement frappant parce qu'il met en cause le général de la flotte D. Martin Carlos de Mencos (*op. cit.*, tome V, p. 436).

55. « Pantoja no fué a Gibraltar motu proprio, sino por cedulas de S.M. para remitir la plata de Sevilla y entregar lo de particulares a lo quisieron y azi no hizo diligencia alguna ni visitó nao. En Cadiz se hará la visita si halla que visitar » (lettre de Cadix du 23 août). « Todos los particulares han sacado ya su plata que venía sin registro ; no quisiera que se prosiguieran los rigores prevenidos » (25 août). « Fué Manuel Pantoja a Gibraltar con todo su tribunal y ministros a visitar la flota y los maestres y capitanes de la dicha flota no le dejaron visitar las dichas naos, donde por raçón que despues de la visita no quedería hombre para conducir las naves a Cadiz que en llegando allí los visitaría » (28 août). « Domingo 23 de Agosto entraron en Sevilla de 80 a 90 cargas de plata que viene por tierra de Gibraltar. Algunas naos de flota tomaron lastre para salir de Gibraltar, tal habían descargado sin registro » (30 août). *Memorial histórico español*, tome XVII, pp. 204-205, 206 (note), 213.

penser, les autres des généraux des flottes, directement ou indirectement par les gazettes[56]. Les *cartas* des officiers étaient sans doute
moins compréhensives à cause de la réserve de discrétion probablement conservée vis-à-vis des *cargadores*. Et d'autant moins qu'aucune
doctrine, aucune discipline n'engageait en la matière, des généraux
se montrant, comme pour l'enregistrement, laxistes, d'autres ri-
goristes[57]. Mais une fois éliminées les *cartas* les plus pâles ou les plus
plates, les autres, en dépit de la sous-estimation résiduelle, n'offrent
pas des pourcentages nécessairement inférieurs à ceux calculés
d'après les évaluations du commerce ; voyez les 83 % de D. Pedro de
Ursua en 1646... La massivité de la fraude – entre 40 et 80 %, disons
les deux-tiers en moyenne – fait ainsi l'objet d'une espèce de
consensus non concerté[58].

Des incertitudes irritantes subsistent. On peut souhaiter que des
recherches ultérieures améliorent le degré de précision de nos
évaluations. Il y en a de très assurées : celle de 1634, qui est fournie
par le *veedor* de l'Armada lui-même, D. Manuel de Hinojosa ; celle de
1659, prise dans un faisceau de concordances exceptionnel. D'autres
sont plus incertaines. Celles de Pellicer y Tovar en 1639 et 1641 sont
les plus fuyantes[59]. Nous n'avons même pas retenu la première dans
notre tableau, les 19 ou 24 millions annoncés d'abord, puis réduits à
7,3 sans que l'on sache exactement le motif de la rectification (une
partie de la flotte serait restée en Amérique ?). Le témoignage de
1643 est unique, ce qui est gênant. Pourtant les chiffres avancés les
deux fois n'ont rien de choquant. Bien plus, ce sont ceux auxquels
l'on est en droit de s'attendre quand on a lu la relation du vice-roi du
Pérou à l'époque.

En place depuis 1629, écrivant en 1640, le comte de Chinchon
déclarait avoir expédié de Callao pour la foire de Portobelo dix flottes
en dix ans dont aucune n'avait emporté moins de 2 millions de
piastres pour la Real Hacienda et moins de 8 millions pour les
particuliers. Les retours de 1639 et 1641 correspondent à deux

56.   Appartiennent au type « évaluations du commerce » les notices de 1639 (T-F et N-E),
      1641, 1649 et 1659.
57.   A. Domínguez Ortiz, *art. cit.*, p. 584, note 23. Attitudes opposées de Diaz Pimienta et de
      D. Carlos Ibarra.
58.   La *carta* du général Gomez de Sandoval en janvier 1645 indiquait 5 480 784 piastres et le
      registre, 5 243 138. Cf. à propos de ces galions la note 53.
59.   J. Pellicer y Tovar « Avisos » in *Seminario erudito*, tomes XXXI, XXXII et XXXIII,
      Madrid 1790. Relations discutées in M. Morineau, *art. cit.*, pp. 338-340.

années d'extraction au Pérou[60]. Ces performances semblent avoir perduré malgré les accidents survenus à Huancavelica et au Potosi. Elles donnent de la crédibilité au chiffre des « experts » en 1649 : 11 millions de piastres contre 4, officiellement, pour le trésor revenu de Terre-Ferme et de Nouvelle-Espagne. En 1650, le Marquis de Mancera fit descendre de Lima à Panama douze millions, la *plata* de deux années[61]. L'argent attendu en 1654 et correspondant à l'extraction de trois années était évalué à 21 millions ; l'argent attendu en 1658 dans les mêmes conditions d'accumulation à 20 millions... Ces indications s'inscrivent en faux contre l'idée d'une décadence achevée des mines américaines, d'un déclin consommé des arrivages. Idée qui était née de la consultation des seuls registres.

Considérons à présent – c'est notre deuxième procédé d'investigation – la part du Roi dans l'ensemble des retours. Avant la déconfiture de l'averia (pour reprendre l'expression de H. et P. Chaunu), elle avait oscillé entre 37,7 % de 1586 à 1590 et 14,4 % de 1616 à 1620. La ventilation différait légèrement de la Flotte de Nouvelle-Espagne aux galions de Terre-Ferme, la première transportant un trésor royal plus fourni à proportion[62]. Dès avant Matanzas, la tendance était à l'amenuisement de la part de la Real Hacienda. Les besoins de la défense et de l'administration en retenaient tous les jours davantage en Amérique[63]. Au vu de ces remarques, les registres postérieurs dans lesquels la quote-part royale frôle la moitié du total paraissent suspects. En voici la liste :

févr. 1634 :	T-F 51 % au Roi	1651 :	T-F	47 % au Roi
juil. 1641 :	T-F 48 % au Roi	1652 :	T-F	47 % au Roi
août 1643 :	N-E 45 % au Roi	1654 :	T-F	41 % au Roi
déc. 1643 :	T-F 61 % au Roi	1654 :	N-E (1)	75 % au Roi
août 1645 :	N-E 51 % au Roi	1654 :	N-E (2)	91 % au Roi
1647 :	N-E 53 % au Roi	1655 :	azogues	46 % au Roi
		1659 :	T-F et N-E	74 % au Roi

60. J.L. Musquiz de Miguel, *El Conde de Chinchon, virrey del Perú*, Madrid, 1945, pp. 295-308.
61. J. et F. de Magaburu, *Diario de Lima 1640-1694. Crónica de la época colonial*, tome I., Lima, 1918, p. 28. La notice correspondante indique à l'arrivée en janvier 1651 une somme de 5,7 millions seulement pour Terre-Ferme et Nouvelle-Espagne. Données suivantes empruntées à J. de Barrionuevo. *Avisos 1654-1658*, tome II, Madrid, 1892, p. 123 ; *Hollandsche Mercurius* 1659, p. 4 ; A. Domínguez Ortiz, « Los Caudales de Indios y la política exterior de Felipe IV », *Anuario de estudios americanos*, tome XIII, p. 360.
62. En gros 25 à 30 % sur les Flottes de la Nouvelle-Espagne, 20 à 25 % sur les Flottes de Terre-Ferme. La différence tient pour partie aux retours en fruits qui complètent les cargaisons de la Nouvelle-Espagne et font que les trésors des particuliers sont relativement moins importants.
63. A. Girard, *op. cit.*, pp. 30 et suiv.

Les bavures sont trop nombreuses pour pouvoir s'expliquer par une préférence tactique accordée, il est vrai, quelquefois aux trésors du Roi embarqués seuls pour le retour, tandis que l'argent des marchands attendait. On ne s'étonne pas de retrouver sur cette liste plusieurs des convois déjà soupçonnés de fraude à d'autres titres : le recoupement confirme. Les plaintes des officiers de la Hacienda sur la faible part assumée par les particuliers dans la contribution à la Hacienda reçoivent une justification très précise. Ils avaient déclaré en 1655 que le Roi avait dû la payer lui-même à 99 %, ce qui s'accorde remarquablement avec les 91 % correspondant à la seconde Flotte de Nouvelle-Espagne en 1654.

L'indication de fraude obtenue par cette méthode reste cependant insuffisante. Dans les totalisations quinquennales, l'élévation de la part du Roi est moins nette, même en substituant des chiffres de registre plus sûrs à ceux d'Hamilton[64]. C'est que maint convoi, surtout de Terre-Ferme, avait gardé sur le papier une répartition apparemment « normale » : en gros, un tiers au Roi, deux-tiers aux particuliers. Mais cette normalité, fabriquée sur le modèle des bonnes années enfuies, était spécieuse. Un pourcentage correct, d'après les registres, cache presque toujours une sous-estimation globale. En 1649, la proportion était selon les premiers de 30 %, mais au vrai de 12 %. A l'embarquement à Callao, selon le comte de Chinchon, les trésors du Roi formaient 13,5 % des envois totaux. Cette proportion d'un huitième environ fut celle vers l'Europe du convoi de 1659, valeurs réelles bien éloignées des 74 % de valeurs enregistrées[65]. Il n'est pas invraisemblable qu'elle soit tombée plus bas à l'occasion, comme elle le fit après 1661. Personne, pensons-nous, ne doute plus de la nécessité de procéder à un redressement de la courbe classique des arrivages après 1628 ou 1630.

Le plus simple, pour y parvenir, serait d'établir une nouvelle récapitulation fondée sur la valeur réelle de tous les convois. Déjà, l'intégration aux statistiques de ceux qui nous sont connus provoque

---

64. Pourcentage des trésors du Roi par rapport aux trésors totaux : d'après E.J. Hamilton, *op. cit.*, p. 34 (avec corrections) :

1616-1620 :	14,4 %	1621-1625 :	18,1 %
1626-1630 :	18,5 %	1631-1635 :	27,7 %
1636-1640 :	28,7 %	1641-1645 :	33,9 % (corr. 38 %)
1646-1650 :	14,2 % (corr. 18 %)	1651-1655 :	30,4 % (corr. 38 %)
1656-1660 :	18 % (corr. 70 %)		

65. Après 1660, le pourcentage des trésors du Roi tombe au-dessous de 10 % sauf exception. Cf. *infra*.

des relèvements importants par lustre : 55 millions de piastres contre 41 en 1626-1630, 44,2 millions contre 28,3 en 1631-1635, etc. Mais le procédé se heurte à plusieurs obstacles. Il serait parfait si nous possédions une notice authentique pour chaque cas. Nous sommes loin du compte. De certaines flottes dont nous savons explicitement qu'elles ont été délictueuses, nous ignorons le pourcentage de fraude. Or il suffit parfois d'une seule d'entre elles, bien chargée, pour modifier du tout au tout la physionomie d'un quinquennium.

Une extrapolation des convois restitués aux autres ne peut être envisagée comme moyen de complément. Rappelons-nous ce que nous avons dit plus haut : un registre sec n'est pas nécessairement un registre déficient. D'autre part, l'ampleur de la fraude reste contingente et ne doit pas être exagérée a priori en négligeant les paramètres de contrôle. Ainsi la fraude signalée en 1595 ne nous semble pas avoir été plus forte que celle qui fut constatée l'année suivante, c'est-à-dire très supérieure à 14 %. Pourquoi ? Parce que les registres étaient déjà bien remplis (7 millions de piastres pour la première Flotte de Nouvelle-Espagne, 13 millions pour les galions, 6 millions pour le convoi combiné de septembre). Imaginer un dépassement considérable, à l'instar de ceux de 1634 et de 1659, outrepasserait finalement les possibilités minières de l'Amérique, singulièrement du Potosi, centre essentiel d'extraction à l'époque[66].

Il existe un autre biais susceptible de pallier d'une certaine manière les défauts les plus criants. Cela revient à définir grosso modo un coefficient d'ajustement des registres d'après (1) la dissimulation connue, (2) les anomalies dans la répartition des trésors entre le Roi et les particuliers. Le coefficient oscille entre 2 et 3, plus près de 3 que de 2 apparemment. Le comput ramène la part du Roi à un niveau acceptable : de 8 à 20 %, en moyenne 14 %[67].

Le procédé n'est pas rigoureux[68]. Aussi nous sommes-nous abstenu de l'appliquer flotte à flotte. Mais les présomptions dégagées pour

---

66. Rapport de D. Lamberto Sierra in H. Ternaux-Compans, *Archives des voyages*, tome II, Paris, 1840, pp. 297-300. La production du Potosi tournait autour de 7 millions de piastres vers 1595. Les Flottes rentrées en 1595 n'ont pu ramener plus de deux années de production.

67. Exemple : la Flotte de Nouvelle-Espagne avait rapporté un total de 1 750 095 piastres enregistrées en août 1643, 5 millions en fait d'après les estimations. La part du Roi était de 794 694 piastres soit 45 et 15,8 % respectivement des sommes précédentes. Le coefficient ici est de 2,8.

68. En 1659, le coefficient aurait dû être voisin de 4. Le pourcentage de la part du Roi passe de 74 à 13 % ou 17 %. D'où les réserves dans l'utilisation du coefficient.

le milieu du siècle ne sont pas négligeables. Elles suggèrent des dépassements importants qui s'accordent fort bien de ce que nous savons de la production minière en Amérique. Les relations des vice-rois et les estimations authentifiées des flottes fixent celles-ci à trois millions environ en Nouvelle-Espagne, à neuf millions en 1635, six en 1660, au Pérou, les chiffres de la Nouvelle-Grenade nous échappant. Si les métaux extraits étaient tous arrivés à bon port, les quinquennies auraient été de l'ordre de 45 à 60 millions de piastres, au minimum[69].

Dans l'état actuel de la documentation, il n'est pas possible de préciser davantage. On peut admettre, par tâtonnements, que la valeur moyenne des retours par lustre a tourné autour de 45 ou 50 millions de piastres entre 1636 et 1650. L'exercice suivant – 1646-1650 – fut probablement moins bon en raison d'une politique systématique de reports des retours d'Amérique. Ce sont les galions du marquis de Montealegre – ceux-là qui furent attaqués par les Anglais en 1656 – qui auraient dû ramener les « résidus » des cinq années précédentes en Espagne[70]. On s'en tiendra donc pour ce quinquennium à une estimation modérée et en pointillé de 30 millions de piastres. Et l'on gardera pour 1656-1660 le total obtenu par la première restitution.

La continuité de la série séculaire est ainsi rétablie sans trop d'approximations. D'ultimes interrogations jaillissent encore. La série est-elle vraiment homogène ? Ne s'est-on pas rendu excessivement tributaire de la *révélation* de la fraude en ne redressant les chiffres que lorsqu'elle nous était avérée ? N'aurait-il pas fallu procéder à un relèvement d'ensemble pour appréhender la fraude banale et la contrebande pure laissées en dehors de nos calculs ? Et, par conséquent, l'harmonisation des données avant et après 1660 est-elle effective ?

Il a déjà été répondu pour une part à ces questions. Il faut se refuser en l'absence de preuves à supposer gratuitement une fraude massive perturbant irrémédiablement toute reconstitution. Par contre, le sous-enregistrement chronique et la contrebande pure sont des réalités à prendre en considération. L'un avec l'autre, ils

---

69. Il faut donc tenir compte bien sûr des naufrages et des retardements. Voir éléments de calcul à la suite des tableaux ci-dessous.

70. J. de Barrionuevo, *op. cit.*, tome II, p. 294. Les *Relations véritables* ont d'ailleurs donné à deux reprises la nouvelle de l'arrivée le 19 mars 1656 à Cadix de la flotte du Trésor avec 20 millions de ducats (piastres).

appellent une marge de sous-estimation comprise entre 10 et 20 % des valeurs connues. On aurait donc pu envisager un relèvement forfaitaire de 15 % applicable à toutes les évaluations antérieures à 1660.

Mais on y a renoncé. Outre le fait que cette contrebande pure a probablement connu des fluctuations que nous ne pouvons déceler, il n'est pas sûr que les estimations commerciales postérieures à 1660 aient toujours inclus la contrebande pure. Il y avait donc le risque d'un nouveau gauchissement en voulant trop bien faire. Le parti adopté, qui a paru de bon sens, a consisté à ne pas toucher aux chiffres établis avant 1660 et, par mesure complémentaire et compensatoire, à effacer le terme supérieur de la fourchette des évaluations ultérieures, la contrebande pure se trouvant dès lors *de facto* éliminée de là comme devant.

De cette manière et autant que faire se pouvait, tous les convois ont été soumis à des conditions d'observation identiques. La marge d'erreur ou la limite de tolérance peut être estimée à 15 % d'un bout à l'autre du siècle, sans que l'on exclue, d'ailleurs, des dépassements exceptionnels (20 % en 1641-1645 ?). Voici à présent, sur les bases énoncées ci-dessus, l'ordonnance des retours de l'Amérique espagnole en millions de piastres, par périodes quinquennales.

Cette restitution rompt avec les représentations précédentes. Si la fin du XVIᵉ siècle émerge toujours, avec une dernière décennie record, si le premier tiers du XVIIᵉ siècle moutonne comme naguère, il n'y a plus, par contre, d'effondrement spectaculaire après 1630 et les arrivages ont soutenu, en moyenne, la comparaison avec les niveaux antérieurs. Après le creux probable de 1651-1655 une remontée s'amorce pour une très belle moitié du XVIIᵉ siècle qui dépasse à plusieurs reprises le climax de 1596-1600. Malgré un léger déclin – ou un accident de parcours – le dernier lustre du siècle fut supérieur au premier de plus de 50 %.

Il y aura là pour beaucoup, et même s'ils ont suivi la restitution en étant sensibles à la bonne foi de l'entreprise, un élément de surprise et peut-être de refus. La ligne générale dégagée est en opposition avec le schéma conceptuel du XVIIᵉ siècle. Nous sommes conscients, bien entendu, de la fragilité de certains maillons de la chaîne et de la nécessité d'en améliorer la tenue. Mais l'ensemble, avec les précautions prises, est suffisamment solide pour qu'on l'adopte comme matériau de travail et comme matériau de réflexion. C'est bien avec

Tableau 42. *Arrivages de l'Amérique espagnole par périodes quin-quennales*

(en millions de piastres)

période		période	
1581-85	48,5	1641-45	<u>50,8</u> +
1586-90	39,4	1646-50	<u>45</u>
1591-95	58,2 +	1651-55	<u>30</u>
1596-1600	<u>62,8</u>	1656-60	<u>50,1</u> +
1601-05	40,3	1661-65	86,9
1606-10	51,9	1666-70	70
1611-15	43,1	1671-75	56,5
1616-20	49,8	1676-80	84,5
1621-25	46,1	1681-85	67
1626-30	<u>55</u>	1686-90	75,5
1631-35	<u>44,2</u>	1691-95	69,8
1636-40	<u>45</u>	1696-1700	66

Avant 1660, les résultats qui diffèrent des chiffres d'Hamilton ont été soulignés, en plein ou en tireté selon leur degré de certitude. Le signe + indique un dépassement probable.
Pour la période 1636-1660, les restitutions faites d'après les méthodes exposées dans le texte donnent les résultats suivants (en millions de piastres) :

1636-1640	(1)	41,8	(2)	53,8 (coefficient 2)	
1641-45	(1)	50,8	(2)	44,2 à 66,3	
1646-50	(1)	29,5 (insuffisant)	(2)	35,8 à 52,7	
1651-55	(1)	21,4 (insuffisant)	(2)	33,8 à 50,7	
1656-60	(1)	50,1	(2)	21,4 à 31,1	

lui que l'on doit raisonner sur la conjoncture, dût-on réviser les concepts, et non d'après l'ancienne représentation. Il nous appartient d'ailleurs maintenant de montrer que celle-ci n'était guère défendable, que rien ne s'oppose, en fait, au nouveau paramètre et qu'au fond, c'est la surprise qui devrait surprendre.

4. Le problème épistémologique à l'intérieur de la théorie quantitativiste

A bien y réfléchir, c'était l'adhésion facile à la notion d'une crise des métaux précieux au XVIIe siècle qui surprend. Les arguments sur lesquels elle s'appuyait étaient fragiles, les preuves rongées de vers. Il fallait pour s'y accrocher détourner la tête du matériel publié, fermer les yeux...

La croyance reposait, tout entière, sur le tableau des arrivages américains dressé par Hamilton jusqu'en 1660 et sur son affirmation que les trésors, ultérieurement, dans la seconde moitié du XVIIᵉ siècle, avaient été peu de chose[71]. En dernière analyse, puisque c'était l'origine de la conviction d'Hamilton, la croyance reposait sur les registres de l'administration espagnole. Or l'on savait bien – et quiconque aura lu H. et P. Chaunu l'aura encore mieux su – que les registres, à partir d'une certaine date, n'exprimaient plus la vérité, qu'on ne pouvait plus s'y fier.

Ni à l'averia. Il était contradictoire après avoir stigmatisé la dénaturation de celle-ci, sa déconfiture et la débâcle de son support, d'admettre quand même, la validité des chiffres des registres. Il était hasardeux de construire l'architecture d'un grand moment d'histoire sur une assise aussi friable : « Il ne faudrait pas, bien sûr, inférer de cette faillite de la Carrera comme on a eu parfois tendance à le faire, une faillite de l'économie des Indes...[72] ». Une remise en cause était à prévoir. Il fallait s'y attendre. Peut-être aurait-elle pu être formulée plus tôt.

Autre argument : le tonnage des flottes[73]. De ce qu'il a évolué à merveille comme les trésors et les prix, peut-on déduire qu'il confirme la courbe des registres ? Nous avons fait remarquer ailleurs que l'or et l'argent exigeaient très peu d'espace pour leur transport[74].

Donnons un nouvel exemple : le plus gros retour des Indes, en 1661, se serait élevé, contrebande comprise, à 40 millions de piastres. Il aurait suffi pour les contenir de 112 tonneaux. Or, le convoi était fort de 54 vaisseaux tant gros que petits dont huit galions, ce qui suppose une capacité de 15 à 20 000 tonneaux – les métaux précieux y étaient à l'aise[75] !

A l'aller, toutefois, l'argument du tonnage, dans la mesure où il renvoie plus spécifiquement à la notion de fret, de marchandise chargée et donc de volume échangeable en foire, offre plus de solidité apparente. On ne doit pas confondre cependant tonnage des navires

---

71. E.J. Hamilton, *War and prices in Spain 1651-1800*, Cambridge (Mass.), 1947, pp. 1-2.

72. H. et P. Chaunu, *op. cit.*, tome V, p. 412.

73. H. et P. Chaunu, *op. cit.*, tome VI, vol. 1. Seuls doivent être pris en compte les tonnages non pondérés. La tonelada longue, évaluée à 2,83 m³ par P. Chaunu n'a jamais existé. C'est le résultat d'une simple erreur de calcul. Cf. M. Morineau, *Jauges et méthodes de jauge anciennes et nouvelles*, Paris, 1966, pp. 31-40.

74. M. Morineau, *op. cit.* pp. 48-52.

75. Les galions jaugeaient au minimum 600 tonneaux, les vaisseaux au moins 2 à 300 tonneaux.

et tonnage des marchandises, encore qu'une certaine corrélation soit plausible entre eux. Les nécessités de la défense à bord (exhaussement des ponts pour prévenir les abordages, logement de l'artillerie, logement de soldats, etc.), la mode nautique (cela existe), la politique plus ou moins libérale des licences de charger, la structure des convois et de leur escorte ont gonflé et dégonflé les armadas. La Carrera n'a échappé ni aux renforcements ni aux resserrements défensifs[76].

Pourtant, prenons au pied de la lettre la réduction des tonnages inaugurés aux alentours de 1610 et poursuivie jusqu'en 1650, voire plus tard[77]. Quelle signification a-t-elle eue au point de vue du commerce. H. et P. Chaunu le disent clairement : « [...]au début du XVIIe siècle des produits des plus divers mais moins encombrants voyagent désormais par la Carrera[...] » Il y a eu changement de nature des cargaisons : davantage de velours de Gênes et de bayettes de Colchester, de toiles de Bretagne et de dentelles de Bruges, moins d'huile et moins de vin. L'évolution serait due à la naissance d'une économie américaine réduisant les besoins du Pérou, voire du Mexique en produits espagnols[78]. Et un rapport des juges de la Real Hacienda de Portobelo, en date du 7 juillet 1620, cité à l'appui, explicite longuement pourquoi et comment huit ou dix vaisseaux des flottes d'alors valaient plus que vingt ou vingt-cinq des anciennes[79]. Dernier exemple, et extrême : 4 000 marcs de dentelles d'or et d'argent fins, un tonneau de poids, ce qu'emportait vers 1686, marchandise de France, une flotte de Nouvelle-Espagne à chacun de ses voyages, valaient 1 000 tonneaux de vin d'Espagne, et encore s'agit-il de Xérès ! L'argument de la diminution du tonnage n'a strictement aucune force[80].

Supposons néanmoins une situation réelle de rareté des marchandises européennes en Amérique, encore que nous ayons beaucoup plus d'échos de la satiété, même dans la période prétendument

---

76. La comparaison doit évidemment se limiter strictement aux convois marchands. On sait que les galions, vaisseaux de guerre, assumèrent de plus en plus le transport des marchandises, et ceci contribua à la diminution du pack naval civil nécessaire. Le trafic négrier se suit mal de Cadix dans la seconde moitié du XVIIe siècle malgré les *asientos*.
77. Cf. H. et P. Chaunu, *op. cit.*, tome VI, vol. 1, tables. L'espacement des convois entraîne après 1660, malgré leur bon tonnage individuel, une diminution en année moyenne. Cf. *infra*.
78. H. et P. Chaunu, *op. cit.*, tome IV, p. 233.
79. H. et P. Chaunu, *op. cit.*, tome IV, p. 564.
80. Cf. aussi la comparaison des flottes de 1597 et 1729 dans l'étude suivante.

creuse[81]. Elle n'aurait pas automatiquement entraîné un amoindrissement des retours en argent. Cette conception est au rebours des faits. Elle oublie que le montant des trésors résultait d'une transaction sur le marché, donc du produit d'une quantité par un prix. En vertu du mécanisme de l'offre et de la demande qui se déployait aux foires de Puebla et de Portobelo – voyez ce qu'en dit en 1689 le vice-roi D. Melchior de Navarro y Rocafull[82] – le chiffre d'affaires pouvait être plus élevé dans une année de rareté que dans une année de surabondance, exactement comme dans un marché aux grains[83]. Et ce d'autant mieux que le rythme cassé des flottes créait des soudures propices aux spéculations : un autre vice-roi, cinquante ans auparavant, le comte de Chinchon, parlait des damas qui avaient triplé de valeur dans l'attente de la flotte, du papier qui avait sextuplé et, parfois, décuplé[84].

Tout dépendait en dernier ressort des mines du Pérou et du Mexique. Or, il faut bien voir que l'exploitation des métaux précieux au Potosi et à Zacatecas eut, comme elle l'eut ailleurs, encore au XIXᵉ siècle, quelque chose d'irrationnel[85]. Elle était proche de la simple économie de déprédation. On extrayait de l'argent autant que l'on pouvait, jusqu'au bout du filon, comme poussé par un démon et peu entravé par des considérations humaines. Les efforts n'étaient pas dosés en fonction du marché. La mine produisait pour ainsi dire pour produire. Et suivant la même impulsion instinctive, la place de Lima, la place de Mexico se vidaient littéralement de leurs barres[86] et

81. En 1644 le Consulat de Séville fit retarder le départ de la flotte de Terre-Ferme parce que toutes les marchandises envoyées par la précédente n'avaient pu être écoulées à la foire de Portobelo et que les *cargadores* avaient dû aller à Lima ; cf. H. et P. Chaunu, *op. cit.*, tome V, p. 468.

82. « En la feria de Puertovelo es mas assertada que los precios altos o vaxos los hace y los ajusta el excesso de la plata o de la ropa : si esta excede a la plata, compraran los del Perú a precios muy moderados ; si la plata excediesse a las mercancias, venderan los de España como quisieren ; y si uno y otro fuere igual, con poca diferencia se disputaran los precios con diferentes fortunas » (*Memorias de los virreyes que han gobernado el Perú*, Lima, 1860, tome II, p. 290).

83. M. Morineau, « A la Halle de Charleville : fourniture et prix des grains ou les mécanismes du marché (1647-1821), » in *Actes du 95ᵉ Congrès national des sociétés savantes*, Reims, 1970, Section d'Histoire moderne et contemporaine, tome II, pp. 159-222.

84. J.L. Musquiz de Miguel, *op. cit.*, p. 308.

85. Ce phénomène se reproduisit au XIXᵉ siècle. Il est cependant fonction de la teneur des mines et ainsi d'une certaine manière de la notion de rentabilité. Mais, dans les conditions du XVIIᵉ siècle, le seuil de la non-rentabilité était très éloigné.

86. Cf. par exemple la pénurie d'espèces au Pérou après le départ de la flotte pour Panama le 21 septembre 1681 « quedando esta ciudad [Lima] sin un real » (*Memorias de los virreyes que han gobernado el Perú*, tome II, p. 142).

de leur monnaie pour fournir aux emplettes des foires. D'où l'équation, à notre avis judicieuse, à poser entre l'activité minière et les retours d'or et d'argent en Espagne, bien que le volume des marchandises apportées ne soit pas indifférent.

Car certes, le prélèvement proposé par rapport aux évaluations des registres est énorme, et le restera, sans doute, quelque révision que l'on fera. Mais il n'excède pas les capacités de la Terre-Ferme et de la Nouvelle-Espagne, comme nous l'avons vu. La reconsidération de l'activité en Amérique et la reconsidération de l'échange font mieux concevoir le maintien d'un débit important du métal précieux et dissipent les coquecigrues d'un épuisement de la Carrera qui rendrait incompréhensibles et ridicules les efforts des Hollandais, des Anglais et des Français, à l'époque, pour s'y introduire, voire pour la doubler.

Car, encore, l'Amérique espagnole a été très courtisée à la seconde moitié du XVIIᵉ siècle : des vaisseaux hollandais jetant l'ancre au Rio de la Plata vers 1658 aux Ecossais tentant leur équipée au Darien, en attendant le rush des Français dans la Mer du Sud durant la guerre de Succession d'Espagne. Et le bilan des transferts d'Amérique en Europe devrait être augmenté de tous ces gains illicites (selon les Espagnols). A combien évaluer ce qu'ont rapporté les vingt-deux vaisseaux – vingt hollandais, deux anglais – dénombrés par le basque Acarete à Buenos Aires ? Le gouverneur autorisait un retrait de 30 000 piastres (pour la rémunération du navire et de l'équipage) mais les malins s'en faisaient près de 500 000[87]. Beaucoup plus tard, à la belle époque du commerce à la pique sur la côte des Caraques et dans le golfe de Maracaïbo, le maître de camp D. Torribio della Torre confia à D. Francisco Garrote que, de 1697 à 1703, plus de vingt-quatre millions de piastres étaient descendues de Santa-Fe et de Quito pour passer en contrebande, de cette manière, entre les mains des étrangers. Le chiffre – quatre millions de piastres en moyenne par an – ne paraît pas excessif[88].

Aucun de ces prétendants aux trésors américains n'a trouvé la fiancée trop peu jolie[89]. Lorsqu'il monta de Rio à Lima, en 1658, Acarete eut l'occasion de prendre connaissance des mines du Pérou,

87. Cette considération a été fondamentale pour admettre les relèvements. Cf. «Relation des voyages du Sieur Acarete dans la rivière de Plata», in M. Thévenot, *Nouvelles relations de voyage*, Paris, 1664.

88. Manifeste de Garrote à Philippe V, publié par Antunez y Acevedo, *op. cit.*, appendice, p. XIX.

89. Façon de parler, puisqu'elle était l'épouse farouchement gardée du roi d'Espagne.

des plus anciennes et renommées, le Potosi, le Porco, aux plus récentes, Oruro. Il en retira l'impression d'une grande activité et d'une grande richesse bien qu'il ne semble pas avoir été mis au courant de la découverte de l'or au Puno qui se produisit cependant la même année et eut un gros retentissement[90]. Les informateurs de Colbert et de Patoulet étaient eux aussi convaincus des richesses de l'Amérique et réclamaient, autant que de vrais Castillans, que l'on purge la Mer des Antilles de ses flibustiers. Alors il pourraient reprendre leurs affaires, fructueuses pour le Royaume de France : n'exportait-on pas en Espagne bon an mal an des marchandises pour dix millions de livres, dont plus des deux tiers s'en allaient vers le Mexique et la Terre-Ferme. D'où reviendrait le provenu en or et en argent, avec sa coquette plus-value[91].

Mais aucun de ces faits n'a prévalu contre la conception d'une crise prolongée au XVIIᵉ siècle ; pas même les chiffres des Flottes et des Galions. Pourtant, la thèse de Girard a été publiée en 1932. Elle est contemporaine du premier Hamilton, très antérieure au second[92], bon nombre des données de notre tableau y étaient rassemblées. A-t-on été déconcerté par l'usage des pesos fuertes au lieu des pesos de mina ? N'a-t-on pas éprouvé le besoin de confronter, de vérifier ?

En vérité, les chiffres de Girard – ceux que les consuls français avaient communiqués de Cadix – n'ont pas été retenus, sinon lus, parce qu'ils ne s'accordaient pas avec la conception qui s'imposait, précisément en 1932, parmi les historiens : celle de la dépression du XVIIᵉ siècle. Il fallait un creux. On accumula les preuves qui n'en étaient pas. Des plaintes occasionnelles de marchands furent transformées en verdict du siècle, des récriminations de ministres en témoignages, et des lamentations de contrôleur général sur l'argent des impôts qui rentrait mal en procès-verbal de l'épuisement de l'Amérique. Surtout, l'on se référait aux prix, aux prix qui avaient baissé impitoyablement, réduisant les pauvres marquises à mourir de misère sur leurs tas de blé invendus[93].

François Simiand venait de lancer sa théorie de l'évolution économique qui associait à la baisse des prix une phase B de

---

90. Cf. la relation du vice-roi du Pérou, le comte de Alba de Aliste, dans le recueil de Lorente : *Relaciones de los virreyes y audiencias que han gobernado el Perú*, Lima, 1867-1872, tome II, pp. 129-196.
91. BM Rouen, Montbret 236, fol. 106.
92. Publié en 1947.
93. Colbert et Madame de Sévigné ont été ainsi exploités.

dépression des activités. On venait de renouer avec Jean Bodin et les quantitativistes. On vivait la « grande dépression » de 1929. Tout cela a balayé les documents de Girard, a balayé même les relations des ambassadeurs vénitiens dont on faisait si grand cas en d'autres occasions[94]. L'or et l'argent n'avaient pu arriver en abondance. La pétition de principe, notons-le, se trouvait déjà chez Hamilton. On se rappelle qu'il avait été arrêté par le problème de la fraude, mais que, finalement, il l'avait résolu en se ralliant à une appréciation modérée et uniforme de 10 %. Sur quelle argumentation ? Uniquement celle-ci : l'opinion adoptée s'est vue justifiée dans la suite de l'étude *par le mouvement des prix*[95]. Etonnant renversement par lequel le fait à prouver devint le garant de celui qui devait le prouver.

Que la transposition à une époque artisanale et à la production agricole traditionnelle d'une interprétation sans doute légitime au XIXe siècle, pour la production d'une industrie mutante et dans le contexte de la naissance d'une civilisation de consommation, relève de l'anachronisme, que cela ait conduit, en ce qui concerne le flux des métaux précieux au XVIIe siècle, à une espèce d'hallucination collective, doit-on le taire ?

Certes, les péripéties de la Carrera, la masse de l'or et de l'argent extraits ont bien eu une influence sur les prix de certains produits en Amérique d'abord, en Europe ensuite, mais selon la dialectique à la fois simple et complexe des foires, qui accordait autant d'importance à la surabondance des marchandises européennes qu'au volume des métaux précieux. De sorte que la baisse des prix accompagnant la réplétion, et le marchand jugeant de ses affaires d'après le profit réalisé sur chaque article et non d'après le montant total des transactions, des foires ont pu être dépeintes comme catastrophiques – celle de la Nouvelle-Espagne en 1688, quand lainages et soieries se vendirent mal – alors que les retours qui en résultaient battaient tous les records : 20 millions sur la Flotte de cette année-là. Mais déconcertante déjà en ce qu'elle ne s'accommode pas d'automatismes conceptuels, l'interaction entre les métaux précieux et les prix,

94. *Relazioni degli ambasciatori veneti*, (N. Barozzi et G. Beuchet, éditeurs), Paris, 1876, *passim*.
95. E.J. Hamilton, *American treasure and the price revolution in Spain 1501-1650*, p. 38 : « The trend of Spanish prices, as shown in Part II, indicates that the figures in Table I are not seriously vitiated by the fact that there were surreptitious imports of the precious metals ». Seul, P. Vilar a remarqué cette propension d'Hamilton à sous-estimer la fraude pour les besoins de sa cause (cf. *Or et monnaie dans l'histoire*, Paris, 1974, p. 174).

les métaux précieux et la vie économique, ne peut être étendue universellement sans abus[96].

Les prix agricoles – les plus importants par les quantités auxquelles ils s'appliquaient et par leur effet sur les collectivités humaines – les prix des grains, ont varié en fonction des bonnes et des mauvaises récoltes. Maintenant que la corrélation entre prix et arrivages des métaux précieux est, de toute façon, disloquée, peut-être sera-t-il permis d'attirer l'attention à nouveau sur cette liaison fondamentale, élémentaire. Des graphiques en avaient été proposés naguère, montrant d'après des chroniques fidèles, parce que dénuées d'intention démonstratrice, comment s'articulait concrètement une courbe des prix, réagissant à court et à long terme à la succession des saisons réussies et non réussies, se modelant sur leurs séquences[97]. D'autres sont disponibles pour le XVIIᵉ siècle[98]. Si les mercuriales du seigle et du froment ont plongé après 1650 et 1660, ce n'est pas parce que l'argent n'arrivait plus d'Amérique, mais parce qu'il y eut, en contraste avec la texture de la période précédente, davantage de bonnes années que de mauvaises, des séries heureuses.

Hamilton, curieusement, qui, dans son premier ouvrage, avait commencé de soupçonner l'importance des moissons sans aller néanmoins jusqu'au bout de l'analyse, a fourni dans le second tous les éléments d'une vérification expérimentale de ce genre pour l'Espagne[99]. Récoltes abondantes, pléthoriques à l'occasion[100], en 1652, 1657, 1659, 1660, 1665, 1666, 1667, de 1670 à 1671 (selon l'endroit) à 1675, en 1681, 1682, 1686, etc. Fréquence en outre des récoltes honnêtes, rareté et isolement des mauvaises qui ne forment « train », qu'imparfaitement d'ailleurs, qu'entre 1676 et 1684. C'est dans cet argument et dans cet agencement seulement qu'il faut chercher la clé de la « dépression » des prix dans la seconde moitié du XVIIᵉ siècle. Car le déclin des importations des trésors améri-

---

96. Nous reviendrons sur cet aspect dans la suite de l'étude.

97. M. Morineau, « D'Amsterdam à Séville. De quelle réalité l'histoire des prix est-elle le miroir ? » *Annales E.S.C.*, tome XXIII, nº 1, 1968, pp. 178-205.

98. Cf. notre contribution à l'*Histoire économique et sociale de la France*, tome I, chapitre intitulé « La conjoncture ou les cernes de la croissance ».

99. E.J. Hamilton, *War and prices in Spain 1651-1800*, pp. 104-140.

100. « La questa settimana è piovetto molti giorni e per quanto si presente l'acqua è stato universale per tutta Spagna, si che ho meno in sicuro la vuona aspettativa, che si haveva della proxima racolta laquale si tiene che habbia ad'esserre la maggiore che questa Provincia habbia havuto da centi anni in quà » (Archivo di Stato Firenze, Archivo Mediceo 4 974 Dispacci Spagna, 24 mai 1660).

cains dont Hamilton faisait, à la date de 1659, l'autre et le principal responsable est démenti magistralement par le retour triomphal, cette année-là justement, à Santander, du Marquis de Villarubia et la frappe dans les Hôtels des Monnaies des royaumes de millions de piastres tirés des barres et lingots rapportés. Il continua de l'être dans la suite[101].

Figure 20. *Prix et récoltes en Castille d'après E.J. Hamilton*

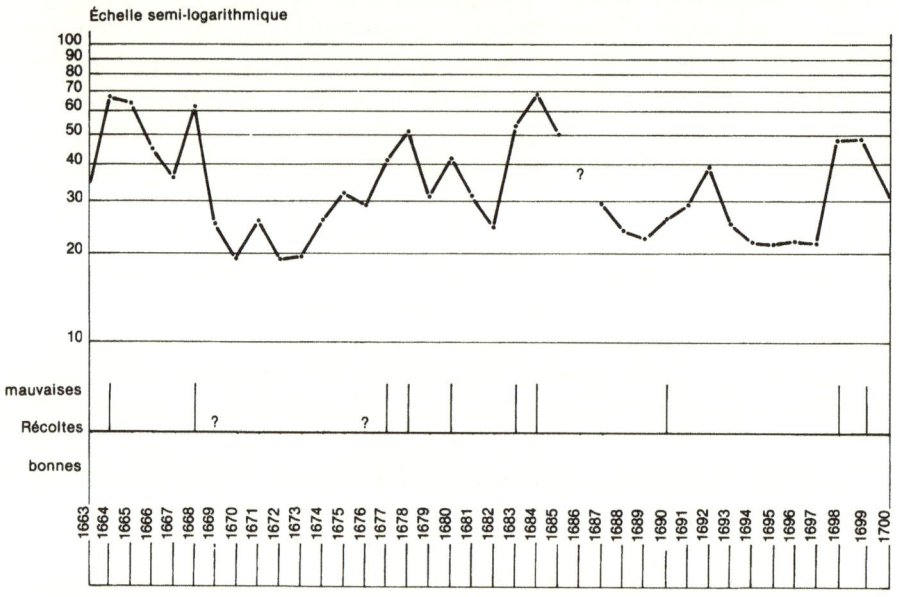

* Les prix ont été ramenés à leur expression en grammes d'argent d'après la table de conversions donnée par E.J. Hamilton, lui-même, page 34.

Les indications sur les récoltes n'ont pas permis d'introduire d'autres distinctions qu'entre bonnes et mauvaises. On s'en est tenu à celles que fourni E.J. Hamilton. Des témoignages extérieurs pourraient être ajoutés, notamment pour les années précédant la crise de 1692-93.

La tension des années 1674-75 dérive fort probablement de la situation difficile enregistrée au cours de ces années dans le bassin de la méditerranée occidentale — tension « téléphonée ».

On ne peut même pas tenter de sauver la mise de la théorie quantitativiste en invoquant la sortie d'Espagne par voie couverte de l'or et de l'argent, leur fuite accélérée comme d'un tonneau des Danaïdes qui aurait privé le pays du substrat métallique nécessaire

101. Cf. graphique. La circulation de la monnaie de vellon et ses fluctuations de valeur troublent l'observation. La relation est pourtant évidente.

au soutien ou à la hausse des prix agricoles[102]. Car les bonnes récoltes ont été dans la seconde moitié du XVIIe siècle, dernière décennie non comprise, un phénomène universel en Europe à quelques variantes près. Nous en donnons une illustration alsacienne esquissée à partir de la chronique des Franciscains de Thann ; il y en aurait

Figure 21. *Prix à Strasbourg et récoltes en Alsace d'après les chroniqueurs.*

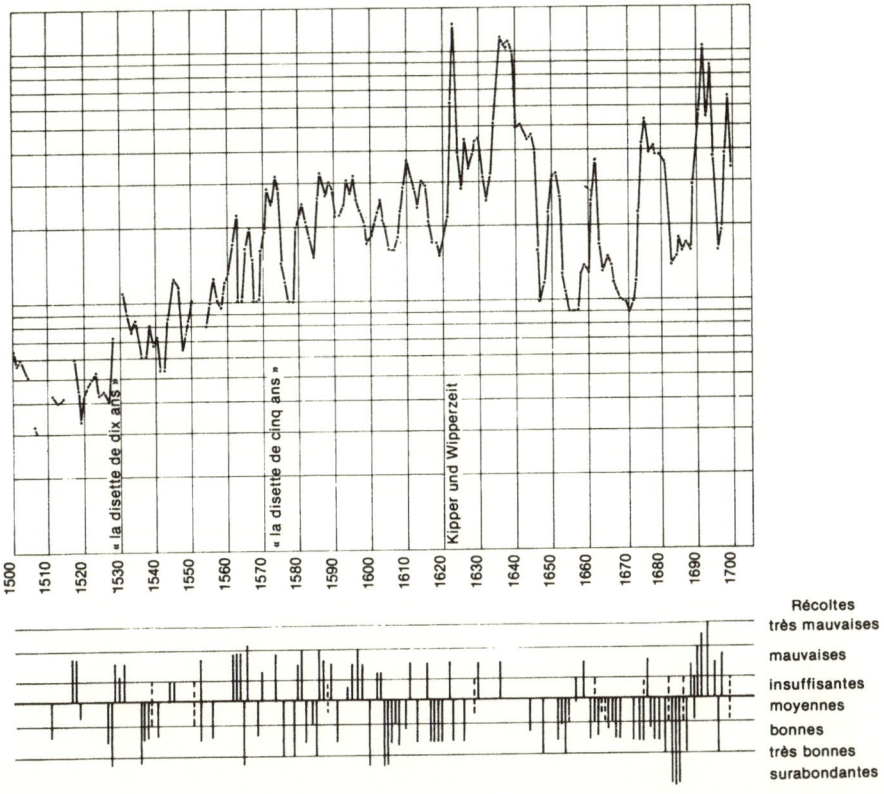

bien d'autres si l'on se donnait la peine de rechercher et de colliger de pareils renseignements un peu partout à travers diaires et journaux de simples particuliers[103]. Et à cause de l'imprégnation dominante des récoltes, dans les pays irrigués en principe et en fait par les trésors qui faisaient défaut aux royaumes hispaniques, en France, en

102. J. Everaert, *op. cit.*, pp. 705-707, a quelque peu cédé à cette tentation.
103. P. Tschamser, *Annales oder Jahrgeschichten der Barrfüsseren oder minderen Brüdern*, Colmar, 1864. Graphique inséré dans l'*Histoire économique et sociale de la France*, tome I.

Angleterre, aux Pays-Bas, en Allemagne, l'évolution et la baisse postérieurement à 1650-1660 sont tout à fait semblables.

Quant à la hausse de la décennie 1690-1700, fortement accusée en Espagne surtout en 1699, mais plus tôt plus au Nord en Europe, elle n'est nullement le fruit d'une « relance » comme certains l'ont cru pour avoir trop admiré Boisguillebert, mais la triste conséquence des catastrophes frumentaires de 1693 et 1698, précédées et suivies d'années moroses et stériles[104]. Ainsi, parce que les prix, et principalement les prix agricoles, pilotes dans l'économie ancienne, obéissaient à d'autres impulsions que l'arrivée des métaux précieux, les difficultés conceptuelles à admettre le maintien en abondance de celle-ci devraient s'évanouir. De toute manière, ces difficultés ne pouvaient être dirimantes en présence d'une documentation bien attestée.

Mais qu'advient-il de la « covariation positive généralisée » en laquelle Pierre Chaunu salua, naguère, « une des importantes acquisitions de l'histoire économique de ces dernières années » ?[105]. Faut-il l'abandonner ? Sous la forme qu'elle a revêtue jusqu'ici, oui, incontestablement. La thèse de René Baehrel n'est pas la seule écharde dans sa chair[106]. Il y a toute la Carrera. Et l'on voit bien qu'entre les prix, les métaux précieux, l'activité économique, la navigation atlantique, même l'adéquation n'est pas parfaite. Quelque chose s'est relâché qui empêche de revenir à la vision étroite. Les éléments de la conjoncture ont retrouvé de leur autonomie. Ils ne se rassemblent plus autour de l'un d'eux, à la parade, comme de la limaille attirée par un aimant.

On pourrait envisager de réaménager une covariation généralisée plus complexe, axée sur la nouvelle version des arrivages d'Amérique, et qui intégrerait un certain nombre de données : cargaisons indiennes des Hollandais, gabelle du port de Marseille, etc., qui cadraient mal avec la précédente architecture. L'entreprise, à notre

---

104. Le problème a été largement abordé par J. Meuvret dans plusieurs textes. Citons : « Les mouvements des prix de 1661 à 1715 et leurs répercussions », *Journal de la Société de statistique de Paris*, tome 85, 1944, pp. 109-118 ; « La conjoncture internationale de 1660 à 1715 », *Bulletin de la Société d'histoire moderne*, 1964, pp. 2-5 ; « Les temps difficiles », in *La France au temps de Louis XIV*, Paris, 1965, pp. 57-83 ; « The condition of France 1688-1715 », in *Cambridge Modern History*, tome VI, Cambridge, 1970. La plupart de ces textes ont été repris dans Meuvret, *Etudes d'histoire économique*, Paris, 1971.

105. P. Chaunu, « Le renversement de la tendance majeure des prix et des activités du XVIIIᵉ siècle. Problèmes de fait et de méthode », in *Studi in onore di Amintore Fanfani*, tome IV, Milan, 1962, pp. 221-225.

106. R. Baehrel, *Une croissance, la Basse-Provence rurale*, Paris, 1961.

avis, est prématurée et quelque peu forcée. L'expérience met en garde contre les synthèses rapides. L'affaire doit être reprise sous un angle plus compréhensif, moins exclusif, comme y invitait d'ailleurs la conclusion interrogative de l'article de P. Chaunu[107]. Une reconstruction de l'armature conjoncturelle doit passer d'abord par une réappréciation des structures économiques elles-mêmes afin de déterminer le degré d'autonomie de chaque facteur et de chaque secteur, les concomitances exactes et, enfin, seulement les corrélations prouvées avec leur mécanisme.

La conjoncture est composition, configuration, constellation. En approfondir toutes les implications serait ici hors de propos. Disons brièvement que la référence aux bonnes et aux mauvaises récoltes, malgré sa simplicité, ne se confond pas avec du simplisme. Les réactions des divers agents économiques à leur impact, les conséquences pour la vie et les échanges en général doivent être examinées soigneusement[108]. Le refus – motivé – d'une crise permanente au XVIIᵉ siècle engendrée par un tarissement des trésors d'Amérique n'entraîne pas la dénégation de crises plurielles. Bien au contraire, en les rattachant aux accidents des moissons, nous leur rendons leur pleine virulence, et en les maintenant distinctes des mouvements de l'or et de l'argent, nous évitons de les dénaturer, en particulier dans la dernière décennie, à tort considérée parfois comme une petite phase A.

De même n'est-il pas question de dénier toute influence aux métaux précieux. Comment cela serait-il possible quand, dans les foires américaines, les prix se réglaient pour une part sur leur abondance relative en face de l'offre des marchandises européennes ? Mais ne brûlons pas les étapes. Et puisque chaque élément de la conjoncture requiert son analyse propre, attachons-nous à celui-ci dans la seconde moitié du XVIIᵉ siècle. Non plus pour tout lui rapporter comme ce fut si souvent la tendance envahissante et

---

107. P. Chaunu : « Il importe donc de bien savoir jusqu'où va la corrélation positive prix et activités. Si elle s'étend des économies spectaculaires à grand rayon d'action où elle est démontrée aux humbles secteurs, les plus lourds, des productions journalières. La corrélation positive est-elle loi universelle de l'économie ou compose-t-elle avec des secteurs compensés de covariation négative ? Telle est la question. C'est après avoir répondu qu'il sera possible d'envisager la construction de modèles utiles » *(art. cit.,* p. 255).

108. Dans le prolongement des recherches de Labrousse, *Esquisse du mouvement des prix et des revenus en France au XVIIIᵉ siècle,* Paris, 1933. En maintenant ferme le refus de céder aux infléchissements optimistes (physiocratie) ou pessimistes (misérabilisme).

rassurante, mais pour en déterminer plus modestement la place, l'insertion dans la vie économique, l'articulation avec la conjoncture.

5. Ce qui était en jeu dans le commerce de la Carrera

Ce propos exige tout de suite que soit bien dégagée la marche d'approche. L'analyse ne peut partir d'une sommation statistique artificielle sans se condamner à appréhender les choses de très loin et grossièrement. La présentation par périodes quinquennales a répondu à un but pratique de mesure et d'exposition. Pour une histoire de la Carrera, des trésors, le moyen manque de souplesse. Un simple glissement d'un an dans le découpage chronologique en démasque l'arbitraire. Démonstration déjà faite qu'il suffira d'étendre à l'ensemble du XVIIᵉ siècle[109]. Le péril à raisonner par lustres apparaît sans ambiguïté. Les sautes de pente, les renversements d'intensité d'un découpage à l'autre sont dus à l'inclusion ou à l'exclusion d'une très grosse flotte (cf. en 1665 et en 1670). Derrière les péripéties statistiques, le mouvement réel de la navigation est mis en cause, l'enchaînement une par une des campagnes outre-atlantique avec leur succession de réussites et d'échecs.

Tableau 43. *Arrivages des trésors américains par périodes quinquennales*

(en millions de piastres)

1580-84 :	48	1620-24 :	50	1660-64 :	65
1585-89 :	43,2	1625-29 :	42,2	1665-69 :	61,3
1590-94 :	30,4	1630-34 :	39,8	1670-74 :	87
1595-99 :	78,4 +	1635-39 :	68,8 +	1675-79 :	84,5
1600-04 :	55,5	1640-44 :	45,2 +	1680-84 :	51,5
1605-09 :	51,8	1645-49 :	36,6 +	1685-89 :	78
1610-14 :	43,1	1650-54 :	(39 ?)	1690-94 :	81,8
1615-19 :	47,4	1655-59 :	51,6 +	1695-99 :	65,5

Présentation identique à celle du tableau 42 mais simplifiée. On n'a gardé l'hypothèse fondée sur un coefficient que dans le cas du lustre 1650-1654.

L'analyse ne peut pas, non plus, s'emparer tout de go des chiffres des arrivages pour les plaquer en quelque sorte sur le film du temps afin d'y lire une périodisation conjoncturelle qui serait ainsi déterminée par eux. Ce serait bonnement revenir à l'ancien errement. Ce

109. Cf. M. Morineau, « Gazettes hollandaises et trésors américains », 1ʳᵉ partie, p. 322.

serait, surtout, perdre de vue que les trésors américains, avant d'être – éventuellement et dans une mesure que l'on doit essayer précisément de circonscrire – un élément moteur de la conjoncture, ont d'abord été le fruit de transactions, d'opérations nombreuses et complexes : rassemblement et, auparavant bien entendu, production de marchandises, décision de dépêche d'une flotte, préparation et chargement, foires, offres et demandes, etc., qui, tout autant et antérieurement, ont elles-mêmes créé leur conjoncture, fait une conjoncture. Nous sommes tellement habitués à parler *trend*, influence des métaux précieux sur la conjoncture que nous oublions l'aspect inverse de « résultante », cependant premier dans l'apparition des phénomènes. La démarche correcte consiste donc à rétablir par préalable l'ordre des activités, leur « économie », de manière à situer l'or et l'argent à leur place dans la perspective réelle qui est une perspective en marche attribuant successivement à toute chose la qualité de terme, puis la qualité d'origine.

Vue de Cadix, l'exploitation de l'Amérique via la Carrera se présente comme une immense affaire mettant en branle la moitié de l'Europe de Gênes à Hambourg, avec une incitation jusqu'au cœur, en Silésie. L'enquête de Patoulet en 1686 permet de s'en faire une bonne idée. Une Flotte de Nouvelle-Espagne emportait, valeur dans le pays de production, pour plus de 15 millions de livres tournois (environ 5 millions de piastres) ; les Galions de Terre-Ferme pour près de 27 millions (soit 9 millions de piastres). Sur la base d'une alternance des convois d'une année sur l'autre, les marchandises nécessaires en moyenne chaque année se seraient élevées à une somme de 21 millions de livres tournois ou 7 millions de piastres[110]. Pour fixer la grandeur relative de ce trafic, mentionnons qu'il équivaut aux deux cinquièmes de toutes les importations d'Amsterdam en 1667-1668 et à un peu moins des deux tiers des exportations[111].

---

110. L'alternance, en fait deux départs tous les quatre ans, n'était plus la règle de 1686. Nous l'avons toutefois retenue, parce qu'elle faisait corps au mémoire des Malouins. Pour un parti différent, voir J. Everaert, *op. cit.*, p. 372. Il est intéressant de rapprocher la valeur des marchandises envoyées à la Terre-Ferme, en théorie 9 millions de piastres, de celle qui était attribuée aux galions partis en 1684 à Portobelo, 14 millions de piastres. Toute la documentation provient du mémoire de Patoulet (AN, AE, Mém. et doc. France 1992 et Bibl. Arsenal, Man. 4068).

111. D'après nos calculs fondés sur la statistique du port d'Amsterdam (GA Amsterdam, LC6 N1).

L'importance du marché américain s'accroît de son appel sélectif à des produits manufacturés, principalement des textiles et des articles appartenant à des branches cousines (mercerie, chapellerie). En denrées, nonobstant le volume majoritaire occupé dans la *buque*, les Galions et la Flotte ne chargeaient guère l'un dans l'autre plus de 5 à 600 000 livres tournois, année moyenne (vins, huiles, raisins secs, amandes, le tout tiré d'Espagne). Les épices fournies par les Hollandais montaient à 200 000 livres tournois à cause de la cannelle indispensable aux gens de la Nouvelle-Espagne pour parfumer leur chocolat. Mais le plus gros poste, après les tissus, était la cire blanche (1,5 million de livres tournois ou 500 000 piastres, peut-être) : « On ne saurait dire la quantité qu'il s'en débite aux festes que les Espagnols et les Américains font dans les Eglises qu'ils ont dévotion d'illuminer »[112].

Négligeons le papier gênois (130 à 140 000 livres tournois), la chaudronnerie de cuivre (120 000 livres tournois) et quelques menus objets. Nous pouvons classer les tissus en trois grandes catégories : tissus de lin et de coton (les toiles), tissus de laine (y compris les camelots en poil de chèvre), tissus de soie. Le premier groupe venait nettement en tête avec une valeur annuelle moyenne de 6,7 millions de livres tournois. C'était un assortiment extraordinairement varié, de la toile grossière et bon marché, d'emballage ou serpillière, à cinq sols la varre, à la toile fine et chère à une livre ou deux la varre (toile de Saint Gall, batiste), avec dans l'entre-deux le fort contingent des bretonnes, des brabançonnes et des rouens. Les lainages et les soieries comptaient pour des sommes très voisines l'une de l'autre :

---

112. Le mémoire de Patoulet donne tantôt la ventilation des articles destination par destination (Terre-Ferme, Nouvelle-Espagne, Espagne), tantôt un chiffre global. Pour établir notre tableau, nous avons dû procéder à des attributions. En règle générale, lorsque le montant était à répartir entre les deux vice-royautés d'Amérique, nous avons respecté pour les chiffres élevés la proportion 2/3 à la Terre-Ferme, 1/3 à la Nouvelle-Espagne, pour les petites sommes, moitié-moitié. Lorsque le montant était à détailler selon les trois directions, et sauf indication contraire, 1/10 a été attribué à l'Espagne, 3/5 à la Terre-Ferme et 3/10 à la Nouvelle-Espagne. Dans le cas de la cire, le montant total était de 4 millions à répartir, d'une part, entre les fournisseurs, d'autre part, entre les trois destinations. Nous nous sommes arrêtés aux ventilations suivantes : (a) 2 millions pour les Anglais indiqués comme les plus gros exportateurs, 1 million pour les Français, 750 000 livres pour les Hollandais, 250 000 pour les Flamands (Patoulet ne parle pas des Hambourgeois, ce qui est sans doute une lacune) ; (b) 1/3 pour chacune des destinations. On tiendra compte de ces hypothèses de calcul pour apprécier la marge d'approximation des résultats (cf. annexe).

4,4 à 4,5 millions de livres tournois. Les dentelles, d'or et d'argent, de soie et de fil, noires et blanches, très prisées au Pérou, montaient à 1,6 million de livres tournois. Article de luxe typique qui, avec la soie à coudre, les boutons d'or et les chapeaux de castor et de semi-castor, portait l'ensemble mercerie-chapellerie à 3,5 millions de livres tournois.

La France contribuait à approvisionner les Flottes et les Galions dans chaque compartiment. Elle l'emportait de loin pour les toiles de lin (75 % du total), tenait une place honorable dans la catégorie des lainages grâce aux provinces du Nord nouvellement conquises (Flandre wallonne), s'inclinait devant la prépondérance gênoise dans la soierie, mais retrouvait la première place en mercerie avec ses dentelles et ses chapeaux. Les Provinces-Unies étaient présentes partout aussi, mais à un rang beaucoup plus modeste, sauf pour les étoffes de laine. Les autres nations étaient à des degrés divers spécialisées : les Pays-Bas espagnols dans la dentelle, l'Angleterre dans la draperie, Gênes dans la soierie. Les manufactures espagnoles n'étaient point absentes : les fabriques de Séville, Grenade, Tolède et Cordoue envoyaient « des Velours cizelés, des Taffetas doubles et simples, des bas de soye, quelques rubans et autres petites étoffes de soye » pour 200 000 piastres annuellement (600 000 livres tournois).

Récapitulons : les Flottes de Nouvelle-Espagne chargeaient plus de 6 millions de livres tournois de marchandises françaises, les Galions plus de 10 millions. Ce qui plaçait la France au premier rang sur la liste des pays fournisseurs de la Carrera : 8,5 millions de livres tournois, année moyenne, et 39 % du total, suivie à distance respectueuse par Gênes (3,6 millions), l'Angleterre (3,1 millions), les Provinces-Unies (2,6 millions), plus loin encore par les Pays-Bas méridionaux (1,4 million), l'Espagne (1,2 million) et les Hambourgeois (1,1 million).

Quel pourcentage de la production de chaque pays était-il dirigé vers la Carrera et, par conséquent, quelle importance celle-ci avait-elle en tant que débouché de l'industrie européenne ? C'est ce qu'il est difficile de dire faute bien souvent de statistiques nationales satisfaisantes. Quelques coups de sonde cependant : les anascotes hollandaises embarquées pour l'Amérique formaient un cinquième, et les draps un septième de la fabrication de Leyde ; les draperies anglaises pareillement un dixième de ce qu'il en était apporté annuellement aux halles londoniennes, un huitième de ce qu'il en était exporté du port[113]. Quantités considérables et modestes à la fois, qui permettent un utile renversement des perspectives, montrant que vu du Zuydersee ou vu de la Tamise, le trafic hispano-américain, pour alléchant qu'il ait été, n'absorbait pas, gargantuesque, toutes les énergies et toutes les possibilités d'exportation ; cinq fois plus grande qu'en Espagne et en Amérique, la consommation de draps hollandais au Levant importait aussi davantage aux fabricants et marchands drapiers de Leyde et d'Amsterdam[114].

Les chiffres globaux auraient permis également de pondérer le commerce de l'Amérique espagnole. Le versement de leurs marchandises à Cadix par les Anglais ne découpait qu'une tranche de 8 % environ dans leurs exportations totales ; celui qu'effectuait les Hollandais aurait émargé pour 8 % pareillement sur les registres de sortie du port d'Amsterdam s'il en était entièrement provenu, pour 5 ou 6 % sans doute de la totalité des exportations hors des Provinces-Unies[115]. Mais localement, la dépendance pouvait être plus forte. On songe aux provinces françaises, Bretagne et Normandie, livrant annuellement l'une et l'autre 1,9 million de livres tournois de toiles à l'ensemble politiquement écartelé du coin sud-ouest des Pays-Bas : Cambrésis, Hainaut, Flandres, Brabant (1,9 million de même suivant l'évaluation plausible d'Everaert)[116]. Gênes draînait l'Italie entière : la soie à coudre de Calabre, les taffetas de Pise, les bas de soie de Milan, et quelque peu la Suisse (dentelles de Genève).

113. N.W. Posthumus, *De geschiedenis van de Leidsche lakenindustrie*, La Haye, 1908-39, tome II, pp. 930-931, et 1175-1200 ; D.W. Jones, "The hallage receipts of the London cloth markets 1562-ca. 1720", *Economic History Review*, 2ᵉ série, tome XXV, 1972, pp. 567-587.

114. D'après AN, Paris K 1347.

115. Mêmes sources qu'à la note 113.

116. En 1686, la Flandre wallonne, le Cambrésis et le Hainaut relevaient du roi de France. Leurs exportations figurent sous la rubrique « commerce des Français ». Everaert les regroupe avec le « commerce des Flamands » pour retrouver la physionomie régionale. Il y ajoute les toiles présilles ou Brabant, selon lui abusivement placées sous la rubrique « commerce des Hollandais ». Il donne des arguments assez convaincants. Cependant, le texte parle bien du commerce des Hollandais et précise la valeur de ces toiles en Hollande. Achat et revente ? Achat et revente après traitement ? Hypothèse peu probable puisque ce sont des toiles « pour habiller de pauvres gens ». Production du Brabant septentrional (Bois-le-Duc) ? Dans un sens favorable à Everaert, cf. J. Craeybeckx « Les industries d'exportation dans les villes flamandes au XVIIᵉ siècle, particulièrement à Gand et à Bruges », in *Studi in onore di Amintor e Fanfani*, tome IV, Milan, 1962, pp. 414-468.

Tableau 44. *Structure du commerce avec l'Amérique espagnole en 1686*

(en millions de livres)

Terre-Ferme

	toiles	lainages	soieries	mercerie	cire	ustensiles	divers	total
France	6 329	1 540	790	1 945	250	—	—	10 854
Flandres	210	225	—	1 340	80	—	—	1 855
Angleterre	230	2 505	—	491	666	—	—	3 892
Hollande	450	1 565	500	190	333	80	135	3 253
Hambourg	1 243	—	—	—	—	40	—	1 283
Gênes	—	—	3 283	1 060	—	—	250	4 543
Espagne	—	—	800	—	—	—	800	1 600
total	8 462	5 835	5 323	5 026	1 329	120	1 135	27 280

Nouvelle-Espagne

	toiles	lainages	soieries	mercerie	cire	ustensiles	divers	total
France	3 675	1 200	650	414	250	—	—	6 189
Flandres	110	122	—	640	80	—	—	952
Angleterre	150	1 195	—	377	666	—	—	2 388
Hollande	120	555	500	70	333	80	265	1 923
Hambourg	943	—	—	—	—	40	—	983
Gênes	—	—	2 083	530	—	—	125	2 758
Espagne	—	—	400	—	—	—	400	800
total	4 998	3 072	3 633	2 031	1 329	120	790	15 973

Total : Terre-Ferme + Nouvelle-Espagne

	toiles	lainages	soieries	mercerie	cire	ustensiles	divers	total
France	10 004	2 740	1 440	2 359	500	—	—	17 043
Flandres	320	347	—	1 980	160	—	—	2 837
Angleterre	380	3 700	—	868	1 332	—	—	6 280
Hollande	570	2 120	1 000	260	666	160	400	5 176
Hambourg	2 186	—	—	—	—	80	—	2 206
Gênes	—	—	5 316	1 690	—	—	375	7 301
Espagne	—	—	1 200	—	—	—	1 200	2 400
total	13 460	8 907	8 956	7 057	2 658	240	1 975	43 273

Figure 22. *Structure du commerce de Cadix avec la Terre-Ferme en 1686.*

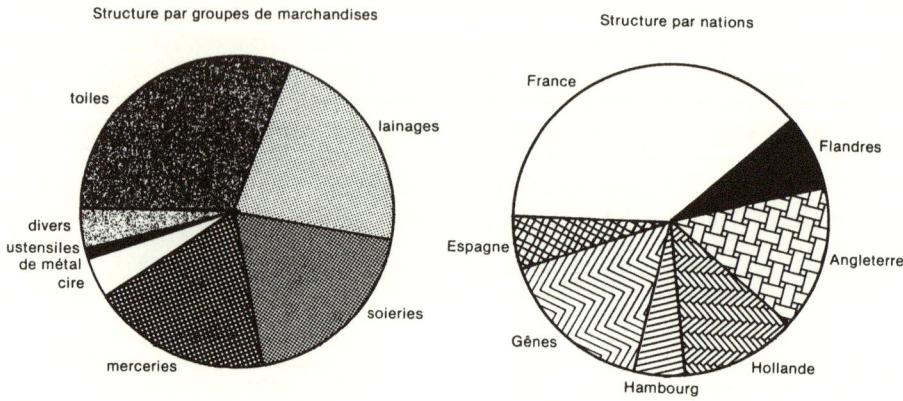

Figure 23. *Structure du commerce de Cadix avec la Nouvelle-Espagne en 1686.*

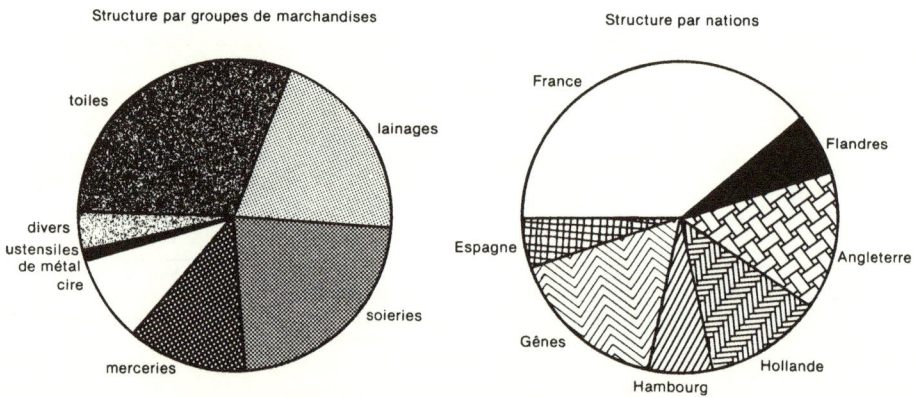

6. La trame de la Carrera

Mais l'intérêt du commerce avec l'Amérique espagnole résidait dans l'appât d'un gros bénéfice. D'après Osorio y Redin, penseur, économiste et politique qui écrivait en 1686, les prix des marchandises triplaient entre le lieu de production et le lieu de première vente à la Terre-Ferme ou en Nouvelle-Espagne. D'après Patoulet, les bénéfices aux Indes atteignaient 25 à 30 %, récupérés au bout d'une longue patience il est vrai (deux ou trois ans). Ces estimations sont

Figure 24. **Structure du commerce de Cadix avec l'Amérique espagnole en 1686.**

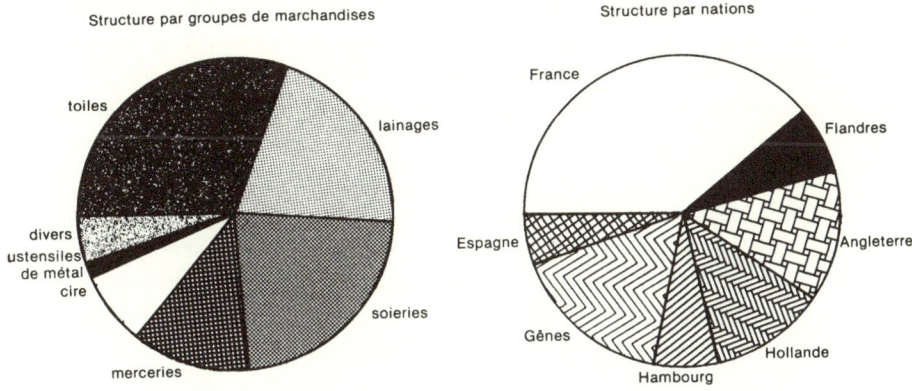

Structure par groupes de marchandises

Structure par nations

Figure 25. **Participation des nations européennes au commerce de Cadix avec l'Amérique en 1686.**

(en millions de livres tournois)

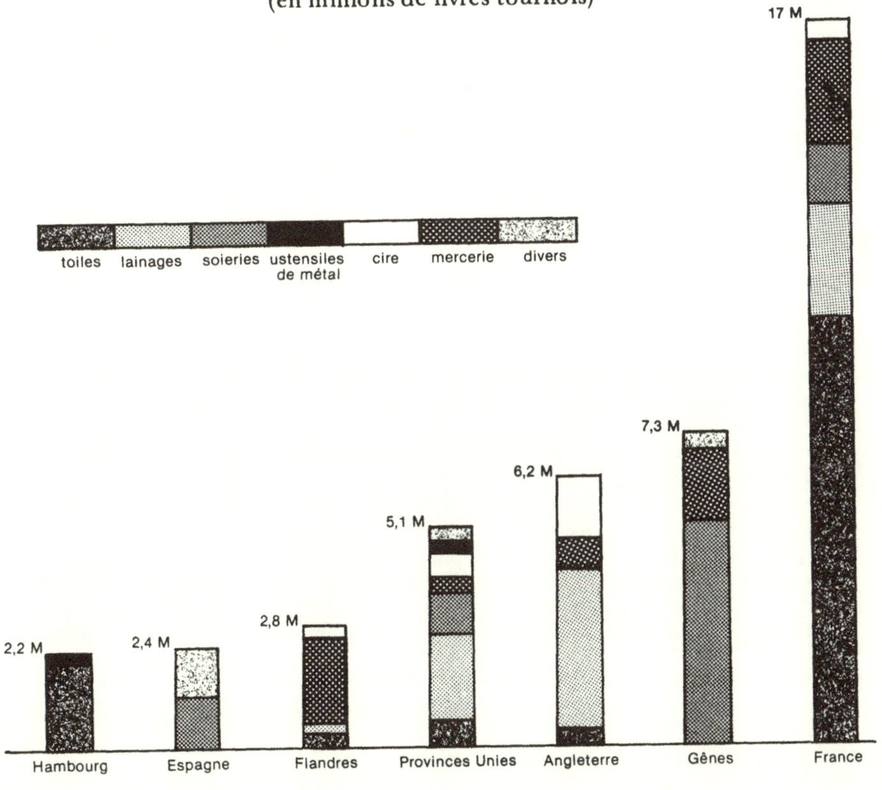

confirmées par la comptabilité des marchands[117]. La spéculation commençait sur les marchés de Lokeren, d'Eeclo, de Colchester, de Pont-Audemer et de Pontivy, se poursuivait à Anvers, Londres, Rouen et Saint-Malo, s'enflammait à Cadix. En raison de l'ampleur des sommes à investir, en raison de la durée de l'immobilisation, une participation des capitalistes était nécessaire, et les Français, par exemple, n'envoyaient finalement en Amérique, pour leur propre compte, que les deux tiers de leurs marchandises, cédant l'autre à des étrangers[118]. Les mises de fonds étaient telles que l'Andalousie en restait exsangue d'argent, et que les marchands intéressés s'acagnardaient précautionneusement dans l'atmosphère de *strettezza* qui s'abattait sur Cadix, et que romprait seulement, au milieu de l'explosion des hourras et du Te Deum, le retour tant désiré des vaisseaux partis du côté où le soleil se couche[119].

Spéculation d'envergure, spéculation à long terme : elle requérait de celui qui s'y adonnait des reins solides, du coup d'œil, du flair, du discernement comme l'a dit, en d'autres termes, le premier Savary, orfèvre en la matière[120]. Elle se reproduisait à chaque appareillage d'une Flotte ou des Galions. Elle introduisait de ce fait dans la vie économique de l'Europe un double rythme (appelé à se *conjuguer* avec ceux des autres activités pour former la conjoncture *générale*) : rythme des dépêches des navires, moments de fièvre, des efforts arc-boutés pour faire réussir la prochaine campagne ; rythme des retours, moments des bilans, des désenchantements (et des faillites), des satisfactions. Avant toute prise en considération de mouvements longs – ou supposés longs –, il faut revenir au ras de la mer, à cette

---

117. Osorio y Redin, *Extensión política y económica*, Madrid, 1686. Les Malouins étaient moins optimistes que Patoulet sur les bénéfices. Tous ces chiffres sont à prendre comme des « espoirs » de bénéfice. Dans la réalité, les choses étaient assez fluctuantes (cf. *infra*).

118. « [...] les François ne font pas plus des deux tiers de ce commerce, les Estrangers y ayant pour leur compte en commun avec nos négociants au moins l'autre » (Mémoire de Patoulet : Bibl. Arsenal, Man. 4068, p. 20). Dans la version retouchée de 1691 (BM Rouen, Montbret 236) il est dit : « [...] de ces douze millions [chiffre supposé des exportations par les Flottes et par les Galions] qui sont portez aux Indes les François en risquent environ six ou sept pour leur compte et le reste pour le compte des Espagnols ou des autres Etrangers qui les achètent à Cadix. Ils font même remarquer que dans tout le commerce que les Français font à Cadix tant pour l'Espagne que pour les Indes les Etrangers et associez avec ceux-cy ont pour le moins un tiers d'interest duquel ils emportent les retours dans leurs pays. »

119. « No había un real como acontece siempre cuando se espera los galeones de India [...] » (A. Picardo y Gomez, *Memorias de Raimundo de Lantery, mercados de Indias en Cadiz 1673-1700*, Cadix, 1949, p. 98).

120. J. Savary, *Le parfait négociant*, Paris, tome I, p. 470.

saisie existentielle, phénoménologique (si l'on nous passe ces mots) du cours des affaires périodiquement réincité, périodiquement bouclant une orbe, composante essentielle de la conjoncture.

Les informateurs de Patoulet tenaient en 1686 que les Flottes de Nouvelle-Espagne et les Galions de Terre-Ferme ne passaient aux Indes « que deux fois en quatre années »[121]. Il y aurait donc eu un convoi tous les deux ans dans chacune des directions. Si l'on fait le décompte sur quarante et un ans, de 1658 à 1699, la proportion semble juste en moyenne pour les Flottes (vingt et une en tout), inexacte pour les Galions (treize, dont le rythme aurait été, toujours en moyenne, d'un tous les trois ans). Mais le phrasé de la Carrera n'obéit pas à cette régularité statistique.

La bisannualité fut effectivement la norme quelque temps aux alentours de 1660 pour les Flottes *et* pour les Galions. Puis la cadence s'espaça, se transforma. Les Galions devinrent triennaux en 1669, le restèrent jusqu'en 1684, se réduisirent ensuite à deux convois en onze ans, prélude à une très longue pause : pas de départ entre 1695 et 1706. Les Flottes soutinrent plus longtemps le rythme initial. Elles le perdirent tout de même en 1675 puis en 1683, amorçant une évolution elles aussi vers une triennalité de fait. L'intrusion d'une flottille, doublant la flotte principale (en 1696 et en 1698) bouleversa *in extremis* le schéma qui était en train de s'instaurer dans la navigation vers le Mexique. Au début, le calendrier des retours refléta simplement celui des allers, compte tenu des délais de rotation. Mais ceux-ci s'allongèrent avec les derniers convois provoquant un bouleversement propre. Voyons tout cela de plus près car les causes de l'évolution méritent attention.

Au début les deux convois partaient la même année – ensemble en 1658 –, revenaient l'année suivante, ensemble. La volte de la Terre-Ferme durait environ un an, celle de la Nouvelle-Espagne onze à seize mois, tant à cause d'un appareillage plus précoce que de l'hivernage prolongé à La Havane, crainte des mauvais vents[122]. Les années de « dépêche », 1658, 1660, 1662, alternèrent donc en Espagne avec les années de retour, 1659, 1661, 1663, les unes et les autres ayant leur couleur conjoncturelle propre, comme on l'a vu.

---

121. Bibl. Arsenal, Man. 4068, p. 20.
122. « Les galions peuvent partir en tout temps de Cadix mais la flotte pour la Nouvelle-Espagne doit partir au commencement de juillet ou de mars pour éviter les vents du nord qui règnent au mois de septembre dans le golphe du Mexique. » (BU Gand, Man. 156, p. 89).

Ceci sans préjudice des mouvements indépendants de vaisseaux isolés, parmi lesquels ceux de Buenos Aires. Le système fonctionna sans accroc jusqu'en 1664. Toutefois, le départ des Galions se trouva repoussé du printemps à l'automne, sinon au début de l'hiver, par suite d'une bisannualité peu ponctuelle (de vingt-quatre à vingt-huit mois).

La première rupture se produisit en 1664. L'Amérique supplia la Casa de la Contratación : elle était engorgée de marchandises restant des précédents convois. Elle demanda la suppression de la Flotte et des Galions cette année-là[123]. Elle échoua pour la Terre-Ferme, mais reçut gain de cause pour la Nouvelle-Espagne : on se contenta d'y expédier des azogues. L'escamotage, il est vrai, fut rattrapé par l'envoi d'une Flotte chacune des deux années suivantes, 1665 et 1666, avant d'en revenir à la bisannualité en 1668. De leur côté, les Galions que l'on avait rassemblés à Cadix dès le mois d'août 1666, ne prirent la mer qu'en mars 1667 à cause des différentes menaces que représentaient les Portugais, les Barbaresques et les Anglais[124]. Ils ne dérogèrent pas vraiment à leur rythme qui se conserva encore avec le départ de juin 1669. Les retours s'échelonnèrent en fonction des décalages de l'aller, la durée de la rotation transatlantique demeurant inchangée sauf le cas de la Flotte de Nouvelle-Espagne partie en 1668, qui mit dix-neuf mois à revenir.

Après deux départs annuels de la Flotte – en 1670 et 1671 –, la Carrera devait connaître des perturbations assez profondes. D'après notre documentation, il n'y eut, en 1671, que trois galions à cingler pour la Terre-Ferme (le 3 août), et le véritable convoi ne partit qu'en mars 1672. Les atermoiements sont à mettre en relation avec les entreprises de Morgan sur Panama (décembre 1670) qui furent divulguées en Europe en mai ou juin 1671. Les Galions firent d'ailleurs voile en compagnie d'une armada de Barlovento[125]. Les motivations qui suspendirent l'envoi d'une Flotte en 1672 furent complexes : en mars, il était question comme en 1664 de « l'abon-

---

123. « 't Huys van Contractatie te Sivilien dede doen te Madrid groote debvoiren dat men dit Jaar geene Vlooten na Terra-Firma noch Nova Hispania soude laten af-gaen [...] » (*Hollandsche Mercurius*, 1664, p. 66).
124. Les galions partent le 3 mars escortés par sept navires de guerre « jusqu'à ce qu'ils soient hors du danger d'estre attaqués par les Corsaires de Barbarie » (*Gazette d'Amsterdam*, 7 avril 1667).
125. *Gazette d'Amsterdam*, 24 septembre 1671 (départ de Cadix du 13 août) ; 24 mars 1672 (préparation d'une Armada de Barlovento) ; 7 avril 1672 (départ des Galions du 1ᵉʳ mars).

dance de Marchandises en ce Païs-là », puis il y eut la déclaration de guerre de l'Espagne à la France, des difficultés d'approvisionnement et, en juillet, la déclaration « qu'il n'y a pas de Marchandises assez pour y envoyer »[126]. Le remède ayant été trouvé à cette pénurie, une Flotte sortit de la Baie en juillet 1673.

La guerre est responsable de ce qui se passe ensuite : retardement du départ des Galions jusqu'en février 1675 (l'intervalle avec le précédent atteignant pour la première fois trois ans), interruption du mouvement des allers de juillet 1675 (après le départ de la Flotte) à juillet 1678 (départ d'une Flotte et des Galions). Elle créait une gêne en Europe comme en Amérique. L'Espagne avait besoin de ses bâtiments pour combattre les Français en Méditerranée. Les croisières du comte d'Estrées aux Antilles faisaient peser une menace directe sur la Carrera. Peut-être le départ de 1678 fut-il prématuré ? La Casa de la Contratación désirait attendre septembre pour celui des Galions (faute de marchandises de l'ennemi ?), et il y eut des incidents[127]. Du moins, la navigation se déroula-t-elle sans histoires, assurant en 1679 un double retour et un chiffre colossal de rentrée des trésors. Enfin, on serait tenté de voir dans le déluge de marchandises déversé par la Flotte de D. Gaspar Manuel de Velasco au Mexique (sortie en juillet 1680 de Cadix) une illustration classique des « booms » qui se produisent souvent à la fin d'une guerre. Il contraignit en tout cas à une pause de deux ans[128].

La Carrera était affrontée dans le golfe du Mexique aux flibustiers. En 1683, la Flotte que l'on y avait dépêchée arriva à La Vera-Cruz trois jours après le sac de la ville par Van Hoorn, à la fin de mai. Elle avait des ordres impératifs pour rentrer en Espagne sans hiverner. Elle ne put vendre ses marchandises sur place, alla les négocier à La Havane où elle se divisa. Le général revint, porteur de la triste nouvelle, avec la moitié de ses bâtiments. L'autre demeura à Cuba[129]. Elle attendit de repartir jusqu'en 1685. Entre temps, les

---

126. *Gazette d'Amsterdam*, 22 avril 1672.
127. *Gazette de France*, 1678, p. 344 : « [La Casa de la Contratación] offre une partie [de 600 000 piastres demandées par le Roi] à condition qu'on diffère le départ des galions jusques au mois de septembre. » Recherche des marchandises françaises à la veille du départ : « Estos fueron los Galeones del fondeo que llaman, de que estando ya por partir, antes vino una orden de Madrid de fondearlos por que hubo soplo que estaban llenos de generos de Francia y había guerras entonces todavía [...] » (Picardo y Gomez, *op. cit.*, p. 92).
128. C. Fernández Duro, *op. cit.*, tome V, pp. 161-293.
129. La chronique de J. Everaert au sujet de cette flotte de 1683 n'est pas très précise (*op. cit.*, p. 801 et *passim*).

Espagnols n'avaient dépêché que des azogues vers la Nouvelle-Espagne qui resta privée de Flotte jusqu'en 1687.

Les flibustiers ne sévissaient pas que dans l'Atlantique. Ils avaient réussi à passer dans le Pacifique. Leurs actions eurent une incidence sur la carrière des Galions. Ceux-ci étaient venus en 1681 sans être inquiétés, mais en éprouvant de nombreuses pertes par tempête ou par impéritie. Leur voyage dura vingt et un mois. Ceux de D. Gaspardo Chacon y Medina Salazar, partis de Cadix en septembre 1684 eurent la désagréable surprise d'être obligés d'hiverner à Carthagène : à cause de la menace des pirates, le vice-roi n'avait pas fait descendre le trésor du Pérou de Callao à Portobelo. Leur voyage dura deux ans[130]. Ce n'est qu'en 1688, après une énergique contre-offensive, que la Mer du Sud put être déclarée *limpia de piratas*. La guerre avec la France recommença presque incontinent.

Ses incommodités se manifestèrent surtout en 1693-1694 quand la victoire de Tourville à Lagos eût livré aux Français la suprématie dans les mers espagnoles, puis en 1696-1697 quand les exploits du chevalier des Augiers et du baron Pointis (prise de Carthagène) entretinrent l'insécurité en Amérique[131]. Il en résulta deux conséquences destinées à s'enchaîner : un espacement des départs, un ralentissement des rotations dont la durée passa à vingt mois pour les Galions en 1690-1691, puis à trente-trois en 1695-1698, et de seize à trente-trois également pour les Flottes de Nouvelle-Espagne entre 1689 et 1701, en attendant le pire : les trente-neuf mois de la flotte de D. Manuel de Velasco y Tejada qui devait périr à Vigo en 1702. Sans retours et sans renouvellement des capitaux par les retours, l'armement et le chargement d'un autre convoi étaient impensables. Alors que le Mexique réclamait des marchandises, la Carrera souffrait d'asphyxie et les flottilles de 1696 et 1698, formées en temps de pénurie, furent dérisoires[132].

---

130. *Memorias de los virreyes que han gobernado el Perú*, pp. 305-306 ; C. Fernández Duro, *op. cit.*, tome V, p. 360. La Mer du Sud fut de nouveau infestée de corsaires avec la guerre.

131. C. de la Roncière, *Histoire de la Marine française*, Paris, 1901-1922, tome VI, pp. 254-255 et 275-291.

132. Voir le jugement désabusé de l'ambassadeur anglais Alexandre Stanhope. Après avoir déploré le manque d'argent sur la place le 6 janvier 1699, il écrivait : « [...] Supplies not to be expected again in many years, for the last flote went out to India empty and ex nihilo nihil fit » (*Spain under Charles the Second or Extracts from the Correspondance of the Hon. Alexander Stanhope 1690-1699*, p. 120). La Flotte sortie le 24 juillet 1698 avait été surnommée *la flota de la arena* parce que, disait-on, elle avait été obligée de prendre du sable pour lest A. Picardo y Gomez, *op. cit.*, p. 330).

La transformation a été incontestablement profonde dans la seconde moitié du XVIIᵉ siècle. On la ressent d'autant plus extraordinairement quand on jette un coup d'œil rétrospectif sur la belle annualité du premier tiers du XVIᵉ siècle, à peine perturbée[133]. Sur le plan institutionnel qui postule réglementation, organisation permanente et projective, observation stricte, on ne voit comment éviter les jugements de délabrement, de décadence. Sur le plan des affaires, sur le plan de la vie de relations entre l'Espagne et l'Amérique, est-ce aussi juste ?

L'évolution a eu sa logique. Les éphémérides ont montré que les événements politiques et militaires avaient eu une part prépondérante dans la désarticulation du rythme, soit au cours des guerres ouvertes, soit au cours de la lutte contre la flibuste. La réponse à la menace ou à l'agression fut celle de la prudence, de l'abstention. Différente à coup sûr de la superbe maintenance d'autrefois, mais aussi les conditions avaient changé, l'Espagne étant devenue plus vulnérable, tant à cause de l'accroissement de puissance sur mer de ses ennemis, de leur installation au cœur du système de navigation des Antilles, que de sa faiblesse propre, de l'épuisement de la Real Hacienda et de sa substance. Retranchements, retardements, adaptations aux circonstances, instinct de conservation, de sauvegarde succédant à la puissance et à l'affirmation de puissance.

Tout n'est pas contenu dans ces remarques. Les milieux commerçants ne se sont pas simplement soumis à une évolution qui les aurait dépassés, leur était extérieure. Jusqu'à un certain point, jusqu'à une certaine date, ils y ont collaboré, ils l'ont voulue. La bisannualité qui, déjà, a pu être décrite comme « un effondrement, une installation dans la médiocrité » possédait sa rationalité : elle préservait le principe de reconstitution du capital en faisant alterner retour et départ, elle évitait ainsi la précipitation, les porte-à-faux, elle donnait du champ, elle économisait peut-être aussi des bâtiments et les frets. Plutôt que de la considérer comme la dégradation d'un modèle impeccable et devenu inaccessible, elle est à prendre pour une modulation « autre » des affaires, de la navigation, avec laquelle vivaient les négociants et qu'ils pouvaient même au fond préférer à l'ancien système, quelles qu'aient été les plaintes au début et les nostalgies par la suite.

---

133. Cf. les listes publiées par G. Cespedes de Castillo, *op. cit.*, et H. et P. Chaunu, *op. cit.*, tomes III, IV et V.

Les vœux des négociants se balançaient en effet. Ils étaient attachés, certes, à la vitesse et à la fluidité de la circulation de leurs capitaux, donc à la rapidité et à la régularité des rotations, voire à leur fréquence. Mais cela ne dépendait pas uniquement de la navigation. La « débite » comme l'on disait alors, l'écoulement des marchandises sur le marché américain, comptait davantage. Elle était garante du profit et, finalement, de la récupération et de l'augmentation de la mise. C'est pourquoi les marchands informés d'une situation de saturation outre-océan demandèrent eux-mêmes à plusieurs reprises – en 1664, 1676, 1681, 1693 – le report d'une Flotte, l'intérêt économique coïncidant à l'occasion avec la contrainte politique[134]. C'est pourquoi aussi ils souhaitaient une estarie « raisonnable » au Mexique ou en Terre-Ferme et ne répugnèrent pas à l'hivernage ou au double hivernage qui autorisait la « montée » à Mexico ou à Lima et la réalisation d'affaires pouvant compenser éventuellement une foire médiocre[135]. Et à quelque chose malheur est bon : quand, en 1683, après le sac de la Vera-Cruz, une moitié de la Flotte fut obligée de demeurer près de deux ans en Amérique, gros commissionnaires et commettants se frottèrent les mains, comme l'apprend la correspondance du malouin La Lande Magon[136].

Ainsi, les modifications du rythme de la Carrera ne relèvent-elles point d'une interprétation unilatérale. Dans toute conjoncture, la réaction des intéressés, l'élasticité et l'efficacité de leur réponse,

---

134. *Hollandsche Mercurius*, 1664, p. 66 (cf. notre note 24) ; *Gazette d'Amsterdam*, 29 octobre 1676 : « Il y a encore tant de marchandises de l'Europe dans les Indes que le Consulat de Séville a fait un présent considérable au Roi pour la résolution qu'on a prise de n'y envoyer aucune Flote de toute cette année-là » ; *Gazette de France*, 1678, p. 344 (cf. note 127) ; A. Picardo y Gomez, *op. cit.*, p. 134 : pas de flotte en 1682 parce que le commerce n'en veut pas ; *Recueil des Nouvelles*, 4 juin 1693 : « De Madrid, 14 mai : Le Roi fait demander au Consulat 500 000 pièces de 8 à cause du retardement des Navires qu'on avoit équipez pour la Coste et dont le voiage est suspendu à la requête des Négociants intéressés en leur commerce [...] ».

135. BM Rouen, Montbret 236, 2ᵉ mémoire du 28 mars 1680. Lorsque les galionistes sont obligés d'aller vendre à Lima, c'est « la ruine des Pérouliers ». Ceux-ci prenaient l'argent à Lima à la grosse aventure à 16 %.

136. AN Paris, Marine B 7/492 : lettre du 14 avril 1686. La Lande Magon expliquait pourquoi les Malouins attendaient avec anxiété l'arrivée de la *Thérèse*, vaisseau azogue revenant de la Nouvelle-Espagne : « Nostre grand intérêt vient de ce qui suit. Il resta au Mexique 8 des plus gros Commissionnaires de ceux qui s'embarquèrent sur la flotte qui partit de Cadix en mars 1683 pour Nouvelle-Espagne. Leurs Cargaisons estoient si considérables qu'ils n'avoient pu vendre ny se depescher avec les autres. On a depuis eü nouvelles qu'ils avoient tout vendu et à des prix advantageux et cela s'est confirmé par les dernières nouvelles venues de la Havane et qu'ils doivent s'embarquer sur ce navire la Thérèse [...] ».

intervient pour se l'approprier ou la retourner. Au reste, la navigation ne se limitait pas aux Flottes et aux Galions malgré leur
prépondérance indiscutable. Dans les creux, les azogues rendirent de
grands services, ramenant de Nouvelle-Espagne l'argent du Roi,
quelque peu celui des particuliers et, surtout, les fruits des Indes,
périssables, qui auraient souffert d'un trop long stockage. En
direction de la Terre-Ferme, les vaisseaux de Buenos Aires jouèrent
aussi un rôle de drain complémentaire, bien que, selon le jugement
de maint administrateur au Pérou et d'après les dates pas toujours
bien synchronisées de leurs voyages, ils aient représenté parfois une
force concurrente des foires de Portobelo, une menace de détournement.

Il ne semble pas que les conditions techniques aient beaucoup
influencé l'évolution de la Carrera. Rien n'indique que l'on ait eu du
mal à rassembler le nombre des vaisseaux nécessaires au transport,
peu élevé d'ailleurs[137].

Un témoignage postérieur veut qu'ils aient été de qualité médiocre
à la mer. Information à accueillir avec circonspection, sinon
scepticisme, car la durée de la navigation proprement dite demeura
sensiblement la même que par le passé : deux mois de Cadix à
Carthagène, deux mois et demi de Cadix à la Vera-Cruz, deux mois
de La Havane à Cadix[138]. Quant aux naufrages, qui dépendaient tout
de même moins de la construction navale que des circonstances
extérieures, météorologiques et autres, on ne constate pas qu'ils se
soient multipliés indûment[139]. Toutefois, le séjour prolongé des
carènes dans les eaux tropicales était un facteur de dépérissement
non négligeable, contraignant aux radoubs et provoquant parfois
l'abandon, comme cela arriva aux vaisseaux de Buenos Aires en
1700. Ajoutons que les grands convois ne furent jamais interceptés
par les marines adverses : ni la Flotte de Nouvelle-Espagne en 1693,

---

137. Vingt-deux à vingt-huit vaisseaux dont une dizaine de Galions vers la Terre-Ferme aux
     alentours de 1680, seize, plus ou moins, pour la Nouvelle-Espagne, dont deux galions.
     L'armement des galions se faisait sans difficultés ni pour les équipages ni pour l'argent.
     « Les officiers qui les commandaient étaient chargés de leur radoub et agréement » (Bibl.
     Arsenal, Man. 4068, p. 83). La guerre pouvait créer des concurrences, en particulier pour
     les gros vaisseaux, et préférence était sans doute donnée à l'équipement des flottes
     militaires naviguant en Europe.
138. Le tableau ci-joint rassemble les renseignements des gazettes et, pour le mouvement des
     navires en Amérique les données de G. Cespedes de Castillo, *op. cit.*, Il y a une excellente
     chronique des voyages, à partir de 1670, dans J. Everaert, *op. cit.*, pp. 792-806.
139. C. Fernández Duro, *op. cit.*, tome V, pp. 437-439. La perte la plus sévère, à l'aller, fut celle
     de sept galions de D. Pablo Fernandez de Contreras en 1660.

guettée par Tourville, ni les Galions de 1695-1698 guignés par des Augiers et Chateaurenault, et que les pertes de vaisseaux isolés furent rares[140]. Tout cela contribue à redonner meilleure mine au commerce avec l'Amérique espagnole.

Jusqu'à un certain point, jusqu'à une certaine date. Il reste à préciser l'ampleur de la réserve. L'existence et le succès de la Carrera reposaient sur le monopole revendiqué par l'Espagne de la navigation avec ses colonies. Tel qu'il était organisé, il focalisait étroitement le trafic en quelques points : à Cadix en Europe, dans les ports habilités sur le Nouveau Continent. Géographiquement, c'était une gageure en Amérique où le développement des côtes offrait tant de points de débarquement possibles et tant de facilités d'échapper aux regards. Une contrebande devait y naître en quelque sorte spontanément et s'y épanouir. Elle avait dans la seconde moitié du XVIIe siècle des points d'attache à proximité : Curaçao pour les Hollandais, la Jamaïque pour les Anglais. Un retardement dans la Carrera, une interruption dans la navette des convois creusaient la pente au devant du commerce illicite en avivant par la disette la demande de produits européens parmi les créoles.

Les négociants de Cadix qui empruntaient pour faire le commerce avec l'Amérique les voies légales avaient à se préoccuper de ces diffluences subreptices. Songeons qu'en 1687 des Mexicains, profitant du vaisseau hollandais de l'Asiento, allèrent faire avec un million de piastres des emplettes à Curaçao[141]. La Carrera n'en pouvait être ruinée au sens littéral du mot, mais elle devait composer. Chacun des convois était bien étoffé : ceux de la Terre-Ferme avec 15 000 tonneaux de jauge, ceux de la Nouvelle-Espagne avec 7 000 environ[142]. Mais en dépit d'une élasticité certaine dans le chargement, ils ne semblent pas avoir été en mesure, même avec l'appoint des vaisseaux de Buenos Aires et des azogues, de compenser la mauvaise périodicité.

---

140. C. de la Roncière, *op. cit.*, tome VI, pp. 254-256. Une des plus grosses pertes fut celle du *Santa Cruz de Caravaca* en 1693 à hauteur de Madère avec une charge de trois millions de piastres en argent et en fruits (*Gazette d'Amsterdam*, n° 8, 1694).
141. AN, AE, B I/213, fol. 61.
142. Nous avons indiqué à la note 137 les nombres de vaisseaux que l'on considérait vers 1680 comme la moyenne pour les Galions et pour les Flottes. Les précisions suivantes sont possibles grâce à un mémoire de 1680 (BM Rouen, Montbret 236, 1er mémoire du 22 mars 1680) et à celui de Patoulet. Un convoi de Terre-Ferme comprenait ordinairement trois très gros galions de 1 000 tonneaux (*Capitane, Amirale, Gobierno*), cinq autres de 600-900 tonneaux, une patache de 700 tonneaux pour l'Ile de la Marguerite, une autre de 200

Tableau 45. *Voyages des convois d'Amérique aller et retour de 1658 à 1702**

date du départ de Cadix	désignation du convoi	arrivée en Amérique	durée du voyage	départ d'Amérique	retour en Espagne	durée du retour	durée totale du voyage
juin 1658	Flotte (D. Diego Ibarra)	7 août	2 mois	15 sept. 58	17 mai 1659	8 mois	ca. 1 an
juin 1658	Galions (Marquis de Etchevarri)				17 mai 1659		ca. 1 an
fin mai 1660	Flotte (D. Pulido Pajeda)	28 juil. 1660	2 mois	16 mai 1661	21 sept. 1661	128 jours	16 mois
fin sept. 1660	Galions (D. Fernandes Contreras)				21 sept. 1661		1 an
mi juil. 1662	Flotte (D. Fernandez Cordoba)	12 sept. 1662	2 mois	13 juil. 1663	12 oct. 1663	91 jours	15 mois
nov. 1662	Galions Buenos Aires (D. Ignacio Maleo Aguirre)				déc. 1663		13 mois
1663					déc. 1664		?
15 avr. 1664	Azogues (D. Mendez de Granada)	30 juil. 1664	3 1/2 mois	9 sept. 1664	janv. 1665	4 mois	9 mois
nov. 1664	Galions (D. Martin de Bañuelos)				21 août 1665		8 1/2 mois
juil. 1665	Flotte (D. Jose Centeno)	8 sept. 1665	2 mois	8 mai 1666	13 août 1666	97 jours	13 mois
10 mai 1666	Flotte (Marquis de Etchevarri)	17 sept. 1666	(?)	16 mai 1667	août 1667	ca. 90 jours	15 mois
3 mars 1667	Galions (D. Martin de Bañuelos)				déc. 1667		10 mois
août 1667	Azogues (D. Agustin Odiostegui)	23 sept. 1667	2 mois ?	22 fév. 1668	déc. 1668	10 mois	16 mois

* L'arrivée et le départ en Amérique sont pris à la Vera-Cruz.

Tableau 45. *Voyages des convois d'Amérique aller et retour de 1658 à 1702* (suite)

date du départ de Cadix	désignation du convoi	arrivée en Amérique	durée du voyage	départ d'Amérique	retour en Espagne	durée du retour	durée totale du voyage
juil. 1668	Flotte (D. Enriquez Guzman)	22 sept. 1668	2 mois 1/2	29 août 1669	2 fév. 1670	159 jours	19 mois
1669	Buenos Aires (D. Miguel Vergara)				1670	?	
11 juin 1669	Galions (D. Manuel de Bañuelos)				juin 1670		1 an
juil. 1670	Flotte (D. José Centeno)	28 sept. 1670	2 mois	21 mai 1671	oct. 1671	4 mois 1/2	14 mois
17 juil. 1671	Flotte (D. Enriquez Guzman)	29 sept. 1671	2 mois 1/2	7 juil. 1672	22 sept. 1672	79 jours	14 mois
1 mars 1672	Galions (D. Diego de Ibarra)				19 mars 1673		12 mois 1/2
14 juil. 1673	Flotte (D. Pédro Corbeta)	27 sept. 1673	75 jours	3 juil. 1674	24 oct. 1674	115 jours	15 mois 1/2
14 fév. 1675	Galions (D. Fernandez de Cordoba)				16 mars 1676		13 mois
juil. 1675	Flotte (D. Martinez de Granada)	13 sept. 1675	2 mois	9 juin 1676	26 nov. 1676	170 jours	16 mois
20 janv. 1677	Buenos Aires (D. Miguel de Vergara)				sept. 1678 ?		20 mois ?
1677 ?	Azogues (D. de la Cruz Alegri)	19 sept. 1677	?	19 sept. 1678	sept. 1679	1 an	1 an 1/2 ?
14 juil. 1678	Flotte (D. Diego de Cordoba)	15 oct. 1678	2 mois	3 juil. 1679	sept. 1679	2 à 3 mois	14 mois
14 juil. 1678	Galions (D. Enriquez Guzman)				août 1679		13 mois

Tableau 45. *Voyages des convois d'Amérique aller et retour de 1658 à 1702* (suite)

date du départ de Cadix	désignation du convoi	arrivée en Amérique	durée du voyage	départ d'Amérique	retour en Espagne	durée du retour	durée totale du voyage
1680	Buenos Aires (Miluti)				13 nov. 1683		?
juil. 1680	Flotte (D. Manuel de Velasco)	15 sept. 1680	2 mois	4 août 1681	6 nov. 1681	3 mois	16 mois
aut. 1681	Galions (Marquis de Brenes)				4 sept. 1682		1 an
15 mars 1683	Flotte (D. Fernandez de Zaldivar)	31 mai 1683	2 mois 1/2	31 août 1683	fin déc. 1683 (partiel)	4 mois	9 mois 1/2
mai 1684	Azogues (D. Fernando Navarro)	13 juin 1684	1 mois 1/2	18 avr. 1685	29 juil. 1685	3 mois 1/2 (avec reste de la flotte précédente)	16 mois
24 sept. 1684	Galions (D. Gonzalo Chacon)				16 sept. 1686		2 ans
? 1685	Buenos Aires (D. Francesco Retana)	15 sept. 1668			11 mai 1687		2 ans
8 juil. 1686	Azogues (D. Fernando Navarro)	15 sept. 1686	68 jours		9 nov. 1688		27 mois
1 juil. 1687	Flotte (D. Fernandez de Santillan)	17 sept. 1687	79 jours	29 juin 1688	9 nov. 1688	131 jours	15 mois
3 sept. 1687	Azogues (D. Garcia Suarez)				9 nov. 1688		13 mois
1688 ?	Azogues (D. Tello de Guzman)	14 sept. 1688	?	30 juil. 1689	fin déc. 1689	4 mois	?
juil. 1689	Flotte (D. Baltasar Fideriqui)	2 oct. 1689	2 mois 1/2	30 juil. 1690	19 nov. 1690	112 jours	15 mois 1/2

Tableau 45. *Voyages des convois d'Amérique aller et retour de 1658 à 1702* (suite)

date du départ de Cadix	désignation du convoi	arrivée en Amérique	durée du voyage	départ d'Amérique	retour en Espagne	durée du retour	durée totale du voyage
14 mars 1690	Galions (Marquis del Valdo)				30 nov. 1691		20 mois 1/2
1690 ?	Buenos Aires (D. Francesco Retana)				25 janv. 1694		3 à 4 ans
juil. 1692	Flotte (D. Luis Egues y Beaumont)	15 oct. 1692	2 mois	14 juil. 1693	fin déc. 1693	4 mois 1/2	17 à 18 mois
28 juil. 1695	Flotte (D. Barrios Leal)	28 sept. 1695	2 mois	15 août 1696	18 mars 1697	7 mois	19 mois
sept. 1695	Galions (D. Fernandez de Zaldivar)				juin 1698		33 mois
28 juil. 1696	Flotte (D. Gutierrez de la Calzadilla)	3 oct. 1696	2 mois	28 mai 1698	20 sept. 1698	ca. 4 mois	26 mois
21 avr. 1698	Buenos Aires (Carlos Galla Serna)				24 juin 1700 1 retour		(les autres restés en Amérique)
5 août 1698	Flotte (Juan Bautiste Mascarrua)	12 oct. 1698	2 mois		27 janv. 1701		31 mois
1698	Hourques (Martin Aranguren)	?			19 déc. 1699		
19 juil. 1699	Flotte (D. Manuel Velasco y Tejada)	6 oct. 1699	2 mois 1/2	20 juin 1702	27 sept. 1702	ca. 3 mois	38 mois

L'observation acquiert son plein relief avec la guerre de la Ligue d'Augsbourg, lorsque le dérèglement fut maximum[143].

Il est évident que le problème de la voie dans le trafic de l'Amérique espagnole fut clairement posé : voie officielle, lente et embarrassée, à partir de Cadix, ou voie indirecte ? La pression des interlopes s'exerça avec une force variée. Son domaine de prédilection était la côte des Caraques. Les Zélandais l'inondèrent de leurs cargaisons au point qu'en 1692, les articles y furent à meilleur marché qu'en Espagne[144]. Le Mexique en fut moins affecté ; il manqua de marchandises européennes en 1695 et lança des appels à la métropole[145]. Le Pérou, mal accessible, souffrit aussi de pénurie

servant pour « aller et venir », une troisième ayant pour mission d'avertir les autorités de Portobelo de l'arrivée des Galions à Carthagène, dix à douze vaisseaux marchands de 500-600 tonneaux destinés à Carthagène et à Portobelo, six vaisseaux de tonnage inconnu affectés à la Trinité, à la côte des Caraques, à Saint Domingue, à Campêche et à la Banarme (San Juan de Benormida ?) ; total approximatif : 15 000 tonneaux. La Flotte comprenait deux galions, l'un de 1 000 tonneaux, l'autre de 700-800, huit à dix vaisseaux marchands de 500-600 tonneaux et six autres qui, à hauteur de Porto-Rico, abandonnaient la conserve et se dirigeaient vers La Havane, Santiago de Cuba, Campêche, Saint Domingue et Tabasco ; total approximatif : 7 000 tonneaux. Ces tonneaux – les informations proviennent de Français – sont bien entendu assimilables aux toneladas malgré la légère différence théorique de cubage (1,42 m³ contre 1,51 m³). Il est tout à fait inutile de leur faire subir une déflation pour exprimer le tonnage « en toneladas longues » qui n'ont jamais existé. Sur ce point, on saisit mal la raison qui a poussé Everaert, qui avait retrouvé la bonne valeur de la tonelada selon Veitia Linaje, (J. Everaert, *op. cit.*, p. 217) à revenir sur ses brisées. En faisant cette concession (pp. 694-696), il a été amené à fausser les données et à raisonner sur une contraction très exagérée du tonnage utilisé dans la seconde moitié du XVIIᵉ siècle.

143. Cf. au tableau 46 la composition des convois telle qu'elle nous est connue. On s'aperçoit qu'ils furent très amples au début. Une diminution du nombre des vaisseaux est nette tant pour la Terre-Ferme (42 en 1660, 27 vers 1680) que pour la Nouvelle-Espagne (26 en 1660, 12 ou 18 vers 1680). Celle-ci a-t-elle pu être compensée par une augmentation du tonnage unitaire moyen ? C'est assez difficile à dire : en 1655, la flotte qui attendait à La Havane pour le retour rassemblait 28 bâtiments pour 10 894 toneladas, soit 400 tonneaux environ par unité ; les calculs en 1686 aboutissent à une fourchette de 400-500 tonneaux. Une comparaison ne semble pas possible avec les chiffres de H. et P. Chaunu : 250 toneladas sont des chiffres réels. Ils représentent près du double du tonnage unitaire moyen indiqué par H. et P. Chaunu pour la période 1630-1645. Mais ces derniers ne portent-ils pas trace des conventions de l'enregistrement ? On les retrouverait grosso modo en spéculant sur la *buque*, tonnage légal global accordé pour chaque convoi et sur le nombre des bâtiments rassemblés pour la composer (cf. J. Everaert, *op. cit.*, p. 198). Contrairement à ce dernier auteur, il ne nous semble pas qu'il y ait eu ensuite une réduction franche et persévérante du nombre des unités. Il faut prendre garde dans le cas de la Nouvelle-Espagne au fait que les bâtiments destinés aux Iles n'ont peut-être pas toujours été compris dans les chiffres qui sont donnés. D'autre part, les vaisseaux isolés et les avisos glissent souvent à travers la documentation.

144. *Recueil des Nouvelles*, 26 février 1693.

145. On prépare une flotte pour la Nouvelle-Espagne « parce que les avis qu'on en a receus

Tableau 46. *Importance des convois en nombre de bâtiments. (Exemples connus)*

	au départ		au retour		
année	destination	nombre de bâtiments	année	provenance	nombre de bâtiments
1658	N-E et T-F	60 (a)			
			1659	N-E et T-F	17
1660 mai	N-E	26			
1660 sept.	T-F	22			
			1661 sept.	N-E et T-F	54 (b)
1662 juil.	N-E	25	1662 août	N-E et T-F	43
1662 nov.	T-F	22			
1664 avr.	N-E	4 (azogues)			
1664 nov.	T-F	24	1664 déc.	Buenos Aires	4
1665	N-E	36			
1666			1666	N-E	16 (c)
1668	N-E	23 (d)			
			1669	N-E	17
			1670	T-F	17
			1673	T-F	9
			1674	N-E	16
			1676 déc.		12
			1682	T-F	16
			1683 juin	Buenos Aires	3
			1683 déc.	N-E	8 (e)
			1685 juil.	N-E	18 (e)
			1686	T-F	18
			1688 déc.	N-E	19
			1689 août	N-E	4 (f)
			1689 déc.	N-E	2 (f)
1690	T-F	26	1690	N-E	9 ou 10
			1691	T-F	14
			1693	N-E	11
			1697	T-F	15
			1698 juin	N-E	9
			1698 sept.	T-F	12
1698	N-E	3 (g)			
1699	N-E	20			
			1702	N-E et T-F	19

par une patache arrivée à San Lucar on y a besoin de plusieurs sortes de marchandises » (*Recueil de Nouvelles* du 14 février 1695). Les Archives de Benjamin Burlamachi (GA Amsterdam, Particuliere Archief 1/9) contiennent des informations sur le commerce via Curaçao.

a) Vaisseaux de guerre et vaisseaux marchands confondus. Il est souvent impossible de les distinguer à cause d'une nomenclature incertaine ou globalisante. Par exemple, la flotte de 1658 aurait été composée de 28 grands galions, 12 moindres, et 20 vaisseaux tant de guerre que marchands ! On assiste, en outre, par la suite, à une évolution du mot galion qui finit par avoir trois significations : celle de vaisseau de guerre d'une certaine dimension, celle de vaisseau destiné à la Terre-Ferme (avec un pluriel appliqué habituellement à ce convoi), celle de vaisseau appartenant à la Carrera, pour quelque destination que ce soit. Parallèlement, s'ébauche une nouvelle différenciation opposant aux « galions » au sens large des unités plus petites ou spécialisées : patache, vaisseau d'avis, registre du Honduras, paquebot, etc., mais tout ceci, répétons-le, à l'état d'ébauche et assez timide.

b) Deux versions : 42 vaisseaux ou 54 vaisseaux dont 8 de guerre.

c) Autre version : 10 vaisseaux marchands et 2 de guerre.

d) 17 vaisseaux pour la Nouvelle-Espagne et 6 pour les Iles.

e) La Flotte de la Nouvelle-Espagne partie en mars 1683 de Cadix revint en deux temps : une partie en décembre de la même année, une autre en juillet 1685 de concert avec les azogues sortis d'Espagne en mai 1684. Cf. tableau de la navigation.

f) Azogues.

g) Cette flottille, dite de Mascarrua, ne doit pas être confondue avec une véritable Flotte.

---

avec cette circonstance aggravante que ses marchands devaient parcourir de longues distances pour s'approvisionner et devaient acheter de seconde main[146]. Les négociants étrangers purent réfléchir à ces opportunités, ayant en outre, dans une situation de qui-vive à Cadix, de vulnérabilité aux indults à chaque arrivée et de réduction des marges bénéficiaires, des motifs également puissants de soupeser les inconvénients et les avantages. Les jeux n'étaient pas faits : tout dépendait de la reprise des rênes à la fin de la guerre et de la durée de la paix[147].

7. La trame du commerce

La description et le commentaire du phrasé de la Carrera nous ont entraîné un peu loin. Ils étaient indispensables pour fixer les bases d'une interprétation des statistiques. Le poids des circonstances

---

146. J. Everaert, *op. cit.*, pp. 513-539.
147. Un départ des Galions avait été prévu en 1700 dès que l'on sut que les Ecossais avaient abandonné leur expédition du Darien (*Journal historique*, 1699, n° 95).

politiques s'est répercuté par le relais des ruptures du rythme des
convois sur les totaux de l'or et de l'argent. Impossible de ne pas les
retrouver dans l'affaissement de la courbe entre 1681 et 1685, ou,
mieux, entre 1680 et 1684. Impossible de ne pas pondérer le déclin
du siècle par le souvenir de la prise de Carthagène et par la
contrebande avec les Hollandais qui suivit. Ce que nous avons sous
les yeux n'est pas le reflet de conditions économiques pures,
désincarnées. C'est le résultat d'un ensemble, d'un tout conjoncturel
rassemblant et concertant forces économiques au travail – dans les
mines, dans le négoce – et événements, énergies tendues vers un
résultat et contingences venant les contrarier ou les couronner. Veut-
on saisir même le noyau mercantile dur de la Carrera qu'on ne peut
écarter le contexte, les concurrences du marché parallèle et les
évasions des trésors.

La Carrera se nouait dans les foires américaines lorsque la *ropa* et
la *plata* étaient mises en présence. Nous avons examiné le volume et
la composition des cargaisons. La production des métaux précieux
serait un élément aussi essentiel pour une approche de la conjoncture. La documentation est malheureusement si rare et partielle qu'il
faut essayer de remonter des chargements aux mines[148].

Les Galions de Terre-Ferme rapportaient beaucoup plus d'or et
d'argent que les Flottes : 20-23 millions contre 11-13 d'après une
estimation fournie à Patoulet par les Malouins. L'évaluation s'avère
assez juste quand on la compare aux chiffres réels. Cependant, un
calcul plus poussé, à partir des notices et en tenant compte de la
durée inégale des « récoltes » ici et là, réduit l'écart entre les deux
vice-royautés. Année moyenne, vers la même date de 1686, la Terre-
Ferme aurait produit 8-9 millions de piastres, la Nouvelle-Espagne 6-7,
en augmentation, il est vrai, sur les performances antérieures[149].

D'après les Malouins encore, les trésors étaient constitués à 88 ou
90 % par de l'argent, à 12 ou 10 % par de l'or. Ce pourcentage de

---

148. On ne possède que les frappes de l'Hôtel des Monnaies à Mexico de 1690 à 1700 et
suivantes et le registre du Potosi, complet quant à lui (cf. A. Soetbeer, « Edellmetall.
Produktion und Verhältnis zwischen Gold und Silber seit der Entdeckung Amerikas bis
zur Gegenwart », *Petermanns Mitteilungen*, Gotha, 1879, où ces documents sont commodément
rassemblés).

149. Calcul fait sur une période de 12-13 ans pour les Galions, de 1679 à 1691, en comprenant
les Galions de 1682, 1686 et 1691, les vaisseaux isolés et ceux de Buenos Aires (deux
convois) : 100 600 000 piastres au total, chargements perdus y compris ; calcul fait sur
11-12 ans pour la Nouvelle-Espagne, de 1679 à 1690 : 78 600 000 au total, en comprenant
les Flottes de 1681, 1683, 1685, 1688, 1690, les azogues et quelques vaisseaux isolés. Il
faudrait ajouter l'argent partant par Acapulco.

métal jaune était une nouveauté par rapport à la fin du XVIe siècle et au début du XVIIe. C'était la proportion de la décennie 1551-1560, alors qu'en 1621-1630, l'argent formait 99 % des arrivages[150]. L'or venait aussi bien du Mexique (8 à 10 % du trésor) que de Terre-Ferme (10 à 14 %). Là, les principaux gisements se trouvaient dans le royaume de Santa Fé (la Nouvelle-Grenade). On citait particulièrement la mine de Mariquita qui aurait donné annuellement près de trois millions de piastres[151]. Il existait de nombreux autres placers. La vie et l'exploitation, comme aussi dans le Darien dont la richesse attira les Ecossais, semblent y avoir été sous le signe du « chat sauvage », c'est-à-dire faites de rushes, d'activités fiévreuses, de difficultés parfois provoquées par les Indiens, d'abandon[152]. D'où vraisemblablement une irrégularité dans les délivrances, transparaissant dans les deux seules indications authentiques que nous possédions : 11 millions d'or sur les Galions revenus en 1686, sur un trésor total de 32 ou 36 millions (chiffre réel), 5 millions sur 22 en 1698.

On aimerait avoir des renseignements sur la géographie de l'argent. Le vieux Potosi déclinait : sa production annuelle, toujours vers 1686, était tombée à trois millions de piastres. Pour compléter la quote-part de la Terre-Ferme, il fallait donc que les autres mines en produisent autant que lui. Mais avec ou sans mercure ? Les filons de Huancavelica s'étaient épuisés au même rythme que le Potosi. Cet argent était exporté en barres et en pièces de monnaie. Les barres l'emportèrent au Pérou jusqu'à la fondation de la monnaie de Lima, en 1683. Elles avaient aussi de l'importance en Nouvelle-Espagne, ce qui rend malaisée toute tentative de contrôle des trésors par le monnayage de Mexico. Les trésors sortis de la Vera-Cruz dans la dernière décennie du XVIIe siècle : 74 millions de piastres, cumul des flottes rentrées en 1693, 1697, 1698 et janvier 1701, vont presque au double de ce qui fut frappé durant ce laps de temps : 43 millions[153].

On ne peut distinguer dans les premières notices Terre-Ferme de Nouvelle-Espagne. Déplorons-le, car il s'agit de rentrées records. Grossièrement répartis, les trésors postulent une production moyenne annuelle égale au moins à 10 ou 12 millions de piastres à

---

150. E.J. Hamilton, *op. cit.*, p. 40.
151. BU Gand, Man. 156, p. 192, d'après une source inconnue.
152. R.C. West, *Colonial mining placer in Colombia*, Baton Rouge, 1942, en donne une bonne idée.
153. En 1693, on signale à plusieurs reprises des marchands du Pérou qui sont venus avec de l'argent faire leurs achats en Nouvelle-Espagne, (*Recueil de Nouvelles*, 26 février, 18 juin).

cette époque en Terre-Ferme, à 5 millions en Nouvelle-Espagne. L'évolution des chargements des Galions auxquels on a adjoint les vaisseaux de Buenos Aires suggère ensuite un niveau de 9 millions pour la Terre-Ferme en 1665, de 10 à 12 millions environ vers 1670, tombant à 9 ou 10 après 1675 et à 6 même avant 1682, remontant à 8 ou 9 avant 1686 et terminant le siècle assez mal aux alentours de 7 millions. Côté Nouvelle-Espagne, on lit une progression menant de 5 millions en 1660-1665 à 6 vers 1675, 7 ou 8 vers 1685 et 8 nettement à la veille du XVIIIe siècle.

Les chiffres ci-dessus sont avancés avec la marge d'erreur susmentionnée de 10 à 15 %. Ce sont des minimums requis : ils représentent les quantités qui ont dû être extraites pour satisfaire aux cargaisons. Cependant, une rétention suivie de report n'est pas exclue à l'occasion. Il en a vraisemblablement été ainsi entre les Galions de 1682 et ceux de 1686 : une égalisation de la production annuelle à 7 ou 8 millions sur sept ans (1679-1685) se justifierait de ce chef. Les chiffres, d'autre part, n'incluent ni l'argent expédié par Acapulco vers Manille, ni la contrebande, ni la thésaurisation sur place. D'autres courbes, donc, collant à la production sur les lieux de production, seraient à esquisser en arrière des précédentes. Il est permis de croire que, malgré la différence de hauteur, elles en auraient l'allure ; orientée à la hausse pour la Nouvelle-Espagne, orientée à la baisse sous réserve d'un déclin plus contenu à cause de la contrebande pour la Terre-Ferme[154].

La majeure partie de l'or et de l'argent chargée sur les vaisseaux appartenait au commerce. La part du Roi ne nous est pas toujours précisée, quelquefois en outre il y a hésitation à cause de la présence d'assignations à côté du comptant. Mais des chiffres connus et des commentaires contemporains, on peut déduire quelques certitudes. Au début de la période étudiée, le Trésor de la Real Hacienda comptait pour 10 à 15 % du total. Ce pourcentage se rencontre encore entre 1670 et 1680, mais déjà les besoins des Indes – à commencer par la nécessité de reconstruire Panama – provoquèrent de sérieuses défaillances : la plus spectaculaire eut lieu en 1676, quand les Galions bourrés de piastres (22,5 millions enregistrés, 30

---

154. D'après le manifeste de Garrote déjà cité, la contrebande aurait atteint 4 millions de piastres annuellement entre 1697 et 1703. Cette somme ne peut toutefois être ajoutée telle quelle aux résultats de la dernière décennie. Les 24 millions (au total) devraient être comptabilisés avec les rentrées ultérieures (vaisseaux de la Mer du Sud et Galions de 1706 revenus en 1708).

en tout) ne ramenèrent pour le Roi que 220 pièces d'or. L'évolution se fit dans le sens d'une compression drastique : entre 1680 et 1690, le pourcentage s'écroula fréquemment à 2 ou 3 %. Nous manquons de données pour la dernière décennie qu'on voit mal se soustraire à la tendance, occupée qu'elle fut par la guerre. Peut-être certains transferts plus importants effectués par les azogues nous échappent-ils malgré tout[155] ?

Il est souvent question dans les gazettes de la jubilation, de la grande joie – *grote vreugde* –, qui accueillait le retour des convois à Cadix, ce avec d'autant d'emphase que les trésors étaient plus

Tableau 47. *Données sur les parts du Roi et des particuliers dans les retours*

année		part du roi	pourcentage	part des particuliers	pourcentage
1659	T-F + N-E	3 476 250	14 %	21 232 727	86 %
1663	T-F + N-E	2 130 909	8,5 %	23 000 000	91,5 %
1668	azogues	400 000	21 %	1 500 000	79 %
1671	N-E	1 521 419	15 %	8 500 000	85 %
1672	N-E	776 886	7 %	9 300 000	93 %
1673	T-F	800 000(a)	3 %	28 200 000	
		1 781 028(b)	6 %		97 ou 94 %
1674	N-E	2 182 566	17 %	10 000 000	83 %
1676	T-F	mémoire	0 %	30 000 000	100 %
1676	N-E	1 700 000(a)	15 %	9 400 000	
		3 600 000(b)	32 %		85 ou 68 %
1679	T-F	980 000(a)	3 %	25 000 000	
		3 980 000(b)	13 %		97 ou 87 %
1681	N-E	1 000 000	9 %	10 000 000	91 %
1682	T-F	637 849	3 %	18 171 137	97 %
1683	N-E	1 100 000	18 %	6 000 000	82 %
1685	N-E	134 002	0,6 %	18 700 000	99,4 %
1686	T-F	400 000	1 %	33 400 000	99 %
1688	N-E	470 000	2 %	23 530 000	98 %
1691	T-F	4 000 000	8 %	44 000 000 (c)	92 %
1693	N-E	300 000	1,5 %	20 000 000	98,5 %

a. comptant ?
b. avec les assignations ?
c. au départ

155. *La Thérèse*, le célèbre azogue qui revient avec les Galions de 1686 aurait porté 2 millions pour le Roi et 4 pour les particuliers d'après la notice de l'*Amsterdamsche Courante* n° 46.

copieux. Formules stéréotypées, certainement justes d'ailleurs. Mais pour les marchands, le succès d'une campagne américaine s'exprimait d'une manière moins primaire. Quel avait été le prix de vente réalisé sur le marché par les différents articles ? Quel était le profit que l'on en avait retiré ? D'après les réponses, la foire était réputée bonne ou mauvaise et l'on a maintes fois la surprise d'entendre parler d'une *slechte negotie* (mauvaises affaires), alors que le montant des trésors en résultant est coquet, comme en 1673 : 25 millions de piastres, en augmentation sur les précédents. Un des nœuds du problème conjoncturel du XVIIe siècle gît dans ce paradoxe.

On trouve dans les gazettes et, davantage, dans la correspondance des marchands des espèces de bulletins des foires qui venaient de se dérouler, renseignant sur les « tendances » qui s'y étaient fait jour. Il y avait aussi des prix courants des marchandises à Mexico et à Portobelo : le vice-amiral des Galions en 1686 se fit un plaisir d'en dépêcher un à son ami le Malouin La Lande Magon par l'intermédiaire d'un vaisseau du Havre qui avait croisé sa route[156]. Si ces documents existaient en série, ils dispenseraient de s'interroger sur de nombreux points. Mais l'on est réduit à des épaves et à chercher une grille de déchiffrement. Il s'agit de savoir ce que les marchands ont voulu dire, de décoder un langage biseautant la pratique, comme l'a remarqué J. Everaert, bref de savoir ce qui s'est passé[157].

Une bonne foire, pour les marchands, était une foire où les marchandises d'Europe s'étaient toutes vendues et bien vendues, à des cours élevés. Une mauvaise foire avait connu des cotations basses, causé de la perte – 50 % sur les lainages, par exemple, en Nouvelle-Espagne en 1672 –, laissé de nombreux invendus, obligé les *cargadores* à se rendre à Mexico ou à Lima pour liquider leurs assortiments, voire à demeurer aux Indes.

Rien de mystérieux. Cependant, les pourcentages communiqués de gain et de perte s'entendent par rapport aux prix pratiqués à Cadix, c'est-à-dire qu'il s'agit des prix de consignation intégrant non seulement une marge de bénéfice par rapport au premier achat, mais

---

156. AN Paris, Marine B 7/492 (lettre du 29 septembre 1686).
157. J. Everaert, *op. cit.*, p. 690 : « Indien we de uitspraken der negotianten zonder voorbehoud geloofden, zouden er op 30 jaar tijds nauwelijks een vijftal foren voorkomen die over de ganse lijn geslaagd heten. Het spreekt van zelf dat dit beeld in tegenspraak is met de drang der vreemde kooplui om zich steeds maar opnieuw op de speculatieve koloniale handel te werpen ».

encore une part d'anticipation sur les plus-values à venir[158]. En sorte que les profits mentionnés s'apparentent un peu à de super-bénéfices, et que les pertes doivent être mitigées sans que leur matérialité soit niable en toute occasion. Seconde pondération : il faut prendre garde à la ventilation des gains et des pertes selon les articles. Les tendances n'étaient pas uniformes en effet, des compensations étaient possibles. Y a-t-il eu véritablement une foire exécrable à Portobelo en 1686 quand on annonce des pertes sur tout... sauf la cire, le papier, les toiles de France et les dentelles, c'est-à-dire plus de la moitié du chargement[159] ?

Les résultats des foires n'embrassaient pas l'ensemble de la campagne. La montée, ordinairement vilipendée, à Mexico ou à Lima était souvent un moyen de rétablir avantageusement ses affaires. Les *cargadores* tiraient parti d'une différence de prix supplémentaire et, ne payant pas les droits acquittés par les marchands créoles, jouissaient d'une position privilégiée sur le marché. La halte du retour à Carthagène offrait aussi, parfois, l'opportunité de se remplumer. Un exemple de la prudence requise dans le jugement est fourni par les Galions qui firent la foire de Portobelo en 1678. Ils y avaient porté des marchandises pour 22 millions de piastres, les Péruviens en face ne disposaient que de 13 millions en métaux. D'où la catastrophe et ses conséquences énumérées ci-dessus. Pourtant, les vaisseaux ramenèrent, l'an suivant, 25 millions en or et en argent pour les particuliers, de sorte que l'on peut conclure, même dans ce cas particulièrement défavorable, à une « récupération » de la valeur consignée, d'une manière ou d'une autre[160].

Ceci posé, les galions du Marquis de Villarubia et les azogues réalisèrent en 1658 une foire sensationnelle. Elle resta dans la mémoire des commerçants à court de superlatifs comme la foire de l'Année Sainte. Les matelots eux-mêmes auraient échangé leurs guenilles au poids de l'argent. L'euphorie ne dura pas plus d'une foire. Son caractère faramineux a sans aucun doute infléchi l'opinion

---

158. C'est ce qui ressort tant des déclarations de La Lande Magon que de la correspondance des Anversois.
159. AN, AE B I/212.
160. Il est vrai que nous n'avons pas la ventilation exacte des transactions effectuées à Carthagène et à Portobelo respectivement. Compte tenu du fret et des autres frais, le résultat, professionnellement, n'était pas fameux, même si l'on s'en sortait. Mais tous les marchands étaient-ils revenus de Lima ?

des contemporains sur la suite du siècle. Il est difficile de savoir si les prix pratiqués alors étaient purement accidentels[161].

Dans les gazettes, les premières informations appartiennent à l'année 1661. Elles font état d'une lourde chute des prix et du négoce des marchandises en provenance de la Normandie et de la Bretagne, et elles en procurent un exemple malheureusement assez limité : l'aune de toile à voile serait tombé de 23 sols à 14 ou 15. En 1663, les plaintes se répètent : à Carthagène et en Nouvelle-Espagne, les facteurs des Normands auraient vendu leurs toiles avec 30 ou 40 % de perte. Indications fort intéressantes, car elles recoupent ce qu'ont dit plusieurs contemporains de Savary à Boisguillebert, à savoir que le commerce français avec l'Espagne aurait été très brillant « avant et un peu après la paix des Pyrénées ». Mais au retour des Galions, quand furent divulgués les résultats de la foire de Portobelo aucune particularisation ne fut plus retenue, et c'est l'ensemble des *navigantes* – français et non français – qui fut déclaré perdant[162].

Il y a là un problème intéressant à creuser. Les rares prix courants disponibles tendent à confirmer un gros écart entre les cours de 1660 et ceux de 1680-1690. Un informateur de Colbert parle des toiles de Rouen passées de 140 à 150 livres les cent aulnes à 90 ou 100. Sans écarter dans ce dernier cas une persistance malsaine de la mévente, on doit constater l'accord apparent du mouvement avec celui d'autres prix. Cependant, la raison n'en est pas la même et n'en est pas non plus une disette d'argent. Les retours de 1661 et de 1663 qui

---

161. D. de Alsedo y Herrera, *op. cit.*, p. 133 : « los cuales [les vaisseaux du Marquis de Villarubia] lograron tan felizmente su viaje, que hasta los marineros vendieron sus depreciables vestidos a peso de plata, y quedó por memoria entre los comerciantes de la carrera de Indias la felicidad y ganancia de aquella Feria, con el improprio renombre de El Año Santo [...] ».

162. *Hollandsche Mercurius*, 1661, p. 186 : « Het is waer / dat door de verval van Negotie gehell Normandijen en Bretangnen in desen tijd (november) jammerlijckt verviel in de Neeringe van 't Linne weven en Zeyldoeck/waer door sy altoos seer stercke Retouren uytse Spaense Silver-Vlo ten trocken : Want 't Elle Zeyldoeck van 23 st. op 14 a 15 stuyvers te vervallen, 't welck onder veel arme Luyden/ en inghevolge soo in Vlaenderen als in Hollandt schaerse welvaert veroorsaeckt ». *Hollandsche Mercurius*, 1663, p. 79 : « Te Sevillie was men dese dagen al vry perplex [...] als mede/ om datte Negotianten te Cartagene ende in Nova Espagna seer slecht om de veelheyt der goederen/ met hunne Coopmanschappen waren gevaren/ invougen men staet maeckte/ datte Fransche Lijnwaet Facteurs uyt Noormandijen/ en andere/ wijl 't Lant opgepropt van Manufacturen gheene Coopluyden quaden/ hunne Goederen met verlies van 30 en 40 per cent hadden verkocht ». *Hollandsche Mercurius*, 1663, p. 131 : « In Portobelo was echter de Marckt seer slecht geweest de Cooplieden in 't generael op hare Coopmanschappen wel 30 en 40 ten hondert habbende verloren/ do dat meeste Negotianten daer gebleven/ en met haere Goederen Landewaerts ingetrocken zijn om beter occasie te soecken [...] ».

coïncident avec l'effondrement figurent parmi les plus beaux de la Carrera. L'origine des difficultés réside dans la surcharge du marché. Cela est dit explicitement : « om de veelheyt der goederen », et poussera la Casa de la Contratación à solliciter la surséance de la Flotte et des Galions en 1664, comme on l'a déjà vu[163].

Après le réajustement des années 1660, les toiles, et singulièrement les bretonnes, eurent un cours soutenu et formèrent un article presque toujours gagnant d'après les exercices archivés – sauf en 1678 à Portobelo et au Mexique. Les étoffes de laine et les soieries alternèrent les bons et les mauvais résultats. Années fastes pour les premières : 1669, 1671, 1675 à la Terre-Ferme, 1678 au Mexique, 1681, 1690 et 1696 à Portobelo ; néfastes : 1672 au Pérou comme en Nouvelle-Espagne (50 % de perte), 1673 et 1678 à Portobelo, 1680 au Mexique, 1685 au Pérou, 1689 au Mexique ; années fastes pour les secondes : 1669 à Portobelo, 1671 au Mexique, 1680 au Pérou, 1688, 1693 et 1695 au Mexique, 1696 à Carthagène ; néfastes : 1672, 1675 et 1678 à la Terre-Ferme, 1675 et 1678 au Mexique, 1685 et 1690 à Portobelo, 1699-1700 au Mexique. Un marasme de la dentelle est signalé en 1675 au Mexique, en 1678 tant pour la Flotte que pour les Galions, en 1680 au Mexique ; elle valut beaucoup au contraire en 1681 à Portobelo et en 1684 au Mexique. Beaucoup de foires ont été de succès partagé. Le mieux est d'en dresser le tableau. Plusieurs ont reçu le stigmate de mauvaise : elles se groupent dans la décennie 1671-1680 puis de 1685 à 1690. Les bonnes sont peut-être un peu plus rares : on en remarque néanmoins trois durant la guerre de la Ligue d'Augsbourg[164].

Pour quelle raison tel article, telle foire n'ont-ils pas marché ? Certaines explications partielles jaillissent facilement. Le débit des soieries gênoises se heurtait à la concurrence des soieries chinoises venues par le galion de Manille à Acapulco. Aussi se tenait-on au courant de ses mouvements, profitant sans vergogne de son retardement, voire de son naufrage (en 1695) et subissant mal une fâcheuse coïncidence des arrivées (en 1699). Par ailleurs, les marchands

---

163. *Hollandsche Mercurius*, 1664, p. 66 : « 't huys van Contractatie te Sivilien dede doen te Madrid grote debvoirent dat in dit Jaar geene Vlooten na Terra Firma noch Nova Hispania souden laten af-gaen/ of date anders dien Handel in die gewesten geheelijck onder den voet soude raken/ mits den overvloet van koopmanschappen die overgebleven aldaer noch in wesen waren[...] »

164. Ce tableau reprend en la simplifiant et en la complétant la « chronique » d'Everaert, *op. cit.*, pp. 792-807.

Tableau 48. *Résultats des foires américaines*

année	lieu	toiles	étoffes de laine	soierie	dentelles	appréciation générale
1669	T-F	+	−	+		B
1670	N-E	+	−		−	
1672	N-E		−	+		
1672	T-F					M
1675	N-E					M
1675	T-F		+	−	+	
1678	N-E	−	+	−	−	
1678	T-F	−	−	−	−	TM
1680	N-E	+	−	−	−	
1681	T-F	+	+	+	+	B
1685	T-F	+	−	−	+	M
1687	N-E	+	+	+	+	B
1689	N-E					TM
1690	T-F	+	+			
1692	N-E	+		+	+	B
1695	N-E	+		+	+	B
1696	T-F					B
1699	N-E			−	−	

+ = bénéfice
− = perte
B = bonne
M = mauvaise
TM = très mauvaise

européens rencontraient parfois devant eux une coalition créole ou, pis, un vide, un manque d'argent quand celui-ci, par exemple, n'était pas descendu en quantité suffisante du Pérou à Portobelo. Ainsi en 1685 : le vice-roi refusa de laisser embarquer 7 millions de piastres en barres, exigeant qu'elles fussent monnayées à l'Hôtel de Lima. Les mauvaises langues prétendirent que D. Melchior de Navarro y Rocafull avait hasardé pour son compte à la foire 900 000 piastres, et qu'il se préoccupait surtout d'assurer la victoire de la *plata* sur la *ropa*, d'acquérir des marchandises à bon marché[165].

Mais il est temps de prendre quelque recul pour juger de la conjoncture des foires. La première observation que l'on peut formuler à leur sujet, c'est que le succès n'était jamais garanti à

165. AN, AE B 1/212. Il était expert en la matière (cf. note 82). Mais la décision revenait sans doute au Roi : « [...]daer weynigh Baren, alsoo sijn Majest. geordonneert hadde het silver tot Lima te munten[...] » (*Amsterdamsche Courante*, n° 46).

l'avance, soit dans un secteur particulier, soit a fortiori dans l'ensemble. Même un article de confiance comme les toiles de Bretagne n'était pas à l'abri des surprises. Diachroniquement, la conjoncture des foires n'est donc présentée que comme une instance mouvante, fluctuante, sans tendance affirmée, une succession de conjonctions diverses, uniques en dépit des éléments communs. En cela, le commerce de l'Amérique espagnole en rejoignait d'autres à l'époque. Au XVIIᵉ siècle, les marchands travaillaient dans le cadre de la « campagne », une perspective à terme circonscrit aussi rapproché que possible. Il n'était pas jusqu'à la Compagnie des Indes Orientales hollandaise, pourtant pourvue des instruments de la continuité, qui ne bouclât ses comptes équipement par équipement, armement par armement.

Dans la Carrera, cependant, le caractère sans cesse aléatoire des affaires tenait au rapport de forces toujours changeant qui s'établissait entre le volume des cargaisons venues d'Europe et le volume des métaux en possession des acheteurs. Du point de vue des *cargadores* et de leurs commettants caditains – celui des Mexicains et des Péruviens étant naturellement différent, mais nous ne nous en occuperons pas dans l'immédiat – un bon rendement était assuré par un dosage favorable : ni trop de marchandises, ni trop peu d'argent. Ces conditions étaient rarement remplies à la lettre.

Dans une large mesure, les trésors peuvent être mis hors de cause. Certes, il y a eu quelques pannes techniques ou malicieuses dans leur arrivée sur les lieux de vente, il y a eu aussi des fluctuations dans le volume et tout cela a pesé momentanément sur les transactions. Mais les trésors ont bien, sur le demi-siècle, été présents. Nous avons pu remarquer que des campagnes apparemment compromises par une mauvaise foire se soldaient néanmoins par des retours en métaux considérables, de l'ordre de ceux que l'on attendait[166]. Les calculs ont fait apparaître, d'ailleurs, que l'extraction annuelle avait tourné à peu près constamment autour de 16 à 17 millions de piastres au moins, les progrès de la Nouvelle-Espagne compensant le grippage de la Terre-Ferme, ce qui rabote les fluctuations. Le pouvoir d'achat,

---

166. Ajoutons un autre exemple : la mauvaise foire de la Nouvelle-Espagne en 1688. La Flotte revint avec 20 ou 24 millions de pesos. « Door de grote menigte van goederen die dese Vloot van hier gevoegt heeft, heeft deselve een extraordinaris slechte Feria aangetroffen, dog met te min brengt alhier groote Rijckdom als men nog ooyt met een Vloot heeft sien arriveeren... » (*Amsterdamsche Courante*, n° 51). Jamais auparavant une Flotte de Nouvelle-Espagne n'avait rapporté un aussi riche trésor.

enfin, de l'or et de l'argent a bénéficié par le jeu de la baisse des prix d'un puissant renforcement après 1660.

La plus ou moins grande abondance des marchandises a donc été le facteur essentiel des variations. La crainte du vaisseau d'Acapulco traduisait, au fond, directement, l'appréhension d'une surcharge du marché entraînant corrélativement la baisse des cours. Commentant Les résultats de la foire de Portobelo en 1685, La Lande Magon attribuait aussi les pertes subies sur les étoffes de laine et les soieries à une pléthore créée par la contrebande anglaise et hollandaise. En revanche, il liait les « prix raisonnables » des toiles au peu qui en avait été envoyé, sans cacher qu'il avait espéré mieux de ce petit nombre. Une part de relativité s'insinuait, bien entendu, dans cette notion d'abondance – ou dans son corollaire d'insuffisance – en fonction du délai écoulé depuis le dernier convoi, en fonction du goût et de la mode outre-Atlantique se portant tantôt sur un article, tantôt sur un autre[167].

Mais insistons : cette abondance n'était pas seulement relative. Deux points sont à souligner : tout d'abord, l'augmentation des quantités de marchandises que suppose ne serait-ce que le maintien du chiffre global des transactions conjoint à la baisse des prix unitaires. Songeons qu'à Carthagène en 1690 l'on pouvait acheter avec la même somme moitié plus de bayettes qu'en 1660 – passées de 30 réaux la varre à 17 ou 20 –, presque deux fois plus de fleurets de Rouen – passés de 9 réaux la varre à 5 ou 5 1/2 –, et à Portobelo en 1696 presque trois fois plus de rouens tombés à 3 1/2 réaux la varre[168]. Ensuite le *leitmotiv* de la surabondance qui scande la Carrera dans la seconde moitié du XVIIe siècle. On sait déjà que la surcharge a provoqué le grand effondrement de 1660. Il en est question à bien d'autres reprises : « Il y a encore tant de marchandises de l'Europe dans les Indes », écrit-on en 1676 ; « Eso Reino [La Nouvelle-Espagne] abarrotado de ropa con la Flota pasada de don Gaspar de Velasco », note Raimundo de Lantery en 1681 ; « Door de grote menigte van goederen die dese Vloot van hier gevoegt heeft, heeft

---

167. AN Paris, Marine B 7/492 (lettre du 29 septembre 1686) : « [...] et quoy que le prix de nos toiles soit raisonnable il ne répond pas cependant aux grandes espérances que nous en avions, veu le peu qu'il en avoit été sur lesdits galions[...] » (la petite guerre de Luxembourg avait empêché les Français de charger aisément au départ).

168. Prix relevés dans J. Everaert, *op. cit.*, p. 385, cf. aussi A. Girard, *op. cit.*, p. 468, et suiv., qui compare avec les données d'Osorio y Redin, *op. cit.*

deselve een extraordinaris slechte Feria aangetroffen[...] », publie l'*Amsterdamsche Courante* en 1689, etc.[169].

Un approvisionnement copieux, une profusion périodiquement proche du plein, atteignant souvent au trop plein : telle est au bout des observations la situation du marché américain. Et d'elle émerge le caractère aléatoire reconnu aux foires, par la sensibilité marginale. Affleure ici la question de savoir si, malgré ce qui a été dit précédemment, les métaux n'ont pas été responsables en partie de la saturation. On ne peut plus parler de leur défaillance, mais comment ne pas constater leur plafonnement ? Celui-ci n'a-t-il pas cassé la vigueur du marché ? Parce qu'elle ne rencontrait pas en face d'elle un répondant suffisant, l'offre de marchandises aurait été condamnée à ne pouvoir augmenter sans compromettre les prix et la rentabilité. Le marché n'aurait été plein que par défaut.

La proposition précédente a l'inconvénient d'assimiler capacité d'achat et production métallique, donc de revenir par un biais, mais sans justification supplémentaire, à la position purement quantitativiste. Elle glisse sur le fait que l'offre de marchandises, nonobstant la baisse des prix et par elle en même temps, a augmenté, et que, réciproquement, la demande de marchandises n'avait pas à augmenter sans nécessité son offre de moyens de paiement tant qu'elle trouvait à se satisfaire à bon marché. Opinion des créoles, jusqu'ici mise entre parenthèses. Quelle que soit la conclusion à laquelle on parvienne à propos de l'influence des métaux, il n'est pas possible d'éliminer la réalité des potentialités d'un approvisionnement plein. Et sinon en Amérique, en Europe... En 1685, lorsque les Galions n'apportèrent à Portobelo que pour 14 millions de marchandises tandis que les Peruleros avaient pour 31 millions en or et en argent, quatre de ces derniers, plutôt que de se courber sous les fourches caudines des *cargadores*, passèrent en Espagne avec 8 millions de piastres pour y faire leurs achats[170].

Ce que l'on peut retenir néanmoins, c'est que la production minière – ce que nous en apercevons – n'a pas au XVIIᵉ siècle donné par une croissance extraordinaire une impulsion décisive au courant commercial hispano-américain. L'équilibre relatif et

---

169. *Gazette d'Amsterdam*, 29 octobre 1676 ; A. Picardo y Gomez, *op. cit.*, p. 134 ; *Amsterdamsche Courante*, n° 51, 1689 (cf. note 166).
170. AN Paris, Marine B 7/492 (lettre du 13 octobre 1686).

constamment réajusté des trésors et des cargaisons s'est établi *de facto*
avec un paramètre limitant. La conjoncture fut, par conséquent,
différente de ce qu'elle avait été au XVIᵉ siècle à l'époque de la
création du marché. Elle l'était aussi du côté de l'Europe en ce sens
que l'appareil productif, pour répondre à la demande du Nouveau
Monde, était à présent constitué en place, et que la production,
malgré des retranchements éventuels, requérait des débouchés. Le
chemin du développement, le style de la vie économique avaient
changé.

Signes et manifestations du nouveau cours : la circonspection de la
spéculation, du moins chez les négociants expérimentés, afin de ne
pas courir au-devant de la faillite par des investissements inconsi-
dérés ; peut-être aussi des tentatives concertées de régulation du
marché entre fournisseurs des mêmes articles ; surtout, la vivacité
des concurrences principalement entre nations : toute abstention
involontaire, inopinée d'un chargeur amène son remplacement par
un autre. Les Hollandais se substituèrent aux Français dans la
fourniture des toiles à voile en 1655 ; les Hambourgeois aux Bretons
avec les platilles en 1684. Dans cette compétition, les positions
perdues n'étaient pas toujours récupérées. Les avantages à la
production, de matière première, de coût, de qualité, servaient à
chasser les rivaux : la consommation des ras de Châlons, des serges,
camelots et bouracans d'Amiens fut anéantie par le placement des
étamines d'Angleterre[171]. Signes encore : la compression des marges
bénéficiaires avec les moins-values subies aux Indes et la contrebande. Dans le contexte décrit ci-dessus, exporter directement
d'Espagne aux Indes permettait de rendre aux manufactures
d'Europe une rentabilité supérieure.

Les piastres ont été durement gagnées. L'histoire des métaux
précieux sur le Vieux Continent ne commence pas avec leur
débarquement à Cadix, mais avec l'ourdissement des chaînes des
tisserands. L'or et l'argent ont été rémunération – des intermédiaires plus que des artisans, bien sûr – avant de devenir le cas
échéant capital. Sur ce long périple qui conduit les bayettes de
Colchester à Lima, les batistes de Cambrai à Carthagène et les crées
de Landivisiau à Mexico, quel est le bénéfice du marchand ? Les
Malouins opinaient de 15 à 20 % ce qui, réparti sur deux années de
rotation au minimum, représentait un intérêt annuel de 8 ou 10 %

---

171. Tout ceci dans le mémoire de Patoulet, Bibl. Arsenal, Man. 4068 *passim*.

net, tous frais déduits : fret, droits de douane, indult. Cela paraissait si faible à Patoulet et autres officiers qu'ils poussaient l'évaluation jusqu'à 30 ou 50 %. A raison ? Les comptabilités n'autorisent pas à trancher, d'autant que les fluctuations des marges d'un exercice à l'autre étaient fortes. Les chiffres des Malouins restent plausibles sur un long laps de temps[172].

Quoi qu'il en soit, le commerce de l'Amérique espagnole est réintégré une deuxième fois dans l'univers mercantile européen. Nous avions vu qu'il n'absorbait pas par son volume toutes les capacités de la production manufacturière. Il apparaît à présent dirigé par la recherche d'un profit, soumis comme les autres au calcul, peut-être même réduit à des marges dépassant de peu celles réalisées dans d'autres secteurs. Ici, les retours se font en métaux précieux. Le profit est matérialisé par de l'or et de l'argent. Mais les espèces n'étaient pas désirées en elles-mêmes, indépendamment du profit. Leur rendement en Europe s'appréciait comme celui d'autres marchandises. Et le gain obtenu en livrant les barres à la Monnaie n'était pas sensationnel, la cochenille et l'indigo rapportaient parfois davantage[173]. Il était préférable de relancer les piastres tout de suite dans de nouveaux circuits : en Baltique, au Levant, en Orient, etc.

Dans la seconde moitié du XVIIᵉ siècle, l'Amérique espagnole avait depuis longtemps acquis et consolidé sa place dans l'horizon des négociants européens. Elle était devenue un débouché essentiel pour de larges secteurs de l'industrie. Elle ne pouvait être commodément remplacée à cause de l'étroitesse des marchés du Vieux Continent et du fait qu'ils étaient déjà pourvus. On continuait donc de diriger vers elle un volume important de marchandises en se contentant d'un profit réduit. Vu l'ampleur des transactions, il en revenait quand même beaucoup d'argent. Les marchands étaient plus sensibles à l'aspect amenuisement des marges bénéficiaires, d'où leur morosité. Mais la source de l'or et de l'argent n'était pas tarie en Amérique, et l'on ne peut parler d'une longue dépression des arrivages.

---

172. Mémoire de Patoulet.
173. Gain de 5,5 % sur le monnayage des barres à condition de payer 52 sols le denier de fin en France (Bibl. Arsenal, Man. 4068 pp. 306/307), mais 15 à 18,5 % à Amsterdam. cf. in J. Everaert, *op. cit.*, p. 483, les bénéfices sur la cochenille, l'indigo, etc.

8. Où s'en allaient l'or et l'argent américains après leur arrivée en Espagne ?

Pour être complète, logiquement, l'analyse devrait suivre le sort des métaux précieux après leur arrivée en Espagne et relever au fil de leur trace les activités créées, l'impulsion donnée à la conjoncture. C'est ce qu'à présent l'on ébauchera sans vouloir aller jusqu'au fond des choses parce que la discussion obligerait à des développements conceptuels qui ne seraient pas à leur place. Mais on prolongera les observations jusqu'en 1720 – date de la réorganisation de la Carrera par Philippe V – de manière à avoir une vue plus large et à embrasser à peu près la durée d'une de ces grandes respirations que l'histoire économique a cru retrouver dans le mouvement des prix (1640 ou 1660-1730), et dont la qualification sollicite vérification après les révisions déjà opérées.

Une première approche de la ventilation des trésors en Europe est fournie par le détail donné ci-dessus de la participation des nations étrangères au trafic de la Carrera. Mais chaque pays ne recueillait pas des rentrées d'argent proportionnelles au montant de ses envois de marchandises. Plusieurs facteurs intervenaient pour modifier les pourcentages. On sait que les articles donnaient lieu à des transactions à Cadix même, et que les Français, par exemple, n'exportaient pour leur compte en Amérique que les deux tiers, sinon moins, de ce qu'ils importaient en Espagne, d'autres étrangers achetant sur place, et chargeant le reste[174]. Il y avait à déduire les frais divers : les rémunérations des ouvriers pour l'embarquement et le débarquement, les commissions aux *cargadores,* la valeur du fret, les assurances, les pots-de-vin aux officiers pour qu'ils ferment les yeux et les droits payés au Roi que l'on n'évitait jamais en totalité[175]. A ces causes de fluctuations d'ordre commercial s'ajoutaient des raisonnements spéculatifs touchant, pour le marchand, les meilleurs endroits où faire valoir son argent. Un des interlocuteurs de Colbert ne cachait pas qu'il remettait par tiers à Gênes, Amsterdam et Saint-Malo les barres qui lui revenaient à Cadix par les Galions. Il invoquait la nécessité de partager les risques de la navigation. En réalité l'espoir de gagner un peu plus ici ou là prévalait dans les décisions[176].

---

174. Cf. note 118.
175. Cela pouvait atteindre de 10 à 20 %, davantage si l'indult était sévère (cf. J. Everaert, *op. cit.,* p. 698).
176. « Je dois faire observer que m'estant trouvé à Cadix à l'arrivée des Gallions j'ay toujours

Une grosse activité régnait dans la rade de Cadix à l'arrivée des convois américains. Les vaisseaux des principales nations commerçant avec l'Espagne, fréquemment, s'y trouvaient prêts à recevoir les métaux qu'on leur confierait. La nuit était propice aux transbordements clandestins (*por alto*). Les autorités les découvraient parfois. La présence d'un navire de guerre étranger n'était pas insolite. Les Français en avaient réclamé l'envoi de leur gouvernement pour éviter la répétition de la tragédie du *Saint Jacques* qui avait sauté en l'air en 1672, atteint par l'artillerie des Espagnols, alors que son capitaine tentait de se soustraire à une inspection[177]. De la sorte, bien des transferts d'argent ont échappé à la publicité. Parmi les autres, les gazettes signalèrent souvent ceux qui étaient destinés à Gênes, dont on peut se demander s'ils n'avaient pas acquis, du fait de leur routine, un caractère semi-officiel[178]. Les consuls français prirent note aussi des mouvements de fonds de leurs nationaux et de quelques autres[179]. Ces informations n'offrent pas, malheureusement, un

remis le tiers de mes barres à Gennes, le tiers à Amsterdam et le tiers à Saint Malo, par la raison que nous ne pouvons les envoyer en France que par Saint Malo et le Havre de grâce à moins que nous ne voulussions payer les droits car si elles arrivent à Marseille et qu'on les veuille faire passer à Lyon il faut payer les droits de table de mer, la douane de Valance, la douane de Lyon, la subvention, le tiers de la ville, la nouvelle imposition de deux pour cent. Ce qui est extrêmement ruineux pour le commerce[...] » (Bibl. Arsenal, Man. 4068, pp. 303-304).

177. AE, Mém. et doc., suppl. France 1992, pp. 164-165.
178. Exemples empruntés aux *Relations Véritables* de 1662 : « De Gênes, le 26 janvier : avis du départ de Cadix de trois vaisseaux avec 500 000 pièces de 8 pour venir ici[...] » (p. 79) ; « De Gênes, 10 mars : Depuis peu sont arrivez d'Espagne à Final huit vaisseaux hollandais et quatre de cette République avec quantité de marchandises et 150 000 pièces de 8 qui doivent estre emploiés aux frais de la levée et transport de 4 000 soldats du Milanois en Espagne » (p. 152) ; « De Gênes, 19 mai : les vaisseaux du convoi hollandois qui arrivèrent ici il y a quelques jours venant d'Espagne ont déchargé 800.000 écus pour les négociants de cette ville » (p. 271) ; « De Gênes, 24 août : attente des galères d'Espagne avec 100.000 piastres pour l'armement convenu de dix vaisseaux » (p. 438) ; en 1663 : « De Gênes, 17 janvier : le convoi des vaisseaux de cette République qui estoit allé en Espagne il y a quelques mois en est retourné ces jours passez & a rapporté 2 millions de contant pour les négociants de cette ville avec quantité de marchandises » (p. 66). Etc., etc.
179. AE, Mém. et doc., suppl. France, 1992, fol. 145 n. « Mémoire de l'argent embarqué dans la baie de Cadix après l'arrivée des gallions jusques aujourd'huy 19 octobre 1682 : Pour Gennes et Ligorne mais la plupart pour Gennes scavoir par un navire de Convoy de Hambourg appellé le Prophète Daniel, cap. Jean Scholt monté de 60 pièces de canon avec un million d'Escus en barres et argent contre les fruits   1.000.000
Par deux navires anglais de guerre de l'escadre du sieur Albert deux millions d'Escus en Barres et argent monnayé   2.000.000
Par trois grands navires gennois tous bien armez et forts de Canon un million cinq cents mil Escus en barres et argent monnayé outre quantité de fruits comme cochenille et

tableau exhaustif. Force est donc pour avoir une vue d'ensemble de se rabattre sur les estimes de Catalan en 1670 et de Patoulet en 1686.

Chaque année, d'après le premier, les Français remportaient chez eux 12 millions de livres tournois, les Gênois 7,5, les Hollandais 6, les Anglais 4,5, les Flamands autant, les Hambourgeois 1,5 comme les Vénitiens et les Arméniens, les Portugais 1,2. Quinze ans plus tard, d'après le second, les Français étaient preneurs de 13 à 14 millions, les Gênois de 11 ou 12, les Hollandais de 10, les Anglais de 6 ou 7, les Flamands de 6 et les Hambourgeois de 4. On aura noté la constance des Français, à la première place dans les deux estimations, l'excellente prestation des Gênois, en partie explicable par leur politique de prêts à la grosse aventure, la disparition de plusieurs des compétiteurs et les progrès des autres. Ces documents ont valeur d'approximation. La portée en est limitée par certaines particularités du calcul, l'absence de sommes correspondant à la rétention en Espagne d'une partie des trésors, la difficulté de faire coïncider les totaux avec la ventilation annuelle des retours d'Amérique. Mais les ordres de grandeur sont sans doute assez fidèles. Ils expriment en particulier l'intéressement financier des Gênois et des Hollandais qui relève sensiblement leur quote-part[180].

Rien ne s'oppose ensuite à l'esquisse d'un schéma de redistribution des trésors à l'intérieur de chaque pays : géographiquement, des ports de débarquement aux provinces continentales, et socialement, des négociants maritimes aux plus modestes paysans. Cela n'apprend pas grand-chose si l'on ne peut mesurer les masses mises en mouvement, leur répartition entre les parties prenantes : armateurs, commissionnaires, affréteurs, banquiers, artisans, ouvriers, etc., et la diffusion ultime dans l'ensemble de la population. Tout n'entrait pas dans la circulation monétaire générale. Les entrepreneurs utilisaient

indigo	1.500.000
Pour Hollande 2 navires de convoi et plusieurs marchands	3.500.000
Pour Angleterre, le 8, 2 navires de guerre et plusieurs marchands, outre les fruits	2.500.000
3 navires marchands partis le 11 octobre sous escorte du Marquis de Preuilly vers Marseille	300.000
Pour Saint Malo donze navires marchands, pour le Havre un navire marchand et pour Dunkerque un aussi, qui partiront le 20 octobre	2.200.000

2 navires gennois en charge : Herman et Carretien. Plusieurs de nos marchands ont remis bonne partie d'argent pour Angleterre et Hollande ».

180. Rappelons qu'en 1686, les Français expédiaient théoriquement chaque année une valeur de 8,5 millions de livres tournois de marchandises, les Gênois 3,6 millions et les Hollandais 2,6 millions (cf. ci-dessus).

les ressources de celle-ci. Le renouvellement perpétuel des moyens de paiement – monnaies réelles et instruments de crédit – les dispensaient par leur rotation de puiser dans l'argent neuf. Ils n'avaient pas besoin de réinvestir dans les affaires la totalité de leurs rentrées en espèces. A tous les échelons ils fixaient une fraction des métaux sous forme de bénéfices capitalisés, de réserves thésaurisées.

Tout l'or et tout l'argent introduits dans un pays n'étaient pas non plus portés aux Hôtels des Monnaies. Les détenteurs n'y avaient pas toujours avantage. Ils pouvaient les garder par devers eux ou les vendre à des orfèvres. Les pièces espagnoles entraient parfois dans les paiements. Elles étaient réclamées par certaines branches du commerce : au Levant, en Asie Orientale ; elles y étaient réexportées telles quelles. Eu égard à ces circonstances, les émissions monétaires d'une nation reflètent mal son approvisionnement en métaux précieux. D'autant moins qu'elles intègrent mainte décision politique qui les boursoufle et brouille les observations : changement d'unité monétaire, refonte, refrappe. Des opérations de cette nature intervinrent quatre fois en France dans la seconde moitié du XVIIᵉ siècle : en 1655, en 1679, en 1689 et en 1693, sans parler des augmentations d'espèces – en 1652 et en 1653 – qui furent de véritables primes offertes aux possesseurs d'or et d'argent pour qu'ils les conduisent au balancier[181]. Le matériel du monnayage en Angleterre, au début de la Restauration, fut fourni en majeure partie par les pièces émises à l'époque du Commonwealth, sans préjudice des écus français du rachat de Dunkerque. Quant à la grande conversion de 1696, elle est trop célèbre pour qu'il soit nécessaire d'insister sur son caractère[182]. L'histoire monétaire des Provinces-Unies est encadrée par les deux réformes de 1659 et de 1694, elle est ponctuée par la concurrence entre ateliers et leurs surenchères ; en outre, elle est marquée par les frappes patriotiques énormes du temps de l'invasion par les armées de Louis XIV[183].

Une courbe des émissions monétaires exige donc un déchiffrement préalable, voire un redressement et ne renseigne pas uniment, contrairement à ce que l'on avait cru, sur la vie économique[184].

181. A. Bonneville, *Encyclopédie monétaire ou Nouveau traité des monnaies d'or et d'argent chez les divers peuples du monde*, Paris, 1849 ; F.C. Spooner, *The international economy and monetary movements in France 1493-1725*, Cambridge (Mass.), 1972, pp. 187-199.
182. A. Feaveryear, *The pound sterling*, Oxford, 1963, pp. 122-149.
183. H.E. van Gelder, *Munthervorming tijdens de Republiek 1659-1694*, Utrecht, 1949.
184. Cf. les tentatives faites dans cet esprit par F.C. Spooner, *op. cit.*, et auparavant dans

Essayons cependant d'isoler une période indemne de perturbations extérieures. De 1681 à 1689, inclus, les Hôtels monnayèrent une valeur moyenne annuelle de 6 695 331 livres tournois en France, de 6 800 000 livres tournois environ en Angleterre, de 3 820 000 livres tournois environ aussi aux Provinces-Unies. Ces sommes ne représentent qu'une fraction des importations mentionnées ci-dessus : entre la moitié (France) et les trois cinquièmes (Angleterre). Traduisons-les en piastres et comparons-les aux arrivages d'Amérique durant la même décennie[185]. Les frappes des trois pays réunis correspondent à un peu plus du tiers (5 728 833 piastres) de l'arrivage moyen annuel (14 200 000).

Résultat intéressant. Vus de près, les chiffres réservent pourtant une surprise. L'or, en effet, forme plus de la moitié du total, alors que son pourcentage ordinaire dans les arrivages était seulement de 10 à 12 % comme on l'a dit précédemment. Il est vrai que les Galions de 1686 en ramenèrent une proportion plus élevée, près de 30 %. Cela ne suffit pas à expliquer l'inversion d'importance entre les deux métaux. Celle-ci est particulièrement affirmée dans les émissions anglaises : 78 % d'or et 22 % d'argent. Mais les émissions françaises présentent elles aussi une répartition non conforme : 42 % d'or et 58 % d'argent[186]. Pour autant que l'on puisse en juger, les phénomènes étudiés ne sont pas circonscrits aux années retenues ici[187].

Solution possible : un draînage sélectif du métal jaune à destination de certains pays. Pour être prouvée, elle demanderait une confrontation générale des frappes monétaires utilisant de première main un matériel en provenance d'Amérique. Quelle était la physionomie des frappes italiennes entre autres[188] ? Quoi qu'il en soit, il faut envisager simultanément l'existence d'autres sources d'approvisionnement en or. L'heure du Brésil n'avait pas déjà sonné. Les performances anglaises suggèrent de se retourner du côté de la

---

L'économie mondiale et les frappes monétaires en France 1493-1680, Paris, 1956, Cf. *contra*, V.L. Janssens, *Het geldwezen der oostenrijkse Nederlanden*, Bruxelles, 1957.

185. Base de la conversion : 1 piastre = 3 livres tournois environ.

186. Emissions anglaises : J. Craig, *The Mint. A history of the London Mint from A.D. 287 to 1948*, Cambridge, 1953 ; émissions françaises : F.C. Spooner. *The international economy and monetary movements in France 1493-1725* ; émission néerlandaise : voir plus bas.

187. Entre le 21 décembre 1666 et le 31 décembre 1689, l'Hôtel de Londres a frappé, moyenne annuelle, 280 914 livres en or et 145 000 livres en argent.

188. Au fur et à mesure que l'on s'éloigne vers l'est de l'Europe, les risques d'utilisation d'un matériel monétaire de seconde main (piastres déjà converties en rijksdalers, par exemple), augmentent.

Guinée. Un témoignage de Bosman en 1703 fournit le chiffre de 7 000 marcs (1 732 kg) comme montant des exportations annuelles de cette région[189]. Peut-être aussi le Mozambique a-t-il apporté une contribution ? Le Blanc a recueilli l'écho d'une production dans ce pays de 2 millions de cruzades (1 872 kg) par an[190]. En additionnant les divers contingents africains et américains, l'on approcherait les 4 784 kg repérés pour la France, l'Angleterre et les Provinces-Unies. N'oublions pas, en outre, et la déthésaurisation et la circulation internationale qui déplaçait les pièces d'une nation à l'autre, exposant le métal à recevoir successivement plusieurs empreintes.

La forte présence de l'or dans les émissions françaises et, surtout, anglaises modifie les conclusions à tirer sur l'influence des trésors américains. Elle démontre, sur le plan le plus immédiat, le plus matériel monétairement parlant, la possibilité des rechanges, d'alternatives, d'autonomie. Elle s'oppose aussi, nonobstant les émissions hollandaises, à l'idée assez ancrée d'une domination écrasante de l'argent au XVIIe siècle. Le problème devient presque, d'ailleurs, pour le métal blanc, celui de sa disparition, puisque la frappe dans les trois pays considérés – dont on se rappelle le rang parmi les fournisseurs de l'Espagne – n'atteint guère plus du quart de l'exportation du Nouveau Monde.

Tableau 49. *Frappes monétaires de 1681 à 1689*
(moyenne annuelle évaluée par équivalence en piastres)

pays	argent	or	total
France	1 265 630	922 143	2 187 773
Provinces-Unies	1 029 578	243 373	1 272 952
Angleterre	491 647	1 776 460	2 268 108
total	2 786 855	2 941 976	5 728 833

189. W. Bosman, *Nauwkeurige beschryving van de Guinese Goud-Tand-en Slave-kust,* Amsterdam, 1739.
190. BU Gand, Man. 156, mémoire sur l'histoire de Portugal : « Les habitants du royaume de Sofala asseurent qu'on tire tous les ans de l'or de ses mines pour plus de deux millions de louis d'or ce qui est cause que tout le monde s'empresse de leur porter des marchandises... » Le Blanc, qui utilise une source non identifiée, a vraisemblablement traduit, à tort d'ailleurs, cruzades (si ce n'était *serafims*) par louis d'or. La leçon « louis d'or » aboutit au chiffre extravagant de 135 tonnes d'or extraites. Cf. W.G. L. Randles, *L'empire du Monomotapa du XVe au XVIIIe siècle,* Paris, 1975.

Où était passé le reste ? Certes, une partie a été portée dans d'autres ateliers, y compris les Hôtels de Monnaie castillans ; certes, la fabrication de la vaisselle et des bijoux en a absorbé une autre. Mais qui ne songerait aussi à la relance des piastres vers l'Orient, à leur fuite vers l'Inde et son tombeau ? L'hémorragie d'argent a été invoquée à l'appui du concept de dépression appliqué au XVIIe siècle[191].

D'Europe en Asie le numéraire empruntait deux voies : la route du cap de Bonne-Espérance, qui était celle des Portugais et des grandes Compagnies, la route des Echelles du Levant, plus ancienne, mais toujours fréquentée. On peut retrouver approximativement le montant des espèces acheminées par la première parce que l'on connaît bien les chargements des vaisseaux néerlandais et assez bien ceux des vaisseaux anglais : c'étaient les plus importants[192]. Les transferts qui s'effectuaient selon le deuxième itinéraire sont entourés de plus d'obscurité. Un document français procure cependant des informations précises datées de 1686. L'on ne garantira pas qu'il s'agisse d'une année moyenne mais, faute de mieux, l'on s'en servira pour une récapitulation globale des envois d'argent vers les Indes orientales, grandes et petites.

Au cours de la décennie 1681-1690, la Vereenigde-Oost-Indische Compagnie expédia sur Batavia annuellement l'équivalent de 836 000 piastres, et les Anglais dans leurs factoreries environ 250 000. L'on arrêtera, par tâtonnements, la somme défilant devant le Cap à 1,3 ou 1,4 million de piastres[193]. Vers les Echelles, le document cité parle d'un envoi d'une valeur de 1 213 000 piastres. Comme il omet celle d'Alep, on poussera l'exportation jusqu'à 1,4 ou 1,5 million de piastres[194]. D'Europe en Asie, au total, c'étaient donc 3 millions de piastres qui s'en allaient chaque année, soit un cinquième

---

191. Elle est dénoncée à vrai dire durant tout le XVIIe siècle, et c'est un des thèmes de bataille des mercantilistes.
192. Pour la Compagnie néerlandaise : G.C. Klerck de Reus, *Geschichtlicher Überblick der administrativen, rechtlichen und finanziellen Entwicklung der Niederländisch-Ostindischen Compagnie*, Batavia-La Haye, 1894 ; K. Glamann, *Dutch-Asiatic trade, 1620-1740*, Copenhague-La Haye, 1958 ; W. Milburn et Thornton, *Oriental commerce*, Londres, 1825 ; S.A. Khan, *The East India trade in the 17th century in its political and economic aspects*, Oxford, 1923.
193. Nous suivons Milburn qui donne la valeur des envois vers les Indes annuellement, en procédant au préalable à un abattement de 20 % environ pour éliminer les marchandises. Khan indique des chiffres plus élevés, mais sans garantir qu'ils aient été atteints en moyenne. Portugais, Français et Danois expédiaient aussi de l'argent en Asie.
194. AN Paris, K 1347. Une indication sur le trafic d'Alep dans AN, AE B I/76 f° 211 (correspondance du consul Julien).

de la valeur des trésors d'Amérique ou, si l'on s'en tient au seul argent, un quart.

Magalhães Godinho propose deux estimations pour le début du siècle. L'une fondée sur le témoignage du Portugais Pedro Teixeira en 1610, est de l'ordre de 2,1 millions de piastres, soit 22 % des arrivages d'Amérique, un pourcentage très voisin du nôtre[195]. L'autre, fondée sur le discours de Thomas Mun en 1621, est plus élevée, de l'ordre de 3,5 millions. Vraisemblablement exagérée à la date indiquée, elle recevrait le soutien en 1633 de l'inspection de Séguiran à Marseille[196]. Le pourcentage par rapport aux arrivages américains passerait alors à 36 %. Il ne semble donc pas qu'il y ait eu aggravation de la ponction asiatique bien qu'il soit difficile de préjuger de l'évolution intermédiaire ou même de spéculer avec trop d'assurance sur des données délicates[197]. Quant à la quantité exacte qui arriva dans l'Inde propre, en Perse ou aux Moluques, c'est une autre affaire[198].

Autre affaire, car il y faudrait un matériel neuf et approprié, en partie accessible dans les registres des Compagnies pour ce qui regarde la dispersion de l'argent à travers l'aire océanique indienne, en partie hors de prise, principalement pour ce qui regarde la diffusion par voie terrestre à l'intérieur du continent. Et même affaire pourtant. Car il s'agit de suivre les espèces dans un destin commercial concret qui exclut toute attribution déduite automati-

---

195. V. Magalhães Godinho, *L'économie de l'Empire portugais aux XVᵉ et XVIᵉ siècles*, Paris, 1969, p. 311.

196. Thomas Mun, *A discourse of trade from England into the East Indies*, 1621. Il estimait l'exportation des Marseillais à destination du Levant à 500 000 livres sterling, celle des Vénitiens à 100 000, des Hollandais à 50 000, des Messinois à 25 000. Il ne donne pas de chiffre pour les Anglais. Base de conversion : 1 livre sterling = 4,5 piastres. D'après les résultats de la Gabelle du Port de Marseille, l'estimation de Mun ne peut s'appliquer en moyenne aux vingt années précédant son calcul, comme il le prétendait (cf. M. Morineau, « Flottes de commerce et trafics français en Méditerranée au XVIIᵉ siècle (jusqu'en 1669) » in *XVIIᵉ siècle*, 1970, pp. 135-171). Par contre, Séguiran trouva lors de son inspection de 1633 une valeur de 4 720 000 livres tournois (environ 2 millions de piastres) à l'exportation vers le Levant (Paris, Arch. du Service Hydrographique, Man. 88 A).

197. V. Magalhães Godinho, *op. cit.*, p. 335 a retenu pour son calcul final le chiffre de Pedro Teixeira (exportation vers le Levant) et celui d'Ambrosio Fernandes Brandão (exportation portugaise vers les Indes). Il aboutit ainsi à un total de 1 700 000 cruzades, soit environ 1 900 000 piastres. Mais par suite d'une double méprise, semble-t-il, il estime néammoins la ponction de l'Asie à la moitié des trésors américains. En réalité, si l'on utilise ses chiffres, on fixerait l'exportation de l'argent à 50 tonnes environ tandis que l'arrivage moyen du Nouveau Monde se tiendrait aux alentours de 310 tonnes.

198. Cf. le travail ingénieux d'Aziza Hazan, « Trésors américains, monnaies d'argent et prix dans l'Empire mogol » *Annales E.S.C.*, tome XXXVI, n° 4, 1969, pp. 835-859.

quement d'un chiffre global unique. Le montant introduit dans chaque nation était modulé. En fonction du volume des achats désirés et de leurs prix, en fonction également de la quantité de marchandises que les Européens parvenaient à écouler. Et si les Hollandais n'apportaient guère des Provinces-Unies que du numéraire, ils y ajoutaient à O'rmuz, à Surate ou à Amboine du cuivre japonais, de la girofle de Banda et des cotonnades de Coromandel. Dans les Echelles du Levant, en 1686, d'après le document cité, les denrées importées et les articles manufacturés atteignaient la valeur de 3,3 millions de piastres, deux fois et demi celle des espèces métalliques. L'inclusion d'Alep dans l'estimation ne ferait que renforcer le pourcentage des marchandises. L'argent était un instrument de commerce parmi d'autres[199].

9. Les arrivages de 1701 à 1720

Nous n'avons pas l'intention d'entrer maintenant dans cette géographie de la distribution en Asie. Il nous suffit d'en avoir indiqué le schéma. Il est analogue à ce qui se passait en Europe, du Zuyderzee à la Baltique, par exemple. Là aussi, l'équilibre des échanges résultait du dosage des importations et des exportations, les marchandises comptant de tout leur pouvoir sur le marché et l'argent intervenant simultanément : amorce, appoint dans la complexité des relations établies entre acheteurs et vendeurs. Nous revenons sur nos propres brisées et, après le commerce nord-européen, ce serait le fonctionnement de la Banque d'Amsterdam qu'il faudrait évoquer, les règlements multilatéraux, bref, le rôle de l'or et de l'argent à reprendre de front, dégagé de ses nimbes et de ses préjugés. Pour l'heure, contentons-nous des précisions quantitatives que nous venons de verser au débat, et de la relativisation qu'elles instituent au sein de la vie économique à propos du rôle des métaux précieux.

Dans la perspective qui était la nôtre, en commençant, d'une vérification des grandes phases de la conjoncture, d'une vérification de leur contenu, la tâche qui s'impose dans l'instant, c'est de poursuivre le relevé des arrivages. Or, les conditions du trafic furent profondément modifiées par la Guerre de Succession d'Espagne qui s'ouvrit en 1701 et dura jusqu'en 1713. La régularité ne revint pas

---

199. Les Anglais auraient débité, d'après le consul français Julien, 6 000 balles de drap par convoi (AN, AE BI/76).

tout de suite avec la paix, d'ailleurs. Elle ne fut rétablie – et encore, théoriquement, avec l'entorse du vaisseau de permission et de l'*Asiento* cédé aux Anglais – que par le fameux *Proyecto para navios de registro y avisos* du 5 avril 1720. Nous le retiendrons comme terme de la période étudiée dans ce chapitre.

Au moment de la rupture entre Louis XIV, son petit-fils, d'une part, et les puissances maritimes, d'autre part, la « petite flotte » de Juan Bautista Mascarrua partie en 1698, l'escadre de D. Pedro de Navarreta envoyée à l'isthme de Darien contre les Ecossais, quelques navires encore, des Caraques ou de Maracaïbo, avaient eu le temps de rentrer. Par contre, la « grande flotte » de Nouvelle-Espagne, commandée par D. Manuel Velasco y Tejada, sortie en 1699 de Cadix, attendait toujours d'appareiller. Elle avait souffert d'une très forte mortalité à l'aller de sorte qu'elle connaissait un problème d'équipages. Elle avait apporté une forte charge de marchandises et tous les marchands avaient « hiverné » à Mexico. Il semble que la « débite » ait été lente, quoique bonne, et contrariée *in extremis* par la concurrence des vaisseaux des Philippines que l'on n'attendait plus. Peut-être aurait-elle pu revenir néanmoins à la fin de 1701 si le gouverneur de la Vera-Cruz, par crainte des Anglais, n'avait fait décharger les vaisseaux, à la suite d'une fausse alerte. Elle ne put profiter du convoi du Marquis de Coëtlogon et dut attendre l'escorte du comte de Chateau-Renault. Finalement, elle quitta la Vera-Cruz en sa compagnie en juin 1702 et, par mesure de sécurité, fut détournée de l'itinéraire habituel pour être conduite dans la baie de Vigo. C'est là que le 22 octobre les Anglais et les Hollandais la détruisirent avec les vaisseaux d'accompagnement.

La destruction des bâtiments, après leur retardement, provoqua une dislocation du système des flottes. On ne signale que de rares départs : en 1702, quelques vaisseaux pour Buenos Aires, en 1703 les hourques à mercure de Francisco Antonio Garrote, en 1704 un aviso ou deux. Curieusement, le Pérou sevré de longues années des Galions n'était pas pressé de les recevoir, ayant, nous dit-on, des marchandises de reste à écouler (venus du Mexique ou en contrebande ?). En 1705, un débarquement anglais dans l'île de Léon interdit quelque temps de penser à un débouquement. De sorte que le convoi qui appareilla le 9 mars 1706 fut le premier d'importance à partir après la flotte de D. Manuel Velasco y Tejada, c'est-à-dire au bout de sept ans. Le suivant fut celui de D. Andres de Pez le 23 mai 1708. Puis il y eut à nouveau une longue interruption occupée par des expéditions d'envergure limitée ; celle des vaisseaux de Buenos Aires qui tourna à l'odyssée en 1710-1711, celle de l'escadre du vice-roi, le duc le Linares, partie en mai 1710, une flottille le 3 août 1711 sous le commandement de D. Andres de Arriola, quelques vaisseaux de permission en 1712. Pas de gros convoi, donc, avant la flotte de Juan de Ubilla destinée à la Nouvelle-Espagne, le 19 mai 1712, que suivirent à plus d'un an d'intervalle les galions de D. Antonio de Etcheverri y Zubiza envoyés à la Terre-Ferme.

Les retours répercutèrent ces irrégularités. Un tableau en matérialise la distribution chronologique. S'y reflètent en outre les complications nées de tous les aléas essuyés en cours de route ou en Amérique par les convois. Le retour des galions supposait réunies des conditions minimums de sécurité, souvent la présence d'une escadre de protection : le rôle de l'amiral français Du Casse dans le bon acheminement des trésors en 1708 et en 1712 ne peut être passé sous silence. Les rétentions prolongées outre-Atlantique, les rencontres d'ennemis — le commodore Wager enleva en 1708 un galion et sa patache, en coula un autre, fit s'échouer un troisième –, les naufrages (celui de l'*Amirante* de Barlovento en 1711, celui de la flotte de Juan de Ubilla en 1715 dans le canal des Bahamas), tout cela aussi s'additionnait. Par manière de compensation, toutefois, les autorités espagnoles s'ingénièrent à faire passer une partie des trésors américains sur des vaisseaux peu nombreux, groupés par deux ou par trois, souvent venus exprès ou prélevés sur l'escadre de Barlovento, aptes à se faufiler entre les mailles des surveillances adverses. On espère ne pas en avoir perdu de vue de très importants. Notons que le port de Cadix n'était plus le point de ralliement inéluctable, et que l'un d'eux s'engouffra même dans la rade de Brest.

Tableau 50. *Retours des vaisseaux espagnols durant la Guerre de Succession d'Espagne*

date et lieu du retour	désignation des bâtiments	trésors rapportés
21-27 janv. 1701 Cadix	flottille de J.B. Mascarrua (9 bâtiments de Nouvelle-Espagne)	6 000 000
17 mars-avr. 1701 Cadix	escadre de D. Pedro Navarrete (7 navires envoyés au Darien)	néant

Tableau 50. *Retours des vaisseaux espagnols durant la Guerre de Succession d'Espagne* (suite)

date et lieu du retour	désignation des bâtiments	trésors rapportés
août (?) 1701 Cadix	2 vaisseaux des Caraques et de Maracaïbo	?
22 sept. 1702 (a) Vigo	flotte du général Manuel de Velasco y Tejada (19 vaisseaux de Nouvelle-Espagne) escortée de 23 vaisseaux de guerre commandés par Chateau-Renault	entre 11-12 000 000 (minimum) et 18-20 000 000 (maximum)
id. Santander	1 registre de Carthagène et 1 registre des Canaries escortés de 3 frégates françaises	?
avr. 1703 Santander et Vigo	3 vaisseaux de la Nouvelle-Espagne	?
juil. 1703 San Lucar	1 aviso	?
17 janv. 1704 Cadix	flotte de Buenos Aires (4 vaisseaux)	6 000 000
fin avr. 1704	flottille des azogues de Nouvelle-Espagne (7 vaisseaux)	8 000 000
	4 vaisseaux de La Havane et du Honduras	?
5-8 févr. 1705 Cadix	la *Capitane* de Barlovento (D. Andres de Arriola) et deux autres vaisseaux dont celui de Diego Sanchez	3 240 000 piastres
début mars 1706 Cadix	2 vaisseaux de Buenos Aires	800 000 piastres
avr. 1706 Le Passage	*Nuestra Señora del Rosario* venue de Buenos Aires	?
27 févr. 1707 Brest	2 vaisseaux sous le commandement d'Andrès de Pez (venant de la Vera-Cruz)	2 500 000 (minimum) 7 000 000 (maximum)
29 mars 1707 Cadix	2 vaisseaux de la Vera-Cruz dont celui de Diego Sanchez	1 000 000
avr. 1707 Cadix	Registre de Campêche	?
juin 1707 Conil	un ketch (de Carthagène ?) s'échoue	?

a) Le montant de cette flotte est estimé beaucoup plus haut par D.N. de Zamacoïs, *Historia de Mejico*, Mexico, 1878, tome 5, (*in dato*) : « La suma que se embarca asciendó à treinta y ocho millones y medio [38,5 millions] de duros segun registró ».

Tableau 50. *Retours des vaisseaux espagnols durant la Guerre de Succession d'Espagne* (suite)

date et lieu du retour	désignation des bâtiments	trésors rapportés
7 janv. 1708 Cadix	un vaisseau de Porto Rico	tabac et cuirs
27 août 1708 Le Passage	flotte combinée revenue de La Havane avec l'escorte de l'amiral Du Casse (15 vaisseaux marchands et 8 vaisseaux de guerre)	20 000 000
sept. 1708 Muros	une frégate de la Vera-Cruz	?
1709	néant	
2-31 mars 1710 Cadix	flottille de la Nouvelle-Espagne (D. Andres de Pez) composée de 4 vaisseaux marchands et de 5 de guerre.	10 000 000
août 1710 Cadix	un vaisseau de la Vera-Cruz	?
31 mars-1er avr. 1711	flottille de 4 ou 5 vaisseaux venus de la Nouvelle-Espagne (D. Andres de Arriola)	6 000 000
mars ou avr. 1711 La Corogne	un vaisseau de la Vera-Cruz	?
nov. 1711 Puerto-Maria	un vaisseau de l'escadre de l'amiral Du Casse, le *Grison*	2 000 000
fin févr. 1712 La Corogne	escadre de Du Casse (2 vaisseaux) revenue de Carthagène	8 à 9 000 000
27 févr. Cadix	1 vaisseau de Carthagène	?
	1 vaisseau du Honduras	?
26-30 mars 1713	arrivée d'une flottille de 11 vaisseaux dont la *Capitane* de Barlovento (D. Pedro de Ribiera) et un vaisseau français	4 200 000 (minimum) 12 000 000 (maximum)
1714	néant	

Les renseignements ont été puisés aux sources habituelles : gazettes et rapports consulaires. Il est inutile de revenir longuement sur leurs qualités et leurs défauts. La guerre, bien sûr, perturba plusieurs fois la transmission des nouvelles : l'Espagne et les

Provinces-Unies étaient, après tout, dans des camps opposés. Cela n'eut pas de conséquence grave quant aux arrivées elles-mêmes, assez fidèlement annoncées, cela en eut quelques-unes quant à la précision des sommes rapportées. Les circonstances des retours, les transbordements d'un navire à l'autre, les arrivées dispersées rendaient difficile, y compris en Espagne, la connaissance des chiffres exacts : songeons aux bruits divers qui coururent au sujet de la flotte incendiée à Vigo ! Le consul français à Cadix, Mirasol, laisse souvent échapper un aveu d'impuissance. Autres facteurs de trouble : le dénigrement de propagande qui affecte tel ou tel avis passé par Londres, des conversions monétaires difficiles à décrypter[200]. Cependant, des consensus se dégagent ou l'analyse critique permet de faire un choix plausible[201].

Nous n'avons parlé jusqu'ici que des vaisseaux espagnols ou de vaisseaux français officiellement leurs auxiliaires ou leurs protecteurs. Limitée ainsi, la recension des trésors américains revenus en Europe, resterait incomplète. En effet, on sait que la guerre de Succession d'Espagne fut l'occasion pour les Français d'engager, pour leur propre compte et dans des conditions frisant souvent l'illégalité, des relations commerciales directes avec les colonies de leurs alliés. Les gazettes hollandaises n'ont été renseignées que sur quelques voyages. Elles fournissent de temps en temps des informations ou des précisions peu connues, en particulier à propos des vaisseaux qui, sans aller jusqu'à doubler le cap Horn, firent des campagnes fructueuses sur les côtes atlantiques du continent américain[202]. On trouve une autre documentation dans les ouvrages de l'historien suédois Dahlgren qui a conté excellemment le commerce avec la Mer du Sud[203]. Enfin, il faut tenir compte, dans la mesure du

200. Tous ces renseignements ont été recueillis dans les gazettes et la correspondance consulaire. Ils recoupent ou redressent les différentes listes publiées dans les ouvrages cités d'Alsedo Herrera, Antuñez y Acevedo, Ternaux-Compans et Cespedes del Castillo. Le tonnage des vaisseaux marchands est connu pour deux des convois ; celui de la flotte de 1706 (2 653 tonneaux), celui de la flotte de 1712 (1 202 tonneaux), mais non celui des vaisseaux de guerre les accompagnant, bien qu'ils aient assumé aussi des fonctions de transports de marchandises.

201. La plupart des notices parvenues par voie de France sont libellées en livres tournois, monnaie instable à cette époque s'il en fut. L'inconvénient fort gênant pèse aussi sur le montant des retours directs de la Mer du Sud.

202. Les gazettes signalent, par exemple, le passage à Cadix le 7 septembre 1713 d'un vaisseau français retour de la Martinique avec une valeur de 8 millions de livres tournois et le 4 mars 1714 de trois vaisseaux français en provenance de Portobelo.

203. E.W. Dahlgren, *Les relations commerciales et maritimes entre la France et les côtes de l'Océan*

possible, des captures faites par les Anglais, les Hollandais et les Portugais[204].

Si nous voulons prolonger le tableau récapitulatif jusqu'en 1720, les mêmes éléments ou presque seront à prendre en considération. Les Espagnols cherchèrent, à la paix, à rétablir des liaisons annuelles avec leurs colonies, du moins avec le Mexique, soit par des flottes, soit par des azogues[205]. La seule interruption fut due aux hostilités avec les Anglais en 1718-1719. Il semble que, fréquemment, des vaisseaux destinés à Carthagène aient accompagné les grands convois de la Nouvelle-Espagne. Ou que des vaisseaux venus séparément dans ce port aient rejoint à La Havane les flottes mexicaines sur le chemin du retour. Notons qu'en outre des unités isolées ont rallié Cadix ou La Corogne en provenance de Cuba, du Honduras, mais aussi de Buenos Aires et du Pérou. Mis à part le naufrage de la flotte de Juan de Ubilla qui appartient à la période précédente, et dont les effets, sauvés en Floride, furent rapatriés en 1716 par une escadre spécialement armée, un seul accident survint : la perte de la capitane et de l'amirante des azogues de 1719 sur la côte de Campêche. Les Français poursuivirent de leur côté leurs expéditions jusqu'en 1720, quand ils en furent empêchés par l'escadre de Martinet[206]. Le seul vaisseau de permission envoyé en

Pacifique, Paris, 1909 ; ajouter G. Rambert, « Marseille et le commerce interlope en Mer du Sud », in *Provence Historique*, 1967, pp. 32-70, en attendant l'étude annoncée par Carrière (cf. ses *Négociants marseillais au XVIII* siècle*, Marseille, 1973). Quelques renseignements aussi dans C. de la Roncière, *op. cit.*, tome VI, pp. 473-583. A noter le cas curieux du *Baron de la Fauche*, vaisseau malouin qui ramena les effets du galion espagnol échoué en 1708 lors de l'attaque du commodore Wager. Ce trésor, 4 millions de piastres d'après la *Gazette d'Amsterdam*, n° 47, 6 millions de piastres d'après la Roncière *op. cit.*, p. 573), aurait dû normalement faire retour en Espagne. Nous l'avons néanmoins compté parmi les retours français. Par contre, celui de l'amiral de Pez, malgré son abordage à Brest, a été maintenu aux Espagnols.

204. Essentiellement, la prise des galions espagnols de Buenos Aires saisis au Brésil lors d'une relâche en 1704 et du *Gobierno* qui se rendit à Wager en 1708. Le trésor de la capitane de Buenos Aires, jeté à la côte par le Hollandais Wassenaer en janvier 1704, fut restitué à son confrère espagnol par le roi du Portugal.

205. D'après Cespedes del Castillo, départ en 1715 de la flotte de Manuel Lopez Pintado (Nouvelle-Espagne) et des vaisseaux de guerre de Nicolas de la Rosa, en 1717 des azogues de D. Francisco Cornejo Serrano, en 1719 des azogues de D. Francisco Cornejo, en 1720 des vaisseaux de guerre de Baltasar de Guevara (qui n'avait pas pu partir en 1718) puis de la flotte de Fernando Chacon (cf. G. Cespedes del Castillo, *op. cit.* et H. Ternaux-Compans, *op. cit.*).

206. Martinet n'a-t-il rien ramené lui-même comme trésor de ses expéditions ? On lui attribuait une grosse charge en 1719. Mais le bruit ne fut pas confirmé (*Gazette d'Amsterdam*, 1719, n° 73).

Amérique par les Anglais, en vertu du traité d'Utrecht, fut saisi par les Espagnols et détenu à la Vera-Cruz. Il n'intervient donc pas dans le mouvement de rentrée des métaux précieux. Par contre, les bâtiments de l'Asiento seraient à décompter[207].

Tableau 51. *Arrivages en Espagne des trésors américains entre 1715 et 1720*

date et lieu du retour	désignation des bâtiments	trésors rapportés
2 avr. 1715 Cadix	2 vaisseaux de la Vera-Cruz	?
2 juin 1715	2 vaisseaux de Buenos Aires	600 000 piastres
7 nov. 1715	Escadre de Martinet	
début mai 1716 Bilbao et Le Passage	1 vaisseau et 1 frégate	100 000 (min)
fin mai 1716 La Corogne	1 vaisseau	180 000 piastres (min) ou 1 000 000 (max)
22 août 1716	Flotte de D. Manuel Pintado et vaisseaux de D. Fernando Chacon (12 bâtiments en tout)	9 993 000 piastres (min) ou 16 000 000 (max)
17 oct. 1716 La Corogne	1 vaisseau de la Vera-Cruz	plusieurs milliers de piastres
janv. 1717 Cadix	1 vaisseau du Pérou	?
20 févr. 1717 Cadix	*Sainte Rose* (du Pérou ?)	?
sept. 1717 La Corogne	1 vaisseau	
1 au 5 nov. 1717 Cadix	2 vaisseaux de guerre et le registre de La Havane	?
7 au 16 déc. 1717 Cadix	9 vaisseaux dont l'*Hermione*, le *Santo Christo* de Maracaïbo, et les registres du Honduras et des Canaries	7 685 245 (min) 10/11 000 000 (max)

207. Et en outre le commerce clandestin à partir de la Jamaïque et de Curaçao !

Tableau 51. *Arrivages en Espagne des trésors américains entre 1715 et 1720* (suite)

date et lieu du retour	désignation des bâtiments	trésors rapportés
16 août 1718 Cadix	Flottille de D. Antonio Serrano 11 vaisseaux	6 657 788 (min) 8 600 000 (estimation)
ibid.	le *Prince des Asturies* venu de Carthagène	354 652 piastres
?	Vaisseaux de Buenos Aires et escadre de Martinet ?	
10 nov. 1718	1 aviso de la Vera-Cruz	300 000 piastres
5 sept. 1719 Cadix	frégate *Nuestra señora del Carmen* venue de la Vera-Cruz	42 372 piastres
ibid.	*San Francisco Xavier* venu de Carthagène	400 000 piastres
19 déc. 1720 Cadix	flottille et galions de D. Baltasar de Guevara (Nouvelle-Espagne et Carthagène)	7 986 920 piastres

On aura observé que le montant des trésors ramenés par plusieurs vaisseaux isolés fait défaut. En ce qui concerne les grands convois, les rapports des consuls et les gazettes indiquent fréquemment la valeur du registre. Celle-ci ne coïncidait pas forcément avec la réalité, comme le prouve la relégation à Ceuta en 1718 du général D. Antonio Serrano accusé d'avoir laissé embarquer 900 000 piastres sans registre à La Havane[208]. Les estimations parallèles proposées ne sont donc pas à rejeter a priori, même si elles diffèrent beaucoup, comme en 1716, du chiffre officiel. Néanmoins, faute de pouvoir affecter une somme à certains retours, faute aussi d'étreindre entièrement le trafic direct des Français avec l'Amérique, faute enfin de disposer pour l'Asiento anglais d'une certitude, le tableau récapitulatif final sous-estimera nécessairement les retours. (On maintiendra donc à nouveau in petto une marge d'approximation modérée[209].) Les chargements d'or brésiliens, connus par ailleurs, qui

208. AN, AE B 1/224, fol. 384.
209. Dans cette récapitulation un seul chiffre a été retenu pour chaque convoi, celui qui a paru le plus plausible (cf. documents annexes).

commencèrent d'arriver à Lisbonne en 1699, ont été accolés aux précédents, après conversion des cruzades en piastres. Ainsi pourra-t-on comparer et apprécier[210].

Tableau 52. *Récapitulation des trésors d'Amérique*
(en millions de piastres)

année	Amérique espagnole				Brésil	total
	vaisseaux espagnols	français	autres	total		
1701	6	0,1	4	10,1	1,2	11,3
1702	15	————	4	19	————	19
1703	?	1,7	4	5,7	1,6+	7,3
1704	14 +	————	0,1	14,1+	————	14,1+
1705	3,2	3		6,2		6,2
1706	0,8+	2	3,2	6	2	8
1707	7	2,1		9,1	————	9,1
1708	20	0,560	5	25,5	8	33,5
1709	————	8,7	0,8	9,5	————	9,5
1710	10 +	4,2	————	14,2+	?	14,2+
1711	8	2,1	————	10,1	————	10,1
1712	8	7,8 +	————	15,8	8	23,8
1713	10	4,1 +	————	14,1	9,1	23,1
1714	————	6 +	————	6 +	3,2	9,2+
1715	0,6+	0,2 +	————	0,8+	6,5	7,3+
1716	11 +	3,2 +	————	14,2+	3	17,2+
1717	10 +	0,9 +	0,1+	11 +	1	12 +
1718	9,2	0,4	————	9,6	4,9	14,5
1719	0,4	————	————	0,4	5,3	5,7
1720	8	————	————	8	5	13,7
quinquennium						
1701-1705	38,2+	4,8	12,1	55,1+	2,8	45,9+
1706-1710	37,8+	17,5	9	64,3+	10 +	74,3+
1711-1715	26,6+	20,2+	————	46,8+	26,8	73,5+
1716-1720	38,6+	4,5+	0,1+	43,2+	19,9	63,1+

Le signe + indique un dépassement probable.

Que les ports espagnols aient reçu une moindre quantité d'or et d'argent durant la guerre de Succession n'aura surpris personne, vu l'espacement des convois et, surtout, la concurrence des amis et des ennemis. Les lacunes de la documentation ou leurs incertitudes n'amputent pas énormément le total de cette époque. Par contre, le

210. Base de la conversion : 1 cruzade = 1/2 piastre.

quinquennium 1716-1720 pourrait être justiciable d'un relèvement assez fort[211]. Après un début timide ou prudent, le commerce des Français paraît avoir connu un essor brillant. Les résultats pour eux du quinquennium 1711-1715, incomplets d'ailleurs dans notre tableau, montrent bien l'ampleur du danger qu'ils faisaient courir aux Espagnols[212]. Comme ils n'en continuaient pas moins à charger de leurs marchandises dans les galions et les vaisseaux de registre, le volume de leurs affaires gonfla considérablement. Quant à leurs bénéfices, ils augmentèrent avec l'accès direct aux ports américains de toute la part qui allait précédemment aux intermédiaires (fret, commission) et même d'une fraction des droits du roi d'Espagne. Notre liste des retours sur les vaisseaux anglais, hollandais et portugais est certainement insuffisante, bien que les plus grosses captures y aient été inscrites. Après le traité d'Utrecht, l'exécution du contrat de l'Asiento assura aux Britanniques une somme d'argent importante, théoriquement chiffrable, peut-être, à un million de piastres[213]. Mais nous ne savons pas dans quelle mesure les clauses en furent remplies[214].

Sur cinq ans, les totaux des trésors de l'Amérique espagnole, tels qu'ils figurent dans la récapitulation, sont inférieurs à ce qu'ils étaient avant la guerre. Ils le demeureraient probablement après les relèvements dont la nécessité a été suggérée[215]. On ne peut pas,

---

211. En effet, à s'en tenir aux seules listes de Dahlgren les chiffres manquent pour deux navires (sur quatre) en 1713, pour quatre (sur six) en 1714. Il est vrai que certains ne chargeaient que des marchandises.

212. Si l'on tient compte de la fourchette ample des appréciations du retour de 1716, de l'absence de données sur les vaisseaux du Pérou en 1717 et du fait que l'enregistré est seul connu en 1720.

213. Ce calcul repose sur le chiffre théorique de 4 000 noirs introduits par les Anglais dans les colonies espagnoles, d'après le contrat, et un prix de 300 piastres par tête à la vente à Carthagène attesté par le facteur Anglais (en 1725). Cf. G. H. Nelson « Contraband under the Asiento 1730-1739 », *American historical review*, tome LI, 1946, pp. 55-67 ; J. Houstoun, *Memoirs of his life and travels in Asia, Africa, America and most parts of Europe from the year 1690 to the present time*, Londres, 1753, pp. 147-215 ; V. L. Brown « Contraband trade: A factor in the decline of Spain's Empire in America », *Hispanic American history review*, tome VIII, 1928, pp. 178 et suiv. ; V. L. Brown « Southsea Company and contraband trade », *American historical review*, tome XXXI, pp. 662-678 ; J. O. Mac Lachlan, *Trade and peace with Spain 1667-1750*, Cambridge, 1940.

214. Une certaine contrebande persista.

215. Ces relèvements sont difficiles à estimer. Il y eut des vaisseaux, parmi ceux qui nous sont connus, qui rapportèrent chacun 3 millions de piastres. Qu'en fut-il de ceux dont le chargement nous reste celé ? Un fonctionnement régulier de l'Asiento britannique aurait pu se traduire sur cinq ans par une rentrée de 6 millions de piastres en Angleterre. Nous ne pensons pas toutefois que les relèvements, dans les deux lustres les plus concernés –

cependant, parler d'une « dépression » des métaux précieux à notre époque. A cause de l'or brésilien ? Celui-ci n'a pas eu à l'aube du XVIIIe siècle, et encore moins auparavant, le rôle de démiurge qu'on lui a attribué. Il était extrait en quantités trop médiocres. Mais il est intervenu – et ceci de plus en plus nettement à partir de 1708 – pour soutenir le niveau global d'approvisionnement de l'Europe en métaux[216].

Cela ne va pas à dire que la découverte des gisements brésiliens s'est insérée *de plano* dans l'histoire métallique et le flux des trésors. La proportion entre métal jaune et métal blanc s'en trouva modifiée, quelque soupçon que l'on ait de la présence d'or dans les cargaisons espagnoles[217]. Le jeu du commerce international se transforma avec l'ouverture d'un nouveau marché bientôt égal en valeur à la moitié de celui de Cadix. N'y accédait pas, d'ailleurs, qui le voulait. Les alliances du temps de guerre avaient favorisé sur la place de Lisbonne les maisons britanniques et néerlandaises, tandis que les françaises accaparaient le trafic hispano-américain. Un divorce semblait devoir s'instituer entre nations européennes au sujet de leur étalon monétaire. L'Angleterre et les Provinces-Unies, coupées de l'Espagne et reliées au Brésil, étaient bien placées pour recevoir et frapper de l'or, la France plutôt vouée à l'argent. Cependant les Compagnies des Indes Orientales anglaise et hollandaise expédièrent alors en Asie des sommes en espèces – piastres et autres monnaies blanches – encore plus considérables qu'au XVIIe siècle et sans éprouver apparemment d'embarras. Et l'on n'affirmera pas que le métal jaune ait manqué aux Hôtels de Monnaie du royaume de France[218].

Mais la masse globale des métaux précieux compte seule dans la perspective d'une théorie quantitative. Et de ce point de vue, on ne

---

1711-1720 – aient pu dépasser 30 %. Serait-ce 50 % que les chiffres de la fin du XVIIe siècle seraient tout juste atteints. Mais, avec l'adjonction de l'or brésilien, le plafond aurait été crevé.

216. Voir sources et documents dans l'étude 2.

217. Mirasol, le consul français de Cadix, y est très sensible : « Ce qu'il y a de sûr, c'est que l'or n'a point esté enregistré » (2 mars 1710) (AN, AE B I/217, fol. 183) ; or facilement caché, impossible de savoir ce qui a été caché (AN, AE B I/220, fol. 221).

218. D'après les sources citées à la note 192, le montant combiné des envois anglais et hollandais se serait élevé à 2,9 millions de piastres entre 1701 et 1705, 3,3 millions entre 1706 et 1710, puis, respectivement, dans chacun des lustres successifs, à 2,9, 3,9, 4,25 et 4 millions de piastres. La ponction de métal blanc s'aggrava incontestablement, d'autant que la Compagnie française et la Compagnie d'Ostende se joignirent aux autres dans l'exportation d'argent vers les Indes.

peut conclure à une quelconque anémie des arrivages entre 1660 et 1720. Anticipons même tout de suite la publication des résultats de l'étude à suivre : un bond en avant se produisit entre 1721 et 1730 et, par comparaison, une régression entre 1731 et 1740. La corrélation hâtivement posée entre les phases dites B et A, de déclin et d'essor, d'une part, et les rentrées en Europe de l'or et de l'argent, d'autre part, se brise une nouvelle fois. Comment ne pas y voir une confirmation des résultats précédents ? C'est-à-dire l'obligation de distinguer d'abord et d'analyser en soi et pour soi chacun des éléments de la vie économique, de rechercher les articulations les unissant les uns aux autres et, enfin, de refondre nos descriptions des ensembles et des évolutions.

La conclusion est un peu abrupte. Pourtant elle reprend l'essentiel de ce qui a été mis en lumière. Il ne peut être question d'une dépression des arrivages de métaux précieux, ni au XVIIᵉ siècle comme le voulaient la problématique et la documentation d'Hamilton, ni dans une phase de marasme ou de recul située entre 1660 et 1730 comme le postulait Simiand. Si nous devons garder une vision pessimiste de ces périodes, il faudra que ce soit avec d'autres arguments. Et le rôle de l'or et de l'argent est apparu déjà si varié, si ondoyant, si capricieux, que son examen requiert de prendre un champ d'observation encore plus étendu. Nous achèverons donc d'abord la reconstitution du mouvement des trésors par-dessus l'Atlantique. Puis nous essayerons de mettre en place un schéma véritablement compréhensif.

Figure 26. *Arrivages des métaux précieux en provenance de l'Amérique espagnole 1580-1720*
(en millions de piastres)

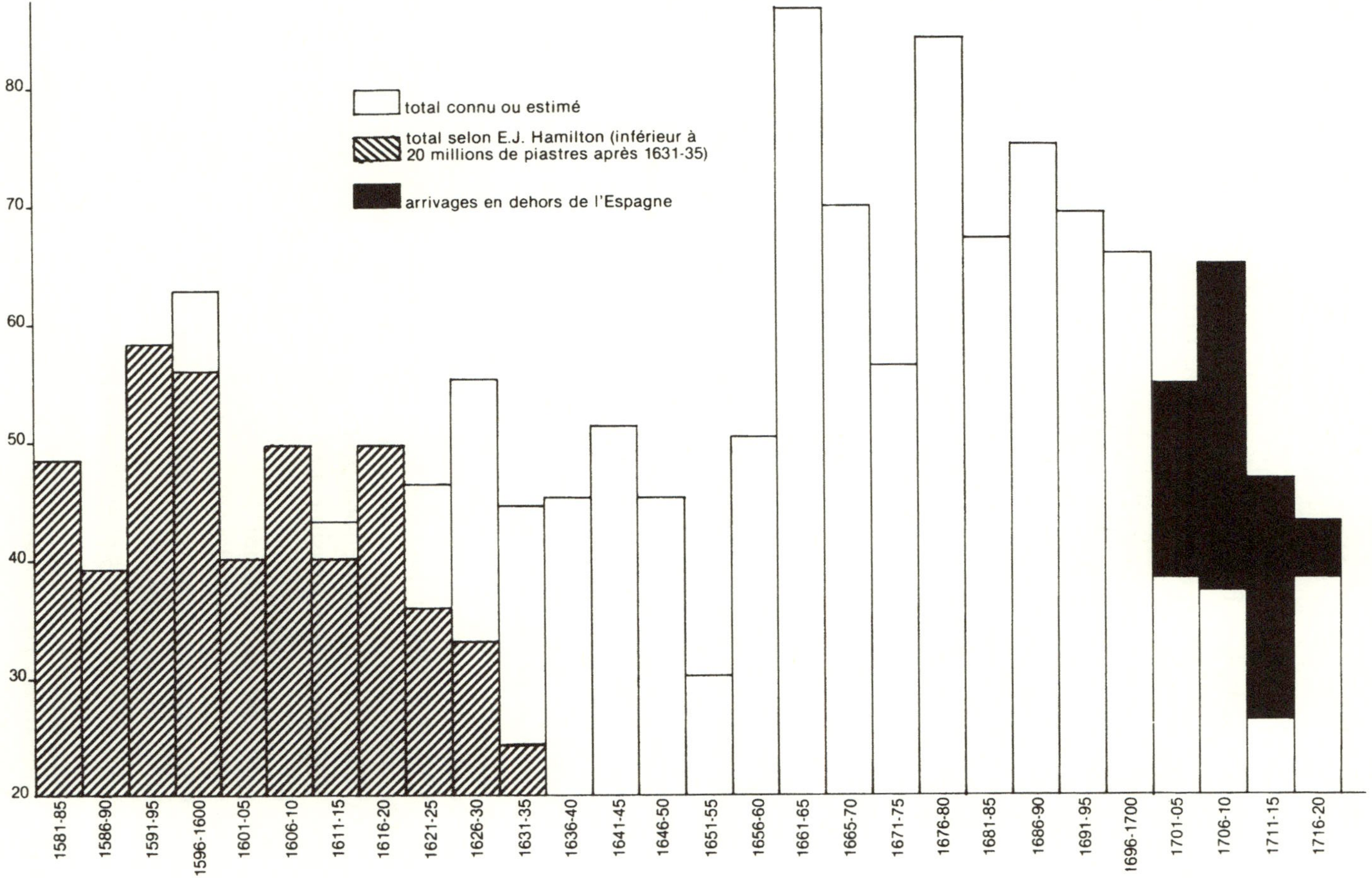

Legend:
- total connu ou estimé
- total selon E.J. Hamilton (inférieur à 20 millions de piastres après 1631-35)
- arrivages en dehors de l'Espagne

Addendum 3

Ce demi-siècle, ou un peu plus, d'histoire de la navigation entre l'Espagne et l'Amérique fait un peu figure d'excommunié dans l'historiographie. Pour toutes sortes de raisons sur lesquelles nous ne reviendrons pas : panne de la documentation (registres devenus facultatifs), absence d'intérêt pour une période considérée comme celle de la décadence de l'Espagne, arrêt forcé en 1660 des travaux d'Hamilton, condamnation sans appel par Lucien Febvre de la thèse d'Albert Girard, adhésion aveugle au scénario Hamilton-Simiand, coagulation par l'enseignement, etc. Le livre d'Everaert (*De internationale en koloniale handel der vlaamse firma's te Cadiz 1670-1700*) est à peu près le seul qui soit à citer dans la production récente. Nous en avons pris connaissance alors que nous rédigions cette étude. Pour une part les sources d'Everaert et les nôtres étaient identiques, pour une part elle étaient différentes. Nous avons utilisé ses données et nous avons tenu compte de ses points de vue chaque fois que cela a paru nécessaire pour apporter quelque chose de plus à notre propre version. Nous regrettons que ce très bon livre (exception faite de ce qui suit) soit gâté et un peu gâché par une révérence excessive à l'autorité de Pierre Chaunu, et que l'auteur n'ait pas été jusqu'au bout de ses propres trouvailles au sujet de la tonelada. Conservant l'idée, en dépit des chiffres, qu'une unité de jauge double aurait pu exister vers la fin du XVIᵉ ou au début du XVIIᵉ siècle, il s'est rabattu à cause de cela et d'un principe fallacieux de corrélation sur le cliché de la décadence du commerce hispano-américain. Mais tout ce qu'a écrit Everaert sur le mécanisme des flottes espagnoles, sur l'activité des firmes flamandes est à lire et à retenir[219].

Quant à nous, reprenant notre documentation et notre texte sept ans après, nous n'avons pas à aller à Canossa. Bien au contraire. En rédigeant, nous nous étions placés, volontairement, dans la position la plus en retrait possible par rapport à ce que les sources nous apportaient de nouveau, afin d'éviter les entraînements qui conduisent à l'*hubris*. Ce dont le lecteur nous aura peut-être tenu grief quelquefois parce qu'il aura eu, lui aussi, à tourner et à contourner maint obstacle né du respect des obscurités ou du scrupule, et qu'il aura pu désirer (comme nous) aller plus vite et plus « dret ». Il n'y a pas à regretter d'avoir avancé ainsi prudemment, car les résultats en

---

219. Dans le Mémoire de Patoulet, reproduit partiellement ci-dessous, les négociants français considéraient que l'enregistrement était toujours, en principe, obligatoire.

sont d'autant plus sûrs. Avec le recul, d'ailleurs, certaines timidités, voire pusillanimités, fondent. Disons-le donc carrément, comme nous l'avons fait à la Société d'histoire moderne et contemporaine : oui, l'enregistrement du Boqueron authentifie les notices de la Terre-Ferme ; oui, pour les notices de la Nouvelle-Espagne, la sagesse est d'admettre qu'elles aussi reflètent bien les cargaisons des flottes au retour (cf. « Des trésors américains et de leur influence en Europe aux XVIIe et XVIIIe siècles », *Bulletin de la Société d'histoire moderne,* 1977). De surcroît, en recompulsant nos notes, nous nous apercevons de quelle modération nous avons été, toujours dans le même esprit, pour ne retenir que des expressions non exagérées des trésors. Soit, par exemple, la Flotte de la Nouvelle-Espagne qui a dû se réfugier en 1657 aux Canaries et dont les richesses seront rapatriées l'année suivante. Nous nous en sommes tenu aux chiffres de 6 millions minimum, 14 maximum, mais les avis concernant cette flotte, en provenance d'Espagne, au printemps 1658, alors que les vaisseaux, précisément, et les trésors arrivent ou sont arrivés à Cadix et à Gibraltar disent « plus de 22 millions » (cf. *Relations véritables,* 1658, pp. 188, 236 et 284). Et rappelons les différences, encore, en 1676 et en 1679, entre les sommes enregistrées ou manifestées et les sommes estimées, sans parler de différences probables, mais que faute de données nous avons laissé « tomber » (cf. la Flotte conduite par D. Jose Centeno et rentrée en 1666). En 1708, un capitaine de vaisseau français qui venait de résider un an au Mexique, et qui a rédigé un mémoire très détaillé sur le pays, écrivait à Philippe V que les mines de la Nouvelle-Espagne produisaient chaque année 12 millions de piastres – 10 en argent et 2 en or – dont 5 seulement étaient monnayées, le reste continant à circuler parmi la population ou prenant le chemin de l'Europe[220]. S'il reste désirable, bien sûr, de ne pas arrêter « absolutistement » les recherches et si l'on peut souhaiter recevoir davantage de lumières sur la période cruciale (1640-

---

220. « Par l'examen que j'ay fait du produit des mines qui se travaillent ou s'exploitent actuellement au Mexique et à Guatemala j'ay trouvé que suivant les Estats qui en sont tenus à l'hôtel des Monoyes de la Ville de Mexique, ce produit montoit par communes années à 12 millions de piastres, sçavoir dix millions en argent et deux millions en or, que de ces douze millions de piastres seulement se convertissoient en monnoye, sçavoir quatre millions et demy en argent et un demy million en or et que des 7 autres millions restants une partie se transportoit en Europe en matière de lingots d'or et de barres d'argent et l'autre partie restoit au Mexique en même nature tant pour le commerce courant du Pays que pour la dorure et l'argenterie des Eglises et des particuliers ce qui fait un objet assez considérable » (Paris, Bibl. Arsenal, Man. n° 4788).

1660), rien, dans ses grandes lignes, n'infirme à l'heure actuelle le profil nouveau que nous avons tracé, et tout ou presque paraît le conforter.

Dans cette étude, cependant, plusieurs perspectives ont été ouvertes sur des aspects et des activités étroitement connexes au problème des arrivages des trésors. Quand on se replonge dans la documentation amassée, on est tenté de penser que tout devrait être publié, tellement l'approche du concret y est instante et tellement cela change par rapport aux abstractions qui ont servi, à l'envers, de décors Potemkine pour la Carrera dans la deuxième moitié du XVIIᵉ siècle. A publier, donc, le mémoire de Le Blanc, conservé à Gand ? A publier ses sources que l'on peut capter à l'Arsenal de Paris et dans la collection Montbret de Rouen ? A publier la correspondance des Malouins avec le Secrétariat d'Etat à la Marine ? Certes, s'il y avait une politique de publication coordonnée et systématique des manuscrits et autres documents d'archives, cela serait-il fait à accomplir ou fait déjà accompli. Nous devons, quant à nous, limiter notre ambition ici à quelques spécimens. Et pour commencer voici d'après le fonds Montbret 236 dont l'auteur est cet informateur anonyme mais témoin oculaire (du Halde ?) que nous avons abondamment cité dans le texte.

Journal de voyage des galions partis de Cadix le 14 juillet 1678.

« Ils partirent de Cadix avec la flotte de Nouvelle-Espagne le 14 juillet 1678 ; en onze jours ils passèrent les Canaries entre la Grande Canarie et Ténérif : a cent lieuës au delà des Canaries, ils prirent la route de Barlovento et descouvrirent en passant la Barbade et l'Isle de Saint Martin et Sombres.

Le 21 août ils arrivèrent à la veuë de San Juan de Porto Rico où ils demeurèrent un jour sans mouiller.

Le 25 ils arrivèrent à l'Aguada de Porto Rico où ils demeurèrent trois jours pour prendre de l'eau.

Le 28 ils levèrent l'ancre et passèrent entre cette isle et Zachet. Ils découvrient l'isle Mona et tirèrent vers Carthagène avec bon vent.

La patache quitta les Galions a deux journées de l'aguada de Porto Rico et essuia le vent contraire jusques a l'isle de ce nom.

Le troisième septembre les Galions arrivèrent a Carthagène.

Le troisième novembre ils partirent de Carthagène pour Porto Velo : en sortant de Carthagène ils s'écartèrent au golfe de Darien et furent reconnoître Escudo de Veragua ou ils prirent le courant de la mer qui les mena jusqu'à Porto Velo ou plutost jusques a la rivière de Chagre.

D'autres vont quelquefois découvrir Desaguadero de la Juan ou Sueros a la còste de Nicaragua.

De Carthagène à Porto Velo il n'y a que quatre vingt lieuës, les Galions en font quelquefois 160 pour y aller.

Le 11eme novembre, ils arrivèrent a Porto Velo.

Le 18 janvier 1679 ils sortirent de Porto Velo pour aller à Carthagène.

Le 24 ils entrèrent à Carthagène.

Le 19 mars ils en sortirent pour la Havane : ils découvrirent los Baxos : de là ils prirent une route extraordinaire a cause des vents du Nord qui régnaient. Ils furent decouvrir un baxo qui s'appelle Seranilla qui a quatre vingt dix lieuës de long. Les Gallions passèrent deux jours et une nuit avec la sonde.

Les Espagnols découvrirent dans cette traversée un baxo, qu'ils appellent baxo nuevo entre le seranille et Caïman chico. Ils furent après cela reconnaître l'isle Pinas a sept ou huit lieuës de veuë.

Le jeudy saint ils reconnurent le cap Saint Antoine.

Le Samedy saint on se mit à la Cape a cinq lieuës du port de la Havane a Barlovento et le lendemain matin jour de Pasques les Galions se trouvèrent a Sottenuento vers Chipiona avec calme.

Le mesme jour de Pasque a dix heures du matin, un vent frais se leva de terre. Ils navigèrent tout le jour et la nuit d'après a la faveur de ce vent et le lundy matin au lieu d'avancer ils se trouvèrent nord et sud a la baye de Matanzas.

Avant que le vent de terre reprit on reconnut los Cajos du vieux Canal au dessous de Matanzas : si le vent n'eut point recommencé fortement le courant de la mer les auroit fait desemboucher le canal de sorte qu'ils auroient retourné en Espagne sans entrer dans la Havane et en danger de périr.

La Capitane faisoit beaucoup d'eau et sans les plongeons qui eurent l'adresse de clouer une planche sous le navire au milieu de la mer, elle auroit coulé a fonds ; c'estoit un navire neuf decousu de tous costés.

De Matanzas ils retournèrent vers Cananos, de Cananos ver le canal de Bahama.

Enfin a la faveur d'un peu de vent, ils entrèrent a la Havane le neufième avril ou ils sejournèrent soixante sept jours pour caréner la Capitane.

Ils sortirent de la Havane le quatorzième juin.

Le 21 ils se trouvèrent hors le canal de Bahama et tirèrent toujours vers le Nord jusques a 28° de latitude.

Les calmes les surprirent vers le 30° et 31° pendant 21 jours.

Ils furent après cela à 45° au dessus de la Bermude.

Le 4me août ils reconnurent Fayal et Pico du costé du Sud.

Le 6me ils découvrirent Sainte Marie et s'en aprochèrent a deux lieuës.

De là ils tirèrent droit à Cadix avec vent en poupe et reconnurent le Cap Sainte Marie au Portugal et se rendirent dans la baye de Cadix le 19me août 1679 ».

Le second document que nous insérerons dans cet addendum a été utilisé déjà à plein par Girard, Everaert et nous-même. Il s'agit du mémoire dit de Patoulet, du nom de l'Intendant de Marine de Dunkerque envoyé en Espagne pour enquête en 1686 par Seignelay, mais qui est en réalité l'œuvre, pour les informations, des marchands français de Cadix, travaillant sur un canevas proposé auparavant par les négociants malouins. Les chiffres correspondent naturellement à des estimations : la manière, cependant, dont on surveillait le chargement des flottes et des galions, avec le souci d'éviter les envois en surnombre, l'éveil à la concurrence étrangère, l'habitude des maisons installées de longue date en Espagne incitent à les admettre.

Une chose est certaine, en tout cas : on ne voit pas quel aurait été l'intérêt des Français de Cadix à hypertrophier leur participation au commerce de l'Amérique espagnole. N'auraient-ils pas eu à craindre, eux ou leurs commettants de France, un retour de bâton fiscal ? D'ailleurs, Patoulet, cédant à la déviation psychologique de l'officier en présence du commerçant, les accuse par la suite de dissimulation (au chapitre des profits). Particulièrement intéressante est la ventilation des articles d'importation français par province. On y découvre une Bretagne qui tient le pompon haut la main devant la Normandie, puis Lyon et les autres. Peut-être y a-t-il quelque déformation pour ces dernières, due à la prépondérance des Malouins dans la colonie française de Cadix ? Même avec cette réserve (et rappelons-nous par souci d'équilibre que les Bretons comme dessus dit pouvaient avoir des raisons de ne pas tout révéler de leurs trafics), la puissance industrielle (artisanale) de la Bretagne apparaît avec un éclat incomparable dans ce dernier quart du XVIIe siècle. Pourtant, certains historiens ont du mal à s'incliner devant les faits, et ils renâclent à concéder cette sorte de grandeur à la péninsule bretonne, alors qu'ils ne la lésinent point aux Flandres. C'est que la tradition historiographique joue en faveur de ces dernières, exaltées justement par leurs historiens et, en arrière chœur, par les autres, tandis que la Bretagne n'a pas autant retenu l'attention du point de vue économique. La désindustrialisation survenue au XIXe siècle a fait écran. En attendant les travaux de Jean Tanguy, voici de quoi détromper et de quoi édifier. Nous suivons la leçon du manuscrit 4068 de la Bibliothèque de l'Arsenal à Paris.

Mémoire général sur le commerce qui se fait aux Indes Occidentales par Cadis par lequel on en peut pénétrer à fond toutes les circonstances et juger des moyens que le Roy devra prendre pour en étendre ou au moins conserver a ses sujets les avantages.

Premièrement
Toiles de Rouen
Il y en a de quatre sortes

Louvier ou Coffre. Ces toiles sont les plus belles et les plus fines de Rouen. Elles se vendent à l'aune du pays depuis 40 jusques a 65 sols, il s'en consomme peu dans les Indes et dans l'Espagne. Cette marchandise estant trop chère, les gallions en emportent cependant toutes les fois qu'ils passent en Amérique pour environ la somme de   iiij^c m livres (400 000 livres)

fleurets et Blanquarts. Ces deux toiles ne sont qu'une mesme. elles sont achetées par lots de cent pièces dont on tire les plus belles qui sont les fleurets. sur cent pièces il en peut estre choisy quatre vingts les autres vingt sont blanquarts. Ces toiles sont 3/4 de large et c'est cette largeur qui les fait rechercher et qui leur donne l'entrée dans la première ligne de l'Etat de l'assortissement aux foires de Porto bello, de Pouebla de Los Angeles et de Mexico. il en passe ordinairement par les Gallions pour environ deux Millions quatre cent mil livres   2 400 000 l.

Par la flote pour environ   xviij^c m. livres 1 800 000 l.

Il s'en consomme dans le pays pour environ   cl m. livres 150 000 l.

Rouen refformées. Il s'en fait un très petit débit ne pouvant pas supporter les frais des droits et de fret.

Toiles de Quintin et de Pontivis en Bretagne

Ordinaires. Ces toiles sont estimées par les Espagnols. ils en consomment une très grande quantité. les Gallions en emportent au moins 400 000 pièces de 5 aunes chacune du pris de 16 à 25 sols l'aune.

Par la flote environ 200 000 pièces.

Et pour le pays environ 50 ou 60 000 pièces.

Cet article peut monter à trois millions de livres   3 000 000 l.

Trois quarts. Ces sortes de toiles sont beaucoup plus larges et plus fines que les ordinaires. il s'en consomme pour de grosses sommes.

Il en est envoyé ordinairement par les Gallions 40 à 50 m. pièces de dix aunes chacune du pris de 28 jusques a 40 s. l'aune.

Par la flote 15 ou 20 m. pièces seulement

Et pour le pays environ la mesme quantité. ainsi il en sort du Royaume pour ce commerce pour plus de   xvij^c l.m. livres 1 750 000

Deux Tiers. on n'en consomme plus cette sorte de toile n'estant pas assez bonne pour les manches a quoy elles estoient employées.

Toiles de Laval de trois sortes

Scavoir

Basse Laise. Il ne se fait de grand débit de ces toiles que pour le pays seulement. Car les Gallions et les flotes n'en emportent que très peu ou point du tout et on consomme ordinairement 800 balotins, le balotin contient six a 800 varres qui peut couster 500 livres en France sur le pied de 12 a 14 s. la Varre. Elles se consomment a Cadiz, à Séville, à Madrid et au reste du pays. Ces toiles servent a faire des chemises pour les pauvres gens, on en débite pour environ   iiij^c m. livres 400 000

Haute laise. Il s'en peut consommer pour environ vij^c l m. livres en mille Balotins de 800 à mille Varres chacun sçavoir   750 000

Par les Gallions 600

Par la Flote 400

Il ne s'en consomme pas dans le pays ils se passent de la laise ordinaire

Laise de Rouen. Il ne s'en consomme pas pour plus de c m. livres pour les gallions et la flotte. Ces toiles estant trop chères vallant 19 à 20 s. l'aune.

Toiles de Morlaix, de quatre sortes sçavoir

Créés larges il s'en débite pour la flote environ 1 500 a 2 000 pièces, chacune pièce couste ordinairement trente cinq escus pour le nouveau Royaume de Sainte Foy environ 3 ou 400. Elles sont trop pesantes pour Lima on s'en sert a faire des chemises

Pour le pays il faut quinze cens a deux mille pièces par an.

ainsi on consomme de cette sorte de toiles pour environ   iij^{c}lx m. l. 360 000 l.

Crées communes ou rosconnes, il s'en débite plus de 20 000 pièces de cent quarante quatre et 124 aunes qui coustent ordinairement en francs 50 ou 60 l. la pièce d'une varre de large, ces toiles servent à faire des chemises et des calçons aux pauvres gens, il n'en passe ny pas les gallions ny par les flotes, elles sont trop grosses, elles se consomment au dedans du pays où il en est employé pour plus d'un million de livres   1 000 000 l.t.

Crée grassienne. Il ne s'en consomme dans le pays qu'environ mille ou 1 500 pièces. elles sont de mesme aunage et un peu moins larges que les crées communes, ce sont de grosses toiles dont les paysans s'habillent, il s'en débite seulement pour environ soixante mil livres   60 000 l.t.

Toiles de Coutances
il s'en consomme par les Gallions environ cent cinquante mil aunes pour emballer.

Par la flotte autant

Et dans le pays 40 à 50 aunes, ce sont de grosses toiles qui coustent 70 à 80 l. le cent d'aunes ; il s'en débite pour environ ij^c xxv m.l.   225 000 l.

Toiles de Dinan de cinq sortes
Ces toiles sont fort grosses et de peu de considération. on en consomme seulement pour xxx à xxxv m.l.   30 à 35 000 l.t

Toiles de Vitré
Elles sont aussi peu considérées, ce sont de grosses toiles. on n'en consomme tout au plus que pour huit ou 10 000 l.   8 à 10 000 l.t.

Toiles de fougères
Ce sont aussi de grosses toiles de 10 a 12 s. l'aune de france. on en consomme pour le pays 30 a 40 m. balots de mille aunes chacun. Cet article peut monter a 50 ou 60 000 l.   50 à 60 000 l.t.

Toiles de Rennes ou Noyalles
Elles sont peu considérées en Espagne, il s'en consomme pour 30 à 36 m.l. seulement   30 à 36 000 l.t.

Toiles de Cambray
Ce sont des baptistes dont il faut seulement 60 000 pièces pour le pays, pour les gallions dix mille et pour les flottes trois mil, la pièce de seize varres vaut 25 à 30 l. Il s'en débite pour environ iiij lxxv m.l.

                                                                                    475 000 l.t.

Toiles de Saint Gal
qui s'achètent à Lyon et à Marseille. Ce sont des toiles fort fines et fort claires qui valent la pièce de neuf vares 9 l. il en passe dans les Indes par les gallions sept à 8 000 pièces : par les flottes 2 a 3 000 Et il s'en débite pour le pays environ 1 000 pièces   90 à 108 000 l.t.

Les chausectes
Ce sont des bas faicts a l'esguille sans pied qui se font à Vitré. il en est envoyé par les Gallions envion deux mille douzaines de fines et grosses, autant par la flotte qui coustent 18 a 20 l. la douzaine. il s'en employe pour environ   80 000 l.t.

Raz de Chalons
il s'en consomme a présent très peu. Les Estamines d'Angletere dont le prix est moindre ayant pris leur place. cette estoffe se vend 30 et 50 s. l'aune.

Serges d'Amiens
Cette sorte d'estoffe ne se consomme pas a présent dans les Indes ny dans

l'Espagne, les Estamines d'Angleterre leur ayant osté le cours, par ce qu'elles sont aussi bonnes et meilleures et qu'elles sont à meilleur marché, il faut chercher les moyens d'en diminuer le prix que les droits de france augmentent.

Camelots et Bouracans d'Amiens. Idem.

Chapeaux de castor

il s'en consomme seulement dans le Pérou et terre ferme et point au Mexique. Les Gallions en emportent ordinairement dix a douze mille et il s'en consomme dans le pays environ mille. Ils sont pesans et valent 28 à 33 livres. on peut compter qu'on en employe dans ce commerce pour environ iiij^c m.l.　　　　　　　　400 000 l.t.

Demy castors et vigognes

Il en faut pour les Galions quatre a cinq mil, point pour les flotes et pour le pays très peu, on peut compter que pour les Indes et pour le pays on en consomme pour environ l.m. livres　　　　　　　　　　　　　　　　　50 000 l.t.

Dentelles d'or et d'argent fin

On assortit ces denteles depuis iij doit de hauteur jusques a huit par tiers, sçavoir tiers or seul, tiers argent meslé, de l'autre tiers argent seul, on estime qu'on en consomme par les Galions 12 a 15 000 marcs, qui a raison de 33 l. l'un portant l'autre font la somme de 475 000 l. par la flote trois a quatre mil marcs au prix de cxxxij m.l et pour le pays a peu près de mesme cxxxij m. livres.　(Total 759 000 l.t.)

Denteles d'or et d'argent faux

Il s'en débite environ dix a douze mil marcs en la nouvelle Espagne et point au Pérou, ainsi on employe en ce commerce au plus xlviij l.　　　　48 000 l.t.

Boutons d'or et d'argent fin

Il s'en consomme au Pérou et en Terre Ferme pour environ 40 ou 50 m.l.
au Mexique pour xij à xv m.l.
et dans le pays idem.　　　　　　　　　　　　　（Total 64 à 80 000 l.t.)

Guipures de soye

Il ne s'en envoye aux Indes que lorsqu'on ne sçait qu'en faire en france et cela n'est pas considérable.

Dentelles noires de Paris assorties

Il s'en consomme environ par les galions pour lxx m.l.
Par la flote pour xxx et xl m. livres
Et dans le pays pour xv ou xx m.l.　　　　　　　（Total 115 à 130 000 l.t.)

Dentelles de soye de deux aunes 1/2 chacune pour Mantes

Il s'en porte par les galions pour environ ij^{c}l m.l.　　　　250 000 l.t.
Au Mexique et dans le pays très peu.

Tabis haute laize

Il s'en porte par les galions environ c m. livres
Par la flote pour l a lx m. livres
Et pour le pays il s'en employe fort peu　　　　（Total 150 à 160 0000 livres)

Pannes

Il en faut pour le Pérou pour environ iij^c m. livres. Pour le Mexique pour environ iiij^c l.m. livres Et pour le pays clxxv m.l.　　　（Total 925 000 livres)

Velours

Il s'en fait faire de fazonnés à Tours mais ils ont peu de débit et ce commerce n'est pas considérable.

Gros de Naples

qui se font à Tours et à Lyon, il s'en débite par les Galions pour environ xxxv à xl m. livres. par la flotte pour xv à xx m. livres Et pour le pays peu

(Total 45 à 60 000 l.t.)

Brocards de soye de Lyon et de Tours

Il s'en consommait autrefois par les galions, les flotes et le pays pour plus de v^c m. livres mais depuis quelques années que les hollandois en ont fabriqué qu'ils donnèrent a meilleur marché que les nostres, il n'en est plus a present fait de débit aux Indes et dans le pays. Nos négocians tirent d'Hollande ceux dont ils ont besoin pour faire leur assortiment.

Brocards d'or et d'argent

Il s'en faisoit autrefois un débit très considérable pour les Indes et le pays mais a présent que les Hollandois en fabriquent aussi on en consomme peu, quoyque ceux des Estrangers ne soient pas si beaux que les nostres, qui ont beaucoup d'Eclat.

Moires d'or et d'argent

Il s'en envoye par les Galions pour plus de iij^c m. livres. Par la flote pour environ iiij xx m. l. Et pour le pays peu   (Total 380 000 l.t.)

Taffetas imprimés d'Avignon et lustrez

Il ne s'en emporte aux Indes que pour environ c.m. livres   100 000 l.t.

Soye a coudre et plate

Il s'en débite de france pour les galions pour environ ij^c m. livres
Par la flote pour C m. livres. Et pour le pays point   (Total 300 000 l.t.)

Dentelles du Puy, de Lorraine et de France

Ce sont de meschantes petites denteles qui ne valent pas 35 sols les seize varres. On en envoye au Mexique pour environ iiij^c l m. livres.
Par la flote pour xl ou l m. livres Et pour le pays xx ou xxv m. livres

(Total 510 000 ou 525 000 livres)

Merceries et quincailleries de toutes sortes

Cecy est peu considérable et tout le commerce qui s'en fait pour les Indes et pour le pays peut aller environ a C m l   100 000 l.t.

Saffran

Il n'y a pas de fonds a faire sur cette denrée qui est peu de chose quand les Récoltes de ce pays sont bonnes, quand elles manquent on en consomme pour environ iij^c m. livres   300 000 l.t.

Drogues de médecine et toutes sortes d'épiceries

Cela ne va pas à plus de sept a huit mille livres les hollandois font ce commerce

7 à 8 000 livres

Picottes de laine

Il s'en emporte par les galions pour environ ix^c m. livres, par la flotte et pour le pays pour environ xij^c m. livres   Total 2 100 000 livres
Ces étoffes se font à l'Isle. Elles servent a faire des habits aux hommes et des jupes aux femmes.

Picottes de laines et de soye

Il en passe par les Galions pour environ cl m. livres. Par la flotte et pour le pays très peu. Ces estoffes sont aussi fabriquées à l'Isle   150 000 livres

Bouracan de l'Isle

Il en passe aussi par les Galions pour environ iij^c m. livres. Par la flotte idem.
Et pour le pays cl a ij^c m. livres. ce sont des estoffes pour faire des manteaux dont la pièce vaut dix a douze escus   750 000 livres

Lamparilles

Il s'en envoie fort peu dans les Indes. Il en passe seulement par les Galions pour environ lxxv à iiij^{xx} m. livres. il s'en consomme dans le pays pour iiij^{xx} ou C m. livres. Ce sont des estoffes de laine plus fines que les picottes.

Bouracans de Valenciennes

Il s'en consomme peu. Ceux de l'Isle ayant plus de débit.

Draps de Languedoc

Il en passe aux Indes par les flottes et Galions pour environ lxxv m. livres et point pour le pays. Ce sont des draps propres a faire des habits aux pauvres gens

75 000 l.t.

Il est à observer que toutes ces sommes sont employées suivant le prix que ces marchandises valent en France et non pas sur le pied de la vente qui s'en fait à Cadis et aux Indes.

On ne peut point douter après ce détail que de toutes ces sortes de marchandises il n'en soit porté ordinairement à Cadiz par les Négociants du Royaume au moins pour ix a x millions toutes les années, desquels il se consomme dans les pays trois ou quatre, le Reste passe aux Indes avec les Galions et les flotes, les galions en emportent à chaque fois qu'ils sont depeschez huit a neuf et la Flote six a sept et comme on suppose que les uns et les autres ne passent aux Indes que deux fois en quatre années, la supputation qui a esté donnée de neuf a dix millions pour chacun doit estre infailliblement juste, il est mesme a remarquer que les françois ne font pas plus des deux tiers de ce commerce, les Estrangers y ayant pour leur compte en commun avec nos négocians au moins l'autre dont les retours passent en Angleterre, en Hollande, à Gennes et a Hambourg parce que l'argent y est a plus haut prix et que les Italiens qui sont les principaux Interressez ont des correspondances dans tous ces estats auxquels ils sont bien aises de faire avoir des commissions pour en avoir à leur tour d'Eux. Sa Majesté remédiera infailliblement a ce mal si le prix de l'or et de l'argent est augmenté en france comme il luy a esté proposé plusieurs fois par divers mémoires.

Il est certain que les denrées manufacturées dans le Royaume sont plus propres pour les Indes que celles de toutes les autres nations et particulièrement nos toiles qui sont si nécessaires pour ce commerce et pour celuy d'Espagne que tous les estrangers nos voisins qui y envoyent des marchandises sont obligez pour pouvoir vendre celles de la fabrique et du crû de leurs Estats, d'en assortir leurs carguaisons et qu'enfin elles sont si recherchées et que l'usage en est tellement estably qu'elles donnent le prix et la valeur a toutes les autres marchandises dont on ne voudroit difficilement aucune partie si elles n'en estoient assorties.

Nos negocians n'entreprennent guere de faire de commerce des manufactures estrangères, ainsi leurs Vaisseaux sont chargez uniquement de celles du Royaume ou de si peu d'autres que ce qui s'y embarque ne vaut pas la peine qu'on en recherche le détail.

On ne sçauroit bien précisément assurer quels profits ils retirent de la vente de leurs marchandises, on peut cependant faire compte de 12 a 15 pour cent pour ce qu'ils en débitent dans le pays et de 25 à 30 pour ce qu'ils en risquent aux Indes.

Il est certain que les estoffes fabriquées en France avoient autrefois un plus grand débit qu'elles n'en ont a présent mais il ne paroist pas que ce mal procédât de la mauvaise volonté des Espagnols pour la nation françoise ny de la de la meschante qualité de nos manufactures mais la trop bonne qui leur est donné dans le Royaume en cause la mesvente, les Espagnols ne s'attachent qu'à l'apparence ou au bon marché, surquoy il faut remarquer que les hollandois par l'industrie et l'ayde des ouvriers de la R.P.R. de Tours et de Lyon qui sont passés chez eux ont depuis quelques années introduit plusieurs manufactures de soyries qui sont establis dans ces deux villes, ils fabriquent particulièrement des pannes et des brocards de soye et mesme d'or et d'argent qu'ils distribuent a si bon marché qu'il est impossible à nos negocians de pouvoir vendre les leurs, la grande différence du bas prix qu'ils donnent a leurs estoffes provient de ce que les droits d'entrée et de sortie du Royaume sont bien plus forts que ceux que les Estats d'hollande ont imposé sur la soye, qu'ils ont la liberté de fabriquer comme bon leur semble, qu'ils ne sont point en nécessité de leur donner une certaine bonne qualité et une certaine largeur comme les manufactures françoises sont obligées de faire, qu'ils s'assujetissent aux largeurs que les Espagnols ordonnent par leurs règlements et qu'ils meslent dans leurs fabriques des soyes crueuës et y employent autant qu'ils peuvent de celle de Perse qui vaut 25 pour cent moins que les autres ce qui n'est pas permis en France.

Les gennois ont aussi depuis quelques années fabriqué des pannes dont par les mesmes raisons ils establissent la vente a meilleur marché que celles de Tours ; ils font aussi des danteles d'or et d'argent qui ostent déjà aux nostres le bon débit qu'elles avoient cy devant en Espagne, les divers droits dont les françoises sont chargées et particulièrement celuy de 40 s. par marc nouvellement imposé les enchérissent par trop. D'ailleurs comme ceux de Gennes ont la liberté de les fabriquer d'un argent de moindre titre dont on ne peut s'appercevoir, ces dentelles ayant le mesme éclat que les nostres on doit croire que leur fabrique ruinera entièrement la nostre s'il n'y est pourveu. Il ne paroît pas de plus surs moyens de remedier à ce mal que la diminution des droits de l'or et de l'argent et de l'entrée des soyes et de la sortie de leurs manufactures avec la liberté de les fabriquer de la mesme mauvaise qualité que ces Estrangers pour celles seulement qui doivent etre employez au commerce d'Espagne, surquoy il y auroit des mesures a prendre que les manufactures du royaume indiqueront mieux que personne.

Depuis quelques années les toiles de Rouen, de Quintin, de Laval et de Coutances et particulièrement celles de Laval ne sont pas tout à fait d'aussi bonne qualité qu'a l'ordinaire, il faudroit les restablir et pour cela faire exactement observer les arrests et reglements sur ce sujet, il y a sur cela plusieurs sentiments, les uns croyent qu'il n'y a rien a réformer, que le prix en estant estably la meilleure qualité qu'on leur donnera qui les enchérira en France n'en augmentera pas cependant la valeur en Espagne et les autres, craignant que les toiles de Brabant ne prennent la place de celles de Rouen, celles de Hambourg et d'Allemagne, celles de Morlaix, Quintin et Laval et les toiles d'Hollande celles de Coutance ils croyent qu'il est bien nécessaire qu'il y soit donné ordre et qu'il ne soit apporté aucun relasche a la ponctuelle exécution des arrests et reglements et cet advis paroît le meilleur, quoyque beaucoup de gens asseurent que ces sortes de toiles que les hollandois, flamands, les Hambourgeois et les allemands fabriquent avec toute sorte d'attention pour contrefaire les nostres ne peuvent apporter beaucoup de préjudice, ces toiles n'ayant ny beauté ny les bonnes qualités qui font rechercher les françoises. Cependant il est certain que la grande consommation qui s'en fait aux Indes et dans ce pays ainsi qu'il se verra dans le chapitre du commerce que les Estrangers y font, en retranche d'autant le débit qui s'en faisoit des nostres, ce qui paroist estre très considérable et très préjudiciable au bien de notre commerce, mais il est difficile de sçavoir quel remède y apporter.

Les Anglois contrefont depuis peu les Castors de Paris dont ils ont envoyé aux Indes 3 ou 4 000 par les derniers galions. C'est un premier envoy dont on ignore encore le succez.

Il est aisé de juger par ces observations d'où procède la diminution de nostre commerce et des moyens dont le Roy pourra se servir pour le restablir. On pourroit mesme l'augmenter si on vouloit s'appliquer à fabriquer en France diverses manufactures qu'on y peut aisément establir avec autant d'avantage et plus que les autres estrangers nos voisins qui les ont déjà chez eux, ils seront expliqués cy après par apostilles lorsque l'on parlera du commerce que chacun d'eux fait à Cadiz et aux Indes. Car il est certain que la chute du prix et de la valeur de nos Manufactures ne provient pas de la mauvaise volonté des Espagnols pour la Nation françoise, ils cherchent a se procurer à bon marché celles qui leur sont nécessaires sans avoir esgard si elles sortent de la fabrique des Gennois ou des autres estrangers qui n'ont d'autres avantages sur nous dans ce commerce que la liberté leurs Industrie et les facilités qu'ils tirent de chez eux pour débiter à bien plus bas prix que les nostres.

Commerce des hollandois
consiste

Premièrement

En Toiles nommées Prézilles et Brabant

Ce sont des sortes de toiles fort larges et grosses et qui ne peuvent servir que pour habiller de pauvres gens, ou à emballer, les gallions en emportent cinq à six cent mil varres qui valent en hollande dix a 12 s la Varre, on en consomme dans le pays a peu près 30 à 40 m. varres. On peut compter que cet article monte environ a iij^c m. livres   300 000 livres

Toiles de Coton teintes

Ce sont des toiles de Coton des Indes qui ont esté teintes en hollande. on s'en sert pour doubler des justaucorps et il en est chargé par les Galions pour environ 150 à 200 000 livres. Par la flotte pour 120 000 livres. Et pour le pays pour environ 1 à 1x m. livres   (Total 320 à 370 000 livres)

Damas de laine

Ce sont de petites estoffes qu'on appelle en france de la porte de Paris : il en est peu envoyé aux Indes et point dans le pays.

Anascottes de Leyden

Ce sont des estoffes dont les femmes font des mantes pour se couvrir. il en passe aux Indes par les galions pour environ xc à x m. livres

Par la flotte pour iiij^{xx} ou iiij^{xx} xm.

Et pour le pays de mesme   (Total 250 à 280 000 livres)

Anascottes de Bruges

Mais comme celles cy ne sont pas d'aussi bonne qualité que les premières on en fait une forte petite consommation.

Motilles et Borlons

C'est une espèce de futaine rayée dont passe aux Indes par les Galions et les flottes pour environ   50 ou 60 000 livres

Draps de toutes sortes

il s'en débite en Espagne peu et beaucoup dans les Indes, il en passe dans les

galions pour plus de iiij^c 1 m. 1.   450 000 livres
par la flotte pour iiij^c m. 1. Et dans le pays pour environ xv à xx m. 1.

(Total 865 à 870 000 livres)

Serge

Il en passe par les galions pour environ C m. 1. et par la flote 1 m. 1.

(Total 150 000 livres)

Chapeaux de Breda

Il en passe par les Galions pour environ xxv à xxvj m. livres   (25 à 26 000 livres)

Camelots de toutes sortes

Il s'en débite par les Galions pour plus de jx^c m. livres   (900 000 livres)

Fil blanc fin

Il s'en débite ordinairement par les Galions pour environ C m. livres
Par la flotte pour lx ou lxx m. 1. Et pour le pays pour xx ou xxx m. 1

(Total 180 à 200 000 livres)

Fil blanc et de couleur

Il s'en peut consommer tant pour les Indes que pour le pays pour environ xx ou
xxx m. 1   20 à 30 000 livres

Ustensiles de cuivre de toutes sortes

Il s'en consomme une assez grande quantité qui peut monter a environ 250 ou iij^c
mille livres   250 à 300 000 livres

Espiceries de toutes sortes

Il passe de canelle par les galions pour environ lxx ou lxxv m. 1. Par la flote pour
environ ij^c m. 1. Et pour le pays xx à xxv m. 1.

Il se consomme de geroffle pour les Indes pour environ 1 a lx m. 1. Et pour le
pays pour environ 8 à x m. 1.

On débite d'autres espiceries pour les Indes pour environ lxxv à iiij^{xx} m. 1.

Total 423 à 450 000 livres)

Brocards d'or et d'argent

Il en a esté mis sur les derniers galions et flotes pour environ un million de
livres   1 000 000 livres

Pluches de toutes sortes

On n'en vend plus dans les Indes et cela est peu considéré.

Planches, matures, bois et merins, bray, goldron, cardage, harenc, saumon, beurre et
fromage

Il s'en consomme dans le pays pour environ iij ou iiij^c m. livres

300 à 400 000 livres

Commerce des Anglois
consiste

Premièrement

En Bayettes. C'est une estoffe manière de meschante revesche qui peut valoir 60 à 70
1. la pièce contenant 44 Varres, il en est consommé une quantité prodigieuse. Tous
les Espagnols en ayant presque toujours des manteaux, outre qu'ils s'en habillent
l'Esté.

Il en passe par les galions pour environ un million quatre cent mil livres. Par la
flotte pour iiij xl^c m. 1.

Et pour le pays pour ij^c iiij^{xx} m. livres.   (Total 2 180 000 livres)

Estamines

Ces estoffes ruinent les Res de Chalons, les Estoffes de Montauban et d'Amiens,
elles servent a faire des habits aux peuples, la pièce vaut 35 à 40 livres : il en passe

par les galions pour environ iiij^c xx m. livres. Par la flotte pour iij l. m. livres. Il s'en consomme dans le pays pour iiij^{xx} à C m. livres   (Total 420 000 livres)

Bas de soye

Il en est emporté ordinairement par les Galions pour environ lx m. l. Par la flote pour xxxvj m. livres. Il s'en débite pour le pays pour environ xij m. livres. La paire de ces bas ne vaut qu'un escu   (Total 108 000 livres)

Bas de laine première sorte

Il s'en consomme une très grande quantité partout. Il en passe par les Galions pour environ l j^c xl m. livres. Par la flotte pour C iiij^{xx} m. livres. Et il s'en débite dans le pays pour xv m. livres. La douzaine de ces bas vaut 28 à 30 livres.

Seconde sorte

Il s'en achète aussi une grande quantité, il en passe par les galions pour environ iiij^{xx} m. livres. Par la flote pour l m. livres. Et pour le pays pour xv m. livres. La douzaine de ces bas 15 à 25 livres.   (Total 145 000 livres)

Troisième sorte

Il s'en consomme encore de cette qualité pour les galions pour environ xlv m. livres, par la flote pour xlv m. livres Et pour le pays x m. livres. La douzaine de ces bas vaut *(espace laissé en blanc dans le manuscrit)*   (Total 100 000 livres)

Sempiternes

C'est une meschante estoffe de laine dont on consomme beaucoup, il en est envoyé dans les Indes par les Galions pour environ ij^c m. livres. Par la flote cl m. l. Il s'en débite dans le pays pour environ iiij^{xx} m. livres.   (Total 430 000 livres)

Sempiternilles

C'est une estoffe a peu près de mesme que la précédente hors qu'elle n'est pas si fine, il s'en consomme par les galions pour environ cl m. livres. Par la flote pour lxxv m. livres. Et pour le pays xl m. livres   (Total 265 000 livres)

Escarlates

Ce sont de grosses estoffes de laine rouge d'environ 35 à 40 livres la pièce de 28 varrres. Il est débité par les Galions pour environ lxxv m. livres. Par la flote pour l m. livres. Et pour le pays pour xxv m. livres   (Total 150 000 livres)

Bombazins

C'est une espèce d'estoffe d'environ 8 à 10 l. la pièce, elle sert à faire des poches et des pourpoincts aux pauvres gens. Il s'en débite par les galions pour environ iiij^{xx} m. livres. Par la flote pour l m. livres. Et pour le pays xviij m. livres

(Total 148 000 livres)

Draps d'Angleterre

Il s'en débite une assez grande quantité par les galions pour environ ij^c m. l. Par la flote pour Cxxx m. livres. Et pour le pays pour viij m. livres.

(Total 338 000 livres)

Toiles d'Escosse

Elles sont de si méchante qualité qu'il n'en est fait qu'une très petite consommation qui ne va pas pour toutes les Indes et le pays a x m. livres

10 000 livres

Sparagon

C'est une manufacture de laine très meschante dont il ne se consomme pas pour viij m. livres   8 000 livres

Toiles de coton des Indes teintes en Angleterre

Il s'en débite une prodigieuse quantité par les Galions pour environ c l m. livres.

Par la flotte pour C m. livres. Et pour le pays pour 1 m. livres. On double les casaques et les chausses   (Total 300 000 livres)

Il y a plusieurs autres sortes de menues manufactures dont le débit peut monter en tout à ij^c m. livres   200 000 livres

Cire blanche

Il s'en fait un débit de plus de quatre millions de livres, les Anglois en font la moitié et le reste de ce commerce se fait par les françois, les hollandois et les flamans. On ne sçauroit dire la quantité qu'il s'en débite aux festes que les Espagnols et les Amériquains font dans les Eglises qu'ils ont devotion d'illuminer.

Le commerce des Hambourgeois
consiste

Premièrement

En toile platilles. C'est une toile qui se fait a hambourg et aux environs qui par la ressemblance qu'elle a a celle de Quintin est de débit quoyque beaucoup inférieure en bonne qualité. il s'en consomme ordinairement Par les galions pour ix^c m. livres. Par la flote pour vj^c m. livres. Et pour le pays pour iij^c m. livres.

(Total 1 800 000 livres)

Il est a observer que les derniers galions qui sont partis avant l'arrivée des vaisseaux de Saint Malo en ont emporté aux Indes pour plus de 1 200 000 dont la Vente a été favorable parce qu'il ne s'en est point trouvé de Bretagne, c'est ce qui doit faire inférer que si les peuples s'estoient une fois désaccoustumer de nos toiles, ils pourroient s'en passer, il seroit bien important de trouver des moyens de ruiner cette manufacture. Les marchands et manufacturiers du Royaume pourroient en indiquer quelques-uns.

Enrolades

C'est une toile fort grosse qui vaut 4 à 5 sols la varre. Elle est d'une petite consommation, cependant il s'en débite pour les Indes et pour le pays pour au moins lxxv m. l.   75 000 livres

Estoupilles

C'est une si meschante sorte de toile et si claire qu'il ne s'en est fait qu'une très petite consommation.

Bocadilles

C'est une autre sorte de toile aussi fort grosse dont la pièce est seulement de 7 varres 1/2 qui vaut en Allemagne 30 à 35 s. il s'en consomme pour les Indes et pour le pays pour environ iij^c m.l. Ces toiles servent à faire des chemises et autres choses pour les pauvres gens   300 000 livres

Bombazins

Elles sont de fil et de coton comme il a esté cy devant expliqué propres a faire des poches et des doublures. il s'en consomme pour environ xxvj m.l.

36 000 livres

Toiles teintes de noir, bleu et gris

Il ne s'en consomme dans le pays que pour environ xij a xv m. livres

12 à 15 000 livres

Westphalie

Ce sont de grosses toiles dont les Estrangers font un grand débit quand le Commerce de France est interdit par quelque occasion de guerre, mais pour l'ordinaire on en consomme pour iiij^xx à C m. livres.   80 à 100 000 livres

Ces toiles servent aux pauvres gens pour faire des chemises ou autres choses à leur usage.

Sillezie

Ce sont aussi de grosses toiles qui n'ont de grand débit que lorsque nos toiles manquent dans les Indes.

Crées d'Allemagne

Ce sont des toiles qu'ils ont voulu contrefaire et qui ont la mesme laize que celles de Bretagne, mais qui n'ont pas leur beauté ni leur bonté. cependant ils ne laissent pas d'en débiter pour environ xxx à xl m. livres. 30 à 40 000 livres

Toiles blanches et bleuës rayées qu'on appelle listaos

Ce sont des toiles qui servent à couvrir des matelas et a faire des habits aux pauvres gens, il s'en débite pour les Indes et pour le pays pour environ C m. l. Cette marchandise se vend 10 s. la varre 100 000 livres

Toiles de Couty

Ce sont des toiles qui servent aussi à faire des matelas, des Traversins et a habiller les pauvres gens, il s'en débite pour les Indes et pour le pays pour environ iij^c m. livres 300 000 livres

Napes et serviettes ouvrées

Il s'en débite pour les Indes et pour le pays une grande quantité. il s'y en consomme pour environ C m. livres 100 000 livres

Ustenciles de Cuivre, Merin et toutes sortes de peinture

Il s'en consomme pour environ Cxx m. livres 120 000 livres

Le Commerce des Gennois

consiste

Premièrement

En estoffes d'or, d'argent et de soye. Ces Estrangers ont des manufactures de toutes les Estoffes qui se fabriquent en france dont ils font un très grand débit et qui monte a plus de quatre millions de livres, outre qu'ils ont des velours en particulier dont ils font un débit pour les Indes et pour le pays de plus de iij^c m. livres 300 000 livres

Denteles d'or et d'argent

Ils en tirent de Genève et n'en fabriquent point chez eux. ils débitent de ces sortes de dentelles pour plus de trois cens mil livres 300 000 livres

Fil d'or et d'argent

Il s'en consomme pour les Indes et pour le pays pour environ C m. livres 100 000 livres

Soyes torses de Gennes, de Naples et de Calabre

Il s'en débite pour les Indes pour plus de huit cens mil livres. Ces Soyes ne sont propres qu'à coudre. elles se vendent dix à 12 livres la livre, celle de Calabre est la plus estimée 800 000 livres

Rubans de toutes couleurs

Il s'en débite pour les Indes et pour le pays pour plus d'un million cinq cent mille livres 1 500 000 livres

Bas de soye fabriqués à Gennes, à Milan, à Messine, à Naples et autres endroits d'Italie.

Il s'en débite pour les Indes et pour le pays pour plus de ix^c m. livres. Ces sortes de bas ont leur prix différent suivant la quantité de soie qui s'y trouve 900 000 livres

Papier

Il s'en fabrique a Gennes dont il se débite pour les Indes et pour le pays pour plus de 500 000 livres. C'est de gros papier dont la Rame vaut seulement 40 a 45 s. le plus fin. On pourroit contrefaire ce papier en france   500 000 livres

Tafetas de Pise

Les Gennois font encore ce Commerce. Ces Taffetas sont fort légers et la Varre couste 18 a 20 s. Il s'en débite pour les Indes pour environ ij^c m. livres

200 000 livres

Outre ce grand commerce que les Gennois font en Espagne ils en pratiquent un autre qui leur produit un grand bénéfice, ils prestent de l'argent à la grosse aux officiers généraux et aux Capitaines des galions et mesme aux marchands pour le Commerce des Indes, nos negocians pourroient en faire un pareil s'ils estoient assez puissans et assez riches, ce qui seroit bien a desirer, la grosse valant depuis 30 jusques a cinquante pour cent suivant les occasions, on estime que ces Italiens y employent a chaque depesche des galions et des flotes pour trois a quatre millions de livres.

Commerce des flamands de la domination espagnolle

Consiste

Premièrement

En denteles de fil blanc, on estime qu'il s'en consomme toutes les années par les galions pour environ xij^c m. livres

Par la flotte pour vj^c m. livres. Et pour le pays pour ij^{c}l m. livres

(Total 2 050 000 livres)

Fil blanc

Il s'en consomme dans les Indes et dans le pays pour environ iiij^{xx} m. livres

90 000 livres

Camelots de Bruges et de Bruxelles

Il s'en débite pour des sommes considérables mais il est à observer qu'on n'envoye que ceux de la moindre qualité parce que les Espagnols ne les payeroient pas la valeur des meilleurs. Il s'en consomme pour les Indes et pour le pays pour plus de iiij^c l m livres   450 000 livres

Bas de laine de Tournay

C'est article n'est pas considérable et il s'en débite seulement pour les Indes et pour le pays pour 30 à 40 000 livres   30 à 40 000 livres

Toiles de Brabant

Elles répondent a celles de Rouen et sont aussi fines et aussi belles elles coustent mesme plus cher. Mais comme elles ne sont pas si bonnes les Espagnols n'en font pas une grande consommation, il s'en fait seulement pour les Indes et pour le pays au plus pour 20 ou 30 000 l.

Toiles de Gand

C'est article n'est pas non plus considérable

Holans ou autrement baptiste

Comme elles sont plus fines que celles de Cambray on en fait un débit particulier considérable. Il s'en débite pour les Indes et pour le pays pour environ iiij^c m. livres   400 000 livres

Ce commerce de flandre se fait quasi tout par le convoy d'Ostende quoyque les principaux Negocians soient de la domination du Roy. il faudroit essayer de le faire passer par Dunkerque.

Les Espagnols
ont encore quelques manufactures de soyrie et de lainages.

On fabrique à Séville, à Grenade, à Tolède et à Cordoue des Velours Cizelés, des Taffetas doubles et simples, des bas de soye, quelques rubans et autres petites estoffes de soye. Cet article peut monter environ à xj ou xij m. l. 1 100 ou 1 200 000 l.

Il se fabrique encore à Ségovie quelques draps qui sont parfaitement beaux dont il se consomme dans les pays estrangers et dans l'Espagne pour seulement

40 ou 50 000 l.

Ils en envoyent très peu aux Indes ces draps estant trop chers.

Ils chargent sur les Galions et les flottes des Vins, eau de vie, raisins secs et huiles qu'ils tirent du cru de leurs pays.

Ils envoyent aussi du fer, ces deux articles peuvent monter ensemble environ a xj a xij^c m. livres   1 100 à 1 200 000 l.

Le Commerce de tous ces Estrangers est différent du nostre et leurs manufactures et leurs denrées n'ont point de rapport avec celles du Royaume si ce n'est à l'égard des Toiles, des soyries et de quelques autres marchandises qu'ils ont contrefait quoyque de meschante qualité ne laissant pas de se débiter et de causer a nostre commerce une diminution considérable.

Il n'y a que les soyries de Gennes et de toute l'Italie qui sont d'un meilleur service que celles de france, cependant comme elles n'ont pas le mesme eclat que les nostres les Espagnols préféroient les françois aux Gennois quand la vente en estoit établie au mesme prix.

Reste à faire réflexion qu'on compte que les retours des marchandises françoises qui entrent dans cet important commerce rendent toutes les années douze à treize millions de livres. Au reste tous ces Estrangers n'auront pas plus d'avantage dans leur commerce que les sujets du Roy si une fois la paix est bien establie entre les deux couronnes quand a ce qui regarde la liberté de ce commerce dont les françois jouissent déjà d'une aussi entière que toutes les autres nations.

Retours que les Espagnols font pour payer la prodigieuse quantité de marchandises qu'ils ont porté aux Indes tant pour leurs comptes que pour celuy des Estrangers.

Premièrement
En or dont les Galions apportent toutes les fois qu'ils en retournent pour environ deux ou trois millions d'escus et par les flotes pour environ un million[221]
En argent par les galions pour environ dix huit à vingt millions d'escus
Et par les flotes dix à douze.
En pierreries par les Galions sçavoir en perles pour environ deus cent mil escus. En esmeraudes pour ij à iij^C m. escus. Et en Besoars, Amatistes et autres pierres de grande valeur pour environ 25 à 30 m. escus.
Et par les flotes point.
En laines de vigogne par les Galions pour environ 40 à 50 m. escus. Et par les flotes point.
En bois de Campêsche par les galions pour environ xx^m escus. Et par les flotes point.
En quinquina par les galions pour environ xx^m escus. Et par les flotes, point.

221. Le mot escu est employé ici pour piastre au sens d'unité de compte et non d'unité réelle, puisque la piastre effective était en argent.

En cuir par les Galions pour environ lxx^m escus. Et par les flotes pour aussi environ lxx^m escus.

En cuirs de Boenos-aeres qui sont beaucoup plus beaux que tous les autres pour environ ij$^{c.}$ m.

En cochenille par les flotes pour environ un million d'escus.

Et en indigo pour environ v$^{c.}$ m. escus. L'or et l'argent sont partagés entre toutes les nations comme il a esté expliqué par le mémoire du deux janvier[222]. Quant aux marchandises qui sont appellées par les Negocians les fruits il en passe en france pour des sommes assez considérables.

Premièrement

En cochenille pour plus de 150^m. escus.

En cuirs pour environ vj$^{c.}$ m. escus, ceux de Boenos aeres estant presque tous transportés en france.

En indigo pour environ 30 ou 35^m. escus.

En laine de vigogne pour environ 20^m. escus.

En quinquina pour environ 8 a 10^m. escus.

En bois de Campesche fort peu, la france ne faisant guère de débit de cette marchandise.

Il n'est pas parlé du sucre, du Tabac, du Cacao, de la salsepareille, vanille, bois de gayac et d'autres petites denrées que les galions et les flotes apportent de l'Amérique en Espagne ou parce qu'elles se consomment presque en Espagne ou parce qu'il en passe très peu en france et dans les autres pays estrangers.

On n'enregistre plus a Seville pour les Indes, tous les Enregistrements des Marchandises qui y sont destinez se font a present à Cadiz. Lors de la depesche des Galions et des flotes il est donné par les officiers de la contractation un temps pour ces enregistrements. dez que ce temps est ouvert jusques a ce qu'il finisse on embarque toutes sortes de marchandises sans estre visitées et cette facilité en donne aux negociants de couvrir les fraudes qu'ils peuvent avoir faites, les droits de sortie de ces marchandises quelques precieuses qu'elles puissent estre ne sont pris que sur le ballot qu'à ceste fin on fait le plus gros possible soit qu'il soit double ou simple. il est payé pour le premier 14 escus (=*piastres*) et pour le second 7 sans avoir esgard à la valeur des marchandises que ces ballots enferment.

Il est certain que toutes les marchandises qui sont embarquées à Cadiz pour les Indes et aux Indes pour l'Europe doivent estre couchées sur les Registres de la contractation a peine de confiscation, les Registres d'Espagne sont envoyez aux Indes et ceux des Indes en Espagne pour vérifier les fraudes, ces précautions seroient infaillibles pour empescher toutes celles qui sont faites si les Espagnols vouloient les faire valoir, mais comme ils les laissent sans effet il est a croire que ces fraudes sont plutost tollérées qu'inconnues par le Conseil d'Espagne. Lequel pour récompenser en quelque sorte Sa Majesté Catholique de la perte qu'elle en reçoit dans ses droits ordonne l'imposition aux Indes d'un Indult ordinaire à chacun Voyage des Galions et de la flote, celuy des Galions donne au Roy d'Espagne 400 m. escus, celuy de la flotte 275 m. escus et au retour il en est tiré un autre plus ou moins fort selon les occurences et les conjonctures du temps, outre ces deux Indults, le Commerce du Pérou paye au Pérou en argent 400 m. escus a chacun voyage des Galions et le

222. Ce mémoire se trouve à Rouen. B M Coll. Montbret n° 236. Les chiffres en ont été utilisés dans l'étude.

Mexique deux (cent mille à chacun voyage de la flote. Ces Indults ne feroient a ce Commerce que le mal qu'il pourroit soutenir s'ils n'estoient levés que pour des sommes que Sa Majesté Catholique en retire, mais si elle en reçoit 600 m. escus, il en est toujours imposé peut estre un million par l'authorité que les Députez du Consulat ont acquise d'exiger a leur gré ce que bon leur semble sans en rendre compte qu'à leurs Commettants qui n'en rendent à personne. Le Roy d'Espagne leur donnant ce pouvoir, sans pénétrer par quelle autre raison que pour n'estre pas obligé d'entrer dans la connoissance de ce qui se passe dans le commerce des Indes que Sa Majesté Catholique est nécessitée de permettre aux Estrangers sous le nom de ses sujets, les officiers reçoivent de ces exactions de quoy s'enrichir et de quoy faire de grands dons aux Ministres d'Espagne au préjudice du commerce des Estrangers qui en supportent presque toute la charge dont partie tombe sur celuy des françois.

La Tollérance ou plutost la tacite permission que le Roy d'Espagne laisse si facile à tous les Estrangers de commercer aux Indes sous le nom de ses sujets paroist plutost estre l'effet d'une fine politique que celuy de la corruption et du mauvais gouvernement de son Estat, il me semble que cette Tollérance qui est au fond necessaire, ses sujets n'estant pas en estat de profiter de ce commerce si puisant et si riche donne à Sa Majesté Catholique l'avantage de pouvoir tousjours ruiner quand bon luy semblera le Commerce de celuy des Estrangers dont elle ne sera pas satisfaite, outre la liberté qu'elle luy laisse de tirer sur leurs effets non seulement des Indults ordinaires mais mesme de se rendre dans des occasions de guerre le maistre de ces richesses immenses que les galions et les flotes apportent. il ne seroit pas bon que nos negocians fussent prévenus de cette opinion ils auroient bien moins d'ardeur pour un commerce si incertain, et qui dépend entièrement de la volonté du Prince quand il a la force de la faire valoir.

Le commerce qui se fait à Cadiz roule presque tout sur la fraude. nos negocians passent par haut autant qu'ils peuvent. C'est à dire sans payer les droits, les marchandises qu'ils font entrer pour éviter ceux des Doüanes qui montent à 23 pour cent, ils embarquent de mesme celles qu'ils destinent pour les Indes dans les Galions, navires de guerre, ou il est deffendu d'en charger, ils les chargent sans les enregistrer sur les registres de la contractation et les passent de bord a bord ; ils en usent de mesme à l'esgard de l'argent qu'ils sortent de Cadiz ou qu'ils tirent des Galions, et toutes ces fraudes ne se font que par le secours et les intelligences des Espagnols, cependant elles causent souvent du bruit et des difficultez.

A l'arrivée d'un Navire françois dans la Baye de Cadiz la doüane fait ses diligences pour envoyer un garde a bord pour empescher qu'il ny soit embarquer aucune chose sans acquit. Le Garde n'est receu dans le Vaisseau que sur le billet du Consul qu'il retarde souvent de donner pendant trois ou quatre jours pour laisser suffisamment du temps aux Negocians de faire leurs affaires en fraude.

Le Me du Vaisseau vient à terre rendre compte au Consul de son voyage et lui remet son livre de son bord, tous les particuliers qui sont intéressez dans la Cargaison sont appellés chez luy ou chacun convient du nombre de balots qu'il souhaite déclarer à la Doüane, il en est fait un Estat en gros qui en spécifie ny la qualité ni la quantité des marchandises Lequel ne contient quelquefois la vingtième partie du chargement. Ces Estats est porté à la Doüane et enregistré sur les leurs que le Maistre signe et le Commis du Consul qui l'a porté, après quoy les Negocians y vont eux mesmes en chercher les expéditions ou pour lors ils déclarent la qualité et non encore la quantité, ils envoyent a bord ces Expéditions sur lesquelles les balots sont deschargez aportés à la Doüane, ou alors le Negociant déclare la quantité des marchandises, le balot y doit être ouvert et si par hasard il estoit visité et qu'il s'y trouvât une plus grande quantité que celle qui avoit esté déclarée, il n'y auroit pas de confiscation pour cela, il n'y auroit que l'augmentation des droits à payer pour la quantité qui n'auroit pas esté déclarée.

Les Balots de toiles ne sont pas ordinairement ouverts, ils ont seulement mis sur la serpillière, un sceau imprimé d'ancre, ceux de soyrie et de toile de baptiste le sont, il est attaché un plomb à chacune pièce dont le balot est composé.

Aussitost que les marchandises qui ont esté déclarées sont débarquées le Consul qui en a advis envoye chercher l'ordre de la Doüane pour faire retirer le Garde qui a esté mis a bord quand il y resteroit les deux tiers des denrées de la Cargaison, il suffit de dire aux fermiers qu'elles sont destinées pour un autre lieu, et il n'en faut pas davantage pour les contenter, la demeure du Garde à bord qui se laisse aisément corrompre facilite plus que tout autre chose le débarquement des marchandises qui n'ont pas esté déclarées.

Le Me du vaisseau ne trouve pas de difficulté dans la sortie, il la peut faire comme bon luy semble, s'il embarque des fruits des Indes comme ils ont payé les droits d'entrée et de sortie, il n'y a plus rien à payer, il faut seulement prendre un acquit, voilà tout ce qu'il y a à faire à la Doüane pour l'expédition du Vaisseau à son départ.

L'argent et les autres marchandises passent en fraude.

Il n'y a aucun Vaisseau marchand qui puisse aller en Amérique sans permission du Conseil des Indes qui ne les accorde que par les Instances du Consulat de Séville. Ceux qui accompagnent les Galions et la flote payent tous les voyages pour avoir cette permission trois a quatre mil escus et les Vaisseaux particuliers qui sont députez pour Boenos Aeres, Hondouras, St Domingue et autres lieux payent pour obtenir les permissions des sommes considérables particulièrement ceux qui sont destinez pour Boenos Aeres.

Les Droits du Roy d'Espagne dans les Indes consistent premièrement au Cinquième de l'Or, de l'argent et des pierreries qui se tirent des mines et des perles qui se peschent à la Marguerite et dans la Mer du Sud a la coste du lac Darien, on n'en sçauroit précisément donner l'Estat attendu les fraudes qui se commettent par les Espagnols.

Les Droits de la Monnoye qui se fabrique à Lima et Mexique sont de six pour cent dont Sa Majesté Catholique tire encore fort peu de chose.

Le Droit d'accavale (*alcabala*) de cinq pour cent s'estend sur tout généralement ce qui se vend aux Indes à l'exception des marchandises de la foire de Porto bello et de la Vera Cruz quand il s'en tient une, les immeubles le payent toutes les fois qu'ils changent de main, et les marchandises de consommation toutes les fois qu'elles sont venduës, ce droit seroit très considérable s'il estoit levé avec exactitude, mais comme il est négligé le Roy d'Espagne n'en lève que très peu de chose.

Les Indults qui se (lèvent) au débarquement des Galions et des flotes ceux qui se payent au Pérou et au Mexique cy devant expliqués peuvent passer pour des droits.

Les Droits de la Bulle et de la Croisade que le Pape a donné au Roy d'Espagne sont très considérables chacune personne de tous ses grands Estats sans distinction aucune payant au moins 15 s. plusieurs suivant qu'ils sont estimes riches sont taxés plus ou moins jusques a iiij^c livres, les bulles passent mesme pour les morts et elles sont achetées sur le pied de 15 jusques à 60 s. et la coutume a esté establie qu'il est de l'honneur ou de la charité des familles d'en prendre pour tous les deffuncts jusques à la troisième génération en remontant pour leur procurer les Indulgences qui y sont concédées.

Ce Droit est levé avec d'autant plus d'exactitude que les Placards des Bulles passent d'Espagne dont ceux qui en sont chargez doivent rendre compte, Ce droit là est dirigé, il n'est pas en party, il peut monter à plus de trois millions d'escus.

Le Droit de vif argent qui se consomme à Mexique pour faciliter l'extrait des mines est de 200 livres de profit sur chacun quintal dont le Roy d'Espagne tire environ 200 m.l. et les dixmes des bénéfices.

De tous ces droits, ces Indults et ces dixmes, Sa Majesté Catholique n'en retire pas toutes les années rendu en Espagne deux millions d'escus, le Reste se consomme en fortifications, en appointemens, solde des officiers des Troupes qu'elle entretient aux Indes.

Les droits du Roy d'Espagne au retour des Galions et des flotes sont de huit pour cent de la valeur des marchandises qu'ils appellent fruits des Indes dont il retire très peu de chose, à cause qu'on passe presque tout par haut et de six pour cent pour les barres dont aussi il retire très peu de chose, toutes passant aussi presque par fraude.

Le Droit appellé Avarie dont le fond est destiné pour la dépense de l'armement des Galions fait partie des 14 escus qui se lèvent sur chacun des balots doubles et simples qui passent à la doüane pour estre embarqués sur les galions et la flote et à leur retour, est la moitié de huit pour cent qui se lèvent sur les fruits des Indes.

Les Officiers de la Contractation ont la direction des droits d'avarie.

Les droits qui se lèvent aux Indes sont perceus par l'authorité des Juges royaux et les autres tant des flotes que des Galions par des fermiers qui ne sont pas aussi exacts que ceux du Royaume.

Les Négocians de St Malo estiment et ceux de Cadiz sont de mesme sentiment qu'il suffiroit que le Roy fit rester toute l'année deux Vaisseaux de guerre de 50 à 60 pièces de canon dans la baye de Cadiz... »

[Le Mémoire continue par l'énumération des mesures à prendre pour la protection du Commerce des Français à Cadix, puis revient sur les convois des Galions et des Flottes pour en préciser l'organisation. Ces derniers renseignements ont été incorporés dans l'étude].

Ce mémoire pourrait se passer de commentaire et nous n'avons pas l'intention d'en entreprendre un de grande longueur. L'Intendant Patoulet a, pratiquement, transcrit ce que lui ont dicté ses interlocuteurs à Saint-Malo et à Cadix, signe de modestie et d'intelligence que de s'effacer devant des hommes de l'art meilleurs experts que soi par la force des choses. Ses interventions personnelles sont limitées au maximum, même lorsqu'il s'agit des remèdes à apporter à « la diminution du commerce ». C'est sur ce point que nous voudrions ajouter un mot. L'expérience nous a appris que les habitudes acquises incitent certains historiens à s'engouffrer derrière une expression, un accent dans le ton, pour redécouvrir ce qui leur est cher, remettre en selle ce à quoi ils ont adhéré autrefois et qu'ils ont pu croire un moment ébranlé. En l'occurrence, dans ce mémoire de Patoulet, ils pourraient être tentés de succomber à deux sollicitations. Premièrement, de relever tout ce qui a trait à la concurrence entre nations, à la crainte de perdre le marché espagnol, pour le rapporter à une inspiration mercantiliste, en général, qui, par enchaînement, sera dénoncée comme morose, puis comme expression d'étroitesse, de contraction de la vie économique et, enfin, de crise... puisque le XVIIe siècle, pour eux, ne saurait être tissé que de crises. Secondement, de fondre sur les aveux contenus dans le mémoire d'un déclin de plusieurs articles français pour triompher et proclamer qu'ils l'avaient bien dit et que la crise était là. De même que certains, sur la courbe récapitulative que nous avons publiée, n'ont eu d'yeux que pour la cassure du milieu du siècle (due aux guerres) parce qu'elle confortait et réconfortait leurs convictions.

Remettons les faits en place. Patoulet a été envoyé en Espagne, via Saint-Malo, pour une mission dont nous n'avons pas l'instruction, mais dont les grandes lignes se dégagent de sa correspondance et de ses mémoires. Il a eu pour tâche de s'enquérir de la nature et de la force du commerce français en Espagne, de ce qui n'allait pas dans ce commerce éventuellement et, en particulier, des entraves que le gouvernement de Madrid auraient pu poser aux activités de nos compatriotes avec discrimination de leur cas et de celui des autres étrangers à Cadix. Nous sommes au lendemain de la « petite guerre du Luxembourg » qui a fait trembler pour leurs trésors les négociants français, et qui avait animé les autorités espagnoles contre eux, notamment sous la forme d'indults exceptionnels. D'autre part, nous sommes aussi au lendemain de la Trêve de Ratisbonne qui assure la paix, théoriquement, pour de longues années et apparaît en tout cas aux contemporains comme une halte et une occasion de faire le point, de reprendre souffle et d'amorcer de nouvelles conquêtes pacifiques. Seignelay, qui a dans son département ces industries de Bretagne et le commerce avec l'Espagne, a essayé d'en profiter pour redonner du lustre à son secrétariat d'Etat et se poser sur le plan économique comme compétiteur et rival de Louvois (qui avait les manufactures de laine sous sa coupe). La mission de Patoulet est contemporaine d'enquêtes auprès des consuls dans toutes les capitales étrangères et contemporaine de la vaste commission d'Inspection générale délivrée à Bercy, qui, comme au temps de Colbert celles délivrées à la Reynie puis à d'Herbigny, devait autoriser un véritable tour d'horizon de l'économie française maritime.

Patoulet a donc travaillé sur injonction. Il était normal, dès lors, surtout dans la perspective de concourir à un redressement et de promouvoir le commerce, qu'il se préoccupât de « ce qui n'allait pas », et que ceci ne soit pas caché mais mis en « apostille », c'est-à-dire souligné. Il serait ridicule, par contre, pour l'historien d'effacer ce côté fonctionnel des observations de Patoulet pour lui donner une signification « profonde », « essentielle », « abstraite » de procès-verbal de la crise. Avant de s'y risquer, il faudrait au moins pondérer les informations pessimistes dans l'ensemble du mémoire, et l'on s'apercevrait alors que, pour un commerce en décadence, celui des Français à Cadix ne se portait pas trop mal. L'attention à la concurrence, la dénonciation des entreprises des étrangers n'appartiennent pas, d'ailleurs, en exclusivité au « mercantilisme » ou, plus exactement, à la pensée du XVIIᵉ siècle. Elles sont chevillées au corps de tout appareil commercial, inexpugnables de la vie économique, sauf inconscience, rare de la part des acteurs. Elles sont du XVIIIᵉ et du XIXᵉ et du XXᵉ siècle, du mercantilisme et du libéralisme, comme du protectionnisme et d'autres doctrines en isme... qui ne sont que d'épais foulards pour économistes jouant à colin-maillard. Qu'on les rencontre souvent au XVIIᵉ siècle, c'est un fait, mais on en a trop déduit sans précaution. Quant aux atteintes et aux agressions dont le commerce français aurait souffert venant des Anglais, des Hollandais, des Hambourgeois et des Gênois, comment ne pas les étudier dans leur contexte ?

Non seulement la vie économique implique concurrence entre les producteurs et les négociants, mais elle postule des gains et des pertes, des avancées et des reculs des uns et des autres. Pas plus qu'en histoire des champs, la notion d'immobilité, un principe d'immuabilité n'ont cours. C'est l'éternelle illusion des moralistes de la vie publique et de maints hommes d'Etat de croire que les choses devraient aller toujours leur train, que l'on ne devrait jamais enregistrer que des progrès, et que l'apparition de symptômes contraires ne saurait que traduire de fatals relâchements dans la gestion des affaires ou dans le dynamisme des chefs d'entreprise. A cet égard, le mémoire de Patoulet, avec son mélange d'opinions, ses nuances, est un modèle d'analyse, montrant que tantôt ce sera un trop bien fini et tantôt un laxisme qui introduiront une défaveur sur le marché espagnol, l'acheteur restant toujours, bien entendu, pour les articles qui ne sont pas de nécessité, le maître de ce qu'il veut acheter. Que dans ce *Handelspiel*, les Anglais aient pu tirer parti de leurs avantages pour bouter hors les ras de Chalons et les serges d'Amiens, quoi d'étonnant ? Que les Hollandais, flairant la bonne affaire, se soient mis à « bazarder » des brocards de soie (avec l'aide de fugitifs protestants, ou sans eux, car la Révocation de l'Edit de Nantes était fraîche et l'on sait, en outre, que les réfugiés n'ont pas très bien réussi dans leur réinsertion économique à Amsterdam), où est l'énigme ? Ce serait l'inertie des concurrents qui soulèverait problème. L'exemple des toiles platilles, imitées des Bretagnes et exportées par Hambourg, montre, de son côté, que les marchands étaient à l'affût de la moindre brèche dans les positions de leurs adversaires pour en profiter, et le « sale tour » joué par les Espagnols aux Malouins a été exploité, normalement, par les Allemands.

En vérité, tout ce commerce européen à Cadix demanderait à être reconstruit de l'intérieur et à retrouver une histoire. De quand date l'éviction des étoffes de laine françaises par les Anglais ? Cela ne se serait-il pas passé au début de la guerre entre la France et l'Espagne, en 1635, comme on pourrait le penser au vu des courbes amiénoises publiées par P. Deyon, coïncidant à la fois avec une rupture des approvisionnements en laine fine et avec des impossibilités de vendre, pour cause d'interruption des relations commerciales [223] ? On sait que l'Angleterre a bénéficié pendant un certain nombre d'années de sa neutralité. Considérons maintenant les toiles françaises, normandes et bretonnes. N'ont-elles pas eu la chance, elles aussi, pendant un moment, d'être délivrées de concurrence, lorsque la guerre de Trente Ans ravageait l'Allemagne et limitait dans ce pays la production ? La menace hambourgeoise en 1686 matérialiserait, dans cette hypothèse, la réapparition d'une nation marchande un instant éclipsée mais reprenant progressivement de son envergure. Et le déclin relatif français ne pourrait en rien témoigner d'un déclin généralisé des envois à Cadix et en Amérique. Il ne faut pas s'empresser de conclure au noir, même pour la toilerie française, en imaginant que l'on assiste, avec le constat de Patoulet, aux pro-dromes de sa décadence et qu'elle ne s'est jamais relevée des coups qui l'ont frappée alors. La compétition entre les Français, les Allemands et les Flamands durera, en fait, tout au long du XVIIIᵉ

---

223. P. Deyon, *Amiens, capitale provinciale, Etude sur une société urbaine au XVIIᵉ siècle*, Paris, 1967.

siècle et, si les Normands semblent avoir cédé assez tôt, les Bretons, bon an mal an, tiendront tête jusqu'en 1765 ou 1775 (on en parlera dans l'étude 4). En 1686, ils avaient encore de beaux jours devant eux et quelques voyages aventureux vers la Mer du Sud.

Le troisième document que nous produirons dans cet addendum remonte précisément à cette époque de la guerre de la Succession d'Espagne, mais il n'a pas trait à ces expéditions fameuses retracées naguère par Dahlgren, et sur lesquelles tout n'est pas encore dit, de loin s'en faut. Peut-être l'affaire dont il s'agit n'est-elle pas sans lien, malgré tout, avec l'épopée des Malouins et autres (dont les Marseillais, chers à C. Carrière). En effet, ce vaisseau qui revient de Buenos Aires et dont la cargaison appartient en grande partie à des Français, comme on va le voir, révèle une « habitude » de ces derniers dans la partie sud du continent américain, « habitude » à laquelle on trouverait des antécédents en 1685 (rappelons-nous le galion la *Thérèse*) et en 1659. Le rio de la Plata, par lequel s'écoulait selon une pente en quelque sorte naturelle, une partie des trésors du Haut Pérou, était un peu leur spécialité. Le vaisseau, *Notre Dame des Carmes*, capitaine Urdinzo (un biscayen), avait eu une odyssée mouvementée. Parti en 1698, capitane de l'Amiral Carlos Gallo Serna, il avait été immobilisé longtemps en Amérique et ne rallia les eaux européennes qu'au début de 1704. Par malheur, au large du cap Sainte Marie, il fut découvert par l'amiral hollandais Wassenaer et forcé de s'échouer non loin de Faro au Portugal. Il y avait à peine quinze jours que la Cour de ce pays avait déclaré la guerre à Louis XIV et à Philippe V. Cela posait un « cas » intéressant de droit maritime : la prise était-elle bonne ? C'est dans ces circonstances que les négociants français de Cadix, intéressés dans le chargement, dressèrent un état de leurs biens à bord de la *Notre Dame des Carmes* pour le remettre au Consul Mirasol qui l'enverrait à Paris. Cet état est à prendre, avec les réserves suggérées par le consul dans son excellente note d'accompagnement, comme un témoignage de l'envahissement, au reste bien avéré, de la Carrera par les étrangers et, surtout, par les Français. Finalement, d'ailleurs, le gouverneur de Puerto Santa-Maria, en Espagne, le Marquis de Villadaris, fit partir une trentaine de barques qui récupérèrent les trésors et l'équipage et les ramenèrent, en louvoyant, à Cadix (*Journal historique*, La Haye, 1704, n°s 13 et 15 et AN Paris, AE B1/215).

Participation des français au commerce de Buenos-Ayres

De Cadix le 7 avril 1704

Monseigneur,

J'ay l'honneur d'envoyer à Vostre Grandeur, joint à la présente, l'Estat Général de l'interest que les marchands françois de cette ville, port Ste Marie et Séville supossent avoir sur le vaisseau Nostre Dame des Carmes capitaine Urdinzo qui eschoüa venant de Buenos ayres proche faro à la coste de Portugal, se montant àppert dudit estat, un million, trente cinq mille, trois cens nonante quatre piastres, et six huitièmes.

J'ay les mémoires ou estats particuliers de chacun, lesquels montent ensemble laditte somme, elle est bien grande, Monseigneur, plus que celle que j'eus l'honneur de vous mander que, selon mon avis, je croyais qu'elle pouvoit monter. sur quoy j'ay a représenter, a Vostre Grandeur, ce qui s'ensuit pour qu'elle soit informée a fonds de cette affaire.

Il faut donc, Monseigneur, que vous sçachiez qu'il y a deux sortes de contrats, par lesquels les marchands font paroistre que ces Sommes leur sont deuës sçavoir factures et escritures ; les factures sont une espese de compte ; ils establissent les prix qu'elle valent en cette Ville, les fraix de les porter à bord et les Droits de sortie et les font monter supposons mille piastres, or par l'estat qu'ils donnent a présent ils content autant pour le profit, prétendu qu'ils croyaient faire en sorte qu'ils doublent la partie.

Les Escritures sont des obligations, ou des contrats à la grosse, ce sont des sommes certaines que les acheteurs devroient payer arrivant icy à bon sauvement et dont ceux qui ont donné les marchandise courent le risque et pour cela si les marchandises qui composent cette écriture valent icy cent, pour le risque on s'oblige à payer ordinairement cent soixante jusqu'à cent quatre vingt ; de manière qu'entre factures et contrats à la grosse, il s'en faut peu que les profits n'égalent les Capitals ; il est encore a remarquer que comme ce Vaisseau estoit armé en guerre les marchands présument que contre leurs ordres les Commissionnaires et les obligez à la grosse (croyant bien faire) n'aient chargé sur celuy-cy tout ce qu'ils leur devoient apporter sur les autres, en sorte que selon ce que j'ay pû connoître ils m'ont donné les estats de tout ce qu'ils attendoient de Buenosayres : j'ay presenty de plus que quelques-uns d'eux avoient de vieilles debtes en ces Régions là et qu'ils les calculent et mettent dans leurs Mémoires, il m'a esté impossible de m'en esclaircir a cause que je n'ay pû m'en informer, leur ayant promis le secret, et que personne du Commerce n'y autres ne sçauroient les interests que chacun y avoit.

Vostre Grandeur peut encore observer s'il luy plaist, que dans cette grande somme il y en peut avoir bonne partie appartenans aux Espagnols, et je ne voudrois pas jurer que les ennemis n'y eussent part ; les raisons sont qu'il arrive que comme aucun étranger ne peut pas charger pour son compte, les factures se font au nom des Espagnols ; ces factures peuvent être composées de diverses marchandises et de diférents intéressez qu'ils mettent tous sur un nom, gardent chacun chez soy les mémoires de ce qui luy appartient avec les déclarations de tous les intéressez et du Commissionnaire, et comme l'on a veu que nous voulions envoyer ces mémoires, il se pourroit bien que le tout ait esté mis au nom des françois. Vous pourrez entendre, Monseigneur, la mesme chose des Contrats à la grosse que ce que je viens de dire des factures, si l'on pouvoit avoir les connoissemens que ce Vaisseau apportoit, on verroit clairement à qui ce bien appartenoit, attendu que les Commissionnaires, et obligez à la grosse, quoyque les Contrats qu'ils ont passé soient au nom d'un qui peut estre n'y a nul interest, ils ont les ordres particuliers de ceux qui l'y ont pour faire venir ce qui leur appartient séparamment les uns des autres, et ce sera par les instrumens qu'ils seront obligez a justiffier ce qui leur appartient en cas qu'on en obtienne la restitution.

Il est toutefois constant que nos negocians y ont un considérable interest ils espèrent, Monseigneur, de la Bonté du Roy par l'intercession de Vostre Grandeur, que Sa Majesté voudra bien réclamer ce qui leur appartient, ils supplient très humblement, Monseigneur, espérant que vous qui avez protégé le commerce avec tant de soin et de bonté dans des affaires qui n'estoient point de cette importance, ils auront le bonheur de l'estre en cette occasion.

J'ay l'honneur d'estre avec le plus profond respect Monseigneur De Vostre Grandeur Le très humble et très obéissant serviteur

Mirasol

A Monseigneur le Comte de Pontchartrain.

Estat Général de l'Interest que les marchands françois de Cadix, Port Ste Marie et Séville avoient sur le Vaisseau nommée nostre Dame des Carmes, capitaine D^n Bartholomé de Urdinzo, eschoué à la Coste de Portugal venant de Buenos ayres sçavoir

Le Sr Jean Lambert Fontaine d'Orléans pour onze factures de divers marchandises qu'il donna à vendre pour son conte et à son risque au nom du D^n Andres Martinez de Murguia et de Martin Doquendo a cause que par la loy du Consulat il est deffendu que les estrangers ne peuvent point envoyer des marchandises pour leur compte, il est de nécessité indispensable qu'on les envoye au nom des Espagnols mais qu'on faira paroistre en tems et lieu que ce sont des effets appartenant aux françois, en sorte que les onze factures aux prix d'Espagne montent à la somme de 120 Mille 810 piastres 1 R 3/4 et que l'on peut considérer que les retours seront au double qui feroient la somme de .... p^{es} 241 620 3/4

pour une escriture pour une partie de Cire venduë audit Cap^{ne} Urdinzo 11 139 5/8

Il présume aussi qu'une partie de marchandises venduës a la grosse qui se monte 34 340 piastres qui devoient venir sur les Vaisseaux qui partirent de cette Baye en 1698 sur ledit navire, monte comme il est dit .... Pes 4 340

Le Sr de la Briantaye de la Haye de St Malo pour sept factures et une escriture

Pes 57 305 1/4

Le Sr François Encoignard de la Ville de Coutances en Normandie pour deux comptes receûs de Buenos ayres et pour trois factures .... Pes 73 289 1/4

Le Sr Jean Baptiste Masson d'Orléans pour sept factures montant le Capital 133 355 Rx de plata et le profit qui s'ensuit ordinairement font 266 710 Rx de plata qui font piastres 33 478 3/5

Le Sr Jacques Lorion Breton pour des escritures 74 654

Le Sieur Gilles Pain pour une escriture et une facture 1 400

Le Sr Gabriel de Villa pour une facture seulement de principal 1 500

Le Sr Snelling flandrin françois pour deux factures 12 539

Le Sr Pierre Tardy de Lyon, une escriture et deux factures 12 175

Le Sr Aniano Desfriches de Rouen pour deux escritures 15 914

Le Sr Jacques Savaletta Breton pour quatre factures 28 866

Le Sr Jean Defau de Béarn pour une escriture et une facture 38 500

Le Sr Arteaga Breton pour deux factures	2 853
Le Sr Beaunier Dufresne de St Malo pour une facture et une escriture	22 217
Le Sr Rodrigo Van Berquel deux escritures et une facture	27 511
Le Sr Le Jay de la Ferrière de Paris, deux obligations et trois factures	36 571
son homme y a pour	300
Le Sr François Auguste Magon une escriture	4 376
Le Sr Jacques Sanfield de Nantes pour une facture	2 652
Le Sr Joseph Barbier de Marseille une facture	6 322
Le nommé Couton chapellier	800
Le Sr Balthasar Robert de Marseille	1 092
Le Sr Guillaume et Jacques Whitte du port Ste Marie une escriture et une facture	
	8 441
Le Sr de la Carterie de Rouen pour une facture son Capital	114
Le Sr Antoine Gaubert pour une facture et une moitié d'une escriture	5 786
Les Srs Pons et Compagnie pour une facture	2 379 6/8
Le Sr Nicolas Le Gobien pour deux factures	11 500
Le Sr Jean Stalpaert pour deux factures	15 200
Le Sr Loüys Haÿs et Compagnie, pour marchandises et argent	38 547
Le Sr Pierre Porée une facture	19 256
Le Sr Louis de Navailles de Séville	5 881 3/8
Le Sr Guillaume Eon, deux factures	17 312
Jeanne Isnarde pour quatre douzaines de Chapeaux	180
François Rebaud, facture	4 531
Le Sr Verdu du Havre, une facture	22 660 5/8
Le Sr Guillaume Gaubert du port Ste Marie pour une facture et une escriture	
	64 146 4/8
Les Srs Vincent de la Haye et Georges Trublet deux factures	36 841 5/8
Les Srs Allain et Michel Dufresne, pour deux factures	35 064 4/8
Le Sr Guillaume Macé, en propre nom pour une escriture	3 800
Le Sr André Achard pour une escriture	2 880 1/8
	1 035 394 6/8

qui est un million, trente cinq mille, trois cens nonante quatre piastres et sis huitièmes.

On aura constaté que les Français, répondant au vœu de Patoulet, s'étaient lancés dans le prêt à la grosse aventure. Au vrai, ils le pratiquaient sans doute déjà en 1686.

4 ❧ L'argent et l'or d'Amérique au XVIIIᵉ siècle

Thématique

Les problèmes de documentation occupent une moindre place dans cette étude que dans les précédentes. Non qu'ils soient absents : les périodes des guerres ont présenté leur lot habituel de solutions de continuité, et l'arrêt de la publication des arrivages américains dans les gazettes hollandaises après 1778 a obligé de leur chercher un substitut. Mais les difficultés concernent la complétude des informations, par leur forme ou leur valeur, et il a été relativement aisé de trouver des sources de relais. La plupart des lacunes ont été comblées et, en même temps, des recoupements intéressants ont été opérés (bien que nous n'ayons pas poussé nos investigations jusque dans les archives de Séville et de Cadix pour des raisons de discrétion déjà indiquées). *Ipso facto*, l'exposé des découvertes s'est trouvé simplifié. Pour la commodité de la lecture, il a été divisé en quatre périodes : 1721-1740, 1741-1756, 1757-1778, 1779-1805, dont la coupe obéit à une certaine logique interne, et de la documentation et, surtout, de l'évolution des relations maritimes et commerciales entre l'Espagne et l'Amérique. La meilleure prise sur l'objet propre des recherches : la reconstruction de la courbe des arrivages, a permis d'élargir l'enquête sur leur environnement pour les situer, autant que possible, dans un contexte effectif et comme produits d'une action dynamique. La correspondance des consuls français a été une fois encore très précieuse et, spécialement, celle du consul à La Havane, Beloquin, remarquablement placé pour observer les mouvements des convois et en connaître les grands et les petits secrets. On espère ainsi avoir apporté, par-delà le fastidieux mais indispensable repiquage des chiffres, une contribution à l'étude du trafic lui-même entre les deux continents. Une deuxième partie, assez courte, amorce des récapitulations qui prendront toute leur dimension dans la cinquième étude : passage de l'argent américain dans les Hôtels des Monnaies de différents pays, comparaison et accolement des trésors revenus du Brésil et de l'Amérique espagnole, estimation en pourcentage de la ponction opérée par la réexportation de l'argent en direction de l'Orient, etc. L'ensemble des données ainsi complété, d'autres réflexions pourront naître.

&

L'histoire des métaux précieux dans la seconde moitié du XVIIe siècle était largement *terra incognita*. Il n'en va plus de même pour le XVIIIe. Une documentation relativement abondante a été rassemblée à l'époque par des observateurs bien renseignés. L'abbé Raynal, D. Lamberto Sierra, Alexandre Humboldt sont du nombre[1]. Soetbeer a utilisé leurs données dans sa tentative de reconstitution de l'extraction des métaux précieux aux temps modernes. Les historiens ont pu, grâce à son travail, acquérir une idée de la production en Amérique espagnole – croissance nette et soutenue de 1700 à 1800 et au-delà – qui, issue de bonne source, a des chances d'être proche de la réalité. La dynamique de cette poussée a été associée, avec plus ou moins de nuances et de réserves selon les auteurs, à une expansion économique de l'Europe, à la montée des prix, comme on l'a fait également pour la poussée, auparavant, de l'or brésilien, pour la poussée, au XVIe siècle, de l'argent péruvien[2].

---

1. Abbé Raynal, *Histoire philosophique et politique des établissements et du commerce des Européens dans les deux Indes,* Paris, 1780, p. 309 ; A. Humboldt, *Essai politique sur le Royaume de la Nouvelle-Espagne,* Paris, 1811, tome II, pp. 300 et suiv. ; D. Lamberto Sierra in H. Ternaux-Compans, *Archives de voyage,* Paris, 1840, tome II, pp. 297-301 ; et, bien entendu, A. Soetbeer, « Edellmetall - Produktion und Verhältnis zwischen Gold und Silber seit der Entdeckung Amerikas bis zur Gegenwart », in *Permanns Mitteilungen,* Gotha, 1879, ainsi que A. Soetbeer, *Matériaux pour faciliter l'intelligence et l'examen des rapports économiques des métaux précieux et de la question monétaire,* Paris, 1889.
2. Pierre Vilar discute cette question dans *Or et monnaie dans l'histoire,* Paris, 1974.

Une reprise de la question, jusques et y compris à sa base, dans ses matériaux, n'est pourtant pas superflue. En y regardant de plus près, on s'aperçoit en effet que l'information sur laquelle l'on s'est appuyé n'est pas entièrement satisfaisante ni adéquate à l'examen de ce sur quoi l'on veut en recevoir réponse. Deux catégories d'éléments la composent : des indications relatives à la production, des indications relatives aux arrivages des métaux précieux en Europe. Les premières sont apparemment solides, continues, voire complètes dans les limites de leur caractère officiel pour les mines du Mexique et pour le Potosi, mais elles sont tardives et sporadiques pour les autres gisements dont l'importance était peut-être moindre mais, qu'il s'agisse du Chili ou, surtout, du royaume de la Nouvelle-Grenade riche en or, nullement négligeable nonobstant le comportement de chat sauvage *(wild cat)* qui, tout au contraire, commande l'activité et la réussite dans le domaine qui nous intéresse. La courbe construite à partir de ces premières indications comporte donc des extrapolations et des faiblesses. Serait-elle meilleure qu'elle ne rendrait pas compte exactement du flux des métaux parvenant en Europe, puisqu'elle ignorerait tout des aléas du transfert d'un continent à l'autre : retards de la navigation, naufrages, captures par l'ennemi, etc. Elle risque dès lors d'être, sinon impropre entièrement, du moins inajustée pour une étude du rôle de l'argent dans l'économie de l'Europe. La deuxième catégorie d'informations serait plus appropriée à cet objet, mais elle est excessivement fragmentaire et, de plus, captieuse. Presque toutes les années – en petit nombre : 1748-1753, 1784 et 1785, 1792, 1803 – sur lesquelles nous sommes renseignés coïncident, au lendemain d'hostilités et d'un traité de paix, avec des rentrées exceptionnelles incluant des retours différés[3]. Il est donc souhaitable, dans la mesure du possible, de tenter la reconstruction d'une courbe des arrivages, sur de nouvelles données. C'est ce que, reprenant les gazettes, nous entreprendrons pour commencer.

1. Les arrivages d'Amérique espagnole de 1721 à 1805

Point n'est besoin de revenir longuement sur la confiance que méritent, en général, les gazettes hollandaises. Nous avons vu qu'aux époques antérieures leurs informations étaient puisées à bonne

---

3.   Coïncidence qui n'était pas fortuite puisqu'il s'agissait de publications de la Real Hacienda.

source, sur les lieux de débarquement, qu'elles étaient habituellement sûres. Les éditeurs successifs ayant continué de s'acquitter de
leur tâche avec conscience, nous n'aurions qu'à nous répéter pour la
période présente. Ajoutons que les correspondances consulaires sont
toujours disponibles pour un recoupement, une vérification, éventuellement un complément. L'examen des difficultés subsistantes, de
lecture ou d'interprétation, peut être reporté sans inconvénient *in
dato,* dans le fil du développement.

Contrairement à ce qui s'était passé durant la guerre de Succession d'Espagne, les gazettes hollandaises, au cours de la guerre
anglo-espagnole de 1740 à 1748, ont réfléchi convenablement
l'actualité qui nous intéresse. C'est plus tard qu'elles sont devenues
défaillantes. En 1778, gazettes d'Amsterdam, de Leyde et d'Utrecht,
avec un bel ensemble, ont cessé de reproduire les notices du
commerce hispano-américain. La Pragmatique du 12 octobre, en
libéralisant les conditions de la navigation, avait multiplié le nombre
des bâtiments qui y étaient employés. Les gazetiers étaient placés
dans une situation techniquement intenable[4]. Heureusement, les
gazettes espagnoles, discrètes jusqu'alors sinon muettes, devinrent
loquaces et prirent le relais. De sorte que la collecte des renseignements ne souffre d'aucune solution de continuité et peut être
conduite à son terme en 1805.

Dans la présentation des résultats, nous tiendrons compte de ces
particularités de la documentation. Pour la clarté de l'exposition, une
découpe périodique a été retenue qui les respecte, et qui se fonde
aussi sur l'évolution du régime de la navigation tantôt soumis à des
contraintes réglementaires et tantôt en dehors d'elles. Quatre
subdivisions s'individualisent de 1721 à 1740, de 1741 à 1757, de
1757 à 1778, de 1778 à 1805.

a. De 1721 à 1740

Entre ces deux dates, la Carrera obéit somme toute dans son
déploiement aux mêmes errements qu'entre 1660 et 1700. C'est-à-
dire qu'en dépit de l'ordre apparent qu'y introduisait le groupement
des navires en Flottes et convois des Galions, elle fut marquée du
sceau d'une certaine irrégularité. Les mesures édictées par Philippe
V n'y purent rien. Le transfert de la Casa de la Contratación et du

---

4. Manque de place, dilution de l'attention, etc.

Consulado de Séville à Cadix, en 1717, sanctionnait à vrai dire un *modus vivendi* établi depuis 1680 environ et, s'il favorisa sans doute le contrôle des chargements et déchargements, il ne changea rien à la pratique de la navigation[5]. Le fameux *Proyecto* du 5 avril 1720, ou règlement pour le départ des Flottes et des Galions, eut lui-même fort peu d'incidences dans ce domaine. Ses dispositions étaient au demeurant limitées. Elles concernaient les moments de l'année auxquels il fixait les convois qui devaient appareiller : le 1er juin à destination de la Nouvelle-Espagne, le 1er octobre à destination de la Terre-Ferme ; elles précisaient la durée à ne pas dépasser des escales et des estaries en Amérique ; elles ne soufflaient mot d'une périodicité des expéditions. Celles-ci restaient subordonnées à une décision d'espèce prise par le roi et son Conseil sur des motifs dont ils étaient juges[6].

Or, la menace d'ennemis, des actions militaires en cours, comme le siège de Gilbraltar en 1704, pouvaient les amener à différer un départ. De même des difficultés financières, sinon la pesanteur administrative et hiérarchique inhérente à la conduite de la Carrera. En outre, l'on pouvait retarder un départ jusqu'au retour, parfois interminablement long et contrarié du convoi précédent[7]. Les négociants de Cadix ne se privaient pas de leur côté de solliciter un report lorsqu'ils étaient inquiets d'un possible engorgement du marché américain[8]. Enfin, les autorités espagnoles, obligées en vertu des accords signés à Utrecht de délivrer à chaque voyage des Flottes ou des Gallions et en même temps une autorisation à un vaisseau anglais d'aller à la Vera-Cruz ou à Portobelo, n'étaient pas de ce fait très encouragées, très empressées à rapprocher les départs, mais plutôt enclines à user de stratagèmes dilatoires[9].

En conséquence, dans le laps de vingt ans, le nombre des Flottes expédiées en Nouvelle-Espagne fut de six seulement, celui des escadres de Galions de quatre, les unes et les autres partant à des intervalles inégaux qui allèrent de deux à cinq ans pour les premières

5. A. Girard, *La rivalité commerciale et maritime entre Séville et Cadix jusqu'à la fin du XVIIIe siècle*, Paris, 1932.
6. Antuñez y Acevedo, *Memorias históricas sobre la legislación y el gobierno de los españoles con sus colonias en las Indias occidentales*, Madrid, 1797, p. 161.
7. Par exemple, le départ des demi-galions de D. Blas de Lezo fut repoussé d'octobre à décembre 1736 *(Gazette d'Amsterdam,* n° 90, 1736).
8. Par exemple, le retardement du départ des azogues fut demandé à l'automne 1725 (AN Paris AE B 1/230, p. 258).
9. D'où l'envoi de demi-galions seulement, en 1736 à Carthagène.

et de deux à six pour les secondes, comme on le constate sur le tableau récapitulatif. Selon une remarque déjà présentée par Antuñez y Acevedo[10], les époques de l'année fixées pour l'appareillage par le *Proyecto* ne furent même pas respectées, et ce dès 1720. Des azogues, par huit fois, des vaisseaux de registre à destination de Buenos Aires (où l'introduction de marchandises pour une valeur de 700 000 piastres fut permise en décembre 1721), du Honduras et d'autres ports secondaires, en nombre malheureusement mal établi, meublèrent les années creuses. De plus, les armateurs des Canaries avaient l'autorisation depuis 1718 d'envoyer chaque année de leurs îles vers sept pays ou ports nommément désignés en Amérique une flottille d'un volume de 1 000 tonneaux[11]. Et en 1728, la Compagnie guipuzcoane fondée et installée à Saint-Sébastien commença à lancer vers la côte des Caraques la navette de ses bâtiments ; ils faisaient escale à Cadix, obligatoirement à l'aller, et au retour parfois.

La « buque » des Flottes de la Nouvelle-Espagne durant la période est connue. Elle était publiée par les autorités en même temps que l'on annonçait la date approximative du prochain départ. Elle oscille entre 3 000 et 5 000 toneladas (entendez tonneaux). Les navires accompagnant les Galions emportèrent quant à eux entre 2 000 et 4 000 tonneaux et une flottille destinée à Buenos Aires 750[12]. On est loin des lourdes formations de la fin du XVIe siècle : 16 000 tonneaux vers le Mexique et 12 000 vers la Terre-Ferme. Toutefois la capacité de charge des vaisseaux de guerre n'était pas incluse dans la « buque », bien qu'elle ait été à chaque fois mise à profit. Le tonnage utile réel en est fortement relevé : il devait atteindre de 6 000 à 8 000 tonneaux pour les Flottes de la Nouvelle-Espagne et de 5 000 à 8 000 pour les escadres de Galions. Malgré ce réajustement, un écart important persiste. Et, en raison de l'étirement des intervalles entre les convois au XVIIIe siècle, le volume moyen annuel des envois tomba bas : 2 000 à 3 000 tonneaux pour la Nouvelle-Espagne, 3 000 tonneaux peut-être pour la Terre-Ferme, soit moins même que dans le troisième quart du XVIIe siècle (3 000 à 3 500 et 3 000 à 4 000 respectivement).

10. Antuñez y Acevedo, *op. cit.*
11. J.H. Parry, *The Spanish seaborne Empire*, New York, 1970, pp. 292-305, récapitule les principales mesures législatives adoptées.
12. Les « buques » ont été publiées plusieurs fois. Les voici d'après Antuñez y Acevedo, *op. cit.*, et M. Lerdo de Tejada, *Comercio exterior de Mexico desde la conquista hasta hoy*, Mexico, 1853:

Mais on n'en déduira pas tout uniment un affaiblissement correspondant du trafic. Les chiffres que nous manions pour le XVIIIᵉ siècle ne sont pas dépourvus d'élasticité. Ainsi, l'analyse du fret à bord de la Flotte de D. Rodrigo de Torres en 1732 révèle la présente de 9774 tonneaux de marchandises, alors que la jauge brute, tout compris, n'aurait pas dépassé les 8 500[13]. Le volume des cargaisons compte moins, d'ailleurs, que leur valeur, et l'on a des indices que les convois entre 1721 et 1740, à une exception près, furent bien chargés : la même Flotte de 1732 fut estimée à la somme énorme de 16 millions de piastres, *prix d'Espagne*, une sorte de record[14]. Une comparaison plus précise entre une Flotte du XVIᵉ siècle (celle qui partit de Séville en 1597) et une Flotte du XVIIIᵉ (celle qui partit de Cadix en 1729) montre la vanité du tonnage

12. (suite)

désignation	composition		« buque » du commerce en tonneaux
	vaisseaux de guerre	vaisseaux marchands	
Flotte de D. Fernando Chacon (1720)	3	16	4 428
Galions de D. Balthasar Guevara (1721)	4	9	2 087
Flotte de D. Antonio Serrano (1723)			4 309
Galions de D. Carlos Grillo (1723)	4	14	3 127
Flotte de D. Antonio Serrano (1725)			3 744
Flotte du Marquis de Mari (1729)	4	16	4 882
Galions de D. Manuel Lopes Pintado (1730)	5	11	3 862
Flotte de D. Rodrigo de Torres (1732)	4	16	4 458
Flotte de D. Manuel Lopes Pintado (1735)	4	11	3 141
Galions de D. Blas de Lezo (1736)	2	8	1 891

Le nombre des vaisseaux marchands n'est pas toujours indiqué de même dans les sources suivant que l'on comptait ou non les registres particuliers à destination du Honduras, de Porto Rico, Cumana, etc., non inclus dans la « buque » des convois, mais partant avec eux. Au sujet des vaisseaux de Buenos Aires, cf. AN Paris, AE B 1/235, lettre du 27 décembre 1728 : « Trois navires marchands mirent à la voile le 24 de ce mois pour Buenos Aires avec pavillon espagnol sous le commandement de Don Francisco Alzeybar. Il y en a deux de 300 tonneaux et un de 150 [...] »

13. Abbé Raynal, *op. cit.*, Atlas, pp. 126-127 (et aussi pour la Flotte de 1735).
14. AN Paris, AE B 1/616, lettre de La Havane du 26 février 1733.

comme repère d'activité : la première jaugeait 16 000 tonneaux environ, la seconde un peu moins de 8 000. Cependant, la première avait embarqué 12 000 tonneaux de vin, et la seconde seulement 2 930 tonneaux de vins et d'eaux-de-vie, marchandises encombrantes et relativement bon marché. L'espace disponible pour les autres articles, principalement les articles de prix, était à peu près identique dans les deux Flottes : 4 000 tonneaux. A défaut d'une investigation exhaustive du côté des quantités, que la disparité des unités de mesure interdit, le rendement commercial des cargaisons en Amérique témoigne d'un renversement total des fausses perspectives créées par les tonnages. La Flotte du XVIe siècle rapporta 4 millions de piastres, celle du XVIIIe siècle rapporta 12 millions au minimum[15]. On ne peut donc apprécier le mouvement des affaires de la Carrera d'après un seul élément aussi grossier et infidèle, fût-ce à l'aide de corrélations qui tournent à l'arbitraire. Toutes les données du problème doivent être réunies au préalable.

15. *Gacetas de Mexico,* réimpression dans *Testimonios mexicanos-historiadores,* Mexico, 1949, p. 208. Voici le détail des cargaisons avec les tonnages approximatifs :
1729 : 4 954 tercios (de farine ?) = 495 tx ; 1 964 frangotes diverses = 491 tx ; 2 006 caisses = ? ; 6 857 ballons de papiers comprenant 182 366 rames = 860 tx (à 8 ballons pour 1 tonneau) ou 455 tx (à 400 rames pour 1 tonneau) ; 1 983 churles de cannelles pesant 234 396 livres 1/2 = 117 tx ; 787 caisses de livres et 1646 de cahiers (?) ; 31 446 pièces de toile écrue (crudos), 322 de creguelas et 4 181 de bramante = 53 tx ; 34 269 quintaux et 90 livres de fer = 1 713 tx ; 3 352 caisses d'acier, 4 506 de grillages, 1 143 de ferronnerie, 697 de clous = 1 187 tx environ (à 2 1/2 qx la caisse) ; 389 qx 95 livres de fil de caret = 19 tx ; 96 vachettes de Moscovie ; 20 724 barils et 106 fiasques de vin, 14 244 barils et 296 fiasques d'eau-de-vie, 207 barils et 1 260 bouteilles de vinaigre = 2 931 tx ; 2 562 « cuñete » d'olives, 1311 cuñete et 5 barils de câpres ; 1481 barils d'amandes ; 5 884 gâteaux de cire pesant 39 943 arobes = 700 tx ; 1 317 bayettes = 82 tx (sic !) ; 237 caisses de fil de fer ; 61 966 bouteilles d'huile = 619 tx ; 14 942 livres de poivre = 7 tx ; 52 voiles de fil, 76 barils de fer blanc, 100 qx de lavande (?) = 5 tx ; 6 423 cintes ; 80 ballons de papier de la meilleure marque ; 100 cuñete de fil ; 80 quintaux de cordages = 4 qx ; 50 surons de pierre à briquet, 5 075 qx de mercure = 253 tx et 485 paquets de bulles ; total : environ 9 500 tx.
1732 : 618 595 palmes cubiques de marchandises diverses = 3 726 tx ; 172 368 rames de papier = 430 tx ; 13 054 quintaux de cire = 652 tx ; 56 460 pièces de brabants = 80 tx ; 41 894 quintaux de fer = 1 860 tx ; 129 quintaux de clous et 10 092 d'acier = 511 tx ; 18 935 barils d'eau-de-vie et 8 610 de vin = 2 295 tx ; 6 844 quintaux d'huile = 342 tx ; 1 268 quintaux d'amandes = 63 tx ; 209 quintaux de fil de caret et 69 de vert de gris = 14 tx ; 306 milliers de plumes ; total : 9 780 tx environ.
1735 : 620 000 palmes cubiques de marchandises diverses = 3 735 tx ; 47 026 livres de cannelle = 23 tx ; 85 993 rames de papier = 315 tx ; 5 795 quintaux de cire = 289 tx ; 12 000 pièces de brabant = 17 tx ; 27 677 quintaux de fer = 1 230 tx ; 3 504 quintaux de fer ouvragé, clous et fers à cheval = 175 tx ; 2 134 quintaux d'acier = 94 tx ; 26 barils de fer blanc = 1 t ; 12 315 barils d'eau-de-vie et 8 250 de vin = 1714 tx ; 4 635 quintaux d'huile = 231 tx ; 1 140 quintaux d'amandes = 57 tx ; 30 quintaux de fil de caret = 1 1/2 t ; total : 7 782 tx.

Les traversées de l'océan, d'Espagne en Amérique, s'accomplirent de 1721 à 1738 sans trop d'histoires. Quelques naufrages à signaler dans ce sens : les azogues, commandées par D. Balthasar Guevara en 1724 ; la capitane de la Flotte, l'année suivante à Campêche[16]. La durée du trajet fut sensiblement la même qu'au XVIe siècle (d'après les calculs de Pierre Chaunu) : 40 à 45 jours pour Carthagène et La Guaira, 80 environ jusqu'à la Vera-Cruz, plus de quatre mois pour Buenos Aires. Habituellement, les affaires furent menées rondement outre-atlantique, les convois ayant ainsi la possibilité de repartir assez rapidement, sauf au Rio de la Plata où les vaisseaux de registre, selon une solide tradition, traînèrent interminablement. La délicate coordination des mouvements entre Lima et Portobelo posa quelques problèmes aux généraux des Galions. Mais les principaux retards furent provoqués soit en 1726 – et ils affectèrent également la Flotte –, soit en 1739 par la menace militaire navale des Anglais.

Hormis ces cas qui allongèrent de trois et quatre ans le rapatriement des bâtiments (lorsqu'ils ne se soldèrent pas par une immobilisation), les rotations furent rapides. Un an en moyenne pour les Flottes et les azogues sur le périple mexicain, seize et vingt mois pour les Galions[17]. La navigation de la Vera-Cruz à Cadix, en particulier, fut plus courte que par le passé : 100 jours en gros contre 120. Il y eut plusieurs tempêtes à sévir. L'une d'elles, en 1731, disloqua le convoi de Manuel Pintado, obligeant la capitane à retourner en Amérique hiverner une seconde fois. Mais l'accident majeur fut l'échouement, à demi réussi, de sa Flotte par Rodrigo de Torres aux Cailles de Martires en juillet 1733. Le trésor et les marchandises ayant été sauvés, mais les vaisseaux perdus, il fallut réorganiser entièrement et sur nouveaux frais un transfert qui s'acheva en juin 1734. Cela complique le calendrier des retours dans lequel s'immiscent encore des registres épisodiques, des unités détachées en avant-coureurs avant la fin des foires, des vaisseaux équipés par les vice-rois, parfois construits à la colonie.

Mis à part les bâtiments de la Compagnie guipuzcoane qu'elles ont négligés, les gazettes hollandaises ont bien suivi les mouvements des unités de la Carrera. Tous les grands convois y figurent, beaucoup des vaisseaux isolés. Les recoupements ont décelé peu

---

16. C. Fernández Duro, *Armada española desde la reunión de los reinos de Castilla y Aragon*, Madrid, 1898, tome V, pp. 490 et 491.
17. Cf. tableau récapitulatif des voyages, n° 53.

Tableau 53. *Voyages des convois d'Amérique aller et retour entre 1720 et 1740*

date du départ de Cadix	désignation du convoi	arrivée en Amérique	durée de l'aller	départ d'Amérique	retour en Espagne	durée du retour	durée totale du voyage
1 août 1720	Flotte (D. Fernando Chacon)	LVC 26 oct.	86 j.	LVC 29 mai 21	19 sept. 21	103 j. dont 35 de halte à LH	13 1/2 mois
21 juin 1721	Galions (D. Balthasar Guevara)			Carthagène, 30 sept. 22 LH 29 oct.	16 fév. 23	100 j.	20 mois
22 juin 1722	azogues (D. Fernando Chacon)	LVC 26 août	65 j.	LVC 8 avr. 23	19 juil. 23	102 j.	13 mois
21 nov. 1722	registre de Buenos Aires		132 j.		oct. 27		5 ans
6-9 juil. 1723	Flotte (D. Antonio Serrano)	LVC 20 sept.	73 j.	LVC 21 avr. 24	20 août 24	90 j.	13 1/2 mois
31 déc. 1723	Galions (D. Carlos Grillo)			Portobelo 22 oct. 28 - 29 nov.	mars 29	100 j.	5 ans 3 mois
11 juil. 1724	azogues (D. Balthasar Guevara)	perdus					
15 juil. 1725	Flotte (D. Antonio Serrano)	LVC 21 sept.	68 j.	LVC 9 juin 26 LH 25 janv. 27	8 mars 27	42 j. de LH	20 mois
13-16 avr. 1726	3 vaisseaux vers l'Amérique						
oct. 1726	2 vaisseaux partis de Santander						
mai 1728	azogues (D. Rodrigo de Torres)	LVC 30 juil.	?	LVC 30 oct. 28	16 fév. 29	99 j.	9 mois
25 déc. 1728	registres de Buenos Aires					retour fragmenté	2 à 3 ans

Tableau 53. *Voyages des convois d'Amérique aller et retour entre 1720 et 1740 (suite)*

date du départ de Cadix	désignation du convoi	arrivée en Amérique	durée de l'aller	départ d'Amérique	retour en Espagne	durée du retour	durée totale du voyage
9 août 1729	Flotte (Marquis de Mari)	LVC 22 oct.	64 j.	LVC 3 mai 30	18 août 30	107 j.	1 an
26 juin 1730	Galions (D. Manuel Lopez Pintado)	Carthagène, 8 août	43 j.	LH 27 juil. 31	amirante 27 oct. 31 capitane 24 juin 32	92 j. de LH	16 mois
							2 ans
20 août 1730	azogues (D. Rodrigo de Torres)	LVC 6 nov.	78 j.	LVC 24 févr. 31 LH 25 mai 31	14 août 31	81 j. de LH	12 mois
nov. 1731	azogues (D. Gabriel de Alderete)	LVC 7 janv. 32	?	LVC 5 mai 32	16 sept. 32	114 j.	10 mois
2 août 1732	Flotte (D. Rodrigo de Torres)	LVC 24 oct.	83 j.	LVC 25 mai 33 LH 21 juin 33	échouement aux Bahamas		
20 janv. 1733	registres de Buenos Aires						
oct. 1733	azogues (Conde de Bena y Mazaran)	LVC 6 janv. 34		LVC 5 mai 34	3 août 34	98 j.	10 mois
22 nov. 1735	Flotte (D. Manuel Lopez Pintado)	LVC 18 févr. 36	88 j.	LVC avr. 37 LH 18 juin 37	14 août 37	57 j. de LH	20 mois
29 sept. 1736	azogues (D. Andres Reggio)			LH 18 juin 37	28 août 37	57 j. de LH	11 1/2 mois
fin 1736/ début 1737	Galions (D. Blas de Leso)	Carthagène, 6 mars 37	?				
fin 1737	azogues (D. Daniel Huoni)	LVC 15 mars 38		LVC 3 fév. puis 19 nov. 39	début août 39		16 mois

LVC = La Vera-Cruz   LH = La Havane

d'omissions importantes, et encore sous réserve de doute ; les incertitudes et les doublets, sauf en un cas ou deux, ont été évités[18]. L'arrivée d'une escadre est ordinairement accompagnée de la notice du chargement rapporté. Tous les avisos, tous les navires indépendants, par contre, n'en sont pas dotés, mais les sommes ainsi soustraites à notre attention ne dépassaient guère quelques milliers de piastres sauf, peut-être, à bord du *Retiro* de Carthagène arrivé en décembre 1738.

Les notices sont habituellement soignées, détaillées, tant pour l'or et l'argent que pour les marchandises ; elles dérivent manifestement des registres ressuscités.

Tableau 54. *Arrivages d'Amérique espagnole de 1721 à 1740*

date et lieu du retour	désignation des bâtiments	trésors rapportés en piastres
1721		
21 janv.	1 aviso de Carthagène	tabac
24 févr.	2 registres de Buenos Aires appartenant à D. Andres Murovia : la *N S del Rosario* et la *N S del Carmen* sous le commandement de D. Francisco Spelete	4 191 190
20 avr.	1 aviso de la Nouvelle-Espagne (D. Vicente Calderon)	181 000
14 juin	1 bâtiment de Porto Rico	100 000
	1 aviso de Carthagène	
29 juil.	1 registre des Caraques : *N S del Rosario*	14 000
29 août	1 vaisseau de Callao : *Aguila*	1 153 883
	Volante ó S. Francisco Xavier	ou 2 000 000
19 sept.	Flotte de Nouvelle-Espagne (D. Fernando Chacon) : 2 vaisseaux de guerre et 13 marchands	10 154 369
	1 aviso de la Terre-Ferme	64 000
1722		
févr. (Muros)	1 aviso de Carthagène	
10 mars	1 aviso de Buenos Aires	50 000
20 mars	1 paquebot de Carthagène	
15 avr.	1 aviso de la Vera-Cruz : le *Ninfeo*	22 000
25 mai	1 aviso de Carthagène : la *Virgen de la Soledad* (cap. Matthias Gonçalez d'Oliveira)	4 200

18.   Omission sous réserve de doute : un navire de Lima attendu à Cadix en décembre 1736 (aucune trace de son arrivée). Le risque de doublet existe surtout lorsqu'un convoi, pour une raison ou une autre, s'est scindé en plusieurs tronçons. Nous pensons l'avoir à peu près éliminé. Le tableau suivant permettra le pointage des lacunes et des cas difficiles. Nous avouons rester un peu dans l'expectative à propos du nombre des vaisseaux arrivés de Buenos Aires en 1740.

Tableau 54. *Arrivages d'Amérique espagnole de 1721 à 1740* (suite)

date et lieu du retour	désignation des bâtiments	trésors rapportés en piastres
août	1 aviso de Carthagène (?)	
fin déc.	1 aviso de la Vera-Cruz : *S. Carlos*	
1723		
18 janv.	1 aviso de La Havane	
16 févr. (Cadix et Galice)	Galions de D. Balthasar Guevara : 4 vaisseaux de guerre et 9 marchands	12 319 549
19 juil.	2 vaisseaux azogues (D. Fernando Chacon) 1 registre de la Vera-Cruz, 1 registre de Campêche	8 920 168
19 juil.	2 vaisseaux de Buenos Aires (?)	3 578 958
14 déc.	1 registre des Caraques : *Sta Barba* (cap. Juan Martinet)	89 684
1724		
13 févr.	1 aviso de la Vera-Cruz	
17 mars	1 aviso de Carthagène : *S. Francisco Xavier*	
23 juin	1 aviso de la Vera-Cruz	
20 août	Flotte de la Nouvelle-Espagne (D. Antonio Serrano)	10 846 000
6 oct.	1 vaisseau du Honduras	
31 oct.	1 frégate du Roi venant de Cuba : *N. Sra de Begoña*	
1725		
début juin	1 aviso de Carthagène	
28 nov.	2 vaisseaux : *N. Sra de Begoña* et *S. Francisco Xavier*	
1726		
19 mars	1 aviso de la Vera-Cruz	
16 avr.	1 vaisseau « des Indes »	600 000
22 avr.	1 vaisseau de Campêche : *Sta. Trinidad* (cap. Diego Arizon)	148 154
4 juin	1 vaisseau de Carthagène : *S. Josef*	1 500 000
sep.	1 aviso de La Havane	
19 déc. (Puerto Sta Maria)	1 aviso de La Havane	
22 déc.	1 aviso de La Havane : *S. Francisco Xavier*	
23 déc. (Le Passage)	1 aviso de La Havane : *N. Sra de la Concepción*	
1727		
5 mars	4 vaisseaux de la Flotte de Nouvelle-Espagne (D. Antonio Gastaneda et D. Antonio Serrano)	
8 mars (La Corogne)	5 vaisseaux de guerre et 3 marchands (D. Rodrigo de Torres)	12 928 977 ou 15 000 000
mars	1 frégate de guerre	
(Santander (Lagos)	2 vaisseaux marchands	
8 avr.	1 aviso de Carthagène	

Tableau 54. *Arrivages d'Amérique espagnole de 1721 à 1740* (suite)

date et lieu du retour	désignation des bâtiments	trésors rapportés en piastres
13 et 15 oct. (San Lucar et Cadix)	2 vaisseaux de Buenos Aires : S. *Rafael* et S. *Carlos*	700 000 ou 2 000 000
1728 janv.	1 aviso de Carthagène	
9 mai (Le Passage)	1 registre de la Vera-Cruz : N. *Sra de Valhanera* (cap. Juan Garcia Romero)	860 000 ou 3 200 000
juin juil. ou	1 vaisseau de Porto Rico pour la Compagnie des Caraques : S. *Judas Tadeo alias la Constancia* (cap. Juan Bautista Savinon)	
sept.	3 vaisseaux marchands et un aviso de Carthagène	3 500 000 (sous réserve)
8 nov.	1 registre de La Havane : S. *Antonio* 1 frégate de Carthagène : N. *Sra de la Soledad*	
1729 16 févr.	vaisseaux azogues (D. Rodrigo de Torres)	5 595 499
18 févr.	Galions et vaisseaux marchands (D. Manuel Lopes Pintado et D. Francisco Cornejo)	18 302 367
1ᵉʳ mars (Vigo) (Lisbonne)	2 galions de la même flotte 1 vaisseau de guerre de la même flotte	
29 mars	vaisseaux séparés de l'escadre des Galions : *Catalano* et S. *Francisco Xavier*	
25 sept.	1 aviso de la Vera-Cruz 1 aviso de la Terre-Ferme	
nov. ?	1 registre des Caraques	
4 déc.	Frégate *El Incendio* (cap. Gabriel de Mendinueta) dernier des Galions de Carthagène	2 000 000
1730 22 févr.	1 aviso de la Vera-Cruz	
2 avr.	1 navire de guerre de La Havane : *Sta Rosa* 1 frégate de Buenos Aires et un navire de guerre des Canaries	
26 juin	1 aviso de Terre-Ferme 1 pinque et 1 brigantin ramenant la charge du vaisseau du capitaine Sanchez échoué à Porto Rico	
18 août	Flotte de Nouvelle-Espagne (Marquis de Mari) : 3 vaisseaux de guerre, 1 registre, 2 vaisseaux du Roi et 7 vaisseaux marchands	11 785 971 ou 16 000 000
17 oct.	1 aviso de Carthagène	
1731 3 janv.	1 vaisseau de La Guaira : S. *Francisco Xavier* (cap. Juan Chrysostomo de Berroa)	

Tableau 54. *Arrivages d'Amérique espagnole de 1721 à 1740* (suite)

date et lieu du retour	désignation des bâtiments	trésors rapportés en piastres
22 févr.	1 aviso de Carthagène : *N. Sra del Coro* (cap. Pedro d'Arambide)	
24 févr.	1 vaisseau de La Guaira : *N. Sra del Carmen* (cap. Antonio de Chaves)	
26 juin	1 aviso de La Havane	
31 juil.	1 frégate de La Havane : *N. Sra de Belen*	
14 août	flotille des azogues (D. Rodrigo de Torres) 3 vaisseaux de guerre et 1 frégate	3 352 888
août	1 vaisseau de Buenos Aires	897 000
15 sept.	1 frégate de Portobelo	
sept.	1 vaisseau de La Guaira : *Sta Rosa*	15 000
27 et 29 oct.	4 galions de Terre-Ferme, dont l'amirante	5 500 000 (min) 6 500 000 (max) (par estimation)
1732		
29 janv.	1 vaisseau appartenant à la flotte des Galions (de Porto Rico)	
15 mars	1 bâtiment de Saint-Domingue : *N. Sra del Rosario*	180 000
fin mars	1 vaisseau des Caraques	
23 avr.	1 vaisseau des Caraques : *S. Joaquim*	
24 juin	capitane des Galions (D. Manuel Lope Pintado)	5 500 000 (min) 6 500 000 (max) (par estimation)
6 et 9 sept.	6 vaisseaux marchands dont le *Fuerte* et 2 vaisseaux azogues de la Vera-Cruz (D. Gabriel de Alderete)	3 837 183
1733		
24 mars	1 aviso de la Vera-Cruz	
7 avr.	1 aviso de La Havane et un vaisseau de guerre : la *Paloma*	
29 sept.	1 aviso de La Havane	
29 déc.	1 aviso de La Havane	
1734		
10 mars	vaisseau l'*Incendio* de Carthagène et Portobelo	3 300 000 (min) 4 100 000 (max)
24 juin	4 vaisseaux de guerre et le vaisseau du capitaine Morgia ramenant le trésor de la Flotte de l'année précédente	12 406 031
3 août	4 vaisseaux azogues (D. Conde de Bena y Mazaran)	4 726 743
1735		
19 avr.	1 vaisseau des Caraques	?
8 sept.	3 vaisseaux de la Vera-Cruz	3 604 458 ou 5 000 000

Tableau 54. *Arrivages d'Amérique espagnole de 1721 à 1740* (suite)

date et lieu du retour	désignation des bâtiments	trésors rapportés en piastres
18 oct.	1 vaisseau des Caraques	
1736		
11 févr.	2 vaisseaux de Portobelo et Carthagène : le *Conquistador* et l'*Incendio*	5 165 609 (enregistrées 8 000 000 en tout)
29 juin	2 vaisseaux des Caraques : *Sta. Anna* et *Galera Guipuzcoana*	70 000
7 sept.	2 vaisseaux de la Vera-Cruz	2 618 883
1737		
12 févr.	1 vaisseau des Caraques, la *N. Sra del Coro*	67 000
24 mars	1 aviso de La Havane	
15 avr.	1 vaisseau des Caraques	17 852
mai- juin	1 vaisseau de Maracaïbo	
14 août	Flotte de la Nouvelle-Espagne (D. Manuel Lopez Pintado) et azogues (D. Andres Reggio)	14 104 270
1738		
25 janv.	vaisseau de guerre le *Fuerte* et registre la *Princesa* de Carthagène et de La Havane	7 500 000
9 déc.	1 aviso de La Havane	
11 déc.	1 vaisseau de Carthagène : le *Retiro* et 1 aviso de La Havane	?
1739		
21 févr.	1 vaisseau des Caraques	
13 mars	1 vaisseau de Buenos Aires, le *S. Bruno*	1 507 860
11 juil.	1 aviso de la Vera-Cruz	
début août (Santander)	vaisseaux des azogues (D. Daniel Huoni) avec l'escadre de D. Juan Pizarro	5 à 6 millions
début sept. (Ténériffe)	*S. Josef y las Animas* de La Guaira (?)	100 000
fin déc.	1 aviso de Carthagène	
1740		
19 mars (Le Passage)	1 vaisseau des Caraques, le *Sta Anna*	7 000
mars (Faro et Lagos)	vaisseaux du Roi venant de Buenos Aires parmi lesquels le *Matanzaro*	6 000 000
15 avr.	2 vaisseaux de Buenos Aires, le *S. Estevan* et l'*Hermiona*	840 000
24 mai (Canaries)	2 registres de Buenos Aires	158 516 (min) 758 516 (max)
9 août (Lagos)	1 aviso de La Havane	20 000
16 oct. (Le Ferrol)	1 aviso	
23 au 31 déc. (Biscaye)	5 vaisseaux des Caraques	

Cette origine n'entraîne-t-elle pas le risque d'une sous-estimation des trésors ? Il faudrait entreprendre des sondages dans les papiers commerciaux de l'époque pour vérifier quels étaient les chiffres que les négociants se communiquaient entre eux et s'ils étaient fort loin de nos notices. Dès maintenant, l'on peut dire que les consuls et celles-ci sont en général d'accord, ce qui est une indication favorable à leur véracité. Les mentions de fraude ne disparaissent pas tout à fait. Il y aurait eu sur les Galions de Manuel Lope Pintado, en 1731, 2 à 2,5 millions de piastres non enregistrées, 600 000 à bord de l'*Incendio* en 1733, etc. L'or, souvent, était mis en cause par cette dissimulation. Mais les pourcentages que l'on peut calculer ramènent la fraude aux proportions qu'elle avait au XVIe siècle : de l'ordre de 15 à 20 % au maximum. Il est vraisemblable que les autorités espagnoles avaient réussi à raffermir leur contrôle sur les déclarations après la promulgation du *Proyecto* qui en avait réinstauré l'obligation. Le raccordement des notices du XVIIIe aux estimations du commerce au XVIIe siècle ne souffre pas d'inconvénient, étant donné les précautions prises à propos de celles-ci[19].

Chacune des expéditions eut son rendement propre dépendant de la qualité de la cargaison, des quantités, du succès de la vente. Les valeurs rapportées au retour ne l'expriment pas toujours intégralement parce que les convois laissaient éventuellement derrière eux des marchandises à écouler dont le provenu serait transféré en Europe postérieurement. Néanmoins, on ne note pas, et il ne semble pas y avoir eu entre 1721 et 1740 de ces magmas colossaux d'or et d'argent, 40 millions de piastres et plus réalisés en une seule fois. Sans doute à cause d'une meilleure fluidité des échanges procurée par les azogues, les vaisseaux de Buenos Aires et ceux des Caraques[20]. Mais les traverses de la Carrera, les promulgations inattendues des voyages et, surtout, des séjours en Amérique contrevinrent à la régularité des arrivées à Cadix. Telle année – en 1722, 1725 ou 1733 – le port ne reçut que du menu fretin et, par conséquent, peu de trésors ; telle autre, en 1723 par exemple, il vécut une animation extraordinaire, accueillant successivement les Galions de Terre-Ferme, les azogues

---

19. Rappelons que nous n'avons pas retenu les chiffres maxima des notices du commerce dans la seconde moitié du XVIIe siècle, et que la fraude absolue échappait même à ceux-ci.

20. Il y eut aussi des affrètements en Amérique spécialement destinés au transport des trésors (cf. les trois vaisseaux de retour de la Vera-Cruz en 1735). Les vaisseaux des Caraques ne ramenaient que de petites quantités d'argent.

de la Nouvelle-Espagne et, peut-être, si l'on en croit Malachie
Postlethwayt, deux registres de Buenos Aires, les uns et les autres
riches à craquer[21]. La courbe des arrivages de métaux précieux
sautille par conséquent au gré des circonstances, dans la période
considérée comme dans les précédentes. Les disparités n'étaient pas

Tableau 55. *Retours des métaux précieux d'Amérique espagnole en
Espagne. Récapitulation 1721-1740*

1721	15 857 442 (min)	1731	9 764 888 (min)
	16 707 979 (max)		10 757 888 (max)
1722	76 200	1732	10 577 183
1723	21 330 401 (min)	1733	—
	24 909 359 (max)		
1724	10 846 000 (min)	1734	20 732 774 (min)
	11 446 000 (max)		21 232 774 (max)
1725	—	1735	3 604 458 (min)
			5 000 000 (max)
1726	2 248 154	1736	7 854 492
1727	13 628 977 (min)	1737	14 189 122
	15 700 000 (max)		
1728	4 360 000 (min)	1738	7 500 000
	6 700 000 (max)		
1729	25 897 766 (min)	1739	7 107 860
	35 800 000 (max)		
1730	11 785 971 (min)	1740	7 025 516 (min)
	16 000 000 (max)		7 625 516 (max)

L'hypothèse minimum en 1723 écarte les vaisseaux de Buenos Aires pour les raisons indiquées
à la note 18. L'hypothèse maximum en 1729 suppose une charge de 2 millions de piastres
(identique à celle de l'*Incendio*) sur chacun des cinq vaisseaux de l'escadre des Galions arrivés à
l'écart du convoi principal (cf. la discussion à l'année).

	Total	Moyenne quinquennale annuelle
1721-1725	48 130 043 (min)	9 636 008 (min)
	53 139 538 (max)	10 627 730 (max)
1726-1730	57 920 868 (min)	11 584 173 (min)
	76 400 000 (max)	15 280 000 (max)
1731-1735	44 679 303 (min)	8 935 860 (min)
	47 567 845 (max)	9 593 569 (max)
1736-1740	43 776 990 (min)	8 755 398 (min)
	47 100 685 (max)	9 420 000 (max)

21. M. Postlethwayt, *Dictionary of commerce*, Londres, 1753. Ces deux registres de Buenos
Aires qui ne sont mentionnés nulle part ailleurs font partie des cas douteux. Voici la
charge telle qu'elle est indiquée : 428 326 piastres pour le Roi, 2 753 842 piastres pour les
particuliers, 326 790 piastres pour le Roi, 37 726 cuirs séchés, 463 caisses de thé du
Paraguay (maté), 237 sacs cortex Peru (quinquina ?), 38 boîtes d'ambre.

sans importance dans la vie économique de tous les jours. Mais calculons les moyennes : elles révèlent un net fléchissement dans la dernière décennie. Entre 1721 et 1730, les chiffres sont en légère amélioration (1726-1730 d'ailleurs supérieur à 1721-1725) sur les lustres immédiatement précédents qui avaient été de reprise et de réorganisation de la Carrera. Le niveau de la fin du XVIIe siècle n'était pourtant pas retrouvé (15 millions de piastres de 1685 à 1694). Entre 1731 et 1740, c'est une sorte d'effondrement, la moyenne tombant à 8,5 millions. L'évolution peut également être regardée en diffraction : à la fin du XVIIe siècle, l'Espagne avait reçu annuellement 7 millions de piastres de Terre-Ferme et 8 du Mexique ; entre 1721 et 1740, elle n'en reçut respectivement que 4,2 (ou 4,8 dans l'hypothèse la plus favorable) et 5,3 millions.

On se rappelle qu'au XVIIe siècle, la part du Roi s'était réduite dans les Trésors jusqu'à un pourcentage infime, et presque à néant en 1676. Elle fut beaucoup plus honorable dans la tranche chronologique qui nous intéresse : elle atteignit de 20 à 40 % sur certaines flottilles d'azogues, 7 à 9 % sur les grands convois, ce qui suggère l'un dans l'autre une proportion de 10 à 15 %. Il en résulte que l'affaiblissement constaté dans les retours de métaux précieux toucha principalement le Commerce[22].

Du côté des marchandises négociées, nous l'avons vu, il y a peu à chercher. Les cargaisons furent normalement constituées, sauf en 1721 pour les Galions, qui n'emportèrent qu'une valeur de 2,5 millions de piastres, prix à Cadix, à peu près uniquement en fruits et

---

22. Voici les ventilations connues :

date du retour	désignation du convoi	pour le Roi		pour les particuliers	
1721	*Aguila Volante*	300 000 P	(17 %)	1 400 000	(83 %)
	Flotte	888 901	(9 %)	9 268 888	(91 %)
1723	Galions	2 092 266	(16 %)	10 227 283	(84 %)
	vaisseaux de Buenos Aires	825 116	(23 %)	2 753 842	(77 %)
	azogues	705 626	(8,5 %)	8 214 535	(71,5 %)
1729	Galions	1 244 137	(7 %)	17 058 230	(93 %)
1730	Flotte	968 898	(8 %)	10 817 230	(92 %)
1731	azogues	451 935	(13 %)	2 900 948	(87 %)
	vaisseaux de Buenos Aires	197 000	(22 %)	700 000	(78 %)
1732	azogues	1 091 609	(29 %)	2 700 000	(71 %)
1734	Flotte	1 500 000	(12,5 %)	10 500 000	(77,5 %)
	azogues	1 051 580	(23 %)	3 875 163	(77 %)
1735	3 vaisseaux du Mexique	1 477 020	(40 %)	2 171 373	(60 %)
1736	2 vaisseaux du Mexique	384 180	(15 %)	2 234 703	(85 %)
1737	Flotte et azogues	1 165 888	(8 %)	12 938 382	(92 %)

manufactures d'Espagne, et en 1736 avec le stratagème des demi-galions de D. Blas de Leso[23]. Faut-il alors en incriminer le rende-ment ? Les bulletins des foires qui s'égrènent dans les gazettes et les dépêches consulaires évoquent à plusieurs reprises la mévente ou les prix bas de tel ou tel article. Un échec partiel ou total aurait marqué la « débite » des marchandises à la Nouvelle-Espagne en 1724, 1727, 1733 et 1736, à Portobelo en 1731. Cris d'alarmes sincères ? Le chiffre des trésors malgré tout rapportés – voir ceux des Flottes d'Antonio Serrano – ne les justifie pas toujours. Il y eut cependant d'authentiques frustrations : en 1731, pour un chargement des Galions, valeur au départ de 9 millions de piastres, il n'en descendit que 14 de Lima, ce qui était au-dessous du médiocre d'après les normes d'alors ; en 1732, à Jalapa, les Mexicains n'apportèrent que 16 millions de piastres, c'est-à-dire très exactement ce que valait la cargaison en Espagne[24].

La défaillance du Pérou pourrait être mise en relation avec le déclin du Potosi[25]. Mais donnons-nous garde d'étendre l'explication à l'ensemble de la Terre-Ferme en négligeant les autres sites d'extrac-tion et, singulièrement, ceux de l'or de la Nouvelle-Grenade, très actifs. En Nouvelle-Espagne, le ratage ne peut être attribué à un alanguissement de la production minière. La prospection y allait bon train (les gisements de Guanajuato furent découverts en 1732, ceux du Paral en 1737). L'Hôtel des Monnaies de Mexico fit plus que doubler le volume de ses frappes entre 1691 et 1700 (moyenne annuelle : 3,9 millions de piastres) et 1731 et 1740 (moyenne annuelle : 9,3 millions). Ce dernier chiffre très supérieur à l'exporta-tion mexicaine vers l'Espagne met sur la bonne piste. Celle de l'évasion des métaux précieux hors du circuit commandé par la métropole[26].

Y concourait d'abord le fameux vaisseau de permission anglais, avec un tonnage licite de 666 tonneaux, d'un tonnage réel, affirmera le Consulado caditain, de 4 000. C'est à lui, en l'occurrence le *Prince*

23.   AN Paris, AE B 1/226, p. 184.

24.   En 1731, il y aurait eu une sorte de défaillance technique. Le trésor préparé à Lima était de 25 millions et 14 seulement auraient pu descendre. (*Gazette d'Amsterdam*, n° 45, 1731). Référence pour 1736 : AN Paris, AE B 1/616, lettre de La Havane du 26 février.

25.   D'après les chiffres fournis par D. Lamberto Sierra (in H. Ternaux Compans, *op. cit.*) et A. Humboldt (*op. cit.*).

26.   Cf. M.P. Laur, « De la métallurgie de l'argent au Mexique », in Soetbeer, *op. cit.*, pages 54-55.

William, que l'on fit grief de l'échec de la foire de Portobelo en 1731. C'est de son absence que l'on se congratulera à Carthagène en 1738. Pour quelles sommes chacun émargea-t-il aux trésors de l'Amérique espagnole ? Mac Pherson, sur la base des publications britanniques du temps, indique un million de piastres pour le *Prince Frédéric* en 1723, 1,4 million pour le *Prince Georges* en 1724, 400 000 seulement pour le *Prince Frédéric* à nouveau en 1727. Les gazettes hollandaises sont plus larges pour ce dernier, auquel elles accordent 1,8 million à son retour en 1730. Elles signalent 3,5 millions sur le suivant, le *Prince William*, que le Consul français à La Havane créditait, lui, de 5,5 millions à cause des remises des Espagnols qui voulaient se dérober à l'indult du Roi d'Espagne. Six millions, enfin, auraient été chargés sur le *Caroline* (retour en 1734) unanimement jugé fort riche par les contemporains[27].

Les Anglais avaient d'autres occasions de rafler une part du gâteau : dans la légalité du traité d'Utrecht, avec leur contrat d'Asiento d'un rapport annuel supérieur à un million de piastres suivant un calcul déjà présenté, fondé sur la fourniture du nombre d'esclaves minimum (4 000) et sur le prix moyen réalisé à Carthagène (300 piastres)[28] ; dans l'illégalité, suivant les vieilles ficelles d'un commerce interlope très florissant à la Jamaïque. Dans cette branche, si l'on peut dire, ils étaient rejoints par les Français qui n'allaient plus guère à la Mer du Sud – encore qu'ils aient paru menaçants en 1722 et 1723[29] –, mais profitaient de la situation de la Martinique pour des opérations de *rescate*. Et par les Hollandais et les Zélandais qui avaient mis en coupe réglée aux alentours de 1720 la côte des Caraques. Les comptes de la Compagnie de Middelbourg font apparaître qu'un bâtiment d'un tonnage raisonnable – entendez sans excès – de 200 tonneaux réalisait facilement de 100 à 120 000

27. Données éparses in Mac Pherson, *Annals of Commerce*, Londres, 1802, tome III, *passim* ; G.H. Nelson, « Contraband under the Asiento, 1730-1739 », *American historical review*, tome LI, 1946, pp. 55-67 ; Brown, « Southsea Company and contraband trade », *American historical review*, tome XXXI, 1926, pp. 662-678, et « Contraband trade : A factor in the decline of Spain's Empire in America », *Hispanic American history review*, tome VIII, 1928, pp. 178-190 ; Mac Lachlan, *Trade and peace with Spain, 1667-1750* Cambridge, 1940.

28. J. Houstoun, *The Works containing Memoirs of his life and travels in Asia, Africa, America, and most parts of Europe from the year 1690 to the present times*, Londres, 1755, p. 147. En juillet 1723, 3 vaisseaux rentrèrent à Londres de la Jamaïque avec un million de piastres, en 1739, le 28 juillet, le *Kingsale*, avec 1,5 million de piastres.

29. *Gazette d'Amsterdam*, n° 28, 1722 ; AN Paris, AE B 1/227, p. 121 ; *Gazette d'Amsterdam*, n° 76, 1723.

piastres dans un voyage[30]. Admettons vingt ou trente bâtiments de toutes nationalités occupés à ce trafic : la saignée annuelle aurait atteint 2 à 3 millions de piastres. Moins sans doute après 1730, car les garde-côtes espagnols, puis la Compagnie guipuzcoane ne manquèrent pas d'efficacité contre les contrebandiers dans leurs secteurs[31].

Ajoutons encore les piastres venues du Brésil par des vaisseaux portugais[32] : le montant des arrivages qui empruntèrent d'autres moyens que ceux de la Carrera s'éleva au bas mot à 3 millions de piastres par an de 1721 à 1725, 3 à 4 millions de 1726 à 1735, et 2 dans le dernier lustre. Toutes voies mêlées à présent, l'Amérique espagnole aurait fourni à l'Europe environ 13 millions de piastres de 1721 à 1725, 16 ou 19 de 1726 à 1730, 12 encore de 1731 à 1735, 11 de 1736 à 1740. Ces performances se rapprochent des résultats de la seconde moitié du XVIIe siècle. La ventilation entre Nouvelle-Espagne et Terre-Ferme est délicate : on serait tenté de dire que le maintien du niveau était dû à la compensation du déclin de la seconde par la montée de la première, mais la localisation de la contrebande y contredit. La faiblesse des rentrées de 1736 à 1740 vient probablement du fait qu'elles furent entravées par l'ouverture des hostilités.

b. De 1741 à 1757

« La guerre avec l'Angleterre fit suspendre le départ des Flottes et des azogues pour ce royaume [la Nouvelle-Espagne] ; il commença à arriver des vaisseaux marchands sous pavillons neutres ou espagnols, Le premier jeta lancre [à la Vera-Cruz] le 3 juin 1740. Les arrivages continuèrent jusqu'au 19 mars 1756. Pendant cette suspension de 15 années 9 mois et 16 jours il arriva 164 transports sans compter 24 avisos savoir 45 sous pavillon neutre dont 40 français, 3 hollandais, 1 impérial et 119 espagnols[33] ». Ces phrases, d'un informateur bien

---

30. Rijks Archief Middelbourg, Middelburgsche Commercie Compagnie, n° 767. Voyage du *Middelburgs Welvaren* (1721-1722).
31. D'après Beloquin, consul français à La Havane, les Hollandais de Curaçao « n'y peuvent plus faire de commerce » (lettre du 4 novembre 1732). La Compagnie commerciale de Middelbourg eut plusieurs de ses vaisseaux confisqués.
32. 3 millions de piastres en 1725 par la flotte de Rio ; 88 311 en 1734.
33. H. Ternaux-Compans, *op. cit.*, tome X., p. 476, texte inclus dans la liste des Flottes arrivées à la Vera-Cruz (cette liste avait été dressée vraisemblablement par un officier de la Vera-Cruz).

placé, décrivent parfaitement le régime exceptionnel auquel fut soumis la navigation vers l'Amérique après l'ouverture du conflit. Elles éclairent déjà sur. les difficultés que la collecte des données rencontre durant cette période. Le nombre des embarcations s'était enflé, leurs mouvements étaient moins aisés à suivre, leur identification, même, requiert prudence à cause de la fréquence des doubles noms[34]. De plus, la guerre multiplia les occasions de capture, de détournement et de perte. D'où un risque accru d'omissions et d'insuffisances dans les gazettes et l'inconfort des contrôles.

Tableau 56. *Détail des arrivages année par année*
(en piastres)

date et lieu* du retour	désignation des bâtiments	trésors rapportés en piastres
1741		
9 janv. (Le Passage)	*S. Sebastiano*, de La Guaira	
5 févr. (Cadix)	*S. Pedro*, tartane, de LVC	2 000 000
fin févr. (Cadix)	2 vaisseaux français et 1 espagnol de LVC	500 000
21 juin (Nantes)	*Louis-Erasme* de LVC	360 000
début (Cadix) août	1 exprès de LH	
début (Le Ferrol) oct.	1 aviso	
20 nov. (Cadix)	1 aviso de LH	
19 déc. (Cadix)	*Concordia*, capitaine Willem Hermey, de LVC	1 250 000
1742		
20 janv. (Le Passage)	2 vaisseaux des Caraques	
20 janv.	1 aviso de LVC	
7 mars	*S. Miguel*, registre du Honduras	41 000
21 mai (Lisbonne)	1 registre de LH	
juin (Lagos)	1 registre de LH	
30 oct. (Lorient)	*Saint Louis*, capitaine Langlin, de LVC	100 812
mi-nov. (Corcubion)	1 aviso, capitaine Renel, de LVC	104 000
11 déc. (Galice)	1 aviso de LH et 1 autre de la Mer du Sud	
18 déc. (La Corogne)	*Baleine, alias N. Sra. del Rosario y S. Josef*, de LVC	150 000
1743		
début (Faro) fév.	*Princesa* de LVC	300 000
début (Lagos) fév.	1 registre de LVC	
18 fév. (La Corogne)	*Louis-Joseph*, registre de LVC	737 000

* En l'absence d'autre indication, le vaisseau est revenu à Cadix.

34. Sinon triples.

Tableau 56. *Détail des arrivages année par année (suite)*
(en piastres)

date et lieu* du retour		désignation des bâtiments	trésors rapportés en piastres
fév./ mars		*Aventurioso* 1 vaisseau français, capitaine Sallast	400 000
	(Lagos)	*S. Jorge alias el Príncipe Jorge*	1 200 000
	(Malaga)	*Catarina-Johanna* tous de LVC	
début avr.		*S. Juan Batista alias el Giraldino* de LVC	297 000
25 juil.		*Conde de Chinchon*, frégate de LVC	1 000 000 (?)
10 sept.		1 vaisseau français	4 000 000
1744			
janv.	(Santoña)	*Rayo de Andaluzia*, *Brillante*, *Perfecta*, 3 registres de LVC	1 321 900
fin fév.	(Galice)	1 registre de LH	
10 sept.		*N. Sra. de Regla* et *N. Sra. del Rosario* 2 registres venus en compagnie de l'escadre française de Brest (LVC)	302 124
30 nov.		*N. Sra. del Rosario y S. Cristobal*, *S. Juan el Vigilante*, 2 registres de LVC	300 000
1745			
5 janv.		*Glorioso* et *Castilla*, vaisseaux de guerre de D. Rodrigo de Torres (LVC)	9 604 514 (min) 12 000 000 (max)
9 janv.		*Europe*, vaisseau de guerre et vaisseaux mar- chands (?) (LVC)	
6 avr.		1 vaisseau de LH	
21 juin		*Amsterdam*, registre de LVC	
14 sept.		1 vaisseau de LH	

Mais les gazetiers s'en tirèrent bien. La neutralité des Provinces-Unies prolongée jusqu'en 1747 les y aida. S'il n'est pas possible d'établir avec leurs feuilles un tableau de la navigation analogue à celui de la période précédente, si les retours surgissent dans leurs colonnes inopinément, nous avons malgré tout la preuve qu'ils n'ont pas oublié grand-chose des trésors ramenés en Espagne ou en France, l'alliée de l'Espagne. Un document établi à Cadix nous fait connaître le nombre des vaisseaux partis de ce port pour l'Amérique du 20 mai 1740 au 27 juin 1745, le nombre des navires pris à l'aller, celui des navires revenus des Indes, celui des navires pris au retour, celui des navires dont on était encore en attente[35]. Or, il y a une concordance satisfaisante, eu égard aux circonstances, entre les

---

35. BM Saint-Brieuc, Man. 82.

mentions des gazettes et le nombre des retours heureux indiqué par ce document : 45 environ contre 52, non compris l'escadre du Marquis de Torres[36]. Et les gazettes, attentives aux quantités non enregistrées donnent pour ces retours un montant des métaux précieux supérieur et plus exact : 15 millions de piastres contre 7[37].

Au total et y compris les 2 millions venus pour le Roi d'Espagne à bord de la flotte portugaise de Rio en 1742, il fut donc ramené dans les royaumes ibériques et en France un montant d'environ 30,5 millions de piastres[38]. Cet exercice 1741-1745 est normalement déprimé, tant à cause de la rétention des trésors en Amérique, qui se prolongea jusqu'à la fin de la guerre, que des prises opérées par les Anglais. Ces derniers se seraient emparés jusqu'au milieu de 1745 de

36. Le document de Saint-Brieuc est postérieur à la capture des vaisseaux français *Louis-Erasme* et *Marquis d'Antin* de la Mer du Sud (21 juillet 1745), antérieur à l'arrivée de l'*Enrique* de Callao (juin 1746).

37. Voici le document :
Du 20 mai 1740 au 27 juin 1745, sortirent de Cadix 118 vaisseaux de registre.
32 furent pris à l'aller portant 16 millions de livres qui auraient rendu aux Indes

                                                                 32 millions de livres
52 arrivèrent aux Indes et revinrent avec
7 018 367 piastres
       6 559 surons de cochenille
       3 423 surons d'indigo
plus de l'argent non enregistré, du tabac, du cacao, de la vanille, du sucre, le tout évalué
à   40 millions de livres
Les vaisseaux du Marquis de Torrès apportèrent
9 604 514 piastres
          625 surons de cochenille
          155 surons d'indigo
évalués   38 millions de livres
non compris l'argent non enregistré et déduit l'argent du roy (le tout)
12 furent pris au retour avec
1 301 544 piastres
       2 243 surons de cochenille
          641 surons d'indigo
plus le non enregistré, le tout évalué à   7 millions de livres
3 vaisseaux pris au retour des Mers du Sud
4 005 000 piastres
        22 000 fanègues de cacao
le tout évalué   30 millions de livres
3 autres attendus des mêmes mers   30 millions de livres
15 autres de la Vera-Cruz avec le reste des fonds estimés à 80 millions
de piastres   <u>80 millions de piastres</u>

                                                                 257 millions de piastres

38. Flotte de Rio in *Gazette d'Amsterdam*, n° 3, 1743 et *Europische Mercurius*, 1742, qui donne la cargaison complète.

douze registres sur leur retour du Mexique et de trois autres, français, sur leur retour des Mers du Sud. Nous avons retrouvé la trace de huit d'entre eux dans les gazettes et autres documents annexes, plus les trois français, au demeurant célèbres, capturés dans les brouillards de Terre-Neuve et de l'Acadie[39]. Les cargaisons sont connues avec quelques variantes parce que ceux qui les déchargèrent firent des découvertes intéressantes en inspectant les cales[40]. Le butin, en y ajoutant les trophées de l'Amiral Anson dans son tour du monde, atteint déjà 13 millions de piastres, et les Anglais grappillèrent encore quelques pièces de ci de là[41]. Pour être complet, il faudrait mesurer l'importance de la ponction hollandaise que l'on devine seulement par raccroc[42]. Disons que l'Europe, en son entier, a pu recevoir *grosso modo* 50 millions de piastres de 1741 à 1745.

D'après le document cité, cependant, quinze registres étaient encore attendus en Espagne à la fin de 1745, de ceux qui étaient partis avant le 27 juin. Les retours espérés s'élevaient à 20 millions de piastres, dont 16 en provenance du Mexique. Les avis reçus de là-bas décrivaient comme imminent, dès cette date, l'appareillage des vaisseaux de guerre du Marquis de Reggio avec les métaux

---

39. Quelques données supplémentaires in S. Boyse, *An international review of the transactions of Europe 1739-1745*, Londres, 1747, qui indique la charge du troisième vaisseau de la Mer du Sud pris à Louisbourg, la *Notre Dame d'Espérance* : 1 700 livres d'or, 61 000 pistoles, 153 tabatières d'or de 4 onces chacune, 1 072 000 pièces de huit faisant environ 214 000 livres sterling, 764 onces d'argent vierge, 31 livres de minerai d'argent, une grande quantité de diamants montés en boucle d'oreille, 876 surons et 316 sacs de cacao, 200 surons d'écorce du Pérou, 36 balles de laine de Caraménie (? sans doute de vigogne). Voir aussi W. Richmond, *The Navy in the wars of 1739-1748*, Cambridge, 1920.

40. S. Boyse, *op. cit.*, tome I, p. 390, signale des boîtes de bijoux dissimulées dans le ballast du *Prince Joseph*, vaisseau français frété par les Espagnols et revenant de la Vera-Cruz et de La Havane en 1743. Et au tome II, p. 113, une grande quantité d'or cachée dans la cochenille. L'évaluation de la prise passe ainsi de 200 000 à 600 000 livres sterling.

41. S. Boyse, *op. cit.*, tome II, p. 67, estimait le butin du commodore Anson, revenu le 14 juin 1744 à Spithead, à 2 600 000 pièces de huit, 150 000 onces d'argent brut, 10 barres d'or, le tout valant 1 250 000 livres sterling (un certain Mr. Thomas l'aurait d'ailleurs porté plus haut). On sait que le commodore Anson, entré dans la Mer du Sud en 1740, s'y était emparé de plusieurs navires : la *N. Sra de Buen Carmen*, la *N. Sra de Aranzazu*, le *Jesus Nazareno* et, surtout, le galion destiné à Manille, la *N. Sra de Covadonga*, riche de 256 caisses d'argent et de 1 324 livres d'argent pur. Puis le commodore Anson était rentré en Angleterre par le Cap de Bonne Espérance, bouclant le tour du monde. De leur côté, les *Nouvelles d'Amsterdam* du 2 août 1748 mentionnent un arrivage de la Jamaïque : « L'argent qui a été porté de la Jamaïque à Portsmouth par les vaisseaux le *Plymouth* et le *Drake* a été déposé avant-hier à la banque. Ce Trésor consiste en 205 tonneaux d'argent et 5 d'or ».

42. Au début de l'année 1743, un vaisseau hollandais revenant de Curaçao fit naufrage au sud-ouest de l'Angleterre avec 200 000 livres sterling en or (barres, poudres et espèces) et 100 000 en argent (dont 110 sacs de piastres). cf. S. Boyse, *op. cit.*, tome I, p. 401.

Tableau 57. *Récapitulation des arrivages connus*

(en piastres)

année	Espagnols et alliés	Anglais	total connu
1741	4 110 000	70 000	4 180 000
1742	2 395 812	?	2 395 812
1743	8 214 500	1 550 000	9 764 500
1744	1 924 024	2 490 000	4 414 024
1745	12 000 000	8 700 000	20 700 000
Total	28 644 336	12 810 000	41 454 336
moyenne	5 728 867	2 562 000	8 290 867

précieux[43]. Mais, en dépit des importants mouvements de fonds entre la Vera-Cruz et La Havane, soigneusement notés par le consul français, et qui donnaient du corps aux conjectures, l'appareillage ne devait pas avoir lieu de si tôt[44]. Les menaces que faisait peser sur ces mers l'amiral Knowles, commandant l'escadre anglaise de la Jamaïque, et la tentative de surprise de La Havane en sont responsables. De temps à autre seulement, des convois de moyenne envergure, dûment protégés (par le chevalier de la Touche en novembre 1745, par D. Alexandro Charetain en 1746), voire un vaisseau en procédure accélérée (*El Glorioso* commandé par D. Pedro Lacerda) en 1747, furent expédiés avec les fruits périssables et quelques millions de piastres[45].

Cela ne suffisait pas à écorner les monceaux d'or et d'argent prêts pour l'embarquement. D'autant moins que la fièvre des *registres* n'était pas tombée en Espagne. Les négociants ne semblent pas avoir été très sensibles aux risques qu'ils couraient. Il est vrai qu'un *modus vivendi* s'était établi avec les Anglais, et que les intéressés pouvaient racheter les prises à Lisbonne et à Gibraltar[46]. Une intense spéculation sur les besoins supposés des colonies entourait les départs. Ils

43. *Gazette d'Amsterdam*, n° 27, 1746.
44. AN Paris, AE B 1/618 : 6 millions de piastres amenés par le *Fuerte* en janvier 1745, 3 millions par des vaisseaux marchands le 31 octobre 1745. En avril 1747, il y aurait eu près de 18 millions de piastres en instance de départ. En octobre, le *Bizarre* en apporta 2,5 millions et six registres 3 millions de plus.
45. AN Paris, AE B 1/168, lettre du 12 juillet 1747 : le *Glorioso* ne relâcha pas à La Havane. Ce navire arriva sain et sauf à Corcubion où il débarqua ses trésors (5 millions de piastres). Puis allant à vide à Cadix, il fut pris par les Anglais.
46. AN Paris, AE B 1/264 avril-mai 1747.

s'échelonnèrent nombreux, d'après le consul, meilleur informateur
que les gazettes sur ce point : tantôt isolés, tantôt en flottille de deux
ou trois unités, tantôt en très gros convois comme celui de mars 1748.
La valeur des cargaisons, à Cadix même, était digne de considération[47]. Malgré la tension inévitable entretenue par la guerre et
l'irrégularité des arrivages, le marché américain fut relativement
bien fourni durant ces années. Or, les mines allaient bon train, les
marchandises se vendirent très honorablement. Les registres du
Pérou et de Buenos Aires revenaient une fois leurs affaires faites, au
bout d'un an, au bout de deux ans, avec leurs trésors[48]. Les bâtiments
de la Companía Real de La Habana (fondée en 1740), parce qu'ils
remplissaient fréquemment le rôle d'avisos, ne s'attardaient pas
longtemps aux Indes, mais ils ne ramenaient que quelques milliers de
piastres. Quelques registres de la Vera-Cruz tentèrent leur chance,
chargés de fruits plus que d'argent, à l'ordinaire. La majeure partie
des richesses sonnantes et trébuchantes s'accumulaient en Amérique.

Les autorités espagnoles se montrèrent prudentes. L'ordre de faire
partir l'escadre du Marquis de Reggio ne fut pas donné immédiatement après l'avis de la suspension d'armes. On craignait encore une
manœuvre de Knowles que l'on jugeait dénué de scrupules. Mais le
15 mai 1749, enfin, de La Havane s'ébranlèrent, chargés de 25 à 30
millions de piastres, les cinq vaisseaux de guerre flanqués des
azogues, qui avaient pris les fruits à leur bord, et de deux ou trois
navires marchands[49]. Ils entrèrent au Ferrol le 13 juillet. Enorme
retour, rappelant ceux de la seconde moitié du XVIIe siècle. Il eût été

---

47. AN Paris, AE B 1/264, lettre du 19 décembre : la maison Casaubon et Solier de Cadix
s'entendit avec le Marquis de la Ensenada pour charger 40 000 piastres ou 25 à 30 000
palmes cubiques à bord des azogues ; B 1/265, lettre du 2 janvier 1748 : la Compagnie de
San-Fernando reçut l'autorisation d'envoyer deux vaisseaux, l'un vers Buenos Aires,
l'autre vers la Vera-Cruz, avec une cargaison valant de 100 à 120 000 piastres ; lettre du
19 février 1748 : le convoi préparé pour la Vera-Cruz embarquerait des marchandises
pour une valeur de 8 à 9 millions de piastres, prix d'Europe, etc.

48. Certains vaisseaux de la Mer du Sud ne ramenèrent que des marchandises comme bois
de campêche et cuirs. Une partie des piastres passa de Buenos Aires en Espagne via le
Brésil et le Portugal : ainsi, 400 000 piastres en 1747, préludant au gros arrivage de 1749
sur la flotte de Rio (AN Paris, AE lettres du 30 janvier et du 7 février 1747).

49. Les ordres de départ arrivèrent à La Havane le 6 mai. Le consul français dans sa lettre de
ce jour s'exprimait ainsi : « Dieu leur donne bon voyage sans aucun mauvais rencontre.
La crainte qu'on a des Anglais les a retenus jusques a present. Cet ammiral Knowles quy
commande l'escadre de la Jamaïque est un des esprits remuants et déliés et point du tout
scrupuleux qui a déjà manqués les assogues en allant et revenant de la Vera-Cruz et on
doute s'il ne faira pas encore une tentative pour faire un plus grand coup » (AN Paris,
AE B 1/618).

encore plus considérable si D. Benito Antonio Spinola, commis pour aller quérir le trésor de Carthagène et le ramener en Espagne, n'avait éprouvé des malheurs. Parti de La Havane pour la Terre-Ferme le 22 mars, il n'avait pu revenir à Cuba que le 10 juillet avec 10 millions de piastres enregistrées. Son vaisseau faisait eau, ce qui nécessita des réparations. Il réappareilla fin décembre à la mauvaise saison, trouva le vent contraire dans le canal des Bahamas et dut, démâté, fuir la tempête jusqu'à la Martinique. Il y resta jusqu'au 16 avril 1750 et, sans nouvel encombre cette fois, parvint à Cadix le 8 juin[50].

En principe, le système des *registres* auraient dû cesser de fonctionner avec la paix. Il n'en fut rien. L'une des raisons du gouvernement espagnol était qu'il ne voulait pas redonner vie au trafic anglais d'avant-guerre du vaisseau de permission. Les intéressés de la Compagnie des Mers du Sud à Londres s'étaient réunis avec l'intention de revendiquer leurs droits. La suspension des flottes était un moyen efficace de les débouter. En conséquence, des permissions furent accordées en Espagne à des particuliers pour l'envoi de bâtiments et de marchandises aux Indes : une dizaine environ chaque année, ventilée dans toutes les directions[51]. Le climat

---

50. AN Paris, AE B 1/618, correspondance de mai à juillet ; AN Paris, AE B 1/266 et 267, *passim* ; *Nouvelles d'Amsterdam* et *Gazette de Leyde,* 1749 et 1750.

51. Des Varennes, consul français à Cadix, signale les départs suivants, postérieurs à celui du convoi du 3 mars 1748 :

20 août 1748 : plusieurs bélandres de 150 tx.

1er juin 1749 : un vaisseau de guerre, la *Reine,* chargée de 4 500 quintaux de vif argent, 5 000 quintaux de fer, 4 000 barils de vin et d'eau-de-vie à 10 piastres le baril, 30 000 palmes de marchandises, valeur totale 810 000 piastres ; quatre navires marchands : la *N. Sra de Caridad,* valeur embarquée 540 000 piastres, la *N. Sra de los Dolores,* valeur embarquée 300 000 piastres, *N. Sra de los Angeles,* valeur embarquée 212 000 piastres, un navire hollandais frété, valeur embarquée 80 000 piastres. Les marchandises étaient destinées partie à Carthagène (622 000 piastres) et partie à la Vera-Cruz (1 350 000) ; total : 1 572 000 piastres.

15 juillet 1749 : deux petits bâtiments.

4 novembre 1749 : deux registres vers la Vera-Cruz.

fin décembre 1749 : deux navires vers la Vera-Cruz (valeur embarquée : un million de piastres).

12 janvier 1750 : un vaisseau hollandais pour le compte du Roi vers les Caraques.

mars 1750 : préparatifs d'un envoi d'azogues avec 8 000 quintaux de mercure et des marchandises (la date du départ n'est pas indiquée).

22 juin 1750 : un vaisseau de guerre et des registres (valeur embarquée : 7 millions de piastres).

8 août : départ de deux registres.

12 octobre : deux registres.

15 mars 1751 : deux registres, un troisième en charge dont la valeur embarquée devrait atteindre 2 millions de piastres (le *Jason* ou la *N. Sra de las Angustias* qui partit le 26 mars).

commercial du moment se prêtait bien à la formule : l'approvisionnement de Cadix n'avait jamais été vraiment compromis entre 1740 et
1748, grâce aux services des neutres puis à la réanimation de la voie
de terre. Mais avec la fin des hostilités ce fut, surtout de la part des
Anglais, une ruée vers le Pactole[52]. L'écoulement rapide des stocks en
Amérique était plus facile avec des *registres* qu'avec une flotte, longue
à équiper.

L'abbé Raynal nous a conservé la récapitulation des marchandises qui de 1748 à 1753 furent envoyées officiellement de Cadix aux
Indes. Le document provient sans doute, comme celui des retours,
des bureaux du Marquis de la Ensenada[53]. Toutes réserves étant
faites sur les valeurs absolues exprimées en livres tournois[54], l'intérêt

avril : départ prévu de vaisseaux azogues (sont-ce ceux de mars 1750 ? le départ fut-il
effectif ?).

mai : quatre registres : deux pour Buenos Aires (250 000 piastres), un pour Carthagène
(400 000) et un pour la Vera-Cruz (un million).

6 juillet : départ d'un convoi vers La Havane et d'autres ports (14 unités).

26 juin 1752 : flottille sous la direction de D. Daniel Huoni.

20 novembre : huit registres vers les Indes (non entièrement chargés).

25 décembre : quatre registres pour différents ports.

décembre 1753 : deux vaisseaux prêts pour la Mer du Sud, l'un de 800 000 piastres,
l'autre de 500 000, qui devaient partir dans le courant du mois.

5 novembre 1754 : départ des registres l'*Orient* (1,2 million de piastres) et l'*Andalousie*
(800 000).

24 décembre : un registre avec 2 millions de marchandises.

26 janvier 1757 : registres pour la Mer du Sud.

(Cette liste que nous arrêtons au moment du départ de la Flotte de Nouvelle-Espagne
n'est pas complète).

52. « Depuis la déclaration de guerre entre la France et l'Angleterre, on s'est servy de la voye
d'Hollande pour le transport des marchandises de France en Espagne et c'est par ce
moyen que le Commerce a pu fournir la plus grande partie de celles qui ont été
nécessaires pour les exportations de l'Amérique espagnole » (AN Paris, AE B 1/265,
lettre du 1ᵉʳ avril 1748). La route de terre utilisée après l'entrée en guerre de la Hollande
alourdissait le coût du transport jusqu'à 35 % de la valeur des marchandises. Il y a
abondance d'indications sur l'intérêt des Anglais pour le marché espagnol après la
guerre. Par exemple : « On apprend de Manchester qu'on y emploie actuellement plus
de 20 000 ouvriers qui travaillent à la Fabrique des Futaines destinées particulièrement
pour l'Espagne. » Le port de Londres avait reçu plus de 2 000 balles de laine d'Espagne
pour les manufactures fines (*Nouvelles d'Amsterdam* du 29 novembre 1948). D'après le
consul des Varennes les marchandises anglaises (draps, lainages, mercerie et quincaillerie) s'étaient accumulées en Espagne, formant stock en mars 1750. Beaucoup de
maisons françaises en étaient d'ailleurs les commissionnaires (AN Paris, AE B 1/267).

53. Cf. C. Fernández Duro, *op. cit.*, tome VI, pp. 386-387. Le Marquis de la Ensenada dirigea
la Marine espagnole de 1748 à 1754.

54. Le document que nous utilisons est celui qui figure dans l'atlas de l'édition de 1820. Le
taux de conversion des piastres en livres tournois n'est pas clairement indiqué, mais ne
devrait pas être très éloigné de celui qui est employé par le consul français de Cadix (1

se concentre sur la composition des chargements. Il apparaît nettement que les marchandises pondéreuses traditionnelles comme le vin, l'huile et l'eau-de-vie, dont la régression en volume est en outre évidente (elles ont disparu des vaisseaux expédiés à Carthagène, Callao et Buenos Aires), ne comptaient que peu dans la valeur totale. Elles représentaient encore un tiers du tonnage destiné à la Nouvelle-Espagne, mais moins de 6 % de la valeur ; 70 % du tonnage des vaisseaux allant aux Caraques (en comprenant la farine et les raisins secs) et 23 % de la valeur. Par contre, les tissus et les autres marchandises légères et de prix, s'étaient faits envahissants ; plus du tiers du tonnage vers la Nouvelle-Espagne et 68 % de la valeur, 65 % du tonnage vers Callao et 94 % de la valeur, 69 et 96 % vers Buenos Aires, 79 et 98 % vers Carthagène, etc.[55] Dans l'ensemble, toutes destinations mêlées, ils formaient 43 % du fret et 80 % de la valeur[56].

Figure 27. *Composition des cargaisons à destination de l'Amérique espagnole de 1748 à 1753.*

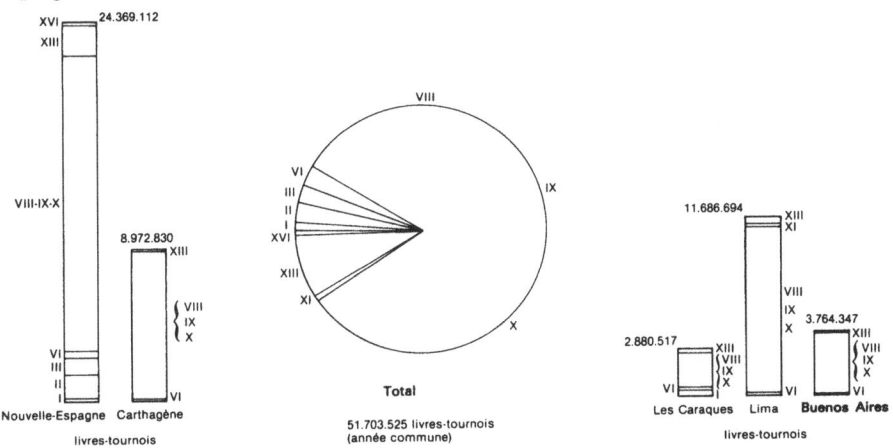

55. Nous avons conservé les éléments de calcul du document. Signalons que le tonneau de vin ou d'eau-de-vie y est censé contenir 16 à 18 barils, alors que l'équivalence officielle était de 12 barils. Si nous adoptions celle-ci, la part des liquides serait encore augmentée en tonnage sans changer évidemment en valeur.

56. Les tissus sont souvent rassemblés dans un même poste avec la mercerie et la quincaillerie. Les pourcentages donnés ci-dessus seraient donc à diminuer légèrement pour les valeurs, plus fortement pour les volumes, pour s'en tenir strictement aux tissus. Sur Lima, une ventilation meilleure attribue 62 % du tonnage et 92 % des valeurs aux tissus (y compris la mercerie), 3 et 2 % à la quincaillerie.

piastre forte = 5 livres tournois) à la date du 1er juin 1749. Rappelons que c'est cette valeur que nous utilisons pour le XVIIIe siècle à partir de 1726. Cf. tableau annexe A.

Ce qui devait se produire se produisit. A la longue, le marché américain se satura. Le consul français à Cadix a suivi l'évolution de la conjoncture. Déjà, à l'arrivée du *S. Martin* le 14 avril 1749, l'on avait su que les prix avaient baissé de 10 % au Mexique à l'annonce de la paix. En octobre, ce fut de Buenos Aires que vint une rumeur de marasme : on y vendait les marchandises à crédit. En mars 1750, le *S. Miguel y las Animas* apporta confirmation de la tendance à la baisse en Nouvelle-Espagne : les marchandises y étaient « presque aussi bon marché qu'en Europe ». Fin avril 1750, Des Varennes, le consul, dénonce le dérèglement du commerce et se lance dans de profondes considérations sur les causes : « On ne se base plus sur un volume réglé d'envois... on ne se conforme plus à un usage si sage tant qu'on trouve des occasions d'envoyer des marchandises on en envoye sans se rebuter par les nouvelles reytérées qu'on a que l'Amérique en est remplie et qu'elles s'y vendent à des prix très bas ». Il y avait en somme trop de capitaux inemployés en Europe, en quête d'investissements : « Cette fureur provient de ce qu'il y a beaucoup d'argent en France et qu'on ne sçait où le placer, que quoy qu'on connoisse que le profit soit fort petit on est obligé de s'en contenter ne pouvant pas faire mieux ailleurs, qu'il faut toujours du mouvement dans le Commerce et que la Cessation de mouvement et l'Inaction l'énervent [...] ». Certains jouaient aussi sur l'éventualité d'une suppression des permissions[57].

Un an plus tard, le ton était identique. En dépit de l'abondance des mines du Mexique, « elles rendent davantage qu'elles n'ont jamais fait », presque tout se vendait à perte et en petite quantité : « Le pays est plein de marchandises ». Les meilleurs articles, parmi lesquels nos Bretagnes, étaient « ce qui rend le moins mal quoyqu'on n'y gagne presque rien »[58]. Le 13 septembre 1751, une première faillite est signalée, celle du Français Riquier. L'on commence à dire que le voyage en Amérique ne rapporte qu'aux armateurs, la valeur du fret. En avril 1752, on apprit que les Bretagnes étaient touchées à leur tour au Mexique : elles y étaient « d'un prix plus bas qu'icy et il s'en vend peu » (elles devaient se reprendre ensuite). Les preneurs à la grosse aventure ne pouvaient plus faire face à leurs engagements. L'arrivée du vaisseau des Philippines à Acapulco, en 1752, détermina « un rengrègement du mal dans un tems où le commerce estoit

---

57. AN Paris, AE B 1/618 *in dato*.
58. AN Paris, AE B 1/618, lettre du 17 juillet 1751.

déjà dans une fort triste situation à la Nouvelle-Espagne ». Des Varennes jouait en vain les Cassandre, en particulier auprès des Parisiens installés à Cadix qui avaient spéculé inconsidérément sur de la cannelle achetée en Hollande. En juillet 1753, plusieurs maisons furent obligées de cesser leurs paiements et l'administrateur de la Douane fut sollicité d'accorder un prêt aux Français sous la responsabilité solidaire des firmes les plus solides[59].

Il y avait moins d'enthousiasme pour dépêcher les registres. Les armateurs eux-mêmes commençaient à réfléchir à cause de la concurrence des vaisseaux de guerre qui prenaient le fret des métaux précieux à 1 1/2 % (au lieu de 3 % sur les vaisseaux du commerce). Les départs prévus pour l'automne 1753 furent retardés jusqu'en décembre. Mesure insuffisante pour rétablir les affaires : « Le commerce est toujours dans un état déplorable à la Nouvelle-Espagne », écrivit le consul en août 1754. Les choses n'allaient pas mieux au Pérou, comme on le sut avec le retour du *Jesus Maria Joseph* le 2 octobre : « on y vend peu, à bas prix, et à long terme ». Dans ces conditions, le seul parti restant à adopter, c'était le rétablissement des Flottes. On décida d'en faire partir une tous les deux ans vers la Nouvelle-Espagne, à commencer en 1756. La première arbora ses voiles, en fait, en mars 1757. Un arrangement déjà ancien (il datait de décembre 1750) avait levé l'hypothèque anglaise. Rien n'était changé quant au régime du commerce vers la Terre-Ferme, mais la résurrection des Flottes mexicaines justifie à elle seule une pause qui nous permettra de faire le point sur les arrivages des métaux précieux au milieu du XVIIIe siècle[60].

Un mot au passage sur la documentation. Nous avons la chance de posséder des moyens de recoupement pour cette période, en particulier la récapitulation des trésors arrivés d'Amérique du 9 janvier 1748 au 5 mars 1754 durant les six années du ministère du Marquis de la Ensenada[61] et la notice plus détaillée (elle mentionne les fruits), mais dérivée vraisemblablement de la précédente, publiée

59. La maison parisienne mise en cause était la firme Girardon, Joguer, Seyt et Cie. Il y eut sept ou huit faillites en juillet 1753, dont celle du sieur Lacalle de Séville. Les six maisons cautionnaires furent celles de Casaubon et Béhic, Solier, Verduc, Magon, De la Balüe, Masson et Gilly. La maison Beaumont, dans laquelle les Rust de Beauvais étaient intéressés pour 40 000 livres, avait sauté dès août 1752.

60. Pour le problème du vaisseau de permission, cf. Parry, *op. cit.*, chapitre 15 et les références bibliographiques jointes.

61. Cf. note 53.

par l'abbé Raynal[62]. Le pointage des navires revenus des Indes est fort révélateur. Sur six ans, les gazettes, complétées par la correspondance consulaire, n'ont laissé échapper qu'un vaisseau : la *Lucia* entrée à Cadix le 21 mars 1749. Encore celui-ci est-il bien répertorié, anonymement, à sa date, et c'est sa charge seulement qui fait défaut[63]. Mais la liste du Marquis de la Ensenada est loin d'être exhaustive. Y manquent : en 1748, l'argent de l'*Hector* transbordé de Ténériffe à Lisbonne ; un bâtiment de la Compagnie de La Havane et deux de la Compagnie des Caraques ; en 1749, la *Galga*, le *S. Martin*, le *Condé*, le *Salvador,* un registre de Buenos Aires, une polacre, la *Sagrada Familia* et le *Salomon,* un vaisseau qui, désemparé au large de la côte portugaise, fut déchargé à Lisbonne ; en 1750, la *Purisima Concepción,* les quatre vaisseaux anglais qui ramenèrent de Virginie le trésor échoué de la flottille de D. Daniel Huoni, le *S. Cristobal ;* entre le 1ᵉʳ octobre 1753 et le retour du *Dragon* le 5 mars 1754, quatre petites embarcations et la *N. Sra del Buen Viaje* de Carthagène[64].

Tableau 58. *Arrivages d'Amérique espagnole de 1746 à 1756*

date et lieu du retour		désignation des bâtiments	trésors rapportés en piastres
1746			
14 janv.	(La Corogne)	*S. Jorge, Ninfeo, S. Spiridion, S. Miguel* et *Perla,* 5 registres de LVC	3 480 001
début janv.	(Port-Louis)	1 vaisseau français de LH	?
20 janv. fin févr.	début mars (Santander)	*Asia,* vaisseau de guerre de Buenos Aires 1 registre de LH ?	1 000 000
juin		*Diego el Perfecto*	320 395
7 juin	(La Corogne)	*Enrique,* de Callao	895 051
7 juin	(La Corogne)	*Soberbio,* de LVC	1 295 344
1747			
début janv.		1 barque maltaise, de LH	

62. Nous suivons le document de l'atlas (édition 1820).
63. *Nouvelles d'Amsterdam,* 1749. Nous identifions la *Lucia* avec le navire arrivé le 21 mars qui annonça le départ prochain de La Havane de la Flotte du Marquis de Reggio.
64. La plupart des vaisseaux ignorés par la récapitulation du Marquis de la Ensenada n'arrivèrent pas en Espagne même. C'est une explication possible mais partielle de la lacune. Quant aux trésors, c'est très légitimement que nous les comptabilisons, puisque, par une voie ou par une autre, ils atteignirent l'Europe.

Tableau 58. *Arrivages d'Amérique espagnole de 1746 à 1756* (suite)

date et lieu du retour	désignation des bâtiments	trésors rapportés en piastres
27 janv. (Lisbonne)	Flotte de Rio	400 000
30 janv. (a)	*Le Lis* (?), de la Mer du Sud	75 000
7 févr. (San Lucar)	*N. Sra de Begona*, de LVC (fait naufrage à l'arrivée)	
20 mars (Lisbonne)	1 polacre	50 000
juin (Corcubion)	1 registre de LH	206 000
16 août (Corcubion)	*El Glorioso*, capitaine D. Pedro Lacerda, de LVC	3 940 486
19 sept.	*Marianne*, polacre française de Carthagène	42 000
20 nov. (Bayona)	*S. Miguel*, de LVC	
nov. (Setubal) (b)	2 registres partis avec le *S. Miguel*	3 499 921
?	2 autres registres *id.*	
1748		
9 janv.	*Reina*, vaisseau de guerre, *Perla, Begona, Salomón, S. Miguel y las Animas, Alcyon, Areton, Loreta*, de LH, sous la direction de D. Alejandro Charetain	2 486 732
mars (Lisbonne)	1 bâtiment de la compagnie de LH	200 000
mars (Lisbonne)	2 bâtiments des Caraques	400 000
25 avr. (Lisbonne)	*N. Sra de Nazareto*, de Ténériffe, avec le trésor de l'*Hector* de Callao	1 500 000
26 juil.	*N. Sra del Rosario* et *N. Sra de la Concepción*, deux chébecs de la Compagnie de LH	230 000
1749		
10 janv.	*Calza*, de la Compagnie de LH	30 000
21 mars	*Lucia*, registre de LH	1 232 593
24 mars	*Condé*, navire de la Mer du Sud	2 323 441
15 avr.	*S. Martin*, de la compagnie de LH	250 000
16 juin (?)	*Salvador*, des Caraques (?)	50 000
23 juin (Lisbonne)	Flotte brésilienne de Rio, pour le roi d'Espagne, de Buenos Aires	6 000 000
13 juil. (Le Ferrol)	Flotte du Marquis de Reggio : *Vendor, León, Invincible, Nueva-España, Tigre*, vaisseaux de guerre, *N. Sra...* (frégate), *S. Jorge, S. Spiridion, Galgo, Gabarra de Sevilla*, navires registres, tous de LH	24 021 543 (min) 26 à 30 millions (max)

a) 30 janvier 1747 : le *Lis* a été identifié avec le registre de la Mer du Sud entré à cette date à Cadix, d'après le Consul, avec un chargement de bois de campêche et de cuirs. Il fut confisqué en juin 1747 pour n'être pas revenu dans un port d'Espagne en premier ; cette circonstance explique peut-être la minceur de ses richesses (AN Paris, AE B 1/264 *in datis*).
b) novembre 1747 : des quatre vaisseaux ayant accompagné le *S. Miguel*, deux seulement sont indiqués avec certitude à l'entrée de Setúbal (AN Paris, AE B 1/264, *in datis*).

Tableau 58. *Arrivages d'Amérique espagnole de 1746 à 1756* (suite)

date et lieu du retour	désignation des bâtiments	trésors rapportés en piastres
14 juil. (Le Passage)	*Sta Barbara*, des Caraques	1 073
15 juil.	*N. Sra del Rosario*	208 151
du 15	*S. Ignacio, Soledad (?)*, *N. Sra de la Concepción*, de	
au 22 juil. (c)	LH	
14 oct.	1 bâtiment de Buenos Aires	50 000
17 nov.	*La Sagrada Familia*, polacre	21 000
déc. (Lisbonne)	*Salomón*, de LVC (?)	700 000
1750		
12 janv. (L a g o s et Setubal)	3 vaisseaux de la Compagnie de LH	30 000
11 fév.	*Lidia*, registre de Buenos Aires	1 430 169
9 mars	*S. Juan Bautista*, brigantin de la Compagnie de LH	
fin mars	*Sta Trinidad*, de LH	
début (Ayamonte) avr.	*S. Miguel y las Animas*, de LVC	176 000
22 avr.	*La Reina*, vaisseau de guerre, capitaine Conde de la Gomeray de LVC, et *N. Sra de Guadalupe*, frégate de LH, capitaine D. José Ventura Salcedo, de LH	4 705 851
2 juin	*Constante et América*, 2 vaisseaux de La Guaira et Carthagène	1 339 430 (min) 2 1/2 millions (max)
6 juin	*Sacra Familia*, de LVC,	77 143
	Castilla et *Europa*, vaisseaux de la Mer du Sud	2 424 129
8 juin	flotte de D. Benito Antonio Spinola :	15 847 423
	Fenix, Dragon et *Real Familia*, vaisseaux de guerre de Carthagène et de LH	
31 juil. et 3 août	*N. Sra de Montserrate*, et *N. Sra de la Caridad*, frégates de LVC	1 031 302
9 août	*S. José* et *N. Sra de Remedios* de LVC	
14 sept.	*Galga*, de LVC	827 195
21 sept.	*Venitiano*, registre de Porto Rico	néant
15 déc.	1 aviso de Virginie	
16 déc.	*N. Sra de Begoña*, de LVC	1 869 398
18 déc.	*Perla*, de la Compagnie de LH	139 076
25 déc.	*N. Sra de los Remedios*, du Honduras	213 187
	N. Sra de la Concepción, navire hollandais au service de la Compagnie de LH	néant
29 déc.	*Sacra Familia*, pinque de LVC	38 809

c) 15/22 juillet 1749 : La *Soledad* n'est pas mentionnée par le document du Marquis de la Ensenada. Le nom est peut-être le double du suivant.

Tableau 58. *Arrivages d'Amérique espagnole de 1746 à 1756* (suite)

date et lieu du retour	désignation des bâtiments	trésors rapportés en piastres
1751		
8 janv.	*Limeña*, de Carthagène (?), ayant dû se réfugier aux Canaries	néant
16 janv.	*Purísima Concepción*, de Carthagène et LH	138 000
début fév.	*Scorpion*, sloop anglais de la Virginie	500 000
20 fév.	*Sta Elena*, du Honduras	282 494
3 mars	*Dorothea* et *Alerteur* (?), 2 vaisseaux anglais de Virginie	745 788
26 mars	*Sto Christo de la Columna*, de Carthagène et LH	97 172
28 avr.	*S. José* et *S. Antonio*, de LVC et de LH	116 172
8 mai	*N. Sra de los Milagros*, de Buenos Aires	216 710
10 mai	*N. Sra de la Asunción*, de la Compagnie de LH	257 980
7 juil.	*S. Cristobal, Condé, Loreto* et *N. Sra del Carmen*, de LVC et de LH	2 309 823
17 août	*Reina de los Angeles*, de Buenos Aires	1 147 479
18 sept.	*Oriente*, de LVC	1 798 980
	Sto Domingo de LH	25 268
31 déc.	*Perla*, frégate de la Compagnie de LH	8 000
1752		
3 janv.	*Soberbio*, de Callao	2 299 039
	Flora, frégate du Roi, de LVC	3 464 000 ou 3 954 486
8 janv.	*Atocha*, frégate de LVC	34 388
10 janv.	*Liebre*, de Macaraïbo	13 100
31 janv. (d)	*Tetis*, de LVC et LH	1 231 291
	Soberbio, de LVC (s'échoue entre Cernil et Santo Petri)	1 400 000
28 fév.	1 vaisseau danois de LH	
25 mars	1 paquebot de Carthagène	25 000
17 avr.	1 aviso de LVC et de LH	
1ᵉʳ mai	4 vaisseaux neufs et 2 vaisseaux de la Compagnie, tous venant de LH	50 000
2 juin	*N. Sra del Pilar*, de Callao	2 066 429
8 juin	*Jason* et *Jorge* de LVC et de LH	4 139 430
9 juin	*N. Sra de los Remedios*, de Carthagène et *Sta Barbara*, de Caracas	
13 juin	*S. Juan Bautista*, de Carthagène	
6 août (Le Ferrol)	*N. Sra del Rosario* alias *Amable Maria*, de Callao	1 238 698

d) 31 janvier 1752 : il y eut cette année-là deux *Soberbio*, l'un de Callao, l'autre de la Vera-Cruz dont le trésor fut repêché après son naufrage (*Nouvelles d'Amsterdam*, n° 20).

Tableau 58. *Arrivages d'Amérique espagnole de 1746 à 1756* (suite)

date et lieu du retour	désignation des bâtiments	trésors rapportés en piastres
8 sept.	*Buchanan*, de LVC	18 800
11 sept.	*Neptuno*, de LVC	1 245 991
20 sept.	*Fuerte*, de Portobello, de LH et Carthagène	7 285 488
4 oct.	*Gran Alejandro*, de Carthagène	
14 oct.	*S. Felipe*, frégate, et *S. Fernando* brigantin, de Campêche	144 331
20 déc.	*Lidia*, alias *Princesa*, de Buenos Aires	423 801
20 déc. (Séville)	*S. Fernando*, frégate de la Compagnie S. Fernando	313 611
1753		
10 janv.	*Trionfante*, de LVC	1 840 622
13 janv. (Le Passage)	*S. Joaquin*, de La Guaira	15 000
18 janv.	*Brillante* et *Alcon*, de LVC	2 041 625
5 févr.	*Sta Rosando*, frégate du Honduras	76 724
11 févr.	*S. Fernando*, de Caracas	
28 févr.	*S. Espiridion*, de Carthagène	338 557
26 avr.	1 aviso de LVC	
5 mai	*S. Carlos* et *Sta Madona*, alias la *Chata*, de LH	
12 mai	*S. Ignacio*, alias la *Chata*, de Carthagène, de LH	163 804
	N. Sra del Rosario, de Carthagène	
9 juil.	1 aviso de Buenos Aires	
18 juil.	*Toscano*, alias *S. Juan Bautista*, de Callao	2 372 852
	N. Sra de Guadalupe, de Carthagène,	135 655
	S. Raimundo et *N. Sra del Carmen* de LVC	2 254 852
	Sta Anna, de la Compagnie des Caraques	38 000
14 août	*N. Sra del Rosario* et *Unico*, de Carthagène	2 412 931
	S. Miguel y las Animas et *S. Jose y S. Antonio*, de LVC	
	N. Sra del Carmen alias *El Triunfo de Sevilla*, de Carthagène (?)	304 264
	1 paquebot de LH	
	1 goëlette de Saint-Domingue	
15 août	*Margarita*, frégate de LVC	néant
7 sept.	*Sacra Familia*, de Callao et Valparaiso	132 787
26 sept.	*S. Ignacio*, de Callao	670 839
26 sept. (San Lucar et Cadix)	*N. Sra del Pilar* et *N. Sra del Rosario* de Carthagène et du Honduras (?)	126 029
29 sept. (Le Passage)	*Sta Barbara*, des Caraques	
29 oct.	*S. José*, des Caraques	
4 nov.	*Sma Trinidad*, de Campêche	
11 nov.	*Gavilan*, de LVC	néant
1754		
29 janv.	*N. Sra del Buen Viaje*, de Carthagène	329 000

Tableau 58. *Arrivages d'Amérique espagnole de 1746 à 1756* (suite)

date et lieu du retour	désignation des bâtiments	trésors rapportés en piastres
5 mars	*Dragon*, de LVC et de LH	7 187 381
27 avr.	*S. Ines* alias la *Venganza*, de Carthagène et de LH	707 220
27 avr. (Séville)	*S. José*, de la Compagnie S. Fernando, de Carthagène et LH	
17 mai	*N. Sra del Carmen* alias la *Galga*, de LVC	280 166
29 mai	*N. Sra de los Milagros*, aviso de Buenos Aires	un peu d'argent
	N. Sra de la Concepción y S. Francisco de Asis, de Carthagène	*id.*
	S. Domingo, de LH	
mai	flotte brésilienne de Rio (argent transbordé de la *N. Sra de Aranzazu*)	853 000
6 juin	*S. Pedro*, de LVC et de LH	480 000
18 juil.	*Union*, vaisseau hollandais de Carthagène	néant
19 juil.	*N. Sra de Montserrat* alias *Perla*, de LVC et LH	98 512
23 août	*S. Sebastian*, des Caraques	
11 sept.	*Nueva España*, de LVC et de LH	431 000
	S. Antonio, frégate, des Caraques	1 537
	N. Sra del Rosario, alias *Perla*, de la Compagnie de LH et *Christo de la Sta Cruz*, alias *La Palma*, pinque majorquine de LVC et LH	« peu de choses »
2 oct.	*Jesus Maria Joseph*, capitaine D. Santiago Laudarte y Barria, de Callao et Valparaiso	1 688 628
14 oct.	*S. Joseph*, de La Guaira	8 310
fin oct. (Lisbonne)	flotte brésilienne de la Baie (argent de la *Luz*, naufragée)	800 000
19 nov. (Malaga)	*N. Sra de la Concepción*, capitaine D. Luis Fort, du Rio de la Plata	1 850 000
7 déc.	*S. Antonio de Padua*, capitaine D. Antonio de Arriaga, de Buenos Aires	191 118
14 déc.	*S. Joaquin*, des Caraques	
1755 6 janv.	*Victorioso*, capitaine D. Nicola de Geraldino, de Callao	1 955 527
	N. Sra del Carmen, frégate, capitaine D. Balthasar de Arrilla	111 692
	S. Rosendo, de Carthagène et LH	200 296
8 janv.	*N. Sra del Rosario* alias *Hercules*, de Carthagène et LH	326 226
10 janv.	*S. Julian*, aviso de LH	
11 janv.	*S. Andres*, capitaine D. Manuel de Silva, brigantin de Maracaïbo	
14 janv.	*El Príncipe*, de LVC et LH	56 888
15 janv.	*N. Sra del Rosario y S. Francisco Xavier* de LH	
23 janv.	*N. Sra del Rosario* alias *El Vencedor* de LH	
11 mars	*Septentrion* de Carthagène et *Galga* de LH	700 000

Tableau 58. *Arrivages d'Amérique espagnole de 1746 à 1756* (suite)

date et lieu du retour	désignation des bâtiments	trésors rapportés en piastres
	Nebuchadnazar, vaisseau anglais de Caroline (effets de la *Sta Elena,* du Honduras, immobilisée en Caroline)	1 256
1ᵉʳ juin (Lisbonne)	*S. Sebastián,* frégate, des Caraques	6 557
9 juin (Saint-	*S. Ignacio,* des Caraques	
12 juin/ Sébastien)	*Castilla* et *Europa,* vaisseaux de guerre, *Jupiter,*	10 931 151
13 juil.	paquebot, *Dragon,* registre, *Marte,* de LH, *Mercurio* de LVC, un aviso de Carthagène et le *San Miguel*	
26 juin	*Conde, Diamante, Begoña,* de LVC et *S. Paschal,* de Carthagène	3 025 636
21 juil.	*Amable Maria,* de Callao et Valparaiso	1 303 014
22 août	*N. Sra de Begoña y S. José,* de Callao	1 458 629
11 sept.	*S. Fernando* et *S. Pedro,* de LVC et de LH	667 086
23 sept.	*Pantéon* alias *Sma Trinidad* de Carthagène	216 375
27 sept.	1 aviso de Carthagène	
6 nov.	*N. Sra del Choro*	25 180
19 déc.	*S. Peregrino* alias *Jason,* de Buenos Aires	917 874
	Concepción, de LVC et de LH	1 266 947
1756		
début févr.	*S. Joaquin,* des Caraques	
10 févr.	*Ermiona* et *Aquila,* de LVC	549 469
12 févr.	*Asunción,* de la Compagnie de LH	119 647
19 févr.	*Sta Rosa,* de Carthagène	fruits
18 mars	*El Oriente* alias *S. Joseph,* la *N. Sra del Rosario* alias *El Cesar* la *N. Sra de la Concepción,* la *Reina de los Angeles,* alias *Peregrina,* quatre vaisseaux de LVC et la *N. Sra de la Concepción,* frégate des Caraques	1 889 929
25 avr.	*Sta Ana,* des Caraques	22 149
5 août	*América, Asia, Fuerte,* vaisseaux de guerre *Jupiter,* frégate, *Mercurio,* frégate et un aviso, tous de LVC et de LH	8 460 659
19 août	*S. Francisco de Sales* alias la *Tétis, N. Sra del Rosario* alias *El Rayo de Vizcaya, El Príncipe S. Lorenzo,* de LVC et de LH	
21 août	*S. Jorge,* de Buenos Aires	1 125 794
28 sept.	*Virgen del Pilar,* de la Compagnie de Barcelone, des Antilles	
16 oct.	*El Léon* alias *S. Cristobal* de Callao	3 260 556
18 oct. (Le Passage)	*Coro,* de La Guaira	2 381
23 nov.	*S. Ignacio,* de La Guaira	6 086

Tableau 58. *Arrivages d'Amérique espagnole de 1746 à 1756* (suite)

	Récapitulation en piastres			
1746	6 990 791		1751	8 644 226
1747	8 212 981		1752	25 393 397 (min)
				25 900 000 (max)
1748	4 816 732		1753	13 924 541
1749	34 887 801 (min)		1754	14 905 872
	39 000 000 (max)			
1750	30 150 113 (min)		1755	24 170 894
	31 300 000 (max)		1756	15 436 670
total : connu				
1746-1750	85 058 358 (min)		1751-1755	87 038 930
	90 380 014 (max)		ou	87 548 533
moyenne				
1746-1750	17 042 584 (min)		1751-1755	17 407 785
	18 076 008 (max)		ou	17 509 106 environ

Une autre confrontation démarre en 1753 avec les tableaux dressés par une firme lyonnaise, les Granjean, d'après leur correspondance avec Cadix. Elle montre que tous les vaisseaux importants ont figuré dans les gazettes, mais non pas tous les avisos et toutes les barques à fruits : heureux défaut, dirait-on presque, car les sources trop parfaites finissent pas devenir suspectes[65] !

La récapitulation montre qu'après la dépression des premières années de la guerre, un franc relèvement des arrivages s'est opéré. Aucune surprise pour le premier lustre : le flot était alimenté par le long stockage forcé des trésors en Amérique. Mais la correspondance du consul français de Cadix aurait pu suggérer, passé le temps du déblocage, un affaiblissement des retours en relation avec la conjoncture maussade des ventes de produits européens. Il n'en fut rien. Nous retrouvons là un divorce de surface entre deux ordres de renseignements. On se rend compte que la connaissance de l'un ne doit pas faire préjuger de l'autre. Les résultats médiocres ou inégaux obtenus par les marchands espagnols s'entendent pris dans le circuit complet de l'échange, en fonction, en particulier, des prix au départ

---

65. Ces papiers Granjean aux Archives départementales du Rhône, nous ont été signalés par notre ami Charles Carrière. Ils avaient été utilisés précédemment par F. Dornic, « Le commerce des Français à Cadix d'après les papiers d'O. Granjean (1752-1774) », *Annales E.S.C.* tome XXI, n° 2, pp. 311-327.

et des frais. Ils n'impliquent pas un abattement sensible de la contrepartie américaine globale en or et en argent. Comme l'écrivit Des Varennes lui-même : « On vend pour la consommation, il faut bien qu'il en revienne de l'argent »[66].

Les progrès contemporains des mines sont intervenus incontestablement pour soutenir et pousser le chiffre des transactions. Une ventilation approximative des trésors notifiés dans nos documents souligne l'importance à cet égard de la Nouvelle-Espagne. La majeure partie – les deux-tiers environ –, 11 à 13 millions de piastres, en venait à présent. La concordance est assez bonne avec les frappes de l'Hôtel des Monnaies de Mexico (12 millions annuellement, de 1745 à 1754). La fermeté des expéditions de la Terre-Ferme autour de 6 millions n'est pas moins remarquable. L'omission d'un certain nombre de vaisseaux à fruits ou de leurs chargements dans les gazettes rend délicate l'appréciation de la valeur des marchandises.

Figure 28. *Composition des retours d'Amérique espagnole de 1748 à 1753.*

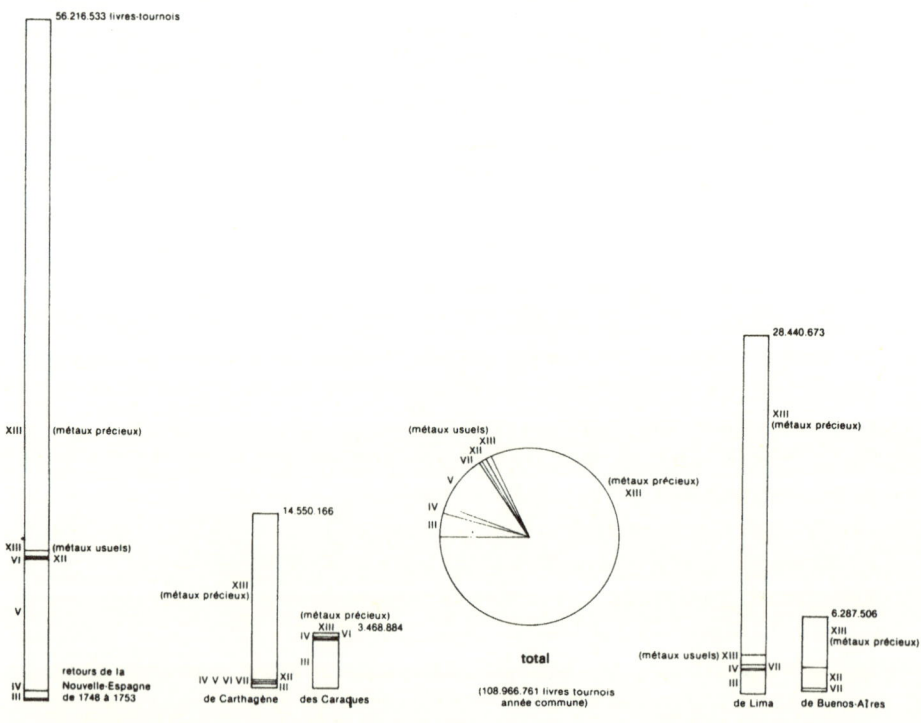

66.   AN Paris, AE B 1/271, lettre du 29 mars 1754.

D'autant que des variations de prix de caractère spéculatif interférèrent : l'indigo du Guatemala n'aurait jamais mieux réussi en Europe qu'en 1751[67]. Si nous nous reportons aux tableaux de l'abbé Raynal, nous y lisons que les denrées en provenance du Mexique, de l'Amérique centrale et des Antilles représentaient 22 % à peu près du total des retours (cochenille pour moitié, indigo pour un tiers) ; que les denrées en provenance de l'Amérique du Sud comptaient

Tableau 59. *Ventilation des trésors* *
(en millions de piastres)

	Nouvelle-Espagne	Terre-Ferme	total
1746	4,7	2,2	6,9
1747	12	0,517	12,1
1748	2,9	1,9	4,8
1749	26,5 ou 30	8,4	34,9 ou 39
1750	8,9	21 ou 22,2	30 ou 31,3
1751	6	1,6	7,6
1752	16	9,3	25,3
1753	6,6	6,3	12,9
1754	8,5	6,4	14,9
1755	16,2	6,9	23,1
1756	11,1	3,3	14,4

	total	moyenne	total	moyenne
1746-50	55 ou 58,5	11 ou 11,7	17,8 ou 18,5	6,8
1751-55	53 ou 49,3	10,6	16,7	6,1

*   Cette ventilation comporte une part d'arbitraire dans la mesure où l'on a parfois dû trancher entre ce qui venait de Terre-Ferme et ce qui venait du Mexique dans un trésor indistinct (cf. l'arrivage du 14 août 1753). L'abbé Raynal donne pour sa part 49,6 % des trésors à la Nouvelle-Espagne et 51,4 % à la Terre-Ferme, année commune entre 1748 et 1753. Cette proportion et la différence avec les nôtres tiennent à la fois, raison principale, au découpage chronologique autre, qui cumule les gros arrivages de Carthagène en 1750 et 1752, et, raisons secondaires, aux lacunes de la documentation du Marquis de la Ensenada et à nos propres tâtonnements. Dans le cadre des six années en question, nous obtenons de notre côté la ventilation suivante : 57 % en provenance de la Nouvelle-Espagne (66,3 millions de piastres) et 43 % en provenance de la Terre-Ferme (48,7 millions). Notre total est supérieur à celui de l'abbé Raynal. (NB : Cuba, Porto Rico, le Honduras, Campêche ont été rattachés à la Nouvelle-Espagne ; la rubrique Terre-Ferme regroupe les arrivages venus de Callao, Buenos Aires, la côte des Caraques et Carthagène).

67.   AN Paris, AE B 1/268, lettre du 9 août 1751. L'indigo avait atteint les prix suivants : Flor, 14 à 15 réaux de plate la livre ; Sobresalente 11 à 13 ; Corte 9 à 10 1/2. Le tiers de l'indigo se consommait en Espagne, la flor en Hollande et le reste en Flandre, Italie et Angleterre.

pour 14 à 15 % des retours (cacao pour les deux-tiers). Ce sont là des ordres de grandeur plausibles et, au demeurant, fidèles aux proportions rencontrées antérieurement[68].

Les chiffres ci-dessus des trésors devraient être relevés, tant à cause des vaisseaux qui ont glissé hors des mailles de nos filets que du sous-enregistrement éventuel des autres. Il y a des présomptions sérieuses pour que l'ajustement n'aille pas très haut. Les vaisseaux à fruits rapportaient presque toujours un peu d'espèces, ne serait-ce que pour la paye des équipages. Les montants connus oscillent de 2 à 20 000 piastres, exceptionnellement 50 000, une goutte d'eau. Les traces d'un sous-enregistrement sont modestes : on les trouve surtout dans la correspondance du consul de La Havane. D'après ce dernier, la Flotte du Marquis de Reggio aurait emporté de 26 à 30 millions de piastres ; la version officielle en annonça 24 (chargements des bâtiments retardataires non compris) ; on en saisit un million dissimulé[69]. Le consul de La Havane soupçonnait aussi Spinola d'avoir embarqué à Carthagène plus que les 10 millions enregistrés, mais nous ne pouvons en dire davantage. La correspondance de Beloquin laisse aussi l'impression que le *Fuerte* aurait pu être mieux chargé au début qu'il ne l'était officiellement à l'arrivée, mais la différence est mince[70].

Les Anglais avaient persévéré dans la capture des vaisseaux espagnols durant les dernières années de la guerre. Quelques prises, comme celle du *Fort*, vaisseau nantais servant comme registre, ont eu les honneurs de la presse à cause de leur envergure (300 000 livres sterling dans le cas présent, ou 1 250 000 piastres). Mais le bilan ne s'établit pas commodément[71]. Nous savons qu'en juillet 1748, le

---

68. Cf. tableau annexe B.
69. AN Paris, AE B 1/618, lettre du 25 mai 1749 et *Nouvelles d'Amsterdam*, nᵒˢ 63 et 98, 1749.
70. AN Paris, AE B 1/618, lettre du 12 juillet 1749 à propos de Spinola, lettres du 13 janvier, du 15 juin et du 3 juillet 1752 pour le *Fuerte*. Le chargement de ce dernier vaisseau est un bon exemple des difficultés qui président à une ventilation exacte des trésors entre les provenances. Il avait été envoyé à Carthagène chercher le trésor à l'automne 1751. Pendant son absence, une frégate apporta de la Vera-Cruz 5 millions de piastres (Beloquin dira 6 dans une autre lettre) qui devaient être transbordées sur le *Fuerte* à son retour à La Havane. Lorsque celui-ci revint de Carthagène et de Portobelo, il rapportait 2 millions de la Terre-Ferme. On attendait encore à Cuba un vaisseau du Mexique pour compléter son chargement, mais finalement, il partit pour l'Europe le 5 juillet 1752 avec 8 millions de piastres seulement, au lieu des 10 prévus. A l'arrivée à Cadix, ses trésors apparaissent pour la somme de 7 285 488 piastres.
71. *Gazette d'Amsterdam*, nᵒˢ 9 et 18, 1747. L'un des inconvénients des notices anglaises relatives aux prises, c'est qu'elles ne permettent pas toujours de distinguer la valeur de la cargaison de la valeur du corps du vaisseau.

Drake et le *Plymouth* apportèrent de la Jamaïque à Londres 205 tonneaux d'argent et 5 tonneaux d'or qui furent déposés à la Banque. Un calcul rapide chiffrerait ce seul chargement à près de 9 millions de piastres, comprenant sans doute, à côté d'un butin véritable, le produit de ce qu'il subsistait de commerce interlope. Les Hollandais, eux, avaient mis à profit la conjoncture pour renouer avec la côte des Caraques. A la paix, les Espagnols eurent du mal à remettre les habitants dans les brancards de la légalité et, encore en 1754, envoyèrent quatre ou cinq bâtiments croiser à proximité pour intercepter les contrebandiers[72]. Sans forcer outre mesure les évaluations, on peut tabler avec ces arrivages subsidiaires sur un total débarqué en Europe (sans distinction de pays) de plus de 100 millions de piastres entre 1746 et 1750 et de 90 millions minimum entre 1751 et 1755.

c. De 1757 à 1778

Quand il avait été décidé, à l'automne 1754, de revenir aux Flottes, on avait prévu qu'il en partirait pour la Nouvelle-Espagne une tous les deux ans, et la première en 1756. Mais on n'était pressé ni à Cadix, ni au Mexique : deux députés de ce pays vinrent demander en février que l'on retardât la sortie, et celle-ci n'eut lieu qu'un an plus tard, en 1757. Au demeurant, le voyage fut sans histoire, relativement preste, la foire active, le retour aussi rapide que l'aller (trois mois environ).

L'espacement prévu entre les Flottes ne fut pas respecté. La seconde, commandée par Carlos Reggio, appareilla le 29 juin 1760, plus de trois ans après celle de D. Joaquim Manuel Villena. Elle fut favorisée par les vents d'est en ouest, puisqu'elle ne mit que 68 jours à rallier la Vera-Cruz, mais elle souffrit dans l'autre sens (127 jours de traversée). La guerre avec les Anglais, la prise de La Havane par ceux-ci amenèrent une interruption assez longue. La Flotte de D. Agustin Idiaquez, la troisième selon le décompte classique, partit le 24 février 1765. Ce fut celle qui eut, au retour, les incidents les pires, essuyant de grosses tempêtes et patientant longtemps à La Havane (durée totale du trajet la Vera-Cruz-Cadix : 193 jours). Par contre, la Flotte du Marquis de Casa-Tilly, sortie de Cadix le 28 décembre

---

72. La guerre avait permis la reprise du commerce à la pique sur les côtes du Venezuela. Ce fut probablement l'origine des troubles qui s'excitèrent dans le pays au retour de la paix et au retour en force de la Compagnie guipuzcoane.

1768, soit près de quatre ans après la précédente, battit les records de vitesse en ne mettant que 62 jours entre le Mexique et l'Espagne.

Rien à dire de spécial sur la Flotte de D. Luis de Cordoba en mer le 29 mai 1772, à la Vera-Cruz le 12 août, puis, l'année suivante, le 30 novembre, mettant le cap sur l'Europe pour l'atteindre le 11 mars 1774. Celle de D. Antonio Ulloa partit le 8 mai 1776, arriva à la Vera-Cruz le 25 juillet, au terme de 78 jours de navigation, en repartit le 16 janvier 1778, toucha le port de La Havane le 8 mars, fut contrainte par trois fois d'y revenir avant d'entreprendre pour de bon son voyage de retour – le dernier, mais l'un des plus longs, terminé à Cadix le 30 juin.

Somme toute, le système fonctionna sans trop d'anicroches. On ne saurait se gendarmer d'un allongement des délais qui était dans la tradition, et assoupli en outre par diverses mesures dont nous reparlerons bientôt. La « buque » de ces six dernières Flottes paraît nettement plus forte que celle des Flottes précédentes, bien qu'il n'y ait pas eu augmentation du nombre des navires marchands[73]. Les raisons du décalage ne sont pas toujours claires. Les marchandises pondéreuses conservant en gros le même volume, ce seraient les marchandises diverses – essentiellement les tissus – évaluées à la palme cubique et le papier qui justifieraient le tonnage de la Flotte de 1760. Cela vaudrait moins pour les Flottes d'Idiaquez et du Marquis de Casa-Tilly. Quant à la jauge médiocre indiquée en 1772, elle s'explique par la faible cargaison d'huiles, vins et eaux-de-vie (ca. 800 tonneaux en tout). On ne peut s'empêcher de penser aussi à un réajustement de l'*arqueamiento* survenu après la guerre de Succession d'Autriche. De toute façon, estimée à sa valeur au départ de l'Espagne, la Flotte de 1765 avec ses 8 013 tonneaux ne dépassait pas celle de Torres en 1733 (15 millions de piastres contre 16). Dernier rappel de prudence dans les interprétations...[74].

Quel fut le succès de ces Flottes ? José Joaquim Real Diaz a étudié les foires de Jalapa qui étaient célébrées lors de leur arrivée au Mexique. Celle de 1757 aurait été bonne, nonobstant le chiffre des invendus (*rezagos*) : 2 712 475 pesos, 15 % des ventes. La foire de 1761, au contraire, débuta fort mal, l'écoulement était très lent, et on le croira volontiers en comparant la valeur estimée à l'arrivée aux

73. Le détail de ces Flottes a été souvent donné. José Joaquim Real Diaz, « Las ferias de Jalapa », *Anuario de estudios americanos*, tome XVI, 1959, pp. 167 à 314. Nous suivrons ici M. Lerdo de Tejada, *op. cit.*, et l'abbé Raynal, *op. cit.*, Atlas.
74. Cf. tableau annexe.

Indes de la Flotte de Carlos Reggio, 30 millions, et le montant des trésors ramenés pour le commerce, 6 660 585 piastres seulement. Mais les marchandises étaient demeurées à Jalapa entre les mains des flottistes. La foire aurait été prorogée jusqu'au 1ᵉʳ avril 1762 à cause de la mévente et à cause de la guerre[75]. Sans doute Spinola chargea-t-il ses vaisseaux l'année suivante d'une partie du provenu : il avait à son bord 13 à 14 millions de piastres pour les particuliers[76]. Nous ne possédons guère pour les deux Flottes suivantes que les chiffres des retours, en métaux et en fruits : 16 622 364 et 16 010 083 piastres, chiffres à augmenter des sommes embarquées à bord des navires *sueltos*[77]. L'impression que l'on en retire, c'est que les marges bénéficiaires étaient serrées[78]. Le reliquat des invendus fut important avec la Flotte de Cordoba (1772) : six ans après, on cherchait encore à en écouler des rossignols ; plus encore, peut-être, avec la Flotte d'Ulloa qui laissa derrière elle, après la foire, 25 478 pièces ou fardeaux d'une valeur de 7 648 980 piastres. Mais ne confondons pas surplus et perte sèche pour les marchands. Et sachons apprécier l'ampleur des transactions réalisées : 77 840 tercios pour une valeur de 26 924 499 piastres[79].

Toute la vie maritime entre l'Espagne et ses colonies ne se résuma pas aux Flottes entre 1757 et 1778. En dehors de celles-ci, partait une volée de registres destinés aux Antilles ou à l'Amérique centrale. Il y en eut aussi quelques-uns pour le Mexique même, entre la Flotte de Reggio et celle d'Idiaquez, qui revinrent avec Spinola. Ils continuaient d'être la règle à destination de la Terre-Ferme : Carthagène, Buenos Aires et Callao. Les différentes Compagnies privilégiées : des Caraques, de La Havane, San Fernando, de Barcelone (la dernière, autorisée en 1755), envoyèrent de leur côté leurs embarcations, puis, à dater du décret du 16 octobre 1765, les neuf ports d'Espagne habilités[80]. La différence était profonde avec la seconde moitié du

75. Le siège et la prise de La Havane par les Anglais interférèrent avec son déroulement. Cf. J.J. Real Diaz, *art. cit.*, page 167.
76. Le convoi de Spinola, que certains auteurs ont assimilé à une Flotte, ne semble pas avoir emporté de marchandises au départ de l'Europe.
77. Entre les deux Flottes, les vaisseaux *Castilla, Pallas* et *Rosario* ramenèrent des sommes d'argent importantes, partie pour le Roi et partie pour le commerce (*Gazette d'Amsterdam*, 13 septembre 1768).
78. C'est en 1769 que l'administration espagnole tenta de stimuler le commerce régional et local au détriment des négociants de Mexico. L'essai ne fut pas concluant.
79. J.J. Real Diaz, *art. cit.*, pp. 285-310.
80. J. Vicens Vives, *Historia económica de España*, Barcelone, 1959, pp. 514-520.

XVIIe siècle, voire le début du XVIIIe, quand de longues inactivités séparaient deux énormes convois. A présent, chaque année était animée. Il en résultait, du point de vue des retours de métaux précieux, une fluidité meilleure.

Pour les gazetiers, du point de vue des informations, la situation était identique à celle de la période précédente. A tout moment dans l'année, une arrivée à Cadix ou à La Corogne était susceptible de devenir l'actualité. Le nombre des bâtiments à recenser – en progression de la trentaine vers 1750 à la cinquantaine vers 1778 – n'excédait pas encore leur capacité d'absorption. Différents recoupements le prouvent, que ce soit avec la récapitulation de l'abbé Raynal du 1er janvier 1754 au 31 décembre 1764[81], avec les papiers Granjean, déjà cités, jusqu'en 1766, ou, sur un secteur limité, la liste des vaisseaux partis de Callao entre 1761 et 1775, dressée par le vice-roi Manual de Amat y Jovat[82]. La publication des cargaisons a, de même, été attentive. Les sources annexes aidant, nous pouvons être sûrs de la haute représentativité de notre information[83]. Il s'agit des valeurs enregistrées comportant, comme au XVIe siècle, une marge possible de fraude banale, dont on se rappellera l'existence, mais que, comme précédemment, nous n'incorporerons pas à nos chiffres de manière à préserver la validité des comparaisons[84].

Comme d'ordinaire, la série des années présente des oscillations. Elles apparaissent pourtant relativement contenues entre 1757 et 1778. Il y a eu une majorité de bons exercices et peu de très mauvais. Sur vingt-trois, on en dénombre seize dont les retours dépassèrent les 10 millions de piastres, dix les 15 millions, cinq les 20 et deux les 30.

81. Abbé Raynal, *op. cit.*, tome III, p. 309.
82. Nous avons consulté l'exemplaire de la relation du vice-roi conservé à la Bibliothèque Municipale de Rouen, Coll. Montbret 178.
83. Une moyenne de 10 000 piastres aurait pu être retenue pour les vaisseaux dont les chargements nous étaient inconnus. Toutefois, nous avons pensé qu'il était préférable de ne pas viser une précision fallacieuse, et qu'il valait mieux intégrer la somme totale qui nous échappe ainsi, au demeurant mince, dans la marge d'erreur que nous continuons d'admettre explicitement dans nos calculs. On ne se laissera pas troubler par la désignation des bâtiments. Un vaisseau de guerre pouvait fort bien ne rapporter aucun trésor. De même un galion comme le *Saint Christophe*, en 1773, dont la cargaison n'était composée que de sucre et de fruits.
84. Les chiffres retenus pour les trésors sont en règle générale ceux des gazettes. Ils peuvent différer quelquefois de ceux que donnent les documents officiels au départ de l'Amérique. On pourra en juger en consultant les listes ci-dessous des vaisseaux partis de Callao et les manifestes des Flottes. Le parti pris est justifié par l'éventuelle réfection des comptes en cours de route.

Tableau 60. *Arrivages d'Amérique espagnole de 1757 à 1778*

date et lieu du retour	désignation des bâtiments	trésors rapportés en piastres
1757		
1ᵉʳ janv.	S. *Andres de Guinea*, de Buenos Aires, *Jason*, vaisseau de guerre, et S. *Maria, Reina del Mar*, de Carthagène et LH	1 344 938
1ᵉʳ avr.	*Sacra Familia*, aviso de Buenos Aires	
30 avr.	N. *Sra de la Concepción* alias *el Punto Fixo*, de Carthagène	629 195
	Victorioso, de LVC	39 156
7 mai	S. *Sebastian*, de La Guaira	6 344
30 juin (a)	S. *Ana*, des Caraques	125 927
6 juil.	2 vaisseaux de guerre de Carthagène	?
19 juil.	N. *Sra de la Asunción*, de LH	208 626
	S. *Francisco Xavier*, des Caraques	24 604
(Saint-Sébastien)		
19 juil.	S. *Barbara*, de La Guaira	?
25 août	S. *Francisco Xavier*, et N. *Sra del Buen Viaje*, de Carthagène	496 903
18 sept.	S. *Rosendo*, du Honduras	71 340
	N. *Sra de las Tres Fuentes*, aviso de LVC	
19 sept.	N. *Sra del Carmen* alias *la Galga*, de Callao	2 006 507
5 oct.	*Virgen del Pilar*, de Callao	2 029 037
	Harmonia, de LVC	19 000
	Jason, de LVC et LH	2 789
6 nov.	S. *Barbara*, de Buenos Aires	
25 déc.	*Europa*, vaisseau de guerre, *Brillante, Constante, Gallardo*, registres de LVC et S. *Cristobal*, de LH pour la Compagnie	5 063 127
1758		
9 janv.	S. *Ignacio*, de La Guaira	21 542
(Le Passage)		
	N. *Sra de Belen*, alias *la Imperatriz Reina*, frégate de Buenos Aires	275 241
18 fév.	S. *Francisco Xavier* alias *el Torero* de Buenos Aires	883 295
21 mars	*Victoria*, frégate et S. *Christo*, pinque, de Carthagène et LH, *Jason*, frégate de LH	781 843
23 avr.	N. *Sra de la Concepción*, alias *el Jason*, de Buenos Aires	620 338
11 mai	*Sacra Familia y Sta Eulalia*, de Porto-Rico, *Virgen del Pilar y del Rosario*, de Saint-Domingue, S. *Miguel* alias *el Unico*, de LH	?
(La Corogne)		
19 juin	S. *Francisco Xavier*, de La Guaira	8 669

Sans autre indication, le port d'arrivée est Cadix,

a) La *Sta Ana* n'est signalée que par la *Gaceta de Madrid*. Elle n'apparaît pas dans les papiers Granjean.

Tableau 60. *Arrivages d'Amérique espagnole de 1757 à 1778* (suite)

date et lieu du retour	désignation des bâtiments	trésors rapportés en piastres
1ᵉʳ juil. (Le Passage)	*Sta Ana*, de La Guaira	28 395
3 juil.	*S. Diego*, de LH	néant
18 juil.	*Asunción*, de LH	?
4 août	Flotte de D. Joaquim Manuel Villena de LVC, accompagnée du *Punto Fixo* et du *S. Pedro*, de Carthagène	16 289 504
5 sept. (Ayamonte)	*S. Paschal Baylon*, de Buenos Aires	437 804
30 sept.	*S. Bruno*, de Callao, qui s'échoue	2 438 018
14 oct.	*S. José* alias *el Guipuzcoa*, des Caraques *Sta Barbara*, de Campêche, *S. Francisco Xavier* du Honduras, *N. Sra del Carmen*, de Carthagène	440 292
23 déc.	*S. Cristobal*, de LH	?
1759		
25 avr. (b)	*Panteon* alias *Sma Trinidad*, de Buenos Aires et *S. Miguel*, des Caraques	300 000
29 mai	*S. Joseph* alias *Victoria*, de Porto Rico	?
21 juin	*N. Sra de la Concepción* alias *S. Marcos Nueva Perla* et *S. Miguel* alias *el Unico* de LH, *N. Sra de las Tres Fuentes* de LVC	?
21 juil.	*S. Fernandino*, capitaine D. Josef Pachino, de Montevideo	1 183 318
22 août	*S. Ignacio*, des Caraques	26 000
28 août	*Asia*, vaisseau de guerre, *Oriente*, *Limena S. Cristo de S. Roman*, de LVC	9 859 068
1ᵉʳ sept.	*Sacra Familia*, de Cumana	?
16 sept. (Le Passage)	*S. Francisco Xavier* alias *el Muitor*, de Carthagène	?
23 sept.	*S. Josef*, des Caraques	néant
13 oct.	*S. Cristo* alias *la Palma*, de Carthagène et LH	
16 oct.	*S. Francisco Xavier*, des Caraques	190 097
20 oct.	*N. Sra de Montserrat*, navire de la Compagnie de Barcelone, du Honduras	
9 nov.	*S. Francisco Borja*, de Callao	1 162 629
27 déc.	*Santiago*, des Caraques	néant
1760		
8 janv.	*N. Sra de Aranzazu*, de Saint-Domingue	
20 janv.	*Asunción*, de LH, et *Diamante*, de Carthagène	
24 janv.	*N. Sra de Guadalupe* alias *la Bisarra* de LH	
5 févr.	*N. Sra de la Soledad*, de LH	

b) Une autre estimation indique pour les deux vaisseaux une valeur de 744 676 piastres, or, argent et fruits.

Tableau 60. *Arrivages d'Amérique espagnole de 1757 à 1778* (suite)

date et lieu du retour	désignation des bâtiments	trésors rapportés en piastres
2 avr. (c)	*N. Sra de la Concepción y S. Rafael*, de Porto Rico et 1 aviso de LH	
6 avr.	*S. Nicola de Bari*, de Maracaïbo	
7 mai	*S. Carlos*, de LH	
7 juin	*N. Sra del Pilar y del Rosario*, de Porto Rico et Maracaïbo	
14 juin	*Sacra Familia y Sta Eulalia*, de Porto Rico et Saint-Domingue	
16 juin	*Limeña*, de LH	
	S. Rosendo, de LH	273 267
19 juin	*N. Sra de Ariarte*, de LH	
6 juil.	*Perla*, de LH	
8 août	*Nuevo Choro*, des Caraques	
25 août	*Tridente* et *Astuto*, de LVC rapportant, en outre,	4 726 361
	le trésor de la *N. Sra de la Concepción* alias *Punto Fixo*, de Carthagène	1 737 416
27 août	*S. Zeno*, aviso de LH	
3 sept.	*S. Francisco Borja y S. Miguel* alias *la Maria Desirata*, de LH	
5 sept.	*Buen Viaje*, de Carthagène	500 000
	S. Miguel, de LH	
14 sept.	*Principe S. Lorenzo*, de Callao	1 702 387
30 sept.	*S. Francisco de Caubec (?) y S. Josef* de LH	
13 oct.	*S. Spiridion*, de Callao	1 896 266
	Aurora, de Buenos Aires	261 281
14 oct.	*Triunfante*, de LH	
24 oct.	*Jason*, de LVC	22 000
	S. Rafael, de Callao	2 049 615
	Concepción, de Carthagène	
29 déc.	*N. Sra del Rosario* alias *el Alcon* de LVC	796 207
1761 (d)		
24 janv.	*N. Sra del Rosario y S. Francisco Xavier*, de LH	22 000
27 janv.	*N. Sra de la Asunción*, de LH	
13 févr.	*S. Josef y S. Antonio*, de Saint-Domingue	
17 févr.	*S. Josef*, des Caraques	
19 févr.	*S. Augustín*, de Saint-Domingue et LH	
6 mars	*Nueva España*, de LH	
8 mars	*N. Sra del Buen Consejo*, de LH	
24 mai	*S. Carlos*, de LH	36 000
	S. Fernando, de LVC	15 193

c)   La *N. Sra de la Concepción y S. Rafael*, serait venue de Cumana, d'après les gazettes.

d)   La valeur des trésors chargés au Callao est connue, à partir de cette année et jusqu'en 1775, par la relation du vice-roi du Pérou. On la trouvera plus loin. Elle peut différer parfois en plus ou en moins de la valeur à l'arrivée indiquée dans les gazettes.

Tableau 60. *Arrivages d'Amérique espagnole de 1757 à 1778* (suite)

date et lieu du retour	désignations des bâtiments	trésors rapportés en piastres
	N. Sra de la Concepción, de LVC	34 000
	S. Pedro, de Carthagène	
30 mai	*Jason, S. Cristobal, Conde*, de LVC et de LH	136 000
13 juin	*Diligente*, de LVC	702 508
16 juin	*S. Ignacio*, de Buenos Aires	865 272
	N. Sra de Montserrate alias *la Perla Catalana*, de la Compagnie de Barcelone, de Porto Rico	
25 juin	*S. Carlos*, des Caraques	
9 sept.	*S. Pedro*, de Buenos Aires	253 376
13 sept.	Flotte de Carlos Reggio, comprenant les bâtiments suivants : *Santiago, Dragon* alias *N. Sra del Carmen, Mercurio, Jupiter, Constante, los Placeres* alias *N. Sra del Buen Viaje, N. Sra de la Begoña, N. Sra de Loreto, Sta Ana, Rayo biscayno* alias *N. Sra del Rosario, Gallardo* alias *S. Josef Dragon francès, S. Francisco Xavier*, tous de LVC et de LH	8 620 677
29 sept.	*Esperanza*, de Callao	1 594 238
6 oct. (Saint-Sébastien)	*N. Sra del Rosario*, de Porto Rico	
9 oct.	*S. Josef*, des Caraques	
10 oct.	*Vigilante*, de Buènos Aires	340 103
14 oct.	*N: Sra del Pilar*, de Callao	800 000
31 oct.	*Toscano* alias *S. Juan Bautista*, de Callao	2 638 417
18 nov.	*Sta Teresa*, de Buenos Aires	
1762 (e)		
14 janv. (f)	*S. Josef y S. Tomas*, de LVC	8 000
	N. Sra de la Concepción, N. Sra de los Dolores, S. Francisco Borja, de LH	231 738
	N. Sra de la Concepción alias *el Punto Fixo*, de Carthagène	40 209
	S. Francisco Xavier, des Caraques	
29 août (Avites)	*S. Josef* et *S. Ignacio*, des Caraques	
1763		
21 mars	1 aviso de Montevideo	
28 avr.	*N. Sra del Rosario*, pinque de LH	
3 mai	*Virgen de Cintra*, de Cayenne, pour la Compagnie de Barcelone et *Sta Barbara*, de LH	
6 mai	*N. Sra de Guadalupe* alias *la Tetis*, de LH	
11 mai	*N. Sra de la Concepción* alias *los Pasajes* de Callao et des Canaries	1 291 278

e)   Le vaisseau du Roi, *Ermionia*, parti de Callao en 1762, fut pris par les Anglais. Son alter ego la *N. Sra de la Concepción* alias *Los Pasajes* arriva à Cadix en mai 1763.

f)   La *Gaceta de Madrid* attribue 279 947 piastres aux six vaisseaux arrivés ce jour.

Tableau 60. *Arrivages d'Amérique espagnole de 1757 à 1778* (suite)

date et lieu du retour	désignation des bâtiments	trésors rapportés en piastres
3 juin	1 aviso de Saint-Domingue	
19 juin	*N. Sra del Carmen*, de LH	
4 juil.	*Perla*, de LH	
(Vigo)		
22 juil.	*S. Juan Bautista*, saète catalane	
30 juil.	Convoi de D. Francisco Spinola, comprenant les bâtiments suivants : *Castilla, Tridente, Arogante, Neptuno* alias *S. Felipe, Pastora* alias *Brillante, N. Sra de la Concepción, Vencedor, S. Esteban del Rey, S. Cristo del Calvario*	14 945 117
30 juil.	*S. Nicola*, de Cuba	
3 août	*S. Espiritu del Rey*, de Cuba	
7 août	*S. Franscisco*, de Buenos Aires	
10 août	*N. Sra de Africa*, de Cumana	
1er sept.	*Constancia*, de Philadelphie et LH	
3 sept.	*N. Sra del Coro*, des Caraques	
17 sept.	*Marte*, de LH	
21 sept.	*S. Cristo*, de la Compagnie guipuzcoane, de Maracaïbo	
27 oct.	*Sta Ana*, de La Guaira	
9 déc.	*S. Pedro*, aviso de LH (?)	
1764	*Madre Sma de la Luz* alias *Terrible*	
3 janv.	de Saint-Domingue	
14 janv.	*N. Sra del Carmen y S. Vicente Ferrer* alias *la Lebretta*, de Carthagène	1 940 438
28 févr.	*Monarcho, Galicia, Princesa, Sol, S. Carlos y Sta Madona, Africa,* de LH, *S. Josef*, de LVC	424 713
10 mars	*N. Sra del Rosario y de los Dolores,* des Caraques	
30 avr.	*Gran Alejandro*, de Carthagène et de LH	
10 mai	*Sta Barbara*, de Buenos Aires	1 062 599
3 juin	*S. Francisco de Paula y Sta Eulalia,* de Saint-Domingue	
24 juin	*Dichoso, Serio*, vaisseaux de guerre *Esmeralda, Industria*, frégates, *Zeno, N. Sra de la Luz, Limeña,* vaisseaux marchands, de LVC et LH	1 290 113
4 juil.	*N. Sra de los Remedios* alias *Victoria* de LH	
4 et 5 juil.	*Liebre*, frégate, et *S. Miguel*, registre de Callao	5 766 033
21 juil.	*S. Juan Bautista*, de Carthagène	
1er août	*S. Juda Tadeo*, des Caraques	
10 août	*Zeno*, aviso de Buenos Aires	
16 et 20 août	*Buen Consejo*, et *Oriflama*, de LVC	2 129 247

Tableau 60. *Arrivages d'Amérique espagnole de 1757 à 1778* (suite)

date et lieu du retour	désignation des bâtiments	trésors rapportés en piastres
29 août (Le Ferrol)	*N. Sra del Carmen* alias *el Pasajo*	
1ᵉʳ sept.		100 000
	Guerrero, des Canaries	
1ᵉʳ sept.	*S. Carlos*, aviso de LH	
22 sept.	*Diamante* alias *S. Antonio*	1 704 651
25 et 27 oct.	*S. Juan Evangelista*, de Buenos Aires	699 441
	S. Pedro y S. Pablo, Sta Ana des Caraques	
19 déc.	*S. Cristo de S. Agustín*, aviso de LH	
20 déc.	*Firme*, vaisseau de guerre, de Carthagène,	1 879 027
	Tetis, frégate du Honduras, *S. Cristoval* de LH	
1765		
5 janv.	*S. Juan Bautista*, aviso de LVC	
11 févr.	*Torero*, registre de Callao	1 225 577
22 févr. (Bayona)	*S. Francisco Xavier*, des Caraques	3 608
25 févr.	*N. Sra de los Dolores*, des Caraques	
14 avril	*S. Josef*, de LVC	1 300
	Margarita, de Carthagène	
2 mai	*S. Miguel* alias *el Unico*, de LH	
19 mai	*S. Josef*, de Carthagène	601.032
23 mai (La Corogne)	*S. Cristo y S. Francisco de Paula*, de LH	
15 juin	*Grimaldi*, aviso de LH	
17 juin (Le Passage)	*Sta Cruz* alias *el Dantzig*, de Buenos Aires	108 200
14 juil.	*S. Juda Tadeo*, des Caraques	3 943
21 juil.	Convoi du Marquis de Casinas comprenant *Dragon, Astuto, Glorioso, Soledad, Juno, Jupiter, N. Sra del Carmen, S. Francisco de Asis*, de LVC ou de Carthagène et de LH, *N. Sra de la Concepción* de Buenos Aires	8 937 225
9 août	*N. Sra de Africa*, de Cumana	
11 et 12 août (g)	*N. Sra de los Dolores* alias *la Ventura* et	5 224 760
	N. Sra del Buen Consejo alias *los Placeres*, de Callao	
19 août	*N. Sra del Choro* alias *Jupiter*, des Caraques	8 944
2 sept. (La Corogne)	*Aquiles*, de LVC, et *Astrea*, de LH	2 117 000
11 sept. (Le Passage)	3 paquebots de LH	
22 sept.	*S. Pedro y S. Pablo*, de La Guaira	

g)   La somme indiquée provient de la relation du vice-roi.
     Les gazettes mentionnent seulement une valeur de 5 700 000 piastres or, argent et fruits.

Tableau 60. *Arrivages d'Amérique espagnole de 1757 à 1778* (suite)

date et lieu du retour	désignations des bâtiments	trésors rapportés en piastres
24 oct.	*S. Carlos*, aviso de LH	
25 oct.	*Hector*, vaisseau du Roi, *Jupiter, Esmeralda, Concepción, N. Sra de Loreto, Grand Admirante* de LH	80 230
	S. Nicola de Bari, du Honduras	
2 déc.	*Aquilès* alias *S. Josef y las Animas, Gran Poder, Pura Concepción y S. Antonio de Padua*, de LVC et de LH	22 152
11 déc.	*S. Antonio* alias *el Fenix*, de LH	
16 déc.	*Pura Concepción*, de LH	1 400
1766		
1er févr.	*N. Sra del Rosario y S. Francisco Xavier, N. Sra de la Concepción y S. Nicola de Bari*, de LVC et de LH	
3 févr.	*Jason*, de LVC	
16 févr.	*Concepción*, de Carthagène	5 400
4 mars	*Buen Consejo, Sta Ana* et *S. Nicola* de LVC et de LH	72 255
24 mars	*S. Jose y S. Nicola* alias *el Oriente*, de LVC ; *Sta Ana* alias *S. Antonio* de La Guaira	11 028
27 mars	*S. Esteban*, de Porto Rico et Saint-Domingue (destiné à Barcelone)	
6 mai	1 paquebot d'Amérique	
7 juin	*N. Sra de la Candelaria* alias *Diligente* de La Guaira	
10 juin	*N. Sra del Carmen* alias *la Galga*, de Carthagène	
24 juin	*Jesus Maria Josef* alias *Concordia*, de Callao	2 946 274
	S. Cristobal de LH	19 800
25 juin	*Sta Gertrud*, de Buenos Aires	18 700
2 juil.	*N. Sra del Carmen* alias *el Buen Succeso* de Buenos Aires	?
6 juil.	*Aguila*, de LH	
15 juil.	*S. Cristo* alias *el Victorioso*, de Campêche et de LH	
17 juil.	*N. Sra de la Merced*, de LH	
25 juil.	*S. Francisco*, de LH	
14 août	*Jesu Nazareno* alias *Esperanza*, de LH	
22 août	*S. Josef* alias *Gallardo*, de Callao	3 102 025
5 sept.	*Jesus Maria Josef*, du Honduras	
6 sept.	*S. Josef y S. Antonio* alias *el Imperial*, de LH	
9 sept. (Le Ferrol)	*S. Ignacio*, des Caraques	
20 sept.	*Magnanimo*, de Buenos Aires	1 556 070
26 sept.	*Brillante*, de Carthagène, *S. Fernando, Astrea, Concepción, Urca S. Josef, Urca Resolución*, de LH, *Espiritu Santo*, tartane, de LVC	1 898 226
29 sept.	*S. Ignacio*, de Buenos Aires et Montevideo	534 864
15 nov.	*Principe S. Lorenzo*, de Buenos Aires	948 512
22 nov.	*Urca S. Juan*, de LH	

Tableau 60. *Arrivages d'Amérique espagnole de 1757 à 1778* (suite)

date et lieu du retour	désignation des bâtiments	trésors rapportés en piastres
1767 (h)		
23 janv.	*Industria*, de Buenos Aires, paquebot de LH, hourque suédoise de la Nouvelle-Orléans, avec avis du naufrage du *Nuevo-Constante*	538 808
10 févr.	*Quiros*, paquebot	
(Gijon et Le Ferrol)	*Príncipe*, paquebot	
13 mars	Flotte de D. Agustin de Idiaquez, comprenant les vaisseaux de guerre *España, S. Carlos* et *Castilla*, la flûte suédoise *Bankanbacs* pour le compte du Roi, les vaisseaux marchands *Oriflama, Triunfante, Perla, Constancia*, de LVC et de LH, le *Portobelena* de Carthagène et de LH (?)	16 222 364
14 mars	*N. Sra de los Dolores*, de La Guaira	
4 avr.	*Grimaldi*, paquebot de LH	
12 mai	*Cortes*, paquebot de LH	
14 juin	1 polacre et 1 autre petit bâtiment de Campêche	
(Le Passage)		
14 juin	*Sta Ana* de La Guaira	4 600
2 et 3 juil.	*Firme, N. Sra de la Concepción* et *Luisa-Ulrica* de LVC	653 654
13 juil.	*Aventura*, de Callao	2 034 677
14 juil.	*Buen Consejo*, de Manille	
(La Corogne)		
16 juil.	*Magellanes*, paquebot	
13 août	*Aquiles*, de Callao	1 701 052
20 août	*Sta Trinidad*, de LH	
(La Corogne)		
21 août	*Rey*, paquebot de LH	
28 août	*Dragon*, vaisseau du Roi, de LVC	4 616 736
4 au 7 sept. (i)	*S. Carlos, Alcon, Virgen de la Merced, Bel Indiano, S. Francisco Xavier, Sevillana* de LH	200 000
(La Corogne)		
5 sept.	*Quiros*, paquebot de LH	
8 sept.	*Galera Esperanza*, de Buenos Aires	63 000
29 sept.	*N. Sra del Pilar*, de la Compagnie de Barcelone, de Cumana	7 484
30 sept.	*Matamoros*, de Callao	909 442
16 oct.	*Toscano*, de Callao	1 030 402
29 oct.	*Tétis*, du Honduras et de LH	93.773
31 oct.	*Famosa*, de Callao	604 314
1768		
4 janv.	*Venus*, frégate de guerre, de Buenos Aires	686 770

h) La récapitulation des papiers Granjean s'interrompt avec cette année. Les listes suivantes sont donc moins complètes quant aux navires à fruits.

i) D'après les gazettes, les 200 000 piastres constituaient la charge de la seule *Sevillana*.

Tableau 60. *Arrivages d'Amérique espagnole de 1757 à 1778* (suite)

date et lieu du retour	désignations des bâtiments	trésors rapportés en piastres
18 janv. (La Corogne)	1 barque espagnole de LH	
23 janv. (La Corogne)	*Magellanes,* paquebot de LH	
25 févr.	*Rey,* paquebot de LH	
1ᵉʳ mars	*Fortuna,* de Carthagène	205 863
	S. Esteban et *Urca S. Juan,* de LH	21 500
16 avr.	*Aquiles* et *Bizáro* de LVC, *Amable Maria* de LH	39 400
30 avr.	*Peruviano,* de Callao	300 000 ou 333 230
	1 vaisseau de La Guaira	
	1 polacre de LVC	
20 mai	*El Terrible,* des Canaries	300 000
21 mai	*Gallego,* paquebot de LH	
12 et 13 juin	*Venganza* et *Buen Succeso* de LH	
10 juil.	*Pizarro* de LH	
16 juil. (Saint-Sébastien)	*N. Sra de los Dolores,* de La Guaira	2 765
2 et 3 août	*Castilla, Pallas* et *Rosario,* de LVC et de LH	5 143 907
19 août (La Corogne)	*Príncipe,* paquebot de LH	
20 août	*Esmeralda,* de Buenos Aires	749 152
21 août	*Pastora,* frégate, de LH	2 450
29 août	*Concordia* et *Sta Barbara* de Callao	2 026 599 ou 2 078 620
6 sept. (j)	*S. Francisco Xavier,* de Callao	1 463 051
fin sept. (La Corogne et Le Ferrol)	*Rey,* paquebot de LH et *Princesa,* paquebot de Montevideo	
5 oct. (k)	*N. Sra. de los Placeres,* de Callao	1 166 061
14 oct.	1 hourque du roi, de LH	
29 oct. (Saint-Sébastien)	*S. Francisco Xavier,* de La Guaira	
12 déc. (La Corogne)	*Quiros,* paquebot de LH	
1769		
27 janv.	*N. Sra del Coro,* de La Guaira	
30 janv.	*N. Sra del Carmen,* de Buenos Aires	238 498

j) Le *S. Francisco Xavier* a été identifié avec le *Rosario* de la récapitulation du vice-roi (d'après le montant du trésor).

k) La *N. Sra de los Placeres* a été identifiée avec le *Buen Consejo* comme ci-dessus.

Tableau 60. *Arrivages d'Amérique espagnole de 1757 à 1778* (suite)

date et lieu du retour	désignation des bâtiments	trésors rapportés en piastres
14 mars	*Astrea*, frégate, *Vicente*, hourque suédoise, de LH	1 154 912
5 au 8 avr.	*S. Fernando, Fortuna, Feliz, S. Francisco de Assis*, de LH	107 620
	S. Diego, de l'Amérique	1 860 485
28 juin (Muros)	*Principe*, paquebot de LH	
17, 18, 19 et 20 mai	*Despacho*, de LH, *Gallego* de Montevideo, *Magellanes* de LH, *Tucuman* de Montevideo, paquebots	
(La Corogne)		
1ᵉʳ août	*S. Julián*, des Canaries, *Oriflama*, de Buenos Aires, *Aventuroso*, de LVC et LH	500 000
9, 15 et 23 août	*Cortes*, paquebot de LH, *Princesa*, paquebot de Montevideo, *Pizarro*, paquebot de LH	
(La Corogne)		
7 oct.	*S. Gabriel*, de La Guaira	
8 oct.	*Magellanes*, paquebot de LH	
22 oct.	*S. Rafael*, de la Compagnie de l'Asiento des Noirs, de LVC et de LH	50 000
10 nov.	*Temor de Dios*, de Buenos Aires	114 000
5 déc.	*Despacho*, de LH, paquebot	
(La Corogne)		
10 déc. (La Corogne)	*Colon*, de LH, paquebot	
14 déc.	*Tétis*, frégate du Honduras	133 521
21 déc.	*Aquila*, galion de Callao	2 008 949
28 déc.	*Confianza*, de Carthagène	792 823
1770		
10 janv.	*Constanza*, de Carthagène et LH	850 000
	S. Miguel, de Callao	636 648
27 janv. (La Corogne)	*Quiros*, paquebot de LH	
17 et 19 fév.	*Cortes*, paquebot de LH et *Gallego*, de Montevideo	
(La Corogne)		
19 févr.	*N. Sra de los Dolores*, de La Guaira	
15 mars	*Aquila*, registre de LVC et LH	85 664
2 avr.	*Pizarro*, paquebot de LH	
16 avr.	*Jesus Maria Josef*, frégate de Buenos Aires et *S. Carlos*, de LH	500 205
1ᵉʳ avr.	*N. Sra del Coro*, frégate des Caraques	
3 mai	*Aventura*, galion de Callao	2 749 205
17 mai	*Soledad*, de Carthagène et LH	891 579
24 mai (La Corogne)	*Magellanes*, paquebot de LH	

Tableau 60. *Arrivages d'Amérique espagnole de 1757 à 1778* (suite)

date et lieu du retour	désignation des bâtiments	trésors rapportés en piastres
26 juin (La Corogne)	*Patagon*, paquebot de LH	
18 juil. (La Corogne)	*Colon*, paquebot de LH	
22 juil.	Flotte du Marquis de Casa Tilly, comprenant le *Santiago*, la *España*, la *Sta Ana*, la *Divina Pastora* alias *el Brillante*, l'*Almirante* alias *el Dragon*	16 010 083
9, 10, 11 et 13 août	*Buen Consejo*, *Venus* et *Sta Rosa*, de Manille, *S. Nicola de Bari*, de Buenos Aires, *Astuto*, de Carthagène, *Sta Rosalia* et *S. Juan Bautista*, de LVC et de LH	691 231
15 et 17 août (La Corogne)	*Quiros*, paquebot de LH, et *Principe*, de Montevideo	
17 août (Saint Sébastien)	*S. Ignacio*, de La Guaira	
18 août (1)	*Prussiano* et *Galga*, navires de registre, de Callao	2 080 880
4 sept.	*S. Francisco de Paula*, de LVC et de LH	
5 sept.	*S. Cristobal* alias *Minerva*, de Carthagène	2 640
8 sept.	*S. Miguel*, de LH	
9 sept.	*Aurora*, de Callao	914 283
22 sept.	*Diamante*, de Callao	649 058
22 sept. (La Corogne)	*Cortes*, paquebot de LH	
26 oct. (La Corogne)	*Princesa*, paquebot de Montevideo	
15 nov.	1 vaisseau du Honduras et de LH	
18 nov.	*Ercules*, de Callao	873 536
20 nov.	*Sta Rosa*, de Buenos Aires	504 188
1771		
6 janv.	1 polacre, de LH	
11 janv. (Le Ferrol)	*N. Sra de los Dolores*, frégate de La Guaira	
28 janv. (La Corogne)	*Magellanes*, paquebot de LH	
fin janv.	*S. Juan*, hourque du Roi, de LH et un paquebot	
16 fév. (Le Ferrol)	*Grimaldi*, paquebot de Montevideo	
25 févr. (La Corogne)	*Colon*, paquebot de LH	
10 mars (Estacada de Baies)	*Quiros*, paquebot de LH	

1)   Le *Prussiano* a été identifié avec la *Concordia* du vice-roi.

Tableau 60. *Arrivages d'Amérique espagnole de 1757 à 1778* (suite)

date et lieu du retour	désignation des bâtiments	trésors rapportés en piastres
26 avr. et 8 mai (La Corogne)	*Cortes* et *Princesa*, paquebots de LH	
début juin	*Toscano*, galion de LVC, *S. Carlos*, de Cumana, *S. Josef*, de Porto Rico, *Victoria*, *N. Sra de la Merced*, (2 fois), *S. Francisco de Paula*, *N. Sra del Carmen*, *S. Pedro*	
16 juin 18 juil. et 23 août (La Corogne)	*Pizarro*, *Rey* et *Magellanes*, paquebots de LH	
30 sept.	*Sta Lucia*, frégate de LH	1 350 318
fin sept.	*Astrea*, de Manille	
7, 15 oct. et 2 déc. (La Corogne)	*Colon*, *Quiros* et *Princesa*, paquebots de LH	
mi-déc.	*Sta Ana*, *Esmeralda*, *Atrevido*, de Carthagène et LH, *Reina del Mar*, de LH	
1772		
19 janv.	*Industria*, frégate de Buenos Aires	1 057 049
fin janv.	1 convoi rapatriant des régiments irlandais et suédois	1 057 049
22 févr. (La Corogne)	*Rey*, paquebot de LH	
23 mars	*Esmeralda*, de LH	
26 mars	*Sta Gertrudis*, de Carthagène et LH	1 415 041
29 et 30 mars (La Corogne)	*Magellanes*, paquebot de LH et *Grimaldi*, paquebot de Montevideo	
30 mars	*S. Miguel*, navio des Caraques	
11 avr. (La Corogne)	*Colon*, paquebot de LH	
du 17 au 30 avr.	*Pajaro*, *Garrotta* et *S. Nicola de Bari*, du Honduras, *N. Sra de los Dolores* alias *Trinidad*,	
1er mai (Muros)	*Quiros*, paquebot de LH	
18 mai	*Gallardo* et *Aquiles*, vaisseaux marchands de Callao	néant
20 mai	*S. Rafael* et *S. Pedro de Alcantara*, vaisseaux de guerre, *N. Sra de la Concepción*, vaisseau marchand de LH	7 368 770
1er juin	*Principe S. Lorenzo*, de Callao	3 271 268
14 juin (La Corogne)	*Princesa*, paquebot de LH et *Diana*, paquebot de Montevideo	
15 juin	*Septentrion*, *Asturo*, *Liebre*, de Callao	4 720 425
17 au 24 juil.	*S. Julian*, *Sta Catalina*, *Palas* et *Juno*, navios, *Concepción*, *Angelica*, *Ventura* et *S. Francisco Xavier*,	883 051

Tableau 60. *Arrivages d'Amérique espagnole de 1757 à 1778* (suite)

date et lieu du retour	désignation des bâtiments	trésors rapportés en piastres
	navires de registre de la Mer du Sud, Manille, Buenos Aires, et la côte des Caraques	
29 juil. (La Corogne)	*Príncipe,* paquebot de Montevideo	
9 août	*Sta Rosalia,* frégate de Callao	1 150 967
début août	*N. Sra del Carmen,* de Buenos Aires (?), *N. Sra de Montserrat,* de Cumana, *N. Sra del Carmen* alias *el Príncipe* et *S. Juan Bautista,* de LH	
4 et 5 sept.	*Cortes,* de LH, *Patagon,* de Montevideo	
25 oct., 26 nov. (La Corogne)	*Rey, Magellanes, Colon,* paquebots de LH	
1er déc. (Le Ferrol)	*Tucuman,* de Montevideo, paquebot	
15 déc.	*Quiros,* paquebot de LH	
1773		
23 janv.	*N. Sra del Carmen,* de Porto Rico, *Purisima Concepción* alias *Triunfante,* du Honduras, *Sta. Ana, S. Vicente Ferrer* de LH	
24 janv.	*Pizarro,* paquebot de LH	
3 et 12 fév.	*S. Julian,* de La Guaira, *Buen Consejo* de LVC et *N. Sra de Victoria* alias *el Portugués,* de Buenos Aires	599 573
17 fév. (La Corogne)	*Princesa,* paquebot de LH	
13 avr.	Galion *S. Cristoforo,* de LVC	
13 et 15 avr. 9 et 10 mai, 9 juin	*Grimaldi,* de Montevideo, *Cortès,* de LH, *Diana,* de Montevideo, *Magellanes* et *Quiros,* de LH	
17 et 18 juin	*Astrea,* vaisseau de guerre, de Carthagène, *N. Sra del Rosario* et *S. Miguel,* de LH	2 093 403
20 juin	*S. Francisco de Assis,* de LH	
21 juil. (La Corogne)	*Rey,* paquebot de LH	
21 juil.	7 vaisseaux marchands de LH et 1 vaisseau de guerre, la *Venus,* de Manille, via LH	
15 août	*Sta Barbara y N. Sra del Carmen,* de Buenos Aires	561 517
19 août	*Principe S. Lorenzo,* de Callao	2 199 072
19 août	*Colón,* paquebot de LH	
8 sept.	*S. Ignacio,* de La Guaira	
10 sept.	*Aquiles,* vaisseau marchand, *S. Gertrudis* et *Sta. Rosalia,* vaisseaux de guerre, de Callao	2 579 668
21 sept. (La Corogne)	*Tucuman* et *Pizzaro,* paquebots de Montevideo et de LH	
17 oct. (Saint-Sébastien)	*S. Miguel,* navio de La Guaira	

Tableau 60. *Arrivages d'Amérique espagnole de 1757 à 1778* (suite)

date et lieu du retour	désignation des bâtiments	trésors rapportés en piastres
30 oct.	*Toscano*, de Callao	983 747
31 oct. (Saint-Sébastien)	*Coro*, de La Guaira	
4 déc. (La Corogne)	*Grimaldi* et *Quiros*, paquebots de LH	
1774 12, 14 et 29 janv. (La Corogne)	*Magellanes, Rey*, de LH, *Patagon*, de Montevideo, *Colón* de LH	
8 mars	*Jesus Maria Joseph*, paquebot de Montevideo	407 480
du 11 au 18 mars	Flotte de D. Luis de Cordoba comprenant le *Dragon*, vaisseau de guerre, *Santiago de España, Americo, los Placeres, N. Sra del Rosario, Porto-Belena*, de LVC	22 329 355
31 mars et 16 avr. (La Corogne)	*Diana*, de Montevideo et *Pizarro* de LH, paquebots	
18 et 20 mai	*Gallardo* et *Aurora*, vaisseaux de Callao, *S. Miguel*, frégate de La Guayra, *Temor de Dios*, frégate de Buenos Aires	319 543
31 mai (La Corogne)	*Infanta*, paquebot de Montevideo	
31 mai 3 et 5 juin, 8 juil. (La Corogne)	*Industria* et *Liebre*, frégates de guerre de Callao *Quiros* et *Grimaldi*, paquebots de LH, *Diligencia*, paquebot de Montevideo	4 313 261
18 juil. (Muros)	*Rey*, paquebot de LH	
5 au 11 août	*S. Nicola de Bari*, de Callao et *Victoria* de Buenos Aires	300 415
19 août (La Corogne)	*Colon*, paquebot de LH	
fin août	*S. Miguel*, de Buenos Aires, *Sma. Trinidad*, de LVC et quelques barques de LH	
3 et 9 sept.	*Limeña* et *Galga*, frégates, *Sta. Catarina*, vaisseau du Roi, de Buenos Aires et Carthagène	2 260 184
14 sept. (La Corogne)	*Príncipe*, paquebot de LH	
fin oct.	*Aquila*, galion de Callao	612 621
19 et nov. 9 déc. (La Corogne)	*Princesa* et *Magellanes*, paquebots de LH	
10 déc.	*Concepción*, vaisseau de Buenos Aires	472 902

Tableau 60. *Arrivages d'Amérique espagnole de 1757 à 1778* (suite)

date et lieu du retour	désignations des bâtiments	trésors rapportés en piastres
1775 10, 21 et 22 janv. (La Corogne)	*Pizarro*, de LH, *Patagon*, de Montevideo, *Grimal-di*, de LH, paquebots	
8 mai	*Jason* et *Sta. Gertrudis*, de Buenos Aires et du Honduras	272 653
11 mai	*S. Miguel*, de La Guaira	45 656
17 et 21 juin	*Princesa*, de LH et *Infanta*, de Montevideo, paquebots	
5 juil.	*Buen Consejo*, registre de Callao	1 806 956
11 juil.	*Begoña*, de Carthagène, *Astuto*, de Callao, *Toscano*, de Buenos Aires	1 438 056
14 juil. (La Corogne)	*Diligencia*, de Montevideo, *Magellanes*, de LH, paquebots	
8 août (La Corogne)	*Pizarro*, paquebot de LH	
11 août	*Astuto* et *S. Miguel*, vaisseaux de guerre, *S. Carlos* et *Sta. Rita*, hourques, de LVC et de LH	8 843 541 ou 8 865 724
15 août (La Corogne)	*Tucuman*, paquebot de Montevideo	
du 11 au 15 sept.	*Pajaro*, registre de Carthagène, *Ercoles*, de Callao, *S. Ignacio*, de La Guaira	2 464 098
du 15 sept. au 17 oct.	5 petits bâtiments de LH et l'*Angelica*, de Carthagène (?)	
13 oct.	*Rey*, *Quiros* et *Príncipe*, paquebots de LH	
19 nov. et 22 déc. (La Corogne)		
1776 31 janv. (La Corogne)	*Cantabria* et *Patagon*, paquebots de Montevideo	
7 fév.	*S. Julian*, de La Guaira	
13 fév. (Zedeyra)	*Pizarro*, paquebot de LH	
22 et 29 mars (La Corogne)	*Diana* et *Colon*, paquebots de LH	
24 mai	*S. Pedro de Alcantara* et *S. Julian* de Callao	2 262 105
31 mai (La Corogne)	*Grimaldi*, paquebot de LH	
2, 7 et 8 juin	*América*, vaisseau de guerre de Buenos Aires, *Victoria* et *Perla*, frégates marchandes de LVC	4 298 464
15 juin	*S. Miguel*, de La Guaira	14 651
19, 20 et 27 juin,	*Infanta* et *Diligencia*, paquebots de Montevideo, *Quiros* et *Rey*, paquebots de LH	

Tableau 60. *Arrivages d'Amérique espagnole de 1757 à 1778* (suite)

date et lieu du retour	désignation des bâtiments	trésors rapportés en piastres
18 juil. (La Corogne)		
20 juil.	*Astrea* et *Venus*, frégates de Manille	
17 août (La Corogne)	*Príncipe*, paquebot de LH	
20 août	*S. Ignacio*, de La Guaira.	24 323
23 et 24 août	*Rosario*, frégate de Carthagène, et *Buen Succeso*, registre de Buenos Aires	1 339 087
24 août	*Toscano*, registre de Buenos Aires	317 023
19 sept.	*Achilles*, registre de Callao	889 089
	S. Nicola de Bari, registre de LVC	151 420
25 sept. (La Corogne)	*Colon*, paquebot de LH	
19 et 20 oct. (Le Ferrol)	*N. Sra de Regla*, hourque de Buenos Aires et *Tucumán*, paquebot de Tucumán	
20 oct.	*Gallardo*, registre de Callao	727 129
nov.	*Sta. Teresa de Jesus*, de la Guaira	2 100
16 déc.	*S. Julian*, de La Guaira	2 900
1777		
20 janv. (La Corogne et Le Ferrol)	*Diana*, de Montevideo, et *Grimaldi*, de LH	
6 mars	*S. Rafael*, de La Guaira et *N. Sra de la Candelaria*, de Cumana	
8 mars (La Corogne)	*Rey*, paquebot de LH	
19 mars	*S. Vicente Martirio*, frégate de Maracaïbo (Compagnie des Caraques)	32 700
fin mars	*S. Lorenzo*, frégate de Carthagène	84 759
12 avr.	*Peruano*, vaisseau du Roi, de Callao	1 559 706
	S. Francisco de Paula, de Carthagène	325 459
21 juin	*Quiros*, paquebot de LH	
2 août	*S. Carlos*, de La Guaira	8 334
12 août (La Corogne)	*Tucumán*, paquebot de LH	
18 août	*Buen Consejo*, registre de la Flotte de LVC	96 278
oct.	1 vaisseau anonyme de LVC	
3 et 4 déc. (Le Passage)	*Cantabria*, de Montevideo, *Quiros* et *Magellanes*, de LH, paquebots	
4 et 6 déc. (La Corogne)	*N. Sra de la Soledad*, frégate, et *Sta. Teresa de Jesus*, hourque, de la Guaira	3 128
26 déc. (Le Ferrol)	*Grimaldi*, paquebot de Montevideo	
1778		
4 janv.	*Colón*, paquebot de LH	

Tableau 60. *Arrivages d'Amérique espagnole de 1757 à 1778* (suite)

date et lieu du retour	désignations des bâtiments	trésors rapportés en piastres
10 au 12 janv. (m)	*S. Julian*, navire de guerre, *Concepción*, *Príncipe S. Lorenzo*, *Victoria*, navires marchands de LVC, LH et Callao	3 052 842
12 fév. (La Corogne)	*Diana*, paquebot de Montevideo	
8 mars	*Léon Colorado*, de Carthagène	535 375
23 mars (La Corogne)	*Principe*, paquebot de LH	
25 mars	*S. Ignacio*, de La Guaira	2 869
4 mai (La Corogne)	*Pizarro*, paquebot de Tenerife *(sic)*	
10 et 12 mai	*Jesus-Maria-Joseph*, et *N. Sra de las Mercedes*, du Honduras	
18 et 26 mai	*Gallego*, de LH, *Diligencia*, de Montevideo, *Grimaldi* et *Gran Canaria* de Tenerife, paquebots	
9 et 28 juin		
29 juin	Flotte de LVC sous les ordres de D. Antonio Ulloa, comprenant les vaisseaux de guerre *Santiago*, la *España*, *Dragon*, *S. Lorenzo*, et *S. Angel de la Guardia*, et les vaisseaux marchands *S. Cristobal* et *El Paxarin*	19 509 875
	N. Sra del Rosario, de LVC	92 227
29 juin (La Corogne)	*Princesa*, paquebot de Montevideo	
9 juil. (Le Passage)	*S. Carlos*, de La Guaira	21 143
20 juil.	*Astuto*, de Callao	3 354 336
27 juil. (La Corogne)	*Quiros*, paquebot de LH	
29 juil.	*S. Joseph*, de Montevideo	1 579 377
fin juil.	*N. Sra de la Merced*, *S. Joseph*, *N. Sra del Carmen y Sta Rosa*, *S. Francisco de Paula*, *S. Joseph y las Animas*, de LH	
début août		
1er août	Frégate *la Paz*, de Carthagène	477 286
10 sept.	*Achilles* alias *S. Joseph y las Animas*, de Callao	1 455 675
17 sept.	*Serio*, de Montevideo	1 788 251
28 sept.	*Tucuman*, de Montevideo et *Tenerife*, de Santa-Cruz, paquebots	
4 oct.	*S. Nicola de Bari*, frégate de Carthagène	488 673
17 oct.	*S. Miguel y Santiago*, de La Guaira	3 325
28 oct. (Le Passage)	*Sta Lucia*, bélandre de La Guaira	
7, 9 et 17déc. (La Corogne)	*Cantabria*, de Montevideo, *Lanzarote* des Canaries, *Gallego* et *Principe* de LH	

m)   Le *San Julian* transportait à lui seul 2 813 025 piastres.
     Le reste a été attribué au *Príncipe S. Lorenzo* de Callao.

La régularisation du flux tient en grande partie à la situation beaucoup plus paisible que par le passé de l'Espagne. Les conflits ouverts ou larvés auxquels elle fut mêlée durèrent peu. Ils coïncident avec les étiages : en 1762 (participation à la guerre de Sept Ans), en 1771 (litige avec les Anglais au sujet des îles Malouines ou Falkland), en 1777 (querelle avec les Portugais sur la propriété de la colonie du Sacramento).

Les performances les meilleures furent réalisées les années d'un retour des Flottes mexicaines : en 1758, 1767, 1770, 1774 et 1778. Celle du Marquis de Reggio ne marqua pas autant parce que ses trésors furent scindés et leur transfert étalé de 1761 à 1763 (convoi de Spinola). Les Flottes de Nouvelle-Espagne n'expliquent pas à elles seules les sommets atteints. On constate dans les années en question une contribution très importante de la Terre-Ferme, égale au moins au tiers des métaux mexicains et s'élevant en 1770 à plus de la moitié. Dans les intervalles, les envois de Carthagène, de Buenos Aires et de Callao, non soumis au rythme brutal des gros envois, se soutinrent mieux que ceux de la Vera-Cruz. C'est un facteur aussi de la modulation nouvelle des arrivages.

En récapitulation, l'Amérique a fourni à l'Espagne entre 1756 et 1778, année moyenne, 14,5 millions de piastres. D'un lustre à l'autre, les différences sont peu importantes, le moins brillant (1761-1765) se tenant à 13,5 millions de moyenne, et le meilleur (1766-1770) un peu au-dessous de 17 millions.

Globalement, la Nouvelle-Espagne contribua pour 56,6 % aux arrivages avec 8,5 millions de piastres, et la Terre-Ferme pour 43,3 % avec 6,5 millions, la provenance du résidu n'ayant pu être déterminée. Chiffres absolus et pourcentage varièrent sensiblement au cours de la période. Au début, la Nouvelle-Espagne, exportatrice de 9,6 millions de piastres en moyenne par an, assure 63 % des retours ; à la fin, exportatrice de 7 à 8 millions de piastres, son pourcentage dépassait de très peu les 50 %. Les progrès de la Terre-Ferme furent remarquables au contraire : de 5,5 millions à 7, avec une pointe à 7,5 entre 1766 et 1770.

La documentation ne se prête pas à une détermination rigoureuse des parts respectives de l'or et de l'argent dans l'ensemble des trésors rapportés. Quelques lueurs apparaissent tout de même. Le métal jaune représenta de 8 à 12 % des chargements à bord des quatre premières Flottes de Nouvelle-Espagne, beaucoup moins, entre 1,5 et

Tableau 61. *Récapitulation des retours de 1756 à 1778*
(en piastres)

année	Terre-Ferme	Nouvelle-Espagne	total
1756	4 416 966	11 019 704	15 436 670
1757	6 663 455	5 104 038	12 061 493
1758	5 935 437	16 289 504	22 224 941
1759	2 671 947	10 049 165	12 721 112
1760	8 437 965	5 817 835	13 955 800
1761	6 491 406	9 566 378	16 236 395
1762	40 029	239 738	279 947
1763	1 291 278	14 945 117	16 236 395
1764	13 052 189	3 944 078	16 996 267
1765	7 176 064	11 159 307	18 335 371
1766	11 015 099	98 055	11 113 154
1767	6 885 487	21 794 011	28 679 498
1768 (a)	6 602 711	5 203 807	12 107 518
1769 (b)	3 154 270	3 306 538	6 960 808
1770 (c)	10 652 202	16 095 747	27 439 200
1771	–	1 350 318	1 350 318
1772	12 497 801	7 368 770	19 866 571
1773	8 417 407	599 573	9 016 980
1774	8 686 406	22 329 355	31 015 761
1775	6 027 419	8 843 541	14 870 960
1776	9 876 871	151 420	10 028 291
1777	2 014 086	96 278	2 110 364
1778	9 946 127	22 416 127	32 362 254
1756-1760	27 225 370	48 280 246	75 505 616
1761-1765	28 051 146	39 649 909	67 905 764
1766-1770	38 309 755	46 479 358	86 300 178
1771-1775	35 629 033	40 491 567	76 120 590
1776-1778	21 837 085	22 663 825	44 500 909

a) 300 000 piastres via les Canaries.
b) 500 000 piastres non ventilées.
c) 691 231 piastres de provenance indéterminée.

3 %, sur les dernières[85]. La ventilation des deux cargaisons de Buenos Aires connues en détail indique des pourcentages fort différents : 15 et 50 %[86]. Le relevé du vice-roi du Pérou fixe avec

85. Voici la série des pourcentages calculés :
1758 : 8,6 % (Flotte)
1760 : 2   % (un vaisseau du Honduras)
1761 : 11,7 % (Flotte)
         30   % (vaisseau *Diligente)*
1763 : 12   % (convoi de Spinola)
1764 : 15   % (vaisseaux du 24 juin)
1767 : 8,7 % (Flotte)
         4,3 % (*Dragon)*
1770 : 1,7 % (Flotte)
1774 : 1,4 % (Flotte)
1778 : 3   % (?)

86. A bord de *l'Aurora* en 1760 et de la *Temor de Dios* en 1769.

certitude la proportion de l'or (20 %) et de l'argent (80 %) dans les expéditions de Callao[87]. A Carthagène, enfin, l'or aurait dominé presque exclusivement[88]. Un relevé de l'abbé Raynal permet d'établir sur onze années (1754-1764) les pourcentages suivants de l'or :

Mexique (*stricto sensu*) : 3,5 %   Nouvelle-Espagne : 4,1 %

Carthagène : 85,5 %   Buenos Aires : 17,2 %

Callao : 30,5 %   Terre-Ferme : 38,4 %

Total général : 17,6 %

Ils paraissent convenir également, en gros, à la période 1777-1778[89].

La part du Roi à bord des Flottes de Nouvelle-Espagne varia de 0,6 %, le minimum, en 1767, à 23,4 %, le maximum, en 1761. On a aussi quelques indications pour des vaisseaux isolés en provenance de la Vera-Cruz. Il ne s'en dégage pas d'indication générale très nette[90]. Les retours de Callao n'emportaient pas habituellement

87. Cf. le document en annexe.
88. 90 % en 1757 (*N. Sra del Buen Viaje* et *S. Francisco Xavier*), 99 % en 1764 (*Lebretta*).
89. Voici les chiffres de l'abbé Raynal (*op. cit.*, tome III, p. 309) en piastres fortes, du 1er janvier 1754 au 31 décembre 1764 :

provenance	or	argent	total
La Vera-Cruz	3 151 354	85 899 307	89 050 661
Honduras	37 254	677 444	714 698
La Havane	656 064	2 639 408	3 295 472
Saint-Domingue	520	317 521	318 041
Porto Rico, Campêche, Cumana, Maracaïbo		91 564	91 564
total Nouvelle-Espagne et régions périphériques	3 845 192	89 625 244	93 470 536
Carthagène	10 045 188	1 702 175	11 747 362
Caraques	52 034	276 002	328 036
Buenos Aires	2 142 626	10 326 090	12 468 716
Callao	10 942 846	24 868 745	35 811 705
total Terre-Ferme	23 182 886	37 173 011	60 355 705
totaux généraux	27 027 886	126 798 255	1 533 826 614

90. Série pour le Roi :

1758 : 6,6 % (Flotte)		1765 : 2,2 % (convoi du Marquis de
1759 : 21,7 % (4 vaisseaux arrivés le			Casinas)
28 août)		1767 : 0,6 % (Flotte)
1760 : 28 % (*Tridente* et *Astuto*)		1770 : 11 % (Flotte)
1761 : 23,4 % (Flotte)		1774 : 15 % (Flotte)
1763 : 5 % (convoi Spinola)		1775 : 28 % (arrivée du 11 août)
1764 : 2 % (arrivage du 24 juin)			

beaucoup de métaux pour le souverain, mais du cuivre, de l'étain et des drogues[91].

En dépit des circonstances et des apparences favorables, les résultats de la période sont inférieurs à ceux de la décennie immédiatement précédente qui avaient avoisiné les 17 millions de piastres annuels. Le recul vient tout entier de la Nouvelle-Espagne. La Terre-Ferme a maintenu ou retrouvé son niveau antérieur[92]. Mais le Mexique et les régions périphériques se trouvent en retrait de 3 millions sur leur score des années 1746-1755. Cette évolution ne correspond pas à un fléchissement de la production, soutenue et même, sur la fin, accomplissant un nouveau bond en avant. L'écart s'est agrandi entre extraction et exportation.

Tableau 62. *Moyennes annuelles des retours d'Amérique de 1756 à 1778*

quinquennium	retours de Nouvelle-Espagne	frappes de la Monnaie de Mexico*	retours de la Terre-Ferme	total des retours
1756-1760	9 656 049	13 331 001	5 625 154	15 281 203
1761-1765	7 929 981	11 702 467	5 610 229	13 540 210
1766-1770	9 295 871	12 188 753	7 661 951	17 260 035
1771-1775	8 098 313	16 146 961	7 125 806	15 224 118
1776-1778	7 554 608	17 890 845	7 279 028	14 883 636

* Les frappes de Mexico ont été décalées d'un an pour les faire coïncider grosso modo avec les expéditions de Nouvelle-Espagne. Ainsi les frappes de 1755-1759 sont-elles en vis-à-vis avec les retours de 1756-1760, et ainsi de suite.

91. Le chargement pour compte du Roi de 822 785 piastres, sur un total de 2 946 274, soit 28,3 % à bord du *Concordia* en 1766, paraît exceptionnel. Les autres chiffres connus sont faibles. A titre d'exemple, en 1772, l'*Astuto* rapporta 40 000 piastres, 6 000 quintaux de cuivre, 1 300 quintaux d'étain et 35 caisses de cascarille pour le Roi ; 788 621 piastres monnayées, 269 981 en barres, 237 675 en doublons, 2 751 livres de laine de vigogne et 1 125 arobes de cascarille pour les particuliers. La même année, le *S. Lorenzo* conduisit 40 000 piastres pour le Roi, le *Septentrion* 51 190, et la *Liebre* 20 000 (*Gazette d'Amsterdam*, juillet 1772).

92. Les deux premiers lustres apparaissent déprimés pour la Terre-Ferme. Rappelons que l'un des vaisseaux partis de Callao en 1762, la *Ermiona*, porteur d'une somme de 2 276 637 piastres fut pris par les Anglais (elle était assurée par des maisons de Londres !). Cf. BM Rouen, Montbret 178 et *Gazette d'Amsterdam* du 16 juillet. On sait que le Potosi a connu un regain à cette époque, qui s'exprime dans les moyennes annuelles suivantes de sa production : 1741-1750 : 1 595 616 piastres ; 1751-1760 : 2 147 319 ; 1761-1770 : 2 450 965 ; 1771-1780 : 2 957 126 ; (d'après A. Soetbeer, *art. cit.*, page 73). Il ne convient pas toutefois de ramener la bonne tenue des retours de Terre-Ferme ou même leurs progrès (de 1766 à 1778) au seul Potosi. L'Amérique du Sud contenait, comme nous

Lorsque nous avions découvert un désaccord analogue entre les frappes et l'exportation mexicaines, vers 1730, nous en avions trouvé une explication dans l'évasion de l'argent hors Carrera (vaisseau de permission anglais, commerce interlope, etc.). Il est moins aisé de rendre compte de ce qui s'est passé et de combler la différence dans la période qui nous occupe actuellement.

Certes, les Anglais ont pris quelque butin à La Havane en 1762, mais le montant n'en dépassait guère le million de piastres[93]. Si la contrebande avec les possessions étrangères a vraisemblablement persisté, son envergure paraît avoir été moindre que par le passé[94]. La

avons déjà eu l'occasion de le signaler, beaucoup de sites miniers. Voici la ventilation approximative des retours de Terre-Ferme par origine géographique :

	Carthagène	Caraques	Buenos Aires	Callao	indistincte
1757	1 126 098	156 875		4 035 544	1 344 938
1758	781 843	498 898	2 216 678	2 438 018	
1759		26 000	1 483 318	1 162 629	
1760	2 237 416		261 281	5 639 268	
1761			1 458 751	5 032 655	
1762					
1763					
1764	3 819 465		1 762 040	7 470 684	
1765	601 032	16 495	108 200	6 225 577	
1766	1 903 626	5 028	3 058 146	6 048 299	
1767		4 600	601 000	6 279 887	
1768	205 863	5 215	1 435 922	8 073 019	
1769	792 823		352 498	2 008 049	
1770	1 744 219		1 007 033	7 903 610	
1771					
1772	1 415 041		1 057 049	9 142 660	
1773	2 093 403		561 517	5 762 487	
1774	2 260 184		1 180 797	5 245 425	
1775		45 656	272 653	1 806 956	3 902 154
1776		43 974	4 615 377	3 878 323	1 339 037
1777	410 218	44 162		1 559 706	
1778	1 501 334	27 337	3 367 628	4 810 011	

93. « La flotte qui doit revenir de La Havane après avoir remis cette place aux Espagnols en apportera quantité d'effets et de marchandises qui sont tombés entre les mains des Anglais lors de sa reddition comme du sucre, du cacao, du coton, du quinquina, des cuirs, du tabac, du bois de teinture, du bois de construction, des planches de cèdre, de l'écaille de tortue, etc., le tout estimé plus de 300 000 £ ». (*Nouvelle de Londres* du 1ᵉʳ février, publiée dans la *Gazette d'Amsterdam* du 8). Confirmation du chiffre in C. Whitworth, *State of the trade of Great Britain*, Londres, 1776 : importations de La Havane en Angleterre en 1763 d'une valeur de 249 387 livres sterling. Cf. aussi S. J. Corbett, *England in the Seven Year's War*, Londres, 1907.

94. Un rapport de la Banque d'Angleterre fixe ainsi les retours d'argent d'Amérique du Sud

fraude, le sous-enregistrement ont-ils augmenté ? Là encore, la documentation n'en laisse rien entendre ; un soupçon né d'une double évaluation de la flotte de D. Antonio Ulloa se résorbe finalement à l'analyse[95].

Force est donc d'envisager d'autres causes. Un renforcement du trafic avec l'Asie via Acapulco et Manille n'est pas impossible mais se cerne mal[96]. Le développement des échanges intercoloniaux est également susceptible d'avoir soustrait à l'Europe une fraction des piastres produites au Mexique[97]. Enfin, la rétention sur place est aussi à retenir. Elle est patente certaines années pour les trésors du Roi qui ne sont pas transférés mais employés dans les dépenses locales[98]. Les démêlés des flottistes avec les marchands de Mexico démontrent l'existence d'une accumulation de capital entre les mains de ces derniers, et il faudrait dresser l'inventaire des autres formes de richesses qui, à cette époque, ont absorbé l'or et l'argent en Nouvelle-Espagne[99].

En somme, l'on aurait assisté à une fragmentation des trésors dans une multiplicité d'emplois et de directions. Dans cette perspective, il faudrait maintenir le diagnostic déjà posé de stagnation ou de recul en ce qui concerne les retours vers l'Europe et a fortiori vers l'Espagne. La conclusion est avancée avec prudence. Le phénomène de rattrapage consécutif à la cessation des hostilités, aux alentours de

---

en Angleterre de 1748 à 1765 (en livres sterling) :

de la Jamaïque	2 368 484	de la Virginie	22 750
des autres Antilles	20 826	de la Caroline du Sud	23 200
de La Havane	559 110	de New York	171 782
indistinct	69 504	de Québec	20 000
total	3 255 654		

(British Museum Add. Man. 32 971, cité par L.S. Sutherland, « The accounts of an 18th century merchant. The Portuguese ventures of William Braund », *Economic History Review*, 1re série, tome II, 1931, pp. 367-387). Dans ce décompte, figurent les sommes que nous avons déjà signalées à la fin de la guerre de Succession d'Autriche (Cf. supra). Celles-ci retirées, il ne reste pas grand-chose pour la contrebande des années 1757-1765.

95. La flotte de D. Antonio Ulloa était annoncée le 10 octobre 1777 à Madrid comme devant être l'une des plus riches jamais revenues d'Amérique, et transportant 30 millions de piastres. Cependant, à l'arrivée, il n'en apparut que 19,5 millions. Mais il faut ajouter à l'escadre principale les embarcations parties auparavant, y compris le *S. Julian*, de sorte que le total, selon M. Lerdo de Tejada, *op. cit.*, atteint 27 460 841 piastres. On est donc bien près du résultat espéré.

96. P. Chaunu, *Les Philippines et le Pacifique des Ibériques*, Paris, 1960.

97. D. Ramos, *Mineria y comercio interprovincial en Hispano-America (siglos XVI, XVII, y XVIII)*, Valladolid, 1971.

98. Principalement après 1767, cf. la part du Roi sur les Flottes à la note 90

99. Sur les conditions de la production au Mexique, voir W. Howe, *The mining guild of New Spain and its Tribunal General 1770-1821*, Cambridge, 1949.

1750, entraîne peut-être quelque déformation de l'optique[100]. Mais le système des Flottes n'était sans doute pas, à cette date, le meilleur pour réaliser une mobilisation rapide et une circulation active des métaux précieux[101].

L'étude des marchandises ramenées d'Amérique se heurte aux difficultés déjà rencontrées dans la période précédente. Les quantités relevées dans les gazettes sont loin d'être négligeables[102]. Mais

100. Le phénomène de rattrapage est double : premièrement, une partie du stock accumulé pendant la guerre est déversée brutalement en Europe à la reprise du trafic ; deuxièmement, le coup de fouet qui en résulte pour le commerce entraîne une exportation massive pendant une année ou deux, entretenant une forte alimentation en métaux précieux jusqu'à régularisation. Nous ne pensons pas que le phénomène, incontestable, doive être surestimé dans ses effets. Le blocage de l'Amérique espagnole n'avait pas été sans failles. D'autre part, la période d'observation 1757-1778 est suffisamment longue pour qu'un mouvement positif du commerce, s'il s'en est produit un, se manifeste dans les retours.

101. C'est un des éléments essentiels de l'histoire de l'Amérique espagnole que la formation d'un milieu du négoce proprement colonial, capable de s'opposer aux flottistes et aux galionistes, donc de s'approprier une partie des richesses produites à la mine. Le système des Flottes, en concentrant les opérations d'achat et de vente dans un temps très court, facilitait leur tâche.

102. En voici quelques-unes, exprimées en livres-poids après les conversions nécessaires :

	cochenille	indigo	tabac	cacao	laine de vigogne	quinquina	sucre
1757	526 000	800 775	1 522 825	2 756 750	49 725	44 700	4 703 200
1758	496 200	796 425	930 875	5 191 510	47 629	77 125	5 765 325
1759	654 175	489 500	31 875	1 128 450	2 590	—	2 402 500
1760	290 525	584 150	2 350 000	1 143 920	44 102	—	797 550
1761	643 300	170 946	1 955 700	2 448 110	22 986	—	6 925 625
1762	—	3 825	527 850	2 193 230	—	—	273 750
1763	789 300	356 525	41 250	3 487 310	300 000	4 950	593 725
1764	250 925	561 025	2 850 000	3 532 955	25 520	11 645	4 952 425
1765	521 400	438 250	4 300 000	4 550 570	—	97 925	2 094 400
1766	—	—	625 000	2 900 000	30 851	32 450	701 125
1767	858 675	302 625	1 565 575	3 468 645	6 525	1 000	3 100 000
1768	496 274	13 075	1 445 025	3 062 115	10 800	3 350	1 442 300
1769	60 775	420 000	140 200	1 763 880	9 375	50 875	362 500
1770	525 825	11 275	704 736	4 000 000	38 000	58 925	2 716 925
1771	—	—	12 600	920 000	—	—	—
1772	1 063 000	896 525	14 400	7 727 705	14 949	2 000	328 150
1773	243 800	—	177 700	6 895 785	180 800	—	2 207 600
1774	—	19 675	236 875	5 390 275	33 211	37 125	327 275
1775	870 625	218 725	494 833	3 284 280	7 727	158 900	113 600
1776	451 925	8 800	166 990	5 714 320	27 150	—	—
1777	169 975	31 840	171 478	4 525 340	—	—	—
1778	738 600	61 043	—	5 531 140	8 475	53 725	58 150
1779	401 400	945 625	725 000	3 369 615	—	—	3 184 112

comme les énumérations étaient parfois abrégées, sans que l'on sache précisément quel article était tombé sous les ciseaux, comme, surtout, un certain nombre de vaisseaux « à fruits » ont été omis dans les informations, les récapitulations manquent forcément d'exhaustivité et les séries de sûreté[103]. Il faudrait ici avoir recours à un autre matériel[104]. Les chiffres établis constituent des minima à utiliser dans des conditions de prudence strictes. Ils témoignent, malgré tout, d'une assez bonne vitalité de l'économie agricole des colonies espagnoles.

Nous possédons quelques appréciations monétaires de la valeur des marchandises. Elles se rapportent, pour la plupart, aux Flottes de la Nouvelle-Espagne ou à de gros convois partis de la Vera-Cruz, qui leur étaient assimilables d'une certaine manière[105]. Le pourcentage des fruits dans la cargaison totale des Flottes tomba de 20 % en 1761 à 16 en 1763, puis 11 ou 12 pour les suivantes. Dans tous les cas, la cochenille représentait l'essentiel[106]. L'évolution ne caractérise, en fait, que celle des modalités des transports entre l'Amérique et la métropole. Les marchandises, naguère stockées et accumulées dans

---

métrologie :
1 suron de cochenille = 8 1/2 arobes ou 225 livres
1 suron ou 1 caisse ou 1 baril d'indigo = 8 à 9 arobes
1 sac ou 1 suron de tabac = 8 1/2 arobes ; 1 farde = 7 arobes
1 farde de tabac en rôles = 15 arobes
1 fanega de cacao = 110 livres ; 1 charge = 60 livres ; 1 suron = 2 à 8 arobes (selon les lieux et les qualités)
1 balle de laine de vigogne = 200 livres ; 1 sac = 150 livres
1 suron de quinquina = 100 livres
1 caisse de sucre = 4 à 500 livres.
Ces équivalences ont été calculées d'après les notices des gazettes et les dépêches des consuls.

103. Le nombre des vaisseaux à fruits non recensés est variable. D'après les papiers Granjean, il y en aurait eu 5 en 1758, 9 en 1759, 12 en 1760, 9 en 1761, 8 en 1763 (y compris les avisos), 9 en 1764, 2 en 1765, 5 en 1766. La plupart de ces embarcations venaient de La Havane, Saint-Domingue, Porto Rico ou d'autres petits ports des Antilles, quelques-unes des Caraques, de Carthagène ou de Buenos Aires. Les chiffres des gazettes les plus éloignés de l'exactitude paraissent être, en conséquence, ceux du sucre et du tabac. Les plus fidèles seraient ceux de la cochenille et, sous réserve de défaillances ponctuelles, de l'indigo, peut-être du cacao.

104. On trouve des chiffres du cacao exporté du Venezuela vers l'Espagne dans les *Noticias de la Real Compania Guipuzcoana de Caracas* (1765), repris par E. Arcila Farias, *La economia colonial de Venezuela*, Mexico, 1946. Cf. aussi R.D. Hussey, *The Caracas Company 1728-1784*, Cambridge, 1934.

105. M. Lerdo de Tejada, *op. cit.*, documents 3 à 9 ; *Gaceta de Madrid* 1772, p. 185 ; 1774, p. 119. Cf. documents annexes.

106. En 1761, 1,5 million sur 1,9 ; en 1763, 1,892 million sur 2,426 ; en 1767, 1,481 million sur 1,744, etc.

l'attente d'un départ de Flotte, étaient acheminées à présent de manière plus fluide, soit sur des vaisseaux de registre, soit sur des unités détachées[107]. La différence entre une année sans Flotte et une année avec Flotte, a pu, en conséquence, s'estomper parfois à Cadix pour l'indigo, voire la cochenille.

Les rares indications relatives à la valeur des chargements en provenance d'autres colonies confirment ce qu'avait révélé la statistique de l'abbé Raynal entre 1748 et 1753. Prépondérance des métaux sur les vaisseaux partis de Carthagène[108], partage sur les vaisseaux de Lima dans des proportions variables, entre l'or et l'argent, d'une part, les marchandises, de l'autre[109], trafic pratiquement réduit à celui des denrées à bord des embarcations de la côte des Caraques[110].

L'abbé Raynal estimait que du 1er janvier 1754 au 31 décembre 1764, il était arrivé annuellement, d'Amérique en Espagne, des marchandises pour une valeur de 5 à 6 millions de piastres[111]. Leur pourcentage aurait donc sensiblement augmenté par rapport à la période précédente (1748-1753), passant de 19 à 28 %. Les gazettes ne permettent pas de confirmer le fait avec certitude, à cause de leurs lacunes. Il n'est pas nécessairement significatif d'un progrès égal des « fruits », car il peut fort bien répercuter seulement l'affaiblissement du total des trésors métalliques[112]. C'est là une matière délicate, d'autant que l'évolution des prix entrecroise éventuellement ou amplifie celle des volumes suivant un mécanisme déjà repéré à propos des flottes brésiliennes[113]. Une proportion voisine, cependant,

---

107. En 1772, les vaisseaux de guerre *S. Rafael* et *S. Pedro de Alcantara* transportent, avec le vaisseau marchand *N. Sra de la Concepción*, plus de 5 millions de piastres en marchandises, contre 7,3 millions en métaux. En 1775, les quatre vaisseaux convoyés par D. Adrian Caudron de Cantesin emportent une valeur de 3,2 millions en marchandises.

108. Cf. le 1er août 1778, la frégate *La Paz*, arrivée à Cadix, venant de Carthagène, avec un chargement d'une valeur totale de 511 815 piastres, dont 477 286 en métaux.

109. L'*Achilles* ramène le 19 septembre 1776 à peu près la même valeur en marchandises (800 426 piastres) qu'en métaux (889 089), le *Gallardo*, le 20 octobre, une valeur en fruits (409 779 piastres) moindre que celle en métaux (727 129), et le *Peruano*, le 12 avril 1777, presque uniquement de l'or et de l'argent (1 599 706 piastres sur une valeur totale de 1 623 000).

110. Cf. le *San Miguel,* arrivé à Cadix le 15 juin 1776, en provenance de La Guaira, avec un chargement d'une valeur de 424 573 piastres, dont seulement 14 651 en métaux précieux.

111. Abbé Raynal, *op. cit.*, tome III, p. 309 (cf. note 89). La moyenne annuelle des métaux précieux était de 13 984 185 piastres.

112. La moyenne des retours de métaux précieux entre 1748 et 1753, d'après l'abbé Raynal, est de 17,8 millions de piastres ; elle tombe à 13,4 durant le quinquennium 1761-1765.

113. Cf. le chapitre correspondant.

se trouvera en 1784, dans le premier tableau officiel de la navigation entre l'Espagne et l'Amérique[114].

d. De 1779 à 1805

Le Règlement du Commerce promulgué le 12 octobre 1778 par Charles III supprimait les Flottes et promouvait un commerce libre entre treize ports d'Espagne et vingt-deux des colonies américaines[115]. Cadix conservait encore le privilège d'être tête de ligne pour le Venezuela et le Mexique, ce qui lui fut ôté en 1789, les conditions étant dorénavant, juridiquement, identiques pour tous les ports autorisés[116]. Ces mesures ne se traduisirent pas immédiatement dans un *boom* de l'armement à cause des hostilités avec la Grande-Bretagne qui commencèrent peu de temps après. Mais en 1784, le nombre des unités revenues d'Amérique en Espagne dépassa cent cinquante, pour autant que l'on puisse en juger, trois fois plus qu'en 1778, et il progressa ensuite jusqu'à dépasser trois cents en 1793[117].

Nous avons déjà dit que ces changements mirent les gazetiers hollandais dans l'impossibilité de « couvrir » de façon satisfaisante l'actualité du commerce hispano-américain. Dans notre documentation, le relais est pris par la *Gaceta de Madrid*, d'abord, par le *Correo Mercantil*, ensuite, à partir d'octobre 1792. Ce changement de support n'affecte en rien le caractère des informations. Il s'agit toujours de notices reproduisant les registres des navires. Malgré le groupement des arrivées et des publications[118], elles sont ordinairement imprimées

114. Le pourcentage en valeur des marchandises atteindra alors 30 %. Cf. ci-dessous et document annexe.
115. J. Vicens-Vives, *op. cit.*, pp. 519-520. Ports autorisés en Espagne : Santander, Gijon, La Corogne, Séville, Cadix, Malaga, Carthagène, Alicante, Barcelone, Almeria, Los Alfaques, Palma de Majorque et Santa Cruz de Tenerife. Ports autorisés en Amérique : La Havane, Carthagène, Buenos Aires, Montevideo, Valparaiso, Concepcion, Arica, Callao et Guayaquil (ports « majeurs ») ; Porto Rico, Saint-Domingue, Montecristo, Santiago de Cuba, la Trinidad, Margarita, Campêche, S. Tomas de Castilla, Omoa, Santa Marta, Rio de la Hacha, Portobelo et Chagres (ports « mineurs »).
116. Saint-Sébastien s'ajouta aux précédents.
117. Le repérage des unités n'est pas toujours aisé dans les gazettes. Il existe une cause de trouble, en particulier, dans le fait que les embarcations qui ralliaient Barcelone sont souvent signalées auparavant dans les ports d'escale intermédiaires : Cadix, Malaga, Carthagène, Alicante. L'identification des bâtiments n'est pas facilitée par la répétition très fréquente des mêmes noms : les *N. Sra del Carmen*, les *Begoña*, les *S. Josef*, etc., sont innombrables.
118. Deux exemples, au hasard : dans sa correspondance du 21 avril 1789, en provenance de Cadix, la *Gaceta de Madrid*, pp. 314 et 315, publia les cargaisons de neuf bâtiments entrés dans le port entre le 13 et le 20 du même mois. En 1794, le *Correo Mercantil*, p. 782,

distinctement l'une de l'autre avec quelque abrègement dans l'énu-mération des fruits[119]. De petits problèmes se posent parfois pour la détermination d'une provenance ; l'examen des cargaisons permet généralement de leur donner une solution[120]. Mais s'il n'y a aucune raison de douter de la fidélité des transcriptions des manifestes, individuellement, l'interrogation principale porte évidemment sur l'exhaustivité du récolement des arrivées et, par voie de conséquence, sur l'exhaustivité des sommes correspondant aux trésors recensés dans nos gazettes.

Des récapitulations des envois de Callao et de la Vera-Cruz existent, que l'on aurait pu être tenté d'utiliser pour contrôle[121]. Leurs chiffres sont malheureusement des chiffres annuels sans décomposi-tion navire par navire, et comme l'exercice d'une année au départ ne coïncide pas avec l'exercice d'une année à l'arrivée, ils ne rendent guère de services. Par contre, nous sommes en terrain solide avec les tableaux publiés par l'administration espagnole pour le trafic de tous les ports du royaume avec l'Amérique en 1784, 1785 et 1786[122]. La

rassemble les entrées à Barcelone du 8 au 22 novembre : *Purísima Concepción, N. Sra del Carmen, N. Sra de la Merced, S. Feliu, N. Sra del Rosario, S. Joseph y las Animas, N. Sra del Carmen* (distincte de la précédente).

119. Les articles de peu de valeur ou en faible quantité semblent avoir été fréquemment omis – pour économiser l'espace des gazettes. Dans les dernières années consultées, la mention générale « fruits » apparaît un peu plus fréquemment dans le *Correo Mercantil*.

120. On peut établir, en effet, une sorte de fiche signalétique des cargaisons pour chaque port d'embarquement en Amérique et juger des inconnues par comparaison.

121. Cf. la relation du 6 juin 1796, de Frey Don Francisco Gil de Teboada y Lemos, vice-roi du Pérou, pour les années 1785-1794, dans *Memorias de los virreyes*, tome VI. Mouvement du port de la Vera-Cruz dans M. Lerdo de Tejada, *op. cit.*, hors texte. Partie de ces chiffres se retrouve dans A. Humboldt, *op. cit.*, abbé Raynal, *op. cit.*, tome V et J. Cangua Argüelles, *Diccionario de hacienda*, Madrid, 1833, tomes IV et VI.

122. Ces tableaux ont été publiés à l'époque par la *Gaceta de Madrid* et reproduits par différentes gazettes hollandaises. Plusieurs auteurs (J. Bourgoing, *Tableau de l'Espagne moderne*, Paris, 1807, Peuchet dans son édition de l'abbé Raynal en 1820, Cangua Argüelles), s'en sont également servi. Nous ne donnons ici que la seconde partie des tableaux, celle qui concerne les retours. Dans l'original, le chiffre des trésors est exprimé en réaux de vellon. Nous avons converti les chiffres en pesos fuertes ou piastres de 8 réaux de plata ou 20 réaux de vellon (sous-multiples exclus) :

	ports d'arrivée	métaux précieux et alliages	fruits	total	droits du Roi
1784	Cadix	41 485 323	14 953 785	56 439 608	2 400 960
	La Corogne	3 706 416	450 009	4 156 425	135 663
	Santander	204 217	504 871	709 088	27 779
	Malaga	—	93 002	93 002	2 130

comparaison est intéressante. Les trois années, le montant des retours, calculé d'après les gazettes, est inférieur de 10 % environ, plus ou moins, à celui de la Real Hacienda. Le déficit découle pour une part des lacunes relatives au mouvement des ports secondaires : les Canaries, Saint-Sébastien, Malaga, etc., Barcelone et La Corogne inégalement (faiblesse en 1785). A Cadix même, qui continuait de dominer de très loin le trafic et la navigation, le défaut fut de 9 % à peu près en 1784 et de 7 % en 1786, tandis que l'ajustement était presque parfait en 1785.

Cette marge de 10 % par défaut semble un maximum et, probablement, les comptes des années suivantes furent-ils meilleurs. Certes, Barcelone n'apparaît dans nos listes qu'en 1792 avec le *Correo Mercantil*[123]. Mais les chiffres des gazettes, en ce qui regarde Cadix en

	ports d'arrivée	métaux précieux et alliages	fruits	total	droits du Roi
	Barcelone	510 703	456 106	966 869	35 941
	Canaries	549 035	261 834	810 869	25 980
	total	46 456 199	16 719 694	63 175 889	2 637 118
1785	Cadix	36 912 934	16 530 331	53 443 889	2 812 998
	Vigo	7 000	19 530	26 530	940
	La Corogne	5 348 390	242 161	5 590 502	191 433
	Gijon	22 258	32 365	74 624	2 520
	Santander	417 990	807 364	1 225 359	82 060
	Saint-Sébastien	127 219	1 001 029	1 128 248	103 131
	Malaga	331 572	67 546	399 118	12 505
	Barcelone	549 511	608 340	1 157 851	56 986
	Canaries	146 161	84 899	231 010	8 697
	total	43 883 033	19 420 514	63 303 553	3 273 609
1786	Cadix	30 627 530	12 413 992	43 042 522	2 168 623
	Séville	13 809	28 511	42 320	3 543
	La Corogne	3 533 746	694 161	4 227 908	147 098
	Gijon	25 612	53 578	79 191	5 311
	Santander	467 303	1 186 992	1 654 795	119 954
	Malaga	308 356	64 650	373 007	9 819
	Barcelone	863 587	398 971	1 262 508	64 970
	Tortosa	37 650	13 989	51 639	1 527
	Canaries	106 781	225 796	332 577	11 270
	total	36 064 963	15 653 250	51 718 213	2 532 115

Les chiffres des gazettes sont publiés ci-après.

123. Le silence de la *Gaceta de Madrid* explique l'écart très grand entre nos chiffres en 1792, 396 438 piastres, et ceux publiés par Pierre Vilar in *La Catalogne dans l'Espagne moderne*, Paris, 1962, pp. 526-529, 2 423 578 piastres (d'après le *Diario de Barcelona*). Mais le *Correo*

1791, 1792 et 1793, recoupent admirablement les récapitulations qui furent publiées à l'époque et ne souffrent que d'un écart minime[124]. De même pour Santander, en 1792 : 534 255 piastres contre 562 740[125]. A l'époque de la paix d'Amiens, les différences perceptibles à Cadix tombent au-dessous de 2 %. Il arrive même que les gazettes donnent des chiffres supérieurs à ceux de certains computs officiels[126]. Il est possible que la consultation d'autres documents, à commencer par le *Diario de Barcelona*[127], permette d'atteindre une très grande précision. On se contentera ici d'une retouche au jugé : un relèvement de 10 % en bloc entre 1784 et 1800, de 5 % entre 1801 et 1804. Ainsi se trouveront compensées *grosso modo* les déficiences de la documentation[128]. Notons que ces majorations visent à restituer seulement le *registrado*, et que la fraude dont il était dit qu'elle persistait n'est pas prise en charge ; l'homogénéité des séries est donc préservée[129].

Mercantil, lui-même, n'est pas complet. On y trouve, pour 1795, un montant des trésors débarqués à Barcelone égal à 311 158 piastres, alors qu'il y en aurait eu pour 610 898.

124. Les chiffres officiels ont été publiés par la *Gaceta de Madrid* et par le *Correo Mercantil* dans le début des années suivantes. Comparez :

	chiffres des gazettes	chiffres officiels
1791	24 398 418	25 788 175
1792	20 465 383	20 405 135
1793	18 192 065	18 020 265

125. Et en 1793 : 97 196 piastres (gazettes) contre 107 153 (officiellement). Voir aussi la même année à La Corogne : 1 813 621 piastres (gazettes) contre 1 789 152 (officiellement), et à Malaga : 165 308 (gazettes) contre 109 038. A noter dans les deux derniers cas et dans celui de Cadix en 1792 et 1793 que le chiffre obtenu dans les gazettes est supérieur à celui de la Hacienda, peut-être en raison de la prise en charge de différentes sommes comme les soldes des équipages, les droits payés au Roi, etc.

126. D'après les récapitulations publiées par le *Correo Mercantil*, il serait entré à Cadix du 8 décembre 1801 au 31 décembre 1802, 41 217 531 piastres, cependant que nous en avons compté 42 797 324 ; de mars 1802 à mars 1803, d'après un chiffre très connu (il figure dans le *Moniteur officiel* de la République française), il serait entré à Cadix 46 842 980 piastres, et nous en avons compté 45 458 109 ; en 1803, d'après la *recapitulación* 29 205 987 piastres et, d'après notre comput, 35 469 507. Nous avons indiqué dans la note précédente quelques-unes des causes possibles des divergences. Ajoutons que l'on ne peut a priori poser les récapitulations officielles comme meilleures, dans l'ignorance où nous sommes de la manière dont elles ont été composées. De ce point de vue, le décompte à partir des gazettes, qui cumule des arrivages identifiables un à un, pourra même apparaître supérieur. Antonio Garcia Baquero Gonzalez a fourni d'autres données, extraites des archives espagnoles, qui sont également à comparer ; trésors ramenés à Cadix en 1802 : 36 385 814 piastres ; en 1803 : 30 533 409 piastres ; en 1804 : 9 932 163 piastres (cf. *Comercio colonial y guerras revolucionarias*, Séville, 1972, pp. 166, 171 et 174.)

127. Signalés par P. Vilar, *op. cit.*

128. En 1784, 1785 et 1786 les chiffres officiels seront substitués à ceux des gazettes.

129. La fraude est mentionnée explicitement au moment du naufrage du *S. Pedro de Alcantara*

Eu égard à la multiplication et à la dispersion des arrivages, un déficit aussi faible sur les métaux précieux est, en somme, encourageant. La fidélité est plus aléatoire pour les fruits, comme on pouvait s'y attendre. Un contrôle effectué sur les quantités débarquées à Cadix en 1791 donne les résultats suivants : une excellente représentativité pour le cacao et pour le coton (presque à 100 %), bonne pour la cochenille (90 %), pour le café (87 %) et même le sucre (85 %), moins bonne pour l'indigo (77 %), très compromise pour les cuirs (60 %), un résultat insolite pour le cuivre[130]. Le test n'a pu porter que sur un nombre limité d'articles[131]. Les marges d'erreur relevées en 1791, malheureusement, ne sauraient être tenues pour des constantes. D'autres contrôles font apparaître des pourcentages de couverture différents[132]. En 1802, les gazettes recensèrent 88 % du coton arrivé à Cadix, 80 % de la cochenille et du cacao, 66 % de l'indigo, 55 % du sucre, 45 % des cuirs et davantage de café que la statistique officielle[133]. En 1803, elles publièrent les chargements de cacao à 93 %, de l'indigo à 73 %, du café à 72 %, du sucre à 69 %, du coton à 54 %, de la cochenille à 30 % seulement, ce qui surprend[134]. Les variations invitent à se tourner vers d'autres

dans une lettre publiée par les *Nouvelles Extraordinaires* de Leyde (nº 18), malheureusement datée de Paris : « [...] sept millions enregistrés ce qui en suppose huit ou 10 et plus de 3 millions de fruits [...] ». On en retirera officiellement 7 286 000 piastres, sur 7 601 960 enregistrées (cf. C. Fernández Duro, *op. cit.*, tome VI, p. 353).

130. Voici les chiffres, le premier cité étant celui tiré des gazettes : cochenille : 30 393 arobes contre 33 166 ; indigo : 1 518 495 livres contre 1 947 227 ; sucre : 590 000 arobes, environ, contre 692 878 ; cacao : 6 470 000, environ, contre 6 470 821 ; coton : 1 274 729 livres contre 1 383 788 ; cuirs : 324 956 (y compris les peaux) contre 533 015 ; café : 154 505 contre 174 049 livres ; cuivre : 16 978 quintaux contre 13 509.

131. Il n'y a pas de chiffres officiels pour le tabac dont nous avons recensé 2 432 026 livres, pour le quinquina, (758 220 livres), les vanilles (373 925), la laine de vigogne (27 253 livres).

132. Chiffres de 1793 : 9 782 arobes de cochenille contre 15 607 ; 1 333 377 livres d'indigo contre 1 872 711 ; 6 817 880 livres de cacao contre 8 582 229 ; 245 223 livres de coton contre 809 757 ; 584 046 cuirs contre 624 744 ; 168 192 livres de café contre 122 014 (!) ; 10 413 quintaux de cuivre contre 15 720.

133. Nous comparons ici les chiffres des gazettes et ceux des archives sévillanes publiées par Garcia Baquero Gonzalez, *op. cit.*, p. 165 : cochenille : 18 462 arobes contre 23 111 ; 2 200 000 livres d'indigo, environ, contre 3 333 300 ; 633 273 arobes de sucre contre 1 154 921 ; 24 000 quintaux de coton contre 27 518 ; 39 613 fanègues de cacao contre 49 007 ; 157 624 cuirs contre 341 541 ; 1 656 943 livres de café contre 1 452 350 (!). Les écarts avec la récapitulation publiée par le *Correo Mercantil* sont plus élevés.

134. L'énorme marge constatée sur la cochenille s'explique peut-être par une faute d'impression dans le *Correo Mercantil* (des livres indiquées au lieu d'arobes). Voici les chiffres, sans corrections : cochenille, 4 859 arobes contre 16 540 ; 549 668 livres d'indigo contre 759 100 ; 563 111 arobes de sucre contre 813 756 ; 61 000 fanègues de cacao contre

documents pour reconstituer le mouvement des marchandises en provenance de l'Amérique[135].

Pour des raisons évidentes et, en particulier, pour éviter la longueur démesurée d'une énumération exhaustive des embarcations, le tableau des arrivages d'or et d'argent mentionnés dans les gazettes sera présenté sous la forme simplifiée d'un tableau récapitulatif année par année, l'origine des trésors, Nouvelle-Espagne ou Terre-Ferme, étant néanmoins distinguée.

Les ports d'arrivée ont été indiqués séparément, de manière à faciliter les redressements de complément. Bien que les gazettes aient moins été attentives aux débarquements en dehors de Cadix, la documentation, même dans son état actuel, montre qu'ils n'ont pas été négligeables. La Corogne reçut assez régulièrement plus d'un million de piastres, et jusqu'à 5,5, en provenance de Montevideo, principalement. Barcelone, Malaga et Santander ont eu aussi leur importance. En cas de tempête ou de guerre, enfin, des ports secondaires, non habilités, de la Galice ou des Asturies, étaient choisis par les commandements de navires pour accoster et décharger de grosses quantités de métaux précieux : voyez Vigo en 1798, Santoña en 1799, Le Ferrol en 1802, Vigo encore en 1804.

Tableau 63. *Quantités d'or et d'argent rapportées d'Amérique en Espagne de 1779 à 1804, d'après la* Gaceta de Madrid *et le* Correo Mercantil

port d'arrivée	Nouvelle-Espagne	Terre-Ferme	total (en piastres)
1779			
Cadix	3 008 814	448 932	3 457 746
Saint-Sébastien		14 583	14 583
Le Passage	1 136	88 000	89 136
Ténériffe		2 300	2 300
total	3 009 950	553 815	3 563 765
1780			
Cadix	?	?	11 500 000

44 714 ; 8 692 quintaux de coton contre 15 931 ; 135 820 cuirs contre 256 345 ; 723 720 livres de café contre 985 600 ; 15 000 quintaux de cuivre, environ, contre 10 455 (!).

135. D'autant que certaines d'entre elles, comme le cacao, étaient débarquées en grosses quantités dans des ports (Santander, Saint-Sébastien) moins bien représentés dans les gazettes.

Tableau 63. *Quantités d'or et d'argent rapportées d'Amérique en Espagne de 1779 à 1804, d'après la* Gaceta *de Madrid et le* Correo Mercantil *(suite)*

port d'arrivée	Nouvelle-Espagne	Terre-Ferme	total (en piastres)
1781 (a)			
	8 228 807 min		9 003 596 min
Cadix	ou	774 789	
	20 228 807 max		21 003 956 max
1782			
Guarico et Cadix	non publié	non publié	non publié
1783			
Cadix	12 933 692	1 800 000	14 733 692
1784			
Cadix	31 384 185	7 813 211	38 197 396
Vigo	41 491		41 491
Muros		652 096	652 096
La Corogne	141 222	1 988 150	2 129 372
Santander	96 240	26 850	123 090
Saint-Sébastien		9 505	9 505
Malaga	35 647		35 647
total	31 698 785	10 489 812	42 188 597
1785			
Cadix	10 216 226	26 235 460	36 451 686
La Corogne	182 594	2 471 075	2 653 669
Le Ferrol		76 898	76 898
Gijon	23 245		23 245
Santander	312 125	16 500	328 625
Saint-Sébastien		22 617	22 617
Le Passage		40 135	40 135
Malaga	83 253	11 570	94 823
Ténériffe	53 783		53 783
total	10 871 226	28 874 255	39 745 481
1786			
Cadix	16 018 641	12 421 476	28 440 117
Séville	1 700		1 700
La Corogne	202 833	3 213 982	3 416 815
Corcubion	44 300		44 300
Santander	372 608	75 000	447 608
Saint-Sébastien		70 962	70 962

a) D'après le consul de Russie à Lisbonne, le convoi d'Amérique aurait ramené douze millions de piastres en plus des huit chargés sur les vaisseaux d'escorte (Archives de l'Etat, Moscou, 72/5/266, fol. 86)

Tableau 63. *Quantités d'or et d'argent rapportées d'Amérique en Espagne de 1779 à 1804, d'après la* Gaceta de Madrid *et le* Correo Mercantil (suite)

port d'arrivée	Nouvelle-Espagne	Terre-Ferme	total (en piastres)
Malaga	268 960		268 960
total	16 909 042	15 781 120	32 690 462
1787			
Cadix	12 073 370	10 334 860	22 408 230
San Lucar	13 796		13 796
Vigo		9 400	9 400
La Corogne	307 112	1 984 752	2 291 864
Le Ferrol	30 000		30 000
Santander	437 871	350	438 221
Gijon	38 780		38 780
Saint-Sébastien		25 210	25 210
Malaga	317 561	147 037	464 598
Alicante	6 437		6 437
total	13 224 927	12 501 609	25 726 536
1788			
Cadix	13 485 992	7 156 643	20 642 635
La Corogne	185 081	2 749 442	2 934 523
Vigo		3 800	3 800
Santander	248 692	67 156	315 848
Saint-Sébastien		9 851	9 851
Malaga	272 865	171 933	444 798
Tortosa	12 261		12 261
Palamos		35 612	35 612
total	14 204 891	10 184 437	24 399 328
1789			
Cadix	9 131 950	6 915 973	16 047 923
Séville	3 278		3 278
La Corogne	294 389	2 996 821	3 291 210
Ariles	8 359		8 359
Gijon	2 771		2 771
Santander	113 773	14 208	127 981
Saint-Sébastien		9 435	9 435
Malaga	381 634	52 390	434 024
total	9 936 154	9 988 827	19 924 981
1790			
Cadix	11 508 643	5 992 788	17 501 431
La Corogne	211 853	1 097 205	1 309 058
Santander	78 796	12 673	91 469
Saint-Sébastien		9 753	9 753
Malaga	273 532	70 987	344 519

Tableau 63. *Quantités d'or et d'argent rapportées d'Amérique en Espagne de 1779 à 1804, d'après la* Gaceta *de Madrid et le* Correo Mercantil (suite)

port d'arrivée	Nouvelle-Espagne	Terre-Ferme	total (en piastres)
Carthagène	2 921		2 921
Ténériffe	60 392		60 392
total	12 136 137	7 183 406	19 319 543
1791			
Cadix	17 835 313	6 563 105	24 398 418
La Corogne	117 177	2 315 943	2 427 120
Santander	416 764	3 534	420 298
Malaga	133 501	69 638	203 139
total	18 496 755	8 952 220	27 448 975
1792			
Cadix	12 671 860	7 793 523	20 465 383
La Corogne	285 480	1 562 100	1 847 580
Gijon	601		601
Santander	528 617	5 638	534 255
Saint-Sébastien		2 781	2 781
Malaga	570 337		570 337
Carthagène	11 400		11 400
Barcelone	222 412	174 026	396 438
total	14 290 707	9 541 068	23 831 775
1793			
Cadix	13 139 921	5 052 144	18 192 065
La Corogne	57 050	1 756 571	1 813 621
Santander	95 382	1 814	97 196
Le Passage		110	110
Malaga	141 915	23 393	165 308
Carthagène	6 639		6 639
Barcelone	1 275 705	203 691	1 479 396
Ténériffe	1 855		1 855
total	14 718 467	7 037 723	21 756 190
1794			
Cadix	14 224 234	6 190 466	20 414 700
La Corogne	2 230	664 164	666 394
Malaga	181 941	51 141	233 082
Carthagène	2 002		2 002
Barcelone	165 290	254 237	419 527
Ténériffe	8 510		8 510
total	14 584 207	7 160 008	21 744 215
1795			
Cadix	17 166 459	7 824 171	24 990 630

Tableau 63. *Quantités d'or et d'argent rapportées d'Amérique en Espagne de 1779 à 1804, d'après la* Gaceta *de Madrid et le* Correo Mercantil (suite)

port d'arrivée	Nouvelle-Espagne	Terre-Ferme	total (en piastres)
Séville	1 500		1 500
La Corogne	41 608	775 077	816 685
Santander	2 476	1 710	4 196
Malaga	125 689	56 017	181 706
Barcelone	198 179	112 979	311 158
Ténériffe	15 942		15 942
total	17 551 853	8 769 964	26 321 817
1796			
Cadix	18 956 369	9 360 808	28 317 177
Séville	5 000		5 000
La Corogne	157 444	590 758	748 202
Santander	80 045	144	80 189
Malaga	220 048	113 374	333 422
Carthagène	2 000		2 000
Barcelone	322 055	133 691	455 746
Ténériffe	153 793	79 300	233 093
total	19 896 754	10 278 075	30 174 829
1797			
Cadix		24 524	24 524
La Corogne	19 504	300 686	320 190
Le Ferrol	273	427 042	427 315
Santander		3 240	3 240
Barcelone	1 700	35 727	37 427
total	21 477	791 219	812 696
1798			
Cadix		14 400	14 400
Ayamonte		12 060	12 060
Vigo	3 500 000		3 500 000
Muros		2 309	2 309
Camariñas	8 582		8 582
La Corogne	10 099	3 495 138	3 505 237
Le Ferrol	1 505 630		1 505 630
Santander	465 586		465 586
Canaries		6 208	6 208
Barcelone		800	800
total	5 496 205	3 530 915	9 020 812
1799			
La Corogne	8 374	néant	8 374
Santander	2 728		2 728
Santoña	5 000 000		5 000 000

Tableau 63. *Quantités d'or et d'argent rapportées d'Amérique en Espagne de 1779 à 1804, d'après la* Gaceta de Madrid *et le* Correo Mercantil (suite)

port d'arrivée	Nouvelle-Espagne	Terre-Ferme	total (en piastres)
total	5 011 102		5 011 102
1800			
Algesiras		1 120	1 120
Marin	6 125		6 125
Santander		10 557	10 557
total	6 125	11 677	17 802
1801			
Cadix	166 893	152 520	319 413
San Lucar de Barrameda	9 393		9 393
Cedeira	2 245		2 245
La Corogne		3 776	3 776
Le Ferrol	20 201		20 201
total	198 732	156 296	355 028
1802			
Cadix	26 207 781	16 358 456	42 566 237
Vigo		46 333	46 333
La Corogne	595 297	630 912	1 226 209
Camariñas		122	122
Le Ferrol	6 000 000		6 000 000
Santander	530 557		530 557
Malaga	161 418	35 652	197 070
Valence	14 169		14 169
Barcelone	2 606 540	254 988	2 861 528
total	36 115 762	17 326 463	53 442 225
1803			
Cadix	18 294 851	17 174 656	35 469 507
Séville	2 300		2 300
Vigo	14 809	138 466	153 275
La Corogne	172 206	695 785	867 991
Le Ferrol		221 099	221 099
Santander	1 052 420		1 052 420
Malaga	188 006	289 086	477 092
Carthagène	63 500		63 500
Barcelone	1 109 483	1 423 259	2 532 742
total	20 897 575	19 942 351	40 839 926
1804			
Cadix	5 476 867	2 572 190	8 048 057
Vigo	3 100 000	3 527 000	6 627 000

Tableau 63. *Quantités d'or et d'argent rapportées d'Amérique en Espagne de 1779 à 1804, d'après la* Gaceta de Madrid *et le* Correo Mercantil (suite)

port d'arrivée	Nouvelle-Espagne	Terre-Ferme	total (en piastres)
La Corogne	189 278	1 223 727	1 413 005
Santander	1 244 589	71 430	1 316 019
Malaga	31 179	48 048	79 227
Barcelone	1 599 842	403 540	2 650 952 (b)
total	11 641 755	7 844 935	20 132 260

b) Y compris 647 570 piastres dont la provenance n'a pu être discernée.

La modulation des arrivages montre à l'évidence l'influence des événements politiques. Influence inégale, d'ailleurs. La participation espagnole à la guerre d'Indépendance américaine réduisit moins qu'on n'eût pu le craindre l'afflux des métaux précieux dans les premières années grâce à l'organisation de convois, dont celui de l'amiral français Guichen qui ramena 6 millions de piastres via Saint-Domingue en 1780, et, l'année suivante, les convois de La Havane[136]. Seule l'année 1782 paraît vraiment déshéritée, faute d'avoir le décompte, sans doute, de l'or et de l'argent rapportés par le convoi du Cap Français à Guarico (Galice) en juillet et des piastres venues par la voie brésilienne[137]. N'oublions pas qu'une partie des trésors était mobilisée au bénéfice des Insurgents sur le continent américain et dans les Antilles françaises : il en revint plus tard quelque chose en France. Mais une autre – et la plus considérable – attendait tout simplement le retour de la paix pour être embarquée.

136. Le convoi de La Havane fut annoncé le 18 septembre 1781 à Cadix par la frégate avant-coureur *Sta Lucia*. Il comprenait trois vaisseaux de guerre : *Guerrero, Arrogante, Gallardo,* qui arrivèrent le 9 octobre, et 62 navires marchands qui restèrent groupés jusqu'au bout de leur voyage, le 7 novembre, à l'exception de deux unités seulement. Ce fut un remarquable succès. Il y avait des métaux précieux pour plus de 8 millions de piastres et des « fruits » pour 2,8 millions. Le convoi de Montevideo, fort de vingt voiles, était arrivé en juillet après 144 jours de navigation. Il n'apporta que des marchandises dont la valeur n'était pas médiocre : 1 250 000 piastres.

137. L'arrivée du convoi parti du Cap Français fut annoncée à La Corogne le 24 juillet et à Bordeaux le 28. C'était essentiellement un convoi français (66 unités pour Bordeaux, 44 pour Marseille, 10 pour Nantes, 2 pour Brest) mais avec cinq vaisseaux espagnols : *Dragón, Santo Spiritu, Conquistador, Reflexivo* et un anonyme, destiné l'un à Saint-Sébastien, les autres à Cadix. Rappelons que la frégate portugaise *N. Sra de Nazaret* qui arriva de Rio de Janeiro à Lisbonne le 24 novembre 1782 transportait, outre l'or du Brésil, de l'argent en piastres d'Espagne pour un montant inconnu *(Gazette d'Amsterdam, in dato)*.

L'avalanche se produisit en 1784 avec plus de 46 millions de piastres (chiffre officiel), se poursuivit en 1785 avec près de 44 millions, s'amortit en 1786 avec 36 millions. Lui succéda une période plus calme avec de bons retours, généralement supérieurs à 20 millions, mais néanmoins un léger fléchissement en 1789 et 1790, dont les contestations autour de la baie de Nootka ne semblent pas pouvoir rendre compte entièrement[138]. L'incidence des guerres avec la France révolutionnaire à partir de 1793 se dégage mal des chiffres : apparemment, les corsaires bordelais, malouins et autres n'ont pas écorné grandement les trésors d'Amérique. Par contre, tout changea avec le renversement des alliances et des inimitiés qui survint en 1796. Les Anglais, devenus ennemis, firent bonne garde ou se firent suffisamment craindre pour que les retours s'espacent et prennent un caractère d'exploit[139]. On sait que le gouvernement espagnol ouvrit alors l'accès de ses colonies aux vaisseaux des Etats-Unis, rompant ainsi le pacte ancien de l'exclusif métropolitain[140]. La disette des retours fut une des plus longues jamais connues jusqu'alors : elle dura jusqu'à la paix d'Amiens et fut suivie, très logiquement, par deux années exceptionnelles : 1802 et 1803.

Trop brève éclaircie ! L'année 1804 était bien engagée, mais le 5 octobre, le commodore anglais Moore arraisonnait les quatre frégates parties de Callao le 3 avril et s'emparait de trois d'entre elle (*Medea*, *Fama* et *Clara*) après l'explosion de la quatrième (*Mercedes*). Elles transportaient ensemble 4 736 153 piastres dont 1 307 634 pour le Roi. Ce fut l'occasion d'une reprise des hostilités – sa conséquence quasi inéluctable – avec l'arrêt presque total des retours[141]. Cette interruption affaiblit, comme la précédente, les liens entre la métropole et les colonies. Les neutres – c'est-à-dire les

---

138. En liaison avec l'expédition anglaise de Vancouver.
139. Il n'y a plus, à cette époque, de grands convois analogues à ceux de la guerre d'Indépendance américaine. Les retours se font par des vaisseaux isolés, à la fortune du vent, ou, quelquefois, par des frégates de guerre, naviguant de conserve pour leur sécurité, comme les trois qui rentrèrent à La Corogne le 31 mars 1793 venant de Montevideo avec l'argent du Roi (3 301 162 piastres) et celui du Consulat de Cadix (184 440 piastres).
140. Pierre Chaunu a insisté sur l'importance de cette décision : « l'Indépendance, il est vrai, ne commence pas avec les proclamations de 1810 mais bien en 1797, non du fait des patriotes mais de Godoy et de l'action anglaise ». Cependant, la mesure n'avait, en son principe, qu'un caractère d'expédient, et la reprise brillante des années de paix (1802-1804) témoigne d'une possibilité de remise en route des relations hispano-américaines classiques.
141. Le dépouillement des gazettes a été arrêté à l'année 1805.

armateurs des Etats-Unis – en profitèrent. Les chiffres publiés par
Baquero Gonzalez pour le port de Cadix jusqu'en 1819 montrent
qu'une possibilité de ressusciter les trafics d'antan existait encore en
1820. Elle devait s'évanouir ensuite avec les prises successives
d'indépendance et l'exploitation du marché par les Anglais[142]. Le
grand transfert des métaux précieux américains vers l'Espagne, qui
avait commencé en 1492 avec la découverte, était bien clos en 1820.

Mais ce trafic fut frappé à son apogée. Par le jeu des stockages et
des déblocages d'après-guerre, la quinquennie 1781-1785 fut la plus
brillante de toutes dans l'histoire de l'Atlantique espagnol. Celle qui
va de 1801 à 1805 l'eût problablement dépassée si la paix n'avait été
rompue, et elle offre – sur quatre ans – la plus forte moyenne annuelle
jamais enregistrée (29,9 millions de piastres). Mais si, pour éviter les
interférences ou dépressives ou hypertrophiantes exogènes, nous
retenons la décennie 1786-1795, la moyenne annuelle est encore de
25,6 millions de piastres que l'on pourra comparer au précédent
record du siècle (16,9 millions de 1766 à 1770), et aux décennies
correspondantes du XVIIᵉ siècle (1686-1695 : 14,5 millions) et du
XVIᵉ siècle (1586-1597 : 9,7 millions). Voici les résultats quinquennaux de 1776 à 1804.

Tableau 64. *Récapitulation quinquennale des arrivages de l'Amérique
espagnole en Espagne de 1776 à 1804**
(en piastres)

quinquennium	Nouvelle-Espagne	Terre-Ferme	total (gazettes)	total retouché
1776-1780	33 373 775	26 190 889	59 564 664	59 564 664
1781-1785	62 732 510	37 838 856	100 571 366	114 076 520
1786-1790	66 411 151	55 639 699	122 050 850	135 134 689
1791-1795	76 641 989	41 460 983	118 102 972	120 913 269
1796-1800	30 431 663	14 611 886	45 032 549	49 535 803
1801-1804	68 853 824	45 270 045	114 123 869	119 830 062

* Les résultats du quinquennium 1781-1785 sont incomplets en raison de l'absence
de renseignements pour l'année 1782. L'année 1805, dont les rentrées, en toute
occurrence, furent faibles, manque au dernier quinquennium. Le principe des
retouches a été exposé dans le texte.

142. A. Garcia Baquero Gonzalez, *op. cit., passim,* indique comme rentrées des métaux précieux
à Cadix en 1805 : 563 582 piastres ; en 1806 : 14 830 ; en 1807 : rien ; en 1808 : 10 780.
Nous ne savons ce qu'il en revint dans les autres ports. Tout n'était peut-être pas perdu,
puisque l'année suivante, à la faveur d'une alliance avec l'Angleterre contre Napoléon,

Dans la ventilation des arrivages, la Nouvelle-Espagne et les régions adjacentes l'emportent sur la Terre-Ferme. Prolongement d'un rapport déjà établi au milieu du XVIIIe siècle, mais l'avantage pris par le Mexique s'accentua, sa part dans le total étant toujours supérieure à la moitié et atteignant, entre 1796 et 1800 il est vrai, plus des deux tiers[143]. La progression de l'extraction de l'argent dans les mines de Guanajuato, Catorce et Zacatecas, transparente à travers le monnayage de l'Hôtel de Mexico, explique aisément cela. La Terre-Ferme, nonobstant, accrut elle aussi ses envois de métaux précieux à l'Espagne, chose remarquable. Enfin, ni la Nouvelle-Espagne, ni la Terre-Ferme n'auraient expédié la totalité de leur production, comme le montrent les chiffres ci-dessous[144].

Cadix reçut 17 023 050 piastres, et en 1810 43 682 138, soit plus qu'en 1802. Par contre, après deux années creuses (1811 : 9 375 853 piastres et 1812 : 3 332 967), la reprise fut médiocre (1813 : 7 055 752 piastres ; 1814 : 13 293 265) et retomba vite (1815 : 3 817 244 piastres ; 1816 : 1 461 989 piastres) pour ne plus se ranimer (1817 : 4 155 544 piastres ; 1818 : 2 003 835 ; 1819 : 372 885). Le processus de dislocation doit donc être suivi de bout en bout, et les événements de 1810 y tiennent leur place.

143. Pourcentages :

quinquennium	Nouvelle-Espagne	Terre-Ferme
1776-1780	57 %	43 %
1781-1785	62 %	38 %
1786-1790	54 %	46 %
1791-1795	65 %	35 %
1796-1800	67 %	33 %
1801-1804	60 %	40 %

On trouvera en annexe de ce chapitre la ventilation aussi fidèle que possible des arrivages de Terre-Ferme d'après les provenances. Ceci sans préjudice de la perméabilité régnant entre les zones d'approvisionnement en métaux précieux des divers ports d'embarquement.

144. Les frappes de l'Hôtel de Mexico ont été publiées par A. Humboldt, *op. cit.*, p. 300 ; par M.-P. Laur, « De la métallurgie de l'argent au Mexique », *Annales des Mines*, 6e série, mémoires, tome XX, Paris, 1871 ; et par A. Soetbeer, *art. cit.*, p. 55. A noter que le tableau publié par Humboldt intitulé « Argent extrait des mines du Mexique... » (p. 301) est en fait un double du tableau du monnayage dans lequel les quantités frappées ont été exprimées en marcs au lieu de l'être en piastres. Il n'existe pas à notre connaissance de statistiques de la *production* à proprement parler (cf. P. Vilar, *Or et monnaie dans l'histoire*, Paris, 1974, pp. 429-431). On a ajouté aux frappes de Mexico une somme forfaitaire de 200 000 piastres (d'après *Report together with minutes of evidence*, p. 35) pour le Guatemala,

Tableau 65. *Frappe et arrivages des métaux précieux de l'Amérique espagnole de 1776 à 1804*
(Moyenne annuelle en millions de piastres*)

quinquennium	Nouvelle-Espagne		Terre-Ferme		total	
	monnayage	arrivages	monnayage	arrivages	monnayage	arrivages
1776-1780	19	6,6	?	5		11,6
1781-1785	20,2	14,3	?	8,5		22,8
1786-1790	18,6	14,6	?	12,4		27
1791-1795	21,9	16,8	13	9,1	34,9	25,9
1796-1800	24,2	6,6	12,2 (ca.)	3,2	36,4	9,9
1801-1804	26,8	18	?	11,8		29,9

*moyennes annuelles retouchées.

Nous avions déjà rencontré ce problème en étudiant la période précédente et présenté plusieurs suggestions pour le résoudre. Il devient épineux présentement par son ampleur : le déficit total de 1776 à 1804, pour la Nouvelle-Espagne, atteint 246 millions de piastres[145], et par le fait que nous ne pouvons plus invoquer une participation du Mexique aux exportations de la Terre-Ferme, car le hiatus se manifeste d'un côté et de l'autre[146]. Les difficultés ne sont pourtant pas irréductibles. Prenons l'exemple de la Nouvelle-

considéré comme entrant dans la mouvance de notre zone Nouvelle-Espagne et pays adjacents. Pour la Terre-Ferme, outre Humboldt, *op. cit.*, tome III, pp. 244-245, cf. *Report together with minutes of evidence and accounts from the select commitee of the right price of bullion*, Londres, 1810, pp. 33-35 ; *Mercurio peruano*, tomes II et IV ; I. Cangua Argüelles, *op. cit.*, tome IV, pp. 57-58 ; J. M. Restrepo, « Ensayo geografico », in *Seminario del nuevo reino de Granada*, Paris, 1849; R. C. West, *Colonial mining placer in Colombia*, Baton Rouge, 1942; V. Restrepo, *Estudio sobre las minas de oro y plata de Colombia*, Bogota, 1885 ; G. Giraldo Jaramillo, *Relaciones del mando de los virreyes de la Nueva Granada*, Bogota, 1954 (détail des frappes à la note 148). Le *Report together with minutes of evidence* fournit une estimation globale des frappes en Amérique espagnole à la fin du XVIIIe siècle, tirée du Viajero universal de Estala (1798), que voici (en millions de piastres) :

Monnaie de Mexico :	24	Monnaie de Lima :	6
Monnaie de Guatemala :	0,2	Potosi :	4,6
		Chili :	1,2
		Popayan :	1
		Santa-Fe :	1,2
total :	24,2	total :	14
total général :	38,3		

Les moyennes annuelles des arrivages ont été tirées des totaux retouchés.

145. Contre 366 millions de piastres bien arrivés en Espagne (chiffre retouché).
146. Pour contrôle :

Espagne. On peut admettre pour commencer un pourcentage de fraude banale de l'ordre de 15 % qui semble acceptable. Les sommes envoyées aux Philippines par Acapulco se seraient montées, d'après le comte de Revillagigedo, à 1,5 million de piastres par an entre 1779 et 1791. Le même auteur estimait la contrebande annuelle à un million de piastres, mais ce chiffre, peut-être plausible pour le Mexique seul, devrait être au moins doublé si l'on envisage en outre les trafics illicites ou semi–licites dans la mer des Antilles.

Les Anglais auraient retiré 3 millions de piastres en 1788 de leur seule vente d'esclaves à La Havane[147], et le commerce autorisé avec les Etats-Unis à partir de 1797 dut en enlever un bon tas que nous mesurons malheureusement mal[148]. En plus, au cours de la guerre

146. (suite).

Frappes monétaires en Terre-Ferme, à la fin du XVIIIe siècle.

année	Lima	Potosi	Chili	Popayan	Santa-Fe
1789					
1790	5 206 906	4 265 212	933 614	980 634	1 484 454
1791	5 120 234	–	912 797	808 562	998 658
1792	5 590 824	–	967 525	968 745	1 131 251
1793	5 941 706	–	916 062	875 466	1 109 715
1794	6 093 037	–	913 707	998 869	1 177 681
1795	5 932 868	–	981 750	955 648	993 827
1796	5 882 136	–	1 066 461	914 617	1 266 272
1797	5 114 493	–	1 058 518	–	–
1798	5 318 160	–	1 050 345	919 077	1 138 426
				moyenne	moyenne
				1796-1800	1796-1800
1799	5 990 869	–	990 114	–	–
1800	4 764 216	–	901 280	–	–
1801	4 837 758	–	1 088 595	–	–
1802	4 468 280	–	904 247	–	–
1803	4 328 200	–	932 803	–	–
1804	4 678 813	–	874 956	–	–
1805	4 769 419	–	943 857	–	–
1806	4 552 872	–	889 627	–	–
1807	4 148 593	–	829 047	–	–
1808	4 497 792	–	764 575	–	–
1809	4 714 965	–	800 283	–	–
1810	4 822 692	–	–	–	–

Les chiffres de Cangua Argüelles, que nous avons reproduits ci-dessus, diffèrent légèrement de ceux de Humboldt. L'année 1790, seule disponible, a été retenue, par extrapolation, comme moyenne des frappes du Potosi.

147. J. Cangua Argüelles, *op. cit.,* tome IV, pp. 220 et 276.
148. La Balance du commerce de la Vera-Cruz établie par le Consulat de cette ville à partir de 1796 ne mentionne les convois à destination des pays étrangers qu'à partir de 1805.

d'Indépendance américaine, la Real Hacienda en avait distrait une part pour les insurgés, ses alliés ; elle en affectait une autre, régulièrement, aux dépenses de fonctionnement et aux fortifications[149]. Une certaine masse était conservée, en outre, par le commerce local, pour la circulation monétaire au Mexique et dans les Iles, sans parler de la thésaurisation. Enfin, les naufrages et les prises par l'ennemi, en temps de guerre, finissent, sans doute, de résorber la différence[150]. Un calcul analogue rendrait compte, *mutatis mutandis,* de l'écart entre les monnayages et les arrivages de Terre-Ferme.

Parmi les sommes détectées en dehors de celles débarquées officiellement en Espagne, quelques-unes parvinrent en Europe. Ce qui était de fraude, évidemment, ce qui revenait de la contrebande, ce qui fut pris par des corsaires basés en Angleterre (ou en France), ce qui transita par les colonies françaises ou par les Etats-Unis, etc. L'évaluation de chacun de ces postes n'est pas toujours commode. Quelques années durant après le traité de Versailles, des piastres arrivèrent de Saint-Domingue en France, qui étaient en quelque sorte un reliquat des dépenses espagnoles effectuées sur place durant les hostilités[151]. Des pertes souffertes de la part des ennemis on ne

Dans cette Balance, qui a été reproduite par Humboldt et Lerdo de Tejada, l'Amérique désigne l'Amérique espagnole (commerce intercolonial).

149. Le comte de Revillagigedo estimait que la Real Hacienda avait fait passer de Nouvelle-Espagne dans les îles 78 846 705 pesos entre 1779 et 1791 (cf. J. Cangua Argüelles, *op. cit.,* tome IV, p. 220). Dans cette somme, toutefois, l'argent fourni aux colonies anglaises révoltées a sans doute été compris.

150. A titre de simple hypothèse de travail, nous proposons la ventilation suivante pour le hiatus de la Nouvelle-Espagne de 1776 à 1804 :

fraude à 15 % des arrivages :	54 millions
contrebande et commerce avec les neutres :	70 millions
sommes envoyées par Acapulco :	43 millions
restes des transferts de la Real Hacienda (vers les Iles, vers les Etats-Unis) :	20 millions
pertes en mer (naufrages et prises) :	20 millions
exportation vers la Terre-Ferme :	29 millions
total :	236 millions

Sur cette base, la circulation monétaire en Nouvelle-Espagne et dans les territoires adjacents se serait accrue de 10 millions de piastres en 29 ans. Le comte de Revillagigedo estimait cette augmentation à 5 471 629 piastres entre 1779 et 1791 (Mexique seulement). D. Juan Lopez Cancelada, de son côté, portait le montant global de la circulation en Nouvelle-Espagne, en 1811, à 28 760 000 piastres. Tous ces chiffres, comme ceux du calcul précédant, font appel à de nombreuses suppositions.

151. Chiffres cités partiellement par L. Dermigny, « Circuits de l'argent et milieux d'affaires au XVIIIᵉ siècle », *Revue historique,* tome CCXII, 1954, pp. 239-278 et intégralement par J. Tarrade, *Le commerce colonial de la France à la fin de l'Ancien Régime,* Paris, 1972, p. 669. Nous traduisons ici les livres-tournois en piastres :

connaît que les plus spectaculaires – les frégates de Callao, par exemple – et, bien que l'on puisse partager l'avis de Fernandez Duro sur la joie que la perspective de butins fructueux allumait au cœur des Anglais à chaque ouverture d'une guerre avec l'Espagne, on souhaiterait trouver une confirmation indépendante avant d'avaliser certains chiffres de dommages avancés, véritablement énormes[152]. Les exportations à destination de l'étranger – c'est-à-dire essentiellement les Etats-Unis — ont été recensées par le consulat de la Vera-Cruz trop tardivement pour notre propos – en 1805 – et ne peuvent, de toute façon, que suggérer un ordre de grandeur, assez éloquent au demeurant[153].

L'interruption des relations avec la métropole n'avait pas refroidi en effet l'ardeur des mineurs, et les frappes atteignirent alors à Mexico leur sommet absolu[154]. Comme leur montant était connu régulièrement de ce côté de l'Atlantique – et publié par le *Correo Mercantil* – on ne s'étonnera pas de la concupiscence qui pouvait danser au fond des yeux d'Ouvrard et de Baring à l'idée de récupérer les trésors gelés en Amérique espagnole[155]. Les notices des gazettes espagnoles qui nous servent de guides renseignent mal sur les proportions respectives de l'or et de l'argent dans les arrivages. Les deux métaux sont souvent confondus dans la publication. On peut se

1783 : 6 399 000	1787 : 1 411 800
1784 : 2 178 400	1788 : 1 154 480
1785 : 4 237 585	1789 : 960 000
1786 : 1 623 200	

152. Après la prise de la *Brigida* et de la *Tetis*, parties de La Havane, avec 3 millions de piastres, le 17 octobre 1799, Fernández Duro écrit : « Así fué loca la alegría de los ingleses para los que la guerra con España era siempre simpatica y popular por la esperanza de encontrarse con algunos de los bajeles de la plata que tanto abundaban » *(op. cit.,* tome V, *in dato).* Le comte de Maule, *Viajes por España, Francia e Italia,* Cadix, 1813, p. VII, et R. Vargas Ponce, *Servicio de Cadiz desde MDCCCVIII a MDCCCXVI,* Cadix, 1818, p. 9, indiquent une perte de 44 700 000 piastres en 1804, chiffre qui paraît exagéré (cf. A. Garcia Baquero Gonzalez, *op. cit.,* p. 175).

153. Métaux précieux exportés de la Vera-Cruz à destination des pays étrangers :
1805 : 67 399	1807 : 19 287 710
1806 : 3 151 905	1808 : 5 385 889

154. Le fléchissement du profit des mines de la Valenciana à la fin du XVIIIe siècle n'a donc pas eu de conséquence sur la production globale, à moyen terme (cf. P. Vilar, *op. cit.,* p. 362, d'après A. Humboldt). Peut-être est-il responsable à court terme d'une diminution qui se refléterait dans celle du monnayage entre 1799 et 1802 ? Mais une autre cause a pu jouer : la démobilisation entraînée par l'interruption presque complète du commerce. La reprise se manifeste en 1802. Le record est atteint en 1805 avec 27 165 888 piastres (or et argent) contre 25 644 627 en 1795 (cf. les tableaux en annexe, pp. 000)

155. Marten G. Buijst, *At spes non fracta,* La Haye, 1974, pp. 311-380.

faire une idée, néanmoins, de leur rapport en valeur d'après leurs frappes en Amérique espagnole. Un travail de Milburn, complété par quelques données de Humboldt et du *Report* anglais de 1810 permet d'assigner avec beaucoup de sécurité une part de 15 % au métal jaune, une part de 85 % au métal blanc[156]. Cela n'est pas très éloigné de ce qui avait été trouvé dans la période précédente à partir du seul examen des cargaisons. Les Hôtels de Lima, de Santiago du Chili et, surtout, de Santa-Fe de Bogota et de Popayan sont responsables de cette bonne tenue de l'or, car à Mexico l'argent prédominait de manière écrasante (95 %). Cet or, à son tour, a constitué l'atout principal de la Terre-Ferme, celui grâce auquel elle n'a pas été trop surclassée en tant que marché par la surabondance nouvelle de la production métallique en Nouvelle-Espagne. Il serait intéressant de prolonger ces remarques dans une étude économique et, éventuellement, psychologique du comportement des mineurs ici et là à l'intérieur d'une conjoncture déterminée à leur niveau par la concurrence des deux métaux.

La documentation exprime la valeur des marchandises revenues avec les trésors ou offre la possibilité de la calculer sur plusieurs années. De 1784 à 1795, le montant des fruits tourna autour de 16 millions de piastres, sauf en 1787 et en 1795 qui apparaissent comme des exercices déprimés (8,7 et 9,8 millions de piastres, respectivement). Si l'on se rappelle que les chiffres avancés pour la période 1748-1764 oscillaient autour de 5 ou 6 millions, on mesure la progression en valeur de ce secteur à la fin du XVIIIe siècle : presque un triplement[157]. Le pourcentage des fruits dans les cargaisons

---

156. Milburn et Thornton, *Oriental commerce*, Londres, 1825, tome 1, p. 32 :
Frappes en Amérique espagnole du 1er janvier au 31 décembre 1790 (en piastres).

	or	argent	total
Mexico	628 044	17 435 644	18 063 688
Guatemala		200 000	200 000
Lima	821 168	4 341 071	5 162 239
Potosi	299 846	3 988 176	4 288 022
Santiago du Chili	721 754	146 132	867 886
Popayan	968 745		968 745
Santa-Fe de Bogota	998 658		998 658
total	4 438 207	26 111 023	30 549 230

157. On trouve dans Moreau de Jonnes, *Statística de España* (traduction de P. Madoz), Barcelone, 1835, l'énumération de la valeur globale des retours d'Amérique en Espagne de 1786 à 1795. Nous en déduisons la valeur des marchandises par soustraction du total des métaux précieux obtenu à partir des gazettes et retouché comme dit ci-dessus. Le montant des fruits en 1784, 1785 et 1786 a été emprunté directement au tableau établi par

globales, a, de la sorte, été maintenu au niveau atteint précédemment, environ 30 %, sinon amélioré[158]. Les lacunes des gazettes ne permettent pas, hélas, de suivre pas à pas l'évolution du secteur et de déterminer avec certitude de quelle manière et sur quels postes la croissance s'accomplit. Mais une comparaison entre le tableau des retours d'Amérique de 1748 à 1753, publié par l'abbé Raynal, que nous avons déjà utilisé, et la récapitulation de ces mêmes retours en 1791 dans les ports de Cadix et de Barcelone, jettera quelque lumière sur le processus[159].

Une forte élévation des prix entre-temps ne peut être invoquée à titre d'explication. Une analyse montre en effet des mouvements divers, tantôt à la hausse, tantôt à la baisse qui, pour le moins, se compensent : le cacao des Caraques était passé de cinq réaux de vellon (un quart de piastre) la livre à 6 1/2 réaux, celui de Guyaquil d'un cinquième à un quart de piastre la livre, mais la cochenille était tombée de 100 à 75 piastres l'arobe, les cuirs de Buenos Aires de quatre à deux piastres la pièce, le coton d'un quart de piastre la livre à un dixième, et l'indigo d'une piastre la livre à un quart de piastre.

la Real Hacienda (NB : le chiffre donné comme total pour 1786 par Moreau de Jonnes s'avère, en fait, celui des métaux) :

année	total (en millions de piastres)	métaux précieux (id.)	marchandises (id.)
1784	63,1	46,4	16,7
1785	63,3	43,8	19,4
1786	51,7	36,6	15,6
1787	36,9	28,2	8,7
1788	43,5	26,7	16,8
1789	38,1	21,8	16,3
1790	38,6	21,2	17,4
1791	49,1	30,2	18,9
1792	40,3	26,1	14,2
1793	38,5	23,8	14,7
1794	50,3	27,3	23
1795	38,7	28,9	9,8

158. Cf. les années 1789, 1790 et, surtout, 1794. L'origine et la fidélité des chiffres de Moreau de Jonnes restant malgré tout à contrôler, on s'en tiendra à des ordres de grandeur sans chercher une précision vaine. Les fruits faisaient l'objet de deux évaluations à Cadix : (1) selon les prix de règlement ; (2) selon les prix courants sur la place (Garcia Baquero Gonzalez, *op. cit.* p. 141). Nous ne savons quelle est celle qu'a suivie Moreau de Jonnes.

159. Abbé Raynal, *op. cit.*, atlas, tableaux 3 et 4. Pour la validité de la comparaison, nous avons retenu ici la valeur des produits en Europe donnée par l'abbé Raynal (ou son éditeur, Peuchet), mais non retranscrite dans l'annexe que nous avons consacrée à ces tableaux. Les chiffres du commerce de Cadix et de Barcelone en 1791 ont été publiés dans le *Correo Mercantil* (1793).

Tous ces prix s'entendent valeur en Europe et, bien entendu, dans les limites des conditions d'observation – le cours des marchandises entre 1748 et 1753 reflétant une situation d'après-guerre[160]. Ceci posé, l'augmentation de valeur des marchandises résulte d'un accroissement en volume de certaines d'entre elles et de l'adjonction de certaines autres, inconnues ou négligeables au milieu du siècle. Cadix et Barcelone, à elles seules, reçurent en 1791 deux fois plus de cochenille qu'il n'en était arrivé, année commune, entre 1748 et 1753, trois fois plus d'indigo, quatre fois plus de cuir, dix-sept fois plus de coton. Quant au café et au sucre dont on y débarqua respectivement 175 000 et 20 millions de livres, ils n'avaient pas été recensés au lendemain de la guerre de Succession d'Autriche[161].

Sans doute faut-il faire une part aux aléas dans cette comparaison, et, par exemple, la progression enregistrée sur la cochenille traduit seulement un bas niveau des arrivages entre 1748 et 1753, la quantité rapportée en 1791 n'excédant pas celle qui l'avait été à des époques plus anciennes[162]. Mais à côté de ces cas, et plus importants qu'eux, il faut retenir les progrès et la diversification de la production en Amérique espagnole[163]. On les rapprochera sans risque d'arbitraire

---

160. Rappelons ce qui était dit en 1750 de l'excellente opportunité qui s'offrait à la vente de l'indigo du Guatemala... Bien entendu, on n'entend pas préjuger du mouvement des prix intermédiaire dans cette comparaison de deux situations exactement datées.

161.

	moyenne annuelle 1748-1753 (total)	1791 (Cadix et Barcelone)
cochenille	400 000 livres environ	838 650 livres
indigo	600 000 livres environ	1 967 327 livres
coton	18 800 livres environ	3 320 388 livres
cuirs	172 200 pièces	604 631 pièces
cacao	7 210 516 livres	7 288 000 livres

D'après le *Correo Mercantil* de 1793, les quantités de cacao entrées dans toute l'Espagne en 1791 se seraient élevées à 10 437 295 livres, dont 160 022 livres à La Corogne, 2 598 177 à Saint-Sébastien, 146 847 à Malaga, 54 312 à Alicante et 200 à Ténériffe. Il n'est pas question de Santander qui, l'année suivante, en reçut 1 993 858 livres. Les quantités de café et de sucre déchargées en dehors de Cadix et de Barcelone sont également à prendre en considération : 55 236 et 7 844 475 livres, respectivement, à Santander en 1792. Par contre, les arrivages de cochenille, d'indigo et de coton étaient plus groupés : 2 250 livres de cochenille, 12 463 livres d'indigo, 15 450 livres de coton à Santander en 1792. A noter qu'en 1791, Barcelone avait reçu davantage de coton (1 936 600 livres) que Cadix (1 383 788 livres).

162. Cf. note 102. Au début du XVIIᵉ siècle, toutefois, les arrivages de cochenille, au demeurant irréguliers, n'atteignaient pas les 300 000 livres, et ceux d'indigo oscillèrent aux alentours de 300 000 livres, le record de 1617 (720 000 livres) étant tout à fait exceptionnel.

163. Le suif commence à être envoyé de Montevideo vers 1790, le sucre du Pérou en 1793.

des mouvements similaires repérés au Brésil, et l'on notera qu'en 1791, les colonies ibériques ne bénéficiaient pas encore du coup de fouet que les troubles de Saint-Domingue, consécutifs à la révolte des esclaves, donnèrent à leur économie, particulièrement à la culture du sucre et à Cuba[164]. La valeur des « fruits » en progrès s'ajoutant à celle des métaux précieux également croissante, il est évident, encore une fois, que la rupture du commerce hispano-américain est survenue lorsqu'il était en plein ascendant.

Les informations disponibles ne permettent pas une ventilation parfaite des retours entre part du Roi et part des particuliers. Au début de la période, les notices des gazettes distinguaient rarement l'une de l'autre, et les chiffres des rentrées de la Real Hacienda sont des minima qu'il faudrait sans doute relever fortement[165]. Par la suite, la publication s'améliora nettement quant aux retours de Nouvelle-Espagne mais demeura très déficiente quant à ceux de Terre-Ferme. La documentation extérieure aux gazettes n'est pas abondante : elle se limite à quelques chiffres de trésors expédiés de la Vera-Cruz pour le compte du gouvernement[166]. Le contrôle réciproque des

---

164. R. Guerra Sanchez et al., *Historia de la nación cubana,* La Havane, 1952. La Junta de Agricultura y Comercio de La Havane tenta aussi de promouvoir la culture du café (cf. *Correo Mercantil,* 1797, pp. 590-593).

165. En 1784, les gazettes mentionnent quatre fois seulement des rentrées pour compte du Roi (parmi lesquelles une cargaison de tabac). Elles montaient au total, or et argent à 1 224 084 piastres. Mais il y a des présomptions sérieuses pour une attribution au Roi des trésors rapportés par la frégate de guerre *Sta Lucia,* de la Vera-Cruz (2,2 millions), par la *Venus* de Montevideo (1,2 million) et par la *Sta Perpetua* de Montevideo (0,4 million).

166. Il s'agit essentiellement des récapitulations du comte de Revillagigedo, déjà évoquées, et que nous donnons ci-dessous d'après Cangua Argüelles, *op. cit.* (en piastres) :

	1766-1778	1779-1791
« monnaie » pour compte du commerce	103 873 984	115 624 103
pour le compte du Roi à destination des Iles	36 259 528	78 846 705
pour le compte du Roi à destination de l'Espagne	15 027 072	29 581 982
sortie par Acapulco	19 000 000	20 000 000
sortie en contrebande	3 500 000	12 500 000
exportation totale	117 660 584	246 552 790
(frappes totales en Nouvelle-Espagne)	203 882 948	252 024 419

En outre, les chiffres suivants de trésors expédiés de la Vera-Cruz pour le Roi, en Espagne :

1780	3 096 696	1790	2 152 961
1789	3 612 623	1791	3 496 065

Et, enfin, les trésors reçus de toute l'Amérique d'après les comptes de la trésorerie générale :

1793	7 081 377	1796	11 844 799

données s'avère lui-même malaisé à cause des décalages chronologiques entre les départs et les arrivées, à cause aussi des interférences
entre Mexique et Iles, la Vera-Cruz et La Havane[167]. Malgré cela,
quelques indications sont à retenir dont l'une, au moins, apporte des
nuances et un correctif intéressant à l'appréciation de la conjoncture
commerciale.

Examinons d'abord les récapitulations du comte de Revillagigedo.
Il s'agit des envois de « monnaie » effectués à partir du Mexique de
1766 à 1778, d'une part, de 1779 à 1791, d'autre part. La moyenne
annuelle des remises pour compte du Roi en Espagne durant le
premier treizain fut de 1,1 million de piastres, et durant le second de

1794	9 785 898	1797	618 006
1795	6 788 218		

Détail pour 1798 :

produit des tabacs	10 540 000 réaux de vellon
confiscations	895 251 réaux de vellon
or et argent	119 937 671 réaux de vellon
1 % de l'argent	95 257 réaux de vellon
3 % du tabac	140 000 réaux de vellon
pour la muraille de Cadix	140 000 réaux de vellon
total	131 748 000 réaux de vellon soit 6 587 400 piastres.

167. A titre purement indicatif, voici les chiffres relevés dans les gazettes :

	total en piastres	part de la Nouvelle-Espagne et des Iles
1784	1 224 084	1 145 941
1785	491 545	14 043
1786	3 462 785	3 462 785
1787	3 920 680	3 663 494
1788	4 906 183	4 537 768
1789	987 147	854 918
1790	3 812 914	3 533 287
1791	5 459 259	5 372 714
1792	2 927 807	2 827 907
1793	4 135 001	4 135 001
1794	7 768 544	7 668 995
1795	13 162 411	10 849 066
1796	10 298 319	7 240 291
1797	576	0
1798	7 485 601	4 061 130
1799	5 250	5 250
1800	0	0
1801	0	0
1802	19 721 332	17 572 799
1803	10 006 159	5 399 393
1804	13 787 717	9 622 340

NB : sous réserve en 1804 que la frégate *Sabina*, arrivée à Vigo le 25 octobre, ait bien été
affrétée à Montevideo. Tous les chiffres sont des minima.

2,2. Progression sensible qui se trouve d'ailleurs, identique, dans les remises pour compte du Roi dans les Iles : 2,5 millions de piastres, puis 6. On en déduit légitimement que la Real Hacienda à Mexico a largement profité de l'essor des mines à la fin du XVIIIe siècle, mais, en outre et tout autant, que sa gestion gagne considérablement en efficacité – prélèvement et redistribution[168]. Par contre, le commerce légal à partir de la Vera-Cruz ne connut qu'un accroissement médiocre : 7,9 millions de piastres, puis 8,9. En y ajoutant le commerce de contrebande, par évaluation, on modifie peu les performances : 8,2 millions de piastres, puis 9,8, toujours moyenne annuelle. D'après ces chiffres, le mouvement commercial a donc été très en retrait au Mexique sur l'allant de la production d'or et d'argent.

L'interprétation du résultat acquis ci-dessus est délicate. Nous avons déjà dit que le comte de Revillagigedo sous-évaluait probablement la contrebande. De plus, une partie de l'argent distribué de la Vera-Cruz dans les Iles prenait ensuite le chemin de l'Espagne. Par conséquent, le décalage pourrait être moins considérable qu'il ne s'affiche au départ du Mexique. Autre aspect de la question, les marchandises de retour apartenaient dans une proportion écrasante aux particuliers qui bénéficièrent ainsi presque intégralement de l'augmentation intervenue dans ce secteur[169]. Un report de préférence des métaux sur les fruits n'est pas à exclure, d'ailleurs, étant donné la plus-value éventuelle en Europe. Tous comptes faits, le commerce et l'économie, dans son ensemble, de la Nouvelle-Espagne ont probablement suivi des trajectoires voisines. Mais l'or et l'argent – comme l'avait suggéré une autre approche – se sont accumulés sur place en plus grande masse. La finesse des processus mis en cause montre bien, en tout cas, qu'on ne doit pas se reposer dans l'analyse des faits commerciaux sur des vraisemblances trop grossières pour être vraies.

Examinons maintenant, d'après les gazettes, la ventilation des retours ultérieurs. En 1792, la Real Hacienda reçut, en provenance de la Nouvelle-Espagne, une somme qui, quoique un peu forte – 2,8 millions – restait comparable à celles des années précédentes, y compris par son pourcentage dans le montant global des trésors : 20 %. En 1793, on passe à 4,1 millions et 27 %, en 1794, à 7,6

---

168. Une partie du prélèvement restait, en effet, au Mexique, pour les besoins de l'administration.
169. Le Roi recevait en quantités importantes surtout du tabac, du cuivre, du platine et, en petites quantités, un peu de tout le reste.

millions et 52 %, en 1795, à 10,8 millions et 61 %. Cette évolution s'accompagne d'une diminution symétrique des retours du commerce de 11,4 millions en 1792 à 6,7 millions en 1795. La conjoncture des affaires a donc commencé de virer avant le mouvement des métaux précieux, celui-ci étant soutenu par les remises pour compte du Roi. Il y a disjonction entre eux. De la sorte, l'influence de la guerre avec la France réapparaît au niveau du commerce, comme cela était finalement normal[170]. De grosses rentrées pour le gouvernement pondèrent, de la même façon, l'impression de reprise suggérée par le boom des années 1802-1804.

Tableau 66. *Quantités d'or et d'argent rapportées de la Terre-Ferme de 1779 à 1804, d'après la* Gaceta de Madrid *et le* Correo Mercantil
(en piastres)

port d'arrivée	Pérou	Rio de la Plata	Côte des Caraques (a)	Carthagène	total
1779					
Cadix	néant	78 747		370 185	448 932
Saint-Sébastien			14 583		14 583
Le Passage			88 000		88 000
Ténériffe			2 300		2 300
total		78 747	104 883	370 185	553 815
1780			néant		
1781					
Cadix				774 789	774 789
1782			néant		
1783					
Cadix		1 800 000			1 800 000
1784					
Cadix	356 034	6 042 356	2 583	1 403 238	7 813 211
Muros		652 096			652 096
La Corogne		1 988 150			1 988 150
Santander		26 850			26 850
Saint-Sébastien			9 505		9 505
total	265 034	8 709 452	12 088	1 403 238	10 489 812

a) En fait, des Guyanes à Maracaïbo

170. Dans la mesure où la France avait cessé de fournir son contingent, encore appréciable au XVIIIᵉ siècle, de marchandises nécessaires pour l'Amérique espagnole. Charles Carrière a fortement mis en valeur la coupure qui intervint en 1793 à Marseille *(Négociants marseillais au XVIIIᵉ siècle,* Marseille, 1973, pp. 109-115).

Tableau 66. *Quantités d'or et d'argent rapportées de la Terre-Ferme de 1779 à 1804, d'après la* Gaceta de Madrid *et le* Correo Mercantil (suite)

(en piastres)

port d'arrivée	Pérou	Rio de la Plata	Côte des Caraques	Carthagène	total
1785					
Cadix (min.)	14 833 369	1 608 590	211 901	1 274 260	17 928 120
(max.)	(23 140 709)			(26 235 460)	
La Corogne		2 471 075			2 471 075
Le Ferrol		76 898			76 898
Santander		16 500			16 500
Saint-Sébastien			22 617		22 617
Le Passage			40 135		40 135
Malaga		11 570			11 570
total (min.)	14 833 369	4 814 633	274 653	1 274 260	20 566 915
(max.)	(23 140 709)				(28 874 255)
1786 (b)					
Cadix	11 393 056	718 554	229 056	80 810	13 043 276
La Corogne		3 212 382	1 600		3 213 892
Santander		71 000	4 000		75 000
Saint-Sébastien			70.962		70 962
total (min.)	11 393 056	4 001 936	305 618	80 810	15 781 420
1787					
Cadix	4 933 377	1 413 646	201 114	3 786 723	10 334 850
Vigo		9 400			9 400
La Corogne		1 984 752			1 984 752
Santander			350		350
Saint-Sébastien			25 210		25 210
Malaga		94 911	18 653	33 473	147 037
total	4 933 377	3 502 709	245 327	3 820 196	12 501 609
1788					
Cadix	4 516 981	417 750	239 254	1 972 650	7 146 643
Vigo		3 800			3 800
La Corogne	749 442				2 749 442
Santander		20 841	12 500	33 815	67 156
Saint-Sébastien			9 851		9 851
Malaga		32 506	64 773	74 654	171 933
Palamos				35 612	35 612
total	4 516 981	3 259 959	326 378	2 081 119	10 184 437
1789					
Cadix	3 326 574	1 177 890	68 947	2 342 562	6 915 973
La Corogne		2 926 193		70 628	2 996 821

b) Une somme de 621 800 piastres, qui n'a pu être ventilée selon la provenance, figure au total de l'année 1786

Tableau 66. *Quantités d'or et d'argent rapportées de la Terre-Ferme de 1779 à 1804, d'après la* Gaceta de Madrid *et le* Correo Mercantil (suite)

(en piastres)

port d'arrivée	Pérou	Rio de la Plata	Côte des Caraques	Carthagène	total
Santander		13 800	408		14 208
Saint-Sébastien			9 435		9 435
Malaga				52 390	52 390
total	3 326 574	4 117 883	78 790	2 465 580	9 988 827
1790					
Cadix	4 124 285	852 680	22 405	993 418	5 992 788
La Corogne		1 097 205			1 097 205
Santander		12 500	173		12 673
Saint-Sébastien			9 753		9 753
Malaga		31 987		39 000	70 987
total	4 124 285	1 994 372	32 331	1 032 418	7 183 406
1791					
Cadix	4 510 037	677 758	54 751	1 320 639	6 563 185
La Corogne		2 315 943			2 315 943
Santander			3 534		3 534
Malaga			18 120	51 518	69 638
total	4 510 037	2 993 701	76 405	1 372 157	8 952 220
1792					
Cadix	4 271 767	1 519 329	294 020	1 709 407	7 794 523
La Corogne		1 562 100	2 084		1 564 184
Santander		5 062	576		5 638
Saint-Sébastien			2 781		2 781
Barcelone		131 724	6 628	35 674	174 026
total	4 271 767	3 218 215	306 089	1 745 081	9 541 152
1793					
Cadix	3 083 600	1 270 316	18 654	679 574	5 052 144
La Corogne		1 756 571			1 756 571
Santander	1 814				1 814
Le Passage			110		110
Malaga			4 530	18 863	23 393
Barcelone		103 199	15 593	84 899	203 691
total	3 085 414	2 745 842	38 887	783 336	7 037 723
1794					
Cadix	3 280 882	2 897 894	4 290	7 400	6 190 466
La Corogne		664 164			664 164
Malaga		42 613	2 500	6 028	51 141
Barcelone		173 611	5 000	75 626	254 237
total	3 280 882	3 778 282	11 790	89 054	7 160 008

Tableau 66. *Quantités d'or et d'argent rapportées de la Terre-Ferme de 1779 à 1804, d'après la* Gaceta de Madrid *et le* Correo Mercantil (suite)

(en piastres)

port d'arrivée	Pérou	Rio de la Plata	Côte des Caraques	Carthagène	total
1795					
Cadix	5 111 982	2 700 007	11 382	800	7 824 171
La Corogne		775 077			775 077
Santander		1 720			1 720
Malaga		2 231		53 786	56 017
Barcelone		62 968	2 523	47 488	112 979
total	5 111 982	3 542 003	13 905	102 074	8 769 964
1796					
Cadix	6 324 249	2 533 752	13 238	489 569	9 360 808
La Corogne		590 758			590 758
Santander		144			144
Ténériffe		70 716		42 658	113 374
Malaga		122 606	2 400	8 685	133 691
Barcelone			79 300		79 300
total	6 324 249	3 317 976	94 938	540 912	10 278 075
1797					
Cadix				24 524	24 524
La Corogne		300 686			300 686
Le Ferrol		427 042			427 042
Santander		3 240			3 240
Barcelone		35 727			35 727
total		766 695		24 524	791 219
1798					
Cadix		14 400			14 400
Ayamonte		12 060			12 060
Muros		2 309			2 309
La Corogne		3 495 138			3 495 138
Canaries		6 208			6 208
Barcelone		800			800
total		3 530 915			3 530 915
1799		néant			
1800					
Algesiras		1 120			1 120
Santander		10 557			10 557
total		11 677			11 677
1801					
Cadix	21 000	131 520			152 520

Tableau 66. *Quantités d'or et d'argent rapportées de la Terre-Ferme de 1779 à 1804, d'après la* Gaceta de Madrid *et le* Correo Mercantil (suite)

(en piastres)

port d'arrivée	Pérou	Rio de la Plata	Côte des Caraques	Carthagène	total
La Corogne		3 776			3 776
total	21 000	135 296			156 296
1802					
Cadix	1 604 024	11 583 114	20 201	3 151 117	16 358 456
Vigo		46 333			46 333
La Corogne		630 912			630 912
Camariñas			122		122
Malaga		29 452	6 200		35 652
Barcelone		235 200		19 788	254 988
total	1 604 024	12 525 011	26 523	3 170 905	17 326 463
1803					
Cadix	14 504 234	2 067 031	23 506	579 885	17 174 656
Vigo		138 466			138 466
La Corogne		684 479		11 306	695 785
Le Ferrol		221 099			221 099
Malaga		267 191		22 095	289 086
Barcelone		1 199 249	11 945	212 065	1 423 259
total	14 504 234	4 577 515	35 451	825 351	19 942 351
1804					
Cadix	24 500	832 439	5 700	1 708 551	2 571 190
Vigo		3 527 000			3 527 000
La Corogne		1 223 303		424	1 223 727
Santander				71 430	71 430
Malaga		48 048			48 048
Barcelone		69 000	81 540	253 000	403 540
total	24 500	5 699 790	87 240	2 033 405	7 844 935

Sur les 114 millions, chiffre total, des arrivages durant ce laps de temps, 43 au moins étaient destinés à la Real Hacienda, soit près de 40 %, pourcentage qui devrait être relevé si nous avions une documentation plus minutieuse.

En complément de l'analyse qui s'achève des retours, il n'est pas hors de propos de jeter un coup d'œil sur les allers. Les modifications apparues dans leur composition au XVIII⁰ siècle sont intéressantes et ce d'autant plus qu'elles ont pu et dû avoir des répercussions sur la redistribution des trésors à travers l'Europe.

On se rappelle le classement des fournisseurs de la Carrera en 1686 : les Français largement en tête, suivis dans l'ombre par les Gênois, les Anglais, les Hollandais, les Flamands, et, enfin, les Espagnols et les Hambourgeois. La prédominance des premiers se maintenait au début du XVIIIe siècle. Elle se fait jour de diverses manières dans la correspondance du consul à Cadix. Ce sont en 1718 les sollicitations pressantes pour garantir contre la menace anglaise les effets chargés sous nom espagnol sur les flottes attendues d'Amérique, et qui se seraient élevés à 12 millions de piastres. C'est la médiocrité du chargement des Galions à Cadix en 1721 par suite de l'interdiction des marchandises de France. C'est enfin l'aveu de concurrents eux-mêmes en 1728 : « Le Consul d'Hollande et les députez de la Nation angloise m'ont déclaré que les interets que leurs Négociants avoient dans la flotte étoit si peu considérables que c'étoit à nous d'agir [pour obtenir une réduction de l'indult] »[171]. Il est vrai qu'en offrant leur assurance à des taux de 20 ou 22 %, eu égard aux risques courus par les vaisseaux espagnols, Néerlandais et Britanniques redevenaient, sans souffrir des inconvénients du commerce et de la politique, des parties prenantes de la plus haute importance.

En 1686, déjà, une menace était évoquée par les observateurs français sur le marché de leurs fabrications : celle des producteurs allemands et, tout spécialement, des tisserands silésiens qui contrefaisaient nos Rouens et nos Bretagnes. La plainte sera réitérée de nombreuses fois au XVIIIe siècle, l'origine de la concurrence allemande étant, d'ailleurs, par des mémoires oublieuses, retardée jusqu'en 1721 et à l'absence forcée des chargements français. Un état comparatif des importations étrangères à Cadix en 1736 et en 1752 montre un essor fulgurant de l'Allemagne dans certaines catégories de toiles : les Bretagnes, évidemment contrefaites – *contrahechas* –, dont le nombre fut multiplié par douze, et les Créguelas qui vingtuplèrent. Les autres variétés demeurèrent assez stables. Quelles que soient les limites intrinsèques du document auquel nous nous référons, le bilan est trop favorable aux Allemands pour ne pas être passé en compte pour la meilleure part[172].

---

171. AN Paris, AE B 1/244, fol. 276 ; B 1/226, fol. 284 et B 1/234, fol. 32.
172. Importations allemandes à Cadix :

	1736		1752	
Bretagnes	14 175	pièces	166 918	pièces
Rouens	188	ballots	1 810	ballots
Toiles rayées	345	ballots	1 453	ballots

Platilles	139 800	pièces	112 200	pièces
Estoupilles	62 000	pièces	81 864	pièces
Linge de table	38	caisses	109	caisses
Toileries diverses	442	caisses	593	caisses
Boucrans	21	caisses	37	caisses
Sangales	138	caisses	457	caisses
Creguelas	3 080	pièces	66 000	pièces
Casserillos	3 600	pièces	19 350	pièces
Importations françaises :				
Bretagnes	7 428	balles	5 175	balles
Crées	1 608	pocquetons	1 345	pocquetons
Morlaix blancs	355	ballots	275	ballots
Toiles à voile	170	pièces	38	pièces
Baptistes et claires	2 902	caissons	344	caissons
Dentelles du Puy	87 600	pièces	99 000	pièces
Draps divers	62 084	aunes	53 700	aunes
Sempiternes	2 268	pièces	208	pièces
Bayettes	2 790	pièces	210	pièces
Bas de laine	6 800	douzaines	8 000	douzaines
Peluches de laine	166	ballots	210	ballots
Virebouchons	4	ballots	6	ballots
Lamparilles	187	ballots	70	ballots
Bouracans	56	ballots	10	ballots
Ratines	4	ballots	–	
Serges de laine	40	ballots	21	ballots
Camelots divers	263	ballots	246	ballots
Etamines	157	ballots	–	
Burats	35	ballots	45	ballots
Chapeaux	217	caisses	274	caisses
Soieries diverses	252	caisses	218	caisses
Dorures en pièces	101	caisses	180	caisses
Rubans et galons	79	caisses	85	caisses
Bas de soye	47	caisses	81	caisses
Bas de filoselle	11	caisses	47	caisses
Importations anglaises :				
Draps divers	1 939	ballots	914	ballots
Sempiternes	14 016	pièces	10 965	pièces
Bayettes	12 726	pièces	5 372	pièces
Bas de laine	3 625	douzaines	4 375	douzaines
Peluches de laine	41	ballots	102	ballots
Serges de laine	291	ballots	156	ballots
Camelots divers	310	ballots	225	ballots
Chapeaux	79	caisses	45	caisses
Bas de soye	4	caisses	44	caisses
Flanelles	43	ballots	–	
Droguets de laine	583	ballots	148	ballots
Camelots gaufrés	–		10	ballots
Ecarlatines	28	ballots	127	ballots
Calemandes	65	ballots	174	ballots
Durais	46	ballots	24	ballots
Importations flamandes et hollandaises (confondues) :				
Toiles à voiles	630	pièces	1 617	pièces
Draps divers	968	ballots	970	ballots

Notons tout de suite, que la compétition entre les deux « nations », à l'instar de la plupart des compétitions commerciales, était une compétition biaisée. C'est-à-dire qu'elles n'opposaient qu'en apparence des produits similaires. Les Bretagnes authentiques étaient d'une qualité supérieure aux silésiennes, mais celles-ci étaient moins chères. D'un côté, l'on misait sur la préférence et la fidélité de la clientèle ; de l'autre, sur l'attrait du bon marché pour les acheteurs modestes, sinon pour tous.

Le duel connut maintes péripéties. Voici l'une d'elles que les contemporains jugèrent grave. Au cours de la guerre de Succession d'Autriche, les Bretagnes bretonnes atteignirent au Mexique de très hauts cours, en partie à cause de leur rareté[173]. Sans prendre garde à la circonstance, on spécula, quand la paix fut en vue, sur les gros profits que faisaient miroiter les prix américains. Des ordres énormes furent passés à Morlaix et à Saint-Malo que l'abondance du capital sur la place de Cadix à la suite des retours fastes de 1748-1752 encouragea. Les prix au départ d'Europe restèrent élevés, de ce fait, mais en Nouvelle-Espagne les acheteurs refusèrent de continuer de payer ce qu'ils avaient payé en temps de guerre, d'autant plus qu'il n'y avait à présent que l'embarras du choix. Comme les cargadores ne pouvaient sans perte se dessaisir de leurs Bretagnes françaises, les Mexicains les leur laissèrent et se tournèrent vers les contrefaites de 15 à 20 % meilleur marché. Ces invendus traînaient encore dans les

Présilles écrues	411 pacques	309	pacques
Brabants blancs	33 pacques	509	pacques
Courtrais	14 balles	–	
Dentelles	124 caisses	112	caisses
Anascottes	249 ballots	175	ballots
Hollande	33 ballots	53	ballots
Importations italiennes :			
Soieries diverses	358 caisses	94	caisses
Bas de soye	80 caisses	284	caisses
Bas de filoselle	108 caisses	198	caisses
Papier blanc	64 640 rames	77 760	rames
Papier gris	7 464 rames	11 736	rames

(AN Paris AE B 3/342). Les deux années ne sont pas exactement comparables. En 1736, il y eut un départ de Galions, ce qui était une occasion de faire de gros envois à Cadix. En 1752, année de registres, la fièvre des expéditions qui avait sévi après la paix d'Aix-la-Chapelle commençait à retomber. On évitera donc de rechercher des tendances à travers ces deux statistiques. Mais les progrès allemands, qui ne s'effectuèrent pas nécessairement au détriment des produits français, sont évidents.

173. La concurrence s'exerçait aussi sur les Rouens :« Il ne faut penser à [leur] faire reprendre le dessus sur le Brabant blanc. Ce serait une entreprise chimérique peut être ou tout au moins d'un succès fort équivoque » (AN Paris, AE B 3/342).

arrière-boutiques en 1762, longtemps après ces « années de délire »[174].

Les toiles silésiennes conservèrent et accrurent leur avantage. C'était un produit que l'on s'était efforcé d'adapter aux desiderata des Indes. La longueur des platilles royales, par exemple, permettait aux Péruviens d'y tailler deux chemises et de ne pas perdre une forte chute de coupon. On soignait également les envois en visant à l'homogénéité du contenu des caisses. La guerre de Sept Ans faillit néanmoins ruiner la prospérité de la province. Les dévastations avaient été amples ; réduits à la misère, les ouvriers se soulevaient ; les prix s'enlevèrent là aussi. Pourtant une renaissance rapide survint et, à quelque chose malheur est bon, la dévaluation extraordinaire de la monnaie en Silésie enraya les effets nocifs de la hausse des prix et rendit les toiles plus compétitives que jamais sur la place de Cadix grâce au change[175]. L'incorporation du pays dans les Etats du Roi de Prusse lui valut plus tard de jouir des avantages douaniers acquis en

174. « Dès que les grands risques cessèrent, les Mexicains sçurent bien qu'ils ne devaient plus payer ce qu'on leur apportoit aux mesmes prix qu'en tems de guerre. Tout baissa donc de prix et par conséquent la Bretagne aussi. Il auroit bien dû en arriver autant en France mais il n'en fut rien ou du moins ces toiles ne s'y mirent point au Niveau de ce qu'on devoit s'attendre qu'on consentiroit à les payer aux Indes. Certains exprès dépêchés d'ici à Saint-Malo à la première nouvelle de la signature des préliminaires de la Paix portant un ordre pour un achat considérable de Bretagnes dérangea cet Equilibre que le commerce sçait bien (mettre) lorsqu'il le faut. On eut le vent de l'ordre que cet Exprès avoit porté et ceux qui avoient des Bretagnes cherchèrent à profiter de l'occasion pour les vendre à plus haut prix qu'il n'ait fallu. Quelle proportion en effet y avoit-il avec des prix à peu près les mesmes que dans les Epoques les plus favorables à cette Branche et ceux des primes de grosse qui baissèrent de cent dix pour cent ou elles étoient à trente-cinq et en 1749 à vingt-deux pour cent ? Le second rabais des primes n'a rien opéré en France... L'excessive abondance d'argent qui reflua ici à la Paix et qui y donna naissance à cette suite outrée d'expéditions qui s'y firent jusqu'à la fin de 1754» (AN Paris, AE) B/342). (NB : d'après les Etats de la Balance du commerce français, le maximum des envois se place en 1750).

175. Voici le calcul :

306 platilles coûtent rendues à bord à Hambourg	Richedalles 5 231
assurance faite à Hambourg à 4 %	Richedalles 210
coût réel en mars 1761	Richedalles 5 441

Platilles rendues ici
    Réaux 33 078. Mrs 9 de 1ère vente
Frais, droits et commissions à 14 1/8 %
Net produit 28 406. 4/16 font Ducats 2 575 : 10 et ceux-cy

au change de 97 et négociés à 300 % produisent à Hirschberg	Richedalles 7 494	2/3
le premier coût monte à	Richedalles 5 441	
Bénéfice : 37 2/3 %	Richedalles 2 052.9	

Source : *ut supra.*

Espagne par traité[176]. Nous reviendrons plus loin sur le comportement des toiles françaises et sur l'évolution globale en fin de période. Contentons-nous pour le moment de signaler que, d'après les statistiques espagnoles, l'Allemagne dépassa la France pour l'introduction des toiles de lin et de chanvre au cours des deux dernières années « normales » du XVIIIᵉ siècle. En 1791, avec une valeur de 6,3 millions de piastres contre 3,9 et, surtout, en 1792, avec une valeur de 7,3 millions de piastres contre 2,8[177].

Sur les autres produits il n'y eut pas le même chassé-croisé entre les fournisseurs européens de l'Espagne. L'Angleterre garda sa prépondérance pour les lainages, la France pour les soieries, Gênes pour le papier, etc. Mais, pendant ce temps, la proportion des marchandises nationales et des marchandises étrangères dans les expéditions à destination de l'Amérique espagnole avait été bouleversée. Presque insignifiantes au XVIIᵉ siècle, elles en étaient arrivées à représenter 50 % du total. Progression encore plus spectaculaire que celle des fournitures allemandes[178].

Tableau 67. *Envois d'Espagne en Amérique espagnole*
(en piastres)

année	produits espagnols	produits étrangers	total
1784	9 794 268	11 946 161	21 740 429
1785	16 863 330	21 499 109	38 362 439
1786	11 478 223	10 285 920	21 764 143
1787	18 211 400	23 220 000	41 433 200
1788	10 300 000	9 944 800	20 644 800
1789	7 627 000	9 656 400	17 283 400
1790	9 028 000	8 428 400	17 436 400
1791	9 909 100	10 161 200	20 070 300
1792	11 457 600	11 282 000	22 739 600
1793	8 947 800	7 485 400	16 432 200
1794	6 171 400	5 968 000	12 139 400
1795	11 390 800	9 030 000	20 420 800
1796	9 392 200	7 064 200	17 656 400

176. Frédéric II obtint en 1779 que les toiles silésiennes fussent moins frappées de droits à Cadix et aux Indes que les toiles bretonnes, et ceci dans une proportion extraordinaire (cf. à ce sujet le mémoire rétrospectif (décembre 1823) de Baron du Taya aux Archives Départementales des Cotes-du-Nord).

177. Chiffres publiés dans le *Correo Mercantil* (1793) et Balance du Commerce espagnol en 1792 (BN Paris, Fol. Og 30).

178. Chiffres empruntés aux Balances publiées par la Real Hacienda (1784-1785 et 1786) puis à Moreau de Jonnes, *op. cit.*, p. 203. Ce dernier auteur donne une version légèrement

On a parfois contesté la réalité de cette ascension de l'économie espagnole, et l'on a parlé d'une nationalisation factice des marchandises étrangères pour éviter de payer les droits[179]. Mais si l'on examine les statistiques anglaises, françaises et même silésiennes, on s'aperçoit ici d'un tassement, là d'une stagnation des exportations à destination de l'Espagne à partir de 1775 environ. La dissimulation ne peut plus être invoquée à titre d'explication. Les partenaires habituels de l'Espagne n'ont pas participé, par conséquent, à plein à l'essor du commerce hispano-américain à la fin du XVIIIᵉ siècle, et ce sont bien des produits de l'agriculture et de l'industrie espagnoles qui ont bénéficié de l'élargissement du marché outre-mer. La phase brillante dans laquelle était entrée la Catalogne en témoigne[180].

Dernière remarque portant, cette fois, sur l'ensemble des envois. Une modulation s'esquisse dans la récapitulation des douze années ci-dessus. L'envergure des premiers – en 1785 et en 1787, surtout – est frappante : la moyenne quinquennale s'établit à 28,5 millions. Le niveau des suivantes s'établit nettement au-dessous : 19,4 millions de 1789 à 1793 et 16,6 ensuite, avec un nadir à 12,1 en 1794. Plusieurs causes interfèrent dans l'explication. La massivité des premiers envois est à mettre en relation avec la massivité des retours durant la période. C'est la réapparition du phénomène des années 1748-1752 ; le commerce hispano-américain se nourrit de lui-même. Et, comme naguère, aussi, la démesure des engagements entraîne la viscosité du débit aux Indes qui, à son tour, enchaîne un ralentissement des ordres passés en Europe dans les années suivantes. Il y a là l'amorce d'une oscillation de forme plus ou moins cyclique, sans mystère quant à l'origine.

2. L'or et l'argent d'Amérique au XVIIIᵉ siècle : essai de pondération

Rompre, donc, avec les anciens errements dans l'interprétation du rôle des arrivages américains ? Mais cela ne signifie pas qu'on leur refuse toute action sur la vie économique, ni même que l'on ne puisse

différente pour l'année 1786 : 10 577 100 piastres (nationaux) ; 12 900 600 (étrangers) ; 23 478 600 (total).

179. Barbara H. Stein et Stanley J. Stein, "Concepts and realities of Spanish economic growth 1759-1780", *Historia iberica*, nº 1, pp. 103-119.
180. Balance du Commerce français in AN Paris, F 12/1834 et F 12/241 à 252. Balance du Commerce anglais d'après Mac Gregor, *Commercial statistics*. Londres, 1850, tome V.

déjà, de la confrontation de la courbe des arrivages avec d'autres courbes, tirer d'utiles enseignements. Le commerce hispano-améri-cain, les mouvements de l'or et de l'argent qu'il a déclenchés sont des données imprescriptibles de l'histoire européenne, ont un poids incontestable, requièrent, en conséquence, pleine attention. La reconstitution tentée a eu, précisément, pour but d'investir par le chiffre un concept qui restait trop de l'ordre de l'opinion, de l'aperception ou de la conviction. Grâce à elle, à présent, d'autres activités peuvent être testées, appréciées en contrejour par comparai-son, établies dans leurs véritables proportions. Contribution à l'ébauche d'une résille statistique qui s'avère indispensable pour y voir clair.

Que faut-il penser, par exemple, de la célèbre image de l'Asie « tombeau de l'argent » ? Nous avons vu qu'au XVIIe siècle, la ponction des exportations de métal blanc en direction des Indes, toutes voies confondues, avait oscillé entre 2 et 3 ou 3,5 millions de piastres, affectant un quart des arrivages d'Amérique aux alentours de 1610, un peu moins de la moitié vers 1630, un quart à nouveau entre 1681 et 1690[181]. A partir de cette décennie, et jusqu'en 1730 environ, on constate une nette progression des envois de monnaie et de bullion par les Compagnies, la hollandaise qui tripla presque les siens, l'anglaise, surtout, qui les décupla, auxquelles vinrent se joindre épisodiquement ou durablement l'impériale d'Ostende et la française. Tant et si bien que la sortie d'argent à destination de l'Asie peut être estimée en gros, entre 1721 et 1740, avec une marge d'approximation pour les expéditions levantines, à 5,5 voire 6,5 millions de piastres annuellement. Cela représente plus de la moitié des arrivages américains durant la même période et, dans le détail, lustre par lustre, parfois les deux tiers[182]. A l'issue de la guerre de Succession d'Autriche, un bond en avant fut accompli et les 8 millions de piastres dépassés. Pourtant, à cause de l'énormité des retours contemporains du Nouveau-Monde, le pourcentage plafonne au-dessous de 50 %. L'on assiste ensuite à une sérieuse compression

181. Cf. Etude 3 : Métaux précieux américains et conjoncture, 1659-1720.
182. Les exportations d'argent vers le Levant restent mal connues. L'expansion des ventes de draps languedociens a sans doute permis aux Français de réduire leurs sorties d'espèces. Mais de combien ? L'appoint métallique semble toujours avoir été nécessaire. Le problème se complique avec les retours d'or qui se produisent à certaines époques : 1720-1742, 1769-1778 (cf. C. Carrière, « Un sophisme économique », *Bulletin de l'Association française des historiens économistes*, n° 7 , juin 1973, pp. 1-6). Pour l'exportation de l'argent par les Compagnies, voir en annexe le tableau et les sources (p. 000)

des exportations en Asie qui tombèrent à 5 millions ou moins, soit le tiers de l'argent importé, moyenne annuelle, entre 1756 et 1770. Il se produisit encore deux reprises importantes quoique passagères des expéditions : vers 1785 et vers 1802. Les chiffres frôlèrent derechef les 8 millions de piastres[183]. Mais, coïncidant avec des apogées des trésors américains, elles ne les écornèrent pas du tiers, proportion qui paraît avoir été un maximum à la fin du XVIIIe siècle.

Trente à cinquante pour cent, selon les fluctuations, de l'argent n'ont fait en définitive, durant deux siècles, que traverser ou toucher l'Europe avant d'aller se perdre dans l'immensité d'un autre continent[184]. Telle est l'ampleur du draînage opéré par le commerce des Indes pour la satisfaction des désirs d'épices, de soieries, de cotonnades et de thé. Ce fut dans la première moitié du XVIIe siècle et dans la première moitié du XVIIIe siècle qu'il fut le plus exigeant et mordit le plus sur les disponibilités de l'Occident en métal. A la date de ses observations (environ 1730), de Gennes, sagace, avait vu juste...[185]. Laissons de côté pour l'instant l'enrichissement supposé de l'Orient, l'immobilisation des ressources monétaires dans l'Empire du Grand Mogol et dans l'Empire du Fils du Ciel, leur enfouissement improductif[186]. Est-il possible de serrer de plus près la relation entre le flux métallique d'Europe en Asie et celui qui, de toute façon, en est le nourricier, d'Amérique en Europe ?

183. Ces chiffres comportent évidemment encore une marge d'approximation. L'exportation d'argent vers le Levant, sous forme de thalers – les fameux *Maria-Theresienthalers* –, fit florès dans les années 1785-1790 (cf. M. Courdurié et F. Rebuffat, *Marseille et le négoce monétaire international*, Marseille, 1966, p. 142 et suiv.).

184. L'Afrique absorbait, elle aussi, de l'argent, quoique pour des sommes modestes (cf. F. Rebuffat, « Les piastres de la Compagnie royale d'Afrique », *Cahiers de la Méditerranée*, 1977, pp. 21-34.

185. « Il est vray que le commerce qui se fait par les flottes et les galions d'Espagne est sans contredit celui qui fournit le plus d'argent effectif : cela peut aller à cent millions par an. Mais qu'en reste-t-il en Europe ? N'en passe-t-il pas au moins la moitié dans les Echelles du Levant et dans la Haute-Asie par les vaisseaux qu'emploient les différentes Compagnies des Indes ? L'Europe ne conserve donc que 50 millions des trésors de l'Amérique qui se distribuent entre toutes les nations de cette partie-là... » (BN Nouvelles Acq. Fr. 9437, fol. 41). De Gennes écrivait vers 1734.

186. « Avec l'argent, il s'agit... d'un draînage permanent et d'une base indispensable à toute opération [pour les Européens]. Bref d'un déplacement de richesses dont l'unité de mesure n'est plus la centaine de millions, mais le milliard. Et, partant d'une hémorragie chronique non pour tel ou tel pays pris isolément mais pour l'ensemble du monde occidental. Car la Chine absorbe l'argent et ne le rend pas ou du moins pas avant le XIXe siècle. » (L. Dermigny, *La Chine et l'Occident. Le commerce à Canton au XVIIIe siècle*, Paris, 1964, tome II, p. 724.

Dermigny, évoquant ce problème à propos du trafic des Occidentaux à Canton, avait répondu par la négative et fait soupçonner des agencements complexes[187]. La même conclusion s'impose pour l'ensemble du négoce européen en Asie. La simultanéité de gros arrivages à Cadix et de fortes expéditions en Orient vers 1750, 1785 ou 1802 ne doit pas entretenir d'illusion. Il s'agit d'une concomitance gouvernée en arrière par un troisième événement : le retour à la paix avec son cortège de facilités et de spéculations. Tout au plus peut-on dire qu'à ces moments l'approvisionnement en piastres des East Indiamen bénéficia de fluidité... Les variations de pourcentage montrent, par ailleurs, que le lien entre les mouvements n'a rien d'une corrélation stricte. C'est que la politique interfère : les décisions d'envoyer de l'argent aux Indes et en quelle quantité étaient des décisions politiques dans la détermination desquelles pouvaient entrer des partis pris commerciaux (ainsi de la volonté anglaise en 1752) de promouvoir la vente de ses tissus et, aussi bien, des impératifs de puissance nés de la situation au-delà des mers (comme au temps de la rivalité franco-anglaise ou des guerres contre Tippou Sahib)[188]. En outre, toutes les Compagnies se sont efforcées de réduire leurs envois d'argent en tirant des ressources de l'Asie elle-même de diverses manières : organisation d'un trafic d'Inde en Inde, appropriation de revenus locaux, etc. A la fin du XVIIIᵉ siècle, la fréquence des règlements par assignation et par lettres de change postule un début de recyclage du métal blanc qui ne serait plus entièrement promis aux palais et aux tombeaux.

Revenons en Europe. La saignée d'argent et ses variations doivent évidemment être prises en considération pour apprécier la situation quant aux métaux précieux, au même titre que les arrivages. Elles commandent ce que l'on pourrait appeler la vitesse de sédimentation des trésors, l'accroissement du stock sur place. Eventuellement, elles ont pu créer des pénuries. Ce genre d'avatars fut, on le sait, fréquemment dénoncé par les mercantilistes. Encore faut-il distinguer les « étroitesses » occasionnelles des débilités profondes et discerner les causes des manques, qui peuvent résider dans une défaillance de la fourniture autant que dans une hyperexportation. D'après les pourcentages calculés, les pénuries ayant un rapport avec

---

187. Dermigny, *op. cit.*, p. 744.
188. H. Furber, *John Company at work. A study of European expansion in India in the late 18th century*, Cambridge (Mass.), 1948, p. 128.

le commerce des Indes auraient eu leur possiblité maximale dans la première moitié du XVIIIᵉ siècle. Par contre, il semble inexact de lui rattacher une disette d'espèces survenue dans les dernières années de l'Ancien Régime en France, si tant est qu'une telle disette se soit produite[189]. De reste, certaines pénuries peuvent avoir été particulières à une nation ou à une autre. Du fait des relations commerciales avec l'Espagne inégalement développées, du fait des systèmes monétaires inégalement friands d'argent, du fait des réquisits extérieurs des paiements en Europe, chacune ressentait sa conjoncture propre. Enfin, l'exportation du métal blanc est forcément intervenue dans l'établissement et la modification des rapports entre masses d'argent et masses d'or circulant sur le continent, ou y dormant : d'une manière générale et, encore une fois, pour les mêmes raisons que précédemment, d'une manière individualisée selon les Etats.

La contiguïté des questions conduit insensiblement à poser celle de l'importance du monnayage, dans un pays donné, par rapport à l'importation totale d'Amérique des métaux précieux. Question-piège, on l'a vu, puisque la frappe, comme l'exportation vers les Indes, après tout, obéit à des décisions qui s'interposent entre elle et l'approvisionnement en matières. Plusieurs mesures sont néanmoins légitimes et possibles. Celle des émissions de thalers autrichiens, par exemple, cette monnaie qui eut un tel succès au XVIIIᵉ siècle et se diffusa jusqu'au centre de l'Afrique. Le métal qui servait à les fondre était d'origine espagnole, essentiellement[190]. Bonne raison de comparer cette frappe avec l'arrivée des piastres. Avec 1 200 000 pièces, environ, correspondant à un chiffre légèrement inférieur de piastres, son envergure était modeste avant 1761 : un dixième des retours d'Amérique. Elle s'élargit dans les années suivantes, absorbant pour la fabrication de plus de trois millions de pièces un quart des arrivages en Espagne[191]. Chose curieuse : de 1785 à 1789, à une époque de trafic actif sur les espèces, le volume des émissions à partir des Hôtels autrichiens ne s'élève guère au-dessus de la somme précédente, et il fallut l'ouverture de celui de Milan pour déterminer en 1788 un boom spectaculaire mais éphémère (6,5 millions de pièces

189. C'était l'opinion de Dermigny, *art. cit.*, pp. 239-278. Elle ne nous semble pas fondée.
190. C. Peez et J. Raudnitz, *Geschichte des Maria-Theresien Thalers*, Vienne, 1898 ; M.M. Fischel, *Le thaler de Marie-Thérèse*, Dijon, 1912 ; J. Hans, *Maria-Theresien Taler (1751-1960)*, Leyde, 1961.
191. Voir les moyennes établies par Dermigny, *art. cit.*, p. 273.

frappées, en tout). La proportion, par rapport aux arrivages américains de l'année précédente, 1787, demeure néanmoins du quart. Dans les années encadrantes, elle ne dépassa pas le huitième[192]. Ainsi, le champ dans lequel opérèrent les grands spéculateurs internationaux se trouve-t-il défini, ce qui ne restreint pas leur capacité mais en facilite l'intelligibilité. De même, l'exportation au Levant des thalers de Marie-Thérèse reçoit-elle une pondération[193].

Autre analyse intéressante : celle des frappes monétaires françaises. L'observation à partir de 1726 n'est plus compromise, comme au XVIIe siècle, par l'instabilité monétaire et les refontes : jusqu'en 1785 pour l'or, jusqu'en 1792 pour l'argent[194]. La documentation existante ne permet malheureusement qu'une modulation grossière des émissions. Suffisante, toutefois, pour autoriser quelques contacts et recoupée, *in fine,* par quelques données sur l'importation des piastres en France – ce qui est une aubaine. Le tableau suivant résume les informations disponibles[195].

Tableau 68. *Frappes monétaires françaises et retours des métaux précieux de l'Amérique espagnole de 1726 à 1791*
(moyenne annuelle, équivalence en millions de piastres)

périodes	frappes françaises			métaux précieux		
	total	or	argent	total	or	argent
1726-1739	4,6	1,8	2,8	9,4	1,5	7,9
1740-1762	6,4	2,6	3,8	14	2,3	11,7
1763-1780	9	3,6	5,4	15	2,6	12,4
1781-1792	9,8	1,8	7,9	25	4,3	20,7

192. Frappe des thalers à Milan in Courdurié et Rebuffat, *op. cit.,* pp. 98 et 99. Le total des frappes tomba à moins de 2 millions en 1789, 1 375 747 en 1794.
193. Smyrne aurait reçu en 1787 1 700 000 thalers (cf. Courdurié et Rebuffat, *op. cit.*).
194. H. Costes, *Les institutions monétaires de la France avant et depuis 1789,* Paris, 1885, et F. Braesch, *Finances et monnaies révolutionnaires : la livre tournois et le franc germinal,* Paris, 1936.
195. Ces informations proviennent de Bibliothèque du Sénat, Manuscrit 152 ; J. Necker, *De l'administration des finances de la France,* Paris, 1784, tome III, p. 67 ; AN Paris, F 12/1889 ; *Moniteur officiel,* tome XXVIII (séance du 4 prairial an V) ; M. Gaudin, *Premier Rapport du Ministre des Finances 1813 ;* cf. en oùtre Dermigny « La France à la fin de l'Ancien Régime : une carte monétaire », *Annales E.S.C.,* tome XXII, n° 3, 1955, pp. 481-488, et G. Thuillier, « Le stock monétaire de la France en l'an X », *Revue d'histoire économique et sociale,* tome LIV, n° 2, 1974, pp. 247-257. Le stock monétaire a été évalué, d'après Bibl. Sénat, Man. 152, à 800 millions de livres tournois, environ, en 1726, et celui de l'or

Tableau 69. *Importations de piastres espagnoles et frappes d'argent en France de 1784 à 1789*

(en millions de piastres)

	importations	frappes
1784	19,5	16,5
1785	19,6	11,8
1786	14,9	9
1787	9,7	4,6
1788	10,7	7,2
1789	8,3	9,7

D'emblée, on remarque le parallélisme dans l'évolution, grossier mais indubitable, entre les émissions d'argent françaises et les arrivées de piastres en Espagne. Le pourcentage des premières par rapport aux dernières demeure ainsi en permanence à un niveau assez élevé, entre 33 et 43 %. Cette performance et sa constance éveillent l'idée d'un lien direct, que l'on est évidemment enclin à chercher dans la forte participation française au commerce hispano-américain et dans les transferts de métal qui en auraient pu être logiquement la compensation. Les importations de piastres en France de 1784 à 1789 apportent pour une part confirmation à cette vue. Elles montrent même un excédent des entrées sur les frappes qui laisse une marge pour la réexportation[196]. Rien ne s'oppose à entériner une hypothèse *probabilissime*. Quelques ajustements seraient sans doute nécessaires si nous possédions le détail chronologique des émissions[197], et la progression des frappes à la fin de l'Ancien Régime

refrappé en exécution de l'ordonnance du 30 octobre 1785 à 700 millions, chiffre approximatif que nous substituons au chiffre traditionnel de 746 millions (ou de 751 millions, selon d'autres auteurs), qui exprime la *totalité* des frappes après 1785, métal de refonte et métal frais compris. Une opération de refonte s'étalait sur plusieurs années : faute d'y avoir pris garde, Dermigny, (*art. cit.,* p. 489) a réduit abusivement le stock d'or existant en 1785 à 400 millions, en attribuant aux frappes d'or neuf des chiffres insoutenables.

196. Cf. les chiffres in L. Dermigny, « Circuits de l'argent et milieux d'affaires au XVIIIᵉ siècle », *Revue historique*, tome CCXII, 1954, p. 263. Le pourcentage des frappes d'argent par rapport aux rentrées connues fut de 83,5 % en 1784, 60,2 % en 1785, 60,5 % en 1786, 47,7 % en 1787, 66,5 % en 1788 et 116,6 % en 1789, ce dernier chiffre supposant évidemment une frappe différée.

197. Souhaitons à cet égard la parution prochaine des travaux de J. Lafaurie, maître en la matière. Les frappes ont leur histoire : en 1759, le roi a fait porter sa vaisselle à la Monnaie...

paraît indifférente au ralentissement ou à la stagnation des échanges signalée plus haut. D'autre part, il resterait enfin à savoir pourquoi l'on a fait travailler aussi allègrement et aussi assidûment les Hôtels de Monnaie français[198]. Mais ne compliquons pas l'analyse. L'influence de l'Amérique espagnole reste lisible encore et apparemment prédominante dans le total des frappes. Celle de l'Amérique portugaise, par contre, reste incertaine, les émissions d'or ne donnant pas d'indications univoques, malgré leur volume[199]. Reflet des positions commerciales des Français différentes à Cadix et à Lisbonne ?

Ecus de Louis XV, thalers de Marie-Thérèse... métamorphoses des piastres. Ils entrent avec les espèces parties pour les Indes dans le puzzle de l'argent américain, à compléter en outre avec les *scudi* gênois et les *rijksdalers* hollandais[200]. Pour l'heure toutefois, ne jetons plus les yeux vers l'aval. Rassemblons, confrontons, unissons toutes les sources d'or et d'argent de l'Amérique, Brésil et colonies espagnoles, prenons la mesure la plus large et la plus compréhensive possible de ce flot des métaux précieux auquel l'on a attribué tant de vertus toniques pour la vie économique.

Comparons les deux quinquennies 1701-1705 et 1791-1795. De l'une à l'autre, les arrivages d'or et d'argent américains sont passés d'un montant de 60 à 157 millions de piastres. C'est-à-dire que la puissance du flux a été multipliée par 2,5 environ. Nous avons là une expression sommaire mais commode et, en gros, valable de l'accroissement. On doit, cependant, remarquer que le niveau du début du siècle était relativement déprimé par rapport aux meilleures années

---

198. Il serait intéressant, en particulier, de savoir si les espèces frappées l'étaient pour la circulation intérieure ou pour l'exportation. Dermigny mentionne de gros transferts de Lyon à Genève en 1785 (*art. cit.,* p. 267).

199. Là encore, le détail année par année serait désirable. Notons cependant la part déjà forte de l'or dans les émissions françaises avant 1780 (les 2/5). La réforme de 1785 n'a pas eu les effets que lui prêtait Dermigny, « La France à la fin de l'Ancien Régime : une carte monétaire », *Annales E.S.C,* tome XXII, n° 3, 1955, p. 488 : « [...] Passage de l'argent, valeur traditionnelle d'un mercantilisme périmé à l'or, valeur plus authentiquement internationale [...] passage qui pourrait signifier, en réalité, l'intégration de la France dans un ensemble dont les meneurs seraient Londres et Genève [...] ». En fait, la frappe d'or frais, d'après nos calculs, s'est, au contraire, amenuisée à un peu moins du cinquième.

200. Dans la mesure où il s'agissait bien d'argent de première frappe (cf. pour les monnaies gênoises, G. Felloni, *Gli investimenti finanziari genovesi in Europa tra il seicento e la Restaurazione,* Milan, 1971 ; et pour les monnaies hollandaises, notre étude « Quelques remarques sur l'abondance monétaire aux Provinces-Unies », *Annales E.S.C.,* tome XLI, n° 3, 1974, pp. 767-776 et nos travaux en cours.

du précédent : 1670-1680. Si nous prenons les apports métalliques de cette décennie pour référence, et si nous leur opposons ceux des années 1781-1791 qui marquent l'apogée atteinte au XVIIIᵉ siècle, alors nous constatons une progression de l'ordre du doublement, de 86 à 162 millions de piastres.

Cet accroissement ne s'est pas accompli d'une manière uniforme. Même en construisant la courbe d'après les moyennes quinquennales et en éliminant par conséquent les accidents de l'annualité, l'allure du mouvement reste capricieuse, claudicante en quelque sorte. Par deux fois, dans la première moitié du siècle, les arrivages atteignirent de très hauts niveaux qui ne se maintinrent pas, et auxquels succédèrent au contraire, apparemment, de fortes retombées et une stagnation. Après vingt années sans grand relief, la première envolée survint entre 1720 et 1730, portant déjà le montant des trésors à plus de 140 millions de piastres. Mais immédiatement, l'on retomba à 107, puis 96 et 90 millions, très en contrebas du pinacle dépassé, quoique à un niveau supérieur à celui du point de départ. Processus presque identique dans la deuxième séquence : un sommet exceptionnel touché en 1746-1750 avec plus de 150 millions de piastres, une rechute assez rapide et, cette fois, le niveau plancher rejoint ne dépasse pas celui des années 1731-1754, comme si la flambée n'avait été que feu de paille et les gains de production inexistants. Un seuil ne semble véritablement franchi qu'en 1780, quand les arrivages accrochèrent le record de 160 millions de piastres et se soutinrent à un chiffre voisin durant trois quinquennies, sinon cinq, puisque le début du XIXᵉ siècle en présente un semblable et que le creux de 1796-1800 peut, dans ces conditions, être plus ou moins envisagé comme fortuit. Sous ce profil, quelles explications, quelle histoire ?

Voyons d'abord ce qui revient dans le flux global des deux courants affluents. Les graphiques suggèrent une certaine conformité d'allure, une synchronisation inattendue entre les trois courbes jusqu'en 1775. Les poussées de 1720-1730 et de 1746-1750 correspondent à des développements concomitants des envois du Brésil et de l'Amérique espagnole, les dépressions consécutives à des diminutions de débit des deux parties également. Tout se passe, à première vue, comme si le mouvement général, résultant de l'addition et de la conjugaison de deux mouvements particuliers grossièrement parallèles, ne faisait que décalquer et amplifier leur modulation. A quoi un examen plus minutieux apporte tout de même des nuances importantes. Au début du siècle, à cette époque qui est celle du démarrage des placers brésiliens, les exportations des colonies espagnoles manquent d'envergure et de dynamisme ; il y a seulement maintien du niveau global. Ceci confirme une précédente observation : l'or de la colonie portugaise, dans les premiers temps, ne fut pas extrait et ne fut pas expédié en Europe en quantités suffisantes pour déclencher l'impulsion « métallique » foudroyante qu'on lui a prêtée hâtivement. Par contre, entre 1730 et 1745, l'on ne doit parler que d'un tassement dans les exportations brésiliennes, très différent en intensité du décrochage des exportations de l'Amérique espagnole et amortissant, malgré tout, le recul général des arrivages : jamais, d'ailleurs, la part lusitanienne ne fut aussi grande par rapport au total que dans ces années-là : 41 et 42 %. Durant le lustre 1746-1750, la progression de l'or brésilien est minime et tout à fait éclipsée par l'afflux quasi diluvien des trésors espagnols. Ensuite¦ et jusqu'au dernier quart de siècle, la parenté des courbes est nette. Mais tandis que l'Amérique espagnole, en fait, structurellement, consolidait sa position, l'Amérique portugaise s'essoufflait et s'épuisait. Le divorce éclata en 1780, après une brève reviviscence brésilienne, et s'affirma puissamment jusqu'au XIXe siècle, la dernière époque étant incontestablement celle des mines mexicaines et de la Terre-Ferme. Au terme de l'évolution, le Brésil ne contribuait plus que pour 4 % à l'alimentation de l'Europe en métaux américains.

Les analyses particulières ont alerté sur l'importance des accidents de tous ordres – politiques, militaires, nautiques, etc. – dans le phrasé des mouvements. Ils ne disparaissent pas de la courbe générale, loin de là. Ce sont eux qui déterminent, pour la plus grande part, les poussées de 1726-1730 et de 1746-1750, les retombées correspondant aux guerres, y compris la faille de 1795-1800. On peut donc reprendre ici ce qui a été dit à propos des arrivages en provenance de l'Amérique espagnole : le continu se mue en discontinu. Sur une courbe annuelle, le phénomène se marque encore davantage : il n'est que de considérer les énormes masses débarquées en 1729, 1749, 1784 et 1802, pour s'en tenir au palmarès des « plus de 50 millions de piastres ». Le rythme réel, avec ses caprices, ses alanguissements et ses sautes, est, d'ailleurs, celui qu'il faut prendre en compte pour une « histoire » authentique de la vie économique au XVIIIe siècle, une histoire des entreprises, des profits, des faillites, etc. Ne craignons pas de rappeler à cette occasion, puisqu'il s'agit d'une constante, que, pareillement, à la fin du XVIe siècle, la désarticulation de la Carrera, l'alternance des années creuses et des années surabondantes (du point de vue des arrivages de métaux) avaient déjà profondément réagi sur le marché des liquidités monétaires, sur la fluidité ou les embarras des finances des Etats et sur les conditions générales des activités. L'hymne à l'événement ne s'est point interrompu.

Cela n'incite pas à rouvrir le fameux dossier de la théorie quantitative des prix. Si celle-ci avait eu quelque consistance, il aurait été intéressant de rechercher dans une différence de niveau et une différence d'allure des mercuriales l'effet décalé des arrivages massifs d'or au Portugal, dans la première moitié du siècle, et des arrivages massifs de métaux en Espagne, dans la seconde moitié. D'après la doctrine de l'école, les prix auraient dû être plus élevés d'abord à Lisbonne, puis à Cadix. Les séries conservées n'autorisent malheureusement pas la comparaison dès le début du XVIIIᵉ siècle ni, par la suite, d'une manière fine et rigoureuse. Les éléments à notre disposition suggèrent un balancement de Castille en Lusitanie, sans avance décisive à aucun moment d'un côté ou de l'autre, et dont l'explication dans le détail pour les prix agricoles relève des mécanismes généraux déjà décrits de sensibilité aux récoltes, de sensibilité aux arrivages extérieurs et de stratégie spontanée des consommateurs (attaque-défense). Au reste, la chronologie participe largement, dans les deux pays, d'une conjoncture méditerranéenne qui les englobe et les déborde[201]. Enfin, si nous en revenons aux métaux précieux et à la superposition de leur courbe et de la courbe des prix, ce sera pour constater à nouveau les coïncidences sans réelle signification et les discordances apparues à l'examen de la situation espagnole. Les voies d'exploration d'une influence des métaux précieux sur la vie économique ne passent pas par les corrélations arbitraires.

La répartition des trésors entre l'or et l'argent peut être esquissée assez fidèlement[202]. Le pourcentage du métal jaune s'était amélioré, l'on s'en souvient, dès la seconde moitié du XVIIᵉ siècle, grâce à la

---

201. Cette conjoncture méditerranéenne est visible en France, en Provence et en Languedoc. La hausse anticipa, au XVIIIᵉ siècle, sur celle du Nord ; à cause, en particulier, de la « famine » napolitaine de 1764 (cf. le texte des remontrances du Parlement d'Aix en 1768, cité dans notre communication, du 6 février 1977 à la Société d'histoire moderne et contemporaine, « Des métaux précieux américains et de leur influence aux XVIIᵉ et XVIIIᵉ siècles », *Bulletin de la Société...* nº 1, 1977).

202. On a admis que l'or représentait 15 % des arrivages des métaux précieux dès le début du XVIIIᵉ siècle.

production de la Nouvelle-Grenade, du Chili, etc. Avec l'apparition de l'or brésilien, de nouveaux progrès sont à enregistrer et, entre 1731 et 1745, à une époque perturbée il est vrai, côté espagnol, par la guerre avec l'Angleterre, 50 % des trésors, en gros, furent constitués de métal jaune. Après 1745, l'argent reprit de l'importance. L'or, cependant, ne fut jamais réduit à une portion ridicule, car l'Amérique hispanique continua d'en fournir autant, proportionnellement, que par le passé, et sa part ne tomba pas au-dessous du cinquième du total. Les cours des métaux précieux en Europe reflètent mal les fluctuations survenues dans la composition des arrivages. La relative stabilité du rapport entre l'or et l'argent, jusqu'en 1786, ne révèle rien de la splendeur puis du déclin des Minas Gerais. Et la valorisation in extremis de l'or est bien légère pour traduire une disproportion croissante en cours depuis une quarantaine d'années[203]. Tout laisse à penser qu'une régularisation s'opéra dans la circulation et dans le monnayage des métaux en Europe et hors d'Europe, amortissant les à-coups de l'activité minière et même des renversements durables. C'est pourquoi, encore une fois, et cela devient un leitmotiv, l'analyse ne peut s'appuyer sur un schéma de relation automatique et doit, au contraire, avoir recours à une problématique nuancée et compréhensive. On tentera de la mettre au point dans un autre travail.

Mais le présent effort de pondération de l'impact des métaux précieux dans le champ de l'activité économique du XVIIIe siècle appelle une dernière relativisation. Quels qu'aient été le sort, l'utilisation et l'efficience de l'or et de l'argent après leur débarquement en Espagne et au Portugal, ils ont représenté une contrepartie de choix pour les marchandises européennes, un aliment et un stimulant pour le commerce atlantique. Celui-ci, pourtant, ne s'intéressait pas qu'au métal jaune et au métal blanc. Les denrées, les « fruits de la terre » selon la formule consacrée, furent recherchées avec un appétit égal, sinon plus grand. L'on sait, du reste, que leur volume et leur valeur augmentèrent au fil des ans ; qu'elles enrayèrent la débâcle qui menaçait les échanges luso-brésiliens ; que leur pourcentage passa d'un cinquième environ à la moitié ou presque dans le trafic hispano-américain, la hausse des prix aidant sans doute[204]. Au total, dans l'ensemble du négoce entre l'Amérique

---

203. Cette valorisation a lieu dans les années 1780 en Espagne et en France.

204. Cf. *infra,* les chiffres publiés par Moreau de Jonns et admis, ici, à titre de répondants.

ibérique et la péninsule, la place des marchandises a évolué de la manière suivante par rapport aux métaux précieux : 50 % au début du siècle, quand les sucreraies du Brésil donnaient à plein ; 25 % vers 1736-1740, quand les richesses du Minas Gerais furent à leur zénith ; 50 % à nouveau vers 1770 ; puis, malgré l'essor des mines mexicaines, 60 à 70 % et peut-être, dans la dernière décennie, 80 à 90 %[205].

Le tour de la question sera achevé quand on aura fait intervenir dans un face à face véritablement intercontinental les productions des colonies françaises, anglaises, hollandaises, voire danoises outre-océan. Le parti se justifie de lui-même : parce que l'Amérique latine, d'une part, en dépit des monopoles de principe, était un marché ouvert à toute l'Europe ; parce que le retranchement d'une partie du Nouveau Monde, d'autre part, serait un non-sens, et pas seulement en macro-économie. L'essor des plantations en Guyane, aux Antilles, au Maryland, en Virginie, etc., inauguré au XVIIe siècle, fut un fait majeur du XVIIIe siècle. Pour autant que nous puissions en suivre l'effet sur le commerce à travers des statistiques parfois ingrates, l'Amérique non ibérique fournissait en tabacs, en sucres, en castors aussi et en morues, une valeur égale au tiers des envois espagnols et brésiliens, métaux et marchandises réunis, vers 1700. La proportion remonte, au fil des ans, de manière soutenue quoique irrégulière, atteignant les 50 % dès 1720 et la parité vers 1765. A la fin du siècle l'Europe recevait des colonies anglaises, françaises et hollandaises une valeur supérieure à celle de ses importations des colonies espagnoles et portugaises.

Etant donné la part croissante des marchandises dans ces dernières, il est facile de déduire la relativisation très accentuée globalement des métaux précieux. L'or et l'argent l'emportèrent nettement, mais non énormément, jusqu'en 1735. A partir de cette date, l'écart se biseauta, puis le rapport en vint à s'inverser. Et, rapidement, les marchandises surclassèrent les métaux ayant une valeur supérieure au double en 1766-1770, 1776-1780 et 1781-1785, supérieure au triple en 1771-1775 et 1786-1790. Ainsi, trois siècles après sa découverte, l'Amérique, sans avoir failli au rêve d'or de Christophe Colomb, avait considérablement élargi sa vocation, était devenue une terre de culture et d'élevage, encore exotique certes,

---

205. En fin de période, en effet, l'or ne représente plus grand'chose dans les cargaisons bré-
    siliennes.

mais sur le point d'assumer plus à plein, sinon entièrement, toutes les richesses, toutes les virtualités de son potentiel géographique et spatial[206].

Arrêtons-nous sur ce panorama. La reconstitution des arrivages des métaux précieux d'Amérique en Europe est parachevée pour la période qui nous intéressait. Les gazettes hollandaises ont, postérieurement, encore une fois rempli leur rôle. Obscurs folliculaires, leurs auteurs auront été finalement de bons auxiliaires de l'histoire. Grâce à eux, la description de la vie économique européenne, américaine, asiatique pourra s'appuyer sur une infrastructure de chiffres plus solides qu'on ne les aurait cru peut-être. Mais une déception ne ternit-elle pas cette satisfaction ? Au fur et à mesure de la progression de l'étude, on s'est éloigné de plus en plus de la vision bien délinéée à laquelle avait habitué Hamilton. Aucune autre du même type n'y a été substituée. En fait, des questions de tous ordres ont jailli, ouvrant des développements, des pistes, des perspectives qui témoignent de la complexité du phénomène à étudier, mais peuvent laisser un sentiment de malaise et donner à incriminer la méthode. Pourtant, rien n'est à renier de la démarche suivie et rien n'est à retrancher du résultat acquis pour le moment. Il n'y a pas à regretter l'abandon d'une corrélation lapidaire, séduisante certes, et dont la pertinence a mérité, un temps, une tentative de justification, mais qui dans ses prémisses et dans son dessein manquait d'ampleur et, au bout du compte, de vérité. Bien plus, il faut souligner qu'une telle corrélation, par son côté élémentaire (il s'agissait de relier entre elles deux variables arbitrairement sélectionnées et observées en dehors de tout le reste du champ) et par l'accueil triomphal reçu, conduisait la recherche à une impasse en condamnant, soit pour la défendre, soit pour la combattre, à la répétition des mêmes erreurs d'occultation et de réduction du réel. Tout un effort de reconceptualisation est à entreprendre pour éliminer les présupposés non démontrés et retrouver le paysage économique exact et la vie. A quoi l'élargissement de l'horizon, l'élargissement de la problématique apparus dans les pages précédentes ont, au moins, ce mérite de contribuer. L'histoire des métaux précieux américains s'insère dans une histoire plus vaste et ne trouve son sens qu'à travers elle et par elle.

---

206. Rôle de déversoir humain, en particulier.

Tableau 70. *Arrivée des métaux précieux d'Amérique au XVIIIe siècle. Ventilation selon les origines. Récapitulation générale annuelle**

(en millions de piastres)

	Brésil (or)	Amérique espagnole			Amérique entière
		retour en Espagne	retour ailleurs qu'en Espagne	total	
1699	0,4	0,5	4	4,5	4,9
1700	0,5	0,5	4	4,5	5
1701	1,2	8,5	4,1	12,6	13,8
1702	–	15	4	19	19
1703	1,6	–	5,7	5,7	7,3
1704	–	14	0,1	14,1	14,1
1705	–	3,2	3	6,2	6,2
1706	2	0,8	5,2	6	8
1707	–	7	2,1	9,1	9,1
1708	8	20	5,5	25,5	33,5
1709	–	–	9,5	9,5	9,5
1710	?	10	4,2	14,2	14,2 inc.
1711	–	8	2,1	10,1	10,1
1712	8	8	7,8	15,8	23,8
1713	9,1	10	4,1	14,1	23,1
1714	3,2	–	6	6	9,2
1715	6,5	0,6	2,2	2,8	9,3
1716	3	11	5,2	16,2	19,2
1717	1	10	3	13	14
1718	5,3	9,2	2,4	11,6	16,9
1719	5,3	0,4	2	2,4	7,7
1720	6,1	8	2	10	16,1
1721	2,3	16,7	2,1	18,8	21,1
1722	12	trace	2,1	2,1	14,1
1723	2,9	24,9	2,1	27	29,9
1724	4,5	10,8	3,6	13,6	18,1
1725	15,7	–	5,1	5,1	20,8
1726	8,2	2,2	3,8	6	14,2
1727	11,1	15,7	4,6	20,3	31,4
1728	4,8	6,7	3,2	9,9	14,7
1729	11,7	35,8	3,2	39	50,7
1730	10,5	16	5	21	31,5
1731	16,4	9,7	7,2	16,9	33,3
1732	2,8	10,5	1,7	12,2	15
1733	7,9	–	1,7	1,7	9,6
1734	13,7	21,2	7,7	28,9	42,6
1735	3,7	5	1,7	6,7	10,4
1736	4	7,8	2	9,8	13,8
1737	12,3	14,2	2	16,2	28,5
1738	6,2	7,5	2	9,5	15,7
1739	10,3	7,1	3,5	10,6	20,9

Tableau 70. *Arrivée des métaux précieux d'Amérique au XVIIIe siècle. Ventilation selon les origines. Récapitulation générale annuelle** (suite)

(en millions de piastres)

| | Brésil (or) | Amérique espagnole | | | Amérique entière |
		retour en Espagne	retour ailleurs qu'en Espagne	total	
1740	9,5	7,6	2	9,6	19,1
1741	12,3	2,4	1,8	4,2	16,5
1742	9,2	4,3	3,4	7,7	16,9
1743	7,2	8,2	2,9	11,1	18,3
1744	2,9	1,9	3,9	5,8	8,7
1745	7	12	10,1	22,1	29,1
1746	6,9	6,9	0,5	7,4	14,3
1747	7,7	7,8	2,5	10,3	18
1748	7,7	4,8	11	15,8	23,5
1749	8,5	39	5	44	52,5
1750	10,4	31,3	0,5	31,8	42,2
1751	6,8	8,6	2,5	11,1	17,9
1752	1,5	25,9	1	26,9	28,4
1753	17,3	13,9	1,2	15,1	32,4
1754	6,3	14,9	1	15,9	24,2
1755	6,2	24,2	1	25,3	31,4
1756	9,1	15,4	–	15,4	32,5
1757	6,6	12,1	–	12,1	18,7
1758	1,5	22,2	0,2	22,4	23,9
1759	8,5	12,7	–	12,7	21,2
1760	–	13,9	–	13,9	13,9
1761	5	16	2	18	23
1762	2	0,3	2,2	2,5	4,5
1763	10,5	16,2	–	16,2	26,7
1764	5,9	17	–	17	22,9
1765	1,5	18,3	–	18,3	19,8
1766	6,3	11,1	0,8	11,9	18,2
1767	6	28,7	–	28,7	34,7
1768	1	12,1	–	12,1	13,1
1769	4,7	6,9	0,2	7,1	11,8
1770	3,5	27,4	0,2	27,6	31,1
1771	1,5	1,3	–	1,3	2,8
1772	6,7	19,8	–	19,8	26,5
1773	3,2	9	–	9	12,2
1774	2,7	31	–	31	33,7
1775	–	14,8	–	14,8	14,8
1776	11	10	–	10	21
1777	–	2,1	2	4,1	4,1
1778	11,7	32,3	2	34,3	46
1779	3	3,5	2	5,5	8,5
1780	2,9	11,5	2	13,5	16,4
1781	2,1	21	2	23	25,1

Tableau 70. *Arrivée des métaux précieux d'Amérique au XVIIIe siècle. Ventilation selon les origines. Récapitulation générale annuelle* (suite)*

(en millions de piastres)

| | Brésil (or) | Amérique espagnole | | | Amérique entière |
		retour en Espagne	retour ailleurs qu'en Espagne	total	
1782	3,5	?	3	(3) inc.	6,5 inc.
1783	4,5	14,7	8,4	23,1	27,6
1784	2,9	46,5	4,2	50,7	53,6
1785	2,6	43,8	2,2	46	48,6
1786	2,5	36	3,6	39,6	42,1
1787	2,2	28,2	3,4	31,6	33,8
1788	1,5	26,7	6,1	32,8	34,3
1789	2,4	21,9	2,9	24,8	27,2
1790	2,1	21,2	2	23,2	25,3
1791	2,9	30,2	2	32,2	35,1
1792	1,9	26,1	2	28,1	30
1793	1,8	23,8	2	25,8	27,6
1794	1,9	27,3	2	29,3	31,2
1795	2,4	28,9	2	30,9	33,3
1796	2	33,1	2	35,1	37,1
1797	1,7	1,6	2	3,6	5,3
1798	2,5	9,9	2	11,9	14,4
1799	2	5,5	2	7,5	9,5
1800	1,8	trace	2	2	3,8
1801	1,4	0,4	2	2,4	3,8
1802	1,6	56	2	58	59,6
1803	1,3	42,9	2	44,9	46,2
1804	1,6	21,1	6,7	27,8	29,4
1805	1,3	0,5	14	14,5	15,8
1806	1,2				

* Pour cette récapitulation on a retenu les chiffres maxima des arrivages, sauf exceptions, et l'on a intégré les compléments figurant dans les addenda.

Figure 29. *Arrivée des métaux précieux de l'Amérique espagnole au XVIIIe siècle, en Espagne et ailleurs qu'en Espagne* (en millions de piastres)

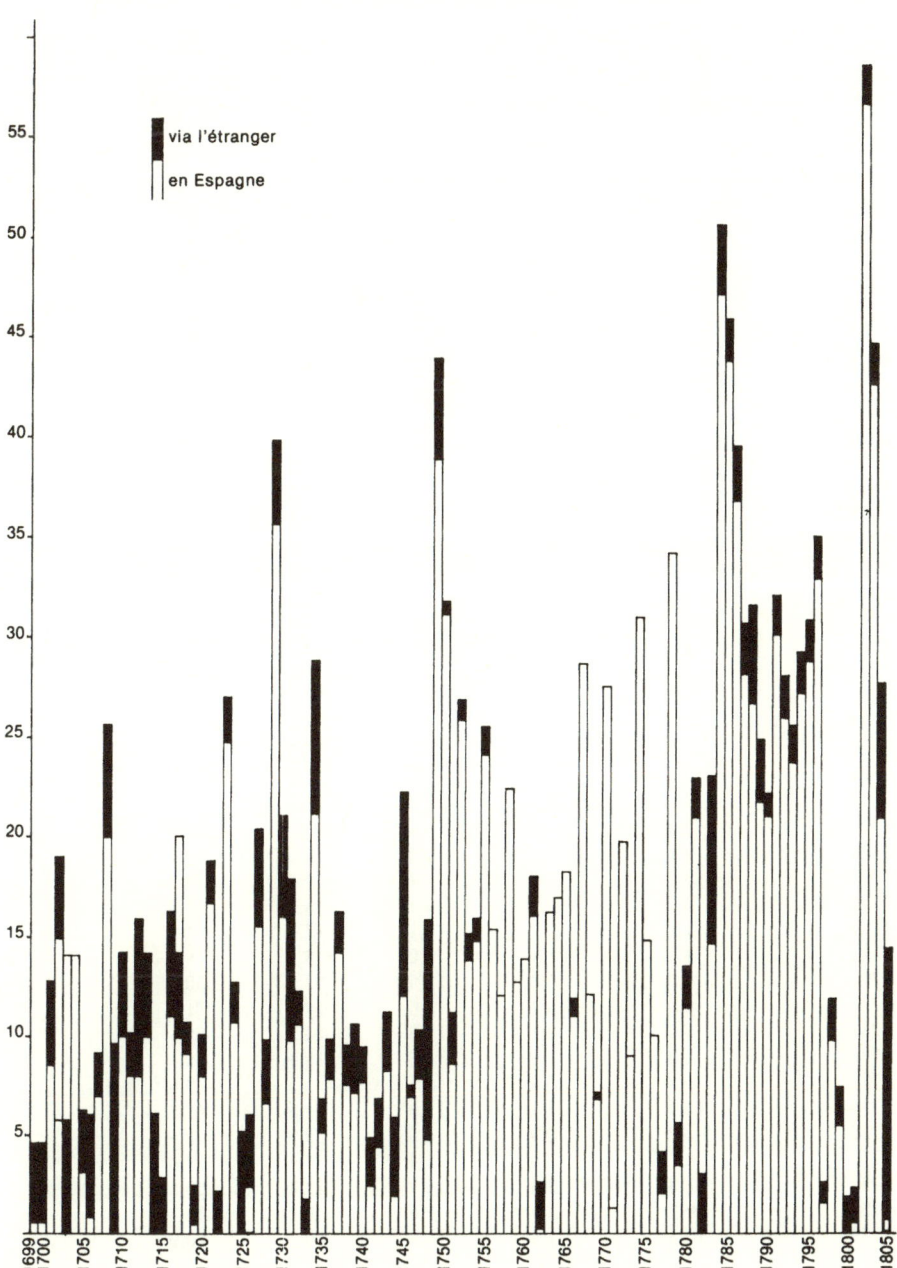

Tableau 71. *Arrivée des métaux précieux d'Amérique au XVIII*
siècle. Répartition schématique annuelle de l'or et de l'argent
(en millions de piastres)

	or			argent	total
	Brésil	Amérique espagnole	total		
1699	0,4	0,6	1	3,9	4,9
1700	0,5	0,6	1,1	3,9	5
1701	1,2	1,8	3	10,8	13,8
1702	–	2,8	2,8	16,2	19
1703	1,6	0,8	2,4	4,9	7,3
1704	–	2,1	2,1	12	14,1
1705	–	0,9	0,9	5,3	6,2
1706	2	0,9	2,9	5,1	8
1707	–	1,3	1,3	7,8	9,1
1708	8	3,8	11,8	21,7	33,5
1709	–	1,4	1,4	8,1	9,5
1710	–	2,1	2,1	12,1	14,2
1711	–	1,5	1,5	8,6	10,1
1712	8	2,3	10,3	13,5	23,8
1713	9,1	2,1	11,2	11,9	23,1
1714	3,2	0,9	4,1	5,1	9,2
1715	6,5	0,4	6,9	2,4	9,3
1716	3	2,4	5,4	13,8	19,2
1717	1	1,9	2,9	11,1	14
1718	5,3	1,7	7	9,9	16,9
1719	5,3	0,3	5,6	2,1	7,7
1720	6,1	1,5	7,6	8,5	16,1
1721	2,3	2,7	5	16,1	21,1
1722	12	0,3	12,3	1,8	14,1
1723	2,9	4	6,9	·23	29,9
1724	4,5	2	6,5	11,6	18,1
1725	15,7	0,7	16,4	4,4	20,8
1726	8,2	0,9	9,1	5,1	14,2
1727	11,1	3	14,1	17,3	31,4
1728	4,8	1,4	6,2	8,5	14,7
1729	11,7	5,8	17,5	33,2	50,7
1730	10,5	3,1	13,6	17,9	31,5
1731	16,4	2,4	18,8	14,5	33,3
1732	2,8	1,8	4,6	10,4	15
1733	7,9	0,2	8,1	1,5	9,6
1734	13,7	4,1	17,8	24,8	42,6
1735	3,7	0,9	4,6	5,8	10,4
1736	4	1,4	5,4	8,4	13,8
1737	12,3	2,4	14,7	13,8	28,5
1738	6,2	1,4	7,6	8,1	15,7
1739	10,3	1,6	10,9	10	20,9

Tableau 71. *Arrivée des métaux précieux d'Amérique au XVIIIe siècle. Répartition schématique annuelle de l'or et de l'argent* (suite)
(en millions de piastres)

	or			argent	total
	Brésil	Amérique espagnole	total		
1740	9,5	1,4	10,9	8,2	19,1
1741	12,3	0,6	12,9	3,6	16,5
1742	9,2	1,1	10,3	6,6	16,9
1743	7,2	1,6	8,8	9,5	18,3
1744	2,9	0,8	3,7	5	8,7
1745	7	3,3	10,3	18,8	29,1
1746	6,9	1,1	8	6,3	14,3
1747	7,7	1,4	9,1	8,9	18
1748	7,7	2,4	10,1	13,4	23,5
1749	8,5	6,6	15,1	37,4	52,5
1750	10,4	4,7	15,1	27,1	42,2
1751	6,8	1,5	8,3	9,6	17,9
1752	1,5	4	5,5	22,9	28,4
1753	17,3	4,7	22	10,4	32,4
1754	6,3	2,3	8,6	15,4	24,2
1755	6,2	3,6	9,8	21,7	31,4
1756	9,1	2,3	11,4	13,1	32,5
1757	6,6	1,8	8,4	10,3	18,7
1758	1,5	3,3	4,8	19,1	23,9
1759	8,5	1,8	10,3	10,9	21,2
1760	–	2	2	11,9	13,9
1761	5	2,7	7,7	15,3	23
1762	2	0,3	2,3	2,2	4,5
1763	10,5	2,4	12,9	13,8	26,7
1764	5,9	2,5	8,4	14,5	22,9
1765	1,5	2,7	4,2	15,6	19,8
1766	6,3	1,8	8,1	10,1	18,2
1767	6	4,3	10,3	24,4	34,7
1768	1	1,8	2,8	10,3	13,1
1769	4,7	1	5,7	6,1	11,8
1770	3,5	4	7,5	23,6	31,1
1771	1,5	0,2	1,7	1,1	2,8
1772	6,7	2,8	9,5	17	26,5
1773	3,2	1,3	4,5	7,7	12,2
1774	2,7	4,6	7,3	26,4	33,7
1775	–	2,2	2,2	12,6	14,8
1776	11	1,4	12,4	8,6	21
1777	–	0,6	0,6	3,5	4,1
1778	11,7	5,1	16,8	29,2	46
1779	3	0,7	3,7	4,8	8,5
1780	2,9	2	4,9	11,5	16,4

Tableau 71. *Arrivée des métaux précieux d'Amérique au XVIIIe siècle. Répartition schématique annuelle de l'or et de l'argent* (suite)
(en millions de piastres)

	or			argent	total
	Brésil	Amérique espagnole	total		
1781	2,1	3,9	5	20,1	25,1
1782	3,5	(0,4)	(3,9)	2,6	(6,5)
1783	4,5	3,4	7,9	19,7	27,6
1784	2,9	7,5	10,4	43,2	53,6
1785	2,6	6,9	9,5	39,1	48,6
1786	2,5	5,9	8,4	33,7	42,1
1787	2,2	4,7	6,9	26,9	33,8
1788	1,5	4,9	6,4	27,9	34,3
1789	2,4	3,7	6,1	21,1	27,2
1790	2,1	3,5	5,6	19,7	25,3
1791	2,9	4,8	7,7	27,4	35,1
1792	1,9	4,2	6,1	23,9	30
1793	1,8	3,9	5,7	21,9	27,6
1794	1,9	4,4	6,3	24,9	31,2
1795	2,4	4,5	6,9	26,4	33,3
1796	2	5,2	7,2	29,9	37,1
1797	1,7	0,5	2,2	3,1	5,3
1798	2,5	1,8	4,3	10,1	14,4
1799	2	1,1	3,1	6,4	9,5
1800	1,8	0,3	2,1	1,7	3,8
1801	1,4	0,4	1,8	2	3,8
1802	1,6	8,7	10,3	49,3	59,6
1803	1,3	6,7	8	38,2	46,2
1804	1,6	4,2	5,8	23,6	29,4
1805	1,3	2,1	3,4	12,4	15,8
1806	1,2				

Figure 30. *Arrivée des métaux précieux de l'Amérique espagnole au XVIIIe siècle. Répartition schématique de l'or et de l'argent*
(en millions de piastres)

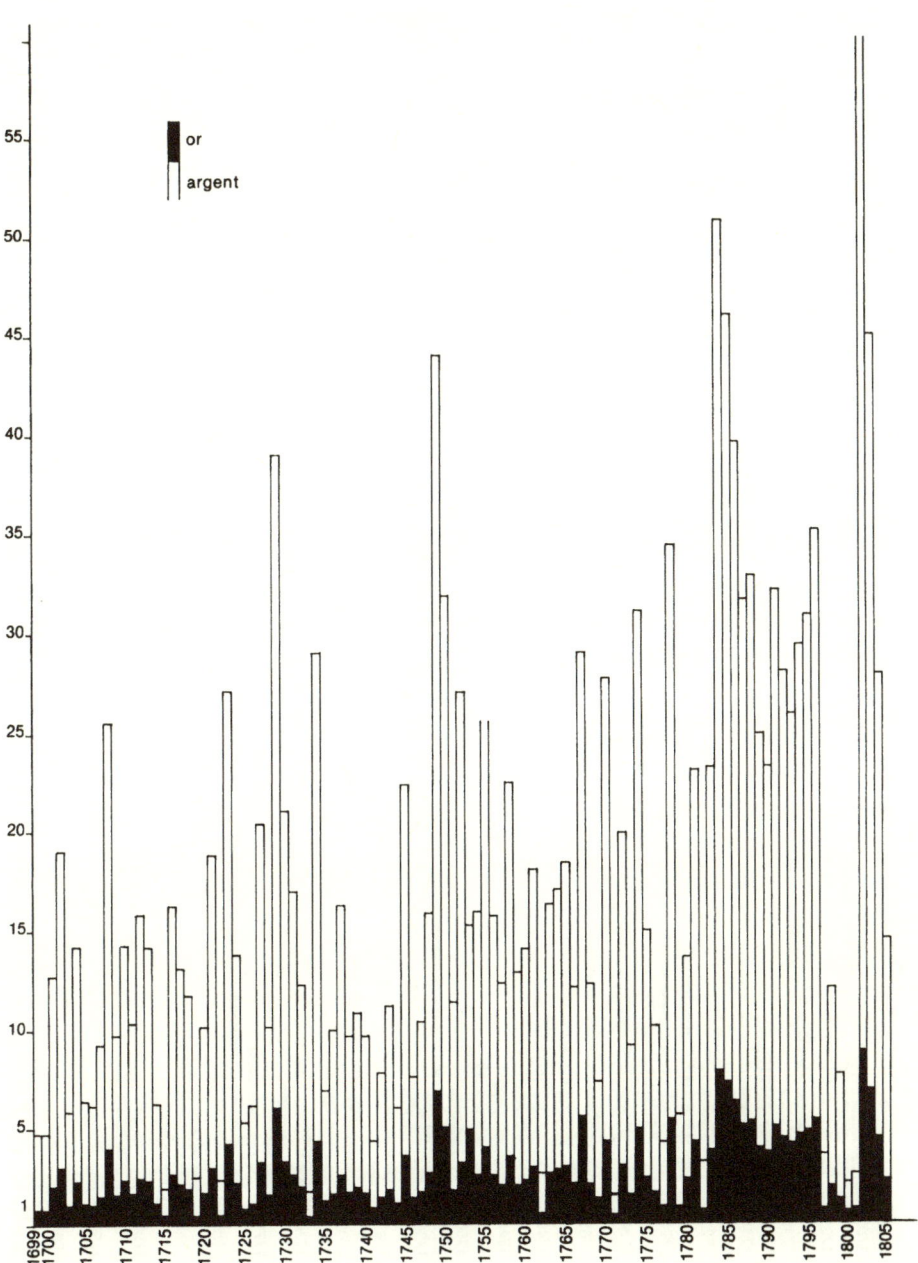

Figure 31. *Arrivée des métaux précieux de l'Amérique ibérique au XVIIIe siècle. Répartition schématique de l'or et de l'argent*
(en millions de piastres)

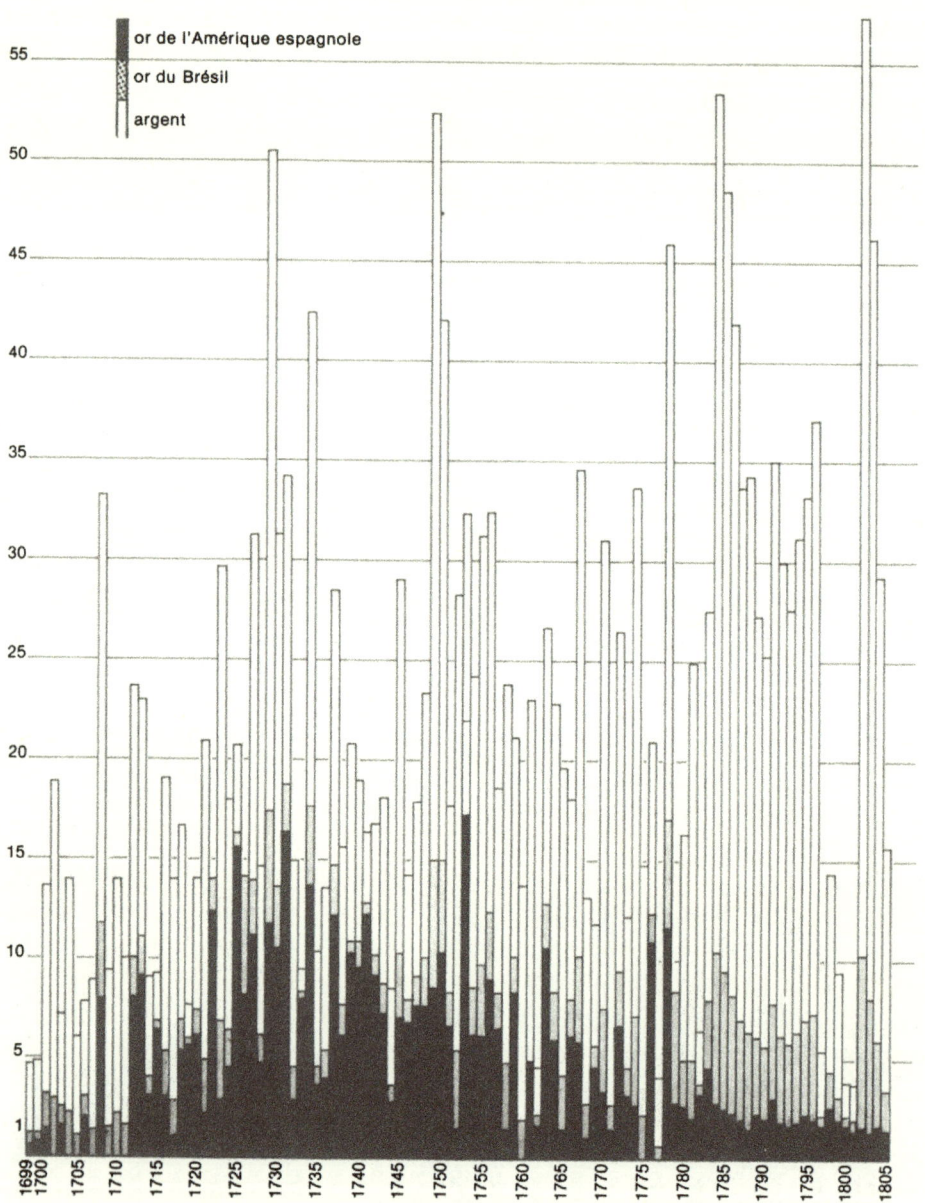

Tableau 72. *Arrivée des métaux précieux d'Amérique au XVIII*ᵉ
*siècle. Ventilation selon les origines. Récapitulation générale quin-
quennale*

(totaux et moyennes en millions de piastres)

	Brésil (or)			Amérique espagnole			toutes provenances	
	totaux	moyennes annuelles	%	totaux	moyennes annuelles	%	totaux	moyennes annuelles
1701-05	2,8	0,5	4	57,5	11,5	96	60,3	12
1706-10	10	2	13	64,3	12,8	87	74,3	14,8
1711-15	26,8	5,3	35	48,8	9,8	65	75,6	15,1
1716-20	20,7	4,1	26	53,2	10,7	74	73,9	14,8
1721-25	38,8	7,7	37	66,6	13,3	63	105,4	21
1726-30	46,3	9,2	32	96,2	19,3	68	142,5	28,5
1731-35	44,5	8,9	41	66,4	13,5	59	110,9	22,4
1736-40	42	8,4	41	55,7	11,2	59	98	19,6
1741-45	38,6	7,7	42	50,9	10,2	58	89,5	17,9
1746-50	41,2	8,2	26	109,3	22,8	74	154,8	31
1751-55	32	6,4	29	94,3	18,8	71	126,3	25,2
1756-60	24,6	4,9	23	76,5	15,3	77	101,6	20,3
1761-65	24,9	4,9	25	72	14,3	75	96,9	19,3
1766-70	21,5	4,3	20	87,4	17,5	80	108,9	21,7
1771-75	14,1	2,8	15	75,9	15,1	85	90	18
1776-80	28,6	5,7	29	67,4	13,4	71	96	19,2
1781-85	15,6	3,1	9	145,8	29,1	91	161,4	32,2
1786-90	10,7	2,1	6	152	30	94	162,7	32,5
1791-95	10,9	2,1	6	146,3	29,2	94	157,2	31,4
1796-1800	10	2	14	60,1	12	86	70,1	14
1801-05	7,2	1,4	4	147,6	29,5	96	154,8	30,9

Tableau 73. *Arrivée des métaux précieux d'Amérique au XVIII*ᵉ
*siècle. Ventilation selon la nature des métaux. Récapitulation quin-
quennale*

(totaux en millions de piastres)

	or			argent			or + argent	
	totaux	moyennes	%	totaux	moyennes	%	totaux	moyennes globales
1701-05	11,1	2,2	18	49,2	9,8	82	60,3	12
1706-10	19,5	3,9	26	54,8	10,9	74	74,3	14,8
1711-15	34,1	6,8	45	41,5	8,3	55	75,6	15,1
1716-20	28,5	5,7	38	45,4	9,1	62	73,9	14,8
1721-25	47,1	9,4	44	56,9	11,4	56	105,4	21
1726-30	60,5	12,1	42	82	16,4	58	142,5	28,5
1731-35	53,9	10,7	47	57	11,4	53	110,9	22,4
1736-40	49,5	9,9	51	48,5	9,7	49	98	19,6
1741-45	46	9,2	50,8	43,5	8,7	49,1	89,5	17,9
1746-50	57,4	11,5	37	93,1	18,6	63	150,5	30,1

Tableau 73. *Arrivée des métaux précieux d'Amérique au XVIIIe siècle. Ventilation selon la nature des métaux. Récapitulation quinquennale* (suite)

(totaux en millions de piastres)

	or			argent			or + argent	
	totaux	moyennes	%	totaux	moyennes	%	totaux	moyennes globales
1751-55	54,2	10,8	41	80	16	59	134,2	25,8
1756-60	36,6	7,3	35	65,3	13,1	65	101,9	20,3
1761-65	35,5	7,1	36	61,4	12,2	64	96,9	19,3
1766-70	34,4	6,8	31	74,5	14,9	69	108,9	21,7
1771-75	25,2	5	28	64,8	12,9	72	90	18,5
1776-80	38,4	7,7	39	57,6	11,6	61	96	19,2
1781-85	36,7	7,3	22	124,7	24,9	78	161,4	32,2
1786-90	33,4	6,7	20	129,3	25,8	80	162,7	32,5
1791-95	32,7	6,5	20	124,5	24,9	80	157,2	31,4
1796-1800	18,9	3,7	26	51,2	10,2	74	70,1	14
1801-05	29,3	5,8	19	125,5	25,1	81	154,8	30,9

Tableau 74. *Valeur globale des retours d'Amérique ibérique. Marchandises et métaux réunis*

(estimation en millions de piastres, moyennes quinquennales annuelles)

	Amérique espagnole		Brésil		Amérique ibérique	
	marchandises	total	marchandises	total	total des marchand.	total général
1701-05	2,3	13,8	4 ?	4,5	6,3	18,3
1706-10	2,5	15,3	4 ?	6	6,5	21,8
1711-15	1,9	11,7	2	7,3	3,9	19
1716-20	2,1	12,9	0,9	5	3	17,9
1721-25	2,6	15,9	1,4	9,1	4	23,6
1726-30	3,8	23,1	2,3	11,5	6,1	34,6
1731-35	2,5	16	2,2	11,1	4,7	27,1
1736-40	2,2	13,4	1,9	10,3	4,1	23,7
1741-45	2,1	12,3	2,7	10,4	4,8	22,7
1746-50	5	27,8	3,5	11,7	8,5	39,5
1751-55	5	23,8	2,4	8,8	7,4	32,6
1756-60	6	21,3	2,8	7,6	8,8	28,9
1761-65	6	20,3	2,8	7,7	8,8	31
1766-70	7	24,4	2,8	7,1	9,8	31,5
1771-75	8	23,1	2,8	5,6	10,8	28,7
1776-80	9	22,4	5,7	10,4	14,7	32,8
1781-85	11	40,1	7 ?	10,1	18	50,2
1786-90	12	42,1	8	10,1	20	52,2
1791-95	14,9	44,1	10	12,2	24,9	56,3
1796-1800	16,1	28,1	12	14	28,1	42,1

Figure 32. *Arrivée des métaux précieux d'Amérique au XVIIIe siècle selon la nature des métaux. Répartition quinquennale*

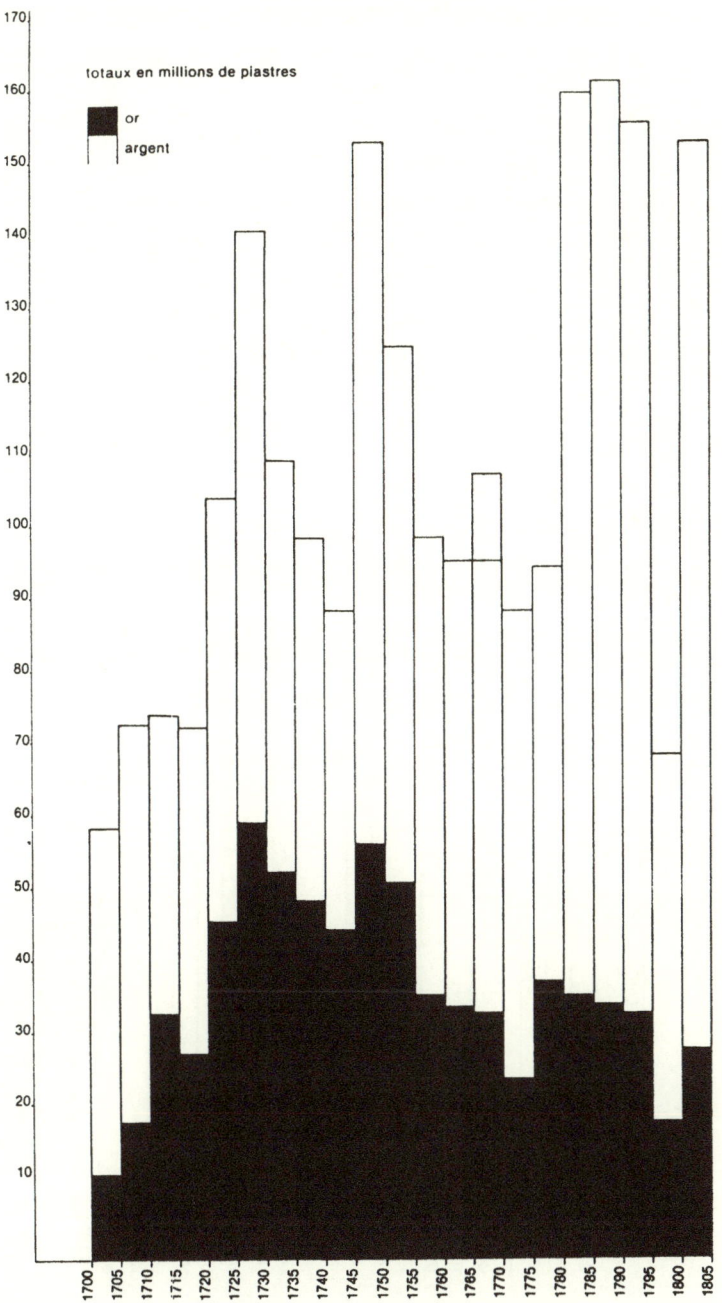

Figure 33. *Valeur globale des retours de l'Amérique espagnole. Moyennes quinquennales*
(en millions de piastres)

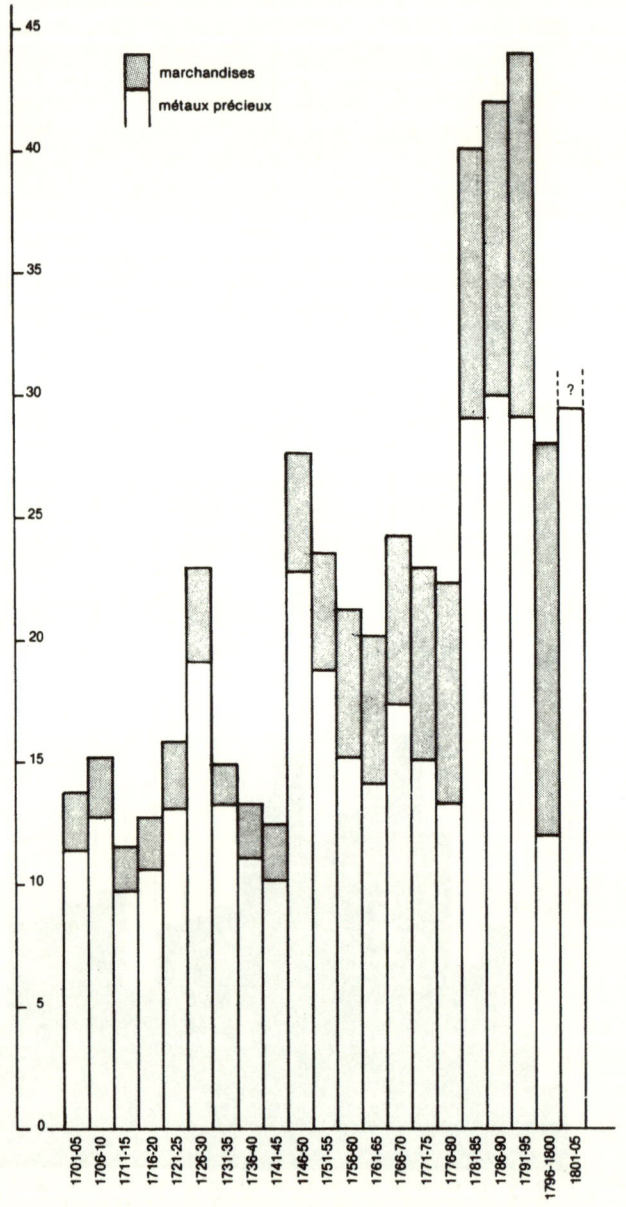

Tableau 75. *Valeur globale des retours d'Amérique*
(estimation en millions de piastres, moyennes quinquennales annuelles)

	Amérique ibérique	colonies* anglaises	colonies* françaises	total de l'Amérique non ibérique	total de l'Amérique**	métaux précieux	total général
1701-05	6,3	4	?	4	10,3	12	20,3
1706-10	6,5	4,1	?	4,1	10,6	14,8	25,4
1711-15	3,9	5	?	5	8,9	15,1	24
1716-20	3	6,8	2,6	10	13	14,8	27,8
1721-25	4	7,1	3,5	11,2	15,2	21	36,2
1726-30	6,1	8,9	3,6	13,3	19,4	28,5	47,9
1731-35	4,7	8,7	4,1	13,8	18,5	22,4	40,9
1736-40	4,1	8,4	7	16,4	20,5	19,6	40,1
1741-45	4,8	9,1	8,3	19,4	24,2	17,9	42,1
1746-50	8,5	9,3	7,7	19	27	30,1	57,1
1751-55	7,4	12,2	13,3	27,5	34,9	26,8	61,7
1756-60	8,8	11,9	2,4	16,3	25,1	20,3	45,3
1761-65	8,8	16,5	9,2	28,7	37,5	19,3	56,8
1766-70	9,8	18,2	19,5	40,7	59,6	21,7	81,3
1771-75	10,8	21,2	26,6	51,8	62,6	18	80,6
1776-80	14,7	13	22,2	39,2	53,9	19,2	73,1
1781-85	18	17,8	27,5	48,3	66,3	32,2	98,5
1786-90	20	20,5	43,5	78	98	32,5	130,5
1791-95	24,9	23,5	?	23,5	48,4	31,4	79,8
1796-1800	28,1	35,3	?	35,3	63,4	14	77,4

* y compris les produits de la pêche à Terre-Neuve.
** y compris les colonies hollandaises et danoises, par évaluation (les possessions hollandaises fournissaient à leur métropole une valeur d'environ 2 millions de piastres vers 1745 et de 4 millions vers 1775).

Figure 34. *Valeur globale des retours du Brésil 1701-1800. Moyennes quinquennales*

(en millions de piastres)

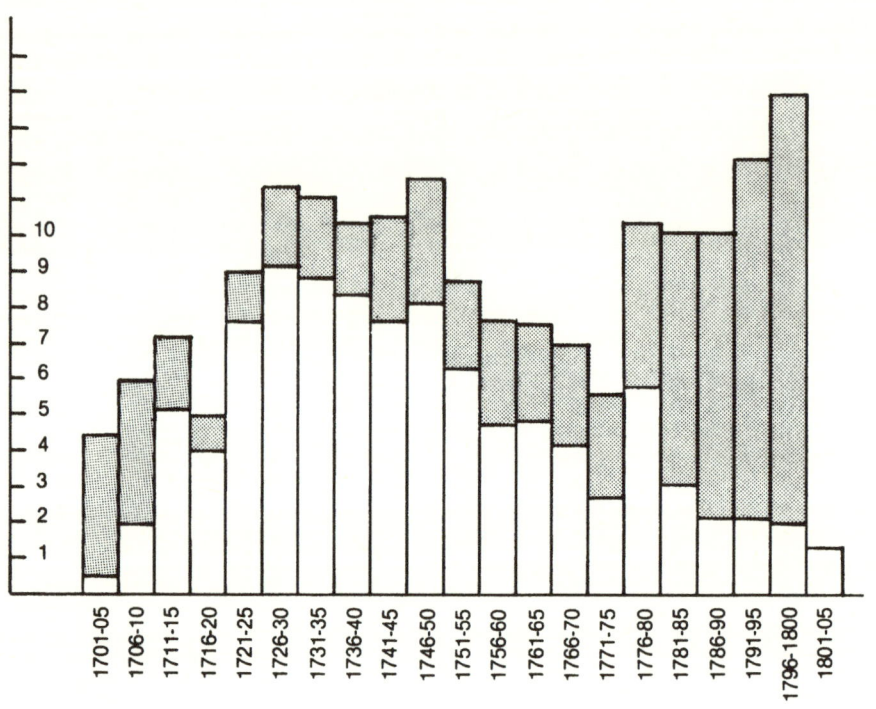

marchandises

métaux précieux (or)

Figure 35. *Valeur globale des retours d'Amérique. Moyennes quinquennales*

(en millions de piastres)

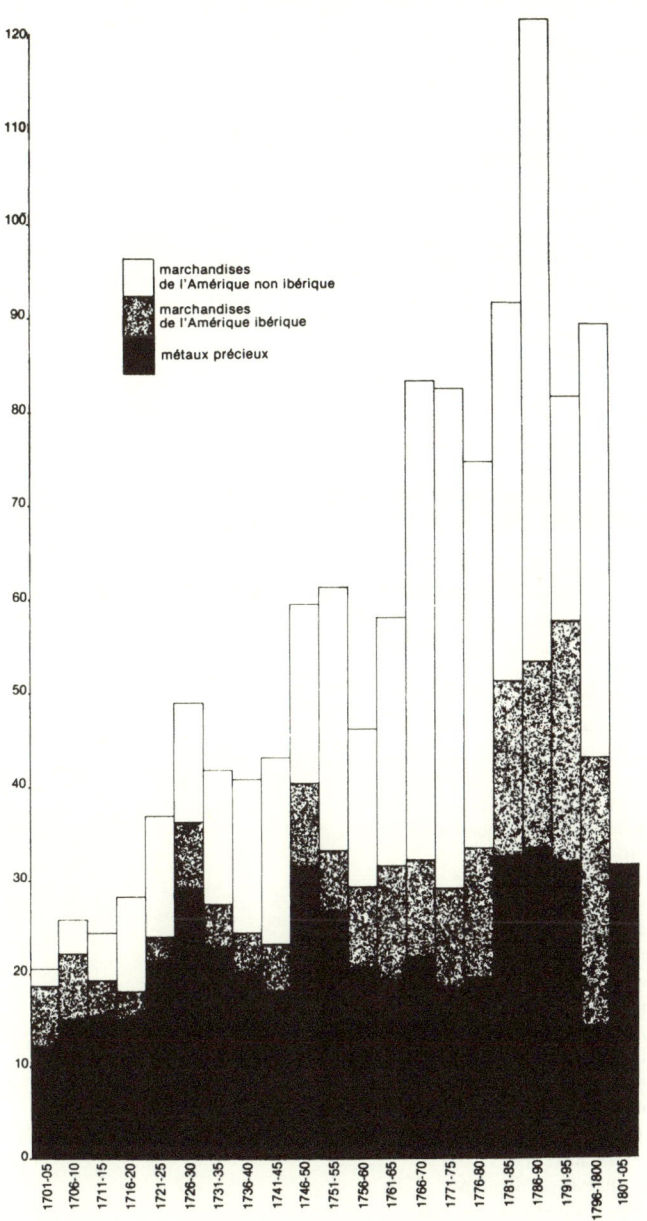

Annexe A

La cargaison du Royal George vaisseau anglais de permission à Portobelo (1724) ;

Extrait de la correspondance consulaire du résident français à Cadix, lettre du 13 février 1724 (AN Paris, AE B I/229, folio 41) : « Mémoire des marchandises du navire anglais d'asiento à Portobelo au départ de l'aviso »

```
170   fardos panos mesclas
  4   barilles noces moscada
 72   churlos de canela
 21   cajones de Prunelas y Ruferinas
  7   bariles Clavos (?) de Comer
  7   bariles Pelo de camello
493   marquetas de Zera
  8   caxones de tafetana de Zeda
136   fardos de panos tintos
206   fardos de droguetes apañados
108   bariles de peltre
320   fardos de Platillas
  8   cajones lienzo de Olanda
750   fardos de Bayeta
 91   caxones de hile blanco
280   fardos de Morleses
 30   fardos de estopillas de Olan[da]
133   fardos de escarlatas
 22   fardos de estopillas
 21   fardos de lenzeria
  1   fardo de sempiterna de Colchester
 75   fardos de granillas
 22   caxones de vidrions para ventanas
 14   fardos de Bretanas
 25   fardos de achones
 42   fardos de duranzas
 67   fardos de estaminas
 25   fardos de estoffas de laxas (?)
 11   fardos de Camelotes de Lana
 40   1/2 fardos medias de lana
 50   1/2 fardos de Ternay
209   fardos de Calama[nd]ras
 20   fardos de Canaquilles
 34   fardos de Anascetes o Ypres
 47   caxones de sombreros
 10   fardos de Palometas Britanicas
 50   caxones de Felpas
 10   caxones de Carro de oro fine
  7   caxones de Sintas de oro y plata
  8   fardos de medias de lana (sic)
 10   caxones de encaxes de Flandria y Inglaterra
 19   caxones de Brocatos i Tissues
  1   caxone de Encaxes
 13   fardos de Picotes de lana
  3   fardos de Camelotes de lana
```

```
   12  caxones de hilo gordo
   10  fardos de medias de Ternay
   20  fardos de sempiternas Prensadas
    2  caxones de piezas de Ceda con Flores
   22  caxones de encajes en hilo de or y plata
   10  caxones de medias de ceda
    1  fardo dicho
   15  fardos de Bombasi, borlones y lienzo
   11  caxones de calzetas
    5  fardos de panos mesclas
   19  fardos de medias de hilo mesclado de colorado
2.016  fardos de sempiternas
5.300  varras de fierro de sempiternas
```

On pourra comparer cette liste des marchandises établie à Portobelo avec celle du chargement au départ certifiée par le responsable de la Compagnie anglaise de la Mer du Sud et publiée par G. J. Walker in *Spanish Politics and Imperial Trade 1714-1789,* Bloomington - Londres, 1979, pp. 243-244.

Annexe B

Tableau 76. *Cargaisons expédiées d'Espagne en Amérique de 1748 à 1753, d'après l'abbé Raynal,* Histoire philosophique
(année commune, moyenne, en livres tournois)

catégorie	espèce	quantité	tonnage	valeur primitive marchandises espagnoles	marchandises étrangères
1. Vers la Nouvelle-Espagne					
I b	huile	3 000 qx	166 3/8	119 308	
	safran	80 qx	4 5/6	212 314	
	total	3 080 qx	171 1/5	331 622	
II	vins	9 750 bl	609 3/8	446 286	
	eaux-de-vie	14 580 bl	911 1/4	808 160	
	total	24 330 bl	1 521 5/8	1 254 446	
III	cannelle	766 1/2 qx	28		1 004 622
VI	cire	1 708 qx	55 1/3		368 818
VIII	toileries et				
IX	draperies	56 905 pc	342 1/2	4 343 746	
X	mercerie et quincaillerie				
	id.	170 806 pc	1 027		12 183 688
	toiles écrues	12 000 p	72 1/3		318 587
	papier	89 000 rames	223		428 983
	total		1 664	4 343 746	12 931 258
				17 275 004	

Tableau 76. *Cargaisons expédiées d'Espagne en Amérique de 1748 à 1753, d'après l'abbé Raynal,* Histoire philosophique (suite)
(année commune, moyenne, en livres tournois)

catégorie	espèce	quantité	tonnage	valeur primitive marchandises espagnoles	marchandises étrangères
XIII	fer	16 273 qx	542	314 656	
	acier	3 200 qx	106		97 117
	mercure	9 000 qx	450	3 600 000	
	total	28 473 qx	1 098	3 914 656	97 117
				4 011 773	
XVI	divers		50	122 827	
	total général		4 588	9 967 297	14 401 815
				24 369 112	

2. Vers Carthagène

VI	cire	300 qx	10		66 299
VIII	toileries,				
IX	draperies,				
X	merceries	29 880 pc	180	2 282 616	
	quincaillerie, etc.				
	id.	89 910 pc	540		6 431 511
	toiles écrues	1 200 p	7		32 368
	papier	9 000 rames	22 1/2		54 71
	total		749 1/2	2 282 616	6 517 950
				8 800 566	
XIII	fer	4 500 qx	150	87 051	
	acier	600 qx	20		18 923
	total	5 100 qx	170	105 974	
	total général			2 369 667	6 603 163
			919 1/2	8 972 830	

3. Vers les Caraques

Ia	farine	10 000 bl	700	403 729	
Ib	huile	570 qx	42	29 227	
	amandes et raisins secs	340 qx	17	30 974	
	total		759	464 730	
II	vins	1 000 bl	55	45 772	
	eaux-de-vie	3 000 bl	166	166 288	
	total		221	212 060	
VI	cire	400 qx	13 1/3		22 096
VIII,	toileries,				
IX,	draperies,				

Tableau 76. *Cargaisons expédiées d'Espagne en Amérique de 1748 à 1753, d'après l'abbé Raynal,* Histoire philosophique (suite)
(année commune, moyenne, en livres tournois)

catégorie	espèce	quantité	tonnage	valeur primitive marchandises espagnoles	marchandises étrangères
X	etc.	8 000 pc	48	609 663	
	id.	19 980 pc	120		1 425 532
	toiles écrues	800 p	4 2/3		21 645
	total		172 2/3	609 663	1 477 177
				2 056 840	
XIII	fer	6 000 qx	200	116 068	
	acier	600 qx	20		18 923
	total		220	134 991	
	total général			1 402 321	1 488 196
			1 376	2 890 051	

4. Vers Lima

VI	cire	984 qx	33		217 432
VIII,	toileries,				
IX,	draperies,				
X	etc.	37 500 pc	225 1/2	2 795 429	
	id.	112 500 pc	676 1/2		7 830 537
	toiles écrues	1 500 p	9		40 585
	papier	18 000 rames	45		108 143
	quincaillerie	7 000 pc	42		310 133
	total			2 795 429	8 298 398
			997	11 093 827	
XI	meubles	7 000 pc	42		143 424
XIII	fer	12 000 pc	400	232 136	
	total général			3 027 565	8 659 254
			1 472	11 686 694	

5. Vers Buenos-Aires

VI	cire	125 qx	4 1/6		27 621
VIII,	toileries,				
IX,	draperies				
X	etc.	12 450 pc	75	944 182	
	id.	37 462 pc	225		2 659 027
	toiles écrues	500 p	3		13 528
	papier	9 000 rames	22 1/4		54 071
	total		325	3 670 808	

Tableau 76. *Cargaisons expédiées d'Espagne en Amérique de 1748 à 1753, d'après l'abbé Raynal,* Histoire philosophique (suite)
(année commune, moyenne, en livres tournois)

catégorie	espèce	quantité	tonnage	valeur primitive marchandises espagnoles	marchandises étrangères
XIII	fer	3 000 qx	100	58 034	
	acier	250 qx	8 1/3		7 884'
	total		108 1/3	65 918	
	total général			1 002 216	2 762 131
			438	3 764 347	
récapitulation	Ia		700	403 729	
	Ib		230	412 523	
	Ia + Ib		930	816 252	
	II		1 742	1 466 506	
	III		28	1 004 622	
	VI		115	702 257	
	VIII-IX et X		3 807	42 897 046	
	XI		42	143 424	
	XIII		1 996	4 550 792	
	XVI		50	122 827	
total général			8 810	51 703 525	

Tableau 77. *Retours d'Amérique en Espagne 1748-1753, d'après l'abbé Raynal,* Histoire philosophique
(année commune, moyenne, en livres tournois)

catégorie	espèce	quantité	tonnage	valeur à l'achat en Amérique
1. De Nouvelle-Espagne				
III	cacao			
	du Soconusco	200 qx	10	12 960
	vanille	50 qx	2 1/2	116 640
	total	250 qx	12 1/2	129 600
IV	baume	40 qx	2	27 540
	jalap	7 500 qx	375	648 000
	salsepareille	30 qx	1 1/2	2 770
	sang de dragon	5 qx	1/4	216
	total	7 575 qx	378 3/4	678 526
V	bois de brésilet	310 qx	15	853
	carmin	47 qx	2	54.000
	cochenille	4 000 qx	200	6 426 000
	cochenille granille	200 qx	10	114 750

Tableau 77. *Retours d'Amérique en Espagne 1748-1753, d'après l'abbé Raynal,* Histoire philosophique (suite)
(année commune, moyenne, en livres tournois)

catégorie	espèce	quantité		tonnage		valeur à l'achat en Amérique
	cochenille sylvestre	300	qx	15		103 275
	cochenille poussière	100	qx	5		34 425
	indigo du					
	Guatemala	6 000	qx	300		4 160 160
	rocou	47	qx	2		10 800
	total	11 004	qx	550		10 904 263
VI	bois de Campêche	10 350	qx	517		28 107
XII	cuirs en poils	100	p	5	(ca)	540
	écaille	6	qx		1/4	20 250
	total			5	1/4	20 790
XIII	cuivre	5 634	qx	281		259 200
	or et argent pour le Roi					6 480 000
	or et argent pour les particuliers					37 716 047
	total des métaux précieux			215	(ca)	44 196 047
	total général			2 340		56 216 533

2. De Carthagène

catégorie	espèce	quantité		tonnage		valeur à l'achat en Amérique
III	cacao de Guyaquil	4 880	qx	244		305 856
	vanille	30	qx	1	1/2	3 240
	total	4 910	qx	245	1/2	307 096
IV	baume	16	qx		3/4	11 340
	huile Marie	7	qx		1/2	135
	quinquina	580	qx	29		93 744
	salsepareille	7	qx		1/2	648
	sang de dragon	42	qx	2		1 911
	total	652	qx	32	3/4	108 018
VII	coton	188	qx	9		16 200
	laine de vigogne	17	qx	1		10 395
	total	205	qx	10		26 595
V	bois de Brésilet	2 030	qx	101		5 859
XII	cuirs en poils	2 100	p	105	(ca)	11 340
	écaille	7	qx		1/2	3 915
	ivoire	1	ql			259
	nacre de perle	15	qx		3/4	1 020
	total			106	1/4	16 554
XIII	or et argent			20	(ca)	14 087 304
	total général			515	1/4	14 553 166

3. De la côte des Caraques

catégorie	espèce	quantité		tonnage		valeur à l'achat en Amérique
III	cacao					
	des Caraques	37 000	qx.	1 550		1 944 000
IV	tabac	2 580	qx	129		59 400

Tableau 77. *Retours d'Amérique en Espagne 1748-1753, d'après l'abbé Raynal,* Histoire philosophique (suite)
(année commune, moyenne, en livres tournois)

catégorie	espèce	quantité	tonnage	valeur à l'achat en Amérique
V	dividivi			27 000
	indigo	1 570 qx	75	108 540
	total		100 (?)	135 540
XIII	or et argent			239 144
	total général		1 345 (ca)	3 468 884

4. De Lima

III	cacao de Guyaquil	31 000 qx	1 550	1 944 000
IV	quinquina	600 qx	30	96 768
VII	laine de vigogne	470 qx	23	270 000
XIII	cuivre	10 850 qx	540	373 890
	étain	10 600 qx	530	488 160
	or et argent pour le Roi			1 620 000
	or et argent pour les particuliers			23 647 849
	total des métaux précieux		130 (ca)	25 267 849
	total général		2 803 (ca)	26 129 899

5. De Buenos Aires

VII	laine de vigogne	300 qx	15	172 800
XII	cuirs ou poils	150 000 p	7 500	810 000
XIII	or et argent		20 (ca)	5 305 705
	total général		7 535 (ca)	6 287 506

récapitulation

III			3 658	5 295 456
IV			681	945 031
V			650	11 045 662
VI			517	28 107
VII			48	469 395
XII			7 611 (ca)	847 324
XIII	métaux usuels		1 351	1 121 250
	total des marchandises			19 752 135
	total métaux précieux		385	89 096 049
	total général		14 790 (ca)	108 847 788

A l'aller les tonnages indiqués sont ceux qui ont été reportés dans *l'Histoire philosophique (Atlas)*, sauf pour le mercure que nous avons calculé nous-même. Chez l'abbé Raynal, il s'agit de tonneaux d'aforiamento qui se révèlent à l'examen assez larges, puisqu'ils comptent jusqu'à 30 quintaux de marchandises (contre 20 théoriquement pour un tonneau de jauge). C'est sur cette dernière base que nous avons estimé le tonnage des retours, prenant de plus 20 cuirs pour un tonneau, ce qui est peut-être flatteur pour le commerce de Buenos Aires. Si l'on veut unifier les deux computs, il faut donc augmenter de moitié le tonnage des allers pour obtenir un volume de jauge standard qui avoisinera les 13 200 ; ou réduire le tonnage des retours pour les apprécier en tonnage de fret, ce qui le ramène à 9 900 tonneaux environ.

Les catégories utilisées pour la confection de ces tableaux sont celles que nous avons employées à plusieurs reprises dans des travaux statistiques et dont nous préconisons l'usage international. Rappelons succinctement que la catégorie I désigne les denrées d'origine européenne, la II les vins et autres boissons d'origine européenne, la III les denrées d'origine exotique (non européenne), la IV les drogues et médicaments, la V les teintures et peintures, la VI les produits d'entretien, la VII les matières premières textiles, la VIII les tissus, la IX la mercerie, la X la bimbeloterie et quincaillerie, la XI les produits de l'art du bois, la XII les matières premières et les produits semi-finis en provenance du monde animal, la XIII les métaux, la XIV (non représentée ici) les animaux vivants, la XV les produits de l'art de la terre, la XVI les divers.

Abréviations : bl = baril, p = pièce, qx = quintaux, pc = palme cubique.

Le compte reproduit par l'abbé Raynal qui dérive très probablement d'un document officiel espagnol se fonde sur les équivalences suivantes : 1 tonneau de buque = 166 palmes cubiques, 170 pièces de tissu (toiles), 16 barils de vin ou d'eau-de-vie, 30 quintaux. La tonne de buque, unité conventionnelle servant à fixer le contingent des marchandises à emporter en Amérique, correspond ainsi en gros à 1 1/2 tonneau de jauge. On verra avec le chargement des flottes de la Nouvelle-Espagne que cette équivalence a été variable (cf. annexe C).

Annexe C

Tableau 78. Cargaisons des flottes de la Nouvelle-Espagne d'après l'abbé Raynal et M. Lerdo de Tejada

	1733	1735	1757	1760	1765	1768	1772	1776
nombre de vaisseaux	–	–	13	17	13	11	14	17
tonnage de buque	4 458	3 141	7 669	8 492	8 013	5 588	7 674	8 176
Ib Amandes	63	57	135	–	4	–	–	–
câpres et olives (cunetes)	–	–	1 050	200	635	–	–	–
huile d'olive	342	232	201	131	180	121	30	225
total	405 +	289 +	1 386 +	331 +	819 +	121	30 +	225 +
II. vin et vinaigre	538	515	855	1 070	792	990	156	342
eau-de-vie	1 183	770	1 090	659	537	906	432	1 255
total	1 731	1 285	1 945	1 729	1 329	1 896	588	1 597
III. poivre	4	–	24	95	32	8	57	–
cannelle	–	23	74	96	192	18	70	172
total	4	23	98	191	224	26	127	172
IV encens	–	–	–	–	–	–	1/2	1
V céruse	–	–	–	2	–	–	2	–
vert de gris	3	–	3	–	–	–	–	1/3
VI cire	650	290	467	804	707	209	550	33
VIII brabants (1/2 pièces)	56 560 P	12 000 P	19 368 P	10 589 P	33 528 P	23 574 P	59 960 P	18 490 P
listades	–	–	432 P	667 P	660 P	3 225 P	1 800 P	2 427 P
crehuelas	–	–	702 P	1 032 P	1 131 P	1 834 P	3 021 P	1 474 P
cazerillos	–	–	–	–	–	–	–	88 868 P
toiles à voile	–	–	820 P	50 P	–	–	–	–
tonnage	332 P	70 P	125 P	190 P	207 P	168 P	381 P	654 P
IX rubans	–	–	1 000 dz	–	–	–	–	–

X papier	430	214	625	1 058	1 607	371	1 198	460
plumes à écrire	306 m	–	–	–	–	–	–	–
XII fil de caret	11	1 1/2	16	6	2 1/2	8	7 1/2	2
	–	–	–	–	–	–	–	–
XIII fer	2 094	1 383	1 924	1 923	1 974	1 184	1 520	1 079
fer ouvragé	–	119	67	55	2	45	4	7
clous	6 1/2	23	62	1	33	10 1/2	56	38
ferrements	–	23	44	19	80	12	–	–
acier	504	107	230	533	106	205	299	333
fil d'archal	–	–	5	28	10	–	–	4
laiton en feuilles	–	26 bl	81 bl	717 bl	66 bl	26 bl	233 bl	33 bl
mercure	–	–	204	55	273	400	57	124
total	2 604	1 655 +	2 536 +	2 614 +	2 478 +	1 846 +	2 169 +	1 581 +
XV pierres à fusil	–	–	–	–	–	312 m	650 m	386 m
faïences	–	–	–	–	14 caisses	–	–	+
XVI livres, remèdes, etc.								
au palmeo	–	–	323	245	245	210	270	1 056 ?
marchandises de palmeo	3 726	3 734	3 726	5 070	2 933	2 724	5 510	5 628
marchandises en vrac	–	–	–	–	501	–	–	–
total	3 726	3 734	4 059	5 315	3 679	2 834	5 780	6 684
tonnage en tonneaux de jauge	9 896	7 561	10 635	12 240	11 312	7 479	10 285	11 409

La source principale a été constituée par l'*Atlas* de l'*Histoire philosophique* (pp. 126-127), complété éventuellement par les statistiques de M. Lerdo de Tejada pour la Vera Cruz. Il existe quelques différences entre les deux sources. On notera qu'en 1772, la flotte comptait au départ 7 674 tonneaux de « buque », et à l'arrivée seulement 6 012 à cause des tempêtes et des pertes.

La comparaison des tonneaux de jauge que nous avons calculés et des tonneaux de buque qui figurent dans les documents permet de se rendre compte du caractère instable du « tonneau de buque », très avantageux pour les affréteurs au début du siècle, beaucoup moins, quoique toujours supérieur au tonneau de jauge, dans les dernières flottes.

Abréviations : bl = baril ; dz = douzaine ; m = millier ; p = pièce. Les marchandises dites de *palmeo* introduisent un trouble dans notre appréciation des marchandises transportées en Amérique. Parmi elles, se trouvaient certainement de nombreux tissus, parmi lesquels les draps et les soieries non distingués par ailleurs.

Annexe D

Tableau 79. *Navires et cargaisons sortis de Callao de Lima*

vaisseau	argent	or	total annuel (en piastres)
1761			
Esperanza	1 219 353	210 687	
N. Sra del Pilar	438 365	32 449	
Toscano	2 162 422	585 621	4 648 899
1762			
Ermiona	1 877 429	399 208	
Los Pasajes			
alias la *Concepción*	1 058 400	232 878	3 567 917
1763			
San Miguel	795 811	134 428	930 239
1764			
Liebre	1 709 032	711 925	
Diamante	1 498 883	467 621	
Torero	884 739	340 777	5 612 980
1765			
Ventura	2 281 209	638 212	
Placeres	1 744 405	560 933	5 224 760
1766			
Concordia	2 489 280	488 530	
Gallardo	2 339 799	809 939	6 127 479
1767			
Famosa	177 816	37 308	
Ventura	1 864 227	510 823	
Aguila	1 285 827	415 208	
Matamoros	737 509	189 077	
Toscano	789 088	247 651	
Peruano	277 036	56 194	6 588 367
1768			
Sta Barbara	338 606	63 818	
Concordia	1 235 052	440 575	
Buen Consejo	970 621	206 336	
Rosario	119 114	235 746	4 734 871
1769			
Aguila	1 616 285	420 468	
San Miguel	550 061	92 001	
Ventura	2 128 098	623 997	5 430 911
1770			
Galga	830 931	179 080	
Aurora	704 693	211 552	
Concordia	909 732	182 055	
Ercules	750 311	126 121	
Diamante	519 948	129 110	4 543 537
1771			
1772			
Septentrión	2 163 358	509 394	

Tableau 79. *Navires et cargaisons sortis de Callao de Lima* (suite)

vaisseau	argent	or	total annuel (en piastres)
S. Lorenzo	2 670 505	593 041	
Astuto	1 094 844	237 833	
Liebre	566 172	148 821	9 163 603
Sta Rosalia	703 561	476 069	
1773			
Principe Lorenzo	1 780 007	419 064	
Aquiles	2 179 410	437 123	
Toscano	773 385	223 509	5 812 500
1774			
Industria	1 828 892	495 207	
Liebre	1 746 068	223 470	5 015 916
Aguila	446 800	175 477	
1775			
Astuto	813 674	100 864	
Buen Consejo	1 487 376	319 580	
Ercules	1 273 316	280 729	4 275 540
total	56 906 997	14 770 528	71 677 526

Marchandises

pour le roi :

2 660	charges 23 1/2 livres de cacao
885	quintaux de cascarille
27	quintaux d'herbe Cladinal (?)
13	quintaux de laine de vigogne
10 918	quintaux de cuivre
11 238	quintaux d'étain
185	quintaux de mercure en pierre (?)
8	arobes de poudre (d'or ?)
8	caissons de monnaies en provenance de l'Hôtel de Lima

pour les particuliers

416 202	charges 57 livres de cacao
115	quintaux 48 livres de chocolat et de cacao en gâteaux
1	caisson d'ambre
20	quintaux 5 livres de baume
10 008	quintaux de cascarille
1	caisson de civette
43	quintaux 62 1/2 livres d'herbe Ladahual
27	quintaux de salsepareille et 80 livres
2	quintaux 50 livres de palo santo
73	quintaux 68 1/2 livres de laine en suint
128	quintaux de laine de mouton
1 880	quintaux 70 1/2 livres de laine de vigogne
9	quintaux de laine d'alpaga
1 556	quintaux 65 livres de coton
6	couvertures de coton

26	petits draps de vigogne
149	couvre-lits
2	tapis de laine
12	paires de gants de coton
1 124	cuirs en poils
55	peaux de mouton
55 381	quintaux 40 livres de cuivre
4	cloches pesant 15 quintaux 44 livres
153	plumets
3	quintaux 1 livre de nacre de perle
2	caissons de pierre de Huamanga
1	quintal 50 livres de pierre de Besoar
21	caissons de marchandises diverses

(source : *Relación* du vice-roi Manuel Amat y Junient, d'après le manuscrit de la Bibliothèque de Rouen, collection Montbret n° 176).

Addendum 4

Le souci de vérifier si notre documentation était complète nous a conduit dans cette Etude 4 à multiplier les recoupements avec le matériel assez abondant publié antérieurement sur la question. Nous n'avons pas prétendu être exhaustif en ce domaine, considérant qu'à partir du moment où un chiffre apparaissait bien établi, il était un peu fastidieux et mal rentable de se mettre en chasse de la moindre variante et du plus infime lambeau d'information. Mais à tête reposée et en ayant, à côté du principal, quelques objectifs annexes, il n'y a pas à dédaigner et il est presque toujours intéressant de procéder à des confrontation inédites, complémentaires ou supplémentaires. Cet addendum sera donc consacré, d'abord, à l'énumération de quelques ensembles – sources et travaux – susceptibles de parfournir le tableau des arrivages américains et, plus largement, d'en éclairer certaines modalités. Nous saluerons ensuite le bel ouvrage d'Antonio Garcia Baquero Gonzalez, paru après la rédaction de cette étude, et nous dirons quelles réflexions il nous inspire tant dans la comparaison de nos données respectives que dans sa méthodologie et dans sa problématique.

Compléments divers

Au premier rang, et parce que les plus accessibles apparemment, nous placerons les documents officiels en provenance des vice-rois de la Nouvelle-Espagne et du Pérou, *in fine* de la Nouvelle-Grenade et du Rio de la Plata. Nous avons montré, déjà, avec les *Mémoires* du comte de Lemos au XVIIe siècle et de Manuel Amat y Junient au XVIIIe siècle en particulier, quel parti on pouvait en tirer pour identifier maints vaisseaux et maints trésors expédiés de l'Amérique en Europe. Il en existe parfois des copies d'époque dans les bibliothèques françaises : c'est l'une d'elles que, pour le dernier nommé, nous avons consultée à Rouen. Beaucoup de ces relations ont été imprimées dès le XIXe siècle, notamment dans les recueils de Fuentes et de Lorente (difficilement trouvables, malheureusement), voire réimprimées au XXe avec une fâcheuse propension, hélas, à se cantonner dans un XVIe spectaculaire et à négliger un XVIIe cependant passionnant lui aussi. La correspondance des mêmes vice-rois a moins fait l'objet de divulgations, bien que nous ayons à noter l'effort sérieux de M. Moreyra Paz-Soldan pour le Pérou. La Escuela de Estudio hispano-americanos a publié la biographie de plusieurs de ces personnages importantissimes de l'Empire espagnol. Mais les renseignements que l'on y glane pour notre propos sont des plus rares : le chargement d'un bâtiment (l'*Europa* arrivée le 9 février 1745 à Cadix, et encore sous certaines réserves) ; quelques confirmations ; une rectification d'origine (la *Sabina* en 1804). Les notices établies pour des vaisseaux au sortir de la Vera Cruz ne sont utilisables que si nous avons la certitude de leur arrivée de ce côté-ci de l'Atlantique et la certitude qu'aucune modification n'a été apportée à la cargaison en cours de route, notamment, à La Havane (ce qui aurait pu se produire pour l'*Europa*). L'argent du *S. Pedro de Alcántara,* par exemple, parti du Mexique le 6 décembre 1795, a été transbordé sur le *San Juan Bautista* à Cuba, et le premier nommé a rebroussé chemin sur la Vera Cruz. Nous n'avons aucune nouvelle après leur départ, le 15 juin 1800, des frégates *Tétis* et *Santa Brigida,* porteuses chacune de 2 millions de piastres, disparues en mer ou, plus probablement, capturées par les Anglais[207]. Le reste des informations d'ordre

---

207. E. Sarrable Aguareles, *El conde de Fuenclara, embajador y virrey de Nueva España 1687-1752,* Séville, 1962, p. 345. J.A. Calderon Quijano, *Los virreyes de Nueva España en el reinado de Carlos III,* Séville, 1968, et *Los virreyes de Nueva España en el reinado de Carlos IV,* Séville, 1972, avec une biographie de Felix Berenguer de Marquina par M. Rodriguez del Valle,

économique ou financier contenues dans ces biographies appelle aussi un traitement circonspèct. Il est assez suggestif, néanmoins, au sujet des remises pour compte du Roi entre possessions espagnoles à la fin du XVIIIe siècle et, surtout, des sources d'archives où pourraient se trouver tant de renseignements que nous cherchons en vain.

Ne quittons pas l'Amérique. Les problèmes de la production minière restent évidemment fondamentaux pour comprendre l'évolution du flux de l'or et de l'argent destiné à l'Europe. D.A. Brading a, récemment, publié un excellent travail sur les mineurs du Mexique à la fin de la domination espagnole ; Marie Helmer a promis, de longue date, d'écrire un beau livre sur le Potosi au XVIe siècle, etc. Reste à étudier ce qui s'est passé au XVIIe et même un peu au-delà. Sous l'angle statistique, en général, l'on n'est pas très gâté et, tout compte fait, les progrès n'ont pas été énormes depuis Soetbeer, sinon Humboldt. Est-il possible de trouver mieux ? Dans les archives, sans doute. Il y a certainement, sur ce sujet, une prospection sérielle à entreprendre sans omettre les renseignements ponctuels offerts par les *interrogatorios* et les *relaciones* signalés à juste titre par S. Vilar après Jimenez de la Espada, Paso y Troacoso et Garrera Stampa. J.F. Fisher a montré la voie pour le Pérou[208].

Le monnayage, on le sait, a souvent servi de substitut aux chiffres bruts de production des métaux précieux pour apprécier le volume extrait. L'équation n'est pas de stricte équivalence : une partie de l'or et de l'argent circulait en Nouvelle-Espagne et au Pérou, partait pour l'Espagne sous forme de poudre ou de barres. Mais l'activité d'un Hôtel des Monnaies présente toujours une valeur de suggestion et de contrôle, ce dernier fût-il un peu lointain. Souhaitons que les historiens qui s'occuperont de compléter notre documentation aient la gentillesse de nous livrer l'*annuel,* la production ou les frappes années par années, dussent-ils par la suite succomber dans l'analyse aux séductions à demi perverses de la période quinquennale ou de la

---

pp. 126-127, et une bibliographie de José de Iturrigaray par J.J. Real Diaz et A.M. Heredia Herrera, tome II, p. 204.

208. Saluons la maestria des vice-rois dans la prospection et la découverte de ressources à envoyer au Roi. Ils annoncent inlassablement que les fonds de la Hacienda sont épuisés, et ils trouvent moyen de répondre à jet continu aux demandes venues d'Espagne. Cf. dans le second ouvrage cité ci-dessus de Calderon Quijano la biographie du Marquis de Branciforte par M. del Populo Antolin Espino et L. Navarro Garcia durant l'année 1795 (tome I, pp. 409-490), et celle de José de Iturrigaray. Comment y parviennent-ils ? Que valent les déclarations péremptoires initiales ?

moyenne mobile... Pour notre part, nous nous permettrons de verser au dossier les chiffres réunis jadis par l'érudit colombien J.M. Restrepo dont nous n'avions eu connaissance en écrivant notre étude qu'à travers le *digest* d'un neveu abusif, et qui avait précisément réalisé une compactation soi-disant révélatrice mais, en fait, appauvrissante. L'oncle n'avait malheureusement pas, lui non plus, respecté d'un bout à l'autre l'annualité de ses informations (seulement à partir de 1770). En outre, au lieu d'exprimer la valeur des frappes à Bogota et à Popayan année par année, il avait cru bon de calculer des moyennes sur deux ans. Nous avons repris la computation en sous-œuvre. Une totalisation est rendue possible pour toute l'Amérique espagnole, à comparer avec les transferts en Europe.

Un troisième type de contrôle peut être recherché dans les ouvrages traitant d'un aspect régional de l'Empire espagnol ou d'un aspect sectoriel du commerce hispano-américain, l'un et l'autre de ces points de vue se conjuguant à l'occasion (cf. le Venezuela et la Compagnie de Caracas). L'inconvénient de cette prospection, c'est que la littérature à consulter, des histoires nationales aux études de détail, est surabondante, et qu'elle déçoit souvent parce que les auteurs se sont recopiés à qui mieux mieux, sans rien apporter de neuf ou si peu. Certaines discussions sur l'importance de tel ou tel itinéraire commercial ou l'efficacité d'une nouvelle disposition réglementaire en deviennent cocasses quand on s'aperçoit de la minceur des arguments statistiques. Toutefois, une évolution semble se dessiner, et, d'après les indications fournies ici et là sur le matériel archivistique, on peut espérer une reconstitution assez complète du mouvement des principaux ports de l'Amérique espagnole, au moins pour ce qui regarde les relations avec la métropole. Des jalons ont été posés par Moreyra Paz-Soldan et par G. Cespedes del Castillo pour Callao, par E. Ravignani et par J.C. Garavaglia pour le Rio de la Plata, R.D. Hussey et M. Nuñes Diaz pour Caracas, M. Nuñez Diaz, encore, pour La Havane. Carthagène serait, dans l'état de notre bibliographie, la moins bien pourvue ; à la Vera Cruz, il reste à combler l'intervalle qui sépare le temps des Flottes de l'établissement d'une balance commerciale, sans parler des périodes « sauvages » de *navios de registro* et de vaisseaux de guerre, dépositaires de trésors précieux. En plusieurs cas, les renseignements recueillis n'ont pour nous qu'une valeur indicative. Il s'agit des bâtiments ou des sommes qui sont sortis d'Amérique : encore faut-il les retrouver à l'arrivée. Le

Tableau 80. Frappes monétaires en Nouvelle-Grenade de 1753 à 1810*

(en piastres)

année	Hôtel de Bogota or	Hôtel de Bogota argent	Hôtel de Bogota total	Hôtel de Popayan or	total Nouvelle-Grenade or	total général
1753						
1754	1 018 040 (a)		1 020 335		1 440 965	1 443 260
1755			1 020 335		1 440 965	1 443 260
1756			1 020 335		1 440 965	1 443 260
1757			1 020 335		1 440 965	1 443 260
1758			622 370		1 043 000	1 045 295
1759	583 850 (b)		586 140		1 006 780	1 009 070
1760			586 140		1 006 780	1 009 070
1761			586 140		1 006 780	1 009 070
1762	931 405 (c)	2 295 (f)	648 131 (e)	422 928 (g)	1 232 990	1 235 295
1763			933 700		1 354 330	1 356 630
1764			933 700		1 354 330	1 356 630
1765			933 700		1 354 330	1 356 630
1766			933 700		1 354 330	1 356 630
1767	417 385 (d)		505 350 (e)		945 980	948 280
1768			419 679		840 310	842 605
1769			419 679		840 310	842 605
1770	376 430 (e)		378 725 (e)	625 887 (e)	1 002 320	1 004 615
1771	490 690		492 985	638 153 (h)	1 128 850	1 131 145
1772	858 900	4 114 (e)	863 015	638 153 (h)	1 497 050	1 501 165
1773	152 100	2 195	154 295	638 153 (h)	792 260	794 450
1774	536 390	900	537 290	638 153 (h)	1 174 550	1 175 450
1775	673 070	3 655	676 725	638 153 (h)	1 311 230	1 314 885
1776	578 490	3 340	581 830	638 153 (h)	1 216 650	1 219 990
1777	676 750	5 460	682 210	833 950	1 510 700	1 516 160
1778	679 980	2 150	682 080	745 340	1 425 270	1 427 420
1779	795 080	1 990	797 070	814 430	1 609 510	1 611 500
1780	761 500	3 630	765 130	787 930	1 549 430	1 553 060
1781	558 700	2 915	561 615	909 250	1 467 950	1 470 865
1782	1 030 880	1 925	1 032 805	898 700	1 929 580	1 931 505

Année						
1783	1 395 600	1 840	1 397 440	820 680	2 216 280	2 218 120
1784	744 250	6 285	750 535	956 820	1 701 070	1 707 355
1785	954 480	1 065	955 545	973 840	1 928 320	1 929 385
1786	767 650	2 025	769 675	879 150	1 646 800	1 648 825
1787	1 035 500	2 140	1 037 640	894 810	1 930 310	1 932 450
1788	900 400	1 880	902 280	932 630	1 833 030	1 834 910
1789	966 150	785	966 935	801 390	1 767 540	1 768 325
1790	972 810	1 380	974 190	885 820	1 858 630	1 860 010
1791	1 131 250	2 100	1 133 350	824 310	1 955 560	1 957 660
1792	1 109 710	9 640	1 119 350	951 380	2 061 090	2 070 730
1793	1 177 690	4 465	1 182 155	920 200	2 097 890	2 102 355
1794	993 820	9 010	1 002 830	984 160	1 977 980	1 986 990
1795	1 266 230	9 520	1 275 570	947 720	2 214 080	2 223 600
1796	1 075 660	14 875	1 090 535	947 850	2 023 510	2 038 385
1797	1 409 270	9 520	1 419 090	948 400	2 357 670	2 367 190
1798	1 484 120	11 475	1 495 595	924 350	2 408 470	2 419 945
1799	1 450 110	14 450	1 464 560	926 440	2 376 550	2 391 000
1800	1 470 600	8 500	1 479 100	931 470 (i)	2 402 070	2 410 570
1801	1 504 640	8 500	1 513 140	931 470	2 436 110	2 444 610
1802	1 402 350	11 050	1 413 400	931 470	2 333 820	2 344 870
1803	1 191 410	4 675	1 196 085	931 470	2 122 880	2 127 555
1804	1 273 150	3 825	1 276 975	931 470	2 204 620	2 208 265
1805	1 465 610	—	1 465 610	931 470	2 397 080	2 397 080
1806	1 456 980	2 975	1 459 955	931 470	2 388 450	2 391 425
1807	1 491 030	—	1 491 030	931 470	2 422 500	2 422 500
1808	1 191 430	4 675	1 196 105	931 470	2 122 900	2 127 785
1809	1 361 650	1 275	1 362 925	931 470	2 293 120	2 294 405
1810	1 109 710	8 500	1 118 210	931 470	2 041 180	2 049 680

* source : J.M. Restrepo, *Amonedación de oro y plata de la Nueva Granada*, Bogota, 1860.

a) moyenne annuelle du 12/7/1752 au 31/1/1758
b) moyenne annuelle du 31/1/1758 au 20/5/1762
c) moyenne annuelle du 20/5/1762 au 28/2/1767
d) moyenne annuelle du 28/2/1767 au 12/7/1770
e) année de frappe calculée au prorata des mois
f) moyenne annuelle du 12/7/1753 au 12/7/1772
g) moyenne annuelle de 1753 à 1770
h) moyenne annuelle de 1770 à 1776
i) approximation de Restrepo
nota : les chiffres ont été arrondis.

problème est le même que pour les informations puisées dans les papiers des vice-rois. Mais la confrontation n'est possible que si l'on dispose, en face de nos gazettes, de listes détaillées avec mention du nom des navires, de leur port d'origine voire de destination, de leur date de sortie, pour le moins. Une récapitulation annuelle, globale, des trésors expédiés du Pérou par la voie du Cap Horn, comme celle qu'a dressée Cespedes del Castillo pour les années 1780-1788, intéressante en soi et pour la vice-royauté, est pratiquement inutilisable pour des recoupements. En revanche, les relevés de Garavaglia pour le Rio de la Plata, parce qu'ils fournissent l'identité des navires, se prêtent déjà à des vérifications de nos propres matériaux. Ce n'en serait que mieux s'il y avait deux ou trois indications supplémentaires[209].

Il va de soi que l'on ne peut conclure sans autre forme de procès à une lacune des gazettes, en constatant qu'il nous manque une unité ou une autre dont le départ d'Amérique est avéré. Nous n'avons pas retrouvé, par exemple, à l'arrivée, trois des vaisseaux donnés comme sortis du Rio de la Plata en 1779, mais n'ont-ils pas été victimes de l'ouverture des hostilités avec les Anglais ? Nous sommes plus inquiets au sujet du *Lanzarote,* du *Grimaldi* et de l'*Ercoles,* partis en 1783, pour lesquels cette circonstance, apparemment, ne joue pas. Plutôt que d'imaginer leur perte en mer, nous serions tentés de croire qu'ils sont passés inaperçus parmi les quelques cent cinquante bâtiments rentrés en 1783 et en 1784[210]. Aucune incertitude à avoir, en revanche, pour les navires de la Compagnie de Caracas dont Hussey a relevé soigneusement le port et la date d'arrivée. Un

209. Référence globale à l'ouvrage collectif *La Mineria hispánica e ibero-americana*, Séville, 1972, 8 volumes parus ; M. Helmer, « Un tipo social : el minero de Potosi », *Revista de Indias*, 1956, pp. 80-120, entre autres articles ; P.J. Bakewell : *Silver mining and society in colonial Mexico Zacatecas 1546-1700,* Cambridge (Mass.), 1971 ; D.A. Brading, *Miners and merchants in Bourbon Mexico 1763-1810,* Cambridge, 1971 ; Howe *op. cit ;* W.F.C. Purser, *Metal mining in Peru past and present,* New York, 1971 ; J.R. Fisher, *Silver mines and silver miners in colonial Peru 1776-1824,* Liverpool, 1977 ; S. Vilar, « La trajectoire des curiosités espagnoles sur les Indes. Trois siècles d'interrogatorios et relaciones » *Mélanges de la Casa de Velasquez,* tome VI, 1970, pp. 247-304.
210. M. Moreyra Paz-Soldan, *Estudio sobre el tráfico marítimo en la época colonial,* Lima, 1944 ; G. Cespedes del Castillo, *Lima y Buenos Aires. Repercusiones económicas y políticas de la creación del Virreinado de la Plata,* Séville, 1947 ; E. Ravignani : « El volume del comercio del Rio de la Plata a comienzos del Virreinado 1779-1781 », *Boletín del Instituto de Investigaciones Históricas,* Buenos Aires, tome XV, 1937 ; G.O.E. Tjarks, *El consulado de Buenos Aires y sus proyecciones en la historia del Rio de la Plata,* Buenos Aires, 1962, 2 vol. ; et surtout J.C. Garavaglia, « El ritmo de la extracción de metálico desde el Rio de la Plata a la peninsula 1779-1783 », *Revista de Indias,* 1976, pp. 247-268, et « El Rio de la Plata en sus relaciones

pointage entre sa documentation et la nôtre confirme que, de ce côté, les gazettes ont été infidèles comme nous l'avions laissé pressentir[211]. Mais, durant les quelques années où elles ont été plus attentives, nous avons eu une surprise : celle d'enregistrer des arrivées qui avaient échappé à Hussey : un navire en 1753, deux en 1755, trois en 1756. En 1758, le compte est bon par un tour de passe-passe : les gazettes, ou, plutôt, les correspondants des Granjean ont ignoré deux des unités fichées par Hussey (le *Cristobal,* arrivé le 21 mai, et le *Santiago o Castello Blanco,* arrivé le 3 juillet), mais elles en ont retenu deux autres qui lui avaient échappé (le *S. Ignacio,* arrivé le 9 janvier, et le *S. François Xavier,* arrivé le 19 juin), les deux dernières étant communes (*Sta Ana,* arrivée le 1er juillet, et *S. José,* arrivé le 14 octobre). Or, cet « accident » à rebours ne se produit pas que sur la

---

atlánticas : una balanza comercial 1779-1784 », *Moneda y Credito,* 1977, pp. 75-101 ; Hussey, *op. cit.* ; M. Nunes Diaz, *El Real Consulado de Carácas 1793-1810,* Caracas, 1971 ; H. Tandron, *El Real Consulado de Carácas y el comercio exterior de Venezuela,* Caracas, 1971 ; M. Nunes Diaz, *O comércio libre entre Havana e os portos de Espanha,* São Paulo, 1965.

Voici les chiffres en piastres d'exportation des métaux précieux pour Callao : (1) d'après G. Cespedes del Castillo ; (2) d'après le registre des douanes selon A. Soetbeer, *op. cit.,* p. 67.

	(1)	(2)		(1)	(2)
1781	291 854		1789		2 449 946
1782	2 016 835		1790		5 220 387
1783	2 053 520	443 306	1791		4 962 699
1784	18 774 846	16 152 916	1792		8 285 841
1785	2 202 494	7 144 325	1793		4 560 318
1786	8 054 371	8 285 660	1794		5 047 815
1787	4 459 098	4 518 246	1795		6 450 323
1788	3 573 098	5 463 973			

Toute vérification est malheureusement impossible. D'après Garavaglia, il sortit de Buenos Aires et de Montevideo pour l'Espagne, en 1779, 2 048 897 piastres ; en 1780, 109 433 ; en 1781, 755 023 ; en 1782, 3 119 043 ; en 1783, 6 272 716 ; en 1784, 6 277 076. Le nom des bâtiments et le chiffre de leurs cargaisons sont indiqués individuellement, mais non la date de départ qui faciliterait le repérage à l'arrivée. C'est ce dernier détail manquant qui gêne au sujet des vaisseaux dont il sera question un peu plus loin.

211. Hussey, *op. cit.,* pour comparaison, cf. étude 4. Ci-dessous, le nombre des vaisseaux des Caraques d'après nos sources et d'après Hussey :

1728 : 1/0	1737 : 3/5	1746 : 4/4	1755 : 3/1	1764 : 4/7	1773 : 5/5	1782 : 4/0
1729 : 1/0	1738 : 3/3	1747 : 0/0	1756 : 3/5	1765 : 2/6	1774 : 8/8	1783 : 2/0
1730 : 0/0	1739 : 2/3	1748 : 1/3	1757 : 2/8	1766 : 5/8	1775 : 6/7	1784 : 2/0
1731 : 2/0	1740 : 7/8	1749 : 2/4	1758 : 4/4	1767 : 6/8	1776 : 1/6	1785 : 1/0
1732 : 2/2	1741 : 2/3	1750 : 1/1	1759 : 3/8	1768 : 2/5	1777 : 0/5	
1733 : 2/2	1742 : 2/4	1751 : 0/1	1760 : 6/7	1769 : 5/7	1778 : 1/5	
1734 : 2/2	1743 : 2/2	1752 : 1/2	1761 : 4/7	1770 : 4/7	1779 : 0/0	
1735 : 3/5	1744 : 2/2	1753 : 5/4	1762 : 0/2	1771 : 7/8	1780 : 0/0	
1736 : 2/4	1745 : 2/2	1754 : 0/4	1763 : 3/5	1772 : 7/7	1781 : 1/0	

Cf. aussi M. Izard : *Ensayos statísticos sobre la economía de Venezuela,* Caracas 1977.

ligne des Caraques. Nous l'avons constaté aussi pour Montevideo à propos de paquebots (la *N. Sra del Socorro* et le *Tenerife*, partis à la fin de 1779) et de vaisseaux chargés de marchandises seulement (ainsi de la frégate portugaise *Nazaret* et du *S. Joseph* alias *el Vigilante* partis en octobre 1783). C'est pourquoi la précision des données est indispensable afin d'éviter toute fausse appréciation et toute erreur de repérage. Ce « perfectionnisme » n'a pas toujours la même importance en ce qui concerne les trésors. Il sera très intéressant de disposer de chiffres pour les paquebots qui revenaient du Rio de la Plata et qui semblent en avoir transporté, parfois, d'assez considérables. Les vaisseaux des Caraques et de La Havane ne rapportaient guère en argent que la paye des équipages : la distorsion est faible en ce qui les concerne, malgré leur nombre[212].

Quatrième et dernier test : un contrôle, port par port, des arrivées en Espagne. Ce travail revêtirait une ampleur indéniable pour la période finale, quand la libéralisation de la navigation provoqua une large dissémination des retours, les hâvres de fortune rivalisant de surcroît avec les hâvres habilités. Nous en avons dit un mot à propos de Barcelone, que la *Gaceta de Madrid* a ignorée purement et simplement, et à laquelle le *Correo Mercantil* n'a pas accordé toute sa place. Mais il y aurait à chercher du côté d'Alicante, Carthagène d'Espagne et Malaga (en évitant les doublets), de Puerto Santa Maria, San Lucar et Séville (même remarque), des ports de Galice, de Santander, Saint-Sébastien et du Passage. Il est possible, sinon probable qu'à Barcelone, la presse locale, le *Diario de Barcelona*, permette des comptages rapides – vaisseaux et trésors – et nous avons dit notre regret de n'avoir pu pousser nos investigations jusqu'en Catalogne, la thèse de Pierre Vilar y laissant augurer une moisson intéressante. A Carthagène, Malaga, voire Séville, il faudrait sans doute aller directement aux Archives municipales ou, même, à l'Archivo general de las Indias. Les monographies urbaines consultées, de Malaga, Santander, Saint-Sébastien, contiennent fort peu de renseignements. Nous n'avons rien trouvé sur La Corogne,

212. Citons au hasard la frégate-paquebot *El Rey* de Montevideo, arrivée à La Corogne le 27 avril 1790 avec 605 794 piastres, *La Diana*, même provenance, arrivée à La Corogne le 11 août 1790 avec 491 611 piastres, etc. Mais à côté de ces vaisseaux assez riches, plus nombreux, les *El Marte* avec 10 522 piastres (Cadix, 30 juin 1790), les *S. Geronimo* avec 7 606 piastres (Cadix, 13 août 1790), les *N. Sra de Begoña* (de La Havane) arrivée à Santander le 8 août 1790 avec 2 900 piastres, etc.

pourtant très importante à cause des paquebots[213]. Il faudrait d'ailleurs, pour la Galice, prendre en considération presque tous les ports, non seulement les grands : Vigo, le Ferrol, mais encore les minuscules : Muros, Corcubion, Zedeyra, Camariñas, etc. Nous avons déjà discuté de l'incidence que ces « repêchages » pourraient avoir sur la courbe générale des arrivages, à l'aide des récapitulations nationales de 1784, 1785, 1786, 1792, 1802 et 1803. Nous avons indiqué les relèvements qui nous paraissaient opportuns pour compenser les lacunes de notre documentation. Ils sont modérés : 10 % dans une première période, 5 % dans une seconde. Qu'on ne s'étonne pas de leur faiblesse : pour l'un quelconque des ports que nous avons cités, le trafic avec l'Amérique a pu être précieux, subjectivement ou dans l'absolu, et même à Barcelone par le nombre des unités impliquées[214], mais relativement ils continuaient d'être dominés par Cadix, et leurs rentrées se fondaient dans la masse, sauf exceptions mémorables surtout en temps de guerre (cf. à Santoña en 1799). Il faut donc en revenir finalement à Cadix pour procéder à la confrontation la plus décisive.

Cadiz y el Atlantico
d'Antonio Garcia Baquero Gonzalez

L'ouvrage de Garcia Baquero Gonzalez n'est pas limité à la reconstruction du mouvement commercial de Cadix entre 1718 et 1778, bien que c'en soit l'épine dorsale. L'auteur a eu l'ambition de saisir l'âme du commerce, sinon plus, et d'ajouter ainsi à son entreprise ce qui manquait quelque peu – malgré des échos et malgré le livre de Michèle Moret paru ultérieurement – à *Séville et l'Atlantique*. Il a voulu replacer l'activité du grand port andalou dans le cadre de la politique de l'époque, de l'inspiration politique de l'époque qu'il résume du mot « mercantilisme », et dont le fruit était

213. Sur Barcelone, en plus de la thèse de Vilar, nous avons consulté : F. Rahola y Tremols, *Comercio da Cataluña con América en el siglo XVIII,* Barcelone, 1931. Nous n'avons pu prendre connaissance de C. Martinez Shaw, *El comercio entre Cataluña y América (1680-1756),* Thèse inédite, Barcelone, 1973 ; F. Berajano, *Historia del Consulado y de la Junta de Comercio de Málaga,* Madrid, 1947 ; V. Palacio Atard, *El comercio de Castilla y el puerto de Santander en el siglo XVIII,* Madrid, 1960 ; J.A. del Camino y Orella, *Historia civil - diplomática - ecclesiástica anciana y moderna de la ciudad de San Sebastian,* Saint-Sébastien, 1963, Fausto Arocena éd.

214. 77 bâtiments en 1787, 65 en 1792, 50 en 1795. Cf. Vilar, *La Catalogne dans l'Espagne moderne,* Paris, 1962 ; tome III, pp. 498-501.

le monopole gaditan. Mais il a cherché aussi à répondre à quelques questions irritantes de l'historiographie espagnole : la présence ou l'absence de capitaux – la fameuse accumulation primitive – à l'origine du ratage de la Révolution industrielle dans la péninsule au XIXe siècle et, même, à la fin du XVIIIe, dit-il, l'existence ou le défaut d'un esprit industrialiste parmi les négociants, l'influence du commerce extérieur sur la croissance de la production intérieure, etc. Nous y reviendrons. Ce qui nous retiendra en priorité, ce sera tout de même le travail statistique, pierre de touche du nôtre *ex natura*.

Garcia Baquero Gonzalez a pris des distances vis-à-vis de la méthodologie et de l'inspiration déductive de Pierre Chaunu. Outre une circonspection plus grande à l'égard des données brutes de l'*arqueamiento* – le jaugeage des vaisseaux – susceptibles de glissements importants selon les circonstances, il montre et il exprime à plusieurs reprises une réserve formelle quant à la légitimité d'une assimilation tonnage de jauge/volume des marchandises[215]. Il a élargi ses curiosités aux types des bâtiments et à leur construction, nationale ou étrangère, aux marchandises exportées, aux trésors et aux *frutos de la tierra* importés d'Amérique. Il est loin, cependant, de s'être dégagé de toute imprégnation et, en bien des aspects, son œuvre se ressent d'une imitation et d'une acceptation du modèle. Grande attention apportée au calcul des tonnages à l'aller, au retour, aller et retour (comme dans le livre de Chaunu) et, finalement, utilisation dominante de cet indice pour une analyse de la conjoncture. Recours dans le commentaire à des scansions de type cyclique, en particulier aux Kondratieff, résurgence de jugements traditionnels sur la crise du XVIIe siècle et sur la valeur œcuménique en Europe du rythme atlantique au XVIe – ce que la lecture de notre article de l'*Anuario de Historia Económica y Social* aurait dû enrober d'un voile de doute, au moins.

Le matériel de base est celui qui se trouve à l'*Archivo General de Indias* consulté par Garcia Baquero Gonzalez après avoir reçu la *luz verda,* le feu vert, de la part de Pierre Chaunu. Il comprend

---

215. Par exemple : « Sin llegar a compartir plenamente el optimismo de Chaunu, para quien el tonelaje constituye el valor mas sólido y seguro para determinar el volumen de cualquier economia del Antiguo Regimen, no dudamos se trata de un elemento francamente válido y ahí que, a la hora de cuantificar el tráfico, haya recurrido a el como primer indice. No obstante, debo insistir en ello, la exactitud de este dato no es tan rigurosa como ha pretendido el propio Chaunu y de ello se ha dejado constancia, repetidas veces a lo largo de este trabajo » A. Garcia Baquero Gonzalez, *Cadiz y el Atlantico 1717-1778*, Séville, 1977, tome II, p. 114.

essentiellement les *libros de registro* (quatre pour le XVIIIe siècle) et les registres eux-mêmes des bâtiments, c'est-à-dire les documents, comportant déclaration des marchandises transportées, dont chaque unité devait théoriquement être dotée pour être en règle, ces documents ou leurs doubles. Les *libros de registro* sont de simples répertoires des registres déposés, constatant leur entrée ou leur présence dans les archives de la Contaduria, le service comptable de la Casa de la Contratación. Chacun de ces registres y est désigné sommairement par le nom du navire, le type (parfois), le nom du capitaine *(mestre)* et du propriétaire, le lieu de construction, le lieu de destination ou de provenance avec la date du départ de Cadix ou du retour dans la métropole. La principale différence des *libros de registro* du XVIIIe siècle, par rapport à ceux étudiés par Pierre Chaunu, réside, outre leur meilleur ordonnancement géographique, dans l'absence de données relatives au tonnage : totalement pour les bâtiments revenus des Indes, partiellement jusqu'en 1738, puis totalement pour ceux qui y allaient. La rubrique du tonnage a donc été remplie à l'aide des registres dépouillés individuellement quand l'indication y avait été portée, assez irrégulièrement semble-t-il, puisque le pourcentage des *toneladas* (de 1,37 ou 1,42 m³ évidemment) *conocidas* (directement ou indirectement) oscille de 100 % (en 1741, 1745 et 1746) à 32 % du total (en 1734), et celui des *toneladas evaluadas* en sens inverse, sans que, d'ailleurs, on discerne très bien les principes sur lesquels reposent les restitutions en cas d'inconnues[216]. Garcia Baquero Gonzalez a tenu compte des critiques formulées naguère par W. Brulez et E. Otte contre les *libros de registro*. Il admet leurs défaillances pour ce dont ils n'ont pas eu à connaître : les vaisseaux de la Compagnie guipuzcoane partant de Saint-Sébastien et du Passage, les vaisseaux sans registre du commerce libre après 1765, les vaisseaux de contrebande qui, par définition, échappent aux regards officiels. Avec le reste, c'est-à-dire les Flottes et les Galions tant qu'ils existèrent, les vaisseaux de permission *(navios sueltos)*, les azogues, *avisos* et *mixtos,* il pense être venu à bout de son projet initial : reconstituer du mieux possible, la liste des embarcations qui circulèrent entre Cadix et l'Amérique de 1717 à 1778[217].

---

216. Probablement à partir des types de navires auxquels est consacré un long chapitre, tome I, pp. 229-257, où se trouvent aussi les indications sur la *tonelada*. De manière assez bizarre, notre travail sur les jauges, cité dans le texte, ne se retrouve pas dans la bibliographie.

217. « En nuestro caso sabíamos perfectamente lo que buscabamos ; pretendíamos obtener

Garcia Baquero Gonzalez a rencontré davantage de difficultés
dans la recherche du volume des marchandises échangées. Cela est
dû à l'état des sources. Pour les exportations durant la période 1720-
1751 il a disposé, à côté des registres proprement dits, de résumés
analytiques valables pour les *navios sueltos*. Il en a tiré un tableau suivi
des quantités embarquées et a eu l'excellente idée de les traduire en
toneladas de fret. Les résumés font défaut après 1751. Le traitement
exhaustif des registres, qui restait le seul recours, n'a pas paru
possible à Garcia Baquero Gonzalez, en raison de la masse documentaire (plus de 1 000 *legajos)*. Il s'est donc contenté d'une comparaison
de la composition des *buques* entre les Flottes parties avant la date-
charnière (sept) et celles parties après (six), son but étant d'observer
les modifications significatives, s'il s'en était produit. Effectivement,
il note une augmentation substantielle en pourcentage des produits
manufacturés au détriment des produits agricoles. Malheureusement, ce n'est pas très probant, et il le reconnaît honnêtement. Les
Flottes dont le tonnage représentait 46 % de tout le tonnage utilisé
sur la route de l'Amérique espagnole avant 1739, n'émargeaient plus
que pour 13 % après 1751, et rien ne garantit que l'on ne
retrouverait pas le déficit apparent en vins, vinaigre, eaux-de-vie et
huile dans le chargement des *navios sueltos* et des vaisseaux du
commerce libre de ce temps-là. La situation est meilleure en ce qui
concerne les importations, y compris celles de l'or et de l'argent
qui nous intéressent au premier chef. Leur quantification aurait été
faite de manière exhaustive à la Casa de la Contratación de 1717 à
1738, puis de 1747 à 1778. De sorte, qu'à l'exception d'une brèche de
neuf ans – pour laquelle ne subsistent que les registres originaux avec
leur infini détail – le contrôle des importations paraît complet à
Garcia Baquero Gonzalez. Une évaluation en valeur des marchandises, distincte de l'évaluation un peu suspecte dérivée de la
perception du 1 % des avisos, est même disponible à partir de 1747.
Cet optimisme doit s'entendre, cependant, comme pour le mouvement des navires, dans le cadres des registres présents à l'Archivo
General de Indias et sous réserve des déficiences éventuelles qui
pourraient se révéler ultérieurement. Toutes ces données sont
présentées en tableaux clairs, quoique parfois complexes, dans le
volume II (les regroupements dans le texte, par grandes périodes

uną lista lo mas completa posible de los navios que fueron y vinieron de América entre
1717 y 1778 », *op. cit.*, tome I, p. 26.

inégales, ont paru moins heureux). La confrontation avec notre matériel achoppe, néanmoins, sur l'impossibilité d'identifier les unités individuellement et sur une ventilation géographique trop amalgamée[218]. Enfin, on regrette que Garcia Baquero Gonzalez n'ait pas renouvelé, pour les importations, son initiative de priser la masse des marchandises en tonneaux de fret.

Le relevé de Garcia Baquero Gonzalez confirme un fait déjà perçu à travers les papiers Granjean et le livre de Hussey : à savoir l'attention fluctuante ou sélective des gazetiers... et des consuls quant au signalement des arrivées en général. Il suffit d'embrasser d'un même regard les deux listes, pour s'en rendre compte. Dans les deux premières décennies seulement, le rapport entre le nombre des embarcations qui nous sont connues grâce à notre propre documentation, et celui des bâtiments enregistrés à Cadix est tantôt bon (1721, 1723, 1724...) ou assez bon (une ou deux unités absentes), et tantôt mauvais (un tiers des unités absentes) ou très mauvais (1732, 1733, 1734...). Les ambiguïtés qui pèsent sur la nomenclature de Garcia Baquero Gonzalez et qui pesaient, autrefois, sur le rôle exact joué par les vaisseaux de guerre, fréquemment usurpateurs de fret commercial empêchent de juger avec précision de la catégorie des transporteurs omis dans nos sources et de leur importance pour le trafic. Lorsque, dans les années suivantes, les papiers Granjean puis la *Gaceta de Madrid,* qui annonçaient consciencieusement l'entrée des paquebots, s'adjoignent aux autres documents, les totaux se rapprochent. L'appoint, par rapport aux premiers documents, consiste dans les vaisseaux « à fruits », les avisos et autres courriers. Il serait délicat d'extrapoler tout de go pour la période antérieure : d'autres raisons, on le verra, militent pourtant dans ce sens. Malgré les renforts documentaires, notre liste présente à nouveau par année quelques défaillances sérieuses (1768, 1769, 1771, 1777...) dont la nature ne pourra s'éclaircir, encore une fois, que par la suite. Toutes ces lacunes sont fâcheuses en elles-mêmes, bien que la critique interne des gazettes ait permis de les prévoir, et qu'elle ait écarté l'idée de vouloir dresser un tableau à prétentions exhaustives uniquement avec leurs données. Il est évident que les récapitulations des marchandises importées d'Amérique souffrent de l'état de choses, les denrées les plus affectées étant, comme l'on s'y attendait,

---

218. Caracas et Carthagène se retrouvent ensemble dans la catégorie Terre-Ferme, Buenos Aires et Callao sous la dénomination Resto Continente.

le sucre et le tabac, cargaisons préférées des *navios sueltos*, à la différence de l'indigo et surtout de la cochenille encore embarquées par priorité à bord des grands convois. Néanmoins, notre objectif ayant été de reconstituer la courbe des arrivages des métaux précieux – et non une autre – le test de validation de notre travail se trouve ailleurs. Il va se révéler à la fois positif et surprenant.

Si nous examinons par comparaison les chiffres rassemblés pour les trésors par Garcia Baquero Gonzalez et par nous-même, nous constatons d'emblée des désajustements constants. Tous ne sont pas significatifs. Il n'aurait pas été raisonnable d'attendre une adéquation parfaite. Trop de petits faits allaient à son encontre, à commencer par les divergences éventuelles entre deux notices d'un même bâtiment, et à continuer par les embrouilles des marcs d'or et d'argent qui ne sont pas toujours traduits en piastres équivalentes, des arrondissements de sommes, des soldes d'équipages sur les petits navires qui n'ont pas toujours été recensées, des reports d'unités d'un exercice à l'autre, facilités par la concentration fréquente des arrivées à la fin de décembre ou au début de janvier. En fonction de cela, les divergences en plus ou en moins jusqu'à la centaine de milliers de piastres n'appellent pas de commentaire (ce qui n'interdit pas aux amateurs de s'ingénier à découvrir ici ou là la cause d'un défaut si minutieux). Mais tenons-nous en aux plus importantes. On doit les distinguer de deux sortes : (1) des divergences que nous appellerons « négatives » parce qu'elles font apparaître nos données comme sous-évaluées par rapport à celles de Garcia Baquero Gonzalez ; (2) celles que nous appellerons positives pour la raison inverse. Les divergences négatives sont moins nombreuses (17 cas sur 62) ; elles se rencontrent pour la plupart après 1760, formant bloc surtout après 1770 ; elles sont plus faibles en ordre de grandeur que les divergences positives, soit en moyenne, soit en maximum absolu (− 4 066 089 piastres en 1775, contre + 15 133 711 piastres en 1729). Que représentent ces divergences (de l'une et l'autre sorte) ? D'où viennent-elles ? Quelles conclusions faut-il en tirer sur la valeur de la documentation, tant la nôtre que celle de Garcia Baquero Gonzalez ? Quels sont les chiffres qui seront retenus, en définitive ?

Du point de vue méthodologique, le traitement de ces divergences est à faire en deux temps : les divergences négatives d'un côté, les positives d'un autre. Pour être efficace, le traitement doit, aussi procéder par examen individuel des cas, au coup par coup, puis par classement lorsque cela est possible. Indiquons enfin que nous nous sommes servi dans notre comparaison des minima qui étaient à notre disposition dans notre documentation, écartant tout ce qui était signalé en surplus comme non enregistré et qui aurait faussé l'entreprise *ipso facto,* retenant même, dans le doute, de deux notices concurrentes, la plus modeste.

Tableau 81. *Tableau comparatif*

année	nombre de vaisseaux				trésors de retour		différence
	(1)	(2)	(3)	(4)	(1)	(2)	
1717	19	16	10	12	3 339 482	7 615 848	+ 4 110 695
1718	15	15	9	13	6 331 441	7 312 440	+ 980 999
1719	3	3	0	2	392 886	442 372	+ 49 486
1720	12	11	0	9	7 354 037	7 986 920	+ 632 883
1721	23	23	17	23	11 792 132	15 857 442	+ 4 065 305
1722	9	9	2	7	17 335	76 200	+ 56 865
1723	20	20	11	21	14 872 045	21 330 401	+ 6 458 356
1724	20	20	14	20	11 499 087	10 846 000	− 653 087
1725	7	6	2	3	−	−	−
1726	7	7	3	8	700 477	2 248 154	+ 1 547 677
1727	27	20	13	24	12 863 803	13 628 977	+ 765 677
1728	7	7	3	9	−	4 360 000	+ 4 360 000
1729	37	28	16	26	10 774 055	25 897 766	+ 15 113 711
1730	22	20	11	15	12 393 069	11 785 971	− 607 048
1731	19	16	7	15	7 031 407	9 764 888	+ 2 733 481
1732	23	22	16	16	8 183 798	9 517 183	+ 1 333 385
1733	10	8	3	5	−	−	−
1734	24	24	13	10	19 112 212	20 732 774	+ 1 620 562
1735	14	13	8	5	3 631 914	3 604 458	− 27 422
1736	13	13	6	6	7 723 358	7 854 492	+ 131 154
1737	24	20	15	?	14 210 433	14 189 122	− 21 311
1738	14	13	6	5	58 594	7 500 000	+ 7 441 406
1739	16	16	6	9	−	7 107 860	+ 7 107 860
1740	15	12	8	14	−	7 625 516	+ 7 625 516
1741	18	16	13	9	−	3 750 000	+ 3 750 000
1742	19	19	16	9	−	2 345 000	+ 2 345 000
1743	19	15	14	11	−	7 214 000	+ 7 214 000
1744	16	15	12	8	−	9 204 024	+ 9 204 024
1745	18	13	12	7	−	9 694 714	+ 9 694 714
1746	19	18	17	10	−	6 694 789	+ 6 694 789
1747	9	9	6	5	7 944 214	8 212 921	+ 268 707
1748	17	17	16	12	3 329 335	4 816 732	+ 1 487 397
1749	34	33	22	13	26 876 331	34 887 801	+ 8 011 690
1750	40	40	23	29	20 037 252	30 150 113	+ 10 112 861
1751	24	24	19	19	−	8 644 226	+ 8 644 226
1752	35	29	20	30	19 902 816	25 393 397	+ 5 490 581
1753	36	36	30	25	13 857 154	13 924 541	+ 67 383
1754	23	23	16	22	12 598 111	14 905 872	+ 2 307 761

Tableau 81. *Tableau comparatif* (suite)

année	nombre de vaisseaux				trésors de retour		différence	
1755	34	32	21	33	19 453 684	23 170 094	+	3 716 410
1756	22	17	13	24	6 940 342	15 436 670	+	8 496 328
1757	24	24	18	27	10 393 392	12 061 493	+	1 668 101
1758	30	30	23	31	22 797 462	22 224 941	−	572 521
1759	26	26	19	21	5 181 075	12 721 112	+	7 540 037
1760	38	36	30	30	14 548 804	13 955 800	−	593 004
1761	46	44	37	39	16 309 785	16 236 395	−	73 390
1762	7	7	5	8	255 443	279 947	+	24 504
1763	26	19	10	29	14 692 032	16 236 395	+	1 544 363
1764	41	41	24	40	17 507 965	16 996 267	−	511 698
1765	43	35	22	44	18 163 669	18 335 371	+	171 707
1766	35	27	25	36	9 806 224	11 813 154	+	1 306 930
1767	44	40	28	43	28 497 067	28 679 498	+	184 431
1768	46	46	28	33	12 815 799	12 107 518	−	708 281
1769	60	47	33	29	7 193 755	6 960 808	−	232 947
1770	49	44	34	42	25 811 234	27 439 200	+	1 627 966
1771	70	41	18	26	1 702 075	1 350 318	−	351 777
1772	51	41	25	46	20 242 854	19 866 571	−	376 283
1773	40	38	33	41	9 796 213	9 016 980	−	779 233
1774	37	36	27	37	31 367 175	31 015 761	−	351 414
1775	37	35	27	34	18 937 049	14 870 960	−	4 066 089
1776	34	32	27	32	10 478 138	9 101 162	−	449 847
1777	41	37	37	19	4 351 660	2 110 364	−	2 241 296
1778	112	52	38	45		32 362 254		

nombre de vaisseaux de retour :
1) total selon Garcia Baquero Gonzalez
2) total des navires marchands + navios mixtos (même source)
3) total des vaisseaux marchands (même source)
4) total des vaisseaux de retour selon nos propres sources
trésors de retour
1) selon les sources de Garcia Baquero Gonzalez
2) selon nos propres sources
différence :
+ en faveur de nos sources
− en faveur des sources de Garcia Baquero Gonzalez

La nomenclature des vaisseaux, selon A. Garcia Baquero Gonzalez ne lève pas toutes les ambiguïtés. Parmi les navires de guerre qui semblent constituer la différence entre son total général et son total spécialisé, certains ont eu sans doute un rôle de transporteurs d'argent et d'autres un rôle de défense uniquement ou, en 1771 et 1778, de transport de troupes. Dans notre propre décompte figurent toutes les unités sans distinction sauf les transports de troupes.

Cette rigueur a, peut-être, sinon presque probablement, été à l'origine de la première divergence négative en 1724. Les trésors qui ont été recensés cette année-là dans nos sources ont tous été rapportés par la Flotte de la Nouvelle-Espagne, et il est assez

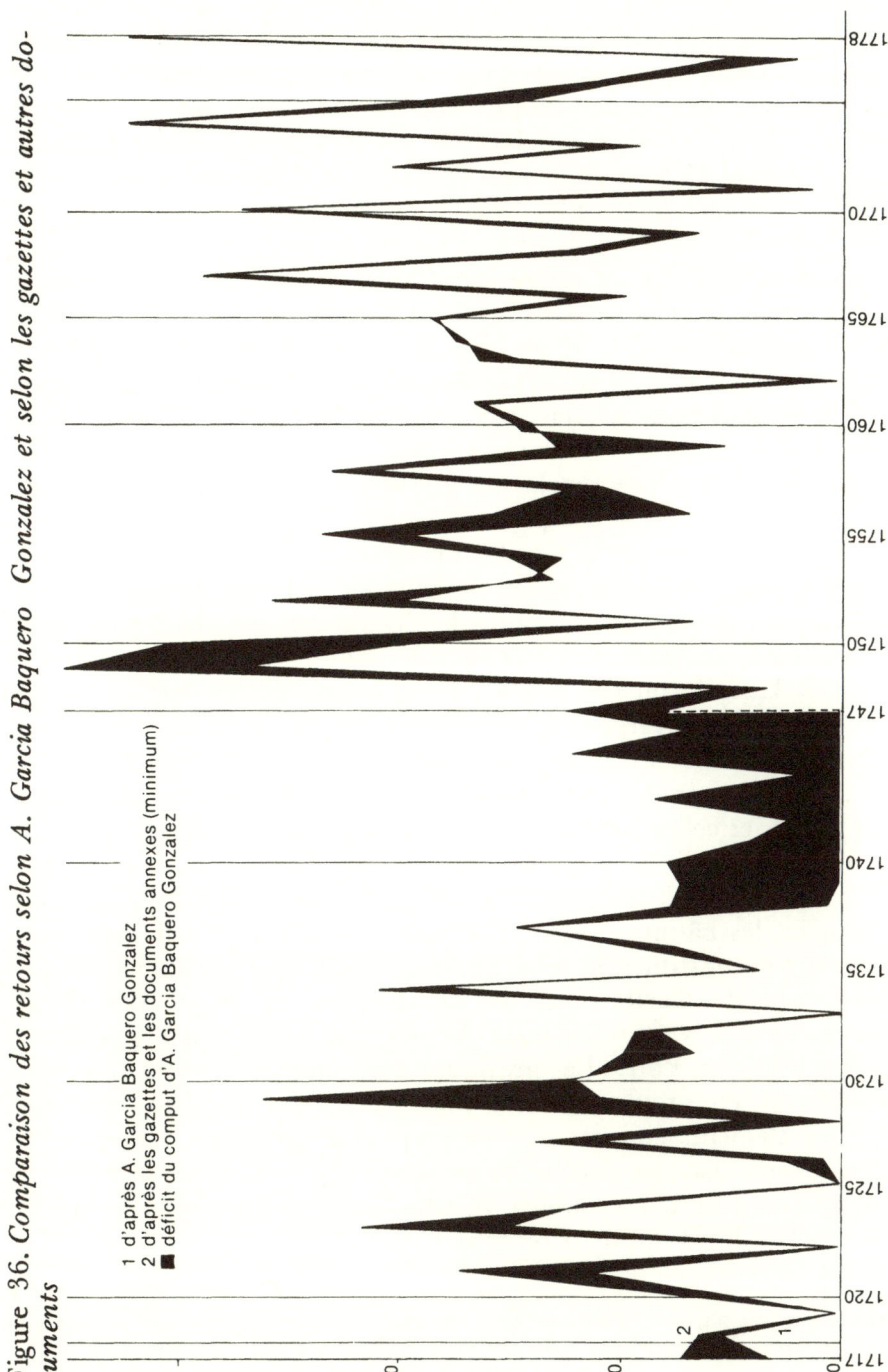

Figure 36. *Comparaison des retours selon A. Garcia Baquero Gonzalez et selon les gazettes et autres documents*

1 d'après A. Garcia Baquero Gonzalez
2 d'après les gazettes et les documents annexes (minimum)
■ déficit du comput d'A. Garcia Baquero Gonzalez

raisonnable de croire qu'il en a été ainsi effectivement, puisque le tableau du mouvement des navires est complet et qu'aucun des bâtiments non inclus dans la Flotte ne semble pouvoir être tenu pour responsable de l'apport supplémentaire nécessaire pour combler le déficit. Celui-ci s'élève à − 653 087 piastres. Mais il existe entre les notices de la Flotte publiées en Hollande la différence que voici : la liste parue dans la *Gazette d'Amsterdam* contient plusieurs articles qui ne figurent pas dans celle de l'*Europische Mercurius* (qui a été retenue comme minimum), et notamment 5 000 marcs d'or « en masse ». L'inclusion de ce poste dans le calcul du trésor de la Flotte, le relève d'un montant de 600 000 piastres qui réduit dès lors la divergence à peu de choses et explicable par ailleurs. La présomption de justesse de la supposition est renforcée par l'observation en détail de la ventilation entre les métaux précieux. D'après Garcia Baquero Gonzalez, l'or aurait représenté une somme de 1 081 757 piastres ; on ne trouve que 330 000 piastres dans la version du *Mercurius,* mais 930 000 dans celle de la *Gazette.* En adoptant la dernière leçon et en optant, par conséquent, pour le maximum contre le minimum, dans ce cas, nous ferions disparaître la divergence, en dépit d'un léger flottement persistant. C'est la solution unique dans cette confrontation, à laquelle on est conduit presque inévitablement[219].

Les autres divergences négatives peuvent se répartir en deux groupes : celles inférieures au million de piastres (de 232 947 à 779 233), au nombre de quatorze (en négligeant le déficit insignifiant de 1735), et celles supérieures à un million, au nombre de deux. Le premier groupe n'offre que peu de mystère. En consultant le tableau des arrivées de navires, on découvre rapidement, en effet, lorsqu'il est complet, les bâtiments dont la charge n'a pas été mentionnée mais aurait pu constituer le joint recherché. Ce sont généralement des vaisseaux de Carthagène, de Montevideo ou de Buenos Aires, rarement des vaisseaux de la Vera Cruz. Il ne s'agit pas d'une hypothèse en l'air. La pratique des notices, montre que des bâtiments en provenance des trois ports de l'Amérique du Sud, principalement, étaient souvent fournis de plusieurs centaines de milliers de piastres chacun et de simples avisos d'une centaine et plus. Les documents publiés récemment par Garavaglia le confirment. Il suffit d'un, deux ou trois vaisseaux, pour que le compte s'y

---

219. Il y a, bien sûr, dans l'absolu une autre solution chargeant d'or et d'argent l'aviso revenu de Carthagène et la frégate du Roi venant de Cuba... A la date de 1724, elle surprendrait.

retrouve[220]. Plus subtile est l'explication éventuelle du déficit de l'année 1768. Nous n'avons pas pour elle un mouvement des navires complet. Le déficit des trésors peut donc provenir des absents. Plus de précision ne semble pas exclu. La carence totale des retours de Carthagène invite à y détecter l'origine de notre trouble, sans préjudice, bien entendu, d'autres unités venues d'autres ports et non répertoriées, ou non inventoriées. Parmi les onze années en question, une seule est rebelle à cette clé, l'année 1773, parce qu'elle affiche complet en ce qui concerne le nombre des navires et qu'on ne discerne vraiment pas à quel vaisseau il faudrait décerner le pompon du trésor évanescent.

Dans le second groupe, années ayant une divergence négative supérieure à un million, l'année 1777 se ramène plus ou moins à l'explication précédente. Cependant, l'importance de la somme à retrouver s'oppose à lui assigner un lieu d'émergence sûr et a fortiori unique, à moins d'envisager un gros retour en provenance de Callao en sus des trois déjà mentionnés (la relation du vice-roi, le Marquis de Guirior, nous est restée inaccessible)[221]. Quant à l'année 1775, c'est la plus fascinante. Cette fois, peu de bâtiments se sont évadés de nos filets, le Pérou a donné tout ce qu'il pouvait et, vu la somme, plus de quatre millions, on hésitera ou on répugnera à incriminer les quatre pauvres petits paquebots de Montevideo. A tort, peut-être, mais y a-t-il un autre biais ? Ce n'est pas impossible, quoique difficile à prouver. A cette époque, il était courant que les cargaisons fassent l'objet d'évaluations successives : les métaux, les fruits, le total. Or, le noyau des trésors en 1775 a été ramené en juillet par la flottille de D. Adrian Caudon y Cantin comptée pour 8 843 541 piastres, or et argent, et pour 12 358 103 piastres, total des totaux. S'il y avait eu quiproquo à un moment quelconque de la transcription, y compris au XVIIIe siècle à la Contaduria, la divergence négative serait

---

220. Les listes de Garavaglia dans son article de la *Revista de Indias* permettent de restituer les cargaisons métalliques du paquebot *Diligencia* arrivé à Camarinas le 20 mai 1779 (164 148 piastres), de la *Princesa* arrivé le 30 juin à La Corogne (229 504 piastres), de la *N. Sra del Carmen* arrivée à Cadix le 12 juillet (196 222 piastres), du paquebot la *Infanta* arrivé à La Corogne le 3 septembre (171 454 piastres) et du *Tucuman* arrivé à La Corogne le 27 novembre (185 190 piastres). Soit un total retrouvé pour 1779 de 946 518 piastres. Les listes de Garavaglia sont-elles complètes ? Les gazettes signalent en 1780 l'arrivée le 20 janvier de la *N. Sra del Socorro*, en provenance de Montevideo, certainement partie l'année précédente et non répertoriée, ainsi que du paquebot *Tenerife* parti le 4 décembre 1779, toujours de Montevideo.

221. Rien à ce sujet dans V. Palacio Atard, *Areche y Guirior : observaciones sobre el fracaso de una visita al Peru*, Séville, 1946.

considérablement réduite. Cette conjecturation vaut ce qu'elle vaut. En l'absence d'une publication détaillée des arrivages, et faute d'accès immédiat à la source, elle ne pouvait pas ne pas être formulée, sans que l'erreur, s'il y en a bien eu une, doive être considérée comme flétrissante[222].

En résumé, les divergences négatives, à l'exception de celles de 1773 et de 1775, apparaissent comme potentiellement « réductibles », l'origine de la sous-estimation étant déjà détectée ou non. Il va de soi qu'une prospection complémentaire reste souhaitable, et, même qu'une reprise de certains papiers consulaires ou autres ne serait pas inutile pour faire plus de lumière, nonobstant de nouvelles investigations à Séville. Les années en discussion en recevront aussi de l'amélioration, si tant est que leur contentieux subsiste intégralement ou en partie. Hormis toujours ces deux-là, les divergences négatives sont, d'autre part, contenues dans les marges que nous nous étions accordées pour la validité des computs. Elles ne se mettent donc en aucune manière en travers des résultats acquis. Leur concentration en fin de période aurait de quoi inquiéter si l'on y voyait un signe de détérioration en qualité, des informations de la presse. Mais les contrôles qui ont été opérés pour les années suivantes et dont il a été question dans le corps de l'étude, sont là pour rassurer.

Venons-en aux divergences positives et débarrassons-nous sans plus tarder du laps 1738-1748 correspondant à la «guerre de l'oreille de Jenkins», puis de la Succession d'Autriche, et laissé en blanc par Garcia Baquero Gonzalez. Nul ne lui jettera la pierre pour avoir reculé, démuni qu'il était de résumés-guides, devant la tâche qui lui a paru démesurée, d'un dépouillement direct des registres. Il faudrait, pour agir autrement, ne jamais avoir été affronté soi-même à des recherches longues, éprouvantes, fastidieuses, décourageantes et rebutantes. S'en gausseront seuls les pharisiens et les tricheurs. Mais revenons à nos moutons. Dommage, malgré tout, qu'aucun chiffre n'ait été donné pour ces années de guerre, beaucoup moins déprimées, finalement, que Garcia Baquero Gonzalez ne les avait jugées, un peu témérairement[223]. Il est même assez remarquable que

---

222. La différence subsistante pourrait alors être assumée par les paquebots de Montevideo.

223. « Los nueve años comprendidos entre 1738 y 1747 no tienen resúmenes y hubiese tenido que cuantificar registro por registro, lo que suponía un empeño excesivo para una relativamente poca importancia de los resultados. La desproporción entre el trabajo requerido y los resultados obtenidos me hizo desistir, ya que el fenómeno creo que queda

les Espagnols aient réussi à maintenir envers et contre la *Navy* anglaise un module des arrivages relativement aussi important. Les registres de Cadix ne sont pas remis en cause par ces omissions. Ils ne le sont pas davantage lorsque la différence entre nos chiffres et les leurs provient de piastres transportées pour le compte de Sa Majesté Catholique par une flotte portugaise du Brésil et débarquées à Lisbonne. Le cas s'est produit plusieurs fois, et singulièrement en 1749 pour une somme de six millions. La Casa de la Contratación n'a pas failli à son devoir en l'occurence. Heureusement, pourra-t-on dire néanmoins, que les gazettes étaient là...

Mais nous avons à nous occuper des années à propos desquelles s'instaure un véritable litige qu'il faut trancher. Rappelons en préambule quelques remarques déjà faites et ajoutons-y une autre. Les divergences positives sont nombreuses, souvent très amples, ce que rehausse le parti de les avoir calculées *a minima*. Elles posent donc un réel problème. La remarque que l'on a à ajouter est celle-ci : les notices publiées dans les gazettes ou recueillies dans la correspondance des consuls de 1717 à 1778 sont des notices de qualité, précises dans le décompte des piastres, détaillées dans celui des marchandises. Il y a peu d'informations douteuses, et la seule, derrière laquelle on a mis un point d'interrogation se trouve hors jeu à cause de sa date : 1740[224]. Il en résulte que dans la confrontation à entreprendre, les informations sur lesquelles notre travail à été bâti ne sauraient être discréditées d'entrée, sous prétexte qu'elles seraient de moins bonne venue que les résumés conservés aujourd'hui à l'Archivo General de Indias. En première analyse, même, ils auraient dû coïncider... S'ils divergent, au total, une raison doit en être recherchée. Aucun préjugé, *pro et contra*, cependant, n'a droit de cité en cette instance. Les piastres des gazettes ne sont pas plus légères a priori que les piastres des registres.

A ce tournant de la discussion, on regrettera à nouveau que Garcia Baquero Gonzalez ait cru suffisant de livrer des chiffres annuels et inutile d'en donner le détail. Ceci nous oblige à partir de notre propre documentation et maintes fois à ne proposer que des solutions plausibles, voire probables, mais sous réserve de confirma-

---

bien cuantificado y no podían esperarse alteraciones de importancia con la acumulación de esos nueve años al total de los 55 años tratados. (*op. cit.*, tome I, p. 337).

224. Les gazettes signalent à cette date des arrivées de vaisseaux de Buenos Aires en Galice, au Portugal, en Andalousie, et il est difficile de les identifier, voire de les distinguer les uns des autres. Tout ceci se verra dans les notices lorsqu'elles paraîtront.

tion. C'est convoi à convoi, vaisseau à vaisseau, que la comparaison aurait dû être menée. Pour épurer encore le débat, concédons qu'en 1729 une chance minime de doublet s'est présentée avec l'arrivée conjointe des azogues de Rodrigo de Torres et de la Flotte de D. Manuel Lopez Pintado : la divergence en serait diminuée, passant de 15 à 9,5 millions, elle ne serait pas supprimée. Convenons que les registres des azogues rentrés en 1731 diffèrent du manifeste qui fut publié l'année suivante, après une *visita,* et que notre ventilation des trésors des Galions entre l'Amirante de 1731 et la Capitane de 1732 a quelque chose d'arbitraire : on aura sauvé une année. En 1763, enfin, la substitution à la notice insérée dans la *Gazette d'Amsterdam* de celle qui figure dans la *Gaceta de Madrid*, résoudrait également la difficulté, bien que faussement, à notre avis[225]. Là s'arrête, de toute façon, l'effort que, loyalement, l'on peut consentir en faveur d'ajustement des données. Pour tout le reste, la confrontation aboutit à relever ce qui manque à la documentation gaditaine.

En 1717, la différence apparaît toute entière sur la liste des effets enregistrés à bord de l'*Hermione* et des vaisseaux l'accompagnant (N.B. : des vaisseaux du Pérou seraient arrivés aussi la même année, dont nous n'avons pas les cargaisons). En 1721 – nous ne mentionnons que les années spectaculaires – ce sont les vaisseaux arrivés de Buenos Aires, avec plus de quatre millions dans leurs flancs, qui semblent avoir été « sautés ». En 1723, les azogues de D. Fernando Chacon ont apporté près de neuf millions de piastres qui se sont évaporés. En 1729, abstraction faite par convention des azogues, la charge des Galions est sous-estimée de huit millions au moins, et la frégate de Carthagène, *El Incendio,* totalement ignorée. En 1749, en sus de l'argent venu par le Brésil, il manque probablement le trésor du *Condé,* navire de Callao. En 1750, le relevé fourni par Garcia Baquero Gonzalez correspond aux chargements de la Flotte de D. Benito Antonio Spinola et de la flottille arrivée deux mois auparavant, mais néglige le registre de Buenos Aires, les vaisseaux de Carthagène, ceux de la Mer du Sud, le *N. Sra de Begoña* de la Vera Cruz, etc. En 1751, il n'y a rien, strictement, des huit millions revenus (8,6 pour être plus exact). Faut-il persévérer ? En 1755, nous avons l'embarras du choix entre plusieurs navires à un ou deux millions de piastres qui ont pu couler, au figuré, dans l'océan des

---

225. La notice de la *Gazette d'Amsterdam* est plus détaillée que celle de la *Gaceta de Madrid* et détaille en particulier l'or et l'argent. Les proportions sont correctes.

archives de la Contaduria. En 1756, ne seraient-ce pas les vaisseaux de guerre *América, Asia* et *El Fuerte* qui auraient subi l'éclipse ? En 1770, pour en finir, un ou deux vaisseaux de Callao, à moins que ce ne soit de Carthagène ?

Il est temps de conclure. Les relevés de Garcia Baquero Gonzalez sont très incomplets. A quel endroit se place la défaillance ? On ne le saisit pas clairement. Certains résumés sont-ils infidèles aux registres ? N'a-t-il été gardé de ceux-ci que des tronçons, des *trozos* ? D'où vient que plusieurs vaisseaux, voire de petites flottilles n'aient pas été pris en charge ? S'agirait-il de navires de guerre à bord desquels l'enregistrement aurait été escamoté ou superficiel ? Nous avons été troublés de lire sous la plume de Garcia Baquero Gonzalez que les azogues, par exemple, auraient eu peu d'importance pour le commerce[226]. A l'aller peut-être, mais au retour nous voyons les richesses affluer avec eux. Du point de vue technique, d'ailleurs, l'évolution du transport des métaux précieux a jeté son dévolu de plus en plus au XVIIIe siècle sur les vaisseaux gros porteurs, des *Aquila Volante* de Callao aux *Fuerte* et autres *S. Pedro de Alcántara,* dont la charge valait à elle seule toute une Flotte de la Nouvelle-Espagne au XVIIe siècle ; nous avons déjà eu l'occasion de le dire. Quoi qu'il en soit, le problème posé par Brulez et par Otte ressurgit brusquement. Ils avaient contesté « l'utilisation du *libro de registro* comme source pour l'étude du trafic hispano-américain » au XVIe siècle, et voici que les gazettes, avec leurs recopiages ingénus, prennent en flagrant délit les sommations expéditives du XVIIIe, au sommeil dans les Archives. Cela montre que, méthodologiquement, l'on ne saurait jamais s'entourer de trop de précautions. Et, en outre, qu'une publication de données doit s'efforcer autant que possible, de livrer le « brut » – sans préjudice de l'élaboré – afin de permettre les contrôles et les recoupements. Aujourd'hui, les gazettes sont les garantes de Hamilton pour la période 1580-1630. A lui seul, ce résultat aurait justifié notre entreprise. Mais nos gazettes ont apporté plus : toute la trame de 1580 à 1805. Qu'on nous pardonne un napoléonien « Elles ont bien mérité de l'histoire ». Ce sont leurs chiffres, naturellement, que nous avaliserons en attendant mieux, si possible.

L'hypothèque gaditaine qui pesait sur nos travaux et que, nous en

---

226. « Ahora bien, si a pesar de ello hemos insistido en dedicarles [los azogues] un epígrafe junto con los avisos, se ha debido mas que su importancia real a ese prurito totalizador con que hemos pretendido abordar este estudio ». *(op. cit.,* p. 180).

faisant une obligation de courtoisie, nous n'avions pas entrepris de dissiper nous-même, se trouve ainsi levée. Levée et non levée diront certains en raffinant. Levée parce que les archives de la Casa de la Contratación ont été à présent ouvertes, découvertes, divulguées, et qu'on ne peut plus se prévaloir d'un mystère sinaïtique enfoui, dissuasif et écrasant pour les modestes feuilles des gazettes : les révélations, aujourd'hui, sont d'hier. Non levée parce que la comparaison des résultats de part et d'autre aboutit au constat décevant que le dépôt de l'Archivo general de Indias est criblé de failles, du moins au niveau auquel l'investigation a été effectuée, et sans que les mérites de Garcia Baquero Gonzalez soient remis en cause. Il a lui-même cerné le problème auquel s'aheurtera un prolongement des « fouilles » – le mot n'est sans doute pas trop fort. Immensité de la tâche et rendement, qui sait, dérisoire. Mais l'hypothèque ainsi renouvelée et déplacée affecte beaucoup plus *Cadix et l'Atlantique* que les incroyables gazettes – on est sincèrement navré de le dire. A cause de la texture et du grain de leurs informations, celles-ci peuvent laisser s'instruire, sans énormes appréhensions, les éventuels procès en révision. Qui mieux est, ce sont elles qui ont versé au dossier les éléments nouveaux qui militent en faveur d'un réexamen des registres de la Carrera, et qui, finalement, offrent les meilleurs jalons pour rendre ce labeur moins inconfortable[227]. Qui vivra verra... Quel commentaire faire cependant, ou quel jugement prononcer dans l'aventure immédiate sur la reconstruction du mouvement commercial hispano-américain et sur la reconstruction de la conjoncture qui nous sont proposées dans le livre de Garcia Baquero Gonzalez ?

Conjoncture et croissance

Bien lui en a pris, probablement, de ne pas pousser très loin l'idée de corréler entre eux, tonnages et métaux précieux. Dans cette direction, il s'en est tenu à une esquisse peu appuyée et à une comparaison plutôt globalisante entre des regroupements périodiques. Cette discrétion, louable en elle-même assurément, le rejette néanmoins tout entier sur le premier terme de l'analyse pour l'étude de la conjoncture, Quoi qu'il en soit, il érige et exalte le tonnage en

---

227   En partant de nos listes, le chercheur aura la possibilité de se reporter directement aux registres des vaisseaux non encore répertoriés.

indicateur quasi unique – laxisme épistémologique qui précipite maintes fois dans l'erreur et maintes fois dans le non-sens, devons-nous radoter sans plaisir, hélas ! Nous pourrions nous en tenir là, mais pourquoi ne pas suivre Garcia Baquero Gonzalez sur son terrain, le même que celui de Pierre Chaunu, et s'interroger sur la présentation qu'il fait de sa courbe ? Partant de 1681, date située en amont du travail principal, la courbe des tonnages s'incline en pente descendante jusqu'en 1709 environ, remonte ensuite jusqu'à un niveau supérieur vers 1730 au niveau d'origine, subit un léger tassement entre 1740 et 1745, puis entame une ascension puissante, à peine entrecoupée de quelques encoches, et se termine, au bout de cet élan, après 1765, par un palier très élevé. L'auteur croit pouvoir découper cette courbe en trois Kondratieff : (1) de 1681 à 1709 ; (2) de 1709 à 1747 ; (3) de 1747 à 1778, limites flexibles, précise-t-il, ce dont on lui donnera acte volontiers. Mais il se refuse à descendre plus minutieusement dans une cyclologie fine de cycles courts et sous-cycles à l'instar de Chaunu. Il note en effet une coïncidence presque jamais démentie entre les maxima de la courbe et les années à Flottes ou à Galions, entre les minima et les intermèdes. Ce qui fait intervenir, selon lui, un facteur absolument exogène, extérieur au mécanisme économique[228].

Garcia Baquero Gonzalez fait ainsi preuve de réalisme. A quoi bon, en effet, torturer les chiffres et les courbes pour leur extorquer une « leçon » cybernétique quand celle du concret s'impose primordialement et suffit amplement peut-être ? Ce dont on peut s'étonner, en revanche, c'est de voir enfreinte cette attitude dès lors que l'on passe de la courte à la moyenne ou à la longue durée. Dans les coupures qui séparent les Kondratieff entre eux, il est difficile de ne pas remarquer l'effet des guerres, les moments les plus angoissants pour le commerce hispano-américain du conflit de la Succession d'Espagne ou du conflit de la Succession d'Autriche. Et si l'on

---

228 *Op. cit.*, pp. 551-556. Garcia Baquero Gonzalez, qui est remonté jusqu'en 1681 pour les tonnages, s'est abstenu de le faire pour les trésors, bien qu'il ait eu à sa disposition, par ordre chronologique, notre article liminaire et l'Etude n° 1, et celui de l'*Anuario* (« Gazettes hollandaises et trésors américains » *Anuario de historia económica y social*, tome II, 1969, pp. 289-362, tome III, 1970, pp. 139-209 ») ainsi que l'ouvrage d'Everaert (*De internationale en koloniale handel der Vlaamse : firma's te Cadiz 1670-1700*, Bruges, 1973). Les computations effectuées à partir du droit de 1 % *ad valorem*, dit *derecho de aviso* (tome II, pp. 256-257) semblent peu fiables. Des importations d'un montant de 75 millions en 1729 et 92 en 1731 laissent sceptiques. En sens inverse, le total de 1749 (3,6 millions de pesos) jure avec les retours connus en or et en argent qui frôlent les 35 millions.

prolonge par la pensée l'étude de Garcia Baquero Gonzalez, gageons que la guerre d'Indépendance américaine lui ménagera aussi, durant deux ou trois ans, cette pause presque miraculeuse qui canonise un Kondratieff. Mais dès lors, façonnés par l'événement, ces « cycles » ont-ils droit à l'autonomie *sui generis*, à une indépendance supposée de l'économique, à l'appellation ? Ce ne sont plus que des périodes vaguement trentenaires, réglées par des aléas, des « séquences » encadrées par des faits dominants, le talent des historiens à les dégager s'assimilant à celui que leurs prédécesseurs, jadis, déployaient dans le repérage de « périodes » significatives en histoire politique.

Il y a là comme une contradiction interne. Elle était amorcée, déjà, dans le chapitre dédié aux guerres à l'intérieur de l'ouvrage de Garcia Baquero Gonzalez. Les conflits internationaux y étaient traités en rubrique, de manière analytique, presque dépersonnalisés, détemporalisés, réduits à n'être plus qu'un « phénomène perturbateur du trafic » parmi d'autres, avant la piraterie et avant les accidents météorologiques. La brièveté des hostilités dans lesquelles fut engagée l'Espagne entre 1717 et 1778, à l'exception de la guerre de Succession d'Autriche, a pu induire cette conception[229]. Elle s'applique mal aux conflits de la période 1681-1713, conflits longs – guerre de la Ligue d'Augsbourg, guerre de la Succession d'Espagne – sauf la « petite » guerre du Luxembourg. Le Kondratieff dépressif, le premier, de 1681 à 1709[230], a connu dix-huit années de guerre sur vingt-huit. Si on le fait s'achever en 1714, vingt-deux sur trente-trois, et presque à la queue leu leu. On réfléchira, de plus, que la courbe de la navigation hispano-américaine reflète la guerre vécue dans la métropole, sinon plus spécialement à Cadix avec son lot de sièges, d'invasions, de blocus. Pour les colonies, les infinissables atermoiements des Flottes étaient compensés par les arrivées semi-régulières des vaisseaux français ou par la contrebande pure. Saint-Malo, la Jamaïque et Curaçao ont ressenti la guerre de manière différente, au

---

229 *Op. cit.*, pp. 540.550.

230 Il nous paraît difficile de voir dans le creux de l'année 1709 « una simple intensificación de la tendancia del ciclo ». Il y a là abus. Il serait aussi peu soutenable de prétendre que chaque guerre serait amenée par un phénomène économique, ce qui évidemment sauverait l'endogénéité du système, mais créerait à l'échelon international des imbroglios inextricables. L'Espagne, n'étant entrée dans la guerre de Sept Ans qu'en 1762 et n'en ayant souffert qu'un temps assez bref, faudrait-il incriminer en France et en Angleterre une dépression d'origine économique à périodicité différente, plus fréquente et plus longue ?

point que certains auteurs lui ont attribué pour leur messe, des vertus qu'elle n'eut probablement pas.

Garcia Baquero Gonzalez n'a pas tenu compte, non plus, de l'interférence, mineure par rapport à la guerre mais tenace, du vaisseau anglais de permission entre 1717 et 1739. Celui-ci ne concurrençait pas seulement le commerce régulier au Mexique ou dans l'isthme : sa simple menace entraînait à Cadix la comédie du « j'y va-ti ? j'y va-ti pas ? » entre deux affûts du meilleur moment, jusqu'à la rouerie des Galions déguisés en registres. Le second Kondratieff, de récupération ou de démarrage, en garde son allure étriquée, nouée. Sans parler de l'infestation des Caraques par les Hollandais, qui ne cessa guère avant 1730. A la question posée par Garcia Baquero Gonzalez de savoir quelle conjoncture représente sa courbe : l'espagnole ou l'européenne, répondons fermement : l'espagnole. Ou, plutôt, que la courbe espagnole exprime l'un des faciès d'une conjoncture qui l'enveloppe, l'une des réponses parmi tant d'autres à cette conjoncture, et qui d'informée, à son tour, devint informante, partie de cette conjoncture et partie influençante sur le reste de l'Europe. A force d'insister sur la spécificité de l'économie et d'en vouloir dégager des sortes de lois de pure endogénéité, on finit par oublier que nous ne vivons pas dans le monde des anges et que le politique a des incidences sur l'économique, devient de l'économique en modifiant les situations, même s'il est dévoré ensuite – ce qui n'est pas rare – par sa conquête.

Garcia Baquero Gonzalez consacre d'ailleurs quelques bonnes pages à ce problème des rapports du politique et de l'économique. Il a pris connaissance des discussions – certaines anciennes – sur la guerre cause et effet, la guerre moteur ou naufrage du progrès économique. D'autre part, comme il est dit en commençant, il s'est installé d'emblée au cœur des controverses entre systèmes de politique économique : mercantilisme contre libéralisme, dans la grande tradition des historiens espagnols et ibéro-américains (sans exclure d'autres nationalités). Position justifiée apparemment par l'insufflation du second, progressivement, dans la pâte du premier au cours du XVIIIe siècle : multiplication, puis prolifération des *navios sueltos* et, ultérieurement, des bâtiments du commerce libre, jusqu'à la dernière Flotte de la Nouvelle-Espagne dont la rentrée au bercail met l'apostille au bas d'une histoire dorénavant forclose et scellée[231].

---

231 Nous ne savons pas pourquoi le retour de cette dernière Flotte n'a pas été inclus dans

Mais là encore, un risque n'affleure-t-il pas de gauchir l'observation en prêtant à la politique une efficacité qu'elle n'a pas toujours et en sous-estimant des poussées quasi naturelles issues de pressions ambiantes ? L'organisation de la navigation en Flottes et en Galions, le monopole de Cadix étaient, d'ailleurs, indépendants du problème général de l'exclusif métropolitain sur ses colonies, dogme « mercantiliste ». Ce n'est pas en 1778 qu'a cédé l'imperium espagnol sur l'Amérique, c'est durant et après les guerres napoléoniennes Un retour au réalisme autorise une autre lecture des courbes.

Ni de droit ni de fait, le rattachement économique des colonies à leurs métropoles n'est un produit du mercantilisme comme un théorème issu d'une algèbre supérieure. C'est un développement, tout simplement, du *jus possidenti*. Il était implicite aussi bien dans la Bulle *Inter Coetera* que dans l'occupation par la force de la colonie du Sacramento, des Malouines ou de la Baie de Nootka. Personne jusqu'au XVIIIe siècle n'a songé à le nier quant au fond (pour la pratique, il en allait différemment). Seule condition : occuper effectivement le pays et ne pas s'en laisser chasser, car la propriété, comme on le sait, appelle le vol et *cedant armis bullae...* Au début de la colonisation, à des groupes d'hommes peu nombreux, les secours venus de l'extérieur étaient indispensables, et il fallait qu'ils viennent du « pays ». Un débarquement arrivé d'ailleurs aurait fleuré le soufre, la conquête, l'extermination, l'expulsion ou l'assujettissement. L'intérêt de la mère patrie coïncidait avec celui de ses enfants exilés. Mais le lien qui les unissait dessus les océans, la navigation, n'avait aucune garantie de n'être jamais coupé, bien au contraire, par les pirates, corsaires et ennemis de tout poil. L'organisation des grands convois, des Flottes et des Galions au XVIe siècle répond à la nécessité de réduire les risques, de se cuirasser, de se défendre. S'y ajoute, de la part du monarque, le désir de contrôler fiscalement un trafic fructueux pour son Hacienda, le même qui invite à promouvoir un seul port comme tête de ligne. C'est un parti logique, c'est un parti rationnel. Fonctionnant régulièrement, c'était un bon parti.

Aucun, cependant, n'est inaltérable. Les Flottes, aussi, pouvaient essuyer les injures des adversaires, être retardées, bloquées dans leurs rades, voire dispersées ou capturées. L'annualité devenue mythe, il devient souhaitable d'envoyer des unités isolées, de

l'étude de Garcia Baquero Gonzalez. Respect trop scrupuleux de la date du décret de liberté du commerce ?

préférence rapides, porter des nouvelles ou quérir des trésors ; il est impératif, en outre, de fournir aux mineurs du Nouveau Monde le mercure sans lequel l'argent n'aurait plus brillé : d'où les azogues. C'est la revanche de la légèreté sur la lourdeur, du faufilement sur la marche lente. Mais les Flottes peuvent se transformer de leur côté, se resserrer. Au lieu de donner sa chance à tout patron, d'accueillir le tout venant même au prix d'un amenuisement du coefficient de charge, les impératifs seront de bourrer les cales, voire d'encombrer les vaisseaux de guerre de voyager à quelques-uns, de ne plus avoir l'angoisse des éparpillements en pleine mer et des pannes dans l'attente des traînards. On ne peut et on ne doit concevoir dans l'histoire de la Carrera un modèle de perfection qui aurait été atteint une fois avec les Flottes et Galions, aurait dû demeurer intangible, et dont l'abâtardissement aurait sonné le glas de la décadence du commerce lui-même. A la fin du XVIIe siècle, l'on en était incontestablement à un régime de convois ramassés, de tonnage relativement faible mais utile. N'empêche qu'ils ramenaient des trésors considérables. Et au XVIIIe siècle, alors que Pierre Chaunu n'avait pas encore bouleversé les critères, un Miguel de Zavala pouvait, en évoquant les 45 millions de piastres chargés à Portobelo en 1690, les 45 millions encore en 1696 et les 41 de 1708 par opposition aux minables 11,5 de 1739, regretter les temps heureux qui s'étaient enfuis et déplorer les temps dégénérés dans lesquels il vivait[232].

Inerte, la colonisation espagnole en Amérique ne l'était pas non plus. L'espace, progressivement, était occupé, cultivé. Des voies d'accès nouvelles étaient ouvertes, puis rodées et fréquentées, comme celles qui reliaient Buenos Aires au Haut Pérou. Des producteurs avaient des denrées à vendre, comme les planteurs de cacao du Venezuela. L'assouplissement du système de navigation était appelé de l'intérieur, en vertu du principe que tout terminus commercial rentable trouverait des chalands, et que les propriétaires de biens périssables accueilleraient comme des sauveurs les premiers capitaines qui offriraient de les décharger, contre rémunération de leurs récoltes. Nous savons que les registres de Buenos Aires datent du XVIIIe siècle, parade à une contrebande trop tentante. Les Cara-

---

232 Ce texte de Miguel de Zavala est connu indirectement par une consulte au Marquis de Villafrancia du 20 avril 1774 (cf. *Documentos para la historia argentina*, Buenos Aires, 1915 tome V, pp. 344-345).

ques attendront plus longtemps et ne recevront de navires régulièrement qu'après les îles, après le Honduras. Mis à l'épreuve, mis à
l'essai, ce moyen, d'abord annexe, prendra son essor au XVIIIe
siècle. La Compagnie guipuzcoane est de 1728, celle de La Havane
de plus tard encore, comme le développement de la culture du tabac
et celui de la culture du sucre qui pourvoieront les bâtiments en fret
de retour. Entre l'innovation et le déploiement, les temps ingrats de
la guerre de Succession d'Espagne, les années de restauration et de
redémarrage de 1714 à 1738. Avec l'intronisation des Bourbons en
Espagne, ç'aurait été l'époque du mercantilisme actif, du mercantilisme épanoui. Penchons-nous sur cet aspect du problème.

Durant la guerre de la Succession d'Espagne, le monopole colonial
espagnol a couru son plus grand danger avant le XIXe siècle. Les
vaisseaux malouins, profitant de permissions plus ou moins subreptices, s'insinuèrent un peu partout en Amérique du Sud, et l'on
murmurait à Cadix que leurs armateurs n'étaient pas étrangers au
retardement de l'envoi des Flottes d'aller. Contre cette dilution du
monopole et contre son élimination à court ou moyen terme,
Philippe V a réagi dans le sens des intérêts de ses sujets[233]. Le
principe de l'Exclusif a été réaffirmé et réintroduit dans les faits, avec
le consentement de tous les pays d'Europe et avec la réserve de la
licence donnée aux Anglais pour leur vaisseau de permission et pour
la fourniture des esclaves noirs. Du point de vue réglementaire, le Roi
a sanctionné un fait acquis : le déplacement du pôle de la navigation
hispano-américaine de Séville à Cadix ; il a tenté d'instituer par ses
différents *Proyectos* un système fiscal et une organisation des convois
qui rende de la fermeté à la Contratación et aux revenus qu'il pouvait
en attendre. S'agit-il de mercantilisme ? Si l'on veut, et pourquoi
Philippe V n'aurait-il pas été imprégné des idées qui avaient cours de
son temps ? Mais il a restauré un cadre, il l'a peut-être amélioré, il
n'a modifié que peu ou prou le noyau même du commerce qui ne lui
était pratiquement pas accessible. Les marchandises embarquées sur
les Flottes, les Galions et les vaisseaux de registre, ont continué d'être
des marchandises étrangères en majorité, et la situation n'évoluera
qu'au fil des ans, davantage, semble-t-il, par l'initiative des sujets
que par les ostentatoires créations royales. Le *tercio de frutos*, le tiers

---

233. Rappelons à ce sujet l'ouvrage de Dahlgren, *Les relations commerciales et maritimes entre la
France et les côtes de l'Océan Pacifique*, Paris, 1909, et plus récemment, H. Kamen, *The war of
Succession of Spain 1700-1715*, Londres, 1969 et G.J. Walker, *Spanish politics and Imperial trade
1700-1789*, Bloomington-Londres, 1979, pp. 19-63.

du tonnage réservé aux productions espagnoles était une mesure de 1627, sinon antérieure[234].

Entendons-nous : dans cet ensemble que recouvre aujourd'hui, historiographiquement, le mot de mercantilisme, il faut distinguer. Ceux qui ont écrit, d'abord, diversement qualifiés pour réfléchir à la vie économique, et dont la pensée charriait tant de lieux communs avec, parfois, comme chez les primitifs espagnols étudiés par Pierre Vilar, des pépites d'intuition[235]. Mais les mieux inspirés ne peuvent proposer que des moyens généraux de remédier à la situation quand elle est défavorable à un pays. La mise en œuvre échappe à leurs forces. A l'échelon gouvernemental, il y a répétition du scénario jusqu'à un certain point. Une conception nationaliste de l'économie, un inventaire des objectifs à atteindre, voire une épure de certaines choses à faire pour commencer sont relativement faciles à élaborer. L'Etat dispose, lui, de l'autorité et des capitaux qui manquaient aux « arbitres ». Mais cela était-il suffisant ? On persiste parfois à le croire en gommant de la mémoire tous les échecs successifs rencontrés par Colbert, par Philippe V, par Frédéric II en Prusse, etc. Sans doute vaudrait-il mieux analyser les raisons de ces insuccès. Parmi elles, le fait que la vie économique réelle comporte des résistances à des actions volontaristes qui ne tiennent pas compte de ses contraintes et de ses habitudes, de son lest d'inertie et de ses impulsions incontrôlables. L'intrusion des étrangers ou, plus exactement, et par ordre, des marchandises étrangères dans les échanges entre l'Espagne et ses colonies était un pli pris depuis bien longtemps quand Philippe V se préoccupa de réorganiser « mercantilistiquement » l'économie de son royaume. Il ne pouvait, du jour au lendemain, transformer cette donnée. Derrière les intentions fracassantes, en deçà des lumineux brouillards de l'idéal théorique, il y a, concrètement, l'aménagement de l'existant, le combat au gagne-petit dans l'aventure pour améliorer, arrondir, bonifier les revenus de l'Etat et du pays et, aussi, tout de même, la volonté de préserver un essentiel, de tenir sur une ligne de défense dont l'abandon aurait signifié et aurait engendré l'entière déliquescence de tout ce que l'on possédait encore jusqu'ici.

---

234. C. Martinez Shaw, « El tercio de frutos de la flota de Indias en el siglo XVIII », *Archivo hispanense*, 1793, pp. 201-211 et Garcia Baquero Gonzalez, *op. cit.*, pp. 309-312.

235. P. Vilar, « Les primitifs espagnols de la pensée économique. Quantitativisme et Bullionisme », *Hommage au Professeur M. Bataillon*, Paris, 1962, repris dans *Crecimiento y Desarollo*, Barcelone, 1964, pp. 175-207.

Il faut reprendre à ce point du développement l'admirable relation de cet observateur français que nous avons reproduite en grande partie à l'addendum de l'Etude 3. Relisons-la. Pour cet homme, la politique des rois d'Espagne de fermer les yeux sur le commerce des étrangers à Cadix, relevait davantage de la finesse que de la corruption ou d'un vice du gouvernement. Et, touchant du doigt l'articulation de la nécessité, il écrit que du moment qu'il fallait composer pour la fourniture des marchandises à l'Amérique, il fallait aussi se débrouiller – qu'on nous passe cette locution familière – pour que cela se fasse dans les meilleures conditions pour le pays et pour le souverain. La ligne de résistance à ne pas franchir en reculant, le réduit défensif ultime sont là : garder le monopole des *relations* maritimes et commerciales, obliger à passer par l'Espagne, pour surveiller, prélever, morigéner et mortifier à l'occasion. C'est ce qui avait été sauvé – plus ou moins bien, mais plutôt bien que mal – dans la guerre et au terme de la guerre de Succession, et qui ne le sera pas à l'issue des guerres napoléoniennes. L'accompagne, du côté des Espagnols de la place de Cadix et de la Carrera, la détermination de se réserver leur part, une part, un secteur précis dans la nombreuse chaîne tressée des transactions qui forment, toutes ensemble, le négoce des Indes.

Cette part et ce secteur sont ceux du transport lui-même et du commerce entre l'Espagne et les colonies : une tranche géographique en somme. L'exclusion des étrangers qui est réclamée et qui est ordonnée doit s'entendre ici. Comme armateurs, commissionnaires, flottistes, galionistes ou protecteurs, les Espagnols doivent intervenir en personne, participer eux aussi aux bénéfices de l'entreprise. Ils ne peuvent accepter d'être exclus de cette étape – la seule qui leur restait et la seule, en définitive, bien que *stricto sensu*, à conserver au *jus possidenti* de la métropole sur l'Amérique une consistance, le privilège intégré et que l'on veut mercantiliste de l'Exclusif. Ils pourchassent les intrus, ils se rebiffent contre l'infiltration des étrangers dans les convois et dans les colonies. De même que là-bas les gouverneurs et sans doute les colons s'étaient raidis au cours de la guerre de la Succession d'Espagne devant l'éventualité d'avoir à recevoir pour le renforcement des garnisons des troupes françaises... parfaitement indésirées[236]. Mais une fois le partage des rôles bien tranché et sous caution de son respect, rien ne s'opposait à une bonne entente, à

---

236. Walker, *op. cit.*, p. 31-32.

Cadix, des Espagnols et des étrangers comme, à Lisbonne, des Portugais et des leurs. Cela allait plus loin encore, car il y avait, finalement, association d'intérêts, les Espagnols s'enrichissant des affaires que leur proposaient les étrangers et dans la mesure où ils leur en offraient. Quand la maison française Tonnerot, Béhic et Cie fera faillite le 26 janvier 1772 à Cadix pour un million de piastres, Madame Romero, veuve du Brigadier de ce nom, Colonel du Régiment Royal Amérique, qui en était perdante de 60 000, viendra chez eux en pleurant pour les consoler et leur offrir même de l'argent pour se remettre... Tout le monde fondait en sanglots : Béhic était un homme si honnête[237] !

Libérons-nous, par conséquent, de controverses idéologiques entachées d'achronie et d'autres qui, surgissant ici et là, dès le XVIIIe siècle et beaucoup plus au XIXe avec l'industrialisation, mettront aux prises des acteurs différents. Le nationalisme économique de la bourgeoisie s'inscrit dans un certain contexte structurel de la vie économique elle-même, pas dans tous de la même manière et, sans doute, même, pas dans tous[238]. Avec une vision plus large et plus profonde de la vie économique à l'époque qui nous intéresse, nous pouvons déjà lire – en décrispé – les courbes produites par Garcia Baquero Gonzalez. Elles obéissent à trois ou quatre composantes très intriquées les unes dans les autres : (1) le « patron » adopté par l'organisation de la navigation entre l'Espagne et l'Amérique ; (2) le développement propre des colonies espagnoles outre-mer dans la mesure où il a créé un appel spécifique à des liaisons maritimes ; (3) une propension dans les esprits à réclamer la « libéralisation » du commerce, du moins une certaine libéralisation dans le royaume, contre le monopole « étroit » de Cadix ; (4) les blessures et les inhibitions des guerres.

---

237. Détails dans la *Gazette d'Amsterdam*, 1772, n° 27. Garcia Baquero Gonzalez fait état d'un pamphlet de 1773 dénonçant les marchands étrangers et citant notamment la maison Béhic (*op. cit.*, p. 483). Ce texte est certainement à mettre en rapport avec la situation sur la place de Cadix en 1772-1773. Les principaux perdants dans la faillite Tonnerot, Béhic et Cie étaient les héritiers de Barros (pour 400 000 piastres). Le 24 avril, c'était la maison Casaubon qui craquait avec un passif de 3 070 000 piastres. L'une des curiosités de ces faillites est qu'elles font apparaître derrière des firmes françaises des capitaux *espagnols*... au moins à titre de prêts.

238. Ce thème des rapports de la bourgeoisie et du nationalisme et, même, des nationalités, est au cœur même de la thèse de Vilar sur la Catalogne. Il l'a abordé aussi en de nombreuses autres occasions, et nous avons eu l'occasion de l'en entendre parler pour la première fois aux Journées interdisciplinaires d'Histoire et de Philosophie de Sèvres en 1954.

Partant d'une situation de contrainte, héritée de l'histoire du XVIIe siècle et aggravée par les péripéties de la guerre de Succession d'Espagne (n'oublions pas les galions de Portobelo détruits par le commodore Wager en 1708 !), la courbe du tonnage reflète, après 1713 et malgré des accrocs, la restauration – le mot est plus juste que celui de récupération – d'un *statu quo ante* amélioré des progrès réalisés entre temps en Amérique. Bien que les monstres subsistent – les Flottes et les Galions – l'armement annexe des *navios sueltos*, y compris ceux de la Compagnie guipuzcoane, se développe pour répondre à la demande de moyens de transport des colonies. La guerre de Succession d'Autriche amène un ralentissement du processus, et conduit aussi bien à l'investissement du trafic par les *registros* qu'à la suppression des Galions. Les Flottes résisteront plus longtemps, sans doute à cause d'intérêts acquis ou réels, mais l'abondance des productions en dehors de la Nouvelle-Espagne proprement dite et, de surcroît, l'impatience de se lancer des hommes actifs de Catalogne, d'Andalousie et d'ailleurs, ont promu la navigation semi-indépendante, puis libre. Nonobstant la croissance réelle des richesses métalliques au Mexique, qui intervient pour sa part et surtout à l'aller, en encourageant les forts chargements de marchandises européennes, l'augmentation du tonnage est à porter à l'actif des planteurs de tabac, de cacao, d'indigo et de canne à sucre. Cette augmentation de la capacité de fret a certainement pour principal but et pour principale utilité de « décharger » les colonies de leurs récoltes, et parallèlement, donc, fonctionneront deux systèmes de navigation : l'un, avec des cales très remplies à l'aller (vers le Pérou et vers la Vera Cruz), plus légères quoique très riches au retour ; l'autre, en quelque sorte inverse, commandé par le volume des denrées à embarquer à La Havane, à Porto-Rico, au Honduras, à Santa Marta, à Cumana, à Maracaïbo, à La Guaira, à Montevideo, à Buenos Aires, etc.

Le décret de 1778 n'a pas brisé le monopole commercial de l'Espagne sur ses colonies américaines. Il lui a donné une autre forme instrumentale. Il ne constitue pas non plus une rupture avec le mercantilisme qui avait plusieurs voies et moyens à sa disposition : après tout, en France, à l'exception du trafic des Indes Orientales rattaché à l'unique hâvre de Lorient – et encore n'était-ce pas essentiel – le principe de l'Exclusif s'est bien accommodé de la multiplicité des ports habilités et de la multiplicité des initiatives particulières au XVIIIe siècle, notamment pour les Antilles dont le fret principal consistait lui aussi dans les retours. La levée est une tout autre affaire, et qui est intervenue après la mise en branle de forces nouvelles et, explicitement, du grandissement du quant à soi dans la bourgeoisie et parmi les notabilités coloniales – économiques et politiques – et des appétits de marché des puissances maritimes et industrielles. L'ouverture des colonies espagnoles aux vaisseaux étrangers se profilait-elle néanmoins à l'horizon du décret de 1778 ? Oui et non. Il en va de cette question comme des débats autour de l'autre, plus immédiate, des effets de la première libéralisation, nationale, du commerce. Beaucoup d'historiens sud-américains insistent sur l'intensité d'impulsion que celle-ci a conféré soit à Buenos Aires (au détriment de Lima), soit à Cuba, soit à d'autres encore et Garcia Baquero Gonzalez, sur un plan général, pour l'ensemble de la navigation hispano-américaine, est en gros d'accord avec eux. Mais les enchaînements doivent être respectés[239].

Que d'appelé, le commerce espagnol libre se soit fait appelant, et qu'il ait concouru ainsi à la croissance des colonies concernées, cela paraît incontestable, et c'est le second stade de son histoire, à bien laisser à sa place de second, chronologiquement et logiquement. Commerce et colonies se sont donnés ainsi un appui réciproque. Garcia Baquero Gonzalez a un très joli verbe pour caractériser les effets du décret de 1778 sur la navigation, et on se permettra de le franciser tellement il sonne juste : il dit que la libération intervenue a « agilisé » le mouvement des navires. L'ouverture sans restriction des mers à qui, dans les royaumes de Sa Majesté Catholique, voulait gagner sa vie et chercher fortune par son fret, a fait fleurir les initiatives individuelles. Mais c'est le second stade. La décision de partir se fonde sur l'espoir de trouver outre-atlantique des acheteurs pour la cargaison d'Europe, des marchandises pour remplir les navires au retour. L'incitation à la navigation ne se perpétue,

---

239 « La modalidad de registros sueltos haber agilizado sustancialmente el trafico... » *op. cit.*, pp. 542. Garcia Baquero Gonzalez considère cette première libéralisation comme un facteur exogène et estime que l'on ne doit pas en exagérer l'effet. La multiplication des « navios sueltos » correspondrait à « un cambio de la coyuntura en torno a la decada de los cuarenta ». Certes, la production de l'Amérique espagnole appelait une augmentation du potentiel d'armement à son service. Mais les *navios sueltos* sont aussi l'expédient traditionnellement utilisé en temps de guerre, et, en 1740, les hostilités font rage entre l'Espagne et l'Angleterre. Ainsi l'explication ne peut être que polymorphe comme les faits. (NB : en Espagne, même, la libéralisation du commerce ne sera totale qu'en 1789 avec l'ouverture de la Nouvelle-Espagne et du Venezuela aux négociants de tous les ports).

toutefois, que si elle est soutenue par une honnête réussite, et si, par conséquent, l'Amérique tient sa partition et développe suffisamment en harmonie ses capacités d'absorption des marchandises euro-péennes et ses capacités de procurer du fret. Les difficultés d'écoule-ment, de maintien des prix et des bénéfices que l'on avait essayé de juguler dans le régime des Flottes – ce qui en était en grande partie la couverture – les difficultés, donc, n'ont pas disparu avec le commerce libre. Très révélatrices sont, de ce fait, les correspondances commer-ciales citées par R.S. Vilalobos des marchands du Rio de la Plata, du Haut Pérou et du Chili vers 1789. Il vaudrait la peine, certes, d'étudier de plus près ces crises de l'après-décret qui ont bien des points communs avec les ratages de maintes foires d'antan, mais qui devaient se résorber d'autre manière, dans le jeu d'une concurrence toujours entre Espagnols, libre cependant[240].

Ainsi, en arrière de la courbe des tonnages, beaucoup plus importante pour l'établissement et pour la connaissance de la conjoncture intrinsèque générale, grouille la vie économique saisie à présent au marché ou au point le plus rapproché du marché. Garcia Baquero Gonzalez en a d'ailleurs parfaitement eu conscience et aucun reproche ne peut être allégué contre lui de ce chef[241]. La seule différence d'optique entre nous réside en partie dans l'accentuation, en partie dans la procession des faits reconnus également de part et d'autre. Pour des raisons qui sont, peut-être, d'exposition ou de réduction documentaire à la courbe des tonnages, Garcia Baquero Gonzalez a eu tendance à y chercher la clef de l'évolution, et cela nous paraît une fausse clef parce que le mouvement des navires et son volume sont des reflets, des anticipations, des calculs en fonction d'autre chose qui est l'essentiel. Et revenant à l'humain qui imbibe et

---

240 R.S. Villalobos, *Comercio contrabando en el Rio de la Plata y Chile,* Buenos Aires, 1959. Deux exemples : de Chuquiraco dans le Haut Pérou en 1786 : « Todos las plazas se hallan abarrotadas de generos y los compradores escusean, las plazas se nos complen y nos hallamos perplejes y lo peor es que los que han venido despues de nossostros han comprado mas barato... » ; de Buenos Aires en 1789 : « Esta plaza queda siempre en fatal condicion porque todos se hallan con genros mal surtidos, no se cobra y por consiguiente no hay animo para proyecto y en igual estado quecan todas las provincias vecinas. El deplorable estado del comercio sigue por estas provincias sin ilusion ni esperanzas muy remota de que mejore por la abundancia de efectos, todos dias hay descalabros y perdidos de nuestras dependancias ».

241 « ... el tonelaje de arqueo no puede identificarse con el volumen de mercancias transportadas ; ellas solas no son suficientes para determinar el ritmo real de la coyntura, necesitarían ser complementadas con otras series, especialmente las de precios de las mercancias y las de produccion... » *op. cit.,* pp. 537-538.

traverse l'économique, nous pensons que la quatrième composante de cette courbe, la composante guerres, conditionnera fondamentalement la dépression qui s'installera dans la navigation au déclin du XVIII* siècle et à l'aurore du XIX*, comme elle l'avait fait entre 1681 et 1714. La courbe des tonnages combine des facteurs positifs – parmi lesquels la montée des économies américaines – et des facteurs négatifs parfaitement lisibles. Faut-il, en outre, y détecter une grille de Kondratieff ? Si l'on entend par là des périodes à la trentaine d'années floue, scandées par des événements quelconques et, plutôt, à coloration politique à l'origine, pourquoi pas ? L'histoire des prix offre de semblables approches avec le même mimétisme étrange des découpes dites économiques et des découpes de l'histoire événementielle[242]. Mais si l'on veut en faire des manifestations d'un rythme appartenant en propre à la vie économique, d'une sorte de loi interne commandant des essors et des reculs – ce à quoi l'on n'oppose aucune objection de principe – alors qu'on creuse plus profond et qu'on apporte de vrais arguments et de vraies peuves.

Or les guerres de la Révolution française et de l'Empire sont survenues à un moment crucial du développement des colonies américaines. Elles les ont prises en porte-à-faux dans leur élan. La machine de la production tournait rond, jamais les mines de la Nouvelle-Espagne n'avaient été plus prospères et les malheurs de Saint-Domingue favorisaient Cuba. L'interruption de la navigation avec la métropole, surtout prolongée, posait le problème des solutions de remplacements. Convois ? Navires isolés ? La marine britannique fut impitoyable. L'accumulation des marchandises périssables, les intérêts des créoles sollicitaient le recours des neutres, l'ouverture des ports coloniaux aux étrangers. La nécessité était un peu moins pressante, au début, pour les trésors, et c'est un enseignement à retenir. La technique du crédit et son réseau international étaient alors assez développés pour que le gouvernement espagnol « tienne » à l'aide de libranzas tirées sur la Real Hacienda en Amérique. Encore faudrait-il, un jour, que les provisions métalliques rentrent dans les caisses des prêteurs, ce qui sera la grosse spéculation bien connue d'Ouvrard et de Baring. Mais, déjà auparavant, en 1779, le vice-roi Miguel-José de Azanza avait suggéré de faire appel aux non-belligérants, et le 14 janvier 1801 Charles IV

---

242 Remarque faite déjà dans l'article liminaire à propos de la publication des prix allemands par Elsas, *Umriss einer Geschichte der Preise und Lohne in Deutschland,* Leyde, 1936-1949, 3 vol.

autorisait des transferts effectués par ce biais. La suite des événements, après la rupture de la paix d'Amiens, le commerce de la Vera Cruz avec et par les Etats-Unis, le raid anglais sur Montevideo en 1807 avec l'engorgement consécutif du marché du Rio de la Plata, l'enchevêtrement des allégeances et des navigations au moment de l'ingérence française dans les affaires espagnoles, les liens noués entre plusieurs colonies et la Grande-Bretagne, avec la possibilité de comparer les avantages et les inconvénients du commerce libre et du monopole pour les bourgeoisies locales, tout cela appartient aussi aux catégories du vécu duquel naissent d'autres événements, que le temps, peu à peu, rendra irréversibles. Le monopole colonial espagnol en sera mort.

Soutenir de telles propositions ne revient pas à s'abandonner à la force des choses, à consentir à une anarchie des explications condamnant à l'avance toute inspection de causes profondes et toute prise en charge d'un économique radical. En vérité, les forces sociales à l'œuvre dans le trafic hispano-américain, apparaissent plus en relief ici que dans une présentation où des secousses mécaniques indéfinies engendreraient des fluctuations ondulatoires de nature aussi indéfinie. Même sur le plan économique, les choses deviennent plus intelligibles. Mouvement de la navigation et poussée dynamique de l'Amérique espagnole sont appréhendés dans leur rapport de réciprocité, leur interaction résultant d'actions humaines et de volitions identifiables. C'est au courant effectif, largement étendu et grossissant de la découverte, puis de la conquête et enfin de l'exploitation du Nouveau Monde, que l'évolution globale est rattachée. Modelée, en sus, par les événements survenus dans l'ordre du politique – *largo sensu* – et par des réactions à ces événements. En somme, nous décollons le moins possible du réel. Sont supprimés les barreaux d'une périodisation sophistiquée et assez vaine, dans l'état actuel de la recherche, mais sans préjudice d'une exploration ultérieure qui respecterait la primauté du vécu et ne sacrifierait rien des phénomènes[243]. Une approche identique du problème des négociants impliqués dans le commerce colonial et qui fait l'objet d'une étude fouillée de la part de Garcia Baquero Gonzalez, a des chances de donner pareillement de bons résultats et d'ouvrir une nouvelle perspective. Il nous reste à essayer de le démontrer.

---

243 Cette recherche postule d'autres méthodes que celles qui ont été employées jusqu'ici et appelle en préalable une discussion des critères d'authenticité des cycles qui passe elle-même par une autre discussion sur la rationalité et l'irrationalité de ces cycles.

Les chiffres, d'abord. Le *Catastro* du Marquis de la Ensenada, de 1753-1754 et sa vérification, en 1762, sont éloquents. Le milieu commercial de Cadix était dominé par les étrangers. Sur l'ensemble des bénéfices réalisés, ils empochaient plus de 80 %, les Français en tête (42 à 46 %), suivis des Anglais (15 % environ), puis des Italiens (9 à 10 %). Dans un classement par tranches, 4 étrangers sur 5 émargeaient pour un revenu supérieur à 1000 pesos annuels, 2 sur 5 pour un revenu supérieur à 5000. Par contraste, plus de la moitié des Espagnols ne dépassait pas la cote de 500 pesos à l'an, et deux individus seulement sur 218 atteignaient plus de 5000 pesos. Le plus riche escaladait à 6000 pesos ; il y avait quatre Français qui disposaient de 35 à 40 000 pesos. Ces données ne surprendront pas. A quelques variations près, elles répètent la situation de la fin du XVIIe siècle et montrent la persistance des mêmes errements[244]. La subordination du commerce espagnol serait sans doute accentuée si l'on pouvait déterminer avec certitude et précision comment ils réalisaient leurs bénéfices. Garcia Baquero Gonzalez n'a pas trouvé dans les archives qu'il a exploitées de quoi étayer statistiquement la fréquence du rôle tenu, de commissionnaire ou d'homme de paille. Il laisse entrevoir que les *papeles* de Cadix à l'Archivo General de Indias en contiendraient les preuves, et le fait lui paraît indéniable[245]. Toutefois, les inventaires après décès montrent que plusieurs *hombres de negocios* ont réussi à acquérir dans des délais assez brefs des fortunes de 100 000 à 1 000 000 de pesos qui les hissent déjà à un bon niveau européen. Mais ce capitalisme ne débouche pas sur la révolution industrielle[246]...

Que les maisons étrangères n'aient pas réinvesti leurs bénéfices en Andalousie n'étonne pas Garcia Baquero Gonzalez. Elles étaient le cheval de Troie dans la place et, à l'époque, un tel transfert lui semble impensable[247]. L'impotence des capitalistes gaditains l'intri-

244 Cf. Etude 3. Le *Catastro* de 1753-1754 à été étudié par D. Ozanam, « La colonie française de Cadix au XVIIIe siècle », in *Mélanges de la Casa de Velazquez*, 1968, pp. 250-280, Cf. auparavant A. Matilla, *La unica contribución y el Catastro de Ensenada*, Madrid, 1942.

245. Garcia Baquero Gonzalez mentionne les travaux en cours de Pedro Collado Villalta sur les étrangers à Cadix à la fin de l'Ancien Régime. Il n'a pas utilisé à plein l'ouvrage d'Everaert (à vrai dire antérieur à son sujet par les dates du sien) ni celui de W. van den Driesch, *Die Ausländischen Kaufleute während des 18. Jahrhunderts in Spanien und ihre Beteiligung am Kolonialhandel*, Cologne-Vienne, 1972.

246. Rappelons que la piastre valait 2,5 florins hollandais, 5 livres tournois, 4,4 shillings anglais.

247. Cela n'est pas tout à fait exact d'ailleurs, comme le prouve l'expansion de l'industrie de la soie hors d'Italie au XVIe et au XVIIe siècle (on y reviendra) ou l'installation de

gue davantage. L'on sait aujourd'hui, après les travaux de François Crouzet, que les mises initiales dans l'industrie anglaise furent modestes, et l'effort n'aurait pas excédé les ressources inventoriées à Cadix. Le contraste éclate aussi avec ce qui s'est passé à la même époque en Catalogne. Garcia Baquero Gonzalez dénonce en Basse Andalousie une tendance au *rentismo,* et il en allègue pour preuve le placement des fonds dans les prêts à la grosse aventure. L'argument est fragile car les maisons françaises, les maisons anglaises à la même époque, à Cadix et à Lisbonne, pratiquaient la même politique, et celle-ci régnait dans presque tous les ports maritimes d'Europe. En quoi, dès lors, serait-elle un stigmate pour les seuls Espagnols ? L'ambiguïté tient à une pétition de principe ou, si l'on préfère, à un jugement par anticipation, au reste, très répandu. L'investissement industriel serait le meilleur *en soi,* un peu comme la vie contemplative surpasse toute autre dans un certain code de morale chrétienne. Mais dans les faits, pour un négociant, le meilleur des investissements est celui qui lui rapporte le plus, et les taux de profit de la grosse aventure, joints à la sécurité des prêts, suffisaient probablement à dissuader d'aller tenter ailleurs une chance plus incertaine. Une création industrielle ne s'impose pas dans n'importe quelles conditions. L'absence d'une révolution de même nom en Espagne au XVIIIe siècle requiert des explications plus longues et plus circonstanciées.

Garcia Baquero Gonzalez insiste avec raison sur l'ancienneté de l'ankylose industrielle du pays. Il secoue la poussière des clichés classiques sur l'âge d'or sévillan au XVIe siècle, en demandant à voir des évidences chiffrées. Tant d'échos concordants ont été apportés dans les études précédentes sur le fait que la pénétration des étrangers dans la Carrera espagnole était largement acquise dès 1600 que le lecteur et nous-même n'avons qu'à applaudir. L'exploitation de l'Amérique a-t-elle même été un seul jour une affaire purement espagnole, espagnole à 100 % ? Dès les débuts, il y a eu des participations gênoises[248]. La réflexion sur la carence industrielle

---

raffineries de sucre par les Hollandais en France au XVIIe siècle et en Belgique au XVIIIe. Mais ces transplantations supposent réunies un certain nombre de conditions, notamment en ce qui concerne leur rentabilité financière.

248. Citons à ce propos quelques-uns des travaux de J. Heers : « Le royaume de Grenade et la politique marchande de Gênes en Occident (XVe siècle) », *Moyen-Age,* 1957, pp. 67-121 ; de C. Verlinden : « Les Italiens et l'ouverture des routes atlantiques », *Anuario de estudios americanos,* tome XXV, 1968, pp. 259-279. Christophe Colomb, lui-même...

espagnole, oblige donc à remonter très haut et réveille les uns après les autres tous les vieux thèmes de discussion : sur l'exportation des laines, sur l'étranglement des manufactures de Ségovie, sur l'égoïsme des propriétaires de troupeaux, sur le non-sens économique – pourquoi pas ? – de tourner le dos au progrès, c'est-à-dire à l'industrie. Nous avons déjà exprimé les réticences que cette manière de présenter les choses suscite. Elle suppose trop vite que tout était joué, que la nation industrielle l'emportait *ipso facto* sur l'agricole. Elle considère comme un bloc, comme un corps unique avec une âme unique, un ensemble d'habitants ayant socialement des intérêts différents, sinon divergents. De même que les négociants de Cadix au XVIIIe siècle pouvaient prêter à la grosse aventure, non pas par esprit de rentier, mais par esprit de capitaliste – c'est-à-dire par désir de lucre –, de même les vendeurs de laine pouvaient-ils au XVIe siècle s'estimer satisfaits et n'en pas demander davantage quand on leur payait bien les toisons. Limité à leur secteur, le solde des échanges avec l'étranger n'était sans doute pas défavorable[249].

L'ouverture du marché américain aurait-elle pu appeler une reconversion, un détournement de l'exportation en Europe en faveur d'une incitation à produire sur place pour expédier des produits finis outre-mer et gagner plus ? Oui, mais cela ne s'est pas passé ainsi. Plutôt que d'invoquer des causes très générales, il vaudrait mieux chercher concrètement quels ont été les facteurs du succès des Français, des Anglais, des Flamands, des Italiens dans leur entreprise de vendre dans les royaumes ibériques. Car, comme le dit Garcia Baquero Gonzalez à propos d'un autre fait, la vie économique n'a rien de cabalistique. Dans les cargaisons destinées aux Indes, les producteurs étrangers se taillaient la part du lion dans trois branches appartenant toutes au textile : les toiles de lin, les lainages, les soieries. Pour le premier de ces articles, les pays situés au nord des Pyrénées bénéficiaient d'un incontestable avantage naturel avec le climat. On s'y procurait la matière première sur place grâce à la culture de la plante, et même le rouissage des fibres n'y manquait pas d'eau. En revanche, l'Espagne possédait d'importants troupeaux de moutons et l'on élevait le ver à soie dans ses provinces méridionales. L'atout éventuel de l'étranger dans ces branches ne saurait se trouver

---

249. C'est ce qui apparaît des travaux de J. Maréchal, « Le départ de Bruges des marchands étrangers (XVe-XVIe siècles) », *Mémoires (Handelingen) de la Société d'Emulation de Bruges*, 1951, pp. 49-53, en attendant les travaux de L.M. Bilbao et d'E. Fernandez de Pinedo.

là. Une supériorité technique ? La réputation des draps de Ségovie, souvent considérés comme les plus beaux du monde, montre que la réponse doit être nuancée. Observons cependant que le contingent des lainages étrangers comprenait une majorité d'étoffes légères, de qualité inférieure à celle des draps, mais bon marché. L'Angleterre, les Pays-Bas, la France pourraient donc avoir eu un certain atout à ce niveau : inventivité ou technique.

Mais en outre, et on l'oublie trop, le coût de la vie et, par conséquent, les salaires étaient plus bas dans l'Europe du Nord, diminuant d'autant le prix de revient à la fabrication. Cette situation existait déjà avant l'arrivée des métaux précieux : elle mettait entre les mains des négociants étrangers une arme presque absolue. Une arme qui, en tout cas, échaudait à l'avance les candidats à l'entreprise en Espagne : une concurrence de ce genre est très difficilement contournable[250]. Gênes, objectera-t-on, Gênes et la soie... Il faudrait des études parallèles et détaillées des conditions d'activité dans chaque branche et dans chaque région pour toucher du doigt à chaque fois la cause principale qui faisait pencher la balance d'un côté ou de l'autre. La qualité des manufacturés, la mode aussi pouvaient intervenir au même titre que les coûts. Notons tout de même que dans le processus de transfert et de diffusion de l'industrie de la soie, l'intérêt des Italiens pour Séville semble s'être arrêté assez tôt, et celui pour Lyon, Genève, Anvers s'être maintenu plus longtemps et développé davantage. Jusqu'à ce que la soierie, dans ces villes, ait acquis son autonomie. Alors et à nouveau, peut-être, un avantage s'instaurait *versus* salaires, main d'œuvre et prix. Il ne s'agit pas de régler la question ici en deux coups de cuiller à pot comme on dit en langage familier. Ce serait revenir à une conception mécaniste de la vie économique justement abominée il y a peu auparavant, presque toujours prise au dépourvu par les surprises du jour et l'érosion de la conjoncture[251]. Le principe de la démarche demeure : chercher la cause, ne pas s'en remettre à un conventionnel flou.

250. Cf. les courbes publiées par F. Braudel et F.C. Spooner in *Cambridge economic history*, Cambridge, 1967, tome IV, page 460 et nos propres calculs (à paraître).
251. On constate, par exemple, que Genève est devenue au XVIIIe siècle un pôle de cherté dans les environs. Dans quelle mesure cette situation a-t-elle influé sur les industries de la ville ? Cf. M. Morineau, « Histoire sans frontières : prix régionaux, prix nationaux, prix internationaux », *Annales E.S.C.*, tome XXIV, n° 2, 1969, pp. 403-421.

Ce n'est pas sans raison que nous évoquions l'érosion de la conjoncture et les surprises du jour. Car, d'une part, on le sait, l'évolution séculaire a eu pour effet d'aplanir la différence entre les prix à travers l'Europe à l'époque moderne, rendant moins sensible l'avantage préexistant dans l'industrie. D'autre part, d'impensables éclosions se sont produites : les draps du Languedoc qu'on désespérait de vendre vers 1680 à cause de la concurrence anglaise ont fait florès au Levant au siècle suivant ; et, bien entendu, il y a la Catalogne révélée par Pierre Vilar, et qui sert de contrepoint à l'Andalousie dans l'ouvrage de Garcia Baquero Gonzalez. Pourquoi l'implantation réussit-elle ici, échoue-t-elle ailleurs, n'y reçoit même pas un commencement d'exécution ? Pourquoi les détenteurs d'épargne ici s'intéressent-ils à l'industrie et pourquoi la boudent-ils là ? Délaissons le premier cas géographique, le Languedoc est trop excentrique à notre sujet[252]. En Catalogne, il faut certainement faire appel aux qualités du milieu humain si lumineusement exposées par Pierre Vilar, aux habitudes associatives, à une certaine démocratie de l'entreprise, au moins initialement... Choisir de démarrer dans le coton, secteur à la mode, secteur relativement non encombré en Europe a représenté aussi un coup de génie, un trait de *vista*. Découvrir les vertus de la division, puis de la combinaison des opérations : le filage à Malte, le tissage en Catalogne, relève aussi de la capacité de percevoir, d'organiser. Et tout cela est magnifié, décuplé par l'ouverture d'un marché en Amérique, opportunité saisie et exploitée et non chasse gardée et réservée[253]. Suggérons un dernier facteur, plus différentiel encore, peut-être. Ne serait-ce pas l'envergure malgré tout relativement resserrée du commerce catalan qui aurait un peu « forcé » à l'investissement industriel en restreignant le nombre des occasions de profit d'un autre type ? A Cadix, il était tellement plus facile de faire de l'argent en prenant appui simplement

252. Les raisons du succès languedocien ne sont pas encore toutes explicitées. A la qualité de la fabrication, le plus souvent invoquée mais qui demanderait précisions, se sont ajoutées diverses circonstances : peut-être un retrait volontaire des Anglais attirés par d'autres marchés (le Brésil ?), certainement les possibilités de ventes ouvertes par les besoins français de grains du Levant, une retombée des dévaluation de la livre-tournois ; des déplacements de mode facilités par une réussite de la teinture ; etc. etc.

253. Cf. Vilar, *op. cit.* ; J. Fontana Lazaro, « Comercio colonial e industrializacion », *Actas del I Coloquio de historia económica española*, Barcelone, 1975 ; et Garcia Baquero Gonzalez, « Comercio colonial y producción industrial en Cataluña a fines del siglo XVIII », *Actas del I coloquio de historia e conomica española*. Sur la période immédiatement ultérieure, cf. J. Fontana Lazaro, *La quiebra de la monarquia absoluta 1814-1820*, Barcelone, 1971.

sur l'énorme mouvement du port. Les compagnies d'assurances, remarquablement étudiées par Garcia Baquero Gonzalez, sont là pour le prouver : formes andalouses du capitalisme du XVIIIᵉ siècle, non pas inférieures ou supérieures à la *botiga*, à la *barca*, autres parce qu'issues d'un autre environnement, appropriées à cet environnement[254].

Jusqu'où pouvait aller une croissance à la catalane comme celle qui s'est épanouie dans la Principauté dans la seconde moitié du XVIIIᵉ siècle ? Pierre Vilar a conclu son troisième tome par des mots d'attente. Il est à souhaiter qu'il donne un jour, au moins sous forme succincte, le résultat de ses recherches et de ses réflexions sur le XIXᵉ siècle auquel il a voué une prédilection certaine. Par ailleurs, entre *Cadix et l'Atlantique* et *Cadiz a raiz de la independencia americana*, Garcia Baquero Gonzalez laisse subsister un hiatus d'une vingtaine d'années au cours desquelles une évolution s'est peut-être manifestée dans le comportement des hommes d'affaires gaditains, amplifiant la tendance à l'argent par l'argent ou, au contraire, infléchissant les investissements vers des options à la catalane. Rappelons l'interrogation posée par le développement statistique du pourcentage des marchandises espagnoles dans les cargaisons destinées à l'Amérique à cette époque. Quoi qu'il en soit, quelques remarques s'imposent au sujet du développement survenu au XVIIIᵉ siècle, pour en signaler les contingences. Il s'est accompli par des innovations locales et structurelles, sans aucun doute, mais à l'intérieur d'un cadre macro-économique encore traditionnel. Il n'a pas été dû à la machine à vapeur, et il n'a peut-être même pas eu ou si peu à en affronter la concurrence avant 1800. Or, celle-ci a faussé le jeu, redonnant à l'Angleterre, entre autres, un avantage à la productivité humaine et au bon marché que le rapprochement des courbes des prix était en train de réduire. En second lieu, la croissance de la Catalogne s'est

---

254. Les capitaux réunis pour la création des Sociétés d'assurances à Cadix montent à des sommes considérables : 400 ou 500 000 pesos. Or, il s'agit de sociétés qui ne sont pas constituées occasionnellement pour l'assurance d'un seul bâtiment, mais de sociétés qui s'intéressent à un grand nombre d'unités, presque des sociétés d'investissements spécialisées. Le développement de ce type de sociétés a toujours été considéré en Angleterre et aux Provinces-Unies comme un des fleurons de leur capitalisme. Pourquoi n'en serait-il pas de même en Espagne ? C'est au XIXᵉ siècle, seulement, que l'historiographie a eu tendance à déprécier ces formes de placements dits « rentiers » par opposition aux formes de placements industriels. Mais les critères de jugement sont très contingents. Ceux-ci devraient être ramenés au rendement financier. Et les compagnies d'assurances avaient un bel avenir capitaliste devant elles.

effectuée alors qu'elle pouvait disposer du débouché américain. Il y eut ensuite la guerre, la rupture des relations maritimes, puis l'indépendance des nations sud-américaines et une réduction sérieuse, une réduction drastique des possibilités de vente de ce côté. D'une certaine manière, nonobstant le proche passé, tout était à refaire. Les éventuelles continuités cachent des discontinuités : la croissance du XVIIIe siècle diffère de la Révolution industrielle anglaise, et son lien avec une Révolution industrielle espagnole ultérieure n'est probablement pas des plus simples. Aux postulats logiques d'une économie politique aveugle sur elle-même s'oppose l'irremplaçable appréhension de la chronologie, du contexte, des réalités politiques, économiques et sociales[255].

Ce réalisme, personne ne sera surpris que l'on y revienne *in fine* comme au leitmotiv fondamental. C'est lui qui dissout les faux paradoxes dont l'histoire s'est trop amusé. Double et faux paradoxe d'une Espagne portée au pinacle au XVIe siècle par les trésors d'Amérique, puis submergée par ceux-ci et y perdant son industrie, sa richesse et ses énergies : il repose sur la confusion assez candide de l'or et de l'argent avec un capital vrai, d'une part, sur l'escamotage des conditions propres à la nation dans les éléments de fond de son économie et dans les dérives extérieures que la politique de ses rois lui imposera, d'autre part. Faux paradoxe, inverse, d'une Espagne qui n'aurait rien tiré de ses colonies, qui aurait été absolument passive et incapable d'accumuler rien qu'un peu : il ignore la résistance andalouse, de Séville puis de Cadix, la résistance madrilène, aussi, la volonté de conserver un secteur, l'importance, tout de même, des colonies pour la métropole avec leurs productions, avec la navigation. Le livre de Garcia Baquero Gonzalez, de ce point de vue, opérera un redressement salutaire. Troisième paradoxe : celui du capital impuissant, qui a eu cours à cause du dogme du capital tout-puissant, alors qu'un capital sans outils et sans champ d'application idoines est de soi incapable de déclencher la plus petite révolution industrielle. L'argent ne manquait ni en Argentine, ni au Pérou, ni au Mexique, et, pourtant, il n'y a pas engendré une vie industrielle

---

255. « Venons-en aux conclusions de ce tome III dont il est inutile de souligner longuement parce que c'est l'évidence qu'il ne constitue pas la dernière étape de notre effort, parce qu'il a décrit plus qu'il n'a expliqué, qu'il n'a pas fermé le cercle de la recherche amorcée dans notre Préface et dans notre Introduction, puisqu'il ne nous a pas encore fait revenir à l'examen des stabilités de longue durée et des fondements de la spécificité catalane, à l'examen de ses fondements tout à fait contemporains ». (Vilar, *op. cit.*, tome III p. 559).

au XIXe siècle ; il ne manquait pas non plus à la Hollande et, pourtant, celle-ci n'a viré à l'industrialisation que très tard[256]. Dernier paradoxe, celui d'une Révolution industrielle considérée à peu près comme le tropisme spontané d'un organisme économique sain, rapportée aux seules vertus d'un peuple, amalgamant d'ailleurs dans un blocage extraordinaire toutes sortes de traits qui ne lui appartiennent pas ou ne lui appartiendront qu'au bout de longues décennies, et dont on fait grief de l'avoir manquée à des pays qui n'y peuvent mais, les circonstances n'ayant pas été pour eux ce qu'elles étaient pour les autres.

L'historiographie a joué un mauvais tour aux métaux précieux. Elle a surchargé leur histoire d'un cœfficient émotionnel après leur avoir attribué encore plus de pouvoir et plus de prestige qu'ils n'en avaient. Ce faisant, elle a confiné les historiens dans un sillon étroit qu'à force de creuser ils ont bien souvent transformé en ornière. Pour en sortir, deux moyens : un supplément de réflexion analogue à celui de Pierre Vilar dans *Or et monnaie dans l'histoire* ; un supplément d'investigations à la manière de Garcia Baquero Gonzalez. Le champ de cette histoire, aujourd'hui, est balisé. Il s'agit d'embrasser dans son ensemble un processus d'acquisition, de transfert et de diffusion qui, unissant inlassablement deux continents (et même quatre, car l'or vient aussi d'Afrique et l'argent repart en Asie), a concouru notoirement à l'édification d'une partie importante de l'économie ici et là. Mais au lieu de concevoir cette action comme une sorte de prolifération folle et dynamitante, explosive, il convient de l'examiner dans son exacte extension et son exact contour. Ses limites en sont aussi importantes que son objectif, quand on confère à ce concept de limites sa force de résistance à la pénétration, sa force de transformation de l'énergie et sa force de modelage de la vie économique. Limites amont par rapport à la découverte de l'Amérique dans la manière dont l'économie européenne et les autres avaient intégré déjà et fait leur l'adhésion aux métaux précieux comme concentrés de valeur et la circulation monétaire comme règle des échanges. Limites latérales dans la mesure où une économie paysanne, de subsistance, de peu d'achats à l'extérieur domine du XVIe au XIXe siècle un monde retenu à la terre et cantonné au

---

256. Nous avons déjà évoqué ce cas dans une communication présentée à Léningrad dans le cadre de la Commission présidée par Pierre Vilar, consacrée aux « Problèmes de la modernisation des structures économiques et sociales dans une économie multisectorielle » (1970).

nécessaire. Limites en archipels cernant les îlots régionaux où l'on travaillait pour Séville, pour Cadix et pour l'Amérique, entourés du reste. Limites posées par les secteurs concurrents : des marchés intérieurs, des relations commerciales indépendantes ou semi-indépendantes, des pressions et des ponctions de la politique, etc. Limites aval dans les dépassements de l'économie monétaire métallique par le développement des instruments de crédit et de la circulation fiduciaire. Paysage heuristique frustrant comme une carte levée après reconnaissance du terrain : les sources du Nil ne sont plus à découvrir, et cette histoire qui se profile, nous ne pourrons plus y échapper en rêvant de grandes lois. Ou si celles-ci se décèlent, elles seront aussi nôtres que l'histoire qu'elles sous-tendront[257]. Si nous maintenons les points d'interrogation apposés dans les marges de son livre, si nous maintenons nos chiffres des arrivées des trésors envers les siens, si nous sommes en désaccord avec Garcia Baquero Gonzalez – mais jusqu'à quel point ? – sur l'utilité et sur la pertinence d'un sectionnement cyclique, en revanche, et nous nous en réjouissons, nous croyons que nos démarches ont ceci de commun : que nous avons le goût des documents et le désir d'en savoir plus à travers eux.

---

257. Ce qui est frustrant – des étudiants nous l'ont dit – c'est d'avoir les ailes de l'imagination coupées à chaque moment par le rappel d'avoir à revenir au réel. L'enseignement actuel incite au contraire à s'envoler à la moindre grande idée qui passe. Les notions d'examen critique et de vérification sont presque totalement oubliées. Ce qui est frustrant aussi, c'est de se dire que malgré que l'on en ait, l'on ne peut échapper à un passé indélébile qui s'est accompli, finalement, non pas sur des thèmes de rhapsodie intellectuelle, mais par des voies souvent déconcertantes auxquelles il faut bien consentir si l'on veut y comprendre quelque chose.

5 ❧ Le flux, le stock et les norias

Thématique

Cette étude est consacrée à un certain nombre de problèmes heuristiques et théoriques que les recherches précédentes ont soulevés. Elle débute néanmoins par une perspective cavalière qui permet de rassembler l'acquis sous un seul regard tant en ce qui concerne les faits établis que les incidences de méthode et de problématique. Ensuite, l'étude s'élargit par un retour en arrière qui introduit une discussion sur le stock des métaux précieux, sur ce qu'il était en 1492, sur son évolution au fil des siècles, avec le calcul de différents taux : d'alimentation et de sédimentation en fonction des arrivages (de tous continents), des exportations et de la totalité des déperditions. Une seconde extension du sujet rappelle la solidarité de l'histoire des métaux précieux américains et de l'histoire des différentes aires de production intéressées au commerce des colonies espagnoles en Europe. C'est une reprise d'éléments déjà présents mais épars dans le texte. Enfin, sur un plan conceptuel, une tentative est faite pour établir un modèle représentatif des transactions sur le marché, éclairant la place et la fonction exactes des métaux précieux. La relation de Fisher lui sert de base, mais celle-ci doit recevoir des modifications assez substantielles pour tenir compte du processus réel des échanges, de leur notation comptable et des conditions d'existence de la monnaie au temps de la monnaie à prédominance métallique. Le schéma ne peut être, d'ailleurs, examiné dans une présentation uniquement statique. Il n'acquiert de signification pratique qu'à partir du moment où l'on a reconnu le sens dans lequel passait le courant de la valorisation. De cette perception découlent deux notions extrêmement importantes : celle de circuit (ou de système) lévogyre et celle, symétrique, de circuit (ou de système) dextrogyre. Relu à l'aide de ces clés de déchiffrement, le schéma prend toute sa force explicative et, en particulier, peut être utilisé pour l'étude de la transition, au XIXᵉ siècle, entre l'économie et les sociétés dites de subsistance et l'économie postérieure, industrielle et de grande consommation.

❧

Nous voudrions donc traiter des questions de fond qui se posent à propos du rôle des métaux précieux dans la vie économique. Questions que, pour partie, nous avons rencontrées en cours de route sans avoir le temps ou les moyens de les résoudre et questions que, pour partie aussi, une reprise de la réflexion sur le sujet ne manquera pas d'amener. Le principe d'une telle entreprise s'impose en quelque sorte depuis que les anciennes conceptions ont été mises en échec et disqualifiées par l'établissement d'une meilleure représentation des arrivages d'or et d'argent du Nouveau Monde. Nous nous appuierons, évidemment, sur les résultats de l'enquête précédente. Nous commencerons, même, afin que tout soit clair, par en retracer succinctement l'itinéraire.

Cela expose à des redites. Et il y en a déjà eu dans les textes ci-dessus, mêlées à des minuties, des ratiocinations, des choses vues après coup, de brusques dépassements. Nous demandons au lecteur de bien vouloir nous pardonner si nous avons pu lui laisser ainsi, contre notre gré, l'impression d'hésiter ou de nous contredire, si nous l'avons rebuté. Qu'il nous absolve derechef de lui imposer une fois encore un parcours qu'il connaît, ingrat et raboteux. C'est que la nécessité en vient d'ailleurs. Notre recherche s'est déroulée « à travers banc » comme disent les géologues de certaines rivières surimposées. Nous entendons par là qu'elle ne s'est pas coulée dans un lit préparé à l'avance. Un système en place, un corps de doctrine, un ensemble de croyances fortement assimilées s'opposait à elle. Il a fallu revenir sur chaque difficulté, faire le siège de chaque aspérité, multiplier de notre côté les précautions et les vérifications pour essayer de mieux expliquer, de mieux éclairer, de mieux donner à voir une réalité occultée auparavant.

Expliquons-nous. L'étude des métaux précieux et de leur influence sur la vie économique ne peut passer pour une nouveauté absolue. Il s'en faut de quelques millénaires. Chaque génération a reçu ce problème en legs avec des articles effacés et des codicilles ajoutés par celles qui la précédaient immédiatement et qui l'ont éduquée. Elle n'est libre ni de sa problématique, ni de sa démarche dont les grandes lignes et les grandes directions lui ont été fournies avec l'enseignement reçu et à peu près prescrites, presque impérativement. On peut imaginer que par un gros effort d'historiographie, les infléchissements et les déformations subis avec le temps soient redressés, l'analyse réinventée à neuf et reconduite suivant des principes élaborés et fermes, assortis pour la vérification permanente de normes précises de fiabilité, de probabilité et de compréhension. Mais comment cet effort apparaîtrait-il nécessaire à de jeunes chercheurs, novices par essence, à qui l'on a répété habituellement qu'il était superflu parce qu'il avait été déjà accompli pour eux, et qu'ils n'ont qu'à développer et à prolonger ? Indispensable et trop souvent négligée, l'historiographie, au demeurant, n'informe que sur la manière dont une question a été abordée, attaquée, façonnée. Elle ramène à l'origine et rend les armes à cet endroit. La réappréhension d'un problème en termes meilleurs est une autre affaire.

La contrainte d'un héritage intellectuel n'est pas propre au sujet traité ici. Nous l'avons rencontrée en d'autres occasions, comme, par exemple, à propos de la Révolution agricole en France. On avait espéré que la reconnaissance de quelques évidences, des lacunes et des faiblesses de la construction Hamilton-Simiand, entre autres, aurait simplifié, allégé et soutenu un effort qui se voulait simplement de contribution à une intelligence mieux informée du passé. Il n'en a rien été. L'inattention, l'indifférence qui avaient accueilli les publications d'Albert Girard, voici quarante ans, se sont répétées depuis dix ans et le premier article où nous faisions part de la nécessité de réviser le schéma devenu classique. Il est, certes inconfortable de quitter le cocon douillet des idées héritées, des choses jugées et entendues. Le ressassement indéfini de la même leçon entretient l'engourdissement et l'obnubilation. Mais que gagne la connaissance scientifique à l'intolérance ? Rien. La discussion prend un tour étriqué. Les documents sont mis sous le boisseau. Toutes les questions sortant de l'heuristique sont écartées alors qu'il faudrait, au contraire, élargir le champ des investigations, mettre en place une démarche rationnelle pour accumuler, enfin, et progresser. C'est ce que, pour une modeste part, après avoir rempli loyalement notre contrat vis-à-vis de la recherche et des exigences critiques, nous essayerons à présent en dépit des *tutti quanti*. Le but à présent est bien d'embrasser le problème de l'action des métaux précieux dans la vie économique, compte tenu de nos limites, avec le plus d'ampleur et le plus de hauteur possibles.

1. Le flux : récapitulation

Le dessin de la conjoncture avant nos investigations devait donc ses traits à l'œuvre de Hamilton et à son exhumation des statistiques sur l'arrivée des trésors en Espagne de 1500 à 1650. Une courbe devenue classique : ascension puissante au XVIe siècle, de 120 000 piastres, moyenne annuelle entre 1501 et 1505, à 11,5 millions entre 1591 et 1595 ; déclin à peine moins accusé au XVIIe jusqu'à 1,1 million de piastres entre 1656 et 1660[1]. Cette courbe avait été mise en corrélation par Hamilton lui-même avec les prix andalous et castillans, et elle a fourni un argument massif en faveur d'une interprétation quantitativiste du mouvement des prix, à tel point que la plupart des auteurs, à commencer par Simiand, ont rattaché celui-ci, à la même époque, mais dans d'autres pays, à cette irruption des métaux précieux américains, l'intégrant dans un ensemble conceptuel systématique apparemment cohérent, bien que refusé par plusieurs auteurs hollandais, suédois, italiens ou anglais[2]. Dans les treize volumes de *Séville et l'Atlantique*, Pierre Chaunu a paru apporter des preuves nouvelles et décisives, réalisant en quelque sorte la concaténation des données. En reconstruisant la courbe du tonnage des navires employés dans la *Carrera de Indias*, il a eu l'ambition d'atteindre le volume et la valeur des marchandises transportées et,

---

1. E.-J. Hamilton, *American treasure and the price revolution in Spain 1501-1650*, Cambridge (Mass.) 1934.

2. C.-M. Cipolla, « La prétendue révolution des prix. Réflexions sur l'expérience italienne », *Annales E.S.C.*, tome X, n° 3, 1955, pp. 513-515 ; I. Hammarström, « The price revolution of the 16th century. Some Swedish evidence », *Scandinavian Economic History Review*, 1957, pp.118-154, et Rapport au XIe Congrès international des Sciences Historiques, Stockholm, 1960, volume I ; J.-G. van Dillen, « De Opstand en het Spaanse zilver », *Tijdschrift voor Geschiedenis*, 1960, repris dans *Mensen en Achtergronden*, Groningue, 1964, pp.181-192 ; P.-H. Ramsay (ed.), *The price revolution in 16th century in England*, Londres, 1971, recueil collectif dans lequel on consultera, entre autres, outre l'introduction de P.-H. Ramsay lui-même, les articles de Y.-S. Brenner, « The inflation of prices in early 16th century England » (pp. 69-90), repris de l'*Economic history review*, 1961-(62), et J.-D. Gould, « The price revolution reconsidered », (pp. 91-116), repris de l'*Economic history review*, 1964-(65).

par là, de rejoindre l'impulsion transmise à la vie économique tout entière par l'exploitation des mines américaines. On en connaît les résultats, et l'on sait qu'ils semblaient confirmer les conclusions de Hamilton.

L'interruption de la courbe en 1660 laissait tout de même un trou. Moins béant qu'on ne l'imagine parfois, car Albert Girard avait publié d'intéressants éléments d'appréciation dans sa thèse, contemporaine du livre de Hamilton. L'opinion de ce dernier, néanmoins, a prévalu - ou, plus exactement, la conviction qu'il avait acquise d'après des indications éparses : le déclin, très marqué en 1660, s'était prolongé durant toute la seconde moitié du XVIIᵉ siècle[3]. Pour le XVIIIᵉ siècle, les historiens disposaient des chiffres de la production du Potosi et du monnayage à Mexico, publiés par Humboldt et d'autres, parmi lesquels l'ingénieur P. Laur est celui qui fourni les données les meilleures[4]. Quant à la production brésilienne d'or, des statistiques étaient disponibles à son sujet depuis une date très ancienne, soit dans le *Pluto brasiliensis* du directeur des Mines Eschwege (tables des quintes royaux), soit dans le rapport de la Commission monétaire du Congrès des Etats-Unis en 1876 (frappes monétaires à Rio et à Lisbonne), sans parler du célèbre *Report* anglais de 1810. Plus près de nous, Vitorino Magalhães Godinho y a ajouté un relevé des cargaisons de métal jaune du Brésil arrivées au Portugal, d'après la correspondance du consul français à Lisbonne, plus complet que l'ancien travail de Viconde de Santarem[5].

D'une certaine manière, comme il a été dit en son lieu, seule la seconde moitié du XVIIᵉ siècle pouvait passer – et encore, en faisant abstraction des renseignements de Girard, voire de Soetbeer – pour *terra incognita* ou, mieux, *tempus obscurum*. Mais les données relatives à

---

3.   E.-J. Hamilton, *War and prices in Spain 1651-1800*, Cambridge (Mass.), 1947, pp.1-15.
4.   Aux ouvrages de référence cités dans l'étude consacrée au XVIIIᵉ siècle, il faut ajouter dorénavant : A.M. Bernal et A. Garcia Baquero González, *Tres siglos del comercio sevillano (1598-1868). Cuestiones y problemas*, Séville, 1976, et, surtout A. Garcia Baquero González, *Cadiz y el Atlántico 1717-1778*, Séville, 1977, dont nous n'avions pu prendre encore connaissance en écrivant les présentes conclusions.
5.   V. Noya Pinto a repris et publié (après traduction en portugais, mais sans avoir pris garde aux erreurs de l'original) les notices du consul français de Lisbonne, déjà utilisées par V. Magalhães Godinho (et par nous-même). Nous avons pu avoir connaissance sur photocopie, en 1976, grâce à l'amabilité de F. Mauro et de l'Institut de l'Amérique latine à Paris, de son travail resté à l'état de thèse non publiée, *O Ouro brasileiro e o comércio anglo-português, uma contribuição aos estúdios de economia atlântica no século XVIII*, São Paulo, 1972.

l'Amérique espagnole au XVIIIᵉ siècle restaient partielles (peu de choses sur l'or et l'argent en provenance de la Terre-Ferme) et ne se raboutaient pas à celles de Hamilton : chiffres de production, d'un côté, chiffres de transferts, de l'autre ; les données relatives aux arrivages brésiliens étaient mal éprouvées : aucun contrôle exercé, faute de recoupements sur les papiers des consuls ; l'ensemble souffrait de n'avoir pas été intégré : Amérique espagnole et Amérique portugaise traitées indépendamment l'une de l'autre. Un vice rédhibitoire s'attachait, dès lors, aux reconstructions de la conjoncture, tentées malgré tout, fragmentairement. Le champ d'enquête à travers lequel les gazettes hollandaises invitaient à s'avancer existait donc bel et bien.

Beaucoup d'espace a été consacré dans les études précédentes à l'authentification des notices publiées aux Pays-Bas et beaucoup de soin mis à les vérifier. Leur origine et leur nature ont été reconnues très tôt. Le secret couvrant l'étendue des trésors espagnols à leur arrivée était devenu, dès 1580 au plus tard et sauf exceptions, un secret de Polichinelle. Les notes récapitulatives dressées pour le compte de la Hacienda ou pour le compte des généraux des Flottes avaient un caractère semi-public, et le Roi ne dédaignait pas d'en amplifier la divulgation auprès des puissances amies (et indirectement, auprès des autres) lorsque cela l'avantageait. Elles ont été transcrites, de multiples fois : dans les diaires d'hommes de Cour comme Cabrera de Cordoba ; dans les correspondances des ambassadeurs vénitiens, florentins, gênois, français, etc. ; dans les correspondances des marchands ; dans les avis envoyés au comte Philipp Eduard Fugger *(Fuggerszeitungen)* et dans les feuilles imprimées à Francfort, à Anvers, puis à Amsterdam. Ce qui frappe finalement, c'est l'abondance des filières permettant de retrouver le montant des trésors dès la fin du XVIᵉ siècle et au début du XVIIᵉ. Les gazettes hollandaises n'ont pas innové dans la publication, elles ont exploité une source et un canal d'informations. Quelques difficultés de lecture (dans l'énoncé des chargements) ont entravé la reconnaissance du fait, mais l'identification des notices de la presse et des notices officielles est indubitable et le sera encore au XVIIIᵉ siècle, quand les enregistrements réapparaîtront dans la Carrera, et a fortiori pour les cargaisons brésiliennes dont les manifestes étaient imprimés à Lisbonne même sous forme de feuilles volantes qui ont été parfois conservées. Nous sommes donc en présence d'une documentation de premier ordre et que l'on ne peut disqualifier a priori comme s'il s'agissait de bruits et de on-dit, ou parce que, matériellement, elle nous vient de seconde main[6].

Les vrais problèmes d'utilisation – car il s'en est posé – se sont situés au-delà de ce préalable. Ils se répartissent en cinq rubriques : problèmes relatifs à la validité et à la crédibilité des notices officielles (problèmes qui se posaient déjà pour la documentation de Hamilton) ; problèmes spécifiques à la période 1660-1720 durant laquelle on n'a plus tenu de registres, théoriquement, en Amérique et en Espagne, ce qui prive nos notices de patrons officiels ; problèmes plus généraux de la compréhensivité de la documentation : possède-t-on bien *tous* les renseignements désirables sur *tous* les transferts opérés d'Amérique en Espagne, sur *tous* les convois ? ; problèmes conjoints mais particuliers des arrivages en provenance du Brésil après 1765, quand la Cour de Lisbonne fit tomber sur eux un black-out assez hermétique[7] ; problèmes, enfin, de la correction des notices, elles-mêmes, du point de vue formel, dans l'état où elles nous sont parvenues. Les deux premières séries de problèmes étaient les plus complexes. Avant d'y revenir en quelques mots, voyons la solution qui a été obtenue pour les autres.

La vérification de la qualité des notices a été, somme toute, aisée à cause de la multiplicité des filières par lesquelles les nouvelles étaient acheminées et de la possibilité de recoupements entre dépêches diplomatiques, correspondances commerciales et publications par la presse. Toutes ces sources ont été consultées quand elles nous ont été accessibles. Cela a permis quelquefois d'éliminer des défectuosités des gazettes, mais tout autant, sinon plus souvent, de repérer et de réparer des erreurs qui s'étaient glissées dans les autres séries : les plus spectaculaires sont, sans doute, la substitution des onces aux *oitavas* dans la correspondance du consul français à Lisbonne en 1722[8]. Nous n'avons pas la prétention, certes, d'avoir fait disparaître toutes les bavures de notre documentation. Mais les notices dou-

---

6.   Est-ce la raison pour laquelle la première publication des chiffres des trésors pour la seconde moitié du XVIIe siècle (dans notre article des *Annales*, « D'Amsterdam à Séville. De quelle histoire les prix sont-ils le miroir ? », *Annales E.S.C.*, tome XXIII, n° 1, 1968, pp.178-205) est restée lettre morte ?

7.   Fernand Braudel nous a remis, peu après la communication faite à la Société d'histoire moderne (cf. *Bulletin* de février 1977) le dossier de la correspondance du consul russe à Lisbonne. Grâce à elle, le black-out est moins hermétique. Les données recueillies ont été incorporées au chapitre sur l'Or brésilien. Elle proviennent des Archives de l'État à Moscou 72/5/217 à 287. Nous remercions Fernand Braudel de son geste très amical.

8.   L'*oitava* est, en effet, le huitième de l'once.

teuses ne représentent pas, en nombre, 1 % du total, bien qu'elles puissent être fort ennuyeuses[9]. Un élargissement des investigations, qui pourra être l'œuvre de chercheurs installés à proximité des dépôts d'archives, devrait promettre d'encore améliorer le score.

L'épreuve de compréhensivité a été un peu plus ardue. Le mouvement de la navigation entre l'Amérique et l'Espagne était connu jusqu'en 1650, grâce aux travaux d'Huguette et de Pierre Chaunu. Il fallait le reconstituer après cette date, et de même pour le mouvement entre le Brésil et le Portugal. L'opération était possible, à partir des gazettes elles-mêmes, tant que les deux Carreras obéirent à leurs propres régimes et que les convois groupés étaient à la fois peu nombreux et relativement réguliers. Cela n'empêche pas qu'il y ait eu des vaisseaux isolés évanescents, principalement sur les routes secondaires comme celle de Buenos Aires. Inversement, le travail un tantinet archéologique de restitution des flottes brésiliennes a fait réapparaître des flottes de Rio et de Bahia absentes de la correspondance consulaire. Quand l'exception – l'envoi de vaisseaux de registre isolés, précisément – devint la règle, comme en temps de guerre et surtout, avec les libérations successives du commerce de l'Espagne avec ses colonies à partir de 1764, le coefficient d'incertitude grandit évidemment, et il faut davantage avoir recours aux sources auxiliaires, quand il y en a. Après 1778, d'ailleurs, on doit changer carrément de bailleurs d'informations, car les gazettes hollandaises, submergées par le nombre des arrivées de navires, cessèrent de publier les notices. Mais la *Gaceta de Madrid* et le *Correo Mercantil* assurent le relais et, pour autant que l'on puisse en juger d'après l'examen critique du montant des trésors (à défaut d'un contrôle aléatoire du nombre des bâtiments), dans des conditions assez satisfaisantes.

On dispose, en effet, indépendamment des gazettes, d'un certain nombre de renseignements de source officielle, comme des listes de vaisseaux et de richesses embarquées en Amérique, listes établies par les vice-rois, et des récapitulations en Espagne effectuées par les scribes de la Real Hacienda. En les confrontant avec notre documentation, on s'aperçoit que celle-ci est à peu près intégrale avant 1778 et l'est à 10 % après cette date, en ce qui concerne l'Amérique

---

9. Les notices qui nous ont paru les plus délicates sont celles de 1661 (Amérique espagnole) et 1731 (cargaisons brésiliennes).

10. La correspondance diplomatique génoise serait certainement des plus intéressantes à consulter sous cet angle.

espagnole. Ce genre de recoupements n'existe pas pour l'Amérique portugaise, mais n'est pas nécessaire tant que l'on a et dans la mesure où l'on a une notice pour chaque flotte. Pour pallier la carence des renseignements à partir de 1765, nous avons adopté dans une première démarche, comme substitut, la somme des frappes aux Hôtels des monnaies de Rio de Janeiro et de Lisbonne comme produit des retours du Brésil. Par la suite, il a été possible, grâce à un geste amical de Fernand Braudel, de renouer et d'allonger le fil d'une documentation plus directe. Jusqu'en 1789, à peu près[11].

Ces difficultés résolues ou, du moins, éclaircies, tournons-nous vers les deux plus importantes. L'obligation de faire enregistrer leurs métaux à bord des Flottes et des Galions de l'Amérique fut supprimée, pour les cargadores, à partir de 1660. Les gazettes néerlandaises n'en ont pas moins continué de publier des notices des retours. Leur information ne connaît pas le vide entre 1660 et 1720, date du retour aux anciens usages. Comment cela se fait-il, puisque le matériel primaire avait été supprimé par la décision de Philippe IV ? D'où viennent les nouvelles ? Quel crédit faut-il leur accorder ? Peut-on les rattacher sans trouble en amont et en aval aux notices issues, elles, des registres ? Une réponse n'a pu être donnée à ces questions qu'en prenant un peu de hauteur par rapport à la documentation et à l'ensemble du trafic hispano-américain.

Il a fallu comprendre d'abord de quelle nature était celui-ci et comment il s'effectuait. Il s'agissait d'un commerce qui intéressait au premier chef une grande partie de l'Europe, en ce sens que de nombreux pays – la France, en tête – participaient aux chargements des convois en formation à Séville puis à Cadix. D'où une attention des marchands largement éveillée à tout ce qui touchait la Carrera et, naturellement, à l'évaluation des trésors. Mais ce commerce européen à destination de l'Amérique via l'Andalousie était assez fortement concentré, soit au départ des pays fournisseurs : spécialisation des ports, des transports, des négociants ; soit à l'arrivée en Espagne et à l'embarquement sur les Galions : maisons des correspondants (les fameux « étrangers » à Séville et à Cadix), commissionnaires espagnols, etc. Il en résultait, outre le petit nombre de mains entre lesquelles passaient les marchandises, une surveillance incessante du volume, renforcée par le souci, patent dans les correspondances commerciales, de calibrer les « envois » en Améri-

11. Cf. note 7.

que pour préserver les marges de profit. Et l'observation aboutissait à formuler, dès l'appareillage à l'aller, une évaluation du chargement, valeur au départ, doublée parfois d'une estimation du rendement escompté sur l'autre rive de l'Atlantique.

Le processus informatif se poursuivait et avait le temps de s'affiner tout au long du voyage à cause, en partie, du petit nombre des « galionistes » et des « flottistes », c'est-à-dire des responsables mandatés des marchandises embarquées, chargés de les vendre à l'arrivée (des Espagnols, ordinairement). Il ne prenait pas fin en Amérique, bien au contraire. Les transactions se déroulaient dans un espace resserré et dans un temps court, caractères particulièrement marqués à Portobelo ; dans un cercle étroit d'hommes d'affaires car, de leur côté, les marchands mexicains et péruviens étaient peu nombreux et assez soudés les uns aux autres. Le montant des trésors descendus des hauteurs au littoral était à peu près connu de ceux qui les apportaient. Il continuait d'être enregistré au passage de l'isthme de Panama, au *Boqueron,* enregistrement soigneux puisqu'il faisait foi d'une certaine manière à la foire de Portobelo, et qu'il était l'élément déterminant dans l'arbitrage du match perpétuel entre la *ropa* et la *plata.* Acheteurs et vendeurs savaient, quand l'heure était venue de plier boutique, ce qui s'était échangé des uns aux autres, à quel prix, et ce qu'il restait d'invendus que certains cargadores tenteraient d'aller écouler à Mexico et à Lima, remettant leur retour à plus tard. La correspondance commerciale conserve ce qu'on pourrait appeler des bulletins des foires qui nous renseignent sur les bénéfices et les pertes réalisés sur telle ou telle catégorie d'articles.

On comprend que, dans ces conditions, l'évaluation des retours ait pu être faite avec une bonne précision, pour ne pas dire une grande, dès le réembarquement en Amérique. Il est vraisemblable aussi que les officiers de marine, à bord des Galions, sans procéder à un enregistrement officiel, se préoccupaient et avaient les moyens de savoir ce qui leur était confié pour le voyage. Toutes les notices entre 1660 et 1720 que nous possédons sont des notices en provenance de l'Espagne même, contemporaines de l'arrivée des flottes et reproduisant les estimations élaborées comme il vient d'être dit. Aucune n'est le fruit de spéculations élaborées a posteriori et sans fondement dans un cabinet bien clos sur quelque *gracht* amstelodamois. Ces notices se retrouvent, avec quelques variantes, aussi bien dans les correspondances consulaires que dans les correspondances commerciales et dans les gazettes. Elles ont été et elles sont validées ainsi par cette espèce de catholicité qui est leur marque et pour les convois auxquels elles se rapportent. Enfin, les contrôles (trop rares, hélas !) qui ont pu être pratiqués soit par le biais d'autres estimations, soit par le biais des renseignements divulgués en Amérique même sur les quantités embarquées, se sont révélés positifs.

L'authenticité et la fidélité des « évaluations commerciales » ne font donc aucun doute. Mais cela ne légitime pas *ipso facto* un raccordement aux notices officielles qui forment le matériau du reste de notre information. On peut objecter, en effet, que les « évaluations commerciales » ne souffrirent pas, au contraire de l'autre catégorie de documents, de la sous-estimation fruit de la fraude. Le passage d'un type d'information à un autre pourrait être responsable d'une erreur d'optique si l'on ne redressait ce qui doit être redressé. L'objection est à prendre en considération incontestablement. Mais, comme on l'a vu et comme nous allons le rappeler, elle n'est pas dirimante. A condition de bien se représenter ce que signifie le phénomène de la fraude dans la Carrera espagnole et de prendre quelques précautions[12].

La fraude est un phénomène d'observation délicate et qui appelle, en réponse, un redoublement d'attention. On peut et l'on doit distinguer dans l'histoire de la Carrera trois sortes de fraudes : (1) une fraude absolue, celle des hommes déterminés à dissimuler coûte que coûte et à inventer, pour ce faire, des « caches » extraordinaires, comme les passeurs de drogues de nos jours ; (2) la fraude banale, ou furtive, qui s'apparente à un larcin et qui était celle, beaucoup plus répandue, des gens qui cherchaient à gagner « un petit quelque chose » par une déclaration minorée ou même par l'utilisation de cachettes courantes : (3) le non-enregistrement massif qui a sévi dans la Carrera à partir d'une époque et qui, s'appuyant sur la complicité ou sur l'impéritie de l'administration, a fini par perdre son caractère de violation de la loi pour devenir la norme. Ces trois formes de fraude n'ont pas eu tout le temps la même importance et n'ont pas évolué, non plus, selon une règle de progression constante. C'est pourquoi des restitutions de chic, aussi subtils qu'en

---

12.   J. Everaert a exprimé une opinion différente dans *De internationale en koloniale handel der Vlaamse : Firma's te Cadiz 1670-1700*, Bruges, 1973, mais il était influencé par la définition défectueuse de la *tonelada* et croyait à cause d'elle à une diminution du trafic entre l'Espagne et l'Amérique.

soient les dégradés, comme celles proposées par Pierre Chaunu, constituent un trompe-l'œil qui laisse le vrai problème intact[13].

La fraude absolue a toujours existé et, dans la seconde moitié du XVIIe siècle, elle est avérée au *Boqueron*. Elle échappe donc aussi bien aux « estimations commerciales » du temps qu'aux notices officielles, et nous n'avons pas à nous en préoccuper pour une harmonisation des informations. Il n'en va pas de même pour la fraude banale que les contemporains estiment souvent à 10 ou 15 % des chiffres de l'enregistrement et qui, *peut-être*, serait intégrée dans les « estimations commerciales ». On a songé un instant à relever en bloc dans les proportions indiquées les notices officielles pour obtenir une harmonisation. Mais, finalement, cette solution n'a pas été retenue, ne paraissant pas nécessaire. D'une part, rien ne prouve la constance du taux de la fraude même banale. Une meilleure exactitude semble avoir été le cas de maint convoi. L'exemple le plus frappant a été tiré de la Flotte de Nouvelle-Espagne capturée par Piet Heyn en 1628. Son inventaire a été effectué par les Hollandais, en toute indépendance à l'égard des documents officiels[14]. Or, le chiffre obtenu coïncide avec la moyenne des trésors enregistrés sur les Flottes précédentes. D'autre part, les « évaluations commerciales » de la seconde moitié du XVIIe siècle présentent fréquemment une fourchette d'appréciation. Elles supportent une coulisse de précision qui était au demeurant prévisible. Celle-ci, différente dans sa nature, de la marge d'erreur entraînée par la fraude, peut, néanmoins, lui être assimilée sous l'angle statistique. En conséquence de ces deux constatations, la règle suivante a été adoptée : ne relever les notices officielles que dans les cas explicites de fraude (le montant en apparaît alors ordinairement dans d'autres documents) ; ne retenir que la branche inférieure dans les estimations commerciales. L'homogénéité des observations est de la sorte retrouvée ou préservée.

---

13. P. Chaunu, *Histoire, science sociale. La durée, l'espace et l'homme à l'époque moderne*, Paris, 1974, p. 250.

14. Cf. la notice de ce chargement in N. Wassenaer, *Historische verhael al der gedenck-weerdigste geschiedenissen die van de beginne des jaeres 1621 tot 1630 voorgevallen zijn*, Amsterdam, 1628, que nous avons reproduite in *Anuario de historia economica y social*, (1970, pp. 175-181). Notice identique in S.J. de Laet, *Historische ofte Iaerlyck Verhael van de Verrichtinghen der Geoctryeerde West Indische Compagnie zedert haer Begin tot het eynde van't jaer sesthien hondert ses en dertich*, Amsterdam, 1637. On notera que les caisses d'argent ont été pesées, de même que les barres. Dans la pratique espagnole, les unes et les autres étaient appréciées d'après leur valeur en piastres.

Le raccord peut s'effectuer sans qu'elles jurent entre elles, entre les « évaluations commerciales » et les notices officielles. Quand ces dernières sont de confiance... Car le vrai problème, en fait, vient de la mauvaise qualité d'un certain nombre de celles-ci à cause du non-enregistrement massif.

L'affaire est assez grave puisqu'elle vicie complètement la courbe des arrivages alléguée par Hamilton. Si le non-enregistrement massif a pu poindre, de temps à autre, au XVIe siècle, il ne s'est établi de manière triomphante qu'à partir de 1635, peut-être de 1630, pour durer jusqu'en 1660. C'est ce non-enregistrement massif qui est à l'origine du remaniement du système de l'*averia* et de la suppression des registres : le mal avait empiré au point que le Roi était le seul à payer les frais des convois parce qu'il était le seul à déclarer les trésors qu'il y faisait embarquer. Pierre Chaunu a écrit des paroles très fortes sur ce thème. « Peut-on encore, en 1643, parler de fraude quand l'enregistrement des marchandises et, surtout, des métaux précieux, au retour, est devenue l'anomalie ? » Non, bien évidemment, et, logiquement, il faut en prendre acte pour récuser la reconstruction de Hamilton à partir de la date fatidique et les reconstructions qui s'appuieraient sur elle. Le trésor de la Flotte du Marquis de Villarubia, qui rentra au port de Santander en 1659, qu'ignora l'historien américain, mais qui rapporta à elle seule cinq fois plus de piastres qu'il n'en a décomptées pour tout le quinquennium 1656-1660 fournit la démonstration. L'or et l'argent déclarés par les particuliers ne représentaient que le neuvième de leur avoir, un neuvième de l'iceberg. Ce ne sont donc pas les évaluations commerciales qui sont à revoir mais les notices officielles dans la période critique. Ce relèvement indispensable a été effectué avec la prudence requise par l'importance du sujet et l'état défectueux de la documentation.

Justifiée sur le plan heuristique, l'exploitation des gazettes l'est aussi par ses résultats. Car voici qu'un graphique des arrivages par quinquennies peut être déployé du début du XVIe siècle (en utilisant les chiffres de Hamilton jusqu'en 1580) au début du XIXe. Courbes des trésors de l'Amérique espagnole, courbe des trésors du Brésil, courbe cumulative des deux grands flux de métaux précieux du continent américain[15]. Sans faire fi des réserves élémentaires d'usage,

15.   La courbe présentée le 6 février 1977 à la Société d'histoire moderne a été retouchée pour tenir compte des documents qui nous ont été communiqués postérieurement. Les

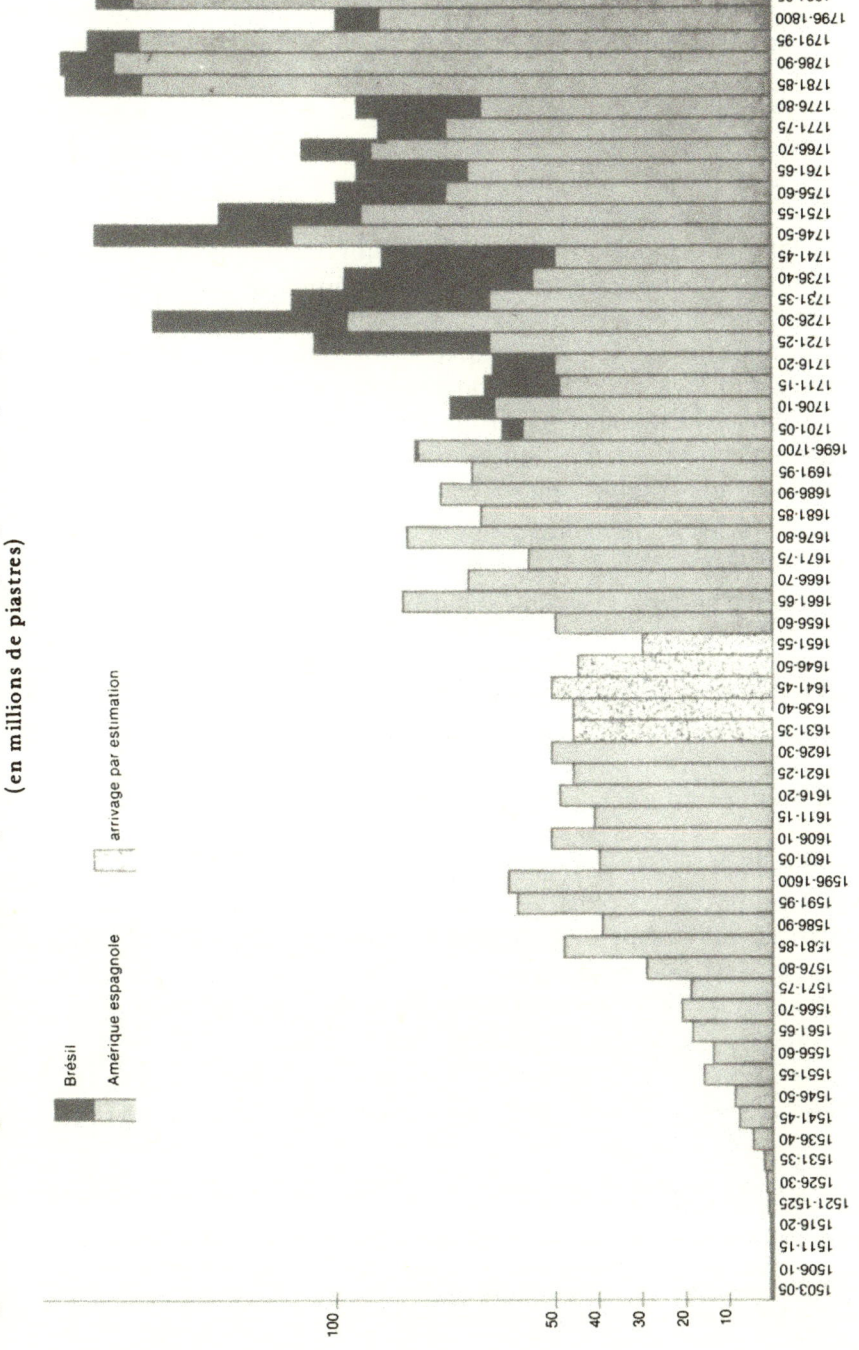

Figure 37. *Arrivages des trésors d'Amérique de 1503 à 1805 par périodes quinquennales*
(en millions de piastres)

Brésil

Amérique espagnole

arrivage par estimation

on peut considérer ce graphique avec une certaine tranquillité, il rend assez fidèlement l'image du mouvement et des variations survenues durant trois siècles.

Sa lecture est simple. La courbe part d'un niveau bas en 1500 (moins de 125 000 piastres annuelles) et s'élève lentement jusqu'en 1530 (346 000 piastres annuelles). Une première escalade est amorcée alors, qui va porter la moyenne en 1546-1550 à 1 836 037 piastres. Une seconde suit immédiatement par une saccade et un niveau annuel oscillant entre 3 et 5 millions de piastres est atteint de 1550 à 1575. La grande envolée s'accomplit en fin de siècle avec un sommet en 1591-1595 : 11,7 millions de piastres chaque année. Jusqu'ici nous répétons la leçon de Hamilton. Mais après ces records, que la documentation tirée des lettres de marchands et des gazettes de Francfort a permis d'avaliser et de détailler dans leur modulation vraie[16], les choses changent. La baisse des arrivages de l'Amérique espagnole est modérée : on revient à une moyenne de 8 à 10 millions de piastres, coupée de reprises et, dans l'ensemble, contenue jusqu'en 1645 à peu près. Un creux marqué (6 millions de piastres) n'apparaît qu'au milieu du siècle, en relation avec l'hostilité des Anglais qui, sur un court laps de temps, se révèle beaucoup plus efficace que celle des Hollandais, malgré la belle prise de ceux-ci à Matanzas en 1628, par ses destructions et par le diffèrement des retours qu'elle provoqua. L'influence de l'événement se manifeste ici à plein, et on le retrouvera tout au long de l'histoire de la navigation atlantique. Mais la reprise qui éclate avant même la paix des Pyrénées est brillante et les retours de la seconde moitié du XVIIe siècle sont supérieurs, à l'exception d'un seul (1671-1675) aux plus réussis du XVIe : plus de douze millions de piastres par an. L'allure n'est cependant pas régulière : il y a des vallons et des bosses, dont une analyse fine rend raison, et, à l'entrée en Andalousie, même une déperdition de volume en bout de siècle, imputable sans doute au commerce interlope de la Mer des Antilles.

La guerre de Succession d'Espagne, au début du XVIIIe siècle, casse la courbe des arrivages dans le royaume de Philippe V et aussi,

---

arrivages brésiliens se lisent dans la plage séparant la courbe du total de la courbe des arrivages hispano-américains (cf. M. Morineau, « Des métaux précieux américains et de leur influence aux XVIe et XVIIe siècle », *Bulletin de la Société d'histoire moderne et contemporaine*, XVe série, n° 1, 1977.

16. Il est évidemment regrettable que Pierre Chaunu n'ait pas cherché à procéder à ces recoupements et à cette ventilation à Séville même.

en dépit de la contrebande et des captures, en Europe – du moins si l'on en juge d'après ce que l'on peut percevoir de ces actions[17]. C'est le moment où l'or brésilien entre en scène. Trop modestement d'abord pour rétablir le niveau global de l'approvisionnement en métaux précieux du vieux continent. Il faut attendre 1721 pour constater un rattrapage puis un dépassement considérable : plus de 20 millions de piastres annuelles en valeur à l'entour de 1730, grâce à l'épanouissement de l'Amérique portugaise, bien sûr, soutenu par le rétablissement de l'Amérique espagnole. Mais la performance n'est pas tenue, les retours suivants sont moindres et la guerre entre l'Espagne et l'Angleterre, qui accompagne le conflit pour la Succession d'Autriche, précipite la courbe aux abysses, abysses relatives, puisque le fond est touché à un niveau qui demeure supérieur à celui du XVIIe finissant (en tenant compte des prises faites par les Anglais). Les perturbations martiales rejaillissent sur la période suivante : le retour à la paix agit comme un coup de baliste, et le résultat du quinquennium 1746-1750 constitue un sommet (31,2 millions de piastres) : il faudra attendre 1781-1785 pour le voir dépassé à la faveur d'un mécanisme identique, d'ailleurs, de rétention puis d'avalanche. Entre temps, la production des mines mexicaines avait fait un grand pas en avant, mais l'extraction de l'or brésilien était entrée dans une décadence qui n'en finit pas. Tant et si bien qu'au total, à l'arrivée en Europe, rien ne semble avoir été gagné jusqu'en 1780, un retard supplémentaire à la manifestation des progrès de l'Amérique espagnole étant infligé par la réouverture de la guerre à l'occasion de l'indépendance des Etats-Unis. L'apogée est atteint entre 1784 et 1795, durant onze années que l'on peut qualifier d'éblouissantes pour le commerce hispano-américain et, principalement, hispano-mexicain, puisque la Nouvelle-Espagne en fournit l'aliment le plus puissant. La rupture avec la France en 1793 – n'en déplaise à nos corsaires – ne l'ébrèche point, mais l'hostilité anglaise a des effets drastiques en 1796, mal compensés par l'activité consécutive à la paix d'Amiens en 1802 et réapparaissant brutalement dès la fin de cet entracte.

Le mouvement reflété par le graphique diffère sensiblement de l'aperception entretenue par quarante ans de réflexions sur les *trends* séculaires, inaugurées par les travaux de Simiand, eux-mêmes

17. En attendant les travaux annoncés par Charles Carrière.

conditionnés par l'œuvre de Hamilton[18]. D'une part, la seconde moité du XVIIe siècle ne saurait plus être regardée comme l'aride désert sans or ni argent que l'on a souvent décrit. D'autre part, les progrès du XVIIIe siècle, indubitables, se révèlent capricieux, précocement flamboyants, mais morcelés et, à cause de cela même, d'une envergure qui se déploie mal, qui s'élargit finalement peu et tard. Le mouvement retrouvé est sans égard pour la chronologie Kondratieff : il est devenu impossible de tailler un long cycle de baisse dans les arrivages de métaux précieux entre 1660 et 1720. Si l'on néglige les « accidents » des guerres, c'est une progression du XVIe au XIXe siècle qui s'impose comme la mélodie de fond avec des *andante* et des *rinforzando,* des repos et des accélérations. Inconfortable pour des idées reçues, cette courbe invite, oblige à remettre l'ouvrage sur le métier et à reformuler le problème de l'influence exacte des métaux précieux sur la vie économique, du rapport entre un paramètre particulier et la conjoncture générale.

Auparavant, toutefois, il est nécessaire de revenir sur la manière dont la représentation précédente s'est imposée aux historiens. Les arguments en sa faveur étaient d'une fragilité évidente. Tout reposait, à propos de la dépression du XVIIe siècle, sur deux options de Hamilton : l'option sur la médiocrité de la fraude dans l'enregistrement des trésors, sans phases, continûment et jusqu'en 1660 ; l'option sur la persistance de très faibles arrivages au-delà de cette dernière date sur la foi de sondages rares dans des sources probablement officielles et inappropriées à bien renseigner. Or, la première option relevait, en quelque sorte, de la pétition de principe puisque c'était le mouvement des prix qui, en définitive, était invoqué comme sa garantie, alors que le projet de l'historien américain avait été, précisément, de chercher la preuve d'une liaison entre les deux phénomènes[19]. La seconde option aurait pu et aurait dû être remise au moins en question puisque Albert Girard, presque à la même date que Hamilton, avait produit des chiffres qui, bien que partiels, démentaient la thèse du déclin de la Carrera. Sans doute s'est-il produit sous diverses influences (crise de 1929, réemploi des

---

18.   F. Simiand, *Recherches anciennes et nouvelles sur le mouvement général des prix du XVIe au XIXe siècle,* Paris, 1932 et *Les fluctuations économiques à longue période et la crise mondiale,* Paris, 1932.

19.   E.-J. Hamilton, *American treasure and the price revolution in Spain 1501-1650,* Cambridge (Mass.), 1934, p. 38 : "The trend of Spanish prices, as shown in Part II, indicates that the figures in Table I are not seriously vitiated by the fact that there were subreptitious imports of the precious metals".

données de Hamilton par Simiand, aspirations du groupe des *Annales* à sortir du ghetto historique et à s'armer d'une problématique économique, phénomène de la répétition pédagogique, etc.) une cristallisation des esprits, analogue à celle dont les idées de Ricardo bénéficièrent de la part des économistes classiques au XIXe siècle, et qui, en fin de compte, a paralysé et la vigilance critique et la progression de la recherche.

C'est une cristallisation de cette sorte qui explique, sans doute, l'immense effort de mise en corrélation des tonnages de la Carrera et des arrivages de trésors selon Hamilton. Oublions la *tonelada* pour ne retenir que la démarche essentielle. Elle était très séduisante dans son propos. Quoi de plus judicieux, en effet, quoi de plus chargé de sens à l'avance que l'analyse du trafic qui avait sous-tendu le mouvement des trésors, lui avait répondu ou l'avait appelé ? Cela n'aurait pas dû dispenser, néanmoins, de s'assurer épistémologiquement de la valeur probante des corrélations que l'on s'apprêtait à invoquer. Or, le tonnage d'une flotte est une donnée et le tonnage des marchandises transportées en est une autre. Surtout, à une époque où le premier, sur l'océan, dépend de diverses conditions de sécurité et, sur le papier, du pas de deux des autorités et des armateurs. Matériellement, la corrélation entre les tonnages et la masse, volume ou poids, des métaux précieux, au retour de l'Amérique, était inconsistante ; la corrélation entre les tonnages et les marchandises transportées ne pouvait être entérinée que dans des conditions de remplissage parfait et de stabilité de la composition des cargaisons (proportion constante des marchandises de valeur et des marchandises encombrantes). Or, il y a eu des changements dans l'emploi des navires, et un transfert des chargements subreptice des bâtiments marchands aux vaisseaux de guerre qui, primitivement, n'en devaient point emporter. Il y a eu aussi – la comparaison des Flottes de la Nouvelle-Espagne en 1597 et en 1729 l'a montré – des changements dans la composition des chargements, changements intervenus, semble-t-il, au début du XVIIe siècle puisque l'on en excipait vers 1620 déjà à Portobelo[20].

---

20. Le texte, des juges de Portobelo que nous avons déjà cité, d'après P. Chaunu, *Séville et l'Atlantique (1504-1650)*, Paris, 1955-1959, tome V, p. 565, n'est pas le seul de son espèce. Voyez ce que déclare la Casa de la Contratación à propos du commerce du Pérou en 1606 : « Mayormente que como ya el Peru tiene vino bastante para se, labra xabon y ay algun azeyte y tiene panos baxos que labra y lo traen de Nueva España *que seran los generos de volumen con que se cargavan las naos* [c'est nous qui soulignons] se a reducido esta flota a

Le désajustement des représentations du mouvement au XVIIIe siècle est né, lui, de deux circonstances. L'absence de combinaison, d'abord, des données relatives au Brésil et des données relatives à l'Amérique espagnole. Elle avait pour effet secondaire, bien souvent, de surestimer par défaut de comparaison l'importance du métal jaune importé dans les toutes premières années du XVIIIe siècle et de son effet. Mais les deux branches du fleuve précieux doivent évidemment être réunies si l'on veut juger du rôle de l'or et de l'argent dans leur ensemble à l'occasion, par exemple, d'un essai d'application de la théorie quantitativiste de la monnaie, et les commentaires qui ignorent l'un en ne s'intéressant qu'à l'autre tombent nécessairement en porte-à-faux. Deuxième circonstance : l'historiographie, disposant de chiffres de production pour le Brésil et surtout, depuis Humboldt, pour le Mexique, s'est appuyée sur ceux-ci en négligeant l'incidence possible des déformations et des déperditions de flux au cours du transfert de la mine ou, tout au moins, de la colonie à la métropole[21]. Or, les événements, pour rester dans la ligne

---

llevar ropa menuda que todo es de generentes muy differentes y costasos », et le commentaire de P. Chaunu : « Si l'on compare les importations des colonies américaines par la voie officielle de Séville au milieu du XVIe siècle et au début du XVIIe, il n'est pas certain que les importations du XVIIe siècle, comme on l'a affirmé à la légère, soient inférieures en valeur ; elles ne sont même pas inférieures en poids par rapport aux dernières décades du siècle précédent. Mais vins, farines, huiles espagnoles voyagent moins sur les navires de la Carrera cédant le pas aux étoffes que l'Espagne ne produit pas et qui ne font que transiter par le Guadalquivir » (op. cit., tome IV, page 233). D'une manière générale, les volumes de notes de P. Chaunu contiennent une foule de renseignements de cet ordre qui ne semblent pas avoir été parfaitement intégrés dans les conclusions. Le succès de la vigne et de l'olivier au Pérou est patent dans toutes les descriptions de l'époque : de Vazquez de Espinosa, Compendio y descripción de las Indias Occidentales, 1627, édité par C. Upson Clark, Washington, 1948, au Père Cobo, Historia del Nuevo Mundo (1653) édité par M. Jimenez de la Espada (Séville 1890-1892) en passant par Reginald de Lizarraga, in Relaciones geograficas del Péru, réédité par M. Hernández Sánchez Barba, Madrid, 1968.

21. On trouve dans R. Vargas Ugarte, Historia general del Perú, tome IV, Lima, 1966, P. 301, la ventilation suivante de l'argent monnayé à Lima de 1761 à 1774 (en piastres) :

Envoi en Espagne	67 401 985
Envoi à Buenos Aires	15 000 000
Envoi à Panama	4 200 000
Envoi à Valdivia	800 000
Envoi à Guyaquil	6 000 000
Envoi à Quito	4 000 000
Envoi sur l'autre côte	1 000 000
Envoi au Chili	2 000 000
Reste dans le royaume	265 853
Total	100 401 985

(d'après le manuscrit de la Relation de Manual de Amat, conservé aux archives de

d'une comparaison musicale, ne sont pas de simples fausses notes égarées ou un contrepoint banal : ils ont brouillé la mélodie elle-même et son rythme. De sorte que la courbe des arrivages ayant intégré un faisceau d'impulsions coagissantes, même si elles étaient contradictoires, l'analyse se doit pour l'expliquer d'en renouer, dénouer et renouer la conjonction, seul moyen, aussi, d'y avoir clair dans la conjoncture.

Ceci dit, le lecteur n'en sera pas surpris. Chacun des chapitres précédents s'est clos de manière analogue par un constat de l'échec des interprétations automatiques et un renvoi à une description « phénoménologique » préalable des mécanismes économiques mis en cause[22]. Ce qui, dans ces expériences renouvelées, a pu être recueilli de positif et d'indicatif devra être rassemblé d'ici quelques paragraphes afin de dépasser tant soit peu le rond-point des conclusions suspendues où l'on pourrait être las de toujours revenir. Mais la répétition des expériences négatives comporte en elle-même sa leçon et convainc de chercher un véritable schéma ou modèle explicatif pour essayer de comprendre ce qui, abordé par une autre voie, est resté réfractaire à l'intelligence.

Il existe d'autres modes de présentation de la courbe des arrivages. On peut utiliser, entre autres, une représentation à l'échelle logarithmique, dont Jorge Nadal a montré l'intérêt à propos de la « révolution » des prix au XVIᵉ siècle[23], ou une représentation des importations cumulées à laquelle s'était risqué René Baehrel[24]. En privilégiant les différences successives, ces auteurs se sont proposés de mieux faire ressortir la croissance. Le XVIᵉ siècle se détache alors avec une netteté sans égale. Entre 1501-1505 et 1595-1600, les arrivages ont été multipliés, en effet, par 100. La progression, bien mise en valeur sur le graphique à ordonnées logarithmiques, en flèche jusqu'en 1550 (multiplicateur 25), s'amortit, d'ailleurs, dans la seconde moitié du siècle (multiplicateur 4). En regard, le XVIIᵉ siècle paraît atone dans son commencement et, après le ressaut des années 1660-1670, surtout marqué par une constance à

Santiago du Chili). Ces renseignements sont à rapprocher de ceux que nous avons donnés dans le chapitre sur les trésors américains au XVIIIᵉ siècle.

22. Etudier « le phénomène se produisant ». La formule est de Simiand et a été fort pertinemment rappelé par P. Vilar, *Or et monnaie dans l'histoire*, Paris, 1974, p. 192.
23. J. Nadal, « La revolución de los precios españoles en el siglo XVI. Estado actual de la cuestión », *Hispania*, 1959.
24. R. Baehrel, *Une croissance : la Basse-Provence rurale*, Paris, 1966, tome II, graphique 6.

un niveau nettement supérieur, tout de même, à celui des débuts. Le XVIIIᵉ siècle conserve son profil caractéristique, morcelé en trois vagues déferlant lentement ou brutalement qui rendent quelque peu illusoire l'établissement d'un taux de croissance moyen séculaire. Disons, néanmoins, pour fixer les idées, qu'il y eut deux fois plus de trésors à arriver dans la dernière bonne période (1781-1795) que dans les années 1701-1720.

Mais ces représentations ont quelque chose de fallacieux. Le principe de leur construction exalte outre mesure le XVIᵉ siècle. L'ascension fulgurante, les pourcentages d'augmentation éblouissants procèdent évidemment de la base retenue, peu différente de zéro... Et pour cause ! En eux rutile l'impetus des commencements. On en oublie de dresser les bilans. Pourtant, la masse des métaux précieux venus d'Amérique au XVIᵉ siècle est beaucoup moins importante que celle qui afflua dans chacun des deux siècles suivants[25] :

Tableau 82. *Répartition des arrivages américains par siècle*
(en tonnes)

	Or	Argent
XVIᵉ siècle	150	7 500
XVIIᵉ siècle	158	26 168
XVIIIᵉ siècle	1 400	39 157
Total	2 708	72 825

Toujours pour le XVIᵉ siècle, une autre erreur consisterait à croire que l'Amérique était la seule source d'approvisionnement en métaux précieux de l'Europe. Ce n'était pas le cas. Voyez comme on est loin du compte durant ce que l'on a appelé le cycle de l'or, de 1501 à 1530. On débarqua alors en moyenne, à Séville, de 6 à 700 kilos de métal jaune par an, en provenance principalement des Antilles[26]. Mais, par la voie traditionnelle de la Méditerranée que les galères vénitiennes n'avaient pas encore abandonnée, il continuait d'en

25. Nous suivons E.J. Hamilton, *op. cit.*, pour les arrivages américains jusqu'en 1580. Les autres chiffres ont été calculés d'après les données publiées dans les chapitres précédents.
26. Cette moyenne est établie sur l'ensemble de la période. En fait, il y eut des fluctuations importantes : moyenne annuelle de 1503 à 1510 : 645 kg ; de 1511 à 1520 : 915 ; et de 1521 à 1530 : 488 (Cf. E. J. Hamilton, *op. cit.*).

arriver, en Espagne et en Italie, autant sans doute d'Afrique[27]. Et du continent noir, encore, par la voie atlantique, la quantité d'or importée au Portugal atteignait également un total de 6 à 700 kilos[28]. En Europe, même, d'après les estimations courantes, la Hongrie en fournissait à peu près le double et l'on extrayait des mines d'argent près de 70 tonnes de métal blanc (l'équivalent de 6 à 7 tonnes d'or, d'après le ratio de l'époque), alors que le Nouveau Monde n'en avait envoyé qu'une centaine de kilos[29]. On s'aperçoit de la modestie de l'impact américain dans ces commencements, incapable notamment de renverser le rapport qui s'était établi dans les quantités produites, en faveur de l'argent (vingt fois plus que d'or). Ce qui n'enlève rien à son importance pour l'Espagne, ni à sa valeur de prémices, mais rend discutable la dénomination du cycle[30].

2. Le stock

Il serait souhaitable également de connaître le stock métallique existant en Europe en 1492, avant la découverte de Christophe Colomb. Donnée inaccessible ? David Hume, au XVIIIᵉ siècle, avait avancé le chiffre de 60 millions de livres sterling. Il n'indiquait pas par quel chemin il y était parvenu, mais on peut le deviner. Il est fort probablement parti de l'évolution du trésor d'Henry VII d'Angleterre, qu'il donne un peu plus loin et qui lui était léguée par la chronique historique. Ce trésor : 1 700 000 livres sterling, représentait, pensait-il, les trois quarts des espèces anglaises du moment, soit 2 250 000 livres sterling ou 500 tonnes d'équivalent-argent. C'est donc en assumant que le stock européen valait trente fois le stock anglais, environ, qu'il est arrivé au résultat précédemment indiqué et qui correspond à 15 000 tonnes d'équivalent-argent[31]. William Jacob, au

27. F. Braudel, *La Méditerranée et le monde méditerranéen à l'époque de Philippe II*, Paris, 1956, pp. 427-432.

28. V. Magalhães Godinho, *L'économie de l'empire portugais aux XVᵉ et XVIᵉ siècles*, Paris, 1969, pp. 173-243.

29. A. Soetbeer, *Matériaux pour faciliter l'intelligence et l'examen des rapports économiques des métaux précieux et de la question monétaire*, Paris, 1889.

30. Pour la production d'argent en Europe, cf. J. U. Nef, « Silver production in Central Europa 1450-1618 », *Journal of political economy*, tome XLIX, 1941, pp. 575-591. Les chiffres de Nef ont été intégrés dans le tableau suivant et sont discutés avec le problème du stock.

31. D. Hume, *Treatise on money*, Londres, 1752, (cf. dans la traduction française de la collection Daire, 1859, tome XIV, p. 42). Toutes les histoires d'Angleterre parlent de ce trésor du roi Henry VII (cf. *Fabyan's Chronicle*, Londres, 1516).

début du XIXe siècle, se montra moins généreux. Il n'accordait à l'Europe à la fin du XVe siècle que 3 000 tonnes d'équivalent-argent[32]. Le problème a été repris récemment par Braudel et Spooner qui en ont proposé une solution ingénieuse. Ils ont admis le principe d'une proportion harmonique entre les quantités stockées d'or et d'argent, d'une part, leurs valeurs relatives, d'autre part. Connaissant les ratios en usage en 1500 et en 1660 : 10,5 et 14,5 pour 1, respectivement, et, d'après Hamilton, les tonnages des deux métaux venus d'Amérique, ils ont été alors à même de poser deux équations à deux inconnues et de les résoudre[33]. Ainsi, d'après eux, le stock d'or aurait été en 1500 de 3 564 tonnes et le stock d'argent de 37 427. Ou, l'un avec l'autre, en équivalent-argent, 75 000 tonnes.

Les différences entre les auteurs sont, on le voit, considérables, et il n'est pas possible de conférer la même force de poussée aux métaux précieux américains en fonction des divers postulats. Songeons que Simiand, qui estimait le stock européen en 1500 plus bas encore, semble-t-il, que ne l'avait fait Jacob, envisageait un doublement de 1500 à 1520, un second de 1520 à 1550 et un troisième de 1550 à 1600, soit sur un siècle, le XVIe, une multiplication par quinze, suivie d'une progression très affaiblie au XVIIe, au XVIIIe et dans la première moitié du XIXe, avec un doublement tous les cent ans seulement[34]. Si l'on adopte l'hypothèse de Hume, l'apport de l'Amérique à l'Europe aurait été de 1500 à 1660 d'une fois et demi le stock initial et, de 1500 à 1805, date terminale de nos relevés, de six à sept fois. Compte tenu autant que possible de tous les éléments de calcul (production européenne, exportations vers l'Orient, usure des métaux, etc.), le stock aurait un peu plus que doublé de 1500 à 1660, passant de 15 000 à 36 000 tonnes en équivalence-argent ; il aurait sextuplé de 1500 à 1805, atteignant le chiffre de 90 000 tonnes

---

32. W. Jacob, *An historical inquiry into the production and consumption of the precious metals*, Londres, 1831 ; tome II, p. 53.

33. Les auteurs ont présenté plusieurs fois leur calcul qui comporte des variantes. Nous avons suivi ici la présentation la plus élaborée qui nous a paru être celle de la *Cambridge economic history*, tome IV, p. 444-448. Les auteurs font eux-mêmes des réserves quant à la validité du principe mis en œuvre (cf. note 35).

34. W. Jacob a procédé par régression à partir d'un stock supposé au début du XIXe siècle. Mais il n'avait pas à sa disposition une statistique correcte des arrivées américaines ni des exportations vers l'Orient. F. Braudel et F.C. Spooner, dans le livre cité à la note précédente, ont fait remarquer qu'en se fondant sur le même stock de 1809, mais en utilisant des chiffres améliorés pour les arrivées, on aboutissait à un résultat négatif pour le stock de 1492.

environ. Dans l'hypothèse Braudel-Spooner, l'apport de l'Amérique
à l'Europe aurait été d'un tiers du stock initial de 1500 à 1805 ; le
stock initial aurait mis trois siècles à doubler, ne franchissant ce cap
qu'à l'orée du XIXe siècle (160 000 tonnes d'équivalent-argent en
1805).

Les calculs de Jacob manquant d'une base solide, on peut les
éliminer sans remords. De surcroît, le stock indiqué était manifestement sous-évalué eu égard aux trésors connus, dont celui de Henry
VII. Cette remarque vaut a fortiori pour le stock postulé par
Simiand. L'hypothèse Braudel-Spooner a des côtés séduisants mais
elle ne peut pas être retenue davantage. Ses auteurs ont, d'ailleurs,
pris d'emblée leurs distances[35]. Ils ont admis que le principe de la
proportion harmonique n'était pas indiscutable. En dehors des
stocks, ils citent d'autres éléments qui ont pu jouer dans l'établissement du ratio entre les valeurs des deux métaux : des coûts de
production inégaux, une demande plus forte de l'un que de l'autre,
l'effet marginal des quantités réellement disponibles, etc. Ajoutons
que l'évolution du ratio, historiquement, dans les trois siècles qui
nous intéressent, passe par des décisions politiques qui dépendent de
la situation monétaire internationale et de la conjoncture particulière
à chaque Etat. Arithmétiquement, le stock calculé par Braudel et
Spooner paraît surévalué ; il est peu probable que le stock européen
ait été 150 fois supérieur au stock anglais à la fin du XVe siècle.
Enfin, il excède nettement les possibilités de l'industrie minière
européenne : il aurait fallu, en effet, que celle-ci travaillât durant
mille ans, sans interruption et sans fléchissement, à son meilleur
niveau du XVIe siècle, pour constituer la masse en question. Et
encore ne décompte-t-on pas les pertes diverses dues au frottement et
à l'évasion commerciale. Reste donc seule en lice l'hypothèse Hume
qui bénéficie d'un bon point d'ancrage documentaire, correspond à
une spéculation raisonnable à partir d'un chiffre national et n'exige
pas rétroactivement un tour de force pour s'accorder avec l'activité
minière antérieure[36]. C'est une hypothèse plausible, au sens fort, et,

---

35. La réserve a été toujours en s'accentuant : cf. F. Braudel, *Civilisation matérielle et
   capitalisme*, tome I, Paris, 1967, p. 355 : « Peut-être en 1500, avant l'arrivée des métaux
   précieux d'Amérique, y a-t-il eu en Europe 2000 tonnes d'or et 20000 tonnes d'argent,
   chiffres déduits d'un calcul *extrêmement* discutable ».
36. Le stock anglais est également compatible avec les frappes monétaires telles qu'on les
   trouve rapportées in J. Craig, *The Mint. A history of the London Mint from AD 287 to 1948*,
   Cambridge, 1953, p. 413.

en ordre de grandeur, l'exactitude jusqu'au iota étant exclue, elle est suffisamment vraisemblable pour autoriser son emploi dans une recherche plus poussée. Ce que nous allons faire à présent.

Avec la connaissance du stock, fut-elle approximative, plusieurs données sont devenues accessibles, entre autres, l'intensité relative du flux de la production - singulièrement, du flux des métaux américains - et la vitesse de sédimentation du stock. Voyons ce qu'il en a été siècle après siècle et en descendant dans le détail pour le XVIe que nous avons moins étudié jusqu'ici et qui mérite un examen attentif.

Confirmation : le bilan des trente premières années d'exploitation de l'Amérique s'avère décevant. Bien peu a été ajouté au stock préexistant : une vingtaine de tonnes d'or, représentant l'équivalent de 210 tonnes d'argent. Soit, en moyenne annuelle, l'équivalence de 7,7 tonnes d'argent, la moitié de ce qui partait vers l'Asie[37], un demi-millième du stock initial. Qu'il s'agisse d'or ne change pas grand-chose à l'affaire[38]. L'Afrique et l'Europe réunies fournirent simultanément, tant en or qu'en argent, l'équivalence d'une centaine de tonnes. Au total, le flux d'approvisionnement a eu une intensité de 7,5 ‰[39], dans laquelle la contribution américaine compte pour moitié. De même que l'on en avait rabattu de la profusion de l'or durant ce « cycle », on doit disconvenir d'un déplacement de l'épicentre principal des métaux précieux avant 1530. Il se situait toujours quelque part entre la Saxe, la Bohême et la Hongrie. Séville ne pouvait être qu'un épicentre secondaire, comme Lisbonne, quelle que soit la fascination compréhensible qu'a exercé un or venu de si loin, d'un Nouveau Monde jusqu'alors inconnu. Incontestables, ces faits ont été méconnus parce que l'on a négligé de procéder aux comparaisons pourtant indispensables.

Bien que l'approvisionnement global ait été porté de 108 à 158 tonnes d'équivalent-argent de 1530 à 1560, l'intensité du flux par rapport au stock, réévalué en 1550, demeura légèrement inférieure à

---

37. D'après V. Magalhães Godinho, *op. cit.* pp. 305-335.
38. Comme on l'a fait remarquer plus haut la production d'argent en volume continue de surclasser celle de l'or.
39. D'après F. Braudel, *La Méditerranée et le monde méditerranéen à l'époque de Philippe II*, Paris, 1956, tome I, pp. 427-429. On assume ici la totalité des arrivages d'or par voie méditerranéenne, c'est-à-dire aussi bien en Italie (Venise et Sicile) qu'en Espagne ou en France. Le chiffre retenu, égal aux arrivages africains via l'Atlantique, demeure évidemment sujet à caution et à vérification.

8 ‰, dont la moitié redevable à l'Amérique. La poussée venue d'outre-Atlantique n'avait encore réussi, au terme ou peu s'en faut du second tiers du XVIᵉ siècle, qu'à maintenir ou restaurer le taux de fourniture établi dès la fin du XVᵉ siècle, probablement, avec la mise en œuvre intensive des mines de l'Europe centrale. Ce n'est pas avant la décennie 1551-1560 que l'Amérique se hissa au niveau de l'Europe, puis la dépassa avec une moyenne de 80 tonnes, contre 70 en équivalence-argent. Les arrivages d'or prirent la part essentielle dans la conquête de cette prééminence. Leur moyenne annuelle fut de 4,2 tonnes effectives. Trop de bruit, par conséquent, a été fait autour de l'effondrement de l'orpaillage caraïbe, largement surcompensé par les ressources de la Nouvelle-Espagne et du Pérou. Trop vite, aussi, l'on a annoncé le dépassement du métal jaune par le métal blanc : l'or continuait en équivalence de l'emporter sur l'argent (42,8 tonnes contre 30). Le déclin de la production européenne, tant en Allemagne qu'en Hongrie, disputée entre les Chrétiens et les Ottomans, pour ne pas parler de celui de la poudre d'or guinéenne[40], a contribué également à la promotion des trésors du Nouveau Monde.

Mais l'accélération authentique est survenue dans les deux dernières décennies. La moyenne annuelle des arrivages américains atteignit le chiffre inouï de 258 tonnes en équivalent-argent, trois fois la moyenne du milieu du siècle, deux fois celle du troisième quart. Ils étaient composés en majorité écrasante de métal blanc : 240 tonnes contre 1,5 tonne d'or (18 en équivalence). Le Nouveau Monde alors, étant donné le repli persistant de l'Europe et en dépit du regain de l'Afrique, domina de manière léonine (plus de 85 %) l'approvisionnement général porté à 300 tonnes d'équivalent-argent. L'accélération globale, proportionnellement au stock révisé comme précédemment par son actualisation en 1580, est plus modérée. Le flux fut de l'ordre de 13 ‰ contre 8 auparavant. Le taux de sédimentation du stock qui s'était tenu autour de 6 ou 7 ‰ par an depuis le début du siècle s'éleva de son côté à 11 ‰ environ, contrarié, si l'on en croit Magalhães Gohinho, par une exportation fiévreuse des piastres en Asie[41].

40. Dans les tableaux construits par V. Magalhães Godinho, *op. cit.*, pp. 216 et 228-243, les quantités d'or de la Mina entrés à l'Hôtel des Monnaies de Lisbonne tombèrent de 400 tonnes environ vers 1518 à 150 environ vers 1550, avec des hauts et des bas.
41. Nous suivons sur ce point Magalhães Godinho, *op. cit.*, pp. 329-335. Avouons une

Il faut souligner que les grandes performances américaines se sont produites tardivement dans le siècle. Elles ont donc médiocrement retenti sur le bilan séculaire comme sur les moyennes. De fait, la part de l'Europe et de l'Afrique réunies, balance presque celle du Nouveau Monde avec 7 325 tonnes d'équivalent-argent contre 9 350. Etalé sur cent ans, le flux en provenance de l'Amérique a correspondu à un apport moyen annuel de 6,2 ‰ que l'on appréciera en fonction de l'apport global qui fut de 11 ‰. Toutes déductions faites, le stock en 1600, au bout d'un siècle, peut être estimé à 25 000 tonnes d'équivalent-argent. L'accroissement moyen effectif ou le taux de sédimentation a été de 6 à 7 ‰ par an. L'Amérique en est responsable pour un peu plus de la moitié. Telle est la mesure du mouvement à laquelle on aboutit en se plaçant dans le cadre de l'hypothèse Hume. Elle marque un énorme retrait sur les esquisses de Simiand et, peut-être aussi, sur l'attente implicite créée par une abondante littérature. La discussion reste ouverte, bien entendu, sur l'envergure du stock initial, mais n'oublions pas que l'estimation de Hume est, disons, de bonne compagnie[42]. En tout état de cause, le phrasé de la progression n'est pas compromis par le choix de l'hypothèse. Ainsi, il est sûr que les métaux précieux américains n'ont pas provoqué d'accélération substantielle avant 1580. Et il appartient à un autre type d'analyse — factuelle et non plus statistique — d'en démêler la signification dans la vie économique de l'Europe[43].

hésitation, une insatisfaction. L'exportation annuelle d'un million de cruzades (1 200 000 piastres) par les Portugais vers 1580-1590 est tirée, entre autres documents, de la correspondance d'un homme bien placé, le facteur des contractants du poivre aux Indes, Sassetti, *Lettere edite e inedite raccolte e annotate da Ettore Marcucci,* Florence, 1885, p. 243 et 345. Mais le « capital » destiné à être employé en achats de poivre n'atteint pas plus de 200 000 cruzades dans ces mêmes années. A quoi donc était employé le reste ? D'autant que les Portugais pratiquaient activement le commerce d'Inde en Inde, notamment en Indonésie pour l'acquisition des épices. Les Hollandais n'enverront pas d'espèces en aussi grand nombre avant la seconde moitié du XVIIᵉ siècle, et le volume de leurs retours l'emportait alors de beaucoup sur celui de la Carrera portugaise de la fin du XVIᵉ (cf. G. C. Klerk de Reus, *Geschichtlicher Überblick der administrativen rechtlichen und finanziellen Entwicklung der Niederländisch-Ostindischen Compagnie,* Batavia-La Haye, 1894), Explications possibles : de gros achats de soie en Chine ? ou l'envoi d'argent politique, pour payer les dépenses de l'Inde ? Elles ne sont pas décisives.

42. L'apport moyen annuel, en fonction du stock initial, tombe à 1 ‰ dans l'hypothèse Braudel-Spooner.

43. En d'autres termes, il faut chercher à savoir pourquoi l'on a envoyé davantage d'argent d'Amérique à ce moment-là : raisons commerciales ? raisons politiques (le tribut) ? La signification des statistiques ne peut-être considérée comme acquise d'emblée et

On sera plus bref pour les siècles suivants. La production américaine dominant sans conteste, nous connaissons déjà l'allure de l'évolution. Il ne s'agit plus que de dégager les coefficients d'augmentation et de raccorder les courbes les unes aux autres.

Dans les premières années du XVIIe siècle, les arrivages américains se maintinrent abondants sans toutefois progresser. Leur flux perdit normalement quelques points en pourcentage par suite du cumul perpétuel alimentant le stock. Les difficultés de la Carrera après 1630 et, surtout, après 1645 réduisirent encore la proportion. La reprise de 1660-1670 remit la croissance en selle en portant le taux du flux par rapport au stock à 13 ‰, taux appelé à se dégrader ensuite de manière irrégulière. Cette évolution syncopée donne peut-être l'impression d'une répétition de ratages ou d'un déclin. Il n'en fut rien. L'approvisionnement de l'Europe en métaux précieux, avec les appoints indigènes et africains, a été deux fois plus abondant qu'au XVIe siècle : 33 000 tonnes d'équivalent-argent contre 15 000. La moyenne séculaire, calculée d'après le stock de 1600, a été supérieure : 13 ‰ ; et également le taux de sédimentation : 10 ‰, malgré un débit plus fort en direction de l'Orient.

C'est le même rythme ascensionnel que l'on retrouve au XVIIIe siècle à travers les à-coups des découvertes et des guerres, à travers aussi le chassé-croisé des arrivages brésiliens et mexicains. Les fournitures d'or et d'argent se montèrent à 68 000 tonnes d'équivalent-argent, toutes sources conjointes, deux fois plus qu'au XVIIe siècle, quatre fois plus qu'au XVIe, coïncidant avec une moyenne séculaire annuelle de 13 ‰ par rapport au stock de 1700 : 50 000 tonnes. Le taux de sédimentation fut de 9,5 ‰.

Dans le long terme, une continuité se dégage d'un siècle à l'autre[44]. La courbe des arrivages américains, réduite à elle-même, n'avait pas permis d'en juger. Le XVIe avait été trop exalté, le XVIIe injustement honni, le XVIIIe mal compris.

inamovible. Dans un sens voisin, voir les remarques de A.-M. Bernal et Garcia Baquero González, *op. cit.*, pp. 18 et suiv. et l'article cité par eux de J. Fontana y Lazaro, « Ascens i decadencia de l'escola dels Annals », *Recerques*, 4, 1974, pp. 292 et suiv.

44. Les assertions de F. Simiand sur un quindécuplement du stock au XVIe siècle disparaissent (cf. *Recherches anciennes et nouvelles, sur le mouvement général des prix du XVIe au XIXe siècle*, Paris, 1932, p. 128 ; et la discussion in F. Braudel, *op. cit.*, p. 412).

Tableau 83. *Alimentation du stock des métaux précieux en Europe.
Moyennes annuelles*

(en tonnes d'argent par équivalence)

périodes		apports américains	africains	européens	total
1501-1530		7,7	15	85,5	108,2
1531-1540		25,8	6	72	103,8
1541-1550		57,5	6	72	135,5
1551-1560		80,7	6	72	158,7
1561-1570		108	6	46	160
1571-1580		124	6	46	176
1581-1590		224	8	36	268
1591-1600		293,8	10	36	339,8
1501-1600	total	9 369	930	6 365	16 664
1601-1610		236,2	12	30	278
1611-1620		238	12	30	280
1621-1630		252,6	18	20	290,6
1631-1640		236,2	18	20	274,2
1641-1650		178,3	18	20	216,3
1651-1660		183,1	18	30	231
1661-1670		401,9	18	30	449,9
1671-1680		360,7	18	30	408,7
1681-1690		365	18	36	419
1691-1700		367,9	24	36	407,9
1601-1700	total	27 999	1 740	2 320	32 559
1701-1710		344,8	18	36	398,8
1711-1720		388	18	36	437
1721-1730		634,1	18	42	694,1
1731-1740		538	18	48	604
1741-1750		614	12	64	690
1751-1760		603,3	12	70	685,3
1761-1770		525,2	12	80	617,2
1771-1780		476,5	12	90	578,5
1781-1790		830	12	90	932
1791-1800		582,3	12	90	684,3
1701-1800	total	55 312	1 440	6 460	63 212

Figure 38. *Alimentation du stock des métaux précieux en Europe.*
Moyennes décennales
(en tonnes d'argent par équivalence)

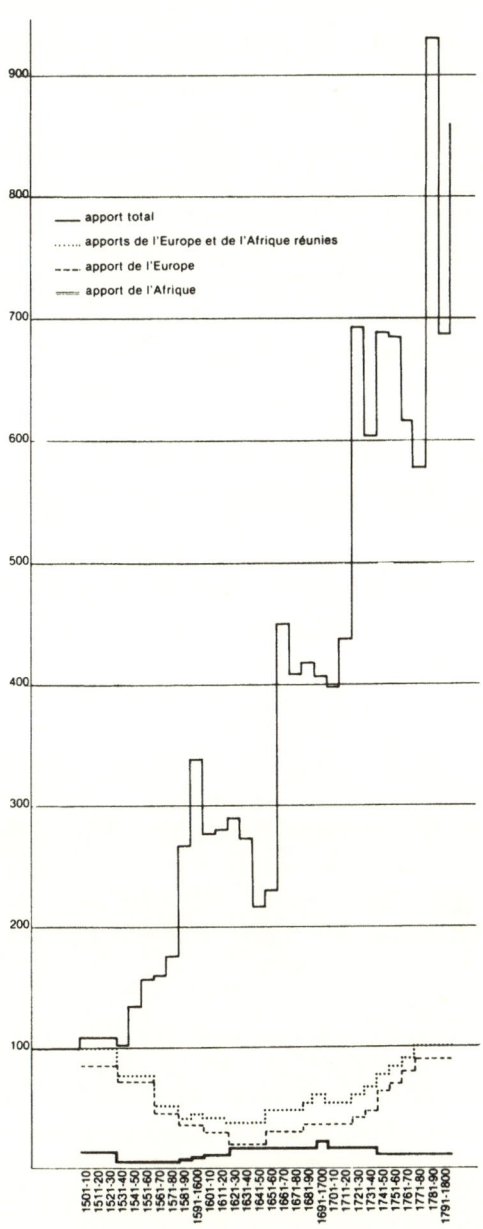

L'uniformité relève de l'ordre statistique. Concrètement, l'approvisionnement de l'Europe s'est opéré selon des fluctuations et dans un style propres à chaque siècle. Ce qui renvoie à l'étude des flux et des stocks. Les deux aspects doivent être perçus simultanément. Si nous voulions redire l'histoire des mouvements des métaux précieux au XVIe siècle, il y aurait lieu de mettre l'accent sur la substitution comme principal pourvoyeur du Nouveau Monde à l'Ancien, acquise vers 1560, sur le triomphe de l'argent qui devient écrasant dans les décennies suivantes, sur le raz de marée des trésors américains dans les vingt dernières années. Le XVIIe siècle se caractérise plutôt par une certaine plénitude, interrompue à plusieurs reprises pour des laps de temps plus ou moins longs, mais sans cesse renaissante. Assagissement après l'adolescence du nouveau continent : naguère sauvages, les trésors étaient à domestiquer, ce qui conditionna sans doute des modifications stratégiques dans le commerce entre l'Europe, l'Espagne et l'Amérique. En tout cas, les plaintes des mercantilistes sur la disette d'argent ne paraissent pas, dans l'absolu, justifiées par la situation générale. Elles sont à examiner, en fait, dans le contexte des difficultés circonstancielles particulières à telle et telle nation ou des sorties de piastres spectaculaires et inhabituelles chez elles à destination du Levant et de l'Extrême-Orient[45]. Au XVIIIe siècle, indépendamment des grands accidents déjà connus par les courbes, le challenge entre l'or et l'argent a été relancé par la découverte des placers du Minas Gerais. Le rapport entre les quantités extraites qui avait été de 50 tonnes de métal blanc pour une tonne de métal jaune au XVIe siècle et de 90 pour une au XVIIe, fut ramené à hauteur du fameux ratio des valeurs : 14 à 15 pour une aux environs de 1750. Mais le déclin ultérieur de l'exploitation aurifère au Brésil et l'épanouissement des mines d'argent mexicaines l'altérèrent à nouveau dans l'autre sens malgré les beaux succès du Chili et de la Nouvelle-Grenade. Et sur l'ensemble du siècle, on a finalement tiré du sol plus d'argent que d'or, 25 tonnes contre une.

---

45. Cela semble bien être le cas en Angleterre où le débat a porté sur la nocivité ou l'absence de nocivité de ces trafics (cf. entre autres T. Mun, *A Discourse upon trade from England to the East Indies*), Londres, 1621.

Tableau 84. *Progression du stock européen des métaux précieux*
(en tonnes d'argent par équivalence)

date	décennie	stock	apport total	taux d'approvisionnement annuel ‰	exportation	frai	déperdition	acquis	taux de sédimentation annuel ‰
1500		15 000							
1510	1501-1510	15 769	1 082	7,2	153	155	308	774	5,1
1520	1511-1520	16 536	1 082	6,9	153	162	315	767	4,8
1530	1521-1530	17 295	1 082	6,6	153	170	323	759	4,6
1540	1531-1540	18 002	1 038	6	153	178	331	707	4
1550	1541-1550	19 318	1 355	7,5	153	186	339	1 016	5,6
1560	1551-1560	20 877	1 587	8,2	307	201	508	1 079	5,5
1570	1561-1570	21 974	1 600	7,9	307	216	523	1 077	5,1
1580	1571-1580	22 995	1 760	8	512	227	739	1 021	4,6
1590	1581-1590	24 889	2 680	11,7	543	243	786	1 894	8,1
1600	1591-1600	27 479	3 398	13,6	543	265	808	2 510	10,1
1610	1601-1610	29 526	2 782	10,1	768	287	1 052	1 727	6,4
1620	1611-1620	31 249	2 800	9,5	768	309	1 077	1 723	5,7
	1621-1630		2 906	9,3	768	326	1 094	1 812	5,8

Tableau 84. *Progression du stock européen des métaux précieux* (suite)
(en tonnes d'argent par équivalence)

date	décennie	stock	apport total	taux d'approvisionnement annuel ‰	exportation	frai	déperdition	acquis	taux de sédimentation annuel ‰
1630	1631-1640	33 061	2 742	8,3	512	343	868	1 874	5,6
1640	1641-1650	34 935	2 163	6,2	512	360	872	1 291	3,6
1650	1651-1660	36 226	2 311	6,5	512	373	885	1 426	3,9
1660	1661-1670	37 652	4 499	11,9	768	398	1 166	3 333	8,8
1670	1671-1680	40 985	4 087	9,9	768	429	1 197	2 890	7
1680	1681-1690	43 875	4 190	9,5	768	458	1 226	2 964	6,7
1690	1691-1700	46 839	4 079	8,7	768	488	1 256	2 823	6
1700	1701-1710	49 662	3 980	8	900	516	1 416	2 564	5,1
1710	1711-1720	52 226	4 370	8,3	1 080	543	1 623	2 747	5,2
1720	1721-1730	54 973	6 941	12,6	1 260	594	1 854	5 087	9,2
1730	1731-1740	60 060	6 040	10	1 434	634	2 068	3 972	6,6
1740	1741-1750	64 032	6 900	10,7	1 567	680	2 247	4 653	7,2
1750	1751-1760	68 685	6 863	10	1 511	724	2 236	4 627	6,7

1760	73 312						
1761-1770	6 172	8,4	942	763	1 705	4 467	6,1
1770	77 779						
1771-1780	5 785	7,4	1 200	802	2 002	3 783	4,8
1780	81 562						
1781-1790	9 320	11,4	1 600	872	2 472	6 848	8,4
1790	88 410						
1791-1800	6 843	7,7	900	914	1 814	5 029	5,7
1800	93 439						

La base retenue pour le stock initial dans ce tableau est le chiffre tiré de Hume : 15 000 tonnes.

Les apports ont été calculés d'après les données rassemblées par nous-même pour l'Amérique, d'après Soetbeer et Magalhães Godinho pour l'Afrique, Soetbeer et Nef pour l'Europe.

L'exportation a été estimée d'après Magalhães Godinho (pour le Portugal), Klerck de Reus (pour la VOC), Milburn pour la Compagnie Orientale anglaise, Weber pour la Compagnie des Indes françaises. L'appréciation des exportations vers le Levant a été faite d'après Magalhães Godinho, Carrière et nous-même : elle comporte une part d'arbitraire. On a retenu pour l'usure un taux de 1 ‰ qui est celui attribué ordinairement au « frai » : là aussi il y a risque d'arbitraire. Le tableau est produit dans les limites de sa construction.

Figure 39. *Approvisionnement de l'Europe en argent (I) et exportations vers l'Asie (II) par périodes décennales**
(en tonnes d'argent)

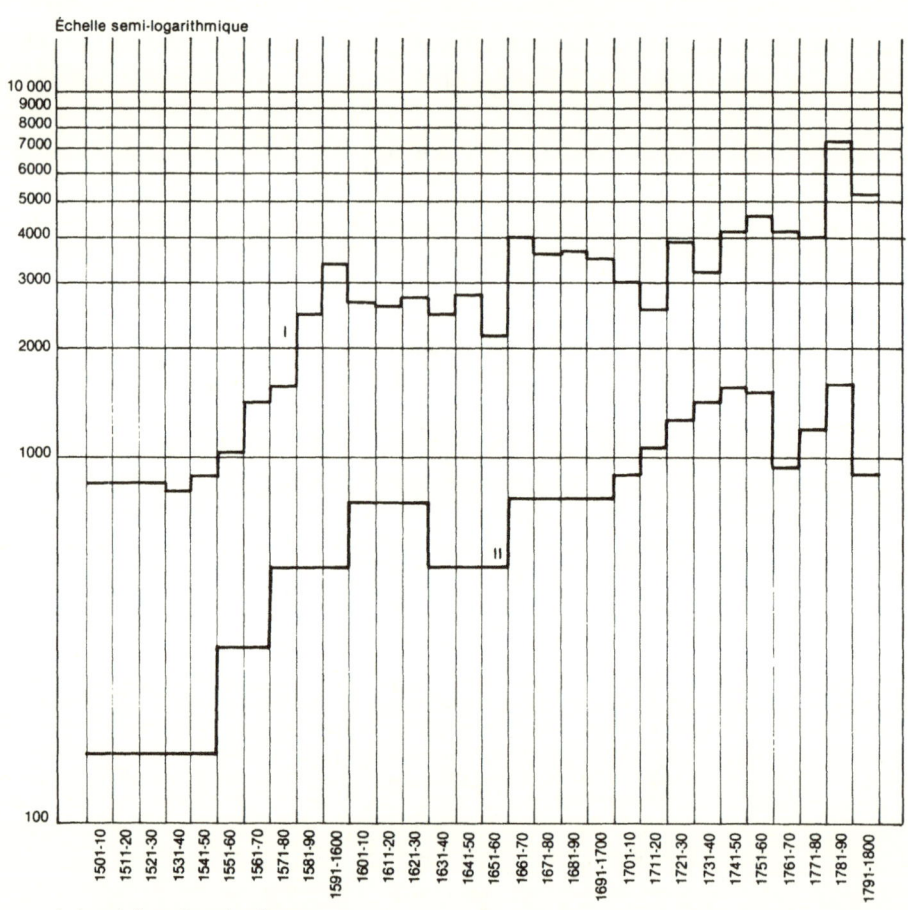

I : Importations d'argent en Europe.
II : Exportations d'argent d'Europe en Asie.

* Pour la période 1650-1700 on a admis dans les retours globaux une proportion de 90 %
d'argent.

Figure 40. ***Taux d'approvisionnement et taux de sédimentation du stock des métaux précieux en Europe***

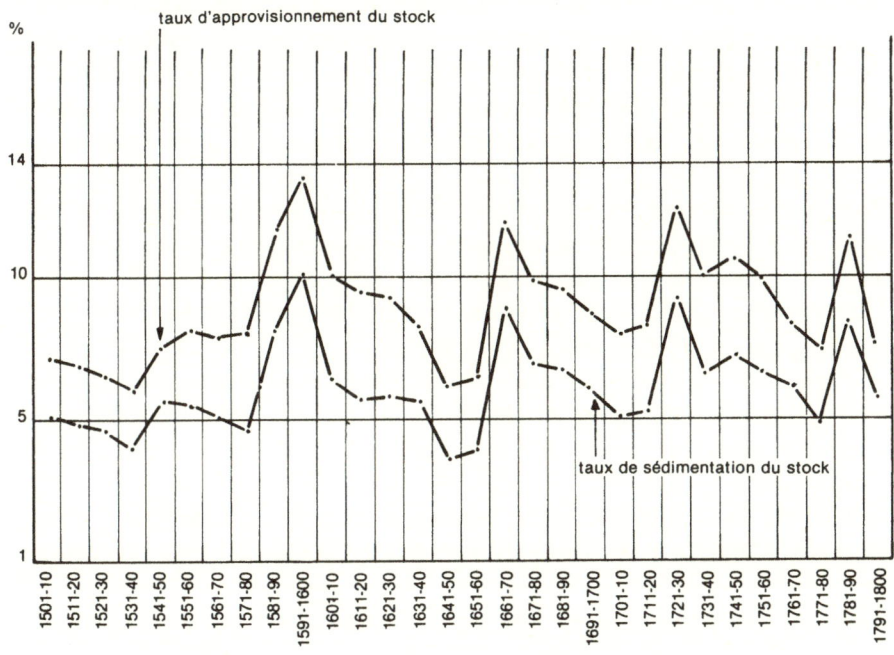

Figure 41. *Evolution du stock des métaux précieux en Europe de 1500 à 1800*

(en tonnes d'argent par équivalence)
(base 1500 : 15 000 tonnes, d'après Hume)

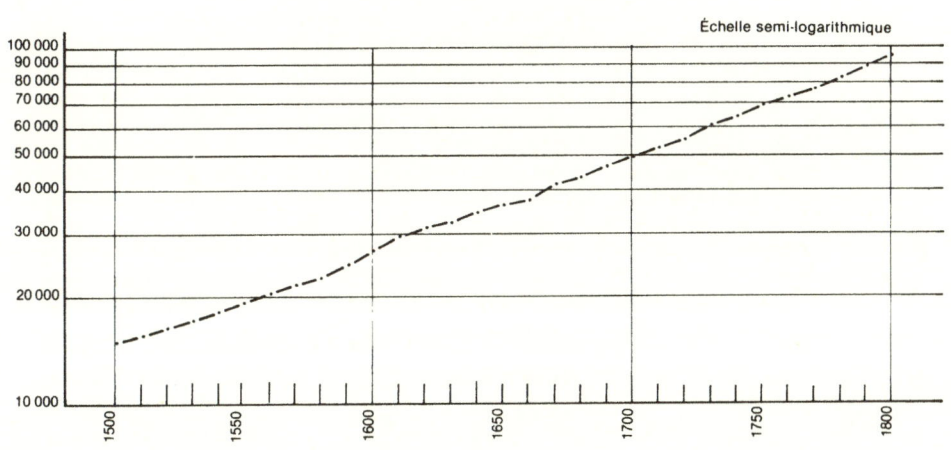

On peut se demander s'il ne conviendrait pas de restituer aux métaux précieux leur valeur nominale en monnaie de compte ou, mieux, leur valeur libératoire effective dans la circulation monétaire. L'utilisation des piastres comme équivalent général nous a évité jusqu'ici d'aborder le problème. D'un poids d'argent pur de 25,58 g et d'une valeur de 274 maravedis, la constance de la pièce a permis de traverser les siècles sans changer d'instrument de mesure et d'aligner des séries d'évaluations immédiatement comparables. Précieux avantage[46] ! Et pourtant, cette piastre, en Espagne, n'a pas toujours été prisée de la même façon. Toujours à côté d'elle ont servi dans les paiements des monnaies contenant peu d'argent, faibles, — 5 1/2 grains en 1552 – de plus en plus faibles : 1 grain en 1597, de cuivre pur en 1599[47]. Simple appoint ?

Hamilton estime qu'il n'en résulta pas de perturbation dans la circulation jusqu'à la mort de Philippe II. Ce n'est peut-être pas aussi sûr qu'il l'affirme[48]. Mais le vellón – le billon – devint bien au XVIIe siècle le numéraire employé majoritairement dans les règlements. Si par hasard l'on se servait d'argent, on bénéficiait d'une prime qui était, en fait, un escompte de caisse pour solde de compte en bonne monnaie ; si l'on voulait échanger son vellón contre de l'argent, on y perdait en valeur nominale. La prime atteignit en Vieille Castille 200 % en 1642, et 275 % en 1680. Quand le gouvernement se préoccupa de mettre de l'ordre dans ce qui était devenu un chaos monétaire en créant pour la métropole un réal d'argent dévalué d'environ 20 % tandis que la piastre continuait d'être frappée aux colonies, l'Espagne se trouva dotée de deux

---

46. En réalité, il y eut de temps à autre des « glissements » en titre ou en poids : en Espagne, où les Hôtels de Grenade, Tolède, Valladolid et Ségovie gagnaient 3 % dans la fabrication sur celui de Séville de 1570 à 1588 (BN Paris, Fol Oa 198, II, procès du fiscal Veyntris contre les frères Espinosa) ; en Amérique, surtout, vers 1650 (cf. A. Dominguez Ortiz, « La falsificación de la moneda peruana a mediados del siglo XVII », in *Homenaje a don Ramon Carande)*, tome II, Madrid, 1964.

47. A. Heiss, *Descripción general de las monedas hispano-cristianas desde la invasión de los Arabes*, Madrid, 1865-1869, 3 vol. ; E.J. Hamilton, *op. cit.*, pp. 55 et suiv. ; A. Dominguez Ortiz, *Política y hacienda de Felipe IV*, Séville, 1960, pp. 251-282.

48. E.J. Hamilton, *op. cit.*, pp. 61 et suiv., récuse bien rapidement le Mémorial de 1594 qui faisait état d'une prime de 8 % de l'argent sur le vellón dans les payements et de 25 % dans les achats de marchandises. D'autre part, si Cosme Ruiz, le marchand bien connu, a accepté le 12 août 1598 un paiement de 7000 réaux en vellón, sans exiger de prime, cela signifie sans doute qu'il a accepté le cours légal forcé en faisant confiance à la monnaie castillane. Mais il a reçu 320 grammes d'argent fin, environ, s'il a été payé en blancas au titre de 4 grains, fixé en 1566, au lieu de 21 kilos qu'il pouvait espérer si l'affaire s'était faite en réaux d'argent, au titre de 11 deniers 4 grains.

systèmes de compte : *plata antigua* et *plata nueva*. Et de trois, au début du XVIIIe siècle, quand se mirent à courir également les « réaux de vellón ». La piastre, toujours de 272 maravedis ou 8 réaux de plata antigua, valait 10 réaux de plata nueva et 20 réaux de vellón. Et ce n'était point fini : l'émission de papier, les *vales reales,* à partir de 1780, et leur perte de valeur ultérieure introduisirent une prime sur la monnaie de vellón (20 % en 1795, 50 % en 1808) qui se répercute forcément sur la piastre. Celle-ci avait donc acquis au XIXe siècle une valeur nominale courante que son ancienne dénomination n'annonçait pas[49].

Suivre l'évolution de la monnaie de compte dans d'autres pays d'Europe serait revivre, à travers des épisodes originaux, la même histoire. C'est en plein milieu du XVIe siècle que l'Angleterre fut emportée dans une vertigineuse dévaluation. La définition de la livre sterling, en argent, stable à 145,10 g durant soixante ans (1464-1523), tomba à 48,5 g en 1547, avant de remonter à 107,3, valeur dont elle ne devait guère s'écarter par après, mais qui glissa à la fictivité quand l'or, primant sans cesse, s'imposa comme seul étalon[50]. En Hollande, le florin des années 1500 contenait 19,06 grammes d'argent pur et en 1681, 9,61 grammes. Dépréciation intrinsèque de moitié, réalisée au XVIe siècle pour la grosse part, sans turbulence analogue à l'anglaise mais, finalement, plus lourde[51]. La livre tournois française partagea, en gros, les vicissitudes du florin au XVIe et au XVIIe siècle, tombant d'un poids de 17,96 grammes d'argent pur à 7,02. Elle fut la proie ensuite et pour près de trente années d'une extraordinaire instabilité, toucha le fond en juillet 1720 (1,87 gramme d'argent), et se retrouva en 1726 à 5,25 grammes, fixée jusqu'à la Révolution. Mentionnons pour mémoire les avatars subis lors de celle-ci avec la création des assignats. Symétriquement, l'argent métal prit une valeur croissante.

49. T. Dasi, *Estudios de los Reales de a ocho llamados pesos,* Valence, 1950 ; M. Fernandez Basas, *Historia de la moneda castellana,* Bilbao, 1974 ; E.J. Hamilton, « War and Inflation in Spain (1700-1800) », *Quartely journal of economics,* 1944, repris dans *El Floricimiento del capitalismo y otros ensayos de historia económica,* Madrid, 1948. Plus généralement : J. Vicens Vives, *Historia social y económica de España y América,* Barcelone, 1961 et Gil Anes, *El antiguo regimen de los Borbones,* Madrid, 1975, chapitre V.
50. A. Feaveryear, *The Pound sterling,* Oxford, 1963, pp. 435-436.
51. D'après H. van der Wee, *The growth of the Antwerp market and the European economy,* La Haye, 1963, tome I, p. 125, et N.W. Posthumus, *Inquiry into the history of prices in Holland,* Leyde, 1946 et 1964, pp. CVIII et CIX.

Dans le sillage de ces variations, le stock métallique de chacun des pays intéressés, exprimé en monnaie nationale, se trouve réévalué symétriquement. Donnons-en une idée : en France, le marc d'argent, payé 11 livres tournois en 1497, le fut 130 en 1720, et 51 livres 3 sols 3 deniers en 1726[52]. Opération blanche ? C'est assurément un des aspects de la réalité. Si l'on considère la valeur intrinsèque, elle n'a pas bougé. L'observation des cours du change à la Bourse d'Amsterdam ne va pas contre. Chaque manipulation monétaire appelle et provoque en réponse une nouvelle parité. Les tribulations de la livre tournois à la fin du règne de Louis XIV et au début du règle de Louis XV se lisent, renversées, dans le nombre de gros nécessaires pour obtenir un écu de compte (de 60 sols) : 100 en 1690, 56 en 1730. On peut même suivre à la trace les effets inflationnistes des assignats de la Révolution : l'écu de compte s'effondre de 48 gros en 1791 à 13/64 en 1796 ! Les cours se moulent sur les conditions locales : la Bourse a deux cotations pour l'Espagne : l'une sur Cadix, restée fidèle à la *plata antigua,* l'autre sur Madrid, convertie à la *plata nueva.* Il est manifeste que le monde du commerce n'était pas dupe, et que la valeur intrinsèque était la référence ultime[53]. Des textes le disent explicitement[54].

Une position strictement bullionniste, cependant, n'est pas soutenable. De particulier à particulier on n'échangeait pas des grains d'argent. La circulation monétaire, les prix, les revenus à l'intérieur d'un pays étaient exprimés en monnaie de compte. Dévaluation et réévaluation ont bien eu lieu. Les éliminer dénaturerait la réalité. Elles n'ont pas été mises en pratique sans motif. On ne peut conclure a priori

52. Le Blanc, *Traité historique des monnaies de France,* Paris, 1690 ; P.P. Bonneville, *Traité des monnaies d'or et d'argent qui circulent chez les différents peuples,* Paris, 1806 ; cf. aussi les tables de J. Meuvret et M. Baulant, *Prix des céréales extraits de la Mercuriale de Paris (1520-1698),* Paris, 1960, tome I, p. 249 ; G. et G. Frêche, *Les prix des grains, des vins et des légumes à Toulouse (1486-1868),* Paris, 1967, pp. 125-131.

53. Tableau de la dépréciation des assignats in G. et G. Frêche, *op. cit,* pp. 132-133, cours du change à Amsterdam in N.W. Posthumus, *op. cit.,* pp. 590-638.

54. Témoin ce fragment d'une controverse entre M. Isaac de Rotterdam et M. Tobie de Lyon en 1700 (les noms sont fictifs, bien sûr) : « Quand vos Monnoyes d'or et d'argent ont esté augmentées de vingt trois pour cent les unes dans les autres, vous jugez bien que les estrangers ne les ont pas pris sur cette Valeur, ils les ont réduits à leur parité et pour tous les Marchandises qu'ils vous ont envoyées vous ont cousté vingt trois pour cent plus cher qu'avant cette augmentation » (Bibliothèque de l'Arsenal à Paris, manuscrit 4499, f° 32). Cf. in F.C. Spooner, *The international economy and monetary movements in France 1493-1725,* Cambridge (Mass.), 1972, p. 291, le cours de l'écu soleil à Amsterdam.

qu'elles sont restées sans effet sur le niveau des prix, sur celui des salaires, sur les coûts de production, sur la compétitivité des entreprises : on a eu la preuve du contraire dans les tissages silésiens pendant et après la guerre de Sept Ans, au XVIIIe siècle[55]. D'autre part, les possesseurs d'espèces fortes, en or et en argent de bon aloi, jouissaient d'une réévaluation automatique de leurs avoirs en période de dévaluation de la monnaie de compte, circonstance non négligeable[56]. Le détenteur de piastres était en meilleure posture que celui qui n'avait que du cuivre en poche, en Espagne, au moment de l'inflation du vellón ; l'homme à pistoles plus à son aise que le porteur d'assignats sous la première République française. La valeur nominale doit donc être prise au sérieux pour une bonne appréciation des métaux eux-mêmes. La double évaluation s'impose donc chaque fois que l'on s'occupe de la situation intérieure d'une nation et, bien souvent aussi, quand on cherche à faire une étude comparatiste. D'une certaine manière, d'ailleurs, une pondération nominale s'est déjà glissée dans les statistiques puisque l'on a tenu compte du ratio or/argent, c'est-à-dire d'un rapport fondé en dernière analyse sur les prix des deux métaux. L'évaluation nominale varie évidemment d'un pays à un autre en fonction de l'évolution propre de la monnaie nationale[57].

Les observations précédentes comportent encore un autre enseignement. Elles témoignent d'une hausse en valeur de l'or et de l'argent de la fin du XVe siècle au XIXe. Le fait peut surprendre, car l'on est plutôt habitué à entendre parler d'un avilissement des métaux précieux, surtout au XVIe siècle, à cause de leur surabondance soudaine. C'est la thèse défendue avec le succès que l'on sait par Jean Bodin et reprise par ses disciples. Selon eux, l'arrivée des trésors d'Amérique a renversé les termes de l'échange monnaie-marchandises. De par une diffusion massive dans le public, l'or et l'argent ont été affectés d'un phénomène de vilité. Il en a fallu davantage pour acheter les mêmes objets d'autant plus qu'il ne s'est pas trouvé – l'argument de Saulx-Tavannes est bien connu – de minières de blé ou de poules. Mais les choses n'ont pas eu ce cours limpide, même à ne considérer que l'approvisionnement en métaux

---

55. Cf. Étude 4, note 175.
56. Ce que M. Bloch avait bien mis en lumière dans *Esquisse d'une histoire monétaire de l'Europe*, Paris, 1954, p. 64.
57. Le cours forcé de la monnaie de cuivre ou de la monnaie de papier est l'une des modalités, éventuellement, de cette circulation nationale.

précieux et sans entrer, pour le moment, dans l'examen de l'autre partie ; la marchandise[58].

Cette abondance d'or et d'argent, dont l'affirmation est le substrat de la pensée de Jean Bodin, le président de la Tourette, son contemporain, le contestait. Dans sa réponse aux paradoxes de Malestroit, il décrit une situation de rareté : « Mais il est ainsy et chacun le confessera qui si nous avons aujourd'huy peu d'or, nous avons grande faulte d'argent... Doncques tenant pour certain que nous avons aussi grande pénurie d'argent comme d'or... »[59]. Les deux hommes ne se placent pas au même point de vue, évidemment. Jean Bodin survole les continents et saisit des phénomènes éloignés l'un de l'autre pour établir un rapport entre eux par un raccourci puissant. Le Président de la Tourette est plus terre à terre et réaliste. Il évoque la situation du royaume telle qu'elle se présente à la date à laquelle il écrit (1567). La France venait d'être épuisée d'or et d'argent par les rançons payées après la bataille de Saint-Quentin, les enlèvements qu'en avaient faits les étrangers au cours de la guerre civile, la stérilité des dernières années qui avait empêché de vendre des denrées au dehors comme d'ordinaire et de reconstituer les réserves métalliques. Mais le Président de la Tourette touche l'essentiel autant ou mieux que Jean Bodin. Non pas que les causes énumérées de la disette de métal soient particulièrement convaincantes – encore qu'elles ne soient pas à dédaigner – mais parce que l'abondance ne peut se juger au simple vu des arrivages en faisant abstraction tant des besoins à combler que des aspirations centrifuges de l'or et de l'argent. Et les signes de tension sur le marché monétaire, d'insuffisance des métaux précieux ont été multiples dans tous les pays.

La pénurie d'argent n'est nulle part plus visible qu'au niveau des Trésors Publics. Les guerres ont énormément coûté à tous les souverains qui en ont entreprises et ceci à quelque siècle que ce soit. Pour y faire face, ils ont été obligés de prélever un pourcentage croissant du revenu national et, les dépenses militaires requérant de belles et bonnes espèces, c'est bien le stock métallique de leurs États que les princes éraflaient à chaque fois, de manière à peu près

---

58. *Discours de Jean Bodin sur le rehaussement et diminution des monnaies tant d'or que d'argent et le moyen d'y remédier ; et response aux Paradoxes de Monsieur de Malestroit,* 1568 ; et *Les Six livres de la République,* Lyon, 1593, livre VI ; cf. aussi P. Harsin, *Les doctrines monétaires et financières en France du XVI⁰ au XVIII⁰ siècle,* Paris, 1928.

59. L. Einaudi, *Paradoxes inédits du seigneur de Malestroit touchant les Monnoyes avec la response du Président de la Tourette,* Turin, 1937, p. 134.

irrémédiable quand les fonds étaient dirigés vers des théâtres extérieurs d'opérations. Il a suffi de la modeste campagne contre la France en 1523-1525 pour ébranler la livre sterling et enclencher le processus de dévaluation accélérée dont l'Angleterre pâtit au milieu du XVIe siècle[60]. Impliqués dans la grande politique européenne, les souverains espagnols inaugurèrent dès 1535 la pratique qui consistait à saisir les trésors des particuliers à bord des flottes de retour des Indes, et, leurs affaires ne se dénouant pas dans l'Empire et aux Pays-Bas, ils en vinrent à organiser un vaste draînage des ressources propres de la Castille — et surtout de ses piastres — à destination de l'étranger, principalement par le canal de leurs asientistes allemands, italiens ou portugais, nonobstant les banqueroutes répétées et l'émission de vellón[61]. Les rois de France et ceux d'autres contrées ne manqueraient pas à ce palmarès à rebours. De ces tornades financières, le commerce subit le contrecoup. L'argent mobilisé au service des princes faisait défaut pour les autres paiements, voire, en Espagne, pour équiper et remplir les flottes qui iraient chercher une nouvelle provende d'or et d'argent en Amérique. La *strettezza* a été une situation fréquente sur les places de change dès le XVIe siècle[62]. A quoi s'ajoute l'effet-ventouse de la hausse des prix, spécialement au moment des grandes disettes qui contraignaient à décaisser les économies pour des achats au loin. D'où une exhaustion de monnaie si absolue en quelques cantons qu'elle mérita mention dans une homélie épiscopale[63].

Besoins de l'État, besoins de la circulation monétaire, besoins du marché se sont interposés entre les trésors débarqués à Séville et les quidams tout venants en Europe. Les données de la situation en ont été modifiées au point que le véritable problème a été de faire face à une insuffisance, de pallier un défaut. On usa, pour cela, de divers moyens qui ne furent pas tous d'un bonheur égal. Le négoce avait à

60. A. Feaveryear, *op. cit*, pp. 48 et suiv.
61. R. Carande, *Carlos V y sus banqueros*, Madrid, 1944 ; M. Ulloa, *La Hacienda Real de Castilla en el reinada de Felipe II*, Rome, 1962 ; A. Dominguez Ortiz, *op. cit.*
62. Bien étudiée déjà par R. Ehrenberg, *Das Zeitalter der Fugger. Geldkapital und Creditverkehr im 16. Jahrhundert*, Francfort, 1896.
63. Celle de Guillaume Le Blanc, évêque de Grasse et de Vence en 1597 : « Mais qui est chose plus estrange on ne pouvoit donner aucune monnoie pour ne s'en trouver que point depuis quelque temps en toute ceste Province ; chose non iamais veuë pour le moins de notre siècle, & qui a fait cesser en plusieurs lieux les achats et autres commerces et retourner la pluspart des gens à l'ancienne permutation des choses, qui estoit avant l'invention des monnoies... »

sa disposition cet instrument admirable qu'est la lettre de change[64]. L'endossement multipliait par *n* le pouvoir libératoire d'une unique somme d'argent, celle du libellé, déboursée une seule fois en faveur du dernier porteur du document. La faiblesse du numéraire nécessaire dans les règlements des grandes foires de change européennes (Medina del Campo, Lyon, Bizensone, etc.), faisait l'admiration des observateurs[65]. Encore fallait-il que le minimum fût présent sous peine de faillites. Ultérieurement, les Banques de virement améliorèrent et rendirent permanent le système. Les souverains se servirent, comme bien l'on s'en doute, des facilités de la lettre de change pour leurs remises à l'étranger. Mais il leur fallait honorer chez eux leurs engagements. Dans la mesure où ils développèrent leurs dépenses, ils durent augmenter leurs recettes. En bref, demander davantage à leurs sujets. Et ceci ne peut se faire que par une monétarisation provoquant un recyclage presque incessant de l'or et de l'argent entrés dans le circuit. Ou tout au moins de ce qu'il en restait après défalcation des sommes versées au-dehors : songeons que, dès Charles Quint, les créances des étrangers sur la couronne d'Espagne dépassèrent la totalité des retours américains durant son règne[66]. Tant va la cruche à l'eau qu'à la fin elle se casse. Le dicton s'applique sans mal aux finances des monarchies européennes de l'Ancien Régime.

Rien d'étonnant, dans ces conditions qui ne changèrent pas avant longue date, à l'apparition de pannes sur le marché des métaux précieux. Rien d'étonnant non plus à ce que le marché ait réagi à ces pannes par des hausses de prix. Le Président de la Tourette en signalait une, précisément, consécutive à la pénurie dont il faisait état : « ... l'argent hors d'œuvre se vend à présent dix-sept livres le marc, qui est 25 sols de plus que l'ordonnance & en œuvre à l'équipollent... »[67]. La monnaie pouvait-elle y résister ? En Espagne, Charles Quint et Philippe II se refusèrent à la dévaluation de

64. R. de Roover, *L'évolution de la lettre de change XVIe-XVIIIe siècle,* Paris, 1953 ; M. Morineau, Communication à la Semaine d'Études de Prato (1975) ; C. Carrière, M. Courdurie, M. Gusatz et R. Squarzoni, *Banque et capitalisme commercial. La lettre de change au XVIIIe siècle,* Marseille, 1976.

65. C.B. Peri, *Il negoziante,* Gênes, 1638 ; cf. J.G. Gentil Da Silva, *Banque et crédit en Italie au XVIIe siècle,* Paris, 1969, tome I, pp. 153-163.

66. R. Carande, *op. cit.,* tome III. Charles Quint remit à ses créanciers 38 011 170 ducats dont 33 102 305 aux non-espagnols. 38 millions de ducats, c'est à peu près ce qu'il vint de trésors d'Amérique en Espagne de 1516 à 1556.

67. L. Einaudi, *op. cit,* p. 135.

l'intrinsèque des réaux d'argent. Ils se contentèrent, d'une part, d'ajustements, que l'on pourrait qualifier de techniques, modifiant la parité entre l'or et le métal blanc pour éviter une concurrence étrangère menaçante sur le premier[68] ; d'autre part, d'affaiblir la monnaie divisionnaire (les *blancas)* dont la teneur en argent était réduite à un grain en 1598. Cette politique de monnaie forte, en ce qui concerne la piastre, à laquelle leurs successeurs immédiats restèrent attachés malgré les apparences, paraît avoir reposé autant sur une question de principe ou de prestige que sur un approvisionnement tout de même abondant et de première main en métaux précieux. Qu'elle ait échoué, le fait est incontestable dans la première partie du XVIIe siècle quand le vellón de cuivre pur, émis en grosses quantités, remplaça la bonne monnaie et déclencha la spirale de la prime à l'argent[69]. La dévaluation du maravedis et la réévaluation corollaire du métal étaient entrées dans les mœurs bien avant leur officialisation en 1686. En d'autres pays – la France, l'Angleterre – les princes s'étaient montrés moins déterminés à défendre une haute définition de leurs monnaies et s'étaient engagés précocement au XVIe siècle dans la voie d'une dévaluation franche, poussés par le cours commercial qui risquait de réduire leurs Hôtels au chômage et poussant à cause des ressources supplémentaires qu'ils se procuraient ainsi sur le plan intérieur, tout au moins, grâce aux bénéfices de la frappe et à la réévaluation du stock[70]. Pour les mêmes raisons, ici et là, plus ou moins longtemps suivant les États, la pratique se poursuivit jusqu'au XVIIIe siècle.

Par ce qu'elle révèle, à son origine, la distinction entre la valeur intrinsèque et la valeur nominale de l'or et de l'argent s'avère imprescriptible et acquiert une portée théorique. Impossible de confondre comme synonymes métaux précieux et monnaie, deux réalités différentes. Impossible de se reposer mollement sur le flux

---

68. En 1537 et 1566.
69. A suivre dans E.J. Hamilton, *op. cit.,* 1936, pp. 55 et suiv., et dans A. Dominguez Ortiz, *op. cit.,* pp. 251-282.
70. L'interférence des préoccupations financières dans la politique des souverains a été une constante. Imposer une refrappe, sous un motif quelconque et prélever un seigneuriage : quelle tentation pour renflouer les caisses d'un Trésor démuni ! On a accusé Louis XIV d'avoir abusé du système pour se procurer des sommes immenses durant la dernière partie de son règne (cf. A. Vuitry, *Le désordre des finances et les excès de la spéculation dans les quinze dernières années de Louis XIV,* Paris, 1885). On pourra prendre connaissance aussi des gains énormes réalisés par Philippe IV dans la manipulation de la monnaie de vellón dans A. Dominguez Ortiz, *op. cit.,* pp. 215-282.

des trésors américains pour se prononcer sur l'abondance ou l'insuffisance du stock métallique dans tel ou tel pays. Sur ce point, la litote de Jean Bodin et de nombreux quantitativistes devrait céder la place, au moins, à des arguments plus fouillés. Impossible encore d'oublier les interférences du politique dans les définitions monétaires. Elles ont beaucoup pesé vraisemblablement dans l'établissement du ratio or/argent, et dans ses modifications. Un bon exemple en est fourni par les dévaluations castillane de 1537 et portugaise de 1538. On ne peut invoquer un raté des arrivages d'or américain, en plein essor, au contraire, dans la décennie : dans une proportion de .1 à 5 avec l'argent, pour le tonnage, ils étaient loin en deçà du rapport théorique 10,5/1. En outre, François Ier venait de verser une rançon de 1 200 000 écus représentant un monceau de 3,6 tonnes d'or, presque autant qu'il en était venu des Antilles dans les dix années précédentes[71]. Mais sur la scène internationale, l'excellent de Grenade et la cruzade, de par leur poids (3,55 et 3,58 grammes) et leur finesse nonpareille (23 3/4 carats), étaient dangereusement exposés à la concurrence des écus français et italiens plus légers (entre 3,15 et 3,45 grammes) et de titre plus bas. Avant d'avoir été formulée, la loi de Gresham jouait, et les villes des deux royaumes se plaignirent à leurs souverains respectifs de la disparition de la bonne monnaie, de l'envahissement des médiocres étrangères. Problème classique qui reçut une solution classique avec l'alignement quasi intégral de l'escudo espagnol sur l'écu français (même aloi de 22 carats, un poids à peine supérieur : 3,38 contre 3,37 grammes) et une réforme analogue en son principe au Portugal[72]. Si par la suite le formidable excédent de l'argent sur l'or a probablement contribué au glissement du ratio, cependant, celui-ci n'a pu être entériné que par des décisions politiques traduisant des préférences également politiques. La surévaluation du métal jaune en Espagne en 1686, sa

---

71. Cf. E. Lavisse, *Histoire de France*, tome V, fascicule 2, Paris, 1904, pp. 65-66. A noter que dans le lustre précédent, les corsaires français s'étaient assez souvent emparé des trésors espagnols d'Amérique : cinq quintaux d'or par Jean Terrien, dieppois, en 1522, les caravelles ramenant les dépouilles de Mexico en 1523, etc. Cette ponction est certainement responsable de la raréfaction des arrivages d'or à Séville durant le même laps de temps, sans qu'il y ait lieu de chercher une explication soi-disant plus substantielle (cf. E. Lavisse, *op. cit.*, tome V, fascicule 3, p. 281 et P. Chaunu, *op. cit.*, tome II, p. 130).

72. L'altération monétaire est remarquablement décrite par V. Magalhães Godinho, *op. cit.*, pp. 425-431 ; cf. aussi H. Lapeyre, *Une famille de marchands, les Ruiz : contribution à l'étude du commerce entre la France et l'Espagne au temps de Philippe II*, Paris, 1955, p. 257.

fixation en Angleterre au début du XVIIIe siècle, le dernier ajustement français en 1785 démontrent chacun à leur manière la justesse de ce propos[73]. Dans ce cas particulier de l'or comme dans le problème plus large des métaux précieux, on ne saurait faire abstraction de l'intervention humaine.

Les réflexions sur la valeur intrinsèque et la valeur nominale des métaux précieux et de la monnaie ont cet autre avantage de libérer la recherche sur les prix. Dans l'hypothèse quantitativiste, la subordination de ceux-ci aux arrivées d'or et d'argent était posée prématurément et infléchissait d'emblée la réponse à donner. Il n'en va plus de même si l'on conçoit la monnaie, dans son expression numéraire qui est aussi et *ipso facto* la mesure effective des choses, comme une variable ayant sa sensibilité propre. On aura moins de mal, en contiguïté avec cette idée, à reconnaître l'autonomie encore plus affirmée du mouvement des prix lui-même. Sous l'influence des causes congruentes, les objets échangés sur le marché, denrées ou produits fabriqués, ont reçu une expression en monnaie de compte qui a été, ensuite, réalisée en monnaies réelles ayant une certaine teneur en métal, forte ou faible suivant les circonstances et, souvent, le payeur. Il est intéressant pour l'historien de l'économie de savoir à quel poids d'or ou d'argent correspondaient les prix enregistrés, mais cette indication, dans l'acte décomposé de la transaction, est seconde. Et, au lieu de construire le schéma fictif d'un prix partie aliquote d'une masse *a* d'or et d'argent à diviser par une masse *b* de marchandises, il faut se demander comment une masse *a* d'or et d'argent a pu réaliser une somme *c* représentant la valeur comptable sur le marché des marchandises regroupées en *b*. Et si l'on veut véritablement aller au fond des choses, on attribuera à la masse *a*, non son montant idéal de l'ensemble des disponibilités, mais son envergure réelle de l'ensemble des monnaies bel et bien déboursées, ce qui sous-entend déduction faite des encaisses conservées.

Dès lors, on peut assigner au prix une équivalence en or ou en argent qui en sera distincte conceptuellement comme elle l'était

---

73. En 1686, « l'or, en Espagne, vaut 16,48 fois l'argent, équivalence très supérieure à celle du marché européen (14,40 à Hambourg), et même à celle du marché européen (15,39) » P. Vilar, à qui nous empruntons cette citation (*op. cit.*, p. 294), remarque à la suite que la mesure n'a pas réussi à faire refluer l'or en Espagne. Pour l'Angleterre, cf. A. Feaveryear, *op. cit.*, pp. 150-156, où sont analysés les mémoires de Newton sur la question ; pour la France, L. Dermigny, « La France à la fin de l'Ancien Régime : une carte monétaire », *Annales E-S-C*, tome XXII, n° 3, 1955, pp. 481 et suiv.

concrètement. Et, de même, en roquant les points de vue, envisager à son tour, sans être davantage grevé d'une hypothèse idéologique, la valence du métal sur le plan économique, c'est-à-dire l'expression numérique de sa valeur en une marchandise choisie (valence étant un terme neutre mis, à cause de sa neutralité précisément, à la place de pouvoir d'achat). C'est à l'intérieur de cette nouvelle relation que l'on constatera, cette fois à bon droit, ce qui a été souvent relevé : l'impuissance potentielle progressive des métaux précieux, avilissement, dévalorisation ou dépréciation. Les denrées ont, en effet, crû de prix plus vite que l'or et l'argent. De sorte que, suivant les péripéties inscrites dans la courbe, le kilo d'argent a eu pour équivalence en blé, en Espagne par exemple, 45 hectolitres au début du XVIᵉ siècle, 9 au début du XVIIᵉ, 15 au début du XVIIIᵉ et 6 à la veille du XIXᵉ.

Il n'y a en cela rien de contradictoire avec l'élévation nominale du prix de l'or et de l'argent. La dépréciation finale de ceux-ci est la résultante de deux forces opposées, elles-mêmes résultantes de nombreux facteurs, une de valorisation dont l'expression est monétaire, l'autre, qui a été dominante, de hausse plus rapide des prix, inductrice du décrochage des métaux précieux. La première est rattachable si l'on veut, à l'effet Malestroit que Luigi Einaudi a tenté de mesurer[74]. Mais la seconde ne se ramène pas à un effet Jean Bodin, car l'avilissement des métaux est « tiré » par les prix. Les arrivages américains ont mitigé l'effet Malestroit, l'existence d'un matériel de frappe relativement abondant rendant inutiles, moins nécessaires ou moins draconiennes les dévaluations des espèces. Corollaire : ils ont empêché une revalorisation de l'or et de l'argent en période de montée des prix. A la différence de ce qui s'était produit souvent au Moyen Age, la hausse du XVIᵉ siècle n'a pas été seulement nominale et ne s'est pas résorbée par une réévaluation des espèces : elle a gravi aussi un escalier de métaux précieux, la quantité suppléant la valeur. L'étude comparative du comportement des prix à Utrecht, Leyde et Amsterdam avait déjà permis de découvrir ce fait[75]. Un phénomène analogue mais de moindre ampleur se produisit au XVIIIᵉ siècle.

---

74. L. Einaudi, *op. cit.*, pp. 22 et suiv. Einaudi attribuait 33,47 % de la responsabilité dans la hausse des prix en France au XVIᵉ siècle à la dégradation de la monnaie, et 64,55 « ad altre cause fra cui lo avilimento dei metalli preciosi a causa delle importazioni dall' America ».

75. C'est ce qu'avait déjà révélé la comparaison aux XVᵉ et XVIᵉ siècles des prix d'Utrecht, où la monnaie de compte, l'albus, subit une dévaluation ininterrompue, et des prix des

En croisant nos données sur les stocks et nos données sur la valence des métaux précieux nous pouvons obtenir une dernière et intéressante représentation de l'évolution. Elle confirme et renforce les conclusions précédentes tout en permettant de les dépasser. Nous constatons, en effet, que le stock métallique présent en Europe à la fin du XVe siècle correspondait à un pouvoir d'achat de 675 millions d'hectolitres de blé froment, valeur en Espagne[76]. A la fin du XVIe siècle, le stock, correctement réestimé, équivalait à 225 millions d'hectolitres, soit trois fois moins. Cette détérioration met en jeu, évidemment, l'érosion en valeur, sur le marché, de l'or et de l'argent, la chute à l'unité. Cependant, comme l'apport du métal neuf, tout au long du siècle, a été pris en charge dans la réestimation du stock, la détérioration montre aussi que cet apport s'est révélé incapable de compenser la baisse unitaire, incapable de maintenir aux liquidités leur potentialité initiale d'intervention dans la vie économique, et incapable, à plus forte raison, d'être, sur un plan général, le moteur entraînant celle-ci et lui insufflant le dynamisme. Cette remarque qui embrasse la totalité de l'apport séculaire s'applique encore plus pertinemment à ce qui n'en a constitué que l'un des composants, une partie : les arrivages de métaux américains.

La situation s'améliora à la fin du XVIIe siècle puisque le stock était en mesure d'acheter 750 millions d'hectolitres de blé. Mais il y eut, derechef, une déperdition au XVIIIe qui ramena l'équivalence à 540 millions d'hectolitres aux alentours de 1800[77].

Tableau 85. *Puissance des stocks métalliques en Europe*
(en froment, valeur en Andalousie)

	stock en tonnes (équivalent argent)	valence du kilo d'argent (en hectolitres de froment)	capacité d'achat du stock (en millions d'hectolitres)
1500	15 000	45	675
1600	25 000	9	225
1700	50 000	15	750
1800	90 000	6	540

autres places néerlandaises dont la monnaie fit l'objet d'une réévaluation drastique à la fin du XVe siècle (cf. N.W. Posthumus, *op. cit.*, tome II, et M. Morineau, « D'Amsterdam à Séville. De quelle réalité l'histoire des prix est-elle le miroir ? », *Annales E.S.C.*, tome XXIII, n° 1, 1968, pp. 178-205).

76. D'après les données de E.J. Hamilton, *op. cit.*

77. E.J. Hamilton, *War and prices in Spain 1651-1800*, Cambridge (Mass.), 1947. La vitesse de circulation de la monnaie ne modifie en rien le tableau ci-dessous.

Le choix de prix espagnols déforme peut-être légèrement la représentation en accusant les mouvements à cause de la fixité de la piastre. Cela ne va pas néanmoins jusqu'à provoquer une distorsion. La figure établie à l'aide des prix d'un autre pays n'aurait pas une allure fondamentalement différente étant donné que, par delà les dévaluations monétaires nationales, une solidarité internationale se retrouvait, de fait, au plan des prix or et argent, implicite dans le mécanisme même de la propagation et de la contagion des cours des céréales[78]. Les calculs ci-dessus s'entendent néanmoins dans un cadre macro-économique extrêmement large et ils ne peuvent prétendre à une résolution d'une très grande finesse. Nous ne l'oublions pas. Il est bien évident que, d'une part, les stocks existant en Europe, aux divers moments d'observation choisis, n'étaient pas tous également requis et mobilisés dans la circulation que, d'autre part, l'ensemble des transactions économiques ne se confondait pas nécessairement non plus, à chaque fois, avec l'équivalent de blé proposé, voire avec les liquidités. Il est donc permis d'envisager des variations autour des chiffres avancés et, par exemple, quoique sous toutes réserves, entre 1500 et 1600, puis entre 1700 et 1800, une déthésaurisation progressive, en même temps d'ailleurs qu'un appel accru de métal précieux dans les secteurs les plus brillants de l'industrie et du commerce[79]. Mais, de quelque côté qu'on les prenne, la plupart des amodiations au schéma, suggérées et plausibles, convergent dans le sens d'une confirmation du premier jugement. Et il n'est guère niable qu'en bout de course, à la fin du XVIe comme à la fin du XVIIIe siècle, des signes de tension soient apparus au niveau des réserves métalliques en regard des masses monétaires exigées. Faut-il aller plus loin, parler d'un début d'insuffisance du stock et d'une menace de rupture ? Pourquoi pas ? Les données manquent cependant pour l'affirmer, si les apparences y inclinent, surtout en 1600. Quoi qu'il en soit, la nouvelle représentation impose un renversement radical de la vision traditionnelle, et tel qu'il fera crier certains au paradoxe. Il n'en existe en fait qu'à l'intérieur de l'ancienne problématique qui,

---

78. M. Morineau, « Histoire sans frontières : prix régionaux, prix nationaux, prix internationaux », *Annales E.S.C.*, tome XXIV, n° 2, 1969, pp. 403-421.
79. Il faut distinguer le potentiel d'achat de la masse métallique de son intervention réelle sur le marché. Ici, ce que nous avons essayé de mesurer et qui devait l'être, eu égard à la question posée, c'est le potentiel. L'étude et surtout, la mesure des interventions sur le marché ne pourront être entreprises qu'après reconstitution des circuits de toute l'économie.

liant la montée des prix à la masse des métaux extraits postule le maintien du pouvoir d'achat global de ceux-ci. Le paradoxe disparaît si l'on admet, comme nous l'avons montré à plusieurs reprises, l'autonomie du mouvement des prix, et que l'or et l'argent supplémentaires ont eu pour rôle essentiel de freiner la diminution en valeur intrinsèque de la monnaie, qui se serait imposée en d'autres temps. En enrayant la dévaluation des pièces, ils ont empêché le métal de maintenir ou de récupérer sa valeur d'échange. Ils ont été des agents de sa « vileté ».

3. Les norias

Il nous arrive parfois de nous interroger sur les raisons du succès de la théorie quantitativiste. Outre celles qui ont été exposées et qui relèvent de la démission en présence de l'autorité, une autre semble bien avoir agi, qu'il est difficile de faire saillir parce que, inavouable, elle n'a jamais été avancée bruyamment et que personne n'a osé se réclamer d'elle. Et pourtant... Avions-nous tort d'évoquer, dans un article encore frais, le bullionniste qui sommeille dans le cœur de tout historien ? Nous ne le pensons pas[80]. Incontestablement, il règne dans les histoires une espèce de fascination à l'égard de l'or et de l'argent, fascination à plusieurs degrés, fascination du jaune et du blanc, si importants et si chargés jusqu'en notre temps de promesses de richesses, fascination aussi, comme dans la caverne de Platon, de la fascination des hommes du passé « marins, aventuriers, hommes d'Etat »[81] fascinés par

... le fabuleux métal
Que Cipango mûrit dans ses mines lointaines[82],

fascination seconde qui est éventuellement une fascination prêtée ou mal interprétée en ce que les historiens y projettent de la première seule, et fascination enfin de l'intellect à la recherche du rôle de l'or et de l'argent supposé déterminant, subjugué d'avance par les couronnes impériales qu'il leur décerne. Or, la fascination entraîne

80. M. Morineau, « Quelques remarques relatives à l'abondance monétaire aux Provinces-Unies », *Annales E.S.C.*, tome XXIX, n° 5, 1974, p. 773.
81. P. Deyon in *Histoire économique et sociale du monde* (dirigé par P. Léon), tome II, Paris, 1978 et *Le mercantilisme*, Paris, 1968.
82. Suivant l'à peu près de José Maria de Heredia, *Les Trophées*, 1893. Le Japon (Cipango) produisait davantage d'argent que d'or.

ipso facto le trouble du jugement, l'impuissance à poser correctement un objet d'étude. La confusion qui en dérive, à notre avis, est globale. Elle hypertrophie la valeur des métaux précieux dès leur apparition, à l'orée de la mine ou à la plage du troc, et continue de l'hypertrophier à leur entrée dans la vie économique, dans leur constitution en capital et dans leur potentialité de création. C'est ce que nous voudrions montrer à présent. L'imprécision en ce domaine n'a pu qu'entraver l'acuité de la perception du rôle exact de l'or et de l'argent et en desservir la bonne compréhension[83].

La première erreur consiste à attribuer à l'or et l'argent un caractère absolu pour les individus ou pour les nations. C'est ce que suggèrent et sous-entendent des expressions couramment employées pour certaines époques, la fin du XVᵉ siècle en particulier, comme soif de l'or, faim de l'or, etc. Dans cette perspective, les expéditions maritimes, les voyages de découverte ressortissent d'une sorte d'incoercible besoin, résultent d'une irrésistible poussée comme si les hommes et, d'aucunes fois, les Etats avaient été prêts à tout risquer, à risquer le tout pour le tout pour se mettre en possession d'un peu de métal jaune et, à d'autres époques, d'un peu de métal blanc. Acquérir de l'or et de l'argent aurait constitué un objectif en soi et durable au point d'entretenir plus de trois siècles durant le mouvement de navette interminable entre l'Europe et l'Amérique. Cela n'a pas grand-chose à voir avec la réalité.

Lorsque, pionniers, les marchands portugais et italiens se lançaient à la prospection du marché africain dans des voyages aventureux le long des côtes, ils n'allaient pas, pour parler exactement, à la conquête de l'or comme d'autres s'avancèrent à la poursuite d'un Graal. Ils partaient à la recherche d'un profit. Peu importent les déclarations que l'on pourrait avancer ici avec un son contraire et, pour l'Amérique, celles de Christophe Colomb. Derrière les mots, derrière l'espoir, la volonté et le but avoué de trouver du métal jaune, il y avait, toujours sous-entendu et malheureusement assez rarement décrypté, un complément : de l'or à bon marché... de l'or à un prix avantageux... de l'or pour rien... Pour être franc, c'est une évidence, et un truisme. Investir une part de sa fortune dans un armement, risquer sa vie à la merci des mers, endurer maintes peines et traverser maints périls pour acquérir un métal qui aurait coûté moins cher en Europe aurait relevé du non-sens. On ne faisait tout de

83.   Toute l'introduction de P. Vilar, *op. cit.,* est à relire dans cet esprit.

même plus de l'or un gri-gri en Europe au XVe siècle[84]. Il avait un prix en Afrique qui était représenté par le coût des marchandises achetées avant l'embarquement pour constituer la cargaison et servir d'article d'échange. Au reste, quand la fréquentation des postes au Sierra Leone et en Guinée sera devenue routine et que les transactions adopteront un cours plus ou moins normalisé, des tarifs feront apparaître les dépenses nécessaires comme autrefois, du temps de Léon l'Africain, à Tombouctou[85]. L'or avait un prix également à Lisbonne quand le marchand le délivrait à la Casa da India pour qu'il soit ensuite monnayé de par le Roi à l'Hôtel des Monnaies[86]. C'est de la différence entre ces deux valeurs, après déduction des frais généraux, que découlait le profit, l'incitation à entreprendre[87].

Les choses étaient-elles moins nettes quand il s'agissait de conquistadors avides et presque hystériques à la vue de l'or ? Les thrènes aztèques postérieurs à la conquête ont décrit ces Espagnols saisis par une espèce de délire au milieu des trésors de Moctezuma dans son palais :

> Et quand ils furent arrivés au Palais du Trésor, nommé Teucalco, on étala aussitôt à leurs yeux tous les objets de prix, de plumes tissées, comme les sautoirs de plume de quetzal, superbes boucliers, disques d'or, les colliers d'or des idoles, les pendentifs nasaux d'or ouvragé, les grèves d'or, les bracelets d'or, les diadèmes d'or.
>
> Tous les boucliers furent aussitôt dépouillés de leur or et il en fut de même de tous les emblèmes. Et sur l'heure ils amoncelèrent un énorme tas d'or et ils mirent le feu, ils allumèrent, ils jetèrent aux flammes tout ce qui demeurait, quelle qu'en fût la valeur : de la sorte tout fut réduit en cendre...
>
> ...Et quand ils arrivèrent, quand ils pénétrèrent dans la salle des trésors, on eût dit qu'ils touchaient au but. Ils se coulaient de tous côtés. Ils convoitaient tout pour eux. Ils étaient la proie de la cupidité...

---

84. Certaines expressions employées pour décrire la situation de l'Europe à la fin du XVe siècle comme, par exemple, la « faim de l'or », heureuses ou pittoresques en tant qu'images, ne peuvent, sans dommage, être prises au pied de la lettre (cf. F. Braudel, *op. cit.*, pp. 420-432, et V. Magalhães Godinho, *op. cit.*, p. 169).

85. H. Wätjen, « Zur Geschichte des Tauschhandels an der Goldküste um die Mitte des 17. Jahrhunderts » *Festschrift D. Schäfer*, Iena, 1915, p. 527-563 ; K. Ratelband (éd), *Vijf dagregisters van het kasteel São Jorge de Mina aan de Goudkust 1645-1647*, La Haye, 1953.

86. A supposer qu'une partie de l'or se dirigeât directement vers les orfèvres, il n'en aurait pas moins un prix.

87. La liste des marchandises échangées contre de l'or en Afrique par les Portugais est connue (cf. V. Magalhães Godinho, *op. cit.* pp. 175-285, *passim*). Il est dommage que le bilan commercial de leurs expéditions n'ait, sauf erreur, jamais été dressé. Quelques données sur les profits hollandais dans l'article de Wätjen, cité à la note 85 : une saie bleue, valant 25 florins environ aux Provinces-Unies, aux environs de 1640, était cédée aux Noirs contre 32 grains d'or, soit 69 florins.

Séance tenante furent extraits tous les objets qui étaient sa propriété exclusive :
ce qui lui appartenait, son trésor proprement dit, tous objets de valeur et de prix :
colliers de gemmes énormes, bracelets d'un élégant travail, gourmettes d'or et tours
de poignets, anneaux garnis de grelots d'or pour orner la cheville et les couronnes
royales, propriété du roi et faites pour son usage seulement. Et tout le reste, c'est-à-
dire les joyaux du souverain qu'on ne saurait énumérer.

Tout fut saisi par eux. Ils s'emparèrent de tout, ils firent main basse sur tout
comme leur appartenant. Ils se rendirent maîtres de tout comme si tel eût été leur
lot. Et après qu'ils eurent dépouillé tous les objets de leur or, quand ils les eurent
dépouillés, ils amoncelèrent tout le reste ; ils l'entassèrent au beau milieu de la cour,
au centre de la cour : ce n'était qu'un fouillis de plume fine[88].

Mais le soldat qui dépouillait les idoles et détruisait les ornements
sans égards pour la valeur artistique portait son dévolu non sur l'or
en lui-même, mais sur le potentiel de richesse qu'il représentait, et
dont il avait une idée assez précise, tout de même, par la valence du
métal dans sa province natale. Exception faite, peut-être, d'un
Aguirre au bord de la folie - et encore - lorsqu'un ruffian s'engageait
dans la chasse à l'Eldorado, il formait un projet économique, aussi
fruste ait-il été. Il mettait en balance la somme de jours, de sueur et
sang que la pérégrination lui demanderait et, de l'autre côté, la
masse d'or et d'argent qu'elle lui rapporterait. Le calcul est
assimilable, *mutatis mutandis,* à celui de certains mineurs fanatiques
du XIXe et du XXe siècles au Montana ou en Alaska, toujours à
l'affût de la grosse découverte qui récompenserait au centuple leurs
efforts, leur seul capital, et leur assurerait la vie aisée pour le restant
de leurs jours. Ils pariaient sur l'aubaine[89].

En somme, et c'est sur quoi il paraît convenable d'insister, un
profit était susceptible de se dégager des entreprises africaines et
américaines parce que l'on pouvait jouer sur une pluralité de valeurs
de l'or et de l'argent, et sur les différences entre elles[90] : le prix de
revient d'abord, qui, dans les cas envisagés ci-dessus, était, ou une
amorce de fonds, ou du temps et une dépense de forces humaines ; le
prix de vente ensuite, ordinairement exprimé en monnaie de compte,
que la livraison soit effectuée à un Hôtel des Monnaies ou à un

---

88. Informateurs de Sahagun, *Codex florentin,* livre XII, chapitre XVI et XVII Traduction
     castillane d'A. M. Caribay et française d'A. Joncla-Ruau in M. Léon Portilla, *Le crépuscule
     des Aztèques,* Bruxelles, 1957.
89. Sur la ruée vers la Californie, cf. E. Levasseur, *La question de l'or,* Paris, 1858 ; sur le
     Nevada, ne pas négliger Mark Twain, *Roughing it* (1892) traduit par R. de Jouvenel sous
     le titre *Mes folles années,* Paris, 1959.
90. Cette différence a été soulignée par tous les découvreurs.

orfèvre, la valence, enfin, c'est-à-dire l'équipollent du métal dans une marchandise quelconque, valeur éminemment polymorphe puisque variable selon les articles échangés. Ces trois valeurs sont relatives entre elles et relatives à tout le reste, le principal, véhiculé par la vie économique.

Il va de soi que nous aurions découvert ces trois valeurs aussi bien en prenant l'or et l'argent dans le processus de leur production. Les propriétaires des mines de Saxe en postulaient explicitement l'existence au cours de la controverse qui s'éleva au début du XVIᵉ siècle. Ils réclamaient une augmentation du prix du marc d'argent de 8 1/4 à 10 florins. Ils en attendaient, en premier lieu, des profits plus substantiels, eu égard au prix de revient. Ils espéraient aussi, du même coup, relever la valeur de leur produit face aux autres sur les marchés voisins[91]. Au Potosi, vers 1600, le marc d'argent revenait aux *mineros,* d'après nos calculs, 4 pesos à 4 1/2 pesos[92]. En le portant à l'Hôtel des Monnaies, ils en retiraient 8 1/3 pesos, ce qui leur ménageait en principe un gain de 180 % à peu près[93]. Soixante-dix pesos permettaient l'achat d'un quintal de fer aux dires de Luis Capoche, quelques années auparavant[94]. A travers ce prix, une valence marchande de l'argent est définissable vis-à-vis du fer. Elle était, sur les hauts plateaux du Pérou, de 1 à 40 environ : 1 marc d'argent monnayé représentant l'équivalent dans un paiement de 40 marcs de fer[95].

La valence marchande du métal précieux est une notion fondamentale. Elle est d'ordre synallagmatique et appelle, en contrepartie, une définition de la valence des autres objets, symétriquement. Si nous reprenons l'exemple de l'échange argent contre fer, nous constatons que la valence de l'argent par rapport au métal usuel serait beaucoup plus forte si nous avions opéré la mise en équation en Espagne. Là, en effet, le quintal de fer valant 20 pesos, ou moins de

---

91. Traduction in J. Y. Le Branchu, *Ecrits notables sur la monnaie (XVIᵉ siècle), de Copernic à Davanzati,* Paris, 1934.

92. D'après les *Relaciones geográficas de Indias (Péru)* publiées par D. Marcos Jimenez de la Espada, Madrid, 1965, pp. 372-385. Il s'agit d'un calcul global de la production au Potosi en 1603. Cf. aussi, pour contrôle, le Père Cobo, *op. cit.* Ces résultats ont déjà été présentés par nous-même dans le tome II de l'*Histoire économique et sociale* de P. Léon.

93. Déduction faite du quinto. La proximité de l'Hôtel des Monnaies avantageait les *mineros.* La situation était moins bonne pour ceux de la Nouvelle-Galice, trop éloignés de Mexico.

94. L. Capoche, *Relación general de la Villa Imperial de Potosi* (1585), publié dans la *Biblióteca de Los Autores Españoles,* Madrid, 1959.

95. La valence s'établit en fonction des valeurs *marchandes* des produits et non en fonction des coûts respectifs de production. Cette remarque est fondamentale.

20 pesos, la valence de l'argent se serait élevée à 1 contre 138, 1 marc d'argent contre 138 de fer. Inversement, le fer avait acquis une plus-value de 50 pesos par quintal en traversant l'Atlantique. De sorte que le quintal de 69 kg qui « achetait » 500 grammes d'argent en Biscaye en pouvait acheter 1,7 au Potosi. Il s'agit en somme de la manifestation d'une dénivellation des prix, au demeurant classique (Tomas de Mercado en a parlé), et c'est cette dénivellation avec l'espérance de profit qu'elle recelait qui a été, dans le commerce transocéanique comme dans les autres, l'élément décisif, l'élément moteur[96].

D'autres exemples pourraient être avancés. Le doublement des prix d'une rive à l'autre de l'Atlantique était banal, semble-t-il. A la fin du XVIᵉ siècle, Ambrosio Fernandes Brandão citera un navire de l'Algarve qui réussira à vendre «comptant» à Pernambouc, quatre fois sa valeur au Portugal, sa cargaison de vins, d'huiles, de raisins secs et de figues[97]. Lorsque les mines de l'intérieur, au Minas Gerais, commenceront d'être exploitées, on notera d'extraordinaires différences entre les prix du littoral et les prix qui y étaient pratiqués, près de vingt fois plus[98]. Nous avons calculé qu'une paire de pistolets ordinaires fabriqués à Nessonvaux dans l'évêché de Liège était vendue aux mineurs brésiliens 300 fois son prix de fabrication : 78 cruzades contre 6 patards ou 1/25 de cruzade. La mutation des valeurs ne s'effectuait pas exclusivement quand le vendeur venu d'Europe se trouvait en présence d'un détenteur d'or ou d'argent. Il y avait prise de plus-value aussi bien sur des fourrures, du tabac, des sucres, comme on l'a vu dans le commerce des colonies françaises et anglaises, ou sur de la cochenille, de l'indigo ou de la quassia dans l'Amérique espagnole[99]. Rappelons même que les métaux précieux, en certaines occasions, n'étaient pas les retours préférés des négociants. Quand les vents et les saisons étaient propices, les capitaines

96. Les prix du fer en Espagne ont été empruntés à C. Vinas y Mey, « Pragmática de 13 de septiembre 1628 sobre tasas de mercaderias, jornales y salarios », *Anuario de historia económica y social*, 1968 et 1969. On a négligé, ici, les distorsions d'ordre chronologique, et l'on se borne à signaler celles, d'ordre géographique, qui existaient forcément entre la Biscaye, lieu de production, et l'Andalousie, lieu de consommation.

97. A. Fernandes Brandão, *Diálogos das grandezas de Brasil*, (publié par J. A. Gonçalves de Mello) Recife, 1966, p. 94.

98. A.J. Antonil, *Cultura e opulência do Brasil por suas drogas e minas*, édité par A. Mansuy, Paris, 1968, pp. 381 et suiv.

99. Le prix des pistolets à Nessonvaux d'après J. Yernaux, *La métallurgie liégeoise et son expansion au XVIIᵉ siècle*, Liège, 1939, pp. 65 et suiv.

malouins qui fréquentèrent la Mer du Sud à l'époque de la guerre de la Succession d'Espagne cinglaient vers la Chine afin d'y échanger leurs piastres contre des objets de là-bas et d'obtenir un meilleur bénéfice en France. Cette spéculation se fondait sur le fait que l'argent ne pouvait plus gagner de valeur une fois embarqué, qu'il risquait même d'en perdre en Europe si les prix courants de toutes les marchandises y avaient augmenté, tandis que ce n'était pas le cas avec des soieries ou des cabinets de laque. L'évolution du prix du sucre à la fin du XVIIIe siècle et de la cargaison des flottes brésiliennes a montré la justesse de la déduction[100].

Par quelque bout qu'on les prenne, dans la simultanéité des échanges outre-mer, dans le déplacement spatial de la colonie à la métropole ou dans l'écoulement temporel, les métaux précieux apparaissent relativisés. Il n'est donc pas possible d'en faire la mesure absolue de la valeur des choses. Mais, peut-être, malgré le faisceau de preuves, certains conservent-ils une nostalgie et objecteront-ils que, dans la totalité des transactions, celles qui s'effectuaient contre de l'or et de l'argent, à la source, près des mines, étaient les plus importantes, celles où se creusaient les plus gros écarts de prix et de valence qui, de proche en proche, par contamination et alignement, finiraient pas dicter la loi, le mouvement général ? D'où viennent d'ailleurs, les différences initiales de prix entre Europe, Afrique, Amérique ? Ne commandent-elles pas le reste ?

Répondre à ces questions réclame quelque soin. Il faut, tout d'abord prendre garde aux conditions générales dans lequelles s'élaborent et se maintiennent les prix dans une zone déterminée, de l'échelle d'un continent ou d'un subcontinent. Nous développerons ce point d'ici quelques paragraphes, mais nous pouvons immédiatement poser un premier axiome. Les prix expriment, par la force des choses, un rapport existant entre la production dans l'espace considéré, prise sous tous ses aspects : mode de production, organisation de la production, niveau de production, etc., et la masse d'argent (Geld) circulant, sans omettre, selon le volume de leurs effluences et de leurs apports complémentaires, les mines. A partir de là, il existe dans chacune des zones, une axiomatique des prix qui fera que, par exemple, en Europe, telle denrée, tel tissu, tel meuble aura tel prix et, par voie de conséquence, telle valence en or ou en argent, et

---

100. Voir Etude 2.

réciproquement. D'un continent à un autre il peut y avoir et il y a souvent changement d'axiomatique. Production d'or, production agricole, production artisanale, surtout, différaient complètement en Afrique de ce qu'elles étaient en Europe. Les produits circulants n'étaient pas les mêmes et les prix s'étaient établis en fonction d'eux, en fonction de leur capacité de combler des besoins (et l'on songera à l'importance du sel), en fonction de la circulation générale. Que des objets inédits, non produits sur place, désirables, soient introduits dans cette zone et proposés aux hommes, et ils reçoivent une valeur à l'intérieur de l'axiomatique du continent d'accueil, dans le cadre de cette axiomatique et sans références à l'axiomatique du continent pourvoyeur, souvent, même, en contradiction avec elle, ce qui provoque des risées, des incompréhensions et des erreurs de jugement que Christophe Colomb répètera aux Antilles quand il rencontrera les Arawaks[101].

Ce qui se passait en Amérique, autour du Potosi, de Zacatecas et de Guanajuato relève d'une procédure analogue. Mais on peut en expliquer le mécanisme avec plus de détails qu'en Afrique parce que l'on connaît mieux les conditions économiques de l'extraction et de l'intégration dans la circulation qu'au royaume des Ashantis ou au royaume du Monomotapa[102]. L'exploitaton des mines du Pérou et du Mexique dépendait en premier lieu de ce que l'on peut appeler la maintenance, c'est-à-dire la possibilité de rassembler et de faire vivre hors de l'économie traditionnelle de subsistance un nombre relativement élevé d'hommes. Problème d'autant plus aigu que la localisation des gisements mettait les campements de mineurs dans des régions d'accessibilité difficile et de ressources agricoles propres presque nulles. Le prix de revient du métal était indexé sur cet ensemble de contraintes, sur cette axiomatique. Il fallait, en effet,

---

101. « J'ai défendu qu'on leur offrît des objets aussi insignifiants que des tessons d'assiettes, des morceaux de verre cassé ou des bouts de ruban ; cependant, lorsqu'ils pouvaient en avoir, cela leur paraissait l'objet le plus digne de convoitise qu'il y eût au monde. Il est arrivé, en effet, qu'un marin obtint, en échange d'une aiguillette un morceau d'or qui pesait deux castillans et demi, et certains autres en ont obtenu davantage pour des objets qui valaient encore moins, en sorte que pour quelques deniers du dernier coin, ils donnaient tout ce qu'ils possédaient jusqu'au poids de deux castillans d'or ou une arrobe ou deux de coton filé. Ils acceptaient n'importe quoi, jusqu'aux cercles de barils comme des bêtes sans raison » (Lettre à Luis de Santangel, *Œuvres de Christophe Colomb*, trad. A. Cioranescu, Paris, 1961).

102. K.A. Busia, *The Ashanti*, Ibadan, 1954, et, plus généralement, Joseph Ki-Zerbo, *Histoire de l'Afrique Noire des origines à nos jours*, Paris, 1972 ; W.G.L. Randles, *L'Empire du Monomotapa du XVe au XIXe siècle*, Paris, 1975.

que les ouvriers puissent avec leur salaire acheter leur subsistance, et celle-ci n'était fournie aux mines par les paysans des environs ou de très loin que si le jeu en valait la chandelle, s'il y avait un profit, une récompense à l'effort d'apporter les vivres[103]. Tous les renseignements se recoupent pour montrer que l'Indien requis au Potosi, le *mitayo*, percevait une rémunération qui, théoriquement, assurait son entretien. De ce point de vue, comme l'a dit Garcia Lohmann Villena à propos des mines de mercure du Huancavelica, il n'était pas désavantagé par rapport au prolétaire espagnol en Espagne[104]. Il n'y avait pas, pour autant que l'on puisse en juger, de sous-paiement relatif par comparaison avec l'Europe et, comme les vivres étaient plus chers sur l'*altiplano* américain, les salaires y étaient finalement plus élevés qu'en Saxe et au Tyrol. L'avantage essentiel de l'Amérique, pour la production, c'était l'existence de veines minérales, non pas même plus riches en teneur que sur le Vieux Continent, comme s'en aperçut Humboldt, lors de sa visite au XVIIIe siècle, mais plus épaisses[105]. A dépense d'énergie égale, le rendement était supérieur, le travail plus fructueux[106].

Si les deux royaumes du Mexique et du Pérou avaient vécu sur eux-mêmes, avec leurs mines, d'une part, leur économie traditionnelle, d'autre part, plus ou moins rehaussée d'artisanat, les échanges intersectoriels et les prix se seraient établis en fonction de l'axiomatique de maintenance précédemment mise en cause, en évoluant selon la dialectique ordinaire de ce type de modèle économique qui promeut l'agriculture et rogne sans les effacer complètement les inégalités de départ[107]. Mais une demande supplémentaire, s'y exerçait de biens produits au dehors, originaires de l'Europe. N'entrons pas ici dans la distinction entre biens d'équipement et biens de consommation, biens utiles (le fer, le mercure, etc.), et biens futiles (rubans, dentelles, etc.). Dans leur position géographique et avec les besoins assez vifs qui étaient les leurs, les districts miniers ne

---

103. L. Hanke, *The imperial city of Potosi*, La Haye, 1956.
104. G. Lohmann Villena, *Las minas de Huancavelica en los siglos XVI y XVIII*, Séville, 1949.
105. A. Humboldt, *Essai politique sur le Royaume de la Nouvelle-Espagne*, Paris, 1811, cf. aussi P. Vilar, *op. cit.*, pp. 359-368.
106. Le tableau comparatif de Humboldt laisse planer une incertitude sur le travail réel accompli en ce qu'il parle de minerai, mais n'entre pas dans le détail de l'ensemble des déblaiements. Ces derniers étaient particulièrement importants en Europe à cause de la minceur des couches exploitables.
107. D'après le Père Cobo, *op. cit.*, la plantation d'oliveraies et de vignes au Pérou entraîna une très forte baisse du prix des olives et du vin dans le pays.

pouvaient espérer en obtenir leur part qu'en offrant le miroitement et les gages réels d'une surenchère. L'axiomatique d'intrusion et de contact qui naissait à la Vera Cruz et à Portobelo se prolongeait jusqu'à eux et s'y épanouissait. Ils étaient le lieu de coexistence de deux axiomatiques : celle de leurs subsistances, fondée sur les ressources locales ; celle de leur raccordement ou, mieux, par raccordement, celle de l'Europe, à l'extrême pointe de laquelle ils étaient tenus et maintenus par le pacte colonial et l'interdiction de produire eux-mêmes une partie de ce dont ils avaient besoin[108]. Et c'était du profit dégagé dans la première, de l'abondance d'argent plus ou moins grande qui le matérialisait qu'ils nourrissaient la seconde. On voit donc s'esquisser *in situ* la relation exacte entre la fourniture d'articles européens et les prix de ceux-ci, d'un côté, la production d'argent, de l'autre. Les prix, bien entendu, dépendaient de la quantité d'argent disponible (si le district n'en avait pas assez, il s'étiolait et mourait) et, sous cet angle, il est légitime d'étudier l'influence que la production a pu avoir sur le niveau, mais l'équation s'établissait, notation essentielle, dans le cadre d'un *seller's market*, *seller's market* des biens européens, faut-il le souligner ? et non du métal précieux[109]. Et encore une fois, *mutatis mutandis*, des équations identiques seraient proposables en Amérique du Nord et dans les Antilles avec des répondants en fourrures, en tabac et en sucre, la prise de bénéfices s'opérant même, un certain temps, au Nouveau Monde, par valorisation dans ces trafics, des marchandises européennes, tandis que la transmutation des valeurs d'ouest en est était beaucoup plus modérée[110].

De l'analyse phénoménologique le caractère synallagmatique du prix et de la valeur de l'or et de l'argent sort de nouveau en pleine clarté et en plein relief. Oublié, pourtant, et obscur, ne l'était-il pas auparavant ? C'est qu'aux trois valeurs des métaux précieux que nous avons distinguées comme fondées en fait était substituée une valeur unique, idéale, qui contenait le germe d'absolu que nous avons dénoncé, et qui était leur valeur de mesure des valeurs, leur

---

108. Ce qui vaudra surtout pour les produits textiles européens. La rareté était maintenue artificiellement.

109. Se reporter à la description des transactions dans les districts miniers : L. Capoche pour le Potosi, A. J. Antonil pour le Minas Gerais, A. Humboldt pour Guanajuato, etc.

110. M. Morineau « Quelques recherches relatives à la balance du commerce extérieur français au XVIIIᵉ siècle : où, cette fois, un égale deux » in *Actes du IIᵉ Congrès de l'Association des historiens économistes français*, Paris, 1973, pp. 1-45.

valeur-étalon. L'opération aboutissant à ce résultat, qui est à l'origine du principe de l'erreur que nous essayons de cerner et de redresser, peut être décomposée en plusieurs phases dont on n'est pas toujours conscient, et que nous allons retracer succinctement. Il s'agit d'une réduction de proche en proche qui, relativement légitime au départ et dans quelques-unes de ses premières démarches, se transforme ensuite en martingale, falsification et pétition de principe.

Il y a primo évacuation de sens. On va limer la signification des valeurs réelles, empiriques et même éliminer l'une d'entre elles. La valeur comptable de l'or et de l'argent, leur valeur nominale ou transactionnelle est expulsée du débat par économie du raisonnement et sur le constat, effectif d'ailleurs, qu'elle pouvait être mise en rapport direct avec la valeur intrinsèque en métal, la quantité, voire avantageusement remplacée par cette dernière dans le cas de comparaisons internationales, par exemple. La commodité instrumentale de cette réduction vire alors à l'implication idéologique lorsque, par un tour de passe-passe, après s'en être servi correctement sur le plan d'abstraction sur lequel on se plaçait, on omet de la réintroduire dans les faits, à son articulation sur le plan du concret. Ceci posé ou, plutôt, cela éludé, il sera aisé de procéder à la deuxième réduction et d'exprimer le prix des marchandises non plus en réaux, shillings ou sous, mais en grammes d'or ou d'argent. On y parvient avec d'autant plus de facilité que l'on aura minimisé, disqualifié pour ténuité supposée, inessentialité, les accidents courants, banaux de la vie économique et d'une courbe des prix : les mauvaises récoltes, les chertés, etc. On lisse les voies du raisonnement devant la théorie quantitativiste comme les joueurs de curling en balayant la piste devant leur pierre. Dès lors, une sommation élémentaire (qui s'apparente à la formule d'Irving Fisher) permettra d'équipoller la masse monétaire sur le marché pour réaliser le montant total des transactions PQ (prix × quantités) et la masse métallique correspondante. Par un triple et dernier glissement, la masse métallique Y effectivement présente dans la somme équivalent à PQ sera remplacée *in petto* par la masse totale Z de l'or et de l'argent existants, y compris ce qui n'a pas été utilisé dans les transactions, puis le terme PQ sera mis dans la dépendance de son répondant M (v) alors que rien n'autorise a priori, ni même a posteriori[111], une telle option : les prix mis dans la dépendance des métaux précieux dont la masse

---

111. Comme on le verra ci-dessous.

devient l'alpha et l'omega de la vie économique (proposition qui, précisément, était celle qu'il aurait fallu démontrer) et leur valeur, la valeur absolue, la mesure de toutes choses ; mais ce n'est plus, là, à ce degré de dénaturation du réel, qu'un simple artefact.

Puisque la réduction du réel en un congloméré compact et l'occultation conséquente du caractère synallagmatique de la valeur de l'or et de l'argent sont à l'origine de l'erreur, pour sortir de l'impasse, il n'est que de revenir au développé des mécanismes de la vie économique et à la réhabilitation des distinctions nécessaires entre les différentes valeurs revêtues par les métaux précieux dans le processus de la circulation.

Pour permettre de s'y retrouver, on a construit la figure qui suit. Elle a pour structure de charpente la formule d'Irving Fisher, ce qui ne saurait étonner puisque celle-ci est une tautologie imprescriptible. Par mesure de simplification, cependant, la vitesse de circulation (v) a été ramenée ici à 1, par convention, de manière à ne pas perturber la lecture de l'esquisse ; ce qui, en d'autres termes, revient à se placer dans l'hypothèse d'un échange global unique et instantané (les implications d'une vitesse de la circulation supérieure à 1 seront examinées ultérieurement). Par mesure de simplification, encore, et parce que le rôle des métaux précieux est notre propos, nous admettrons, provisoirement, que la masse monétaire est une masse entièrement métallique, quitte à introduire par la suite des variantes et des complications dans le schéma[112]. La figure peut être lue de gauche à droite ou de droite à gauche. Le sens adopté n'est pas entièrement indifférent, comme nous le verrons plus tard : il doit être réfléchi et légitimé sous peine d'être biaisé, consciemment ou inconsciemment, par des implications et des engagements idéologiques. Dans l'immédiat, pour des raisons de commodité et de clarté et la justesse du parti retenu devant apparaître par la suite avec les amodiations nécessaires, la lecture sera effectuée de gauche à droite.

Nous partons donc de la masse des marchandises Q ayant changé de mains sur le marché. Les transactions ayant été accomplies avec et sous la sanction d'un certain prix unitaire P, exprimé en monnaie de compte, leur masse Q × P sera représentée sur le plan de la comptabilité monétaire par une somme °S exprimée elle aussi en monnaie de compte. L'échange des ventes ayant été, par convention,

---

112. Elles seront examinées à la suite.

Figure 42. *Schéma développé de la formule Fisher pour une économie monétaire à base de monnaie métallique.*

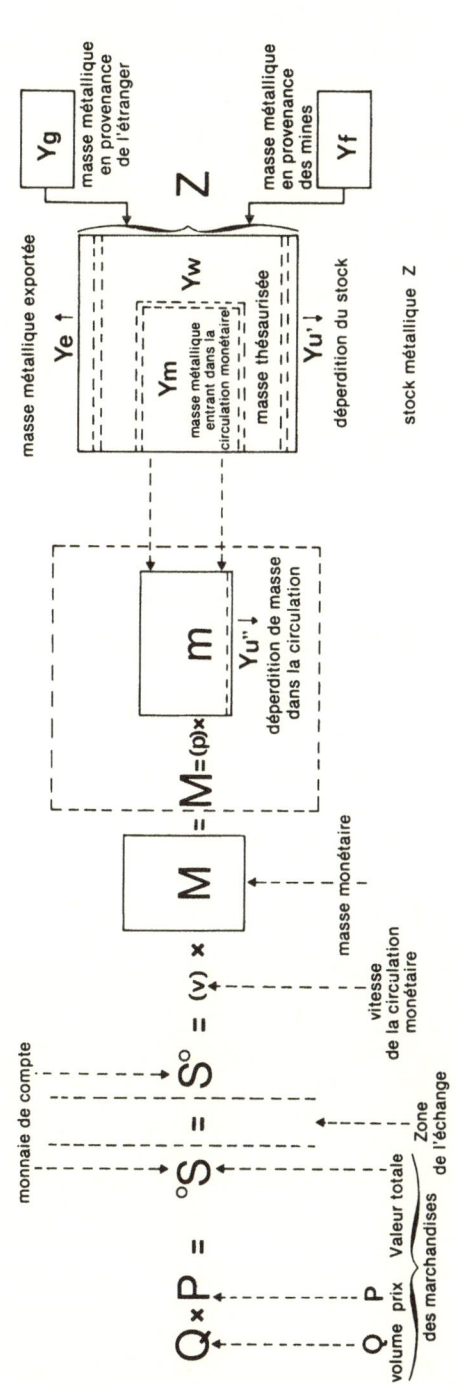

instantané, cette somme $^\circ$S a trouvé en face d'elle et en contrepartie une somme S$^\circ$ qui lui est strictement égale : $^\circ$S = S$^\circ$, mais qui en diffère totalement sur le plan de la réalisation matérielle puisque $^\circ$S provient de l'apport d'une masse de marchandises dont elle exprime la valeur globale après multiplication par le prix, et S$^\circ$ provient de l'apport d'une masse de monnaies réelles dont elle exprime pareillement la valeur en monnaie de compte[113]. Cette masse de monnaies réelles correspond, dans la formule d'Irving Fisher, à la masse monétaire représentée par le symbole M.

Cette masse monétaire est diphysite : elle participe de deux natures. Les monnaies réelles, que l'on oppose souvent, maladroitement et faussement, à la monnaie de compte qui serait, elle, *idéale*, ont en effet à la fois une matérialité, ici en l'occurrence le métal ou l'alliage dont elles sont faites, et une valeur conventionnelle qui est celle de leur expression en unités de compte monétaires, en monnaie de compte[114]. A cause de sa double appartenance, la masse monétaire peut apparaître dans la figure sous plusieurs expressions et plusieurs aspects : sous son expression comptable S$^\circ$ déjà mise en place dans la sphère adéquate ; en elle-même, dans son ambiguïté, objet matériel avec un poids, un nombre, une forme, des effigies, indissolublement associée à une expression comptable, mais susceptible, de par sa matérialité même, d'être transportée et, de ce fait, intégrée effectivement dans un échange ; comme métamorphose, lieu, agent et résultat d'une métamorphose, celle d'une matière en instrument d'échange normalisé et en instrument comptabilisable avec une valeur déterminée et légale, officielle. Par ce troisième aspect, la masse monétaire renvoie à la masse métallique qui a servi à la fondre. Renvoie aux métaux précieux.[115]

Dans la masse monétaire, il était entré une certaine quantité de métal précieux, masse que nous désignons par le symbole Ym. Cette masse métallique n'était pas d'elle-même masse monétaire. Pour le devenir, elle a dû être transformée. Non seulement dans son apparence par le monnayage, mais encore dans son être par ce que l'on peut appeler l'intronisation monétaire. C'est-à-dire, en d'autres termes, que la valeur proprement monétaire lui a été conférée de par

---

113. La mesure de l'échange est donc bien comptable.
114. Cette dualité permet les manipulations monétaires.
115. La métamorphose dont il est question ici prélude aux métamorphoses de la marchandise dont parle Karl Marx, *Contribution à la critique de l'économie politique*, Paris, Editions sociales, 1972, p. 115 et *Le Capital*, tome I, 1re section, chapitre III.

les autorités, en vertu d'ordonnances réglementaires et dans le cadre de certaines contraintes légales définissant des alois ou des proportions d'alliage, des poids, des remèdes, éventuellement des signes de reconnaissance formels et, surtout, toujours, une valeur légale, comptable et marchande. A strictement parler, le métal ne devient monnaie qu'après monnayage[116]. La transformation du métal en monnaie se présente comme une subsumption. Le métal reçoit une valeur monétaire dans et par le monnayage. C'est son prix p, son passeport pour la circulation. Et l'expression comptable $S°$ de la masse monétaire M est ainsi le résultat d'une multiplication : $Ym \times p$ symétrique de l'autre, l'équation du marché $Q \times P$ qui sous-tendait $°S$[117].

La masse métallique Ym se présente à son tour comme empruntée à une masse métallique plus importante Z qui est, tout simplement, le stock global des métaux précieux présent dans la région considérée[118]. La masse métallique Ym n'échappe pas, d'ailleurs, sauf usure ou perte accidentelle, au stock Z. Passant en M après monnayage et entrant dans un circuit de distribution monétaire et marchand interne, elle ne cesse d'appartenir au stock régional. Elle se distingue par là d'une autre masse métallique Ye, elle aussi issue de Z, mais qui, exportée, est perdue définitivement pour la région[119]. Ces deux masses Ym et Ye s'opposent ensemble, enfin, à la partie du stock qui n'a pas été mise en mouvement, et qui constitue, à l'exception de quelques déchets Yu, la réserve thésaurisée *de facto* Yw. En recomposition d'une situation préalable à toute sortie et à toute déperdition, le stock apparaît donc sur la figure comme une somme, la somme de quatre masses selon la formule $Z = \Sigma (Ym + Ye + Yw + Yu)$. Le stock reçoit en outre l'apport des mines sous la forme d'un flux Yf auquel s'ajoutent, éventuellement, des versements en provenance d'autres régions Yg par voie du commerce ou autrement[120]. Au terme de toutes les opérations, par balancement des acquêts et des pertes, la nouvelle formule du stock s'écrira de la manière suivante : $Z' = (Z + Yf + Yg) - (Ye + Zu)$, dans laquelle Zu assume les déperditions enregistrées sur la masse Ym aussi bien

---

116. Nonobstant l'emploi possible de lingots dans certaines transactions.
117. Le prix du métal entre ainsi pour sa part dans l'équation d'égalité.
118. Ici, l'Europe.
119. Les quantités de piastres expédiées vers l'Asie figureraient dans cette masse Ye.
120. Ainsi l'on a noté à différentes reprises des retours d'or du Levant en France (cf. C. Carrière, « Un sophisme économique », *Bulletin de l'Association française des historiens économistes*, n° 7, 1973, pp. 7-8).

que les déchets précédemment reconnus Yu. Ce serait évidemment à replacer dans un cadre chronologique du type $t_0 t_1$ et à développer.

Un certain nombre de taux intéressants peuvent être déduits des relations précédentes. Ainsi, un taux de prélèvement de la circulation monétaire interne sur le stock, dont le calcul s'effectuera de manière plus ou moins sophistiquée selon la définition retenue pour le dénominateur, stock brut, stock augmenté, stock net :

$$\alpha = \frac{Ym}{Z} \text{ , ou } \alpha' = \frac{Ym}{Z + Yf + Yg} \text{ , ou encore}$$

$$\alpha'' = \frac{Ym}{(Z + Yf + Yg) - (Ye + Yu)} \text{ ;}$$

ainsi encore un autre taux de prélèvement, de l'exportation Ye ou du prélèvement global Ym + Ye sur le stock, avec les mêmes variantes que ci-dessus ; ainsi un taux de thésaurisation

$$\theta = \frac{Yw}{Z} = \frac{(Z + Yf + Yg) - (Ym + Ye + Yu) - Z}{Z} \text{ ;}$$

enfin, des taux d'alimentation par proportionnalité du flux au stock

$$\beta = \frac{Yf}{Z} \text{ ou de sédimentation : } \delta = \frac{Yf}{Z - (Ye + ZU)} \text{ dans lesquels}$$

on reconnaîtra ceux que nous avons déjà produits sous leur expression chiffrée, mais dont nous n'avions pas donné la formule théorique. Les deux derniers taux seraient légèrement modifiés par l'inclusion au numérateur des apports extérieurs secondaires Yg.

Si l'équation de Fisher se retrouve bien en filigrane de la figure, on aura noté que ses limites ont été clairement marquées. La médiatisation de la masse métallique entrée dans la circulation Ym par le monnayage empêche les confusions à ce stade. La distinction entre la masse métallique en mouvement Ym et le stock métallique global Z prévient de la même manière les assimilations abusives. Nous pouvons maintenant passer de la description intemporelle du schéma de la circulation à une description plus incarnée et, par conséquent, conjoncturelle.

Supposons, par une troisième simplification, que toutes les marchandises entrant dans les échanges représentées par le symbole Q aient été des denrées de première nécessité et soumises, comme le blé, à de fortes variations aléatoires de récoltes et de prix, et choisissons d'examiner, en premier, ce qui se passe en un temps t_1 caractérisé par l'abondance, la fluidité et le bon marché. La somme comptable $^oS_{t_1}$ exprimant l'ensemble des transactions sera modérée et, par réaction en chaîne, la somme $S°_{t_1}$, la masse monétaire M_{t_1} et la masse Ym_{t_1}. Par contre, la masse thésaurisée Yw_{t_1} aura de bonnes chances d'être assez bien gonflée, et les taux d'alimentation et de sédimentation du stock d'être brillants, si le poste Ye de son côté reste à l'intérieur d'un contingentement raisonnable, ce que nous admettrons par construction.

Que va-t-il se passer dans un second temps t_2 de conjoncture tout au contraire sévère, avec des tensions sur le marché à cause d'une menace de disette et une forte poussée des prix ? La somme globale °S des transactions s'élève et détermine un appel à l'augmentation de la masse monétaire indispensable pour réalier la somme S° qui doit l'équilibrer. Comme il s'agit, dans notre hypothèse, de denrées de première nécessité, la contrainte est impérative.

L'exigibilité s'applique de manière drastique : il faut réunir la quantité de monnaie correspondant à la valeur des marchandises à acquérir, vitales en l'occasion[121]. Comment cela ? Le problème comporte deux groupes de réponses : (1) ou bien les définitions légales de la monnaie (aloi, poids, etc.), demeurent inchangées, les pièces conservent exactement la même teneur en métal et le prix de ce dernier (p) ne bouge pas, et, dans ce cas, l'accroissement de la masse monétaire ne peut être atteint d'après la relation constitutive $S° = M = Ym$ (p) que par une augmentation parallèle de la masse métallique Ym ; (2) ou bien les définitions légales de la monnaie sont modifiées dans le sens d'une dévaluation de l'unité de compte et d'une réévaluation symétrique du métal précieux, et, dans ce cas, l'obligation de recourir à une augmentation de la masse métallique Ym lancée dans le circuit monétaire interne se fait moins pressante, plus restreinte, voire peut être annulée, si le relèvement du prix p du métal est suffisant. Ces deux hypothèses doivent être examinées avec soin dans toutes leurs implications.

Dans la première, l'augmentatiion de la masse métallique Ym entraîne une ponction plus importante sur le stock Z qui pourra éventuellement absorber entièrement le flux d'alimentation Yf en réduisant à néant le taux de sédimentation, détourner au bénéfice du circuit interne une partie de la masse exportée Ye, prendre sur la masse antérieurement réservée Yw, de telle sorte que l'on pourra parler d'une déthésaurisation véritable survenant au temps t_2 par opposition au temps t_1 : $Yw_{t_2} < Yw_{t_1}$. Le fonctionnement de ce

---

121. Les importations de blé étaient souvent réglées en argent comptant à l'époque moderne.

mécanisme est conditionné par l'existence d'un volant de ressources métalliques mobilisables constituées soit par les apports nouveaux, soit par des renforts pris à d'autres secteurs, l'augmentation de la somme °S, résultat de la multiplication des quantités échangées par les prix, serait donc soumise à une limite supérieure. Un point de rupture de la hausse apparaîtrait avec l'évanouissement des réserves métalliques, et l'engagement total du stock Z et du flux Yf + Yg dans la circulation monétaire. Si néanmoins, les prix et, surtout, la somme °S continuaient de progresser, la masse monétaire ne pourrait suivre qu'en empruntant les mécanismes d'accroissement de la seconde hypothèse, c'est-à-dire dévaluation des pièces et réévaluation du stock.

La solution alternative rencontre de son côté plusieurs obstacles. En modifiant arbitrairement les termes de l'échange à leur détriment, une dévaluation risque de décourager les vendeurs, de les pousser à chercher des compensations par une inflation galopante des prix, à se tourner vers des marchés extérieurs plus avantageux ou, solutions extrêmes, à revenir au troc ou s'abstenir de vendre. Le mécanisme de la deuxième hypothèse semble ainsi devoir fonctionner ou pour un temps bref avec un résultat variable, ou dans des circonstances exceptionnelles - parmi lesquelles la disparition de toutes réserves thésaurisées - introduisant et imposant le cours forcé de pièces de monnaie dépréciées[122]. N'oublions pas, cependant, que la dévaluation était une arme entre les mains des souverains qui s'en servaient pour obtenir de nouvelles ressources par réévaluation de leur Trésor[123], et que, sur un registre mineur, les pauvres, en période

---

122. Des épisodes de ce genre survinrent dans tous les pays : 1419-1425 en France, 1474-1489 aux Pays-Bas, 1542-1551 en Angleterre, 1619-1622 en Allemagne, etc.

123. Les dévaluations s'opéraient autrefois soit par l'affaiblissement des pièces en poids ou en titre, soit par augmentation de la valeur nominale. Les gains du Trésor étaient ainsi automatiques sur le plan comptable. Ce qui explique que les souverains aient été tentés d'user du procédé pour faire face à des nécessités pressantes. Un expert français du XVIIIᵉ siècle exprimait les choses en ces termes : « Les augmentations se font pour procurer au Roi des secours qu'il seroit trop onéreux de chercher par d'autres voyes. En effet, il n'y a pas quelquefois de ressource plus prompte et plus présente. Le travail des monnoyes produisit encore l'année 1722 douze millions ; mais comme c'estoit un fond épuisé, on n'y comptoit plus pour 1723 » (Bibliothèque du Sénat, manuscrit 152). L'un des avantages sur le marché dépendait du retard mis par les prix à s'ajuster à la nouvelle définition de la monnaie. En général, il s'amenuisait peu à peu. Un autre consistait dans le paiement en monnaie dévaluée des officiers et des hommes de guerre. Il était un peu plus durable. Le Trésor enlevait encore, dans une opération de dévaluation, lorsqu'il y avait refrappe, des droits de seigneuriage et de brassage. Des plus-values considérables se dégageaient enfin quand l'altération des monnaies atteignait certaines proportions. Tel

de disette, recevaient des aumônes de la part des riches en pièces fort amoindries, parfois pour les besoins de la charité, sans parler des falsifications qui couraient les rues et les haies, alors plus que jamais[124].

Dans la réalité, les mécanismes des deux hypothèses pouvaient être conjugués. Ceci posé, la figure se lit comme la représentation d'un système d'ensembles communicants. A une incitation partie du marché par augmentation de la somme °S des transactions, répond un accroissement de la somme S° de la masse monétaire. Ce dernier est réglé en permanence par trois clapets de modulation : le clapet de la production minière A qui assure le calibre du flux d'alimentation du stock ; le clapet de la déthésaurisation des métaux au bénéfice de la circulation monétaire interne B dont l'actionnement est complexe ; le clapet de la législation monétaire C qui, par la fixation du prix de l'argent, influe sur la manière dont sera réalisé l'accroissement de la somme S°, accroissement principalement comptable ou accroissement principalement matériel. Il nous reste à voir comment le modèle a fonctionné à l'époque moderne[125].

Nous savons déjà, par le calcul, que l'argent a perdu énormément de sa valence au XVIe siècle, s'échangeant contre 45 hectolitres de blé en Espagne, au début, et contre 9 à la fin. Si nous transposons cette donnée dans notre figure, elle nous permettra de reconnaître

---

fut le cas de la frappe du vellón en Espagne dont on oublie trop souvent qu'elle était d'abord et essentiellement une « affaire d'Etat » (cf. A. Dominguez Ortiz, *op. cit.*)

124. La frappe de menues (et mauvaises monnaies) pour les aumônes a été réclamée par Jean Bodin et avancée comme motif par de nombreux arrêts du Conseil. Cf. R. Pillorget, « Les problèmes monétaires français de 1602 à 1689 », *XVIIe siècle*, 1966, pp. 114-115. Rien d'énigmatique, ni même de philanthropique dans cela. En période de hausse des prix et de faiblesse synallagmatique des monnaies, les petites pièces « ordinaires » devenaient trop précieuses pour être distribuées facilement aux miséreux. Il y fallait des espèces spéciales. Celles-ci comblent, par le bas en quelque sorte, un vide monétaire créé par l'inflation. NB : lorsque l'Etat avait suffisamment d'autorité, il pouvait imposer assez longtemps le cours forcé des menues monnaies si cela le servait. L'Espagne en donne le spectacle dans la première moitié du XVIIe siècle. Une double circulation s'y était établie : de monnaie de vellón à l'intérieur ; de bonne monnaie dans les échanges avec l'extérieur (cf. M. Morineau, pp. 150-162, in P. Léon, (éd.) *op. cit.*, tome II).

125. La description que nous donnons du système se situe délibérément à un certain plan d'abstraction. Il s'agit d'affiner un outil d'exploration dont on pense qu'il sera susceptible, une fois mis entre les mains des historiens, de leur permettre l'explication des cas concrets qu'ils rencontreront. Les exemples d'application qui ont été fournis dans les deux notes précédentes montrent que nous restons, néanmoins, très près du concret. Il n'était pas possible de les multiplier indéfiniment, mais le lecteur pourra de lui-même retrouver dans les situations historiques qu'il connaît la justification des propositions avancées.

l'endroit du système où s'est opéré le blocage préjudiciel. C'est le clapet C qui n'a pas fonctionné de manière à maintenir au métal sa valence. Le prix de l'argent p n'a pas suffisamment été relevé par la législation monétaire pour que le rapport $\frac{P}{p}$ qui définit la valence soit conservé. Mais, autre donnée à intégrer, le stock métallique global de l'Europe, à ce rythme de détérioration de la valence de l'argent, a perdu assez vertigineusement de sa capacité d'achat : 625 millions d'hectolitres de blé vers 1500 et 225 seulement en 1600. Première conclusion : le clapet A n'a pas laissé couler en direction de Séville un flux de métal précieux capable de soulever le stock à la hauteur voulue. Et il s'en est fallu de beaucoup, puisque le stock aurait dû atteindre pour cela un volume correspondant à celui de 725 000 tonnes d'argent, alors qu'il n'était à la fin du siècle que de 25 000. Les arrivages américains ont donc été conjoncturellement très insuffisants. Deuxième conclusion : il existe une forte probabilité pour que l'Europe ait résolu une partie de ses problèmes de financement du marché intérieur par une déthésaurisation accrue au clapet B de ses réserves métalliques au profit du courant véhiculant la masse Ym d'approvisionnement de la masse monétaire M. Nous n'entreprendrons pas de mesurer l'intensité de la déthésaurisation. Trop d'éléments font défaut[126], et, au point où nous en sommes, il ne paraît pas souhaitable de « forcer » les enseignements de la figure à cause des simplifications qui ont dû être adoptées pour sa construction et pour sa lecture.

126. Thésaurisation et déthésaurisation sont deux faits qui ont été souvent invoqués dans la littérature économique moderne mais n'ont jamais été véritablement étudiés. Il faudrait sans doute dépouiller de manière soutenue les inventaires après décès et les descriptions des maisons nobles. Deux exemples : la vaisselle et le mobilier de Guillaume d'Orange, dans son château de Breda, en 1567, pesait plus de 200 kilos d'argent et d'or, pour autant qu'ils aient été pesés (plus de 300 kilos au total, vraisemblablement). cf. M-W. Jurriaanse, « De Inboedel van het kasteel te Breda in 1567 », *Bijdragen en mededelingen van het historische genootschap*, Utrecht, 1935 ; S.W.A. Drossaers et Th. H. Lunsingh Scheurleer, *Inventarissen van de inboedels in de verblijven van de Oranjes en daarmede gelijk te stellen stukken 1567-1795*, La Haye, 1974, tome I, pp. 1-23 ; comparer dans ce même ouvrage les objets mis en gage par Guillaume d'Orange en 1572, d'un poids supérieur à 200 kilos également. Dans un autre siècle et dans un autre pays, un petit noble angevin, François de l'Esperonnière, possédait en juin 1689 dans son château de la Saulaye en Preigné « une grosse quantité de vaisselle d'argent laquelle ayant esté pezée exactement cest trouvée monter à trois cent quarante et cinq marcs deux onces (environ 80 kilos) laquelle tant montée que platte est esvalluée à la somme de 29 livres le marc, attendu qu'il est toutte au poinçon de Paris, revenant à dix mille dix neuf livres cinq sols » (R. de L'Esperonnière, *Histoire de la Baronnie et du Canton de Candé*, tome II, Candé, 1895, pp. 281-282). Dernier exemple : l'inventaire de M. de Clérambault, évêque de Poitiers, décédé en

On pensera peut-être à nouveau que le choix des références de prix et de monnaie en Espagne où le maravédis d'argent est resté stable à 0,094 gramme de 1500 à 1600 fausse l'observation. Mais la chute de la valence du métal par rapport au blé a été à peu près du même ordre partout, l'inflation nominale compensant, dans les pays qui dévaluèrent, les effets de ces dévaluations. Un seul exemple pour beaucoup d'autres : à Toulouse, le kilo d'argent aurait payé 45 hectolitres de blé, comme en Castille, au début du XVIe siècle, 12 à la fin (la différence enregistrée à ce moment étant médiocrement significative)[127].

Telles quelles, les conclusions ci-dessus, en forme de constat, confirment, expliquent et rendent intelligibles les résultats précédemment acquis par le calcul. Elles éclairent bien le rôle des métaux précieux dans le mouvement des prix au XVIe siècle. C'est un rôle réel mais modeste. L'or et l'argent ont soutenu en partie la hausse. Ils n'ont réussi à le faire que pour une portion étroite. Un rôle permissif dans ces limites et peu actif. S'il n'en a pas été autrement, la cause en doit être cherchée dans l'insuffisance des dévaluations : le XVIe siècle s'oppose de ce chef aux siècles antérieurs, dit médiévaux, durant lesquels la monnaie « fondit », et parfois allègrement[128].

D'une certaine manière, les possesseurs d'or et d'argent au XVIe siècle ont été des victimes de la monnaie forte. La proposition sonnera à quelques oreilles comme une provocation. Celle-ci n'est pas dans notre intention. On ne prend pas position en faveur du bien ou du mal fondé des dévaluations. La lecture de la figure a montré qu'il s'agissait d'un des moyens techniques utilisables pour répondre à une nécessité du marché et, parfois, du seul possible. Les connotations morales et les considérations d'économie politique afférentes sont en elles-mêmes très intéressantes, mais ce qui nous retiendra présentement c'est simplement le fait que le moyen n'ait pas été employé.

1680, révéla la présence de 8 sacs contenant 8 016 louis d'or, de 42 sacs de 1 000 livres chacun et de plusieurs autres sacs et bourses renfermant plus de 10 000 livres en florins d'or, pistoles d'Espagne, écus d'or, écus blancs, pièces de trente sols, pièces de quatre sols, monnaies étrangères et jetons, soit en équivalent-argent plus de 1300 kilos (Archives de la Vienne, G8 et Archives Historiques du Poitou, 1885).

127. D'après G. et G. Frêche, *op. cit.* Au sujet de la différence de valence à la fin du XVIe siècle entre l'Andalousie et le Languedoc, on se rappellera que les conversions monétaires en Espagne ne tiennent pas compte de la circulation de la petite monnaie (blancas).

128. Renvoyons derechef à la monnaie d'Utrecht.

Pourquoi ? Vraisemblablement parce qu'une dévaluation monétaire n'est pas un ajustement automatique de l'instrument de compte
aux conditions du marché, à la conjoncture, quelles que soient les
pressions qui s'exercent en ce sens[129]. Dans un Etat qui n'est pas livré
à l'anarchie, la dévaluation est une décision qui relève du politique.
Elle ne peut pas être prise impunément sans vérification de sa
compatibilité ou de son incompatibilité avec les conduites monétaires
des autres pays[130]. Or, l'Espagne a donné le ton en ce domaine en
maintenant l'intangibilité *mordicus* de son maravédis d'argent. Question de prestige, question aussi, sans doute, de facilité, à cause des
arrivages américains qui abordaient l'Europe en premier lieu chez
elle. On retrouverait donc bien une influence des trésors au XVIᵉ
siècle. Non pas sur les prix en eux-mêmes, mais sur la monnaie et sur
la valence de l'or et de l'argent. Par le truchement de la politique.
Ces réflexions suggèrent, en outre, un aménagement de la figure : au
lieu de la composer tout d'une pièce, comme si le marché européen
était unique avec un éventaire unique pour toutes les marchandises
et une masse monétaire unique et un stock métallique unique, etc., il
faudrait respecter la réalité politique de l'époque qui dessinait le
continent comme un archipel articulé (et soudé) de royaumes et de
principautés ayant chacun leur autonomie malgré les osmoses, et
possédant, par conséquent, chacun leur stock, leur masse monétaire,
leur approvisionnement, etc., quoique sans adiabatisme[131].

La valence de l'or et de l'argent devait se raffermir au XVIIᵉ
siècle. L'amélioration semble due pour une part au répit intervenu
dans la hausse des prix, pour une autre à des aménagements
monétaires modestes (et en Espagne, à la fois chaotiques, surtout au
début avec la *moneda de vellón,* et presque clandestins après 1686 avec
le système des deux monnaies *vieja* et *nueva),* mais efficaces. La
capacité d'achat du stock atteignit son zénith en 1700, bénéficiant de
la revalorisation du métal précieux, mais aussi d'un flux d'alimentation très convenable. En somme, les clapets de règlements du
système fonctionnèrent bien. Par contre, au XVIIIᵉ siècle, ce fut, en
estompé, la situation du XVIᵉ qui se reproduisit. Les manipulations

---

129. L'inflation des prix intérieurs, par exemple.
130. Il faut éviter que la loi de Gresham ne joue au détriment de l'Etat concerné.
131. Un autre phénomène à étudier : la « nationalisation » progressive de la circulation
monétaire. Celle-ci était loin d'être acquise en France au XVIᵉ siècle (cf. D. Richet, « Le
cours officiel des monnaies étrangères circulant en France au XVIᵉ siècle », *Revue
Historique,* tome CCXXV, 1961, pp. 359-396).

monétaires, l'émission de papier, le disagio consécutif sur cette monnaie de substitution, rien n'enraya la dépréciation de l'or et de l'argent provoquée par l'élévation des prix des marchandises. Bien que les mines aient donné à plein, ce ne fut pas assez pour soutenir la capacité d'achat du stock. Vu de très haut donc, et sans entrer dans les détails, il y aurait eu encore à cette époque un début d'insuffisance métallique, diagnostic et situation à fouiller, cela va de soi.

Après avoir décomposé le mécanisme général de la circulation marchande et monétaire, puis montré, en nous appuyant sur les calculs, comment il avait fonctionné aux XVIe, XVIIe et XVIIIe siècles, il faut reprendre l'ensemble en sous-œuvre en examinant si les hypothèses retenues pour la construction et la lecture ne les infléchissaient pas au point de les vicier dès le départ et de bout en bout. Nous ne reviendrons pas cependant sur les hypothèses propres aux chiffres. Nous avons déjà fait remarquer, en effet, que le choix du terrain géographique des observations ne les avait pas faussées. D'autre part, nous n'avons pas de nouveaux éléments sur l'hypothèse Hume qui a servi à définir le stock européen de métaux précieux aux alentours de 1500. A propos de ce dernier, l'on peut dire, toutefois, qu'il aurait fallu qu'il soit vraiment bas pour qu'une révision du fonctionnement des mécanismes et des conclusions tirées des calculs soit nécessaire. Son envergure initiale ne change rien quant au problème de la valence de l'argent et de son évolution. Pour la capacité d'achat, les choses sont un peu différentes. En supposant que le stock initial ait été seulement de 5000 tonnes environ à la fin du XVe siècle - dix fois plus que le stock anglais -, la capacité d'achat aurait été conservée du début à la fin du XVIe siècle grâce aux apports des métaux précieux européens, africains et américains réunis. Mais dans ce cas encore, si l'on peut envisager des amodiations et des modifications au schéma du fonctionnement réel des mécanismes, elles ne s'imposent pas comme absolument nécessaires : elles sont à discuter. Aucun renversement complet n'est, d'ailleurs, envisageable, même en revenant aux hypothèses du sac vide qui étaient celles de Hamilton et de Simiand, en parfaite incompatibilité avec les données concrètes de la documentation. C'est ce que nous espérons montrer dans quelques lignes.

Parmi les objections qui pourraient être soulevées, celle-ci vient sans doute en tête : le principe d'une lecture de la figure en commençant par la gauche engage toute la signification du système. En posant comme premier, moteur et, finalement, préalable le montant des transactions PQ, nous nous sommes placés d'emblée dans des conditions qui réduisaient les métaux précieux au rôle de serviteurs. Cette objection contient évidemment des réminiscences d'adhésion à la théorie quantitativiste, mais ce n'est pas suffisant pour la rejeter sans examen. Par contre, il faut faire remarquer que la lecture par la gauche et le primat conféré aux transactions sur le marché rendent compte de l'évolution constatée à l'époque moderne, dans les limites de justesse des calculs, de manière fluide et cohérente, ce qui n'était pas le cas avec les schémas construisibles à partir de la théorie quantitativiste. Mais il y plus. La lecture par la gauche n'est pas une lecture arbitraire dans l'hypothèse qui a été la nôtre, de transactions portant sur des denrées de première nécessité, assortie de calculs sur la valence des métaux en blé. D'autant plus que le mode d'ébranlement de la hausse des prix des céréales a été retrouvé et établi, ailleurs, expérimentalement[132]. Ce qui est discutable, ce n'est donc pas le principe de la lecture par la gauche dans le cas qui nous a occupé, mais la généralisation de ce principe ou son extension à d'autres transactions ne portant pas, elles, sur des marchandises absolument indispensables.

Ceci admis, l'objection ne sera peut-être pas complètement éliminée. D'aucuns, en effet, tout en concédant que le schéma de fonctionnement postulé par la lecture par la gauche correspond bien à ce qui se passa en Europe à l'époque envisagée, argueront de deux considérations supplémentaires. La figure ne renseigne pas sur la fixation des prix à l'origine ; elle ne renseigne pas sur la fixation des prix sur les lieux de production des métaux précieux. Ce genre d'opposition sous-entend que dans les cas susdits l'initiative du prix part des détenteurs de monnaie ou même, plus précisément, du niveau des disponibilités en métal dans le premier échange ou dans l'échange sur les lieux de production.

Remonter aux origines c'est rameuter Darius, Crésus, Babylone, etc., et se mouvoir presque dans l'a-topie et dans l'a-chronie. Nous n'avons pas l'intention de nous lancer dans les prises de vues cavalières ni dans des travaux d'érudition qui ne sont pas de notre compétence. Mais l'exercice, réduit à la réflexion sur le problème, n'est ni inutile ni sans profit. Il est évident qu'à l'intérieur d'une économie qui reconnaît une certaine valeur aux métaux précieux, dans une économie monétaire, la valeur des marchandises dans un

132. Dans nos articles déjà cité « D'Amsterdam à Séville », « Histoire sans frontières », « A la Halle de Charleville », etc., et dans l'*Histoire économique et sociale.*(P. Léon éd.) tome I.

échange contre de l'or et de l'argent pourra être ramenée, analytiquement, à un certain *quantum* de ces métaux, et que la somme des *quanta* apportés sur le marché dépend, d'une certaine manière, de la masse métallique globale (elle ne peut la dépasser, elle ne peut tomber au-dessous d'une certaine proportion, sous peine de disqualification, sauf avilissement général)[133]. Ceci ne contrevient en aucune façon au schéma de fonctionnement des mécanismes que nous avons décrits, et a même été expressément souligné à propos des limites de variation de ^oS. Mais il serait périlleux et erroné de croire que, dans un premier échange archétype et inducteur indélébile de toute l'évolution ultérieure, tout l'or et tout l'argent disponibles aient été échangés d'un coup contre les marchandises, leur imposant ainsi un prix et un sceau inaltérable. On serait obligé pour l'admettre de nier l'existence aux temps antiques du luxe gratuit, de l'orfèvrerie, de la thésaurisation, etc., bref, de la réalité. Ce ne serait plus même de l'utopie mais de l'anti-anthropologie, de l'anti-histoire[134].

Le problème de la fixation des prix sur les lieux de production à l'époque moderne (nous abandonnons l'a-chronie et l'a-topie) se résout selon des observations analogues. L'existence d'un rapport entre les quantités globales de métal et les prix des marchandises ne forme pas obstacle à l'adoption du schéma étudié, même dans les régions minières. Elle s'y manifestait *normalement* par l'établissement d'une certaine valence de l'or et de l'argent et par les répercussions de cette valence sur le volume de la masse métallique nécessaire à l'assumation de la somme des transactions. Pour être plus concret et pour respecter l'axiomatique américaine, disons qu'il y avait deux assumations distinctes, à Zacatecas ou au Potosi : l'assumation des denrées d'origine locale et l'assumation des articles d'origine européenne.

Le premier cas nous renvoie au problème des origines, le maïs, les pommes de terre, le chile et le pulque ont été échangés contre les métaux précieux selon un rapport qui était synallagmatique en fonction de la rareté des premiers et de l'abondance des seconds, rapport pondéré encore par d'autres considérations, mais dans lequel le rôle directif appartenait tout de même aux denrées, d'elles-mêmes

133. Tout ceci demanderait à être mesuré. On connaît plusieurs périodes qui ont été marquées par des prix extrêmement bas des denrées : milieu du XVᵉ siècle, troisième quart du XVIIᵉ. Que devinrent les masses d'argent ainsi libérées des échanges indispensables ?

134. Robinsonade mise à part... Nous n'oublions pas, cependant, les cas d'extrême nécessité qui peuvent aboutir à vider entièrement un pays de ses réserves métalliques, voire obliger ses habitants à se livrer comme esclaves en échange de la nourriture.

plus nécessaires[135]. Ce rapport était involuté dans la production agricole américaine, l'état des transports, etc., et soumis aux conséquences des développements survenant dans l'économie proprement continentale (création de zones de culture dans les vallées andines, implantation de la pomme de terre sur le plateau du Potosi, introduction des céréales européennes et des animaux, etc.). Que la totalité de la production métallique n'ait pas été absorbée par le marché local tombe sous le sens : sans cela, il n'y aurait pas eu de disponibilités pour d'autres achats et, partant, pas de second marché pour les marchandises d'origine européenne. Au contraire, la différence entre le coût de l'extraction, le prix de revient du métal - en grande partie indexé sur le minimum vital de l'Indien, donc sur la valeur des denrées - et le prix de vente déterminait l'importance de la masse qui pouvait être affectée aux importations de la côte et du Vieux Continent.

Le second cas : l'assumation des articles d'origine européenne, renvoie aussi, malgré les apparences, au problème des origines. Si toutes les marchandises importées n'étaient pas de première nécessité, elles avaient en commun un caractère qui y suppléait : leur rareté relative ou absolue. Cette rareté en rendait l'appropriation dans le contexte américain à peu près aussi impérative que l'aurait fait la nécessité. Cependant, la rareté des marchandises européennes en Amérique était un fait plus permanent, plus structurel que la rareté des denrées dont toutes les récoltes n'étaient pas forcément mauvaises. C'est pourquoi, dans le rapport lui aussi synallagmatique qui sanctionnait les échanges sur ce second marché, la masse métallique pouvait avoir une importance plus grande que dans les autres échanges examinés jusqu'ici, surtout dans les commencements. Nous avons vu à quel point gouvernements et marchands métropolitains se sont préoccupés d'organiser la « rareté » aux Indes occidentales pour maintenir les prix et le flux d'or et d'argent. Nous savons aussi que les créoles ont tout de même soulevé le joug de temps à autre et disposé d'un pouvoir de négociation. Grâce, tantôt, à quelques stratagèmes pour prévenir la défaite de la *plata* devant la *ropa* dans les foires et, grâce, tantôt, à l'approvisionnement par les voies indirectes ou illégales qui faisait tomber les prix (vaisseau de l'Asiento, commerce au bout de la pique, côte des Caraques, rio de la Plata, etc.). Sans parler des irrégularités des Carreras elles-mêmes qui faisaient succéder, en dépit

135. Proposition déjà vérifiée au Potosi et au Minas Gerais.

des précautions, l'engorgement à la disette, notamment à l'issue des conflits maritimes[136].

Notons, pour en terminer avec ce problème, que l'Amérique, à en juger par les richesses des églises américaines et certaines fortunes individuelles, semble avoir conservé pour elle-même, thésaurisé une partie des métaux précieux extraits de son sol. La mesure du phénomène, malheureusement, nous échappe, et la documentation sur ce point laisse même parfois dans la perplexité[137].

Au-delà ou en deçà du problème de la fixation des prix sur les lieux de production s'en dessine un autre qui a souvent été présenté comme connexe : celui de la valeur de l'or et de l'argent sur les mêmes lieux. Derrière l'abondance des trésors américains, le bon marché des métaux précieux lié à un coût d'extraction bas, à un moindre travail de la part des hommes[138] ; et en conséquence, l'effondrement au XVIᵉ siècle de la production européenne, submergée et pénalisée par des frais excessifs.

Les informations sur ce sujet sont trop fragmentaires pour autoriser les affirmations péremptoires. Les recoupements pratiqués semblent indiquer qu'en Amérique les salaires étaient aussi élevés qu'en Europe et vraisemblablement davantage mais que le tonnage utile, le tonnage de métal précieux extrait par poste l'emportait. Le coût du kilo d'or ou d'argent aurait été ainsi plus bas dans le Nouveau Monde que dans l'Ancien, mais cet avantage était à peu près annulé par la suite par plusieurs *impedimenta,* dont une valence plus faible dans les échanges contre des produits européens. Le bon marché de l'argent américain ne semble donc pas avoir pu disposer d'un poids décisif. Et l'on peut même dire mieux : l'entreprise des *mineros* mexicains ou péruviens ne se justifiait économiquement que par la haute rentabilité de leurs minerais, garante des bénéfices qui leur permettaient de tenir un rang sur le marché et dans la société. Il existe des textes qui nous renseignent précisément sur ce souci de la rentabilité chez les exploitants et sur l'espèce de seuil au-dessous duquel ils commençaient à envisager d'abandonner le travail des mines[139]. Ils étaient enfin dans l'obligation d'apporter de l'argent en

136. Cf. les développements correspondants dans les Etudes précédentes.
137. Nous avons discuté de ce problème à propos du Mexique à la fin du XVIIIᵉ siècle. Au Brésil, rien de ce qui était monnayé à Rio ne serait resté si nous en croyons les statistiques.
138. Le problème est posé par P. Vilar, *op.cit.,* pp. 159 et suiv.
139. Cf. R. de Lizarraga, *op. cit.* tome II, p. 119. L'exploitation du Potosi a été « sauvée » à plusieurs reprises par la découverte de nouveaux procédés d'amalgame. Voir ce qui est dit à propos de celui de Juan Andea Corzo (addition d'eau ferrugineuse) : « Tiene el

quantités importantes aux foires pour continuer d'allécher le commerce de la métropole et obtenir le maintien ou le grossissement du volume des marchandises qui y étaient transférées d'Europe.

Quant au mineur du Vieux Continent, tous comptes faits, il jouissait d'un pouvoir d'achat identique à celui de son homologue américain, quand ils avaient sorti l'un et l'autre un kilo d'argent, malgré ses gains moindres à la production (sur le prix de revient), mais à cause d'une valence plus favorable de son métal dans les échanges. Cette remarque ne vaut pourtant que par rapport à des marchandises de même nature de part et d'autre : tissus, outils, etc., marchandises qui ne relèvent pas à proprement parler de la première nécessité. L'établissement d'une valence de l'argent en fonction des denrées essentielles s'établissait en Europe et en Amérique selon des circuits et des axiomatiques étrangères et indifférentes l'une à l'autre. Il est donc possible, et il est sans doute probable que le mineur allemand ou alsacien, en dépit de l'égalité théorique avec le *minero* américain sur un certain plan, a été pris à contrepied par l'évolution du coût de la vie et la baisse sévère, dans son pays même, de la valence du métal au XVIe siècle. Mais l'on signale aussi plusieurs difficultés accidentelles qui, à partir de 1550 ou 1560, ont entravé la bonne marche des exploitations et augmenté leurs frais[140]. Au XVIIIe siècle, d'après le tableau comparatif de Humboldt, le mineur saxon de Freiberg trouvait encore un bénéfice supérieur à l'unité à celui du propriétaire mexicain de la *Valenciana* — on ne l'a pas toujours remarqué - et continuait de recueillir l'avantage d'une meilleure valence sur certains articles. Il est vrai que, du point de vue de l'échelle des entreprises, la sienne faisait toujours figure bien modeste[141]

Si nous passons des propriétaires exploitants aux travailleurs effectifs, nous allons rencontrer le problème de la valeur du travail. Il ne nous semble pas déplacé de l'aborder étant donné que la valeur du travail contenu dans les marchandises a été prise par plusieurs auteurs comme la mesure de la valeur de ces marchandises et la

beneficio de Corzo por una misericordia de Dios con que se han remediado las minas de Potosi, continuandose su riqueza ».
140. Dans les mines vosgiennes, l'eau semble avoir posé des problèmes sérieux à la fin du XVIe siècle (Cf. P. Jeannin, « Note sur l'abbaye de Lure au XVIe siècle. Aspects économiques et sociaux de la géographie historique », *Bulletin historique et philologique du Comité des travaux historiques et scientifiques*, 1967, pp. 483-525 et, surtout, G. Cabourdin, « Les ducs de Lorraine et l'exploitation des mines d'argent 1480-1635 », *Annales de l'Est*, 1969, pp. 91-119.
141. Le mineur saxon gagnait 9 livres tournois (unité de compte de Humboldt) par marc d'argent produit, et le mineur mexicain 8,3.

valeur du travail contenue dans les métaux précieux, identifiés avec l'équivalent général de la valeur marchande, comme la mesure étalon. Ce simple rappel montre que nous ne nous évadons pas de notre sujet[142].

Reprenons le tableau de Humboldt, précieux pour son enracinement dans la réalité et dans les chiffres. Calculons le rendement de l'ouvrier saxon et de l'ouvrier mexicain. Nous trouvons pour le premier environ 15 marcs d'argent par an, et pour le second 115. Il y a donc une forte inégalité dans le produit physique du travail de chacun, inégalité qui persiste, légèrement atténuée, au niveau de l'expression monétaire de ce produit : 475 livres tournois contre 2580. Comme la dépense de force musculaire, étant donné l'identité du travail, peut être considérée comme égale de part et d'autre, il en résulte que la valeur unitaire du travail de l'ouvrier saxon, la valeur par unité de temps de travail, était beaucoup plus faible que celle de l'ouvrier mexicain[143].

Cette proposition ne contredit pas la théorie débattue ici dans la mesure où celle-ci est pondérée par la notion de « temps socialement nécessaire à la production » qui implique la prise en charge de la « force productive » spécifique de chaque travail, soit, concrètement, un coefficient, de définition complexe, combinant l'effet multiplicateur de plusieurs facteurs dont les caractéristiques de la matière travaillée (ici la teneur, la puissance des couches, l'accessibilité, etc.), l'efficacité de l'outillage, la qualité de la main d'œuvre, etc. Les conditions d'extractions étaient plus aisées en Amérique qu'en Europe et la productivité du travail, en conséquence, supérieure.

L'égalité de la valeur du travail peut d'ailleurs être restaurée grosso modo en faisant appel à l'axiomatique économique propre à chaque continent. Les marchandises échangées contre l'or et l'argent étaient, pour une grande partie, des marchandises produites en Europe. Elles y coûtaient et y étaient vendues moins cher. La valence des métaux précieux, comme nous l'avons montré déjà, n'en était que plus forte. La notion de « temps socialement nécessaire à la

142. Nous continuons de nous abstenir volontairement de toute incursion dans la pensée des auteurs économiques tant anciens que modernes pour tenter d'appréhender les faits le plus directement possible. Cela ne veut pas dire que nous ignorons ou que nous faisons fi des discussions qui ont été menées sur le sujet. Mais il nous semble qu'un gros travail d'historiographie serait nécessaire pour les intégrer sans compromission, et que ceci réclamerait une étude particulière.

143. Toujours d'après les comptes de Humboldt, un mineur saxon produisait dans son année une valeur de 470 livres tournois et un mineur mexicain une valeur de 2500 environ.

production » trouve là, au fond, une nouvelle application qui corrige et compense la première. A la limite, on obtient une équation du type : $q'v' = q''v''$, dans laquelle q' et q'' représentent les quantités d'or ou d'argent extraites par ouvrier, respectivement, v' et v'' les valences de ces métaux dans les échanges effectifs en Europe et en Amérique[144].

Mais il importe de bien cerner les limites des notions manipulées. Celle de « temps socialement nécessaire à la production » nous a permis, dans un premier mouvement, d'éliminer la contradiction qui sourdait au sujet de la valeur du travail par la comparaison des rentabilités très différentes en Europe et en Amérique. Elle interdit pratiquement de revenir à l'autre, sous-jacente et primordiale dans la théorie, la notion de « travail simple moyen ». Celle-ci, en effet, peut être isolée par l'analyse, mais elle n'apparaît jamais, nue, dans la réalité. Le travail est toujours accompli dans des condtions déterminées, précises, qui lui confèrent sa valeur. Nous sommes ici aux frontières de l'idéologie et de la morale. Définir une « unité de travail simple moyen » qui serait le quantum élémentaire de la valeur des choses peut être satisfaisant pour l'esprit qui fixe enfin une origine et satisfaisant pour le cœur qui bat à l'unisson de tous les hommes égaux dans la peine : cela se situe hors de la *praxis*. L'inégalité de la récompense des efforts est une réalité sociale immédiate[145].

De même, l'or ne remplit pas le rôle qu'on a voulu lui confier de mesure générale de la valeur. Tout d'abord, parce qu'il ne peut plus assumer par unité une certaine quantité d'un « travail simple moyen », devenu idéal sinon mythique. Ensuite, parce que, dans la circulation, il adopte des valeurs successives, inégales, qui empêchent, *ipso facto,* qu'il puisse être reconnu exactement pour un étalon général et indélébile. Il est pris immédiatement lui aussi dans un contexte. Sa valeur est synallagmatique. Elle dépend de l'axiomatique économique de l'espace dans lequel il est utilisé et des contacts d'axiomatiques différentes. Autrement dit, il n'est de valeur qu'établie par la société, il n'est de valeur que sociale[146].

---

144. Nous avons emprunté à Karl Marx cette notion de « temps socialement nécessaire à la production » *(Le Capital,* tome I, 1re section, chapitre 1). Elle paraît évidente.
145. Le recours et la référence à une « unité de travail simple moyen » et, par là, à une égalité du travail des hommes relève de la « morale normative » et d'une certaine forme de justice politique. Nous n'avons pas à nous prononcer sur ces plans ici. Mais l'espèce d'égalité foncière entre les homme revendiquée implicitement (au nom de l'humanité ? au nom de l'Evangile ?) ne doit pas faire oublier que, dans la vie courante, un travail est toujours plus ou moins apprécié, selon la forme qu'il revêt.
146. Si un travail est inutile, la dépense physique qui le conditionne ne lui donnera aucune

Il ne saurait donc être question de revenir, sous le couvert d'une théorie renvoyant pour la définition de la valeur des marchandises à la quantité de travail qui y est incluse et, par ce relais, à la quantité de travail nécessaire à la production d'un objet étalon, en l'occurence le métal précieux, il ne saurait donc être question de revenir sous ce couvert, automatiquement, à une lecture par la droite de la figure qui nous a servi de modèle ou de la relation de Fisher. L'erreur de raisonnement de Karl Marx sur ce point semble bien avoir été d'avoir trop « essentialisé » les choses et les faits ; d'avoir dissocié, non seulement dans l'analyse, mais dans la réalité la valeur de travail de la valeur d'usage alors que, l'échange étant obligatoirement social et socialisé, la seconde revêt toujours la première dans la pratique, la subordonne et la scelle[147] ; d'avoir « dissocié » par un processus identique la valence variable de l'or au bénéfice d'une fonction simplificatrice d'équivalent général[148] ; d'avoir été mal à l'aise ou inattentif en présence de rapports réversibles, synallagmatiques, qui font partie cependant de la dialectique de la vie matérielle[149]. Que la démonstration et la synthèse soient plus délicates quand on manie des notions ambivalentes, chacun s'en rend bien compte. Il n'en est pas moins indispensable de respecter l'acquis d'une approche véritablement phénoménologique[150].

valeur. A l'autre extrême, un travail scientifique, extrêmement valable en lui-même, ne rapporte rien à son auteur si la société ne lui donne pas sa sanction.

147. L'erreur se trouve, à notre sens, dans la réduction systématique du travail qualifié à un travail simple : « Le travail complexe *(skilled labour,* travail qualifié) n'est qu'une puissance de travail simple, ou plutôt n'est que le travail simple multiplié, de sorte qu'une quantité donnée de travail complexe correspond à une quantité plus grande de travail simple. L'expérience montre que cette réduction se fait constamment » (Marx, *Le Capital,* tome I, 1ʳᵉ section, chapitre 1). Si la réduction est valable analytiquement, c'est à condition de la maintenir dans sa sphère d'analyse et en saisissant bien qu'elle est obtenue au prix de la désocialisation du travail, c'est-à-dire de l'abandon de la sphère du réel. Il n'est pas impossible que cette réduction mal vue ait été à la base d'un certain nombre des difficultés des penseurs post-marxistes à comprendre l'évolution de leur temps.

148. *Le Capital,* livre I, 1ʳᵉ section, chapitre 1 et *Contribution à la critique de l'économie politique,* Paris, 1972, chapitre II. La notion d'équivalent général appartient elle aussi à la sphère de l'analytique, mais décolle du réel. Marx a senti le problème en écrivant un développement sur les variations de valeur de l'or et de l'argent, mais sans parvenir à bien cadrer les faits. Cette notion d'équivalent général perd évidemment de sa pertinence, même analytique, au fur et à mesure que la circulation monétaire « largue » les métaux précieux.

149. Il faut cependant, pour être juste, tenir compte des conditions de la circulation monétaire en Europe au XIXᵉ siècle qui refoulaient les manifestations de cet aspect synallagmatique.

150. Prenons l'exemple initial fameux : 20 aunes de toile = un habit. Tel que le rapporte Marx, il est probablement faux dans la réalité. Car si un tailleur accepte de donner un habit pour 20 aunes de toile, c'est qu'il espère confectionner avec les 20 aunes de toile plus d'un habit. Dans l'échange il y a, de sa part, anticipation d'un bénéfice à venir. Cela aussi fait partie de la « socialisation » des prix.

C'est ce que nous allons continuer de faire. On se rappelle que nous avions admis, par commodité, que toutes les marchandises figurant dans le montant des transactions QP relevaient de la première nécessité, et c'est ce qui avait permis de lire notre figure par la gauche légitimement. Le moment est venu d'abandonner cette gouttière.

La masse des marchandises échangées sur le marché européen comprenait évidemment, pour une part, des articles de première nécessité et, pour une autre, des articles vis-à-vis desquels les acheteurs étaient plus libres. Les sommes représentant la valeur des transactions, les sommes monétaires représentant la contrepartie, peuvent donc être ventilées en fonction de cette division en $^oS'$ et $^oS''$; S^o' et S^o'' ; et, par voie de contacts, nous aurons également des masses monétaires M' et M'', des masses d'argent engagées dans la circulation interne Ym' et Ym''. Comment se détermine le partage entre elles ? Tout ce qui affère aux denrées de première nécessité obéit aux mécanismes qui ont déjà été décrits. La somme $^oS'$, relative elle-même à la conjoncture, commande l'autre somme et les masses nécessaires pour la réunir (d'où la lecture par la gauche). Cela implique une certaine rigidité. Une fois déduit ce qui est nécessaire pour les achats indispensables, les consommateurs utilisent tout ou partie du reste pour se procurer les autres objets qu'ils désirent. Cette masse M'' à la différence de la première n'est pas réglée par un impératif du marché : elle relève de la volonté des individus, de leurs disponibilités et de ce que les économistes, après Keynes, nomment la propension à dépenser. Une lecture par la droite est légitime dans ce secteur.

La masse M'' étant apportée sur le marché et mise en présence d'une quantité Q'' des objets désirés, les prix s'établissent suivant la loi de l'offre et de la demande simple : $P'' = \dfrac{M''}{Q''}$. Si la fourniture des articles est abondante, les prix sont modérés. S'ils sont rares, au contraire, les prix sont élevés dans la limite de la compatibilité avec la masse M''. Supposons que celle-ci se gonfle ; deux effets peuvent en résulter : l'augmentation des moyens monétaires rencontre en face d'elle un appareil de production capable de répondre à une demande accrue de produits et, dans ce cas, c'est la masse Q'' de marchandises qui grossit symétriquement, sans modification de prix ; l'augmentation de la masse M'' rencontre en face d'elle un appareil de production incapable de s'adapter et ce sont les prix qui grimpent. Supposons que la masse M'' diminue : les producteurs peuvent, sous certaines réserves, restreindre leur apport de produits et soutenir les prix ; s'ils ne le font pas, c'est une baisse de ces derniers que l'on enregistre. Tout ceci en théorie et avec de multiples variantes[151]. Les fluctuations de la masse M″ dépendaient en partie, rappelons-le, de celles de la masse M′ qui s'imposaient impérieusement. D'où la fameuse contrariété sectorielle décrite par Ernest Labrousse. On devine comment, aussi, l'influence américaine était en mesure d'agir sur le marché : appel de marchandises créant une concurrence et envoi des métaux précieux susceptible de donner du moëlleux en Europe même à la masse M″.

Figure 43. *Schéma de la dichotomie du marché avec instauration des deux circuits lévogyre et dextrogyre.*

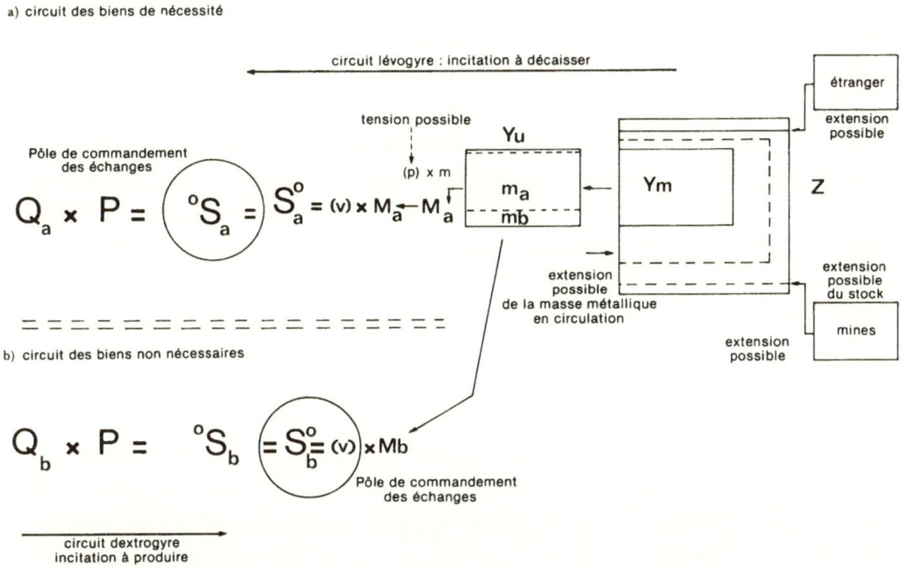

a) circuit des biens de nécessité

circuit lévogyre : incitation à décaisser

tension possible

Pôle de commandement des échanges

étranger

extension possible

$(p) \times m$

$Q_a \times P = {}^{o}S_a = S_a^{o} = (v) \times M_a \leftarrow M_a$

Y_u

m_a / m_b

Y_m

Z

extension possible de la masse métallique en circulation

extension possible du stock

b) circuit des biens non nécessaires

extension possible

mines

$Q_b \times P = {}^{o}S_b \left(= S_b^{o} = (v) \times M_b \right)$

Pôle de commandement des échanges

circuit dextrogyre incitation à produire

Nous avons déjà averti de la nécessité de se représenter l'espace dans lequel se déploie la figure sous son aspect réel d'archipel d'Etats. Mais la différenciation géographique ne s'arrête pas là. A l'intérieur de chaque pays la circulation monétaire se modulait selon les régions, selon les couples ville/campagne. Centre de consommation, condamné en permanence à acheter autour d'elle, lieu par

---

151. Les producteurs ne sont pas toujours libres de restreindre leurs apports sur le marché. Ils peuvent être contraints de vendre sous l'effet de conditions diverses : nécessité d'avoir des disponibilités pour leurs propres achats, satisfaction à donner au fisc, etc.

excellence de l'économie monétaire, marché souvent, lieu de l'échange argent/marchandises, la ville donnait le ton. Plus elle était grande, plus elle abondait en ressources, et mieux elle jouait son rôle. Elle était pôle des transactions, et elle fixait, pour sa part, le niveau des prix, aussi harmonisés que possible avec celui de ses voisines. Le relief, à cet égard, de Séville, Londres et Paris n'a pas besoin d'être souligné[152].

La socialisation des moyens monétaires était, en outre, fort importante. La masse monétaire ne formait pas un bloc débitable mécaniquement. Tout passait par l'intermédiaire des hommes. Eux seuls prenaient les décisions. Les disponibilités étaient les leurs. A cet égard, il faut distinguer les pauvres et les nantis. Les plus nombreux étaient ceux qui avaient le moins individuellement et devaient le consacrer presque entièrement à l'achat des denrées de première nécessité. Les autres, à leur aise, parfois fournis directement du nécessaire en nature, pouvaient se retourner plus commodément vers les articles de moindre utilité dont ils étaient certainement pour plusieurs qualités, les principaux consommateurs. Cette différenciation sociale de la masse monétaire se répercutait sur la ventilation entre M′ et M″. Elle atténuait la contrariété sectorielle dont il vient d'être question en maintenant vraisemblablement une demande sur les articles de moindre utilité en toutes circonstances, y compris les disettes.

L'intervention de l'Etat dans la socialisation des moyens monétaires mérite qu'on s'y attarde. L'Etat agissait de plusieurs manières. Par le prélèvement fiscal, il rognait les disponibilités des individus. Mais il créait en même temps, pour la mettre à son service, une masse monétaire égale. L'usage qu'il en faisait comportait pour une part des réinjections dans le corps social (gages des officiers, soldes des troupes, etc.), pour une autre des marchés passés avec les entrepreneurs (fournisseurs de vivres, fabricants d'armes, etc.). Il intervenait ainsi à l'occasion comme acheteur de biens de première nécessité et, surtout sans doute, comme acheteur de biens secondaires. Quand son budget était d'envergure, il exerçait une action à la fois enveloppante et profonde. N'oublions pas, pour en terminer, qu'il contrôlait la valve de l'évaluation monétaire. Cela lui permet-

---

152. Cela se traduit d'ordinaire par le relèvement des prix planchers. Un phénomène de rareté relative se manifestait en permanence dans les villes. Ceci n'est pas sans avoir un cachet walrasien, quoique non prémédité.

tait de modifier les conditions de la circulation : de valoriser l'or et l'argent détenus dans ses caisses et dans celles des particuliers, tant que, du moins, l'inflation des prix n'avait pas raboté l'avantage de surprise de ses initiatives.

A travers l'entrelacs et l'interaction des agents de l'économie, la partition de la masse monétaire en deux branches affectées à des achats de nature différente se confirme. L'existence, à côté du marché des articles de première nécessité où le besoin faisait la loi, d'un second marché d'articles moins utiles où les disponibilités des acheteurs avaient leur mot à dire est bien avérée. Ce second marché reflétait à sa façon les fluctuations du premier : déprimé durant les périodes de disette et de cherté des denrées, allègre durant les périodes de bas prix du blé et du pain. Mais des mouvements propres le parcouraient aussi. Dus à des déplacements de fonds de la part des particuliers ou de l'Etat, dus à des à-coups dans l'arrivée des métaux précieux, à des emballements de la demande et à des crises de mévente.

Aux XVIᵉ, XVIIᵉ et XVIIIᵉ siècles, le second marché est cependant resté inférieur en importance et subordonné au premier. Trop d'historiens ont péché par anticipation abusive en annonçant son triomphe dès la Renaissance ou en raisonnant sur cette base. L'argument utilisé, la hausse des prix, était tout à fait captieux et inadéquat puisque les prix des produits non agricoles qui auraient dû monter en flèche ont, au contraire, accusé des retards et, au mieux, suivi le cours des denrées alimentaires[153]. C'est que les conditions de la vie économique, la fragilité d'une production agricole encore soumise à la contrainte des « fléaux de la nature » interdisaient la libération de la demande des consommateurs en biens qui ne soient pas de stricte nécessité. Sauf, peut-être, en quelques nations – les Provinces-Unies, l'Angleterre – dont l'axiomatique, à des dates diverses, put présenter des traits qui préfiguraient l'avenir[154]. La lecture par la droite ne s'applique donc pas à l'ensemble du système. Elle est même intermittente pour le second circuit dans la mesure où celui-ci connaît des « pannes » : pannes en alimentation monétaire, mais aussi pannes à la production qui font renaître, sur le marché des produits industriels, l'effet de rareté qui commande dans le premier.

153. Vérifié en Espagne (E.J. Hamilton), en Angleterre (W. Beveridge), en Hollande (N.W. Posthumus).
154. Par détachement de leur agriculture. Mais le fait était-il irréversible au XVIIᵉ ou au XVIIIᵉ siècle comme il l'est devenu, sauf catastrophe, au XXᵉ ?

L'effet de rareté qui, en Amérique, nous l'avons vu, n'a jamais cessé de dicter sa loi à tous les chercheurs d'or et à tous les fouilleurs des mines d'argent.

Le second circuit annonçait en balbutiant le système économique du futur. Cette phrase résume correctement les faits, croyons-nous. On en jugera en essayant de suivre l'évolution postérieure à 1800 d'après le nouveau schéma qui émerge de l'intégration des données supplémentaires. La figure amendée permet d'appréhender un des phénomènes cruciaux du XIXe siècle en Europe et en Amérique du Nord : le passage d'un style ancien de la conjoncture à un style « moderne ». Elle va éclairer ce sur quoi a achoppé la transposition de Simiand. Les cycles Juglar, cycles de production industrielle, doivent en effet être réexaminés dans leur nature et dans leur contexte réels. Ils correspondent à des fluctuations propres du second circuit, du second courant de circulation :

$$Q''P'' \rightarrow {}^oS'' / S^{o\prime\prime} \leftarrow M'' \leftarrow Ym'',$$

qui ont pris au XIXe siècle un caractère oscillatoire presque régulier, et qui sont devenues peu à peu les dominantes du schéma général.

Cette transformation en recouvre en fait plusieurs. D'abord, un accroissement du volume du second circuit qui s'est opéré, dans la longue durée, depuis le Moyen Age, selon les modalités décrites ci-dessus, sans arriver néanmoins, avant le XIXe siècle, à supplanter le premier circuit, a fortiori à l'effacer, et sans avoir réussi même à créer une situation véritablement irréversible[155]. Puis un phénomène qui se produisit en Occident à une date assez tardive, et qui a été fondamental : le desserrement de l'emprise de la nécessité, la possibilité pour les économies européennes et nord-américaines de jouir en permanence de la sécurité en matière alimentaire et de n'avoir pas à payer cher leur ravitaillement, ce qui dégageait d'autant des quantités de monnaie disponibles dès lors pour être dépensées sur le marché des autres produits[156]. Un développement technologique et indutriel, en troisième lieu, qui fonctionna comme un multiplicateur rapide des biens de seconde et de troisième utilité, alléchant la clientèle par des prix plus bas, la satisfaisant par

---

155. Le caractère limité, fini, transitoire de certaines situations anciennes doit, en effet, être pris en considération.

156. Le fait est à mettre en relation avec l'ouverture des grands espaces américains, australiens, russes, etc. Mais à partir du moment où des hommes eurent la possibilité d'accéder au marché des biens de consommation semi-durables, l'auto-entretien de l'économie et de la croissance devint une réalité.

l'abondance relative, renouvelant ses besoins par l'innovation et engrenant ainsi une chaîne que d'aucuns qualifient de sans fin[157]. En dernier, au sein des populations, un transfert des actifs d'un secteur à un autre qui augmenta le nombre des ouvriers salariés au détriment de celui des paysans, commença à faire basculer le système économique carrément dans une économie plus purement monétaire et, conjoint à la conquête pugnace de meilleurs salaires, créa les conditions d'un marché de consommation de biens de seconde et de troisième utilité. C'est la conduite à terme, au bon achèvement, de ces modifications qui autorise la lecture de la figure, de manière ordinaire, par la droite : véritable sceau du décollage[158]. Cette lecture par la droite supporte d'ailleurs, et encore de nos jours semble-t-il, des interruptions provoquées par des « pannes » de la production, des impasses induites dans les complications et la sophistication des moyens monétaires, sans parler des interférences souvent brutales de l'histoire (guerres, embargos, etc.) ou des réveils agressifs de la nature[159].

L'intérêt évident de la figure amendée réside dans son pouvoir unificateur, sur le plan conceptuel, du récit de l'évolution et de sa capacité à expliquer le changement de signe de la conjoncture survenu au XIXe siècle en Europe et impatiemment attendu dans les pays du Tiers Monde. Nous n'avons pourtant pas encore tout à fait rejoint le réel, parce que nous n'avons admis, volontairement, par hypothèse, que de la monnaie métallique comme moyen de paiement. On franchira un nouveau pas en acceptant de prendre en considération la totalité des moyens de paiement utilisés dans la circulation économique. C'est-à-dire, d'une part, les marchandises elles-mêmes qui sont échangées contre d'autres marchandises dans la pratique des trocs trop fréquemment rejetée dans le bric-à-brac du primitif de l'économie, dont l'importance nous a été à plusieurs reprises rappelée par l'observation (commerce du Brésil, commerce des Antilles, commerce du Levant, etc.), et qui ne sont pas

---

157. Ce développement technologique et industriel a été la part véritablement propre du « génie » occidental, au XIXe et au XXe siècle.
158. Le décollage ainsi défini ne coïncide pas exactement avec le *take-off* de W.W. Rostow qui s'attache trop uniquement, à notre avis, aux aspects industriels de l'évolution au XIXe siècle (cf. W.W. Rostow, *The stages of economic growth*, Cambridge, 1960).
159. Les hausses du pétrole, des pommes de terre, du café qui sont survenues inopinément dans le monde au détour des années 1970 témoignent de renversements de sens toujours possibles.

totalement absents de l'économie la plus contemporaine[160]. D'autre part, l'ensemble des moyens scripturaires créés par les négociants au fur et à mesure des besoins, de la cédule transportable aux accords les plus raffinés de *swap* et de tirages spéciaux, sans oublier bien sûr la monnaie fiduciaire infiniment plus malléable dans son volume et dans sa définition que la monnaie métallique, et qui symbolise le triomphe sur cette dernière de la monnaie de compte avec laquelle elle se confond. Les grandes lignes de la circulation restent celles qui ont été indiquées précédemment, mais le jeu se complique et devient de plus en plus sensible à la masse des moyens de paiement lancés dans les circuits[161]. Enfin, dans une perspective résolument mondialiste – la seule vraiment fidèle – la figure nouvelle construite pour l'économie occidentale, dans un souci d'adhérence totale au réel, devrait être mise en relation avec les figures équivalentes construites pour les autres espaces économiques, et l'ensemble « lu » encore une fois phénoménologiquement[162].

La valeur opératoire de la figure semble indubitable. Mais nous n'avons pas ici à en poursuivre l'application jusqu'à nos jours. Notre objectif était de rechercher quel était et quel avait été le rôle de l'or et de l'argent dans la vie économique. Nous avons pu écarter une amplification abusive. Comment concevoir à présent les choses d'une manière positive ?

Des quatre études qui ont été consacrées à la reconstitution des arrivages d'Amérique à travers les gazettes hollandaises et de la discussion qui vient de s'achever, une conclusion claire, au moins, s'est dégagée. C'est au titre de contrepartie dans une transaction commerciale que les métaux précieux ont été débusqués, extraits,

---

160. Sous le nom d'accords de compensation, par exemple, sans parler des « retombées » de tel ou tel contrat modestement appelé du « siècle ».

161. Dans certaines conditions, en effet, à l'époque contemporaine, la « monnaie » est créée littéralement par les Etats : sous forme de billets de banque, de bons du Trésor, etc. De là a pu naître l'idée que l'on pouvait régler la vie économique uniquement par le contrôle de la création de monnaie (cf. M. Friedman, *Dollars and deficits*, Englewood Cliffs, 1968. Mais cette idée suppose pour être juste que rien ne vienne entamer la confiance dans la nouvelle monnaie et que rien n'en conteste la validité, en particulier sur le plan international. Hypothèse peut-être réalisée dans le cas des Etats-Unis en 1975 par la domination industrielle et la domination du dollar. Cette situation est tout de même revêtue d'un caractère d'arbitraire. C'est le fait du prince ou de son oncle Sam.

162. Les relations entre les espaces économiques ont d'ailleurs changé parfois de nature au cours des siècles. Nous l'avons suggéré pour le couple Europe/Asie in « Naissance d'une domination : marchands européens, marchés et marchands du Levant aux XVIIIe et XIXe siècles », *Cahiers de la Méditerranée*, 1975.

cédés et reçus, c'est leur valeur marchande qui a été leur attrait fondamental et le moteur tant des exploitations minières que du trafic des Carreras. Contrepartie entre les mains des mineurs, ils permettaient à ceux-ci de se procurer les marchandises dont ils avaient besoin ou qu'ils désiraient ; contrepartie à recevoir, ils intéressaient les *cargadores* comme matérialisation du bénéfice réalisable et réalisé sur la vente des articles amenés d'Europe. Ni l'or ni l'argent ne pouvaient prétendre remplir seuls cette fonction d'appât dans les échanges. La cochenille, l'indigo, les peaux et les fourrures, le sucre et le café, le quinquina et le coton, toutes ces productions américaines déjà maintes fois énumérées s'en acquittaient aussi bien et, parfois, plus avantageusement. Mais dans la balance générale des richesses du Nouveau Monde, les métaux précieux comptèrent beaucoup plus en masse que le reste presque jusqu'à la fin. Donnée de fait[163]. Quant au motif pour lequel l'or et l'argent ont effectivement joué le rôle qu'on ne peut pas ne pas leur reconnaître primordialement, il est en relation, évidemment, avec leur acceptation intime en Occident comme porteurs de valeur en eux-mêmes, certes, mais surtout dans le cadre d'une économie ayant atteint un certain degré de monétarisation, et pour leurs qualités intrinsèques (faible altérabilité en dépit du frai, homogénéité, divisibilité, etc.). Essayons d'élucider davantage cette insertion profonde des métaux précieux dans l'axiomatique économique européenne.

L'or et l'argent étaient donc recherchés pour eux-mêmes. Par les avares, bien entendu, mais leur délectation morose n'est mentionnée ici que pour mémoire et dans la mesure où elle a pour effet de soustraire une fraction à la masse. Par les amoureux des beaux objets fondus dans ces métaux de prix qui, eux aussi, prélevaient une part du total et l'immobilisaient après qu'elle eût servi de matière première aux orfèvres et aux bijoutiers. Par les thésauriseurs enfin, qui, sans passion excessive mais par calcul fondé sur la conservation de la valeur, accumulaient l'or et l'argent en constitution de réserve sous quelque forme que ce soit : lingot, œuvres d'art ou monnaies. Les métaux précieux ne tenaient pas ce dernier emploi sans partage. La perte de valence au fil du temps, si nette et si forte au XVI⁰ et même au XVIII⁰ siècle, prévenait contre l'épargne excessive, pernicieuse à la longue. D'autres « placements » aussi sûrs ou plus sûrs retenaient l'attention : la terre, en premier lieu, qui avait cette

---

163. Se reporter aux tableaux *ad hoc* de la quatrième étude.

supériorité de produire des fruits alors que *nummus non fecit nummos,* le bâtiment, ensuite, dont on jouirait longtemps ou dont on toucherait des loyers, les rentes, etc.

L'or et l'argent étaient également recherchés comme liquidités dans les échanges, ce qui se faisait ordinairement sous forme monétaire et dans la mesure où l'économie, plus ou moins monétarisée, exigeait précisément de la monnaie pour fonctionner. La monnaie se distinguait, nous l'avons dit, du métal brut par de nombreux caractères. Le monnayage représentait pour le détenteur de métaux précieux un certain manque à gagner : perte sur l'aloi et le poids, frais de seigneuriage, etc., que ne compensait pas toujours la plus grande commodité des pièces. Il existait ainsi, avant toute frappe, une gamme de spéculation entre lesquelles l'homme d'affaires avisé choisissait : ou porter directement son or et son argent à l'Hôtel des Monnaies le plus proche ; ou le diriger astucieusement vers l'Hôtel qui en offrait le meilleur prix, fût-il à l'étranger ou dans une province éloignée ; ou le faire passer immédiatement dans le commerce quand une plus-value en était à attendre, comme dans le trafic balte, le trafic levantin ou le trafic oriental ; ou le garder quelque temps dans l'espoir que le cours s'en relèverait et vaudrait un bonus : la technique des dépôts sur récépissés inaugurée à la Banque d'Amsterdam en offrit aux *aficionados* la possibilité dans la sécurité, tout en augmentant les ressources de l'institution municipale[164]. Une foule d'autres manipulations étaient envisageables : métal contre métal quand il s'agissait d'or et d'argent bruts ; métal contre monnaies ; monnaies contre monnaies quand on comparait les poids, les alois et les effigies, et que l'on misait sur le gain d'une conversion avec affaiblissement, cas fréquent que la frappe des pièces de quatre sols en France illustre parfaitement, ou avec renforcement, cas insolite, mais qui se rencontre à Goa au XVIe et au XVIIe siècle, les piastres espagnoles échangées contre des *larins* de Perse, plus purs et mieux prisés au Malabar[165].

L'Europe s'est monétarisée petit à petit et chaque pays suivant son rythme. L'histoire de cette transformation de l'économie n'a jamais été faite et c'est dommage. On en est réduit à proposer des coups de sonde qui visent les processus plus que le cheminement

---

164. Cf. J.C. Van Dillen, *Mensen en Achtergronden,* Groningen, 1964, pp. 394-395.
165. V. Magalhães Godinho, *op. cit.,* 332, et J.H. Linschoten, *Itinerario, Voyage ofte Schipvaert naer Oost ofte Portugaels Indien 1579-1592,* Amsterdam, 1596, chapitre 3.

chronologique[166]. On a peu de chances de se tromper, néanmoins, en affirmant que la monétarisation s'est accomplie au détriment de l'autarcie et des accords de troc dans les campagnes, dans le desserrement et la diversification générale de la production, sous l'influence et en concomitance de l'urbanisation, sans omettre quelques appels extérieurs. Les budgets des Etats, en hausse, prouvent que la pression fiscale a grandement contribué au mouvement, partout, en forçant chaque foyer à s'ingénier pour trouver les pièces nécessaires au paiement de l'impôt. Les gouvernements étaient eux-mêmes poussés à renforcer leurs exigences par l'obligation où ils étaient de régler leurs soldats rubis sur l'ongle. La substitution des rentes foncières en argent aux rentes foncières en nature, l'extension de la pratique du salariat, si modeste qu'elle ait été, ont, toutes deux, contribué aussi au changement. Sur tout cela, que l'on ajoute le développement du commerce intérieur et international.

Les échanges ont pu se multiplier d'abord sans rompre l'économie de troc : il ne faudrait pas sous-estimer la persistance de celle-ci sous de multiples formes[167]. La monnaie semble pourtant leur avoir été mieux appropriée. Mais les choses n'allaient pas toujours sans anicroche. Il était inévitable, avec les aléas du commerce et de la circulation générale, que des déficiences de la masse monétaire apparaissent *hic et nunc,* que les négociants, sinon les Etats, durent essayer de pallier. Laissons de côté les dévaluations, astuce classique des gouvernements pour multiplier les moyens de paiement et sortir de leurs difficultés personnelles. D'un usage plus fluant et entré dans les mœurs étaient les instruments de crédit du commerce : les reconnaissances de dette, les lettres de change, les virements en banque, etc. On sait quelle impulsion, quel coup d'accélérateur ils

---

166. Ce seraient ici les inventaires paysans qui pourraient renseigner. Ils sont rares et les espèces ne sont pas toujours mentionnées. Il arrive aussi que, fortuitement, l'on découvre la présence chez de très pauvres gens d'un peu d'argent. Un exemple : un fermier des gabelles en tournée, Mailly, apprendra en 1706 que le procureur du grenier d'Auzances et Mainsat en Combraille avait extorqué 65 livres à une recéleuse de sel et six louis d'or à la mère d'un faux-saunier (bibliothèque Mazarine, Manuscrit 2 831).

167. Ainsi, l'usage de la taille pour le pain dans les campagnes nantaises, encore aux alentours de 1940. Les paysans apportaient une certaine quantité de farine en échange de laquelle ils recevaient une baguette de bois sur laquelle seraient cochés au fur et à mesure les pains qu'ils recevraient. La quantité de farine permettait d'en cuire davantage qu'il n'en serait délivré aux paysans, mais le surplus, vendu directement par le boulanger, représentait la rémunération des services et le bénéfice de ce dernier.

donnèrent à la circulation monétaire[168]. Avec eux s'introduisit aussi la notion d'exigibilité différée. Les Etats, d'ailleurs, quand leurs Trésors étaient malades, n'hésitaient pas à lancer pour leur compte des assignations, des prescriptions, des billets sur l'avenir. Sous l'empire de la nécessité, l'économie s'essayait à vivre en limitant ses recours à la monnaie trébuchante, ses besoins en métaux précieux. Prémisses du style contemporain, mais retenues encore de s'épanouir par les rappels à l'ordre brutaux quand des crises commerciales éclataient qui dégénéraient vite en crises de confiance, lors même que celles-ci ne les précédaient pas. Dans ces moments, l'or et l'argent reprenaient leur suprématie, liquidités impossibles à remplacer : la monnaie métallique était celle à laquelle on faisait confiance quand on se défiait de tout le reste[169].

Les métaux précieux n'avaient pas qu'un rôle passif ou défensif. En nombre, ils formaient une masse de manœuvre que leurs détenteurs, s'ils étaient dans le commerce, pouvaient jeter sur le marché pour réaliser leurs opérations. Certains secteurs du champ d'activité : la Baltique, la Méditerranée orientale, l'océan Indien et la mer de Chine en absorbaient énormément, on l'a dit plusieurs fois. Au grand dam des cœurs mercantilistes, mais avec continuité jusqu'à ce que les Anglais estiment nécessaire de subsister dans la mesure du possible leurs marchandises et l'opium à l'argent. On peut déjà parler de capital à propos des sommes mobilisées dans ces entreprises. Capital à multiples incarnations : commercial ici et dans les armements maritimes, industriel dans la pratique d'un *Verlagsystem* ou les investissements des premières manufactures, financier dans l'usure, l'hypothèque aux planteurs coloniaux, les prêts à l'Etat. Mais il serait périlleux de confondre le capital avec les seules disponibilités monétaires, avec les seuls métaux précieux. L'avoir d'un capitaliste comprend, à côté d'espèces, des marchandises, des bâtiments, des créances, etc. Les capitaux investis dans les affaires étaient d'importance variable et souvent médiocre aux XVIe, XVIIe et XVIIIe siècles, bien qu'il y ait eu quelques très grosses affaires (les Compagnies des Indes Orientales, par exemple). Leur efficacité n'a pas toujours justifié les espoirs mis en eux, et les fiascos célèbres ne se comptent pas[170]. Leur pouvoir, cependant, devait s'affirmer au XIXe

---

168. Cf. notre intervention à la 7e Semaine de Prato (1975) et C. Carrière, M. Courdurié, M. Gutsatz et R. Squarzoni, *op. cit.*
169. Cf. notre intervention à la 7e Semaine de Prato (1975).
170. A commencer par ceux de Colbert.

siècle par suite d'une évolution qui fit dépendre de plus en plus la marche et la gestion des entreprises de son financement, de la situation de sa trésorerie. Quand le capitalisme triomphe, néanmoins, on est encore plus loin d'une dépendance étroite vis-à-vis des métaux précieux. La société industrielle occidentale a peu à peu créé son armature financière originale[171].

En distinguant et en énumérant les différents rôles assumés par l'or et l'argent, on ne cède pas aux tentations futiles d'une taxinomie stérile. On se rapproche d'une histoire raisonnée et réfléchie. Les métaux précieux n'ont pas rempli, en effet, comme le voulait sans le dire la théorie quantitativiste, un rôle unique, démiurgique, à la fois vague et monstrueux. Ils ont été utilisés par les hommes à des fins et sous des acceptations diverses – celles que nous nous sommes efforcé de recenser. Diverses mais précises, poursuivies ou entérinées tantôt simultanément, tantôt successivement. Certains de ces emplois ont pu être privilégiés à quelque date, oubliés ou relégués à une autre. Peut-être y a-t-il eu des cycles ou des séquences de l'orfèvrerie ? Spontanément ou de force : songeons à la vogue du vermeil en France dans les mauvaises années du règne de Louis XIV. La nécessité de posséder des métaux précieux a été variable. Au temps du troc, bien sûr, mais autant et plus à partir du moment où d'autres moyens de paiement sont entrés dans la circulation. Légère dans les conjonctures fluides et, paradoxalement, les conjonctures opposées de guerre et de circulation forcée des papiers de crédit, elle était cruelle dans les conjonctures resserrées et les grandes occurrences de liquidations. D'où les crises, d'où les faillites.

L'ensemble de la figure représentative de la vie des échanges doit d'ailleurs être reprise en fonction de la multiplication des moyens de paiement autres que la monnaie métallique, de manière à pouvoir saisir en quoi le mécanisme décrit persiste (ce qui semble sûr) mais comment et en subissant quelles transformations point important puisque la circulation contemporaine brasse surtout de ces nouveaux moyens et s'éloigne, se coupe de plus en plus de ses vieilles références à l'or et à l'argent, criant du même coup à rompre, sans y arriver toujours, avec les anciens modèles. Cette émancipation en cours a de quoi ouvrir les yeux sur une autre histoire que l'histoire de l'influence des métaux précieux sur la vie économique. Une histoire qui lui est intérieure, qui en est solidaire, sans laquelle la première ne s'explique

171. Dans laquelle les métaux précieux ne jouent pas un grand rôle, faut-il le souligner.

pas : l'histoire des rapports de l'or et de l'argent avec les hommes.

Il n'est pas fortuit qu'à cet endroit du développement nous croisions à nouveau François Simiand (et Marcel Mauss). « Monnaie, réalité sociale », écrivait-il dans un essai qui eut (à tort) moins de retentissement que ses œuvres antérieures[172]. Bonne photographie de l'objet à reconnaître et qui pourrait être tirée également des métaux précieux. L'histoire est celle des hommes, l'histoire est *ipso facto* une histoire sociale, tous les faits qui en font partie sont socialisés. Les métaux précieux ont joué dans la vie économique le rôle qui leur était attribué par les hommes. Mais le rôle que les hommes confèrent aux objets qui les entourent, ils peuvent en retrancher, le leur retirer. L'or et l'argent ont été, en lingots d'abord, peut-être, en monnaie ensuite, des instruments dotés de commodité, rendant de grands services. A cause de cela, l'économie de troc a reculé, cédé de ses positions. Cependant, les circonstances changeant, ce qui avait été pratique a pu le devenir moins, voire devenir franchement lourd, encombrant, entravant. Dès lors, d'autres moyens ont été requis pour maintenir le courant de la vie économique, qui ont pris le relais et ont tendu à réduire l'importance des métaux précieux. Comme rien ne se fait qu'à tâtons, avec des avances et des reculs, il y eut des remords, des retours à ce que l'on avait adoré et que l'on n'osait pas encore brûler. De nos jours, encore, il arrive que s'expriment une anxiété des liquidités, la nostalgie de l'étalon-or et le souhait d'y revenir[173].

A long terme, en Europe, dans la période moderne, l'histoire des métaux précieux est bien prise entre deux tendances contradictoires : la tendance à la monétarisation de la vie économique avec usage de monnaies sonnantes et trébuchantes, de monnaies métalliques, qui entraîne une certaine dépendance vis-à-vis du ravitaillement en or et en argent ; la tendance à multiplier les moyens de paiement autres que la monnaie métallique et à se passer des métaux précieux dans toute la mesure du possible. Pendant un temps, à notre époque précisément, les deux tendances se sont développées plus ou moins parallèlement. La première était la plus ancienne, elle avait à vaincre

---

172. *Annales de sociologie*, 1934.
173. J. Rueff, *Le lancinant problème de la balance des paiements*, Paris, 1965 ; L. Dupriez, *Des mouvements économiques généraux*, Louvain, 1947. Bien entendu, nous ne prenons pas parti sur le problème. Nous nous contentons d'en éclairer la racine historique. L'or a été un recours de sécurité ou, tout au moins, a été considéré comme tel. Est-ce à tort ? Est-ce à raison ? Ce rôle est-il périmé ? C'est une autre affaire.

les habitudes de l'autarcie et de l'échange en nature, le territoire qu'elle avait à conquérir était celui de la vie quotidienne. La seconde, en gestation depuis le XIIIᵉ siècle peut-être, s'efforçait de transcender les résistances et les inerties matérielles de la circulation monétaire, son domaine était plutôt celui des grandes affaires, des affaires à distance, internationales. Cette seconde tendance a largement triomphé au XXᵉ siècle, et elle a même mordu sur le territoire de la précédente par la vulgarisation des chèques et des comptes en banque. Mais au XVIᵉ, au XVIIᵉ et au XVIIIᵉ siècles, on n'en était pas là. La monétarisation de la vie quotidienne restait encore inachevée (elle ne le sera guère avant le XIXᵉ siècle) et, d'autre part, l'évolution vers la « démétallisation » était freinée par la persistance d'exigences en espèces d'or et d'argent, spécifiques, notamment celles de l'Etat (fisc) et celles des créanciers au moment des crises de paiement.

D'une certaine manière, on retrouve les alternatives et la dualité des lignes d'évolution au niveau de la capitalisation. Les métaux précieux ont été l'une des formes de celle-ci, parfois dissimulée derrière la thésaurisation ou le déploiement de luxe, mais non la seule. Les combinaisons sont sans doute plus subtiles que pour la monétarisation. Car les métaux précieux, d'eux-mêmes, sont presque valeur morte s'ils ne sont employés. Ils ne fonctionnent comme capitaux qu'en disparaissant. Par comparaison, la terre était un fonds plus sûr, plus rentable. Elle exerça une redoutable concurrence, renforcée par la considération du prestige social qui s'attachait à elle. D'un autre côté, l'essor même de la circulation des moyens purement fiduciaires de paiement amenait dans les caisses des capitalistes du papier qui y prenait la place de l'or et de l'argent. Les créances constituaient bel et bien une part de leurs actifs. Les titres de rente, les obligations émises presque partout en Europe entraient aussi dans leur composition. Comme, enfin, les quirats de l'armement naval et les premières actions, dont celles de la *Vereenigde Oost-Indische Compagnie*, prometteuses de beaux dividendes, que la Bourse d'Amsterdam cotait à trois, quatre ou cinq fois leur valeur nominale...

Certes, les usages primitifs de l'or et de l'argent, leur rôle dans les échanges, leur attrait propre ne sont pas à éliminer. Ils se perpétuaient en Europe, et ils régnaient en Asie avec moins de partage. Il faut donc continuer d'en tenir compte dans les analyses et en chaque lieu selon l'importance. Mais l'histoire des métaux précieux ne peut pas s'écrire et ne doit plus être conçue comme s'ils n'avaient rempli qu'une seule fonction, qu'ils avaient été les seuls à la remplir, et qu'ils avaient, de ce fait, régenté entièrement la vie économique. La révision s'applique a fortiori à l'arrivée des métaux précieux d'Amérique comme on a eu l'occasion de le constater plusieurs fois au fil des études précédentes. Nous revenons ainsi aux obligations de pondération et d'observation des phénomènes qui ont résonné tout au long de ce travail comme des *leit-motiv*.

Matières premières de luxe, contrepartie marchande, supports de la monnaie et sous cette estampille moyens de paiement, réserves constituées, liquidité des trésoreries et de la circulation commerciale, capitaux : fonctions de l'or et de l'argent, exercées presque toujours en concurrence avec d'autres choses, selon une dialectique aux effets changeants selon les époques. Maintenant qu'elles ont été repérées, il devient théoriquement plus facile de reconstituer l'immense assemblage de norias tournant dans tous les pays d'Europe et du monde pour faire circuler les métaux précieux et leur faire irriguer la vie économique. Cela consisterait à reprendre encore une fois les métaux précieux à la source en Amérique (ou en Afrique) et à les suivre à la trace en notant à chacune de leurs étapes ce qui s'y fixe sur place, ce qui en est porté à la Monnaie, ce qui en est prélevé par le souverain, ce qui en va dans la bourse des particuliers, ce qui s'investit dans des œuvres d'art, ce qui circule dans les pays, ce qui s'accumule et se recycle sous forme de capitaux, ce qui sort pour les besoins de la nation ou les dépenses de l'Etat. Rude tâche qu'il faudrait mener à bien successivement pour l'Espagne, pour le Portugal, pour l'Italie, pour la France, pour l'Angleterre, pour les Pays-Bas du sud et du nord, etc.

Tâche rude et tâche délicate... Si les grandes lignes de la circulation des métaux précieux – sous leur forme brute ou sous leur forme monétaire (il nous arrive de parler par synecdoque) – sont maintenant claires, si les points d'ancrage de ces mêmes métaux sur la vie économique et les modes d'action sont à présent suffisamment indiqués, le difficile est de parvenir à un chiffrage des efficiences, des impacts, voire simplement des volumes à chaque étape et à chaque moment de cette histoire, de ces histoires[174]. Le difficile, aussi, est de respecter la complexité des faits et des interactions pour ne pas

---

174. Cf. ce que nous avons dit de la thésaurisation à la note 126 et de la monétarisation à la note 166.

conférer brusquement et à tort plus de signification et plus d'influence aux métaux précieux qu'ils n'en eurent. Toute l'étude descriptive de la circulation qui précède constitue une mise en garde contre les déformations de ce travers mais l'expérience enseigne que jamais on ne se montrera trop prudent en refusant de céder aux entraînements des enthousiasmes mal fondés[175].

Notre effort a consisté, à partir des gazettes hollandaises, à amorcer une quantification des problèmes. Il a permis – espérons que l'on en conviendra – de formuler, d'établir ou de préciser un grand nombre de paramètres. Principalement sur les arrivages des métaux précieux ; en outre, sur les expéditions hors d'Europe via le Proche-Orient et via le Cap, sur les stocks, les taux d'approvisionnement et de sédimentation, etc. Mais nous avons conscience que, pour avancer, d'autres chiffres encore seraient nécessaires : les chiffres intermédiaires qui mesureraient les flux d'entrée et de sortie des métaux précieux dans les différents pays, les taux de monétarisation et les taux de thésaurisation, les coefficients d'inertie induits par l'autarcie et l'économie de troc, les taux de démultiplication et la fameuse vitesse de circulation en rapport avec l'apparition des instruments de crédit autres que la monnaie métallique, le décollage d'une économie monétaire (à base de métal) sur fond d'économie d'auto-subsistance et le décollage ultérieur d'une économie scripturaire ou fiduciaire sur fond d'économie monétaire métallique, l'autre décollage d'une économie de relative abondance arrachée à une économie de rareté ou de pénurie, etc.

A vrai dire, ces données dont nous soulignons l'importance ne sont pas totalement absentes des pages que nous avons écrites. Sur la piste des effets de l'argent hispano-américain ou de l'or brésilien, il nous est arrivé de découvrir ou de redécouvrir des statistiques qui éclairaient notre propos et entreraient à part entière dans le nouveau corpus. Nous ne renions ni le tableau du commerce européen à Cadix établi par le Commissaire Patoulet en 1686 avec la collaboration des marchands malouins et de leurs correspondants français en Andalousie, ni la tentative de serrer de près les réexportations portugaises vers l'Angleterre d'après la Balance du Commerce et les frappes monétaires anglaises[176]. Mais nous savons qu'il faudrait avoir encore

---

175. C'est ce en quoi l'essai de F.C. Spooner, *op. cit.* pp. 1-86, malgré tout son brillant et son information, paraît décevant.
176. Cf. Etude 2.

plus. Des données échelonnées dans le temps qui renseigneraient sur les fluctuations et sur les renversements de situation ici seulement suggérés à des dates éloignées, des données épurées, parfois, qui témoigneraient uniquement des faits que l'on se propose d'observer sans les altérer de considérations adventices ou perverses... Combien ne sommes-nous pas démunis face au phénomène de la thésaurisation, face au phénomène de l'évasion de l'or et de l'argent vers le luxe et les fonctions d'ostentation à travers les œuvres de l'orfèvrerie, réduits que nous sommes à quelques inventaires après décès de princes, de nobles ou de bourgeois ? De quels garde-fous ne faut-il pas s'entourer pour étudier les frappes monétaires d'un pays, soit de manière classique en dépouillant les registres des maîtres monnayeurs, soit de manière cybernétique en contemplant les étranges lucarnes d'un appareil électronique[177].

Ceci dit, il existe des possibilités de remplir les cases vides de l'échiquier. Les travaux des historiens de langue espagnole, Ramon Carande, Modesto Ulloa, Antonio Dominguez Ortiz et Alvaro Castillo Pintado, fournissent des éléments assez sûrs et complets sur les sorties des métaux précieux hors d'Espagne vers l'Italie ou les Pays-Bas. Une analyse poussée des registres du Board of Trade anglais renseignerait sur la structure du commerce anglo-portugais d'une part, sur la ventilation des réexportations d'or et d'argent d'autre part. Les frappes monétaires elles-mêmes, convenablement reconstruites et interprétées, sont d'un grand intérêt pour comprendre la politique d'un Etat dans ce domaine et l'insertion de sa monnaie dans le panorama monétaire d'un continent ou du monde, son raccordement aux autres. Les mystères de la circulation monétaire et de la thésaurisation ne sont pas sans macule dans les papiers des notaires. L'étude de François Crouzet, enfin, sur les capitaux employés par les industriels anglais au début de la Révolution industrielle a suggéré maintes réflexions sur le « pouvoir » du capital – et qui dit le « pouvoir » dit aussi ses « limites » – dans la promotion de l'économie, le « pouvoir » à plus forte raison des métaux précieux[178]. Cette énumération projette de la lumière sur le travail qui peut être accompli, sur les moyens de l'accomplir. Elle montre que

---

177. A. et J. Gordus, E. Le Roy Ladurie et D. Richet, « Le Potosi et la physique nucléaire », *Annales E.S.C.,* tome XXVII, 1972, pp. 1235-1245.

178. F. Crouzet, « La formation du capital en Grande-Bretagne pendant la Révolution Industrielle », *Deuxième Conférence Internationale d'Histoire économique, Aix-en-Provence 1962,* Paris, 1965.

l'achèvement, voire le bien-aller, ne peut guère être attendu que d'une collaboration internationale, peut-être sur programme. Elle y encourage. S'agirait-il seulement d'une marquetterie, elle ne paraît pas tout à fait impossible à réaliser.

Et quand bien même l'ultime perfection ne serait pas accessible, cela ne dispense pas de se colleter à l'ouvrage : la collecte réalisée à travers les *Tydinghen uyt diversche Quartieren, Courant uyt Duiytsland, Italien, enz..., Europische Mercurius, Gazette d'Amsterdam, Oprechte Haarlemsche Courant, Nouvelles Extraordinaires de Leyde, Gazette d'Utrecht, Gaceta de Madrid, Correo Mercantil* – nous en passons et des meilleurs – démontre le contraire.

Au reste, il n'est pas d'autre voie. Il faut ramener sur terre l'histoire des métaux précieux et de leur influence dans la vie économique. Et celle-ci - tant pis si nous nous répétons - s'était dangereusement envolée vers l'empyrée des idéologies et des corrélations hâtives. Or, tout ici relève du mesurable et du délimitable. Et l'avantage supplémentaire dont nous disposons après ces reconstitutions et après ces réflexions sur la circulation, c'est d'en savoir assez pour ne pas tomber dans un certain nombre de pièges de la signification... non signalés auparavant. Il y a place pour une étude d'observation, des phénomènes économiques jusque dans leur expression monétaire, jusque dans leur lien avec les métaux précieux. Il y a sans doute nécessité de l'entreprendre. La confrontation des faillites européennes et des arrivages américains l'illustre bien[179].

D'avoir ramené l'action de l'or et de l'argent à des limites et à des modalités précises ne doit pas être jugé comme une *diminutio capitis* outrageante. Cette opération était indispensable, même pour les apprécier eux. Qu'ils n'aient pas été le moteur, ni le vecteur de tout dans la vie économique, qui, finalement, quelque peu forcé dans les retranchements, l'aurait défendu ? Une chose est de lancer des aphorismes, une autre hélas est d'être prêt et capable de les défendre en face d'une contestation, et une troisième d'accepter de reconnaître que le terrain sur lequel se développe la contestation est infiniment plus sûr que les nuées dans lesquelles on s'entourait pour pontifier. C'est cependant en retournant aux faits que l'on aura quelque chance de retrouver le réel et qu'on pourra se démystifier soi-même

---

179. Cf. les courbes publiées par W.F.H. Oldewelt, « Twee eeuwen Amsterdamse faillissementen en het verloop van de conjonctuur (1636 tot 1838) », *Tijdschrift voor Geschiedenis*, 1962, pp. 421-435, pour Amsterdam ; et par C. Carrière, *Négociants marseillais au XVIIIᵉ siècle*, Marseille, 1973, pp. 425-465, pour Marseille.

de l'enseignement reçu et de l'enseignement quelquefois retransmis. Par un avatar qui se rencontre fréquemment, la recherche aboutit à un programme de recherches. Tant s'en faut, pourtant, que l'on ait à déprécier le travail accompli. La production des statistiques établies ci-dessus servira dans le futur à d'autres que nous. Et nous espérons aussi que le dessin de notre démarche n'échappera pas.

Opus incertum, diront d'aucuns, qui a fait voyager d'une pierre à l'autre comme au franchissement d'un gué. Peut-être, mais il le fallait bien, hélas ! dans la mesure ou l'*opus reticulatum* qui avait été érigé précédemment était dépourvu de fondations solides et, de guingois, penchait comme la tour de Pise en l'an 2083. Ce qui ressort des cinq études est, d'ailleurs, extrêmement simple, presque élémentaire. C'est un rappel au réalisme, la réduction d'une grandeur mystique à une grandeur mesurable. La projection d'un nouveau canevas, d'une nouvelle résille susceptible de régler un *opus reticulatum* cette fois cohérent et adéquat[180].

180. Le plan d'ensemble reprend évidemment certains des traits de l'ancien, dans la mesure où l'un et l'autre s'attachent à la description d'un même sujet : la circulation des métaux précieux. D'Amérique en Espagne, l'étude comporte ainsi trois « situations » remarquables que l'on peut décomposer comme suit à l'analyse : (1) Production en Amérique : (a) condition physique de l'exploitation ; (b) conditions techniques ; (c) conditions humaines (recrutement des ouvriers, conditions de vie de ces ouvriers, ravitaillement) ; (d) salaires et frais ; (e) prix de revient pour le *minero* ; (f) profit du *minero* ; (g) redistribution du profit dans le pays entre administration, Eglise, marchands, population. (2) Les foires : (a) le mécanisme des foires ; (b) les hommes en présence (marchands américains contre galionistes ou flottistes en présence des autorités espagnoles) ; (c) circonstances (époque de régularité des convois ou d'irrégularité, importance de la contrebande et du marché interlope contemporains) ; (d) masse de marchandises et d'argent en vis-à-vis ; (e) arbitrage de la foire ; (f) la fin de la foire (retour des uns et des autres à leur point d'origine, avec des variantes : montée des Européens à Lima ou Mexico et résidence temporaire, passage des mexicains ou des péruleros à Séville ou Cadix). (3) La dispersion à partir du point d'arrivée : (a) départ clandestin immédiat/débarquement en Espagne ; (b) répartition entre le Roi et les particuliers (et de manière annexe, délivrance aux Hôtels des Monnaies) ; (c) usages des métaux précieux en Espagne même : thésaurisation (sous toutes ses formes), circulation quotidienne, (avec l'étude connexe du degré de monétarisation de celle-ci et de son caractère « argenté », « doré » ou « cuivré »), circulation marchande (avec l'étude du degré de « démonétarisation » par recours à des moyens de crédit), reversements à l'Etat ; (d) sorties nouvelles d'or et d'argent pour les besoins du commerce (achats de blés, par exemple), pour les besoins de la politique ; (e) établissement du stock, du flux d'approvisionnement, du flux de sédimentation, etc. (NB : la prise en compte de la vitesse de la monnaie est assumée dans l'étude de la circulation). (4) A partir de là, il est facile de dresser le catalogue des questions à traiter dans les autres pays : (a) approvisionnement en métaux précieux (voies et intensité) ; (b) redistribution de ces métaux (avec délivrances éventuelles aux Hôtels des Monnaies) ; (c) usage de ces métaux dans le pays : thésaurisation, circulation quotidienne, circulation marchande, reversements à l'Etat ; (d) besoins pour le commerce extérieur et pour les

Il nous faut donc nous incliner devant l'histoire. Prendre l'or et l'argent à leur source, dans la violence des sacs et l'inégalité acceptée des *rescate,* dans la sueur, la poussière et le sang de la mine, dans l'acheminement au pas des mules et au roulis des vaisseaux jusque dans la vieille Europe où ils allaient être absorbés par les différents conduits de l'économie - le politique, le commercial, l'industriel, le financier, etc., - puis rendus de manière diverse aux norias de la circulation, parfois ramenés par un mouvement brownien à un de leurs points de départ antérieurs, parfois projetés à l'extérieur et entamant une course vertigineuse jusqu'à aller mourir dans les tombeaux hindous et les palais chinois, rutilants, affriolants, excitants mais, en définitive, si la disette éclatait, de moindre valeur « à la saison prochaine » qu'un grain de blé ou qu'un grain de riz... Toutefois au lieu de se laisser séduire et conduire par des miroitements, il est question de chiffrer, de soupeser et d'apprécier des effets. Comme dans une expérience de physique. Au bout du compte, ce que l'on retrouvera, comme au terme de cette enquête à travers les gazettes hollandaises, ce sera sans doute, modestement, unîment, et l'authencité de la vie économique et l'identité des métaux précieux.

Janvier 1977

projets politiques ; (e) stock et accumulation. Il n'y a dans tout cela rien de « sorcier ». Mais la différence avec les descriptions anciennes tient essentiellement au fait qu'à chaque articulation de la circulation, les métaux précieux doivent être réappréciés pour leur usage du moment, au lieu d'être enrobés en permanence d'une « aura » indéfinie d'efficacité. Il en résulte ainsi une « pondération » continue des métaux précieux, une distinction nette des matières monétaires et de la monnaie elle-même (avec attention portée sur les « politiques » monétaires), une conjugaison des mouvements de l'or et de l'argent, d'une part, des autres mouvements économiques, d'autre part.

Addendum 5

Cette cinquième étude pourrait appeler des développements assez longs comme il en a été pour la seconde, la troisième et la quatrième. Dans une communication présentée à Bendor, en 1979, par exemple, nous avons eu l'occasion d'approfondir les concepts de circulation lévogyre et de circulation destrogyre et d'en vérifier la fécondité pour la compréhension de ce qui s'est passé au XIXe siècle et même, de ce qui se passe encore de nos jours. Un autre thème de recherches serait fourni, sur le plan statistique, par la nécessité de raccorder entre elles nos séries établies pour l'époque moderne et les séries commençant en 1800 et utilisées par tous les économistes. Quand on compare les taux de croissance du stock qu'ils ont retenus et ceux que nous avons calculés, on s'aperçoit de distorsions qu'il faudrait réduire (cf. la valeur moyenne attribuée à la croissance de la production d'or par Charles Rist : 2,3 %). Par ailleurs, la réexhumation de l'Europe « américaine » - nous voulons dire par là des régions européennes qui travaillaient pour les marchés latino-américains - propose de multiples exercices : monographies, représentations cartographiques, etc. Mais conscient des risques de saturation et fidèle à nos promesses, nous n'entamerons pas un nouveau marathon. Dans les lignes qui suivent, nous nous en tiendrons donc à un résumé assez bref rédigé avec l'intention de mettre en évidence ce qui est d'ores et déjà acquis dans les faits et dans la problématique.

Tout d'abord, la légitimité de l'entreprise ressort, indiscutablement, des résultats obtenus. Les gazettes et les papiers des consuls se sont révélés des sources d'information valables. Et non seulement valables, mais indispensables, car ils ont conservé trace d'un certain nombre de faits que l'on ne retrouve pas ou que l'on n'a pas encore retrouvé ailleurs, même dans les dépôts officiels. La confrontation avec le bel ouvrage de Garcia Baquero Gonzalez bascule en définitive à leur avantage. Déjà auparavant, le supplément d'enquête mené à travers les extraits de la *Gaceta de Lisboa* avait montré que, dans les limites d'une période précise, le plein avait été fait ou presque des renseignements à attendre sur les flottes de l'or brésilien. Il en résulte - et c'est une seconde conclusion à souligner aussi nettement - que les courbes des arrivages des trésors qui figurent ici sont, aujourd'hui, les meilleures que l'on puisse produire, soit des arrivages en Espagne, soit des arrivages au Portugal, soit des arrivages combinés. Ces courbes constituent donc un paramètre d'une assez grande sûreté, améliorable certes, mais solide et auquel on devra se référer dans toutes les discussions sur la vie économique et sur l'évolution des XVIe, XVIIe et XVIIIe siècles. Il y a là quelque chose qui est dorénavant imprescriptible.

D'un autre côté, l'analyse qui, parallèlement à la reconstruction des arrivages, s'est poursuivie de l'importance et de l'influence des métaux précieux, a abouti pareillement à dessiner quelques angles durs de la recherche ultérieure. Tout cela pourrait être recouvert d'un mot, le mot « pondération » dans son sens d'équilibrage ou de rééquilibrage des données dans la réflexion à l'instar du réel. Cela s'oppose à une conception compacte, amalgamante, souvent dénoncée dans ces pages, et qui attribue un pouvoir quasi dictatorial à l'or et à l'argent, parfois en le disant, parfois en le sous-entendant. A cette conception, il faut en substituer une autre qui découle des faits. Qui n'enlève rien de ce qui appartient aux trésors, même du point de vue de leur efficacité, nous allions écrire de leur grâce efficiente, mais le ramène à des proportions vraies, l'intègre dans un organisme vivant (le milieu humain tout simplement), l'associe à sa place à l'ensemble des activités économiques du temps. Cette nouvelle conception nous paraît aussi essentielle et aussi éprouvée à présent que les courbes des arrivages. C'est en fonction d'elle qu'un prolongement des recherches pourra trouver une assise ferme et se révéler fécond.

A la base, la valeur reconnue en Europe à l'or et à l'argent, à la fin du Moyen Age et depuis des siècles. Nous entendons évidemment la valeur effective de richesse et de pouvoir d'achat, en renvoyant aux études de jour en jour plus nombreuses qui en précisent l'extension et en récusant, par contre, la valeur mythique qui a pu leur être conférée chez des historiens très postérieurs. C'est cette valeur reconnue qui a créé le marché américain pour l'Europe. Travailler pour le Nouveau Monde, exporter au Nouveau Monde était intéressant à cause des retours que l'on en pouvait attendre, les bénéfices inclus. Ces retours étaient constitués par les métaux en majorité - c'est un fait -, pas uniquement - c'en est un autre et qui justifie cette hypothèse fantastique et plausible d'un commerce hispano-américain fonctionnant quand même en l'absence de l'or et de l'argent. De toute façon, il y a, inéluctablement, une mitigation à opérer du rôle des métaux précieux.

La courbe des arrivages ne doit pas être exaltée pour elle-même. Certes, elle s'identifie bien à l'un des paramètres de la conjoncture et à ce titre elle commande certains secteurs en dépendance directe ou indirecte du volume des trésors. Elle reçoit cependant autant de signification, sinon plus, de son appréhension en tant que résultat. Résultat de l'exploitation de l'Amérique dont le tableau mouvant s'impose en arrière-fond, résultat de l'activité en Europe, résultante de forces conjuguées ou antagonistes, y compris les fureurs guerrières et les caprices des éléments. Et, au bout du compte, c'est par la perception simultanée des deux caractères indiqués ci-dessus que nous pouvons formuler une interprétation des trésors qui ait des chances d'être exacte à ce stade des processus d'intégration dans la vie économique. Encore faut-il lui adjoindre en flanc-garde et le développement des productions non métalliques de l'Amérique espagnole et portugaise et le développement de l'Amérique non ibérique.

Dans la vie économique de l'Europe, une fois les métaux précieux débarqués, le problème reste de situer leur action là où elle se déploie en évitant de céder à un impérialisme d'intoxication. L'or et l'argent ne sont pas à l'origine de cette vie économique dans une très large part de ses manifestations. C'est un abus de les considérer comme le moteur, à tout coup, dans la relation de Fisher et dans l'échange qu'elle prétend représenter. Les choses se sont passées autrement à l'époque parce que la nécessité primait encore lourdement sur le choix, parce que l'économie était loin d'être entièrement monétarisée, parce que quelques hommes, seulement, pouvaient déporter à leur gré leur pouvoir d'achat d'un secteur à un autre. Persister dans la direction de pensée contraire conduit, à notre avis, à un fiasco et entretient malencontreusement contre-sens et non-sens. Car, au moment où l'on croit toucher du doigt l'efficacité des métaux précieux, les dévaluations, les crises, les faillites attirent au contraire l'attention sur leur impuissance à assurer un fonctionnement régulier de la vie économique. Impuissance qui est le nœud gordien de ces économies d'autrefois, tentées de le trancher par l'épée du crédit et retenues d'achever leur geste par l'incapacité d'annihiler dans le cœur des hommes tout réflexe instinctif de recours aux richesses cotées, palpables, et donc métalliques.

Mais s'il n'y a pas lieu de chercher l'influence de l'or et de l'argent américains dans des mécanismes qui les happent plutôt qu'ils n'en sont mûs, il faut en chercher l'étendue là où elle pouvait s'exprimer. Qu'est-ce que le Portugal, qu'est-ce que l'Espagne, qui détenaient les clés du débarcadère, en ont gardé ? Sur quel mode s'est arrêtée la circulation monétaire et métallique chez eux ? Nous revenons à l'Europe « américaine ». En les enfermant dans un réseau d'automatismes à prétention explicative universelle, la conception étroite a détourné les historiens de l'étude précise, analytique des régions où les métaux précieux auraient dû et pu avoir leur plus gros impact. Rien n'en démontre mieux la stérilité. La conception large, en insistant sur l'insertion de l'or et de l'argent dans des circuits d'activité concrets, invite à y regarder de près. D'où cette géographie que l'on appelle de ses vœux. Arrière-pays gênois, Lyonnais, Montalbanais, Bretagne, Normandie, Flandres, Angleterre (mais dans quels comtés et dans quelles villes ?), Westphalie, Silésie, autant de pays, autant de régions qui ont eu une relation particulière avec le commerce hispano-américain, et où certains problèmes spécifiques peuvent être étudiés. Derrière l'existence de ces zones industrielles, se profile, bien sûr, l'interrogation du capital moteur, de la commandite éventuellement lointaine, de la répartition finale des profits et donc des métaux précieux, etc.

A la grille géographique, enfin, s'adjoint ou se superpose une grille fonctionnelle. L'histoire de l'or et de l'argent se comprend dans la saisie de leurs emplois. Non pas, pour la dernière fois, cet emploi totalitaire du quantitativisme-bullionisme, mais l'utilisation par les hommes dans des secteurs déterminés de leurs activités et pour raison d'adéquation. Cela va du commerce international, à propos duquel le terme d'hémorragie des métaux précieux devrait être logiquement abandonné, à la pénétration en profondeur de la monnaie dans les économies paysannes, en passant par les accumulations de trésors particuliers et les besoins des Etats pour leurs dépenses de guerre. Simultanément, nous l'avons dit, on s'est mis en quête des moyens de se passer de l'or et de l'argent, d'en faire l'économie. Alors que la dialectique en cours entre l'économie de subsistance et l'économie monétaire (à base métallique) n'en a pas encore fini, s'institue une autre dialectique entre l'économie monétaire (à base métallique) et l'économie à base de crédit. Le triple débat se poursuivra au XIXᵉ siècle. La mutation dans une économie presque exclusivement fiduciaire ne s'accomplira qu'au XXᵉ. Est-elle irréversible ? Dieu seul le sait.

C'est à partir d'un repérage de ce type que l'on peut espérer aborder un jour des problèmes plus généraux. Mais l'on ne saurait appliquer des recettes stéréotypées partout. Chaque pays a entretenu avec les métaux précieux un rapport particulier, visible en partie dans sa monnaie, visible en partie dans son commerce, sa Bourse ou ses Banques. L'étude de son économie – notre pensée ici va aux Provinces-Unies – passe par la reconnaissance de ce rapport. Nouvelle « pondération » ou nouveau renversement d'optique qui replace plus strictement encore l'or et l'argent dans un rôle instrumental. A plus forte raison, l'évolution globale de l'Europe occidentale, celle de l'humanité exigent-elles que l'on ne rétrécisse pas d'emblée l'ensemble des facteurs à l'œuvre. L'histoire des populations paysannes, l'histoire de l'agriculture, l'histoire de l'alimentation « équilibrent » fort heureusement, quand on les pratique, les propensions exagérées à tout ramener aux fabuleux trésors. Il est peut-être paradoxal de clore un aussi long travail consacré à l'or et à l'argent par l'affirmation de certaines de leurs limites effectives. L'exaltation du sujet fut jadis la grande règle rhétorique des thèses, elle a gardé ses nostalgiques. Mais à quoi bon les ornements ? Seule compte la rigueur des résultats. Glissons donc en adieu entre les feuillets de nos incroyables gazettes cette fleur de l'austérité, comme un signet, agréable à quelques-uns.

La libération de la recherche gît précisément dans la volonté de faire leur part à tous les phénomènes et rien que leur part. L'histoire du développement économique a été grevée par plusieurs travers dont les deux principaux sont : le premier, un européocentrisme spontané et viscéral, le second, une fureur de déduction syllogistique. On a réfléchi et l'on a écrit comme si les choses n'avaient pu se passer autrement, qu'il y avait une nécessité absolue en tout, une nécessité presque métaphysique, des lois et, pourquoi pas, un modèle lisible en Europe et naturellement infaillible. D'où, parmi d'autres cristallisations de la pensée, la concentration d'intérêt sur les richesses métalliques confondues rapidement avec le capital, un capital créateur cela va de soi. Mais à partir du moment où l'on découvre que l'action de l'or et de l'argent s'inscrit entre des bornes, qu'on ne peut tout leur attribuer, que l'on s'aperçoit du caractère limité, aussi, d'autres causes également proclamées comme péremptoires, alors on regarde l'évolution d'un œil plus froid. Le passé redevient un vécu. C'est-à-dire qu'au lieu de se dérouler comme une courbe pure répondant à une équation abstraite, il ressort de l'événement au sens fort et au sens général du terme. Pas l'événement-bataille qui n'est qu'un échantillon arbitraire, abusif et caricatural. De l'événement émergeant continuellement, ce qui arrive et qui n'arrive qu'une fois, produit d'une conjonction unique dans laquelle il n'est pas interdit de repérer des chaînons logiques, mais dont l'explication ultime requiert la prise en charge de tout ce qui a participé à sa création, y compris l'accident. En un certain sens et jusqu'à un certain point, l'histoire économique doit donc rejoindre l'histoire classique et viser à rendre un suivi.

Juillet 1980

✦ Sources et bibliographie

Sources

La matière première de ce travail a été fournie initialement et pour la plus grosse part par les gazettes et, singulièrement, par les gazettes hollandaises. Il s'agit donc d'une source imprimée dont les rapports avec les sources manuscrites et d'archives ont fait l'objet d'un examen critique tout au long des cinq études qui précèdent. Ces feuilles modestes, injustement décriées par trop d'historiens et pourtant méritoirement consciencieuses en général, pourraient être prises en elles-mêmes comme objet de développements intéressants. Sans y renoncer pour l'avenir, nous nous limiterons cependant ici à l'énumération sèche de celles qui nous ont servi en les classant par périodes en fonction de l'état de leur conservation et en leur adjoignant au fur et à mesure l'indication des sources complémentaires utilisées.

1580-1618
Le fonds des gazettes consultées est constitué entièrement par les *Meszrelationen*, c'est-à-dire par les gazettes des foires de Francfort. Les premières parurent en 1588 sous le titre de *Calendarium Historicum*. Elles étaient l'œuvre d'un historien de Cologne, Michael von Aitzing (ou Aitzinger), étaient rédigées en allemand et sortaient au rythme des foires, deux fois par an. Leur publication se poursuivit après la mort du fondateur sous la direction successivement de Jacob Memmius, Theodor Meurer et Sebastian Latomus en troquant leur ancien nom contre celui de *Historicae Relationis Continuatio*.

Les *Fuggerszeitungen* qui ont été utilisées également pour cette période étaient des *nouvelles à la main* en provenance de toutes les grandes villes d'Europe, envoyées sous forme de lettres, au comte Philippe-Edouard Fugger entre 1568 et 1605. Deux séries de spécimens ont été publiées par V. Klarwill en 1923 et 1926, l'une d'entre elles traduite en anglais.* Le fonds des *Fuggerzeitungen*, à la Bibliothèque nationale de Vienne, conservé sous les cotes 8949 à 8971 et fort de 36 000 pages environ, est certainement plus

---

* Pour ces ouvrages comme pour les autres du même genre mentionnés dans ce chapitre des sources, nous renvoyons à la liste des ouvrages cités, au nom de l'éditeur.

riche que ces extraits. Son dépouillement intégral, que nous n'avons pas entrepris, pourrait apporter quelques précisions sur les arrivages des trésors américains avant 1580 (il contient au moins la notice de l'année 1569).

Les *Relaciones* de Cabrera de Cordoba qui courent de 1599 à 1614 sont en fait un diaire qui n'a été publié qu'en 1857. Elles se sont révélées particulièrement précieuses. D'autres renseignements ont été glanés dans des correspondances marchandes contemporaines, notamment dans les papiers des Ruiz à travers les articles ou les livres de B. Bennassar, J. Gentil da Silva, F. Ruiz Martin, V. Vazquez de Prada.

Enfin, en nous fondant sur les indications de P. Chaunu dans sa thèse et grâce à l'amabilité de MM. Ruggiera Romano et Alberto Tenenti, nous avons obtenu communication sur microfilm des dépêches des ambassadeurs vénitiens en Espagne à partir de 1584, pour autant qu'elles contenaient des informations sur les retours d'Amérique — cf. Archivo di Stato Venezia : Dispacci Spagna Filze 17 à 66.

1618-1660

C'est en 1618 que commence la publication des gazettes hollandaises proprement dites, à périodicité régulière, après un long prélude de feuilles volantes et occasionnelles. Les premières s'intitulent *Tydinghe uyt verscheyde Quartieren*, éditée par Broer Jansz, et *Courante uyt Italien, Duytsland, enz.*, éditée par Caspar van Hilten. Ces incunables de la presse hollandaise ont été conservés de manière inégale et plutôt défectueuse. L'historien suédois Folke Dahl s'était consacré à leur redécouverte. Il a publié les plus anciens numéros retrouvés sous forme de fac-similés dans un recueil qui va de 1618 à 1625. Il y a glissé aussi quelques rares exemplaires de gazettes plus locales : *Arnhemse Courant, Delftse Courant uyt Italien, Duytsland, enz.*, voire une feuille éditée en Hollande, mais d'expression française. La Bibliothèque du Pers Museum à Amsterdam apporte quelques compléments, soit sous forme d'originaux, soit sous forme de photocopies ou de microfilms. L'ensemble reste lacunaire.

Au-delà de 1625, les collections de la Bibliothèque royale à La Haye (Koninglijke Bibliotheck) et de la Bibliothèque Mazarine à Paris offrent l'opportunité d'une lecture à peu près suivie de 1626 à 1635, d'une part, de 1637 à 1643, d'autre part. On en revient ensuite à la discontinuité des fonds bien que l'existence des gazettes soit toujours avérée. En 1656, Abraham Casteleyn, de Haarlem, lançait dans sa ville le *Weekelyke Courante van Europa*, qui paraissait le samedi et en 1658, le même, le célèbre *Haarlemsche Courant*, qui paraissait, lui, le mardi.

Pour remédier aux déficiences qui viennent d'être circonscrites, nous nous sommes servi de plusieurs autres gazettes éditées hors des Provinces-Unies. Ainsi de *Nieuwe Tydinghen* publiées à Anvers par Abraham Verhoeve qui dispute à Broer Jansz l'honneur d'avoir été le créateur du genre (numéros des années 1618 à 1624), du *Mercure allemand* rédigé par J. Franc à

Genève en français (circa 1630), du *Mercure de France* et de la *Gazette de France* de Théophraste Renaudot, des *Relations Véritables* imprimées à Bruxelles (série consultée de 1650 à 1667), des *Nouvelles Ordinaires de Londres* (circa 1654). On trouve des renseignements épars dans les œuvres des mémorialistes ou des géographes : W. Baudartius, J. De Laet (déformés), L. van Aitzema, etc. Une place à part doit être faite à N. Wassenaar qui, nous semble-t-il, a démarqué purement et simplement plus d'une fois les gazettes de son temps. Son *Historische Verhael* préfigure de la sorte le *Hollantze Mercurius* qui parut à partir de 1650 et qui rassemble en spicilège au bout de l'an les principaux événements survenus et les principales nouvelles publiées dans les douze derniers mois écoulés.

Une documentation annexe a été fournie par les *cartas* d'Andrès de Mendoza, les *avisos* de J. Pellicer y Tovar puis de J. de Barrionuevo, les lettres de quelques pères jésuites. La qualité de ces sources n'atteint pas celle des *Relaciones* de Cabrera de Cordoba, utilisées pour la période antérieure. Par contre, les relevés des arrivages établis par Diez de la Calle, probablement en vue de ses travaux d'historiographe de Philippe IV, et conservés en manuscrits à la Bibliothèque nationale de Madrid (n°s 3010 et 3026) ont été des plus précieux pour le contrôle tant des comptes de E.J. Hamilton que de nos propres informations. L'Archivo di Stato de Venise a continué d'être mis à contribution comme précédemment (microfilm jusqu'en 1653). Enfin, à Florence, un rapide coup de sonde dans le Fonds Mediceo, n°s 4397, 4973 et 4974, s'est révélé très profitable en ramenant la confirmation des énormes retours de 1659. Une exploitation systématique des archives vénitiennes et florentines, de notre point de vue, offrirait sans doute l'éclaircissement de plus d'un coin obscur. Sans parler d'une investigation dans les archives de Gênes, Rome et Milan.

1660-1715

C'est en 1666, dans notre documentation, que la *Gazette d'Amsterdam* prend le relais des *Relations Véritables* comme source principale de notre enquête. Elle garde cette prééminence jusqu'en 1778. La cause en est sa présence en séries presque continues à la Bibliothèque nationale de Paris où sa consultation nous a été, par conséquent, relativement facile. Il s'agit d'une feuille in 4° rédigée et imprimée en Hollande, mais en français. Elle compte en général deux feuillets. Elle était distincte et différente de l'*Amsterdamsche Courant* écrit en néerlandais, dont nous avons parcouru les exemplaires à la Bibliothèque des Archives municipales d'Amsterdam. La collection parisienne de la *Gazette d'Amsterdam* n'est pas homogène. Elle contient, à la file, des numéros d'autres gazettes. C'est le résultat, parfois, des ennuis du gazetier avec les autorités, obligé de déménager et de changer l'en-tête de son opuscule qui devient, par exemple, le 18 avril 1672, pour un bref temps, la « Relation désintéressée de celuy qui faisoit la gazette d'Amsterdam... » avec cet avis in fine « imprimé en chemin allant en lieu neutre pour nous y establir et vous envoyer de là les (nouvelles) ». Dans d'autres cas, on a l'impression, de la part du correspondant chargé de faire parvenir les gazettes, d'hésitations entre plusieurs titres. On trouve ainsi, de 1698 à 1715, pêle-mêle dans une même année, mais dans l'ordre chronologique du *Journal Historique* de J.T. Dubreuil, des *Nouvelles extraordinaires de divers endroits*, de la *Gazette de La Haye* et de la *Gazette de Rotterdam...*

Cette bigarrure présente peu d'inconvénients. Ce qui est grave, ce sont les lacunes — plusieurs semaines, plusieurs mois — dans la collection (pour raison de guerre ?). Nous avons donc été amené à rechercher des compléments à la *Gazette d'Amsterdam* (et ses alliées) dans d'autres organes : le *Hollandsche Mercurius* qui a poursuivi parallèlement sa carrière, transformé au XVIIIᵉ siècle en *Europische Mercurius* sans modification de la manière (consulté à la Bibliothèque des Archives générales du Royaume à La Haye — *Algemeen Rijks Archief*) ; l'*Amsterdamsche Courant* déjà nommé ; les *Relations Véritables* de Bruxelles dans la dernière décennie du XVIIᵉ siècle ; la *Gazette de France*, enfin, particulièrement pour la période de la Guerre de la Succession d'Espagne au cours de laquelle maint bâtiment français est revenu à droiture de l'Amérique du Sud, plein de piastres et d'expérience.

Une opportunité de contrôle existe pour cette période dans certaines archives consulaires. Les dossiers des consuls hollandais à Cadix et à Lisbonne, conservés aux Archives municipales d'Amsterdam, sont malheureusement assez minces. La correspondance de leurs homologues français est bien plus fournie. On la trouve aux Archives nationales à Paris dans le fonds des Affaires étrangères sous la cote B I/204 à 223 (Cadix) et B I/643 à 653 (Lisbonne) pour les années qui nous intéressent présentement. Dans le même dépôt, le fonds de la Marine contient sous les cotes B 3 (correspondance reçue) et, surtout B 7/497 à 518 beaucoup de documents relatifs au commerce avec l'Espagne et avec ses colonies. Pour une part, ils proviennent de la masse d'informations rassemblée par Colbert et par Seignelay. Les manuscrits 4068 de la Bibliothèque de l'Arsenal à Paris, 236 de la Collection Montbret à la Bibliothèque municipale de Rouen, 156 de la Bibliothèque universitaire de Gand ont, directement ou indirectement, la même origine. Ils fournissent des témoignages très concrets sur les modalités du trafic et de la navigation hispano-américains, comme on l'aura vu à l'addendum n° 4.

1715-1778

La *Gazette d'Amsterdam* demeure le soubassement de la reconstitution des arrivages durant cette période. Elle est confortée par l'*Europische Mercurius* jusqu'en 1750, mais le *Nederlandsche Jaarboek* qui succède à cette dernière publication à la date indiquée s'est désintéressé des trésors de l'Amérique. Les *Nouvelles Extraordinaires de divers endroits*, vulgairement appelées la Gazette de Leyde et comportant parfois un *Supplément*, et la *Gazette d'Utrecht* éditées aux Provinces-Unies, rédigées en français, contiennent souvent les mêmes informations que la *Gazette d'Amsterdam,* du moins en ce qui concerne les informations en provenance de la péninsule ibérique. Cependant, il arrive que l'on y trouve une ou deux cargaisons absentes de la source principale. Ce contrôle dont l'intérêt se révèle surtout dans la phase de finition, a été rendu assez commode par la présence de ces gazettes en France dans deux collections : celle de la Bibliothèque municipale de Versailles, commençant en 1740, celle de la Bibliothèque nationale à Paris, commençant en 1760. La *Gaceta de Madrid,* consultée à la Hemeroteca de Madrid, apporte des précisions à cette époque surtout sur la navigation. Comme il a été dit dans l'addendum n° 2, nous n'avons utilisé de la *Gaceta de Lisboa* que les extraits publiés par M. Lopes de Almeyda.

L'*Histoire des Deux Indes* de l'abbé Raynal contient différents documents récapitulatifs sur le commerce de l'Amérique espagnole et du Brésil, dont nous avons fait notre profit. D'autres documents du même genre, souvent bien datés — ainsi la récapitulation du marquis de Ensenada — ont été incorporés dans leurs écrits par des érudits du XIXᵉ siècle et du XXᵉ, tels que C. Fernandez Duro et, bien entendu, A. Soetbeer.

Nous avons continué de dépouiller la correspondance consulaire des agents français à Cadix (AN Paris, Affaires étrangères B I/223-290) et à Lisbonne (*Ib. id.* B I/654-688). Une mention spéciale doit être faite pour le Consulat français à La Havane dont les papiers couvrent la période 1730-1755 et dont la richesse est exceptionnelle malgré le petit nombre de volumes (B I/615-618). En province, la Bibliothèque municipale de Saint-Brieuc a livré une récapitulation précieuse pour les mouvements des trésors entre 1741 et 1746 (Manuscrit n° 82), les Archives départementales du Rhône conservent les papiers Grandjean très utiles pour les contrôles entre les années 1752 et 1774, la Bibliothèque de Rouen possède l'un des manuscrits de la *Relacion* du vice-roi du Pérou Manuel Amat y Junient (Coll. Montbret, n° 178), les Archives de la Chambre de commerce de Marseille le fonds Roux dont nos amis Charles Carrière et Marcel Courdurié nous ont procuré un certain nombre de photocopies en rapport avec notre sujet.

1778-1805

Pour les raisons indiquées dans le texte, les gazettes hollandaises cessent alors d'être des supports satisfaisants d'informations pour les arrivages d'or et d'argent d'Amérique, bien que l'on y trouve les bilans publiés de la *Real Hacienda* espagnole en 1785 et 1786. Les sources principales deviennent donc la *Gaceta de Madrid* et, à partir de 1792, le *Correo Mercantil,* l'un et l'autre bien informés. Nous les avons consultés à la Hemeroteca municipal de Madrid et à la Bibliothèque nationale espagnole dans la même ville. Pour autant que nous puissions en juger, la *Gaceta de Lisboa* n'offre pas de renseignements comparables et nous n'avons découvert la possibilité de compléter la documentation brésilienne dans les lettres des vice-rois de Rio de Janeiro (aux Archives nationales brésiliennes à Rio) qu'au moment de clore la révision de notre texte (cf. addendum n° 2).

Quelques renseignements ont été trouvés dans les ouvrages traitant des colonies espagnoles à l'époque considérée (cf. surtout l'addendum n° 4). Les correspondances consulaires déjà citées de Cadix et de Lisbonne ont été parcourues, avec moins de bonheur que dans les périodes précédentes. On y a ajouté la correspondance de Madrid (AN Paris, Affaires étrangères B I/795 et suivants) et quelques mémoires du même fonds, série B III, n°s 340 à 345 en particulier). L'apport le plus neuf a été constitué par la correspondance du consul russe à Lisbonne qui nous a été accessible via les fiches obligeamment prêtées par F. Braudel : Archives de l'Etat à Moscou 72/5/237 à 287.

Rappelons que c'est par discrétion que nous n'avons pas entrepris le voyage à Séville et l'exploration de l'*Archivo de Indias*. Nous avons pris connaissance de ses richesses, finalement, à travers l'ouvrage d'A. Garcia Baquero Gonzalez et l'on aura vu dans l'addendum n° 4 ce que l'on peut en déduire pour le sujet et pour les gazettes.

Divers autres fonds ont été cités dans le texte pour les besoins de la démonstration. Notamment, des Archives nationales à Paris, la série F 12/648 et suivants et F 12/1832 à 1837 (pour la Balance du Commerce français), de la Bibliothèque municipale de Saint-Brieuc les manuscrits 80 à 88 (pour le même objet), de la Bibliothèque municipale de Rouen le fonds des Tiroirs (pour le commerce des toiles), des Archives du Royaume en Zélande aux Pays-Bas le fonds de la *Middelbursche Compagnie* (pour le commerce de contrebande au Venezuela). Nous nous sommes servi aussi, bien entendu, des grands recueils de statistiques allant d'Anderson à Ph. Deane et W.C. Cole en passant par Mac Gregor et E. Schumpeter-Body. Ils sont cités dans la liste ci-dessous. Nous n'avons pu intégrer les recherches effectuées récemment à Londres tant au Public Record Office qu'au British Museum (sauf les extraits de la *Gaceta de Lisboa*). Ce sera pour plus tard. Au total, et seulement pour les sources primaires, le nombre de pages compulsées et dépouillées doit dépasser les 300 000. On nous excusera de n'en avoir pas tenu la comptabilité exacte.

Bibliographie

Accioli de Cerqueira e Silva, *Memórias históricas de Bahia*, Bahia, 1837.
Accursio das Neves, I., *Variedades*, Lisbonne, 1814-1817.
Ackerman, J., *Structures et cycles économiques*, Paris, 1955.
Alden, D., *Royal government in colonial Brazil*, Berkeley, 1968.
Alsedo Y Herrera, D. de, *Piraterías y agresiones de los Ingleses y de otros pueblos de Europa en la América española* (publié par Justo Zaragoza), Madrid, 1883.
Anderson, *An historical and chronological deduction of commerce*, Londres, 1764.

Andreano, R., *La nouvelle histoire économique,* (préface de J. Heffer), Paris, 1977.

Anes, G., *El antiguo regimen de los Borbones,* Madrid, 1975.

Antonil, A.J., *Cultura e opulência do Brasil por suas drogas e minas* (Andrée Mansuy, éditeur), Paris, 1968.

Antunez y Acevedo, *Memorias históricas sobre la legislación y el gobierno de los españoles con sus colonias en las Indias Occidentales,* Madrid, 1797.

Aragão, T. de, *Descripção geral e história das moedas cunhadas em nome dos Reis, Regentes e Governadores de Portugal,* Lisbonne, 1877.

Arcila Farias, E., *La economía colonial de Venezuela,* Mexico, 1946.

Ardant, M., *Les crises économiques,* Paris, 1948.

Arocena, F., cf. J.A. del Camino.

Baehrel, R., *Une croissance : la Basse-Provence rurale,* Paris, 1961.

Bakewell, P., *Silver mining and society in colonial Mexico. Zacatecas 1546-1700,* Cambridge (Mass.), 1971.

Balbi, A., *Essai statistique sur le royaume de Portugal et d'Algarve,* Paris, 1822.

Barozzi, N. et G. Beuchet (eds), *Relazioni degli ambasciatori veneti,* Paris, 1876.

Barrionuevo, J. de, *Avisos 1654-1658* (A. Paz y Melia, éditeur), Madrid, 1892.

Baudartius, W., *Memorien ofte Corte Verhael,* Arnhem, 1624.

Baulant, M., cf. J. Meuvret.

Bennassar B., « Consommation, investissements, mouvements de capitaux en Castille aux XVIe et XVIIe siècles », in *Conjoncture économique, structures sociales. Hommage à Ernest Labrousse,* Paris, 1974.

– « Facteurs sévillans au XVIe siècle d'après des lettres marchandes », *Annales E.S.C.,* tome XII, n° 1, 1957, pp. 60-70.

Barajano, F., *Historia del Consulado y de la Junta de Comercio de Málaga en el siglo XVIII,* Madrid, 1947.

Bergier, J.F., *Genève et l'économie de la Renaissance,* Paris, 1963.

Bernal, A.-M. et A. Garcia Baquero González, *Tres siglos del comercio sevillano, 1598-1868. Cuestiones y problemas,* Séville, 1976.

Bertaut, F., *Journal d'un voyage en Espagne, fait en 1659,* Paris, 1669.

Beuchet, G., cf. N. Barozzi.

Beveridge, W., *Prices and wages in England from the twelfth to the nineteenth century,* Londres - New York - Toronto, 1939.

Billioud, J., *Histoire du commerce de Marseille,* tome III, Marseille, 1950.

Bloch, M., *Esquisse d'une histoire monétaire de l'Europe,* Paris, 1954.

Bodin, J., *Discours sur le rehaussement et diminution des monnaies tant d'or que d'argent et le moyen d'y remédier ensemble la response aux Paradoxes de Monsieur de Malestroit (1568)*

– *Les Six livres de la République,* Lyon, 1593.

Bonneville, A., *Encyclopédie monétaire ou Nouveau traité des monnaies d'or et d'argent chez les divers peuples du monde,* Paris, 1849.

Bonneville, P.P., *Traité des monnaies d'or et d'argent qui circulent chez les différents peuples,* Paris, 1806.

Borges de Macedo, J., *Problemas de história da industria portuguesa no século XVIII,* Lisbonne, 1963.

Bosman, W., *Nauwkeurige beschryving van de Guinese Goud-Tand-en-Slave-Kust,* Amsterdam, 1739.

Bourgoing, J., *Tableau de l'Espagne moderne,* Paris, 1807.

Boxer, C.R., *The Golden Age of Brazil 1695-1750,* Londres, 1969.

– *The Portuguese seaborne Empire 1415-1825,* Londres, 1969.

Boyse, S., *An international review of the transactions of Europe 1739-1745,* Londres, 1747.

Brading, J.A., *Miners and merchants in Bourbon Mexico. 1763-1810,* Cambridge, 1971.

Braesch, F., *Finances et monnaies révolutionnaires : la livre tournois et le franc germinal,* Paris, 1936.

Braudel, F., *La Méditerranée et le monde méditerranéen à l'époque de Philippe II,* Paris, 1956 (2ᵉ édition 1968).

– *Civilisation matérielle et capitalisme,* 3 tomes, Paris, 1967-1979.

– et F.C. Spooner, Contribution à la *Cambridge Economic History,* tome IV, Cambridge, 1967.

Brenner, Y.S., « The inflation of prices in early sixteenth century England », *Economic history review,* tome XV, 1961-1962, pp. 69-90.

Brown, V.L., « Contraband trade : A factor in the decline of Spain's Empire in America », *Hispanic American history review,* tome VIII, 1928, pp. 178-190.

– « Southsea Company and contraband trade », *American historical review,* tome XXXI, 1928, pp. 662-678.

Brugmans, H., *Opkomst en bloei van Amsterdam,* Amsterdam, 1944 (2ᵉ édition).

Brulez, W., « De handelsbalans der Nederlanden in het midden van de 16ᵉ eeuw », *Bijdragen voor de geschiedenis der Nederlanden,* tome LIV, 1966-67, pp. 278-310.

Bruneau, C., cf. P. de Vigneulles.

Cabourdin, G., « Les ducs de Lorraine et l'exploitation des mines d'argent, 1480-1635 », *Annales de l'Est,* 8ᵉ série, tome XXI, 1969, pp. 91-119.

Cabrera de Cordoba, *Relaciones de las cosas sucedidas en la corte de España desde 1599 hasta 1614,* Madrid, 1857.

Calderon Quijuano, J.A., *Los virreyes de Nueva España en el reinado de Carlos III,* Séville, 1968, 2 vol.

– *Los virreyes de Nueva España en el reinado de Carlos IV,* Séville, 1972, 2 vol.

Camino y Orella, J.A. del, *Historica civil diplomática-ecclesíastica anciana y moderna de la ciudad de San Sebastián* (F. Arocena, éditeur), Saint-Sébastien, 1963.

Cangua Argüelles, J., *Diccionario de hacienda,* Madrid, 1833.

Cano, T., *Arte de fabricar, fortificar y aparear naos de guerra y marchante*, Séville, 1611.

Capoche, L., *Relación general de la Villa Imperial de Potosi 1585*, Madrid, 1959.

Carande, R., *Carlos Quinto y sus banqueros*, Madrid, 1944.

– *El credito de Castilla en el precio de la política imperial*, Madrid, 1944.

Carnaxide, V. de, *O Brasil na administração pombalina*, São Paulo, 1940.

Carrière, C., *Négociants marseillais au XVIIIᵉ siècle*, Marseille, 1973.

– « Un sophisme économique », *Bulletin de l'Association française des historiens économistes*, n° 7, 1973, pp. 7-8.

– et M. Courdurié, M. Gusatz et R. Squarzoni, *Banque et capitalisme commercial. La lettre de change au XVIIIᵉ siècle*, Marseille, 1976.

Cespedes del Castillo, G., *Lima y Buenos Aires. Repercusiones económicas y políticas de la creación del Virreinado de la Plata*, Séville, 1947.

– *La averia en el comercio de las Indias de Castilla*, Séville, 1945.

Chaudhury, K.N. « The economic and monetary problem of European trade with Asia during the seventeenth and eighteenth centuries », *Journal of European economic history*, vol. 4, n° 2, 1975, pp. 323-358.

Chaunu, H. et P. Chaunu, *Séville et l'Atlantique, (1504-1650)*, Paris, 1955-1959, 13 vol.

Chaunu, P., *Les Philippines et le Pacifique des Ibériques*, Paris, 1960.

– « Séville et la Belgique 1555-1648 », *Revue du Nord*, tome XLII, 1960, pp. 259-292.

– « Sur le front de l'histoire des prix au XVIᵉ siècle : de la Mercuriale de Paris au port d'Anvers », *Annales E.S.C.*, tome XVI, 1961, pp. 791-803.

– « Le renversement de la tendance majeure des prix et des activités du XVIIᵉ siècle. Problèmes de fait et de méthode », in *Studi in onore di Amintore Fanfani*, tome IV, Milan, 1962, pp. 221-255.

– *Histoire, science sociale, la durée, l'espace et l'homme à l'époque moderne*, Paris, 1974.

Chevalier, F., « Les cargaisons des Flottes de la Nouvelle-Espagne vers 1600 », *Revista de Indias*, tome XII, 1943, pp. 323-330.

Christelow, A., « Great Britain and the trades from Cadiz and Lisbon to Spanish America and Brazil, 1759-1783 », *Hispanic American history review*, tome XXVII, 1947, pp. 1-29.

Cioranescu, A., cf. C. Colomb.

Cipolla, C.-M., « La prétendue révolution des prix. Réflexions sur l'expérience italienne », *Annales E.S.C.*, tome X, n° 3, 1955, pp. 513-516.

Clark, C.U., cf. Vasquez de Espinosa.

Cobo, Père, *Historia del Nuevo Mundo*, 1653, publié par M. Jimenez de la Espada, Madrid, 1959.

Colmenares, *Historia de la insigne ciudad de Segovia*, Ségovie, 1630.

– *Historia de Segovia*, Madrid, 1637.

Colomb, C., *Œuvres* (trad. A. Cioranescu), Paris, 1961.

Coornaert, E., *Un centre industriel d'autrefois : la draperie sayetterie d'Hondschoote (XVIᵉ-XVIIᵉ siècles)*, Paris, 1930.

Corbett, S.J., *England in the Seven Years' War*, Londres, 1907.

Costes, H., *Les institutions monétaires de la France avant et depuis 1789*, Paris, 1885.

Courdurié, M., cf. C. Carrière.

– et F. Rebuffat, *Marseille et le négoce monétaire international*, Marseille, 1966.

Couvée, D.H., « De nieuwsgering van de eerste courantiers in Pers, propaganda en oppenbare mening », in *Hommages offerts au Professeur K. Baschwitz*, Leyde, 1956, pp. 26-40.

Craeybeckx, J., « Les industries d'exportation dans les villes flamandes au XVIIᵉ siècle, particulièrement à Gand et à Bruges », in *Studi in onore di Amintore Fanfani*, tome IV, Milan, 1962, pp. 414-468.

– cf. C. Verlinden.

Craig, J., *The Mint. A history of the London Mint from A.D. 287 to 1948*, Cambridge, 1953.

Crouzet, F., *L'économie britannique et le blocus continental*, Paris, 1954, 2 vol.

– « La formation du capital en Grande-Bretagne pendant la révolution industrielle », in *IIᵉ Conférence internationale d'histoire économique d'Aix-en-Provence, 1962*, Paris, 1965.

– « Croissances comparées de l'Angleterre et de la France au XVIIIᵉ siècle », *Annales E.S.C.*, tome XXI, n° 2, 1966, pp. 254-291.

Cunha e Azevedo Coutinho, J. J. da, *Essai politique sur le commerce du Portugal et de ses colonies*, Lisbonne, 1796.

Dahl, E., *Dutch Corrantos 1618-1650*, La Haye, 1946.

Dahlgren, E.W., *Les relations commerciales et maritimes entre la France et les côtes de l'Océan Pacifique*, Paris, 1909.

Dasi, T., *Estudios de los reales de a ocho llamados pesos*, Valence, 1950.

Davis, R., « English foreign trade 1700-1774 », *Economic history review*, 2ᵉ série, tome XV, 1962, pp. 285-295.

Deel, L., *De zuidnederlandsche vlasnijverheid tot het verdrag van Utrecht (1713)*, Bruges, 1943.

Delumeau, J., « Le commerce extérieur français au XVIIᵉ siècle », *XVIIᵉ siècle*, n° 70-71, 1966, pp. 81-105.

– *La civilisation de la Renaissance*, Paris, 1968.

Dermigny, L., « Circuits de l'argent et milieux d'affaire au XVIIIᵉ siècle », *Revue historique*, tome CCXII, 1954, pp. 293-278.

– « La France à la fin de l'Ancien Régime : une carte monétaire », *Annales E.S.C.*, tome X, n° 3, 1955, pp. 480-495.

– *La Chine et l'Occident : le commerce à Canton au XVIIIᵉ siècle*, Paris, 1964, 3 vol., 1 album.

Descimon, R., « La France moderne. Quelle croissance ? », *Annales E.S.C.*, tome XXXIV, n° 6, 1979, pp. 1304-1317.

Description de la ville de Lisbonne, 1730.

Deyon, P., *Amiens, capitale provinciale. Etude sur une société urbaine au XVIIe siècle,* Paris, 1967.

– *Le mercantilisme,* Paris, 1968.

– et A. Lottin, « Evolution de la production textile à Lille aux XVIe et XVIIe siècles », *Revue du Nord,* tome XLIX, 1967, pp. 23-34.

Diego Ortiz de Zuniga, *Annales eclesiásticas y seculares de la muy noble y muy leel Ciudad de Sevilla,* Madrid, 1677.

Diez de la Calle, *Memorial y noticias sacras y reales del Imperio de las Indias occidentales,* Madrid, 1646.

Dillen, J.G. van, « Amsterdam als wereldmarket der edelen metalen in de 17^e eeuw », *De economist,* 1923.

– « De opstand en het Spaanse silver », *Tijdsschrift voor geschiedenis,* tome 73, 1960, pp. 203-205

– *Mensen en achtergronden,* Groningen, 1964.

Documentos para la historia argentina, Buenos Aires, 1915, 5 vol.

Dominguez Ortiz, A., *Política y hacienda de Felipe IV,* Séville, 1960.

– « Los caudales de Indias y la política exterior de Felipe IV », *Anuario de estudios americanos,* tome XIII, 1956, pp. 311-380.

– *La sociedad española en el siglo XVII,* Madrid, 1963.

– « La falsificación de la moneda peruana a mediados del siglo XVII »‚in *Homenaje a don Ramón Carande,* Madrid, 1964.

– « Las remesas de metales preciosos de Indías en 1621-1655 », *Anuario de historia económica y social,* tome II, 1969, pp. 561-585.

Dornic, F., « Le commerce des Français à Cadix d'après les papiers d'O. Granjean 1752-1774 », *Annales E.S.C.,* tome IX, n° 2, 1954, pp. 311-327.

Driesch, W. van den, *Die ausländischen Kaufleute während des 18 Jahrhunderts in Spanien und ihre Beteiligung am Kolonialhandel,* Cologne-Vienne, 1972.

Drossaers, S.W.A. et T.L. Lunsingh Scheurler, *Inventarissen van de inboedel in de verblijven van de Oranjen en daarmede gelijk te stellen stukken 1567-1795,* La Haye, 1974, 2 vol.

Dupriez, L., *Des mouvements économiques généraux,* Louvain, 1967, 2 vol.

Duverger, M., *Les institutions politiques,* Paris, 1967.

Ehrenberg, R., *Das Zeitalter der Fugger : Geldkapital und Creditverkehr im 16 Jahrhundert,* Francfort, 1896.

Einaudi, L., *Paradoxes inédits du seigneur de Malestroit touchant les monnoyes avec la response du Président de la Tourette,* Turin, 1937.

Ellinger Bang, N., K. Korst et H.C. Johansen, *Tabeller over skibsfart og varetransport gennem Øresund 1497-1795,* Copenhague, 1906 (publication encore en cours), 8 vol., 13 fasc.

Elsas, J., *Umriss einer Geschichte der Preise und Lohne in Deutschland,* Leyde, 1936-49, 3 vol.

Eschwege, W.L. von, *Pluto Brasiliensis. Eine Reihe von Abhandlungen über Brasiliens Gold- Diamanten- und anderem mineralischen Reichthum, über der Geschichte seiner Entdeckung, über dem Vorkommen seiner Lägerställer*, Berlin, 1833.

Everaert, J., *De internationale en koloniale handel der vlaamse firma's te Cadiz 1670-1700*, Bruges, 1973.

Falgairolle, L., cf. Seure.

Farres, O.G., *Historia de la moneda española*, Madrid, 1959.

Feaveryear, A., *The pound sterling*, Oxford, 1963.

Febvre, L., « Pour les historiens, un livre de chevet : le cours d'économie politique de Simiand », *Annales d'histoire économique et sociale*, 1930, pp. 581-590.

— *Pour une histoire à part entière*, Paris, 1962.

Felloni, G., *Gli investimenti finanziari genovesi in Europa tra il seicento e la Restaurazione*, Milan, 1971.

Fernándes Brandão, A., *Diálogos das grandezas do Brasil* (J.A. Gonçalves de Mello, éditeur), Recife, 1966.

Fernández Basas, M., *Historia de la moneda castellane*, Bilbao, 1974.

Fernández Duro, C., *Armada española desde la reunión de los reinos de Castilla y Aragón*, Madrid, 1898.

Fischel, M.M., *Le thaler de Marie-Thérése*, Dijon, 1912.

Fisher, F.J., « Commercial trends and policy in sixteenth century England », *Economic history review*, 1ʳᵉ série, tome X, 1940, pp. 95-117.

— « London export's trade in the early seventeenth century », *Economic history review*, 2ᵉ série, tome III, 1952, pp. 151-161.

Fisher, H.E.S., « Anglo-Portuguese trade 1700-1770 », *Economic history review*, 2ᵉ série, tome XVI, 1963, pp. 219-233.

— *The Portugal trade. A study of Anglo-Portuguese commerce 1700-1770*, Londres, 1971.

Fisher, J.R., *Silver mines and silver miners in colonial Peru 1776-1824*, Liverpool, 1977.

Fontana y Lazaro, J., *La quiebra de la monarquía absoluta, 1814-1820*, Barcelone, 1971.

— « Ascens e decadéncia de l'escola dels Annals », *Recerques*, n° 4, Barcelone, 1974.

— « Commercio colonial e industrialización », in *Actas del I Coloquio de historia económica española*, Barcelone, 1975.

Frêche, G. et G. Frêche, *Les prix des grains, des vins et des légumes à Toulouse, 1486-1868*, Paris, 1967.

Friedman, M., *Dollars and deficits*, Englewood Cliffs, 1968.

Furber, M., *John Company at Work. A study of European expansion in India in the late eighteenth century*, Cambridge (Mass.), 1948.

Garavaglia, J.C., « El ritmo de la extracción de metálico desde el Río de la

Plata a la península 1779-1783 », *Revista de Indias,* tome XXXV, 1976, pp. 247-268.

— « El Río de la Plata en sus relaciones atlánticas : una balanza comercial 1779-1784 », *Moneda y credito,* 1977, pp. 75-101.

Garcia Baquero González, A., *Comercio colonial y guerras revolucionarias,* Séville, 1972.

— « Comercio colonial y producción industrial en Cataluña a fines del siglo XVIII », in *Actas del I Coloquio de historia económica española,* Barcelone, 1975.

— *Cadiz y el Atlántico 1717-1778,* Séville, 1977.

— cf. A. Bernal.

Gaudin, *Premier rapport du Ministre des Finances,* Paris, an X.

Gelder, M.E. van, *Munthervorming tijdens de Republiek 1659-1692,* Utrecht, 1949.

Gentil da Silva, J.G., *Stratégie des affaires à Lisbonne entre 1595 et 1609. Lettres des Rodrigues d'Evora et de Veiga,* Paris, 1956.

— *Lettres marchandes de Lisbonne,* Paris, 1958.

— *Banque et crédit en Italie au XVIIe siècle,* Paris, 1969.

Giraldo Jaramillo, G., *Relaciones del mando de los virreyes de la Nueva Granada,* Bogota, 1954.

Girard, A., *Le commerce français à Séville et à Cadix au temps des Habsbourgs. Contribution à l'étude du commerce étranger en Espagne aux XVIe et XVIIe siècles,* Paris-Bordeaux, 1932.

— *La rivalité commerciale et maritime entre Séville et Cadix jusqu'à la fin du XVIIIe siècle,* Paris-Bordeaux, 1932.

Glamann, K., *Dutch Asiatic trade 1620-1740,* Copenhague-La Haye, 1958.

— « Studie i asiatisk kompagnie ekonomisk historie 1732-1772 », *Historisk tidskrift,* tome XI, 1947-49, pp. 351-404.

González Davila, *Historia del inclito Rey Felipe III,* Madrid, 1629.

Gonçalves de Mello, J.A., cf. Fernándes Brandão.

Gordus, A., J. Gordus, E. Le Roy Ladurie et D. Richet, « Le Potosi et la physique nucléaire », *Annales E.S.C.,* tome XXVII, n° 6, 1972, pp. 1235-1243.

Goris, J.A., *Les colonies marchandes méridionales à Anvers 1488-1567,* Louvain, 1925.

Gould, J.D., "The price revolution reconsidered », *Economic history review,* 2e série, tome XVII, 1964-65, pp. 91-116.

Gros, F., F. Jacob et F. Royer, *Sciences de la vie et société,* Paris, 1979.

Guerra Sánchez, R. et al., *Historia de la nación cubana,* La Havane, 1952.

Hamilton, E.J., *American treasure and the price revolution in Spain 1501-1650,* Cambridge (Mass.), 1934.

— « War and inflation in Spain 1700-1800 », *Quarterly journal of economics,* tome LIX, 1944, pp. 36-77.

– *War and prices in Spain 1651-1800,* Cambridge (Mass.), 1947.

– *El florecimiento del capitalismo y otros ensayos de historia económica,* Madrid, 1948.

Hammarström, I., « The price revolution of the sixteenth century. Some Swedish evidence » *Scandinavian economic history review,* tome III, 1957, pp. 118-154.

– *Rapport présenté au XIᵉ Congrès international des sciences historiques,* Stockholm, 1960, volume I.

Hanke, L., *The imperial city of Potosi,* La Haye, 1956.

Hans, J., *Maria-Theresiens Thaler 1751-1960,* Leyde, 1961.

Harsin, P., *Les doctrines monétaires et financières en France du XVIᵉ au XVIIIᵉ siècle,* Paris, 1928.

Hatin, E., *Les gazettes de Hollande et la presse clandestine aux XVIIᵉ et XVIIIᵉ siècles,* Paris, 1865.

– *La presse périodique dans les deux Mondes,* Paris, 1866.

Hazan, A., « Trésors américains : monnaies d'argent et prix dans l'Empire Mongol », *Annales E.S.C.,* tome XXIV, n° 4, 1969, pp. 835-859.

Heers, J., « Le Royaume de Grenade et la politique marchande de Gênes en Occident (XVᵉ siècle) », *Moyen Age,* tome LXIII, 1957, pp. 87-121.

– « Le rôle des capitaux internationaux dans les voyages de découverte aux XVᵉ et XVIᵉ siècles », in *Actes du Vᵉ Colloque international d'histoire maritime,* 1960, pp. 273-293.

Heffer, J., préface à R. Andreano.

Heiss, A., *Descripción general de las monedas hispánico-cristianas desde la invasión de los Arabes,* Madrid, 1865-69, 3 vol.

Helmer, M., « Un tipo social : el minero de Potosi », *Revista de Indias,* tome XXV, 1956, pp. 513-528.

Heredia, J.M. de, *Les trophées,* Paris, 1893.

Herraez, S. et J. Escariche, *J. Pedro Zapata de Mendoza gobernador de Cartagena de Indias (1619-1663),* Séville, 1946.

Hinton, R.W.K., *The Eastland trade and the common weal in the seventeenth century,* Cambridge, 1959.

Hobsbawn, J., « The general crisis in the seventeenth century », *Past and present,* n° 5, 1954, pp. 33-53.

Holland Rose, J., *Men and the sea. Stages in maritime and human progress,* Cambridge, 1935.

Houstoun, J., *Memoirs of his life and travels in Asia, Africa, America, and most parts of Europe from the year 1690 to the present times,* Londres, 1753.

Howe, W., *The mining guild of New Spain and its tribunal general 1770-1821,* Cambridge, 1949.

Humboldt, A., *Essai politique sur le Royaume de la Nouvelle-Espagne,* Paris, 1811, 2 vol.

– *Mémoire sur la production de l'or et de l'argent considérée dans ses fluctuations,* Paris, 1848.

Hume, D., *Treatise on money*, Edimbourg, 1752.

Hussey, R.D., *The Caracas company 1728-1784*, Cambridge, 1934.

Imbert, G., *Des mouvements Kondratieff*, Aix-en-Provence, 1960.

Izard, M., *Ensayos statísticos sobre la economía de Venezuela*, Caracas, 1977.

Jacob, F., cf. F. Gros.

Jacob, M., *An historical inquiry into the production and consumption of the precious metals*, Londres, 1831.

Janssens, V.L., *Het geldwezen der oostenrijkse Nederlanden*, Bruxelles, 1957.

Jara, A., « La produccíon de metales preciosos en el Perú y Chile en el siglo XVI », *Boletín de la universidad de Santiago*, 1963, pp. 58-64.

Jeannin, P., « Note sur l'abbaye de Lure au XVIᵉ siècle. Aspects économiques et sociaux de la géographie historique », *Bulletin historique et philologique du Comité des travaux historiques et scientifiques*, 1967, pp. 483-525.

Johansen, H.C., cf. N. Ellinger Bang.

Jones, D.W., « The hallage receipts of the London cloth market 1562-1720 », *Economic history review*, 2ᵉ série, vol. XXV, 1972, pp. 567-587.

Jiménez de la Espada, M., *Relaciones geográficas de India*, Madrid, 1965.
– cf. Père Cobo.

Jurriaanse, M.W., « De inboedel van het kasteel te Breda in 1567 », *Bijdragen en medelingen van het historisch genootschep*, tome XLVI, 1935, pp. 215-260.

Kamen, H., *The war of Succession of Spain 1700-1715*, Londres, 1969.

Kellenbenz, H. (éd.), *Fremde Kaufleute auf der iberischen Halbinsel*, Cologne-Vienne, 1970.

Ketner, F. et N.B. Tenhaeff, « Bijdrage tot de kennis van de Utrechtse rekenkamer in de 15ᵉ eeuw », *Tijdschrift voor geschiedenis*, tome XLVII, 1934.

Khan, S.A., *The East India trade in the seventeenth century in its political and economic aspects*, Oxford, 1923.

Klarwill, V., *Fuggerzeitungen*, Vienne, 1923, 1ʳᵉ série.
– *Fugger News*, Londres, 1926, 2ᵉ série.

Klerck de Reus, G.C., *Geschichtlicher Ueberblick der administrativen, rechtlichen und finanziellen Entwicklung der niederländisch-ostindischen Compagnie*, Batavia-La Haye, 1894.

Labrousse, C.E., *Esquisse du mouvement des prix et des revenus en France au XVIIIᵉ siècle*, Paris, 1933, 2 vol.
– *La crise de l'économie française à la fin de l'Ancien Régime*, Paris, 1944.

Laet, J. de, *Hispaniae descriptio*, Leyde, 1623.
– *Historische ofte jaerlijck verhael van de verrichtingen der geontroyeerde West Indische Compagnie zedert het begin tot het eynde van 't jaer sestien hondert ses en dertich*, Amsterdam, 1637.

Lapeyre, H., *Une famille de marchands : les Ruiz. Contribution à l'étude du commerce entre la France et l'Espagne au temps de Philippe II,* Paris, 1955.

Laur, M.P., « De la métallurgie de l'argent au Mexique », *Annales des Mines,* 6ᵉ série, Mémoires, tome XX, 1871.

Lavisse, E., *Histoire de France,* tome V, Paris, 1910.

Le Blanc, *Traité historique des monnaies de France,* Paris, 1690.

Le Branchu, J.Y., *Ecrits notables sur la monnaie au XVIᵉ siècle. De Copernic à Davanzati,* Paris, 1934.

Lenglée, de, cf. A. Mousset.

Léon, P. (éd.), *Histoire économique et sociale du monde,* Paris, 1978.

Léon Portilla, M., *Le crépuscule des Aztèques,* Bruxelles, 1957.

Lerdo de Tejada, M., *Comercio exterior de Mexico desde la conquista hasta hoy,* Mexico, 1853.

Le Roy Ladurie, E., « Le climat des XIᵉ et XVIᵉ siècles : séries comparées », *Annales E.S.C.,* tome XX, nᵒ 5, 1965, pp. 899-938.

– cf. A. Gordus.

L'Esperonnière, R. de, *Histoire de la Baronnie et du canton de Candé,* Candé, 1895.

Levasseur, E., *La question de l'or,* Paris, 1858.

Lexis, W., « Beiträge zur Statistik der Edelmetalle », *Jahrbücher für Nationalökonomie und Statistik,* tome XXXIV, 1879, pp. 361-409.

Linschoten, J.H., *Itinerario, voyage ofte schipvaert naar oost-oft-portugeesch Indien 1579-1592,* Amsterdam, 1596.

Lisanti, L., *Negócios coloniais,* São Paulo, 1973, 5 vol.

Lizarraga, R. de, *Relaciones geográficas del Perú* (édité par M. Hernández Sánchez Barba), Madrid, 1968.

Lohman Villena, G., *El Conde de Lemos, virrey del Perú,* Madrid, 1946.

– *Las minas de Huancavelica en los siglos XVI y XVII,* Séville, 1949.

Lopes de Almeida, M., *Notícias históricas de Portugal e Brasil 1715-1800,* Coimbra, 1961 et 1964, 2 vol.

Lorente, *Relaciónes de los virreyes y audiencias que han gobernado el Perú,* Lima, 1867-72, 3 vol.

Lucio de Azevedo, J., *Epocas de Portugal económicas. Esboços de história,* Lisbonne, 1929.

Luendo Muñoz, M., « Sumaria noción de las monedas de Castilla e Indias en el siglo XVI », *Anuario de estudios americanos,* tome VII, 1950, pp. 825-866.

Lunsingh Scheurleer, T.L., cf. S.W.A. Drossaers.

Mac Gregor, *Commercial statistics,* Londres, 1850, 5 vol.

Mac Lachlan, J.O., *Trade and peace with Spain, 1667-1750,* Cambridge, 1950.

Mac Pherson, *Annals of Commerce,* Londres, 1802, 3 vol.

Madoz, P., cf. Moreau de Jonnes.

Magaburu, J. et F., *Diario de Lima 1640-1694. Crónica de la época colonial,* Lima, 1918.

Magalhães Godinho, V., « Le Portugal, flottes du sucre et flottes de l'or », *Annales E.S.C.*, tome V, n° 2, 1950, pp. 184-197.

- *Prix et monnaies au Portugal,* Paris, 1955.

- *L'économie de l'Empire portugais aux XVe et XVIe siècles,* Paris, 1969.

Malynes, G. de, *Lex mercatoria,* Londres, 1622.

Marcucci, E., cf. Sassetti.

Maréchal, J., « Le départ de Bruges des marchands étrangers - XVe-XVIe siècles », *Mémoires de la Société d'émulation de Bruges,* tome 88, 1951, pp. 26-74.

Marten, G. Buist, *At spes non fracta,* La Haye, 1974.

Martinez Shaw, C., « El tercio de frutos de las flotas de Indias en el siglo XVIII », *Archivo hispanense,* 1973, pp. 1-29.

Marx, K., *Contribution à la critique de l'économie politique,* Paris, 1972.

- *Le capital,* Paris, 1972.

Matilla, A., *La única contribución y el catastro de Ensenada,* Madrid, 1942.

Maul, Comte de, *Viajes por España, Francia e Italia,* Cadix, 1813.

Mauro, F., *Le Portugal et l'Atlantique au XVIIe siècle, 1570-1670,* Paris, 1960.

- « L'Empire portugais et le commerce franco-portugais au milieu du XVIIIe siècle », in *Etudes économiques sur l'expansion portugaise 1500-1900,* Paris, 1970.

- Article « Brasil », in *Dicionário de história de Portugal,* Lisbonne, 1963.

Mauro, G., *Le Brésil du XVe à la fin du XVIIIe siècle,* Paris, 1977.

Memorias de los virreyes que han gobernado el Perú, (édité par Fuentes), Lima, 1860, 3 vol.

Mercator's letters on Portugal and its commerce, Londres, 1754.

Merlet, L., *Analyse des archives communales de Dreux,* Dreux, 1856.

Meuvret, J., « Les mouvements des prix de 1661 à 1715 et leur répercussion », *Journal de la Société de statistique de Paris,* tome 85, 1944, pp. 109-118.

- « La conjoncture internationale de 1660 à 1715 », *Bulletin de la Société d'histoire moderne,* 1964, pp. 2-5.

- « Les temps difficiles », in *La France au temps de Louis XIV,* Paris, 1965, pp. 57-83.

- « The conditions of France 1688-1715 », in *Cambridge modern history,* tome VI, Cambridge, 1970.

- *Etudes d'histoire économique,* Paris, 1971.

- et M. Baulant, *Prix des céréales, extraits de la Mercuriale de Paris 1520-1698,* Paris, 1960.

Milburn, W. et Thornton, *Oriental commerce,* Londres, 1825.

Minería hispánica e ibero-americana, Séville, 1972, 8 vol.

Mitchell, B.R., P. Deane, *Abstract of British historical statistics,* Cambridge, 1962.

Mitchell, W.C., *What happens during business cycles,* New York, 1951.

Morazé, C., « Essai sur la méthode de François Simiand : la leçon d'un échec », in *Mélanges d'histoire sociale,* tomes I et II, Paris, 1942, pp. 1-24 et 22-44.

Moreau de Jonnes, *Statística de España* (P. Madoz éd.), Barcelone, 1835.

Moret, M., *Aspects de la société marchande à Séville au début du XVIIIe siècle,* Paris, 1964.

Moreyra Paz-Soldan, M., *Estudio sobre el tráfico marítimo en la época colonial,* Lima, 1944.

Morineau, M., « La balance du commerce franco-néerlandais et le resserrement économique des Provinces-Unies au XVIIIe siècle », *Economisch-historisch jaarboek,* tome XXVIII, 1965, pp. 170-233.

– *Jauges et méthodes de jauge anciennes et nouvelles,* Paris, 1966.

– « D'Amsterdam à Séville. De quelle réalité l'histoire des prix est-elle le miroir ? », *Annales E.S.C.,* tome XXIII, n° 1, 1968, pp. 178-205.

– « Histoire sans frontières : prix régionaux, prix nationaux, prix internationaux », *Annales E.S.C.,* tome XXIV, n° 2, 1969, pp. 403-421.

– « Gazettes hollandaises et trésors américains », *Anuario de historia económica y social,* tome II, 1969, pp. 289-362 ; tome III, 1970, pp. 139-209.

– « A la Halle de Charleville. Fourniture et prix des grains ou les mécanismes du marché 1647-1821 », in *Actes du 95e Congrès national des sociétés savantes,* Reims, 1970, pp. 159-222.

– « Flottes de commerce et trafics français en Méditerranée au XVIIe siècle (jusqu'en 1669) », *XVIIe siècle,* n° 86-87, 1970, pp. 135-171.

– « Problèmes de la modernisation des structures économiques et sociales dans une économie multisectorielle », contribution au Congrès de Leningrad (1970).

– *Les faux semblants d'un démarrage économique : agriculture et démographie en France au XVIIe siècle,* Paris, 1971.

– « Quelques recherches relatives à la balance du commerce extérieur français au XVIIIe siècle : où, cette fois, un égale deux », in *Actes du IIe Congrès de l'Association des historiens économistes français,* Paris, 1973, pp. 1-45.

– « Quelques remarques relatives à l'abondance monétaire aux Provinces-Unies », *Annales E.S.C.,* tome XXIX, n° 5, 1974, pp. 767-776.

– « Naissance d'une domination : marchands européens, marchés et marchands du Levant aux XVIIIe et XIXe siècles », *Cahiers de la Méditeranée,* 1975, pp. 145-184.

– « Des métaux précieux américains et de leur influence au XVIIe et au XVIIIe siècle », *Bulletin de la société d'histoire moderne,* XVe série, n° 1, 1977, pp. 2-95.

– « Trois contributions au colloque de Göttingen », in E. Hinrichs, E. Schmitt et R. Vierhaus (éd.), *Vom Ancien Régime zur französischen Revolution,* Göttingen, 1978, pp. 374-419.

Morse, H.B., *The chronicle of trading to China,* Oxford, 1926, 2 vol.

Mousset, A., *Dépêches diplomatiques de M. de Lenglée, résident de France en Espagne 1582-1590*, Paris, 1912.

Mun, T., *A discourse upon trade from England to the East Indies*, Londres, 1621.

Muzquiz de Miguel, J.L., *El Conde de Chinchon, virrey del Perú*, Madrid, 1945.

Nadal, J., « La revolución de los precios españoles en el siglo XVI. Estado actual de la cuestión », *Hispania*, 1959.

Necker, J., *De l'administration des finances de la France*, Paris, 1784.

Nef, J.U., « Silver production in Central Europe 1450-1618 », *Journal of political economy*, tome XLIX, 1941, pp. 575-591.

Nelson, G.H., « Contraband under the Asiento 1730-1739 », *American historical review*, tome LI, 1946, pp. 55-67.

Nettels, C., « England and the Spanish-American trade 1680-1715 », *Journal of modern history*, tome III, 1931, pp. 1-32.

Noticias de la real companía guipuzcoana de Caracas, Madrid, 1765.

Noya Pinto, V., O ouro brasileiro e o comércio anglo-portugês : uma contribução aos estúdios de economia atlántica no século XVIII, São Paulo, 1972, thèse inédite.

Nunes Diaz, M., *O comércio libre entre Havana e os portos de Espanha*, São Paulo, 1965.

– *El real consulado de Caracas y el comercio exterior de Venezuela*, Caracas, 1976.

Nyström, J.F., *Bidrag till svenska handeln och näringarnes historia under senare delen of 1700*, Uppsala, 1884.

Oficios dos vice-reis do Brasil 1763-1808, Rio de Janeiro, 1954, 4 vol.

Oldewelt, W.F.H., « Twee eeuwen Amsterdamsch faillissementen en het verloop van de conjonctuur : 1636 tot 1838 », *Tijdschrift voor geschiedenis*, tome LXXV, 1962, pp. 421-435.

Osorio y Redin, *Extensión política y económica*, Madrid, 1686.

Ozanam, D., « La colonie française de Cadix au XVIIIᵉ siècle »,in *Mélanges de la Casa de Velázquez*, tome IV, 1968, pp. 250-280.

Palacio Atard, V., *Areche y Guirior : observaciones sobre el fracaso de una visita al Perú*, Séville, 1946.

– *El comercio de Castilla y el puerto de Santander en el siglo XVIII*, Madrid, 1960.

Parry, J.H., *The Spanish seaborne empire*, New York, 1970.

Paso y Troncoso, F. del, *Epistolario de Nueva España*, tome XIII, Mexico, 1940.

Peez, C. et Raudnitz, *Geschichte des Maria-Theresiens Thalers*, Vienne, 1898.

Pellicer y Tovar, J., « Avisos », in *Seminario erudito*, tomes XXXI, XXXII et XXXIII, Madrid, 1790.

Pereira do Lago, A.B., *Estatística histórica geográfica da província do Maranhão*, Bahia, 1822.

Peri, G.B., *Il negoziante*, Gênes, 1638.

Picardo y Gomez, A., *Memorias de Raimundo Lantery, mercados de Indias en Cadiz 1673-1700*, Cadix, 1949.

Piffer Canabrava, A., *O comércio português no Rio da Prata 1580-1640*, São Paulo, 1944.

Pillorget, R., « Les problèmes monétaires français de 1602 à 1689 », *XVIIe siècle*, 1966, pp. 107-130.

Piuz, A.M., *Recherches sur le commerce de Genève au XVIIe siècle*, Genève, 1964.

Posthumus, N.W., *De geschiedenis van de Leidsche lakenindustrie*, La Haye, 1908-1939, 4 vol.

– *Nederlandse Prijsgeschiedenis*, Leyde, 1943, 2 vol.

– *Inquiry into the history of prices in Holland*, (E.J. Brill trad.), Leyde, 1946 et 1964, 2 vol.

Postlethwayt, M., *Dictionary of commerce*, Londres, 1753.

Purser, W.C., *Metal mining in Peru, past and present*, New York, 1971.

Rahola y Tremols, F., *Comercio de Cataluña con América en el siglo XVIII*, Barcelone, 1931.

Rambert, G., « Marseille et le commerce interlope en Mer du Sud 1700-1723 », *Provence historique*, 1967, pp. 32-60.

Ramos, D., *Minería y comercio interprovincial en Hispano-América, siglos XVI, XVII y XVIII*, Valladolid, 1971.

Ramsay, P.H., *The price revolution in sixteenth century England*, Londres, 1971.

Randles, W.G.L., *L'Empire du Monomotapa du XVe au XVIIIe siècle*, Paris, 1975.

Ratelband, K., *Vijf dagregisters van het kasteel S. Jorge de Mina aan de Goudkust 1645-1647*, La Haye, 1953.

Ravignani, E., « El volumen del comercio del Río de la Plata a comienzios del virreinado 1779-1781 », *Boletín del Instituto de investigaciones históricas*, Buenos Aires, tome XV, 1937.

Raynal, Abbé, *Histoire philosophique et politique des établissements et du commerce des Européens dans les deux Indes*, Paris, 1780, 8 vol.

Real Diaz, J.J., « Las ferias de Jalapa », *Anuario de estudios americanos*, tome XVI, 1959, pp. 167-314.

Rebuffat, F., « Les piastres de la Compagnie royale d'Afrique », *Cahiers de la Méditerranée*, 1977, pp. 21-23.

– cf. M. Courdurié

Recopilación de las leyes de los reynos de las Indias, Madrid, 1581 (nouvelle éd. 1680).

Report together with minutes of evidence and accounts from the select comitee of the right price of bullion, Londre, 1810.

Restrepo, J.M., « Ensayo geográfico », in *Seminario del Nuevo Reyno de Granada*, Paris, 1849.

Restrepo, V., *Estudio sobre las minas de oro y plata de Colombia*, Bogota, 1885.

Richet, D., « Le cours officiel des monnaies étrangères circulant en France au XVIe siècle », *Revue historique*, tome CCXXV, 1961, pp. 359-396.

– cf. A. et J. Gordus.

Richmond, W., *The Navy in the wars of 1739-1748*, Cambridge, 1920.

Romano, R., « A Florence au XVIᶜ siècle : industries textiles et conjoncture », *Annales E.S.C.*, tome VII, n° 3, 1952, pp. 508-512.

– « Documenti e prime considerazioni intorno alla Balance du commerce de la France dal 1716 al 1780 », in *Mélanges A. Sapori*, Milan, 1957, pp. 1267-1300.

Roncière, C. de la, *Histoire de la marine française*, Paris, 1901-22, 5 vol.

Roover, R. de, *L'évolution de la lettre de change XVIᶜ-XVIIIᶜ siècles*, Paris, 1953.

Rose, J.H., *Man and the sea. Stages in maritime and human progress*, Cambridge, 1935.

Rostow, W.W., *The stages of economic growth*, Cambridge, 1960.

Royer, P., cf. F. Gros.

Rueff, J., *Le lancinant problème de la balance des paiements*, Paris, 1965.

Ruiz Martin, F., *Lettres de Florence et de Medina del Campo*, Paris, 1965.

– « Un testimonio literario sobre las manufacturas de paños de Segovia por 1625 », in *Homenaje al Profesor Alarcos*, tome II, Valladolid, 1966, pp. 1-21.

Sabbe, E., *De Belgische vlasnijverheid*, Bruges, 1943, Courtrai, 1975, 2 vol.

Saegher, M. de, « Une enquête sur la situation de l'industrie drapière en Flandre à la fin du XVIᶜ siècle », in *Mélanges Pirenne*, Bruxelles, 1937.

Santarem, V. de, *Quadro elementar das relaçoes políticas ou diplomáticas de Portugal com as diversas potências do mundo*, Paris-Lisbonne, 1842-60, 19 vol.

Sarrable Aguareles, E., *El conde de Fuenclara, embajador y virrey de Nueva España 1687-1752*, Séville, 1962, 2 vol.

Sassetti, D., *Lettere edite e inedite raccolte e annotate da Ettore Marcucci*, Florence, 1885.

Savary, J., *Le parfait négociant*, Paris, 1670.

Schneider, M., *De Nederlandse krant*, Amsterdam, 1943.

Schöffer, J., « Viel onze Gouden Eeuw in een tijdvak van crisis ? », *Bijdragen en mededeligen van het historisch genootschap*, tome LXXVII, 1964, pp. 45-72.

Scholliers, E., cf. C. Verlinden.

Schumpeter, E.B., *English overseas trade statistics 1697-1808*, Oxford, 1960.

Sella, D., « Les mouvements longs de l'industrie lainière à Venise aux XVIᶜ et XVIIᶜ siècles », *Annales E.S.C.*, tome XII, n° 1, 1957, pp. 29-45.

Seure, *Lettres inédites du chevalier de Seure* (L. Falgairolle éd.), Nîmes, 1895.

Shillington, V.M. et A.B. Wallis Chapman, *The commercial relations of England and Portugal*, Londres, 1907.

Sillem, J.A., *Tabellen van marktprijzen van granen te Utrecht*, Utrecht, 1901.

Simiand, F., *Les fluctuations économiques à longue période et la crise mondiale*, Paris, 1932.

– *Recherches anciennes et nouvelles sur le mouvement général des prix du XVIᶜ au XIXᶜ siècle*, Paris, 1932.

Simonsen, R., *História económica do Brasil 1500-1820*, São Paulo, 1937 (2ᶜ éd. 1957).

Smith, J., *Memoirs of the Marquis of Pombal*, Londres, 1843.

Soetbeer, A., « Edellmetall. Produktion und Verhältnis zwischen Gold und Silber seit der Entdeckung Amerikas bis zur Gegenwart », in *Permanns Mitteilungen,* Gotha, 1879.

– *Matériaux pour faciliter l'intelligence et l'examen des rapports économiques des métaux précieux et de la question monétaire,* Paris, 1889.

Sombra, S., *História monetária do Brasil colonial,* Rio de Janeiro, 1938.

Spooner, F.C., *L'économie mondiale et les frappes monétaires en France 1493-1680,* Paris, 1956.

– *The international economy and monetary movements in France 1493-1725,* Cambridge (Mass.), 1972.

Stanhope, A., *Spain under Charles the Second or extracts from the correspondence of the Hon. Al. Stanhope 1690-1699,* Londres.

Stein, B.H. et S.J. Stein, « Concepts and realities of Spanish economic growth 1759-1780 », *Historia iberica,* n° 1, pp. 109-119.

Stolp, A., *De eerste courant in Holland,* Haarlem, 1938.

Supple, B.E., *Commercial crisis and change in England 1600-1642,* Cambridge, 1970.

Sutherland, L.S., « The accounts of an eighteenth century merchant. The Portuguese ventures of William Bround », *Economic history review,* 1ʳᵉ série, tome II, 1932, pp. 367-387.

– *A London merchant 1695-1774,* Londres, 1960.

Tandron, H., *El real consulado de Caracas y el comercio libre entre Havana y los portos de España,* São Paulo, 1965.

Tarrade, J., *Le commerce colonial de la France à la fin de l'Ancien Régime,* Paris, 1972, 2 vol.

Ternaux-Compans, H., *Archives des voyages,* Paris, 1840.

– *Voyages et relations pour l'histoire d'Amérique,* 20 vol. Paris, 1837-1840.

Thaarup, F., *De Danske Asiatiske Compagnie historie fra de oeldste tider,* Copenhague, 1824.

– *Statistik udsigt over den danske stat. Begynarben of aaret 1825,* Copenhague, 1826.

Thévenot, M., *Nouvelles relations de voyage,* Paris, 1664.

Thuillier, G., « Le stock monétaire de la France en l'an X », *Revue d'histoire économique et sociale,* tome LIV, n° 2, 1974, pp. 247-257.

Tjarks, G.O.E., *El consulado de Buenos Aires y sus proyecciones en la historia del Río de la Plata,* Buenos Aires, 1962, 2 vol.

Tschamser, P., *Annales oder Jahrgeschichten der baarfüsseren oder minderen Brüdern,* Colmar, 1864.

Twain, M., *Roughing it,* New York, 1892.

Ulloa, M., *La Hacienda real de Castilla en el reinado de Felipe II,* Rome, 1962.

Utterström, G., « Climatic fluctuations and population problems in early modern history », *Scandinavian economic history review,* tome III, 1955, pp. 217-255.

Uytven, R. van, *Stadsfinanciën en stadseconomie te Leuven,* Bruxelles, 1961.
- « Prijsgeschiedenis », in H. Baudet et H. van der Meulens (éd.), *Kernproblemen der economische geschiedenis,* Groningue, 1978, pp. 56-75.
Vargas Ponce, R., *Servicios de Cadiz desde MDCCVIII a MDCCCXVI,* Cadix, 1818.
Vargas Ugarte, R., *Historia general del Perú,* tome IV, Lima, 1966.
Varnhagen, F.A., *Histoire du Brésil,* Paris, 1854-1857.
Vasquez de Espinosa, *Compendio y descripción de las Indias occidentales 1627,* (Charles Upson Clark, éditeur), Washington, 1948.
Vasquez de Prada, V., *Lettres marchandes d'Anvers,* Paris, 1960, 4 vol.
Veitia Linaje, J. de, *Norte de la Contratación,* Séville, 1672.
Verger, P., *Bahia and the West Coast trade 1549-1851,* Ibadan, 1964.
- *Flux et reflux de la traite des nègres entre le golfe du Bénin et Bahia de Todos os Santos du XVIIᵉ au XIXᵉ siècle,* La Haye, 1968.
Verlinden, C., « Les Italiens et l'ouverture des routes atlantiques », *Anuario de estudios americanos,* tome XXV, 1968, pp. 259-279.
- et E. Scholliers, J. Craeybeckx et al. *Dokumenten voor de geschiedenis van prijzen en lonen in Vlaanderen en Brabant XVᵉ-XVIIIᵉ eeuw,* Bruges, 1959.
Vicens Vives, J. *Historia económica de España,* Barcelone, 1959.
Vigneulles, P. de, *Mémoires* (C. Bruneau, éditeur), Metz, 1929, 4 vol.
Vilar, P., *La Catalogne dans l'Espagne moderne. Recherches sur les fondements économiques des structures nationales,* Paris, 1962, 3 vol.
- « Les primitifs espagnols de la pensée économique : quantitativisme et bullionisme », in *Hommage au Professeur Marcel Bataillon,* Paris, 1962, pp. 261-284.
- *Crecimiento y desarollo,* Barcelone, 1964.
- « Les problèmes de la modernisation des structures économiques et sociales dans une économie multisectorielle », communication au Congrès international d'histoire économique, Léningrad, 1970.
- *Or et monnaie dans l'histoire, XVᵉ-XVIIIᵉ siècle,* Paris, 1974.
Vilar, S., « La trajectoire des curiosités espagnoles sur les Indes. Trois siècles d'« interrogatorios » et « relaciones » », in *Mélanges de la Casa de Velasquez,* tome VI, 1970, pp. 247-304.
Villalobos, R.S., *Comercio y contrabando en el Río de la Plata y Chile,* Buenos Aires, 1959.
Vinas y Mey, C., *Los Países Bajos en la política de España,* Madrid, 1922.
- « Pragmática de 13 de setiembre 1628 sobre tasas de mercaderías, jornales y salarios », *Anuario de historia económica y social,* tome I, 1968, pp. 715-722 ; tome II, 1969, pp. 661-731.
Vries, J. de, *De economische achteruitgang der Republiek in de achtiende eeuw,* Amsterdam, 1959.
Vuitry, A., *Le désordre des finances et les excès de la spéculation dans les quinze dernières années de Louis XIV,* Paris, 1885.

Walker, G.J., *Spanish politics and imperial trade, 1700-1789*, Bloomington-Londres, 1979.

Wallerstein, I., « Y a-t-il une crise du XVIIe siècle ? », *Annales E.S.C.*, tome XXXIV, n° 1, 1979, pp. 126-144.

Wallis Chapman, A.B., cf. V.M. Shillington.

Wassenaer, N. van, *Historische verhael al der gedenck-weerdigste geschiedenissen die van de beginne des jaeres 1621 tot 1632 voorgevallen zijn*, Amsterdam, 1622-1635, 21 vol.

Wätjen, E., « Zur Geschichte des Tauschhandels an der Goldküste um die Mitte des 17 Jahrhunderts », in *Festschrift D. Schäfer*, Iéna, 1915.

Wee, H. van der, *The growth of the Antwerp market and the European economy*, La Haye, 1963, 3 vol.

Wernam, R.B., *List and analysis of State paper*, Foreign series, tome I, Londres, 1966.

Werveke, H. van, « Monnaie de compte et monnaie réelle », *Revue belge de philologie et d'histoire*, tome XIII, 1934, pp. 123-152.

West, R.C., *Colonial mining placers in Colombia*, Baton Rouge, 1942.

Whitworth, C., *State of the trade of Great Britain*, Londres, 1776.

Yernaux, J., *La métallurgie liégeoise et son expansion au XVIIe siècle*, Liège, 1939.

Zamacoïs, N. de, *Historia de Mejico*, Mexico, 1878.

Liste des figures

Liste des tableaux

Table des matières

For EU product safety concerns, contact us at Calle de José Abascal, 56–1°,
28003 Madrid, Spain or eugpsr@cambridge.org.

www.ingramcontent.com/pod-product-compliance
Ingram Content Group UK Ltd.
Pitfield, Milton Keynes, MK11 3LW, UK
UKHW010852090126
466816UK00011B/194